刘培杰数学工作室

《九章算法比类大全》校注

《JIUZHANG SUANFA BILEI DAQUAN》JIAOZHU

钱塘南湖后学吴敬信民 编集

黑龙江省克山县潘有发 校注

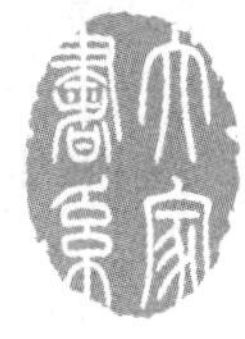

HITP

哈尔滨工业大学出版社

HARBIN INSTITUTE OF TECHNOLOGY PRESS

内容简介

本书是明朝三大数学名著之一,是我国数学史、珠算史上百科全书式的重要著作,内容几乎涉及现代初等数学、珠算的所有内容,故称为“大全”.

本书适合大中小学数学教师及广大数学爱好者阅读.

图书在版编目(CIP)数据

《九章算法比类大全》校注/钱塘南湖后学吴敬信民编集;黑龙江省克山县潘有发校注.—哈尔滨:哈尔滨工业大学出版社,2024.6.—ISBN 978－7－5767－1477－7

Ⅰ.O112

中国国家版本馆 CIP 数据核字第 2024E4N498 号

策划编辑　刘培杰　张永芹
责任编辑　李广鑫
封面设计　孙茵艾
出版发行　哈尔滨工业大学出版社
社　　址　哈尔滨市南岗区复华四道街 10 号　邮编 150006
传　　真　0451－86414749
网　　址　http://hitpress.hit.edu.cn
印　　刷　哈尔滨市石桥印务有限公司
开　　本　787mm×1092mm　1/16　印张　58　字数　1118 千字
版　　次　2024 年 6 月第 1 版　2024 年 6 月第 1 次印刷
书　　号　ISBN 978－7－5767－1477－7
定　　价　198.00 元

言行好古鄉黨樂成因
數察理其心孔明
賜進士中憲大夫福建汀
州知府前禮科都給事中
賜一品服吳興張寧贊

张宁赞语说:“言行好古,乡党乐成,因数察理,其心孔明.”

张宁,字清之,海盐人.《明史》卷 180 列传 68 有传.景泰五年(1454 年)进士,授礼科给事中,任宁出为汀州知府前礼科都给事中,赐一品服,才高负志节,善章奏.

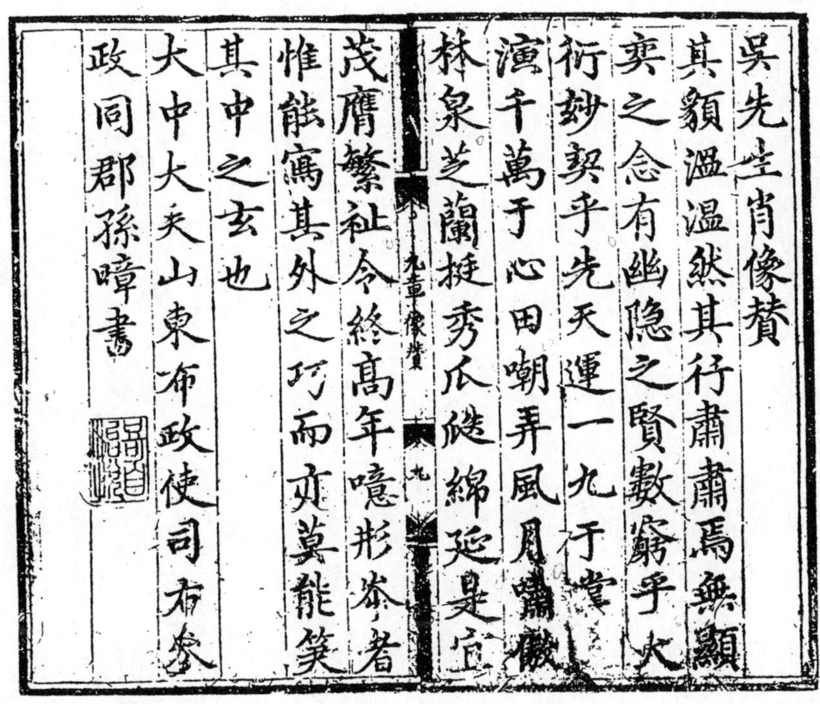

吴先生肖像贊

其貌溫溫然其行肅肅焉無顯

奕之念有幽隱之賢數窮乎大

衍妙契乎先天運一九于掌

演千萬于心田嘲弄風月嘯傲

林泉芝蘭挺秀瓜瓞綿延是宜

茂膺繁祉令終高年噫形容者

惟能寫其外之巧而亦莫能算

其中之玄也

大中大夫山東布政使司右參

政同郡孫暲書

吴先生肖像赞

其貌温温然，其行肃肃焉！无显奕之念，有幽隐之贤. 数穷乎！大衍妙契乎！先天运一九于掌握，演千万于心田，嘲弄风月，啸傲林泉，芝兰挺秀，瓜瓞绵延，是宜茂膺繁祉. 令终高年，噫形容者，惟能写其外之巧而亦莫能算其中之玄也！

大中大夫山东布政使司右参政同郡孙暲　书

校注者简历及主要学术成就

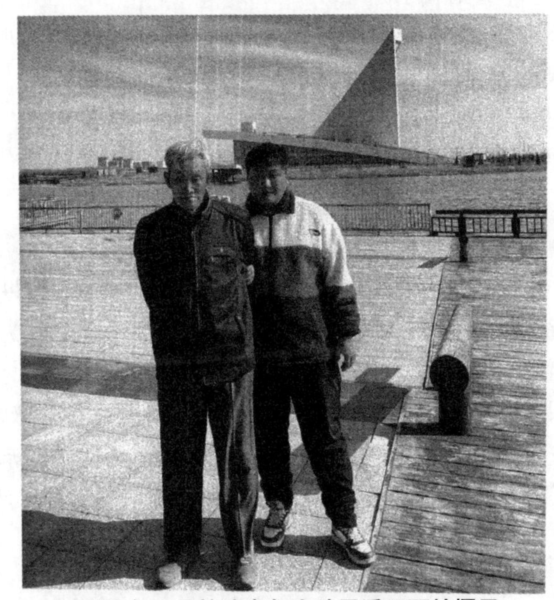

2023 年 4 月校注者与小孙子潘天石拍摄于
河北省沧州市渤海新区黄骅港贝壳湖公园

潘有发,男,汉族.1936 年 8 月出生于黑龙江省齐齐哈尔市克山县克山镇.父母是贫苦农民,不识字,自幼家境贫寒,勤奋好学,酷爱数学.1953 年以全县第一名(双百)的优秀成绩考入克山县初中,后随大哥潘有才(1931—1993)到上海市存瑞中学读书.中学高级数学教师,中国数学会数学史分会会员.1985 年获齐齐哈尔市"自学成才标兵"称号,次年获黑龙江省"优秀自学成才者"称号.

自 1954 年开始,从事中国数学史、珠算史的自学自研.首先读到的古典数学书籍是梅玨成《增删算法统宗》.1957 年随大哥到上海读书,在上海市图书馆读到了很难见到的南宋本《九章算术》,如获至宝,逐渐了解到祖国数学的伟大成就.平时用大哥给的几元生活费,省吃俭用,在上海市福州路河南路口古籍书店、四川北路旧书店买了许多中国古算书,这些书成为后来研究中国数学史、珠算史的宝贵资料源泉,一直保存至今.

他 1985 年、1988 年分别出席第二、三次全国数学史年会,1986 年出席"程大位逝世 380 周年国际学术研讨会",1993 年出席"纪念程大位、梅文鼎、戴震、汪莱国际学术讨论会”,1998 年出席“王文素《算学宝鉴》著作研讨会”,2002 年 12 月出席“《数术记遗》刻本出版 790 周年学术讨论会”,2014 年出席上海“第二届弘扬中华珠算文化专题研讨会”等,在这些学术会议上都发表了交流论文.

出版的主要学术著作有:

《算术游戏》,上海儿童读物出版社,1954 年 6 月

《初等数学史话》,陕西人民教育出版社,1995 年 9 月

《趣味歌词古体算题选》,台湾九章出版社,1995 年 5 月

《趣味诗词古算题》,上海科普出版社,2001 年 1 月

《算学宝鉴校注》,科学出版社,2008 年 8 月

《数海趣史》,哈尔滨工业大学出版社,2021 年 5 月

《〈九算算法比类大全〉校注》,哈尔滨工业大学出版社,2024 年 6 月

2016 年,潘红丽帮助校注了《〈九章算法比类大全〉校注》的诗词体数学题,我的小孙子潘天石打印了诗词体数学题原稿.

他先后在《中小学数学》(北京)、《中学生数学》、《中学生数理化》(河南)、《福建中学数学》、《中学数学研究》(广州)、《珠算》(北京)、《新理财》(珠心算季刊)、《上海珠算心算》、《数学史研究》(年刊)等二十余家刊物发表数学史、珠算史学术论文 130 多篇.

九章算法比類大全序

周禮大司徒以鄉三物教萬民一曰六藝而數居其一盖藝者至理所寓日用資焉而數之為藝大而一十百千萬小而釐毫絲忽杪以至天之高也星辰之遠也滄海之深城郭宮室之大也舉不能逃置籌布算之中雖然其數易知而微妙無窮不有精於是法者注書以為筌蹄則初學之士將何由而得其蘊奥哉算學自大撓以來古今凡六十六家而十書今已無傳惟九章之法僅存而能通其說者亦尠矣錢唐吳君信民精於算學者病算法無成書乃取九章十書與諸家之說分類註釋會粹成編而名曰大全既刻之徵序于其首簡君之用心可謂勤矣顧余於算數未暇學然方今

聖人在上治教休明興學育材以圖致治必有任師道之重者如宋之安定胡先生以算數置齋教士藝成而賓興其賢者能者于

朝人才之盛可以比隆唐虞三代則吳氏之書大顯于時其於治道豈曰小補云乎哉

景泰元年歲次庚午秋七月壬子

杭州府仁和縣儒學教諭臨川聶大年序

九章算法比类大全序

《周礼·大司徒》以乡三物教万民，三曰六艺[1]，而数居其一．盖艺者，至理所寓，日用资焉．而数之为艺，大而一、十、百、千、万；小而厘、豪、丝、忽、杪，以至天之高也，星辰之远也[2]，沧海之深，城郭宫室之大也．举不能逃置筹布算之中．虽然其数易知而微妙无穷，不有精于是法者，注书以为筌蹄[3]．则初学之士，将何由而得其蕴奥哉！算学自大挠以来，古今凡六十六家．而《(算经)十书》今已无传，惟《九章》之法仅存．而能通其说者，亦尠[4]矣．钱唐吴君信民，精于算学者，病算法无成书，乃取九章十书[5]与诸家之说，分类注释，会秫[6]成编，而名曰《大全》．既刻之，征序其首，简君之用心可谓勤矣．顾余于算数未暇学然，方今圣人在上，治教休明兴学育才，以图致治，必有任师道之重者，如宋之安定胡先生，以算数置斋教士，艺成而宾兴其贤者能者，于朝人才之盛，可以比隆唐虞三代，则吴氏之书，大显于时，其于治道，岂曰小补云乎哉！

景泰元年(1450年)岁次庚午秋七月壬子．

杭州府仁和县儒学教谕[7]临川聂大年序．

---

① 六艺：(1)即"六经"，《史记·滑稽列传》："孔子曰：六艺于治一也．《礼》以节人，《乐》以发和，《书》以道事，《诗》以达意，《易》以神化，《春秋》以道义．"(2)指我国古代学校的教育内容．《周礼·地官司徒·保氏》："保氏掌谏王恶，而养国子以道．乃教育六艺，一曰五礼，二曰六乐，三曰五射，四曰五驭，五曰六书，六曰九数．"即指古代的礼(礼仪)，乐(音)，射(射箭)，御(驾车)，书(书写，识字)，数(计算)．

② 天之高也，星辰之远也：语出《孟子·离娄下》第26章．

③ 筌蹄：《庄子·外物篇》："筌者所以在鱼，得鱼而忘'筌'；蹄者所以在兔，得兔而忘'蹄'．筌：捕鱼竹器；蹄：捕兔器具．后来以'筌蹄'比喻达到目的的一种手段，又作'蹄筌'．《弘明集·无名氏〈正证论〉》云：'上士游之，则忘其蹄筌，取诸远味．'"

④ 尠：鲜的异体字．

⑤ 九章十书：即《九章算术》《算经十书》．

⑥ 会秫："秫"草体字，即"稽"，会秫：会总，编辑．

⑦ 教谕：学官名，宋代在京师设立的小学和武学中始置教谕．

九章算法比類大全序

有理而後有象有象而後有形昔黃帝使隸首作算數而算法遂傳於世圖書出於河洛大衍五十有五之數聖人以之成變化而行鬼神黃鐘之管九寸空圍九分之數以之制禮作樂平度量權衡周天三百六十五度四分度之一之數以之測盈虛候時令苟知要領則易識之自至而算而知也然算學弘疇算理微奧非學出名師鮮能極議故算數之家必稱九章算法為世世傳其書出於周公繼世既罕傳而無習而貫通者予以草茅末學留心算數蓋亦有年嘗訪九章全書久未之見一日獲寫本其目二百四十有六內方田粟米衰分不過乘除互換人皆易曉若少廣之截多益少開平方圓商功之修築堆積均輸之遠近勞費其法頗雜至於盈朒方程內勾股義尚深隱法理難明古註混淆布算簡略初學無所從由是通算術者鮮矣輒不自揆採輯舊聞分章詳註補其遺闕芟其紛繆粲然明白如指諸掌前增乘除開方起例之法中添詳註比類歌詩之術後續鎖積演段還源之方增千二百餘題通古舊題總千四百餘問數十萬言釐為十卷題曰九章算法比類大全積功十年幾克脫藁而年老目昏乃請頖宮儒士何均自誓書錄成帙自便繙閱金臺王均士傑見而重之從久逐遲校及云集好雅君子　等命工鋟梓以廣其傳若夫聖人經天緯地之算則固非區區之所敢聞也

時景泰元年歲在庚午孟秋吉旦

錢唐吳敬信民識

九章算法比类大全序

有理而后有象,有象而后有形.昔黄帝使录首作算数,而其法遂传于世.图书出于河洛,大衍五十有五之数,圣人以之成变化而行鬼神.黄锺之管九寸,空围九分之数,以之制礼作乐,平度量,审权衡,周天三百六十五度四分度之一之数,以之测盈虚,候时令,苟知其故,则千岁之日至坐而致也①.然其学私传,其理微妙,殆非学者所敢轻议,故算数之家,止称《九章算法》为宗.世传其书出于周公.然世既罕传,亦无习而贯通者.予以草茅求学,留心算数,盖亦有年,历访《九章》全书,久未之见.一旦幸获写本,其目二百四十有六,内方田,粟米,衰分,不过乘除互换,人皆易晓:若少广之截多益少,开平方圆,商功之修筑堆积.均输之远近劳费,其法颇难;至于盈朒,方程,勾股题向深隐,法理难明,古注混淆,布算简略,初学无所发明.由是通其术者,鲜矣.辄不自揆,采辑旧间,分章详注.补其遗阙,芟其纰缪,粲然明白,如指诸掌.前增"乘除开方起例"之法;中添"详注比类歌诗"之术;后续"锁积演段还源"之方,增千二百题,通古旧题,总千四百余问,数十万言.厘为十卷,题曰《九章算法比类大全》.积功十年,终克脱稿.而年老目昏,乃请頖宫②隽士何均自警,书录成帙,自便检阅.金台王均士杰,见而重之,恐久遂湮没,爰云集好雅君子　等命工锓梓,以广其传.若夫圣人经天纬地之算,则固非区区之所敢闻也.

时景泰元年,岁在庚午孟秋吉旦
钱塘吴敬信民识

---

① 天之高也,星辰之远也,苟求其故,千岁之日至,可坐而至也.

——《孟子·离娄下·第26章》

离娄:一名离朱.相传是黄帝时代的一位视力极强的人,能在百步之外看到毫毛那样极细微的东西."日至"指"夏至"和"冬至",此处指"冬至".

译文:天是很高的,星辰是很远的,但只要我们能探求它们本来的样子,那么一千年以后的冬至,也可以坐在家里推算出来.

② 頖(pān)宫:古代学校名.

九章筭法比類大全序

天一地二天三地四天五地六天七地八天九地十此天地生成萬類大數之元會也爰從伏羲氏之王天下也神會乎上下神祇肇發其閟而傳歷乎百千萬世以至于无紀極而咸有賴焉神聖之立開物成務其功大矣哉孟軻氏曰天之高也星辰之遠也苟求其故則千歲之日至可坐而致也蓋天地之中有理斯有像也有像斯有數也有數斯有據也是以千歲之日至因寥邈而難知也聖賢傳侶丹衷澄朗據其數而推致之亦有可知之道焉孟子之言豈欺我哉杭郡仁和之邑有良士吳氏主一翁者天資穎達而傳通乎筭數凡吾浙藩田疇之饒衍糧稅之滋多與夫戶口之浩繁載諸版籍之間者皆于翁乎是資則无遺而无爽焉一時藩臬重臣皆禮遇而信託之者有由然矣翁嘗編纂其九章筭法比類大全通九卷以刻于梓以開導其後進之士何其厚也未幾板燬于隣燹而十存其六焉翁之長嗣怡庵處士歎惜彌深輙命其孝孫名訥字仲敏而號循菴者重加編較而印行之以上繼其父祖之素志又何其孝也然則披閱斯集而攻乎筭藝者可不深念夫吳氏諸良更涉三世而其立心制行一歸乎忠厚有如是焉而以圖所以答

究而融會之耶若夫我聖儒堯夫邵先生然觀乎梧桐之樹片葉初飄而即知夫一歲豐歉之徵賞玩乎牡丹之本衆萼方揚而遽見夫諸賢用舍之兆是又真悟其像外之玄機環中之妙造矣然究其所以為妙造者又豈出于天一地二以至于天九地十大數之元會也耶

余不佞曰是而鑒知我仰敏之子若孫誠能保愛斯集而罔有間息焉則斷斷然傳播于將來者寧有已耶於是乎序

弘治元年歲次戊申仲春丙午

奉議大夫脩正庶尹

南京刑部郎中同邑項麒書

九章算法比类大全序

天一地二,天三地四,天五地六,天七地八,天九地十,此天地生成万类大数之元会也,爰从伏羲氏之王天下也.神会乎,上下.神祇肇发其闭而传历乎!百千万世以至于无纪极而咸有赖焉,神圣之主,开物成务之功大矣哉!孟轲氏曰:"天之高也,星辰之远也,苟求其故,则千岁之日至可坐而致也①."盖天地之中,有理斯,有像也,有像斯,有数也,有数斯,有据也,是以千岁之日至,固寥邈而难知也.圣贤传侣丹衷澄朗据其数,而推致之,亦有可知之道焉!孟子之言,岂欺我哉!

杭郡仁和②之邑,有良士吴氏主一翁者,天资颖达,而博通乎算数.凡吾浙藩田畴之饶衍,粮税之滋多,与夫户口之浩繁,载诸版籍之间者,皆于翁乎.是资则无遗而无爽焉!一时藩臬重臣,皆礼遇而信托之者,有由然矣.翁尝编纂其《九章算法比类大全》,通九卷,以刻于梓.以开导其后进之士,何其厚也.未几,版毁于邻焚,而十存其六焉.翁之长嗣怡庵处士,叹惜弥深,辄命其季子名讷字仲敏而号循善者,重加编校,而印行之.以上继其父祖之素志,又何其厚也.然则,披阅斯集而攻乎.算艺者可不深入?夫吴氏诸良更涉三世,而其互心制行一归,于忠厚有如是焉!而必图所以参究而融会之耶?若夫我圣儒尧夫邵先生默观乎!梧桐之树,片叶初飘,而即知夫一岁丰歉之征,赏玩乎!牡丹之本众萼方扬,而遽见夫,诸贤用舍之兆,是又真悟其像外之玄机,环中之妙造矣.然究其所以为妙造者,又岂出于天一地二以至于天九地十大数之元会也耶!余不佞目,鉴知我仲敏之子若孙,诚能保爱斯集而罔有间息焉?则断断然传播于将来者宁有已耶,于是乎,序弘治元年(1488 年)岁次戊申仲春丙子.奉议大夫修正庶尹南京刑部郎中,同邑项麒书.

---

① 语出《孟子·离娄下》第 26 章.

② 仁和,县名.当时与钱塘县同在杭州府.

◎ 前言

吴敬,字信民,号主一翁,浙江仁和(今杭州市)人,大约生活在1385—1465年,是明朝初年著名的数学家、珠算家,生平不详,《明史》无传,弘治[①]元年(1488年)春同乡项麒在《九章算法比类大全序》中说:"杭郡仁和之邑,有良士吴氏主一翁者,天资颖达,而博通乎算数.凡吾浙藩田畴之饶行,粮税之滋多,与夫户口之浩繁,载诸版籍之间者,皆于翁乎.是资则无遗而无爽焉!一时藩臬重臣,皆礼遇而信托之者,有由然矣."于景泰元年(1450年)撰《九章算法比类大全》十一卷,书成后,不幸版毁于火,十存其六,后经季子吴讷重加编校整理,于弘治元年,再刻印出版,但流传不广,很少有人知晓.

刘铎、冯澄编写《古今算学书目》时未见到此书,只从《明代算学书志》中查到书目.

1978年7月,英国著名中国科技史专家李约瑟(Joseph Needham, 1900—1995)在其所著《中国科技史》中文版第三卷(数学卷)172页注①中说:"他(指吴敬)的《九章算法比类大全》早已失传,但我们知道它曾提到珠算."

目前,国内发现三部《九章算法比类大全》,分别收藏于北京图书馆、北京大学图书馆和上海图书馆(由原商务印书馆所属东方图书馆转入).日本珠算史家铃木久男赠静嘉堂藏本复印件[②],但一般人很难见到.

① 李迪.中国数学通史·明清卷[M].南京:江苏教育出版社,2004:16.

② 参见:李俨.中国算学史[M].上海:商务印书馆,1937:150.

李迪.中国数学通史·明清卷[M].南京:江苏教育出版社,2004:15.

华印椿.中国珠算史稿[M].北京:中国财经出版社,1987:69.

1993年6月,河南教育出版社出版大型丛书——《中国科学技术典籍通汇·数学卷》(简称"通汇本"),在《数学卷》第二分册首次全文影印北京大学图书馆所藏吴敬《九章算法比类大全》全书;1994年3月山东人民出版社出版大型丛书——《中国历代算学集成》(简称"集成本")影印静嘉堂藏本原件吴敬《九章算法比类大全》全书,用弘治元年吴讷的修订本,内容全面,字迹也比较清楚.

见到这两种影印件后,笔者即着手校注该书.首先在《珠算》(北京)、《中学生数学》、《珠算与珠心算》、《珠算心算》(上海)等刊物发表多篇论文和吴敬的诗词体数学题译注,向广大读者介绍吴敬《九章算法比类大全》的有关内容及吴敬个人简历,并全部译注了吴敬的诗词古体算题,先后在《珠算》(北京)和《珠算心算》(上海)等刊物连载.1995年8月台湾九章出版社出版《趣味歌词古体算题选》(收110题).2001年1月,上海科学普及出版社出版《趣味诗词古算题》(收116题,每题有科普插图),这两本书中收录百余道吴敬的诗词古算题,2016年辽宁教育出版社出版《中国古典诗词体数学题译注》,收录吴敬的诗词体数学题294问.

吴敬的《九章算法比类大全》(1450年)是明朝三大数学名著之一.其中程大位的《算法统宗》(1592年)由中国科学院数学史研究所研究员梅荣照、天津师范大学的教授李兆华校释,1990年10月由安徽教育出版社出版;王文素的《算学宝鉴》(1524年),由我与山西刘五然校注,吴文俊教授题写书名——《算学宝鉴校注》,2008年8月由科学出版社出版.

笔者经过多年的努力,采用了许多专家学者的建议指导,终于完成了《九章算法比类大全》的校注工作.

吴敬的《九章算法比类大全》(1450年)在中国数学史、珠算史上是一部十分重要的伟大作品,在世界数学发展史上也具有一定的地位.钱宝琮(1892—1974)教授在《浙江畴人著述记》中说:"明代在西学输入以前,数学著作之可称厥惟珠算一门,而景泰元年(1450年)仁和吴敬信民所撰之《九章算法比类大全》十卷(按:应为十一卷)尤为其中翘楚,旧(上海)东方图书馆藏有弘治(1488年)刻本,李俨曾影印一份,共六百五十四页."①

李培业(1934—2011)在《中国珠算简史》101页中说:"此书主要是为珠算而编定.同时也介绍一些当时流传的其他算法,如写算铺地锦等."②

程大位(1533—1606)在《算法统宗》(1592年)卷十七"算经源流"条说:"景泰庚午(1450年)钱塘吴(敬)氏作,共八本,有乘除,分九章,每章后有'难

---

① 《浙江畴人著述记》原载《文涵学报》第三卷一期,1937年3月,引自《钱宝琮科学史论文选集》,科学出版社,1983年10月.

② 李培业.中国珠算简史[M].北京:中国财政经济出版社,2000:101.

题(指吴敬诗词体数学题)',其书章类繁乱,差错者亦多."这一说法,影响了清代的一些学者,有失偏颇(是不公正的),如黄钟骏《畴人传四编》等人即采用了这一说法.

明末清初著名数学大师梅文鼎(1633—1721)在《勿庵历算书目》(1720)《九数存古》中说:"钱塘吴信民《九章比类》,西域伍尔昌遵韬有其书.余从借读焉.书可盈尺,在《统宗》之前,《统宗》不能及也."

事实上,吴敬的《九章比类算法大全》无论从规模上,还是内容质量上,都胜过《算法统宗》,仅次于《算学宝鉴》,对我国后世数学的发展产生了十分巨大的影响.王文素的《算学宝鉴》(1524 年),程大位的《算法统宗》(1592 年)等书中引录了吴敬的《九章算法比类大全》中的许多内容,特别是程大位的《算法统宗》引录吴敬的《九章算法比类大全》中内容,有的只改一两字,有的一字不改,照原文引录.

吴敬的书,最大的特点是内容由浅入深,循序渐进,通俗易懂,条理清晰,层次分明,除秦九韶(约 1202—1261)的"大衍求一求",李冶(1192—1279)的"天元术"和朱世杰的"四元术"外,几乎包括了当时初等数学的所有内容,可以说是一部初等数学习题大全,百科全书,称为《九章算法比类大全》,实在名不虚传!

吴敬的书,前增"乘除开方起例",系统介绍了全书所用的基础知识,设 196 个例题;后添"各色开方",专门介绍了"增乘开方法",设 93 个例题;中间各卷,又增加了"比类"(573 问),"诗词"(332 问),弘扬发展了我国古典数学名著《九章算术》的传统数学体系,特别是诗词题,内容丰富多彩,气势磅礴,设喻主动,构思新颖,解法独特,脍炙人口,发人深思,有声有色,颇有魅力,饶有趣味,朗朗上口,便于记忆.配上乐谱就可以顺口唱出来,对推动我国数学的发展,对广大青少年进行爱国主义教育,起到不可估量的作用.

这在编撰体制上是一个伟大的创举!古今中外,所有书目,都未见过这样的编撰体制,独此一家!

吴敬的书,最精华的部分是卷十"各开方",收录各种开方问题 93 问,原书分成 25 种题型,用的是"增乘开方法".

此类问题,相当于求 $x^n=a$ 的根.由高位到低位,依次求出商的某一位.设 a_1 为商的第一位,则有

$$x^n=(x_1+a_1)^n$$

展开此多项式,由"开方作法本源"图,立刻就可以算出各项系数,假设 $n=4$,则有 $(x_1+a_1)^4=x_1^4+4a_1x_1^3+6a_1^2x_1^2+4a_1^3x_1+a_1^4$,具体运算时,应结合开方法视情况进行.

吴敬在叙述开方演算步骤时,虽然说得简单,使人一时费解,但仔细阅读术

文,演算程序,都是先乘后加,实际上用的是"增乘开方法",特别是在"开三乘方""开四乘方""开五乘方"等例题的术文中,使用贾宪的"开方作法本源"图,并且在图中加画了许多斜线,这在明朝数学史上是首次见到的,笔者对"开三乘方法"例题依原术文进行了译注.

吴敬的书,是一部珠算著作还是一部筹算著作?是用珠算进行计算还是用筹算进行计算?这是一个有争议的问题.我认为吴敬所生活的时代,是处于明朝资本主义经济发展的萌芽时期,是处于筹算向珠算转变的过渡期,吴敬在珠算方面取得了许多杰出成就,这在书前"乘除开方起例"卷中论述得很详细,说明他很重视珠算,熟习珠算,创造了许多珠算新算法,并且在书中的许多计算题中应用,如加几、减几等,我认为钱宝琮教授和李培业教授的说法有一定道理,吴敬的书,是一部珠算书,并且是一部早于《算学宝鉴》的珠算书,当然吴敬的书中还介绍一些当时流行的算法,如河图书数等,不过这些算法,没有珠算先进实用,因而逐步被淘汰,用珠算是当时大势所向,不可阻挡.

吴敬书的资料来源,笔者做了初步的考核,聂大川在《九章算法比类大全序》中说:"乃取《九章》《十书》与诸家之说,分类注释,会粹成编."这当指唐朝的《算经十书》《九章算术》等书中的许多问题被吴敬引录.刘徽《海岛算经》中的"今有望海岛""今有望松生山上""今有望山谷""今有东南望波口""今有登山临邑"等题被吴敬《九章算法比类大全》引录,十部算书中的《张丘建算经》《孙子算经》《五曹算经》《缉古算经》对吴敬的影响也是很大的,杨辉的《详解九章算法》(1275年)也是吴敬书中的主要资料来源,如杨辉书中的"勾股生变十三名图""开方作法本源图"及勾股章的许多问题、插图,都被吴敬引录,吴敬还参考并吸收了夏源泽《指明算法》中(1439年)的一些内容和刘仕隆《九章通明算法》(1425年),元朱世杰《四元玉鉴》(1303年)中的一些诗词体数学题.

吴敬的书,最大的缺点是没有引用刘徽和李淳风的注文,古问叙述方面,也与传本《九章算术》有所不同,题目前后顺序也不一样,从原书目录与相应各卷正文对比中发现:原书目录中有的小标题在相应各卷书中没有,而这部分的正文,可以依原书目录进行校补,如卷第十中"廉法、从方减积开平方""从方、益隅添实开平方"和"廉从乘减积开平方"等,另一部分,则是目录中有的小标题在相应各卷中没有正文,这可能是漏刻或吴敬没写这部分内容,无法校补.如卷第十目录中有"带从减实开平方",正文中没有小标题和题目内容.

原书中将"商"字误刻或"啇"字,这可能是这两字形近而误,应全部校改.

我今年八十有八,回想过往,感叹万千,出生在水深火热的年代,过着牛马不如的非人生活,哪有什么精力研究中国数学史呀!1945年,东北解放,生活逐步好转,我开始上小学读书,对数学产生了浓厚兴趣,1954年开始自学自研中国数学史、珠算史,共出版了8种有关中国数学史方面的著作.在国内外20

多家刊物上发表了130多篇有关中国数学史方面的论文和数学史话，其中在《数学史研究》(年刊)发表《王文素的级数论》(2001年12月)，在黑龙江省只有我一人在这样高级别的刊物上发表过论文. 明朝三大数学名著，其中《算学宝鉴》《九章算法比类大全》由我校注出版，助力这两部伟大数学名著广泛流传至今.

我是一个自学成才的土专家，中国数学会数学史专业会员.

我终生拥护热爱中国共产党，生活在这样一个美好的时代，才使我有机会研究中国数学史，我感到非常幸福，人间充满了"爱"！我的这部书稿，编写过程中得到了广大朋友的热心帮助支持，原稿是手写的，由排版员逐字打印，责编又编校修改了四次，太辛苦了！我衷心感谢哈工大出版第一编辑部领导刘培杰、张永芹的大力支持，谢谢！支持出版祖国古典数学名著，弘扬传承祖国传统数学文化.

由于本人水平有限，本书难免出现一些疏漏，敬请各位专家同仁批评指正！谢谢！

潘有发　　2023年5月

写于河北省沧州市渤海新区(黄骅港)

信和国际公馆寓所

目　录

卷首　乘除开方起例

钱塘南湖后学吴敬信民编集
黑龙江省克山县潘有发校注

乘除开方起例计一百九十(四)[六]问

九章名数

按魏刘徽曰:“《九章算经》,乃汉张苍等删补[①]周公之遗书也,后周甄鸾作草,唐李淳风重注,宋杨辉《详解》[②],以为黄帝之书.”

一曰方田以御田畴界域.

二曰粟米以御交质变易.

三曰衰分以御贵贱禀税.

四曰少广以御积幂方圆.

五曰商功以御功程积实.

六曰均输以御远近劳费.

七曰盈朒以御隐杂互见.

八曰方程以御错糅正负.

九曰勾股以御高深广远.

习算之法[③]

一先要熟读九数,二是诵归除歌法.

三要知加减定位,四要知量度衡亩.

五要知诸分母子,六要知长阔堆积.

七要知盈朒隐互,八要知正负行列.

九要知勾股弦数,十要知开方各色.

先贤格言④

心灵者蒙童易晓，意闭者皓首难闻.

恳勤学全书可解，不留心至老无能.

人生世不能学算，如空中日月无光.

即学书不学其算，俾精神减其一半.

九九演数⑤

习　九九演数　乘除加减　皆呼此数

一一如一　一二如二　二二如四共六数

一三如三　二三如六　三三如九共十八数

一四如四　二四如八　三四一十二

四四一十六共四十数　一五如五　二五一十

三五一十五　四五二十　五五二十五共七十五数

一六如六　二六一十二　三六一十八

四六二十四　五六三十　六六卅六共一百二十六数

一七如七　二七一十四　三七二十一

四七二十八　五七三十五　六七四十二

七七四十九[共]百九十六数　一八如八　二八一十六

三八二十四　四八三十二　五八四十

六八四十八　七八五十六　八八六十四[共]三百八十八数

一九如九　二九一十八　三九二十七

四九三十六　五九四十五　六九五十四

七九六十三　八九七十二　九九八十一

[共]五百四数，总共一千一百五十五数

大数⑥

一忽丝毫厘分之所积至也，

十自一至十派生算位.

百十十为百.

千十百物为千，钱为贯.

万十千为万.

亿自一十百千万，万万为一亿.

兆再从一十百千万起，至万万亿曰兆.

京万万兆曰京.

垓万万京曰垓.

秭万万垓曰秭.

穰万万秭曰穰.

沟万万穰曰沟.

涧万万沟曰涧.

正万万涧曰正.

载万万正曰载.

极万万载曰极.

恒河沙万万极也,佛书数.

阿僧祇万万恒河沙也.

那由他万万阿僧祇也.

不可思议万万那由他也.

无量数万万不可思议,古人云天不可盖,地莫之□载,谓之无量数也.

小数⑦

分十厘为分,厘十毫为厘,毫十丝为毫,丝十忽为丝,忽蚕口初出之丝,公私具用,微、尘、沙渺、漠、模糊、逡巡、须臾、瞬息、弹指、刹那、六德、虚、空、清、净虽有此名而无实,公私亦不用.

量度衡亩⑧

圭六粟也撮十圭,抄十撮,勺十抄,合十勺,升十合.

斗十升,石十斗,百升、千合、万勺、十万抄、百万撮、千万圭,即六千万粟也.

度

忽蚕初出丝,丝十忽,毫十丝,厘十毫,分十厘,寸十分,尺十寸,丈十尺　疋四丈或四丈二尺或三丈八尺,端五丈或五丈二尺.

衡

黍禾□微而有凖,累十黍,铢十累,两二十四铢,斤十六两,秤一十五斤,钧二秤,石四钧,八秤,一百二十斤,一千九百二十两,四万六千八十铢.

一亩积二百四十步,谓阔一步长二百四十步;又如阔二步,长一百二十步也;又阔三步,长八十步也.

一步积二十五尺,谓自方五尺相乘.

一尺积一百寸,谓自方十寸相乘也.

今亩下称分厘毫丝忽也.

因加乘法起例⑨

起五诀

一起四作五，二起三作五，三起二作五，四起一作五.

成十诀

一起九成十，二起八成十，三起七成十，四起六成十，五起五成十，六起四成十，七起三成十，八起二成十，九起一成十.

归减除法起例⑩

破五诀

无一去五下还四，无二去五下还三，无三去五下还二，无四去五下还一.

破十诀

无一破十下还九，无二破十下还八，

无三破十下还七，无四破十下还六，

无五破十下还五，无六破十下还四，

无七破十下还三，无八破十下还二，

无九破十下还一.

启义⑪

凡云实者，积数之本. 凡云法者，升降之用，升积谓之乘，降积谓之除. 积上增添谓之加，积中分去谓之减. 直者，谓之长. 横者，谓之阔. 长者谓之纵，又谓之股. 阔者谓之广，又谓之勾. 斜者，谓之袤，又谓之弦. 立起谓之高，陷下谓之深. 外围谓之周. 周中之弦谓之径. 方(径)谓之面. 又谓之平. 相并谓之和，相减余者谓之较.

乘除用字释⑫

以用也，置列也. 为数未定也. 作得数之定也. 呼呼换其数. 命上言. 言上同. 首第一位. 尾末位. 身本位. 率(齐数)[谓各数]. 实所向之物. 法所求之价. 相乘互换相生，九九之数. 除之商量等数，除者归源.

相因乘⑬

算题以谓器物，算士以谓工匠，乘除以谓斧斤，未有为器而不用匠，为匠而不用斧斤者算，□□皆由乘除而入，故首以乘除.

因乘曰法一位曰因，二位之上曰乘. 相乘之术，以用也所有物数几何之数为实以物数为主也. 以所求物价若干之数为法，即取用之法也. 法实相命，法实之数，呼换相生. 言十就身言者，法实相乎，十者，乃三四一十二，四四一十六之类. 身者，实数，或三或四或改作一，却于次位下二，言如隔位如者，乃二三如六，三三如九也. 隔谓法实相呼，数中有如字者，即是本身于下位作数，次第以法求之假如三位法乘实者，先以第二位，次以第三位相呼，乘数论，续用第一位法实相乘⑭. 初学者，恐未便通，陡更以题草细参详之.

定位[15]

随所求法首之位，以定其实谓如三十二人，每人支三百七十文，法首是百，合于人上定位；次位是法首，百定位，人上得贯.设三十二人，每人支三贯七百文.法首是贯，合于人止定位，次位得法首贯，定位人上得十贯.三十二人，每每十人支三贯七百文，法首是贯，合于十人上定位，次位人上是法首贯，合于十人上定位，得十贯，此乃随题法首定位求数也.

因法

因法从实首位，以法相呼，言十就身，言如下位，次第求之.

合数九因须(记)熟[记]，呼如下位算为先，

变其身数呼求十，从上因之十进前[16].

1. 今有田六顷七十八亩，每亩收米二石.问：该米几何？

答曰：一千三百五十六石.

法曰：置所有田六顷七十八亩为实，以所求米二石为法因之得一千三百五十六石，定位法首是石，合于亩上得千石.

二八一十六[17]将本身八亩，除七改作一十，更于次位下六石.

二七一十四得本身七十除六改作一百，更于次位一十加四十改作五十.

二六一十二将本身六百除五改作一千，更于次位一百加二百改作三百..

今有米二百七十八石六斗，槩之假令[18]：

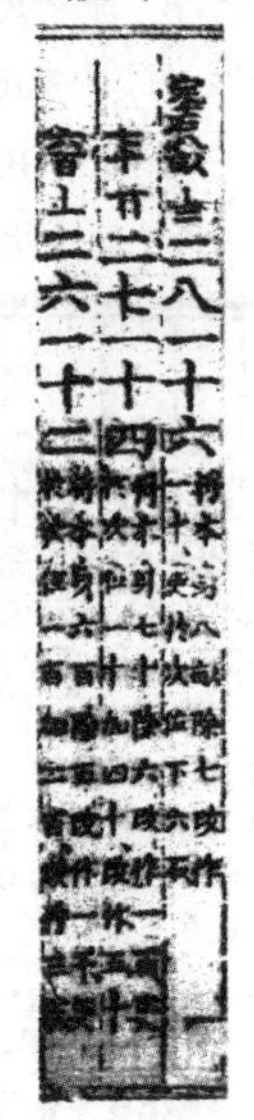

2. 每石价钞三贯.

答曰：八百三十五贯八百文.

法曰：置所有米二百七十八石六斗为实，以所求钞三贯为法，因之：

三六一十八将本身六斗除五，改作一贯，更于次位下八百文.

三八二十四将本身八石除六，改作二十，更于次位一贯上加四作五贯.

三七二十一将本身七十除五，改作二石，更于次位二十上加一十作三十.

三二如六将本身二百除去，却于次位二百上加六百作八百.

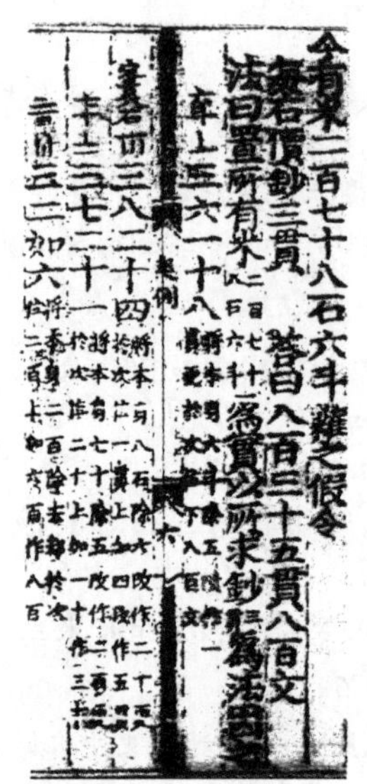

今有米二百七十八石六斗，難之假令

每石價鈔三貫 答曰八百三十五貫八百文

法曰置所有米以為實以所求鈔三貫為法因之

三上三六一十八

三八二十四

三七二十一

三二如六

3. 每石价钞四贯.

答曰:一千一百一十四贯四百文.

四六二十四将本身六斗除四改作二贯,更于次位下四百文.

四八三十二将本身八石除五改作三十,更于次位二贯上加二改作四贯.

四七二十八将本身七十除四改作三百,更于次位三十除二十止存一千.

四二如八将本身二百除一百改作一千,却于次位三百上除二百改作一万.

每石價鈔四貫 答曰一千一百一十四貫四百文

四上四六二十四

四八三十二

四七二十八

四二如八

4. 每石价钞五贯.

答曰:一千三百九十二贯.

五六三十将本身六斗除三改作三贯.

五八四十将本身八石除四改作四十.

五七三十五将本身七十除四改作三百,更于次位四十上加五十改作九十.

五二一十将本身二百除一百改作一千.

每石價鈔五貫　答曰一千三百九十二貫

五六三十將本身六斗除三改作三貫

五八四十將本身八石除四改作四十

五七三十五將本身七十除四改作三百更於次位四十上加五十改作九十

五二一十將本身二百除一百改作一千

5. 每石价钞六贯.

答曰:一千六百七十一贯六百文.

六六三十六将本身六斗除三改作三贯,更于次位下六百文.

六八四十八将本身八石除三改作五十,却于次位三贯上除二贯止存一贯.

六七四十二将本身七十除三改作四百,更于次位五十上加二十改作七十.

六二一十二将本身二百除一改作一千,更于次位四百上加二百改作六百.

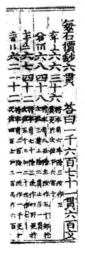

6. 每石价钞七贯.

答曰:一千九百五十贯二百文.

七六四十二将本身六斗除二改作四贯,更于次位下二百文.

七八五十六将本身八石除二改作六十,却除去次位四贯.

七七四十九将本身七十除二改作五百,次位六十除去一十改作五十.

七二一十四将本身二百除一改作一千,却于次位五百上加四改作九百.

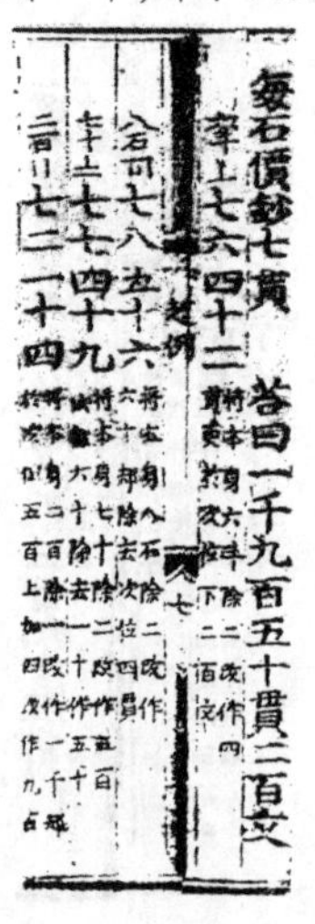

7. 每石价钞八贯.

答曰:二千二百二十八贯八百文.

八六四十八将本身六斗除二改作四贯,更于次位下八百文.

八八六十四将本身八石除二改作六十,更于次位四贯上加四贯改作八贯.

八七五十六将本身七斗除一改作六百,却将六十除去四十改作二十.

八二一十六将本身二百不动改作二千,却于次位六百上除去四百改作二百.

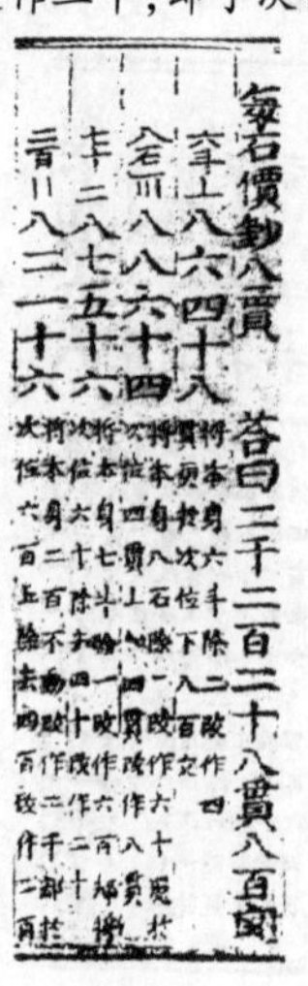

8. 每贯价钞九贯.

答曰:二千五百七贯四百文.

九六五十四将本身六斗除一改作五贯,更于次位下四百文.

九八七十二将本身八石除去一改作七十,更于次位五贯上加二贯改作七贯.

九七六十三将本身不动改作七百,却于次位除去六十.

九二一十八将本身不动改作二千,却于次位七百上除去二百改作五百.

乘法

乘法二位:以上位,数多者用此法. 从末位小数次第算起,用归除还原.

下乘之法此为真,位数先将第二因.

三、四、五来乘遍了,却将本位破其身[19].

9. 今有白米四百五十六石八斗,每石价钞四贯五百文. 问:该钞几何?

答曰:二千五十五贯六百文.

法曰:置所有米四百五十六石八斗为实,以所求米价四贯五百文为法相乘,得二千五十五贯六百文合问.

五八四十[20],于次位下四百.

四八三十二将本身八斗除五改作三贯,更于次位四百文加二改作六百文.

五六三十于次位三贯上加三贯改作六贯.

四六二十四自本身六石除三,改作三十,却将次位六贯除法.

五五二十五于次位三十上加二改作五十,又于第三位上下五贯.

四五二十将本身五十除三改作二百.

五四二十于次位二百上加二百作四百.

四四一十六将本身四百除二改作二千,却将次位除去四百.

10. 今有丝二百九十三斤,每斤价钞二十七贯五百文.问:该钞几何?

答曰:八千五十七贯五百文.

法曰:置所有丝二百九十三斤为实,以所求价二十七贯五百文为法,相乘定位法首,是十贯,合于斤上定百贯.共得八千五十七贯五百文,合问.

五三一十五[21]于第三位一贯上加一贯改作二贯,更于第四位下五百文.

七三二十一于次位下二十,更于第三位下一贯.

二三如六除去本身三斤,却于次位二十上加六十改作八十.

五九四十五于第三位一十加四十作五十,更于第四位二贯加五贯改作七贯.

七九六十三于次位下六百,将第三位八十除去七十止存一千.

二九一十八将本身九千除七,改作二千,却将次位七百除二百止存五百.

五二一十于第三位九百上加一改作一千,却加入前位三千改作四千.

七二一十四于次位二千加一改作三千,又于第三位五百上加四改作九百.

二二如四除去本身二百,却于次位四千上加四千改作八千.

11. 今有银三百六十五两,每十两价钞二百三十七贯五百文. 问:该钞几何?

答曰:八千六百六十八贯七百五十文.

法曰:置所有银三百六十五两为实,以所求价二百三十七贯五百为法,相乘定位实首是百,合于两上定百贯,共得八千六百六十八贯七百五十文,合问.

五五二十五[22]于第四位五百文上加二百改作七百文,更于第五位下五十文.

七五三十五于第三位五贯上加三贯改作八贯,更于第四位下五百文.

三五十五于次位下一十,更于第三位下五贯.

二五一十将本身五两除四改作一百.

五六三十于第四位下三贯.

七六四十二于第三位九十除五存四十文. 除第四位八贯加前位二百更于次位一十上加八十改作九十.

三六一十八于次位一百加一改作二百,更于次位一十上加八十改作九十.

二六一十二将本身六十除五改作一千,更于次位三百上加二百改作五百.

五三一十五于第四位五十上加一十改作六十,更于第五位下五贯改作八贯.

七三二十一于第三位四百上加二改作六百,更于第四位四十加一改作五十.

三三如九于第三位五百除一百止存四百,却于次位一千上加一千改作二千.

二三如六将本身三百除去,却于次位二千加六千改作八千.

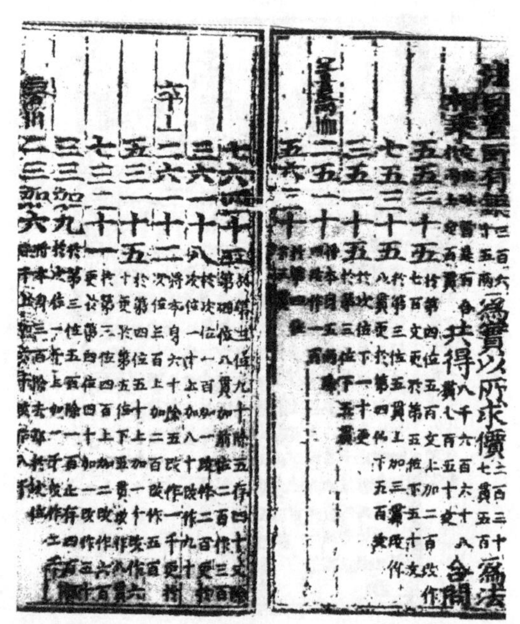

九归歌法[23]

一归,无法定身除.

二归,二一添为五,见二进一十,见四进二十,见六进三十,见八进四十.

三归,三一三十一,三二六十二,见三进一十,见六进二十,见九进三十.

四归,四一二十二,四二添为五,四三七十二,见四进一十,见八进二十.

五归,就身加一倍,见五进一十.

六归,六一下加四,六二三十二,六三添为五,六四六十四,六五八十二,见六进一十.

七归,七一下加三,七二下加六,七三四十二,七四五十五,七五七十一,七六八十四,见七进一十.

八归,八一下加二,八二下加四,八三下加六,八四添为五,八五六十二,八六七十四,八七八十六,见八进一十.

九归,下位加一倍,见九进一十.

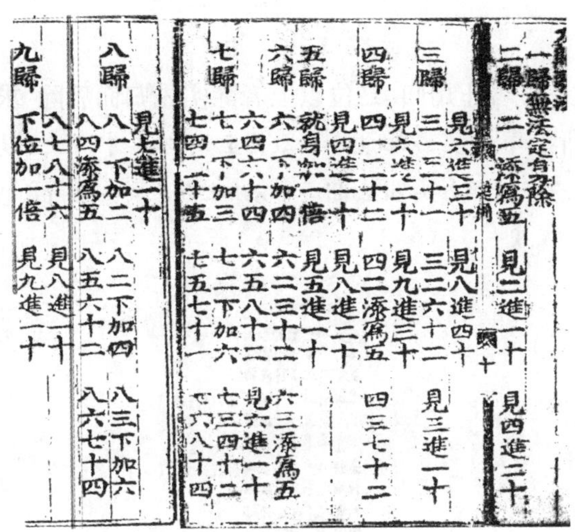
一歸無法定身除
二歸 二一添為五 見二進一十 見四進二十 見六進三十 見八進四十
三歸 三一三十一 三二六十二 見三進一十 見六進二十 見九進三十
四歸 四一二十二 四二添為五 四三七十二 見四進一十 見八進二十
五歸 就身加一倍 見五進一十
六歸 六一下加四 六二三十二 六三添為五 六四六十四 六五八十二 見六進一十
七歸 七一下加三 七二下加六 七三四十二 七四五十五 七五七十一 七六八十四 見七進一十
八歸 八一下加二 八二下加四 八三下加六 八四添為五 八五六十二 八六七十四 八七八十六 見八進一十
九歸 下位加一倍 見九進一十

撞归法[23]

撞归法谓如四归见四本作一十，然下位无除，不进为十，以四添五作九十，更于下位添四，其下位有四除也. 如又无除，即于九十内除一十，却于下位又添四，故谓之撞归，惟此法内用.

二归为九十二无除减一下还二，

三归为九十三无除减一下还三，

四归为九十四无除减一下还四，

五归为九十五无除减一下还五，

六归为九十六无除减一下还六，

七归为九十七无除减一下还七，

八归为九十八无除减一下还八，

九归为九十九无除减一下还九.

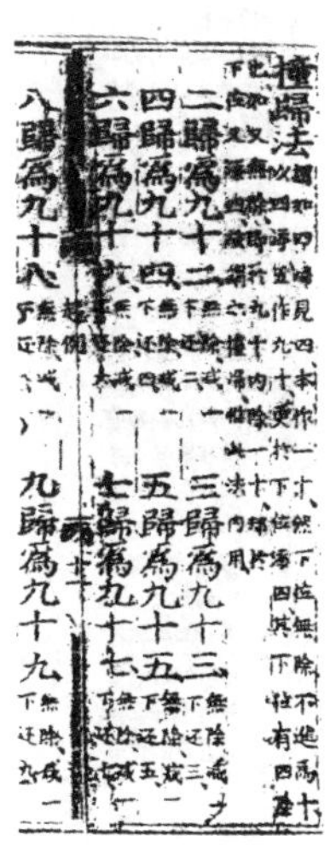
撞歸法謂如四歸見四本作一十然下位無除不進為十以四添五作九十更于下位添四其下位有四除也如又無除即于九十內除一十却于下位又添四故謂之撞歸惟此法內用
二歸為九十二無除減一下還二
三歸為九十三無除減一下還三
四歸為九十四無除減一下還四
五歸為九十五無除減一下還五
六歸為九十六無除減一下還六
七歸為九十七無除減一下還七
八歸為九十八無除減一下還八
九歸為九十九無除減一下還九

归除[23]

归除以法数一位者止用归.二位以上者除实先归而后除、求源,故曰归除.

归除曰:以所出率为实,以钱若干之数为主数,不齐者.率之.以所求率为法,所求物数或价钱为法,不齐者率之实如法而一,以法之数除实之数,言十当身,言如次位求之与相乘同意,惟反用.

定位

从法首之数,以定其实[15],谓如实千贯,法十人,从实前第一位数法十起,第二位得法一,就第二位上,却从千位数起,复数第一位得百,本位得十,次位定一贯.实百两法千,从实前第一位上数千,前第二位得百,前第三位得十,前第四位得法一,却从步第四位上数实百两起,或就曰第三位得十两,第二位得两,第一位得钱,本身得分,次位得厘.

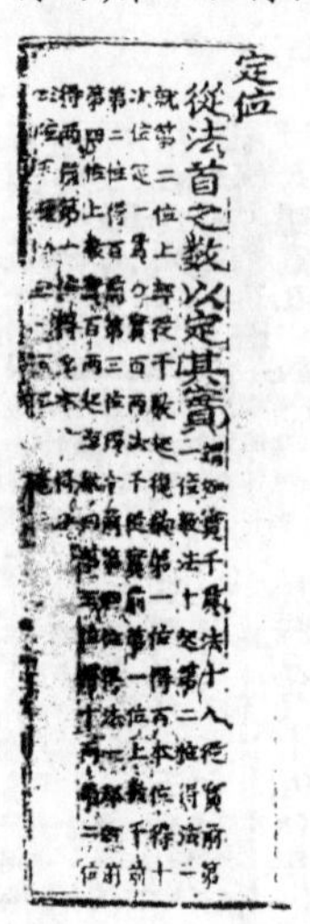

定位

從法首之數以定其實

归法

归法法数一位者止用归，从实首位，次第求之歌曰[24]：

九归之法乃平分，凑数从来有见成.

数若有多归作十，归如不尽搭添行.

12. 今有米一千三百五十六石，每田一亩收米二石. 问：该田几何？

答曰：六顷七十八亩.

法曰：置所有米一千三百五十六石为实，以所收米二石为法归之.

定位实千石从实前第一位是法二石，就从实前一位数实千位起，本位得百亩，次位得十亩，第三位十石上定亩，共得六顷七十八亩，合问.

二一添为五将本身一千添四数改为五顷.

见二进一十将本身三百除二却进前位，五顷上加一顷作六顷，本位止存一百.

二一添为五将止存一百添四改为五十.

见四进二十将本身五十除四[十]，却进前位五加二十作七十，本位止存一亩.

二一添为五将止存一亩添四亩作五亩.

见六进三十将本身六石却进前位五亩上加三亩作八亩.

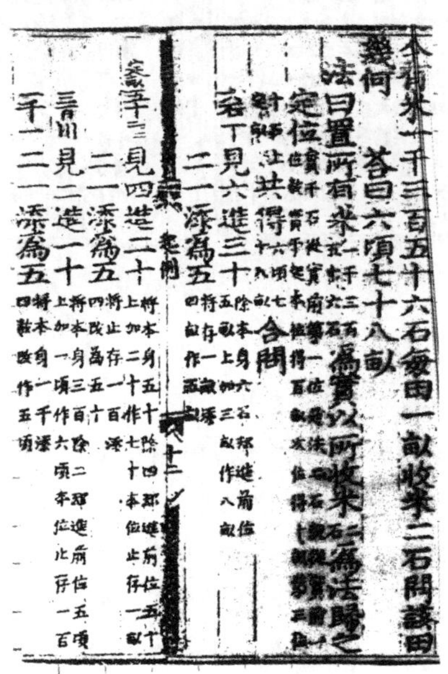

今有米一千三百五十六石每田一畝收米二石問該田幾何　荅曰六頃七十八畝

法曰置所有米一千三百五十六石為實以所收米二石為法歸之

定位

共得

合問

見六進三十

二一添為五

見四進二十

二一添為五

見二進一十

二一添為五

今有钞二百六十五贯三百二十文，假令[25]

13. 三人分之：

答曰：八十八贯四百四十文。

三二六十二将本身二百添四改作六十，更于次位六十上加二改作八十.

见六进二十将改八十除六十止存二十，却进前位六十上加二十改作八十.

三二六十二将在二十添四改作六贯，更于次位五贯上加二改作七贯.

见六进二十将改七贯除六止存一贯，却进前六贯上加二贯改作八贯.

三一三十一将存一贯添二改作三百文，却于次位三百上加一改作四百文.

见三进一十将位四百除三百止作一十却于前位三百上加一改作四百.

三一三十一将在一十上加二改作三十，更于前位二十上加一改作三十.

见三进一十除改作三十，却于前位三十上加一十改作四十.

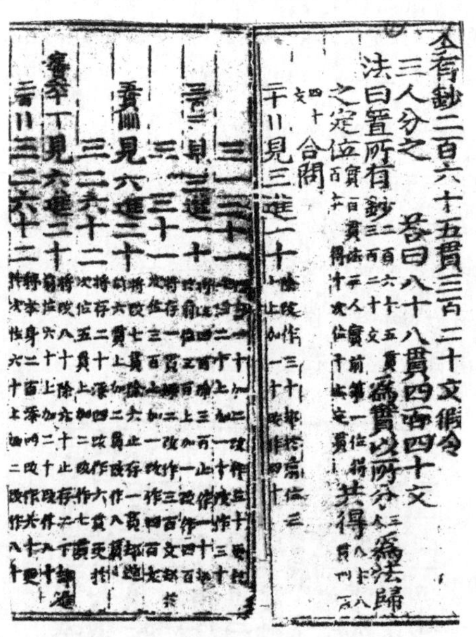

今有鈔二百六十五貫三百二十文假令

三人分之　答曰八十八貫四百四十文

法曰置所有鈔二百六十五貫三百二十文為實以所分三人為法歸

14. 四人分之：

答曰：六十六贯三百三十文.

四二添为五将本身二百添三改作五十.

见四进一十将本身六十除四止存二十，却于前位五十上加一十作六十.

四二添为五将存二十添三数改作五贯.

见四进一十将本身五贯除四贯止存一数，却于前位五贯加一贯改作六贯.

四一二十二将存一添一改作二百文，更于次位三百上加二数改作五十.

见四进一十将改五十除四十止存一十，却于前位三百上加二数改作五十.

四一二十二将存一添一改作二十，更于次位二十上加二改作四十.

见四进一十将改作四十除去，却于前位二十上加一十改作三十.

15. 五人分之：

答曰：五十三贯六十四文.

就身加一倍将本身二百加二百改作四十.

见五进一十将本身六十除五十止作一十，却于前位四十上加一十改作五十.

就身加一倍将存一十加十改作二贯.

见五进一十将本身五贯除去，却于前位上二贯加一贯改作三贯.

就身加一倍将本身三百加三百改作六十.

就身加一倍将本身二十加二十改作四文.

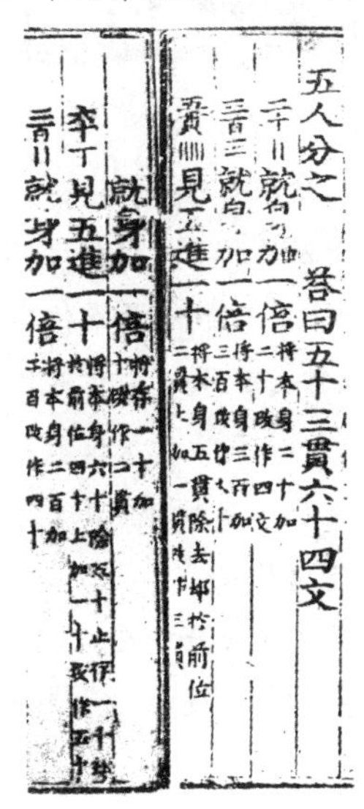

16. 六人分之:

答曰:四十四贯二百二十文.

六二三十二将本身二百添一百改作三十,更于次位六十上加二十改作八十.

见六进一十将改八十除六止存二十,却于前位三十上加一十改作四十.

六二三十二将存二加一改作三贯,更于前位五贯上加二贯改作七贯.

见六进一十将改七贯除六止存一贯,却于前位三贯上加一贯改作四贯.

六一下加四将存一贯不动,于次位三百上加四改作七十.

见六进一十将改七十除六止存一十,却于前位一贯上加一作二百.

六一下加四不动存一十止,于次位二十上加四改作六十.

见六进一十将改六十除去,却于前位存一十上加一十作二十.

17. 七人分之:

答曰:三十七贯九百二文七分文之六.

七二下加六不动本身二百,只从次位六十上加六,改作一十二.

见七进一十将改一十二除七止存五贯,却于前位二贯上加一百改作三十.

七五七十一将存五贯添二改作七百,却于前位五贯上加一改作六贯.

七六八十四将改六百加二改作八百,更于次位三百上加四改作七.

见七进一十将改七除去,却前位八百上加一百改作九百.

七二下加六不动本身,只于下位加六.

七四五十五将四数加一作五,更于次位下五.

七五七十一将五数加二作七,更于次位下一,此数无尽,且止于终.

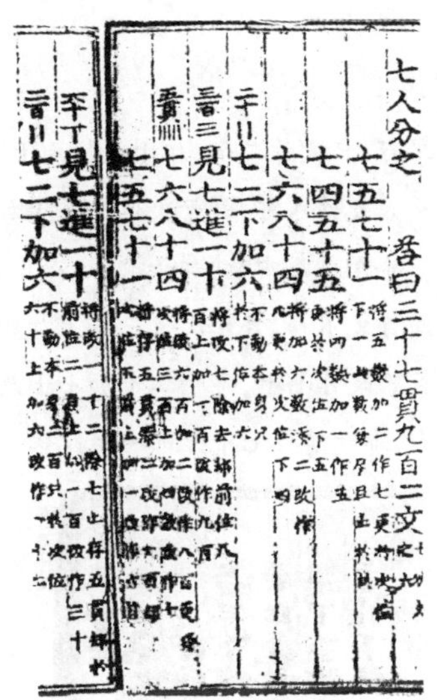

18. 八人分之:

答曰:三十三贯一百六十五文.

八二下加四不动本身二百,只于下位六十上加四改作一千.

见八进一十将作一千除八,止存二,却于前位二百上加一百改作三十[贯].

八二下加四不动存二,只于次位五贯上加四改作九贯.

见八进一十将改九贯除八止存一贯,却于前位存二上加一改作三贯.

八一下加二不动存一,只改作一百,更于下位三百上加二百改作五百.

八五六十二将改作五百添一百改作六十,更于次位二十上加二十改作四十.

八四添为五将改四十添一改作五文.

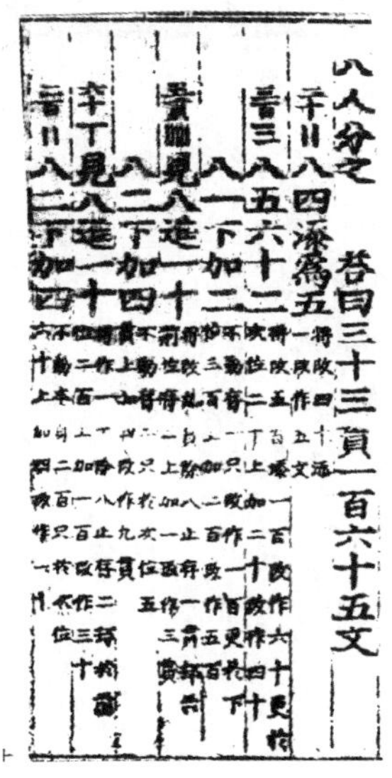

19. 九人分之:

答曰:二十九贯四百八十文.

下位加一倍不动本身二百,只改作二十,却于次位六十上加二十改作八十.

下位加一倍不动改八十只改作八贯,却于次位五贯上加八改作一十三.

见九进一十前改一十三除九止存四数,却于前位,八贯上加一贯作九贯.

下位加一倍将存四作四百文不动,只于次位三百上加四百改作七百.

下位加一倍不动作七百只改作七十,却于二十加七十改作九十.

见九进一十除去改九十,却于前位七十上加一十改作八十.

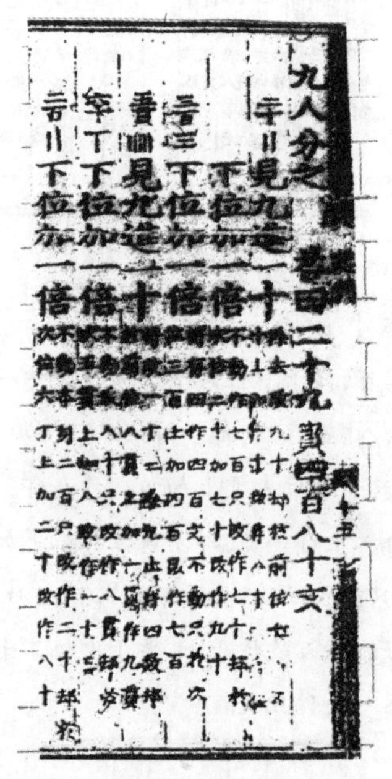

九人分之

答曰二十九貫四百八十文

見九進一十

下位加一倍

下位加一倍

見九進一十

下位加一倍

下位加一倍

归除法

归除[法]二十以上至百千万以上,首位有二、三、四、五、六、七、八、九者,皆以此法分之,从首位次数算起,用乘法还原.

惟有归除法更奇,将身归了次除之.

有归若是无除数,起一还将原数施.

或遇本归归不得,撞归之法莫教迟.

若人识得中间意,算学虽然尽可知㉖.

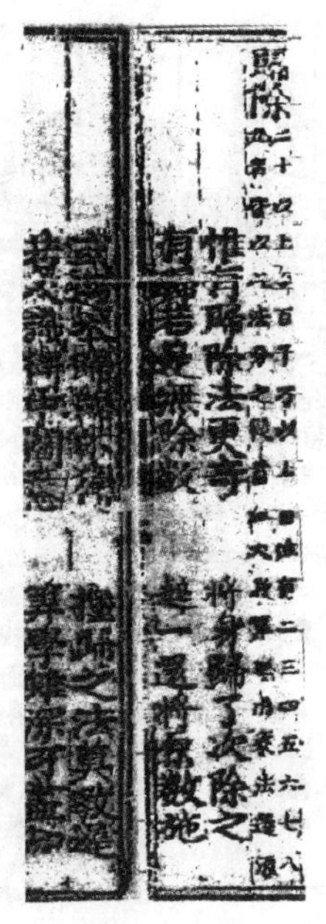
歸除
惟有歸除法更奇　將身歸了次除之
有歸若是無除數　起一還將原數施

20. 今有钞二千五十二贯,每米一石价钞四贯五百文.问:该米几何?

答曰:四百五十六石.

法曰:置所有钞二千五十二贯为实,以所求价四贯五百文为法,除之,定位实千贯从实前一位是法四贯,就从实前一位数实千起,本位得百石,次位得十石,第一位五十贯上定石.共得四百五十六石,合问.

四二添为五[27]将本身二千添三为五,合依定位改作五百石.

无除下还四将作五百除一百止存四百,却于次位下四十.

五四除二十将下四十,内除二十,上存二十.

四二添为五将存二十,将三改作五十.

五五除二十五得本身五十除三十止存二十,却从次位二贯上加五为七贯.

四二添为五将存二十添三改作五石.

见四进一十将为七贯除四贯止存三贯,却进前位五石上加一石作六石.

五六除三十将存三十贯,除尽.

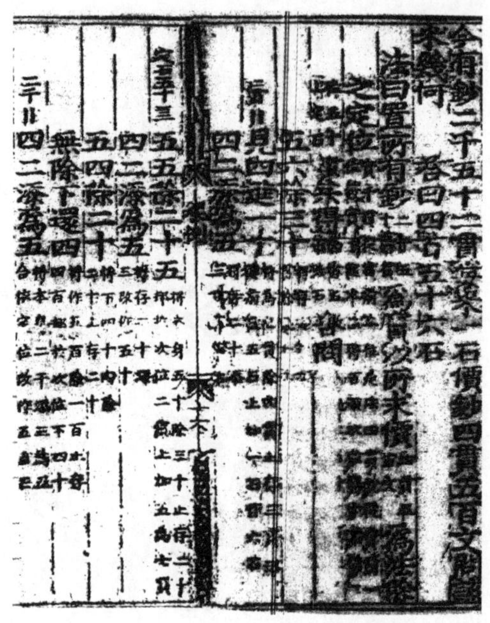

21. 今有钞八千五十七贯五百文,每丝一斤价钞二十七贯五百文.问:该几何?

答曰:二百九十三斤.

法曰:置所有钞八千五十七贯五百文为实,以所求价二十七贯五百文为法,除之.定位实千贯,从实前第一位得法十贯,第二位得贯,就从第二位改为千斤,第一位得百斤,本位得十斤,合于次位空上定斤.共得二百九十三斤,合问.

见四进二十将本身八千内除四千,止存四千,却进前位,合依定位作二百斤.

七二除一十四将存四千,内除二千,止存二千,却于次位添六百.

五二除一十将添六百内除一百止存五百.

见二无除添为九十二将存二千添七千,合依.定位改作九十斤,更于次位五百上加二百为七百.

七九除六十三将为七百内除六百止存一百,更于次位五十除三十存二十.

五九除四十五除存一百,于次位二十加六十为八十,尽次位七贯,除五存二贯.

见六进三十将为八十内除六十止存二十,却进前位,合依定位改作三斤.

七三除二十一除存三十,更于次位二贯内除一贯,止存一贯.

五三除一十五除存一贯,又除次位五百文,尽.

22. 今有钞八千六百六十八贯七百五十文,每金一两价钞二百三十七贯五百文.问:该金几何?

答曰:三十六两五钱.

法曰:置所有钞八千六百六十八贯七百五十文为实,以所求价二百三十七贯五百文为法,除之.定位实千贯,从实前第一位数法百贯,第二位得十贯,第三位得贯,就从第三位起数实千两,第二位得百两,第一位得十两,本位得两共得三十六两五钱,合问.

见六进三十将本身八千,内除六千,止存二千,却进前位,合依定位,下作三十两.

三三除九将存二千,内除一千,止存一千,却于次位六百上加一百改作七百.

七三除二十一将作七百,内除二百,存五百,更于次位六十上除一十存五十.

五三除一十五将存五十内除一十存四十,更于次位八贯内除五贯存三贯.

二一添为五将存一千内添四千,合依定位改作五两.

见二进一十将存五百内除二百存三百,却进前位五两加上一两改作六两.

三六除一十八将存三百内除二百存一百,却于次位四十上加二改作六十.

七六除四十二将作六十内除四十止存二十,更依次位三贯除二贯存一贯.

五六除三十将存二十内除一十止存一十,却于次位一贯上加七改作八贯.

二一添为五存一百添四,合依定位,改作五钱.

三五除一十五除得一十,更于次位八贯内除五贯止存三贯.

七五除三十五除存三贯,更于次位七百内除五百止存二百.

五五除二十五除存二百,更除次位五十,尽.

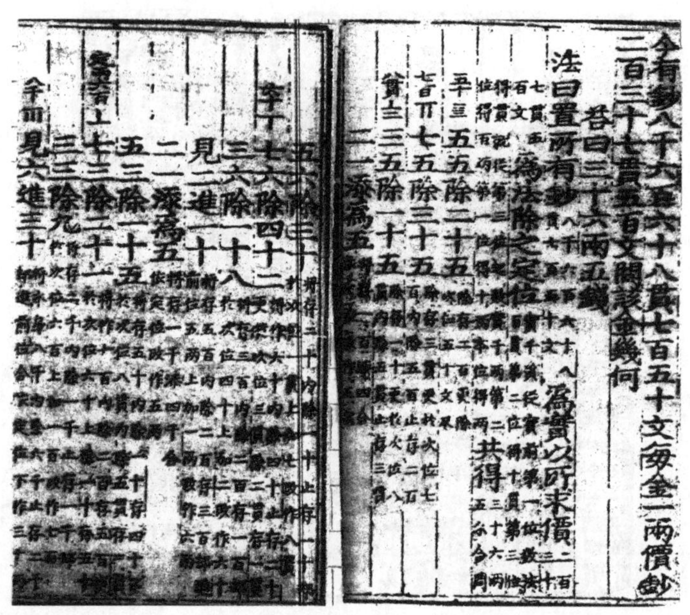
今有鈔八千六百六十八貫七百五十文每金一兩價鈔二百三十七貫五百文問該金幾何

答曰三十六兩五錢

加法[28]

加法法首从一者:一十、一百、一千、一万之数,可加;不从一者不用.此例是用免布法代二位乘,定身除还源,歌曰:

加法仍从下位先,如因位数或多焉.

十居本位零居次,一外添余法更玄.

加曰以实增数代乘,以所有物数为实共有物若干数,所求价为法即物价钱若干.从实尾位加起物之末位也.谓从实尾加一位讫,又加一位,至实首位而止.言十当身布十谓三四一十二,二七一十四之类,皆当实身布十,身后下位布零,言如身后加如,谓二二如四,二三如六之类,实之身后加之数.

定位

以法首所求价物之数,定实末位实尾位也.

乃所得之数谓如实尾二人法云,每人一百五十,法首是石,乃物人上定百.实尾二人法云,每人一贯五百,于人上定贯,法首为准,余皆仿此.

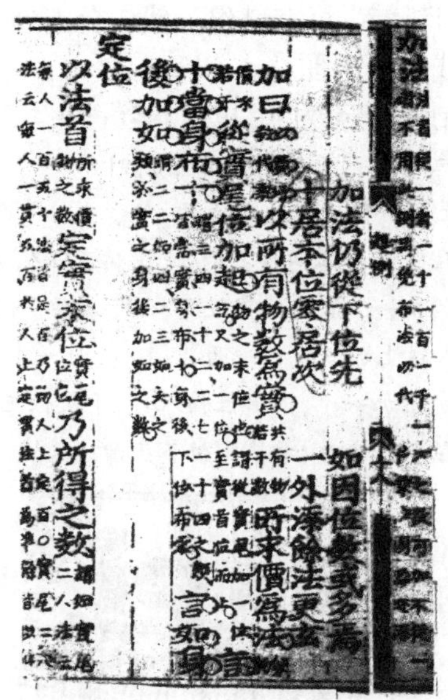

23. 今有物三百六十一斤,每斤一十六两. 问:该两几何?

答曰:五千七百七十六两.

法曰:置所有物三百六十一斤为实,以所求两一十六两为法,加之.

定位:法首是十,合于斤上定之.

三六加一十八于三百加二依定位作五千两,次位九百两减二百两存七百两.

六六加三十六于六十加三作九百,更于次位一斤加六依定位作七十两.

一六如六不动本身一斤,只于次位加六两.

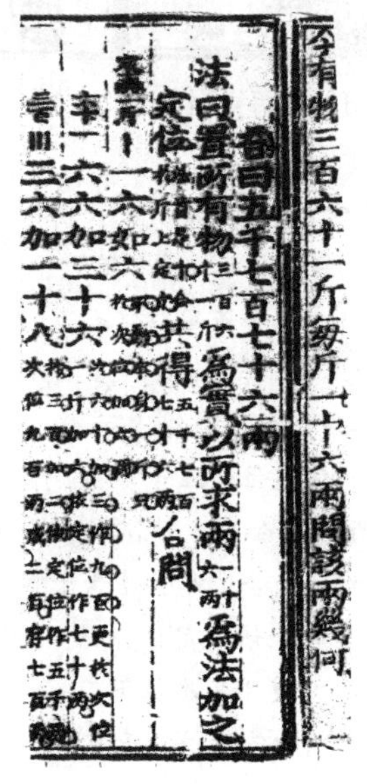

24. 今有田三顷四十七亩，每亩科丝一钱二分五厘. 问：该丝几何？

答曰：四十三两三钱七分五厘.

法曰：置所有田三顷四十七亩为实，以所科丝一钱二分五厘为法，加之定位法首是钱. 合于亩上定钱. 共得四十三两三钱七分五厘，合问.

二三加如六于三顷上加一依定位作四十两，却于次位七两内减四两存三两.

五三加一十五于次位五两加二两作七两，又次位存八钱内减五钱存三钱.

二四加如八于四十上加一十依定位作五两，却于次位一两除二钱存八钱.

五四加二十于次位八钱上加二钱作一两.

二七加一十四于七亩上加一十，依定位作八钱，于次位三分上加四作七分.

五七加三十五于次位下三分更，于第三位下五厘.

25. 今有罗二百四十六疋，每疋价钞一百二十七贯五百文. 问：该钞几何？

答曰：三万一千三百六十五贯.

法曰：置所有罗二百四十六疋为实，以所求价一百二十七贯五百文为法，加之，定位法首是百，合于实上定百贯，共得三万一千三百六十五贯合问.

二二加如四将本身二百加一百，合依定位作三万，却于次位七千除六存一千.

二七加一十四于次位五千与加二千作七千，又次位八百内減六百存二百.

二五加一十于第三位存二百与加一百作三百.

二四加如八将四十上加一，依定位作五千贯，却于次位一千上減二百存八百.

四七加二十八于次位七百加三百作一千，却于次位六十減二十存四十.

四五加二十于存四十上加二十，合依定位作六十贯.

二六加一十二于次位六疋加一，依一定位作七百，更于次位四十上加二十作六十.

六七加四十二于次位加四十，更于又次位下二.

五六加三十于二上又加三十，合依定位作五贯.

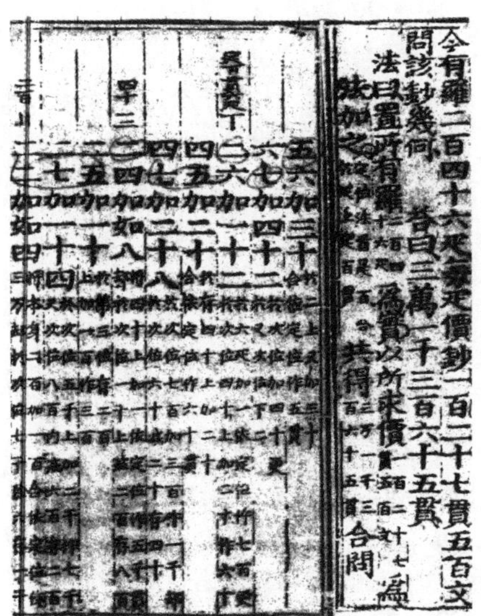

26. 今有秋粮正米四万六千七百五十一石二斗，每石带耗米七升. 问：该疋耗米几何？

答曰：五万二十三石七斗八升四合.

法曰：置所有正米四万六千七百五十一石二斗为实，以每石耗米七升为法，隔位加之，定位法是升，石上得石共得五万二十三石七斗八千四合合问.

四七加二十八将本身四万加一万改作五万，除次位六千，第三位一千二百.

六七加四十二于次位七百加五百作一千二百，于第三位一百除八十存二[十].

七七加四十九于次位五十加五十作一百，却于第三位四石除一石存三石.

五七加三十五于次位一石加三石作四石，更于第三位二斗加五改作七斗.

一七加如七于第三位一升上加七升改作八升.

二七加一十四次位加一升，第三位加四合.

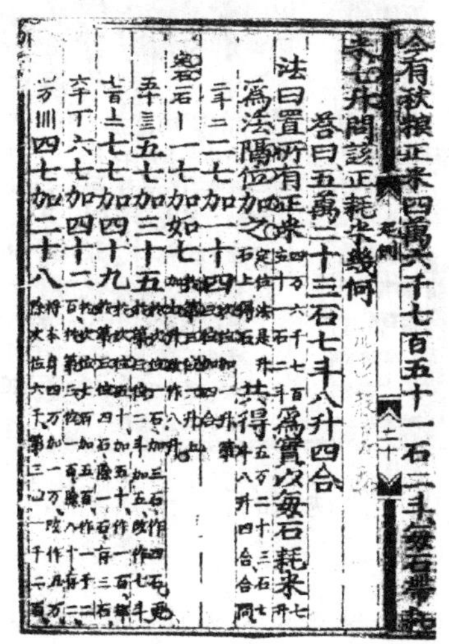

减法

减法[29]即定身除法. 首遇一,乃一十、一百、一千、一万之数可用,免布法代二位除,即反用加法,从首位大数算起,歌曰

减法须知先定身,

得其身数始为真.

法虽有一何曾用,

身外除零妙入神.

法曰:以法减实代除,以所出钱数为实钱若干数,所求物价为法每物价钱若干,从实首位存身数减之,议实多寡免留本身,然后可省从首位减起,减第一位讫,次减第二位至实尾位,言十当身退十三四一十二,四四一十六之类,当本身退十,次位退零言如次位退如二二如四,二三如六之类,于次位退之.

定位

以法首之数,以定其实[15]谓如两求斤,法首是十,即于实上定斤. 税丝求亩,法首是丝,却于实丝上定数. 一百五十人分钞五千四百七十五贯,于实千上起数法百贯,前一位得法十贯,前二位得法一[贯],却就二位上起数,回得实千,前一位得实万,本位千上得定十贯,每人得三十六贯五百文,除皆仿此.

27. 今有物五千七百七十六两,每斤一十六两. 问:该斤几何?[30]

答曰:三百六十一斤.

法曰:置所有物五千七百七十六两为实,以所求斤一十六两为法,定身减之定

位,实千两,法十两,实首本位数法十两起,前一位得法两,就两上数实千起至实前本位得百斤,次位得十斤,第三位得十两,定斤. 共得三百六十一斤合问.

三六减一十八将五千减二千存位定,位作三百斤,于次位七百加二为九百.

六六减三十六将为九百减三百作六十斤,于次位七十减六十存一十.

一六减如六不动本身,余存一十,合依定位作一斤,以减次位六两,适尽.

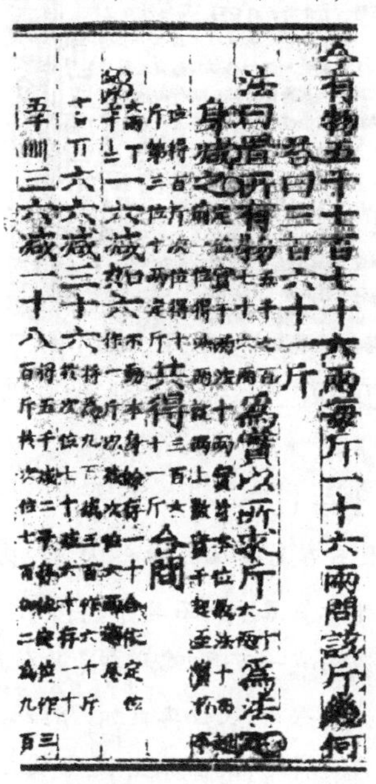

28. 今有夏税丝四十三两三钱七分五厘,每亩科丝一钱二分五厘. 问:该田几何[31]?

答曰:三顷四十七亩.

法曰:置所有丝四十三两三钱七分五厘为实,以所科丝一钱二分五厘为法,定身减之定位实十两法钱,合于钱上定亩. 共得三顷四十七亩合问.

二三减如六将四十两减一十,存,依定位作三百亩,于次位三两加四两为七两.

五三减一十五将为七两内减二两余存五余,却于次位三钱上加五为八.

二四减如八将存五两减一两,存,依定位作四十亩,于次位八钱加二钱为一两.

四五减二十将为一两内减二钱余存八钱.

二七减一十四将存八钱减一钱存作七亩,更于次位七分减四分存三分.

五七减三十五减余存三分,更于次位减五厘,尽.

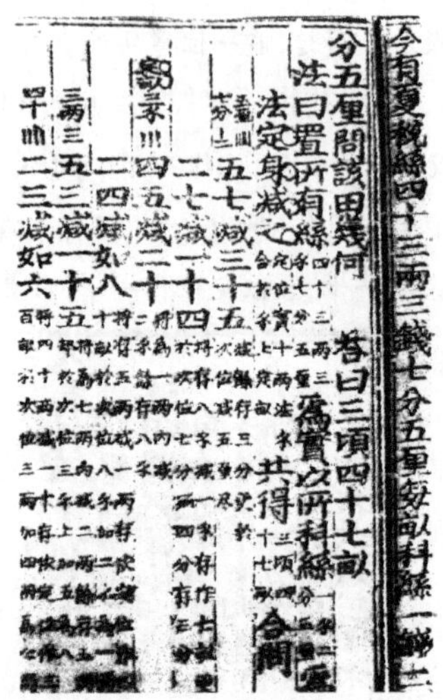

29. 今有秋粮，正耗米五万二十三石七斗八升四合，每石减耗米七升. 问：该正米几何？[32]

答曰：四万六千七百五十一石二斗.

法曰：置所有米五万二十三石七斗八升四合为实，以每石耗米七升为法，隔位减之定身除石定石共得四万六千七百五十一石二斗，合问.

四七减二十八将本身五万内减一万存四万，却于次位加七千，三位加二百.

六七减四十二将加七千减一存六，次位二百加六作八百，却减第三位二百.

七七减四十九将作八百减一存七，次位加五十，于第三位三石加一作四石.

五七减三十五于作四石内减三石，更于次位七斗内减五斗余存二斗.

一七减如七于第三位八升内减七升余存一升.

二七减一十四减次位存一升，又减第三位四合，尽.

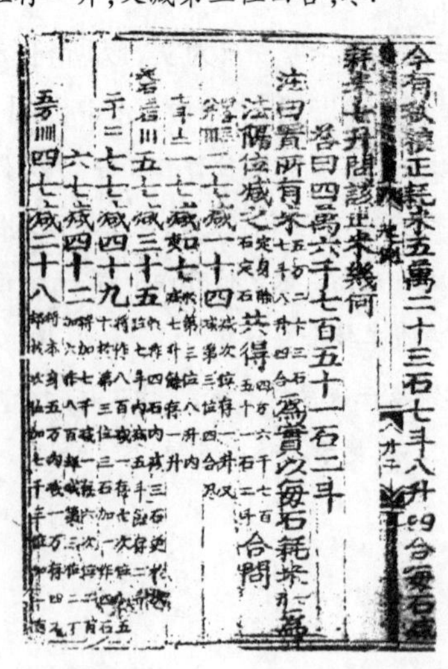

商除法

[商]除㉝不若归除捷径,然开方用之.

数中有术号商除,商总分排两位居.

唯有开方须用此,续商不尽命其余.

30. 今有钞八十贯七百一十二文,买物二百三十六斤.问:斤价几何?

答曰:三百四十二文.

法曰:置所有钱八十贯七百一十二文为实,以所买物二百三十六斤为法,商除之,定位之法与旧除同.

二三除如六于实前合依定位下三百,却将本身八十内除六十,余存二十.

三三除如九将存二十内除一十,余存十一,却于次位下一贯.

三六除一十八除存一十,于次位一贯加八作九贯,第三位七百加二作九百.

二四除如八将作九贯内除八贯,存一贯,于前位下四十.

三四除一十二除存一贯,更于次位九百内除二百,余存七百.

四六除二十四于存七百内除三百,存四百,却于次位一十上加六十作七十.

二二除如四除存四百,却于前位下二文.

二三除如六于第三位作七十内除六十,余存一十.

二六除一十二除存一十,更除次位二文,尽.

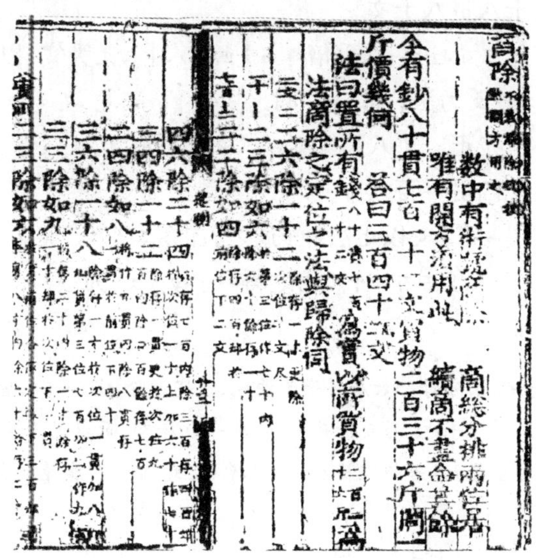

商除

數中有術號商除　商總分排兩位居

唯有開方須用此　續商不盡命其餘

今有鈔八十貫七百一十二文買物二百三十六斤問

斤價幾何　答曰三百四十二文

法曰置所有錢為實以所買物

法商除之定位之法與歸除同

四六除二十四

三四除一十二

二四除如八

三六除一十八

三三除如九

二三除如六

求一乘法

求一㉞乘法求法首之数为一,以加减之法而代乘除,今多以代除而不代乘,故以此歌之法,用补阙文.

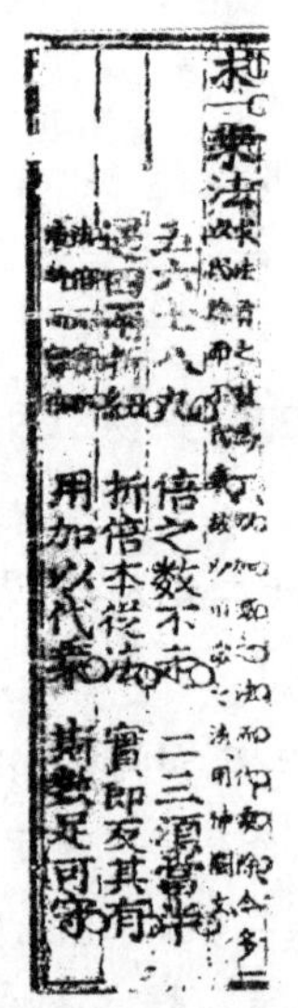

求一乘法

五六七八九，倍之数不齐。二三须当半，

遇因禾折紐，折倍本從法，實即反其有。

用加以代乘，斯数足可守。

31. 今有芝麻二十三石四斗五升,每石价钞二贯八百文. 问:该钞几何?

答曰:六十五贯六百六十文.

法曰:置所有麻二十三石四斗五升,倍之得四十六石九斗为实,以每石价钞二贯八百文折斗得一贯四百文为法,加之,合问.

32. 今有丝三百七十一两,每两价钞四百八十文. 问:该钞几何?

答曰:一百七十八贯八十文.

法曰:置所有丝三百七十一两重倍得一千四百八十四文为实,以所求价钞四百八十文两折半得一百二十文为法,加之,合问.

33. 今有绢一十二疋二丈八尺疋法四丈,每尺价钞五百二十文. 问:该几何?

答曰:二百六十四贯一百六十文.

法曰:置所有绢一十二疋以疋法四十通之,加零二丈八尺共得五百八尺折半得二百五十四尺为实,以所求价五百二十文倍之得一千四十文,为法,加之. 合问.

求一除法

求一除法求一者,求分母一数居首而为法也,盖定身除. 若法首位皆一不待求之,或二三四五六七八九者,居首非一也,乃或折或倍,必求一数居首,而以定身除算之,但必法折倍则子数亦须折倍,下算重复,不若归除捷径,不必学也. 此求一却能兼九归,定身除,归除三法,学者亦不可不知耳.

求一明教置两停㉟,二三折半四三因㊱.

五之以上二因见,却一除零要定身.

34. 今有米二十三石四斗五升七合四勺,祟钞三十八贯. 问:每贯该米几何?

答曰:六斗一升七合三勺.

法曰:置米二十三石四斗五升七合四勺折半得一十一石七斗二升八合七勺为实,以所粜钞三十八贯折半得一十九贯为法,定身除之,合问.

35. 今有钞三十七贯一百二十五文,买丝四十五两. 问:每两该钞几何?[37]

答曰:八百二十五文.

法曰:置钞三十七贯一百二十五文以三因得一百一十一贯三百七十五文为实,以三因所买丝四十五两得一百三十五两为法,定身除之,合问.

36. 今有布六百五十五丈二尺. 每五丈二尺卖钞一十贯. 问:该钞几何?

答曰:一千二百六十贯.

法曰:置所有布六百五十五丈二尺以二因得一千三百一十丈四尺为实,以二因每五丈二尺得十丈四尺为法,定身除之,合问.

袖中锦定位诀数[38]

掌中定位法为奇,从寅为主是根基.

加乘顺数还回转,减除逆数顺还回.

小乘除大皆顺数,大乘小数亦如之.

乘除大小随术化,厘毫丝忽不差池.

大乘大[39]

37. 今有金五万六千五百两,每两价钱二百五十三贯(文). 问:该钱几何?

答曰:一千四百二十九万四千五百贯文.

法曰:置金为实,每两价钱为法,乘之,得数不动. 却从寅位上定实,顺数实金万两,卯上得千两,辰上得百两,已上得十两,午上得一两,乃未上得法首钱百贯,复逆数回午上得千贯,已上得万贯,辰上得十万,卯上得百万,寅上得千万,合问.

袖中錦定位訣 掌中定位法為奇 從寅為主是根基
加乘順數還回轉 減除逆數順還回
小乘除大皆順數 大乘小數亦如之
乘除大小隨術化 釐毫絲忽不差池
大乘大 今有金五萬六千五百兩每兩價錢二百五十三
貫文問該錢幾何
答曰一千四百二十九萬四千五百貫文
法曰置金為實以每兩價錢為法乘之得數不動却從
寅位上定實順數實金萬兩卯上得千兩辰上得百兩巳上
得十兩午上得一兩乃未上得法首錢百貫復逆數回午上

小乘大

38. 今有人二十五万名,每人出银五毫三丝.问:该银几何?

答曰:一百三十二两五钱.

法曰:置人数二十五万名为实,以每名出银五毫三丝为法乘之,得数不动.却从掌中寅位上定实,顺数实人十万,卯上得万人,辰上得千人,巳上得百人,午上得十人,未上得一人,乃申上得法首毫,复逆数回未上得厘午上得分,巳上得钱,辰上得两,卯上得十两,寅上得百两,共得一百三十二两五钱合问.

大乘小

39. 今有金七厘五毫,每两价钱四千五百万文.问:该钱几何?

答曰:三十三万七千五百文.

法曰:置金为实,以每两价钱为法,乘之,得数亦从寅位上定两,顺数法钱,卯上得千万,辰上得百万,巳上得十万,合问.

小乘小

40. 今有金四厘五毫,每厘价银五厘五毫.问:该银几何?[40]

答曰:二分四厘七毫五丝.

法曰:置金为实,以每斤价银为法乘之,得数亦从寅位上定实,顺数卯上得两,辰上得钱,巳上得分,合问.

大除大

41. 今有钱一百四十二亿九千四百五十万文,共买金五万六千五百两.问:每两该银几何?

答曰:二十五万三千文.

法曰:置钱为实,以共买金为法,除之,得数却从寅位上定实,逆数法金,丑上得万两,子上得千两,亥上得百两,戌上得十两,酉上得一两,乃酉上得实首钱百亿,仍顺数回戌上得十亿,亥上得一亿,子上得千万,丑上得百万,寅上得十万,合问.

大除小

42. 今有钱三十三万七千五百文,买金每两价钱四千五百万文.问:该买金几何?[41]

答曰:七厘五毫.

法曰:置钱三十三万七千五百文为实,以每两价钱四千五百万文为法,除之,得数不动.亦于掌上寅位上定实,逆数法钱丑位上得千万.子上得百万,亥上得十万,戌上得万,酉上得千,申上得百,未上得十,午上得一,乃午上得实首钱十万,复顺数回未上得万,申上得千,酉上得百,戌上得十,亥上得一两,子上得钱,丑上得分，寅上得厘，合问.

小除大

43. 今有米一百三十二石五斗，每人分米五勺三抄. 问：该人几何？

答曰：二十五万人.

法曰：置米为实，以每人分米为法除之，得数不动，却于掌上寅位上定实，仍以丑上顺数实米得石，寅上得斗，卯上得升，辰上得合，巳上得勺，乃巳上得实首百人，辰上得千人，卯上得万人，寅上得十万人，共得二十五万人，合问.

小除小

44. 今有银二分四厘七毫五丝，每银五厘五毫买金一厘. 问：该买金几何？

答曰：四厘五毫.

法曰：置银二分四厘七毫五丝为实，以每银五厘五毫为法，除之得数不动，亦从寅位上定实，却于丑上得两，顺数回寅上得钱，卯上得分，辰上得厘，共得四厘六毫，合问.

加法

45. 今有米一千三百五十六石三斗，每石价钞一十五贯. 问：该钞几何？

答曰：二万三百四十四贯五百文.

法曰：置米为实，以每石价钞为法，加之，得数亦从寅上定实，顺数法十贯，卯上得贯，乃卯上得实首千，仍复逆数回寅上得万贯，合问.

减法

46. 今有钞二万三百四十四贯五百文，每钞一十五贯籴米一石. 问：该米几何？

答曰：一千三百五十六石三斗.

法曰：置钞为实，以每石价钞为法，减之，得数亦从寅上定实，逆数法十贯，丑上得贯，乃丑上得实首万，仍复数回寅上得千，共得一千三百五十六石三斗，合问.

河图书数

河图书数[42]自古传之，乃论先天推阴阳之数，将纵横十五之图，先运于掌上，熟记其数无差次. 书其图形布排运用. 乘除加减，开方，自毫厘至于千万会零合豁，不用算盘，至无差误，实为钞术也.

坎一　　坤二　　震三　　巽四

中五

(乹)[乾]六　　兑七　　艮　　八　　离九

纵横十五人能晓，天下科差掌上观.

万中千坎百归艮，十震两巽钱离安.

分坤厘兑毫乾上，河图千古再重看.

免用算盘并算子，[乘]除加减不为难.

石两贯	斗钱佰	升分十
巽离坤	巽离坤	巽离坤
震中兑	震中兑	震中兑
艮坎乾	艮坎乾	艮坎乾
十	万	合厘文
巽离坤	巽离坤	巽离坤
震中兑	震中兑	震中兑
艮坎乾	艮坎乾	艮坎乾
百	千	勺毫分
巽离坤	巽离坤	巽离坤
震中兑	震中兑	震中兑
艮坎乾	艮坎乾	艮坎乾

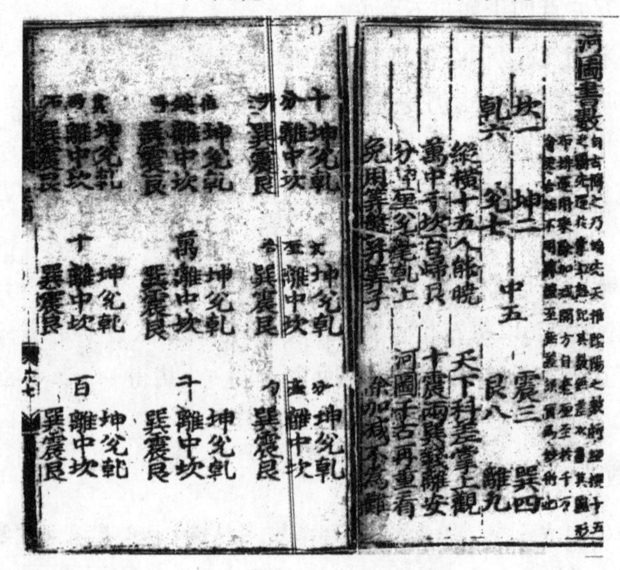
河圖書數

縱橫十五人能曉　天下科差掌上觀

萬中千坎百歸艮　十震兩巽錢離安

分坤厘兌毫乾上　河圖千古再重看

免用算盤并算子　除加減不爲難

积数

47. 今有人支银四钱五分，又支三钱四分，又支三两五钱. 问：共该几何？

答曰：四两二钱九分.

法曰：[43]置钱九图，用铜钱九个，若遇问分，只动分图上一个钱，至于千万皆然. 先下四钱，将铜钱置钱图巽四上.

又将五分置分图中五上.

再加二钱四分将钱图巽四改作兑七,外有四分于分图内,起中五改作离九.

再加三两五钱.置两图下巽四,却除钱图内兑七改作坤二,共得四两二钱九分,合问.

因法

48. 今有白米五百七十六石,每石价钞三贯.问:该钞几何?

答曰:一千七百二十八贯.

法曰:[44]置米五百七十六石为实,以每石价钞三贯为法,因之,合问.

三六一十八将乾六两改作坎一,却于次位下艮八合,依定位得八贯.

三七二十一将兑七改作坤二,却将次位坎一改作坤二.

三五一十五将中五改作坎一,却将次位坤二改作兑七.

今有白米五百七十六石每石價鈔三貫問該鈔幾何
荅曰一千七百二十八貫
法曰置米五百七十六石爲實以每石價鈔三貫爲法因之合問
乾六 三六一十八 將乾六改作坎一却於次位下艮八合依定位得八貫
兌七 三七二十一 將兌七改作坤二却將次位坎一改作坤二
中五 三五一十五 將中五改作坎一却將次位坤二改作兌七

乘法

49. 今有丝二千七百六十八两,每两价钞四百六十文.问:该钞几何?

答曰:一千二百七十三贯二百八十文.

法曰:置丝二千七百六十八两为实,以每两价钞四百六十文为法乘.

六八四十八于次位下巽四,又次位下艮八,合依定位得八十文.

四八三十二将艮八改作震三,又将次位巽四改作乾六.

六六三十六将改位震三改作兑七,将下位乾六改作坤二.

四六二十四将乾六改作震三,却将次位兑七改作坎一.

六七四十二将次位震三改作兑七,将下位坎一改作震三.

四七二十八将兑七改作震三,却将次位兑七改作中五.

(二)六[二]一十二将次位震三改作巽四,又将下位中五改作兑七.

(二)四[二]如八将坤二改作坎一,却将次位巽四改作坤二.

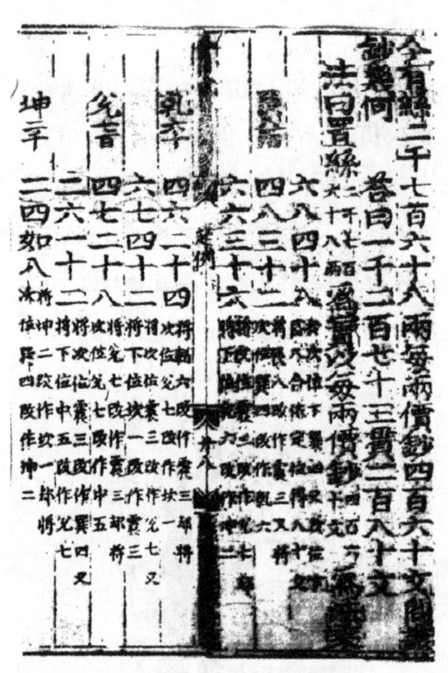
今有絲二千七百六十八兩每兩價鈔四百六十文問該鈔幾何
答曰一千二百七十三貫二百八十文
法曰置絲
六八四十八
四八三十二
六六三十六
四六二十四
六七四十二
四七二十八
二六一十二
二四如八

归法

50. 今有钞一千七百二十八贯,每石该钞三贯. 问:该籴米几何?[45]

答曰:五百七十六石.

法曰:置钞一千七百二十八贯为实,以每石[刻钞]三贯为法,除之,合问.

三一三十一将坎一改作震三,又将次位兑七改作艮八.

见六进二十将艮八改作坤二,却进前位,将震三改作中五.

三二六十二将坤二改作乾六,又将次位坤二改作巽四.

见三进一十将巽四改作坎一,却进前位将乾六改作兑七.

三一三十一将坎一改作震三,又将次位艮改作离九.

见九进(一)[三]十将离九除去,却进前位将震三改作乾六,合依定位得六石.

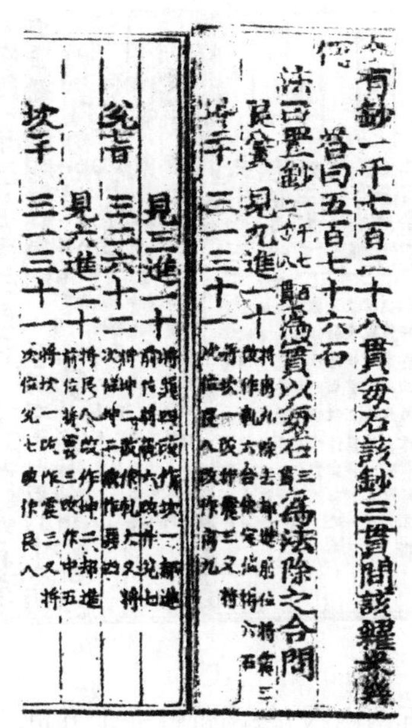

归除法

51. 今有钞一千二百七十三贯二百八十文,每钞四百六十文买丝一两. 问:该丝几何?[46]

答曰:二千七百六十八两.

法曰:置钞一千二百七十三贯二百八十文为实,以每两四百六十文为法,除之.

四一二十二将坎一改作坤二,又将次位坤二改作巽四.

[六]二(六)除一十二将巽四改作震三,又将次兑七改作中五.

四三七十二将震三改作兑七,又将次位兑五改作中七.

六七除四十二将兑七改作震三,又将次位震三改作坎一.

四三七十二将震三改作兑七,又将次位坎一改作震三.

无除下还四将兑七改作乾六,却将次位震三改作兑七.

六六除三十六将兑七改作震三,却将次位坤二改作乾六.

四三七十二将震三改作兑七,又将次位乾六改作艮八.

见四进一十将艮八改作巽四,却进前位将兑七改作艮八.

六八除四十八将巽四除去,又除次位艮八,尽.

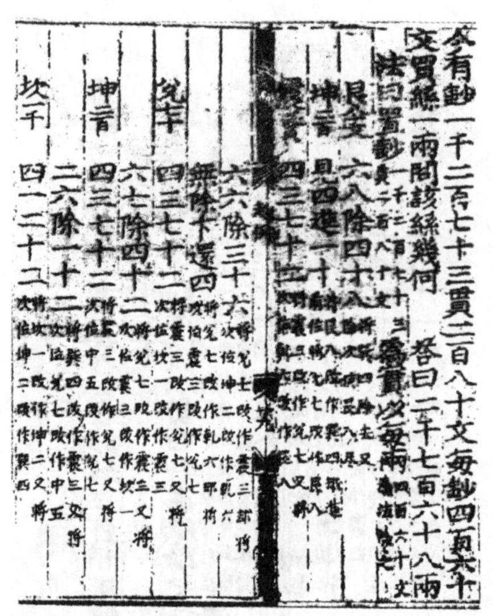

加法

52. 今有银四百三十五两六钱,每两价钞一十五贯. 问:该钞几何?

答曰:六千五百三十四贯.

法曰:置银四百三十五两六钱为实,以每两价钞一十五贯为法,除之,合问.

五四加二十将巽四改作乾六.

五三加一十五将震三改作中五,却将次位艮八改作震三.

五五加二十五将中五改作艮八,却将次位离九改作巽四,合作四贯.

五六加三十将乾六改作离九.

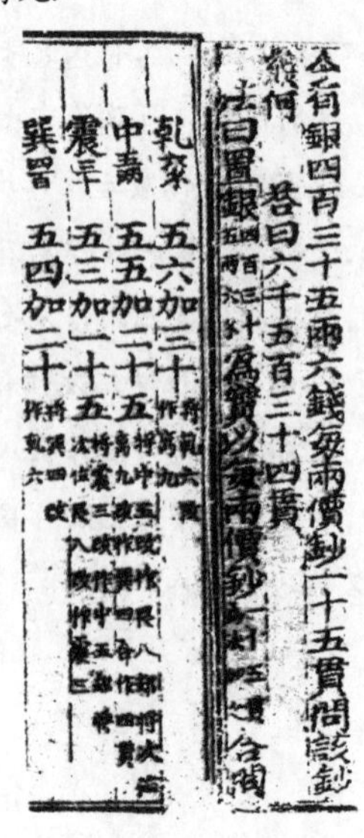

减法

今有钞六千五百三十四贯,每钞一十五贯,买银一两. 问:该银几何?[47]

答曰:四百三十五两六钱.

法曰:置钞六千五百三十四贯为实,以两价钞一十五贯为法,从实前起,定身减之,得四百三十五两六钱,合问.

五四减二十将乾六减作巽四.

五三减一十五将中五改作震三,却将次位震三改作艮八.

五五减二十五将艮八改作中五,却将次位巽四改作离九.

五六减三十将离九改作乾六,合依定位得六钱.

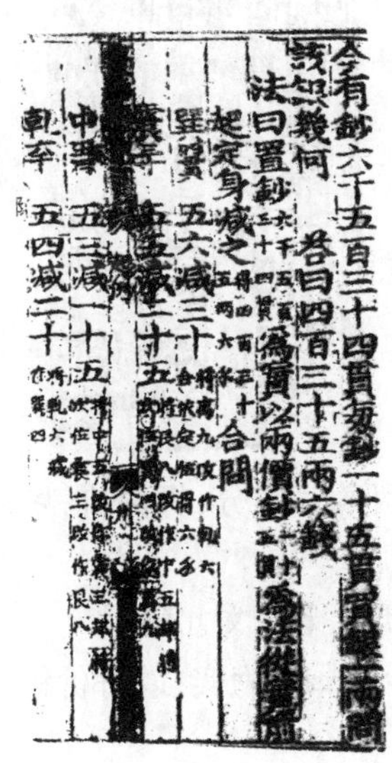
今有鈔六千五百三十四貫每鈔一十五貫買銀一兩問
該銀幾何　答曰四百三十五兩六錢
法曰置鈔六千五百三十四貫為實以兩價鈔一十五貫為法從實前
起定身減之得四百三十五兩六錢合問
巽四　五六減三十
五五減二十五
中五　五三減一十五
乾六　五四減二十

写算

写算[48]先要画置格眼,将实数于上横写,法数于右直写,法实相呼,填写格内,得数从下小数起,遇十进上,合问. 歌云:

写算先须仔细看,物钱多少在毫端.

就填图内依书数,加减乘除总不难.

乘法

54. (1)今有纻丝七百疋,每疋价钞二百三十四贯五百六十七文八分九厘. 问:该钞几何?

答曰:一十六万四千一百九十七贯五百二十三文.

法曰:置纻丝七百疋为实,以每疋价钞二百三十四贯五百六十七文八分九厘为法因之,得一十六万四千一百九十七贯五百二十三文合问.

(2)乘法二以上位数多者用此法，从末位小数次第算起，用归除还源，歌曰：

下乘之法此为真，位数先将第二因。

三四五来乘遍了，却将本位破其身。

此系留头乘法，首见于元朱世杰《算学启蒙》(1299 年)卷上，在明朝最为流行. 歌诀引自贾亨《算法全能集》.

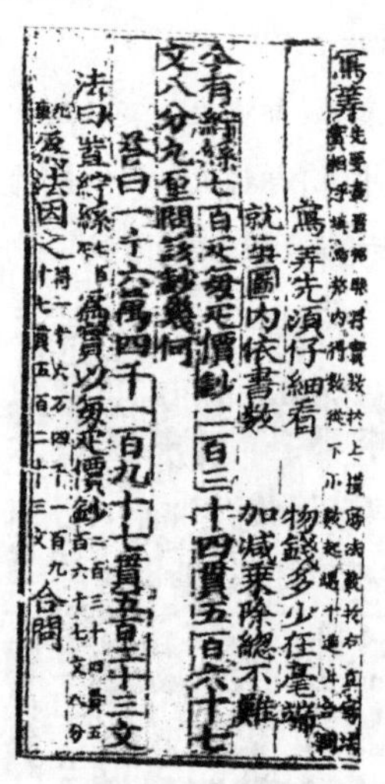
寫筭先須仔細看　物錢多少在毫端
就將圖内依書數　加减乘除總不難
今有紵絲七百疋每疋價鈔二百三十四貫五百六十七文八分九釐問該鈔幾何
答曰一十六萬四千一百九十七貫五百三十三文
法曰置紵絲七百疋為實以每疋價鈔為法因之合問

55. 今有丝三千六十九两八钱四分，每两价钞二贯六百三文七分五厘. 问：该钞几何？[49]

答曰：七千九百九十三贯九十五文九分.

法曰：置丝三千六十九两八钱四分为实，以每价钞二贯六百三文七分五厘为法乘之，合问.

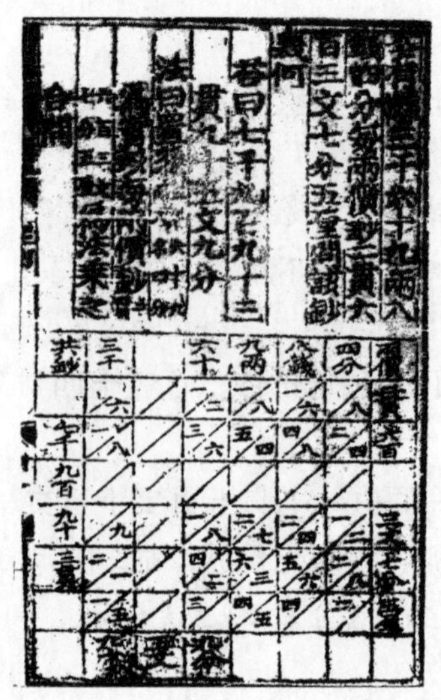
今有絲三千六十九兩八錢四分每兩價鈔二貫六百三文七分五釐問該鈔幾何
答曰七千九百九十三貫九十五文九分
法曰置絲為實以每兩價鈔為法乘之合問

56. 今有芝麻四百二十五石，每石价钞四十五贯六百七十八文九分. 问：该钞几何？

答曰：一万九千四百一十三贯五百三十二文五分.

法曰：置芝麻四百二十五贯为实，以每石价钞四十五贯六百七十八文九分为法乘之，得一万九千四百一十三贯五百三十二文五分，合问.

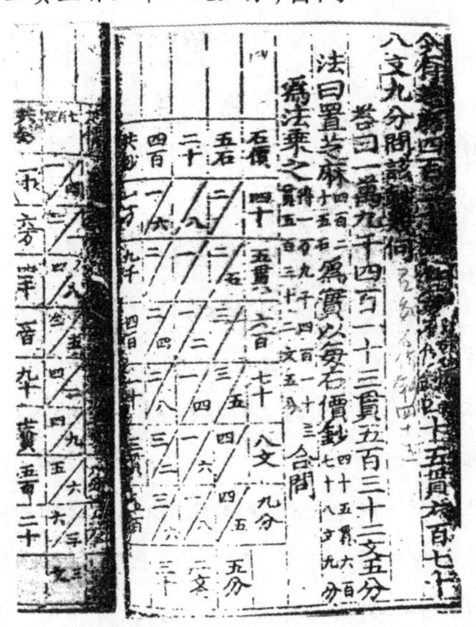

今有芝麻四百二十五石每石價鈔四十五貫六百七十八文九分問該鈔幾何

答曰一萬九千四百一十三貫五百三十二文五分

法曰置芝麻四百二十五石為實以每石價鈔四十五貫六百七十八文九分為法乘之得一萬九千四百一十三貫五百三十二文五分合問

57. 今有绢三百五十疋，每疋价钞三十四贯五百六十七文八分九厘. 问：该钞几何？

答曰：一万二千九十八贯七百六十一文五分.

法曰：置绢为实，以每疋价钞为法乘之，合问.

今有絹三百五十疋每疋價鈔三十四貫五百六十七文八分九厘問該鈔幾何

答曰一萬二千九十八貫七百六十一文五分

法曰置絹為實以每疋價鈔為法乘之合問

58. 今有白米一万三千五百六十七石九斗五升,每石价钞一十二贯五百文. 问:该钞几何?

答曰:一十六万九千五百九十九贯三百七十五文.

法曰:置米一万三千五百六十七石九斗五升为实,以每石价钞为法,加之,合问.

除法

59. 今有钞一十六万四千一百九十七贯五百二十三文,买纻丝七百疋. 问:每疋该钞几何?[50]

答曰:二百三十四贯五百六十七文八分九厘.

法曰:置钞为实,以每疋价钞为法除之.

七一下加三不动一位一十,只于二位六万内增三作九.

见七进一十将二位作九内除七存二,却进前位一十内增一,合定位作二百贯.

七二下加六将三位四千内增六作十.

见七进一十将三位作十内除七存三,却进前二位存二内增一作三,合定作三十贯.

七三四十二将四位作三内增一作四,更将五位九十内增二作十一.

见七进一十将五位作十一内除七存四,却进前四位,作四内增一,合定作五百文.

七四五十五将五位存四内增一作五,更于六位七贯内增五作十二.

见七进一十将六位作十二内除七存五,却进前,五位内增一合定作六十文.

七五七十一将六位存五内增二合作七文,更于七位五百内增一作六.

七六八十四将七位作六内增二,合定作八分,八位二(十)内增四作六.

七六八十四将八位作六内增二作八,更于九位三文内增四文作七.

见七进一十除九位作七,尽. 却进前八位作八内增一,合定作九厘. 合问.

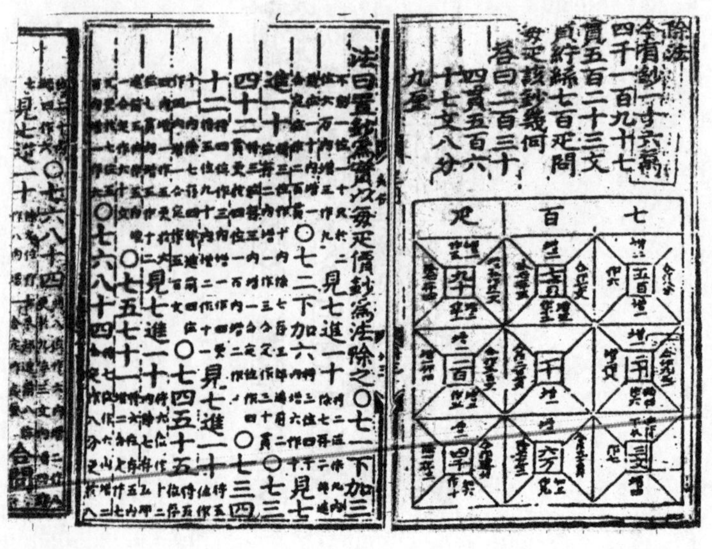
除法

今有鈔一十六萬四千一百九十七貫五百二十三文買紵絲七百疋問每疋該鈔幾何

答曰二百三十四貫五百六十七文八分九厘

法曰置鈔爲實以每疋價鈔爲法除之

七一下加三 見七進一十 七二下加六 見七進一十 七三四十二 見七進一十 七四五十五 見七進一十 七五七十一 七六八十四 七六八十四 見七進一十 合問

60. 今有钞一万二千九十八贯七百六十一文五分,买绢三百五十疋. 问:每疋该钞几何?[51]

答曰:三十四贯五百六十七文八分九厘.

法曰:置钞一万二千九十八贯七百六十一文五分为实,以买绢三百五十疋为法除之.

三一三十一将第一位一万内增二,合依定位作三十贯,更于第二位二千内增一作三.

三五除一十五将第二位作三内除二存一,却于第三位内增五.

三一三十一将第二位存一内增二作三,更于第三位增五内增一作六.

见三进一十将第三位作六内除三存三,却进前第二位作三内一,依定位作四贯.

五四除二十将第三位存三内除二存一.

三十三十一将第三位存一内增二作三,更于第四位九十内增一作十.

见六进二十将第四位作十内除六存四,却进前第三位于三内增二,合依定位作五百文.

五五除二十五将第四位存四内除二存二,更于第五位八贯内除五存三.

三二六十二将第四位存二增四,合依定位作六十文,更于第五位存三内增二作五.

五六除三十于第五位作五内除三存二.

三二六十二将第五位存二内增四作六,更将第六位七百内增二作九.

见三进一十将第六位作九内除三存六,却进前第五位作六内增一,合依定位作七文.

五七除三十五将第六位存六内除三存三,更于第七[位]六十(位)内除五存一.

见三无除作九三将第六位存三内增六作九,更于第七位存一内增三作四.

无除下还三将第六位作九内除一,合依定位作八分,却于第七位作四内增三作七.

五八除四十将第七位作七内除四存三.

见三无除作九三第七位存三内增六,合依定位作九厘,更于第八位一文内增三作四.

五九除四十五除第八位作四,尽,更于第九位五分,尽合问.

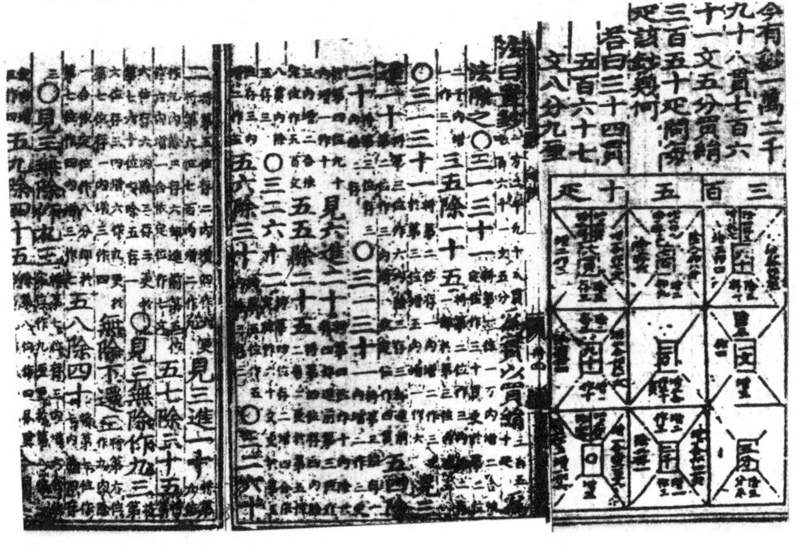

61. 今有钞一万九千四百一十三贯五百三十二文,买芝麻四百二十五石.问:每石价钞几何?[52]

答曰:四十五贯六百七十八文九分.

法曰:置钞为实,以芝麻四百二十五石为法除之.

四一二十二将第一位一万内增一作二,更于第三位九千内增二作十一.

见八进二十将第二位作十一内除八存三,却进前第一位作二内增二,合依定位得四十贯.

二四除八将第二位存三内除一存二,却于第三位四百内增二作六.

五四除二十将第三位作六内除二存四.

四二添作五将第二位存二内增三,合依定位得五贯.

二五除一十将第三位存四内除一存三.

五五除二十五将第三位存三内除一存二,却于第四位一十内增七作八,更于第五位三贯内增五作八.

四二添作五将第三位存二内增三作五.

见四进一十将第四位作八内除四存四,却进前第三位作五内增一,合依定位得六百文.

二六除一十二将第四位存四内除一存三,更将第五位作八内除(文)[二]存六.

五六除三十将第五位存六内除三存三.

四三七十二将第四位存三内增四,合依定位得七十文,更于第五位存三内增二作五.

二七除一十四将第五位作五内除一存四,又将第六位五百内除四存一.

五七除三十五将第五位存四内除一存三,却于第六位存一内增六作七,又于第七位三十内增五作八.

四三七十二将第五位存三内增四作七,更于第六位作七内增二作九.

见四进一十将第七位作九内除四存五,却进前第五位作七内增一,合依定位得八文.

二八除一十六将第六位存五内除一存四,更于第七位作八内除六存二.

五八除四十将第六位存四内除一存三,却于第七位存二内增六作八.

四三七十二将第六位存三内增四作七,更于第七位作八内增二作十.

见八进二十将第七位作十内除八存二,却进前第六位作七内增二,合依定位得九分.

二九除一十八除第七位存二,却于第八位二文内增二作四.

五九除四十五除第八位作四,尽.第九位五分,尽.合问.

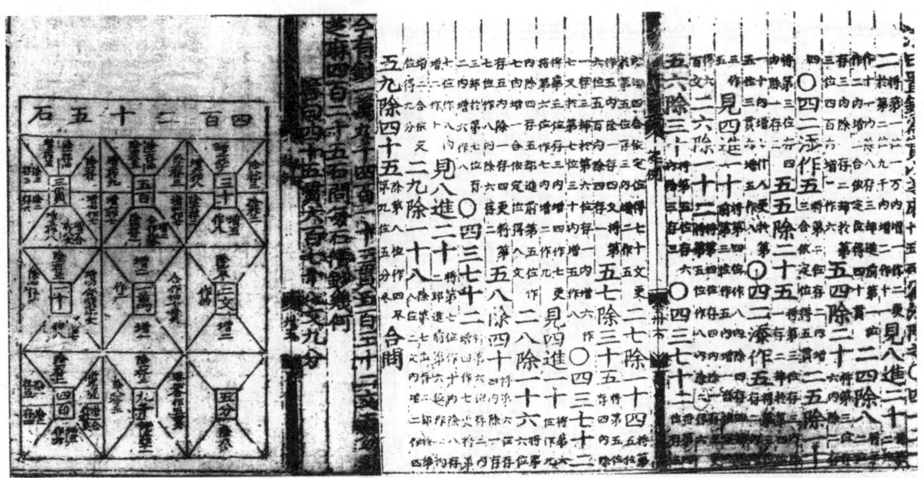

62. 今有钞一十六万九千五百九十九贯三百七十五文,每米一石价钞一十二贯五百文. 问:该米几何?

答曰:一万三千五百六十七石九斗五升.

法曰:置钞为实,以每石价钞一十二贯五百文为法,定身减之.

一二减二不动本位一十,合依定位作一万石,将第二位六万内除二存四.

一五减五将第三位九千内减五存四.

二三减六将第二位存四内减一存三,合依定位得三千石,却于第一位存四内增四作八.

五三减一十五将第三位作八内减一存七,更减第四位五百,尽.

二五减一十将第三位存七内减二存五,合依定位得五百文,却于第四位增十.

五五减二十五将第四位增十内减二存八,更于第五位九十贯内减五存四.

二六减一十二将第四位存八减二存六,合依定位得六十石,却于第五位存四内增八作一十二.

五六减三十将第五位十二内减三存九.

二七减一十四将第五位存九内减二存七,合依定位得七石,却于第六位九贯内增六作十五.

五七减三十五将第六位作十五内减四存十一,却于第七位三百内增五作八.

二九减一十八将第六位存十一内减二存九,合依定位得九斗,却于第七位作八内增二作十.

五九减四十五将第七位作十内减四存六,更于第八位七十内减五存二.

二五减一十将第七位存六内减一存五,合依定位得五升.

五五减二十五减第八位存二,尽. 第九位五文,尽. 共得一万三千五百六十七石九斗五升,合问.

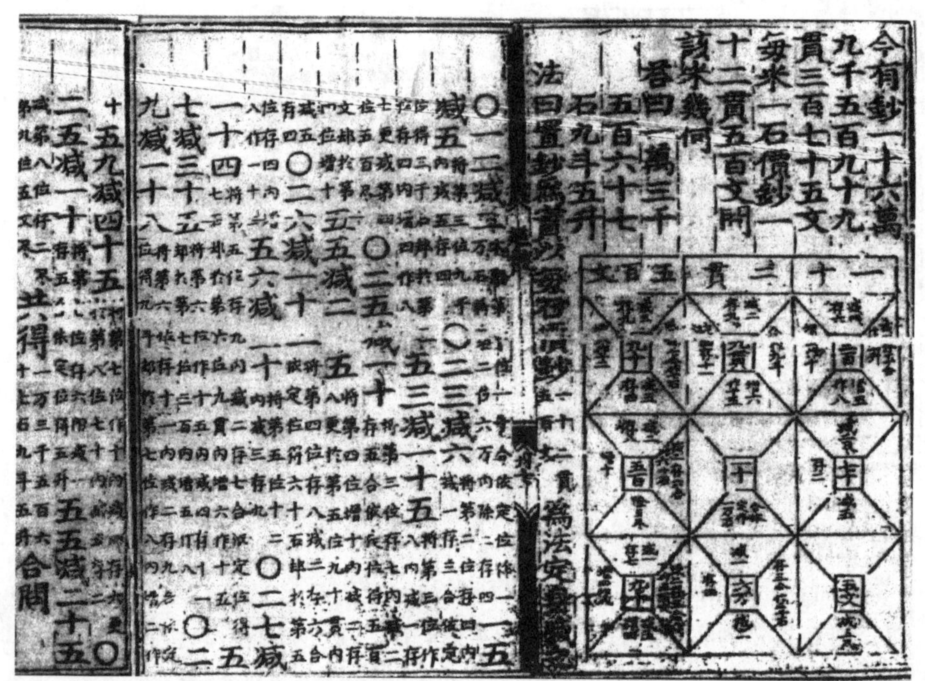
今有鈔一十六萬九千五百九十九貫三百七十五文每米一石價鈔一十二貫五百文問該米幾何
荅曰一萬三千五百六十七石九斗五升
法曰置鈔爲實以每石價鈔一十二貫五百文爲法

乘除易会算诀[53]

乘法除双还倍数，须知去一要添原.

归除满法过身一，实无折半当身五.

不用九归并小九，只将二十字为先.

乘除加减皆从此，万两黄金不与传.

63. 今有银四百二十五两，每两价钞四十五贯. 问：该钱几何？

答曰：一万九千一百二十五贯.

法曰：置银四百二十五两为实，将每两价钞四十五贯列置二位，倍一位作九十贯各为法除实，除双二百两前位下倍数九千；又除双二百两，又前位下，倍数九千共一万八千，除双二十前位下倍数九百，除双二两，前位下倍数九十，又除双二两，又前位下倍数几十，共一万九千八十去一两前位下添原四十五贯除实，尽，得一万九千一百二十五两，合问.

64. 今有钞一万九千一百二十五贯，每钞四十五贯买银一两. 问：该银几可？[54]

答曰：四百二十五两.

法曰：置钞一万九千一百二十五贯为实，将每两价钞四十五贯，列置二位，折一位作二十二贯五百文，为法除实. 满法除四千五百，前位过身下一百两. 又满法除四千五百.又过身下一百两.共四百两.满法除四百五十,过身下一十两,又满法除四百五十,又过身下一十两,共四百二十两,折半除二百二十五贯,当身就位下五两,四百二十五两,合问.

约分[55]

数有参差不可齐,须凭约法命分之.

法为分母实为子,不与差分一例推.

65.今有二十一分之十四.问:约之得几何?[56]

答曰:三分之二.

法曰:置二十一分,别置一十四分,于二十一分内,开一十四分余七分,再于一十四分内减七分,止余七分,子母适均,就以七为法,归之二十一分乃是三个七分,一十四分乃是二个七分,故曰三分之二.

66.今有丝二百五十二分斤之一百四十四.问:约之得几可?[57]

答曰:七分斤之四.

法曰:置分母二百五十二减分子一百四十四余母一百八,却减子一百四十四,余三十六,以减母一百八,乃三次减尽.各得三十六为法,归之,分母二百五十二得七,分子一百四十四得四.故曰:七分斤之四合问.

乘分《九章》方田虽举其大略.《张上建算经》序云:"夫学算者不患乘除之为难,而患通分之为难."是以上实有余为分子,下法从而为分母,可约者,约以命之,不可约者,因以名之,凡约法之者,下之偶者半之,奇者商之,副置其数反其母,以少减多,求等数而用之,乃若其通.

乘分

乘分《九章》方田虽举其大略,《张丘建算经》序云:"夫学算者不患乘除之为难,而患通分之为难."是以上实有余为分子,下法从而为分母,可约者,约以命之,不可约者,因以名之,凡约法之者,不之偶者半之,奇者商之,副置其数反其母,以少减多,求等数而用之,乃若其通分之法,先以其母乘其全[58],然后乘子母,不同者互乘子.母,母亦相乘为一母,诸子共之约之,重有分者同而通之,则定所立乘分除分,委为矜式,可不传乎!

分母乘全分子从,子加为实法乘通.

仍将分母而乘实,余实约之数便同.

重有分者同而通,法实相乘为积功.

分母自乘为法数,除讫余皆用约同.

67.今以九乘二十一五分之三.问:得几何?

答曰:一百九十四五分之二.

法曰:分母通其全,分母五,通其全二十一得一百五,分子从之加分子三,共一百八为实,以法九乘之得九百七十二为积,复以分母五除之,得一百九十四余二,即五分之二,合问.

68. 今以二十一七分之三乘三十七九分之五. 问:得几何?

答曰:八百四二十一分之一十六.

法曰:以数乘数,不指物题,意能下也. 此问上、下皆有通分,犹如前法. 分母乘其全[58],分子从之以七乘二十一得一百四十七加内子[59]三,共一百五十为法,仍以九乘三十七得三百三十三,加内子五共得三百三十八为实,法实相乘得五万七百为实,母相乘七分乘九分得六十三分为法除之,得八百四余实四十八法实皆三约之合问.

69. 今以三十七三分之二乘四十九五分之三,七分之四. 问:得几何?

答曰:一千八百八十九一百五分之八十三.

法曰:上下皆有通分、下□有重分子以示,□□可谓算而转之,分母乘其全分子从之以三通三十七得一百一十一,加内子二共得一百一十三. 重有分者,同而通之置四十九先以五分通得二百四十五,加内子三共得二百四十八,又以七分通之得一千七百三十六,却以先五分乘内子四为二十,并之得一千七百五十六. 法实相乘为实法一百一十三乘一千七百五十六得一十九万八千四百二十八,分母相乘为法三分、五分乘得一十五分,又以七分乘得一百五分. 以法除实得一千八百八十九,余实八十三即得一百五分之八十三,合问.

70. 今以四十九三分之二,四分之三乘六十二六分之五,八分之三. 问:得几何?

答曰:三千二百一十一二百八十八分之二百七十七.

法曰:此问上下皆有通分及重分子,后之学者自可引而申之. 分母乘其全、分子从之置四十九,先以三通之得一百四十七,加内子二得一百四十九;又以四分乘得五百九十六,却以先三与通内子三得九,并之得六百五为法. 重有分者,同而通之置六十二,先以六分通得三百七十二,加内子五共得三百七十七;又以八分乘得三千一十六,却以实六分乘内子七为四十二,并之共得三千五十八为实,法实相乘一百八十五万九十为实,分母相乘为法三分乘四分为一十二,又以六分乘为七十二,又以八分乘得五百七十六,以法除实三千二百一十一余实五百五十四法实皆折半,合问.

除分

分母乘全分子从,子加为实置盘中.

母乘法数为除率,除实余皆用约同.

重有分者同两遍,分母互乘法实功.

以法而除前实数,实余与法约之同.

71. 今以十二除二百五十六九分之八. 问:得几何?

答曰:二十一三十七分之一十一.

法曰:此问上位平数,除下位分母子,分母乘其全,分母九乘二百五十六得二千三百四,分子从之加入分子八共得二千三百一十二为实,以分母九乘法十二得一百八为法除之得二十一余实四十四,法实皆四约之,合问.

72. 今以二十七五分之三除一千七百六十八七分之四. 问:得几何?

答曰:六十四四百八十三分之三十八.

法曰:此问上下皆有分母子. 分母乘其全[分子从之]分母七乘一千七百六十八得一万二千三百七十六,加分子四共得一万二千三百八十为实(分子从之),分母五乘二十七得一百三十五,加内子三共得一百三十八为法,法实分母互乘法分母五乘实一万二千三百八十得六万一千九百为实,实分母七乘一百三十八得九百六十六为法,以法九百六十六除实六万一千九百,得六十四余实七十六,法、实皆折半,合问.

73. 今以五十八二分之一,除六千五百八十七三分之二,四分之三. 问:得几何?

答曰:一百一十二七百二分之四百三十七.

法曰:此问上有分母子,下重有分母子,引用通分之尽,义. 分母乘其全,分子从之法分母二通五十八得一百一十六,加内子一共得一百一十七;实分母三通六千五百八十七得一万九千七百六十一,加内子二,共得一万九千七百六十三,重有分者,同而通之重分母四通一万九千七百六十三得七万九千五十二. 及以分母三通内子三为九,加入,共得七万九千六十一,法实分母互乘法分母二乘实七万九千六十一得[一十五万八千一百二十二](实),实分母三乘四为一十二,乘法一百一十七得一千四百四为法. 以法一千四百四除实一十五万八千一百二十二得一百一十二余实八百七十四法实皆折半,合问.

74. 今以六十二三分之二,四分之三,除三千二百四十二六分之五,八分之七. 问:得几何?

答曰:五十一一千五百二十七分之二百二十七.

法曰:此问上、下皆重有分母子,分母乘其全,分子从之先分母三通六十二得一百八十六,加内子二,共得一百八十八;实分母六通三千二百四十二为一万九千四百五十二,加内子五共得一万九千四百五十七,重有分者,同而通之法重分母四通一百八十八得七百五十二,却以分母三通内子三为九,加入共得七百六十一,为法实,重有分八通一万九千四百五十七得一十五万五千六百五十六,却以分母六通内子七得四十二,加入,共得一十五万五千六百九十八为实,法实分母互乘法分母三分乘四分为一十二,以乘实一十五万五千六百[九十八]. 一百八十六万八千三百七十六为实,实分母六分乘八分得四十八,以乘法七百六十一得三万六千五百二十八以法除实得五十一余实五千四百四十八法实皆二十四约之,合问.

开平方法

一百以十定无疑,一千三十有零余.

九千九九不离十，一万才为一百推.

［商］实积张为下法，下法亦置上［商］除.

除讫再依法布列，积尽方为数已知.

法曰：[60]置积为实，别置一算，名曰下法原下之法.于实数之下，自末位常超一位，初乘时过一位，今超一位.约实至首位，尽而止.一下定一，一百下定十，万下定百，百万下定千.于实上商置第一位得数以方法一一、二二、三三、四四、五五、六六、七七、八八、九九之数为［商］、［商］本体实数.下法之上，亦置上商数即原乘法数也，名曰方法.于本积内去其一方，命上商除实法实相呼，以破积数.乃二乘方法为廉法.一退谓乘廉，万退为千，一方带两边，直以助其壮如廉，故二乘退位.下法再退，下法即定之算.再退，即万退为百，重定其位，约实.于上商之次，续商置第二位得数与上意同.下法之上，亦置上商，进一位为隅.以廉、隅二法亦先乘之法也.皆命上商除实照前，法实相呼，以破其实.乃二乘隅法并入廉法，一退倍廉八方，作一大方以求次位得数.下法再退前意百退为一.续［商］置第三位得数，下法之上，照上［商］数，置隅，以廉隅二法，皆命上商除实如第二位商意同得平方一面之数.若更有不尽之数，依第三位体面倍廉入方，退位商之.

75.今有平方积四十二万六千四百九步.问：平方一面几何？

答曰：六百五十三步.

法曰[61]列积四十二万六千四百九步为实，以开平方法除之.

布位定位［商］第一位得六百步.

下法约万亦置上商六百进两位作六万为方法，与上商相呼除，实超一位定十.

上商六百步，相呼下法：六六除三十六除本身四十万却于次位二万内加四万改作六万.

作法求第二位.

方法六万以二乘得一十二万为廉法，一退为一万二千，下法再退为百.

商第二位得五十步.

廉法一万二千.

下法定百亦置上商五十，进一位为五百，为隅法，以隅廉二法共一万二千五百，皆与上商五(十)相呼除实.

五五除二十五于六千内除三千存三千，却次位四百内加五百为九百.

二五除一十除存一万.

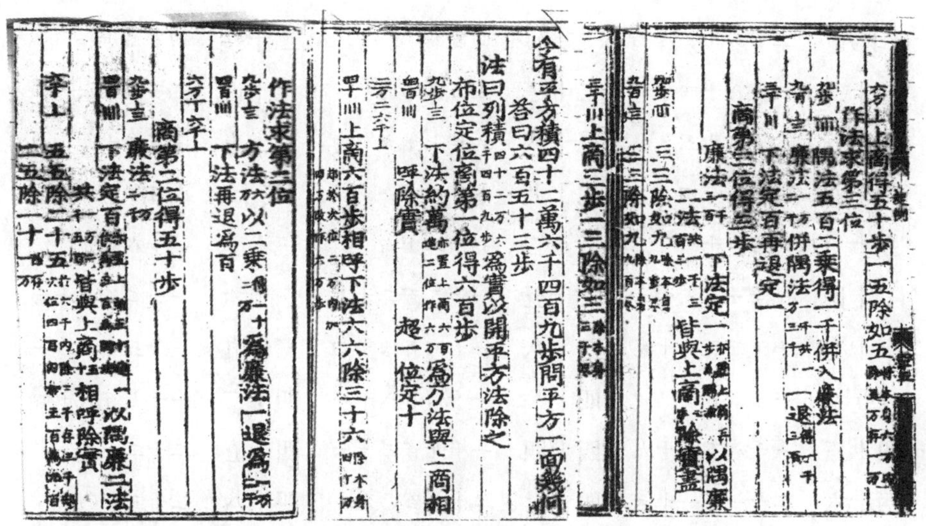
上商得五十步一五除如五
作法求第三位
隅法五百二乘得一千併入廉法
廉法一萬二千併隅法一千共一萬三千一退得一千三百
下法定百再退定一
商第三位得三步
廉法一千三百下法定一以隅廉
二法皆與上商除實盡
三三除如九
三三除如九
上商三步一三除如三
今有平方積四十二萬六千四百九步問平方一面幾何
荅曰六百五十三步
法曰列積為實以開平方法除之
布位定位商第一位得六百步
下法約萬為方法與上商相
呼除實超一位定十
上商六百步相呼下法六六除三十六
作法求第二位
方法以二乘為廉法一退為
下法再退為百
商第二位得五十步
廉法下法定百以隅廉二法
共皆與上商相呼除實
五五除二十五
二五除一十

上商得五十步，一五除如五将本身六万内除五万，存一万.

作法求第三位

隅法五百，二乘得一千，并入廉法.

廉法一万二千并隅法一千，共一万三千，一退得一千三百.

下法定百，再退定一.

商第三位得三步

廉法一千三百，下法定一亦置上商三步为隅法.

以隅廉二洪共一千三百三步，皆与上商三步除实，尽.

三三除如九除本身九步，尽.

三三除如九除本身九百，尽.

上商三步，一三除如三除本身三千，尽.

代开平方一百面成数[62]

面方	实积	面方	实积	面方	实积
一	一	二	四	三	九
四	一十六	五	二十五	六	三十六
七	四十九	八	六十四	九	八十一
十	一百	十一	一百二十一	十二	一百四十四
十三	一百六十九	十四	一百九十六	十五	二百二十五
十六	二百五十六	十七	二百八十九	十八	三百二十四

十九　三百六十一　二十　四百　二十一　四百四十一
二十二　四百八十四　二十三　五百二十九　二十四　五百七十六
二十五　六百二十五　二十六　六百七十六　二十七　七百二十九
二十八　七百八十四　二十九　八百四十一　三十　九百
三十一　九百六十一　三十二　一千二十四　三十三　一千八十九
三十四　一千一百五十六　三十五　一千二百二十五　三十六　一千二百九十六
三十七　一千三百六十九　三十八　一千四百四十四　三十九　一千五百二十一
四十　一千六百　四十一　一千六百八十一　四十二　一千七百六十四
四十三　一千八百四十九　四十四　一千九百三十六　四十五　二千二十五
四十六　二千一百一十六　四十七　二千二百〇九　四十八　三千三百〇四
四十九　二千四百〇一　五十　二千五百　五十一　二千六百〇一
五十二　二千七百〇四　五十三　二千八百〇九　五十四　二千九百一十六
五十五　三千二十五　五十六　三千一百三十六　五十七　三千二百四十九
五十八　三千三百六十四　五十九　三千四百八十一　六十　三千六百
六十一　三千七百二十一　六十二　三千八百四十四　六十三　三千九百六十九
六十四　四千九十六　六十五　四千二百二十五　六十六　四千三百五十六
六十七　四千四百八十九　六十八　四千六百二十四　六十九　四千七百六十一
七十　四千九百　七十一　五千四十一　七十二　五千一百八十四
七十三　五千三百二十九　七十四　五千四百七十六　七十五　五千六百二十五
七十六　五千七百七十六　七十七　五千九百二十九　七十八　六千八十四
七十九　六千二百四十一　八十　六千四百　八十一　六千五百六十一
八十二　六千七百二十四　八十三　六千八百八十九　八十四　七千五十六
八十五　七千二百二十五　八十六　七千三百九十六　八十七　七千五百六十九
八十八　七千七百四十四　八十九　七千九百二十一　九十　八千一百
九十一　八千二百八十一　九十二　八千四百六十四　九十三　八千六百四十九
九十四　八千八百三十六　九十五　九千二十五　九十六　九千二百一十六
九十七　九千四百〇九　九十八　九千六百〇四　九十九　九千八百〇一
一百　一万

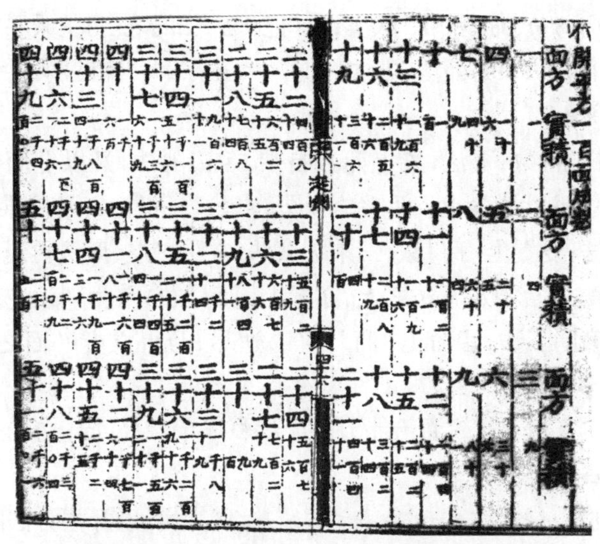

开立方法

一千商十定无疑，三万才为三十余.

九十九万不离十，百万方为一百推. [63]

下法自乘为隅法，三乘隅法作方除.

三乘上商为廉法，退而除尽数才知.

法曰：列积为实，别列一算，名曰下法. 原下之法. 于实数之下，自末至首，常超二位. 原乘之法过二位，今还原故超二位，约实一下定一，千下定十，百万下定百于实上商置第一位得以方数为主，自乘求商. 不欲，叠注，详见法曰. 下法之上，亦置上[商]，又乘为平方即平方面，命上[商]除实，讫. 记除去一立方也. 乃三乘平方又名隅法，为方法. 再置上商数三乘为廉法，方法一退，千万退为百万. 廉法再退千万退为十万下法三退百万退为千.

续商第二位得数，下法，置上商数自乘，名曰隅法. 又以上商数乘廉法以平乘高，以方廉隅三法，皆命上[商]除实，讫. 第二位取用即此，乃二乘廉法，三乘隅法，皆并入方法. 复置上[商]数，三乘为廉法，方法一退，廉法再退，下法三退.

续[商]第三位得数，下法之上，亦置上[商]数自乘为隅法，亦以上[商]数乘廉法. 以方廉隅三法，皆命上[商]除实，适尽，乃得立方一面之数若有不尽之数，依第三位体面退位商之.

76. 今有立方积一亿二百五十万三千二百三十二尺. 向：立方一面几何？

答曰：四百六十八尺.

法曰[64]，列积一亿二百五十万三千二百三十二尺为实，以开立方法除之.

布位定位[商]第一位得四百尺.

别置一算，名曰下法，约实，定百万，亦置上[商]四百，进四位为四百万以四乘得一千六百万，名曰隅法，与上[商]四百除实.

超二位定十.

四六除二十四于加六千万内除三千万，余存三千万，却于次位二百万内加六百万为八百万.

上[商]四百尺，一四除如四除本身一亿，却于次位加六千万.

作法求第二位.

隅法一千六百万三乘得四千八百万，为方法，一退得四百八十万.

下法之上，再置上[商]四百进四位为四百万，以三乘之得一千二百万为廉法. 再退得一十二万，下法定百万，三退得千.

[商]第二位得六十尺.

方法四百八十万，廉法一十二万，以上[商]六乘得七十二万.

下法定千，亦置上[商]六十进二位为六千，以六乘得三万六千为隅.

方，廉，隅三法共五百五十五万六千，皆与上[商]六十除实.

六六除三十六于存二十万内减一十万止存一十万，却于次位加六万，又次位三千内加四千为七千.

五六除三十于五十万内除三十万余存二十万.

五六除三十于八百万内除三百万余存五百万.

上[商]六十，五六除三十除本身三千万，尽.

作法求第三位.

二乘廉法七十二万得一百四十四万，并入方法.

三乘隅法三万六千得一十万八千，并入方法

方法四万八十万，并入二法，共六百三十四万八千，一退得六十三万四千八百.

下法再置上［商］四百六十，进二位为四万六千，三乘得一十三万八千，为廉法，二退得一千三百八十.

下法定千，三退得一.

［商］第三位得八尺.

方法六十三万四千八百.

廉法一千三百八十又以上［商］八尺乘得一万一千四十.

下法定一，亦置上［商］八尺自乘得六十四尺为隅法.

方廉隅三法共六十四万五千九百四尺与上［商］八尺除［实］尽.

四八除三十二除本身三十，更除次位二尺，尽.

八九除七十二除本身七千，更除次传二百尺，尽.

五八除四十除存四万，余二万.

四八除三十二除为三十万，更于次位六万.

（本段注文应改为“本身五百万除去一百万存四百万，与次位加七十万，再次位去二万”）内除二万，余存四万.

上［商］八尺，六八除四十八除本身五百万.

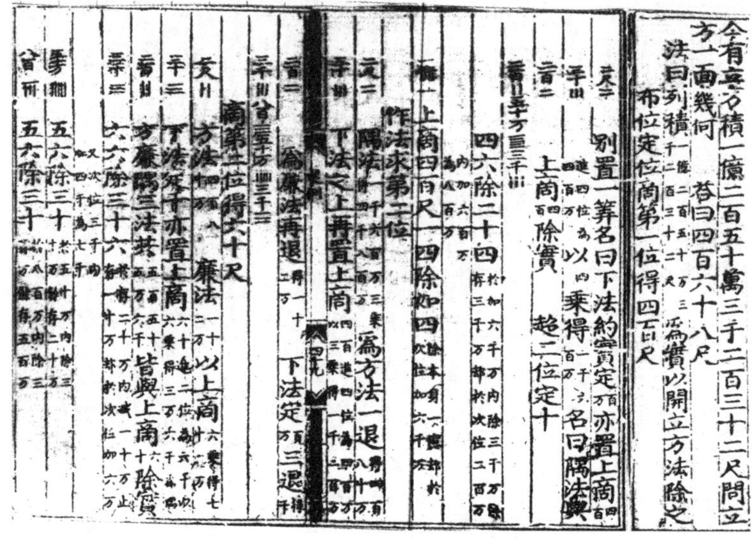
今有立方積一億二百五十萬三千二百三十二尺問立方一面幾何　荅曰四百六十八尺

法曰列積一億二百五十萬三千二百三十二尺為實以開立方法除之

布位定位商第一位得四百尺

別置一筭名曰下法約實定百萬　亦置上商四百

以四乘得一千六百萬名曰隅法與

上商四百除實　超二位定十

四六除二十四

上商四百尺　一四除如四

作法求第二位

隅法……為方法一退

下法又上再置上商……

為廉法再退……下法定百　三退

商第二位得六十尺

方法……廉法……以上商

下法定千亦置上商

方廉隅三法共……皆與上商……除實

六六除三十六

五六除三十

五六除三十

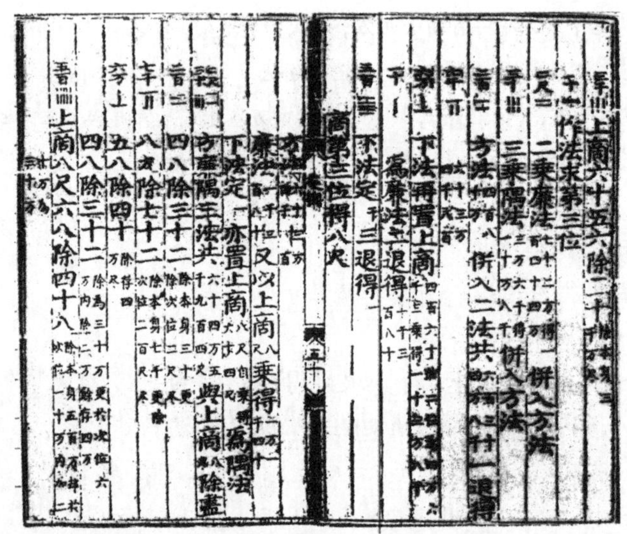

（本段注文应改为“除本身四百万，于次位除八十万，尽”）却于次商一十万内加二十万为三十万.

代开立方一百面成数[65]

面方	实积	面方	实积	面方	实积
一	一	二	八	三	二十七
四	六十四	五	一百二十五	六	二百一十六
七	三百四十三	八	五百一十二	九	七百二十九
十	一千	十一	一千三百三十一	十二	一千七百二十八
十三	二千一百九十七	十四	二千七百四十四	十五	三千三百七十五
十六	四千九十六	十七	四千九百一十三	十八	五千八百三十二
十九	六千八百五十九	二十	八千	二十一	九千二百六十一
二十二	一万六百四十八	二十三	一万二千一百六十七	二十四	一万三千八百二十四
二十五	一万五千六百二十五	二十六	一万七千五百七十六	二十七	一万九千六百八十三
二十八	二万一千九百五十二	二十九	二万四千三百八十九	三十	二万七千
三十一	二万九千七百九十一	三十二	三万二千七百六十八	三十三	三万五千九百三十七

三十四	三万九千三百零四	三十五	四万二千八百七十五	三十六	四万六千六百五十六
三十七	五万六百五十三	三十八	五万四千八百七十二	三十九	五万九千三百一十九
四十	六万四千	四十一	六万八千九百二十一	四十二	七万四千八十八
四十三	七万九千五百零七	四十四	八万五千一百八十四	四十五	九万一千一百二十五
四十六	九万七千三百三十六	四十七	一十万三千八百二十三	四十八	一十一万五百九十二
四十九	一十一万七千六百四十九	五十	一十二万五千	五十一	一十三万二千六百五十一
五十二	一十四万零六百零八	五十三	一十四万八千八百七十七	五十四	一十五万七千四百六十四
五十五	一十六万六千三百七十五	五十六	一十七万五千六百一十六	五十七	一十八万五千一百九十三
五十八	一十九万五千一百一十二	五十九	二十万五千三百七十九	六十	二十一万六千
六十一	二十二万六千九百八十一	六十二	二十三万八千三百二十八	六十三	二十五万零四十七
六十四	二十六万二千一百四十四	六十五	二十七万四千六百二十五	六十六	二十八万七千四百九十六
六十七	三十万七百六十三	六十八	三十一万四千四百三十二	六十九	三十二万八千五百零九
七十	三十四万三千	七十一	三十五万七千九百一十一	七十二	三十七万三千二百四十八
七十三	三十八万九千一十七	七十四	四十万五千二百二十四	七十五	四十二万一千八百七十五
七十六	四十三万八千九百七十六	七十七	四十五万六千五百三十三	七十八	四十七万四千五百五十二
七十九	四十九万三千三十九	八十	五十一万二千	八十一	五十三万一千四百四十一

八十二	五十五万一千三百六十八	八十三	五十七万一千七百八十七	八十四	五十九万二千七百零四
八十五	六十一万四千一百二十五	八十六	六十三万六千五十六	八十七	六十五万八千五百零三
八十八	六十八万一千四百七十二	八十九	七十万四千九百六十九	九十	七十二万九千
九十一	七十五万三千五百七十一	九十二	七十七万八千六百八十八	九十三	八十万四千三百五十七
九十四	八十三万五百八十四	九十五	八十五万七千三百七十五	九十六	八十八万四千七百三十六
九十七	九十一万二千六百七十三	九十八	九十四万一千一百九十二	九十九	九十七万二百九十九
一百	一百万				

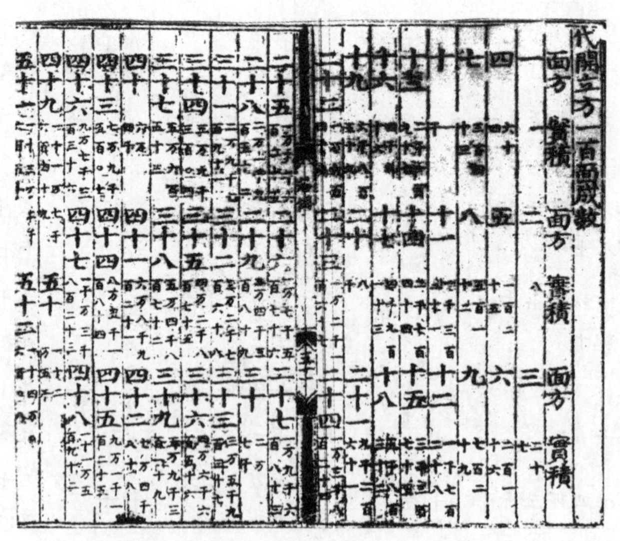

代開立方一百面成數

面方 實積 面方 實積 面方 實積

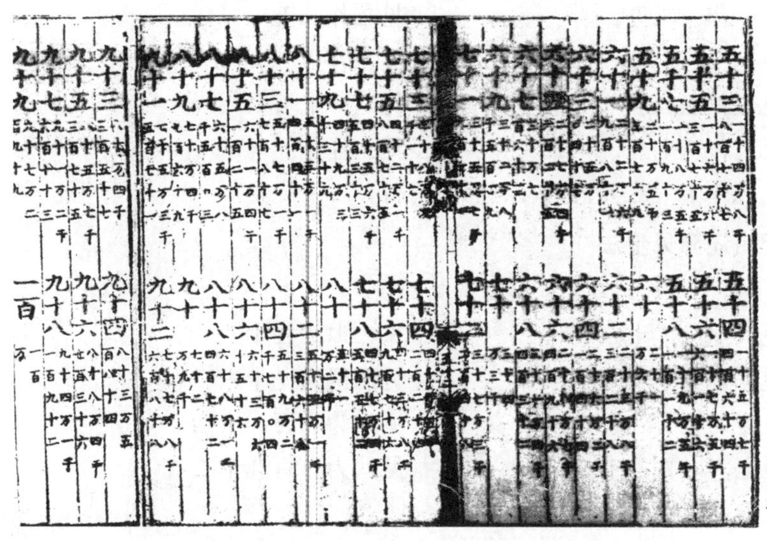

田亩

古者量田较阔长[66]，全凭绳尺以牵量.

一形虽有一般法，惟有方田法易详.

若见喎斜并凹曲，直须裨补取其方.

却将乘实为田积，二四除之亩法强.

田亩之下，所起于忽，忽者：计积六寸. 长六寸，阔一寸，为一忽. 六十寸为一丝，六百寸为一毫，六千寸为一厘，六万寸为一分，六十万寸为一亩，又为六千尺积二百四十步也. 一步自方五尺，五尺作十分，一分为五寸步下有尺，五归为分. 步下有分，五因为尺. 二百四十步为一亩，百亩为一顷.[67]

长二百四十步，阔一步.

长一百二十步，阔二步.

长八十步，阔三步，长六十步阔四步.

长四十八步，阔五步，长四十步，阔六步，长三十步，阔八步，长二十四步，阔一十步，长十六步，阔十五步. 但长阔相乘得二百四十步，为一亩.

长一里，阔一里，计五顷四十亩，一里计三百六十步.

长一里，阔一步，计一亩五分.

长一里，阔一尺，计三分.

长一里，阔一寸，计三厘.

积步见亩法

加二五，以三归之：

见一作一二五　　见二作二五

见三作三七五　　见四作五

见五作六二五　　见六作七五

见七作八七五　　见八作十

见九作十一二五,得数以三归之为亩.

起亩还源见步法

实首起,除步为亩;实尾起,除亩为步.

见一退为二十四　　见二退为四十八

见三退为七十二　　见四退为九十六

见五为一百二十　　见六为一百四十四

见七为一百六十八　　见八为一百九十二

见九为二百一十六

77. 今有方田,四面各一百二十六步. 问:为田几何?

答曰:六十六亩一分五厘.

法曰:置各一百二十六步自乘得一万五千八百七十六步为实,以亩法二百四十步为法除之得六十六亩一分五厘,合问.

78. 今有直田长一百五十六步,阔一百二十一步. 问:为田几何?

答曰:七十八亩六分五厘.

法曰:置长一百五十步,阔一百二十一步相乘得一万八千八百七十六步为实,以亩法二百四十步为法,除之得七十八亩六分五厘,合问.

79. 今有圆田,周五百一十三步,径一百七十一步. 问:为田几何?

答曰:九十一亩三分七厘八毫一丝一忽五微.

法曰:置周五百一十三步,径一百七十一步相乘得八万七千七百二十三步以四归之得二万一千九百三十步七分五厘为实[68],以亩法二百四十步为法,除之合问.

又法:周自乘,十二而一.

又法:径自乘三之四而一.

80. 今有圭田,长二百七十步,阔四十二步. 问:为田几何?

答曰:二十三亩六分二厘五毫.

法曰:置长二百七十步,阔四十二步,相乘得一万一千三百四十步,折半得五千六百七十步为实,以亩法二百四十步为法,除之得二十三亩六分二厘五毫合问.

端疋[69]

四十为疋五为端,或减或加二尺宽.

端疋乘来方见尺,尺求端疋法除看.

端疋之下起于忽,忽者.蚕口中初出之丝也.或有或无,故为忽.十忽为一丝,十丝为一毫,十毫为一厘,十厘为一分,十分为一寸,十寸为一尺,十尺为一丈,三丈二尺为一疋,或小尺四丈为一疋.五丈为一端,或四丈为□□四丈二尺,三丈八尺亦从,加减因之,今将五丈为端,四丈为疋言之.

端见尺五因,尺见端五归.

端下有尺,五归为分.

疋见尺四因,尺见疋四归.

疋下有尺,四归为分.

81.今有绢一端,长五丈[70]每尺价钞二百四十文.问:该钞几何?

答曰:一十二贯.

法曰:置绢五十尺为实,以尺价二百四十文为法,乘之,合问.

82.今有罗二丈四尺,卖钞一十八贯.问:一疋长四丈,该钞几何?

答曰:三十贯.

法曰:置钞一十八贯以乘罗四十尺得七十二贯为实,以罗二丈四尺为法,除之,合问.

83.今有纱一十二疋二丈六尺疋法四丈二尺,卖钞二百六十五贯.问:每尺该钞几何?

答曰:五百文.

法曰:置卖钞二百六十五贯为实,以所有纱一十二疋以疋法四十二尺通之,加零二丈六尺,共得五百三十尺为法,除之,合问.

84.今有钞二百六十五贯,买纱每疋长四丈二尺,价钞二十一贯.问:该买纱几何?

答曰:一十二疋三丈六尺.

法曰:置钞二百六十五贯,以乘每疋四丈二尺,共得(一千一百一十二)[一万一千一百三十]为实,疋价二十一贯为法,除之得五百三十尺,却以疋法四十二尺除之,合问.

斤秤

截两为斤分数法[71]

一退六二五	二一二五
三一八七五	四二五
五三一二五	六三七五
七四三七五	八五
九五六二五	十六二五

十一六八七五	十二七五
十三八一二五	十四八七五
十五九三七五	○

[衡法斤秤歌][72]

斤如求两身加六，减六留身两见斤.

论铢三百八十四，六十四分为一斤.

二十四铢为一两，三十二两一裹名.

一秤斤该一十五，二秤并之为一钧.

四钧之数为一石，又名一驮实为真.

二百整斤为一引，两下另有毫厘分.

斤秤之下，两起于黍，黍者：轻之末也. 若以两数之下，有钱、分、厘、毫、丝、忽、微、沙塵、埃、渺漠也，十黍为一累，一累为一铢，六铢为一分，四分为一两，积二十四铢也. 十六两为一斤，积三百八十四铢. 六十四分为一斤也. 二斤为一裹，积三十二两，七百六十八铢也. 十五斤为一秤，积二百四十两，九百六十分，五千七百六十铢也. 二秤为一钧，积三十斤，四钧为一石，积一百二十斤，又名一驮也，二百斤为一引.

斤要见两加六，两要见斤减六.

斤下有两减六为分，斤下有分加六为两.

秤见斤加五，斤见秤减五.

秤下有斤减五为分，秤下有分加五为斤.

秤见裹七五乘，裹见秤七五除.

秤下有裹七五除为分，秤下有分七五乘为裹.

秤见分九六乘，分见秤九六除.

秤见铢五七六乘，铢见秤五七六除.

裹见斤二因，斤见裹二归.

裹下有斤二归为分，裹下有分二因为斤.

裹下见两三二乘，两见裹三十二除.

裹下有两三二除为分，裹下有分三二乘为两.

两见铢二四乘，铢见两二四除.

两下有铢二四除为分，两下有分二四乘为铢.

斤见分六四乘，分见斤六四除.

斤下[有]分六四除为斤分，斤下有分六四乘为零分.

两见分四因，分见两四归.

两下有零分四归为两分，两下有分四因为零分

钧见斤三因，斤见钧三归.

钧见秤二因，秤见钧二归.

钧下有秤二归为分，秤下有分二因为秤.

钧下有斤三归为分，钧下有分三因为斤.

驮见斤加二，见斤驮减二.

驮下有斤减二为分，驮下有分加二为斤.

引见斤二因，斤见引二归.

引下有斤二归为分，引下有分二因为斤.

引见秤二因减五，秤见引加五，二归.

驮见秤加二减五，秤见驮加五减二.

驮见钧加二，三归，钧见驮三因减二.

两求斤法

85～92. 今有桂皮六百斤，照各率. 问：两裹、秤钧、驮、引、铢、分各几何？

答曰：两该九千六百两，裹该三百裹，秤该四十秤，钧该三十钧，驮该五驮，引该三引，铢该二十三万四万铢，分该三万八千四百分.

93～100. 今有甘草一百二十秤. 问：该斤、裹、两、钧、驮、引、分、铢各几何？

答曰：斤该一千八百斤，两该二万八千八百两，铢该六十九万一千二百铢，裹该九百裹，钧该六十钧，分该一十一万五千二百分驮该一十五驮引该九引.

101～108. 今有粉六百三十裹. 问：该斤、秤、钧、石、引、两、分、铢各几何？

答曰：斤该一千二百斤，两该二万一百六十两，分该八万六百四十分，秤该八十四秤钧该四十二钧，石该一十石五斗，引该六引六十斤，铢该四十八万三千八百四十铢.

109～116. 今有胡椒七百五十钧. 问：该斤、两、秤、驮、引、分、铢、裹各几何？

答曰：斤该二万二千五百斤，两该三十六万两，分该一百四十四万分，秤该八百六十四万铢，秤该一千五百秤，驮该一百八十七驮半，引该一百一十二引半，裹该一万一千二百五十裹.

117～124. 今有银硃四千八百两. 问：该斤、裹、秤、钧、驮、引、分、铢各几何？

答曰：斤该三百斤，分该一万九千二百分，裹该一百五十裹，秤该二十秤，钧该一十钧，驮该二驮半，引该一引半，铢该一十一万五千二百铢.

125～132. 今有定粉三十四万五千六百铢. 问：该斤、裹、秤、钧、驮、引、两、分各几何？

答曰:斤该九百斤,两该一万四千四百两,分该五万七千六百分,裹该四百五十裹,秤该六十秤,钧该三十钧,驮该七驮半,引该四引半.

133~140. 今有二红九万六千分. 问:该斤、两、铢、裹、秤、钧、驮、引各几何?

答曰:斤该一千五百斤,两该二万四千两.

铢该五十七万六千铢,裹该七百五十,裹秤该一百秤,钧该五十钧,驮该一十二驮半,引该七引半.

141~148. 今有黄丹二十驮. 问:该斤、两、裹、秤、钧、引、分、铢各几何?

答曰:斤该二千四百斤,两该三万八千四百两,分该一十五万三千六百分,裹该一千二百裹,称该一百六十秤,铢该九十二万一千六百铢,钧该八十钧,引该一十二引.

149~156. 今有盐三十六引. 向:该斤、分、裹、秤、钧、驮、两、铢各几何?

答曰:斤该七千二百斤,分该四十六万八百分,两该一十一万五千二百两,裹该三千六百裹,秤该四百八十秤,钧该二百四十钧,驮该六十驮,铢该二百七十六万四千八百铢.

斤秤两铢等法

157. 今有杏仁二百一十八斤四两,每斤价钞三贯二百文. 问:该钞几何?

答曰:一千一百三十四贯九百文.

法曰:置杏仁二百一十八斤,通零四两得二五厘,共得二百一十八斤二分五厘. 为实,以斤价五贯二百文为法,乘之,合问.

158. 今有水银一百八十五斤十四两,每斤价钞一十三贯五百文. 问:该钞几何?

答曰:二千三百二十三贯四百三十七文五分.

法曰:置水银一百八十五斤通零十四两得八分七厘五毫共得一百八十五斤八分七厘五毫为实,以斤价一十二贯五百文为法,乘之合问.

159. 今有盐三引一驮三钧一秤三裹一斤七两二分三铢,每引价五十四贯. 问:该钞几何?

答曰:二百二十四贯七百六十八文六分七厘一毫八丝七忽五微.

法曰:置盐,各以率通之.

三引得六百斤,一驮得一百二十斤,三钧得九十斤,一秤得一十五斤,三裹得六斤,零一斤,并之共得八百三十二斤,又七两二分,两下有分,以四归得五分,又三珠,两下有铢,以二四除之,得一分二厘五毫,并为两率共得七两六分二厘五毫,又以两求斤法通之得四分七厘六毫五丝六忽,二微五塵,并前斤共得八百三十二斤四分七厘六毫五丝六忽二微五塵为实,以每引价钞五十四贯为法乘之,合问.

160. 每驮价钞三十二贯四百文. 问:该钞几何?

答曰:同前.

法曰:俱照前法通之,并共八百三十二斤四分七厘六毫五丝六忽一微五塵,却以驮率一百二十斤,除之得六驮九分三厘七毫三丝四微六塵八渺七漠五沙为实,以每驮价钞三十二贯四百文为法,乘之,合问.

161. 每钧价钞八贯一百文. 问:该钞几何?

答曰:同前.

法曰:俱照前法通之,并共八百三十二斤四分七厘六毫五丝六忽二微五塵为实,却以钧率三十除之得二十七钧七分四厘九毫二丝一忽八微七塵五秒为实,以每钧价钞八贯一百文为法,乘之,合问.

162. 每秤价钞四贯五十文. 问:该钞几何?

答曰:同前.

法曰:俱照前法通之,并共八百三十二斤四分七厘六毫五丝六忽二微五塵,却以秤率十五除之得五十五秤四分九厘八毫四丝三忽七微五塵为实,以每秤价钞四贯五百文为法,乘之合问.

163. 每裹价钞五百四十文. 问:该钞几何?

答曰:同前.

法曰:俱照前法通之,并共八百三十二斤四分七厘六毫五丝六忽二微五塵,却以裹率二斤除之得四百一十六裹二分三厘八毫二丝一忽五微零为实,以每裹价钞五贯四百文为法乘之,合问.

164. 每斤价钞二百七十文. 问:该钞几何?

答曰:同前.

法曰:俱照前法通之,并共八百三十二斤四分七厘六毫五丝六忽二微[为]实,以每斤价钞二百七十文为法,乘之,合问.

165. 每两价钞一十六文八分七厘五毫. 问:该钞几何?

答曰:同前.

法曰:俱照前法通斤为两,零两下二分为五分,三铢为一分五厘五毫,通并共得一万三千三百一十九两六分二厘五毫为实,以每两阶钞[一十]六文八分七厘五毫为法乘之,合问.

166. 每分价钞四文二分一厘八毫七丝五忽. 问:该钞几何?

答曰:同前.

法曰:俱照前法通斤为两共得一万三千三百一十九两,以分率四通之得五万三千二百七十六分,加原二分并三铢为五厘,并前共得五万三千一百七十八分五厘为实,以每分价钞为法乘之,合问.

167. 每铢价钞七分三毫一丝二忽五微. 问:该钞几何?

答曰:同前.

法曰:俱照前法,通斤为两共得一万三千三百一十九两,以铢率(一)[二]十四通之,得三十一万九千六百五十六铢,加零二分,以每分六铢共得一十二珠,并原三铢,共得三十一万九千六百七十一珠,为实,以每铢价钞七分三毫一丝二忽五微为法乘之,合问.

异乘同除[73]

异乘同除法何如,卖物钱乘作例推.

先下原钱乘只物,却将原物法除之.

将钱买物互乘取,百里千万以类推.

算者留心能善用,一丝一忽不差池.

168. 原有米二十三石三斗六升,粜银八两七钱六分,今只有米三石四斗四升. 问:该银几何?

答曰:一两二钱九分.

法曰:置银八两七钱六分,以乘只有米三石四斗四升,共得三十两一钱三分四厘四毫为实,以原有米二十三石三斗六升为法,除之,合问.

169. 原有银一两二钱九分,籴米三石四斗四升,今只有银八两七钱六分. 问:该米几何?

答曰:二十三石三斗六升.

法曰:置籴米三石四斗四升乘今有银八两七钱六分共得三十两一钱三分四厘四毫为实,以原有银一两二钱九分为法,除之,合问.

170. 原有米三石四斗四升,粜银一两二钱九分,今只有米二十三石三斗六升. 问:该银几何?

答曰:八两七钱六分.

法曰:置原粜银一两二钱九分乘今有米二十三石三斗六升,共得三十两一钱二分四厘四毫为实,以原有米三石四斗四升为法,除之,合问.

171. 原有银八两七钱六分,籴米二十三石三斗六升,今只有银一两二钱九分. 问:该米几何?

答曰:三石四斗四升.

法曰:置原籴米二十三石三斗六升乘只有银一两二钱九分共得三十两一钱三分四厘四毫为实,以原有银八两七银六分为法,除之,合问.

就物抽分[74]

抽分法就物中抽，脚价乘他都物求.

别用脚钱搭物价，以其为法要除周.

除来便见价之总，余者皆为主合留.

算者不须求别诀，只将此法记心头.

172. 今有粮米七百二十八石，每石价钞一十五贯七百三十文，今雇员船装载，每石脚钱二百七十文，就抽本色米准还. 问：主脚各该米几何？

答曰：主米七百一十五石七斗一升五合，脚米一十二石二斗八升五合.

法曰：置米七百二十八石以船脚钞二百七十文乘之得一百九十六贯五百六十文为实. 并米价一十五贯七百三十文船脚钱(一)[二]百七十文，共一十六贯为法，除之，得船脚米一十二石二斗八升五合以减总米，余为主米，合问.

173. 今有罗六十七丈五尺，于内抽一丈七尺五寸买颜色染红罗六丈二尺五寸. 问：各该罗几何？[75]

答曰：红罗五十二丈七尺三寸四分三厘七毫五丝. 买颜色罗一十四丈七尺六寸五分六厘二毫五丝.

法曰：置罗六十七丈五尺以染红罗六丈二尺五寸乘之得四百二十一丈八尺七寸五分为实，并染罗六丈二尺五寸买颜色罗一丈七尺五寸共得八丈为法，除之，得红罗五十二丈七尺三寸四分三厘七毫五丝以减总罗，余为买颜色罗，合问.

差分[76]

差分之法并来分，须要分教一分成.

将此一分为之实[77]，以乘各数自均平.

174. 今有甲乙丙丁四人合本，甲出银二十八两七钱，乙出银二十一两三钱，丙出银一十七两五钱，丁出银一十二两三钱. 共买丝卖银九十八两七钱一分二厘六毫. 问：除本各得利几何？[78]

答曰：甲六两八钱一厘九毫，乙五两四分八厘一毫，丙四两一钱四分七厘五毫，丁二两九钱一分五厘一毫.

法曰：置卖银九十八两七钱一分二厘六毫，内除原合本银七十九两八钱，余得利银一十八两九钱一分二厘六毫为实，以原合本银为法除之得二钱三分七厘，乃一两之利，以乘甲本得利六两八钱一厘九毫，乙本得利五两四分八厘一毫，丙本得利四两一钱四分七厘五毫，丁本得利二两九钱一分五厘一毫，合问.

175. 今有甲乙丙丁戊己庚辛壬癸十人，共分米一百石，只云甲十一分，乙十分，丙九分，丁八分，戊七分，己六分，庚五分，辛四分，壬三人，癸二分. 问：各得几何？

答曰:甲一十六石九斗二升三合六十五分合之五.

乙一十五石三斗八升四合六十五分合之五十.

丙一十三石八斗四升六合六十五分合之一十.

丁一十二石三斗七合六十五分合之四十五.

戊一十石七斗六升九合六十五分合之一十五.

己九石二斗三升六十五分合之三十.

庚七石六斗九升二合六十五分合之五十.

辛六石一斗五升三合六十五分合之五十五.

壬四石六斗一升五合六十五分合之二十五.

癸三石七升六合六十五分合之六十.

法曰:各以支分数乘总米一百石各自为实,以法除之,合问.

贵贱差分[79]

差分贵贱法尤精,高价先乘共物情.

却用都钱减今数,余留为实甚分明.

别将二价也相减,用此余钱为法行.

除了先为低物(价)[数],自余高价物方成.

176. 今有米麦一千石,共价钞一万六千八百一十四贯七百一十文,只云米石价一十七贯二百文,麦石价一十四贯五百文,问米、麦并该钞各几何?[80]

答曰:米八百五十七石三斗,该钞一万四千七百四十五贯五百六十文. 麦一百四十二石七斗,该钞二千六十九贯一百五十文.

法曰:置米麦一千石,先以贵物米石价一十七贯二百文,乘之得一万七千二百贯. 内减共价一万六千八百一十四贯七百一十文,余(二)[三]百八十五贯二百九十文为实,别置米麦石价,以少减多,余二百七百文为法. 除实得一百四十二石七斗乃贱麦数. 以减共数一千石余得贵价米八百五十七石三斗,各以石价乘之,得该钞数,合问.

177. 今有钞二十五贯一百八十文,共买梨瓜九千一百九十二个,每钞一百文买梨六十五个,每钞一百文买瓜二十四个. 问:梨、瓜并该钞各几何?

答曰:梨四千九百九十二个,该钞七贯六百八十文. 瓜四千二百个,该钞一十七贯五百文.

法曰:置总钞二十五贯一百八十文,以钞一百文买梨六十五个乘之得[一]万六千三百六十七个,内减共买梨瓜九千一百九十二,余七千一百七十五个为实. 另以梨六十五个减瓜二十四个余四十一个为法. 除之,得买瓜钞一十七贯五百文,以减总钞二十五贯一百八十文余得买梨钞七贯六百八十文,各以每钞一百文买到个数乘之,合问.

孕推男女[81]

四十九数加难月，减行年岁定无疑.

一除至九多余数，逢双是女隻生儿.

178. 今有孕妇，行年二十八岁，难八月. 问：所生男女.

答曰：生男.

法曰：先置四十九加难八月共五十七，减行年二十八余二十九. 就减天除一地除二人除三四时除四，五行除五，六律除六，七星除七，不尽一即男也. 更若数多，再除八四除八，九州除九，其不尽者，奇则为男，偶为女.

点病法

先置病人年几岁，次加月日得病时.

三因除九多余数，三轻六重九归医.

179. 今有病人，年四十七岁，三月初九日得病. 问：(证)[症]如何？

答曰：重也.

法曰：先置病人年四十七加得病三月初九日共得五十九以三因之得一百七十七. 却以九除之，先除九十，次除八十一，余六即重也，若是初八日得病，余三即轻也，初十日得病，余九，乃难医也.

盘量仓窖[82]

古斛法以积立方二尺五寸为一石.

方仓长用阔相乘，惟有圆仓周自行.

各再以高乘见积，围圆十二一中分.

尖堆法用三十六，倚壁须分十八停.

内角聚时如九一，外角二十七分明.

若还方窖兼圆窖，上下周方各自乘.

乘了另将上乘下，并三为一再乘深.

如三而一为方积，三十六兮圆积成.

斛法却将除见数，一升一合数皆明.

斗斛之下起于粟. 粟者，一粒之粟也. 古者，六粟为一圭. 十圭为一撮. 十撮为一抄，十抄为一勺，十勺为一合，十合为一升，十升为一斗，十斗为一石，乃十、斗、百升、千合、万勺、十万抄、百万撮、千万圭也.

180. 今有平地堆米，下周二丈四尺，高九尺. 问：积米几何？

答曰：五十七石六斗.

法曰：置下周二十四尺自乘得五百七十六尺，以乘高九尺得五千一百八十四尺，却以圆积三十六除之得一百四十四尺为实，以斛法二尺五寸为法除之，合问.

181. 今有倚壁聚米，下周二丈一尺，高七尺五寸. 问：积米几何？

答曰：七十三石五斗.

法曰：置下周二十一尺自乘得四百四十一尺，以高七尺五寸乘之得三千三百七尺五寸，又以倚壁率十八除之，得一百八十三尺七寸五分为实，以斛法二尺五寸为法，除之，合问.

182. 今有倚壁内角聚米，下周二丈七尺，高六尺. 问：积米几何？

答曰：一百九十四石四斗.

法曰：置下周二十七尺，自乘得七百二十九尺，以乘高六尺得四千三百七十四尺，如九而一得四百八十六尺为实. 以斛法二尺五寸除之，合问.

183. 今有倚壁外角聚米，下周四丈五尺，高一丈九尺. 问：积米几何？

答曰：五百七十石.

法曰：置下周四十五尺，自乘得二千二十五尺，以高一十九尺乘之得三万八千四百七十五尺，以倚壁外角率二十七除之得一千四百二十五尺为实. 以斛法二尺五寸为法除之，合问.

184. 今有方仓一所，长三丈六尺，阔二丈二尺，高一丈二尺. 问：积米几何？

答曰：三千八百一石六斗.

法曰：置长三丈六尺，以乘阔二丈二尺(共)得七百九十二尺，又以高一丈二尺乘之得九千五百四尺为实. 以斛法二尺五寸为法除之，合问.

185. 今有圆仓一所，周三丈六尺，高一丈八尺. 问：积米几何？

答曰：七百七十七石六斗.

法曰：置周三十六尺自乘得一千二百九十六尺，又以高一丈八尺乘之得二万三千三百二十八尺，却以圆法十二除之得一千九百四十四[尺]为实. 以斛法二尺五寸为法除之，合问.

186. 今有方窖，上方三丈，下方三丈六尺，深一丈六尺八寸. 问：积米几何？

答曰：七千三百三十八石二斗四升.

法曰：置上方三十尺自乘得九百尺，下方三十六尺自乘得一千二百九十六尺又以上方三十尺乘下方三十六尺得一千八十尺，并三位得三千二百七十六尺，却以深一十六尺八寸乘之得五万五千三十六尺八寸，以三归之得一万八千三百四十五尺六寸为实. 以斛法二尺五寸除之，合问.

187. 今有圆窖一所，上周一丈八尺，下周三丈，深一丈二尺. 问：积米几何？

答曰：二百三十五石二斗.

法曰：置上周一十八尺自乘得三百二十四尺，下周三十尺自乘得九百尺，又上周一十八尺乘下周三十尺得五百四十尺，并三位共得一千七百六十四尺，又以深一十二尺乘之得二万一千一百六十八尺，以圆积三十六除之得五百八十八尺为实，却以斛法二尺五寸除之,合问.

堆垛[83]

缸瓶堆垛要推详,脚底先将阔减长.

余数折来添半个,并归长内阔乘相.

再将阔搭一乘实,三以除之数便当.

若算平尖只添一,乘来折半法如常.

三角果垛亦堪如,脚底先求个数齐.

一二添来乘两遍,六而取一不差池.

要知四角盘中果,添半仍添一个随.

乘此数来以为实,如三而一去除之.

188. 今有酒瓶一垛,从一十三个,阔八个. 问:该几何?[84]

答曰:三百八十四个.

法曰:置长一十三个减阔八个余五个,折半得二个半,再添半个共得三个,却增并长一十三个共一十六个,又以阔八个因之,得一百二十八个,于上又置阔八个添一个得九个以因上数得一千一百五十二为实,以三归之,合问.

189. 今有平尖草一垛,底脚六十八个. 问:共该几何?

答曰:二千三百四十六个.

法曰:[85]置底角六十八个,张二位,添一个得六十九个二位相乘得四千六百九十二个,折半,合问.

190. 今有三角果一垛,底角一十二枚. 问:共该几何?

答曰:三百六十四个.

法曰:[86]置底脚一十二枚,别置一十二枚添一枚得一十三枚,以乘一十二枚得一百五十六枚,又以一十二枚添二枚得一十四枚,乘之得二千一百八十四为实,以六归之合问.

191. 今有四角果一垛,底脚三十六个,问共积几何?

答曰:一万六千二百六个.

法曰:[87]置底脚张二位,一位三十六个添一个得三十七个相乘得一千三百三十二个又以三十六个添半个得三十六个半,乘之得四万八千六百一十八为实,以三归之合问.

修筑[88]

算中有法筑长城,上下将来折半平.

高以乘之长又续,此为城积甚分明.

五因其积三而一,是壤求坚法并行.

穿地四因为壤积,法中仍用五归成.

192. 今有筑城,上阔一丈五尺,下阔三丈六尺,高四丈二尺,长一百八十九丈,问城积、穿地、壤土各几何?

答曰:城积二百二万四千一百九十尺.

壤积:三百三十七万三千六百五十尺.

穿地积:二百六十九万八千九百二十尺.

法曰:拼上阔一十五尺,下阔三十六尺共五十一尺,折半得二十五尺半,以高四十二尺乘之得一千七十一尺,又以(高)[长]一千八百九十尺乘之得城积二百二万四千一百九十尺就位,五因得一千一十二万九百五十尺,却以三归得壤积三百三十七万三千六百五十尺,亦就位四因得一千三百四十九万四千六百尺却以五归得穿地积二百六十九万八千九百二十尺,合问.

193. 今有筑台一所,上阔八尺,长二丈;下阔一丈八尺,长三丈. 高一丈八尺. 问:积几何?

答曰:六百丈.

法曰:倍上长二丈得四丈,加入下长三丈共得七丈,以上阔八尺乘之得五十六丈;别置倍下长三丈得六丈,加入上长二丈共得八丈. 却以高一丈八尺乘之得三千六百丈为实,以六为法,归之,合问.

194. 今有开河,上阔二丈四尺,下阔二丈一尺,深九尺,长三百八十四丈,每积六百尺为一工,用人夫一十二名. 问:该用人夫几何?

答曰:一万五千五百五十二名.

法曰:并上阔二十四尺,下阔二十一尺,共得四十五尺,折半得二十二尺半,以深九尺乘之,得二百二尺半,以乘长三千八百四十尺共得七十七万七千六百尺,又以人夫一十二乘之得九百三十三万一千二百尺为实,以每工六百尺为法除之,合问.

195. 今有筑堤,上阔一丈,下阔三丈,高一丈五尺,长一万六千四百六十尺,分定人工,每日筑积八十二万三千尺. 问:工完日几何?

答曰:六日.

法曰:并上下阔得四丈,折半得二丈,以高一丈五尺乘之得三百尺,又以长一万六千四百六十尺,乘之得四百九十三万八千尺为实,以每日筑积八十二万三千尺为法除之,合问.

196. 今有开渠二千五百尺,上阔七丈,下阔五丈,深二丈,今已开深一丈八尺. 问:下阔几何?

答曰:五丈八尺.

法曰:置上阔七丈减下阔五丈余二十尺. 乘已开深一十八尺得三百六十尺为实,却以原深二十尺为法除之得一十二尺,以减上阔七十尺余五丈八尺,合问.

——卷首　乘除开方起例[终]

①本卷共196问. 语出刘徽《九章算术注》原序:汉北平候张苍,大司农中丞耿寿昌,皆以善算命世,苍等因旧文之遗残,各称删补. 故校其目,则与古或异,而所论者,多近语也.

②甄鸾,字叔遵,中山无极(今河北省无极县)人,是继刘徽、祖冲之(429—500)之后我国南北朝末期又一著名数学家和历法学家,约生活在公元535—578年,他一生"好学精思,富于论撰,精通历法,古代算书,经其注释,方成定本",但他为《九章算术》写的细草,却没有流传到现在.

李淳风(602—670),唐朝著名的数学教育家,唐高宗显庆元年(公元656年),李淳风等奉诏注释我国历史上最早的国学教科书《十部算书》.

杨辉,南宋著名数学教育家,曾为《九章算术》作详解(1261年).

③这一"习算之法",实际上是对我国以东方古典数学名著《九章算术》为代表的传统数学的规范,体现了"由浅入深,循序渐进"的总原则,是吴敬总结出的一份教学大纲,是对南宋数学教育家杨辉《乘除通变本末》(1274年)卷上"习算纲目"的总结概括和深入一步简化延伸.

④说明学习数学的重要性,可能是根据夏源泽《指明算法》(1439年)双调西月江词牌改编而成:

智慧童蒙易晓,愚顽皓首难明.

世间六艺任纷纷,算乃人之根本;

知书不知算法,如临明室昏昏.

慢同高手细评论,数彻无穷方寸.

⑤我国古代的"九九歌诀",有着十分悠久的历史,公元263年著名数学家刘徽在《九章算术注》原序中说:"昔在包牺氏……作九九之术."《管子》卷二十四轻重戊第八十四:"宓戏作九九之数."包牺、宓戏即伏戏,是我国古代历史传说中黄帝时代的神化人物.《汉书·律历志上》称:"自伏戏画八卦,由数起,至黄帝、尧、舜而大备.""九九之术"即为我国最早的"九九表". 后来在唐宋间,又引伸为数学的代称.

在汉代燕人韩婴《韩诗外传》卷三,记载着这样一个很有趣味的故事[①]:

齐桓公(前685—前643)设庭燎为便人欲造见者,期年而士不至. 于是东野有鄙人以"九九"见者. 桓公使戏之曰:"九九足以见乎?"鄙人曰:"夫九九薄能耳,而君犹礼之,况贤于九九者乎!"桓公曰:"善!"乃因礼之,期月,四方之士相

---

① 李俨. 中国古代数学史料[M]. 2版. 上海:上海科学技术出版社,1963. 另刘向《说苑·尊贤篇》《三国志》卷21裴松之注文中引《战国策》,都曾提到这一故事,但文字稍有不同.

导而至矣.

这个故事充分说明,我国古代劳动人民至迟在战国时期,就已经很广泛地应用九九歌诀了. 古代流传下来的许多书籍,如《管子》《荀子》《吕氏春秋》《周髀算经》《孙子算经》《夏侯阳算经》《敦煌算书》①及汉代的竹简中②,都有九九歌诀的记载. 其中《孙子算经》卷上首次载有从九九八十一起至一一如一止及其自乘数的全文,共45 句.

古代的九九歌诀,是从"九九八十一"开始,到"二二如四"止,共36 句,因而人们称为"九九". 从战国初期到汉朝,人们逐步把"一九如九""一八如八"……"一一如一"等九句加入,共45 句,大约到公元四百年前后,《孙子算经》才扩充到"一一如一".

由于是从"九九八十一"开始,顺序颠倒,不符合后人由小到大的客观认识规律,在洪万(1123—1202)的著作《容斋续笔》卷七中有"俗语算数"九九歌诀已是由小到大的顺序. 到了公元1274 年宋朝数学教育家杨辉在《乘除通变本末》卷上"习算纲目"一节中,把九九歌诀的顺序改变得和现在一样,从"一一如一"开始,到"九九八十一"止,称为"九九合数". (《习算纲目》开始即云:"先念九九合数(一一如一至九九八十一,自小到大,用法不出于此)",并没有列出"九九歌诀"的全文.)25 年后,元朝数学家朱世杰在《算学启蒙》(1299 年)卷首总括中,首次列出了与现在顺序完全相同的九九歌诀全文,称为"释九数法". 其后元贾亨③《算法全能集》卷上,安止斋《详明算法》(1373 年)卷上,吴敬《九章算法比类大全》(1450 年)卷首"乘除开方起例",王文素《新集通证古今算学宝鉴》(1524 年)卷一,柯尚迁《数学通轨》(1578 年),程大位(1533—1606)《算法统宗》(1592 年)卷一,黄龙吟《算法指南》(1604 年)卷一等书均载九九歌诀全文,遂一直流传至今.

王文素指出:"九九合数阴阳凡八十一句,今人求简,只念四十五句,余置不用. 算家惟恐无数可至,岂得有数不用者乎! 故述于左:"二一如二,三一如三,三二如六,四一如四……九六五十四,九七六十三,九八七十二."

徐心鲁订正《盘珠算法》卷一载有"初学累算数法"72 句:二二单四,三二如六,四二单八,五二是十……十二二十,三二如六,三三单九,四三十二……十三三十……十九九十.

---

① 李俨:《敦煌石室算经一卷并序》(载《国立北平图书馆馆刊》九卷一期,1935 年),《敦煌石室立成算经》(载《图书季刊》新一卷四期,1935 年),前者载九九歌诀全文.

② 见《中国大百科全书·数学卷》,第5 页插图.

③ 《永乐大典》记为贾通,字季通,生平不详.

九九歌诀至迟在北宋初期就已传到了日本,970 年日人源为宪《口游》中,载有始于九九终于一一的逆序九九口诀全文①,后来,在 1627 年出版的吉田光由《尘劫记》中,载有 36 句九九歌诀②. 1658 年久田玄哲对《算学启蒙》进行点训(即在汉字旁边注日文读音字母和标点),1690 年贤部建弘又加以注释和翻印,使九九歌诀在日本广泛流传至今.

在古代希腊,在 1 世纪时才由尼可马思(Nichomachus,约公元 100 年左右)给出了 1 到 9 的乘法表③. 在印度,是在印度数码创立之后,才逐步产生了九九表,那是公元 2 世纪以后的事.

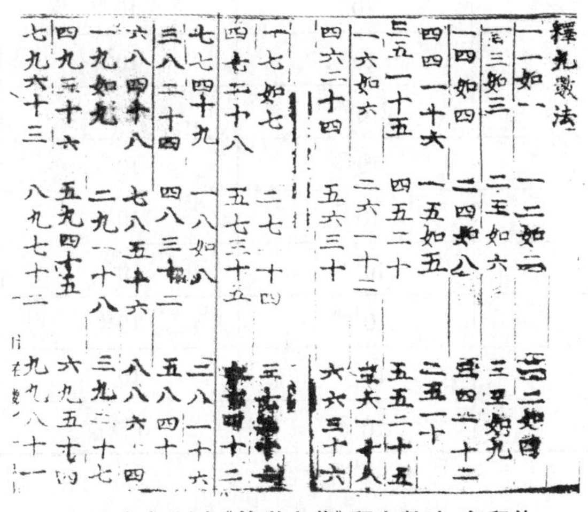
釋九數法
一一如一　一二如二　二二如四
一三如三　二三如六　三三如九
一四如四　二四如八　三四一十二
四四一十六　一五如五　二五一十
三五一十五　四五二十　五五二十五
一六如六　二六一十二　三六一十八
四六二十四　五六三十　六六三十六
一七如七　二七一十四　三七二十一
四七二十八　五七三十五　六七四十二
七七四十九　一八如八　二八一十六
三八二十四　四八三十二　五八四十
六八四十八　七八五十六　八八六十四
一九如九　二九一十八　三九二十七
四九三十六　五九四十五　六九五十四
七九六十三　八九七十二　九九八十一

1299 年初刻本《算学启蒙》释九数法,复印体

⑥大数的记法,早已散见在甲骨文和先秦的一些著作中,如甲骨文中,已出现了"万"字,在《诗经》中,出现了"亿"字.《孙子算经》首次提出了"大数"一词,云:"凡大数之法:万万曰亿,万万亿曰兆,万万兆曰京,万万京曰陔,万万陔曰秭,万万秭曰壤,万万壤曰沟,万万沟曰涧,万万涧曰正,万万正曰载."公元三四世纪,徐岳在《数术记遗》中系统地介绍了三种记数法,为我国后世的科学记数法打下了良好的理论基础,《数术记遗》云:"黄帝为法,数有十等. 及其用也,乃有三焉,十等者:亿、兆、京、垓、秭、壤、沟、涧、正、载. 三等者(三种进位制),即上、中、下也. 其下数者,十十变之,若言十万曰亿,十亿曰兆,十兆曰京也;中数者,万万变之,若言万万曰亿,万万亿曰兆,万万兆曰京也. 上数得,数穷则变,若言万万曰亿,亿亿曰兆,兆兆曰京也."

① 白尚恕. 九章算术注释[M]. 北京:科学出版社,1983.

② 铃木久男.《算法统宗》与《尘劫记》[J]. 珠算史通讯,1986(4).

③ 克莱因 M. 古今数学思想[M]. 上海:上海科学技术出版社,1979:154.

徐岳的这三种计数法,可以列表如下.

大数名称 \ 进位等级	上等	中等	下等
万	10^4	10^4	10^4
亿	10^8	10^8	10^5
兆	10^{16}	10^{12}	10^6
京	10^{32}	10^{16}	10^7
陔	10^{64}	10^{20}	10^8
秭	10^{128}	10^{24}	10^9
壤	10^{256}	10^{28}	10^{10}
沟	10^{512}	10^{32}	10^{11}
涧	$10^{1\,024}$	10^{36}	10^{12}
正	$10^{2\,048}$	10^{40}	10^{13}
载	$10^{4\,096}$	10^{44}	10^{14}
$n=1,2,3\cdots$	$10^{4,2n}$	$10^{4(n+1)}$	10^{4+n}

徐岳对这三种记数法的实用性进行了评论,他说:"下数浅短,计事则不尽;上数宏廓,世不可用;故其传业,惟以中数耳。"到了元朝,1299 年数学教育家朱世杰在《算学启蒙》总括中给"大数"下了形象的定义,他说:"大数之类,凡数之大者,天莫能盖,地莫能载,其数不能极,故谓之大数也."

朱世杰《算学启蒙》"总括"中列出的大数名词为:

万、亿、兆、京、陔、秭、壤、沟、涧、正、载、极、恒河沙、阿僧祇,那由他,不可思议、无量数.

吴敬书中的大数名词,当来源于此,只是个别名词稍有不同. 如:垓与陔,穰与壤等.

王文素《算学宝鉴》中的大数名词与朱、吴书中的小数名词基本相同.

⑦我国使用十进小数,有很悠久的历史. 我国古人记数,是用十进位值制,遇到整数以下还有奇零的部分,常常用十进小数来表示,"小数"在我国古代是指"微小的数",与现代"小数"一词的含义不完全相同,古代人常用"奇零""有余""尾数""微数""收数"及"零数"等名词来称呼小数."小数"一词,始见于生

活在五代末年至北宋初年谢察微撰写的《谢察微算经》一书.

小数是人们在社会实践的实际需要和除法、开方等运算中产生和发展起来的.

在《后汉书 · 律历志》中,计算黄钟之律时说,“律为寸”;“不盈者十之,所得为分;又不盈十分,所得为小分,以其余正其强弱.”首次用“分”和“小分”命名寸以下的十进小数名称.

公元3世纪,数学家刘徽在《九章算术》割圆术和开方术的注文中,在处理无理数的平方根时引进了十进小数的概念,他说:“余七十五寸,开方除之,下至秒忽. 又退一法,求其微数,微数无名者以为分子,以十为分母,约作五分忽之二,故得股八寸六分六厘二秒五忽、五分忽之二(此即866 025$\frac{2}{5}$忽)”;“凡开积为方,……求其微数. 微数无名者以为分子,其一退以十为母,其再退以百为母,退之弥之,其分弥细.”此即

$$\sqrt{N}=a+\frac{b}{10}+\frac{c}{100}+\frac{d}{1\,000}+\cdots$$

这种忽以下的“无名微数”第一位以十为分母,第二位以百为分母……的分数,实际上就是个位以下为十进小数,与现代的小数表示法十分接近. 这在世界数学发展史上是一项很辉煌的成就. 欧洲国家在公元12世纪才知道这种方法.

《孙子算经》卷下第二题是:几丁科兵.

今有丁一千五百万,出兵四十万. 问:几丁科一兵?

答曰:三十七丁五分.

这里的“五分”是指0.5丁,这与《后汉书》的记法是一致的. 这种表示十进小数的方法,在《张丘建算经》《五曹算经》和《夏侯阳算经》中也曾出现过.

唐朝统一中国以后,十进小数逐渐获得广泛的应用,南宫说(约7世纪末)《神龙历》(705年)创百进小数来表示天文数据的奇零部分. 一回归年为365.244 8日,是“期周365日,余24,奇48”,他以$\frac{1}{100}$日为余,$\frac{1}{100}$余为奇.

在我国古代,货币单位文以下的分、厘、毫、丝……,长度单位尺以下的寸、分……,土地面积单位亩以下的分、厘、毫、丝……,实际上也都是用来表示十进小数. 如《五曹算经 · 兵曹》第九题答案是“一千五百六十四贯九百九十一文三分四厘.”这里的“三分四厘”就表示0.34文.

到了宋元时代,十进小数的应用非常普遍,在著名数学家杨辉、秦九韶、李冶、朱世杰等人的著作中,已很广泛地应用十进小数进行四则运算,秦九韶把小

数称为“收数”，他解释说：“收数，谓尾见分厘者.”例如《数书九章》卷十二的“累收库本”题是一个计算复利问题，答案是：“末后一月钱，二万四千七百六贯二百七十九文三分四厘八毫四丝六忽七微（无鹿）七沙（无渺）三莽一轻二清五烟.”此即

24 706 279.348 467 070 312 5 文

朱世杰首次对“小数”一词解释为：“凡数之小者，视之无形，取之无像，数亦不能尽，故谓之小数也.”

秦九韶在《数书九章》（1247 年）用有关汉字注明筹码的个位数，使整数与小数明显分开，例如卷六“环田三积”题中有 步 表示 324 506.25步.

卷十二“推知糶数”题：

石 表示 4.608 石.

表示 0.8.

“囤积量容”题：

寸 表示 1 863.2 寸.

寸 寸 表示 6.4 寸.

卷十三“计造石坝”题：

尺 表示 0.5 尺.

李冶在《测圆海镜》和《益古演段》中，在天元式的运算中，把各项的位数上下对齐，以区别整数和小数，如在《测圆海镜》中：

步 元 表示 $4\,096+448x+12.25x^2$.

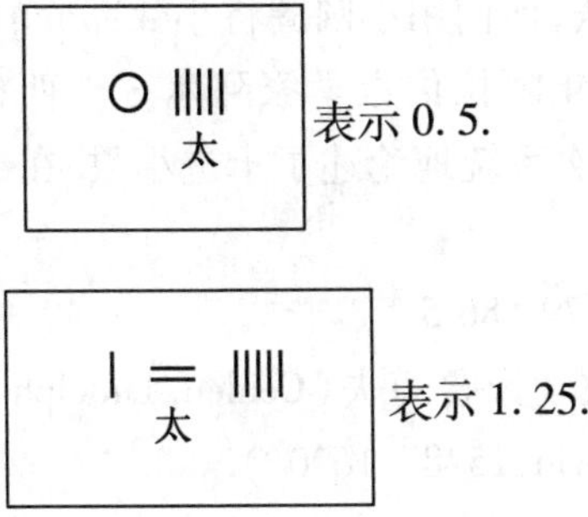

表示 0.5.

表示 1.25.

在《益古演段》中：

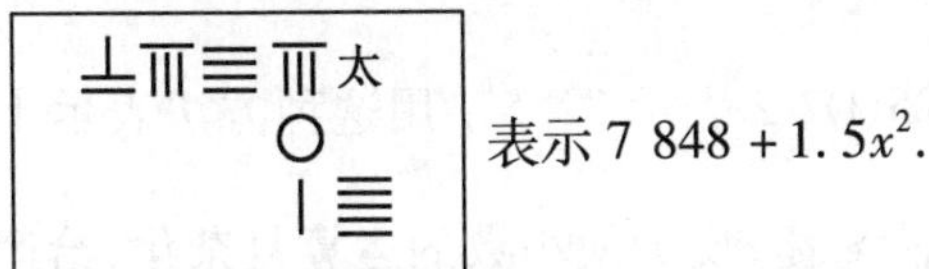

表示 $7\ 848 + 1.5x^2$.

《南史》何承天元嘉 24 年卒于家，年 78 岁（即 370—448 年）.

太

表示 $3\ 480 - 284x - 0.5x^2$.

用有关汉字把整数和小数分开，指明个位数，用我国独有的○表示纯小数，这是世界上最早最先进的十进小数表示法. 这与现代的小数记法除所用筹码和没用小数点外，已没有什么区别了.

何承天(370—448)在《宋书·律历志》中，创造了另一种十进小数表示法. 他用写小一些的字体附在整数后的办法来表示小数，如：十一万八千二百九十六二十五，表示 118 296.25；九万四千三百五十七表示 94 305.17.

元刘瑾(？—1510)在《律吕成书》中，用降格的办法来表示小数，例如 11 314 285 714.72写成

百　十　亿　千　百　十　万　千　百　十　忽

106 368.631 2 写成

十　万　千　百　十　忽

千　百　十　分

这些方法也都比外国先进.

刘徽表示十进小数的方法，还曾影响到印度和阿拉伯. 古代印度数学家在

开方不尽时,也同样采用继续开下去的办法,他们用小圆圈将小数部分的各位数字圈出,如 42. 56 记为“42⑤⑥”. 1427 年阿拉伯数学家阿尔·卡西(Al—Karhl,?—1429)在《算术之钥》一书中,首次系统地论述了十进小数. 在《圆周论》一书中,他还用十进小数给出 2π 的值:

6. 283 185 307 179 586 5

在欧洲最早应用十进小数的是德国数学家鲁道夫(Ceulen. Ludolph Van, 1540?—1610)和荷兰工程师斯蒂文(S. Stevin,1548—1620?).

1530 年鲁道夫在计算一道利息问题时,开始引入十进小数,用一竖的直线将整数和小数分开. 1585 年斯提文在他的《十进小数》中,系统地介绍了十进小数理论. 他用 $\begin{matrix} & ⓪ & ① & ② \\ 3 & 2 & 5 & 7 \end{matrix}$ 或 32⓪5①7②表示 32. 57. 用这种方法表示十进小数,不如我国秦九韶、李冶等的方法简捷,反倒使小数的运算复杂化,给运算带来很大的不便.

1592 年瑞士的比尔奇(J. Bürgi,1552—1632)首次用一个空心的小圆圈将整数和小数分开,如 32. 57 记为“32 ∘ 57”,这已与现代小数的记法十分接近,1593 年意大利数学家克拉维斯(Clavius)在《天体仪说》一书中,将小圆圈改为小圆点作为整数与小数的分界号. 1617 年英国数学家纳皮尔(J. Napier,1550—1617)也采用了这一记法,但同时他提出用逗号“,”作为分界号. 现今小数点的使用分两大派,以德法俄等国为代表的用逗号,以英美等国为代表的用小圆点.

1613 年李之藻、利马窦编译《同文算指》将西方十进小数理论传入我国. 公元 1693 年梅文鼎在《笔算》中,首次用顿号作为小数符号. 1723 年《数理精蕴》中,首次应用了小数点. 在下编卷一的“命位”中说:“凡数单位后有奇零者,必作点于单位上以志之.”如 345. 67 记作“三四五. 六七”;6. 543 记作“六. 五四三,”把小数点记在个位数的右上角,丁取忠(1810—1877)等人,是在个位数上画一大圆圈. 以区别整数和小数,如 26. 5 记作“2⑥5”. 这些方法,当时并未被广泛采用,公元 19 世纪末,印度 - 阿拉伯数码传入我国以后,现代小数的记法才在国内逐步流传.

应该指出,苏联学者尤什克维奇(Юшкевич А. Л,1906—?)对刘徽的十进小数理论提出了怀疑[①],杰普门在《数学故事》中提出历史上第一个引入十进小数的是阿尔·卡西,这些都是不公正的. 李约瑟先生在《中国科学技术史》第三卷还指出:“美国数学史专家乔治·萨顿(G. Sarton,1884—1950)说(中国的)小

---

① 白尚恕. 我国古代数学名著《九章算术》及其注释者刘徽[J]. 数学通报,1979(6).

数记法是在七八世纪由瞿昙悉达或印度婆罗门著作介绍到中国的提法,不可能是正确的."

上述事实充分说明我国是世界上最早发明和使用十进小数的国家,比西方国家至迟早1 100多年! 正如李约瑟先生指出"十进记数法的使用,在中国是极古老的,可以上推到公元前14世纪. 在各文明古国中,中国人在这方面是独一无二的."

朱士杰《算学启蒙》(1299年)"总括"中列出的小数名词为:

一、分、厘、毫、丝、忽、微、纤、沙、尘、埃、渺、漠、模糊、逡巡、瞬息、弹指、刹那、六德、虚、空、清、净.

吴敬书中的小数名词,当来源于此.

王文素《算学宝鉴》(1524年)中的小数名词与朱、吴书中的小数名词基本相同.

⑧"度量衡"与人们的日常生活及科学技术的发展有着极为密切的关系,古代世界各个国家、各个地区、各个民族所用的度量衡进制极不统一,极度紊乱,有二进制的,四进制的,也有八进制的,十进制的,十二进制的和十六进制的,等等.

公元前221年,秦朝统一中国以后,颁布"一度法、衡石、丈尺"的法令,把度量衡统一为十进制,这是世界上最早的统一度量衡制度,要比西方研究统一度量衡制度的法国早两千年!

汉朝著作《小尔雅》讲到先秦时期的长度单位,规定以蚕丝的粗细为一忽

10忽=1秒,10秒=1毫

10毫=1厘,10厘=1分

西汉时,王莽(前45年—23年)当权,命刘歆(前50年—23年)修改度量衡,当时规定度量衡进制是:

长度:1引=10丈=100尺=1 000寸=10 000分.

容积:1斛=10斗=100升=1 000合=2 000龠.

衡量:1石=4钧=120斤.

1斤=16两,1两=24铢.

除了衡制以外,其他基本都采用了十进制,现在北京中国历史博物馆,存有刘歆当时制造的标准量器——"律嘉量斛",根据此标准量器,我们知道西汉的一尺大约合现在的0.69市尺,一升大约合现在的0.20市升,一斤大约合现在的0.45市斤.

《汉书·律历志》说:“度长短者不失毫厘;量多少者不失圭撮;权轻重者不失黍累.”这充分说明,汉朝的度量衡制度比秦朝有了更进一步的发展,当时的数学家们,为了更精密地计算,创造了比分、龠、铢更小的度量衡计算单位.

刘徽《九章算术注》和《孙子算经》等书,都采用了这一度量衡制.《孙子算经》后来将“秒”改为“丝”.

《孙子算经》的长度单位:

1引=10丈=100尺=1 000寸=10 000分
=100 000厘=1 000 000毫=10 000 000丝
=100 000 000忽

1端=50尺,1疋=40尺,1步=6尺.

《孙子算经》中的容量单位是:

1斛=10斗=100升=1 000合=10 000勺=100 000秒
=1 000 000撮=10 000 000圭=60 000 000粟

衡的单位:汉朝以后用1铢=10累=100黍.

《孙子算经》中衡的单位是

1石=4钧,1钧=30斤,1斤=16两,1两=24铢,1铢=10累,1累=10黍

唐朝武德四年(621年)铸“开元通宝”,后来广大劳动人民在实用中增加了“钱”的单位,以10钱=1两,并借用分、厘、毫、丝、忽等长度单位名称,同时采用“担”这一名称,规定1担=100斤.

我国的度量衡制,到了宋朝,除了斤、两仍是十六进制以外,其余都采用了先进的十进制.

在国外,各个国家和地区,使用的度量衡进制,混乱不一,而且很少使用十进制,直到1790年5月8日,法国国民议会决定成立一个测量度量衡制的委员会,任命著名数学家拉格朗日(J. L. Lagrange,1736—1813)负责这一工作,决定以通过巴黎的地球子午线长的四千万分之一为“米”的基本单位. 1799年在数学家拉普拉斯(P. S. Laplace,1749—1827)的领导下完成了实测,并用白金制成了“米原器”. 规定在0℃时,米原器上两条细线之间的距离为1米. 1840年以后,世界各国逐步开始通用度量衡的十进制,20世纪初,世界各国才开始将公尺、公升、公斤作为度量衡十进制的标准计量单位.

“度量衡亩”是我国固有的名词术语. 在《汉书·律历志》中已有明确记载,《九章算术》《孙子算经》等书中,已普遍应用这些名词.

元朱世杰《算学启蒙》(1299年)应用量的名词是:圭、撮、抄、勺、合、升、斗、斛.

应用度的名词是：忽、丝、毫、厘、分、寸、尺、丈、匹、端.

应用衡的名词是：黍、累、铢、分、两、斤、秤、钧、硕（重一百二十斤）.

应用亩的名词是：忽、丝、毫、厘、分、亩、顷、里（三百平方步）.

吴敬书中的度量衡亩名词，与朱世杰《算学启蒙》中的度量衡亩名词，基本相同，当来源于此.

后王文素《算学宝鉴》等书中的度量衡亩名词，与朱、吴书中的度量衡亩名词基本相同.

⑨因加乘法起例，即珠算加法的原始歌诀. 其中“起五”和“成十”是分别指有了“一、二”等数再分别加上某数凑成五或凑成十，筹算此法初无口诀至吴敬《九章算法比类大全》卷首“乘除开方起例”始载此诀，称为“因加乘法起例”. 王文素《算学宝鉴》（1524 年）叫“乘法起例”，口诀与吴敬完全相同，徐心鲁订正《盘珠算法》（1573 年）称“隶首上诀”，口诀与现今完全相同，并有“九盘清”算盘练习图式，程大位《算法统宗》（1592 年）只有口诀而无有举例，至清方中通（1693—1698）《数度衍》（1661 年），则口诀例题具全，与现今流行的珠算加法完全相同.

⑩归减除法起例，即珠算减法的原始歌诀，其中“破五”和“破十”，是指借位，低位数不够减时就从高位借一当十，暗中去掉应减的数，剩下的差数称为“还几”，王文素《算学宝鉴》称为“除法起例”，口诀与吴敬完全相同，徐心鲁订正《盘珠算法》称为“退法要诀”，口诀与现在基本相同，并有“九盘清”算盘练习图式，程大位《算法统宗》无记载，清方中通《数度衍》口诀、练习题则与今天相同.

⑪启义：王文素《算学宝鉴》引录此条.

⑫乘除用字释：王文素《算学宝鉴》引录此条. 称为“释字”. 末尾改为“除，法也. 用商除，归除之法，以去其积也”.

⑬因、乘：古中算术语，法数是一位数称“因”，法数是多位数称“乘”. 杨辉《乘除通变本末》（1274 年）卷上“辨因、乘、损三法即一”.《指南算》曰：众位名乘两位三位以上. 单位名“因”一位. 名损一位. 殊不思三位法乘一位实乃是一位实. 因三位法. 如此而“因”与“乘”初无异也. 古人立‘相乘’二字，法实通用，尤为有证. 又曰，‘上升出者名因’，为乘以一乘九，谓之因. 又曰：‘口诵者为因’，下损出者亦为乘十得损一，得九，十，即一也. 如此，因与损即乘之易名也. “王文素《算学宝鉴》云：“法为弧位曰‘因’，即一位乘法也. ”程大位《算法统宗》卷一“因乘法者，单位曰‘因’，位数多曰‘乘’，通而言之‘乘’也. ”

⑭此处用的是留头乘法.

⑮“定位”一词，首见于杨辉《乘除通变本末》卷上“相乘与定位，各从本法.”“商除二法，定位二法”卷中“定位如商除”“定位退无差”等术，卷中末有“定位详说”云：“视题用法，本无定据，所用因、折、加、减、归、损，各有定位，若诸法互用重用，定位殆将不可律论矣！恐为学者惑，今立定率术曰：先以乘除本法，定所得位讫，而后重互杂法，必无误碍也.”

吴敬书中的定位法，现在一般书中称为“法首定位法”，为吴敬首创.

ⅰ. 乘法、加法定位法

相因乘：随所求法首之数，以定其实.

加法：以法首定实末位，乃所得之数，竟为“随所求法数的首位数，以确定实数的末位数在乘积中的位数”.

例 1：32 人，每人支 370 文，法数首位是百位数，实数末位是 2 人. 人上定贯，即实数个位数是乘积的千位数.

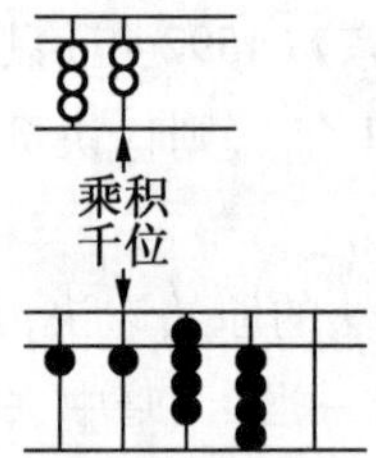

例 2：32 人，每人支 3 700 文，法数首位是千位数，实数末位 2 人，人上定十贯，即实数个位数是乘积的万位数，此乃“随题法首定位求数也”.

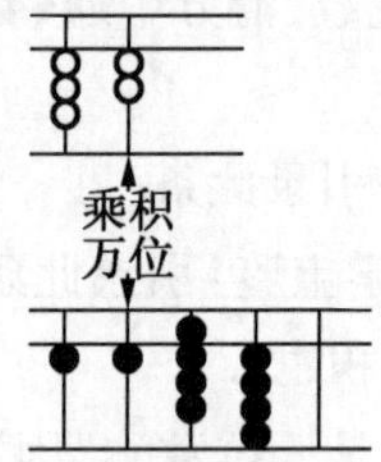

ⅱ. 归除、减法定位

从法首之数，以定其实.

意为从法数首位数，以确定实数中商数的个位数，即“法首之前商个位”. 吴敬具体的方法是：在实首的前一档位作为法数首位，向前逐位数到法数个位；再从这位起，逆数到实数个位，即定为商数个位.

例 1：实千贯，法十人. 从实前第一位数法十起，第二位得法一；就从第二位上，却从千数起，复数第一位得百、本位得十，次位（法首前一位）定一贯

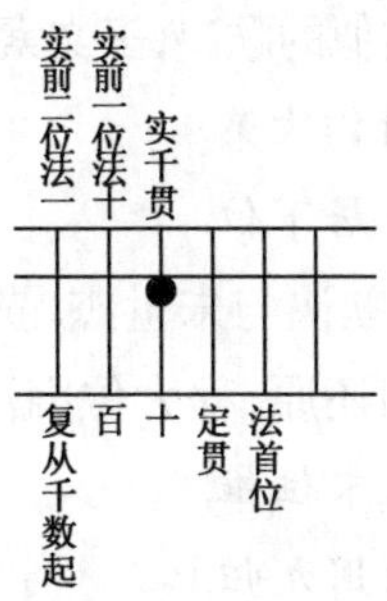

例 2:实百两,法千,从实前第一位上数千,前第二位得百,前第三位得十,前第四位得法一;却从前第四位上数实百两起,复自第三位得十两,第二位定两(法首前一位),第一位得钱,实首位得分

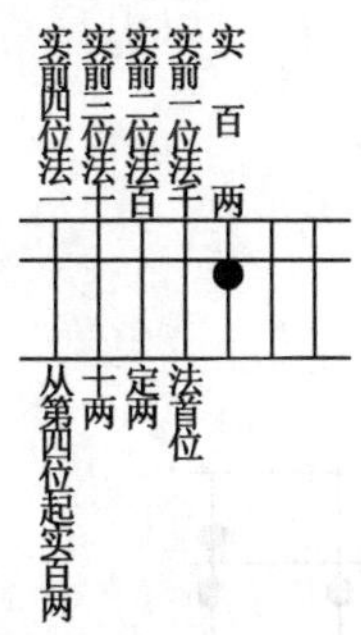

王文素《算学宝鉴》卷一称为“盘中定位数”,歌曰:

始立盘中定数真,皆从实首起身寻.

乘寻根下为法首,除寻法首上为根.

加减法根俱本位,为根为法转回身.

分物分银法逆数,再那一位实来临.

又口诀:

定数从来有本源,根和法实用三般.

乘居下位除居上,加减身中定最玄.

讲得比吴敬明白,程大位《算法统宗》卷一“定位总歌”云:

数家定位法为奇,因乘俱向下位推.

加减只需认本位,归与归除上位施.

法看原实逆上法,位前得令顺下宜.

法少原实隆下数,法前得令逆上知.

十二字诀:

乘从每下得求,归从法前得令(即“零”).

⑯此歌诀引自安止斋《详明算法》(1373 年)卷上,朱世杰《算学启蒙》(1299

年)、贾亨《算法全能集》都载有类似的歌诀,王文素《算学宝鉴》说得更清楚明白.

九因合数须记熟,实尾先因作次第.

呼十变身下布零,言如退身居下位.

程大位《算法统宗》卷二的歌诀与朱世杰、贾亨、吴敬、王文素的歌诀不同,不仅指出算法,而又指出用九归还原,程大位因法歌曰:

合数九因须记熟,起手先从末位推.

言十就身如隔位,若要还原用九归.

归因总歌:

归从头上起,因从足下生.

逢如须隔位,言十在本身.

⑰盘式

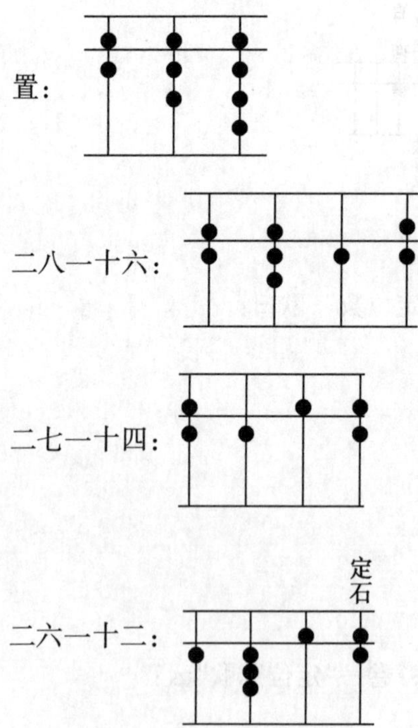

⑱本题中的 7 个小题引自贾亨《算法全能集》和安止斋《详明算法》(1373 年),盘式同⑰,略.

⑲此系留头乘法. 首见于元朱世杰《算学启蒙》(1299 年)卷上"留头乘法"门:

留头乘法别规模,起首先从次位呼.

言十靠身如隔位,遍临头位破其身.

此法在明朝最为流行,是传统的后乘法,又称为"穿心乘""桃心乘""抽心乘”“心乘法”等. 许多算书都引录此法，王文素《算学宝鉴》卷三歌曰：

留头乘法要知闻，法位先将第二因.

三四五来乘遍了，才乘法首破其身.

《盘珠算法》(1573 年)、柯尚迁(1500—1582)《数学通轨》(1578 年)、程大位《算法统宗》(1592 年)、黄龙吟《算法指南》(1604 年)等书都详细论述此法.

吴敬的留头乘法歌诀引自贾亨《算法全能集》和安上斋《详明算法》(1373 年).

⑳盘式：置所有米 456 石 8 斗为实，以所求米价 4 贯 500 文为法相乘：

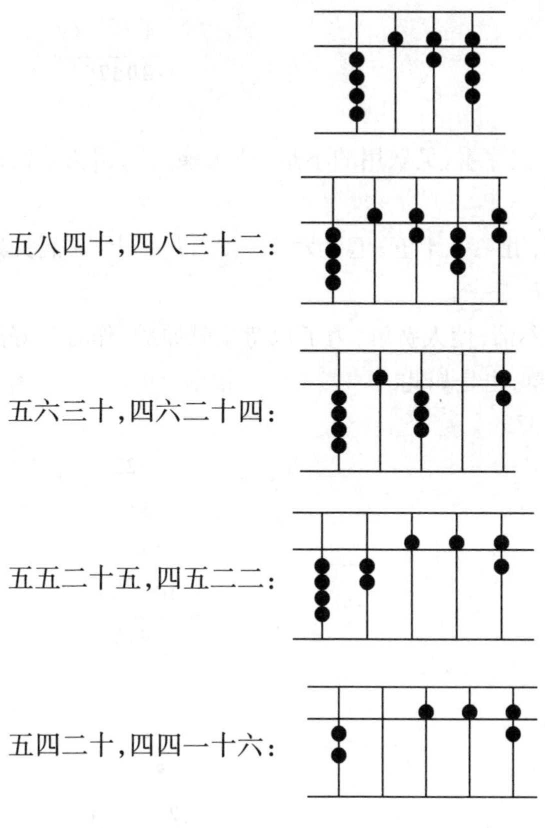
五八四十，四八三十二：
五六三十，四六二十四：
五五二十五，四五二二：
五四二十，四四一十六：

㉑盘式相当于：293 × 275

五三一十五　　15
七三二十一　　21
二三如六　　6　(+
——————
825

五九四十五　　45
七九六十三　　63
二九一十八　　18　(+
——————
25575

五二一十　　10
七二一十四　　14
二二如四　　4　(+
——————
80575

从原书九九口诀的运算次序看,吴敬用的不是"留头乘法",留头乘法的运算次序应是:

七三二十一,二三如六,五三一十五;七九六十三,二九一十八,五九四十五;七二一十四,二二如四,五二一十.

下面的双行小注,字迹不清,使人费解,为了保持文献原貌,作者只好用了很大的力气,引录下题的细草,也是如此.

㉒盘式相当于:365 ×2 375

五五二十五　　25
七五三十五　　35
三五一十五　　15
二五一十　　10　(+
——————
11875

五六三十　　30
七六四十二　　42
三六一十八　　18
二六一十二　　12　(+
——————
154375

五三一十五　　15
七三二十一　　21
三三如九　　9
二三如六　　6　(+
——————
866875

㉓作者在《珠算》1997 年 6 期发表《归除歌诀的历史》一文，现全文引录作为“九归”“撞归”等法的注解.

诗词，是我国古代灿烂辉煌的古典文化成就之一，我国古代劳动人民，在生产生活实践中，创造了浩瀚如海的诗词，这些诗词，多数都是反映劳动人民的生产生活，描写祖国的大好河山. 也有许多采用广大劳动人民喜闻乐见的诗词形式，总结某些生产技术，如数学诗词、医药诗词等.

在众多的诗词中，有一类是专门总结珠算技术的诗词，珠算歌诀与珠算盘相结合，使珠算技术得到了飞速发展. 珠算诗词，念起来顺口，用起来顺手，符合中国人民特有的传统习惯，非常简捷，易学易懂，从它产生的那天起，就显示了它具有无比的生命力和优越性，一直为广大劳动人民群众所喜爱，直到现在，仍不减它的优越性，仍为广大劳动人民群众所喜爱，在我国现代的国民经济中，发挥着不可估量的巨大作用. 因此，了解一下“归除歌诀”的历史，对广大珠算工作者有着十分重大的意义.

“归除歌诀”是珠算歌诀的主要组成部分，在宋朝以前，就已在民间广泛流传，公元 1274 年宋朝数学家杨辉在《乘除通变本末》卷中，在当时流传的四句古诀的基础上，又新添了三十二句，写成“九归新括”，现据北京图书馆藏朝鲜李朝世宗十五年(1433 年)复刻明洪武戊午(1378 年)古杭勤德书堂新刊本《乘除通变本末》引录全文如下：(编者按：依书中“以古句入注两存之”语，知三十二句口诀是古括，四句是杨辉编的新括.)

归数求成[①] +

九　归 遇九成 + 八　归 遇八成 +

七　归 遇七成 + 六　归 遇六成 +

五　归 遇五成 + 四　归 遇四成 +

三　归 遇三成 + 二　归 遇二成 +

归余自上如

九　归 见一下一，见二下二，见三下三，见四下四.

八　归 见一下加二，见二下四，见三下六.

七　归 见一下三，见二下加六，见三下十二，即九.

六　归 见一下四，见二下十二，即八.

① “成”原文为“减”，“成”与“减”形近而误. 依意校改.

五　归 见一作二[①],见二作四.

四　归 见一下十二,即六.

三　归 见一下二十一,即七.

半而为五计

九　归 见四五作五

八　归 见四作五

七　归 见三五作五

六　归 见三作五

五　归 见二五作五

四　归 见二作五

三　归 见一五作五

二　归 见一作五

定位　退无差商除于斗上定石者,今石上定升;商除人上得文者,今人上定十.

被除数的各位数字,自左而右用九归口诀逐位改变后,所得结果退一位,就是应得的商数.

在上列七归口诀中,依照“见一下三”“见二下六”,则“见三”本应“下九”,但因下一位的“九”中,可以“遇七成十”,所以改作“见三下十二”,后来又改作“七三四十二”,六归的“见二下十二”,四归的“见一下十二”和三归的“见一下二十一”都可仿此解释,这实际上是后来九归歌诀的雏形,杨辉的歌诀虽简,但在某些计算时,要用双重歌诀,有些重复不便,便如八归见六见七时,要用到“见四作五,见二下加四”和“见四作五,见三下加六”. 朱世杰在《算学启蒙》(1299 年)中则克服了这一缺点.

除数是两位数时,杨辉编一些特殊口诀来作,他举出了八十三归和六十九归两个例题说明.

八十三归例题相当于:22 908 ÷ 83

口诀:

---

① 原文脱“二”字今补.

见一下十七　$\frac{100}{83}=1+\frac{17}{83}$

见二下三十四　$\frac{200}{83}=2+\frac{34}{83}$

见三下五十一　$\frac{300}{83}=3+\frac{51}{83}$

见四下六十八　$\frac{400}{83}=4+\frac{68}{83}$

见四一五作五　$\frac{415}{83}=5$

遇八十三成百　$\frac{8\ 300}{83}=100$

(四一五为中,后四句不用亦可.)

见五下一百二　$\frac{500}{83}=5+\frac{85}{83}$

$=5+(1+\frac{2}{83})$

见六下百十九　$\frac{600}{83}=6+\frac{102}{83}$

$=6+(1+\frac{19}{83})$

见七下百三十六　$\frac{700}{83}=7+\frac{119}{83}$

$=7+(1+\frac{36}{83})$

见八下百五十三　$\frac{800}{83}=8+\frac{136}{83}$

$=8+(1+\frac{53}{83})$

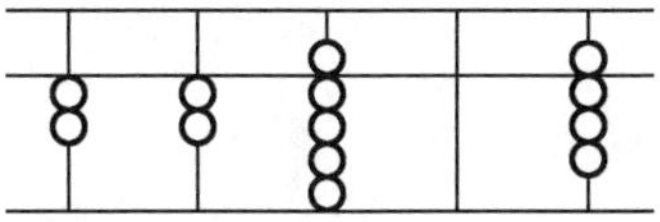

先置被除数 22 908 于盘中

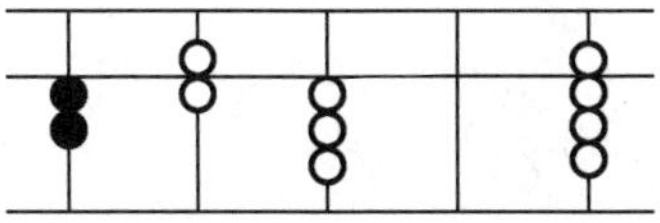

见被除数首位是 2,下 34

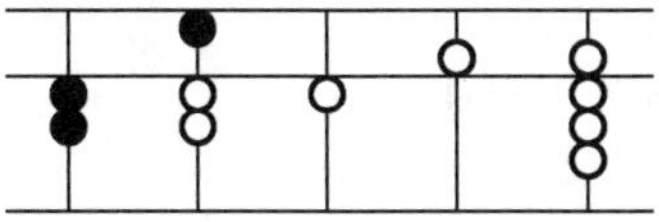

见次位是 6,减 415 作 5,余 2 别求,见所余 2,下 34

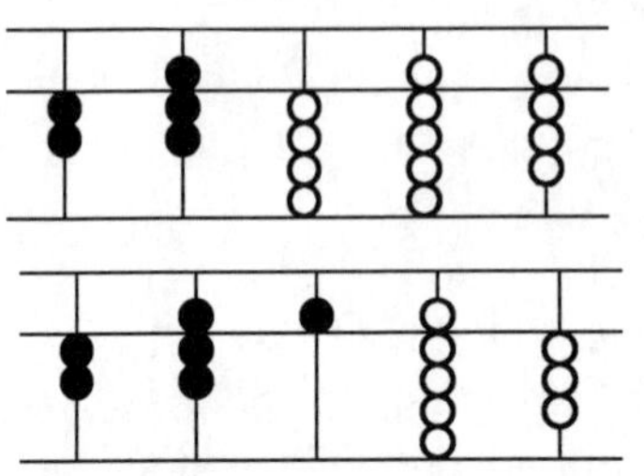

见415作5

遇83成百,进入前位,得商276

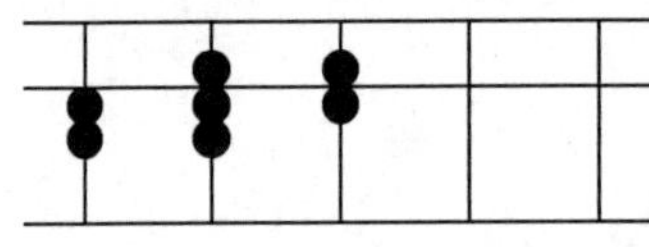

六十九归例题相当于:2 967 ÷69

口诀:

见一下三十一 $\frac{100}{69}=1+\frac{31}{69}$

见二下六十二 $\frac{200}{69}=2+\frac{62}{69}$

见三下百二十四 $\frac{300}{69}=3+\frac{93}{69}$

$=3+(1+\frac{24}{69})$

遇三四五作五 $\frac{345}{69}=5$

遇六十九成百 $\frac{6\,900}{69}=100$

见四下一百五十五 $\frac{400}{69}=4+\frac{124}{69}$

$=4+(1+\frac{55}{69})$

见五下二百十七 $\frac{500}{69}=5+\frac{155}{69}$

$=5+(2+\frac{17}{69})$

见六下二百四十八 $\frac{600}{69}=6+\frac{186}{69}=6+(2+\frac{48}{69})$

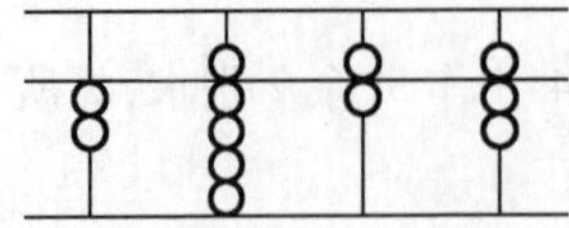

先置被除数2 967于盘中

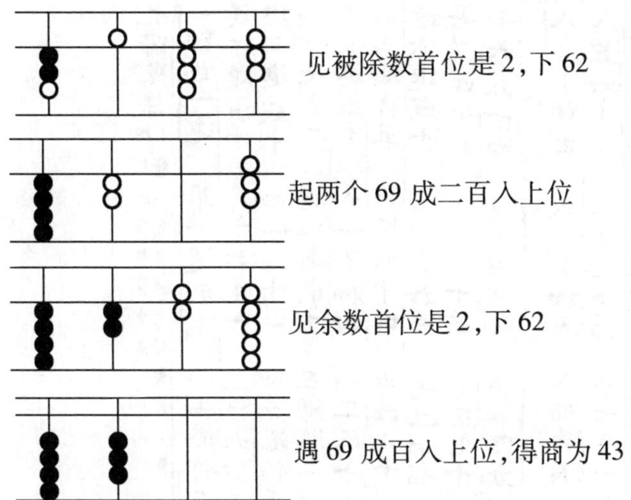
见被除数首位是2,下62
起两个69成二百入上位
见余数首位是2,下62
遇69成百入上位,得商为43

杨辉的这种特编口诀,可以说是后来“穿除”或“飞归”的先河,但由于口诀过多,不易记忆,在宋元时代没有得到进一步的发展和应用,不如后来的归除法应用广泛.

现在流传的九归除法口诀最早见于1299年元朱世杰《算学启蒙》总括中,这距杨辉的“九归新括”只有25年时间！朱世杰自注说:“按古法多用商除,为初学者难入,则后人以此法代之,即非正术也.”

朱世杰的九归除法口诀,计36句,与现在的九归除法口诀基本相同,现依1299年原刊本引录全文如下:

一归如一进,见一进成十.

二一添作五,逢二进成十.

三一三十一,三二六十二,逢三进成十.

四一二十二,四二添作五,四三七十二,逢四进成十.

五归添二倍,逢五进成十.

六一下加四,六二三十二,六三添作五.

六四六十四,六五八十二,逢六进成十.

七一下加三,七二下加六,七三四十二.

七四五十五,七五七十一,七六八十四,逢七进成十.

八一下加二,八二下加四,八三下加六,八四添作五,八五六十二,八六七十四,八七八十六,逢八进成十,九归随身下,逢九进成十.

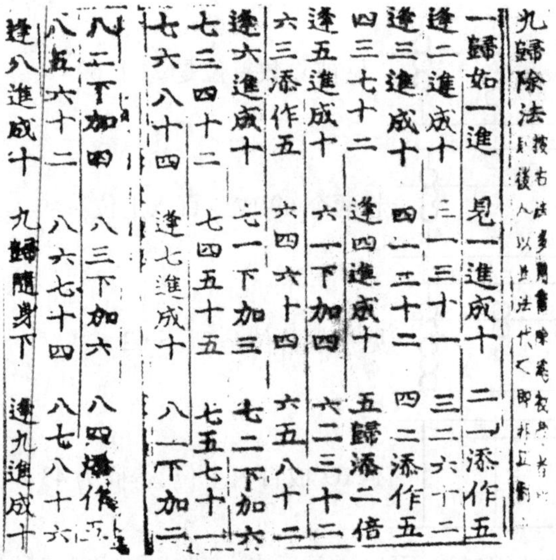

九歸除法

一歸如一進　見一進成十　二一添作五

逢二進成十　三一三十一　三二六十二

逢三進成十　四一二十二　四二添作五

四三七十二　逢四進成十　五歸添二倍

逢五進成十　六一下加四　六二三十二

六三添作五　六四六十四　六五八十二

逢六進成十　七一下加三　七二下加六

七三四十二　七四五十五　七五七十一

七六八十四　逢七進成十　八一下加二

八二下加四　八三下加六　八四添作五

八五六十二　八六七十四　八七八十六

逢八進成十　九歸隨身下　逢九進成十

1299 年原刊本复印件

后来,元贾亨《算法全能集》、安止斋《详明算法》(1373)①、明吴敬《九章算法比类大全》(1450 年)、王文素《算学宝鉴》(1524 年)、徐心鲁订正《盘珠算法》(1573)、柯尚迁《数学通轨》(1568)、程大位《算法统宗》(1592 年)及《算法纂要》(1598 年)、黄龙吟《算法指南》(1604 年)等许多算书均转载引录,只是个别字句稍有修改,如《算法全能集》云:“一归无法定身除.”《详明算法》将其改为“一归不须归,其法故不立”等,于是便逐步成为现在通用的歌诀.

贾亨《算法全能集》歌曰:

九归之法乃分(到)平(均).

凑数从来有见成.

数若有多(即满除数)归作十(即商在前档).

归如不倒(即不满除数)搭添行(即商在本档).

王文素《算学宝鉴》歌曰:

归法先从实(被除数)首(位)攻,

十便本身下还零.

若逢满法(除数)归成十.

不尽之余法命行.

程大位《算法统宗》全文引录了朱世杰《算学启蒙》“九归除法”口诀和贾

① 系明洪武癸丑(1373 年)春庐陵李氏明经堂刊本,程大位《算法统宗》云:“六儒安止斋何平子作”,但此传本中并无何平子署名.

亨《算法全能集》"九归之法分平"歌,并添了一首"又歌":

学者如何学九归,九从实上左头推.

逢进起身须进上,下加次位以施为.

《算法统宗》东传日本后,九归歌诀在日本广泛流传.

元人做归除运算,以杨辉的八十三归为例,演算程序为:

先置被除数22 908于盘中:

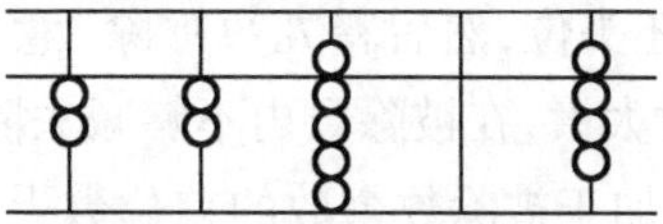

见被除数首位是2,呼"八二下加四"得:

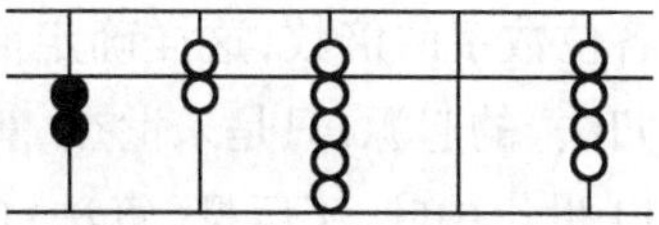

除去"二三如六"得:

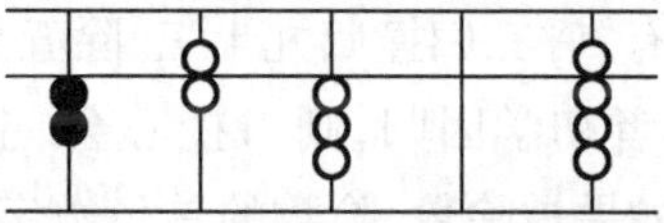

余数首位是6,呼"八六七十四",得:

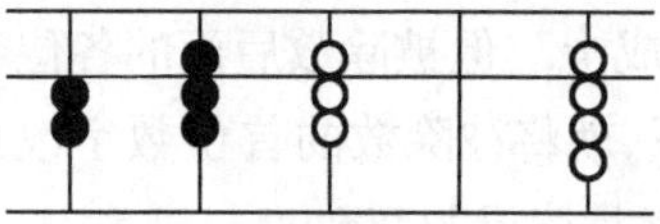

减去"三七二十一"得:

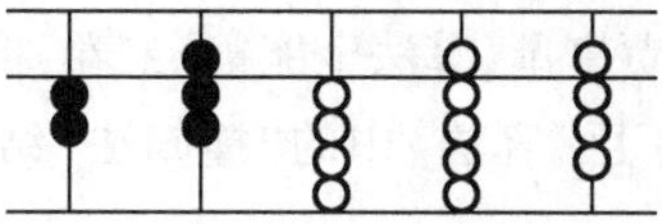

又见余数首位是4,呼"八四添作五"得:

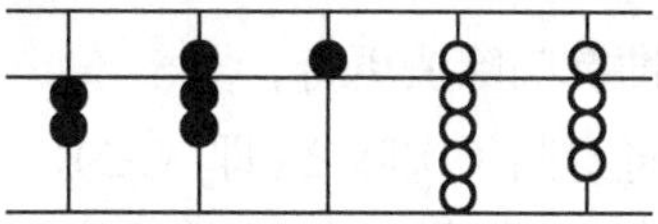

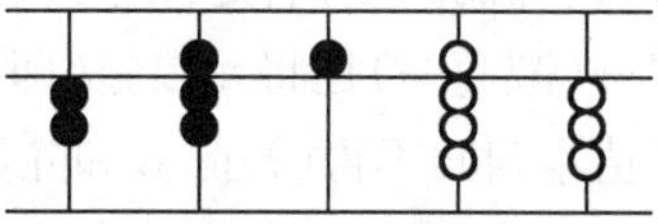

减去"三五十五"得:又见余数首位是8,呼"逢八进成十",减去"一三如三",得商数为:

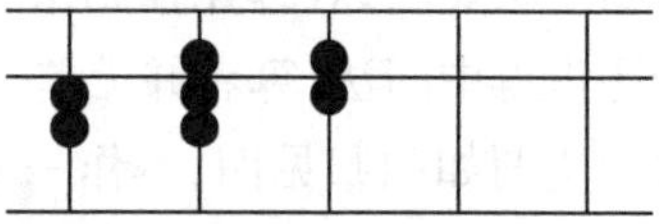

但在除数为多位数时,由首位数字按"九归口诀"所议得的商数有时太大,在被除数内不能减去除数后面各位除数的倍数,在这种情况下,必须将前面已初议得的商数适当地缩小,朱世杰《算学启蒙》卷上"九归除法门"有歌诀:

实少法多(即被除数首位小于除数首位)从法归.

实多满法进前居(即用普通归除商在前档)常存除数专心记.

法实相仃(相等)九十余(即商9,余数和除数相同)①.

但遇无除还头位②(即减商一,后档列数和除数相同).

然(后)将释九数(即九九口诀)呼除(即减).

流传故泄真消息.

求一(古代的一种简捷除法),穿韬(tāo,或称穿除,就是飞归)兑不如.

“但遇无除还头位,然后释九数呼除”意思是说如果用除数的首位数字初次“归”得的商数太大,在被除数内不够减去除数后面各位除数的倍数,那么就应将此商数减一加于被除数余数的首位数上,增加余数的首位数字,然后除去其他各位数字的倍数,这样确定商数的方法在原则上是正确的,这是后来“起一撞归法”的起源,只是朱世杰《算学启蒙》中没有介绍演算细草.

14世纪中叶,丁巨撰《算法》(1355年)八卷,其中有的题用“撞归”法计算,如“今有子粒折收”题中有“呼三归撞归九十三,除五九四十五”等口诀,安止斋《详明算法》序称:“夫学者初学因归,则口授心会.至于撞归、起一,时有差谬……”撞归法的意义是:如果被除数、除数的首位数字相同,一般按归除法本应“逢几进成十”,但被除数后面的各位数字不够除去除数后面的各位数字,在这种情况下,就将被除数的首位数字改成“九”,并于次位上加上适当的数字,这个“九”就是撞得的商数.

元朝末年,长沙人贾亨撰《算法全能集》二卷,将朱世杰《算学启蒙》九归除法中“无除还头位”和丁巨《算法》中的“撞归法”结合,明确了“起一法”,编成歌诀为:

惟有归除法更奇,

将身归了次除之(即减之).

有归(即满除数)若是无除数(不够减).

起一(减商一)还将元数施(即后档列数与除数相同).

或值本归归不得(被除数和除数比较,首位相同两次位少).

撞归之法莫教迟(即用撞归法).

若还识得中间法,算者并无差一厘.

撞归法谓如四归见四,本作一十,然下位无除不以为十,故谓之撞归,推此法为用之,余仿此.

二归为九十二,三归为九十三,……,九归为九十九.

---

① 日本建部贤弘(1664—1739)《算学启蒙训解》卷上以为此句即“一归见一无除作九一……九归见一天除作九九”.

② 日本建部贤弘《算学启蒙训解》以为此句即“一归起一下还一,……,九归起一下还九”.

贾亨的歌诀及撞归法,很快被安止斋《详明算法》、吴敬《九章算法比类大全》、王文素《算学宝鉴》、徐心鲁订正《盘珠算法》、柯尚迁《数学通轨》、程大位《算法统宗》《算法纂要》、黄龙吟《算法指南》等后世许多算书引录转载,《详明算法》将撞归口诀改作:

见二无除作九二,见三无除作九三,

……,见九无除作九九.

王文素《算学宝鉴》又补充"见一无除作九一"一句,使之更加完善,又写另一首归除歌诀为:

法首归身下有余,进于身内莫踌躇.

无除起一还原数,满法归身上位居.

实若满归除不满,撞归之法此当驱.

务将身数先求定,终命其除法位除.

"起一"法的歌诀首见于吴敬《九章算法比类大全》(1450年):

二归无除减一下还二,

三归无除减一下还三,

……,

九归无除减一下还九.

程大位在《算法统宗》中说:"已有归而无除用起一还原法即是起一还将原数施."将其改为:

一归起一下还一本位起一,下位还一.

二归起一下还二本位起一,下位还二.

……

九归起一下还九本位起一,下位还九.

利用撞归起一法解多位数除法是很有利的,例如:22 908 ÷ 276 的演草为:

先置被除数 22 908 于盘中,见被除数首位数 2 与除数首位数相同,而次二位数 29 小于除数次二位数 76,不够除,呼"见二无除作九二"得:余数不够除 76 的 9 倍,"起一,下位还二"得:除去"七八五十六""六八四十八"得:见余数首位是 8,呼"逢八进四十"得又余数 28 不够除,起一下位还二,得:除去"三七二十一""三六一十八"除尽,得商数为

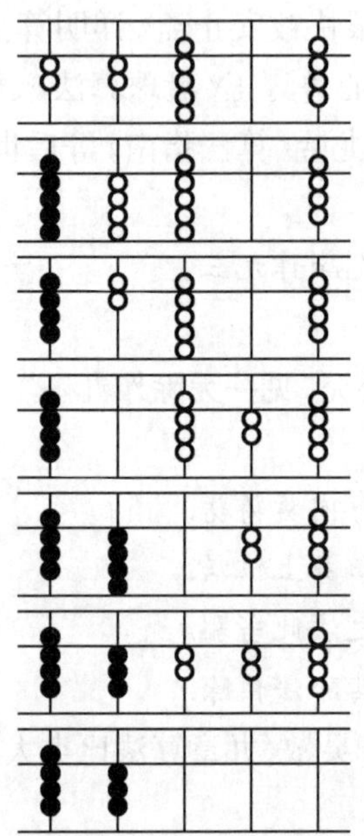

“归除歌诀”经过杨辉、朱世杰、安止斋、贾亨、吴敬、王文素、程大位等许多数学家的大力推广应用，日渐完善，广泛流传，在珠算计算技术方面，取得了很大的成就，为国内外广大群众所喜爱，一直应用到现在，这是我国劳动人民的光荣，是值得我们继承和发扬光大的.

㉔此歌诀引自贾亨《算法全能集》和安止斋《详明算法》(1373 年).

㉕以下七题引自贾亨《算法全能集》和安止斋《详明算法》.

㉖此歌诀引自贾亨《算法全能集》和安止斋《详明算法》，王文素《算学宝鉴》卷三归除歌诀为：

法首旧身下有余，进于身内莫踌躇.
无除起一还原数，满法归身上位居.
实若满归除不满，接归之法此当驱.
务将身数先求定，才命其余法位除.

此法起源于宋元时代，详情请参见注㉓.

㉗本题盘式简译：2 052 贯 ÷4 500 文

四二添为五：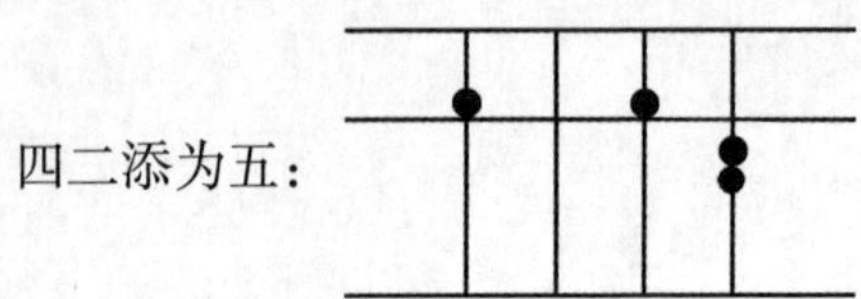

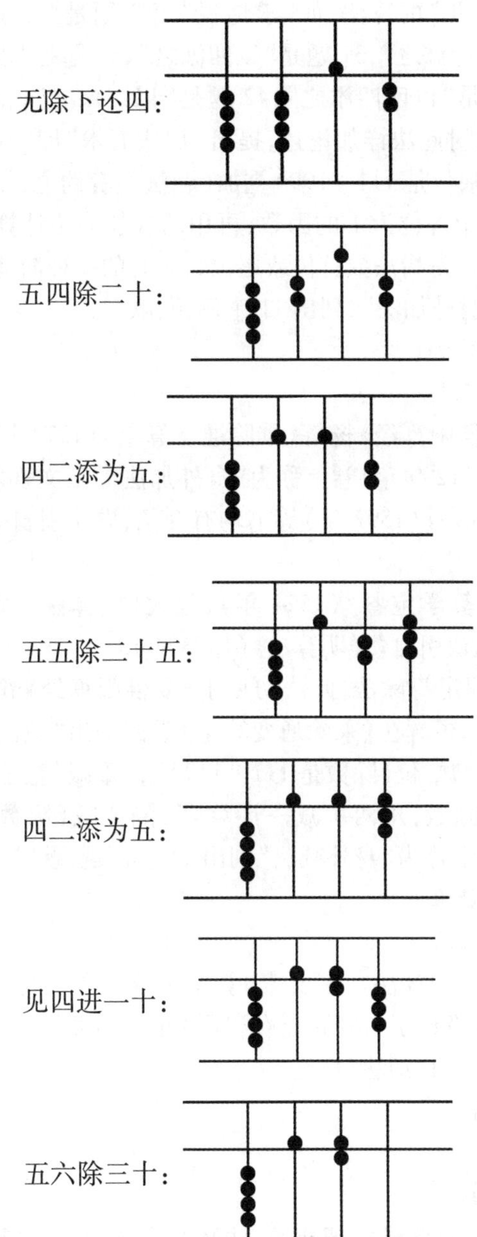
无除下还四：
五四除二十：
四二添为五：
五五除二十五：
四二添为五：
见四进一十：
五六除三十：

㉘此法是一种珠算简捷乘算法，凡乘数首位数字是1，可省略乘算. 把被乘数看作乘积的一部分，并在相应位次加上乘数次高位以后各位数字与被乘数相乘积.

这种算法，现称为“定身乘法”. 又称“身加法”“省一乘法”，古称“加法”“定身加”“定身后乘法”. 此法首见于《夏侯阳算经》，在《夏侯阳算经》卷中“求地税”卷下“说诸分”中有“身外添几”的算法，如“求地税”第 3 题是“隔位加二”，“说诸分”19 题和 24 题是“以七添之”，31 题是“以四添之”，32 题是“以五添之”，34 题是“以二添之”，41 题是“以四四添之”，42 题是“以二添之”，杨辉《乘除通变算宝》(1274 年)在卷中对此法详加论述，提出“加法五术”即“加一位”(乘数是 11～19)，“加二位”(乘数是 111～199)重加(题法烦者约之，用加一位之法，即把三位乘先分解为两个首位为 1 的因数，再用两次加一法计算)，隔位加(乘数是 101～109)、连身加(是指法数首位或尾位为 2 时的一种简捷算法)朱世杰《算学启蒙》卷上称为“身外加法”，列出 11 个例题，歌曰：

算中加法最堪夸，言十之时就位加，

但遇呼如身下列，君从法式定无差.

此即“定身乘法”，初见于《夏侯阳算经》杨辉《乘除通变算宝》(1274 年)，卷中详加论述，朱世杰《算学启蒙》(1299 年)卷上称为“身外加法”. 王文素《算学宝鉴》(1524 年)、程大位《算法统宗》(1592 年)等书均有介绍，歌诀引自《详明算法》.

贾亨《算法全能集》、王文素《算学宝鉴》(1524 年)、程大位《算法统宗》(1592 年)等书均有介绍，吴敬的歌诀引自《详明算法》(1373 年).

㉙减法，是古加法的逆运算，即定身除法，此法初见于《夏侯阳算经》卷下“说诸分”第 20 题和 7 题的“又求”，杨辉在《乘除通变算宝》卷四提出“减法四求”：即“减一位”(除数 11～19)，“减二位(除数是 111～119)”，“重减(把三位除数分解为两个首位是 1 的两位除数，用两次减一计算)”，隔位减(除数是 101～109)元朱世杰《算学启蒙》卷上称为“身外减法”列出 11 个例题，歌曰：

减法根源必要知，即同求一一般推.

呼如身下须当减，言十从身本位除.

贾亨《算法全能集》，安止斋《详明算法》，王文素《算学宝鉴》，程大位《算法统宗》等书都有论述，吴敬书中的歌诀引自安止斋《详明算法》，需要提出，由于此法运算比较难一些，因此流传不如“加法”广泛.

㉚此为“加法”第一题的逆运算.

㉛此为“加法”第二题的逆运算.

㉜此为“加法”第四题的逆运算.

㉝古代筹算商除法，始见于《孙子算经》. 把实数、法数和商数分别列成三行，叫作“三重张位”，但没有列出具体的计算步骤. 宋杨辉在大典本《详解九章算法》(1261 年)首次提出“商除”一词. 在《乘除通变本末》(1274 年)卷上“习算纲目”中再次提出“商除”一词，并给出“商除”二法和两个例题. 在大典本《日用算法》(1262 年)有一个商除问题，首次列出演算过程的图式，这题原文是：

今有钱六贯八百文,买物一斤.问:一两直几何?

答曰:四百二十五文.

解题以斤求两价为问,验诸术,可以通用.

五曰:斤价为实,以十六两为法除之是以斤价分为十六处,求一两之价草见后图

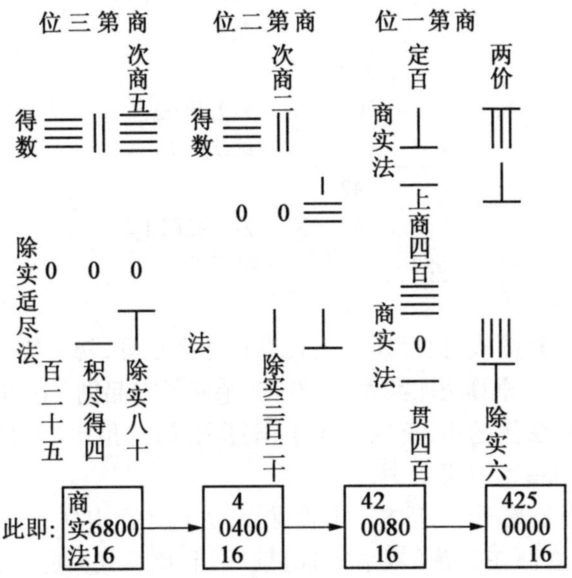

珠算商除法,似乎是由贾亨、安止斋、吴敬共同完成.

贾亨《算法全能集》商除歌曰:

法使商除把总张,却将分数作商量.

可除一面除将去,除尽其间数便当.

贾亨解释说:“商除者,商量而除之也.凡遇均分钱物,以合分分数为法,除见合得之数另置于上,以在地数尽为度,不尽又从而续商,故谓之商除.”

例:今有军六百名,分粮三百九十四石二斗.问:每人该粮几何?

答曰:每人该粮六斗五升七合.

法曰:置都粮在地,以六呼除六六三十六,另置商六,余数又呼除六五三十,续商五,不尽又呼除六七四十二,续商七,恰尽,是数合问,仍为筹算商除.

安止斋《详明算法》(1373年)卷上商除歌曰:

数中有术号商除,商总分排两位居.

唯有开方须用此,续商不尽命其余.

安止斋《详明算法》引录了贾亨《算法全能集》上述例题,但解法则不同,他说:“商除者,商量而除之也,此一术亦兼九归,定身除、归除三法,即通归除,不必学此,但开方则必须商除,故不可废其法,置总数商量,除讫,却将所商之数,

别置一位下之，逐位续商，尽而止；有不可尽者，则之命. 置粮数，先商六六三十六于总数内除三十六，却别置商位下六又商六五三十于总内除三十，于商位续下五又商六七四十二，于总内除四十二，商尽，于商位续下七.”此即

商	数	说明
	3942	
	36	六六除三十六
6		初商
	342	
	30	六五除三十
65		续次商五
	42	
	42	六七除四十二
657		续三商七
	0	

虽然没有演算图式，但已摆脱了置筹在地上演算，初步转变为珠算商除. 1450 年，吴敬在《九章算法比类大全》卷首“乘除开方起例”中，引录了《详明算法》的商除歌诀，在例题中，首次列出了演算图式，并指出“定位之法，与归除同”. 至此，珠算商除法方告完善.

但吴敬将此法局限于“开方”. 其商除布式，只在盘中列实数，不列法数，定位与归除相同，立商在实首（或余实首）前一档，比现代商除立商向右移一档位，此法现称“商归法”，是吴敬首创.

例：今有钞八十贯七百一十二文、买物二百三十六斤. 问：一斤价几何？

答曰：三百四十二文.

法曰：置所有钱八十贯七百一十二文为实，以所买物二百三十六斤为法，商除之，定位之法与归除同，盘式相当于

置　实	80712
立　初　商	3
二三除如六	−6
三三除如九	−9
三六除十八	−18
	309912
二四除如八	−8
立　次　商	4
三四除十二	−12
四六除二十四	−24
	340472
二二除如四	−4
立　三　商	2
二三除如六	−6
二六除十二	−12
	342

㉞"求一"这一名词,首见于沈括(1031—1095)《梦溪笔谈》卷十八,这实际上是一种特殊的定身乘除法,当乘除数的首位数字不是1时,通过加倍或折半的方法,使其首位数字化成1,然后用定身乘除法进行计算,此法可能产生于唐代.《宋史·艺文志》有李绍谷《求一指蒙算术玄要》一卷,王守忠《求一算术歌》一卷,龙受益《求一算术化零歌》一卷,陈从运《得一算经》七卷(以上各书,现已失传).《宋史·律历志》说:"唐试右千牛卫、胄(zhoù)曹参军陈从运著《得一算经》,其术以因,折而成,取损益之道且变而通之,皆合于数南宋数学教育家杨辉在《乘除通变算宝》卷中首先对此法做了详细介绍.

求一乘法歌:

五六七八九,倍之数不走.

二三须当半,遇四两折纽,

倍折本从法,实即反其有.

倍法必折实,倍实必折法,用加以代乘,斯数足可守.

求一除歌:

五六七八九,倍之数不走.

二三须当半,遇四两折纽.

倍折本从法,为除积相就.

倍法必倍实,折法必折实,用减以代除,定位求如旧.

吴敬引录了杨辉的求一乘歌,而求一除歌则引自贾亨《算法全能集》.

元贾亨《算法全能集》和安止斋、何平子《详明算法》二书,都指出了求一除法的缺点,贾亨说:"但此法未定重复,下算终不若今人用此归除法为捷径.论二法之名虽不同,究所用以分之,其实则一.即有归除,本不用此求一,然古有是法,又不容不载,以广算者之知耳."安止斋《详明算法》说:"但母法折倍,则子数亦须折倍,下算繁复,(下)[不]若归除捷径,不必学也.然求一却能兼九归,定身除,归除三法亦不可不知耳."

吴敬和王文素《算学宝鉴》都引录了"求一代乘"歌,程大位《算法统宗》卷二废除了此法,在"求一乘除法"条中说"按古有之,宾渠(程大位的字号)因考其法,用倍折之繁难不如归除之简易,故愚于此废之,使学者专心于乘除加减之法,而无他岐之惑焉".

㉟此歌诀引自贾亨《算法全能集》.两停:指实数和法数,即被除数和除数.

㊱四三因:即四用三因之.

㊲王文素《算学宝鉴》卷四录此题.

㊳此法为吴敬首创,诗词的大意是说,掌中定位法很奇妙,俱从寅位开始数

起,乘法按顺时针方向,由实数首位按寅,卯……数至实数尾位,再以下一位数法数首位,回转数到法数尾位定位.

除法按逆时针方向,法数首位按寅、丑、子……数至法数尾位,再以下一位数实数首位按顺时针方向回数至实数尾位定位.

乘除大小要随术而定,这样一点(厘毫丝忽)也不会出现差错.

具体的方法是在人的左手掌的食指、中指、无名指和小指上,顺次写上地支"子、丑、寅、卯、辰、巳、午、未、申、酉、戌、亥"十二字代表数位,用来推算积商的首位是什么数位.

十二字的数法有顺数和逆数之别,顺数(即顺时针)从子、丑、寅、卯、……、戌、亥,数位由大到小;逆数(即逆时针)从亥、戌、酉、申、未、……、卯、寅,数位由小到大.

整数乘法从寅位起实首,按顺时针方向数至实尾(个位),再在实尾起法首,按逆时针方向回数到寅位,这时寅位的数位,就是积首的数位(如果积首是进位数,应进升一位).

小数乘法,定寅位为实数个位,按顺时针方向数至实首位,再从实首位起法首,按逆时针方向回数到寅位(数位逆退,同整数数位递升相反)定为积首位.(如果积首是进位数,应进升一位).

整数除法,从寅位起法首,按逆时针方向数到法尾(个位),再从法尾起实首,按顺时针方向回数到寅位,定为商首位(如果商首是添位,应退一位)

小数除法,在寅起法尾(个位),按逆时针方向数到法首,再从法首起实首,按顺时针方向回数到寅位(数位递升),定为商首位.(如果商首是添位数,应退一位)

吴敬十分重视此法,共列出10个例题说明此法的应用.下面引录其中的一、六两问,简述如下:

例1:今有金五万六千五百两,每两价钱二百五十三贯文.问:该钱几何?

此即:$56\,500 \times 253 = 14\,294\,500$ 贯.

法曰:置金为实,以每两价钱为法乘之,得数不动.

却从寅位上定实,顺数实金万两,卯上得千两,辰上得百两,巳上得十两,午上得一两,乃未上得法首钱百贯,复逆数回午上得千贯,巳上得万贯,辰上得十万贯,卯上得百万贯,寅上得千万贯,合问.

例2:今有钱三十三万七千五百文,买金每两价钱四千五百万文.问:该买金几何?

此即:$337\,500 \div 45\,000\,000 = 0.007\,5$

法曰:置钱三十三万七千五百文为实,以每两价钱四千五百万文为法,除之,得数不动.

亦从掌上寅位定实,逆数法钱丑上得千万,子上得百万,亥上得十万,戌上得万,酉上得千,申上得百,未上得十,午上得一,乃午上得实首钱十万复顺数回未上得万,申上得千,酉上得百.戌上得十、亥上得一两,子上得钱,丑上得分,寅上得厘,合问.

稍后,在1524年之前,金陵(南京)许荣,字孟仁、成化百重编《九章算法》中,因此法源于吴敬《九章算法比类大全》,故称为“九章袖中锦”①,在16世纪末以前出版的三本明代的珠算书《书算玄通》《算法便览》《精采算法真诀》中②,引录了吴敬书中的歌诀和掌图,并首次称“袖里金”.这就是现在一般人所称“袖里吞金”一词的由来.由吴敬的“袖中锦”转变成“袖里金”,这可能是这两个词音近而顺口之故.

明朝数学家、珠算家王文素在《算学宝鉴》(1524年)卷二中,对吴敬的“袖中锦定位诀”进行了深入细致的研究,补充完善了此法的内容,称为“掌中定数”.歌曰:

掌中定数法新更,俱自寅宫起顺行.
大见小题回降积,小如见大积回升.
乘不退位升一级,除无进位降一宫.
比肩交换随题定,数目分明在掌中.

认大小(数)口诀

石粜(tiào)钱分见大小,两籴(dí)升合亦如之.
石价万千小见大,钱该百十一同推,

亿$\begin{matrix}千百十\\万万万\end{matrix}$万千百十$\begin{matrix}石斗升合勺\\两钱分厘毫\end{matrix}$……

石、两之上为大数;石两以下为小数,横对者为“比肩”(原文为竖排,现改为横排,横对是指石对两、斗对钱、升对分……)

大小数对位口诀

千万衡钱百万分,须知十万对厘真.
万毫千丝百对忽,十微单一对纤云.
亿兆京垓皆一理,秭穰沟涧总同伦.

---

① 见王文素《算学宝鉴》卷二.

② 儿玉明仁.十六世纪末明刊珠算书[M].东京:东京富士大学短期出版部,1960.
靖玉树.中国历代算法集成·中册[M].济南:山东人民出版社,1994.

算公知此玄中意，何患洪纤数远深.

王文素说："尝读《九章(算法比类大全)·袖中锦》定数[①]十题，乘有四题，俱不退位；除有四题，俱不进位；加有一题，系不进位；减有一题，系不退位. 七题于寅位定[②]数，二题于巳位定数，一题于辰位定数，愚识见浅陋，不悟其旨，且乘法退位除法进位者，俱为主[③]题，又不知用何法而求，何位而定，诚可憾也."他一共举出16个例题，并补充总结出大小数口诀，比肩口诀和大小数对位口诀，作为补充口诀来说明此法，现从中引录几例，简述如下：

例3：大数相乘题

直田长二兆五千万亿寸，阔二亿五千万寸. 问：积寸几何？

法曰：各置长阔寸数相乘，退位得六二五数. 亦从寅位先起"短头"亿，顺数寅[④]位起亿寸，卯位得一寸；就于卯位起"长头"兆，逆数回升寅位得京，是定得六京二千五百万兆寸. 合问.

王文素解释说："若先起'长头'，也可以求得答案，但不如先起'短头'，计算速度快捷，凡定数不拘法实，先以短[⑤]头而起，次以长头而回. 如实是万，法是百，先从百起，次以万回，盖百者，短而近；万者，长而远也."

例4(题见前例2，即吴敬大除小题)

王文素指出吴敬的方法："此[⑥]法定数虽是，用位甚繁，即于丑上起法首千万，逆数不待数至一文只至实首即止，以所买金一两数回至寅位，亦定得厘，不其简乎！"因此，他的新法是：

置今有钱三十三万七千五百文为实，以每两买钱四千五百万文为法除之，不进位，得七五数，亦从寅位起法首千万，卯位得百万，辰位得实首十万；就于辰位起两，降回犯位得钱，寅位得分. 此系除不进位降一级. 定厘，是定得七厘五毫，合问.

可以很明显地看出，王文素只用了七步，而吴敬、许荣却用了十八步，速度自然不如王文素快捷！

为配合此诀，王文素还利用自编的大小数对位口诀，比肩口肩解题.

例5：大小数对记题

假有银六千三百万兆两，令二百五十京人分之，问：各该几何？

---

① 数：原灰"颒"，今改.

② 原脱"定"字，今补.

③ "主"字，原误为"立"，今改.

④ "寅"，原误为"宫"，今改.

⑤ "短"，原误为"知"，今改.

⑥ "此"，原误为"比"，今改.

法曰:置总银数为实,以共人数为法,除之,进位得二五二数.

亦从寅位起法首百京,顺数卯位得十京,辰位得京,记位,只数整名[①],巳位得兆,午位得亿,未位得人,京从未位起,寅实千万兆,降回午位得千万亿,巳位得千万两,辰位得钱(千万对钱,辰位得钱)辰是记位,只数小数,卯位得分,寅位得厘,是定得二厘五毫二丝,合问.

此即"千万衡钱"之意,其他句可仿此.

明朝数学家珠算家程大位在《算法统宗》(1592 年)《算法纂要》(1598 年)两书中,大力推广吴敬的这一定位方法,将其歌词稍稍做了改进:

掌中定位法为奇,从寅为主是根基.

因乘顺数下回转,归与归除上位施.

法多原实逆上数,法少原实降下知.

乘除大小随术化,厘毫丝忽不差池.

(凡用算盘已毕,用手指掐定位)

经王文素、程大位的研究推广,此法在我国及日本广泛流传,成为一种用左手掌定位的主要乘除定位法.

㊴大小:大:指整数,小:指小数."大乘大"可理解为"整数乘整数",同理"小乘大",可理解为"小数乘整数","大乘小"可理解为"整数乘小数","小乘小"可理解为"小数乘小数".

㊵潘有发与刘五然《算学宝鉴校注》卷二补此题.

㊶《算学宝鉴》引录此题并做了改进,参见注㊳.

㊷河图书数,这是一种古代流传下来的掌上算法,似乎是由《数术记遗》中的"九宫算"演变而来,不见其他书记载.吴敬认为,"不用算盘,至无差误.实为妙术也",他用七个例题,详加论述.歌诀中"万中千坎百归艮,十震两巽钱离安,分坤厘兑毫乾上"是说明用"中、坎、艮、震、巽、离、坤、兑、乾"九个字代表"万、千、百、十、两、钱、分、厘、毫",又据"坎一、坤二、震三、巽四、中五、乾六、总七、艮八、离九"可将九个分图译为:

总图:

4	9	2
3	5	7
8	1	6

① "名",原误为"各",今改.

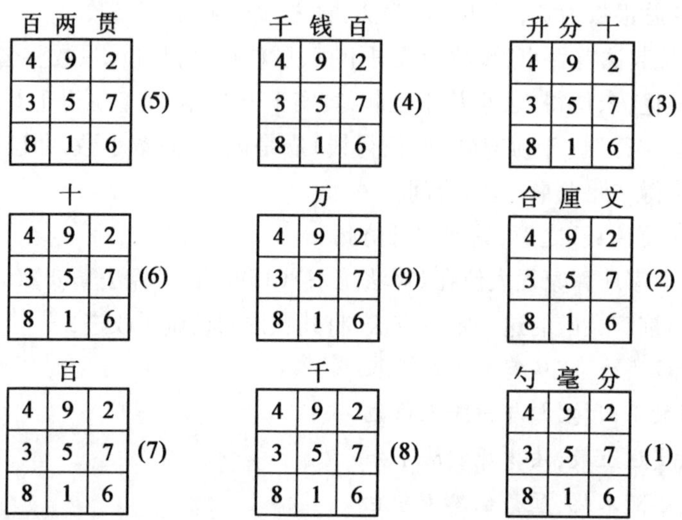

各图的单位名称为原书所有,其中图(1)至图(5)各有三个单位名称,其中的“贯、百、十、文、分”是针对当时流行的货币——铜钱专用的.

㊸运算步骤:

ⅰ. 先置铜钱于“钱图”的4上,次置一铜钱于“分图”的5上,此即表示4钱5分.

ⅱ. 加三钱五分:先把“钱图”4上的铜钱移到7上;再将“分图”5上的铜钱移到9上.

ⅲ. 又加三两五钱:先把“两图”的3上置一铜钱,又在“钱图”上用“七去五存二”,将铜钱移到2上,进一于“两图”,将“两图”中的铜钱由3移到4上,共得四两二钱九分,合问.

㊹先置后列三图,记上576石,以每石3贯乘之:

ⅰ. 三六一十八,将“石图”6移在1(即移铜钱由6到1,这里简化说法,下仿此)却于“斗图”定8钱.

ⅱ. 三七二十一:将“十图”7移为2,却将“石图”1移为2.

ⅲ. 三五一十五:将“百图”5移为1,却将“十图”2移到7,即得:172两8钱,合问.

㊺此为河图书数第二题的逆运算.

三一三十一:将1移到3,又将下位7移到8.

见六进二十:将8减去6移到2,却于前位3加2,移到5.

三二六十二:将2加4移到6,却于下位2加2移到4.

见三进一十:将4减3移到1,却于前位6加1移到7.

三一三十一:将 1 加 2 移到 3,却于下位 8 加 1 移到 9.

见九进三十:将 9 减尽,进 3 加于前位 3,移到 6 共得 576 石,合问.

㊻此为河图书数第三题的逆运算.

㊼与前一题互逆.

㊽写算:这类算法,在中外文献上都有记载,正如匈牙利数学家波利亚(W. Pólya,1775—1856)所说:“届时它们就在很多地方同时被人们发现了,正如在春季看到紫罗兰处处开放一样.”国内许多学者如杜石然、钱宝琮(1892—1974),梁宗巨(1924—1995)和许莼舫(1907—1965)等人的著作中,都认为这种“格子乘法”是由阿拉伯伊斯兰国家传入的,只有陕西财经学院的李培业(1934—2011)教授 1993 年 7 月在《数学史研究》第四辑撰文提出是“我国所独创并非来自外国”并提出四点理由,作者于 2000 年 2 月在《珠算与珠心算》发表《铺地锦史话》一文,支持李培业的观点.

在国内,在目前已发现的史料中,首次刊载这种格子乘法的是明朝数学家夏源泽撰写的《指明算法》(1439 年),不是吴敬的《九章算法比类大全》.《指明算法》称为“铺地锦”.“铺地锦”者,顾名思义,就是把我国传统的“锦”铺在地面上,进行计算之意.这是一种在明朝社会上与珠算并行的广为流传的算法,是我国独创.除夏源泽的《指明算法》外,还有吴敬《九章算法比类大全》(1450年)、徐心鲁订正《新刻订正家传秘诀盘珠算法》(1573 年)和程大位《算法统宗》(1592 年)等书,也都专门介绍了这种算法.

我国古代用筹进行演算,在演算时,往往把筹置放在地面上,早在《张丘建算经》卷下著名的“百鸡问题”谢察微补写的术文中,就有“置钱一百在地”的说法.在后来的《透廉算法》《丁巨算法》(1350 年)和贾亨《算法全能集》等书中,应用得更为十分普遍.如《透廉算法》中有“置一铢直钱在地”“置一斤直钱在地”“置有钱一贯在地”,《丁巨算法》中有“置钞在地”“置都斤在地为实”.《算法全能集》中有“置张客银在地”“置都罗在地”“置都麦在地”“置卖到银在地”“置都米在地”等,这就是把筹放置在地面上进行运算.这说明“铺地锦”在我国有很悠久的历史,是由此演变而来.

印度人从 6 世纪起,在铺满沙土的盘上利用位值制数码进行四则运算,其运算方法与我国古代的置筹在地的筹算四则运算方法十分相似,这是受我国古代筹算的影响.我国古代的十进位值制记数法,整、分数记法及四则运算.三率法、盈不足术、百鸡问题等可能都是经由印度传入阿拉伯伊斯兰国家的.当时的一些历史学家把中国人称为“契丹(Khatai 或 Khitai)”,把伊斯兰算书中的“al – Khataayn”称为“契丹算法”.

13 世纪,这种"契丹算法"还曾传到欧洲. 意大利数学家斐波那契(Fibonacci)《算盘书》(1202 年)中的第 13 章,讲的就是"契丹算法". 15 世纪,中亚数学家阿尔·卡西《算术之钥》(1427 年)中的整、分数四则运算,开平方、开立方、高次开方、开方作法本源图、百禽问题等都直接受到了中国的影响,或是由中国传入印度,再由印度传入中亚伊斯兰教国家,间接地受到中国的影响.

夏源泽的《指明算法》原本已失传. 在清朝初年,有金陵(南京)郑元美校正以文居刊本和康熙五十五年(1718 年)王认庵校正福州集新堂刊本. 两种刊本流传至今. 但一般人都难见到,原书现藏日本,国内只有少数专家有抄本. 另外,在明朝刊刻出版的另外三种算书《书算玄通》《算法便览》《精采算法真诀》中,载有并注明"锦地锦指明图说"字样,这显然是引自《指明算法》. 这三种书分别是三部大型丛书中的一卷,未署作者及刊刻年代,内容比较简单,大体相同. 算盘图式为梁上二珠,梁下五珠,似出同一祖本. 日本儿玉明人将其列入《十六世纪末明刊珠算书》[1],1994 年 3 月,山东人民出版社出版靖玉树编勘《中国历代算学集成》,将其列入中册影印出版[2]. 但字迹漫漶不清,刻印讹字较多,十分难认. 三书中的"铺地锦"文字内容几乎完全相同. 图式有格眼,与吴敬《九章算法比类大全》(1450 年)卷首"乘除开方起例"中的"写乘"图式完全一样. 并对"铺地锦"的用途、计算方法做了详细说明. 由于流传不广,刻印较少,材料十分珍贵,现依《精采算法真诀》并对照其他二书,引录全文如下:

铺地锦　歌曰

数代因乘法更奇,铺地锦名捷径篇.
置实先当横上位,但为法者右傍添.
纵横格定仍科界,九九相因上下亭.
遇十须施斜格上,从单即向下层宣.
数来单子作成数,有十还当赶向前.
算者从斯能触数,厘毫丝忽不差焉.

此法算粮最捷. 法置粮数从左至右列于图上(为实),以每石征银则列于右下(为法),与粮数相呼因之. 因之毕,从右下角数起,遇零数即书于图下;若有十数或二十、三十、四十即赶向前斜格上. 作零散算粮之法,莫善于此. 其余交军需,物价求数;官民田地山塘,求米麦;分物还原,算量田地,但是因乘者,俱仿于此.

---

① 儿玉明人. 十六世纪末明刊珠算书[M]. 东京:东京富士大学短期出版部,1960.

② 靖玉树. 中国历代算学集成·中册[M]. 济南:山东人民出版社,1994.

假有民米四十六石七斗九升三合六勺，每石价银五钱六分三厘四毫六丝．问：共银若干？

答曰：该银二十六两三钱六分六厘三毫二丝一忽八微五纤六尘．

此即：0.563 46 两 ×46.793 6 石 =26.366 321 856 两

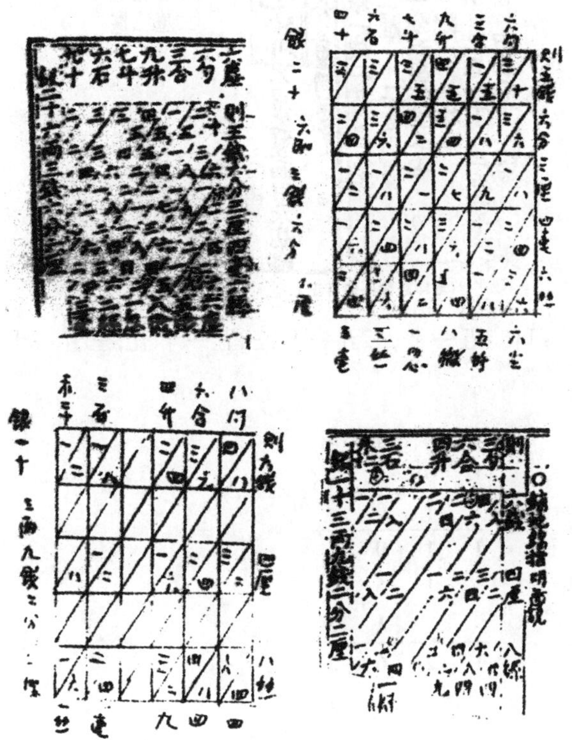

假如有民米二[1]十三石四升六合八勺，每石征银六钱四厘八丝．问：共银若干[2]？答曰：共该银一十三两九钱二分二厘一毫一丝〇九四四．

此即：0.604 08 两 ×23.046 8 石 =13.922 110 944 两

1573 年，徐心鲁订正《盘珠算法》卷上，提到一种原始的未画格眼的“铺地锦”算法．“锦地锦”者，即将锦铺在地面上，用筹在上面进行运算．这与印度婆什迦逻的“格子乘法”是截然不同的．自注云：“不同算盘，而因乘见总．”

题目为：今有米二斗三升四合[3]，每斗要银五分五厘．问：银多少？

---

① 梁宗巨．世界数学史简编［M］．沈阳：辽宁人民出版社，1981：79．

② 卡约黎．初等算学史［M］．曹丹文，译．上海：商务印书馆，1937：160．

钱克仁．数学史选讲［M］．南京：江苏教育出版社，1989：28 －32．

③ 杜石然．试论宋元时期中国和伊斯兰国家间的数学交流［M］∥钱宝琮，等．宋元数学史论文集．北京：科学出版社，1966．

图式可横写如下：

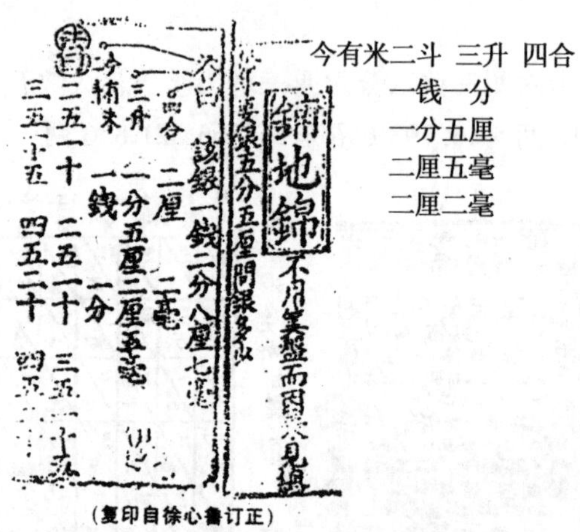

(复印自徐心鲁订正)

(以实因)法曰:二五一十,二五一十,三五一十五,三五一十五,四五二十,四五二十.

此即:

	钱	分	厘	毫		
2×5=	1	0				
2×5=		1	0	(+		
	1	1	0			
3×5=		1	5			
3×5=			1	5		
	1	2	6	5		
4×5=			2	1		
4×5=				2	0	(+
	1	2	8	7	0	

与杨辉《乘除通变算宝》卷上"相乘六法"中的"相乘"法相同.术曰"实位居上,法位居下,以法尾顶实首位非顶首位,是顶所乘之位也.详尾位之数,以定其实,法实相同,言十过法身,言如对法身,临了就实身.《详解》有注".具体的演算细草是被乘数置于上位,法数置于下位,法首对准实尾,先从被乘数的最高位乘起,乘乘数的各位数字,再用被乘数的次位,末位乘乘数的各位数字,随乘随加,言十过法身,言如对法身,临了就实身.本质上,与现代的乘法算式,除所用数码不同外,并无多大差别.

元朱世杰《算学启蒙》卷上纵横因法门的计算方法与此十分相近,纵横因法歌云:

此法从来向上因,但言十者过其身,

呼如本位须当作,知算纵横数目真.

术曰:列物数(被乘数)在上,各以价钱,从上因之,即得.

程大位在《算法统宗》(1592 年)卷十七指出:“写算,即铺地锦.”歌曰:

写算铺地锦为奇,不用算盘数可知.

法实相呼小九数,格行写数莫差池.

记零十进于前位,逐位数上亦如之.

照图画式代乘法,厘毫丝忽不须疑.

入清以后,铺地锦仍在流传,西洋纳皮尔(J. Napier,1550—1617)筹算也随之传入中国.

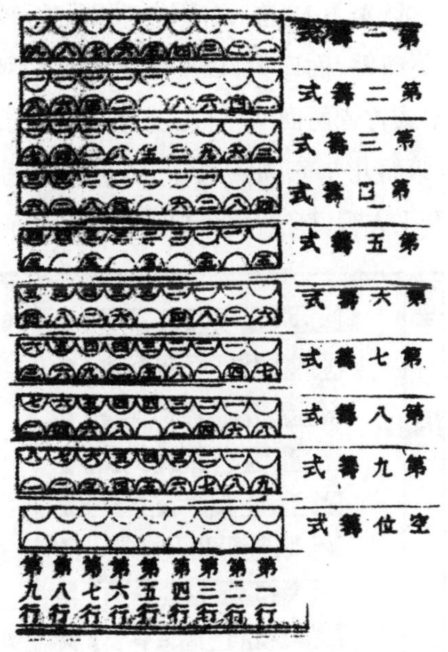

1617 年,英国数学家纳皮尔对国外中世纪流传的格子乘法进行了改进①,在《计算用筹》一书中,公布了他改进的筹算. 这种筹算是将 1 ~ 9 的自然数及其倍数分别列置在九根筹算上,另备一空筹和平方等,用以计算开方. 公元 1645 年汤若望(Jean Adam Schall von Bell,1591—1666),罗雅谷(Jacques Rho,1593—1638)在进呈的《西洋新法历书》中,增加了《筹算》和《筹算指》各一卷②,首次将纳皮尔筹算介绍到中国来,现北京故宫博物院藏有多副纳皮尔筹算. 1673 年,数学家方中通(1634—1698)在《数度衍》卷四对这种筹算进行了详

---

① 李约瑟. 中国科学技术史 · 第三卷[M]. 北京:科学出版社,1978:158.

② 李迪. 中国数学史简编[M]. 沈阳:辽宁人民出版社,1984:234.

细的介绍[①]. 1678 年梅文鼎撰《筹算》二卷[②]自序云:“《(西洋新法)历书》出,乃有筹算,其法与旧传铺地锦相似,而加便捷. 又昔但以乘者今兼以除. 且益之开方诸率,可谓尽变矣. 但本法横书,仿佛于珠算之位,至于除法,则实横而商数纵. 颇难定位. 愚谓即用笔书,宜一行直下为便辄. 以鄙意改用横筹直写,而于定位之法尤加详焉. 俾用者无复纤疑,即不敢谓兼中西两家之长,而于筹算庶几无憾矣. ”“筹算有数便:奚囊远涉. 便于佩带,一也. 所有乘除,存诸片楮,久可复核,二也. 斗室匡坐,点笔徐观,诸数历久,人不能测,三也. 布算未终,无妨泛应,前功可续,四也. 乘除一理,不须歌括,五也. 尤便习学,朝得暮能,六也. ”1744 年,戴震(1724—1777)撰《策算》[③]卷. 戴震说:“以九九书于策,则尽乘除之用,是为策算. 策取可书,不曰筹,而曰策,以别于古筹算,不使名称相乱也. 策列九位,位有上下. 凡策或木或竹皆两面. 一与九,二与八,三与七,四与六,共策五之. 一面空之为空策,合五策而九九备. 如是者十,各得十策,别用策一,列始一至九,各自乘得方幂之数为开平方策,算法虽多,乘除尽之矣. ”

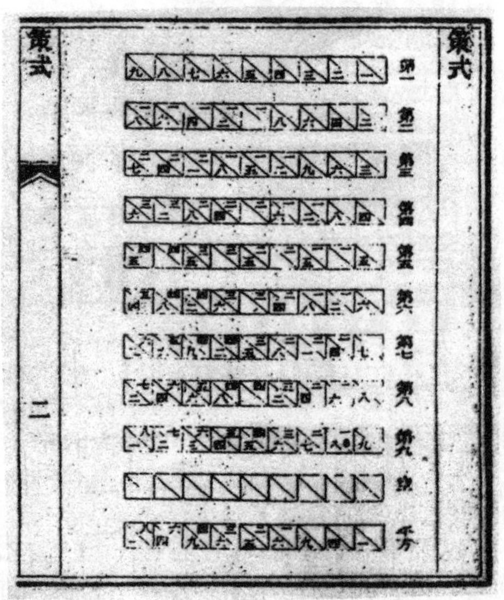

戴震之后,数学家许桂林(1778—1821)在《算牖》(1811 年)[④]卷二中说:“筹算用筹,筹以牙、木、铜、纸为之皆可. 每筹九位,每位上下作半圆界之……

① 靖玉树. 中国历代算学集成 · 中册[M]. 济南:山东人民出版社,1994.

② 见承学堂本《宣城梅氏丛书辑要》.

③ 见 1896 年秋上海鸿宝斋石印本《算经十书》.

④ 靖玉树. 中国历代算学集成 · 中册[M]. 济南:山东人民出版社,1994.

筹算后出而愈便，窃观笔算与铺地锦相似，其除法胜铺地锦而不如筹，其乘法似尚不如铺地锦之明便，筹算则罗雅谷旧法，本用直筹，甚与铺地锦相似，梅先生改用横筹，作半圆界，精巧简妙，乘除并省."说明纳皮尔筹算"精巧简妙，乘除并省". 与我国的铺地锦相似，是由格子乘法或我国的铺地锦演变而来，并在卷四专门介绍"铺地锦"算法. 清朝数学家张豸冠，则提出不同的看法，他在《珠算入门》(1810 年)"珠算兼筹说"节中说："筹算、笔算虽雅，而迟速殊焉……不若珠算之辨析毫厘……第诸算之中，固以珠为便捷矣."①清朝还有许多数学家编撰出版了许多筹算专著. 如王阐锡(1628—1682)《筹算》一卷，瑞诰《筹算浅说》(1895 年)一册，劳乃宣(1843—1921)《筹算浅释》(1897 年)二卷，《筹算蒙课》(1898 年)一卷，王贞仪(1768—1797)《筹算易知》一卷等. 新中国成立以后，国内有不少人提倡筹珠联合，改革算具. 1954 年，华印椿(1896—1990)著《大众速成珠算》(立信会计出版社). 1957 年余介石(1906—1968)著《筹珠联合使用法》(中国财经出版社)由于不切实用，所以很快停止. 现在只有笔算珠算盛行.

㊾吴敬的演算图式为

此即：3 069. 84 ×2. 603 75 =7 993. 095 9.

㊿此为"写算"乘法第一题的逆运算.

已故中算史家李培业引用程大位《算法统宗》的一个例题对此法做了详细说明，现引录如下：

"写除"在吴敬书中是把"回"字格排成"九宫格"的方形，作为除法图式. 程大位改为直排，程大位说："旧法……置九图如河圆方攒，凡位有九位者少，

① 华印椿. 中国珠算史稿[M]. 北京：中国财经出版社，1987：74.

常虚设其位者多. 今变立归除圆于右直排,不论几位,皆可用也,而无虚设位矣.”这样的改造,是避免“虚设其位”.

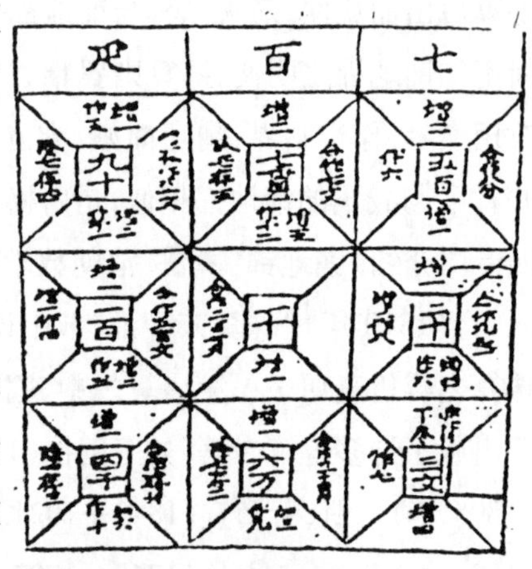

现举程大位原例,进行解释.

“今有银九十四两五钱,买绢七十四匹. 问:每匹价若干?”

先书一圆式,由“回”字形方格直线排列而成. 中间方格内写被除数,旁边写除数,每一“回”字格周围写运算过程中的数字,按顺时针方向次序书写.

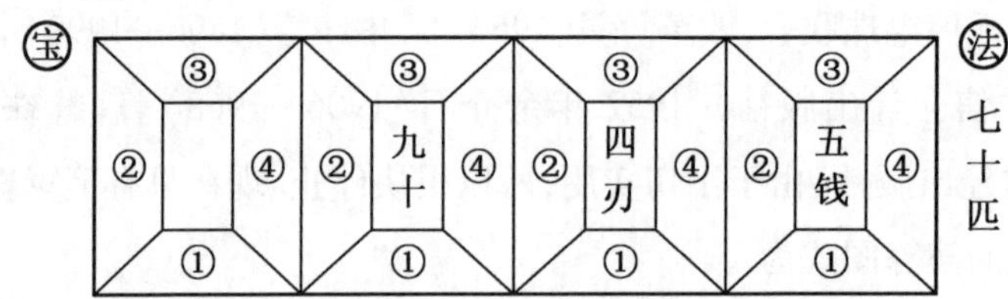

然后进行运算,其过程如下:

ⅰ. 逢七进一:把余数写在下百①格内,进数写在前一位④格内.

ⅱ. 七二下加六:加得的数写在下位①格内,得十.

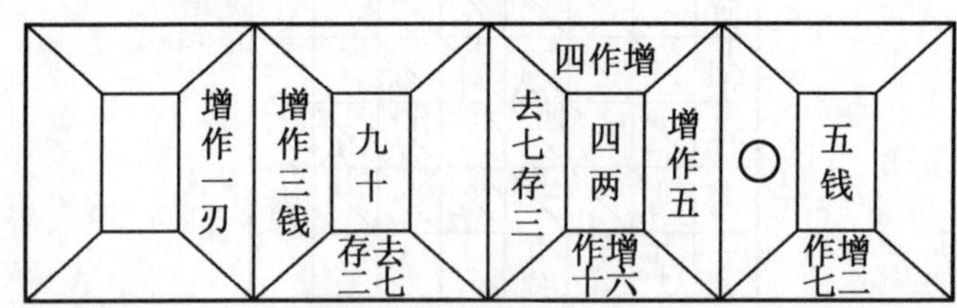

ⅲ. 逢七进一:进一于前位,与①格内的二相加,得三,写在②格内,本位去七存三,记于②格内.

ⅳ. 七三四十二:把本位②格内的三改为四,写在③格内,下位加二,作七,写在①格内.

ⅴ. 逢七进一:本位去七,恰尽. 前位加一为五,记在④格内.

最后,得答案为一两三钱五分. 原书图式如上图.

原图中的文字是为了向读者说明运算过程,具体演算时,只写数字,不写文字,若用阿拉伯数字记录,则可得如下简图.

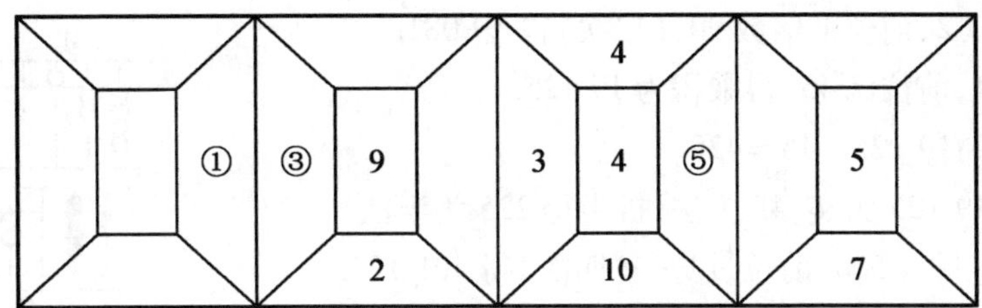

我们看到,这是把归除法在一种特定的图式上进行演算,显然是我国的发明创造.

㊿此为"写算""乘法"第四题的逆运算.

㊾此为"写算""乘法"第三题的逆运算.

㊾此法是吴敬首创,是我国古代的一种用加减代乘除的珠算速算法,简捷迅速,易学易懂,不用珠算口诀,民间俗称"大扒皮",1573 年徐心鲁订正《盘珠算法》称为"金蝉脱壳",又称"蠢子法".

乘法用一、二倍,除法用一、五倍(五倍用折半法),均从实数首位算起.吴敬很重视此法,声称"万两黄金不与传".

徐心鲁订正《盘珠算法》还有"二字奇法",诗曰:

二字赛归除,玄中妙更奇,

贤愚从此学,画在一时知.

乘法用"退",除法用"进",纯用一倍计算,比吴敬更原始.柯尚迁《数学通轨》中的"金蝉乘",用法数的 1 倍和 2 倍,与吴敬相同;"金蝉除"有"进一""进二"和"进五"三种立商,比吴敬多"进二",程大位《算法统宗》卷十七的"金蝉脱壳"有"因乘歌"和"九归并除歌".

因乘歌:

起双下加倍,见一只还原.

倍一挨身下,余皆隔位迁.

九归并除歌:

起双下加倍,加一下还原,

倍一挨身除,余皆隔位迁.

他举出两个例题,说明此法的运算过程.

例 1:425 ×45 =19 125

置 425 为实,45 为法,倍之,作 90 为倍数.

除双 200,前位下倍数 9 000(二次),得 18 025.

除双 20,前位下倍数 900,得 18 905.

除双 2，前位下倍数 90，(二次)得 19 081.

去 1，前位添 45，得乘积为 19 125.

例 2：19 125 ÷ 45 = 425

置 19 125 为实，45 为法，折半得 225 为半法.

满法除 4 500，前位过身一(四次)得 401 125.

满法除 450，前位过身一(二次)得 420 225.

折半除 225，当身 5，得商 425.

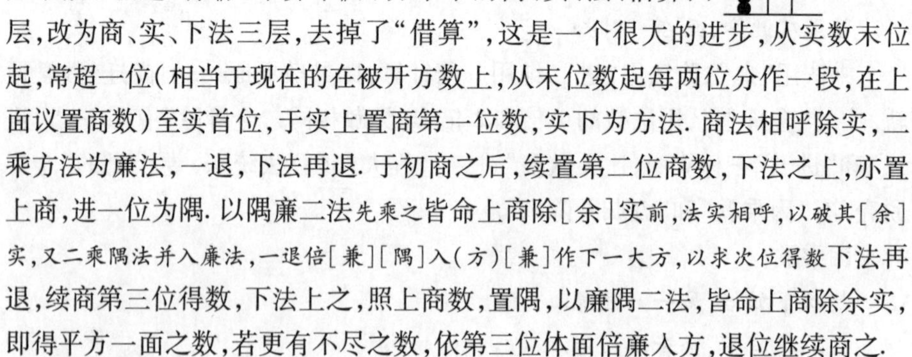

㊹与前一题互逆.

㊺此歌诀引自安止斋、何平子《详明算法》，后被程大位《算法统宗》引录.

㊻此题引自贾亨《算法全能集》和安止斋、何平子《详明算法》卷上.

㊼此题引自安止斋、何平子《详明算法》卷上.

㊽全：指带分数的整数部分.

㊾内子：内读 nà.

㊿吴敬对我国古典数学名著《九章算术》少广章的平方开方术做了改进. 将《九章算术》开方术中的商、实、法、借算四层，改为商、实、下法三层，去掉了"借算"，这是一个很大的进步，从实数末位起，常超一位(相当于现在的在被开方数上，从末位数起每两位分作一段，在上面议置商数)至实首位，于实上置商第一位数，实下为方法. 商法相呼除实，二乘方法为廉法，一退，下法再退. 于初商之后，续置第二位商数，下法之上，亦置上商，进一位为隅. 以隅廉二法先乘之皆命上商除[余]实前，法实相呼，以破其[余]实，又二乘隅法并入廉法，一退倍[兼][隅]入(方)[兼]作下一大方，以求次位得数下法再退，续商第三位得数，下法上之，照上商数，置隅，以廉隅二法，皆命上商除余实，即得平方一面之数，若更有不尽之数，依第三位体面倍廉入方，退位继续商之.

吴敬的方法，当是现代珠算开平方商除法之始，在卷四有更详细更系统的论述，在明初首次引入了"开方作法本源"图，并举例用图解法说明其运算原理.

51运算图式相当于：

上商600，进二位作60 000为方法与上商呼除实：
60 000×6=360 000
廉法12 000，隅法50
进一位为500，共12 500
12 500×5=62 500
(6 000×2+500)
+50 000=62 500
隅法:500×2=1 000
廉法12 000，共13 000
一退为1 300，隅3
共1 303
(650×2+3)×3
=3 909

	6		5		3		
4	2	6	4	0	9		
3	6					(−	六六除三十六
	6	6	4				
		2	5				五五除二十五
	1	0					二五除一十
	5					(−	一五除五
		3	9	0	9		
					9		三三除如九
			9				三三除如九
		3				(−	一三除如三
					0		

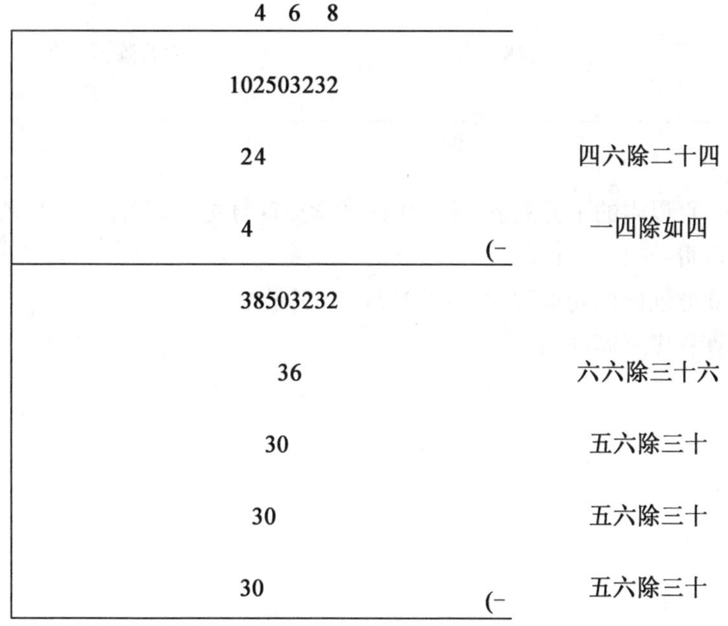

4 6 8
102503232
24
四六除二十四
4
一四除如四
(−
38503232
36
六六除三十六
30
五六除三十
30
五六除三十
30
五六除三十
(−

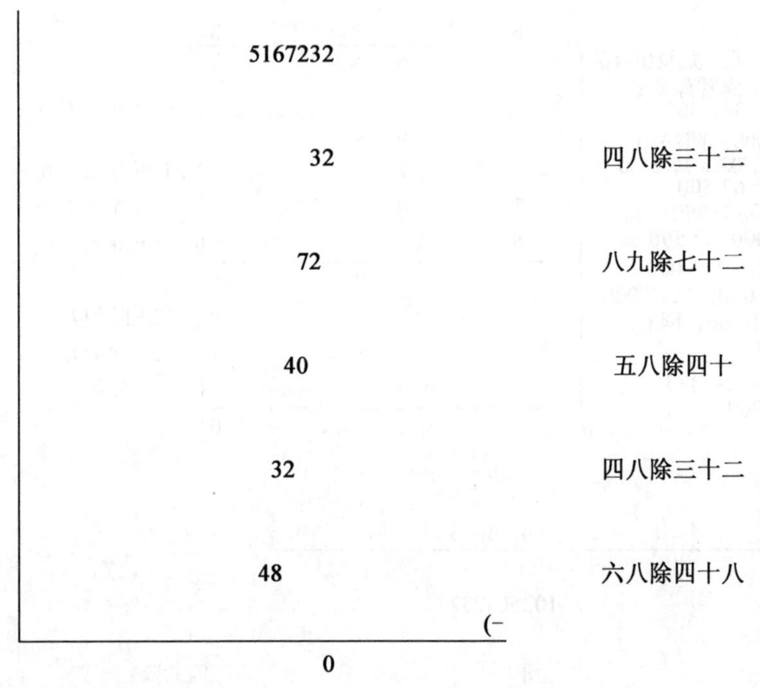

5167232
32
四八除三十二
72
八九除七十二
40
五八除四十
32
四八除三十二
48
六八除四十八
0

㊷即一百以内的平方数表，这在中国数学史珠算史上是首次，是吴敬首创，材料十分珍贵.

㊸开立方歌此四句被程大位《算法统宗》引录.

㊹运算程序可简译如下：

上商400,进四位为4 000 000	4	6	8	
隅法:4 000 000×4=16 000 000	102	503	232	
16 000 000×4=64 000 000	24			四六除二十四
隅法16 000 000×3=48 000 000				
为方法，一退得:4 800 000	4		(−	一四除如四
4 000 000×3=12 000 000	38	503	232	
再退得120 000				
廉法:120 000×6=720 000		36		六六除三十六
隅60进二位为6 000		30		五六除三十
6 000×6=36 000	3	0		五六除三十
方、商、隅共4 800 000+720 000				
+36 000=5 556 000				
5 556 000×60=333 360 000				
4 800 000	30		(−	五六除三十
2×720 000=1 440 000	5	167	232	
3×36 000=108 000			32	四八除三十二
共6 348 000,一退为634 800为方法				
46 000×3=138 000为廉法		7	2	八九除七十二
二退为1 380				
下法1 000三退为1		40		五八除四十
方法:634 800				
廉法:1 380×8=11 040		32		四八除三十二
下法$1\times8^2=64$为隅法				
共645 904，与上商8				
除余实尽	4	8	(−	六八除四十八

此题被程大位《算法统宗》卷六引录,华印椿在《中国珠算史稿》(中国财政经济出版社,1987 年)第 446 ~ 449 页全文介绍了程大位的解法,现引录如下:

(二)归除开立方法

例:今有立方积一亿零二百五十万零三千二百三十二(立方)尺. 问:立方一面若干? 答曰:四百六十八尺.

解法如下:

求初商:置积 102 503 232 于盘中为实,三位分节后,从第一节 102 按立方九九得初商 400,置于实左;又置于右下,自乘得 160 000,再乘以初商 400,在实数内边乘边减,余实 38 503 232. 续求次商.

求次商：在右下16万乘以3，得48万用归除约余实前段，从小定次商为60. 另置初商400，乘以次商60，再乘以3，得72 000为廉法. 又以次商60自乘得3 600为隅法. 廉法加隅法得75 600，乘以次商60，在余实内边乘边减，尚余实5 167 232. 续求三商.

求三商：以方法48万并入廉法72 000两个，再并入隅法3 600三个，共得634 800，用归除约余实，求得三商8，尚余实88 832. 拨去下法各数，另置已得商460，乘以三商8，再乘以3，并加入三商8的自乘积64，共得11 104. 次以三商8乘11 104，在余实88 832内边乘边减，恰尽无余. 得立方根468尺.

连续计算图式如下：

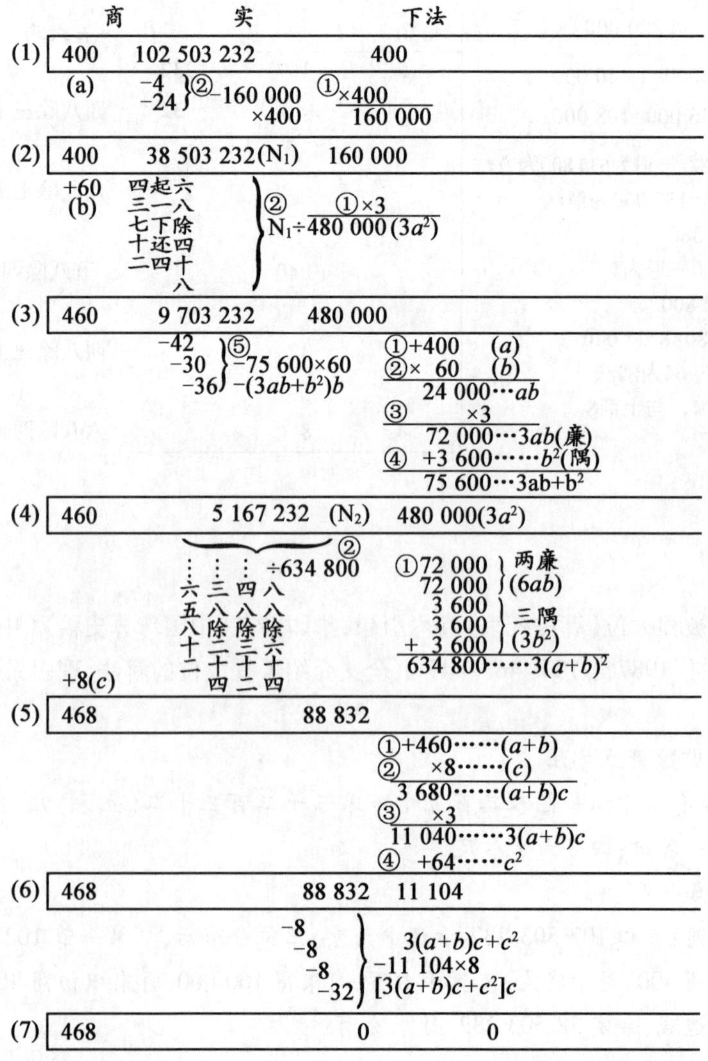

《算法统宗》中的归除开立方,符合开立方公式三,如上例的运算过程:

$$
\begin{aligned}
N_1 &= N - a^3 = 102\ 503\ 232 - 400^3 \\
&= 38\ 503\ 232 \\
N_2 &= N_1 - 3a^2 b - (3ab + b^2) b \\
&= 38\ 503\ 232 - 28\ 800\ 000 - 75\ 600 \times 60 \\
&= 9\ 703\ 232 - 4\ 536\ 000 \\
&= 5\ 167\ 232 \\
N_3 &= N_2 - 3(a+b)^2 c - [3(a+b)c + c^2] c \\
&= 5\ 167\ 232 - 634\ 800 \times 8 - 11\ 104 \times 8 \\
&= 88\ 832 - 88\ 832 \\
&= 0
\end{aligned}
$$

以上运算,求 N_2 时,N_1 先除以 $3a^2$(用归除),求得 b,再以 b 乘 $(3ab+b^2)$,乘积在余实中减除. 在求 N_3 时,N_2 先除以 $3(a+b)^2$(用归除),求得 c,再以 c 乘 $[3(a+b)c+c^2]$,乘积在余实中减除. 以上分两步计算,方法相当巧妙. 但也有问题,如求 $N_2 = N_1 - 3a^2 b - (3ab+b^2) b$ 过程中,先用 $3a^2$ 归除 N_1 求 b 时,即 38 503 232 ÷ 480 000,b 原可得 8,因为用"四三七十二"得商 7,商 7 右一位余实很大,一般应再用"逢四进一十",定商为 8. 而现在得商 7 后,却用"起一下还四",商 7 减为商 6,如何预知商 7 过大呢? 照一般归除,难于目测预知,当在第二步乘减不够时不会发现,发现后再退商,就比较麻烦. 倘使将公式三中的 $3a^2 b + (3ab+b^2) b$ 化为 $(3a^2+3ab+b^2) b$,变两步算改成一步,即 $(3a^2+3ab+b^2) b = (480\ 000 + 75\ 600) b = 555\ 600b$. 把余实 38 503 232 除以 555 600,可以直接求得 b 为 60,不会过大过小.

又归除开立方带来立商的档位问题. 在实数第一节按照立方九九估得的初商立在实数左边,并不限定档位(一般在实首左边二三位上). 次商用归除口诀求得,但其档位须按连初商,不能像一般归除法,按照口诀拨珠立商. 如本题的初商 400,立在实首左边三四位上. 而次商 60 须挨在初商的右一位上(如商除开立方的立商一样),不能照口诀立在余实首位 3 上.

按上题 $\sqrt[3]{102\ 503\ 232}$ 的归除开立方解法,江苏金坛王肯堂《郁冈斋笔麈》第三册(1602)也采用,文句和《算法统宗》相同. 清代安徽桐城方中通《数度衍》(1661)卷十三"珠算开立方"节,也引用此题,不过解法的措辞稍有改变. 王、方二氏都没有说明引文的来源. 这一则归除开立方的例解,在《算法统宗》刊行以前,在安徽、江苏一带珠算界可能已流行了.

方中通《数度衍》卷十三的"珠算开立方"，分商除和归除两类，方法同《算法统宗》一致，不另述.

华印椿还提到江苏的王肯堂和安徽的方中通都曾引用过此题，但由于他没有见到吴敬的《九章算法比类大全》，所以才介绍了程大位的解法. 此题首见于吴敬《九章算法比类大全》，吴敬的解法比程大位简捷，没有用到"起一下还四".

㊵即一百以内的立方数表，这在中国数学史、珠算史上是首次，是吴敬首创，材料十分珍贵.

㊶此歌诀首见于元贾亨《算法全能集》，安止斋、何平子《详明算法》. 1573 年徐心鲁订正《盘珠算法》，1584 年余楷《一鸿算法》均引录此歌诀，并新提出"田形诗"七言 28 句，"法诀"七言 14 句，程大位称"丈量田地总歌"并提出七言"又歌"26 句.

㊷我国古代、地积计算，可以分为两个系统.

ⅰ. 亩分厘法：顷、亩、角、分、厘、毫、丝、忽.

ⅱ. 步分厘法：里、步、分、厘、毫、丝、忽，两个系统中，分以下皆从十进，在亩分厘法中，"分"为十分之一亩. 在步分厘法中，"分"为十分之一步，亩法二百四十步，系秦孝公（前 381—前 338）之制（见李籍《九章算术音义》）一直沿用至清末无改.

㊸《九章算术》圆田术公式："周径相乘，四而一""周自相乘，十二而一""径自相乘，三之四而一".

㊹此歌诀首见于贾亨《算法全能集》，安止斋、何平子《详明算法》.《算法全能集》言"匹"，《详明算法》改为"疋"，"匹"与"疋"通用.

㊺按"五丈为一端"，则"长五丈"为衍文应删去，或改为"今有绢长五丈"为宜.

㊻我国古代市制重量单位一斤为十六两，若已知两数欲换算成斤数，通常是把已知两数除以十六，其商数即为斤数，后人为了计算方便快捷，有人把 1 ~ 16 分别除以 16，编成顺口的歌诀，叫"斤秤歌""截两为斤歌""斤下留法""斤求两价念法"等，这种歌诀，初见于杨辉《日用算法》（1262 年）.

一求隔位六二五，二求退位一二五.

三求一八七五记，四求改曰二十五.

五求三一二五是，六求两价三七五.

七求四三七五置，八求转身变作五.

杨辉在《乘除通变本末》(1274年)卷中又提出类似的斤两留法歌诀：

一求克退六二五,二求克退一二五.

三求一八七五退,四求退克二十五.

五求三一二五是,六求除退三七五.

七求四三七五退,八求就身退五除.

公元1299年朱世杰在《算学启蒙·总括》中,首次给出了现代流传的“斤下留两”歌：

一退六二五　二留一二五

三留一八七五　四留二五

五留三一二五　六留三七五

七留四三七五　八留单五

九留五六二五　十留六二五

十一留六八七五　十二留七五

十三留八一二五　十四留八七五

十五留九三七五

贾亨《算法全能集》,安止斋、何平子《详明算法》载有“截两为斤分数法”歌,吴敬的歌诀与上述两书相同. 程大位《算法统宗》卷四截两为斤歌与吴敬相同.

⑫《算学启蒙》卷首总括中有“斤秤起率”七言八句:衡起于黍形大如粟.

十黍谓之一絫,十絫谓之一铢.

六铢谓之一分,四分谓之一两.

十六两谓一斤,十五斤谓一秤.

三十斤谓一钧,四钧谓之一石重一百二十斤.

贾亨《算法全能集》,安止斋、何平子《详明算法》的“斤秤歌”曰：

铢求斤两要相登,二四明为一两称.

三八四除斤便是,两斤求此则相乘.

斤如求两身加六,减六留身两见斤.

斤两较时别无诀,法中惟以五除增.

吴敬的歌诀似就此改编,程大位《算法统宗》卷四引录了吴敬的歌诀,并加了题名“衡法斤秤歌”.

又“裹”,《丁巨算法》(1355)、梅珏成(1681—1763)《增删算法统宗》(1761)作“累”.

⑬此法在《九章算术》中称为“今有术”,在《九章算术》的粟米、衰(cuī)分、

均输、勾股等章中及《孙子算经》《张丘建算经》等算书中，载有许多单比例、复比例、配分比例和连锁比例等各种比例问题. 刘徽在《九章算术注》中，一律用“今有术”来说明它们的解法，杨辉《详解九章算法》(1261 年)《乘除通变算宝》(1274 年)称为“互换”，朱世杰《算学启蒙》(1299 年)称为“异乘同除”，贾亨《算法全能集》，安止斋、何平子《详明算法》(1373 年)，也称为“异乘同除”并载有歌诀，吴敬的歌诀当引自上二书. 王文素《算学宝鉴》称为“互换活法”“重互换”(即连锁比例)“双头六草”，柯尚迁《数学通轨》进一步提出“同乘同除”法，程大位《算法统宗》卷二亦称为“异乘同除法”，并提出“异乘同除互换捷用法图”和同乘异除歌(即今之反比例).

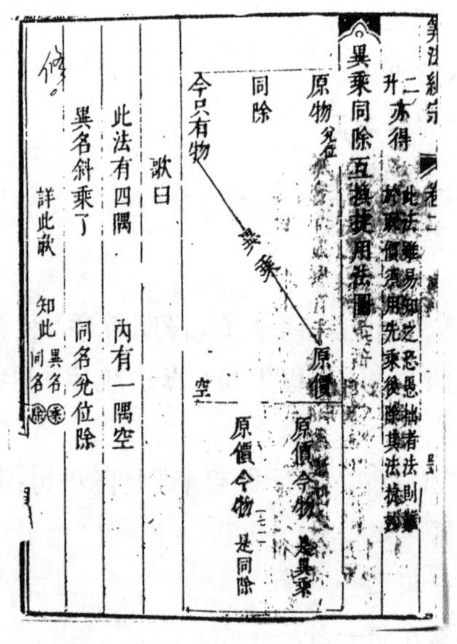

同乘异除法可识，原物价相乘为实.

今物除实求今价，今价除实求今物.

及“异乘同乘法”“异除同除法”“同乘同除法”.

263 年，刘徽在《九章算术注》中，首次提出“比”一词，而“比例”一词，则是 1609 年徐光启(1562—1633)译《几何原本》前六卷时创译.

⑭古时付给搬运物件工人的工钱叫“脚钱”，此脚钱如果从所搬运的物品中支付，则称为“就物抽分”.

贾亨《算法全能集》，安止斋、何平子《详明算法》载有就物抽分歌，吴敬《九章算法比类大全》、程大位《算法统宗》的“就物抽分”歌与《详明算法》相同.

⑮此题出自贾亨《算法全能集》和安止斋、何平子《详明算法》.

⑯差分：中算术语，即衰分，程大位《算法统宗》卷二云：“差分，衰今意同.”

相当于现在的“配分比例”,《算法全能集》《详明算法》皆载此歌.

⑦“之实”:《算法全能集》《详明算法》原文为“定实”,程大位《算法统宗》亦为“之实”,程大位《算法统宗》卷二引录此歌,又在卷五中称为衰分歌:

衰分法数不相平,须要分教一分成.

将此一分为之实,以乘各数自均平.

⑱此题引自《算法全能集》和《详明算法》,解法可简译为

$$\left.\begin{array}{l}\text{甲}:28.7\\ \text{乙}:21.3\\ \text{丙}:17.5\\ \text{丁}:12.3\end{array}\right\}=79.8\text{ 两}\qquad\text{为法}$$

$$98.712\,6-79.8=18.912\,6(\text{两})\quad\text{为实}$$

$$\frac{18.912\,6}{79.8}=0.237(\text{两})\quad\text{即每两利银}$$

$$\text{甲利银}:0.237\text{ 两}\times28.7=6.801\,9\text{ 两}$$

$$\text{乙利银}:0.237\text{ 两}\times21.3=5.048\,1\text{ 两}$$

$$\text{丙利银}:0.237\text{ 两}\times17.5=4.147\,5\text{ 两}$$

$$\text{丁利银}:0.237\text{ 两}\times12.3=2.915\,1\text{ 两}$$

⑲贵贱差分,已知甲物、乙物单位,又知共钱买共物,而求甲、乙物各几何,这类问题,古代称为“贵贱差分”,相当于现在的二元一次联立方程组.

这类问题及其解法始见于《九章算术》及《张丘建算经》.《张丘建算经》卷中第18题给出一种简捷解法,后来这种解法广泛流传,成为解贵贱差分问题的常用方法,在长期流传过程中,出现过许多不同的名称.《日用算法》称为“分率术”《续古摘奇算法》称为“二率分身”,《算学启蒙》卷中称为“求差分和”,《算法全能集》《详明算法》称为“和合差分”,王文素《算学宝鉴》称为“合和差分”,柯尚迁(1500—1582)《数学通轨》(1578年)称为“二等贵贱差分”.

吴敬和程大位的“贵贱差分”歌当引自《算法全能集》和《详明算法》.

⑳设米为 x 石,麦为 y 石,依题意可联立方程组

$$\begin{cases}x+y=1\,000 & (1)\\ 17.2x+14.5y=16\,814.71 & (2)\end{cases}$$

高价先乘共物情:$17.2\times(1)$ 得:$17.2x+17.2y=17\,200$ (3)

却用都钱减今数,余留为实甚分明.

别将二价也相减,用此余钱为法行.

$$(3)-(2)\text{得}:\overset{\text{法}}{2.7}y=\overset{\text{实}}{385.29}\qquad(4)$$

除了先为低物数：　　　　$y=142.7$ 石

自余高价物方成：　$x=1\ 000-142.7=857.3$（石）

㉛孕推男女：

此法出于《孙子算经》卷下第 36 题.

㉜盘量仓窖歌引自《算法全能集》《详明算法》

方仓体积　　　　　　$V=abh$

圆仓体积　　　　　　$V=\frac{1}{12}C^2h$

尖堆（即圆锥）　　　$V=\frac{1}{36}C^2h$

倚壁（即半圆锥）　　$V=\frac{1}{18}C^2h$

内角（即圆锥的$\frac{1}{4}$）　　$V=\frac{1}{9}C^2h$

外角（即圆锥的$\frac{3}{4}$）　　$V=\frac{1}{27}C^2h$

方窖（正方台）　　$V=\frac{1}{3}(C_1^2+C_2^2+C_1C_2)h$

圆窖（正圆台）　　$V=\frac{1}{36}(C_1^2+C_2^2+C_1C)h$

（式中，a,b,h 分别为长、阔、高，C 为圆周）

㉝堆垛：

堆垛术，在我国数学史上占有极其重要的地位，是我国古代数学的主要组成内容之一，《九章算术》的刍童术，是堆垛术的萌芽. 到了宋元时代高度发展. 多才多艺的爱国科学家沈括（1031—1095）在《梦溪笔谈》中首次提出了“隙程术”，朱世杰在《算学启蒙》《四元玉鉴》中提出了许多新的举世瞩目的级数论计算公式，王文素在《算学宝鉴》中，详细地论述了有关等差数列、堆垛、算箭方面的一些计算公式，共计涉及四卷 9 条，设例 84 问，编写算法歌诀 40 首.

《算法全能集》《详明算法》二书都刊载堆垛歌，吴敬《九章算法比类大全》中的“堆垛歌”与《详明算法》完全相同，当引自此书.

这首歌诀中有下面几个堆垛公式：

直垛：底边为长方形，上顶为一直线形的垛，设直垛底阔 c 个，长 d 个，则

$$S=\frac{1}{3}\left\{\left[\left(\frac{d-c}{2}+\frac{1}{2}\right)+d\right]c(c+1)\right\}$$

此术原出《算法全能集》卷下.

圭垛：各位数为 $1,2,3,\cdots,n$，则积为

$$S=\frac{n(n+1)}{2!}$$

三角垛：$1+(1+2)+(1+2+3)+\cdots+(1+2+3+\cdots+n)=1+3+6+\cdots+\frac{n(n+1)}{2!}=\frac{n(n+1)(n+2)}{3!}$.

四角垛：$1^2+2^2+3^2+\cdots+n^2=\frac{1}{3}n(n+\frac{1}{2})(n+1)$.

以上两术原出自杨辉《乘除通变本末》卷上.

㉞此题出自《算法全能集》,《详明算法》后被《算法统宗》引录，解法参见注㉝直垛公式.

㉟解法参见㉝圭垛公式.

㊱解法参见㉝三角垛公式.

㊲解法参见㉝四角垛公式.

㊳修筑歌诀首见于《算法全能集》《详明算法》，实际上是修筑城墙的截面为梯形的梯形体城墙.

九章详注比类方田算法大全卷第一

钱塘南湖后学吴敬信民编集
黑龙江省克山县潘有发校注

方田计二百一十(四)[五][①]问

田亩相乘为积. 方田方自乘[②]. 直田广纵相乘,圭田[③]、勾股田[④]、梭田[⑤]、半梭田广纵相乘折半. 斜田[⑥]、箕田[⑦]、梯田、箭筈田[⑧]、

① 本卷古问38问,比类118问(其中由古问移入3问),截积12问,诗词47问,共215问,本书用方括号[ ]表示订正的数字或文字,用圆括号( )表示衍文或错字. 古问中,题目序号有两个数字,前者为《九章算法比类大全》的序号,后者为钱宝琮校点本《九章算术》的序号,便于对照用.

② 小号字为原书双行小注.

③ 圭田:等腰三角形田,李籍《九章算术音义》云:"圭田者,其形上锐,有如圭然.《白虎通》曰:'圭者,上锐,象物皆生,见于上也.'"

④ 勾股田:直角三角形田.

⑤ 梭田:此名词首见杨辉《田亩比类乘除捷法》(1275年),即今之菱形.

⑥ 斜田:《九章算术》云"邪田"即今之直角梯形田,程大位(1533—1606)《算法统宗》(1592年)、清屈曾发《数学精详》所述斜田,都是直角梯,即有一腰与两底垂直的梯形,数学家刘徽也认为是直角梯形.

⑦ 箕田:等腰梯形田,李籍《九章算术音义》云:"箕田者,有舌有踵,其形哆侈,有如箕然.《诗》曰:'哆兮侈兮,成是南箕.'"刘徽注云:"中分箕田则为两邪田."如图:

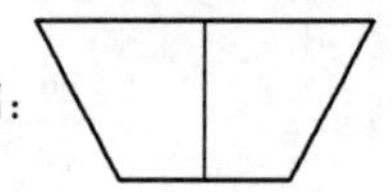

⑧ 箭筈田:首见于杨辉《田亩比类乘除捷法》(1275年)形如:

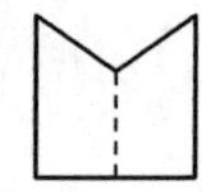

箭翎田①并两广乘纵折半.(畹)[宛]田②、丘田、盆田、(箢)[莯]田(碗田)凹田周径相乘四而一.

圆田一曰:(外)周自[相]乘,十二而一;二曰:径自[相]乘,三之,四而一;三曰:半周半径相乘;[四曰:周径相乘,四而一].

弧田③、覆田并弦矢,折半,以乘矢⑩.

环田:并中外周,折半,乘径.

钱田:径自乘之,三之,四而一,减内方自乘.

火塘田④:外方自乘,减内圆径自乘,三因,四而一,余为积.

三广田,鼓田,梭鼓田⑤:并两广,折半,加入中长,以乘正长,折半.

二不等田并二长,折半,乘下周⑥.

---

① 箭翎田:首见于杨辉《田亩比类乘除捷法》(1275年)形如:

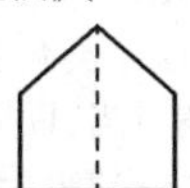

② ⿰田完,宛:《九章算术》方田章作“宛”.《尔雅》:“宛,谓中央隆高.”李籍《九章算术音义》:“⿰田完,当作宛字之误也,宛田者,中央隆高.”《夏侯阳算经》,丸田注云:“形如覆半弹丸.”杨辉《田亩比类乘除捷法》卷上称“⿰田完田”,朱世杰《算学启蒙》称“⿰田完田”,清罗士琳(1774—1853)在《算学启蒙后记》中说:“丸、⿰田完音近;畹、⿰田完形近似;‘⿰田完’虽不见于字书、殆如明云路《古今律历考》幂积之幂,别作‘⿱罒开’,同为算书习用字.”宛田形即现在所谓的球冠形.

③ 弧田:李籍《九章算术音义》云:“弧田者、有弧有矢,如弧之形.”即今之方形,古典《九章算术》原术文为:“以弦乘矢,矢又自乘,并之,二而一.”

④ 火塘田:即正方形田内容一圆池,此名词首见于吴敬《九章算法比类大全》,但此类问题则首见于李冶(1192—1279)《益古演段》(1259年)卷上第一问,李冶用天元术解此题,吴敬的术文正确.

⑤ 三广田,鼓田,梭鼓田.

三广田:等高且有一公共底边的两等腰梯形构成的图形,如下图.

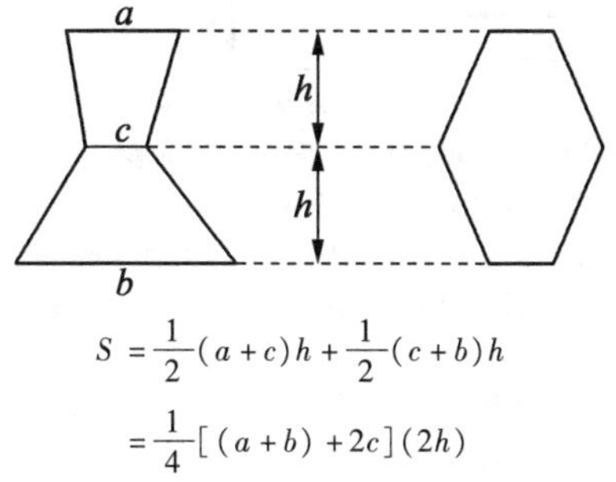

$$S=\frac{1}{2}(a+c)h+\frac{1}{2}(c+b)h$$

$$=\frac{1}{4}[(a+b)+2c](2h)$$

此术首见于杨辉《田亩比类乘除捷法》卷上所引《应用算法》,即“倍中,并两广,乘长,以四归之”.

“鼓田”一词首见于《五曹算经》,但其解法有误,杨辉《田亩比类乘除捷法》指出:“《五曹算经》乃并三广以正从乘而三除,误矣.”他采用上述三广田求.

⑥ 二不等田:此术首见于吴敬《九章算法比类大全》,详见本卷比类第40题.

四不等田并二广纵，折半相乘①.

八不等田②以正中长阔相乘为实，以四角勾股相乘并之折半减实余积.

抹角田长[自]乘、减角③

眉田④并上下周折半，折半，中径乘.

牛角田⑤并东西长，折半，以(七)[底]阔折半乘.

船田、蛇田⑥并三广，三而一，乘正长.

三角田⑦每面六因七而一，以每面折半乘.

六角田⑧每面自乘三因.

八角田⑨置一角数，五因七而一倍之，并入一角数，自乘为实，再置一角数自乘减实，余为积.

---

① 四不等田：首见于《五曹算经》和《夏侯阳算经》，但解法错误，杨辉在《田亩比类乘除捷法》(1275年)卷上指出："四围四面不等者，必有斜步，然斜步岂可做整步相并？今以一寸代十步为图，以证四不等田不可用东西相并，南北相并，各折半之法."吴敬在本卷诗词等34问给出正确解法，他说："此图考较立法，当作勾股田两段，直田一段算之，皆得其当，以见前图截处之差，使学者易晓，此理也.遇有歪斜之田，仿此截做勾股田、梯田、直田算，宜此为法，审其当截处而截之，庶无误矣."此术及本卷"比类"等41问计算皆误.

② 八不等田：此求首见于吴敬《九章算法比类大全》.

③ 此"角"指方形田自一角截去的勾股形参见本卷"比类"第56问.

④ 眉田，因其形状像眼眉，故称"眉田"，又称"月牙田".元贾亨《算法全能集》卷下法曰："并上下周折半，以中径折半乘之为积，亩法除之."明朝数学家王文素在《算学宝鉴》卷八中指出："其术亦未为当.宜从两角尖取直为弦，上周至弦为矢，补借弧田，总算得数.另将虚借弧田求之，以减总数，余即眉田之积.如此似免甚差."

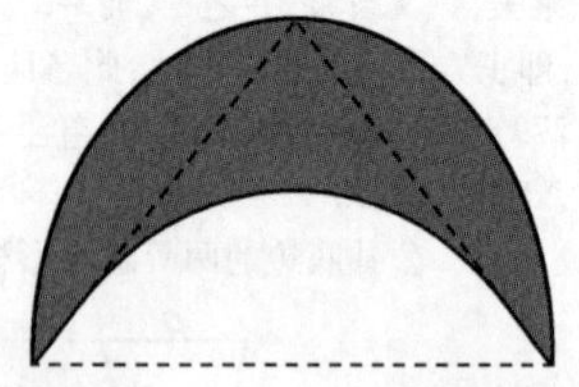

即先从两尖取之为弧形，再减去虚借弧形，余即为眉田面积.程大位《算法统宗》中指出，"借下弧而做圭(形)，并左右减下弧."意即眉形面积，相当于图中虚线等腰三角形面积，加眉形左右两个弓形面积，再减去下边一个弧形面积.此法不如王文素法简捷.

⑤ 牛角田：首见于《五曹算经》田曹第十六题，因"田形如牛角"而名，以牛角列口半之乘从得积步.《田亩比类乘除捷法》卷上，以半阔并角长又乘阔得积步，《算法全能集》《详明算法》均介绍牛角田，牛角田为眉田之半.

⑥ 蛇田：首见于《五曹算经》田曹第八题，术为"并三广，以三除之，乘正从以亩法除之，即得."吴敬从此术.《算法全能集》《详明算法》皆论此术.

⑦ 此"三角田"为正三角形田.

⑧ 此"六角田"为正六角形田.

《详明算法》术云："并四角半之为纵，并上下半之为广，相乘得积."

⑨ 此"八角田"为正八角形田，解法参见本卷比类第62题.

袱头田[①]大小长乘大小阔，并之.

鞋底田[②]二因腰阔并入头尾二阔，四而一乘底长[为实，每法而一].

曲尺田[③]并内外曲及一广，各并半相乘.

《九章算术》中，原本只有38问.

本书古问11、20、39不是《九章算术》中的问题，故将其移到本卷“比类”题中为宜.

榄核田[④]正中长自乘四而一.

磬田[⑤]并内外曲，以头一广乘折半.

锭田[⑥]正中长自乘折半.

锭腰田倍一面曲周，自乘九而一.

箫田[⑦]并二广乘长折半.

墙田[⑧]周四而一自乘.

半梯田并二阔乘长折半.

二梯田一舌长乘中阔.

车辋田[⑨]并二弯折半乘阔.

---

① 袱头田：此术首见吴敬《九章算法比类大全》，解法参见本卷比类第63题.

② 鞋底田：此术首见吴敬《九章算法比类大全》，解法参见本卷比类第66题.

③ 曲尺田：此术与袱头田术相似，当云“并外长阔相乘，内长阔相乘，得积亩法而一，参见本卷比类第65题.”

④ 榄核田：即两全等弓形以弦为公共边合成的田，如图，解法参见本卷本类第87~91题，《算法全能集》卷下称为“梭田”云：“置中阔折半，以长乘之为积，亩法而一.”又称“鼠屎田、半梭田亦同此法”，与吴敬的解法不同.

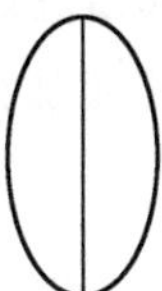

⑤ 磬田，此术首见吴敬《九章算法比类大全》. 解法参见本卷比类第64题.

⑥ 锭田：首见于吴敬《九章算法比类大全》. 如图，实际上是圆形面积减去左右两边两个榄核形面积而成.

⑦ 箫田：此术首见于《五曹算经》田曹第10题.

⑧ 墙田：此术首见于《五曹算经》田曹第9题，是已知正方形田周长而求面积.

⑨ 车辋：此术首见吴敬《九章算法比类大全》，按术文及本卷比类第95题来看，实际是半环田.

古问(四十一)[三十八]问

[直田]

法曰:广纵相乘为积,以亩法二百四十步而一止,不及亩之余步,或以二十四步除之为“分”;或以六十步除之为“角”,或便云:几亩几步零几何?

1. (1)田广直十五步,纵十六步,为田几何?

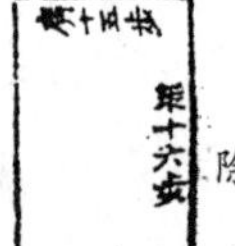

答曰:一亩.

正广:阔也,纵:长也,长阔相乘,得数以亩法二百四十步除之,合问. 按乘除示:初学田亩,长阔如此,古人以田为首易为折变也.

法曰:置广十五步,纵十六步,相乘得二百四十步为一亩,合问.

2. (2)田广十二步,纵十四步,为田几何?

答曰:一百六十八步.

法曰:置广十二步,纵十四步,相乘得一百六十八步,合问.

[里田]

3. (4)田广二里,纵三里,为田几何?

答曰:二十二顷五十亩.

法曰:通广二里为六百步[①]纵三里为九百步,相乘得五十四万步,以亩法除之,合问.

4. (3)田方一里,为田几何?

答曰:三顷七十五亩.

法曰:方自乘为积,如亩法而一方自乘即是直田广纵相乘也,通方一里得三百步,自乘得九万步以亩法而一,合问.

[圭田]

5. (25)圭田:广十二步,纵[②]二十一步,为田几何?

答曰:一百二十六步.

圭田:一头尖,一头广,其形如圭. 其积居直田之半. 广纵相乘折半. 正纵乘半广或半广丁[颠]倒,以盈补虚,折作直田. 半正纵以乘广截正纵一半为盈,分两泒如□田,补为右两助之虚[③].

法曰:置广十二步纵二十一步相乘得二百五十二步折半,合问.

6. (26)圭田:广五步二分步之一纵八步三分步之二,为田几何?

答曰:二十三步六分步之五.

法曰:置广五步,以分母二通之加分子一,共十一.又置纵八步,以分母三通之,加分子二,共二十六,与广相乘得二百八十六,折半得一百四十三为实,以分母二分(二)[三]分相乘得六为法,除之得二十三步,余实五,以法命之,得六分之五,合问.

[**斜田**]

7.(27)斜田[4]:南广三十步,北广四十二步,纵六十四步,为田几何?

答曰:九亩一百四十四步.

并两广乘纵折半.

并两广乘半纵,又折半乘正纵.

法曰:并两广南广三十步,北广四十二步,共七十二步,以乘纵六十四步得四千六百八步,折半得二千三百四步,以亩法而一得九亩余一百四十四步,合问.

8.(28)斜田:正广[5]六十五步,一畔纵七十二步,一畔纵一百步,为田几何?

答曰:二十三亩七十步.

法曰:并两畔纵共一百七十二步,乘正广六十五步,得一万一千一百八十步,折半得五千五百九十步为实.以亩法除之,合问.

[**箕田**]

9.(29)箕田[6]:舌广二十步,踵广五步,正纵三十步,为田几何?

答曰:一亩一百三十五步.

法曰:并两广舌二十步,踵五步,共二十五步,以乘正纵三十步,得七百五十步,折半三百七十五步为实,以亩法除之,合问.

10.(30)箕田:舌广一百一十七步,踵广五十步,正纵一百三十五步,为田几何?

答曰:四十六亩二百三十二步半.

法曰:并两广舌一百一十七步,踵五十步,共得一百六十七步,以乘正纵一百三十五步得二万二千五百四十五步,折半为实,以亩法除之,合问.

[**圆田**]

11.(32)圆田:周一百八十一步,径六十步三分步之一,为田几何?

答曰:一十一亩九十步十二分步之一.

法曰:置径六十步,以分母三通之加分子一,共一百八十一步,折半得九十步半,半圆(一百八十一步)得九十步半,相乘得八千一百九十步二分五厘,却以分母三除得二千七百三十步十二分步之一,以亩法而一,合问.

12.(18)圆田周三十步,径一十步,问为田几何?

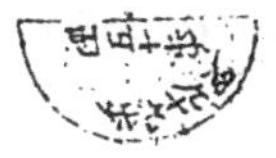

答曰:七十五步.

法曰:半周一十五步,半径五步相乘得七十五步,合问.

[畹田]

13. (34)畹田:下周九十九步,径五十一步,为田几何?

答曰:五亩六十二步四分步之一.

法曰:置周九十九步,径五十一步相乘得五千四十九步,以四而一得一千二百六十二步四分步之一为实,以亩法除之,合问.

14. (33)畹田:下周三十步,径一十六步,为田几何?

答曰:一百二十步.

法曰:置周三十步,径一十六步相乘,得四百八十步,以四而一,合问.

[弧田]

15. (35)弧田,弦三十步,矢十五步,为田几何?

答曰:一亩九十七步半.

并弦矢折半,以矢乘之,弦矢折半为长,矢为阔,乃长阔相乘.

弦矢相乘,又矢自乘,并之,折半.弦比长,矢比阔,相乘得一积,三分积之一,矢自乘得三分积之二,并之得二积,乃折半取一积也.

法曰:并弦三十步,矢十五步共得四十五步,折半得二十二步半,以矢十五步乘之得三百三十七步半如亩法而一,合问.

16. (36)弧田弦七十八步二分步之一,矢一十三步九分步之七,为田几何?

答曰:二亩一百五十五步八十一分步之五十六.

法曰:置弦七十八步以分母二通之加内子一共得一百五十七,矢一十三步以分母九通之,加内子七,共得一百二十四,相乘得一万九千四百六十八,却以矢分母九自乘得八十一以乘上数得一百五十七万六千九百八为实.又矢一百二十四自乘得一万五千三百七十六,以分母弦二矢九相乘得一十八,以乘上数得二十七万六千七百六十八,并入前实共得一百八十五万三千六百七十六,折半得九十二万六千八百三十八为实,以弦矢分母十八矢分母八十一相乘得一千四百五十八为法,除之得六百三十五步.余实一千八,法实俱以十八约之得八十一分步之五十六,如亩法而一,合问.

[环田]

17. (37)环田:中周九十二步,外周一百二十二步,径五步,为田几何?

答曰:二亩五十五步.

并中,外周折半,以乘径.

外周自乘,以中国自乘减之,余十二而一.

法曰:并二周中:九十二步,外:一百二十二步,共:二百一十四步,折半得一百七步,以乘径五步,得五百三十五步,以亩法而一,合问.

18.(38)环田:中周六十二步四分步之三,外周一百一十三步二分步之一,径一十二步三分步之二,为田几何?

答曰:一百五十六步四分步之一.

法曰:并二周中:六十二步;外:一百一十三步,共一百七十五步.中周之三乘外周二分得六,外周之一乘中周四分得四,并之得十.却以分母(三)[二]分、四分相乘得八为法除十,得一步二分五厘,并前共步得一百七十六步二分五厘,折半得八十八步一分二厘五毫为实却以径一十二步分母三通之加内子二共得三十八为法,相乘得三千三百四十八步七分五厘,又以分母三除之得一千一百一十六步四分之一,以亩法而一,合问.

[**约分**]

法曰:可半者,半之:谓分母分子皆可折半.不可半者:分母分子或一有不可者,则不可半之.副置分母子之数未欲动分母子正位,故别置分母子且草约之.以少减多,更相减损,求其等也以分母子,少位减多位,互相减损,遇子母数相等,止,以等约之,以等数为法,除分母分子之数.

19.(5)问十八分之十二,约之,得几何?

答曰:三分之二.

法曰:副置分母十八在上,分子十二在下.可半者半之分母得九,分子得六.数不可半也,依法副置:分母九,分子六,以少减多,先以六减九余三.更相减损却以三减六亦三,上下等也.求其等也.减损皆等为三以等约之,以三约分母九得三,分子六得二,即三分之二,合问.

20.(6)问九十一分之四十九,约之,得几何?

答曰:十三分之七.

法曰:副置分母九十一在上,分子四十九在下.数不可半也,以少减多先以四十九减九十一余四十二,更相减损,以四十二减四十九余七,仍以七、六次减四十二,尽,即七等求其等,也减损皆等为七,以等约之以七约九十一等十三,四十九得七,即十三分之七合问.

[**合分**]

法曰:[商]除不尽,法为分母,实为分子,今欲以诸分母子合而为一,故应合分之法求之.母互乘子,法意欲以诸分子并而为一,今分母子皆不齐,所以用诸母互乘,诸子齐其数也.并以为实诸母即乘诸子齐其数,故当合为一,故曰"并以为实".母相乘为法子即合而为一,母亦当合而为一,故用母自相乘之数为法,实如法而一以法除实,法即分母,实即分子不满法者,以法命之,实数少而法数多,就以法数命之,或用寄或用约分其母同者,直相从之分母或有同者,母并入母,而子以并入子,可免互,故曰:"直相从之."

21.(9)问二分之一、三分之二、四分之三、五分之四,合之得几何?

初学不识分母子,多以为疑.今将斤、两喻之,使其易识.

二分之一,即一斤中八两也$\left(\frac{8}{16}=\frac{1}{2}\right)$;三分之二,即一斤中二百五十六铢也$\left(\frac{256}{384}=\frac{2}{3}\right)$;四分之三,即一斤中 + 二两也$\left(\frac{12}{18}=\frac{2}{3}\right)$;五分之四,即一斤价二百文中之一百六十文也$\left(\frac{160}{200}=\frac{4}{5}\right)$.

答曰:得二即二斤也余六十分比三百八十四铢也之四十三比一百七十五铢二累也.《九章算术》原答曰:得二.六十分之四十三.

法曰:列置分母子二分、三分、四分、五分于右;之一、之二、之三、之四于左.子互乘母先以之一乘三分、四分、五分得六十;之二乘二分、四分、五分得八十;之三乘二分、三分、五分得九十;之四乘二分、三分、四分得九十六,并之,得三百二十六为实.母相乘为法分母二分、三分、四分、五分(自)[相]乘得一百二十实如法而一得二,余八十六与法俱半之,合问.

22.(17)问三分之一,五分之二,合之得几何?

答曰:十五分之十一.

法曰:列置与分母子三分、五分于右;之一、之二于左,母互乘子三分乘之二得六;五分乘之一得五,并之得十一,为实.母相乘三分乘五分得十五为法,实不满法,以法命之,合问.

23.(8)问三分之二,七分之四,九分之五,合之得几何?

答曰:得一⑦,余六十三分之五十

法曰:列置分母子三分、七分、九分于右;之二、之四、之五于左,子互乘母之二乘七分、九分得一百二十六;之四乘三分、九分得一百八;之五乘三分、七分得一百五,并之,得三百三十九为实.母相乘三分、七分、九分得一百八十九为法.实如法而一得一余一百五十,与法皆三约之得六十三分之五十,合问.

[**课分**⑧]

法曰二分八分比并多寡.母互乘子齐其子也.以少减多为实.乘少子之分数.以少分减多分.即是相等之数,母相乘为法子虽有数,不可无母.以命为数.实如法而一.满法者以法除这.

24.(11)问四分之三,减其三分之一,尚余几何?四分之三,喻二百八十八铢也;三分之一,喻一百二十八铢也⑨.

答曰:十二分之五,三百八十四铢为一十二分,以一百六十铢约之为五.

法曰:列置分母子三分、四分于右;之一、之三于左,母互乘子四分乘之一得四;三分乘之三得九,以少减多九减四余五为实;母相乘三分乘四分得十二为法,实不满法,以法命之得十二分之五,合问.

25.(10)问九分之八,减其五分之一,尚余几何?

答曰:四十五分之三十一.

法曰:列置分母子九分、五分于右;之八,之一于左母互乘子九分乘之一得九;五分乘之八得四十,以少九减多四十余三十一为实;母相乘五分乘九分得四十五为法,实不满法,以法命之得四十五分之三十一,合问.

26.(12)问八分之五比二十五分之十六,孰多几何?

答曰:二十五分之十六多,[多]二百分之三.

法曰:列置分母子八分,二十五分于右;之五,之十六于左.母互乘子八分乘之十六得一百二十八;二十五分乘之五得一百二十五,以少一百二十五减多一百二十八余三为实;母相乘八分乘二十五得二百实不满法,即多二百分之三数也,合问.

27.(13)问九分之八比七分之六,孰多几何?

答曰:九分之八多,[多]六十三分之二.

法曰:列置分母子九分,七分于右,之八,之六于左.母至乘子九分乘之六得五十四;七分乘之八得五十六,以少五十四减多五十六余二为实.母相乘九分乘七分得六十三分为法,实不满法即多六十三分之二,合问.

28.(14)问二十一分之八比五十分之十七,孰多几何?

答曰:二十一分之八多,[多]一千五十分之四十三.

法曰:列置分母子二十一分,五十分于右,之八,之十七于左.母互乘子二十一分乘之十七得三百五十七;五十分乘之八得四百.以少三百五十七减多四百余四十三为实,母相乘二十一分乘五十分得一千五十为法.实不满法,即多一千五十分之四十三,合问.

[**平分**⑩]

法曰:母互乘子齐其子也,副并诸子为平实.别并诸分子为平实,此意先口其数命平数也.母相乘为法,就有诸子为平实,故以母自乘为法以列数乘未并分子列数排列分母之位数也.即并诸子为平实,而未并者,即以列数乘之亦以列数乘法平实乃数位,拼法乃母自乘本位,故不及平实,所以列数乘法.以平实减列实,余为所减列实;减平实,余为所益,并所减以益少,以法命平,各其平也取用并见,各显法曰.

29.(16)问二分之一、三分之二、四分之三,减多益少,几何而平?(四)[二]分之一比半斤,即一百九十二铢;余三分之二比二百五十六铢;四分之三比十二两即二百八十八铢.

答曰:减四分之三求之者四母互乘子求得二十七,减四也;即四十二铢三分铢之二;减三分之二求之者一母互乘子就得二十四减一,即一十铢三分铢之二;益二分之一求之者五．互乘子，求得一十八益五，即五十三铢三分铢之一，各平于三十六分之二十三三十六分比全斤三百八十四铢内一分即十铢三分铢之二，分子二十三即二百四十五铢三分铢之一．

法曰[11]：列置分母子二分、三分、四分于右．之一、之二、之三于左．母互乘子之一乘三分，四分得十二；之二乘二分，四分得十六；之三乘二分，三分得十八，副并十二、十六、十八得四十六为平实．母相乘二分、三分、四分相乘得二十四分为法．以列数乘未并分子列数三以乘十二得三十六；乘十六得四十八；乘十八得五十四，亦以列数三乘法二十四得七十二，数繁，合同约分，折半法得三十六，实得二十三，其之一得十八；之二得二十四；之三得二十七，以平实二十三减列实之二，求出二十四余一，之三求出二十七余四，以列实之一求出者十八减平实二十三少五数，并所减之二余一，之三余四，共五．以益少益［由］二分之一各其平也各平于三十六分之二十三，合问．

30．（15）问三分之一、三分之二、四分之三，减多益少，几何而平？三分之一，即一百二十八铢；三分之二比二百五十六铢；四分之三比二百八十八铢．

答曰：减四分之三求之者二：母至乘子，求得九，减二即六十四铢．减三分之二求之者一：母互乘子求得八，减一即三十二铢．益三分之一求之者三：母互乘子求得四益三即九十六各平于十二分之七，十二分比全斤三百八十四铢，内一分即三十二铢，分子七即二百二十四铢．

法曰：列置分母子三分、三分、四分于右；之一、之二、之三于左．母互乘子之一乘三分、四分得十二分；之二乘三分、四分得二十四分；之三乘三分、三分得二十七分副并十二、二十四、二十七共六十三为平实，母相乘三分、三分、四分相乘得三十六分为法，以列数三乘法三十六得一百八数繁，合用约分，以九约之，法得二十，平实得七，其之一得四；之二得八；之三得九，以平实七减列实之二，求出八减七余一；之三，求出九，减七余二以列实之一，求出者四减平实七少三并所减之二余一；之三余二，并得三，以益少三，各其平也各平于十二分之七，合问．

［**乘分**[12]］

法曰：分母各乘其全，分母乘全步，方可入内子，分子从之分母乘全，分子并为一处．相乘为实，即直田乘也．分母相乘为法，元用分母通全步相乘为实，今分母自乘除之归元．实如法而．一以法除实出．

31．（23）问田广七步四分步之三，纵十五步九分步之五，为田几何．

答曰：一百二十步九分步之五．

法曰：分母各乘其全，分子从之．置广七步以四分乘加分子十三得三十一；纵十五步以九分乘加分子五共得一百四十．相乘一百四十乘三十一得四千三百四十为实．分母相乘四分乘九分得三十六分为法．实如法而一，得一百二十步，余三十六分之二十，俱以四约之,得九分之五,合问.

32.(22)问田广三步三分步之一,纵五步五分步之二,为田几何?

答曰:一十八步.

法曰:分母各乘其全,分子从之.置广三步,以三分乘加分子一共得一十;纵五步以五分乘加分子二共得二十七.相乘一十乘二十七共得二百七十为实.以分母三分乘五分得一十五分为法,实如法而一,得一十八步,合问.

33.(24)问田广十八步七分步之五,纵二十三步十一分步之六.,为田几何?

答曰:一亩二百步十一分步之七.

法曰:分母各乘其全,分子从之.置广十八步,以七分乘,加分子五,共得一百三十一;纵二十三步,以十一分乘,加分子六,共得二百五十九.相乘一百三十一乘二百五十九共得三万三千九百二十九为实;以分母十一分、七分相乘得七十七为法,实如法而一,得四百四十步,余四十九,法实皆以七约之,得十一分之七,如亩法而一,合问.

34.(19)问田广七分步之四,纵五分步之三,为田几何?

答曰:三十五分步之十二.

法曰:置广七分,纵五分相乘得三十五分为法,置分子之三、之四相乘得一十二为实,不满法,以法命之,合问.

35.(20)问田广九分步之七,纵十一分步之(五)[九],为田几何?

答曰:十一分之七.

法曰:置广九分,纵十一分相乘得九十九,为法;置分子之七、之九相乘六十三为实,不满法,以九约之,合问.

36.(21)问田广五分步之四,纵九分步之五,为田几何?

答曰:九分步之四.

法曰:置分子之四、之五相乘得二十为实,以广五分纵九分相乘得四十五为法,实不满法,以法命五约之,合问.

[**除分**]

法曰:人数为法,钱数为实.有分者通之,实如法而一.即归除法,加有分者通之一句.

37.(17)问七人均八钱(二)[三]分钱之一.各人得几何?

答曰:一钱二十一分钱之四.

法曰:人数为法,有分者通之,置七人以三分乘得二十一;钱数为实,有分者通之,置八钱以三分通之加加分子一共二十五,实如法而一,合问.

38. 问三人三分人之一,均六钱三分钱之一,四分钱之三,各人得几何?

答曰:二钱八分钱之一.

法曰:重有分者,同而通之置三人,以三分通之,加内子一,共得一十;置六钱,以三分通之,加内子一共得一十九.以重分母乘之得七十六,又以分母三乘分子三得九,加入前数共得八十五为实.以法实分母互乘法分母三,实分母四乘得十二.并分母法分母三、实分母三、四,共得十,以乘十二,共得一百二十为法.又以分母三乘前实八十五得二百五十五为实.如法而一得二钱余十五,约之得八分钱之一,合问.

比类一百一十(五)[八]问

[直田]

1. 今有直田:广一步半三分步之一,四分步之一,五分步之一纵一百五步一百三十七分步之一十五.问:为田几何?

答曰:一亩.

法曰:置广一步得一分之一,半步得二分之一.而列置分母子,以子互乘母:一分、二分、三分、四分、五分于右;之一、之一、之一、之一、之一于左,而乘之一乘二分、三分、四分、五分得一百二十;之一乘一分、三分、四分、五分得六十;之一乘一分、二分、四分、五分得四十;之一乘一分、二分、三分、五分得三十;之一乘一分、二分、三分、四分得二十四并之得二百七十四为实,母相乘一分、二分、三分、四分、五分相乘得一百二十为法,除之,得广二步.余实三十四.法实皆折半得六十分步之十七,以分母六十乘广二步加分子一十七步共得一百三十七步为广法.置纵一百五步以分母一百三十七乘之加分子一十五共一万四千四百以乘广得一百九十七万二千八百为实,以分母相乘得八千二百二十为法,除之得二百四十步为一亩,合问.

2. 今有直田,广二步二十分步之九,纵九十七步四十九分步之四十七.问:为田几何?

答曰:一亩.

法曰:置广二步,以分母二十乘之,加入分子九共得四十九.纵九十七步以分母四十九乘之,加入分子四十七,共得四千八百.以乘广得二十三万五千二百为实.分母相乘九百八十为法,除之得二百四十步,为一亩,合问.

3. 今有直田广三十二步,并纵斜共一百二十八步.问:为田几何?[13]

答曰:八亩.

法曰:置并纵斜一百二十八步自乘得一万六千三百八十四步.广三十(一)[二]自乘得一千二十四步,以少减多,余一万五千三百六十步,折半得七千六百八十步为实.以并纵斜一百二十八步为法,除之,得田纵六十步,以乘广三十二步得一千九百二十步,以亩法除之,合问.

4. 今有直田,广纵相和得九十二步,两隅斜相去六十八步.问:为田几何?

答曰:八亩.

法曰:置斜去六十八步自乘得四千六百二十四步.相和九十二步自乘得八千四百六十四步,以少减多,余三千八百四十步,折半得一千九百二十步为实.以亩法除之,合问.

5. 今有直田,不知广纵,只记得两隅斜相去六十八步,广少如纵二十八步.问:为田几何?

答曰:八亩.

法曰:置斜去六十八步自乘四千六百二十四步.广少如纵二十八步自乘得七百八十四步.以少减多,余三千八百四十步,折半得一千九百二十步为实.以亩法除之,合问.

6. 今有直田,纵六十步,并广斜得一百步.问:为田几何?

答曰:八亩.

法曰:置并广斜一百步,自乘得一万步.纵六十步自乘得三千六百步.以少减多,余六千四百步,折半得三千二百步为实.以并广斜一百步除之,得田广三十二步,以纵六十步乘之得一千九百二十步,以亩法除之,合问.

7. 今有直田广:三十二步;纵:六十步.问:为田几何?

答曰:八亩.

法曰:置广三十二步乘纵六十步得一千九百二十步,以亩法而一,合问.

8. 今有直田广三十二步二尺,纵六十步三尺.问:为田几何?

答曰:八亩一分八厘一毫.

法曰:通广三十二步,以每步五尺乘之,加零二尺,共得一百六十二尺.纵六十步,[以]每步五尺乘之,加零三尺,共[得]三百三尺.相乘得四万九千八十六尺,以亩法六千尺除之,合问.

9. 今有直田广三十二步三尺六寸,纵六十步二尺四寸.问:为田几何?

答曰:八亩二分四厘五毫四丝四忽.

法曰:置广三十二步,通三尺六寸为七分二厘,纵六十步通二尺四寸为四分八厘相乘得一千九百七十八步九分五毫六丝为实.以亩法除之,合问.

10. 今有直田,纵一百步,广四十二步,中有圆池,周三十步,径一十步.问:除池占外,该田几何?

答曰:一十七亩一分八厘七毫五丝.

法曰:置纵一百步以乘广四十二步得四千二百步为总积. 半池周得一十五步,径得五步相乘得七十五步. 以减总积,余四千一百二十五步为实. 以亩法除之,合问.

［方田］

11. 今有方田积八万八千一百八十二步. 问:该田几何?

答曰:三顷六十七亩四分二厘五毫.

法曰:置田积八万八千一百八十二步为实,以亩法除之,合问.

12. 今有方田三顷六十七亩四分二厘五毫. 问:该步几何?

答曰:八万八千一百八十二步.

法曰:置田三顷六十七亩四分二厘五毫为实,以亩法乘之,合问.

13. 今有方田,桑生中央,从隅至桑一百四十七步. 问:为田几何?[14]

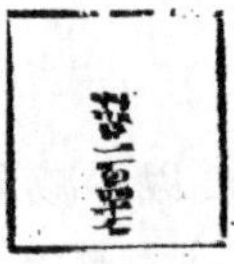

答曰:三顷六十亩一分五厘.

法曰:倍隅至桑一百四十七步得二百九十四步,自乘得八万六千四百三十六步为实,以亩法除之,合问.

［里田］

14. 今有田方二里. 问:为田几何?

答曰:一十五顷.

法曰:通田二里为六百步,自乘得三十六万步为实,以亩法除之,合问.

［勾股田］

15. 今有勾股田,勾阔二十六步,股长四十八步. 问:为田几何?

答曰:二亩六分.

法曰:置勾阔二十六步,股长四十八步,相乘得一千二百四十八步,折半得六百二十四步为实,以亩法除之,合问.

16. 今有勾股田,股长八步,弦斜一十步. 问:为田几何?

答曰:二十四步.

法曰:置股长八步自乘得六十四步,弦斜一十步自乘得一百步,内减股余三十六步为实. 以开平方法除之,得勾阔六步,以乘股长八步得四十八步,折半,合问.

17. 今有股田,勾阔六步,弦斜一十步. 问:为田几何?

答曰:二十四步.

法曰:置勾阔六步自乘得三十六步,弦斜一十步自乘得一百步,内减勾[阔]余六十四步,为实. 以开平方法除之,得股长八步. 以乘勾阔六步得四十八步,折半,合问.

［梭田］

18. 今有梭田，中阔二十四步，直长四十六步. 问：为田几何？

答曰：二亩三分.

法曰：置中阔二十四步乘直长四十六步得一千一百四步，折半得五百五十二步为实. 以亩法除之，合问.

［半梭田］

19. 今有半梭田，中阔一十一步，直长五十二步. 问：为田几何？

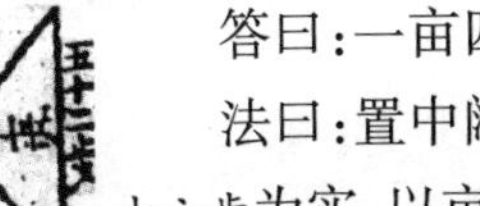

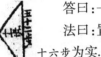

答曰：一亩四十六步.

法曰：置中阔一十一步乘直长五十二步得五百七十二步，折半得二百八十六步为实. 以亩法除之，合问.

［梯田］

20. 今有梯田，南阔二十二步，北阔五十步，长九十四步. 问：为田几何？

答曰：一十四亩一分.

法曰：并二阔得七十二步，以乘长九十四步得六千七百六十八步，折半得三千三百八十四步为实. 以亩法除之. 合问.

21. 今有梯田，南阔二十四步七分步之六，北阔三十六步，长四十步. 问：为田几何？

答曰：五亩一十七步七分步之一.

法曰：置南阔二十四步，以分母七通之，加分子六，共一百七十四，又置北阔三十六步，以南阔分母七通之得二百五十二，并二阔共四百二十六. 又置长四十步，以南阔分母七通之得二百八十，以乘四百二十六得一十一万九千二百八十. 折半得五万九千六百四十为实. 以分母七自乘得四十九为法，除之，得一千二百一十七步. [15]以亩法除之，不尽之数，约之，合问.

22. 今有梯田，南阔二十一步七分步之六，北阔二十八步，长三十六步十九分步之十七. 问：为田几何？

答曰：二亩一百九十九步二百六十六分步之一百九十五.

法曰：置南阔二十一步，以分母七通之，加分子六，共得一百五十三. 又置北阔二十八步，以南阔分母七通之得一百九十六. 并二阔共得三百四十九于上. 又置长三十六步以分母十九通之加分子十七共得七百一步，以乘上数得二十四万四千六百四十九，半之得一十二万二千三百二十四步半为实. 以二分母十九分、七分相乘得一百三十三为法. 除之得九百一十九步，余实九十七步半，法实皆倍及，以亩法约，合问.

23. 今有梯田、南阔八十一步六十三分步之四十七，北阔一百二十岁九分步之二,长一百五十三步四分步之三. 问:为田几何?

答曰:六十四亩六分二十二步四十二分步之十三.

法曰:置南阔八十一步,以分母六十三通之,加分子四十七共五千一百五十. 又以北阔分母九通之得四万六千三百五十;又置北阔一百二十步以分母九通之,加分子二共一千八十二. 又以南阔分母六十三通之得六万八千一百六十六. 并二数,半之得五万七千二百五十八于上. 又置长一百五十三步以分母四通之,加分子三共得六百一十五,以乘上数得三千五百二十一万三千六百七十为实. 以三分母相乘六十三分乘九分得五百六十七分,又乘四分共得二千二百六十八为法,除之得一万五千五百二十六步,余实七百二步,法实五十四约之,又以亩法除,合问.

［半梯田］

24. 今有半梯田,南阔一十一步,北阔二十五步,长四十七步. 问:为田几何?

答曰:三亩一百二十六步.

法曰:并南阔一十一步,北阔二十五步,共三十六步,以乘长四十七步共得一千六百九十二步,半之得八百四十六步为实. 以亩法除之,得三亩一百二十六步,合问.

［二梯田］

25. 今有二梯田,东西各长三十六步,中阔一十二步,南北各斜一十二步. 问:为田几何?⑯

答曰:一亩一百九十二步.

法曰:置一面长三十六步乘中阔一十二步得四百三十二步,以亩法而一,合问.

［圭田］

26. 今有圭田,阔五步二分步之一,长八步. 问:为田几何?

答曰:二十二步.

法曰:置阔五步,以分母二通之,加分子一,共十一步,又置长八步,以阔分母二通之,得一十六. 长阔相乘得一百七十六步,折半得八十八为实. 以分母二自乘得四为法除之,合问.

27. 今有圭田,阔五步,长八步三分步之二. 问:为田几何?

答曰:二十一步三分步之二.

法曰:置长八步以分母三通之,加分子二,共得二十六. 又置阔五步以长分母三通之得一十五. 二数相乘得三百九十,半之得一百九十五为实. 以分母三自乘得九,为法除之，合问.

28. 今有圭田，阔一十七步二分步之一，长二十八步四分步之三. 问：为田几何？

答曰：一亩一十一步十六分步之九.

法曰：置阔一十七步以分母二通之，加分子一，共得三十五，长二十八步以分母四通之，加分子三，共得一百一十五. 相乘得四千二十五，半之得二千一十二步半为实. 以分母二分、四分相乘得八分为法，除之得二百五十一步，余实四步半为分子，法为分母，母子各倍之，得十六分之九，以亩法而一，合问.

［半圭田］

29. 今有半圭田，阔六步，长二十一步. 问：为田几何？

答曰：六十三步.

法曰：置广六步以乘长二十一步得一百二十六步，折半，合问.

30. 今有半圭田，阔三十一步七分步之四，长八十一步. 问：为田几何？

答曰：五亩七十八步十四分步之九.

法曰：置阔三十一步以分母七通之加分子四共得二百二十一. 又置长八十一步以阔分母七通之得五百六十七. 二数相乘，折半得六万二千六百五十三步半为实. 以分母七自乘得四十九为法除之得一千二百七十八步. 余实三十一步半(陪)［倍］法实皆七约及亩法除之，合问.

31. 今有半圭田，阔三十一步，长八十一步三分步之二. 问：为田几何？

答曰：五亩六十五步六分步之五.

法曰：置长八十一步以分母三通之加分子二，共得二百四十五. 又置阔三十一步以长分母三通之得九十三. 二数相乘，半之得一万一千三百九十二步半为实. 以分母三自乘得九为法. 除之得一千二百六十五步，余实七步半，法实皆一步半除之，及亩法而一，合问.

32. 今有半圭田，阔八十一步七分步之五，长一百三十九步十三分步之九. 问：为田几何？

答曰：二十三亩一百八十七步七分［步］之三.

法曰：置阔八十一步以分母七通之，加分子五，共得五百七十二. 又置长一百三十步以分母十三通之，加分子九，共得一千八百一十六. 二数相乘半之得五十一万九千三百七十六为实. 以二分母十三分，七分相乘得九十一为法除之得五千七百七步，余实三十九步，法实皆十三约及亩法而一，合问.

［圆田］

33. 今有圆田，径一十八步，周五十四步. 问：为田几何？

答曰:一亩三步.

法曰:经求积:置径一十八步自乘得三百二十四步,以三乘之得九百七十二步,以四而一,合问.

周求积:置周五十四步自乘得二千九百一十六步以十二而一,合问.

34. 今有圆田,径六步十三分步之十二,周二十步四十一分步之三十二. 问:为田几何?

答曰:三十六步.

法曰:

径求积:置径六步以分母十三通之,加分子十二,共得九十,自乘得八千一百. 又以分母十三减分子十二余一,以乘分子亦得十二,并前共得八千一百一十二[17]以三乘得二万四千三百三十六,四而一得六千八十四为实. 以分母十三自乘得一百六十九为法除之,合问.

周求积:置周二十步以分母四十一通之,加分子三十二得八百五十二,自乘得七十二万五千九百四. 又以分母四十一减分子三十二余九,以乘分子三十二得二百八十八,并入前数共得七十二万六千一百九十二[18],却以十二除之得六万五百一十六为实. 以分母四十一自乘得一千六百八十一为法,除之,合问.

35. 今有圆田,周一百八十一步. 问:为田几何?

答曰:一十一亩九十步十二分步之一.

法曰[19]:置半周九十步半自乘八千一百九十步二分五厘为实. 以三为法,除之得二千七百三十步,余实二分五厘,以法三约之得十二分之一,以亩法除之,合问.

36. 今有圆田,径六十步三分步之一. 问:为田几何?

答曰:一十一亩九十步十二分之一.

法曰[20]:置半径三十步以分母三通之加分子半,共得九十步半. 自乘得八千一百九十步二分五厘,以三乘得二万四千五百七十步七分五厘,却以分母三与乘法三乘之得九以除上数得二千七百三十步,余实七分五厘,以法九分约之得十二分之一,以亩法除之,合问.

[**环田**]

37. 今有环田半边[21],外周六十一步,中周四十六步,径五步. 问:为田几何?

答曰:一亩二十七步二分步之一.

法曰:并外周六十一步,中周四十六步,共一百七步,折半得五十二步半为实. 以径五步为法乘之,合问.

38. 今有环田三角[22],外周九十一步半,中周六十九步,径五步. 问:为田几何?

答曰:一亩一百六十一步四分步之一.

法曰:并外周九十一步半,中周六十九步,共得一百六十步半,折半得八十步二分半为实. 以径五步为法乘之,合问.

39. 今有环田一角[23],外周三十步半,中周二十三步,径五步. 问:为田几何?

答曰:一百三十三步四分步之三.

法曰:并外周三十步半中周二十三步,共五十三步半,折半得二十六步七分半为实,以径五步为法乘之,合问.

[二不等田]

40. 今有二不等田,东长三十六步,西长三十步,北阔二十五步. 问:为田几何?

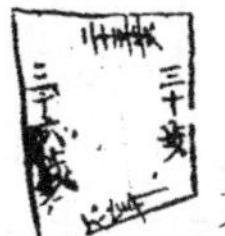

答曰:三亩一百五步.

法曰:并东长三十六步,西长三十步,共六十六步,折半得三十三步为实. 以北阔二十五步为法乘之得八百二十五步. 以亩法除之合问.

[四不等田]

41. 今有四不等田,东阔四十二步,西阔五十六步,南长六十四步,北长五十八步. 问:为田几何?

答曰:一十二亩一百九步.

法曰[24]:并两长南六十四步,北五十八步,共得一百二十二步,折半得六十一步为实. 并两阔东四十二步,西五十六步,共得九十八步,折半得四十九步为法,乘之得二千九百八十九步,以亩法除之,合问.

[八不等田]

42. 今有八不等田,正北六步,正南一十九步,正东一十二步,正西一十八步;东北二十五步,西北一十五步,西南一十步,东南五步. 问:为田几何?

答曰:三亩五分二厘五毫.

法曰:以绳量之,正中长得三十六步,阔得三十步相乘得直田积一千八十步于上. 次量东北角勾一十五步,股二十步,相乘得三百步;西北角勾九步,股一十二步,相乘得一百八步;西南角勾六步,股八步,相乘得四十八步;东南角勾三步,股四步,相乘得一十二步,并四数,折半得二百三十四步,以减上数,余八百四十六步为实,以亩法除之,合问.

[箭舌田]

43. 今有箭舌田,两畔各长一十二步,中长六步,阔一十四步. 问:为田

几何?

答曰:一百二十六步.

法曰:置一畔十二步并中长六步,共得一十八步.以阔一十四步相乘得二百五十二步,折半合问.

[箭翎田]

44. 今有箭翎田,两畔各长六步,中长一十二步,阔一十四步.问:为田几何?

答曰:一百二十六步.

法曰:置一畔六步,并中长一十二步,共得一十八步,乘阔一十四步二百五十二步折半,合问.

[丘田]

45. 今有丘田,周六百四十步,径三百八十步.问:为田几何?

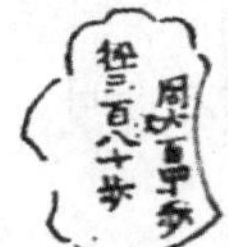

答曰:二顷五十三亩八十步.

法曰:置周六百四十步,径三百八十步,相乘得二十四万三千二百步为实,以四为法除之得六万八百步,以亩法除之,合问.

[盆田]

46. 今有盆田,下周二十四步,径一十六步.问:为田几何?

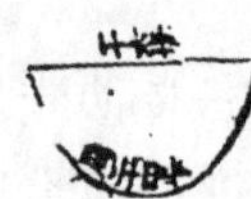

答曰:九十六步.

法曰:置周二十四步,径一十六步,相乘得三百八十四步.以四而一得九十六步,合问.

[覆月田]

47. 今有覆月田,弦阔二十四步,径一十二步.问:为田几何?

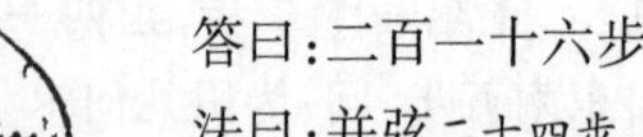

答曰:二百一十六步.

法曰:并弦二十四步,径一十二步,共得三十六步,折半得一十八步为实.以径一十二步为法乘之,合问.

[钱田]

48. 今有钱田,通径一十二步,内方六步.问:为田几何?

答曰:七十二步.

法曰:置径一十二步自乘得一百四十四步,以三乘得四百三十二步,四除得一百八步,减内方六步,自乘得三十六步,余七十二步,合问.

49. 今有钱田,外周三十六步,内方六步.问:为田几何?

答曰:七十二步.

法曰:置外周三十六步,自乘得一千二百九十六步,以十二除之得一百八步,减内方六步,自乘得三十六步,余七十二步,合问.

50. 今有钱田,外周二十七步,径三步,内方圆一十二步.问:为田几何?

答曰:五十一步四分步之三.

法曰:置外周二十七步,自乘得七百二十九步,以圆法十二除之得六十步四分步之三.以减内方周十二步自乘得一百四十四步,以方法十六除之得九步,余得五十一步四分步之三,合问.

51. 今有钱田半边,外周一十八步,通长一十二步,内方长六步,阔三步,径三步.问:为田几何?

答曰:三十六步.

法曰:倍外周得三十六步,自乘得一千二百九十六步,折半得六百四十八步,以圆法十二除之得五十四步于上.以内方长六步乘阔三步得一十八步,以减上数,余得三十六步,合问.

52. 今有钱田三角,外周二十七步,内方东南长六步,西北长三步,径三步.问:为田几何?

答曰:四十五步.

法曰:置外周二十七步以四乘三而一得三十六步.自乘得一千二百九十六步.以三乘四而一得九百七十二步,以圆法十二除之得八十一步于上.并内方长六步,阔三步共九步,以径三步乘之得二十七步,以减上数,余五十四步,合问.

53. 今有钱田一角,外周九步,内方三步.问:为田几何?

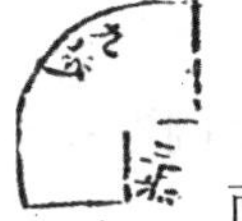

答曰:一十八步.

法曰:四乘外周九步得三十六步,自乘得一千二百九十六步,以四而一得三百二十四步,以圆法十二除之得二十七步,以减内方三步自乘得九步,余得一十八步,合问.

[火塘田]

54. 今有火塘田,外方一十二步,内圆径六步.问:为田几何?

答曰:一百一十七步.

法曰:置外方一十二步自乘得一百四十四步,减内圆径六步自乘得三十六步以三乘得一百八步四除得二十七步,余一百一十七步,合问.

［三广田］

55. 今有三广田，南阔二十六步，北阔五十四步，中阔一十八步，正长八十五步．问：为田几何？

答曰：一十亩六十五步．

法曰：并两阔：南二十六步，北五十四步，共八十步，折半得四十步，加中阔一十八步，共得五十八步为实．以正长八十五步为法，乘之得四千九百三十步，折半得三千四百六十五步，以亩法除之，合问．

［抹角田］

56. 今有抹角田，西南阔二十五步，东北长三十二步．问：为田几何？

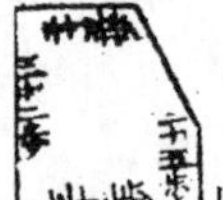

答曰：四亩三十九步半．

法曰：置东北长自乘为实，减西南阔余七步，自乘，折半，减余，以亩法除之，合问．

［眉田］

57. 今有眉田，上周四十九步，下周四十五步，中径一十四步．问：为田几何？

答曰：一亩八十九步．

法曰：并二周，上：四十九步．下：四十五步．共得九十四步．折半得四十七步为实．以中径一十四步，折半得七步为法，乘之得三百二十九步．以亩法除之，合问．

［牛角田］

58. 今有牛角田，一畔长六十八步，一畔长六十二步，底阔二十六步．问：为田几何？

答曰：三亩一百二十五步．

法曰：并二畔共一百三十步，折半得六十五步为实．半底阔得一十三步为法，乘之得八百四十五步，以亩法除之，合问．

［船田］

59. 今有船田，头阔一十步，中阔一十五步，尾阔八步，正长六十步．问：为田几何？

答曰：二亩一百八十步．

法曰：置正长六十步为实．并三阔头一十步，中一十五步，尾八步，共得三十三步，以三而一，得十一步，乘之得六百六十步，以亩法除之，合问．

[**三角田**]

60. 今有三角田,每面一十四步.问:为田几何?

答曰:八十四步.

法曰:置每面一十四步以六乘得八十四步,以七而一得一十二步为实,以每面一十四步,折半得七步,为法乘之,合问.

[**六角田**]

61. 今有六角田,每面一十五步.问:为田几何?

答曰:二亩一百九十五步.

法曰:置每面一十五步自乘得二百二十五步,以三乘之得六百七十五步,以亩法除之合问.

[**八角田**]

62. 今有八角田,每面一十四步.问:为田几何?

答曰:四亩.

法曰:置每面一十四步,以五乘得七十步,七而一得一十步.倍之得二十步,加一面一十四步,(步)[共]三十四步,自乘一千一百五十六步[为实].以一面一十四步自乘得一百九十六步,以减实一千一百五十六步,余九百六十步为实,以亩法除之得四亩,合问.

[**袱头田**]

63. 今有袱头田,东长六十步,南阔一十八步,西长二十七步,又南阔一十五步.问:为田几何?

答曰:六亩一分八厘七毫五丝.

法曰:置东长六十步乘南阔一十八步得一千八十步,又列西长二十七步乘又南阔一十五得四百五步,并之得一千四百八十五步,以亩法而一,合问.

[**磬田**]

64. 今有磬田,内曲一十四步,外曲二十二步,两头各阔四步.问:为田几何?

答曰:七十二步.

法曰:并内曲一十四步,外曲二十二步,共三十六步,以一头广四乘乘之得一百四十四步,折半得七十二步,合问.

[曲尺田]

65. 今有曲尺田,东长五十步,南阔六步,北长四十步,西阔八步. 问:为田几何?

答曰:二亩五分零二十步.

法曰:置东长五十步乘南阔六步得三百步,又列北长四十步乘西阔八步得三百二十步,并之得六百二十步为实. 以亩法而一得二亩五分二十步,合问.

[鞋底田]

66. 今有鞋底田,头阔一十七步,腰阔一十四步,尾阔一十五步,底长四十八步. 问:为田几何?

答曰:三亩.

法曰:二乘腰阔一十四步得二十八步,并入头阔一十七步,尾阔一十五步,共六十步,以四而一得一十五步,以乘底长四十八步,得七百二十步为实. 以亩法而一得三亩,合问.

[菰田]

67. 今有菰(gū)田,周四十八步,径一十六步. 问:为田几何?

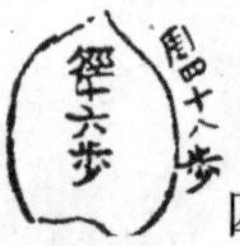

答曰:一百九十二步.

法曰:置周四十八步,以乘径一十六步,共得七百六十八步为实. 以四而一. 合问.

[箫田]

68. 今有箫田,长八十步,一头广二十步,一头阔三十步. 问:为田几何?

答曰:八亩八十步.

法曰:并二阔得五十步,以乘长八十步得四千步,折半得二千步以亩法除之得八亩八十步,合问.

[蛇田]

69. 今有蛇田,头广二十八步,胸阔四十三步,尾阔一十六步,长八十五步. 问:为田几何?

答曰:一十亩六十五步.

法曰:并三阔得八十七步,以三而一得二十九步,以乘长八十五步得二千四百六十五步,以亩法而一,合问.

［墙田］

70. 今有墙田,方周七百二十步. 问:为田几何?

答曰:一顷三十五亩.

法曰:置周七百二十步,以四而一得一百八十步,自乘得三万二千四百步,以亩法而一,合问.

［鼓田］

71. 今有鼓田,南北阔二十步,中阔二十五步,正长五十步. 问:为田几何?

答曰:四亩一百六十五步.

法曰:置南北阔二十步,加中阔二十五步,共得四十五步,以半正长得二十五步,乘之得一千一百二十五步,以亩法除之,合问.

［杖鼓田］

72. 今有杖鼓田,南北阔二十五步,中阔二十步,正长五十步. 问:为田几何?

答曰:四亩一百六十五步.

法曰:并南北阔二十五步,中阔二十步,共得四十五步为实. 半正长得二十五步乘之得一千一百二十五步,以亩法除之,合问.

73. 今有杖鼓田,南阔二十五步六分步之五,北阔三十二步,中阔一十八步,正共四十一步. 问:为田几何?

答曰:九百六十一步二十四分步之十九.

法曰:置南阔二十五步,以分母六通之,加分子五共得一百五十五. 北阔三十二以南阔分母六通之得一百九十二. 腰阔一十八,亦以南阔分母六通之得一百八,信之,得二百一十六. 正长四十一步,亦以南阔分母六通之,得二百四十六. 并三阔得五百六十三,以乘正长二百四十六得一十三万八千四百九十八. 再折半三万四千六百二十四. 为实. 以分母六自乘得三十六为法除之得九百六十一步,余实二十步半,法实皆十五约之,合问.

74. 今有杖鼓田,南阔二十五步六分步之五,北阔三十二步七分步之六,正长四十一步,中阔一十八步,问:为田几何?

答曰:四亩一十步一百六十八分步之九十七.

法曰:置正长四十一步,以南阔分母六通之得二百四十六,又以北阔分母七通之得一千七百二十二. 别置南阔二十五步以分母六通之加分子五共得一百五十五. 又以北阔分母七通之得一千八十五;北阔三十二步以分母七通之加分子六共得二百三十又以南阔分母六通之得一千三百八十;再置中阔一十八步,以南阔分母六通之得一百八步，又以北阔分母七通之得七百五十六，倍之得一千五百一十二，并三阔得三千九百七十七，以乘正长一千七百二十二得六百八十四万八千三百九十四再折半得一百七十一万二千九十八步半为实. 以二分母六分、七分相乘得四十二，自乘得一千七百六十四为法，除之得九百七十步，余实一千一十八步半，法实皆一十半约之，亩法而一，合问.

75. 今有杖鼓田，南阔二十五步六分步之五，北阔三十二步七分步之六，正长四十一步，中阔一十八步三分步之二. 问：为田几何？

答曰：四亩二十四步一百六十八分步之四十一.

法曰：置正长四十一步，以三阔分母通之. 南阔六得二百四十六，北阔七得一千七百二十二，中阔二得五千一百六十六. 次置南阔二十五步，以分母六通之加分子五共得一百五十五，又互乘北阔分母七得一千八十五，中阔分母三得三千二百五十五；北阔三十二步以分母七通之加分子六得二百三十. 又互乘南阔分母六得一千三百八十，中阔分母三得四千一百四十. 中阔一十八步以分母三通之加分子二得五十六，又互乘南阔分母六得三百三十六. 北阔分母七得二千三百五十二，倍之得四千七百四，并三阔得一万二千九十九，以正长五千一百六十六乘之得六千二百五十万三千四百三十四，再折半得一千五百六十二万五千八百五十八步半为实. 以三阔分母互乘六分乘七分得四十二分，又乘三分得一百二十六分，自乘得一万五千八百七十六为法，除之得九百八十四步余实三千八百七十四步半，法实皆九百四十五约之，又以亩法除之，合问.

76. 今有杖鼓田，南阔二十五步六分步之五，北阔三十二步七分步之六，正长四十一步四分步之三，中阔一十八步三分步之二. 问：为田几何？

答曰：四亩四十二步六百七十二分步之一百六十七.

法曰：置南阔二十五步以分母六通之加分子五共得一百五十五，又互乘北阔分母七得一千八十五，中阔分母三得三千二百五十五；北阔三十二步以分母七通之加分子六共得二百三十，又互乘南阔分母六得一千三百八十，中阔分母三得四千一百四十；中阔一十八步以分母三通之加分子二共得五十六，又互乘南阔分母六得三百三十六，北阔分母七得二千三百五十二，倍之得四千七百四，并三阔共得一万二千九十九. 又置正长四十一步，以分母四通之加分子三共得一百六十七，以乘三阔数并，得二百二万五百三十三，再折半得五十万五千一百三十三步二分半为实. 以四分母互乘六分乘七分得四十二、又乘三分得一百二十六，又乘四分得五百四为法，除实得一千二步余实一百二十五步二分半，以每步五尺乘之得六百二十六尺二寸半，法五百四步，亦以每步五尺乘之得二千五百二十尺，法实皆三百七十五约之，又亩法而一，合问.

［锭田］

77. 今有锭田，正中长三十六步，两头各周二十七步，两曲各二十七步，四面两角相空,径二十四寸.问:为田几何?

答曰:二亩七分.

法曰:置正中长三十六步,自乘得一千二百九十六步,折半得六百四十八步,以亩法而一,合问.

78. 今有锭田半边,正面长二十四步,两头周各九步,腰周一十八步,两角相去空,径一十六步三十三分步之三十二.问:为田几何?

答曰:一百四十四步.

法曰:置正长二十四步,自乘得五百七十六步,以四而一,合问.

又法:两头周九步,自乘得八十一步,又以十六乘之得一千二百九十六步,却以九而一,合问.

79. 今有锭田半段,正中长一十二步,头周一十八步,两旁周各九步.问:为田几何?

答曰:一百四十四步.

法曰:置正中长一十二步自乘得一百四十四步,合问.

又法:置头周一十八步自乘三百二十四步,四乘九而一.

又法:两旁曲周九步自乘得八十一步,十六乘九而一.

80. 今有锭田一角,正面长一十二步,头周九步,腰周九步.问:为田几何?

答曰:七十二步.

法曰:置正面长一十二步,自乘得一百四十四步,折半,合问.

又法:头周九步,自乘得八十一步,八乘九而一.

又法:腰九步自乘得八十一步,八乘九而一.

[锭腰田]

81. 今有锭腰田,正中两角相去,斜长二十四步,四面曲各周一十八步,四面两角相去,空.径十六步三十三分步之三十二.问:为田几何?

答曰:一百四十四步.

法曰:置一面两角相去空经一十六步,以分母三十三通之加分子三十二共得五百六十,自乘得三十一万三千六百.又以分母三十三减分子三十二余一,乘分子亦得三十二,并二数共得三十一万三千六百三十二为实.以分母三十二自乘得一千八十九为法,除之得二百八十八,折半,合问.

又法:倍一面曲周得三十六步,自乘得一千二百九十六九而一.

又法:正面斜长二十四步,自乘得五百七十六步,以四而一,合问.

82. 今有锭腰田半边,正面长二十四步,正中阔一十二步,两旁曲各周一十八步.问:为田几何?

答曰:七十二步.

法曰:置正面长二十四步自乘得五百七十六步,以八而一,合问.

又法:正中阔一十二步,自乘得一百四十四步,折半,合问.

又法:两旁曲周一十八步自乘得三百二十四步倍之,九而一.

83. 今有锭腰田半段,曲周一十八步,两旁半周各九步. 问:为田几何?

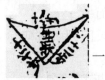

答曰:七十二步.

法曰:置曲周一十八步自乘得三百二十四步,倍之,九而一,合问.

又法:并两旁半周得一十八步,自乘,倍之,九而一.

84. 今有锭腰田一角,正中斜长一十二步,两旁曲周各九步. 问:为田几何?

答曰:三十六步.

法曰:置正中斜长一十二步,自乘得一百四十四步,以四而一[合问].

又法:两旁曲周并得一十[八]步,自乘,九而一,合问.

85. 今有锭腰田一角,正面阔一十二,步长一十二步,周一十八步. 问:为田几何?

答曰:三十六步.

法曰:置阔一十二步,以乘长一十二步得一百四十四步,以四而一.[合问]

又法:周一十八步,自乘得三百二十四步,以九而一,合问.

又法:阔一十二步,以乘周一十八步得二百一十六步,六而一,合问.

86. 今有锭腰田半角,正面长一十二步,半周九步. 问:为田几何?

答曰:一十八步.

法曰:置正面长一十二步自乘得一百四十四步,八而一,合问.

又法:半周九步,自乘得八十一步倍之,得一百六十二步,九而一.[合问]

又法:半周九步以乘长一十二步得一百八步,六而一,合问.

[榄核田]

87. 今有榄核田[25],正中长二十四步,两旁各周二十六步. 问:为田几何?

答曰:一百四十四步.

法曰:正中长二十四步自乘得五百七十六步为实,以四而一得一百四十四步,合问.

88. 今有榄核田半边，正面长一十六三十三分步之三十二，周一十八步. 问：为田几何？

答曰：三十六步.

法曰：置正面长一十六步，以分母三十三通之加分子三十二共得五百六十，自乘得三十一万三千六百，又以分母三十三减分子三十二余一，以乘分子亦得三十二，并二数共得三十一万三千六百三十二为实，以分母三十三自乘得一千八十九为法除之得二百八十八以八而一，合问.

89. 今有榄核田半段，中长八步三十四分步之十六. 两边半周各九步. 问：为田几何？

答曰：三十六步.

法曰：置中长八步，以分母三十四通之加分子一十六共得二百八十八，自乘得八万二千九百四十四. 又以分母三十四减分子十六余十八，以乘分子得二百八十八，并二数共得八万三千二百三十二为实. 以分母三十四自乘得一千一百五十六为法，除之得七十二，折半，合问.

又法：并两旁半周自乘，九而一，合问.

90. 今有榄核田三角，正中长一十六步三十三分步之三十二，右边周一十八步，左边半周九步. 问：为田几何？

答曰：五十四步.

法曰：置正中长一十六步，以分母三十三，通之加分子三十二，共五百六十. 自乘得三十一万三千六百. 又以分母三十三减分子三十二余一，以乘分子亦得三十二，并二数共得三十一万三千六百三十二为实. 以分母三十三自乘得一千八十九为法除之得二百八十八，以三乘得八百六十四，以一十六除之，合问.

91. 今有榄核田一角，正面长八步十七分步之十六，半角周九步. 问：为田几何？

答曰：一十八步.

法曰：置正面长八步以分母十七通之加分子十六共得一百五十二，自乘得二万三千一百四. 又以分母十七减分子十六余一，以乘分子亦得十六，并二数共得二万三千一百二十为实. 以分母十七自乘得二百八十九为法，除之得八十，以九乘之得七百二十，以四十而一，合问.

［碗田］

92. 今有碗田，下周二百一十六步，径九十三步. 问：为田几何？

答曰：二十亩九分二厘五毫.

法曰：置周二百一十六步，径九十三步相乘得二万八十八步，以四而一得五千二十二步为实，以亩法除之，合问.

［凹田］

93. 今有凹田，下周一百八十六步，径七十二步. 问：为田几何？

答曰：一十三亩九分五厘.

法曰：置周一百八十六步径七十二步相乘得一万三千三百九十二步，以四而一得三千三百四十八步为实. 以亩法除之，合问.

［勾月田］

94. 今有勾月田，外弯一百七十二步半，内弯一百二十七步半，径二十一步. 问：为田几何？

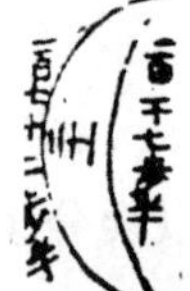

答曰：六亩一百三十五步.

法曰：置外弯一百七十二步半，内弯一百二十七步半，并之得三百步，折半得一百五十步为实. 径二十一步，折半得一十步半为法，乘之得一千五百七十五步，以亩法除之，合问.

［车辋田］

95. 今有车辋田，外弯三百七十三步半，内弯二百二十六步半，阔九步. 问：为田几何？

答曰：一十一亩六十步.

法曰：置外弯三百七十三步半，内弯二百二十六步半，并之得六百步，折半得三百步为实，以阔九步为法乘之得二千七百步，以亩法除之，合问.

约分

96. 今有罗二十四分疋之九疋法四十八尺得一十八尺. 问：约之得几何？

答曰：八分疋之三即一十八尺.

法曰：列置分母二十四在上，分子九在下，数不可半也，以少减多，先以九，二遍减二十四余六，更相减损以六减九余三，以三减六余三，求其等也，减损皆得为三，以等约之，以三约分母二十四得八，又以三约分子九得三，即八分疋之三，合问.

97. 今有秋粮米一十五万六千一百石，今已征一十一万一千五百石. 问：几分中征过几何？

答曰：七分之五.

法曰：置总米一十五万六千一百石为分母，已征一十一万一千五百石为分子，以子减母，余四万四千六百石，以二次减分子，余二万二千三百石，以减各得二万二千三百，求其等也，以等约之，合问.

98. 今有夏税丝六十四万一千八百四十七两六钱，今已征收四十五万六千八百八十七两七钱. 问：几分中征过几何？

答曰:五百二十四分已征三百七十三分.

法曰:置总丝六十四万一千八百四十七两六钱,内减已征四十五万六千八百八十七两七钱,余一十八万四千九百五十九两九钱,以二次减已征,余八万六千九百六十七两九钱,复以二次减总丝,余得一万一千二十四两一钱复以七次减已征余得九千七百九十九两二钱,复减总丝余一千二百二十四两九钱,求其等也,以等约之,合问.

合分

99. 今有钞一十七贯三百二十一文七分文之四,又有钞二十四贯九百六十二文三分文之二. 问:并计几何?

答曰:四十二贯二百八十四文二十一分文之五.

法曰:置钞一十七贯三百二十一文,以分母七通之加内子四共得一百二十一贯二百五千一文,又以三分乘之得三百六十三贯七百五十三文;再置钞二十四贯九百六十二文,以分母三通之加内子二共得七十四贯八百八十八文,又以分母七分乘之得五百二十四贯二百一十六文,并前共得八百八十七贯九百六十九文为实. 以分母七分、三分相乘得二十一分为法,除之合问.

100. 今有细三分疋之一,疋法四十二尺得一十四尺;五分疋之二得一丈六尺八寸;七分疋之三得一十八尺,问合之得几何?

答曰:得一疋四十二尺一百五分之十七得六尺八寸.

法曰:列置分母子三分、五分、七分于右;之一、之二、之三于左,子互乘母之一乘五分、七分得三十五分;之二乘三分、七分得四十二分;之三乘三分、五分得四十五分,并得一百二十二为实,母相乘三分乘五分得一十五,乘七分得一百五为法,实如法而一得一疋余一十七,合问.

101. 今有甲米五分石之三,乙米七分石之四. 问:合之得几何?

答曰:一石三十五分石之六.

法曰:列置分母子五分、七分(为)[于]右,之三、之四(为)[于]左,母互乘子五分乘之四得二十;七分乘之三得二十一,并之得四十一为实,以二分母五分、七分相乘得三十五分为法,除之得一石,余实六,法实命之,合问.

102. 今有甲金三分两之二,乙金四分两之三. 问:合之得几何?

答曰:一两十二分两之五.

法曰:列置分母子三分、四分(为)[于]左,之二、之三(为)[于]右. 母乘乘子三分乘之三得九;四分乘之二乘八,并之得一十七为实,以二分母三分、四分相乘得一十二为法,除之得一两,余实五,以法命之,合问.

103. 今有米价二贯三百五十六文七分文之四,麦价一贯九百四十八文九分文之五. 问:合之得几何?

答曰:四贯三百五文六十三分文之八.

法曰:置米价二千三百五十六文,以分母七通之加分子四,共得一万六千四百九十六,又以麦分母九通之得一十四万八千四百六十四;又置麦价一千九百四十八文,以分母九通之加分子五共得一万七千五百三十七,又以米分母七通之得一十二万二千七百五十九,并二位,共得二十七万一千二百二十三为实.以二分母七分、九分相乘得六十三分为法,除之得四贯三百五文,余实八,以法命之,合问.

104. 今有甲出钱二贯七分贯之五,乙出钱一贯六分贯之一,丙出钱一贯十九分贯之十一.问:合之得几何?

答曰:五贯.

法曰:置甲出钱二贯,以分母七通之,加分子五共得一十九;又置乙出钱一贯,以分母六(分)通之加分子一共得七;又置丙出钱一贯,以分母十九通之,加分子十一共得三十.甲乙丙相乘甲十九乘乙七得一百三十三,以乘丙三十得三十九百九十为实.以三分母相乘七分乘六分得四十二分,又乘十九分共得七百九十八为法除之,合问.

[**课分**]

105. 今有钱五贯四百五十八文五分文之二,减去钱四贯三百六十三文二分文之一.问:尚余几何?

答曰:一贯九十四文十分文之九.

法曰:置钱五贯四百五十八文以分母五(分)通之,加分子二共得二十七贯二百九十二文,又以减去分母二(分)通之得五十四贯五百八十四文;别置减去钱四贯三百六十三文以分母二通之加分子一共得八贯七百二十七文,又以原钱分母五(分)通之得四十三贯(一)[六]百三十五文,以减前数余一十贯九百四十九文,以二分母五分乘二分得一十分除之,合问.

106. 今有布二十一分疋之一十二疋法四十二尺得一十四尺.比五十分疋之二十三得一十九尺三寸二分,问:孰多几何?

答曰:二十一分疋之一十二,多一千五十分之一百一十七.

法曰:列置分母子二十一分、五十分于右,之十二、之二十三于左.母互乘子二十一分乘之二十三得四百八十三,五十分乘之十二得六百.以少减多六百减四百八十三余一百一十七为实.母相乘五十分乘二十一得一千五十分为法,实不满法,以法命之,即多一千五十分之一百一十七,合问.

107. 今有布二疋九分疋之五,今用过一疋六分疋之一.问:尚余几何?

答曰:一疋十八分疋之七.

法曰:置用过布一疋,以分母六通之加分子一共得七,又以原布分母[九]通之得六十三列左;又置原布二疋,以分母九通之加分子五共得二十三,又以用过布分母六通之得一百三十八,内减去左位六十三,余得七十五为实.以二分母九分,六分相乘得五十四分为法,除之得一疋余实二十一,法实皆三约之,合问.

108. 今有钱四贯八百七十二文七分文之四,于内减去一贯六百二十四文六分文之一.问:尚余几何?

答曰:三贯一百四十八文四十二分文之十七.

法曰:置减去钱一千六百二十四文,以分母六通之加分子一共得九千七百四十五,又以原钱分母七通之得六万八千二百一十五列左;又置原钱四千八百七十二文,以分母七通之加分子四共得三万四千一百八,以减去钱分母六通之得二十万四千六百四十八,于内减左位六万八千二百一十五,余钱一十三万六千四百三十三为实.以二分母六分、七分相乘得四十二为法,除之得三贯二百四十八文,余实一十七为分子,法四十二为分母,合问.

[**平分**]

109. 今有绢二分疋之一,疋法四十八尺,得二十四尺.三分疋之二三十二尺.四分疋之三三十六尺.五分疋之四三十八尺四寸.减多益少几何而平?

答曰:减五分之四,求之者二十九:母互乘子,求得一百九十二,减二十九,每一得二寸,即五尺八寸.减四分之三,求之者十七:母互乘子求得一百八十,减十七,即三尺四寸;益二分之一,求之者四十三:母互乘子,求得一百二十,益四十三即八尺六寸.益三分之二求之者母互乘子求得一百六十,益三即六寸.各平于二百四十分之一百六十三二百四十分比全疋四十八尺,每一分即二寸,分子一百六十三即三十二尺六寸.

法曰:列置分母子二分、三分、四分、五分于右;之一、之二、之三、之四于左,母互乘子之一乘三分、四分、五分得六十;之二乘二分、四分、五分得八十;之三乘二分、三分、五分得九十;之四乘二分、三分、四分得九十六副并为平实六十、八十、九十、九十六并得三百二十六.母相乘为法二分、三分、四分、五分相乘得一百二十分.以列数乘未并分子列数四乘六十得二百四十,八十得三百二十;九十得三百六十;九十六得三百八十四,亦以列数四乘法一百二十得 四百八十数繁,合用约分,折半法得二百四十,实得一百六十三,其之一得一百二十;之二得一百六十;之三得一百八十;之四得一百九十二,以平实一百六十三减列实之三求出一百八十余十;之四求出一百九十二余二十九,以列实之一求出一百六十减平实少四十三,之二求出一百六十减平实少三也,并所减之三余十七,之四余二十九,并得四十六,以益少之一少四十三,之二少三,共四十六,各其平也,各平于二百四十分之一百六十三,合问.

乘分

110. 今有铅七斤四分斤之三,每一两六钱换铁一十五斤八分斤之五.问:换铁几何?

答曰：一百二十一斤三十二分斤之二.

法曰：分母各乘其全，分子从之，置铅七斤，以四分乘得二十八，加内子三共得三十一. 又置铁一十五斤，以八分乘得一百二十，加分子五共得一百二十五. 相乘得三千八百七十五为实. 以分母四分、七分相乘得二十八步为法，除之，合问.

111. 今有细三疋七分疋之四，每疋价钞八贯五百六十一文九分文之七. 问：该钞几何?

答曰：三十贯五百七十七文九分文之七.

法曰：置细三疋以分母七通之加分子四共得二十五，又置疋价八千五百六十一文，以分母九通之加分子七共得七万七千五十六，以乘前数得一百九十二万六千四百为实. 以二分母七分、九分相乘得六十三为法，除之得三十贯五百七十七文，余实四十九，法实皆七约之，合问.

112. 今有一百九十人，每人支钞一贯十九分贯之一. 问：共该钞几何?

答曰：二百贯.

法曰：置人支钞一贯以分母十九通之加分子一共得二十，又以人一百九十乘之得三千八百为实，却以支钞一贯以分母十九通之得十九贯，为法除之，合问.

除分

113. 今有绢六疋三分疋之一，易银一两二钱三分钱之二. 问：一疋易银几何?

答曰：二钱.

法曰：置绢六疋，以分母三通之得一十八，加分子一共得一十九为法. 以易银一两二钱，以分母三通之得三十六，加分子二共得三十八为实. 以法除之，合问.

114. 今有钞一十八贯五百四十八文四分文之三，买到胡椒二十六斤十六分斤之二. 问：每斤价钞几何?

答曰：七百一十文.

法曰：置钞一十八贯五百四十八文，以分母四通之加分子[三共]得七万四千一百九十五，又以椒分母十六通之得一十一万八千七百一十二为实. 又置胡椒二十六斤以分母十六通之加分子二共得四百一十八又以价分母四通之得一六百七十二为法，除之，合问.

115. 今有钞二百贯，每人分一贯十九分贯之一. 问：该人几何?

答曰：一百九十一人.

法曰：置钞三百贯，以分母十九通之得三百八十贯为实，以人分一贯以分母十九通之加分子一共得二十为法除之，合问.

116. 圆田：周一百八十步，径六十步，为田几何?

答曰：一十一亩六十步[26].

周径步问积。半周半径相乘得积，或周径相乘四而一。周步问积周自乘十二而一或半周自乘三而一，径步问积径自乘三之四而一，半径自乘三之。

法曰：半周九十步，半径三十步，相乘得二千七百步，亩法而一，合问。

约分

117. 问五十四分之四十二，约之得几何？[27]

答曰：九分之七。

解题：乘除不尽之数，法为分母，实为分子。恐数繁，故立约分，置之从简，省也。

法曰：副置分母五十四在上，分子四十二在下，法云"可半者半之"此题分母子皆可半，分母得二十七，分子得二十一。数不可半也，依法副置分母二十七，如分子二十一，以少减多，先以二十一减二十七，余六，更相减损以六减二十一，余十五，再两次减六余三，仍以三减六余三，上下等也。求其等也，减损皆等为三，以等约之，以三约分母二十七得九，约分子二十一得七，即九分之七，合问。

118. 问三人三分人之[一]均六钱三分钱之二。各人得几何？[28]

答曰：二钱。

解题：三人乃全功，三分人之一，乃一日六时中其人役二时，六钱全文也。"三分钱之二"为"三分中二分人上，即有分子，而所均钱，亦立分子"乃除分也。"

法曰：人数为法，有分者通之。置三人，以三分通之加分子一共得一十，以钱分母三乘得三十，钱数为实。有分者通之置六钱，以三分通之，加分子二共得二十，以人分母三乘得六十，实如法而一，得二钱。合问。

截田一十二问

［圭田］

1. 今有圭田，南北直长一百二十步，北阔三十六步，南尖，今从北头截卖三亩二分四厘。问：截长阔各几何？

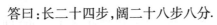

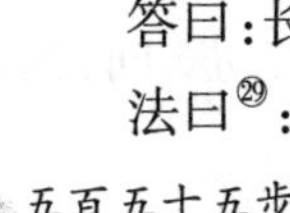

答曰：长二十四步，阔二十八步八分。

法曰[29]：通截卖田三亩二分四厘得七百七十七步六分，以二因得一千五百五十五步二分为实。以北阔三十六步为法乘之得五万五千九百八十七步二分，却以直长一百二十步除之得四百六十六五分六厘。再以北阔三十六步自乘得一千二百九十六步，以减长除余八百二十九步四分四厘为实。平方法除之，得截阔二十八步八分，并北阔三十六步共得六十四步八分，折半得三十二步四分为法,除截田积得长二十四步,合问.

2. 今有圭田,南北直长一百二十步,北阔三十六步,南尖.今从南头截卖三亩二分四厘.问:截长、阔各几何?

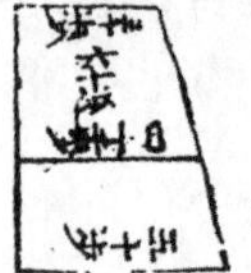

答曰:截长七十二步、阔二十一步三尺.

法曰[30]:通截卖田三亩二分四厘,得七百七十七步六分,以直长一百二十步乘之得九万三千三百一十二步,半北阔一十八步,除之得五千一百八十四步为实.开平方法除之,得截长七十二步.长求阔,以北阔三十六步乘今截长七十二步得二千五百九十二步为实,却以原长一百二十步为法除之,得阔二十一步六分,合问.

[斜田]

3. 今有斜田,南广三十步,北广五十步,纵一百步,今从南头截卖田九亩.问:截长,阔各几何?

答曰:截长六十步,阔四十二步.

法曰[31]:通截积九亩得二千一百六十步,倍之得四千三百二十步.以乘原纵一百步得四十三万二千步.以广差二十步除之得二万一千六百步为实.倍南广得六十步以乘原纵一百得六千步,却以广差二十步除之得三百步为从方.开平方法除之,得截长六十步,求阔:以广差二十步乘今截长六十步得一千二百步为实,却以原纵一百步为法,除之得一十二步,加南广三十步共四十二步为截阔,合问.

4. 今有斜田,南广二十步,北广三十八步,纵九十步,今自北截田一千七百八十七步半.问:截广、纵各几何?

法曰:倍截田得三千五百七十五步,以二广(相减除)差一十八步乘之得六万四千三百五十步,却以原纵九十步,除之得七百一十五步.再以北广三十八步自乘得一千四百四十四步,内减纵(除)七百一十五步,余七百二十九步为实.以开平方法除之,得截广二十七步,并北广三十八步共得六十五步,折半得三十二步半,以除截田得长五十五步,合问.

[圆田]

5. 今有圆田,直径一十三步,今从边截积三十二步.问:所截弦、矢各几何?[32]

答曰:弦一十二步,矢四步.

法曰:倍截积得六十四步,自乘得四千九十六步为实.四因截积得一百二十八步为上廉,四因直径得五十二步为下廉,以五为负隅,开三乘方法除之,上商四步,以乘负隅五得二十.以减下兼五十二,余三十二.又以上商四步一遍乘上兼一百二十八步得五百一十二,二遍乘下兼三十二得五百一十二,并得一千二十四与上商四步除实,尽.得矢四步.别置截积三十二步倍得六十四步.以矢四步除之得一十六步,减矢四步,得弦一十二步,合问.

6. 今有圆田,内截弦矢田一段,弦长一十二步,矢阔四步.问:圆田(元)[原]径几何?

答曰:一十三步.

法曰:半弦长得六步自乘得三十六步,以矢四除之得九步,并矢四步共径一十三步为圆径,合问.

[环田]

7. 今有环田,外七十二步,中周二十四步,实径八步,今自外周截积二百八十五步,问:所截内周并实径各几何?

答曰:径五步,内周四十二步.

法曰[33]:二因截积得五百七十步.却以外周减中周余四十八步,乘之得二万七千三百六十步,以元径八步除之得三千四百二十步,又置外周七十二步自乘得五千一百八十四步,以少减多,余一千七百六十四步为实.以开平方法除之,得内周四十二步,却减外周七十二步以六除之,得径五步,合问.

8. 今有环田,外周七十二步,中周二十四步,实径八步,欲从内周截田一百九十五步.问:所截减外周并实径各几何?

答曰:径五步,外周五十四步.

法曰[34]:倍截积得三百九十步为实.二周相减余差四十八步,以径八步除之得六步,为正隅.倍中周得四十八步为从方,开平方法除之,上商五步,下法之上亦置五步,以乘隅算得三十步,并从方四十八步,皆与上商五步除实尽.得径五步.以六乘得三十步,并中周二十四步,得截外周,合问.

[梯田]

9. 今有梯田,长一百步,南阔三十步,北阔五十步,今欲截南头卖九亩.问:截长阔各几何?

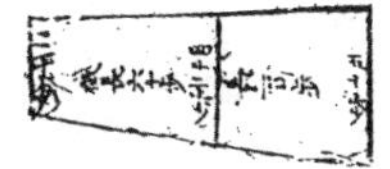

答曰:截长六十步,截阔处四十二步.

法曰[35]:通截积九亩得二千一百六十步,倍之得四千三百二十步,乘原长一百步得四十三万三千二百步,以阔差二十步除之得二万一千六百为实.倍小头阔三十步得六十步,以原长一百步乘之得六千步,却以阔差二十步,除之得三百步为从方.开平方法除之得截长六十步,求广:以阔差二十步乘截长六十步得一千二百步,却以原长一百步除之得一十二步,加小头三十步共得四十二步,为截处阔,合问.

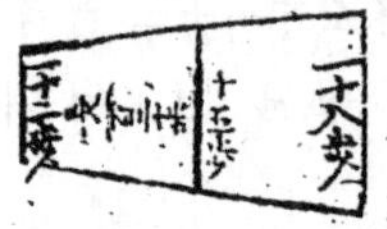

10. 今有梯田,长一百二十步,北阔一十二步,南阔一十八步(计积一千八百步),今自北头截田一半. 问:截阔及田积各几何?

答曰:田积八百一十步,截阔处一十五步.

法曰:置二阔,以少减多,余六步,以原长一百二十步除之得五厘,却以半长六十步乘之得三步,并北阔一十二步共得一十五步为截阔. 并二阔得二十七步,折半得一十三步半,以乘半长六十步得田积八百一十步,合问.

[直田]

11. 今有直田长四十八步,阔四十步(计积八亩),今依原长截卖三亩. 问:截阔几何?

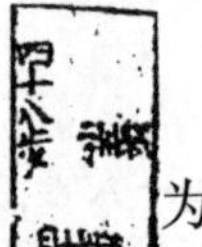

答曰:阔一十五步.

法曰:置截田三亩,以亩法乘之得七百二十步为实,以原长四十八步为法除之,合问.

12. 今有直田长四十八步,阔四十步.(计积八亩)今依原阔截卖三亩. 问:截长几何?

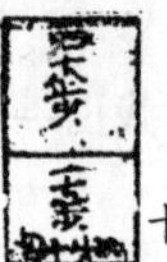

答曰:[长]十八步.

法曰:通截田积三亩得七百二十步为实,以原阔四十步为法,除之得一十八步,合问.

——九章详注比类方田算法大全卷第一[终]

诗词四十(六)[七]问

[西江月]

1. 今有圭田一段,昔年颇记曾量.

一百八十正中长,五十四步阔享.

从尖截买九亩,得米要纳秋粮.

截该长阔数明彰,激恼先生一晌.(西江月)

答曰:截长:一百二十步,截阔:三十六步.

法曰:置截田九亩以亩步二百四十步通之得二千一百六十步,以直长一百八十步乘之得三十八万八千八百,却以半阔二十七步除之得一万四千四百为实,以开平方法除之,得截长一百二十步.

求截阔:以阔五十四步乘截长一百二十步得六千四百八十步为实,却以原长一百八十步为法,除之,得阔,合问.

2. 今有圭田一段,相期乙买商量.

一百八十正中长,五十四为南广.

截积一十一亩,二分半数休忘.

有人算得是高强,莫得临时谦让.(西江月)

答曰:截长六十步,截阔三十六步.

法曰:置截田一十一亩二分半以亩法通之得二千七百步,以二乘得五千四百步,又以南广五十四步乘之得二十九万一千六百步,却以正长一百八十步除之得一千六百二十步于上,再置南广五十四步自乘二千九百一十六步内减长除一千六百二十步,余一千二百九十六步为实,以开平方法除之得截阔三十六步,并南广五十四步共九十步,折半得四十五步,以除截积二千七百步得截长六十步,合问.

3. 今有梯田一段,梯长百步无疑.

大平五十小三十,共该四千步积.

今向大头截卖,一十一亩从实.

有人算得见端的,到处芳名说你.(西江月)

答曰:截长六十步,截阔三十八步.

法曰:通截田一十一亩得二千六百四十,倍之得五千二百八十,以二平相减五十步减三十步,余差二十步,乘之得一十万五千六百步,却以梯长一百步除之得一千五十六步于上.置大平五十步自乘得二千五百步,内减长除一千五十六步,余一千四百四十四步为实,以开平方法除之,得截阔三十八步.以并大平五十步共八十八步,折半得四十四步,除截积二千六百四十步,得截长六十步,合问.

4. 甲有梯田一段,直长百步休疑.

大平五十小三十,乙向小头买置.

五亩六分余数,一十六步相随.

有人算得不差池,敢向人前称会.(西江月)

答曰:截长四十步,截阔三十八步.

法曰:通截田五亩六分,以亩步通之,加零一十六步共一千三百六十步,倍之得二千七百二十步,乘梯田[长]一百步得二十七万二千步,却以大平五十步减小平三十步余差二十步除之得一万三千六百步为实.倍小平三十步得六十步,以乘梯长一百步得六千步,却以余差二十步除之得三百步为从方.以开平方法除之得截长四十步.

求截阔:以余差二十步乘截长四十步得八百步为实.却以梯长一百步除之得八

步加小平三十步共得三十八步为截阔,合问.

5. 今有梯田一段,正长三十无余.

南广十八北十二,计积四百五十.

今自北头截起,一半卖与相知.

问该多少是田积,截广处该得几.(西江月)

答曰:田积二百二步半,截广处一十五步.

法曰:置二广十二、十八以少减多,余差六步,以梯长三十步除之得二分却以半长一十五步乘之得三步并北广一十二步共一十五步为截广.又并北广一十二步得二十七步,折半得一十三步半,以乘截广一十五步得田积二百二步半合问.

6. 今有梯田一段,一十四亩一分.

南比北阔有差争,二十八步无剩.

丈量长多南阔,七十二步无零.

问公长阔要知闻,算得人前答应.(西江月)

答曰:南阔二十二步,北阔五十步,长九十四步.

法曰:通田一十四亩一分得三千三百八十四步为实,半南比北阔得一十四步为从方,以多南阔七十二步为减积,以开平方法除之,得南阔二十二步.列二位,一位加差争二十八步得北阔五十步.一位加多南阔七十二步得长九十四步,合问.

7. 今有圆田一段,不知田亩的端.

直河一道正中穿,弧矢分为两段.

通径七十四步,二十四步何宽.

除河见在几何田,水占如何得见?(西江月)

答曰:见在田九亩八分九厘一步二尺,水占田七亩二分四步.

法曰:置通径七十四步自乘得五千四百七十六步,三之得一万六千四百二十八步,四而一四千一百七步于上.置弧矢分田原径七十四步,除河二十四步,矢各二十五步,弦七十四步,减河宽二十四步,弦亦该圆七十步,并矢二十五步,共九十五步,折半得四十七步半,以矢二十五步乘之得一千一百八十七步半为一段弧矢田.倍之得二千三百七十五步为见在田,以减通径总田,余为水占田,合问.

8. 方田一十三亩,七分半数耕犁.

圆池在内甚稀奇,圆径不知怎记.

方至池边有数,每边二十无疑.

外方圆径若能知,细演天元如积.(西江月)

答曰:方面六十步,圆径二十步.

法曰:置方田一十三步七分五厘,以亩步通之得三千三百步,以每边二十步□□

得方面六十步,以减每边二十步,余得圆径,合问.

9. 今有方田一段,结角池占中央.

池角试步至边方,四面方至角十.

八亩三分八步,耕犁之数曾量.

外方内面数名彰,且慢彷徨一晌.(西江月)

答曰:外方六十步,内面四十步.

法曰:置田八亩三分,以亩步通之加零八步共二千步,以四面方一十步约之得外方六十步,自乘得三千六百步,内减田积二千步余一千六百步为实.以开平方法除之得内面四十步,合问.

10. 今有方田一段,中间有个圆池.

步量田亩可耕犁,十亩无零在记.

方至池边有数,每边十步无疑.

外方、池径果能知,到处扬名说你.(西江月)

答曰:方面六十步,池径四十步.

法曰:通田一十亩得二千四百步,以每边一十步约之得方面六十步.自乘得三千六百步,内减田积二千四百步,余得圆池积一千二百步,以四因三而一得一千六百步以开平方法除之得径,合问.

11. 今有圆田一段,中间有个方池.

打量田亩可耕犁,恰好三分在记.

池面至周有数,每边三步无疑.

内方圆径若能知,堪作算中第一.(西江月)

答曰:圆径一十二步,池方六步.

法曰:通田三分得七十二步,以每边(三)[三加三]步约之得圆径一十二步,自乘得一百四十四步,三因四而一得一百八步,内减田积七十二步,余三十六步为实.以开平方法除之,得池方六步,合问.

[**凤栖梧**]

12. 方种芝麻斜种黍,勾股之田,十亩无零数.

九十股差方为据,勾差十步分明许.

借问贤家如何取,多少黍田,多少芝麻亩?

算得二田无差处,长才平取算中举.(凤栖梧)

答曰:黍田六亩二分五厘,勾四十步,股一百二十步.芝麻田三亩七分五厘,方面三十步.

法曰:通田一十亩得二千四百步于上.以股九十减勾差十步,实差八十步,以勾股约之,股得一百二十,勾得四十.减差十步得方面三十步.自乘得九百步,以亩法除之,得芝麻田三亩七分五厘.以减总田十亩余得黍田六亩二分五厘,合问.

13. 一段环田余久虑,

众说分明,亦有谁人悟.

忘了二周并径步.

人道内周,不及为零处.

七十有余单二步,

三事通知,答曰分明住.

五亩二分无余数.

玄机奥妙甚思慕!(凤栖梧)

答曰:径一十二步,内周六十八步,外周一百四十步.

法曰:通田五亩二分得一千二百四十八步,倍之得二千四百九十六步为实.以不及七十二步以六除得径一十二步为法除之得二百八步,以减不及七十二步余一百三十六步,折半得内周六十八步,加不及七十二步得外周一百四十步,合问.

[**双捣练**]

14. 长十六,阔十五,不多少不恰一亩.

内有八个白埋墓,更有一条十字路.

每个墓,周六步;十字路,阔一步.

每亩银价二两五,除了墓,除了路.

问公该剩多少数?(双捣练)

答曰:占地二分二厘五毫.

剩地七分七厘五毫.

该银一两九钱三分七厘五毫.

法曰:通地一亩为二百四十步于上.置墓堆八个,每堆周六步依圆法:周自乘得三十六步,以十二而一得三步,共积二十四步.又十字路阔一步,长十六步阔十五步,共三十一步,除路中心一步实三十步.通共占地五十四步.以亩法而一,得二分二厘五毫为占地.以减一亩,剩地七分七厘五毫,以每亩价银二两五钱为法乘之,得一两九钱三分七厘五毫,合问.

[**七言八句**]

15. 四方九亩六分田,有路小径四角穿.

三井五池十二树,自方二步屋一椽.

井周三步池方六,树围七尺五寸圆.

道阔二步知端的,问公剩余几何田?

答曰:七亩七分一厘一毫二丝五忽.

法曰:通田九亩六分得二千三百四步为实.以开平方法除之,得一方面四十八步.方五归之得九步六分,斜七乘之得六十七步二分,以道阔二步乘之得一百三十四步四分.四角该积二百六十八步八分,减路中心阔二步自乘得四步.实该积一百六十四步八分.三井每围周该三步,自乘得九步,以圆法十二而一得七分五厘,共积二步二分五厘.五池,每池方六步,自乘得三十六步,共积一百八十步.十二树,每树围七尺五寸,该一步五分,自乘得二步二分半,以圆法十二而一得一分八厘七毫五丝,又以十二树乘之得二步二分半.屋二步自乘得积四步,通共占积四百五十三步三分,以亩法而一得一亩八分八厘八毫七丝五忽以减九亩六分余得剩田七亩七分一厘一毫二丝五忽,合问.

16. 原管共该银八斤,一十一分斤之五.

以后新收得九斤,又零七分两之四.

却行支过四斤零,五铢三分铢之二.

不知余剩见在银,要见实该多少是.

答曰:一十三斤七两一十四铢二百三十一分铢之一百三十七.

法曰:分母乘其全分子从之置原管银八斤,以分母十一通之得八十八,加内子五共得九十三,却以铢法三百八十四乘之得三万五千七百一十二.又置新收银九斤以十六两通得一百四十四,又以分母七通得一千八加内子四,共得一千一十二,却以二十四铢乘得二万四千二百八十八,管收分母互乘并之,原管分母十一乘新收二万四千二百八十八得二十六万七千一百六十八.新收分母七乘原管三万五千七百一十二得二十四万九千九百八十四,并得五十一万七千一百五十二.以支数亦通分已支银四斤以铢法三百八十四通之得一千五百三十六,加五铢共得一千五百四十一铢,以分母三通得四千六百二十三加内子二,共得四千六百二十五,与管收并数互乘以支数分母三乘并数五十一万七千一百五十二得一百五十五万一千四百五十六.原管分母十一乘新收分母七得七十七,以乘支数四千六百二十五得三十五万六千一百二十五,又以支数减并数以支数三十五万六千一百二十五减并数一百五十五万一千四百五十六余一百一十九万五千三百三十一为实.以三分母相乘管分母十一乘收分母七得七十七,乘支分母三得二百三十一,法除之得五千一百七十四铢,余实一百三十七,以法命之得二百三十一分铢之一百三十七.却以铢法归斤两五千一百七十四铢,先以斤法三百八十四除得一十三斤,余一百八十二铁,又以两法二十四除得七两余一十四铢该得见在银一十三斤七两一十四铢二百三十一分铢之一百三十七,合问.

［**七言六句**］

17. 一段环田径不知,二周相并最幽微.

一百六十不差池,一亩皆知无零积.

只要贤家仔细推，三般何以见端的.

答曰：径三步，外周八十九步，内周七十一步.

法曰：通田一亩得二百四十步为实. 半相并一百六十步得八十步为法. 除之得径三步. 以三因得九步，以减半并八十步余七十一步为内周. 以减总步一百六十步余得外周八十九步，合问.

18. 有田一段四不等，东边二十五步长.

西长三十有二步，南阔十七步明彰.

北阔止该有八步，依图改正不多量.

答曰：一亩四分.

此图考较立法，当作勾股田二段，直田一段算之，皆得其当. 以见前图截处之差，使学者易晓此理也. 遇有歪斜之田仿此. 截作勾股田，梯田，直田算，宜以此为法，审其当截处而截之，庶无误矣.

法曰：一旧图并东西长共五十七步，折半得二十八步半为实. 以并南北阔共二十五步，折半得一十二步半为法，乘之得三百五十六步二分五厘，以亩法而一得一亩四分八厘四毫三丝七忽五微.

一、今依图截作三段算：一段直田长二十四步，以阔八步乘之得一百九十二步. 一段勾股田股长二十四步，乘勾阔七步得一百六十八步，折半得八十四步. 一段勾股田股长一十五步，乘勾阔八步得一百二十步，折半得六十步. 并三位共得三百三十六步为实，以亩法而一得一亩四分，合问.

19. 今有环田积二亩，五十五步是零多.

径比二周皆不及，中周八十七步过.

外周一百一十七，中外周径各几何？

答曰：中周九十二步，外周一百二十二步，径五步.

法曰：通积二亩加零五十五步共得五百三十五步为实，并二不及得二百四步，折半得一百二步为从方，照前开平方法除之，得径五步，各加不及得中外周，合问.

20. 今有眉田积一亩，八十九步又零多.

径比二周皆不及，上周三十五步过.

下周亦多三十一，上下周径各几何？

答曰：上周四十九步，下周四十五步，中径一十四步.

法曰：通积一亩加零八十九步共得三百二十九步，倍之得六百五十八步为实. 半二不及得三十三步为从方，照前开平方法除之得中径一十四步，各加不及得上、下周，合问.

[七言四句]

21. 三十八万四千步，正长端的误差误.

六丝二忽五微阔，不知共该多少亩.

答曰：一亩

法曰：置长三十八万四千步为实，以阔六丝二忽五微为法，乘之，合问.

22. 直田一亩无零字，不知长阔如何是.

长中减二约之了，平步恰当三分二.

答曰：长二十步，阔一十二步.

法曰：通田一亩得二百四十步.以长减二十，余该长三分，平二分.长一十八步加二步共二十步，以除总步得阔一十二步.乃三分之二，合问.

23. 直田一亩无零字，不知长阔如何是.

长中添二约之了，恰当平步八分二.

答曰：长三十步，阔八步.

法曰：通田一亩得二百四十步.以长添二步得长八分，阔二分.约之得田长三十步，添二步共三十二步，以八约得四步乃二因得阔八步，合问.

24. 今有直田不知亩，两隅相去十三步.

长内减平余有七，问公此法如何取？

答曰：该田二分五厘.

法曰：置两隅相去一十三步自乘得一百六十九步.长减平余七步自乘得四十九步以少减多，余一百二十步，折半，亩法而一，合问.

25. 今有直田不知亩，长阔相和十七步.

平不及长廿五尺，请问田该多少数？

答曰：该田二分五厘.

法曰：置相和一十七步，减不及五步，余一十二步.以阔五步相乘，合问.

26. 今有直田一亩积，长减一步阔减七.

两隅相去十七步，长阔何以见端的？

答曰：长一十六步，平一十五步.

法曰：置两隅相去一十七步自乘得二百八十九步于上，以二减一、七并之得八步，自乘得六十四步，以减上数，余二百二十五步为实，以开平方法除之，得长一十五步，加一步共长一十六步，以除一亩通为二百四十步得平一十五步合问.

27. 直田二十五亩数，更有三分零五厘.

长量九索平量四，三事如何得备知.

答曰：索长一十三步，田长一百一十七步，田平五十二步.

法曰:通田二十五亩三分五厘得六千八十四步为实,以长九平四相乘得三十六为法,除之得一百六十九,以开平方法除之得索长一十三步.以长九乘之得一百一十七步,以平四乘之得五十二步,合问.

28. 昨日打量田地问,记得长步整三十.

广斜相并五十步,不知几亩及分厘.

答曰:二亩.

法曰:并广斜五十步,自乘得二千五百步,内减长三十步自乘得九百步,余一千六百步,折半得八百步为实.以广斜五十步为法除之,得阔一十六步,以乘长三十步,合问.

29. 今有直田恰一亩,中心种下一根黍.

遥望四隅十三步,问公长阔如何取.

答曰:长二十四步,平一十步.

法曰:倍四隅十三步得二十六步,自乘得六百七十六步,以长平自乘约之,得长二十四步,自乘得五百七十六步(平一十步自乘得一百步并得六百七十六步)[以开平方法除之得长二十四步,以长除田积得平一十步,合问].

30. 今有直积用长乘,一千八百步无零.

两隅相去十七步,阔长何以得分明.

答曰:长一十五步,阔八步.

法曰:置两隅一十七步自乘得二百八十九步为实,以约长平得长一十五步,自乘得二百二十五步,阔八步,自乘得六十四步,并之得二百八十九步,却以长十五阔八相乘得一百二十,以长十五乘之得一千八百步,合问.

31. 直田一段不知亩,长阔不知几步数.

以阔减斜剩五十,斜内减长斜九步.

答曰:长八十步,阔三十九步,斜八十九步.

法曰:并二减剩共五十九,约之,加三十得斜八十九步,自乘得七千九百二十一于上.以斜内减九得长八十步,自乘得六千四百步,又斜内减五十步得阔三十九步,自乘得一千五百二十一,并得斜自乘,同,合问.

32. 五亩六分勾股田,不知勾股不知弦.

记得三事曾相并,二百二十四步全.

答曰:勾二十八步,股九十六步,弦一百步.

法曰:通田五亩六分得一千三百四十四步.以勾股约之,得勾二十八步,自乘得七百八十四步,以半勾一十四步除总步得股九十六步,自乘得九千二百一十六步,并得一万步,以开平方法除之得弦一百步,合问.

33. 今有直田用较除,一百二十步无余.

长阔相和该一百,问公三事几何如?

答曰:长六十,阔四十步,较二十步.

法曰:置较除一百二十步减长阔相和一百步余二十为较,以减相和一百余八十,折半得四十为阔,加较二十得长六十步,合问.

34. 圆田内着一方池,七分二十步耕犁.

欲求在内方池面,除演天元如积推.

答曰:圆径二十八步,池面二十步.

法曰:通田七分加零二十步共一百八十八步,以约减方池得圆径二十八步,自乘得七百八十四步,三因四而一得五百八十八步,以减总田一百八十八步,余四百步,以开平方法除之,得池方面二十步,合问.

35. 直田一十二亩半,中有圆池侵两半.

三平多长十五步,元要见长怎生算.

答曰:长一百五步,平四十步,圆池径四十步.

法曰:通田一十二亩半得三千步,以"中有圆池侵两半"约之,得阔四十步.以三因得一百二十步减多长一十五步,余得长一百五步,以阔四十步乘之得四千二百步,以减田积三千步余一千二百步,以四因三而一得一千六百步,以开平方法除之,得圆径四十步,合问.

36. 今有梯田长一百,小头十五大廿七.

截卖一百九十二,欲从一边截去积.

答曰:截长八十步,阔四步八分.

法曰:二因截田一百九十二步得三百八十四步,以乘长一百步得三万八千四百步,为实.以大头二十七步减小头一十五步,余一十二步,折半得六步为法,除之得六千四百步,以开平方法除之,得截长八十步.以乘折半六步得四百八十步,却以原长一百步除之得截阔,合问.

37. 圆田计积一百八,三十六周径十二.

卖却外周六十步,内周、径步实该几?

答曰:剩内周二十四步,径八步.

法曰:置积一百八步减截积六十步余四十八步,倍之得九十六步,却以径一十二步折半得六步,乘之得五百七十六步,又以周三十六步除之得一十六步为实.以开平方法除之,得内周半径四步.以乘外周三十六步得一百四十四步,又以半径六步除之,得内周二十四步.倍半径四步,得径八步,合问.

38. 今有圭田一段积，一百二十零六步.

阔不及长实该九，借问长阔多少数.

答曰：长二十一步，阔一十二步.

法曰：倍积一百二十二步得二百五十二步为实，以不及九步为从方，开平方法除之，于实数之下，将从方九步进一位为九十步. 以下法商［商］实得一千，下法亦置上商［商］一十，进一位为一百为隅法，与从方共一百九十，皆与上商［商］一除实一百九十，余实六十二，乃二乘隅法一百得二百为廉法，一退得二十，从方亦一退得九，下法再退得一.

续商［商］第二位，以廉法从方共二十九商［商］实，得二步，下法亦置上商［商］二除实，尽，得阔一十二步，加不及九步，得长二十一步，合问.

39. 弧田一亩积一段，更加九十七步半.

矢不及弦十五步，弦矢各长怎地算？

答曰：弦三十步，矢一十五步.

法曰：通田一亩加零九十七步半，共得三百三十七步半以四乘三除四百五十步为实. 以不及一十五步为从方，照前开平方法除之，得矢一十五步，加不及一十五步，得弦三十步，合问.

40. 梭田共积一千二，又零二十有四步.

阔不及长三十二，要见阔长多少数？

答曰：阔三十六步，长六十八步.

法曰：二乘田积一千二百二十四步得二千四百四十八步为实，以不及三十二步为从方，照前开平方法除之，得中阔三十六步. 加不及三十二步得出六十八步，合问.

41. 今有覆月田一段，共计二百一十六.

径不及弦阔十二，问该弦、径各数目.

答曰：弦阔二十四步，径一十二步.

法曰：四乘田积得八百六十四步，以三除得二百八十八为实. 以不及一十二步为从方，照前开平方法除之，得径一十二步. 加不及一十二步，得弦阔二十四步，合问.

［六言八句］

42. 箭筈田截一段，各长十九东西.

北阔一百八十，中长十步无疑.

今截八百九十，三步七分五厘.

欲从西边截卖，实该长阔要知.

答曰：截长一十三步半，

北阔二十七步半.

法曰:四因截积八百九十三步七分五厘,得三千五百七十五步为实.并东西长得三十(六)[八]步,以倍中长一十步得二十步减之,余一十八步为法.乘之得六万四千三百五十步却折半北阔一百八十步得九十步,除之得七百一十五步.又置东西长共三十(六)[八]步,自乘得一千四百四十四步内减积七百一十五步余七百二十九步,以开平方法除之得二十七步,折半得截长一十三步半.却并原西长一十九步共三十二步半为法,除截积八百九十三步七分五厘,得截北阔二十七步半,合问.

[**六言六句**]

43. 直田一亩无零,欲要卖于他人.

四邻不肯画字,中间剜卖三分.

长阔各差一步,四面要存均匀.

答曰:原长一十六步,阔一十五步.

今卖长九步,阔八步,四面存留各三步半.

法曰:通田一亩得二百四十步为实,以差一步为从方,开平方法除之,得阔一十五步.以除总田,得长一十六步.又通卖三分得七十二步,为实.以差一步为从方,开平方法除之,得阔八步,以除七十二步得长九步.以减原长阔,各余七步,折半得四面各存,合问.

[**六言四句**]

44. 今有方圆田地,九亩四分五厘.

方面圆径适等,如何得见端的?

答曰:方面、圆径各三十六步.

法曰:通田九亩四分五厘得二千二百六十八步于上,以方四圆三并之得七除之得三百二十四为一停率,以四乘之得一千二百九十六为实,开平方法除之,合问.

45. 环田一亩无零,忘了圆径根因.

记得打量时语,中心池占八分.

答曰:圆池径一十六步,内周四十八步.

外周七十二步,环径四步.

法曰:通池占八分得一百九十二步.以四因三而一得二百五十六步为实.以开平方法除之得圆径一十六步,以三因得内周四十八步倍之,得九十六步,以三因四而一得外周七十二步并内外周共得一百二十步折半得六十步以除环田一亩得环径四步,合问.

[**五言六句**]

46. 直田七亩半,忘了长和短.

记得立契时,长阔争一半.

今问俊明公,此法如何算.

答曰:长六十步,阔三十步.

法曰:通田七亩半得一千八百步折半得九百步为实,以开平方法除之得阔三十步以除总田得长六十步,合问.

[**五言四句**]

47. 长不及十六,平有余十五.

长阔若相乘,无零恰一亩.

答曰:长一十五步六分二厘五毫.

阔一十五步三分六厘.

法曰:通田二百四十步为实,以阔一十五步三分六厘除之得长,合问.

——**九章详注比类方田算法大全卷第一[终]**

诗词体数学题译注：

1. **简介**：圭田截积术首见于杨辉《田亩比类乘除捷法》(1275 年)卷下所引刘益《议古根源》(1050 年). 此术有一隐含条件，那就是所截等腰三角形面积的底边必须与原等腰三角形的底边平行. 这类问题是结合当时农村的土地交易而产生的. 王文素《算学宝鉴》的卷十八“圭田截积”条有更详细的论述.

注释：圭田：等腰三角形田. 正中长：等腰三角形的高. 阔：此处指等腰三角形的底边. 颇：很，甚至之词，如颇多、颇佳. 尖：指等腰三角形的顶点. 明彰：明显、显著、清楚、明白. 亩：田地的计量单位，秦孝公(前 381—前 338)之制，二百四十步为一亩. 后各朝沿用，1 亩 = 240 平方步. 一段：此处指一块土地. 一晌：一天以内的时间，此处形容时间很长. 激恼：激动、用脑.

译文：今有等腰三角形田地一块，记得从前曾经丈量过：正中长是 180 步，底阔是 54 步，从顶尖截卖 9 亩. 卖出所得的米要顶秋天所缴纳的粮食税. 该截得正中长和底阔数要算得明白清楚. 激动得先生用脑筋算了很长时间.

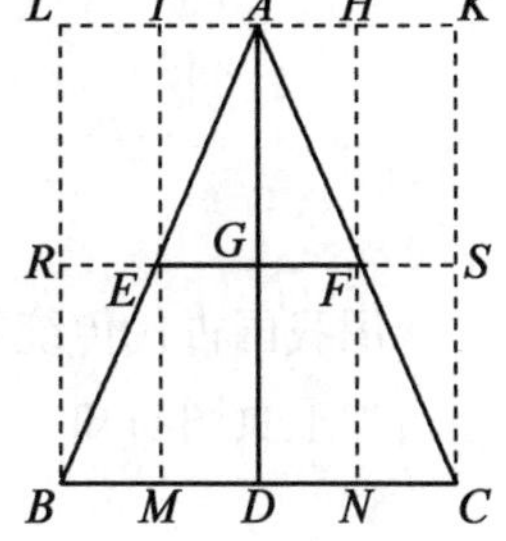

解：在等腰$\triangle ABC$中，已知$AD=180$步，$BC=54$步，且$AD\perp BC$，$EF/\!/BC$，从顶尖A处截卖$S_{\triangle AEF}=9$亩.

求：AG和EF.

所以
$$\frac{BC}{EF}=\frac{AD}{AG}\Rightarrow EF=\frac{BC\cdot AG}{AD}$$

$$S_{\triangle AEF}=\frac{1}{2}EF\cdot AG\Rightarrow\frac{1}{2}AG\cdot\frac{BC\cdot AG}{AD}\Rightarrow\frac{1}{2}AG^2\cdot\frac{BC}{AD}$$

所以
$$AG=\sqrt{\frac{2S_{\triangle AEF}\cdot AD}{BC}}$$

以下是吴敬原法：

$$\sqrt{\frac{S_{\triangle AEF}\cdot AD}{\frac{BC}{2}}}=\sqrt{\frac{2\ 160\times180}{27}}=120(\text{步})$$

$$EF=\frac{AG\cdot BC}{AD}=\frac{120\times54}{180}=36(\text{步})$$

$$S_{\triangle ABC}=\frac{1}{2}\times180\times54=4\ 860(\text{平方步})$$

$$S_{\triangle AEF}=240\times9=2\ 160(\text{平方步})$$

所以
$$\frac{S_{\triangle ABC}}{S_{\triangle AEF}}=\frac{AD^2}{AG^2}\Rightarrow AG^2=\frac{S_{\triangle AEF}\cdot AD^2}{S_{\triangle ABC}}=\frac{2\ 160\times180^2}{4\ 860}=14\ 400$$

所以
$$AG=\sqrt{14\ 400}=120(\text{步}),EF=\frac{2\ 160}{60}=36(\text{步})$$

王文素《算学宝鉴》卷十八的解法：

圭田截积歌：

圭田截积上头发，倍积相乘底阔弦.
却用中长除作实，平方开得截横宽.
截宽折半除其积，便见截长步若干.
要截两边勾股积，不须倍积类梭田.

此为已知$\triangle ABC$的高(h)，底(a)与顶尖(A)处截一面积为$S_{\triangle AEF}$($EF /\!/ BC$)，求所截$\triangle AEF$的高AG及底边EF.

$$EF=\sqrt{\frac{2S_{\triangle AEF}\cdot BC}{AD}} \tag{1}$$

$$AG=\sqrt{\frac{2S_{\triangle AEF}\cdot AD}{BC}} \tag{2}$$

程大位《算法统宗》卷七，有一类似的圭田截积歌：

圭田截积小头知，倍积原长以乘之.
原阔归除为实积，开方便见截长宜.
仍以截长乘原阔，原长为法以除之.
除来便见截阔数，法明简易不须疑.

用我国古代传统的"出入相补，以盈补虚"数学原理补正如下：

如上页图易知

$$S_{\square AR}=S_{\square AM}, S_{\square AS}=S_{\square AN}$$

所以
$$S_{\square AR}+S_{\square AS}=S_{\square AM}+S_{\square AN}$$

即
$$S_{\square RK}=S_{\square MH}$$

$$BC\cdot AG=EF\cdot AD$$

所以
$$EF=\frac{BC\cdot AG}{AD}$$

又由三角形面积求积公式：$EF=\frac{2S_{\triangle AEF}}{AG}$. 所以

$$AG=\sqrt{\frac{2S_{\triangle AEF}\cdot AD}{BC}} \tag{2}$$

古人法简而明，实在妙！

圭田自底边截积，亦可用传统的"出入相补，以盈补虚"法证明，请读者自己试试看！

2. **注释**：相期：相约定的时间. 南广：等腰三角形的南底边. 高强：能力很高很强. 莫得：不要. 谦让：谦虚地不肯担任，不肯接受或不肯占先. 休忘：不要忘记.

译文:今有等腰三角形田地一块. 正长是 180 步,南广是 54 步,相约定商量卖给乙一部分,从南广(底)截卖 11 亩,另有 0.25 亩零数不要忘记,如果有人能算得截卖部分的高与广,就说明他的计算水平很高,请不要临时谦让.

解:在等腰$\triangle ABC$中,已知$AD=180$步,$BC=54$步,且$AD\perp BC$,$EF/\!/BC$,$S_{\text{梯}EBCF}=11.25$亩$=2\ 700$平方步.

求:EF和DG.

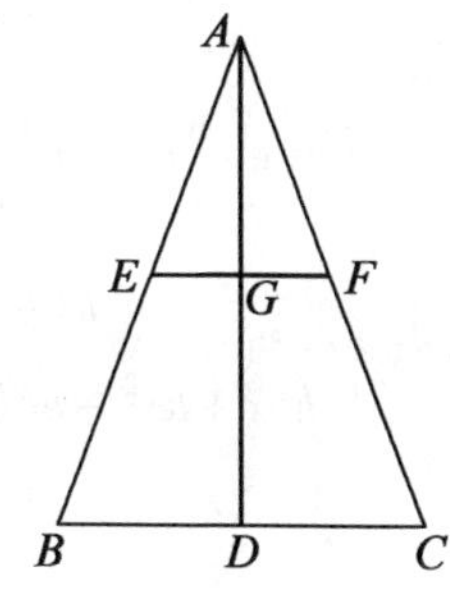

$$S_{\text{梯}EBCF}=\frac{1}{2}BC\cdot AD-\frac{1}{2}EF\cdot AG$$

$$=\frac{1}{2}BC\cdot AD-\frac{1}{2}EF\cdot\frac{EF\cdot AD}{BC}$$

$$=\frac{(BC^2-EF^2)\cdot AD}{2BC}$$

所以
$$EF^2=BC^2-\frac{2S_{\text{梯}EBCF}\cdot BC}{AD}$$

以下为吴敬原法:

$$EF=\sqrt{BC^2-\frac{2S_{\text{梯}EBCF}\cdot BC}{AD}}=\sqrt{54^2-\frac{2\times 2\ 700\times 54}{180}}=36(\text{步})$$

$$DG=\frac{S_{\text{梯}EBCF}}{\frac{BC+EF}{2}}=\frac{2\ 700}{45}=60(\text{步})$$

3. **简介**:梯田截积术首见于杨辉《田亩比类乘除捷法》所引刘益《议古根源》,详于王文素《算学宝鉴》(1524 年).

注解:梯田,形状为梯形的田地,古代多指等腰梯形. 梯长:梯形的高. 大平小平:梯形的底边,古代有时又称为"广"或"阔". 大平即梯形的大底边(下底),小平即梯形的小底边(上底). 无疑:不必怀疑. 从实:此处"实"指面积."从实"指实际截卖的面积. 端的:有两种含义:①果然、的确. ②究竟,多见于早期的白话文. 芳名:"芳"即香,"芳名"即美好的名称.

译文:今有等腰梯形田地一块,梯形田的正长是一百步,不必怀疑. 小底边是三十步,大底边是五十步,面积一共是四千平方步. 今从大底边截卖,面积是十一亩,如果有人能算得截面积的长和宽究竟是多少步,就到处传说您美好的芳名!

解:设原梯形的上底:$AD=a$,下底:$BC=b$,原高:$DG=h$,所截卖面积:$S_{\text{梯}EBCF}$. 截高:$HG=y$,截得梯形上底:$EF=x$,隐含条件:$EF/\!/BC$,$S_{\text{梯}EBCF}=\frac{1}{2}(b+x)y$,所以$y=\frac{2S_{\text{梯}EBCF}}{b+x}$. 而

$$\frac{b-a}{x-a}=\frac{h}{h-y}$$

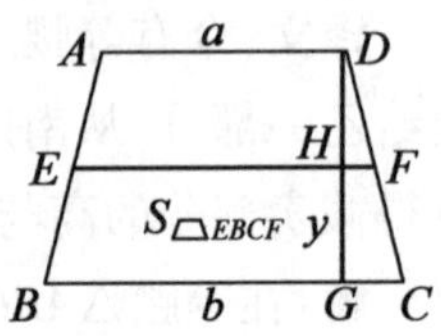

所以 $$\frac{b-a}{x-a}=\frac{h}{h-\frac{2S_{\triangle EBCF}}{b+x}}$$

$$h(x-a)=(b-a)(h-\frac{2S_{\triangle EBCF}}{b+x})$$

$$=\frac{(b-a)(hb+hx-2S_{\triangle EBCF})}{b+x}$$

$$h(b+x)(x-a)=(b-a)(hb+hx-2S_{\triangle EBCF})$$

$$hbx+hx^2-hab-ahx=hb^2+hbx-abh-ahx-2bS_{\triangle EBCF}+2aS_{\triangle EBCF}$$

$$hx^2=hb^2-2(b-a)S_{\triangle EBCF}$$

$$x^2=b^2-\frac{2(b-a)S_{\triangle EBCF}}{h}$$

$$x=\sqrt{b^2-\frac{2(b-a)S_{\triangle EBCF}}{h}}$$

吴敬原法为:通田积,倍之,以上下差乘之,得:240 平方步 ×11 ×2(50 - 30) =105 600 平方步,以梯长一百步除之,得:105 600 平方步 ÷100 =1 056 步,下底自乘得:50^2 =2 500 平方步,所以 $x=EF=\sqrt{2\,500-1\,056}=38$

$$GH=240\text{ 平方步}\times 11\div\frac{50\text{ 步}+38\text{ 步}}{2}=60\text{ 步}$$

王文素《算学宝鉴》(1524 年)卷 18“梯田截积”歌:

梯田截积倍来驱,二阔差乘长步除.
截小自乘并一处,截大自乘相减余.
俱用平方开截阔,所截何头阔并居.
折半法除截积步,截长步数不差虚.

程大位《算法统宗》卷七亦有一类似歌诀:

梯田截积细端详,倍积阔差乘最长.
却用原长为法则,归除乘数实之行.
若截大头田积步,大阔自乘减实当.
若截小头田积步,小阔自乘并实旁.
俱用开方为截阔,两广并来折半强.
折半数来为法则,法除截积便知长.

以上两首歌诀,相当于下面的四个梯田面积截积公式.

自小头截积：用我国古代传统的“出入相补，以盈补虚”数学原理补正如下：

由梯形求积公式得

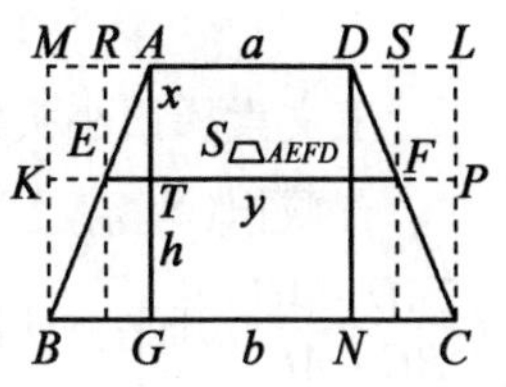

$$S_{\triangle AEFD}=\frac{1}{2}(AD+EF)\cdot AT$$

所以 $$AT=\frac{S_{\triangle AEFD}}{\frac{1}{2}(AD+EF)} \quad (1)$$

又因为 $$S_{\square KA}=S_{\square RG},S_{\square PD}=S_{\square SN}$$

所以 $$S_{\square KA}+S_{\square PD}=S_{\square RG}+S_{\square SN}$$

$$(BC-AD)AT=AG(EF-AD)$$

将(1)代入即得：$EF^2=\frac{BC-AD}{AG}\cdot\frac{2S_{\triangle AEFD}}{AD+EF}+AD^2$，所以

$$EF=\sqrt{\frac{2S_{\triangle AEFD}(BC-AD)}{AG}+AD^2} \quad (2)$$

王文素梯田大头截积先求阔术曰：

倍截积($2S_{\triangle EBCF}$)为实，以二阔差($BC-AD$)乘之，以长(AG)除之.另以大头阔(BC^2)自之，以少减多，余，开平方除之，得截阔(EF)，并入大阔(BC)折半，除截积得截长(TG)得

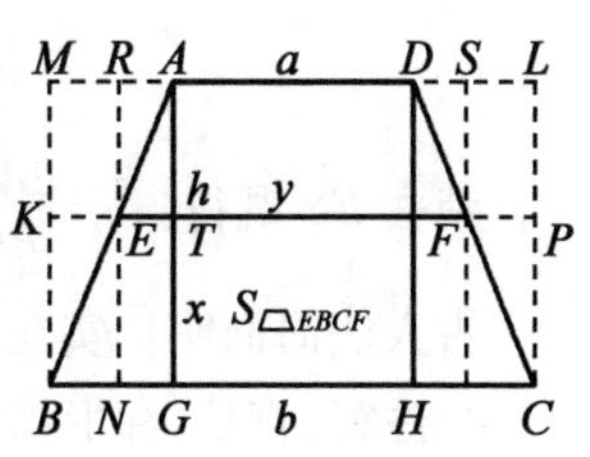

$$EF=\sqrt{BC^2-\frac{2S_{\triangle EBCF}(BC-AD)}{AG}} \quad (3)$$

$$TG=\frac{S_{\triangle EBCF}}{\frac{1}{2}(BC+EF)} \quad (4)$$

由梯形求积公式 $S=\frac{1}{2}(BC+EF)\cdot TG$，易得(4)：

$$TG=\frac{S_{\triangle EBCF}}{\frac{1}{2}(BC+EF)}$$

由 $S_{\square KG}=S_{\square BR},S_{\square PH}=S_{\square CS}$，所以

$$S_{\square KG}+S_{\square PH}=S_{\square BR}+S_{\square CS}$$

$$(BC-AD)TG=(BC-EF)AG$$

$$EF=BC-\frac{BC-AD}{AG}\cdot\frac{2S_{\triangle EBCF}}{BC+EF}$$

解得

$$EF=\sqrt{BC^2-\frac{2S_{\triangle EBCF}(BC-AD)}{AG}} \tag{3}$$

王文素梯田小头截积先求截长术曰：

置截积($S_{\triangle AEFD}$)为实，以小头阔(AD)为从方，倍长($2AG$)除二阔差为正隅($\frac{2AD\cdot AG}{BC-AD}$)开平方法除之，得截长($AT$)．乘正隅并入从方为截阔

$$EF=\frac{(2AD\cdot AG)AT}{BC-AD}+AD$$

此即一元二次方程

$$x^2+\frac{2AD\cdot AG}{BC-AD}x-\frac{2S_{\triangle AEFD}AG}{BC-AD}=0 \tag{5}$$

由梯形公式：$EF=\frac{BC-AD}{AG}\cdot AT$．求 EF 上面是由消去 TG，现在由下面两式

$$\begin{cases}EF=\frac{BC-AD}{AG}\cdot AT+AD\\ AT=\frac{2S_{\triangle AEFD}}{AD+EF}\end{cases}$$

消去 EF 既得：$x^2+\frac{2AD\cdot AG}{BC-AD}x-\frac{2S_{\triangle AEFD}\cdot AG}{BC-AD}=0$

古人法简而明！实在妙！

4. **注解**：直长：梯形田正长，即梯形的高．休疑：休要怀疑．小头：梯形上底．差池：亦作“差迟”，即“差错”．

译文：甲有梯田一块，正长是100步，休要怀疑．上底是30步，下底是50步．乙从上底截买5亩6分零16平方步．如果有人将截高(DH)和截阔(EF)算得无差错，他就敢在人们面前称“我会算”！

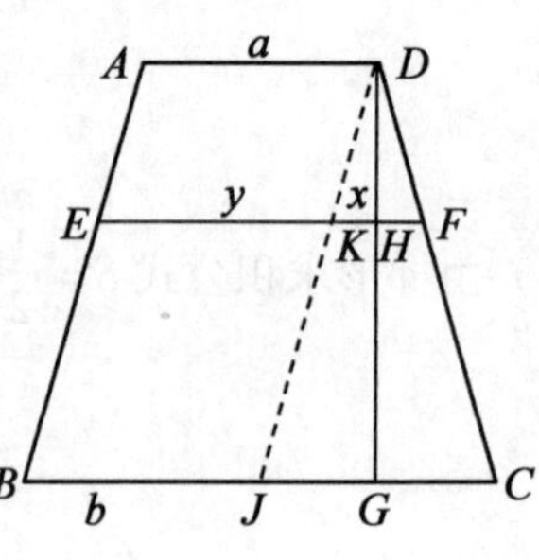

解：设原梯形上底为：$AD=a$，下底 $BC=b$，高 $DG=h$，所截梯形面积为 $S_{\triangle AEFD}$，截高 $DH=x$ 截得梯形下底为：$EF=y$，隐含条件为：$EF\parallel AD$．

先求长术

$$S_{\triangle AEFD}=\frac{1}{2}(a+y)x,\ y=\frac{2S_{\triangle AEFD}}{x}-a$$

$$2S_{\triangle AEFD}=(a+y)x$$

$$S_{\text{⏢}AEFD}=ah+\frac{b-a}{2}h$$

$$=\frac{1}{2}(b+y)(h-x)+\frac{1}{2}(a+y)x+\frac{1}{2}(a+b)h$$

$$=\frac{1}{2}(b+\frac{2S_{\text{⏢}AEFD}}{x}-a)(h-x)+S_{\text{⏢}AEFD}$$

$$=\frac{1}{2}(\frac{2S_{\text{⏢}AEFD}}{x}+b-a)(h-x)+S_{\text{⏢}AEFD}$$

$$=\frac{1}{2}\left[\frac{2S_{\text{⏢}AEFD}-h}{x}+(b-a)h-2S_{\text{⏢}AEFD}-(b-a)x\right]+S_{\text{⏢}AEFD}$$

$$(b+a)hx=2S_{\text{⏢}AEFD}h+(b-a)hx-2S_{\text{⏢}AEFD}x+(b-a)x^2+2S_{\text{⏢}AEFD}x$$

$$(b+a-b+a)hx=2S_{\text{⏢}AEFD}h-(b-a)x^2$$

所以
$$\frac{2S_{\text{⏢}AEFD}h}{b-a}=\frac{2ah}{b-a}x+x^2$$

即

$$x^2+\frac{2ah}{b-a}x=\frac{2S_{\text{⏢}AEFD}h}{b-a} \tag{1}$$

又
$$\frac{b-a}{y-a}=\frac{h}{x}$$

所以

$$y=\frac{x(b-a)}{h}+a \tag{2}$$

先求阔术

$$\frac{1}{2}(y+a)x=S_{\text{⏢}AEFD}$$

而$\frac{b-a}{y-a}=\frac{h}{x}$,所以

$$x=\frac{h(y-a)}{b-a}$$

$$(y+a)h(y-a)=2S_{\text{⏢}AEFD}(b-a)$$

即
$$h(y^2-a^2)=2S_{\text{⏢}AEFD}(b-a)$$

所以
$$y^2=\frac{2S_{\text{⏢}AEFD}(b-a)}{h}+a^2$$

$$y=\sqrt{\frac{2S_{\text{⏢}AEFD}(b-a)}{h}+a^2}$$

或过 D 作 $DJ/\!/AB$,交 EF 于 K,则

$$\triangle DKF \backsim \triangle DJC \Rightarrow \frac{DG}{DH} = \frac{JC}{KF}$$

又因为 $AD = EK = BJ$，所以 $\frac{DG}{DH} = \frac{BC - AD}{EF - AD}$，所以

$$DG(EF - AD) = DH(BC - AD)$$

两边各以 $(EF + AD)$ 乘之，得

$$\begin{aligned} DG(EF^2 - AD^2) &= DH(EF + AD)(BC - AD) \\ &= 2S_{\triangle AEFD}(BC - AD) \end{aligned}$$

$$DG \cdot EF^2 = DG \cdot AD^2 + 2S_{\triangle AEFD}(BC - AD)$$

所以

$$EF = \sqrt{AD^2 + \frac{2S_{\triangle AEFD}(BC - AD)}{DG}} \tag{3}$$

吴敬原法为：通截田积：240 平方步 ×5.6 亩 +16 平方步 =1 360 平方步.

倍之：乘长 100 步，以二底差除之

$$\frac{1\ 360 \text{ 平方步} \times 2 \times 100}{50 - 30} = 13\ 600 \text{ 平方步} \qquad \text{为实}$$

倍上底，乘长 100 步，以二底差除之

$$\frac{30 \text{ 步} \times 2 \times 100 \text{ 步}}{50 \text{ 步} - 30 \text{ 步}} = 300 \text{ 步} \qquad \text{为从方}$$

代入 (1) 为：$x^2 + 300x = 13\ 600$，$x = 40$ 步，$y = \frac{40 \text{ 步} \times (50 \text{ 步} - 30 \text{ 步})}{100 \text{ 步}} + 30 \text{ 步} = 38 \text{ 步}$

5. **注解**：无余：无有零余之数. 一半：指高的二分之一处，即高的中点. 相知：彼此相交而互相了解，感情深厚的朋友. 田积：指截卖田地的面积.

译文：今有梯形田地一块，正长是 30 步没有余零，数南广 18 步，北广 12 步，计面积是 450 平方步. 今自北头截起，在正长的中点处，截卖给相知的朋友. 问：截卖的面积是多少，截广该是多少.

解：由

$$\triangle DJC \backsim \triangle DKF \Rightarrow \frac{b - a}{h} = \frac{KF}{\frac{h}{2}}$$

所以

$$KF = \frac{(b - a)\frac{h}{2}}{h} = \frac{b - a}{h} \cdot \frac{h}{2}$$

以下为吴敬原法：

$$EF=\frac{b-a}{h}\cdot\frac{h}{2}+a$$
$$=\frac{18-12}{30}\cdot\frac{30}{2}+12$$
$$=15(步)$$

截卖田地的面积：$\frac{(12+15)\times15}{2}=202.5$(平方步).

6. **注解**：差争：差别，差数. 无剩：无剩余，无零数. 知闻：熟记，知熟. 答应：应声问答或允许同意.

译文：今有梯形田地一块，面积是14.1亩，南阔与北阔的差数，是28步无剩余，又丈量梯形田的正长比南阔多72步，问先生若知道梯形的正长及南北阔. 请算出得数在人们面前回答.

解：设梯形田上底(南阔)为x步，则下底(北阔)为$(x+28)$步，高为$(x+72)$步.

$$\frac{(x+x+28)(x+72)}{2}=14.1(亩)=3\ 384(平方步)$$
$$(x+28)(x+72)=6\ 768(平方步)$$

即南阔为：$x^2+86x-2\ 376=0$，$x=22$(步).

所以北阔为：$22+28=50$(步)，正长为：$22+72=94$(步).

吴敬原法为：通田一十四亩一分得三千三百八十四步为实. 半南比北阔得十四步为从方，以多南阔七十二步为减积，开平方法除之，得南阔二十二步. 列二位；一位加差争二十八步得北阔五十步，一位加多南阔七十二步得长九十四步，合问.

7. **注解**：通径，即圆田直径. 除河：即除去河流的面积，也就是河水占田的面积.

译文：今有一段圆田，不知面积是多少亩. 有一条直河从正中穿过，将圆田分为两段. 已知圆田直径为74步，河宽为24步，问除去河流以外，见在田面积是多少？水占田面积是多少？

解：此题吴敬先用《九章算术》求圆田面积公式，求得圆田面积：$\frac{74^2\times3}{4}=\frac{16\ 428}{4}=4\ 107$(平方步)，但求弦矢之法有误，王文素在《算学宝鉴》卷三十二中改正如下：

弧田矢为：$\frac{74-24}{2}=25$(步).

弦为：$\sqrt{(74-25)\times25\times4}=70$(步).

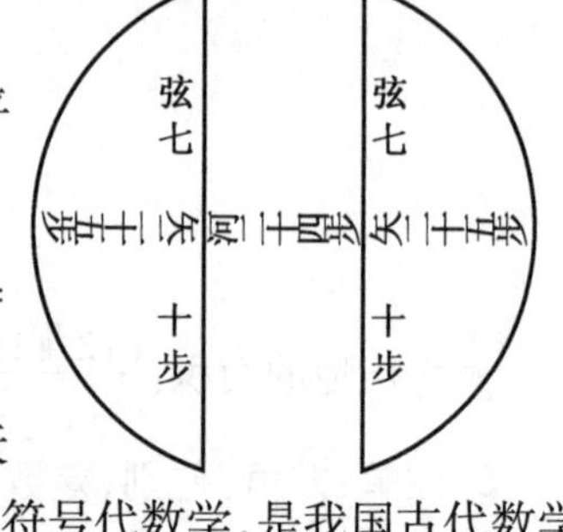

一段弧田面积为：$\dfrac{(70+25)25}{2}=1\ 187.5$(平方步).

见在田面积为：$1\ 187.5\times2=2\ 375$(平方步)$=9.895\ 8$(亩)，以减总圆田面积，余为水占田面积.

8. **简介**：天元如积，“天元”原误为“天源”. 天元术是一种具有我国古代数学传统特色的汉字化符号代数学，是我国古代数学的瑰宝. 大约在公元十二三世纪产生于河北、山西一带. 用天元术布列天元式的方法与现代数学中布列方程的方法几乎完全一样. 根据题目中已给的条件，设法列出表示同一数的天元式，叫“同数”或“如积”，详见本书“葭蒲水深”“盘容三球”“一气混元”等问题的细草. 吴敬在《九章算法比类大全》卷一第八问、第三十问，卷九第十一问、第十五问，四次提到天元术，但在实际计算题中却无应用，在引用朱世杰《四元玉鉴》“千秋索长”“葭蒲水深”“盘容三球”“一气混元”等问题时不知何故，删去了天元术的细草，这说明他不懂天元术.

注解：七分半数，即 0.75 亩. 方内圆池，即在正方形田内，中心有一圆形水池，明朝人称为“火塘田”.

译文：在正方形田内，有 13.75 是可以耕种的土地，一圆形的水池在方田的中央，十分稀奇. 不知圆池径步是多少，方田边至圆池边的数，每边是 20 步，不要怀疑. 若能算得外方边长和内圆池径，就得用天元术详细演算.

解：先通田积：$240\times13.75=3\ 300$(平方步).

①设方内圆池径为 x 步，则方边长为$(x+20+20)$步，故

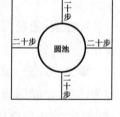

$$(x+20+20)^2-\pi\left(\frac{x}{2}\right)^2=3\ 300$$

$$x^2+320x-6\ 800=0$$

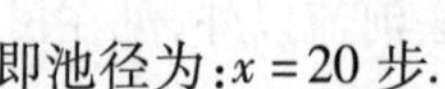

即池径为：$x=20$ 步.

所以外方边长为：$x+40=60$(步).

②设外方边长为 x 步，则内方圆池径为：$(x-20-20)$步，所以由《九章算术》圆田术得

$$x^2-\frac{3(x-40)^2}{4}=3\ 300$$

$$x^2+240x-18\ 000=0$$

外环边长为 $x=60$(步).

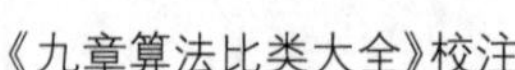

所以:内方圆池径为:60 - 40 = 20(步).

此题吴敬的解法是错误的,详见"方内圆池"(一)王文素注解.

9. **简介**:此题与李冶(1192—1279)《益古演段》(1259 年)卷下第49 问内容一致:

今有方田一段,内有小方池结角占之,外计地一万八百步. 只云:从外田楞至内池角各一十八步. 问内外方各多少步?

李冶用天元术解此题:设 x 为内方池面,则身外加四为内池方对角线:$1.4x$,外方面积为$(1.4x + 2 \times 18)^2$.

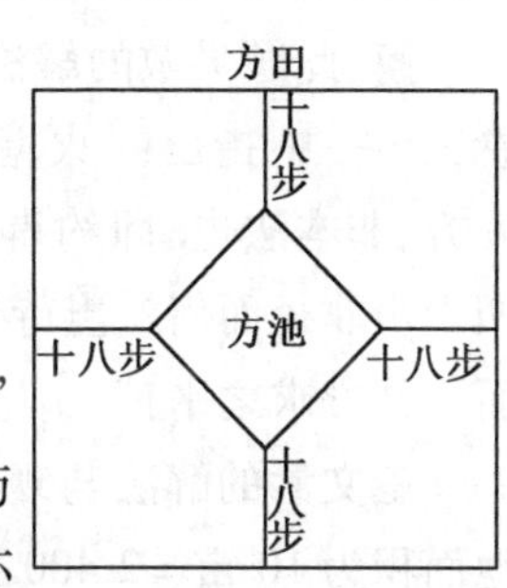

所以$(1.4x + 2 \times 18)^2 - x^2 = 10\ 800$.

化简得:$0.96x^2 + 100.8x - 9\ 504 = 0$.

解之:内方池边长为:$x = 60$(步).

所以:外方田边长为:$1.4 \times 60 + 18 \times 2 = 120$(步).

注解:至角十:原文不清,今依法曰"以四面方一十"句补. 结角:方角、直角. 语出刘徽《九章算术注》"相与结角曰弦"句. 角,隅也. 结角池,即正方形水池. 彷徨:亦作"仿皇""傍徨",即徘徊,游移不定. 语出曹丕(182—226)《杂诗》"展转不能寐,披衣起彷徨".

译文:今有正方形田一块,内有方形水池占据中央,由池角走到方边,距离是10 步,丈量能耕种的土地面积是:8 亩3 分8 平方步,要把外方边长及内方池边长算得明白,得慢慢徘徊一晌午的时间.

解:吴敬的解法:"池角试步至方边,四面方至角十"是指 $A'E$ 一段距离,也就是 AD 与 $A'D'$的距离. 设 $A'B' = x$,则 $AB = x + 10 + 10$,所以$(x + 10 + 10)^2 - x^2 = 240 \times 8.3 + 8 = 2\ 000$(平方步),$40x = 1\ 600$,$x = 40$ 步,$AB = 40 + 20 = 60$(步),这只是一种特殊情况,不尽合理.

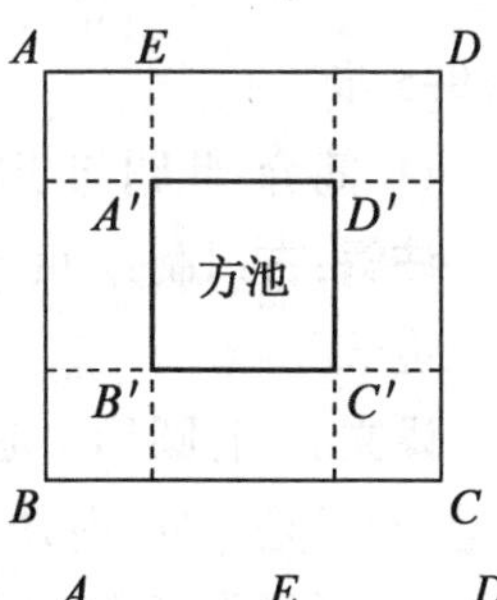

如果将"池角试步至方边,四面方至角上"理解成左图中的 $A'E$,则设内方水池对角线长为:$A'C' = x$(步),所以

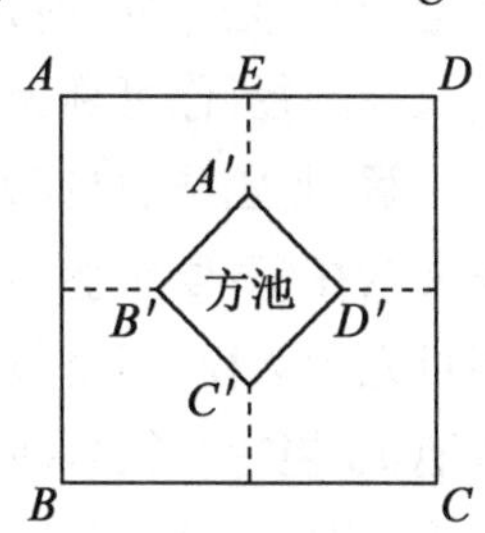

$$(x + 10 + 10)^2 - \frac{x^2}{2} = 2\ 000$$

$$x^2 + 80x - 3\ 200 = 0, x = 29.28\text{(步)}$$

外方边长:$29.28 + 20 = 49.28$(步).

内方池边长：$\sqrt{2(\frac{29.28}{2})^2}=\sqrt{428.6592}=20.70$(步)或$\sqrt{\frac{29.28^2}{2}}=20.70$(步).

10. **简介**:此题与李冶《益古演段》卷上第一问意同,这题是:今有方田一段,内有圆池水占之,外计地一十三亩七分半,并不计内圆外方,只云:从外田楞至内池楞四边各二十步.问内圆(径)、外方各几何?

译文:今有正方形田地一块,在中间有个圆形水池.用步测量一下可耕种的土地,恰好是十亩整,方面至圆池边的距离每边是10步,如果能算得外方边长及内池径,就到处传扬你的美名.

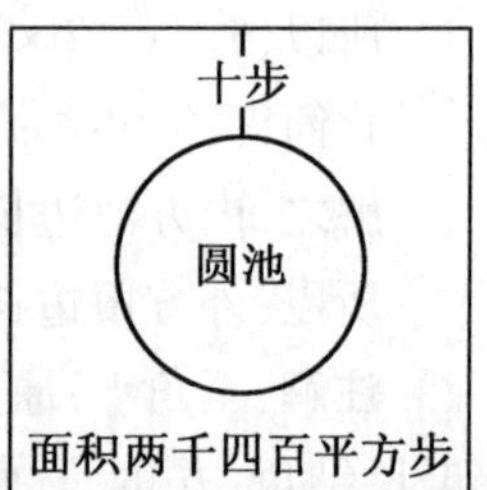

解:此题吴敬的解法是错误的,王文素在《算学宝鉴》卷三十一中指出:"火塘田(即'方内容圆')求圆径先约外方,非本法也.即约得外方六十步,减去两边二十步余四十步非径而何?岂待外方自乘内减田(积)余用四因三而一开方求之乎!"

王文素的解法与现代解法基本相同.已知内方可耕地面积为10亩=2400平方步,方边至内圆池边的距离为10步,设内圆池径为x步,则外方边长为:$(x+10+10)$步,所以:$(x+10+10)^2-\pi(\frac{x}{2})^2=2400$平方步,取$\pi=3$,化简得:

$x^2+160x-8000=0$,$x=40$(步),外方边长为60步.

又取:$\pi=\frac{22}{7}$,化简得:$3x^2+560x-28000=0$,$x=40.995$(步),外方边长为60.995步.

11. **简介**:此题与李冶《益古演段》卷上第11题意同.

注解:古田制:1亩=10分=240平方步,所以3分=72平方步.内方:指内方池边长.

译文:今有圆形田地一块,在中间有一个正方形的水池.测量一下可耕种的土地,恰好是三分.内方水池面至圆周的距离,每边是3步.若能算得内方水池边长及圆径,你可称为"算中第一人"!

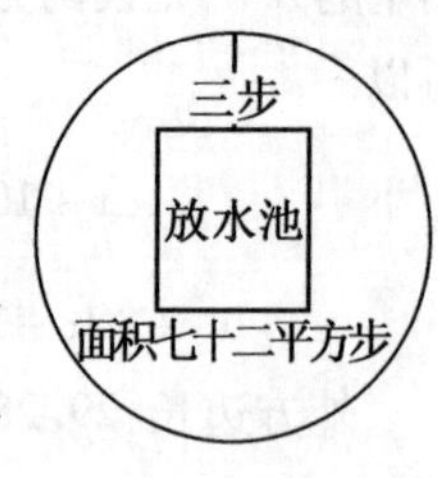

解:此题虽引自《九章算法比类大全》,但其解法错误.王文素在《算学宝鉴》卷三十二中指出:"夫钱田积求内方,不可先约圆径.即得圆径十二步,每边各减三步,余六步即方池也.岂待圆径自乘,三之四而一,内减田积,余用平方开之乎!况又是周三径一之数,亦差矣!"王文素的解法与现

代解法基本相同.

已知古钱形面积为:$24\times3=72$(平方步),内方水池边至圆周的距离为3步.

设内方边长为x(步),则圆径为:$x+3+3=x+6$步,内方水池面积为x^2(平方步).

所以$\pi(\frac{x+6}{2})^2-x^2=72$,即$\pi(x+6)^2-4x^2=72\times4$.

取$\pi=3$得:$x^2-36x+180=0$,$x=6$(步),所以圆径为12步.

取$\pi=\frac{22}{7}$,得:$3x^2-132x+612=0$,$x=5.27$(步),圆径为11.27步.

12. **注解**:此系"勾股容方"问题."方种芝麻斜种黍"是指$S_{\square CDEF}$田种芝麻,$S_{\triangle EBD}$和$S_{\triangle AEF}$田种黍."股差"即$AF=90$(步),"勾差"即$BD=10$(步).

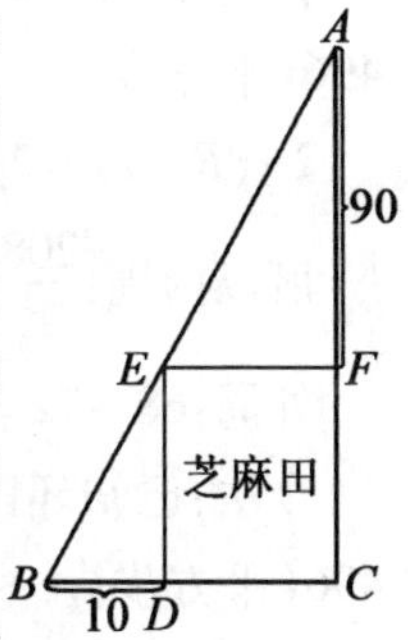

译文:有一块勾股田,面积为10亩整,在此田中,方形田种芝麻,斜形(直角三角形)田种黍.股差为90步,勾差为10步.请问贤家用何法,算得有多少亩黍田,多少亩芝麻田?如果算得二田无差错,那么你就是很有才干的"算中举人"!

解:王文素在《算学宝鉴》卷二十九中指出:"此即勾股容方之法.(《九章算法比类大全》)答数虽是,用法有差."他的解法是:"题内即云方差股九十步,即容方之外余股(AF)也;方差勾十步,即容方之外余勾(BD)也.以余股余勾相乘得九百步,即勾股内所容之方田积,乃种芝麻之田,以减总田,余为种黍之田也."此即

$$\left.\begin{array}{l}\mathrm{Rt}\triangle AEF\backsim\mathrm{Rt}\triangle EBD\Rightarrow\dfrac{EF}{AF}=\dfrac{BD}{ED}\\ EF=ED\end{array}\right\}\Rightarrow EF^2=AF\cdot BD$$

$$=900(\text{平方步})$$

$$=3.75(\text{亩})$$

黍田:$10-3.75=6.25$(亩).

13. **简介**:环形田求积问题,首见于《九章算术》方田章环田术.《九章算术》把环形的内外周及环径分别看作梯形的上下底及高,用求梯形面积的公式求得环形面积.方法简捷独特.术曰"并中外周而半之,以径乘之为积步".此题后被程大位《算法统宗》卷十三引录.

注解:"余"即"我".久:表示时间很长.虑,即思考,考虑."余久虑"意为"我考虑了很久".分明:清楚或明白,显然.三事:此处指环形田内周、外周和环

径,有时也称“三般”. 玄机:道家称深奥玄妙的道理. 思慕:思念羡慕. 凤栖梧:词牌名,即蝶恋花,本名“鹊踏枝”,又名“一箩金”,又调六十字,仄韵.

译文:有一块环形田地,我考虑了很久,众人虽说得明明白白,亦有谁人能知晓,因为:忘记了内外二周及环径,人们只知道内周不及外周“七十有余单二步”,环田面积是五亩二分,如果有人能算出内周、外周及环径. 解答得清楚明白,他的深奥玄妙的计算方法会使人们很思念羡慕.

解:吴敬原法为:中国古代 1 亩 =10 分 =240 平方步,已知环田面积为:

$\pi(R^2-r^2)=5$ 亩 2 分 =1 248(平方步),内外圆周差为:$2\pi(R-r)=72$(步).

取 $\pi=3$,得 $R-r=12$ 步.

因为 $\pi(R^2-r^2)=1\ 248$(平方步),所以 $2\pi(R+r)(R-r)=1\ 248\times2=2\ 496$(平方步).

$2\pi(R+r)=2\ 496\div12=208$(步),为内外周之和步.

所以内周:$\dfrac{208-72}{2}=68$(步).

外周:$68+72=140$(步).

今法:已知环田面积为:$5.2\times240=1\ 248$(平方步),倍之得:$1\ 248\times2=2\ 496$(平方步).

环径:$72\div6=12$(步),$2\ 496\div12=208$(平方步).

内周:$\dfrac{208-72}{2}=68$(步).

外周:$68+72=140$(步).

14. **译文**:长十六步,阔十五步. 面积不多不少恰好是一亩地. 地内有八个白埋墓,还有一条十字路. 每个墓,圆周是六步:十字路,路宽是一步. 每亩地价银是二两五分. 除了墓,除了路. 问公还剩多少土地,该银多少?

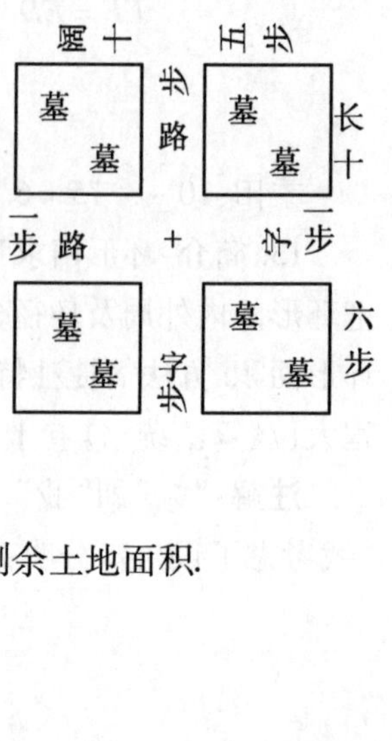

解:吴敬原法为:总面积:16 步 ×15 步 =240 平方步.

十字路占地面积:1×15 步 $+1\times16$ 步 $-1^2=30$ 平方步.

墓占地面积:$8\times\dfrac{6^2}{12}=24$(平方步).

除了墓和路还剩地面积:240 平方步 −30 平方步 −24 平方步 =186 平方步 =0.775 亩.

银数:2.5 两 ×0.775 =1.937 5 两.

15. **简介**:此题与“路与古墓”属同一类型,都是求剩余土地面积.

注解:我国古代一步等于五尺,我国古代一般将长度的“步”和面积的“步”统称为“步”,要视题意而区别“步”或“平方步”.

译文:有一块正方形的田地,田内有3口井、5个池子、12株树和1个房屋,圆井周长是3步,方池边长是6步.树周围是7尺5寸.屋方边长为:2步,有小路自四角穿过,路宽2步,除去路、井、池、树、屋.问:剩余多少田地.

解:吴敬原法为:通团积为:$240\times 9.6=2\ 304$(平方步).

方田边长为:$\sqrt{2\ 304}=48$(步).

用方五斜七法求得路长为①:$48\div 5\times 7\times 2=134.4$(步).

四角穿:路占地:$134.4\times 2-2\times 2=264.8$(平方步).

三井占地:$3\times\dfrac{3^2}{12}=2.25$(平方步).

五池占地:$5\times 6^2=180$(平方步).

十二树占地:7.5尺=1.5步　$12\times\dfrac{1.5^2}{12}=2.25$(平方步).

房屋占地:$2\times 2=4$(平方步).

剩余田地为:

9.6亩-(264.8平方步+2.25平方步+180平方步+4平方步+2.25平方步)

=9.6亩-453.3平方步

=9.6亩-1.888 75亩

=7.711 25亩

16. **注解**:幽微:深奥微妙,多用于哲理,语出《后汉书·崔骃传》:“穷颐于幽微,测潜隐之无源.”三般:指环形田内外周和环径.贤家:指有才德的人,对人的尊称.差池:差错.

译文:有一块环形田,不知环径,二周相并最微妙.是一百六十步不差错,环田面积是一亩,无零积.只要贤家仔细推算,究竟用何法计算环田的内、外周和环径是多少步?

解:吴敬原法为:由《九章算术》方田章环田术“并中外周而半之,以环径乘

---

① 用方五斜七法求得正方形对角线为:$48\div 5\times 7=67.2$.

现代用勾股定理求得正方形对角线为:$\sqrt{48^2+48^2}\approx 67.882$.

之为积步". 可以先求得环径为:$240\div\frac{160}{2}=3$(步).

内周:$\frac{160}{2}-3\times3=71$(步).

外周:$160-71=89$(步).

今法:因为

$$\pi(R^2-r^2)=240(\text{平方步})$$
$$2\pi(R+r)=160(\text{步})$$

所以

$$\frac{\pi(R^2-r^2)}{2\pi(R+r)}=\frac{R-r}{2}=\frac{240}{160}$$

故

$$R-r=\frac{2\times240}{160}=3(\text{步})$$
$$R=r+3$$
$$2\pi(R+r)=2\pi(r+3+r)=2\pi(2r+3)=160$$
$$\pi(2r+3)=80$$

取 $\pi=3$,则 $2\pi r+3\times3=80$.

内周:$2\pi r=80-9=71$(步),外周 $160-71=89$(步).

17. **简介**:这是一个介绍矩形面积的问题.

注解:我国古代田亩制:1 顷 =100 亩,1 亩 =10 分,1 分 =10 厘,1 厘 =10 毫,1 毫 =10 丝,1 丝 =10 忽,1 忽 =10 微. 又 1 亩 =240 平方步 =6 000 平方尺,或 1 亩 =4 角,1 角 =60 平方步.

译文:有一块矩形田地,长是 384 000 步,的确无差误. 阔是 0. 000 625 步. 不知共有多少田亩.

解:吴敬原法为

$$384\ 000\times0.\ 000\ 625=240(\text{平方步})=1(\text{亩})$$

18. **注解**:无零字:无零数. 约之:原误为:"约分",今改. 为除以之意. 平步恰当三分之二:平即矩形的宽、阔. 整句之意为:"长减二步之后,平是长的$\frac{2}{3}$."

译文:有一矩形田,面积是一亩. 无零数. 不知长阔如何计算,只知长减去二步. 除以阔,此时阔与长之比为$\frac{2}{3}$. 问长、阔各多少步?

解:①设长为 x 步,则阔为$\frac{2(x-2)}{3}$步,所以

$$x \cdot \frac{2(x-2)}{3}=240$$

$$x^2-2x-360=0$$

解之:长为:$x=20$(步),阔为:$\frac{2(20-2)}{3}=12$(步)$\left(\frac{12}{20-2}=\frac{2}{3}\right)$

②设长为 x(步),阔为 y(步),则

$$\begin{cases} xy=240 & (1) \\ \frac{y}{x-2}=\frac{2}{3} & (2) \end{cases}$$

由(1)得:$y=\frac{240}{x}$. (3)

(3)代入(2)得:$\frac{\frac{240}{x}}{x-2}=\frac{2}{3}$,$2x^2-4x=720$,$x^2-2x-360=0$,$x=20$(步),$y=12$(步),吴敬原法说:"通田一亩得二百四十步,以长减二十,余该长三分,平二分. 长一十八步加二步共二十步. 以除总步得阔一十二步,乃三分之二,合问."这种说法是错误的.

19. **译文**:有一矩形田,面积是一亩无零数. 不知长阔如何计算,只知长添二步除以阔,则阔就是长的八分之二. 问长阔各多少步?

解:①设长为 x 步,则阔为$\frac{2(x+2)}{8}$步,所以:$x \cdot \frac{2(x+2)}{8}=240$,$x^2-2x-960=0$.

解之:长为:$x=30$(步).

阔为:$\frac{2(30+2)}{8}=8$(步)$\left(\frac{8}{30+2}=\frac{2}{8}\right)$.

②设长为 x(步),阔为 y(步),以题意得

$$\begin{cases} xy=240 & (1) \\ \frac{y}{x+2}=\frac{2}{8} & (2) \end{cases}$$

由(1)得 $y=\frac{240}{x}$. (3)

(3)代入(2)得

$$\frac{\frac{240}{x}}{x+2}=\frac{2}{8}$$

$$2(x+2)=8 \cdot \frac{240}{x}$$

$$2x+4=\frac{1\ 920}{x}$$

$$2x^2+4x=1\ 920$$

$$x^2+2x-960=0$$

$$x=30(\text{步})$$

所以 $y=8$(步).

吴敬原法说:"通田一亩得二百四十步. 以长添二步得长八分,阔三分,约之得田长三十步,添二步共三十二步,以八约得四步,乃二因得阔八步,合问."此种说法使人不易理解. 于理不通.

20. **注解**:隅:本意为"角落",即直角.《诗·邶风·静女》:"静女其姝,俟我于城隅."数学书中语出刘徽《九章算术注》:"角,隅也."两隅:即相对的直角.

译文:今有一矩形田,不知亩数,只知 $AC=13$ 步,$AD-AB=7$ 步,请问您:此田有多少亩?

解:①设长 $AD=x$ 步,则阔 $AB=(x-7)$(步),所以

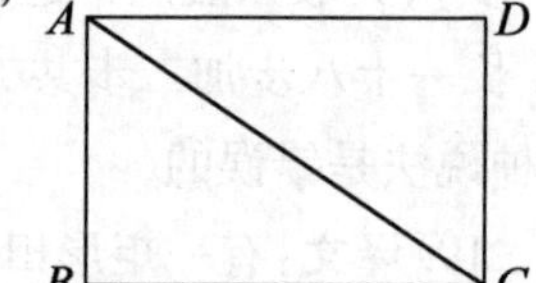

$$x^2+(x-7)^2=13^2$$

$$x^2-7x-60=0$$

解之:长:$AD=12$ 步,阔:$AB=5$(步).

$$AD\cdot AB=12\times5=60(\text{平方步})=0.25(\text{亩})$$

②设长 $AD=x$ 步,阔 $AB=y$ 步,依题意得

$$\begin{cases}x^2+y^2=13^2 & (1)\\ x-y=7 & (2)\end{cases}$$

由(2)得

$$x=7+y \qquad (3)$$

(3)代入(1)得

$$(7+y)^2+y^2=13^2$$

$$y^2+7y-60=0$$

因为 $y=5$(步),$x=12$(步).

$$xy=12\times5=60(\text{平方步})=0.25(\text{亩})$$

吴敬原法为 $13^2-7^2=120$(步),折半,亩法而一,得 $\frac{120\text{步}}{2}\div240=0.25$ 亩.

21. **译文**:今有一矩形田,不知亩数,只知长阔之和为十七步,平不及长二十五尺,请问此田有多少亩数.

解:此题吴敬的解法是错误的. 原法曰:"置相和一十七步,减不及五步,余十二步,以阔五步相乘,合问."正确的解法为

$$AD-AB=25(\text{尺})=5(\text{步}),AD+AB=17(\text{步})$$

所以

$$AD=\frac{(AD+AB)+(AD-AB)}{2}=\frac{17+5}{2}=11(\text{步})$$

$$AB=\frac{(AD+AB)-(AD-AB)}{2}=\frac{17-5}{2}=6(\text{步})$$

$$AD\times AB=11\times 6=66(\text{平方步})=0.275(\text{亩})$$

22. **注解**:相去:相距.

译文:今有矩形田,面积是一亩,如果长减去一步,阔减去七步,两对角线相距十七步,问原长阔究竟是多少步?

解:吴敬《九章算法比类大全》原法为:$\sqrt{17^2-(1+7)^2}=15$(步).

长为:$15+1=16$(步).

阔为:240 平方步 ÷ 16 步 = 15 步.

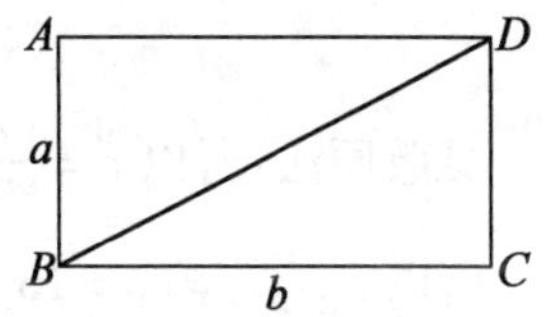

今法:已知:$ab=240$ 平方步,若长为 $b-1$ 步,阔为 $a-7$ 步,$BD=17$ 步.

由勾股定理得

$$\begin{cases}(a-7)^2+(b-1)^2=17^2 & (1)\\ ab=240 & (2)\end{cases}$$

由(1)(2)得

$$a^2+b^2-14a-2b=239 \quad (3)$$

$$a=\frac{240}{b} \quad (4)$$

(4)代入(3)得

$$b^4-2b^3-239b^2-3\,360b+57\,600=0$$

解之:$b=16$(步).

所以 $a=\frac{240}{16}=15$(步).

23. **注解**:三事:指长阔及索长. 得备知:"备"是具备,具有之意. 得备知:意为如何求得.

译文:矩形面积为 25.35 亩,用绳索丈量. 长为九索,阔为四索. 问长阔及索长各多少?

解:吴敬原法为:设索长为 x 步,则长为 $9x$ 索,阔为 $4x$ 索,故

$$9x\times 4x=25.35(\text{亩})=6\,084(\text{平方步})$$

即 $36x^2=6\,084$(平方步),$x^2=169$(平方步).

索长为：$x = 13$(步).

长为：$13 \times 9 = 117$(步).

阔为：$13 \times 4 = 52$(步).

24. **注解**：打量：丈量. 斜：矩形的对角线.

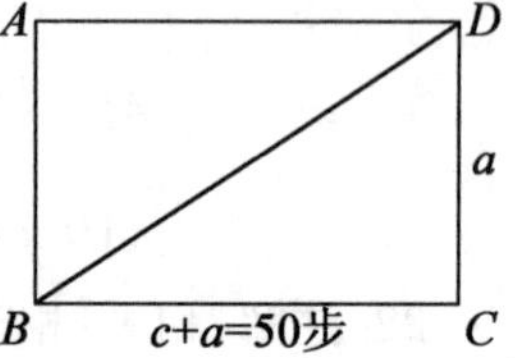

译文：昨日丈量田地回来，记得田长是 30 步整. 广与斜相加是 50 步，不知田亩数是几亩几分几厘.

解：由勾股定理，可知

$$a^2 - c^2 = -b^2, (a+c)(a-c) = -b^2$$

两边同加 $(a+c)^2$ 得

$$(a+c)(c-d) + (a+c)^2 = (a+c)^2 - b^2$$

$$(a+c)[(a-c)+(a+c)] = (a+c)^2 - b^2$$

$$2a(a+c) = (a+c)^2 - b^2$$

吴敬原法：所以 $a = \frac{(a+c)^2 - b^2}{2(a+c)} = \frac{50^2 - 30^2}{2 \times 50} = 16$(步).

所以 $S_{\square ABCD} = ab = 16 \times 30 = 480$(平方步) $= 2$(亩).

这种解法比较繁索，需熟记公式，所以 $a = \frac{(a+c)^2 - b^2}{2(a+c)}$.

其实可由：$b = 30, c = 50 - a$，得

$$(50-a)^2 - b^2 = a^2$$

$$(50-a)^2 - 30^2 = a^2$$

$$a = 16 \text{ 步}$$

故 $S_{\square ABCD} = ab = 16 \times 30 = 480$(平方步) $= 2$(亩).

25. 此题引自朱世杰《四元玉鉴》朱世杰题原文是：

今有直田一亩足，正向中间生竿竹.

四角至竹各一三，借问四事元数目.

与本卷比类第 13 题内容相近.

此题是据《孙子算经》卷中第十四题改编，这题原文是：今有方田，桑生中央，从角至桑一百四十七步. 问为田几何？朱世杰用天元术给出四种解法. 此题后被吴敬《九章算法比类大全》引录. 将“竹”改为“黍”.

注解：四事：指矩形长、阔、长阔和、长阔差.

译文：今有矩形田面积是一亩足数，在正中心生长一根竹子，四角至竹各 13 步. 请问此矩形田长、阔、长阔和、长阔差各多少？

解：设朱世杰的解法相当于 ⅰ 至 ⅳ.

ⅰ. 设股长 $AD = x$，则 $AD^2 = x^2$ 为股幂，$(13+13)^2 = 676$ 为弦幂，由勾股定

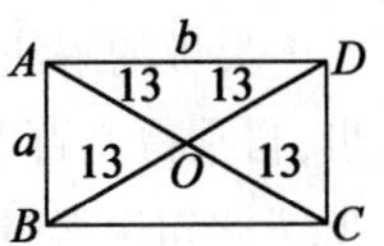

理,得勾幂为:$676-x^2$.

则$(676-x^2)x^2=240^2$.

即 $x^4-676x^2+57\ 600=0, x=24$.

又设股长 $AD=x$,则勾阔为:$AB=\frac{240}{x}$.

由勾股定理得:$BD^2=AD^2+AB^2$.

即 $26^2=x^2+(\frac{240}{x})^2$.

亦得 $x^4-676x^2+57\ 600=0, x=24$.

ⅱ. 同法设勾阔 $AB=x$,则 $AD=\frac{240}{x}$.

亦可得:$-x^4+676x^2-57\ 600=0, x=10$.

ⅲ. 设 $x=a+b$,则 $x^2-c^2=2ab$.

即 $x^2-(13+13)^2=2\times 240$.

$x^2=1\ 156, x=34$,即 $a+b=34$.

ⅳ. 又设 $y=b-a$,则 $c^2-y^2=2ab$,即

$$(13+13)^2-y^2=2\times 24$$

$$676-y^2=480$$

$$y^2=196$$

$$y=14, b-a=14$$

因为

$$b=\frac{(a+b)+(b-a)}{2}=\frac{34+14}{2}=24(\text{步})$$

$$a=\frac{(a+b)-(b-a)}{2}=\frac{34-14}{2}=10(\text{步})$$

ⅴ. 今法:设长为 $AD=x$(步),则阔为 $AB=\frac{240}{x}$(步),所以

$$x^2+(\frac{240}{x})^2=(13+13)^2$$

$$x^2+\frac{57\ 600}{x^2}=676$$

$$x^4+57\ 600=676x^2$$

$$x^4-676x^2+57\ 600=0$$

$$x_1=24, x_2=10$$

即:长为 24 步,阔为 10 步.

吴敬的解法相当于朱世杰的第一种解法，他说："倍四隅十三步得二十六步，自乘得六百七十六步（$(2\times 13)^2=676$ 步），以长平自乘约之，得长二十四步."此句说得过于简略，使人不易理解."长平自乘"当为：$x^2(676-x^2)$，恰为 240^2，即 $(676-x^2)x^2=240^2$，$x^4-676x^2+57\ 600=0$，解此方程：$x=24$ 步.

26. **译文**：今有一块矩形田的面积乘以长，等于一千八百平方步. 无零数，已知对角线为 17 步，问如何求得阔长步数.

解：吴敬《九章算法比类大全》的解法是利用勾股数组：$8^2+15^2=17^2$ 来确定长为 15 步，阔为 8 步，是不合理的.

今法：①设长为 x 步，阔为 y 步，依题意，则

$$\begin{cases}(xy)x=1\ 800 & (1)\\ x^2+y^2=17^2 & (2)\end{cases}$$

由(1)得 $x^2=\dfrac{1\ 800}{y}$.

代入(2)得：$\dfrac{1\ 800}{y}+y^2=17^2$.

所以 $y^3-289y+1\ 800=0$，解之：$y=8$（步），$x=15$（步）.

②设长为 x 步，则阔为 $\sqrt{17^2-x^2}$，所以

$$x^2\sqrt{17^2-x^2}=1\ 800\text{（平方步）}$$

所以

$$x^4(17^2-x^2)=3\ 240\ 000$$

解之，长为：$x=15$（步），阔为：$\sqrt{17^2-15^2}=8$（步）.

27. **简介**：此题与《九章算术》勾股章第十二题内容相同. 这题是：

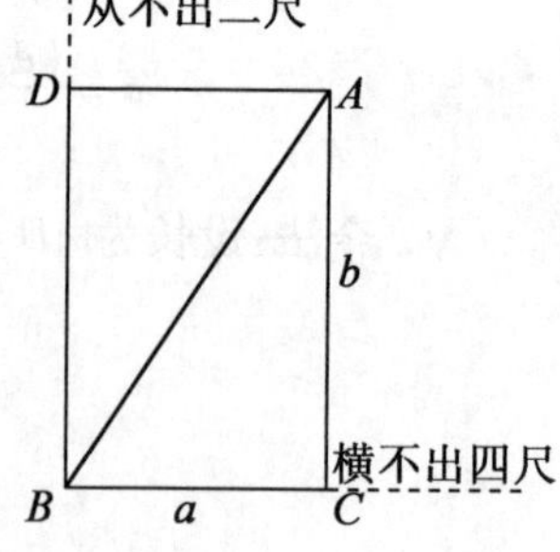

今有户不知高广，竿不知长短，横之不出四尺，从（纵）之不出二尺，邪之适出. 问户高、广、邪各几何.

译文：有一块矩形田，不知亩数，也不知长阔.

只知：$c-a=50$ 步，$c-b=9$ 步，求长、阔、斜各多少步.

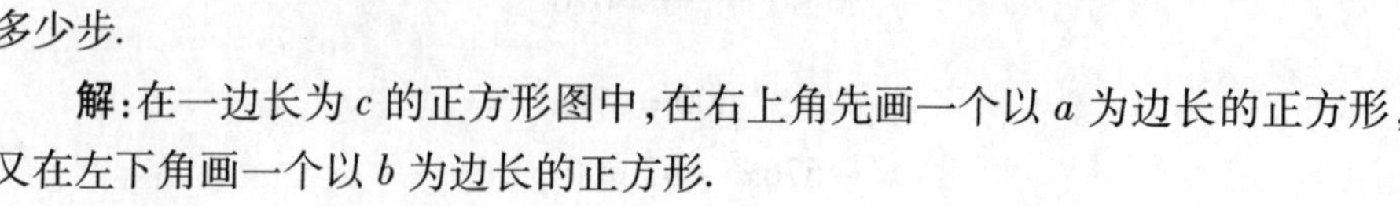

解：在一边长为 c 的正方形图中，在右上角先画一个以 a 为边长的正方形，又在左下角画一个以 b 为边长的正方形.

如图：

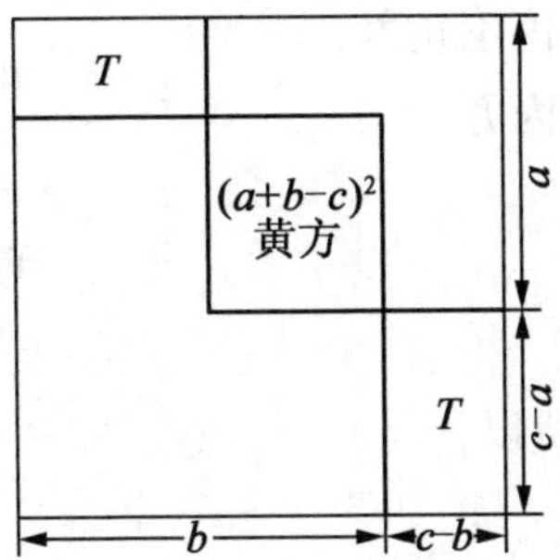

图中左上角右下角两个长方形的边长分别是 $c-a$ 和 $c-b$. 因为

$$a^2+b^2-S=c^2-2T$$

所以

$$S=2T$$

$$2(c-a)(c-b)=(a+b-c)^2$$

故

$$a=\sqrt{2(c-a)(c-b)}+(c-b)$$

$$b=\sqrt{2(c-a)(c-b)}+(c-a)$$

$$c=\sqrt{2(c-a)(c-b)}+(c-a)+(c-b)$$

代入得

$$a=\sqrt{2\times 50\times 9}+9=39(\text{步})$$

$$b=\sqrt{2\times 50\times 9}+50=80(\text{步})$$

$$c=\sqrt{2\times 50\times 9}+9+50=89(\text{步})$$

上述公式的证明,详见卷九诗词“门厅高广”题. 此题吴敬的解法是错误的. 他的解法是:“并二减乘共五十九步,约之,加三十得斜八十九步,自之得七千九百二十一步于上. 以斜内减九步得长八十步,自乘得六千四百步. 又斜内减五十步,得阔三十九步,自乘得一千五百二十一步,并得斜自乘,同,合问.”

28. **简介**:此谓“勾股积与弦和和求诸数”,公式为

$$C=\frac{\frac{1}{2}\left[(a+b+c)^2-4\times\frac{1}{2}ab\right]}{a+b+c}$$

此公式清朝数学家梅文鼎(1633—1721)在《勾股举隅》一书中给出证明:

$$\text{甲乙方}=(a+b+c)^2$$

$$\text{甲丁方}=\text{丁丙方}=c^2$$

$$\text{丁乙方}=(a+b)^2$$

$$\begin{aligned}&\text{壬乙长方}+\text{丙戊长方}\\&=\text{丁乙方}-\text{丁丙方}\\&=(a+b)^2-c^2\\&=4\times\frac{1}{2}ab\end{aligned}$$

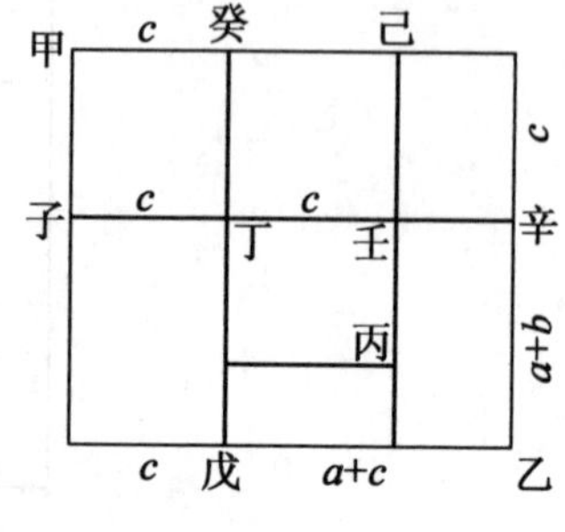

因:己辛长方=丙戊长方,所以,

$$\text{己乙长方}=4\times\frac{1}{2}ab$$

又因:甲戊长方=己戊长方,故

$$\text{甲乙方}-\text{己乙长方}=2\times\text{甲戊长方}$$

$$(a+b+c)^2-4\times\frac{1}{2}ab=2c(a+b+c)$$

所以

$$C=\frac{\frac{1}{2}\left[(a+b+c)^2-4\times\frac{1}{2}ab\right]}{a+b+c}$$

顺便指出1986年上海教育出版社出版沈康身《中算导论》一书中索引《勾股举隅》一书,书中的图经核对是错误的.

注解:三事:指勾、股、弦.相并:相加.全:整数.

译文:有一块5.6亩勾股形的田地,不知勾、股,也不知弦.只记得勾、股、弦之和为224步整.求勾、股、弦.

解:通田积5.6亩=1 344平方步代入公式得

$$C=\frac{\frac{1}{2}\left[(a+b+c)^2-4\times\frac{1}{2}ab\right]}{a+b+c}=\frac{\frac{1}{2}\times244^2-4\times\frac{1}{2}\times1\ 344}{244}=100(\text{步})$$

$$\begin{cases}a+b=224-100=124\\a\times b=1\ 344\times2=2\ 688\end{cases}$$

解之:$a=28$(步),$b=96$(步).

吴敬的解法是错误的,他说:"通田五亩六分,得一千三百四十四步,以勾股约之,得勾二十八步……"于理不通.

29. **注解**:较:指长与阔之差.相和:长与阔之和.三事:指长、阔、较.

译文:今有直田一块,用长阔之差除之,得一百二十步,无余数:长阔之和为一百步.问:长、阔、较各多少步?

解:吴敬《九章算法比类大全》原法为:置较除120步减长阔和100步.余20步,为、较.

$$阔:\frac{100-20}{2}=40(步)$$

$$长:40+20=60(步)$$

今法,设直田阔为 a 步,长为 b 步,则

$$\begin{cases}\dfrac{ab}{b-a}=120 & (1)\\ a+b=100 & (2)\end{cases}$$

解之

$$b=60(步)$$

$$a=40(步)$$

$$b-a=60-40=20(步)$$

吴敬原法是:"置较除一百二十步减长、阔相和一百,余二十为较,以减相和一百,余八十,折半得四十步为阔. 加较二十得六十步为长. "

按此"较除",似指长阔和长与长阔较之和,这与"直田用较除"即$\frac{ab}{b-a}$,意义不同.

30. **简介**:此题与吴敬《九章算法比类大全》卷九诗词第二十六问,内容相近. 这题是:

圆周五尺瓦盆口,口中恰着一方斗.

斗角四处紧依盆,借问斗面君知否?

是已知圆周而求内接正方形边长,吴敬用的是"方五斜七法"求得圆内接正方形边长.

此题是已知圆田内除去内接方池剩余面积而求圆内接正方形边长.

注解:内着:内接. 方池面:方池边长. 元:原误为"源",今改. 推:原误为"堆"今改.

译文:在圆形田地内有一内接方池,除去方池,还剩有七分二十平方步可耕种的土地. 欲求内方池边长,就得用天元术推算.

解:设圆径为 x(步),则

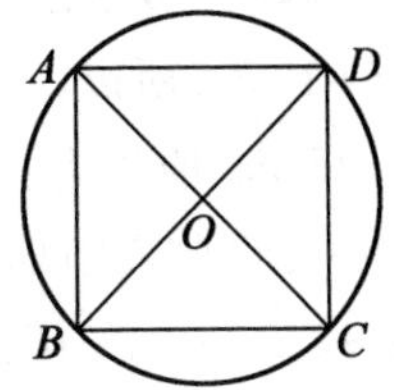

$$\frac{3x^2}{4}-\frac{2x^2}{4}=240\times0.7+20=188(平方步)$$

$$x^2=752(平方步)$$

$$x=27.42(步)$$

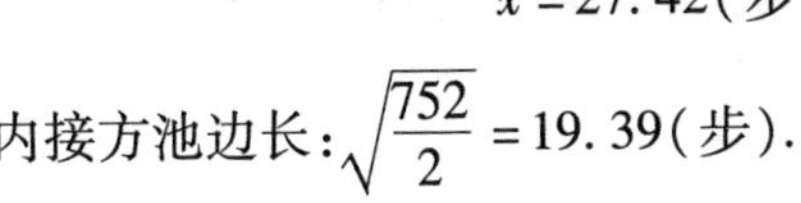

内接方池边长:$\sqrt{\frac{752}{2}}=19.39$(步).

此题吴敬的解法是错误的,他说:"通田七分加零二十步共一百八十八步,以约减方池,得径二十八步……"于理不通.

31. **注解**:平:阔. 侵:此处可理解为"分开".

译文:有一矩形田,面积是 12.5 亩,中间有一圆池,将其分成两半. 已知三阔比长多十五步. 问长、阔及圆径各多少步.

解:由图易知,圆池的直径与矩形阔相等,设矩形阔为 x(步),则长为

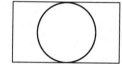

$$(3x-15)(步)$$

故 $x(3x-15)-\frac{3x^2}{4}=12.5\times240=3\ 000$(平方步),即

$$3x^2-20x-4\ 000=0$$

解此方程,阔为 $x=40$(步),所以长为:$40\times3-15=105$(步). 圆径与阔相等,亦为 40(步).

吴敬原法为:通田,一十二亩半得三千步($240\times12.5=3\ 000$)以"中有圆池侵两半"约之,得阔四十步. 以三因得一百二十步($40\times3=120$)减多长一十五步余得长一百五步($120-15=105$),以阔四十乘之得四千二百步($105\times40=4\ 200$)以减田积三千步,余一千二百步($4\ 200-3\ 000=1\ 200$)以四因三而一得一千六百步($1\ 200\times4\div3=1\ 600$)以开平方法除之得圆径四十步($\sqrt{1\ 600}=40$).

这里如何"约之"得阔四十步说得不详细,又圆池径与长方形阔相等,所以得阔四十步,即圆径四十步. 又为何再"三因"?……

32. **注解**:画字:签字. 长阔各差一步:此句系双关语,指原矩形长阔和剜卖矩形长阔各差一步.

译文:有一矩形田,面积是一亩,无零数. 长阔相差一步,想要卖给他人. 由于四邻不肯签字画押,所以只好在中间剜卖三分,长阔也相差一步,但要求四面的距离与原矩形相等.

解:吴敬原法为:设原矩形田阔为 x 步,则长为:$(x+1)$ 步. 所以:$x(x+1)=240$ 平方步,所以原阔为:$x=15$ 步. 原长为:$15+1=16$(步).

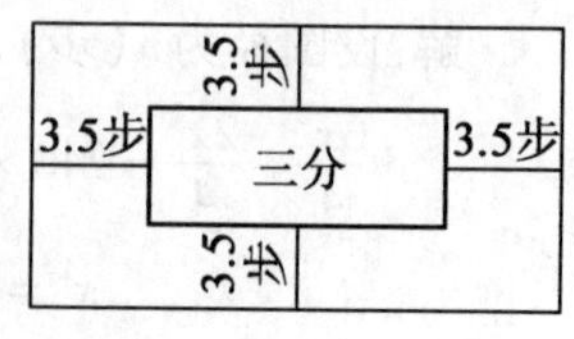

又设剜卖矩形田阔为 y 步,则长为 $(y+1)$ 步,所以 $y\times(y+1)=0.3\times240=72$(平方步). 阔为 $y=8$ 步,长为:$8+1=9$(步).

分别减原长、原阔

$$15-8=7(步)$$

$$16-9=7(\text{步})$$

折半各得 3.5 步.

33. **注解**:适当:适当相等.

译文:今有方形田和圆形田各一块,共积九点四五亩,方形边长与圆形直径相等.究竟如何求得方形田边长与圆形田直径.

解:吴敬原法为:设方形田边长与圆形田直径分别为 x 步,则

$$x^2+\frac{3x^2}{4}=9.45\times240\text{ 平方步}=2\ 268(\text{平方步})$$

$$4x^2+3x^2=2\ 268\times4=9\ 072$$

即:

$$7x^2=9\ 072$$

$$x^2=1\ 296$$

$$x=36(\text{步})$$

即方形田边长与圆形田直径各为 36 步.

34. **简介**:“四不等田”首见于《五曹算经》,但解法错误.杨辉在《田亩比类乘除捷法》卷上指出:“四围四面不等者,必有斜步,然斜步岂可做整步相并?今以一寸代十步为图,以证四不等田不可用东西相并,南北相并,各折半相乘之法.”

译文:有一块四边长不等的田地,东边长二十五步,西边长三十二步,南阔十七步数明显.北阔只有八步,请依图改正不多丈量.

解:吴敬说:“此图考较立法,当作勾股田两段,直一段算之.皆得其当,以见前图截处之差,使学者易晓,此理也,田遇有歪斜之田,仿此截做勾股田、梯田、直田算,宜此为法,审其当截处而截之,庶无误矣.”

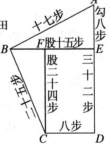

今以图截作三段算:

直田:$8\times24=192$(平方步).

勾股田:$\frac{24\times7}{2}=84$(平方步).

勾股田:$\frac{15\times8}{2}=60$(平方步).

总面积:$192+84+60=336$(平方步)$=1.4$(亩).

35. **注解**:中周:即环形内周.零多:即多出来的零数.

译文:今有环形田,面积是 2 亩零 55 平方步,环径比内周少 87 步,比外周少 117 步.求环田内外周及环径各多少步?

解:设环径为 x 步,则内周为($x+87$)步,外周为($x+117$)步. 依《九章算术》环田术公式得

$$\frac{[(x+87)+(x+117)]x}{2}=240\times 2+55=535(\text{平方步})$$

$$(102+x)x=535$$

$$x^2+102x-535=0$$

所以环径为:$x=5$(步),内周:$5+87=92$(步),外周:$5+117=122$(步).

36. **简介**:眉田,因其形状像眼眉,故称"眉田",又称"月牙田". 元贾亨《算法全能集》卷下法曰:"并上下周折半,以中径折半乘之为积,亩法除之."明朝数学家王文素在《算学宝鉴》卷八中指出:"其术亦未为当. 宜从两角尖取直为弦,上周至弦为矢,补借弧田,总算得数. 另将虚借弧田求之,以减总数,余即眉田之积. 如此似免甚差."

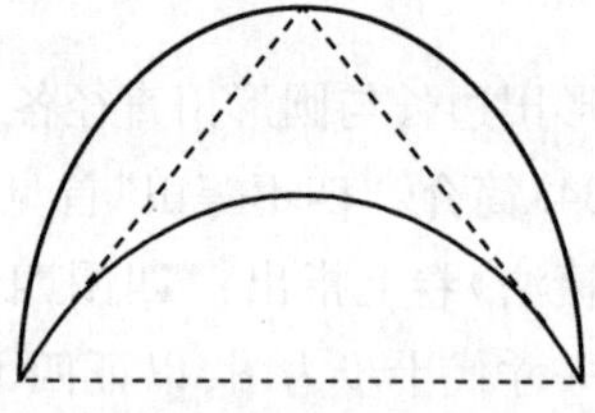

即先从两尖取之为弧形,再减去虚借弧形,余即为眉田面积. 程大位在《算法统宗》中指出,"借下弧而做圭(形),并左右减下弧."意即眉形面积,相当于图中虚线等腰三角形面积,加眉形左右两个弓形面积,再减去下边一个弧形面积. 此法不如王文素法简捷.

译文:今有眉形田,面积 1 亩 89 平方步,眉田径不及上周三十五步,不及下周三十一步,求上下周及眉田径各多少步?

解:吴敬《九章算法比类大全》原法为:设 x 为眉田径,则上周为($x+35$)步,下周:($x+31$)步,所以

$$\frac{(x+35)+(x+31)}{2}\cdot\frac{x}{2}=1\text{ 亩 }89\text{ 平方步}=329(\text{平方步})$$

$$(x+33)x=329\times 2=658(\text{平方步})$$

$$x^2+33x-658=0,\qquad x=14(\text{步})$$

所以眉田上周为:$14+35=49$(步),眉田下周为:$14+31=45$(步).

37. **注解**:梯田长:梯形田高. 小头、大头:即梯形上、下底边. 隐含条件 $EF /\!/ DG$.

译文:今有梯形田,正长一百步,小头 15 步,大头 27 步. 从一旁截卖 192 平

方步. 求截长(EF)和截阔(FC).

解:易知

$$\frac{h}{BC-AD}=\frac{y}{x} \qquad (1)$$

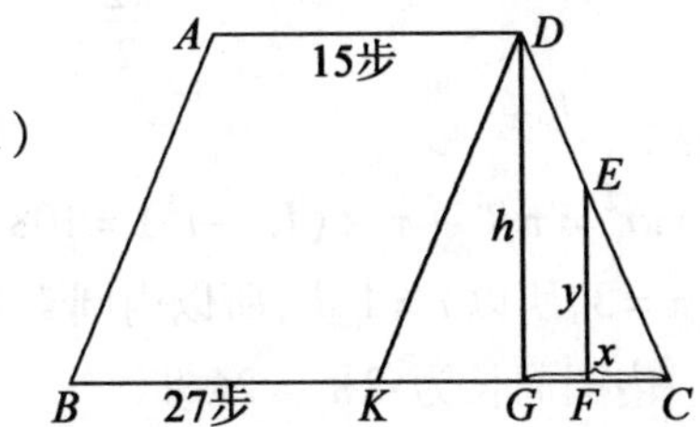

两边乘 xy 得

$$\frac{hxy}{BC-AD}=y^2$$

即

$$\frac{4S_{\triangle EFC}\cdot h}{BC-AD}=y^2$$

$$\frac{2S_{\triangle EFC}\cdot h}{\frac{BC-AD}{2}}=y^2$$

$$y^2=\frac{2\times192\times100}{6}=6\,400(\text{平方步})$$

截长为:$y=80$(步). $80\times6\div100=4.8$(步),为截阔,合问.

又将(1)两边乘以 x^2 得

$$\frac{hx^2}{BC-AD}=xy=4S_{\triangle EFC}$$

所以

$$x^2=\frac{4S_{\triangle EFC}(BC-AD)}{h}$$

$$x=\sqrt{\frac{4S_{\triangle EFC}(BC-AD)}{h}}$$

$$=\sqrt{\frac{4\times192\times(27-15)}{100}}$$

$$=9.6(\text{步})$$

所以 $EC=4.8$(步).

38. **译文**:圆形田面积为108平方步,外圆周36步,圆径18步,从外周截卖一环形田,面积60平方步,求内圆周及圆径各应实有多少步.

解:吴敬《九章算法比类大全》原法为

$$\text{内圆半径}:r=\sqrt{\frac{(108-60)\times2\times\frac{12}{2}}{36}}=4(\text{步})$$

$$\text{内圆径为}:4\times2=8(\text{步})$$

内圆周为:$\frac{4\times 36}{\frac{12}{2}}=24$(步)

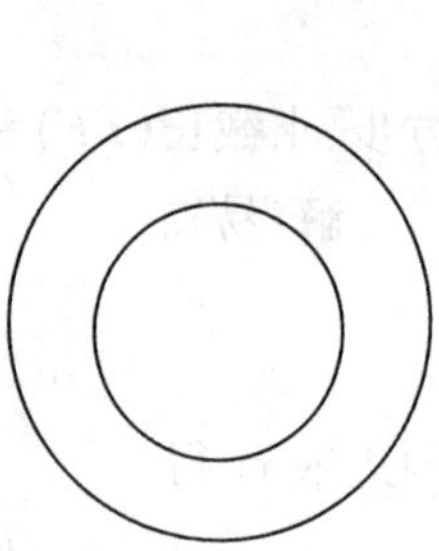

今法:

$$\pi r^2=\pi R^2-\pi\times(R^2-r^2)=108-60=48\text{(平方步)}$$

取 $\pi=3$,所以 $r=4$ 步,所以内圆直径为 8 步.

内圆周长为:$2\pi r=24$ 步.

39. **译文**:今有等腰三角形田一块,面积是 126 平方步,底阔不及正长(高)实际是九步,请问底阔正长各是多少步?

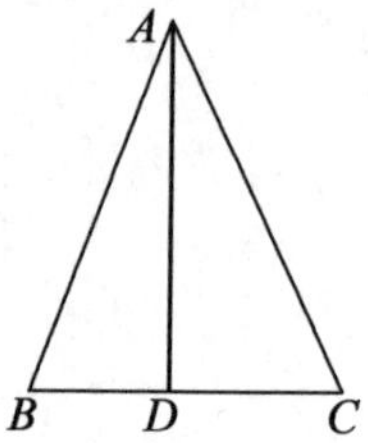

解:吴敬原法为:设底阔 BC 为 x 步,则正长 h 为$(x+9)$步,故

$$x\times(x+9)=126\times 2=252\text{(平方步)}$$

$$x^2+9x-252=0$$

$$x=12\text{(步)}$$

正长 h 为 $12+9=21$(步).

40. **简介**:"弧田术"首见于《九章算术》. 公式为:$S=\frac{1}{2}(C-V)V$. 其中 C 是弧田的弦,V 是矢. 刘徽说:"此术不验."指出:在周三径一的前提下. 此"指验半圆之觚耳,若不满半圆者,益复疏阔". 他依《九章算术》勾股锯圆材之术,通过逐次割圆弧,提出了计算弧田密率的新方法,贡献极大. 但在具体应用计算田亩面积时,却不实用.《张丘健算经》《五曹算经》以及宋元明的一些算书,仍用《九章算术》古法. 明王文素《算学宝鉴》卷八,第六十一条是"弧田论积". 对弧田术进行了详细论述,在没有看到刘徽注的情况下,指出"是合(《九章算术》)圆田术周三径一之数"对弧田术的评价与刘徽不堪而合. 他认为,弧田面积"需看周湾陡慢,弧矢短长,随题消长,而无定则法". 他通过图形比较提出新的近似计算公式为:$S=kcv$(其中 k 是弧田系数,由 cv 比较决定). 详见《算学宝鉴校注》98 页"弧田论积"条(科学出版社 2008 年).

注解:弧形:今之弓形.

译文:弓形田一块,面积是 1 亩零 97.5 平方步,矢不及弦 15 步. 弦、矢各长怎样计算.

解:吴敬《九章算法比类大全》原法为

$$x^2+15x-\frac{(240+97.5)\times 4}{3}=0$$

即

$$x^2+15x-450=0$$

解之：矢为：$x=15$ 步，弦为：$15+15=30$（步）.

设弓形矢为 x 步，则弦长为：$(x+15)$ 步，依《九章算术》弧田术为公式，得

$$[(x+15)x]x=(240+97.5)\times 2=675（平方步）$$

$$2x^2+15x-675=0$$

解之：矢为：$x=15$ 步，弦为：$15+15=30$（步）.

41. **简介**：杨辉《田亩比类乘除捷法》（1275 年）卷上首次提出“梭田”. 云去“台州黄岩县围量田图，有梭田样，即二圭相并，今立小题，验之”.

注解：梭田：即今之菱形田.

译文：菱形田面积是 1 224 平方步，BD 不及 AC 32 步. 问：BD，AC 各多少步.

解：设菱形 BD 为 x 步，则 AC 为 $(x+32)$ 步，故

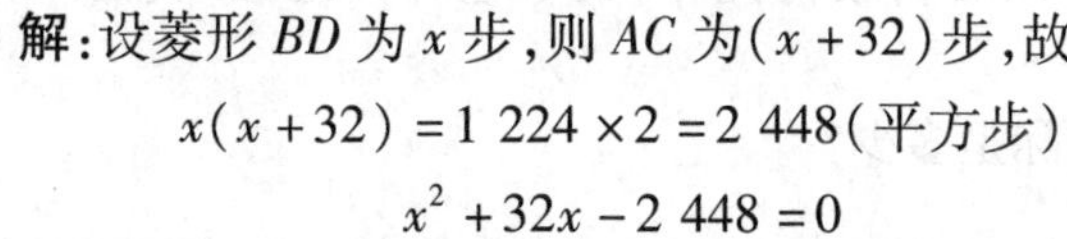

$$x(x+32)=1\ 224\times 2=2\ 448（平方步）$$

$$x^2+32x-2\ 448=0$$

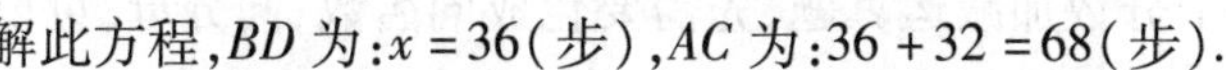

解此方程，BD 为：$x=36$（步），AC 为：$36+32=68$（步）.

42. **解**：覆月田：即弧田，相当于半圆形.

译文：今有弓形田一块，面积为 216 平方步，径矢不及弦阔 12 步. 问弦阔径矢各多少步？

解：吴敬《九章算法比类大全》原法为：$x^2+12x-\frac{216\times 4}{3}=0$，即：$x^2+12x-288=0$.

解之：径矢为：$x=12$ 步，弧阔为：$12+12=24$（步）.

又设弓形径矢为 x 步，则弦阔为 $(x+12)$ 步，依《九章算术》弧田术公式，得

$$[x+(x+12)]x=216\times 2=432$$

$$x^2+6x-216=0$$

解之：径矢为：$x=12$ 步，弦阔为：$12+12=24$（步）.

43. **注解**：箭筈：箭尾. 杨辉《田亩比类乘除捷法》（1275 年）卷上载有：“台州量田图”有箭筈田，其形如图所示.

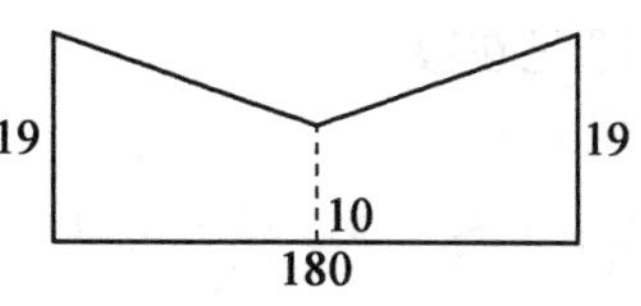

杨辉说：“原此田势，乃是半梯田两段，上阔相连. 术曰：倍中长，并两长，折半，以半阔乘之.”据此可知箭筈田即有一公共小底的两个全等的直角梯形所构成的图形.

译文:有箭筈田一块,东西各长 19 步,北阔 180 步,中长 10 步,今从西边截卖 893.75 平方步.问截长阔各多少步.

解:吴敬原法为

$$893.75\times 4=3\ 575(\text{平方步}) \qquad \text{为实}$$

$$19+19-2\times 10=18(\text{步}) \qquad \text{为法}$$

以法乘实:$3\ 575\times 18=64\ 350$(平方步),以半北阔除之:$64\ 350\div\frac{180}{2}=715$,又以东西共长自乘:$(19+19)^2=1\ 444$,$\sqrt{1\ 444-715}=\sqrt{729}=27$(步),折半得截长为:$27\div 2=13.5$(步),截阔为:$\frac{893.75}{13.5+19}=27.5$(步).

44. **注解**:1 斤 = 16 两 = 384 铢.支过:支出.

译文:原共有银 $8\frac{5}{11}$斤.以后新收得九斤,又零七分两之四.支出 4 斤零 $5\frac{2}{3}$铢.问剩余的见在银子实际是多少?

解:此题实际上是一个分数加减运算题,先需要化成同名数、同分母,可以提高同学们的计算能力.吴敬原法为:

原有银

$$8\frac{5}{11}=\frac{(8\times 11+5)\times 384}{11}=\frac{35\ 712}{11}(\text{铢})$$

新收银

$$9\text{斤零}\frac{4}{7}\text{两}=\frac{(9\times 16\times 7+4)\times 24}{7}=\frac{24\ 288}{7}(\text{铢})$$

$$\frac{35\ 712}{11}+\frac{24\ 288}{7}=\frac{11\times 24\ 288+7\times 35\ 712}{11\times 7}=\frac{267\ 168+249\ 984}{11\times 7}=\frac{517\ 152}{11\times 7}(\text{铢})$$

支出银

$$4\text{斤零}5\frac{2}{3}\text{铢}=\frac{(4\times 384+5)\times 3+2}{3}=\frac{4\ 625}{3}(\text{铢})$$

剩余见在银

$$\frac{517\ 152}{11\times 7}-\frac{4\ 625}{3}$$

$$=\frac{517\ 152\times 3-4\ 625\times 11\times 7}{11\times 7\times 3}$$

$$=\frac{1\ 551\ 456-356\ 125}{231}$$

$$=\frac{1\ 195\ 331}{231}$$

$$=5\ 174\frac{137}{231}(\text{铢})$$

$$=13\text{ 斤 }7\text{ 两 }14\frac{137}{231}\text{铢}$$

45. **注解**:圆、径:此处"圆"指环形内外周."径"指环径.

译文:环形面积是一亩,无零数,忘了内外圆周及环径,记得丈量时说,中心水池面积是八分.

解:由《九章算术》圆田术得

$$\frac{3D^2}{4}=8\text{ 分}=192(\text{平方步})$$

所以中心圆池径为

$$\sqrt{\frac{192\times4}{3}}=16(\text{步})$$

环田内周为

$$\pi D=3\times16=48(\text{步})$$

环田外周为

$$\frac{48\times2\times3}{4}=72(\text{步})$$

环径为

$$\frac{240}{\frac{48+72}{2}}=4(\text{步})$$

46. **注解**:短:即矩形的阔. 长阔争一半:阔是长的一半.

译文:矩形田面积是 7.5 亩,忘记了长和阔,记得立契时,阔是长的一半,今问英俊的明公,此法如何算得长和阔?

解:吴敬原法为:此矩形由长为阔的二倍,正好是两个正方形合成,设阔为 x 步,则长为 $2x$ 步,故

$$2x\cdot x=7.5\text{ 亩}=1\ 800(\text{平方步})$$

$$x^2=900(\text{平方步})$$

解之:阔为 $x=30$ 步,倍之,得 60 步为长.

47. 一亩 =240 平方步 =15 步 ×16 步.

此题应先设长或阔的步数,吴敬先设阔为 15.36 步,以阔除积一亩 =240 平方步,得长

$$240 \div 15.36 = 15.625(\text{步})$$

此题题设条件不十分明确，吴敬是根据题设条件，先设阔以求长，如果“不及”和“有余”在15~16之间，逐步增多，减少，则此题当有多组答案，我国古代竹简《算数书》中，有一题为：“田一亩，方几何步？”曰：方十五步卅一分步十五，术曰：方十五步，不足十五步；方十六步，有余十六步，曰：并盈、不足以为法，不足子乘盈母，盈子乘不足母，并以为实，复之，如“启广”之术.

①此处吴敬用“1 里 =360 步”的进率.

②此处“广”指等腰三角形的底边,“纵”指等腰三角形的高.

③此处应用了我国古代传统的以盈补虚术.

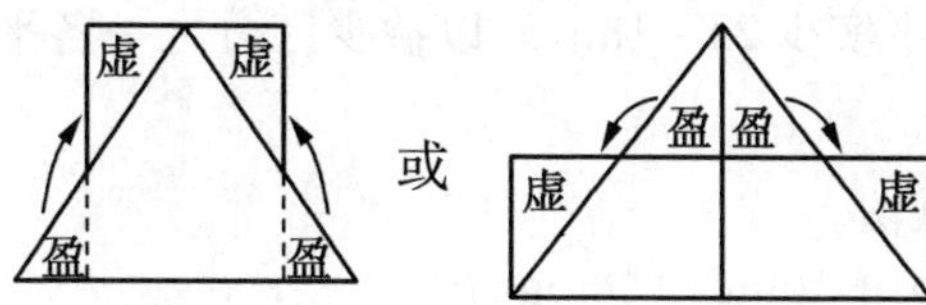

④斜田:直角梯形田,南广、北广,纵:分别指此梯形的上、下底和高.

⑤正广:指此梯形的高,畔:指此梯形的上、下底.

⑥箕田:指等腰梯形田,舌广、踵广、正纵分别指此梯形田的上、下广和高.

⑦得一,余六十三分之五十:《九章算术》原文为:“得一、六十三分之五十”,无“余”字即 $1\frac{50}{63}$,吴敬此处用“余”字代替现在的“又”字.

⑧课分:李淳风(602—670)等谨按,分各异名,理不齐一,校其相多之数,故曰“课分也”. 李籍《九章算术音义》:“校也,欲知其相多,分各异名,理不齐一,校其相多之数,故曰‘课分’. ”吴敬云:“二分比并多寡”即比较几个分数值的大小,但把《九章算术》中的两个“减分”问题,合并于“课分”,错!

⑨此题及下题原为《九章算术》中“减分”题.

⑩平分:李淳风按:诸分参差,欲令齐等,减彼之多,增此之少,故曰“平均分”李籍《九章算术音义》云:“平分者,欲减多增少,而至于均,诸分参差,欲令齐等,减彼之多,增此之少,故曰‘平分’,即求几个已知分数的平均值. ”

⑪此法简述如下:

已知分数:$\frac{1}{2}=\frac{12}{24},\frac{2}{3}=\frac{16}{24},\frac{3}{4}=\frac{18}{24}$

列置分母子　二分　三分　四分　于右

　　　　　　之一　之二　之三　于左

母互乘子,副并为平实:

$$\left.\begin{array}{l}1\times3\times4=12\\2\times2\times4=16\\3\times2\times3=18\end{array}\right\}=46\quad\text{为平实}$$

母相乘为法:　$2\times3\times4=24$　为法

以列数乘未并分子:

$$3\times12=36$$

$$3\times16=48$$

$$3\times18=54$$

亦以列数三乘法　　　　　　$3\times 24=72$

数繁,合用约分折半,法得:36;实得:23. 之一得 18,之二得 24,之三得 27.

以平实 23,减列实之二,求出 24 余 1,之三,求出 27 余 4,共余 5.

以列实之一减平实少 $23-18=5$,以益少三分之一各平于三十六分之二十三,合问.

⑫乘分:分数乘法.

⑬已知:广 = 32 步,纵 + 斜 = 128 步.

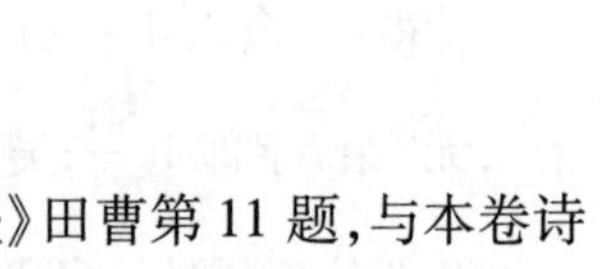

设纵为 x 步,则斜为 $(128-x)$ 步,所以

$$32^2+x^2=(128-x)^2$$

$$1\ 024+x^2=16\ 384+x^2-256x$$

$$256x=15\ 360,x=60$$

32 步×60 步=1 920 平方步=8 亩.

⑭此题引自《孙子算经》卷中第 14 题,《五曹算经》田曹第 11 题,与本卷诗词第 25 题内容相似,元朱世杰《四元玉鉴》(1303 年)卷中“或问歌彖”门第三题与此题内容相近. 朱世杰用天元术给出四种解法.

此题吴敬的解法是错误的,当倍:$147\times 2=294$(步),自乘:$294^2=86\ 436$(平方步),此积应为原方田面积的 2 倍,所以原方田面积为

$$86\ 436\div 2=43\ 218(\text{平方步})$$

以亩法 240 平方步除之,应为:180. 075 亩,即一顷八十亩七分五厘.

⑮此题解法可简化为:

$$\left(24\frac{6}{7}+36\right)\times 40\times\frac{1}{2}$$

$$=\left(\frac{174}{7}+\frac{252}{7}\right)\times 20$$

$$=\frac{426}{7}\times 20$$

$$\approx 1\ 217.142\ 9(\text{平方步})$$

当求得二阔共 $\frac{426}{7}$ 步后,不必“又置长……以分母七自乘得四十九为法除之.”

⑯从题设图形看,应是两个全等的等腰梯形,合并成的一个平行四边形,“东西各长三十六步”,应是梯形上下底之和,中阔十二步为梯形的高,而“南北各斜十二步”似为衍文.

⑰按《九章算术》方田章圆田又术“径自相乘,三之,四而一”当为

$$\left(6\frac{12}{13}\right)^2\cdot\frac{3}{4}=\frac{8\ 100}{169}\cdot\frac{3}{4}=\frac{24\ 300}{676}=35.946\ 745\approx 36$$

不应该有"又以分母十三减分子十二余一;以乘分子亦得十二,并前共得八千一百一十二".

⑱按《九章算术》方田章圆田又术"周自相乘,十二而一"当为

$$\frac{(20\frac{32}{41})^2}{12}=\frac{(\frac{852}{41})^2}{12}=\frac{\frac{725\,904}{1\,681}}{12}$$

$$=\frac{725\,904}{20\,172}$$

$$=35.985\,722\approx 36$$

不应该有"以分母四十一减分子三十二余九,以乘分子三十二得二百八十八,并入前数共得七十二万六千一百九十二".

⑲按题设条件,已知"周一百八十一步",应按《九章算术》方田章圆田又术"周自相乘,十二而一"直接计算:

$$\frac{181^2}{12}=\frac{32\,761}{12}=2\,730.083\,3\text{ 步}=11\text{ 亩 }90\text{ 步 }0.833\text{ 步}$$

$$=11\text{ 亩 }90\frac{1}{12}\text{步}$$

⑳按题设条件,已知"径六十步三分步之一",应按《九章算术》方田章圆田又术"径自相乘,三之,四而一"直接计算:

$$(60\frac{1}{3})^2\times\frac{3}{4}=(\frac{181}{3})^2\times\frac{3}{4}=\frac{32\,761}{12}=2\,730.083\,3\text{ 步}=11\text{ 亩 }90\frac{1}{12}\text{步}$$

㉑环田半边:即环形的一半,半环形.

㉒环田三角:即环形面积的四分之三.

㉓环田一角:即环形面积的四分之一.

㉔此四不等田解法错误,吴敬已在本类诗词第 34 题做了改正.

㉕此术与眉田术相同,参见本卷比类第 57 题.

㉖现传本《九章算术》约分术中无此题,由古问中移入.

㉗现传本《九章算术》圆田术中无此题,由古问中移入.

㉘现传本《九章算术》约分术中无此题,由古问中移入.

㉙解法参见本卷诗词第二题.

㉚解法参见本卷诗词第一题.

㉛本节第三、四、九、十题都是梯田截积问题,解法请参见本卷诗词第三至六题.

㉜本节第五、六、七、八、十、十一、十二共七题都是引自杨辉《田亩比类乘除捷法》所引刘益《议古根源》,其中第五题是用"增乘开方法"解高次方程,吴

敬在明初首次引入了刘益的细草,王文素在《算学宝鉴》中亦介绍了这一方法,《算学宝鉴》卷四十. 诗曰:

圆田截弦矢

圆田傍截弧田积,
倍积自乘才作实.
四因积步作平隅,
四因圆径立隅的.
五作三乘减负隅,
法用三乘开臭直.
倍其截积矢除乘,
内减矢余弦不失.

此术是王文素直接引录杨辉《田亩比类乘除捷法》卷下所引刘益《议古根源》第十八题,是一个四次方程. 刘益的细草,是我国数学发展史上用增乘开方法解一元高次方程数值解法最早的细草,原题为:

圆田一段直径十三步,今从边截积三十二步,问所截弧矢各几何?

已知圆田直径 $d=13$ 步,所截弧田面积 $S=32$ 平方步,求弦 b 和矢 h.

由《九章算术》弧田术:$S=\frac{bh+h^2}{2}$和圆材埋壁题公式:$d=\frac{(\frac{b}{2})^2}{h}+h$

两式消去 b,得

$$-5h^4+4dh^3+4Sh^2-(2S)^2=0$$

即:$-5h^4+52h^3+128h^2-4\,096=0$.

“倍积自乘才作实”即:$(2S)^2=4\,096$.

“四因积步作平隅”即:$4Sh^2=128h^2$.

“四因圆径立隅的”即:$4dh^3=52h^3$.

“五作三乘减负隅”即:$-5h^4$.

“倍其截积矢除乘,内减矢余弦不失”.

由:$S=\frac{bh+h^2}{2}=\frac{b+h}{2}\times h$.

所以 $b=\frac{2S}{h}-h$.

刘益《议古根源》此题术曰:

信积自乘为实. 四因积步为上廉. 四因径步为下廉. 五为负隅. 开三乘方除之. 得矢. 以矢除倍积. 减矢,即弦.

刘益的细草为：

倍田积自乘，得四千九十六步为实. 四因积步，得一百二十八步为上廉；别四因径步，得五十二步为下廉；置五算为负隅. 于实上商置得矢四步（如图中(1)式），以命（乘）负隅五，减下廉二十余三十二（如图中(2)式）. 依上商四步，以三乘方乘下廉，入上廉，共二百五十六步（如图中(3)式）. 又以上商四步，乘上廉得一千二十四步，为三乘方法（如图中(4)式）. 以上商命为方法，除实尽. 得矢四步（如图中(5)式）.

刘益原别置二因积六十四，以矢四步除得一十六步，减失四步，余十二步为弦，合问式.

𝍣	商	4	4	4	4	4
𝍫〇𝍰𝍥	实	4 096	4 096	4 096	4 096	4 096−1 024×4=0
	三乘方法				256×4=1 024	1 024
𝍠𝍩𝍧	上廉	128	128	128+32×4=256	256	256
𝍬𝍡	下廉	52	52+(−5)×4=32	32	32	32
𝍤̸	负隅	−5	−5	−5	−5	−5
		(1)	(2)	(3)	(4)	(5)

这是我国用增乘开方法来解一元高次方程最早的一个细草，相当于：

$$\begin{array}{rrrrrrrrr|l} -5 & + & 52 & + & 128 & + & 0 & - & 4\,096 & \\ & - & 20 & + & 128 & + & 1\,024 & + & 4\,096 & \underline{4} \\ \hline -5 & + & 32 & + & 256 & + & 1\,024 & + & 0 & \end{array}$$

与现在的所谓鲁非尼－霍纳法完全相同.

1802 年意大利科学协会为了奖励对改进高次数字方程解法有贡献的学者，曾设立了一枚金质奖章. 1804 年，数学家拉格朗日（Lagrange，1736—1813 年）的弟子意大利医生、数学家鲁菲尼（Ruffini，1765—1822）得出了用逼近法解高次数字方程的法则，获得了金质奖章. 1819 年 7 月 1 日，英国一位中学数学教师霍纳（Horner，1786—1837）在伦敦皇家学会宣读题为《连续近似解任意次数字方程的新方法》（美国数学史家史密斯（D. E. Smith，1860—1904）在其所著《数学的根源》（1929 年）一书中载有经过整理的原文），英国人很珍视此法，称为“霍纳法”. 不久发现，意大利人鲁菲尼早在 15 年前就发现了此法. 因而意大利人认为称“霍纳法”不妥，超码应称为“鲁菲尼－霍纳法”. 美国数学史家卡约黎（Caiori，1850—1930）1929 年在《初等算学史》，英国著名中国科技史专家李约瑟 1959 年在《中国科学技术史》第三卷中分别指出“在十三世纪及更早之时期，中国人就已熟悉它了. 鲁菲尼和霍纳知之也”. 其实，我国数学家刘益大约在公元 11 世纪，在《议古根源》一书中，就已首次应用了此法，这比鲁菲尼、霍纳早八百多年. 后来,秦九韶在《数书九章》(1247 年),王文素在《算学宝鉴》(1524 年)分别使此法更加完善,秦九韶比鲁菲尼早 557 年,比霍纳早 572 年. 王文素比鲁菲尼早 280 年,比霍纳早 295 年!

此题引自杨辉《田亩比类乘除捷法》卷下.

㉝如图,已知环田外周 C_1,内周 C_2,环径 R,截积 S,求截径$\overline{R}$,截内周 x.

$$S_{截}=\pi(R+Q)^2-\pi r^2 \tag{1}$$

$$r^2=\left(\frac{x}{2\pi}\right)^2=\frac{x^2}{4\pi^2} \tag{2}$$

(2)代入(1)得

$$S_{截}=\pi(R+Q)^2-\frac{x^2}{4\pi}$$

$$4\pi S=4\pi^2(Q+R)^2-x^2$$

所以

$$x^2=4\pi^2(Q+R)^2-4\pi S \tag{3}$$

而 $R=\frac{C_1}{2\pi}-\frac{C_2}{2\pi}$,所以 $2\pi R=C_1-C_2$,则

$$2\pi=\frac{C_1-C_2}{R} \tag{4}$$

(4)代入(3)得

$$\begin{aligned} x^2&=[2\pi(R+Q)]^2-2\frac{C_1-C_2}{R}S \\ &=C_1^2-\frac{2S(C_1-C_2)}{R} \end{aligned}$$

此题引自杨辉《田亩比类乘除捷法》卷下.

㉞如图,已知环田外周 C_1,内周 C_2,环径 R,截积 S,求 x 和$\overline{C}$.

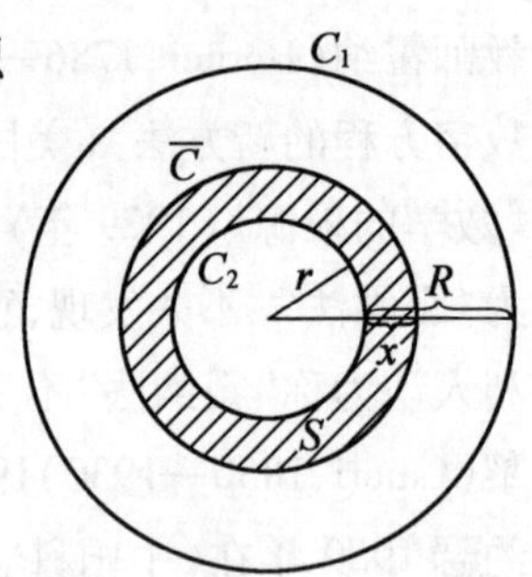

设所截环径为 x.

$$\begin{aligned} S&=\pi(x+r)^2-\pi r^2=\pi(x^2+2xr+r^2)-\pi r^2 \\ &=\pi x^2+2\pi xr \end{aligned}$$

$$\pi=\frac{C_1-C_2}{2R}$$

$$2\pi r=C_2$$

代入

$$S=\frac{C_1-C_2}{2R}x^2+C_2x$$

所以

$$\frac{C_1-C_2}{R}x^2+2C_2x=2S$$

㉟解法参见本卷诗词第三至五题.

九章详注比类粟米算法大全卷第二

钱塘南湖后学吴敬信民编集
黑龙江省克山县潘有发校注

粟米计二百一十(二)[五]问

率数[①]谓如粟求粝,以所求粝率为乘,粟率为除;又如粝求御,以所求御率为乘,以粝率为除;又如粟求粝,粟粝各以分子者,令以各分母通之,加上内子[②],仍取前例,以所求粝率乘粟数为实,以粟率数乘母为法除之,余皆仿此.粟米轻重大小不等,故以折变之问犹乘除方田为题之意.

粟率五十	稻率六十	粝率三十
粝饭七十五	粺米二十七	粺饭五十四
凿米二十四	凿饭四十八	御米二十一
御饭四十二	大粺五十四	小粺十三半
豉(chǐ)六十三	飧(sūn)九十	糵(niè)一百七十五

菽(shū)荅麻麦各四十五,熟菽一百三半

古问四十六问

换易乘除法[③]曰:以所求率求粟用粟率,求粺用粺率,求钱物者亦同乘所有数为实今有物若干是也,所求率乘所有数,即今科纂中有要者乘之句以所有率为法所有稻用稻率,所有粝用粝率,所有钱物亦同,即今科□中不要者除之句,实如法而一[④]如归以法除之也.

[粟求各米]

1.(15)问:粟七斗五升七分升之四为稻几何?

答曰:九斗三十五分(斗)[升]之二十四

法曰:以稻率为题,其实示折变也[己][以]后各题,具系此意,稻率六十乘所有粟七斗五升七分升之四,先以七分通七斗五升得五百二十五,[加]入分子四共得五百二十九,却以稻率六十乘得三万一千七百四十以粟率五十为法除之以原分母七乘五十得三百五十除实得九斗余实二百四十以法命之得三十五分(千)[升]之二十四合问.

2.(1)问:粟一斗,为粝米[⑤]米几何?

答曰:六升.

法曰:置粝三十乘粟一斗为实,以粟率五十为法,除之,合问.

3.(2)问:粟二斗一升,[欲]为粺[⑥]米[几何?]

答曰:一斗一升五十分升之十七.

法曰:置粺米二十七乘粟二斗一升为实,以粟率五十为法除之.

4.(3)问:粟四斗五升,[欲]为凿[⑦]米[几何?]

答曰:二斗一升五分升之一.

法曰:置凿米二十四乘粟四斗五升为实,以粟率五十为法除之.

5.(4)问:粟七斗九升,[欲]为御[⑧]米[几何?]

答曰:三斗三升五十分升之九.

法曰:置御米二十一乘粟七斗九升为实,以粟率五十为法除之.

6.(5)问:粟一斗,[欲]为小粺[⑨][几何?]

答曰:二升一十分升之七.

法曰:置小粺十三半乘粟一斗为实,以粟率五十为法除之.

7.(6)问:粟九斗八升,[欲]为大粺[几何?]

答曰:一百五升二十五分升之二十一.

法曰:置大粺五十四乘粟九斗八升为实,以粟率为法除之.

8.(7)问:粟二斗三升,[欲]为粝饭[几何?]

答曰:三斗四升半.

法曰:置粝饭七十五乘粟二斗三升为实,以粟率五十为法除之.

9.(8)问:粟三斗六升,[欲]为粺饭[几何?]

答曰:三斗八升二十五分升之二十二.

法曰:置粺饭五十四乘粟三斗六升为实,以粟率五十为法除之.

10.(9)问:粟八斗六升,[欲]为凿饭[几何?]

答曰:八斗二升二十五分升之一十四.

法曰:置凿饭四十八乘粟八斗六升为实,以粟率五十为法除之.

11.(10)问:粟九斗八升,[欲]为御饭[几何?]

答曰:八斗二升二十五分升之八.

法曰:置御饭四十二乘粟九斗八升为实,以粟率五十为法除之.

12.(11)问:粟三斗三分升之一,[欲]为菽[10][几何?]

答曰:二斗七升一十分升之三.

法曰:置菽四十五乘粟三斗,以分母三通之加子一共得九十一,以菽率四十五乘之共得四千九十五为实,以粟率五十,以原分母三通之得一百五十为法除之,合问.

13.(12)问:粟四斗一升三分升之二,[欲]为荅[11][几何?]

答曰:三斗七升五合.

法曰:以荅四十五乘粟四斗一升以分母三通得一百二十三加分子二共得一百二十五,得五千六百二十五为实,以粟率五十以原通分母三通得一百五十为法除之.

14.(13)问:粟五斗三分升之二,[欲]为麻[12][几何?]

答曰:四斗五升五分升之三.

法曰:以麻四十五乘粟五斗以分母三通得一百五十加分子二共一百五十二,得六千八百四十为实,以粟率五十以原通分母三通得一百五十为法除之.

15.(14)问:粟[一]十斗八升五分升之一,[欲]为麦[几何?]

答曰:九斗七升二十五分升之十四.

法曰:以麦四十五乘粟十斗八升,以分母五通得五百四十,加分子二,共五百四十二,得二万四千三百九十为实,以粟五十以原通分母五通得二百五十为法除之.

16.(16)问:粟七斗八升,[欲]为豉[13][几何?]

答曰:九斗八升一十五分升之七.

法曰:以豉六十三乘粟七斗八升为实,以粟率五十为法除之.

17.(17)问:粟五斗五升,[欲]为飧[14][几何?]

答曰:九斗九升.

法曰:以飧九十乘粟五斗五升为实,以粟率五十为法除之.

18.(18)问:粟四斗,[欲]为熟菽[几何?]

答曰:八斗二升五分升之四.

法曰:以熟菽一百三半乘粟四斗为实,以粟率五十为法除之.

19.(19)问:粟二斗,[欲]为糵[15]几何[几何?]

答曰:七斗.

法曰:以糵一百七十五乘粟二斗为实,以粟率五十为法除之.

[**各米求粟**]

20.(20)问:粝一十五斗五升五分升之二,[欲]为粟几何?

答曰:二十五斗九升.

法曰:以粟五十乘粝一十五斗五升,以分母五分通得七百七十五,加分子二共七百七十七,得三万八千八百五十,以粝三十,以原通分母五得一百五十为法除之,合问.

21.(21)问:粺米二斗,[欲]为粟几何?

答曰:三斗七升二十七分升之一.

法曰:以粟五十乘粺米二斗为实,以粺米二十七为法除之.

22.(22)问:凿米三斗三分升之一,[欲]为粟[几何?]

答曰:六斗三升三十六分升之七.

法曰:以粟五十乘凿米三斗以分母三分通得九十加分子一共九十一,得四千五千五十为实,以凿米二十四以通分母三通得七十二为法除之,合问.

23.(23)问:御米一十四斗[欲为]粟[几何?]

答曰:三十三斗三升三分升之一.

法曰:以粟五十乘御米一十四为实,以御米二十一为法除之.

24.(24)问:稻(谷)[一]十二斗六升十五分升之十四[欲]为粟[问得]几何?

答曰:十斗五升九分升之七.

法曰:以粟五十乘稻谷十二斗六升以分母十五通得一千八百九十,加分子十四共一千九百四,得九万五千二百为实,以稻谷六十以分母十五通得九百为法除之.

[**粝求各米**]

25.(25)问:粝米一十九斗二升七分升之一[欲]为粺米[问得]几何?

答曰:一十七斗二升十四分升之十三.

法曰:以粺米二十七乘粝米一十九斗二升以分母七分通之得一千三百四十四,分子一共一千三百四十五,得三万六千三百一十五为实,以粝米率三十以原通分母七通得二百一十为法除之,合问.

26.(26)问:粝米六斗四升五分升之三[欲]为粝[问得]几何?

答曰:一石六斗一升五合.

法曰:以粝饭七十五乘粝米六斗四升,以分母五通得三百二十,加分子三共三百二十三,得二万四千二百二十五为实,以粝米三十以分母五通得一百五十为法除之.

[**粝饭求飧**]

27.(27)问:粝饭七斗六升七分升之四[欲]为飧[问得]几何?

答曰:九斗一升三十五分升之三十一.

法曰:以飧九十乘粝饭七斗六升,以分母七通得五百三十二.加分子四,共五百三十六.得四万八千二百四十为实,以粝饭七十五以分母七通得五百二十五为法除之.

[**菽求熟菽**]

28.(28)问:菽[一斗][欲]为熟菽[问得]几何?

答曰:二斗三升.

法曰:以熟菽一百三半乘菽一斗为实,以菽率四十五为法除之.

[菽求豉]

29.(29)问:菽二斗[欲]为豉[问得]几何?

答曰:二斗八升.

法曰:以豉六十三乘菽二斗为实,以菽率四十五为法除之.

[麦求小䵂]

30.(30)问:麦八斗六升七分升之三,[欲]为小䵂几何?

答曰:二斗五升十四分升之十三.

法曰:以小䵂十三半乘麦八斗六升,以分母七通得六百二加分子三共六百五,得八千一百六十七半为实,以麦四十五,以分母七通得三百一十五为法除之,合问.

[麦求大䵂]

31.(31)问:麦一斗,[欲]为大䵂几何?

答曰:一斗二升.

法曰:以大䵂五十四乘麦一斗为实,以麦四十五为法除之.

[钱币布漆等物归除法]

归除法曰:以所求率或疋或石或若干斤乘钱数如无所求,只以钱数为实,以所(求数)[有率]为法即所买之物实如法而一以法除之是也.

32.(36)问:出钱二千三百七十,买布九疋二丈七尺,问疋价几何?

答曰:[一匹]二百四十四文一百二十九分钱之一百二十四.

法曰:以所求率疋四十尺乘钱数二千三百七十得九万四千八百为实,以所求数九疋以四十通之得三百六十,加二十七尺,共三百八十七尺,为法除之,合问.

33.(34)问:出钱五贯七百八十五文,买漆一百六十[七]斤三分斤之二每十斤价几何?

答曰:[一斗]三百四十五丈五百三分钱之十五.

法曰:以所求率十斤乘钱数五十七贯八百五十文,以漆分两三通得一百七十三贯五百五十文为实,以买漆一百六十七斤,以分母三通得五百一,加分子二,共五百三为法除之,合问.

34.(35)问:出钱七百二十(文)买缣[16]六十一尺,每十尺价几何?

答曰:[一丈]一百一十八文六十一分钱之二.

法曰:以所求率十尺乘钱数七百二十得七千二百为实,以所求缣六十一尺为法除之,合问.

35.(37)问:出钱一十三贯六百七十,买丝一百九十七斤,一石价几何?

答曰:八贯三百二十六文一百九十七分钱之一百七十八.

法曰:以所求石一百二十斤乘钱数一十三贯六百七十得一千六百四十贯四百文为实,以所买丝一百九十七斤为法除之,合问.

36.(32)问:出钱一百六十,买瓴甓[17]一十八枚,问一枚价几何?

答曰:八文九分钱之八.

法曰:以出钱一百六十为实,以买瓴甓十八为法除之得八文,余实十六,法实俱折半得九分钱之八,合问.

37.(33)问:出钱一十三贯五百,买竹二千三百五十个[18],每个价几何?

答曰:五文四十七分钱之三十五.

法曰:以出钱一十三贯五百为实,以买竹二千三百五十为法除之得五文余实一千七百五十法实俱五十约之得四十七分钱之三十五,合问.

[**买丝失羽贵贱率**]

贵贱率除法曰:以出钱数为实,以所买物数为法,实如法而一同归除法.实不满法者,以数为贵率即是分不尽残数均在物上,以此为贵率,以实减法为贱率法即贵贱都数[19],"实减法"即是以贵率减都数,余皆贱率也.

38.(39)问:出钱一贯一百二十,买丝一百九十八折,欲贵贱[斤]率之[20][问各几何?]

答曰:六十八斤一斤五文,一百三十斤一斤六文.

法曰:以出钱一贯一百二十为实,以所买丝一百九十八斤为法,除之,一斤得五文.实不满法者,为贵率一百三十文,乃均不尽之数,指为一百三十斤,每斤增一文,通是六文一斤,以实一百三十斤减法一百九十八斤余贱率六十八斤,各得五文,合问.

39.(38)问:出钱五百七十六文,买竹七十八个,欲其大小率之[21][问各几何?]

答曰:四十八个,每个七文;三十个,每个八文.

法曰:以出钱五百七十六文为实,以所买竹七十八个为法除之,一个得七文实不满法者为贵率,余三十文不尽之数,就三十个,各增一文,每个八文以实三十个减法七十八个余四十八个,各得七文为贱率,合问.

40.(40)问:出钱一十三贯九百七十文,买丝一石二钧二十八斤三两五铢,欲[其]贵贱石率之[22][问各得几何?]

答曰:[其]一钧九两[一]十二铢,石价八千五十一文;[其]一石一(均)[钧]二十七斤九两[一]十七铢,石价八千五十二文.

法曰:以所买丝一石即一百二十斤,以三百八十四铢通之得四万六千八十铢,以乘钱数一万三千九百七十得六亿四千三百七十三万七千六百铢为实,以所买丝一百二钧二十八斤三两以铢法通之,加零五铢,共得七万九千九百四十九铢为法除之一石得八千五十一文实不满法者为贵率,余实六万八千二百一铢,乃均不尽之数,以铢法除之得一石一钧二十七斤九两十七铢,增一文,得石价八千五十二文,以实一石一钧二十七斤九两十七铢减法一石二钧二十八斤三两五铢,余一钧九两十二铢为贱率,合问.

41.(41)问:出钱一万三千九百七千文,买丝一石二钧二十八斤三两五铢,欲贵贱钧率之,[问各几何?]

答曰:[其]七斤十两九铢,钧价二千一十二文;[其]一石二钧二十斤八两二十铢,铢价二千一十三文.

法曰:以所求丝一钧即三十斤,以铢斤(二)[三]百八十四铢通之一万一千五百二十铢乘钱数一万三千九百七十得一亿六千九十三万四千四百铢为实,以所买丝一石二钧(一)[二](二)[三]以铢法通之加五铢共得七万九千九百四十九铢为法除之一钧得二千一十二文实不满法者为贵率,余实七万七千一十二铢,乃钧不尽之数,以铢法除得一百二钧二十斤八两二十铢,增一文得钧价二千一十三文为贱率,合问.

42.(42)问:出钱一十三贯九百七十文,买丝一石二钧二十八斤三两五铢,欲贵贱斤率之[问各几何?]

答曰:[其]一石二钧七斤十两四铢,斤价六十七文;[其]二十斤九两一铢,斤价六十八文.

法曰:以所求丝一斤得三百八十四铢乘钱数一十三贯九百七十得五百三十六万四千四百八十为实,以所买丝一(百)[石]二钧二十八斤三两,以铢法通之,加零五铢,共七万九千九百四十九铢为法除之,一斤得六十七文,实不满法者为贵率余实七千八百九十七铢,乃钧不尽之数,以铢法而一得二十斤九两一铢,增一文得斤价六十八文,以实二十斤九两一铢减法一百二钧二十八斤三两五铢,得一石二钧七斤十两四铢为贱率,一斤价得六十七文,合问.

43.(43)问:出钱一十三贯九百七十文,买丝一石二钧二十八斤三两五铢,欲贵贱两率之[问各几何?]

答曰:[其]一石一钧一十七斤一十四两一铢两价四钱;[其]一钧一十斤五两四铢,两价五钱.

法曰:以所求丝一两得二十四铢乘钱数一十三贯九百七十得三十三万五千二百八十为实,以所买丝一石二钧二十八斤三两,以铢法通之,加零五铢,共得七万九千九百四十九铢为法除之,一两得四钱,实不满法者为贵率,除得一万五千四百八十四铢,乃均不尽之数,以铢法而一,得一钧一十斤五两四铢,增一文,得每两价五钱以实一钧一十斤五两四钱,减法一石二钧二十八斤三两五铢,余一石一钧一十七斤十四两一铢,为贱率一两价得四钱，合问.

贵贱实少法多，其率法曰：

以所有物数为实，所有钱数为法，实如法而一，即归除意，实不满法者，以实为贱率，分不尽物数，加上已得钱数，即贱物也。以实减法为贵率以实减法，即以贱减都数求贵各乘得数求之，得数，乃求出物数也，钱为法，即贵贱物之都数也，实为贵价，减都数贱价也，以求出贵贱钱数，以乘其物而求贵贱之数，合问.

44.(46)问：出钱九百八十，买矢干㉓五千八百二十枚，欲贵贱率之[问各得几何?]

答曰：[其]三百枚五枚一钱；[其]五千五百二十枚，六枚一钱.

法曰：以所买干五千八百(一)[二]十为实，以所出钱九百八十为法，除之一文得五枚，实不满法九百二十为贱率，以实九百二十减法九百八十余六十为贵率，各乘得数求之贱率九百二十乘六枚得五千五百二十，即六枚一文，以贵率六十乘五枚得三百，即五枚一文，合问.

45.(44)问：出钱一十三贯九百七十文，买丝一石二钧二十八斤三两五铢，欲贵贱率之，[问各得几何?]

答曰：[其]一钧二十斤(陸)[六]十一铢，每五铢得一文；[其]一石一钧七斤一十二两一十八铢六铢得一文.

法曰：以所买丝一石二钧二十八斤三两，以铢法通之，加零五铢，共得七万九千九百四十九铢为实，以所钱一十三贯九百七十为法除之一文得五铢，实不满法者为贱率余实一万九十九以减法一万三千九百七十，余三千八百七十一为贵率，各乘得数求之，贱率一万九十九，以六铢乘得六万五百九十四铢，以铢法而一得一石一钧七斤十二两十八铢，每六铢一钱，又三千八百七十一，以五铢乘得一万九千三十斤六两一十一铢，每五铢得一文，合问.

46.(45)问：出钱六百二十，买羽二千一百(䩛)[翭]㉔欲贵贱率之[问各几何?]

答曰：[其]一千一百四十翭，每三翭一钱；[其]九百六十翭，每四翭一钱.

法曰：以所买羽二千一百为实，以所有钱六百二十为法，除之一钱得三翭，实不满法，不尽二百四十为贱率，减法六百二十，余三百八十为贵率，各乘得数求之贱率二百四十以四羽乘得九百六十，每四羽得一钱，贵率三百八十，以三羽乘得一千一百四十，每三羽得一钱，合问.

比类[25]一百(三)[六]问

乘法

1. 今有金五十四两七钱五分,每两价钞二十四贯.问:该钞几何?

答曰:一千三百一十四贯.

法曰:置金五十四两七钱五分为实,以每两[价钞]二十四贯为法乘之,合问.

2. 今有金五百三十八两,每两价钞六十四贯七百五十文.问:该钞几何?

答曰:三万四千八百三十五贯五百文.

法曰:置金五百三十八两为实,以两价六十四贯七百五十文乘之,合问.

3. 今有银四千八百六十七两,每十两价钞四十五贯(二)[三]百九十文.问:该钞几何?

答曰:二万二千九十一贯三百一十三文.

法曰:置银四千八百六十七两为实,以每十两价四十五贯三百九十文为法乘之,合问.

4. 今有铜四万六百五十斤,每斤价钞二贯八十文.问:该钞几何?

答曰:八万四千五百五十二贯.

法曰:置铜四万六百五十斤为实,以斤价二贯八十[文]为法乘之,合问.

5. 今有铁三万六千二百铤(tǐng),每十铤卖钞五贯四百文.问:该钞几何?

答曰:一万九千五百四十八贯.

法曰:置铁三万六千二百铤为实,以每十铤价五贯四百文为法乘之,合问.

6. 今有钖一石三钧一秤五斤八两,每斤价钞一贯六百文.问:该钞几何?

答曰:三百六十八贯八百文.

法曰:置钖一石通之为一百二十斤,三钧为九十斤,一秤为十五斤加五斤,其八两作五[26]共得二百三十斤半为实,以每斤价一贯六百文为法乘之,合问.

7. 今有丝一千九百五十三斤二两,每斤直银一两一十一铢八累四黍.问:银几何?

答曰:七万铢.

法曰:置丝一千九百五十三斤二两作下一二五[27],安置一千九百五十三斤一二五为实,直银一两得二十四铢,加零一十一铢八累四黍,共三十五铢八累四黍为法乘之,合问.

8. 今有糙米三石,每石舂熟米八斗五升.问:该几何?

答曰:二石二斗五升.

法曰：置糙米三石为实，以舂熟米八斗五升为法乘之，合问.

除法

9. 今有熟米二石五斗六升，每八斗熟米该糙米一石. 问：该糙米几何？

答曰：三石二斗.

法曰：置熟米二石五斗六升为实，以每米八斗为法除之，合问.

10. 今有绵一万五千七百三十六两五钱六分，每绵六两卖银一钱. 问：该银几何？

答曰：二百六十二两二钱七分六厘.

法曰：置绵一万五千七百三十六两五钱六分为实，以每绵六两为法除之得二百六十二两二钱七分六厘，合问.

归除

11. 今有钞四百一十一贯六百文，共余糯米一百七十一石五斗. 问：每石价几何？

答曰：二贯四百文.

法曰：置今有钞四百一十一贯六百文为实，以所粜[28]米一百七十一石五斗为法除之，合问.

12. 今有钞四百一十一贯六百文，粜糯米每石二贯四百文. 问：该米几何？

答曰：一百七十一石五斗.

法曰：置今有钞四百一十一贯六百文为实，以每石二贯四百文为法除之，合问.

13. 今有钞六十六贯二百文，粜芝麻二十六石四斗八升. 问：每五斗价几何？

答曰：一贯二百五十文.

法曰：以所求率五斗乘钞六十六贯二百文得三百三十一贯为实，以所粜芝麻二十六石四斗八升为法除之，合问.

14. 今有钞六十六贯二百文，粜芝麻每石价二贯五百文. 问：该粜芝麻几何？

答曰：二十六石四斗八升.

法曰：置今有钞六十六贯二百文为实，以每石价二贯五百文为法除之，合问.

15. 今有白米二百九十二石七斗四升，共舂糙米三百四十八石五斗. 问：每糙米一石得白米几何？

答曰：八斗四升.

法曰：置白米二百九十二石七斗四升为实，以糙米三百四十八石五斗为法除之，合问.

16. 今有白米二百九十二石七斗四升，糙米一石舂白米八斗四升. 问：共该糙米几何？

答曰:三百八十四石五斗.

法曰:置白米二百九十二石七斗四升为实,以舂白米八斗四升为法除之,合问.

17. 今有钞一千三百一十四贯,买金五十四两一十八铢.问:每两价钞几何?

答曰:二十四贯.

法曰:置钞一千三百一十四贯为实,以买金五十四两,其一十八铢即七钱五分(即54.75两)为法除之,合问.

18. 今有钞一千三百一十四贯,买金每两价钞二十四贯.问:该金几何?

答曰:五十四两七钱五分即一十八铢.

法曰:置钞一千三百一十四贯为实,以每两二十四贯为法除之,合问.

19. 今有银九千九百六十铢,计二十五斤十五两.问:每斤该铢几何?

答曰:三百八十四铢.

法曰:以银九千九百六十铢为实,以计二十五斤,其十五两,以两求斤,即九三七五(即25.9375斤)为法除之,合问.

20. 今有钞七十四贯三百五十文,买乳香三十八斤十一两十四铢.问:每铢价钞几何?

答曰:五文.

法曰:置钞七十四贯三百五十文为实,以所买乳香三十八斤,其一十两以两求斤,即六八七五,以每斤三百八十四铢通得一万四千八百五十六铢,加零十四铢,共一万四千八百七十铢为法除之,合问.

21. 今有钞一千七百八十五贯五百文,买盐二百八十五引一百三十六斤引[29]二百斤.问:每引该钞几何?

答曰:六贯二百五十文.

法曰:置钞一千七百八十五贯五百文为实,以盐二百八十五引,其一百三十六斤,以二(百)而一,得六分八厘为法除之,合问.

22. 今有钞三百四十五贯六百文,买罗三十六疋[30],每尺价钞二百四十文.问:每疋长几何?

答曰:四十尺.

法曰:置钞三百四十五贯六百文为实,以尺价二百四十文为法除之,得一千四百四十尺又以罗三十六尺除之,合问.

23. 今有钞四十七贯八百八十文,买胡椒每斤价钞四贯六百八文.问:该买几何?

答曰:一十斤六两六铢.

法曰:此问本题归除,秪得求斤之外余不及者,不以斤价求两,而以两以铢之数来[求]

余妙求之,可谓巧矣!置钞四十七贯八百八十为实,以椒价四贯六百八文为法除之得一千斤余实一贯八百文,不满一斤之数,秖可求之为两,若以斤价纽两价求之,算不胜其繁也,故用斤法十六两乘余实得二十八贯八百文,仍以椒价四贯六百八文除之,又得六两,尚余一贯一百二十五文不及两价,秖当求之为铢,如前以两法二十四铢乘余钞得二十七贯六百四十八文,仍以椒价四贯六百八文除之得六铢.

24. 今有钱五贯六百四十文,买梨一万六千九百二十枚. 问:每文得几何?

答曰:一钱买三枚.

法曰:此问钱本为实物,本为法,今实不满法,当以物为实,钱为法,示于初本者,知变通之简者也,置梨一万六千九百二十枚为实,以钱五贯六百四十文为法除之,合问.

异乘同除

25. 今有米六石二斗四升,粜[31]钞四十六贯八百文;只有米二石六斗三升. 问:该钞几何?

答曰:一十九贯七百二十五文.

法曰:以只有米二石六斗三升乘粜钞四十六贯八百文得一百二十三贯八十四文为实,以原米六石二斗四升为法除之,合问.

26. 今有钞一十九贯七百二十五文,籴米二石六斗三升,只有钞四十六贯八百文. 问:该籴米几何?

答曰:六石二斗四升.

法曰:以只有钞四十六贯八百文乘籴米二石六斗三升得一百二十三贯八十四文为实,以原钞一十九贯七百二十五文为法除之,合问.

27. 今有菜(子)[籽]八斗四升,压油三十一斤八两;只有菜(子)[籽]四石三斗二升. 问:该油几何?

答曰:一百六十二斤.

法曰:以只有菜(子)[籽]四石三斗二升乘压油三十一斤半得一百三十六斤零八,该一两二钱八分为实,以原菜(子)[籽]八斗四升为法除之,合问.

28. 今有油一百六十二斤,用菜(子)[籽]四石三斗二升;只有油三十一斤八两,问:该菜(子)[籽]几何?

答曰:八斗四升.

法曰:以只有三十一斤八两乘菜(子)[籽]四石三斗二升,得一十三石六斗八合为实,以原油一百二十六斤为法除之,合问.

29. 今有小麦八斗六升,磨面六十四斤八两;共有小麦三十五石四斗八升. 问:该面几何?

答曰:二千六百六十一斤.

法曰:以共有小麦三十五石四斗八升乘磨面六十四斤半得二千二百八十八石四斗六升为实,以原小麦八斗六升为法除之,合问.

30. 今有面二千六百六十一斤,用小麦三十五石四斗八升;只有面六十四斤八两. 问:该用小麦几何?

答曰:八斗六升.

法曰:以只有面六十四斤八两乘小麦三十五石四斗八升得二千二百八十八石四斗六升为实,以原有面二千六百六十一斤为法除之,合问.

31. 今有白米六十三石八斗四升,该舂糙米七十六石;共用白米三百七十八石. 问:该糙米几何?

答曰:四百五十石.

法曰:以共用米三百七十八石乘糙米七十六石得二千八百七十二石八斗为实,以原米六十三石八斗四升为法除之,合问.

32. 今有糙米四百五十石,舂得白米三百七十八石;只有糙米七十六石. 问:该舂白米几何?

答曰:六十三石八斗四升.

法曰:以只有糙米七十六石乘白米三百七十八石得二千八百七十二石八斗为实,以原糙米四百五十石为法除之,合问.

33. 今有绢四十六疋二丈八尺疋法四十二尺,卖钞二百九十二贯;只有绢三十四疋一丈二尺. 问:该卖钞几何?

答曰:二百一十六贯.

法曰:以只有绢三十四疋,以每疋四十二尺通得一千四百二十八尺,加零一十二尺,共一千四百四十乘原卖钞二百九十四贯得四万二千三百三十六为实,以原绢四十六疋,以疋法四十二通得[一千九百三十二]加零二丈八尺,共一千九百六十尺为法除之,合问.

34. 今有钞二百一十六贯,买绢三十四疋一丈二尺;共有钞二百九十四贯. 问:该买绢几何?

答曰:四十六疋二丈八尺.

法曰:以共有钞二百九十四贯乘原买绢三十四疋,以疋法四十二尺通之加零一十二尺共一千四百四十之,得四万二千三百三十六为实,以原钞二百一十六贯为法除之得一千九百六十尺以疋法四十二尺除之,合问.

35. 今有丝六十八斤六两,卖钞五百二十五贯一百二十文;只有丝三十八斤十四两. 问:该钞几何?

答曰:二百九十八贯五百六十文.

法曰:以只有丝三十八斤其十四两,以两求斤得八七五乘卖钞五百二十五贯一百二十文,得二百四万一千四百四十文为实,以原丝六十八斤,其六两以两求斤得三七五为法除之,合问.

36. 今有钞二百九十八贯五百六十文,买丝三十八斤十四两;共有钞五百二十五贯一百二十文.问:该买丝几何?

答曰:六十八斤六两.

法曰:以共有钞五百二十五贯一百二十文乘原买丝三十八斤,其十四两,以两求斤得八七五,共乘得二百四万一千四百四为实,以原钞二百九十八贯五百六十文为法除之合问.

贵贱率

37. 今有钱二十四贯五百八十文,买物五百四十斤,不欲畸零.问:得几何?

答曰:二百六十斤,每斤四十五文;二百八十斤,每斤四十六文.

法曰:此问:钱欲尽而物不欲零,名曰"贵贱率"者,是也.

置钱二十四贯五百八十文为实,以买物五百四十斤为法除之,每斤得四十五文余实二百八十,不欲畸零,以余钱二百八十为斤,每斤得四十六文以减原买物五百四十斤余二百六十斤,每斤得四十五文合问.

38. 今有钱二十四贯五百八十文,买绫罗五百四十尺,绫每尺四十五文,罗每尺四十六文,问:绫、罗各几何?

答曰:绫二百六十尺,罗二百八十尺.

法曰:友用前问,二价相和,俗曰"贵贱分身".

以贵价四十六文乘兑帛五百四十文得二十四贯八百四十文,以原钱二十四贯五百八十文减之,余二百六十文为实,以贵贱二价相减四十五文减四十六文余一为法除之,得二百六十尺即贱绫价,以减都五百四十余得贵罗价二百八十尺,合问.

39. 今有钱五百八十三贯九百五十六文,粜到米麦一千二百七十六石三斗,米每斗五十四文,麦每斗三十六文.问:米麦各几何?

答曰:米六百九十一石六斗;麦五百八十四石七斗.

法曰:以贵价五十四文乘米麦一千二百七十六石[二][三]斗,得六百八十九贯二百二文,以原钱五百八十三贯九百五十六文减之,余一百五贯二百四十六文为实,以贵价五十四文减贱价三十六文余一十八文为法,除实得五百八十四石七斗即贱价麦,以减都数[32]一千二百七十六石二斗,余得贵价米六百九十一石六斗,合问.

40. 今有钞一百六十三贯七百五十文,共粜米麦六十七石二斗四升三合,只云米比麦价每斗多一文.问:二价各几何?

答曰:米三十四石九斗五升一合,每斗二百四十四文;麦三十二石二斗九升二合,每斗二百四十三文.

法曰：置钞一百六十三贯七百五十文为实，以减所粜米麦六十七石二斗四升三合为法，除之每斗得贱价二百四十三文实不满法为贵率，余实三百四十九文五分一厘，乃不尽之数为麦三十四石九斗五升一合，每斗增价一文，得(三)[二]每四十四文，以实米三十四石九斗五升一合减法六十七石二斗四升三合余为麦率三十二石二九升二合，每斗二百四十四文合问.

41. 今有钞一千五百七十六贯一百文，共买罗绫一百二十八疋二丈五尺二寸，每疋四丈二尺，只云罗比绫每疋多价一贯. 问：二价各几何？

答曰：罗三十二疋三丈七尺八寸每疋一十三贯；绫九十五疋三丈九尺四寸，每疋一十二贯.

法曰：以所求疋四十二尺乘钞一千五百七十六贯一百文，得六万六千一百九十六贯二百文为实，以所买物一百二十八疋，以四十二尺通之，加零二丈五尺二寸. 共五千四百一尺二寸为法除之，一疋得一十二贯实不满法者为贵率除实一千三百八十一尺八寸，乃均不尽，以四十二而一，得三十二疋三又七尺八寸，增一贯每疋得罗价一十三贯以实三十二疋三丈七尺八寸减法一百二十八疋二丈五尺二寸，余得绫九十五尺二丈九尺四寸为贱率，一疋价得一十二贯合问.

42. 今有米麦共六十七石二斗四升三合，共粜钞一百六十三贯七百五十文，米每斗二百四十四文，麦每斗二百四十三文. 问：米麦并该钞各几何？

答曰：米三十四石九斗五升一合，该钞八十五贯二百八十文四分四厘；麦三十二石二斗九升二合，该钞七十八贯四百六十九文五分六厘.

法曰：置米麦六十七石二斗四升三合以贵率米每斗二百四十四文乘得一百六十四贯七十二文九分二厘以减兑钞一百六十三贯七百五十文，余三百二十二文九分二厘为实，以二价相减余一文为法除之得麦三十二石二斗九升三合，余为米三十四石九斗五升一合，各以斗价乘之，合问.

43. 今有罗绫一百二十八疋二丈五尺二寸，共卖钞一千五百七十三贯八百八十七文，罗尺价三百一十文，绫尺价二百八十文. 问：罗绫并钞各该几何？

答曰：罗三十二疋三丈七尺八寸，该钞四百二十八贯三百五十八文；绫九十五疋二丈九尺四寸，该钞一千一百四十五贯五百二十九文.

法曰：置罗绫一百二十八疋，以疋法四十二尺通之加零二丈五尺二寸，共得五千四百一尺二寸以绫尺价二百八十五文乘之得一千五百三十九贯三百四十二文以减共钞一千五百七十三贯八百八十七文余三十四贯五百四十五文为实，以二价相减余二十五文为法除之，得罗一千三百八十一尺八寸，以疋法陈得三十二疋三丈七尺八寸以减总数，余得绫九十五疋二丈九尺四寸，各以尺价乘之，见钞合问.

44. 今有钱五百七十九文，每文买桃四十一个，若买李三十二个；共买桃李二万八百五个.问:桃、李并钞各该几何?

答曰:三百二十六文,买李一万四百三十二个;二百五十三文,买桃一万三百七十三个.

法曰:置钱五百七十九文以桃四十一个乘之得二万三千七百三十九个以减桃李二万八百五个余二千九百三十四个为实,以桃四十一个减李三十二个余九个为法除之,得买李三百二十六文,以减原钞,余得买桃二百五十三文,以各价乘之,合问.

45.今有绫六疋半,绢九疋半,其价适等;只云:绢少绫疋价二贯四百文.问:各价该几何?

答曰:绫七贯六百文,绢五贯二百文.

法曰:置贵率绫六疋半以差价二贯四百文乘之得一十五贯六百文贱率绢九疋半以差价二贯四百文乘之得二十二贯八百文各为列实,以绫绢疋数相减余:为差,除贵率为绢价五贯二百文,贱率为绫价七贯六百文,合问.

就物抽分[33]

46.今有绢一丈二尺,买苏木二斤,染绢三丈八尺,共有绢六十三疋二丈四尺,今欲减绢买苏木还自染余绢.问:染得红绢几何?

答曰:四十八疋一丈三尺二寸.

法曰:置绢六十三疋,以疋法四十二尺通之,加零二十四尺,共得二千六百七十尺,以染绢三十八尺乘之得一十万一千四百六十尺为实,并买苏木绢一丈二尺,染绢三丈八尺,共得五丈为法除实得二千二十九尺二寸,以疋法四十二尺约之,合问.

47.今有车载布一千九百六十二疋三尺疋法二丈四尺,每疋车脚钱六十二文五分,其布每疋三贯九百三十七文五分.今无钱就抽布.问:主、脚各该几何?

答曰:主该一千九百三十一疋一丈一尺二寸三厘一毫二丝五忽,脚该三十疋一丈五尺七寸九分六厘八毫七丝五忽.

法曰:置布一千九百六十二疋三尺,以疋法通三尺为一分二厘五毫以脚钱六十二文五分乘之得一百二十二贯六百三十二文八分一厘二毫五丝为实,并疋价三贯九百三十七文五分脚钱六十二文五分共得四贯为法除之得脚钱该布三十疋六分五厘八毫二丝三微一塵二秒五累.其疋下分数,以疋法二丈四尺乘之,以减共布,余得主留之数,合问.

互换乘除

48.今有钞四百三十六贯五百文,买纻丝二十四疋一丈二尺疋法四十八尺.问:每疋价钞几何?

答曰:一十八贯.

法曰:以所求率四十八尺乘钞数四百三十六贯五百文得二万九百五十二为实,以所买纻丝二十四疋,以[疋法]四十八尺通之加零一十二尺,共一千一百六十四尺为法除之,合问.

49. 今有钞四百三十六贯五百六,买纻丝每疋价钞一十八贯疋法四十八尺.问:该买几何?

答曰:二十四疋一丈二尺.

法曰:以所求率四十八尺乘钞数四百三十六贯五百文得二万九百五十二为实,以所价一十八贯以四十八尺通之得八百六十四为法,除之得二十四疋二分五厘,其疋下分以四十八尺乘之,合问.

50. 今有钞一百九十五贯二百文,买罗一十二疋三丈四尺疋法四十八尺[罗]每二十尺.问:价钞几何?

答曰:六贯四百文.

法曰:以所求率二十尺乘钞一百九十五贯二百文得三千九百四贯为实,以所买罗一十二疋以疋法四十八尺通之,加零三十四尺,共得六百一十尺为法,除之,合问.

51. 今有钞一百九十五贯二百文,买罗,每二十尺价钞六贯四百文疋法四十八尺,问:该罗几何?

答曰:一十二疋三丈四尺.

法曰:以所求率二十尺乘钞数一百九十五贯二百文,得三千九百四贯为实,以所买罗价六贯四百文为法除之得六百一十尺以疋法四十八尺除之,合问.

52. 今有麻布一百四十二疋四尺十六分尺之九,疋法四十二尺.易䌷六十八疋二丈九尺疋法四十八尺.问:每䌷一疋易布几何?

答曰:二疋三尺.

法曰:以所求率四十八尺乘麻布一百四十二疋,先以疋法四十二尺通之加零四尺,共五千九百六十八尺,又以分母十六通得九万五千四百八十八,加分子九,共九万五千四百九十七,却以䌷疋法四十八尺乘得四百五十八万三千八百五十六为实,以易䌷六十八疋,疋法以(疋法)四十八尺通之,加零二十九尺,共三千二百九十三尺,却以分母十六乘得五万二千六百八十八为法除之得八十七疋以麻布四十二尺除之,合问.

53. 今有麻布一百四十二疋四尺十六分尺之九,疋法四十二尺每二疋三尺疋法四十八尺,易䌷一疋.问:该䌷几何?

答曰:六十八疋二丈九尺.

法曰:以所求率四十八尺乘麻布与前法同为实,以麻布二疋,先以四十二尺通之,加零三尺,共八十七尺,却以分母十六乘得一千三百九十二为法除之得三千二百九十三尺以䌷四十八尺除之,合问.

54. 今有丝五十九斤十一两六铢,织绢四十七疋二丈四尺四寸疋法官尺三十二尺.问:每疋该丝几何?

答曰:一斤四两.

法曰:以所求率三十二尺乘丝数五十九斤其十一两六铢得二钱五分,以两求斤通得共五十九斤七分三毫一丝二忽五微,却以三十二尺乘得一千九百一十斤半为实,以织绢四十七疋,以三十二尺通之,加零二十四尺四寸,共一千五百二十八尺四寸为法除之,合问.

55.今有丝五十九斤十一两六铢,每丝二十两织绢一疋疋法三丈二尺.问:该绢几何?

答曰:四十七疋二丈四尺四寸.

法曰:以所求率三十二尺乘丝数五十九斤先以十六通得九百四十九两,加[零]十两,其六铢该二钱五分,共九百五十五两二钱五分,却以三十二尺乘得三万五百六十八为实,以每疋丝二十两为法除之得一千五百二十八尺四寸,以疋法除之,合问.

56.今有钞一千四百一十七贯,买胡椒三百二钧一秤[34]七斤十三两.问:每石该价钞几何?

答曰:三百四十八贯.

法曰:以一石计一百二十斤乘钞一千四百一十贯得一十七万四十为实,以所买胡椒三石得三百六十斤,二钧得六十斤,一秤得十五斤十三两以两求斤得八一二五,共四百四十二斤八一二五为法除之,合问.

57.今有降香二百六十七斤九两,每三两价钞三贯五百文.问:该钞几何?

答曰:四千九百九十四贯五百法.

法曰:置降香二百六十七斤以斤法十六通之,加零九两,共得四千二百八十一两为实,以每三两价三贯五百文为法乘之得一万四千九百八十三贯五百文,却以五两为法除之,合问.

58.今有钞一百四十贯七百五十文,买物三十七秤八斤.问:一秤价钞几何?

答曰:三贯七百五十文.

法曰:此问即乘除不问斤价而问秤价.以秤率十五斤乘钞一百四十贯七百五十文得二千一百一十一贯二百五十文为零,以物三十七秤通之加零八斤共得五百六十三斤为法除实,得三贯七百五十文合问.

59.今有丝一斤八两换绢一疋四十尺及将丝九两贴钞四贯得绢二丈,今将钞五贯.问:该买绢几何?

答曰:六尺二寸五分.

法曰:置丝九两乘换绢四十尺得三百六十尺以通丝一斤八两得二十四两为法除之得一丈五尺为丝所得绢,以减二丈余五尺为钞所直却乘,今将钞五贯得二十五贯为实,以贴钞四贯为法除之得该买绢,合问.

60. 今有钞一十八贯五百四十文八分文之七，买到降香二十六斤十六分斤之一. 问：每斤价几何？

答曰：七百一十一文四百一十七分文之二百九十三.

法曰：置钞一十八贯五百四十文，以分母八通之加分子七，共得一百四十八贯三百九十三文又以香分母十六乘之得二千三百七十四贯二百四十为实，以香二十六斤以分母十六通之加分子一，共得四百一十七又以钞分母八乘之，得三千三百三十六为法除之斤价七百一十一文余实二千三百四十四，法实皆八十约之，得四百一十七分文之二百九十三，合问.

61. 今有绢，疋价五十四贯，布、疋价三十二贯，欲将布易绢. 问：几何可以价停？

答曰：绢三十疋易布五十四疋.

法曰：置绢布疋价相乘，各该价一千七百二十八贯为实，以绢疋价除之得绢数；布疋价除之，得布数，合问.

62. 今有丝六十二斤八两换金一十两，内八分半五两，七分半五两. 问：二色金每两该丝几何？

答曰：八分半，该六斤十两二钱五分，七分半该五斤十三两七钱五分.

法曰：置丝六十二斤以十六两通之，加零八两共一千两为实，列五两以八分半乘得四两二钱半又列五两以七分半乘得三两七钱半并得八两办法除之一百二十五两副置二位，上以八分半乘之；以下七分半乘之，各以斤约之，合问.

63. 今有稻谷九十三石七斗五升，每四斗出米一斗六升，每米三斗二升换盐九斤. 问：该盐几何？

答曰：一千五十四斤十一两.

法曰：置稻谷九十三石七斗五升乘出米一斗六升得一百五十石，却以每四斗除之得三十七石五斗，又以换盐九斤因之得三十三石七斗五升为实，以每米三斗二升为法除之得一千五十四斤六分八厘七毫五丝斤下分数加六为两，合问.

64. 今有绢六千九百七十四尺，每三尺一寸二分五厘换丝三两二钱，每丝十二两八钱换纱一疋长二丈八尺. 问：该纱几何？

答曰：五百五十七疋二丈五尺七寸六分.

法曰：置绢六千九百七十四尺乘换丝三两二钱得二万二千三百一十六两八钱却以每绢三尺一寸二分五厘除之得七千一百四十一两三钱七分六厘为实，以每丝一十二两八钱为法除之得五百五十七疋九分二厘，疋下九分二厘以疋法二丈八尺乘之得二丈五尺七寸六分，合问.

65. 今有芝麻六十二石一斗九升，每二斗五升出油七斤，每油八斤，直钞九百三十文.问:该钞几何?

答曰:二百二贯四百二十八文四分五厘.

法曰:置麻六十二石一斗九升乘出油七斤得四百三十五石三斗三升却以每麻二斗五升除之,得油一千七百四十一斤三分二厘,又以直钞九百三十文乘之得一千六百一十九斤四分二厘七毫六丝为实,以每油八斤为法除之得钞二百二贯四百二十八文四分五厘,合问.

66.今有钞三百五十二贯八百文,买丝绵二色,只云每钞十二贯买绵七两五钱;每钞一十五贯,买丝六两,须要二停[35]丝三停绵.问:各该几何?

答曰:丝:七十二两,该钞一百八十贯.绵:一百八两,该钞一百七十二贯八百文.

法曰:置丝六两乘绵七两五钱得四十五两以乘钞三百五十二贯八百文,得一万五千八百七十六为实,别置丝六两乘绵钞一十二贯得七十二贯以绵三停因之得二百一十六又置绵七两五钱乘丝钞一十五贯得一百一十二贯五百文,以丝二停因之得二百二十五并二位四百四十一为法除之三十六两,乃一分之数,以二因得丝七十二两,以三因得绵一百八两,却以丝六两除总丝,以钞乘之,以绵七两五钱除绵,以钞乘之,合问.

67.今有银六百九十四两四钱,籴米、麦、麻、豆四色,只云每银一两为率,籴米五石;若籴麦七石、麻三石、豆九石,须要石数停等.问:各该银几何?

答曰:各该八百八十二石;米该银:一百七十六两四钱;麦该银:一百二十六两;麻该银:二百九十四两;豆该银:九十八两.

法曰:置米五斗乘麻三石得一十五以乘豆七石得一百五又乘麦大石得九百四十五,以乘银六百九十四两四钱得六十五万六千二百八为实,别置米五石乘麻三石得一十五石,又乘麦七石得一百五;又米五石乘麦七石得三十五又乘豆九石得三百一十五;麦七石乘豆九石得六十(五)[三],又乘麻三石又乘麦三石得一百八十九;又豆九石乘麻三石得(一)[二]十七又乘米五石得一百三十五,并四位共得七百四十四,为法除之,得八百八十二石乃四色各该之数,以各率除之,乘银,合问.

68.今有钞一万九千三百八十三贯,欲买纻丝、罗、纱三色,只云每钞八十贯买纻丝三尺;每钞七十贯买罗四疋;每钞六十贯买纱五疋.须要三停纻丝,三停罗,三停纱.问:各该几疋并钞几何?

答曰:纻丝二百五十二疋,钞六千七百二十贯;罗三百七十八疋,钞六千六百一十五贯;纱五百四疋、钞六千四十八贯.

法曰:置纻丝三疋乘罗四疋得一十二又乘纱五疋得六十以乘钞一万九千三百八十三贯得一百一十六万二千九百八十为实,别置纻丝三疋乘罗四疋得一十二以乘纱钞六十贯得七百二十却以纱四仃因之得二千八百八十;又罗四疋乘纱五疋得二十,以乘纻丝钞八十贯得一千六百,却以纻丝二仃因之得三千二百;又纱五疋乘纻丝三疋得一十五,以乘罗钞七十贯得一千五十,却以罗三仃因之得三千一百五十;并三位共得九千二百三十为法除之,得一百二十六疋乃一分之数,以二因得纻丝;三因得罗;四因得纱,以各率除之,以钞乘,合问.

69. 今有绫六十二疋二丈一尺疋法二丈四尺,每疋价钞六贯;其布每疋价钞四贯八百文疋法二丈八尺,欲将绫换布. 问:该布几何?

答曰:七十八疋一丈六尺六寸二分五厘.

法曰:置绫六十二疋零二丈一尺,以疋法二丈四尺除之得八分七厘五毫,并前共得六十二疋八分七厘五毫,以乘疋价六贯得三百七十七贯二百五十文为实,以布疋价四贯八百文为法除之得七十八疋五分九厘三毫四丝五忽疋下分数,以布疋法二丈八尺乘之得一丈六尺六寸二分五厘,合问.

70. 今有麦四石七斗六升五合,每斗价钞二百四十文;欲换豆粉,其粉每裹[36]价三百二十文. 问:该换粉几何?

答曰:三十五裹一斤七两六钱.

法曰:置麦四石七斗六升五合,以乘斗价二百四十文,得一十一贯四百三十六文为实,以粉裹价三百二十文为法除之,得粉三十五裹七分三厘七毫五丝裹下分数以二因之得一斤四分七厘五毫斤下分数加六为七两六钱,合问.

71. 今有糙米六十一石七斗五升,每一石二斗折糯米七斗八升. 问:该糯米几何?

答曰:四十石一斗三升七合三勺.

法曰:置糙米六十一石七斗五升,以糯米七斗八升乘之得四十八石一斗六升五合为实,以每一石二斗为法除之,合问.

72. 今有糯米四十石一斗三升七合五勺,每七斗八升折糙米一石二斗. 问:该糙几何?

答曰:六十一石七斗五升.

法曰:置糙米四十石一斗三升七合五勺. 以折糙米一石二斗加之得四十八石一斗六升五合,为实,以每七斗八升为法除之,合问.

73. 今有丝五十六斤十三两六钱,每银一钱买丝三两. 问:该卖银几何?

答曰:三十两三钱二分.

法曰:置丝五十六斤以斤法十六通之加零十三两六钱共得九百九十六钱为实,以买丝三两为法除之,合问.

买物各停

74. 今有钞四万三千一百一十四贯四百二十文，欲籴米、麦、豆三色，其米石价二十三贯五百文，麦石价一十九贯五百文；豆石价一十四贯五百文，却要均等. 问：该几何？

答曰：各七百四十九石八斗一升六合.

法曰：置钞为实，并三色石价得五十七贯五百文为法除之，合问.

75. 今有钞一百二十五贯，买纱、罗，只云：罗每尺一百三十文，纱每尺一百二十文. 问：相停各该几何？

答曰：各一十二疋半.

法曰：置钞一百二十五贯为实，并二价得二百五十文为法除之得五百尺，以疋法四十尺约之得一十二疋半，合问.

76. 今有钞一十贯，买罗绢，只云：罗三尺直二百文；绢七尺二百文，欲买二色各停. 问：该几何？

答曰：各二疋二丈五尺罗价七贯、绢价三贯.

法曰：置钞一十贯为实，以罗三尺绢七尺相乘得二十一乘之得二百一十贯，却以罗三尺直二百，绢七尺直二百互乘并之得二贯为法除之得二百一十贯，乃罗、绢等数各倍之，以三除得罗价；七除得绢价，合问.

77. 今有钞四十七贯七百五十文，籴米、麦、豆、只云：米七斗、麦八斗、豆九斗，各直二贯，欲三色各停. 问：该几何？

答曰：各六石三斗，米价一十八贯，麦价一十五贯，豆价一十四贯.

法曰：置钞四十七贯七百五十文于上，以米、麦、豆数相乘七斗乘八千得五十六，又以九斗乘得五百四乘上数得二万四千六十六为实，却以米价二贯乘麦八斗得一十六，又乘豆九斗得一百四十四；麦价二贯乘米七斗得一十四，又乘豆九斗得一百二十文；豆价二贯乘米八斗得一十六，以乘米七斗得一百一十二，共并得三百八十二为法除之得六石三斗，乃米、麦、豆等数，倍之，七除得米价；八除得麦价；九除得豆价，合问.

78. 今有粟三石八斗六升二合五勺，只云白米四升二合用粟一斗；糙米四升八合用粟一斗；粝米六升用粟一斗，欲三色米各停. 问：该几何？

答曰：各六斗三升白米该粟一石五斗；糙米该粟一石三斗一升二合五勺；粝米该粟一石五升.

法曰：置粟三石八斗六升二合五勺于上. 以三米率数相乘四升二合乘四升八合得二斗一升六勺，又以六升乘之得一石二斗九合六勺，以乘上数得四石六斗七升二合八钞为实，却以各米互乘白米四升二合乘糙米四升八合得二斗一合六勺；糙米四升八合乘粝米六升得二斗八升八合；粝米六升乘白米四升二合得二斗五升二合，并得七斗四升一合六勺为法除之得六斗三升,乃三米算数,以各率除之,得粟,合问.

实物二色

79. 今有罗绢二十三疋半疋法四丈,共卖钞一百八十六贯,只云:罗四尺与绢九尺共价适等;又云绢尺价比罗尺价少一百五十文.问:罗、绢等尺价各该几何?

答曰:罗一十二疋八尺,每尺价二百七十文;绢一十九疋二尺每尺价一百二十文.

法曰:先求尺价,置差一百五十文乘绢九尺得一贯三百五十文为实,以罗四尺减绢九尺余五尺为法除之得二百七十文为罗尺价,以减差一百五十文,余一百二十文为绢尺价,又置罗绢二十三疋半,以疋法四十尺通之,得九百四十尺以罗尺价二百七十文乘之得二百五十三贯八百文,内减共钞一百八十文贯余六十七贯八百文为实,以差一百五十文为法除之得四百五十二尺,以疋法约得一十一疋一丈二尺为绢,以减共数,余一十二疋八尺为罗之数,合问.

80. 今有米五百七十五石,谷三百二十五石,共价钞四万九千八百七十五贯,只云谷石价比米石价三分之二.问:米、谷石价各几何?

答曰:米石价六十三贯,谷石价四十二贯.

法曰:置米五百七十五石以分母三乘之得一千七百二十五,谷三百二十五石,以分子二乘之得六百五十,并之得二千三百七十五为法,置共钞四万九千八百七十五贯副置二位,上以三乘之得一十四万九千六百二十五,下以二乘之得九万九千七百五十,各以法除之,合问.

81. 今有钞一千二百贯,买绫每疋七贯二百文;绢每疋四贯八百文,欲买一仃绢、二仃绫.问:各得几何?

答曰:绫一百二十五疋,绢六十二疋半.

法曰:置钞一千二百贯为实,并绢一疋价,绫二疋价,共一十九贯二百文为法除之,得绢六十二疋半,倍之,得绫数,合问.

82. 今有绢布共一百三十八疋十三分疋之八,共该价钞三千四百八十贯少半贯其绢疋价二十八贯二十八分贯之二十七,布疋价二十一贯三分贯之二.问:绢、布各几何?

答曰:绢六十五疋六百一十三分疋之二百二十三;布七十三疋七千九百六十九分疋之二千五.

法曰:置绢布一百三十八疋以分母十三通之加分子八,共得一千八百二十八疋.以绢疋价二十八贯以分母二十八通之,加分子二十七,共得八百一十一,乘之得一百四十六万一千四百二十二分又以钞分母三分通之,计积四百三十八万四千二百六十六.

别置共价三千四百八十贯,以分母三分通之,加分子一,共得一万四百四十一分,又以绢布共分母十三分乘绢分母二十八,共得三百六十四乘之得三百八十万五百一十四分,以减计积,余五十八万三千七百四十二,再以布分母三分乘绢分母二十八分,共得八十四分.乘之得四千九百三万四千三百二十八分为实,却以绢分八百一十一以布分母三分乘之得二千四百三十三于上.

又置布疋价二十一贯,以分母三分通之加分子二,共得六十五,以绢分母二十八乘之一千八百二十,以减上数,余六百一十三,再以各分母绢布共十三分乘共价三分,又乘绢二十八分相乘得一千九十二乘之得六十六石九千三百九十六为法除之,得布七十三疋,余实一十六万八千四百二十法实皆八十四约之得七千九百六十九分疋之二千五.

再置绢布共分一千八百二,却以布分六十五乘之得一十一万七千一百三十,又以钞分母三分通之计积三十五万一千三百九十于上.

别置共价分一万四百四十一以分母十三分乘三分共三十九乘之得四十万七千一百九十九以减除计积,余五万五千八百九再以分母三分二十八分相乘得八十四乘之得四百六十八万七千九百五十六为实,仍以减余六百一十三再以各分母绢布共十三分,乘价三分,又乘布二分,相乘得一百一十七乘之得七万一千七百二十一为法除之得绢六十五疋余实三万六千九十一法实皆一百一十七约之,得六百一十三分疋之二百二十三,合问.

83. 今有西瓜每个三文,梨子每十个五文,桃子每十个二文. 今瓜客食践别客,桃子二百五十五个,梨子二百二十六个,欲将瓜准还. 问:各偿瓜几何?

答曰:各偿梨主瓜二十一个,桃主瓜一十七个.

法曰:置桃子二百五十二个,以每十个二文乘之得五十一文却以瓜价三文除之得偿瓜一十七个;梨子一百二十六个以每十个五文乘之得六十三文却以瓜价三文除之,得偿瓜二十一个,合问.

84. 今有麦六十一石六斗五合,易米三分之二,麦存米半,每麦九斗易米七斗. 问:各该几何?

答曰:米三十四石四斗九升八合八勺;麦一十七石二斗四升九合四勺.

法曰:并米、麦率米二得一石四斗;麦一得七斗,共二石一斗以乘总麦六十一石六斗五合得一百二十九石三斗七升五勺为实,以并米麦率二麦得一石八斗,一米得七斗,共二百五斗以三因之得七石五斗为法除之,得麦一十七石二斗四升九合四勺倍之得米三十四石四斗九升八合八勺,合问.

85. 今有粟一十九石六斗八合,欲为细、糙二米,每粟一斗舂细米五升一合二勺;糙米八升,须令糙米倍细米. 问:各几何?

答曰:细米四石四斗三升二合;糙米八石八斗六升四合.

法曰:置粟一十九石六斗八合,以细米率五升一合二勺乘之得一十石三升九合二勺九抄六微为实,倍细米,以八升除加细米粟一斗共得二斗二升八合为法,除得细米四石四斗三合二勺,倍之得糙米,合问.

86. 今有金银一百锭,直钞一千七百二贯七百五十文,只云:金(定)——[锭]之价买银七(定)[锭],二色两价差七百五十文. 问:金银并两价各该几何?

答曰:金二十八(定)[锭]三十七两每两价钞八百七十五文;银七十一(定)[锭]一十三两每两价钞一百二十五文.

法曰:列银七(定)[锭],以五十两通之得三百五十两,以差七百五十乘之得二十六万二千五百为实,以七(定)[锭]或一(定)[锭]余之(定)[锭]得三百为法除之得八百七十五文为两价,以减差七百五十文余得银两价一百二十五文,又置一百(定)[锭],以五十两通之得共五千两以金两价八百七十五文乘之得四千三百七十五贯以减直钞一千七百二贯七百五十文余二千六百七十二贯二百五十文为差实,以差七百五十为法除之得银数,以减共五千两余得金数,各以(定)[锭]率约之,合问.

87. 今有粟豆共六百三十八石,粟斗价二百五十文,豆斗价一百五十文. 问:粟、豆各几何?

答曰:粟:二百三十九石二斗五升;豆:三百九十八石七斗五升.

法曰:置粟、豆六百三十八石乘粟斗价二百五十文得一千五百九十贯为实,并二价米:二百五十文;豆:一百五十文,共四百文为法除之,得豆三百九十八石七斗五升,以减总数,余得粟二百三十九石二斗五升,合问.

买物三色

88. 今有钞七贯八十文,买桃子八千个,李子六千个,枣子四千个. 只云:桃子一个价比李子八个,比枣子四十个. 问:三色价各该几何?

答曰:桃子:每十个八文;

李子:每十个一文;

枣子:每十个二分.

法曰:置李子六千个,以八除之得七百五十;枣子四千个以四十除之得一百;并入桃子共得八千八百五十为法,置钞七贯八十文为实,以法除之得八文为桃子每十个价;又以八除得一文,为李子十个价;又以四十除八文得二分为枣子十个价,合问.

89. 今有米石价五十七贯五百文,芝麻石价四十贯,豆石价三十三贯. 今三主以价物准之均出. 问:各该物价几何?

答曰:米:一十三石二斗;豆:二十三石;芝麻:一十八石九斗七升五合. 各该价七百五十九贯.

法曰:置米、麻二价相乘得二千三百贯,得豆二十三石. 米,豆二价相乘得一千八百九十七贯五百文,得芝麻一十八石九斗七升五合,芝、豆二价相乘得一千三百二十贯,得米一十三石二斗,各以石价乘之,合问.

90. 今有绫一百疋,罗一百五十疋,绢二百疋,共卖钞四万五千七百五十贯,只云:绫疋价比罗疋价多二十五贯;罗疋价比绢疋价多六十五贯. 问:三色疋价各几何?

答曰:绫疋价一百五十贯;绢疋价六十贯;罗疋价一百二十五贯.

法曰:置罗一百五疋以较多六十五贯乘之得九千七百五十贯,又绫一百疋以二项较多共九十贯乘之得九千贯,并二位共得一万八千七百五十贯以减共钞余二万七千贯为实,并绫罗绢共四百五十疋为法除之,各绢疋价六十贯,各加多数,合问.

91. 今有钞四贯七百文,共籴到粟五斗,麦七斗,豆九斗;只云:粟每斗价少如麦每斗五十文;麦每斗价少如豆每斗价二十五文. 问:粟、麦、豆每斗价钞各该几何?

答曰:豆:二百五十文;麦:二百二十五文;粟:一百七十五文.

法曰:置钞四贯七百文于上;并粟、麦少数得七十五文以乘豆九斗得六百七十五文于次;又置粟少麦五十文乘麦七斗得三百五十文,二位相并得一贯二十五文,以减上数四贯七百文余三贯六百七十五文为实,并三色斗数得二石一斗为法除之得粟斗价一百七十五文为五十文为麦价,又加二十五文为豆价,合问.

92. 今有钞一贯买酒一十斗,只云:煮酒每斗七百文,清酒每斗三百文,白酒每三斗直一百文. 问:各该几何?

答曰:煮酒六升价四百二十文;清酒一斗价三百文;白酒八斗四升价二百八十文.

法曰:置列钞一贯,酒十斗于上,先行清酒一斗价三百文减上数余钞七百文煮白酒九斗如双分身术求之内白酒二斗直一百合用通分,以共价七百三因得二贯一百文得煮酒斗价,其白酒一斗直三十三文三分文之一,以分母三通之得九十九,加内小一,共得斗价一百文,别置总酒九斗以贵价七百文因之得六贯三百文内减原价七百文余价得五贯六百文为实,以贵贱二价,以少减多,余二贯为法除之,得白酒价二百八十文以每三斗因得八斗四升,以减总酒九斗余得煮酒六升,各以价因之,合问.

93. 今有粟七十四石五斗二升,将一斗换米,每粟一斗换米六升;那一半换豆、麦,每粟一斗换豆九升,每粟九升换麦八升. 问:换三色各该几何?

答曰:米:二十二石三斗五升六合该粟三十七石二斗六升;麦:一十六石五斗六升该粟一十八石六斗二升;豆:一十六石七斗六升七合该粟一十八石六斗三升.

法曰:置粟七十四石五斗二升折半得三十七石二斗六升,置二位一位以六升乘之得米二十二石三斗五升六合一位又折半得一十八石六斗三升再置二位一位以九升乘得豆一十八石七斗六升七合;一位以八斗乘得一十四石九斗四合,却以九斗除之,得麦一十六石五斗六升，合问.

买物四色

94. 今有钱三百七十四贯五百一文四分，欲买绫、丝、粉、面四色，绫疋价三贯四百文；疋法二丈八尺，丝斤价一贯七百五十文，粉褁价六百四十文；面斤价九十八文. 内要一分绫、三分丝、七分粉、六分面. 问：各买物并钱该几何？

答曰：绫：二十七疋八尺四寸，该钱九十二贯八百二十文；丝：八十一斤十四两四钱，该钱一百四十三贯三百二十五文；粉：一百九十一褁三两二钱，该钱一百二十二贯三百四文；面：一百六十三斤十二两八钱，该钱一十六贯五十二文四分.

法曰：置钱三百七十四贯五百一文四分为实，以各分乘各价，绫一分得三贯四百文；丝三分得五贯二百五十文；粉七分得四贯四百八十文；面六分得五百八十八文，并之得一十三贯七百一十八文为法，除实，得绫一分该二十七疋三分，就绫三因得丝八十一斤九分；七因得粉一百九十一褁一分；六因得面一百六十三斤八分，各为列实，以各价为法乘之，绫疋价三贯四百文，得九十二贯八百二十文；丝斤价一贯七百五十文，得一百四十三贯三百二十五文；粉褁价六百四十文，得一百二十二贯三百四文；面斤价九十八文，得一十六贯五十二文四分，疋有三分，以疋法二丈八尺乘得八尺四寸，褁下有分以三十二乘之为两；斤下有分、加六为两，合问.

买物五色

95. 今有米七石四斗五合四勺四抄，换油、蜜、茶、盐、面五色. 每米二升为率，换油三两；若换蜜五两、盐六两、茶七两、面九两. 欲要换二仃油、三仃蜜、四仃盐、五仃茶、六仃面. 问：各该几何？

答曰：油：一十三斤十五两四钱四分；

蜜：二十斤十五两一钱六分；

盐：二十七斤四两八钱八分；

茶：三十四斤十四两六钱；

面：四十一斤十四两三钱二分.

法曰：置率米二升为实. 以各换两数为法除之，油三两得六合三分合之二；蜜五两得四合，盐六两得三合六分合之二；茶七两得二合七分合之六；面九两得二合九分合之二依率并之油二得一升三合分合之一；蜜三得一升一合；盐四得一升三合六分合之二；茶五得一升四合七分合之二；面六得一斗三合九分合之三共并得六升五合，余分母子，依合分法，油三分之一，盐六分之二，茶七分之二，面九分之三，列置三分之一，六分之二，七分之二，九分之三子互乘母，先以之一乘六分、七分、九分得三百七十八；之二乘三分、七分、九分得一百七十八；之三乘三分、六分、七分得三百七十八又并之得一千四百五十八为实,以分母相乘三分乘六分得一十八,只乘七分得一百二十六,又乘九分得一千一百三十四为法,除之,得一合,并前共得六升六合余实三百二十四法实皆八十一约之,得十四分之四,以分母十四乘原米七石四斗五合四勺四抄得一百三石六斗七升六合一勺六抄为实,又以分母十四乘并米六升六合得九斗二升四合,加分子四共得九斗二升八合.为法除之得一百一十一两七钱二分为一仃率,二因得油二百二十三两四钱四分;三因得蜜三百三十五两一钱六分;四因得盐四百四十六两八钱八分;五因得茶五百五十八两六钱六因得面六百七十两三钱二分各以斤法十六约之,合问.

买物六色

96.今有客持钱三百六十四贯二百五十文,每一贯内一百二十文买油;一百四十文买盐;一百二十五文买粉;一百六十文买布;二百五十文买麻;二百五文买米.油斤价六十文;盐斤价七十文;粉袅价八十文;布疋价三百二十文,买货于市中.货卖油斤价一百五十文;盐斤价一百七十五文;粉袅价三百五十文;布疋价七百四十文;麻秤价八百四十文;米斗价五百文,上项各物卖过除原本外.问:各物斤重、原本、今卖并利息该几何?

答曰:共卖钱一千二贯一百八十八文三分四厘三毫七丝五忽.

利息钱六百三十七贯九百三十八文三分四厘五毫七丝五忽.

油:七百二十八斤八两,原本该钱四十三贯七百一十文.

今卖钱一百九贯二百七十五文.

息钱六十五贯五百六十五文.

盐七百二十八斤八两.原本钱五十贯九百九十五文.

今卖钱一百二十七贯四百八十七文五分.

息钱七十六贯四百九十二文五分.

粉五百六十九袅四两五钱,原本钱四十五贯五百三十二文二分五厘.

今卖钱一百九十九贯一百九十九文二分一厘八毫七丝五忽.

息钱一百五十三贯六百六十七文九分六厘八毫七丝五忽.

布一百八十二疋三尺,原本钱五十八贯二百八十文.

今卖钱一百三十四贯七百七十二文五分.

息钱七十六贯四百九十二文五分.

麻二百九十一秤六斤,原本钱九十一贯六十二文五分.

今卖钱二百四十四贯七百七十六文.

息钱一百五十三贯七百一十三文五分.

米三十七石三斗三升五合六勺二抄五撮.原本钱七十四贯六百七十一文二分五厘.

今卖钱一百八十六贯六百七十八文一分二厘五毫.

息钱一百一十二贯六文八分七厘五毫.

法曰:置持钱三百文十四贯二百五十文为实,以各买价为法乘之得各原本钱,油斤价一百二十文得四十三贯七百一十文;盐斤价一百四十文得五十贯九百九十五文;粉裹价一百二十五文得四十五贯五百三十一文二分五厘;布疋价一百六十文得五十八贯二百八十文;麻秤价二百五十文,得九十一贯六十二文二分;米斗价二百五六,得七十四贯六百七十一文二分五厘,各就原本钱为实,以各物买价为法除之得各买到物数:油斤价六十文得七百二十八斤八两;盐斤价七十文得七百二十八斤八两;粉裹[36]价八十六得五百六十九斤四两五钱;布疋价三百二十文得一百八十二疋三尺;麻秤价三百一十二文五分得二百九十一秤六斤;米斗价二百文得三十七石二斗三升五合六勺二抄五撮,粉裹下有分数三十二乘之,为两布疋下有分数二十四,乘之为尺,麻秤下有分数,加五为斤,却将各物:粉裹下两,布疋下尺,麻秤下斤,俱作分数为实,以市中货卖价为法乘之;油斤价:一百五十文,得一百九贯二百七十五文;盐斤价一百七十五文,得一百二十七贯四百八十七文五分;粉裹价三百五十文,得一百九十五贯一百九十九文二分一厘八毫七丝五忽;布疋价七百四十文得一百三十四贯七百七十二文五分;麻秤价:八百四十六文得二百四十四贯七百七十六文;米斗价五百文得一百八千九贯六百七十八文一分二厘五毫,并之,得一十二贯一百八十八文三分四厘三毫七丝五忽,以减原本钱三百六十四贯二百五十文,余得息钱六百三十七贯九百三十八文三分四厘五毫七丝五忽,合问.

97. 今有钱六百五十四贯二百二十五文,欲买油、盐、蜜、绢、布、炭六色,油斤价一百五十文,盐斤价一百八十文,蜜斤价二百一十文,绢疋价八百四十文,布疋价七百五十文,炭秤价四十二文.欲要一分油、二分盐、三分蜜、四分布、六分绢、八分炭.问:各买并该钱几何?

答曰:油:六十八斤十二两,该钱:一十贯三百一十二文五分;

盐:一百三十七斤八两,该钱:二十四贯七百五十文;

蜜:二百六斤四两,该钱:四十三贯三百一十二文五分;

绢:四百一十二疋斗,该钱:三百四十六贯五百文;

布:二百七十五疋,该钱:二百六贯二百五十文;

炭:五百五十秤,该钱:二十三贯一百文.

法曰:置钱六百五十贯二百二十五文为实,以各分乘各价;油:一分得一百五十文;盐:二分得三百六十文;蜜:三分得六百三十文;绢:六分得五贯四十文;布:四分得三贯;炭:八分得三百三十六文;并之,得九贯五百一十六文为法,除实得;油:一分,该六十八斤七分五厘,就将油数二因得盐一百三十七斤半;三因得蜜二百六斤二分五厘;六因得绢四百六十六疋半;四因得布二百七十五疋;八因得炭五百五十秤,各为列实,以各价为法乘之;油斤价:一百五十文得一千三百一十二文五分;盐斤价一百八十文得二十四贯七百五十文;蜜斤价二百一十文得四十三贯三百一十二文五分;绢疋价八百四十文得三百四十六贯五百文;布疋价七百五十文得二百六贯三百五十文;炭秤价:四十二文得二十三贯一百文;下有分数加六为两,合问.

98. 今有钞一千一百四十四贯五百文,欲买布、绢、绫、罗、米、豆六色.布疋价六贯,绢疋价七贯二百文,绫疋价八贯二百文,罗疋价六贯九百文,米斗价三贯二百文,豆斗价一贯二百文.问:买六色俱仃及钞各该几何?

答曰:布:三十五疋,该钞二百一十贯;

绢:三十五疋,该钞二百五十二贯;

绫:三十五疋,该钞二百八十七贯;

罗:三十五疋,该钞二百四十一贯五百文;

米:三石五斗,该钞一百一十二贯;

豆:三石五斗,该钞四十二贯.

法曰:置钞一千一百四十四贯五百文为实,并各价共得三十二贯七百文为法除之得三十五疋斗各以疋,斗价乘之.布疋价六贯得二百一十贯;绢疋价七贯二百文得二百五十二贯;绫疋价八贯二百文得二百八十七贯;罗疋价六贯九百文得二百四十一贯五百文米斗价三贯二百文得一百一十二贯;豆斗价一贯二百文得四十二贯,合问.

借宽还窄

99. 今有借布一端:长五丈二尺,阔二尺一寸,今无原布所还,只有常行布,阔一尺六寸.问:还长几何?

答曰:六丈八尺二寸五分.

法曰:置原借布长五百二十寸阔二十一寸相乘得一万九百二十寸为实,以常行布一十六寸为法除之,合问.

100. 今有钞五百三十五贯五百文,共买木、绵、布七十五疋,各阔二尺一寸,今原布无止,有阔一尺六寸,布主扣算原价贴还.问:该几何?

答曰:一百二十七贯五百文.

法曰:置钞五百三十五贯五百文为实,以布七十五疋,以四丈通之得三百丈,以阔二尺一寸乘之得六千三百疋为法除之得尺价八分五厘,别以阔二尺一寸减一尺六寸余五寸以乘三百丈得一千五百尺为不反数,却以尺价八分五厘乘之得贴还钞,合问.

101. 今有原布长二百四十八尺,阔二尺二寸,今无原布归还,止还长二百五十六尺.问:折得阔几何?

答曰:二尺一寸三分一厘二毫五丝.

法曰:置原布长二百四十八尺乘阔二尺二寸得五百四十五尺六寸为实,以还长二百五十六尺为法除之,合问.

102. 今有客钞七千二百五十八贯五十文,原放绢二百八十五疋二丈四尺疋法三丈二尺,今止有绢二百七十三疋二丈五尺六寸. 问:合退还客钞几何?

答曰:三百三贯五百三十文.

法曰:置放绢二百五十八疋,以疋法三丈二尺通之加零二丈四尺,共得九百一十四丈四尺于上. 又置今还绢二百七十三尺,以疋法通之加零二丈五尺六寸,共得八百七十六丈一尺六寸,以减上数九百一十四丈四尺余三十八丈二尺四寸,以乘原钞七千二百五十八贯五十文,得二十七万七千五百四十七贯八百二十二文为实,以原绢九百一十四丈四尺为法除之,合问.

金铜铁锡　炼熔

103. 今有锡金同炼镕一块,自方一尺,(秤)[称]重六百一十七斤八两. 只云:金方一寸重一斤,锡方一寸重七两. 问:锡、金几何?

答曰:锡方六百八十寸,重三百九十七斤八两. 金方三百二十寸,重三百二十斤.

法曰:置自方一尺,还作十寸,再自乘得一千寸. 以金一寸重一斤通作十六乘之得一万六千寸于上,下置六百一十七斤半,以十六两通得六千九百八十两,以减上数一万六千两余六千一百二十两为实,以金重十六两减锡重七两余九两为法除之得六百六十六寸为锡方,以七两乘之得二百九十七斤八两为锡重. 又置一千寸减锡六百八十寸余三百二十寸为金方,再置六百一十七斤八两减锡重二百九十七斤八两,余三百二十斤为金重,合问.

104. 今有金五块共重七十一两,成色不等. 内九分五厘色者九两;九分色者一十四两;八分五厘色者五两;八分色者一十三两;七分色者三十两,欲同炼一处. 问:得成色几何?

答曰:八分.

法曰:置各率自乘九分五厘乘九两得八两五钱五分;九分乘一十四两得一十二两六钱;八分五厘乘五两得四两二钱五分;八分乘一十三两得一十两四钱;七分乘三十两得二十一两. 并之得五十六两八钱为实,以七十一两为法除之,合问.

105. 今有铜,一经入炉,每十斤得八斤,三经入炉,得热铜二百二十四斤十五两八钱七分二厘. 问:原本生铜几何?

答曰:四百三十九斤七两.

法曰:置铜二百二十四斤以斤法十六通之加零十五两八钱七分二厘,共得三千五百九十九两八钱七分二厘为实,以炼热八斤再自乘得五百一十二斤为法除之得七千三十一两,以斤法除之,合问.

106. 今有铁,一经入炉,每十斤得七斤;今三经入炉得熟铁一百一十四斤十五两六钱四分六厘二毫. 问:原本生铁几何?

答曰:三百三十五斤三两四钱.

法曰:置铁一百一十四斤,以斤法十六通之加零十五两六钱四分六厘二毫,共得一千八百三十九两六钱四分六厘二毫为实,以炼熟铁七斤再自乘得三百四十三斤为法除之得五千三百六十三两四钱以斤法除之,合问.

诗词六十三问

[西江月]

1. 物斛市中价例,牙人开说各般.
  小麦七百八十言,细米整该一贯.
  五百五十买粟,七百八十粜豌.
  三十九贯四百全,各物俱停怎算?(西江月)

答曰:各得一十二石三斗一升二合五勺.

法曰:置钞三十九贯四百文为实,并各价小麦八百七十文,米一贯,粟五百五十文,豌七百八十,共三贯二百文为法,除之,合问.

2. 每两药值钱数,四十一买良薑.
  五十二文买槟榔,八十丁香一两.
  客钱七贯五百,三般分数商量.
  槟三薑四二丁香,多少要知各项?(西江月)

答曰:丁香一斤十五两二钱五分. 槟榔二斤十四两八钱七分五厘.

良薑三斤十四两五钱.

法曰:置钞五贯五百文为实,并各价:二丁香一百六十文,三槟榔一百五十六文,四良薑一百六十四文,共四百八十文为法,除之得一停率一十五两六钱二分五厘,以各物率乘之,合问.

3. 假有零罗七尺,换讫五两红花.
  染成裙段色偏佳,六幅量该丈八.
  有罗七十三丈,也依前例无差.
  出罗折与染坊家,该染几何可罢.(西江月)

答曰:染罗一十三疋五尺六寸(即 52.56 丈),出罗五疋四尺四寸(即 20.44 丈).

法曰:置有罗七十三丈乘染罗一丈八尺得一百三十一丈四尺为实,并零罗七尺染罗一丈八尺为法，除之得染罗五十二丈五尺六寸，以减有罗，余得出罗，合问.

4. 白米三石五斗，芝麻换得三石.

芝麻五斗五升知，八斗小麦换己.

却有小麦换米，九石六斗无疑.

知公能算问端的，不会旁人笑你！（西江月）

答曰：米七石七斗.

法曰：罗今有小麦九石六斗乘所问芝麻五斗五升，得五石二斗八升，又以白米三石五斗乘之得一十八石四斗八升为实，以换芝麻三石乘小麦八斗得二石四斗为法，除之，合问.

5. 客向新街籴米，共量八十四石.

一贯二百七十知，石价尽依乡例.

雇觅小车搬运，装钱三百三十.

脚言家内缺粮食，只据原钱要米.（西江月）

答曰：客米六十六石六斗七升五合，脚米一十七石三斗二升五合.

法曰：置米八十四石，以石价一贯二百七十文乘之得一百六贯六百八十文为实，并二价石价一贯(一)[二]百七十文，脚价三百三十文共一贯六百文为法除之，得客米六十六石六斗七升五合.以减总米八十四石，余为脚米，合问.

6. 白面称来九两，使油七两相和(huó).

今来有面一斤多，六两五钱共数.

以用清油合和，一斤五两无讹.

再添多少面来和，不会应须问我.（西江月）

答曰：四两五钱.

法曰：置今用油二十一两乘原面九两，得一百八十九两为实，以原用油七两为法除之得二十七两，以减今有面，余为增面，合问.

7. 四十三石一斗，八升一合为余.

更加一勺米无虚，买得净椒有数.

称斤两皆十四，又零三钱三铢.

不知各价是何知？请问明公算取.（西江月）

答曰：称价二石八斗八升.

斤价一斗九升二合.

两价一升二合.

钱价一合二勺，铢价五勺.

法曰：置米四十三石一斗八升一合一勺为实，以椒一十四秤一十四斤十四两三钱三铢通为二百二十四斤九分一毫五丝六忽二微五垒为法除之,得斤价一斗九升二合,以各率约之,得价合问.

8. 十二肥豚小豕,将来卖与英贤.

牙人定价不须言,每个转添钱半.

总银二十一两,九钱交足无偏.

不知大小价根源,此法如何可见?(西江月)

答曰:大豕二两六钱五分,小豕一两.

法曰:置豕一十二,以减一得十(二)[一]相乘得一百三十二,折半得六十六,以转添一钱半加之得九两九钱,以减兑银二十一两九钱,余一十二两为实,以豕十二为法除之,得小豕价一两,加转添一钱半,合问.

9. 二丝九十三两,七钱五分余饶.

粗丝一两与英豪,价直二钱不少.

时价细丝一两,三钱足数明摽.

若知三事最为高,暗想其中蕴奥.(西江月)

答曰:钱二百二十五文,细丝二斤五两五钱,粗丝三斤八两二钱五分.

法曰:置丝九十三两七钱五分,以并二价二钱,(二)[三]钱共五钱,除之得一十八两七钱半为一停率,以二因为细丝,三因为粗丝价,合问.

10. 百瓠千梨万枣,白银卖与英豪.

牙人估价两平交,六两二钱无耗.

瓠贵梨儿一倍,将来不差分毫.

梨多枣子倍之高,三物各价多少.(西江月)

答曰:瓠价二厘,计二钱.

梨价一厘,计一两.

枣价五毫,计五两.

法曰:置银六两二钱为实,并各价枣一万,梨二斤,瓠四百共一万二千四百为法,除之得五毫为枣价.各价加之,合问.

11. 七升斗儿量黍,五升龛子般粟,

共通量得三石六,被人搅和一处;

九升小斗再盘,量得二石四足,

若还算得不差递,不负轩辕劈竹.(西江月)

答曰:各一石八斗,粟九斗该九升小斗一石,黍一石二斗六升该九升小斗一百四斗.

法曰:置续量二石四斗,以小斗九升乘之得二石一斗六升,以七升斗儿量黍一石八斗，折得一石二斗六升，该九升斗除得一石四斗，五升瓮子般粟一石八斗，折得九斗该九升斗得一石，较之，合问.

12. 花银六十四锭，将来欲买明椒.

每斤牙税问根苗，止纳一分不少.

椒折三斤二两，为无银子难饶.

共椒斤价要名摽，请问各该多少.（西江月）

答曰：椒一千斤，斤价三两二钱.

法曰：置银六十四锭，每锭五十两乘之得三千二百两，又以椒折五十两乘之得一十六万两为实，以牙税一分约之，得共椒一万六千两，减六得一千斤，以除总银三千二百两，得椒斤价三两二钱，合问.

13. 二斗精粮为率，换绵六两依时.

若言七两换新丝，九两絮依商市.

客米五石七斗，三般依买俱齐.

照依分数细推之，绵二丝三絮四.（西江月）

答曰：绵二斤十五两二钱半，丝四斤六两八钱七分半，絮五斤十四两五钱.

法曰：置米二斗为实，以绵六两除得三升六分升之二；丝七两除得二升七分升之六，絮九两除得二升九分升之二，依率并之绵二得六升六分升之四；丝三得八升七分升之四；絮四得八升九分升之八，共二斗二升. 分母子依合分法得二升六十三分升之八，共并得二斗四升六十三分升之八，以分母六十三乘二斗四升加分子八，共一十五石二斗为法，以分母六十三乘原米五石七斗得三百五十九石一斗为实，以法除之得一斤七两六钱二分五厘为一率率. 各依率乘，合问.

14. 今有木棉三驮，三朝换物各殊.

四斤换得一石粟，七斗半零贴与.

次日五斤换麦，余零二斗交足.

九斤换绢疋无余，此法如何辨取？（西江月）

答曰：每驮一百七十一斤，绢一十九疋，粟四十二石七斗半，麦三十四石二斗.

法曰：四数剩一下四十五，题内剩三该下一百三十五；五数剩一下三十六，题内剩一该下三十六，九数剩一下一百，无零不下. 并该下共得木绵一百七十一斤为实. 以粟四斤，麦五斤，绢九(斤)[疋]各为法除之，合问.

15. 今有一疋重绢，牙人剪却六尺.

即将余绢卖钱讫，五贯二百八十.

疋长减于尺价，七十钱数难及.

疋长尺价果能知,堪慕算中第一.(西江月)

答曰:绢一疋长五尺,尺价一百二十文.

法曰:置钞五贯二百八十文于上.以七十约之,得长五丈,以减六尺,余四丈四尺,以除卖钞得尺价一百二十文,合问.

16. 三十六人入务,攒椒共饮传觞.

闲来三两莫商量,后至增添二两.

四两三瓶取下,都椒交于糟坊.

酒钱瓶子数明彰,知者请坐于上!(西江月)

答曰:椒五秤一十斤半,酒一千二十六瓶.

法曰:置总三十六人,张二位,内一位减一得三十五人,相乘得一千二百六十,折半得六百三十为实,却以后至增添二两为法乘之得一千二百六十,再置(二)[三]十六人,每人(二)[三]两乘之得一百八两,加入前数共得椒一千三百六十八两,以三因四除得酒一千二十六瓶,合问.

17. 群羊一百四十,剪毛不避勤劳.

群中有母有羊羔,先剪二羊比较.

大羊剪毛斤二,一十二两羔毛.

百五十斤是根苗,子母各该多少?(西江月)

答曰:大羊一百二十只,小羊二十只.

法曰:置羊一百四十,以大羊剪毛十八两乘之得二千五百二十两,以减羊毛二千四百两,余一百二十两为实.以大羊毛一十八两减小羊毛一十二两余六两为法除之,得小羊二十只,以减总羊一百四十,余大羊一百二十,合问.

18. 甲钏九成二两,乙钗七色相同.

李银铺内偶相逢,各欲改成器用.

其子未详所以,误将一处销熔.

当时闷脑李三翁,又把算师扰动.(西江月)

答曰:共镕成八色金四两.

甲分金二两二钱半,折足色一两八钱.乙分金一两七钱半,折足色一两四钱.

法曰:置甲金九成二两折足一两八钱,乙钱七成二两折足一两四钱,并之得八成金四两,以八成除各色,得足色,甲二两二钱半,乙一两七钱半,合问.

19. 今有铜钱一串,不知大小分文.

当三折二不均匀,当五小钱杂混.

只要百钱百字,其中造化由人.

乘除折半减加因,恼得贤家瘦换.(西江月)

答曰:小钱一文,折二钱三文,当三钱六文,当五钱一十五文.

法曰:置钱百文字百个.约之,得当五钱一十五文,小钱一文,共钱七十六文,字六十四个,余钱二十四文,字三十六个,该钱九个,以当三钱乘之得二十七文除余钱多三文,该折二钱三文,当三钱六文.合问.

又五答:当五,十四;当三,九,折二,一;小钱一.

当[五]:十六,当三:三,折二:[五],小钱一,当五:十七,当三,一;折二,五;小钱;二.

当五:一十五,当三:六,折二:三,小钱一.

当五:一十八,当三:一,折二:一,小钱五.

[**凤栖梧**]

20. 铺户留银曾倍告,买客红绫一疋商量了.

若要石三梗米道,芝麻石八亦同调.

今已芝麻量此小,五斗四升量了原不少.

问贴几升粳米好? 贤家不会休烦恼!(凤栖梧)

答曰:贴粳米九斗一升.

法曰:以原粳米一石三斗乘今量芝麻五斗四升得七十斗二升为实,却以原芝麻一石八斗为法除之得三斗九升,以减原米一石三斗,余得贴米九斗一升,合问.

21. 今有铺户留钞贯,买客红罗一疋言之贱.

若要五斤红花换,六斤四两黄蜡满.

今已秤之见该了,二斤斗蜡无差舛.

问贴补红花多少算? 玄机妙法真堪羡.(凤栖梧)

答曰:贴红花三斤.

法曰:以原花五斤乘今秤黄蜡二斤半得一十二斤半为实,却以原黄蜡六斤四两为法除之,得已作红花二斤;以减原红花五斤,余得贴红花三斤,合问.

22. 一袋江茶买将去,八寸为长,二寸阔之度,

其厚九分无差误,秤来恰好一斤数.

又有江茶分明许,八寸四分量了为长处,

二寸一分知阔数,九分为厚无零添.(凤栖梧)

答曰:茶重一斤一两六钱四分.

法曰:置又有江茶八寸四分,二寸一分相乘得一尺七寸六分四厘,又以厚九分乘之得一十五尺八寸七分六厘为实,以原江茶长,阔二寸,八寸相乘得一十六寸,又以厚九分乘之得一十四尺四寸为法除之,合问.

［折桂令］

23. 二两买油声喧，斤四两买盐听言，

今有银二两七钱，三分六厘交足无偏.

要停买如何计算？两般儿秤得都全.

欲问英贤，莫得俄延，算的无差，到处名传.（折桂令）

答曰：各一斤九两九钱二分.

法曰：置银二两七钱三分六厘，以二价油一十八两，盐二十两相乘得三百六十两乘之得九百八十四两九钱六分为实，并二价为法除之，合问.

24. 十二锭九两交将，一两为率，四色商量.

白面三斤，盐该斤斗，八两干姜，油四斤.

花椒四两，五般儿都要停当，特问英贤良，

莫得荒忙，算得无差，到处名扬.（折桂令）

答曰：各买五秤九斤.

法曰：置钞六百九贯，各以率相乘：

面：四十八两乘盐二十四两，得一千一百五十二两，又薑八两乘得九千二百一十六两，又油六十四两乘得五十八万九千八百二十四两，又花椒四两乘得二百三十五万九千二百九十六；乘钞六百九贯得一十四亿三千六百八十一万一千二百六十四两为实. 又各率相乘：面：四十八两乘盐二十四两，又乘薑八两，又乘油六十四两，得五十八万九千八百二十四两. 盐：二十四两乘薑八两，油六十四两，花椒四两得四万九千一百五十二两. 薑：八两乘油、椒、面盐得二十九万四千九百一十二两，椒：四两乘面、盐、薑得三万六千八百六十四两，并之得一百六万九千五十六两为法，除之得一千三百四十四两，以秤法约之，合问.

［寄生草］

25. 李货郎，城中去，九贯钞，不用钱.

四斤油，一斤蜜，盐斤斗，一贯三斤皮儿面.

四般儿中停买，无差乱，交足价值要分明.

问贤家此法如何算？（寄生草）

答曰：各得四斤.

法曰：置钞九贯以各率相乘：油四斤乘蜜一斤得四斤，又盐斤半面六斤，又面三斤得乘得一十八斤乘之得一百六十二为实，又各率相乘：油四斤乘蜜一斤得四斤，又盐斤半得六斤；蜜一斤乘盐斤半得斤半，又面三斤乘得四斤半；盐斤半乘面三斤得四斤半，又乘油四斤得一十八斤；面三斤乘油四斤得一十二斤，又蜜一斤乘得一十二斤，并之得四十斤半为法，除之，合问.

[南乡子]

26. 今去买松椽,好米量来七石全.

佟米将椽都买就,牙言每对七勺话在前.

买讫少牙钱,准讨松椽更不偏.

其椽未知多少数,贤家能算,教公问一年.(南乡子)

答曰:椽一百对,每对价米七升.

法曰:置米七石以牙钱七勺除之得一万勺为实,以开平方除除之得一百,以除米七石,得每对该米七升,合问.

[水仙子]

27. 为商出外做经营,将带花银去贩参.

为当初不记原银锭,只记得七钱七买六斤.

脚钱更使用三分,总计用牙钱该四锭,

是六十分中取二分.问先生贩卖数分明.(水仙子)

答曰:人参四万三千五百斤,原银六千两.牙钱二百两,脚钱二百十七两五钱,人参价五千五百八十二两五钱.

法曰:置牙钱四(定)[锭],以(定)[锭]率五十两因之得二百两.六分中取二分,该原银六千两,减牙钱二百两,剩余五千八百两.以买参六斤因之得三万四千八百为实.却以七钱七分并脚钱三分共八钱为法,除之得人参四万三千五百斤,以每六斤归之得七千二百五十,却以每七钱七分乘之得人参价五千五百八十二两五钱.以减原总五千八百两,余得脚钱二百一十七两五钱,合问.

[鹧鸪天]

28. 九百九十九文钱,市上梨枣买一千.

十一买梨得九个,七枚枣子四文钱.

梨枣数,要周全,何须市上开声喧.

我将二果归家去,教公一任算三年.(鹧鸪天,又名思佳客)

答曰:梨六百五十七个,该钱八百三文,枣三百四十三个,该钱一百九十六文.

法曰:置列:

上	中	下
九个	七个	一千个
十一文	四文	九百九十九文

先以上、中互乘:九个乘四文得三十六,七个乘十一得七十七,以少减多,余四十一,为法.又以中、下互乘,七个乘九百九十九,得六千九百九十三,四文乘

一千个得四千，以少减多，余二千九百九十三，却以梨九个乘之得二万六千九百三十七为法，以法四十一除之得梨六百五十七个，以减总数一千个，余得枣三百四十三个，各以价乘除，合问.

29. 家有百文买百鸡，五文雄鸡不差池.

草鸡每个三文足，小者一文三个知.

玄妙法，实幽微，乘除加减任公为.

若知三色该多少，特问名公甚法推.（鹧鸪天）

答曰：雄鸡一十二个，该钱六十文，草鸡四个，该[钱]十二文，小鸡八十四个，该钱二十八文.

法曰：置钱一百以三因得三百，内减共数一百余二百为实. 以三因雄鸡五文得十五文，内减一余十四为法. 除之得雄鸡十二，余实三十二，却三因草鸡三文得九文，内减一余八. 除余实得草鸡四，以减总数一百，余得小鸡八十四，各价乘除，合问.

30. 三斗三升买个锅，九千九百事如何？

乘除方法从公算，不得言呼九九歌.

端的处，不差讹，休夸会算逞喽啰.

此般小数非难事，敢问贤家会得么？（鹧鸪天）

答曰：以买锅言：得锅三千.

以卖锅言：得米三千二百六十七石.

法曰：置锅九千九百，米三斗三升，各以四除之米得八升二合五勺，锅得二千四百七十五个. 以买锅言：二千四百七十五为实，以米八升二合五勺为法除之，得锅三千. 以卖锅言：置四千二百七十五为实，以四因米三斗三升得一石三斗二升为法，乘之得米三千二百六十七石，合问.

31. 三两丝价不偏，其绵四钱减都全.

外余剩下五分半，十一两绵以价言.

丝五两，减张绵，一线九五是余钱.

若知二价该多少？堪把佳名四海传.（鹧鸪天）

答曰：丝两价一钱一分半. 绵两价七分.

法曰：置绵四钱减外余五分半，该剩三钱四分五厘，以丝三两除之得丝两价一钱一分半. 以乘丝五两得五钱七分半，加余钱一钱九分半，共七钱七分，以绵十一两除之，得绵两价七分，合问.

32. 折绢将绫欲度量，折绫度绢上余强.

度绫过绢三十寸，度绢过绫丈五长.

绫不及，绢难忘，请公于此细推详.

绢绫若得知长短,堪作名师远播扬.(鹧鸪天)

答曰:绫长三丈六尺,绢长六丈六尺.

法曰:倍过绫一丈五尺得三丈,又倍过绢三尺得六尺,得绫长三丈六尺,却减过绢三尺,余得三丈三尺.倍之得绢长六丈六尺,合问.

[玉楼春]

33. 假令小贩人一伙,向彼园中买桃果.

果该三百八十四,桃得八十有四个.

二物将来细秤过,果重四十有八个.

问公更得几个桃,斤两适齐方得可.(玉楼春)

答曰:一十二个.

法曰:置果三百八十四个,以减果重四十八,余三百三十六为实.以桃八十四个为法,除之得一桃比四果.以四果除果重,合问.

34. 借了二丈五尺绢,却还一十七斤靛.

两家各说有相亏,来问明公如何辨?

二价相和数不乱,共该四钱二分算.

照依则例使乘除,两家价值分明见.(玉楼春)

答曰:绢尺价一钱七分.静斤价二钱五分.

法曰:置绢二十五尺,以共价四钱二分乘之得一百五为实,并二价:绢二十五,靛一十七,共四十二为法,除之,得靛斤价二钱五分,以减共价,余得绢尺价一钱七分,合问.

[江儿水]

35. 斗半粟,斗半米,一阵狂风起.

相和做一处,分又分不清.

因此上做个江儿水.(江儿水)

答曰:米主该分一斗八升七合五勺.

粟主该分一斗一升二合五勺.

法曰:置米、粟共三斗为实,以米率六,粟率十共十六为法除之得米一斗八升七合五勺,以减共数,余得粟一斗一升二合五勺,合问.

[七言八句]

36. 务中听得语吟吟,言道醇醨酒二瓶.

好酒一升醉三客,薄酒三升醉一人.

共通饮了一斗九,三十三客醉醺醺.

欲问高明能算士,几何醨酒几多醇?(七言八句)

答曰:好酒一斗,薄酒九千.

法曰:置好酒一升互乘一人得一升为醨酒,薄酒三升互乘三人得九升为醇酒.又以薄酒三升互乘三十三人得九十九人为总人.又以醇酒九升乘共饮酒一斗九升得一百七十一人,内减九十九人余七十二人为实,却以醇酒九升减醨一升余八升为法,除之得薄酒九斗,以减共饮一十九斗,余得好酒一斗,合问.

［**七言六句**］

37. 今有四石五斗黍,碾米未精逢细雨.

装到家中簸去糠,三石三斗五升五.

虽然六米与黍同,米黍不知各几许?(七言六句)

答曰:米变粟一石六斗三升七合五勺,米一石七斗一升七合五勺.

法曰:置黍四石五斗以米率六乘之得二石七石,以减簸去糠三石三斗五升五合余六斗五升五合为实.以米率六减黍一斗余四升为法除之,得未变黍一石六斗三升七合五勺,以减簸去糠三石三斗五升五合,余得米一石七斗一升七合五勺,合问.

38. 客钱千三三十二.欲籴白米来向市.

每斗牙钱该二文,于内就是五升米.

就算贴回一文钱,米价不知多少是?(七言六句)

答曰:米一石八斗,斗价七十四文.

法曰:置钱一千三百三十二文,以米五升乘之得六十六石六斗.以牙钱三文除之得三十三石三斗为实,以开平方法除之得米一石八斗,余米九斗.以该米一石八斗除之,得回贴米五升,乃一文数,合问.

［**七言四句**］

39. 米麦相和九斗半,走到街头卖一贯.

斗价相差十六文,请问先生怎地算?(七言四句)

答曰:米三斗一升二合五勺,每斗价钱一百一十六文,该三百六十二文半.麦六斗三升七合五勺,每斗价钱一百文,该六百三十七文半.

法曰:置钱一贯,以米、麦九斗半除之.得麦斗价一百文,余钱五十文,以差十六除得米三斗一升二合五勺.以减相和、余得麦六斗三升七合五勺.斗价一百加差十六得米斗价,各乘,合问.

40. 绫绢共该三丈四,算定都银五两二.

其价差银整八分,不知二色该多少?

答曰:绢三丈二尺七寸半,尺价一钱五分.绫一尺二寸五分,尺价二钱三分.

法曰:置银五两二钱,以绫、绢三十四尺除之得绢尺价一钱五分,余银一银,以差八分除之，得绫一尺二寸半，尺价二钱三分，以减总数，余得绢三丈二尺七寸半，合问.

41. 四十三石一斗米，八升一合又一勺.

每两价直一升二，欲买净椒得几何？

答曰：一十四秤一十四斤一十四两三钱三铢.

法曰：置米四十三石一斗八升一合一勺为实，以两一升三合为法除之得三千五百九十八两四钱二分五厘，以两求斤、秤、铢法约之，合问.

42. 四十三石一斗米，八升一合又一勺.

斤价一斗九升二，欲买净椒得几何？

答曰：一十四秤一十四斤十四两三钱三铢.

法曰：照前法，以斤价一斗九升二合除之，合问.

43. 十个鸡儿卖十两，每个转差二分半.

十般价例请伊言，仔细从头用心算.

答曰：甲鸡一两一钱一分二厘五毫，癸鸡八钱八分七厘五毫.

法曰：置鸡十个，张二位，一位减一得九个. 相乘得九十，折半得四十五，却以转差二分半，乘之得一两一钱二分五厘，以减总卖十两，余八两八钱七分五厘为实，以鸡十为法除之，得癸鸡价八钱八分七厘五毫，各加转差二分半，得数，合问.

44. 二丈四长尺八阔，四两半银休打脱.

三丈六长尺六阔，该银多少要交割？

答曰：六两.

法曰：置今长三丈六尺，阔一丈六尺相乘得五丈七尺六寸，以乘原银四两五钱得二百五十九两二钱为实，以原长二丈四尺，阔一尺八寸相乘得四[十]三尺二寸为法除之，合问.

45. 白面一贯斤十二，下面一贯二斤四.

赍钞三贯买两停，问公各该多少是？

答曰：各得二斤十五两二钱五分.

法曰：置钞三贯以二价二十八两、三十六两相乘得一千八乘之得三千二十四，并二价二十八两，三十六两共得六十四两为法除之，合问.

46. 日该共用百疋布，买得油盐千二数.

四疋买盐五十斤，三疋买油二十五.

答曰：盐一千一百斤，用布八十八疋. 油一百斤，用布一十二疋.

法曰：列置

上	中	下
四疋	三疋	一百疋
五十	二十五	一千二百

先以上、中互乘:四疋乘二十五得一百,三疋乘五十得一百五十,以少减多,余五十为法,又以中、下互乘:三疋乘一千二百得三千六百,二十五乘一百得二千五百,以少减多,余一千一百,却以盐四疋乘之得四千四百为实,以法五十除得盐布八十八疋,该盐一千一百斤.以减总布百疋余得油布一十二疋,该油一百斤,合问.

47. 足色黄金整一斤,银匠误侵四两银.

斤两虽然不曾耗,借问却该几色金?

答曰:八成色.

法曰:置金十六两为实,以银四两加入原金十六两共二十两为法,除之,合问.

48. 足色黄金十二两,欲作八成预忖量.

分两虽然添得重,入银多少得相当?

答曰:入银三两.

法曰:置金十二两,以八成约之得一十五两,以减原金十二两,余该入银三两,合问.

49. 丈六生绫二丈罗,价钱适等无差讹.

只知每尺差十二,绫罗尺价各几何?

答曰:绫尺价六十文,罗尺价四十八文.

法曰:置绫一十六尺,以差十二乘之得一百九十二尺;罗二十尺,以差十二乘之得二百四十,各自为列实.以罗二十减绫十六余四为法,各除之,合问.

50. 今有芝麻七斗七,每升价钱七十七.

乘除加减随公算,用法之时休使"七".

答曰:五贯九百二十九文.

法曰:倍实七斗七升得一石五斗四升,折法七十七得三十八斗,乘之,合问.

51. 今有小麦五石五,每斗价钱五十五.

因归加减任公为,不言"五言二十五".

答曰:三千二十五.

法曰:与前法同倍实折法,乘之合问.

52. 松椽株价(又称"倩人买椽")

六贯二百一十钱,倩人去买几株椽.

每株脚钱三文足,无钱准与一株椽.

——引自朱世杰《四元玉鉴》

答曰:椽四十六株,椽价一百三十五文.

法曰:置钱六千二百一十,以牙钱三文除之得二千七十为实,以开平方法除之得四十五株,余实四十五,得椽一株,共四十六铢,合问.

53. 借了一斤三两絮,还他一十四两绵.

二般价钞曾相并,一百六十五文钱.

答曰:绵两价九十五文.絮两价七十文.

法曰:置絮一十九两以相并一百六十五文乘之得三千一百三十五文为实.并二价:絮十九两,绵十四两,共三十三两,为法除之得绵两价九十五文,以减相并,余得絮两价七十文,合问.

54. 三斗芝麻五斗粟,共通换得两秤竹.

不知斗价与根钱,只言从上差十六.

答曰:芝麻斗价四十文,粟斗价二十四文,竹价八文.

法曰:置粟五斗以差十六(加)[乘]之得八十为实,以粟五斗减芝麻三斗余二斗为法除之,得芝麻斗价四十文.以减差十六得粟斗价二十四文,又减差十六得竹价八文,合问.

55. 八石四斗麦和黍,各价六十七贯五.

斗价相和三贯半,黍麦二价如何取?

答曰:黍五石四斗,斗价一贯二百五十文.麦三石,斗价二贯二百五十文.

法曰:四因各价六十七贯半得二百七十,以麦黍八石四斗乘相并斗价三贯五百文共得二百九十四,以减二百七十,余二十四,乃贱价每斗一贯,该黍二石四斗,以减总数八石四斗余六石,折半得麦、黍各三石,黍加二石四斗,共得五石四斗,以除各价六十七贯半,得黍价一贯二百五十,加一贯,得麦斗价二贯二百五十,合问.

56. 今有粟麦各一斗,共钱三百二十文.

却有粟麦共一石,各价六百若为论.

答曰:麦二斗半,斗价二百四十文,粟七斗半,斗价八十文.

法曰:置粟一石,以共钱三百二十文乘之得三贯二百文,却以四因各价六百得二贯四百文.减之,余八百文,乃贱石价,得每斗粟价八十文.以减共钱三百二十文,余得麦斗价二百四十文,各除共钱六百文,麦得二斗半,粟得七斗半,各以斗价乘之,合问.

57. 一斤斗盐换斤油,五万白盐载一舟.

斤两内除相易换,须教二色一般筹.

答曰:各二万斤.

法曰:置总盐五万斤为实.并盐一斤半,油一斤共得二斤半,为法除之得二万斤,合问.

［六言八句］

58. 七两四分银锭,籴得米麦同盛.

九石四斗三升,二价高低各另.

米价九分一斗,麦价七分无剩.

请问米麦分明,精术果然通圣.

答曰:米二石一斗九升五合.麦七石二斗三升五合.

法曰:置米、麦九石四斗三升为实.以米斗价九分因之得八两四钱八分七厘,以减原银七两四分余剩银一两四钱四分七厘为实,以米价九分减麦价七分余价二分为法,除之得麦七石二斗三升五合.以减总数,余得米二石一斗九升五合,合问.

［六言四句］

59. 今有一田好粟,七石六斗五升.

乡例自来六米,如何碾得中停.

答曰:各二石八斗六升八合七勺五抄.

法曰:置粟七石六斗五升,以米率六乘之得四十五石九斗为实.并米六升,粟一斗,共一斗六升为法除之,合问.

60. 秤斤两皆十四,更有三钱三铢.

斤价斗九二合,净椒卖米何如?

答曰:四十三石一斗八升一合一勺.

法曰:通秤十四得二百一十斤,加一十四斤,共二百二十四斤.并两十四两三钱加三铢得一钱二分五厘,共十四两四钱二分五厘,以两求斤法得九分一毫五丝六忽二微五尘,通并共得二百二十四斤九分一毫五丝六忽二微五尘为实,以斤价一斗九升二合为法乘之,合问.

61. 秤斤两皆十四,更有三钱三铢.

两价一升二合,净椒卖米何如?

答曰:四十三石一斗八升一合一勺.

法曰:与前(两)［法］同,以两价一升二合为法除之,合问.

［五言八句］

62. 哑子来买肉,难言钱数目.

一斤短四十,九两多十六.

每两该几文?原有多少肉.

此题能答曰,可以学干禄.

答曰:原钱八十八文,原肉十一两,每两八文.

法曰:置短四十加多十六,共五十六为实.以多十六减九两余七两为法,除之得八.却以九两因之得七十二加多十六共得原钱八十八文,以八归之得肉十一两每两该钱八文,合问.

[**五言四句**]

63. 九文买个桃,二文买个梨.

一文六个杏,百文买百果.

答曰:桃三枚,该二十七文.梨三十一枚,该六十二文.杏六十六枚,该一十一文.

法曰:列置百文、百果.约之,先得一十一文,六十六杏,以减总数一百,余得八十九文,三十四果,以桃价九文乘果得三百六文,以减八十九文,余二百一十七文为实,却以桃九文减梨二文余七文为法除之,得梨三十一,以减果三十四余得桃三枚,合问.

——九章详注比类粟米算法大全卷第二[终]

诗词体数学题译注：

1. **注解**：斛：旧量器、方形、口小、底大. 容量为 10 斗. 牙人：即旧时商人. 语出《旧唐书·食货志下》："自今以后，有因交关用欠陌钱者，宜但令本行头及居停主人、牙人等，检查送官，如有容隐，兼许卖物领钱人纠告其行头主人、牙人，重加科罪."籴：买入，"籴碗"即买入豌豆. 全：指整数. 停：成数，份数，兑数分成几份，其中一份叫"一停儿". 俱停：此处当理解为："俱相等". 1 贯 =1 000 文.

译文：粮食市场中商人介绍各种粮食的价钱：小麦每石 870 文，细米每石 1 000文整，粟每石 550 文，豌豆每石 780 文. 用钱 39 贯 400 文整. 买上述四种粮食均相等，问怎样计算.

解：吴敬原法为：买小麦、细米、粟、豌豆各为

$$\frac{39\ 400}{870+1\ 000+550+780}=12.312\ 5(\text{石})$$

2. **注解**：槟榔：常绿乔木，羽状复叶，生长在热带或亚热带，果实叫作"槟榔".

译文：每两药价：良薑是 41 文，槟榔是 52 文，丁香是 80 文，客商有钱 7 贯 500 文，按 3∶4∶2 买槟榔、良薑、丁香. 问各买多少.

解：吴敬原法为：$\frac{7\ 500}{3\times52+4\times41+2\times80}=\frac{7\ 500}{480}=15.625(\text{两})$

槟榔：15.625 两 ×3 =46.875 两 =2 斤 14 两 8 钱 7 分 5 厘

良薑：15.625 两 ×4 =62.5 两 =3 斤 14 两 5 钱

丁香：15.625 两 ×2 =31.25 两 =1 斤 15 两 2 钱 5 分

3. **译文**：假如有零罗 7 尺，用 5 两红花，染成裙段 6 幅，量该一丈 8 尺. 现有罗 7 丈，也用前法染之，出一部分罗给染坊作为染费，应该染罗、出罗各多少?

解：吴敬原法为：

染罗：$\frac{73\times1.8}{0.7+1.8}=\frac{131.4}{2.5}=52.56(\text{丈})$.

出罗：$73-52.56=20.44(\text{丈})$.

4. **注解**：白米：亦称白粮，漕粮的一种. 明清在江南五府一州（江苏的苏州、松州、常州三府、太仓一州；浙江的嘉兴、湖州两府）征收的额外漕粮. 专供皇室及百宫廪禄之用. 明朝规定皇室供用白熟粳、糯米 17 万余石，各府部官员用糙粳米 4 万 4 千余石，由粮长征用解运京师，运输费用和途中损耗，由纳粮户均摊. 清初继续征用.

译文：有白米 3.5 石，可换芝麻 3 石；又有芝麻 5.5 斗，可换小麦 8 斗. 今却有小麦 9.6 石要换白米. 知道先生果然是能计算的人，请问：先生究竟应该换多

少石白米？不会算旁人要讥笑你.

解:这是一个连锁比例问题.先设芝麻数为 x_1 石,则$\frac{0.55}{0.8}=\frac{x_1}{9.6}$.

所以 $x_1=\frac{0.55\times9.6}{0.8}=6.6$(石).

又设白米数为 x 石,则:$\frac{3.5}{3}=\frac{x}{6.6}$.

所以 $x=\frac{3.5\times6.6}{3}=7.7$(石).

亦即:吴敬原法为:$x=\frac{3.5\times0.55\times9.6}{0.8\times3}=\frac{18.48}{2.4}=7.7$(石).

5. **注解**:客:客商.装钱:装卸搬运费,又称"脚钱".脚言,即脚夫(又称脚力),旧社会的搬运工人.原钱:亦指脚钱.

译文:客商到乡村去买米,共买 84 石,依照乡村的粮价,知道每石是 1 贯 270 文,雇小车搬运,每石运费是 330 文,搬运工说,家内缺粮食,运费可以折算成粮食.问客米、脚米各多少石.

解:吴敬原法为:

总米价:$1\ 270\times84=106\ 680$(文).

总运费:$330\times84=27\ 720$(文).

客米:$\frac{106\ 680}{1\ 270+330}=66.675$(石).

脚米:$\frac{27\ 720}{1\ 270+330}=17.325$(石).

或:$84-66.675=17.325$(石).

6. **注解**:相和:在粉状物中加液体搅拌或揉弄.合和:合、合拢,结合到一起.合和:意为将油和面和在一起.无讹:无错.

译文:用 7 两油可以和 9 两面粉.今共有面粉 1 斤 6 两 5 钱,已用清油 1 斤 5 两和.问还应再添多少面粮来和？不会计算应须问我.

解:这是一个正比例问题.吴敬原法为:7 两油可以和 9 两面粉,1 斤 5 两(即 21 两)油应和面粉

$$\frac{7}{9}=\frac{21}{x}$$

$$x=\frac{9\times21}{7}=27(\text{两})$$

所以应添面粉数:27 两 - 1 斤 6 两 5 钱 = 27 两 - 22.5 两 = 4.5 两

7. **注解**:净椒:纯净的椒、好椒.秤斤两皆十四:即 14 秤 14 斤 14 两.1 秤 = 15 斤,14 秤 14 斤 14 两 = 3 598 两,三钱三铢 = 0.425 两,计 3 598.425 两.

译文:用43.1811 石米,可以买得纯净的好椒14 秤14 斤14 两3 钱3 铢.问秤、斤、两、钱、铢价各是多少.请问:英明的先生如何算得?

解:吴敬原法:14 秤 14 斤 14 两 3 钱 3 铢 = 3 598.425 两 = 224.901 562 5 斤.

所以斤价:$\frac{43.181\ 1}{224.901\ 562\ 5}=0.192$(石).

秤价:$0.192\times 15=2.88$(石).

两价:$0.192\div 16=0.012$(石).

钱价:$0.192\div 16\div 10=0.001\ 2$(石).

铢价:$0.192\div 384=0.000\ 5$(石).

8. **注解**:豚:小猪.豕:猪.无偏:无偏差.转添钱半:“钱半”即 0.15 两,“转添”为逐次增加之意,即每只猪价依次递加 0.15 两,亦即公差为 0.15 两.根源:原谓草木之根与水之源.比喻事物的根本.韩愈(768—824)《符读书城南》诗:“横潦无根源,朝满夕已除.”数学书中,263 年刘徽在《九章算术注序》中,首次用“根源”一词(总算术之根源),今指事物产生的根本原因.

译文:有 12 只大小肥猪,拿来卖给英贤.商人定价不必说,每只递加 0.15 两,总计卖银 21.9 两,交足钱无偏差,不知大小猪到底各是多少?此法如何计算?

解:吴敬原法为:$12\times\frac{12-1}{2}=66$,即 6.6 两.以转添 0.15 两加之,得 9.9 两,小豕价为:$\frac{21.9-9.9}{12}=1$(两).

依次递加 0.15 两得各猪价,合问.

此系等差数列问题,吴敬的解法相当于:已知:$s=21.9$ 两,$d=0.15$ 两,$n=12$.由 $s=a_1n+\frac{n(n-1)d}{2}$得 $a_1=sn-\frac{n(n-1)d}{2}=\frac{21.9-9.9}{12}=1$(两).依次转添 0.15 两,得大小猪各价为:1 两,1.15 两,1.3 两,1.45 两,1.6 两,1.75 两,1.9 两,2.05 两,2.2 两,2.35 两,2.65 两.

9. **注解**:二丝:指粗、细两种丝.余饶:指余零数.“价值二钱,三钱足数”中的“二钱”“三钱”系指“二文钱”“三文钱”,与重量“七钱五分”中的“钱”意义不同.后者系重量单位.明摽:通“明标”,做出记号或写出简单的文字,使人知道.三事:指粗、细丝数及共银.蕴奥:蕴藏的奥秘道理.

译文:粗细两种丝共重 93.75 两. 粗丝每两卖给英豪是 2 文钱,一点也不少,当时细丝的摽价是每两三钱足数. 问:粗细二丝各有多少? 共值多少钱? 若能算知此三数,最为高明. 暗想其中蕴含的奥秘!

解:吴敬原法为:$\frac{93.75\text{ 两}}{2+3}=18.75$ 两,为一停率.

细丝:18.75 两 ×3 = 56.25 两 = 3 斤 8 两 2 钱 5 分.

粗丝:18.75 两 ×2 = 37.5 两 = 2 斤 5 两 5 钱.

共钱:56.25 ×3 + 37.5 ×2 = 243.75 文.

此题吴敬将细丝每两价 3 钱误为 2 钱,粗丝价每两 2 钱误为 3 钱,因此总钱数误为 225 文钱.

10. **注解**:瓠:一年生草本植物,茎蔓生花白色,果实细长,呈圆筒形,表皮淡绿色,果肉白色,可作蔬菜. 英豪:英雄豪杰. 平交:公平交易. 无耗:无损耗. 倍之高:意为 2 倍.

译文:有白瓠、千梨、万枣,卖与英豪,商人做价两方公平交易,共卖白银 6 两 2 钱,无损耗,瓠价比梨价贵一倍,不差分豪,梨价又比枣子多一倍. 问瓠、梨、枣价各多少?

解:吴敬原法为:

枣价:$\frac{6.2\text{ 两}}{10\,000+2\,000+400}=0.000\,5$ 两 = 5 毫.

计银:0.000 5 两 ×10 000 = 5 两.

梨价:0.000 5 两 ×2 = 0.001 两 = 1 厘.

计银:0.001 两 ×1 000 = 1 两.

瓠价:0.000 5 两 ×4 = 0.002 两 = 2 厘.

计银:0.002 两 ×100 = 0.2 两.

此法相当于:计枣价为 x 两,则梨价为 $2x$ 两,瓠价为 $(2\times 2x)=4x$ 两,故 $10\,000x+2\,000x+400x=6.2$ 两.

所以枣价为:$x=0.000\,5$ 两 = 5 毫.

梨价为:5 毫 ×2 = 1 厘.

瓠价为:1 厘 ×2 = 2 厘.

又设瓠价为 x 两,梨价为 y 两,枣价为 z 两,依题意,得

$$\begin{cases}100x+1\,000y+10\,000z=6.2\text{ 两} & (1)\\ x=2y & (2)\\ y=2z & (3)\end{cases}$$

(3)代入(2)得:$x=4z$.

(3),(4)代入(1)得:

$$100\times4z+1\ 000\times2z+10\ 000z=6.2$$

$$12\ 400z=6.2$$

所以 $z=6.2$ 两/12 400 = 0.000 5 两 = 5 毫.

枣银:0.000 5 两 ×10 000 = 5 两.

梨价:$y=0.000\ 5$ 两 ×2 = 0.001 两 = 1 厘.

梨银:0.001 两 ×1 000 = 1 两.

瓠价:0.000 5 两 ×4 = 0.002 两 = 2 厘.

瓠银:0.002 两 ×100 = 0.2 两 = 2 钱.

11. **注解**:龛(kān):古代供奉神佛的小阁子,此处用作量器. 般:用"搬",移动搬运,此处作量粟用. 搅和:搅拌混合. 再盘:再盘量. 差递:差错. 轩辕劈竹:司马迁(前 145—前 87)《史记》卷一"五帝本纪":"黄帝者,少典之子,姓公孙,名曰轩辕,生而神灵,弱而能言,幼而徇齐,长而敦敏,成而聪明,轩辕之时,神农氏衰,诸侯相侵伐,暴虐百姓,而神农氏弗能征,于是轩辕乃匀用干戈,以征不离开,诸侯咸来宾从."(黄帝,是少典氏的儿子,姓公孙,名轩辕. 他一生下来神奇灵异,出生不久,就会说话. 幼小的时候,就聪明机敏,稍大即纯朴敏慧,成年以后聪明而通达,对事物看得很清楚. 轩辕的时代,神农氏的势力已经衰微,各诸侯互相攻击,残害百姓,而神农氏却无力征讨. 于是轩辕就操练士卒,去征讨那些不来朝贡的诸侯,各诸侯这才都来俯首称臣.)司马贞《史记索隐》引皇甫谧(mì):"居轩辕之丘(今在河南省新郑西北),因以为名,又以为号."又《汉书·古今人表》颜师古(581—645)注引张晏曰:"(黄帝)作轩冕之服,故谓之轩辕."劈竹:势如破竹,披山通道.《史记》云:"轩辕乃习用于戈,以征不享……而诸侯咸遵轩辕为天子,代神农氏,是为黄帝,天下有不顺者,黄帝从而征之,平者去之,披山通道(披山林草木而行以通道也)未尝宁居."

译文:用七升的斗量黍(shǔ),五升的龛子搬粟,一共量得 3 石 6 斗. 被人搅拌混合在一处,用九升的小斗再重新盘量,恰好量得 2 石 4 斗足数,问:量黍,搬粟各多少? 各折九升小斗多少? 若算得不差错,就不辜负像轩辕征服天下那样,势如破竹!

解:吴敬原法为:2.4 ×0.9 = 2.16(石).

量黍:1.8 ×0.7 = 1.26(石).

折九升小斗:1.26 ÷0.9 = 1.4(石).

搬粟:1.8 ×0.5 = 0.9(石).

折九升小斗:0.9 ÷0.9 = 1(石).

12. **注解**:花银:即金花银,明代文献中常出现金花银,张居正(1525—1582)《看详户部进呈揭帖疏》"两次奉旨取用及凑补金花,拖欠银两计三十余万".(《张太史公全集》)锭:做成块状的金属或药物等.1 锭 =50 两.根苗:①植物的根和最初破土长出的小苗.②指事物的由来和根源.

译文:用金银花 64 锭欲买明椒.每斤牙税一分,因无银子付税,折付明椒 3 斤 2 两.问:共买明椒多少斤?斤价多少?要用文字写出来或用记号标明.

解:吴敬原法为:花银 64 锭为:$50\times 64=3\ 200$(两);以椒折 3 斤 2 两 = 16 两 ×3 +2 两 =50 两乘之:$3\ 200\times 50=160\ 000$(两).

以每斤牙税一分除之,得共买明椒:160 000 两 ÷ 1 分 = 16 000 两 = 1 000斤.

斤价:$3\ 200\div 1\ 000=3.2$(两).

13. **注解**:绵:丝棉.絮:古代指粗的丝棉.依:依照、按照.

译文:每 2 斗精粮,依照当时市场的行情.可以换 6 两绵,又可以换 7 两新丝或 9 两絮.客商有米 5 石 7 斗,按绵二、丝三、絮四的比例换三样物品.问各应换多少?

解:吴敬原法为:绵每两:$\frac{20}{6}$升 $=3\frac{2}{6}$升.

丝每两:$\frac{20}{7}$升 $=2\frac{6}{7}$升.

絮每两:$\frac{20}{9}$升 $=2\frac{2}{9}$升.

依比率乘之,绵二:$3\frac{2}{6}\times 2=6\frac{4}{6}$(升).

丝三:$2\frac{6}{7}\times 3=8\frac{4}{7}$(升).

絮四: $2\frac{2}{9}\times 4=8\frac{8}{9}$(升)

$$5.7\text{ 石}\div\left(6\frac{4}{6}\text{升}+8\frac{4}{7}\text{升}+8\frac{8}{9}\text{升}\right)$$

$$=5.7\text{ 石}\div\frac{1\ 520}{63}\text{升}$$

$$=23.625\text{(两)}$$

棉:23.625 两 ×2 =47.25 两 =2 斤 15 两 2 钱 5 分.

丝:23.625 两 ×3 =70.875 两 =4 斤 6 两 8 钱 7 分 5 厘.

絮:23.625 两 ×4 =94.5 两 =5 斤 14 两 5 钱.

14. **注解**:木棉:亦称“英雄树”“攀枝花”落叶大乔木,高达30~40米,叶子掌状,复叶互生,小叶5~7枚,绿色,开红花.产于我国福建、广东、广西、云南及四川金沙江流域.越南、缅甸、印度及大洋洲亦生长.木棉种子表皮上的纤维,也叫“红棉”.驮:骡马等负载的成捆的货物.又古代1驮=120斤.三朝换物各殊:三天换物各不相同.七斗半零:为一石的$\frac{3}{4}$.贴与:贴补,多余.整句暗示“用四除之余三”.余零二斗交足:二斗为一石的$\frac{1}{5}$,暗示:“用五除之余一.”辨取:辨别取得.

译文:今有人用木棉三驮换物,三天换物各不相同.初日每4斤换粟一石,余0.75石(暗示每驮用4除之余3);次日每5斤换麦1石,余二斗(暗示每驮用5除之余1);第三日每9斤换绢一疋无余数(暗示每驮用9除之无余数)此法如何算得每驮木棉多少斤?可换得粟、麦、绢各多少?

解:吴敬原法为:这是个一次同余式问题.

4数余1下:$5\times9=45$,题内余3,应下$45\times3=135$.

5数余1下:$4\times9=36$,题内余1,应下36.

9数余1下:100,题内无余数,不下.

所以每驮木棉数为:$135+36=171$(斤).

每驮可以换粟:$171\div4=42.75$(石).

麦:$171\div5=34.2$(石).

绢:$171\div9=19$(疋).

15. **译文**:今有一疋重绢,牙人剪去6尺.将余绢卖钱5 280文.尺价减去疋长,余70文钱难及.如果能算知疋长尺价,可羡慕你为算学界中第一人.

解:设疋长为x尺,尺价为y文.依题意得

$$\begin{cases}y-x=70 & (1)\\ y=\dfrac{5\ 280}{x-6} & (2)\end{cases}$$

(2)代入(1)得
$$\frac{5\ 280}{x-6}-x=70$$

$$5\ 280-x(x-6)=70(x-6)$$
$$x^2+64x-5\ 700=0$$

解之,得疋长:$x=50$尺$=5$丈.

尺价:$\frac{5\ 280}{50-6}=120$(文).

此题吴敬的解法说得过于简略，使人不易理解. 他说："置钞五贯二百八十文于上，以七十约之，得长五丈."不知何意.

吴敬的解法"以七十约钞五贯二百八十文得长五丈"不妥!

16. **注解**：入务：宋元俗语，酒店通称"酒务"，《刘知远(895—948)诸宫调》："新开酒务，一竿斜刺出疏篱""入务"即进入酒店. 攒(zǎn 或 cuán)：积聚或拼凑. 觞(shāng)：古代盛酒的器具，酒杯. 椒(jiāo)，即胡椒、花椒、辣椒等. 椒酒：又称椒浆. 古代椒浸制的酒，《后汉书·边让传》"椒酒渊流"，梁宗懔《荆楚岁时记》"俗有岁首用椒酒". 糟坊：旧时酿酒的小作坊. 瓶：此处可理解为小酒杯，小酒瓶.

译文：有 36 人去酒店共饮椒酒，每人"闲来 3 两莫商量"，后来每人递增 2 两，每 4 两椒酒可盛三小杯. 酿制椒酒的椒都交给小酒坊，要把椒酒数，瓶数都算得明白清楚，知道的人请从于上座.

解：吴敬原法为：每人先饮 3 两，共饮：3 两 ×36 = 108 两，又置总 36 人，张二位，内一位减. 相乘：$36\times(36-1)=1\ 260$.

折半：$1\ 260\div2=630$.

以后至增 2 两乘之，得：$630\times2=1\ 260$(两). 共有椒酒数：$1\ 260+108=1\ 368$(两) = 85 斤半.

小酒杯数：$1\ 368\times\frac{3}{4}=1\ 026$(杯).

此题实际上是一个等差数列问题，已知：$a_1=3$ 两，$n=36$ 人，$d=2$ 两，代入公式，得椒酒数：$S=na_1+\frac{n(n-1)d}{2}=36\times3+\frac{36\times35\times2}{2}=1\ 368$(两).

饮椒酒杯数：$1\ 368\times\frac{3}{4}=1\ 026$(杯).

17. **简介**：此题被程大位《算法统宗》和清《御制数理精蕴》(1721 年)等书引录后，在我国民间及朝鲜、日本等国广泛流传。

译文：有一群羊，共 140 只，剪羊毛的人在羊群中辛勤地劳动，羊群中有母羊和羊羔，先剪母羊和羊羔二只羊比较，母羊每只剪毛 1 斤 2 两，羊羔每只剪毛 12 两，共剪羊毛 150 斤. 问母羊、羔羊各多少只?

解：吴敬《九章算法比类大全》原法为：设全为母羊，一共可剪羊毛：18 两 × 140 = 2 520 两.

实际一共剪毛：$16\times150=2\ 400$(两).

多剪出羊毛：$2\ 520-2\ 400=120$(两).

故有羊羔只数为：$120\div(18-12)=20$(只).

母羊只数为：$140-20=120$（只）.

今法：又可设全为羊羔，一年可剪毛：$12\times140=1\ 680$（两）.

比实际少剪羊毛：$2\ 400-1\ 680=720$（两）.

故有母羊只数为：$720\div(18-12)=120$（只）.

羊羔只数为：$140-120=20$（只）.

设母羊为 x 只，则羊羔为 $(140-x)$ 只，则

$$18x+12(140-x)=16\times150=2\ 400\text{（两）}$$

即 $6x=720$ 两.

所以母羊：$x=120$ 只.

羊羔：$140-120=20$（只）.

又设羔羊为 x 只，则母羊为 $(140-x)$ 只，则 $120x+18(140-x)=2\ 400$，$6x=120$.

所以羊羔只数为：$x=20$ 只，母羊只数为：$140-20=120$（只）.

又设母羊为 x 只，羊羔为 y 只，依题意可列联系方程

$$\begin{cases}x+y=140 & (1)\\ 18x+12y=16\times150=2\ 400 & (2)\end{cases}$$

解之：羊羔只数为：$y=20$ 只.

母羊只数为：$x=120$ 只.

18. **注解**：钏：镯子. 九成：指含金量 90%. 钗，我国古代妇女别在发髻上的一种首饰，由两股簪子合成. 七色：指含金量 70%. 相同：指也是 2 两. 扰动：动荡起伏，此处当计算讲.

译文：甲持 9 成金的镯子重 2 两，乙持七成金的钗子重 2 两. 二人偶尔在李银铺内相遇，各欲将其改成器用. 银铺儿子未知所以，错误地将其放在一处销熔. 这可闷脑了店主李三翁，又烦请算师计算.

解：吴敬原法为：置甲金九成 2 两折足色：$2\times90\%=1.8$（两）.

乙金七成 2 两折足色：$2\times70\%=1.4$（两）.

并之得八成金 4 两：$1.8+1.4=3.2$（两）$(3.2\div4=0.8$（两）$)$.

所以甲应分：$1.8\div80\%=2.25$（两）.

乙应分：$1.4\div80\%=1.75$（两）.

王文素在《算学宝鉴》中指出“切论此题，答数虽是，其术未通. 要并折足得 3 两 2 钱，以总金 4 两除之，方得八成之数，又以八成除各折足色，是用两重除也. 遇巧题亦可，若遇拙题，不能治之，如下立拙法，庶几似通.”王文素称此类问题是“误和差分”. 歌曰：

物误相和仔细察，各乘各率并为法.

总物皆将未并乘，以法除之数可答.

置甲金二两，以九成因之得折足色：$2\times90\%=1.8$（两）.

乙金二两，以七成因之得折足色：$2\times70\%=1.4$（两）.

并之得：$1.8+1.4=3.2$（两）为法.

此即："各乘各率并为法."

另并二人荒金共4两乘未并者：

甲实：$1.8\times4=7.2$（两）.

乙实：$1.4\times4=5.6$（两）.

此即："总物皆将未并乘."

皆以法3.2两除之，得：

甲金：$7.2\div3.2=2.25$（两）.

乙金：$5.6\div3.2=1.75$（两）.

19. **注解**：这是一个不定方程问题. 与《张丘建算经》中的百鸡问题，《辨古通源》中的百橘问题相似，只是多了一个未知数. 吴敬共给出五组答案. 当三、折二、当五、小钱：相当于面值为3文、2文、5文和1文，每一个铜钱为四字.

译文：今有一串铜钱，不知大小面值各有多少枚. 其中有当3、折2、当5和1文小钱混杂不均匀地串在一起. 其中用什么方法计算由你选择：乘除、折半、减加、因乘都可以只要"百钱百字"就行，算的贤家逐步消瘦.

解：吴敬《九章算法比类大全》给出5种答案：

当五	当三	折二	小钱
14	9	1	1
15	6	3	1
16	3	5	1
17	1	5	2
18	1	1	5

20. **译文**：一店铺主人留些银子，告诉一位客商，要买他的一疋红绫. 商议说要用1.3石粳米付给客商；用1.8石芝麻付给客商也同样. 今已有芝麻数量不足，只有五斗四升. 问还应贴补多少升粳米好？贤家不会休要烦恼！

解：吴敬原法为

$$\frac{1.3}{1.8}=\frac{x}{0.54}$$

$$x=\frac{1.3\times0.54}{1.8}=0.39\text{（石）}$$

应贴补粳米:$1.3-0.39=0.91$(石)

21. **注解**:差舛:差错. 红花:一年生草本植物,叶子互生,披针形,有尖刺,开黄红色筒状花,花入药,有活血、止痛、通经等作用. 4 两 =0.25 斤.

译文:今有一铺户主人留些钱钞,准备买一客商红罗一疋. 若要用 5 斤红花换黄蜡 6.25 斤;今已秤过,黄蜡只有 2.5 斤. 问:还应贴补多少红花? 玄机奥妙的计算方法使人羡慕.

解:吴敬原法为

$$\frac{5}{6.25}=\frac{x}{2.5}$$

$$x=\frac{5\times 2.5}{6.25}=2(\text{斤})$$

应贴补红花:$5-2=3$(斤).

22. **注解**:江茶:指长江流域一带地方产的茶叶的总称.

译文:有人买一袋江茶,长 8 寸,阔 2 寸,其厚 9 分无差误,秤来恰好重一斤. 又有袋江茶,长阔厚分明:8.4 寸量子为长,2.1 寸是已知阔数,9 分为厚. 问重多少斤.

解:吴敬原法为:$\dfrac{8.4\times 2.1\times 0.9}{8\times 2\times 0.9}=\dfrac{15.876}{14.4}=1.1025$

23. **注解**:声喧:大声喧叫. 听言:听说. 父足无偏:交得不多不少正好. 停买:指买完食品. 两般儿:指油、盐两种食品. 英贤:才智超众的能人. 俄:指时间很短.

译文:大声宣卖,每两银子可以买 1 斤 2 两油. 又听说可以买 1 斤 4 两盐. 今有人交足 2.736 两银子. 要使买的油、盐两种食品数量相等. 请问才智超众的能人:应如何计算? 如果能在很短的时间内,计算得无差错,就到处传扬你的芳名!

解:吴敬原法为:

油:1 斤 2 两 =18 两.

盐:1 斤 4 两 =20 两.

各买油、盐:$\dfrac{2.736\times 18\times 20}{18+20}=25.92$(两)=1 斤 9 两 9 钱 2 分.

24. **注解**:五般儿:指白面、盐、干姜、油、花椒 5 种食品. 停当:作“亭当”,完毕,齐备,此处可理解为“相等”. 古代 1 锭 =50 两.

译文:交 609 两银子,依每两为率,可以买白面 3 斤,盐 1.5 斤,干姜 8 两,油 4 斤,花椒 4 两,五种食品都买得一样多,特问才智超众的能人,不要慌慌忙忙,如果算得无差错,就到处传扬你的芳名.

解:吴敬原法为:白面3斤=48两,盐1.5斤=24两,干姜8两,油4斤=64两,花椒4两,置银609两乘各率为实:48×24×8×64×4×609=1 436 811 264两为实,各率相乘.并之为法:

$$\left.\begin{array}{l}面:48\times24\times8\times64=589\ 824\\盐:24\times8\times64\times4=49\ 152\\干姜:8\times64\times4\times48=98\ 304\\油:64\times4\times48\times24=294\ 912\\椒:4\times48\times24\times8=36\ 864\end{array}\right\}=1\ 069\ 056\ 为法$$

以法除实:得各买数:$\frac{1\ 436\ 811\ 264}{1\ 069\ 056}=1\ 344$两=84斤=5秤9斤

此题的关键是买白面、盐、干姜、油、花椒5种食品的数量一样多,可设为M,则

$$\frac{M}{48}+\frac{M}{24}+\frac{M}{8}+\frac{M}{64}+\frac{M}{4}=609$$

所以
$$\frac{1\ 069\ 056M}{2\ 359\ 296}=609$$

所以
$$M=\frac{609\ 两\times2\ 359\ 296}{1\ 069\ 056}=\frac{1\ 436\ 811\ 264\ 两}{1\ 069\ 056}=1\ 344\ 两$$
$$=84\ 斤=5\ 秤\ 9\ 斤$$

25. **注解**:四般儿:指油、蜜、盐和皮儿面4种食品.中停买:意为买油、蜜、盐和皮儿面4种食品,数量相等.

译文:李货郎到城中去买油、盐、蜜和皮儿面4种食品.共用九贯钞.油每贯4斤,蜜每贯1斤,盐每贯1.5斤,皮儿面一贯3斤.四种食品各买的数量相等,无差数,买各种食品的钱要分别算出,请问贤家:此法如何计算?

解:吴敬原法为:置钞9贯乘各率为实:9×4×1×1.5×3=162(斤)

各率相乘并之为法:

$$\left.\begin{array}{l}油:4\times1\times1.5=6\\蜜:1\times1.5\times3=4.5\\盐:1.5\times3\times4=18\\面:3\times4\times1=12\end{array}\right\}=40.5\quad 为法$$

以法除实,得各买数:162÷40.5=4(斤),此即

$$\frac{m}{4}+\frac{m}{1}+\frac{m}{1.5}+\frac{m}{3}=9$$

所以
$$\frac{40.5m}{18}=9$$

所以
$$m=\frac{9\times18}{40.5}=4(\text{斤})$$

各用钞:油:$\frac{4}{4}=1$ 贯.

蜜:$\frac{4}{1}=4$ 贯.

盐:$\frac{4}{1.5}=2.67$ 贯.

皮尔面:$\frac{4}{3}=1.33$ 贯.

计 9 贯.

26. **注解**:松椽:放在檩上架着托板和瓦的小径松木,即椽子. 牙钱:指中间人佣钱. 一年:比喻时间很长.

译文:今有人用好米 7 石去买松木椽子,牙人说:"以前已有话在前,每对松木椽子牙钱 7 勺."买讫后,因为牙钱,准许用松木椽子付给. 无偏差. 不知多少对松木椽子?向能算的贤家请教,算了很长时间.

解:吴敬原法为:松椽对数:$\sqrt{7\div0.0007}=\sqrt{10000}=100$(对)

每对椽子米价:7 石 ÷100 = 7 升

27. **简介**:此题被程大位《算法统宗》引录. 流传较为广泛.

译文:为商外出去做生意,携带花银去贩参. 因当初不记得原银锭,只记得 7 钱 7 分可以买 6 斤人参,运费是 3 分. 总计用牙钱 4 锭,是原银的$\frac{2}{60}$. 问:原银、参数、参价、脚钱各多少?

解:吴敬原法为:牙钱 4 锭 = 200 两,是原银的$\frac{2}{60}$,所以原带银数为:$200\div\frac{2}{60}=6000$ 两 $=60000$ 钱.

人参每 6 斤价 7.7 钱,加脚钱 3 分,共 8 钱,所以参数

$$(60000-2000)\times\frac{6}{8}=43500(\text{斤})$$

参价
$$43500\times\frac{7.7}{6}=55825(\text{钱})=5582.5(\text{两})$$

脚钱
$$43500\times\frac{3}{6}=21750(\text{分})=217.5(\text{两})$$

原书 $$5\,800-5\,582.5=217.5(\text{两})$$

28. 九百九十九文钱，及时梨果买一斤.

一十一文梨九个，七枚果子四文钱.

——引自朱世杰《四元玉鉴》

简介：此题被刘仕隆《九章通明算法》(1424 年)引录修改并命题目名称为：二果问价.

九百九十九文钱，甜果苦果买一千.

甜果九个十一文，苦果七个四文钱.

试问甜苦果几个？又问各该几个钱？

吴敬《九章算法比类大全》(1450 年)由刘仕隆《九章通明算法》引录此题，将其改为鹧鸪天词牌

九百九十九文钱，市上梨枣买一斤.

十一买梨得九个，七枚枣子四文钱.

梨枣数，要周全，何须市上开声喧.

我将二果归家去，教公一任算三年.

程大位《算法统宗》称此题为：甜桃苦李.

译文：有 999 文钱，买梨果共 1 000 个. 11 文买梨 9 个，7 枚果子是 4 文钱.

解：朱世杰用天元术给出四种解法：

①设 x 为甜果数，则苦果数为：$(1\,000-x)$个，则依题意可列方程

$$\frac{11x}{9}+\frac{4\times(1\,000-x)}{7}=999$$

$41x=26\,937$，解之，甜果数为：$x=657$ 个.

价钱：$657\times\frac{11}{9}=803(\text{文})$.

苦果数为：$1\,000-657=343(\text{个})$.

价钱：$343\times\frac{4}{7}=196(\text{文})$.

②设 x 为苦果数，则甜果数为$(1\,000-x)$个，则依题意可列方程

$$\frac{4x}{7}+\frac{11\times(1\,000-x)}{9}=999$$

$41x=14\,063$，解之：苦果数：$x=343(\text{个})$，价钱：196 文.

甜果数为：$1\,000-343=657(\text{个})$，价钱：803 文.

③设 x 为甜果价钱，则苦果价钱为：$(999-x)$文，则依题意可列方程

$$\frac{9x}{11}+\frac{(999-x)}{4}=1\,000$$

$41x=32\,923$,解之:甜果价钱:803 文. 甜果数为:$803\times\frac{9}{11}=657$(个).

苦果价钱为:$999-803=196$(文),苦果数为:$196\times\frac{7}{4}=343$(个).

④设苦果价钱为 x 文,则甜果价钱为:$(999-x)$文,则依题意可列方程

$$\frac{7x}{4}+\frac{9(999-x)}{11}=1\,000$$

$41x=8\,036$. 解之:苦果价钱为:196 文.

苦果数为:$196\times\frac{7}{4}=343$(个).

甜果价钱为:$999-196=803$(文),甜果数为:$1\,000-343=657$(个).

刘仕隆的解法与朱世杰不同,列置

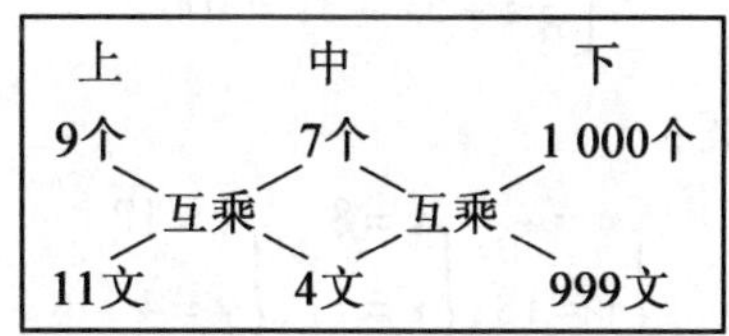

上中互乘,以少减多:$7\times11-9\times4=41$ 为长法.

中下互乘,以少减多:$7\times999-4\times1\,000=2\,993$,$2\,993\div41=73$ 为短法.

甜果:$73\times9=657$(个),钱:$73\times11=803$(文)

苦果:$1\,000-657=343$(个),钱:$999-803=196$(文).

吴敬的解法与刘仕隆的解法基本相同. 上中互乘,以少减多:$7\times11-9\times4=41$ 为法.

中下互乘,以少减多:$7\times999-4\times1\,000=2\,993$.

$2\,993\times9=26\,937$ 为实. 所以甜果数为:$26\,937\div41=657$(个),钱:$73\times11=803$(文).

苦果:$1\,000-657=343$(个),钱:$999-803=196$(文).

现在可用联立方程组解:设甜果为 x 个,苦果为 y 个,依题意可列联立方程:

$$\begin{cases}x+y=1\,000\\ \frac{11x}{9}+\frac{4y}{7}=999\end{cases}$$

解之:$x=657$ 个,$y=343$ 个.

29. **译文**:家有百文钱买百只鸡,公鸡每只 5 文,母鸡每只 3 文足,小鸡每 3 只 1 文,知玄妙的方法实在幽微. 乘除加减任先生选,要知公鸡、母鸡、小鸡各多少只,特问先生用什么方法推算.

历史简介和解:现传本《张丘建算经》(431—450 年之间成书)卷下第 38 问是一个很有趣味的中外数学史上闻名于世的古老的非齐次性不定方程问题,这题的原文是:

今有鸡翁一直钱五,鸡母一直钱三,鸡雏三直钱一,凡百钱买百鸡. 问:鸡翁、母、雏各几何?

这个问题,有三个未知数,却只能列出两个方程.

设 x,y,z 分别表示鸡翁、鸡母、鸡雏数,依题意,可得

$$\begin{cases} z+y+z=100 & (1) \\ 5x+3y+\dfrac{1}{3}z=100 & (2) \end{cases}$$

或

$$\begin{cases} z+x+y=100 & (3) \\ \dfrac{1}{3}z+5x+3y=100 & (4) \end{cases}$$

书中共列出三组答案:

$$\begin{cases} x=4 \\ y=18, \\ z=78 \end{cases} \begin{cases} x=8 \\ y=11, \\ z=81 \end{cases} \begin{cases} x=12 \\ y=4 \\ z=84 \end{cases}$$

这三组答案是怎样得出的,原书并没有说明交代. 术文只简单地说:“鸡翁每增四,鸡母每减七,鸡雏每益三,即得.”

张丘建提出百鸡问题后,自汉唐以来,虽有甄鸾、李淳风(602—670)注释,刘孝孙细草,均未见详辨. 谢察微补的所谓术文,也牵强附会,答数仅为巧合,千余年来,始终未有正确解释. 宋杨辉、明夏源泽提出用消元法消去一个未知数,用二元一次联立方程组解,但方法未流传下来. 吴敬、王文素用各项系数互乘对减消元法解. 直至 1815 年,清骆腾凤(1770—1841)用求一术解,才始将问题彻底解决.

甄鸾在《数术记遗》“计数”法的注文中,提出两个类似的百鸡问题. 其中第一题是将鸡母改为一只值四文,鸡雏四只值一文. 第二题是鸡翁改为一只值四文,其余题设条件不变,甄鸾将其作为此条注文的例题. 该条讲的是“宜从心计”,即用心算而得.

南宋著名数学家教育家杨辉在《续古摘奇算法》(1275 年)卷下,引录了张丘建的“百鸡问题”,因该题含有三个未知数,故称为“三率分身”. 杨辉说:“宜云三价中,以一价除出一位所得之数,其余二物共价,如双分法求之.”这是说,先设法消去一个未知数,使方程组转化为一个二元一次联立方程组,但没有给出具体解法的细草. 1439 年,明朝数学家夏源泽在其所著《指明算法》中指出

"随问五六七八色,惟留二色具中平",但此书现已失传,内容亦无从可考.

明朝数学家吴敬,在其所著《九章详注比类算法大全》(1450 年)卷二诗词第 29 问,将此题改写成词牌鹧鸪天(又称"思佳客"):

家有百文买百鸡,五文雄鸡不差池.
草鸡每个三文足,小者一文三个知.
玄妙法,实幽微,乘除加减任公为.
要知三色该多少,特问明公甚法推.

吴敬初步给出了一种利用方程组各项系数互乘对减消元法的方法,相当于联立方程组

$$\begin{cases}3z + x + y = 100 & (5)\\ z + 5x + 3y = 100 & (6)\end{cases}$$

(6) ×3 -(5) ×1 得

$$\underset{\text{翁法}}{14x} + \underset{\text{母法}}{8y} = \underset{\text{翁母实}}{200} \qquad (7)$$

200 ÷ 14 = 12 只雄鸡　余实 32

32 ÷ 8 = 4　为草鸡

故:100 - 12 - 4 = 84 为小鸡数.

明朝数学家王文素,对百鸡问题进行了比较系统深入的研究,在《算学宝鉴》(1524 年)卷 27 中,首次明确地给出了用联立方程组首项(或末项)系数互乘他项系数对减消元计算法则,方法比吴敬全面系统,相当于联立方程组

$$\begin{cases}x + y + 3z = 100 & (8)\\ 5x + 3y + z = 100 & (9)\end{cases}$$

(8) ×5 -(9) ×1 得

$$\underset{\text{翁法}}{2y} + \underset{\text{母法}}{14z} = \underset{\text{翁雏实}}{400} \qquad (10)$$

先以雏法 14 除实得:400 ÷ 14 = 28,为鸡雏错综之数,余实 8;又以母法 2 除之,得:8 ÷ 2 = 4 为鸡母错综数.

又以:4 ×1 = 4,为鸡母数,3 ×4 = 12(文),为鸡母钱数.

又以:28 ×3 = 84,为鸡雏数,28 ×1 = 28(文),为鸡雏钱数.

100 - 4 - 84 = 12 为鸡翁数,100 - 12 - 28 = 60(文),为鸡翁钱数.

要见后二答数,于鸡雏错综数 28 内,起一退回 14,以鸡母法除之,又得鸡母 7,是"鸡母每增七,鸡翁每减四,鸡雏每减三",最后一答,仿此.

王文素的另一方程组与吴敬相同,是利用方程组末项系数与其他项系数互乘对减消元,但解法与吴敬稍异.

由(7)式,并翁母二法,得:14 + 8 = 22.

以法除实:200 ÷ 22 = 8,即翁母各 8 只,余实 24.

24 ÷ 8 = 3,又得母 3 只.

所以母鸡为:8 + 3 = 11(只).

鸡雏为:100 - 11 - 8 = 81(只).

清朝的许多数学家,对百鸡问题进行了十分深入细致的研究,取得了十分可喜的重大成果,其中要以骆腾凤和时曰醇(1807—1880)两人的成就最为突出. 公元 1815 年,骆腾凤在其所著《艺游录》卷下"衰分补遗"节中,首次别开生面地成功地用求一术解百鸡问题,使百鸡问题灿然大著.

由(2)×3 得

$$15x + 9y + z = 300 \tag{11}$$

(11) - (1)得

$$14x + 8y = 200$$

即

$$7x + 4y = 100 \tag{12}$$

因 $7x$ 是 7 的倍数,而 100 比 7 的倍数(即 7 的 14 倍)多 2,故 $4y = 7$ 的倍数 $+2$,但 $4y$ 又等于 4 的倍数,因而将百鸡问题转化为一个求一问题:

今有物不知数($4y$),以 7 除之余 2,以 4 除之,恰尽. 问:物几何?

此即

$$4y \equiv 0 \pmod 4$$
$$\equiv 2 \pmod 7 \quad (y = 4, x = 12)$$

定母:$a_1 = 4, a_2 = 7$.

衍母:

$$M = a_1 \times a_2 = 28$$

衍数:

$$G_1 = \frac{M}{a_2} = \frac{28}{7} = 4$$

乘率

$$K_1 \times G_1 = K_1 \times 4 \equiv 1 \pmod 7$$
$$K_1 = 2$$

翁七用数

$$K_1 \times G_1 = 2 \times 4 = 8$$
$$R_1 \times K_1 \times G_1 = 2 \times 8 = 16$$

即

$$N = 4y = \sum_{i=1}^{2} R_1 K_1 G_1 = 16 + 0 = 16$$

即 $4y$ 的最小值,再累加衍母 28,可得 $4y$ 的较大值:

$$4y = 16 \quad 44 \quad 72 \quad 100 \quad 128 \quad \cdots\cdots$$

故

$$y = \frac{16}{4} = 4 \quad 11 \quad 18 \quad 25 \quad 32 \quad \cdots\cdots$$

$$7x = 100 - 4y = 84, x = 12\quad 8\quad 4\quad 0\quad -4\ \cdots\cdots$$

$$z = 100 - (x + y) = 100 - 16 = 84\quad 78\quad 75\quad 72\ \cdots$$

因 x 不能为 0 或负数,故只有 3 组答数.

1851 年,数学家丁取忠(1810—1877)在其所著《数学拾遗》一书中给出一种十分简捷直观的解法. 云:"法先取鸡母鸡雏二色差分,求鸡母原数. 置鸡百只以四归之,得二十五为原母数,以原母减鸡百只,余七十五为原雏数. 于是于原雏内加三鸡,则百鸡外多三鸡,百钱外多一钱,乃于原母内减去三鸡,以合百鸡之数. 则百钱内反少八钱,鸡母值比鸡翁值少二钱,今少八钱,则以母易翁,可得四翁. 此鸡翁之所以增四也. 原母二十五,以三易雏,以四易翁,共去七鸡,此母之所以减七也. 鸡雏一钱三鸡,加锥必自一钱始,此鸡雏之所以益三也. 原二十五,以七减之过三度,故知有三答也."

此法相当于设 $x = 0$,则原方程可变为

$$\begin{cases} y + z = 100 & (13) \\ 3y + \dfrac{1}{3}z = 100 & (14) \end{cases}$$

解之:$y = 25, z = 75$,

又设:$x = 4t, y = 25 - 7t, z = 75 + 3t$.

可列下表:

t	0	1	2	3	4
$x = 4t$		4	8	12	16
$y = 25 - 7t$	25	18	11	4	-3
$z = 75 + 3t$	75	78	81	84	87

由表可知,当 $t = 4$ 时,$y = -3$,不合题,所以只有 3 组答案.

1861 年,数学家时曰醇在前人的基础上,对百鸡问题进行了系统的研究,著《百鸡术衍》二卷,共载 28 题,这是我国数学史上首次专门论述百鸡问题的集大成性质的专著. 1884 年数学家华蘅芳(1833—1902)在《近代畴人著述记》中云:"晚年目已双瞽. 犹能手按珠盘,口授其予,著《百鸡术衍》二卷,以张丘建百鸡问题,衍为大中小三色……每题立良法."

时曰醇的方法相当于:

①令 $x = 0$,则由(13)(14)两式相减得(14)$\times 3 -$(13)得:$8y = 200, y = 25$.

②令 $z = 0$,则

$$\begin{cases} x + y = 100 & (15) \\ 5x + 3y = 100 & (16) \end{cases}$$

$(15)\times5-(16)$得:$2y=400, y=200$.

$100-200=-100$ 为鸡翁负数.

$100\div4=25$.

$25\times3-(-100)=25$ 为鸡母.

75 为鸡雏、翁空.

时曰醇的求一法,思路与骆腾凤基本相同.

①母翁较、翁雏较相求,由$(1)\times5-(-2)$得

$$6y+14z=1\ 200 \tag{17}$$

$$3y+7z=600 \tag{18}$$

其中(18)式中,y 项系数3,时曰醇称为"母翁校",z 项系数7,时曰醇称,为"翁雏较". 因 600 除 3 适尽,而除 7 余 5,故将百鸡问题转为一个求一个问题!

今有物不知数$(7z)$以 7 除之余 5,以 3 除之适尽. 问:物几何?

此即

$$7z\equiv0(\bmod 3)\equiv5(\bmod 7)(z=84\quad y=4)$$

②翁雏较、母雏较相求法与骆腾凤相同.

百鸡问题,通过什么渠道,在什么时间,流传到国外,目前尚不十分清楚. 不过,在英国阿尔昆(753—804)《益智题集》,意大利数学家斐波那契《计算之书》(1202 年),印度马哈维拉(9 世纪)《文集》. 拜斯卡拉(Bhaskara,1114—1185?)《丽拉沃提》,中亚细亚知名数学家阿尔·卡西(AL. Kashi?—1456)《算术之钥》(1427 年)等著作中,都载有与张丘建类似的百鸡问题. 如:《算术之钥》卷五中的百禽问题为:今有鸭一值四钱,雀五值一钱,鸡一值一钱,凡百钱买百鸟,问:鸭、雀、鸭各几何? 却比我国张丘建的百钱买百鸡问题迟了一千余年.

30. **注解**:三斗三升买个锅:根据本题解法术文,知道"三斗三升",既是买价,又是卖价. 九千九百事如何:有两种含意,以买锅言之,指粮食 9 900 斗;以卖锅言之,指锅 9 900 口,此两句都是双关语.

译文:三斗三升米可以买一口锅,9 900 斗米可以买多少口锅? 一口锅卖 3 斗3 升米,9 900 口锅可以卖多少米? 乘除加减随你计算,不要呼唱九九歌诀,究竟怎样算才无差数? 休夸会算逞能的人,此般小小的算数非难事,请问你会不会算?

解:吴敬原法为:置锅 9 900,米 3 斗 3 升,各以 4 除之:

锅:$9\ 900\div4=2\ 475$.

米:$3.3\div4=0.825$(斗).

以买锅言之,得锅数:$\dfrac{2\ 475}{0.825}=3\ 000$(口)

以卖锅言之,得米数:2 475 ×3.3 ×4 =32 670(升) =3 267(石)

实际上本题是一个简单的乘除运算问题,即用3.3斗米可以买一口锅,9 900斗米可以买多少口锅?一口锅可以卖3.3斗米,9 900口锅可以卖多少石米?

用米买锅:9 900 ÷3.3 =3 000(口)

卖锅得米:9 900 ×3.3 =32 670(升) =3 267(石)

31. **注解**:减都全:全都减去.

译文:有丝3两,价钱不偏差,其两价等于减去绵4钱;外余剩下5分半;绵11两,以两价为言之,等于丝五两,减张绵,余钱是0.195两.若能算知丝,绵每两该价各多少?你的佳名就能在四海传扬.

解:吴敬原法为:

丝两价:$\frac{0.4-0.055}{3}=0.115$(两).

绵两价:$\frac{0.115\times 5+0.195}{11}=0.07$(两).

32. **注解**:设绢长为x尺,绫长为y尺,则"折绢度绫"应为:$y-\frac{x}{2}$,"折绫度绢"应为:$x-\frac{y}{2}$.吴敬《九章算法比类大全》误为:$\frac{x-y}{2}$.

译文:折绢欲度量绫,则绫过绢0.3丈;又折绫去度量绢,则绢过绫1.5丈.绫不及绢,绢数难求,请先生于此详细推算,若能推算出绢、绫的长短数.就把你作为名师远播扬.

解:设绢长为x尺,绫长为y尺,则"度绫过绢三十寸"应为:$y-\frac{x}{2}=0.3$丈

"度绢过绫丈五长"应为:$x-\frac{y}{2}=1.5$,所以

$$\begin{cases}2y-x=0.6\\2x-y=3\end{cases}$$

解之,$y=1.4$丈,$x=2.2$丈.

此题吴敬《九章算法比类大全》解法错误,吴敬说:"倍过绫一丈五尺得三丈,又倍过绢三尺得六尺,得绫长三丈六尺;却减过绢三尺,余三丈三尺,倍之,得绢六丈六尺."

$$y-\frac{x}{2}=3.6-\frac{6.6}{2}=0.3(\text{丈})$$

而:$x-\frac{y}{2}=6.6-\frac{3.6}{2}\neq 1.5$(丈),错!

33. **译文**:假令有一伙小贩子,到那边的果园中去买桃果,果该 384;桃得 84 个,将二果拿来细秤过,果重 48 个. 问:公更得几个桃? 斤两适齐得可.(果桃数、斤两数相等方可以)

解:吴敬原法为:置果 384 以减果重 48 余 336 为实,以桃 84 为法除之,得 4 即为 1 桃比 4 果,所以更得桃为:$48 \div 4 = 12$(个).

34. **注解**:靛:染料,深蓝色,靛蓝.

译文:借了人家 25 尺绢,却还了 17 斤靛. 两家都说自己吃亏,来向明公请教,如何计算? 幸亏二物价数之和数不乱,共为 0.42 两,照依通常的计算法则,使用乘除法,就可以分别出绢、靛的价值.

解:吴敬原法为:置绢 25 尺以共价 0.42 两乘之,得 10.5 为实,并绢 25,靛 17 得 42 为法,除之得靛斤价为 0.25 两. 以减共价 0.42 两 - 0.25 两 = 0.17 两为绢价,这相当于如下方程:设靛斤价为 x 两,则绢尺价为 $(0.42 - x)$ 两,依题意,得方程

$$17x = 25(0.42 - x)$$

$$17x = 25 \times 0.42 - 25x$$

$$42x = 10.5$$

所以靛斤价为:$x = 0.25$ 两.

绢尺价为:$0.42 - 0.25 = 0.17$(两).

又法设绢尺价为 x 两,则靛斤价为 $(0.42 - x)$ 两,依题意,得方程

$$25x = 17(0.42 - x)$$

$$25x = 17 \times 0.42 - 17x$$

$$42x = 7.14$$

所以绢尺价为:$x = 0.17$ 两.

靛斤价为:$0.42 - 0.17 = 0.25$(两).

又法设绢尺价为 x 两,靛斤价为 y 两,则

$$\begin{cases} x + y = 0.42 & (1) \\ 25x = 17y & (2) \end{cases}$$

由(2)得

$$x = \frac{17y}{25} \qquad (3)$$

由(3)代入(1)得

$$\frac{17y}{25} + y = 0.42$$

$$y=\frac{10.5}{17+25}=0.25(\text{两})$$

$$x=0.42-0.25=0.17(\text{两})$$

35. **译文**:一斗半粟,一斗半米,一阵狂风刮起,混合在一处,分又分不开,因此做个词牌:江儿水.

解:吴敬原法为:置米1.5斗,粟1.5斗,共1.5斗+1.5斗=3斗为实.以米率6,粟率10,共6+10=16

为法,除之得

米:$\frac{3\times6}{10+6}=1.125$(斗).

粟:$\frac{3\times10}{10+6}=1.875$(斗).

吴敬原米、粟米互误.

36. 务前听得雨云云,亲熟醇醨共一盆.
醇酒一升醉三客,醨酒三升醉一人.
都来共饮十二斗,座中醉倒五十人.
借问四方能算者,几多醨酒几多醇.

——引自朱世杰《四元玉鉴》

简介:此题依据《九章算术》盈不足章第十三题改编.这题原文是今有醇酒一斗,直钱五十;行酒一斗,直钱一十.今将钱三十,得酒二斗.问:醇、行酒各几何.

《张丘建算经》卷中第十八题与此题相似,此题后来被吴敬《九章算法比类大全》、王文素《算学宝鉴》、程大位《算法统宗》等书引录.在我国民间流传极广,吴敬的诗题是:

务中听得语吟吟,言道醇醨酒二瓶.
好酒一升醉三客,薄酒三升醉一人.
共通饮了一斗九,三十三客醉醺醺.
欲问高明能算士,几何醨酒几多醇?

吴敬为了计算方便,人数不能为分数,他将朱世杰的"都来共饮十二斗,座中醉倒五十人".改为"共通饮了一斗九,三十三客醉醺醺.王文素在《算学宝鉴》卷14中将其命名为'酒分醇醨'".

天元术是我国宋元时代的重要数学成就之一,是具有我国古代数学传统特色的汉字化符号代数学.设未知数(即立天元一)、列方程的方法,同现在代数学中的方法几乎完全一样,但这种方法,自明朝以来,长期无人知晓.清朝初年数学家梅珏成(1681—1763)在内庭学习算法时,康熙帝(1654—1722)把“西洋借根方法”介绍给他,并说:“西洋人把这本书叫作《阿尔热巴达》,这个名称,可译作东来法.”梅珏成读完以后,发现与我国宋金元时期的天元术几乎完全一样,于是在其所著《赤水遗珍》一书中说明这一点,才引起后人的重视.

梅珏成发现西洋借根方法与我国宋金元时代的天元术内容几乎完全一样,在数学发展史上是有贡献的.

《四元玉鉴》用天元术给出四种解法.

注解:务前:吴敬《九章算法比类大全》、王文素《算学宝鉴》改为“务中”.程大位《算法统宗》改为“肆中”.务:宋元俗语,酒店通称“酒肆”或“酒务”.刘知远(895—948)《诸宫调》:“新开酒务,一竿斜刺出疏篱.”务前:即在酒店前面.云云:轻轻地说话、咏诗.醇(chún):度数高的好酒.醨(lí):度数低的薄酒.

译文:在酒店前面听得有人轻轻地朗诵诗歌:说有好酒薄酒两种装在盆中.好酒一升醉三位客人,薄酒三升醉一位客人,五十位客人一共饮酒十二斗,试问四方能算的先生们、女士们:醨酒、醇酒各有多少升?

解:此题解法很多,我们为了计算得更方便,统一采用吴敬题中的数字.

《九章算术》的解法:

假令醇酒13瓶,醨酒6瓶,有余:

$$13\times3+6\div3-33=8(\text{瓶})$$

假令醇酒7瓶,醨酒12瓶,不足:

$$33-(7\times3+12\div3)=8(\text{瓶})$$

代入盈不足公式得:

$$\frac{7\times8+13\times8}{8+8}=\frac{160}{16}=10(\text{瓶})\quad\text{醇酒}$$

$$19-10=9(\text{瓶})\quad\text{醨酒}$$

杨辉《详解九章算法》(1261)的解法:

①假令皆醇酒:

$$\frac{19\times3-33}{3-\frac{1}{3}}=24\div\frac{8}{3}=9(\text{瓶})\quad\text{醨酒}$$

所以 $$19-9=10(\text{瓶})\quad\text{醇酒}$$

②又假令皆醨酒:

$$\frac{33-19\times\frac{1}{3}}{3-\frac{1}{3}}=\frac{80}{3}\div\frac{8}{3}=10(\text{瓶})\quad\text{醇酒}$$

所以　　　　$19-9=10$(瓶)　醨酒

朱世杰《四元玉鉴》的解法：

①设有醇酒 x 瓶，则有醨酒$(19-x)$瓶，依题意可列方程

$$3x+\frac{19-x}{3}=33$$

解之：$8x=80$　$x=10$ 瓶　醇酒

19 瓶 − 10 瓶 = 9 瓶　醨酒

②设有醨酒 x 瓶，则有醇酒$(19-x)$瓶，依题意可列方程：

$$\frac{x}{3}+3(19-x)=33$$

解之：

$$x+171-9x=99$$

$$x=9(\text{瓶})\quad\text{醨酒}$$

$$19-9=10(\text{瓶})\quad\text{醇酒}$$

③设饮醇酒人数为 x 人，则饮醨酒人数为：$(33-x)$人，依题意可列方程

$$\frac{x}{3}+3(33-x)=19$$

解之：

$$x=30\ \text{人}$$

醇酒：$30\div3=10$(瓶)

醨酒：$19-10=9$(瓶)

④设饮醨酒人数为 x 人，则饮醇酒人数为$(33-x)$人

依题意可列方程　　$$3x+\frac{33-x}{3}=19$$

$$x=3(\text{人})$$

醨酒：$3\times3=9$(瓶).

醇酒：19 瓶.

吴敬的解法相当于下面的二元一次联立方程组

$$\begin{cases}x+y=19 & (1)\\ 3x+\dfrac{y}{3}=33 & (2)\end{cases}$$

由(1)(2)得

$$\begin{cases}x=19-y & (3)\\ 9x+y=99 & (4)\end{cases}$$

由(3)代入(4)得

$$9\times(19-y)+y=99$$

所以 $8y = 72$

酾酒：$y = 9$.

醇酒：$x = 19 - 9 = 10$（瓶）.

用的是代入法.

王文素与吴敬的代入法不同，他的方法相当于上述方程中的（4）式减去（1）式，即：$8x = 80$，$x = 10$ 用的是加减消元法.

37. **注解**：簸：用簸箕（一种用柳树条或竹条制成的盛粮食等的用具，像无梁撮子）上下颠动，扬去糠和尘土等杂物. 碾米：用滚动的碾子使谷物去皮. 破碎称为"碾米". 六米与黍同：指米与黍的比率为 6∶10.

译文：今有 4.5 石黍，正在碾米时逢下细雨，装到家中簸去糠秕，只剩3.355 石，黍与米的比率为 10∶6，问：黍、米各多少石.

解：吴敬原法为：假如4.5 石黍全碾成米，应得米：4.5 石 ×0.6 = 2.7 石，而实际剩米与黍为 3.355 石，所以：3.355 石 − 2.7 石 = 0.655 石.

黍与米率之差为：$1 - 0.6 = 0.4$.

所以黍为：$0.655 \div 0.4 = 1.6375$（石）.

米为：$3.355 - 1.6375 = 1.7175$（石）.

（核黍：$1.7175 \div 0.6 = 2.8625$（石）.

38. **注解**：客钱千三三十二：即客有钱 1 332 文.

译文：一客商携带 1 332 文钱，来到米市欲买白米，每斗牙钱 2 文，于内就量出 5 升米，就算贴回 1 文钱. 问：买白米多少？米斗价多少？

解：吴敬原法为：

置钱 1 332 文钱，以米 5 升乘之. 得：1 332 ×5（升）= 6 660（升）= 666（斗）.

以牙钱 2 文除之，得：$666 \div 2 = 333$（斗）.

开平方除之，得米：$\sqrt{333} = 18$（斗），余 9 斗.

即该买米 1 石 8 斗，除余米 9 斗，得回贴米：$9 \div 18 = 0.5$（斗）乃一文数.

39. **注解**：相和：指米、麦共有数量.

译文：米、麦一共有 9.5 斗，走到街头共卖 1 000 文钱，斗价相差 16 文. 请问：先生米、麦斗数及斗价各多少？

解：这是一个贵贱差分问题，起源于《九章算术》粟米章.

设有钱 A 文，共买物 B 个，$A < B$，贵物单价为 a，共 m 个；贱物单价为 b，共 n 个，则本题是求

$$\begin{cases} m + n = B \\ ma + nb = A \\ a - b = 16 \end{cases}$$

的正整数解 m,n,a,b,其方法是

$$\frac{A}{B}=b+\frac{m}{n},a=b+16$$

$$n=B-m$$

则 a,b,m,n 即为所求.

吴敬原法为:置钱 1 000 文,以米麦共 9.5 斗除之,得麦斗价 100 文,加 16 文,得米斗价 116 文.

余钱 50,以差 16 除之,得米 3.125 斗,麦斗数为:9.5 - 3.125 = 6.375(斗).

40. **译文**:绫绢共有 3.4 丈,算定可以卖银 5.2 两,其价相差 8 分. 问:绫、绢尺数及尺价各多少?

解:吴敬原法为:置银 5.2 两,以绫、绢共尺 34 尺除之.

得绢尺价为:5.2 两 ÷ 34 = 0.15 两,加相差 8 分.

得绫尺价为:0.15 两 + 0.08 两 = 0.23 两,余银 0.1 两,以差 0.08 除之.

得绫尺数为:0.1 ÷ 0.08 = 1.25(尺).

得绢尺数为:34 尺 - 1.25 尺 = 32.75 尺.

41. **译文**:有米 4 318.11 升,净椒每两价值 1.2 升. 问:可以买多少净椒?

解:此题为本卷诗词第 61 题的逆运算. 吴敬原法为:可以买净椒:

4 318.11 ÷ 1.2 = 3 598.425(两)

= 14 秤 14 斤 14 两 3 钱 3 铢

42. **译文**:有米 431.811 斗,净椒每斤价值 1.92 斗,问:可以买多少净椒?

解:此题为本卷诗词第 60 题的逆运算. 吴敬原法为:可以买净椒:

431.811 ÷ 1.92 = 224.901 562 5(斤)

= 14 秤 14 斤 14 两 3 钱 3 铢

43. **注解**:转差:即等差数列中的公差. 伊:你.

译文:有十只鸡共卖十两银子,每只价钱相差二分五厘,请你说说,每只鸡价钱是多少.

仔细从头用心算算看!

解:吴敬原法为:置鸡十个,张两位,一位减一得九个,相乘得九十(10 × 9 = 90),折半得四十五(90 ÷ 2 = 45),却以转差二分半乘之,得一两一钱二分五厘(45 × 0.025 = 1.125(两)),以减总卖十两,余八两八钱七分五厘(10 - 1.125 = 8.875(两))为实,以鸡十为法除之,得癸鸡价八钱八分七厘五毫(8.875 ÷ 10 = 0.887 5(两))各加转差二分半,得数合问.

这是一个等差数列问题,已知:$S_n = 10$ 两,$n = 10$,$d = 0.025$,上述解法相

当于

$$S_n = \left[a_1 + \frac{(n-1)d}{2}\right]n$$

所以

$$\frac{S_n}{n} = a_1 + \frac{(n-1)d}{2}$$

所以

$$\begin{aligned} a_1 &= \frac{S_n}{n} - \frac{(n-1)d}{2} \\ &= \frac{10}{10} - \frac{(10-1)\times 0.025}{2} \\ &= 1 - 0.1125 \\ &= 0.8875(\text{两}) \quad \text{即癸鸡价} \end{aligned}$$

依次递加转差0.025两,得壬鸡价:0.912 5两,辛鸡价:0.937 5两,……,乙鸡价:1.087 5两,甲鸡价:1.112 5两.

44. **译文**:有2丈4尺长1丈8尺阔的一矩形物品.卖价少不了4.5两白银.现有3丈6尺长,1丈6尺阔的同一矩形物品.该卖白银多少?

解:吴敬原法为:

$$\frac{240\times 18}{4.5} = \frac{360\times 16}{x}$$

$$x = \frac{4.5\times 360\times 16}{240\times 18} = 6(\text{两})$$

45. **注解**:下面:即下等的面粉.赉:赏赐,赠送.两停:指买上下两种面粉数量相等.

译文:白面粉一贯钱买一斤十二两,下等面粉,一贯钱买二斤四两,有人赠送三贯钱,买上下两种面粉数量相等.请问先生,各应买多少才是?

解:吴敬原法为:白面粉:1斤12两=28两,下等面粉:2斤4两=36两

各应买:

$$\frac{28\times 36\times 3}{28+36} = 47.25(\text{两})$$

$$= 2\text{斤}15\text{两}2\text{钱}5\text{分}$$

46. **译文**:每日该共用布100疋.买得油盐1 200斤,已知每4疋布可以买50斤盐,每3疋布可以买25斤油,请问买油、盐及各用布多少疋.

解:吴敬原法:

列置

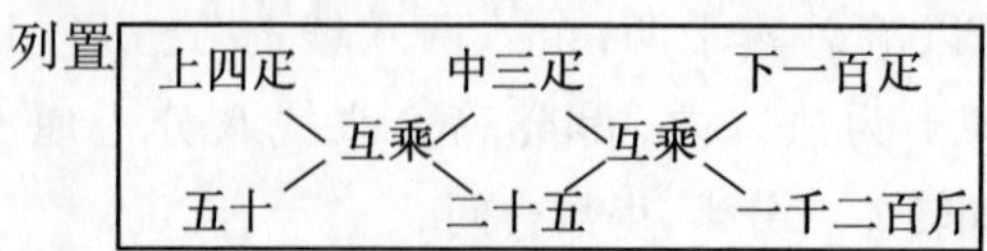

先以上,中互乘,以少减多,余为法:

$3\times50-4\times25=50$　为法

又以中,下互乘,以少减多:$3\times1\ 200-25\times100=1\ 100$.

以盐 4 疋乘之:$1\ 100\times4=4\ 400$　为实

所以盐用布:$4\ 400/50=88$(疋).

该盐:$\frac{50}{4}\times88=1\ 100$(斤).

油用布:$100-88=12$(疋).

该油:$\frac{25}{3}\times12=100$(斤).

此法相当于下面的方程组

设买油用布 x 疋,买盐用布 y 疋,则

$$\begin{cases}x+y=100 & (1)\\ \frac{25x}{3}+\frac{50y}{4}=1\ 200 & (2)\end{cases}$$

由(1)式得　$x=100-y$　(3)

(3)代入(2)得

$$\frac{25(100-y)}{3}+\frac{150y}{4}=1\ 200$$

$$50y=4\ 400\quad y=88(\text{疋})$$

该盐:$\frac{50}{4}\times88=1\ 100$(斤).

买油用布:$100-88=12$(疋).

该油:$\frac{25}{3}\times12=100$(斤)

47. **译文**:有足色的黄金整一斤,银匠误侵 4 两白银. 斤两数虽然不曾损耗,借问应该是几色金?

解:吴敬原法为:应该是$\frac{16}{16+4}=\frac{16}{20}=0.8$,即八色金.

48. **注解**:忖量:即思量,揣度. 重:此处意为"足". 相当:正好,合适.

译文:有足色黄金 12 两,欲改作八成预思量,分两虽然添得足,加入多少银子才合适?

解:吴敬原法为:足色黄金 12 两改作八成应为

$$12\div80\%=15(\text{两})$$

所以应添银数为

$$15-12=3(\text{两})$$

49. **译文**:绫 16 尺与罗 20 尺,价钱适等,无差错. 只知每尺绫价与每尺罗价相差 12 文. 请问绫、罗尺价各几何?

解:吴敬原法为:

绫实:$16\times12=192$.

罗实:$20\times12=240$.

以 $20-16=4$(尺)　为法

所以,绫尺价为:$\frac{192}{4}=48$(文).

罗尺价为:$\frac{240}{4}=60$(文).

此法相当于下面的联立方程组:

设绫尺价为 x 文,罗尺价为 y 文,则

$$\begin{cases}16x=20y & (1)\\ x-y=12 & (2)\end{cases}$$

由(2)得

$$x=12+y \qquad (3)$$

(3)代入(1)得

$$16(12+y)=20y$$
$$192+16y=20y$$
$$4y=192$$
$$y=48(\text{文})$$

将 $y=48$ 代入(2)得 $x=60$

50. **译文**:今有芝麻 7 斗 7 升,每升价钱 77 文,乘除加减随你计算,但在计算之时不许使用"七".

解:吴敬原法为:用倍实折算法:

$$(77\times2)\times(77\div2)$$
$$=154\times38.5$$
$$=5\,929(\text{文})$$

51. **注解**:因:一位数乘法. 归:即归除,十位数除法.

译文:今有小麦 5 石 5 斗,每斗价钱 55 文,因归加减任你选用. 但在计算时不言"五五二十五".

解:吴敬原法为:用倍实折算法:

$$(55\times2)\times(55\div2)$$
$$=110\times27.5$$

$$=3\ 025(\text{文})$$

52. **简介**:这是朱世杰结合劳动人民修建房屋购买缘子而编写的一个诗词体算题,内容涉及一元二次方程.

我国古代数学家,早在秦汉时代就已经掌握了一元二次方程的解法,在《周髀算经》《九章算法》和《张丘建算经》等书中都有一元二次方程的计算问题.

比如:初中几何课本曾引录了《九章算术》勾股章第 20 题.

今有邑方,不知大小,各中开门,出北门二十步有木,出南门十四步,折而西行一千七百七十五步,见木. 问邑方几何?

按题意可列方程

$$x^2+34x=71\ 000$$

用带从开方法解之

$$x=-17+\sqrt{17^2+71\ 000}=250$$

这相当于公式

$$x=\frac{-34+\sqrt{34^2+4\times 71\ 000}}{2}$$

是我国一元二次方程式的起源.

此题被吴敬《九章算法比类大全》卷二第 52 问引录.

注解:贯:古代的钱币,中间有一方孔,用绳子穿上,每一千个叫"一贯". 倩(qiàn)人:请人代替自己. 脚钱:运费. 椽(chuán):放在檀木上架着层面板和瓦的木棍. 长约四米.

译文:有 6 210 文钱,请人代替自己去买几株椽子,每株运费 3 文钱,无钱可以给人家 1 株椽子. (即总的运费恰好等于一株椽子的价钱)

解:朱世杰用天元术给两种解法:

①设椽数为 x,则椽价为:$\frac{6\ 210}{x}$,所以

$$(x-1)3=\frac{6\ 210}{x}$$

$$3x^2-3x-6\ 210=0$$

$$x^2-x-2\ 070=0$$

解之:$x=46$.

椽价为:$6\ 210\div 46=135$(文).

②设每株椽价为 x 文,则椽数为:$\frac{6\ 210}{x}$,所以

$$\left(\frac{6\ 210}{x}-1\right)\times 3=x$$

$$x^2+3x-18\ 630=0$$

解之:$x=135$(文).

椽数为:$6\ 210\div 135=46$(文).

吴敬的解法是"置钱六千二百一十,以牙钱三文除之得二千七十为实,以开平方法除之,得四十五株,余实四十五,得椽一株,共四十六株",欠妥.

53. **译文**:借人家19两絮,还他14两绵.絮两价和绵两价共165文,问絮、绵价各多少?

解:吴敬原法为:

$$19\times 165=3\ 135\quad \text{为实}$$

$$19+14=33\quad \text{为法}$$

以法除实,得:绵两价为:3 135文$\div 33=95$(文).

絮两价为:$165-95=70$(文).

今法:设絮两价为x文,绵两价为y文,则

$$\begin{cases}19x=14y & (1)\\ x+y=165 & (2)\end{cases}$$

由(2)得

$$x=165-y \qquad (3)$$

(3)代入(1)得

$$19(165-y)=14y$$

$$3\ 135-19y=14y$$

$$33y=3\ 135$$

$$y=95(\text{文})$$

$$x=165-95=70(\text{文})$$

又由(2)得

$$y=165-x \qquad (4)$$

(4)代入(1)得

$$19x=14(165-x)$$

$$33x=2\ 310$$

所以

$$x=70(\text{文})$$

$$y=165-70=95(\text{文})$$

54. **注解**:两秤竹:两秤等于三十斤,象征三十根竹子.

译文:3 斗芝麻与 5 斗粟,可以共同换得 30 根竹子,不知芝麻、粟的斗价与竹的根价,只知芝麻、粟、竹根价依次差 16 文。问:芝麻、粟,每根竹价各多少.

解:吴敬原法为:置粟 5 斗,以差乘之:$16\times5=80$ 文　为实

以粟 5 斗减芝麻 3 斗余 2 斗　为法

除之,得芝麻斗价为:$80\div2=40$(文).

粟斗价为:$40-16=24$(文).

竹根价为:$24-16=8$(文).

今法:设芝麻斗价为 x 文,则粟斗价为:$(x-16)$文,竹根价为:$(x-16-16)$文,所以

$$3x+5(x-16)=30(x-16-16)$$
$$2x-880=0$$

芝麻斗价:$x=40$ 文.

粟斗价:$40-16=24$(文).

竹根价:$24-16=8$(文).

又设:粟斗价为 x 文,则芝麻斗价为:$(x+16)$文,竹根价为:$(x-16)$文,所以

$$3(x+16)+5x=30(x-16)$$
$$3x+48+5x=30x-480$$
$$22x=528$$

粟斗价为:$x=24$ 文.

芝麻斗价为:$24+16=40$(文).

竹根价为:$24-16=8$(文).

又设:竹根价为 x 文,则粟斗价$(x+16)$文,芝麻斗价为:$(x+16+16)$文,所以

$$3(x+32)+5(x+16)=30x$$
$$22x=176$$

竹根价为:$x=8$(文)

粟斗价为:$8+16=24$(文).

芝麻斗价为:$24+16=40$(文).

55. **译文**:有麦和黍共 84 斗,各价均为 67.5 贯,麦黍斗价之和为 3.5 贯.问黍麦斗价各多少.

解:吴敬原法为:用 4 乘各价:$67.5\times4=270$(贯)

以麦黍 84 斗乘相并斗价:$3.5\times84=294$(贯).

$$294-270=24(\text{贯})$$

乃黍价每斗一贯该黍 2.4 石.

$\dfrac{8.4-2.4}{2}=\dfrac{6}{2}=3$(石),为麦、黍各 3 石.

黍加 2.4 石,共为:$3+2.4=5.4$(石).

黍斗价为:$67.5\div54=1.25$(贯).

麦斗价为:$1.25+1=2.25$(贯).

今法设麦斗价为 x 贯,黍斗价为 y 贯,则

$$x+y=3.5 \tag{1}$$

$$\frac{67.5}{x}+\frac{67.5}{y}=84 \tag{2}$$

由(1)得

$$x=3.5-y \tag{3}$$

由(2)得

$$67.5y+67.5x=84xy \tag{4}$$

(3)代入(4)得

$$67.5y+67.5(3.5-y)=84(3.5-y)y$$

化简:

$$84y^2-294y+236.25=0$$

$$y=\frac{294\pm\sqrt{294^2-4\times84\times236.25}}{2\times84}$$

$$=\frac{294\pm\sqrt{7\ 056}}{168}$$

$$=\frac{294\pm84}{168}$$

$y_1=2.25$ 贯,$y_2=1.25$ 贯.

56. **译文**:今有粟麦各一斗,共钱 320 文;又有粟麦各一石,各价都是 600 文. 问粟麦斗价各若干.

解:吴敬原法为:置粟一石,以共钱 320 文乘之,得

$$320\times10=3\ 200(\text{文})$$

以 4 乘各价 60 文,得

$$600\times4=2\ 400(\text{文})$$

$$3\ 200-2\ 400=800(\text{文})$$

乃贱石价,得:每斗粟价:$800\div10=80$(文).

得斗麦价:$320-80=240$(文).

麦斗数:$600\div 240=2.5$(斗).

粟斗数:$600\div 80=7.5$(斗).

今法设粟斗价为 x 文,麦斗价为 y 文,则

$$\begin{cases} x+y=320 & (1) \\ \dfrac{600}{x}+\dfrac{600}{y}=10 & (2) \end{cases}$$

由(1)(2)得

$$x=320-y \qquad (3)$$

$$600y+600x=10xy \qquad (4)$$

(3)代入(4)得

$$600y+600(320-y)=100(320-y)y$$

化简

$$y^2-320y+19\ 200=0$$

$$y_1=240\text{ 文}$$

$$y_2=80\text{ 文}$$

57. **注解**:斤两内除相易换,须教二色一般筹,即内部交换后,使船载油盐的数量一样多.

译文:一斤半盐可以换一斤油,50 000 斤盐可载一船. 要在内部将油盐数量交换一下,使船载油盐两种货物数量一样多. 问:应载油盐各多少斤?

解:吴敬原法为:1.5 斤盐可以换 1 斤油,即在每 2.5 斤盐中,应有 1 斤油和 1 斤盐,所以船中载油盐数量各应为:$\dfrac{50\ 000}{1+1.5}=20\ 000$(斤).

58. **注解**:银锭:此处指此银锭只有 7.4 两,并非标准整锭银子五十两. 同盛:意为"共同".

译文:用 7.4 两银子,共买米麦 94.3 斗,米麦二价高低不同,米价每斗 9 分,麦价每斗 7 分. 请分明米、麦各多少斗. 你精确的计算技术,果然可以达到神圣的地步.

解:吴敬原法为:置米、麦 94.3 斗,以米斗价 0.09 两乘之得

$$0.09\times 94.3=8.487\text{(两)}$$

$$8.487-7.04=1.447\text{(两)}$$

麦斗数:$\dfrac{1.447}{0.09-0.07}$两 $=72.35$ 斗.

米斗数:$94.3-72.35=21.95$(斗).

此法相当于如下联立方程组:

设有米 x 斗,麦 y 斗,则

$$\begin{cases}0.09x+0.07y=7.04 & (1)\\ x+y=94.3 & (2)\end{cases}$$

由(2)得

$$x=94.3-y \quad (3)$$

(3)代入(1)得

$$0.09(94.3-y)+0.07y=7.04$$

$$8.487-0.09y+0.07y=7.04$$

$$y=72.35\text{ 斗} \quad x=94.3-72.35=21.95(\text{斗})$$

59. **译文**:今有一块田地,共产好粟 7.65 石,按乡里惯例,每石可以碾米六斗,要使粟、米数量相等. 问:粟、米各多少?

解:吴敬原法为:粟、米各

$$\frac{7.65\times0.06}{0.1+0.06}=2.86875(\text{石})$$

60. **注解**:斤价斗九二合:即斤价 = 1.92 斗.

译文:有净椒 14 秤 14 斤 14 两 3 钱 3 铢,每斤价米 1.92 斗,问:共可以卖米多少斗?

解:与本卷诗词 42 题互逆,吴敬原法为:

$$3\text{ 铢}=\frac{3}{24}=0.125\text{ 两}$$

$$3\text{ 钱}=0.3\text{ 两}$$

$$14+0.3+0.125=14.425(\text{两})$$

$$\frac{14.425}{16}\text{两}=0.9015625\text{ 斤}$$

$$14\text{ 秤}=15\text{ 斤}\times14=210\text{ 斤}$$

$$210+14=224(\text{斤})$$

所以 14 秤 14 斤 14 两 3 钱 3 铢 = 224.901 562 5 斤,因此净椒可以卖米

$$1.92\text{ 斗}\times224.9015625=431.811(\text{斗})$$

61. **译文**:有净椒 14 秤 14 斤 14 两 3 钱 3 铢,每两价米 0.12 斗,问:共可以卖米多少斗?

解:与本卷诗词 41 题互逆,吴敬原法为

$$14\text{ 秤 }14\text{ 斤 }14\text{ 两}=3598\text{ 两}$$

$$3\text{ 钱 }3\text{ 铢}=0.425\text{ 两}$$

$$3598+0.425=3598.425(\text{两})$$

所以净椒可以卖米：

$$0.12\times 3\ 598.425=431.811(\text{斗})$$

62. **简介**：程大位《算法统宗》卷十一亦有同名题目：

哑子来买肉，难言钱数目.

一斤短四十，九两多十六.

试问能算者，合与多少肉.

程大位改编的题目，流传较为广泛. 刘仕隆《九章通明算法》（1424 年）中的“哑子买肉”问题，现已失传，这两个题目，究竟哪一个引自《九章通明算法》，因吴、程在书中未做说明，不得而知.

注解：干禄：有两种含义：①求福，《诗 · 大雅 · 干麓》：“岂弟君子，干禄岂弟”“岂弟”同“恺（kǎi）悌（tì）”“悦乐”；②求禄位，《论语 · 为政》：“子张学干禄”宋斐骃《史记集解》郑玄（127—200）曰：“干，求也. 禄，禄位也.”干，求. 禄，官吏的俸始. 干禄也就是谋求官位人俸禄. 此处意为后者.

译文：一位哑子米买肉，难以说出钱数目，只知道买一斤短少 40 文，买九两多 16 文. 问：每两肉该几文？原有多少钱和肉？能解答此题的人，就可以求得官位俸禄.

解：吴敬原法为：每两肉价$(40+16)\div(16-9)=8$（文）.

原有钱：$8\times 9+16=88$（文）或：$16\times 8-40=88$（文）.

原有肉：$88\div 8=11$（两）.

63. **译文**：九文钱买一个桃，二文钱买一个梨，一文钱买六个杏，百文钱买百个果. 问：桃、梨、杏各买多少个？各用多少钱？

解：吴敬原法为：先列置百文百果. 假设各买桃、梨一个，则共用：$9+2=11$（文），此 11 文可以买杏：$6\times 11=66$（个），余：$100-11=89$（文）.

$$100-66=34(\text{只})$$

$$9\times 34-89=217(\text{文})\quad \text{为实}$$

$$9-2=7(\text{文})\quad \text{为法}$$

所以梨数：$217\div 7=31$（个）.

该钱：$2\times 31=62$（个）.

桃数：$34-31=3$（个）.

该钱：$9\times 3=27$（文）.

这是一个不定方程问题，与“百鸡问题”相似.

设：x,y,z 分别为：梨、桃、杏数，则

$$\begin{cases} x + y + z = 100 & (1) \\ 9x + 2y + \dfrac{z}{6} = 100 & (2) \end{cases}$$

(2)×6－(1)得:$53x + 11y = 500$.

桃数:$500 \div 53 = 3$ 个　余 341

所以梨数:$341 \div 11 = 31$(个).

杏数:$100 - 3 - 31 = 66$(个).

①本卷共载 215 问，其中古问 46 问，比类 106 问，诗词 63 问.

此率数表与传统本《九章算术》(依钱宝琮(1892—1974)校点《算经十书·九章算术》等多种版本，中华书局，1963 年 10 月，北京)粟米章率数表相同，只是前后顺序与《九章算术》稍有不同.

本卷古问 46 个问题，与传统本《九章算术》粟米章 46 个问题内容完全相同，只是问题前后顺序和文字叙述与《九章算术》稍有不同，为了查阅方便，我将题目进行了序号编排，每题第一个数字，是吴敬《九章算法比类大全》的题目序号，第二个数字是传统本《九章算术》的题目序号(以后各卷"古问"也同样照此编序号)，钱校本等书每题题首有"今有"二字，吴敬《九章算法比类大全》"古问"每题题首冠以"问"字，且每题都有解法的细草，称为"法曰"，这应是传统本《九章算术》解法的最早细草，吴敬的细草解法完全正确，只有个别处，可能是刻版印刷，出了些小错，或使人看不清. 吴敬没有引录刘徽、李淳风(602—670)等的注文.

《九章算术》卷二粟米章前 31 个问题是正规的"今有术"问题，每题都有解法的"术文"，32 ~ 33 是"经率"问题(即除法问题)，34 ~ 37 是"经术"问题(即分数除法问题).

如 36(32)问：

所有率 = 18 枚，所有数 = 160 钱.

所求率 = 1 枚，所求数 = x 钱，依

$$\text{所求数} = \frac{\text{所有数} \times \text{所求率}}{\text{所有率}}$$

即

$$x = \frac{160 \times 1}{18} = 8\,\frac{8}{9}(\text{钱})$$

在运算过程中，因所求率为一，依"所求率乘所有数""一乘不长，故不复乘"，故直接将"所有率"作为除数，所有数作为被除数，直接除之，即得所求数，吴敬称此法为"归除法".

又如 33(34)问：

所有率 = 1 斛 6 斗 7 $\frac{2}{3}$ 升 = 16 $\frac{33}{30}$ 斗.

所有数 = 5 785 钱.

所求率 = 1 斗.

所求数 = x 钱.

依

$$\text{所求数} = \frac{\text{所有数} \times \text{所求率}}{\text{所有率}}$$

故得 $$x=\frac{5\ 785\times 1}{16\frac{23}{30}}=\frac{5\ 785\times 30}{16\times 30+23}=\frac{173\ 550}{503}=345\ \frac{15}{503}(\text{钱})$$

可以很明显看出,虽以“今有术”计算,实为分数除法也.

38 ~43 题是“其率”问题,“其率”就是以大小率之或贵贱率之之意,也就是推求所买物品每一单价值几钱,若按运算程序来讲,就是带余除法.

原术曰:各置所买石、钧、斤、两以为法,以所率乘钱数为实,实如法而一. 不满法者,反以实减法,法贱实贵.

其求石、钧、斤、两,以积铢各除法实,各得其积数,余各为铢.

这比吴敬的“贵贱率除法”术文,说得更详细全面.

$$1\text{ 两}=24\text{ 铢}$$
$$1\text{ 斤}=16\text{ 两}=384\text{ 铢}$$
$$1\text{ 钧}=30\text{ 斤}=11\ 520\text{ 铢}$$
$$1\text{ 石}=4\text{ 钧}=46\ 080\text{ 铢}$$

现以 40(40)为例,因题云:“欲其贵贱石率之.”故将所买丝化成以“石”为单位:

$$1\text{ 石 }2\text{ 钧 }28\text{ 斤 }3\text{ 两 }5\text{ 铢}=79\ 949\text{ 铢}=\frac{79\ 949}{46\ 080}\text{石}$$

所以 $$13\ 970\div\frac{79\ 949}{46\ 080}=\frac{13\ 970\times 46\ 080}{79\ 949}=8\ 051\ \frac{68\ 201}{79\ 949}$$

即贱丝每石价 8 051 钱,贵丝每石价 8 052 钱,实余 68 201 为贵丝铢数,法余 79 949 - 68 201 = 11 748 为贱丝铢数.

欲求贵贱丝石、钧、斤,两数,即以上列和铢数依次各除实,法(即实余,法余)如贵丝 68 201 铢,以石的积铢数 46 080 除之得 1 石余 22 121 铢,再以钧的积铢数 11 520 除 22 121,得 1 钧又余 10 601 铢,更以斤的积铢数 384 除10 601,得 27 斤余 233 铢,最后以两的积铢数 24 除 233,得 9 两余 17 铢,所以:

贵丝:68 201 铢 = 1 石 1 钧 27 斤 9 两 17 铢.

同法得贱丝:11 748 铢 = 1 钧 9 两 12. 铢

44 ~46 题是“反其率”问题,“反其率”不是求贵贱物品每一单位值几钱,而是求一钱能买多少物品,因与“其率”相反,故名曰“反其率”.

原术曰:以钱数为法,所率为实,实如法而一. 不满法者,反以实减法,法少,实多. 二物各以所得多少之数乘法实,即物数.

这与吴敬的“贵贱实少法多,其率法曰”是一致的.

李淳风注称:“其率者,钱多物少;反其率者,钱少物多. 多少相反,故曰‘反其率'也."又说:"其率者以物数为法,钱为实;反之者,以钱数为法,物为实."由此可知"其率"与"反其率",就已知数据而论,是大、小相反;就钱物而论,是法实相反.

现依46(45)简述如下:

因钱少物多,按反其率计算:

$$2\,100 \div 620 = 3 \cdots\cdots 240$$

所得商为3,即1钱买贵羽3翭,1钱亦可买贱羽4翭,余240应为贱羽钱数,所以 $620 - 240 = 380$,即为贵羽钱数,此即李淳风注中所云:"二百四十钱,一钱四翭;其三百八十钱,一钱三翭."

以羽乘钱:$380 \times 3 = 1\,140$,$240 \times 4 = 960$,即合所问.

上式中:240为"多"者的钱数,为"实多",也就是将所余化为240钱,每钱4翭,此即李淳风注文"余物化为钱矣"! 其实,按除法计算,所余应为240翭,因贵贱羽每钱相差1翭,故可将余数240化为钱,又因 $620 - 240 = 380$,其余数380,即为"少者"的钱数,即为"法少"也.

以"多(4)"乘实余240;以"少(3)"乘法余380得:$240 \times 4 = 960$,$380 \times 3 = 1140$ 就是物数,即李淳风注文所云"即物数也".

比类共106题,分得比较详细,计分15种题型:

乘法	1~8题
除法	9~10题
归法	11~24题
异乘同除	25~36题
贵贱率	37~45题
就物抽分	46~47题
互换乘除	48~73题
买物各停	74~78题
买物二色	79~87题
买物三色	88~93题
买物四色	94题
买物五色	95题
买物六色	96~98题
借宽还窄	99~102题
金铜铁锡炼镕	103~106题

②内子:内(nà)子即分数的分子.

③换易乘除法:《九章算术》卷二原称为“今有术”,术曰:以所有数乘所求率为实,以所有率为法,实如法而一,即:

$$\frac{所求数}{所有数}=\frac{所求率}{所有率}$$

$$\Rightarrow 所求数=\frac{所求率}{所有率}\times 所有数$$

古人在计算中,为了避免不能整除的麻烦,乃采取先乘后除,故得:

$$所求数=\frac{所求率\times 所有数}{所有率}$$

本章共有46个问题,都是按今有数据推算所求数据的问题,因此称这种算法为“今有术”,刘徽、李淳风的注文也都以“今有术”作为这种算法的专用名词.

本章第一问是以粟求粝,第二问是以粟求粺,第三问是以粟求凿,……各问都是依比例算法以此易彼,杨辉《续古摘奇算法》(1275年)卷下称“互换术”,术曰:以所求率乘所有数为实,以原率为法,除之合问,杨辉《详解九章算法》(1261年)将粟米各问列入互换门,称为“互换乘除法”,吴敬《九章算法比类大全》(1450年)改称为“换易乘除法”,王文素《算学宝鉴》卷五称为“互换活法”.

由于“所有数”和“所求率”是异类量,而“所有数”和“所有率”是同类量,根据先乘后除,“今有术”这一名词,元朱世杰《算学启蒙》(1299年)、程大位《算法统宗》(1592年)又称为“异乘同除法”.

④实:被除数;法:除数,实如法而一;即:实÷法=?

⑤粝(lì):粗糙的米.

⑥粺(bài):米的一种,精于粝.

⑦凿(záo):米的一种,精于粺.

⑧御(yù):供王善之米,精于凿.

⑨小䵂、大䵂:屑也,麦细曰“小䵂”,粗曰“大䵂”.

⑩菽(shū):豆类的总称.

⑪荅(dā):小豆.

⑫麻(má):草木植物.

⑬豉(chǐ)豆豉:一种用豆子作的食品,即盐豆.

⑭飧(sūn):晚饭《说文》:“铺也.”

⑮蘖(niè):酒曲,《说文》:“米牙.”

⑯缣(jiān):《说文》:“并丝,缯也.”

⑰瓴甓(líng pì):砖也.

⑱个(gè):数也,数竹曰“个”.

⑲都数:法即贵贱都数.

⑳欲贵贱斤率之:欲以贵贱斤为单位进行计算.

㉑此问大小竹价相差一钱,“欲以大,小率之”就是以大、小竹为单位进行计算.

㉒欲其贵贱石率之:欲以“石”为单位进行计算,钧、斤、两、铢亦同.

㉓干:茎也,一本作“竿”.

㉔翭(hóu):《说文》曰:“羽本也.”数羽称其本,犹数草木称其根株也.

㉕比类:与某类问题相近,相似称为“比类”.“比类”一词首见于杨辉《详解九章算法》

㉖八两作五:古代 1 斤 =16 两,八两作五为:8 ÷16 =0.5(斤)

㉗二两作下一二五:2 ÷16 =0.125(斤)

此法初见于《永乐大典》杨辉算书“零两求分定数”:

一两六厘二毫半　　十一两六分八厘七毫半

二两一分二厘半　　十二两七分半

三两一分八厘七毫半　　十三两八分一厘二毫半

四二分半　　十四两八分七厘半

五两三分一厘二毫半　　十五两九分三厘七毫半

六两三分七厘半　　十六两十分

七两四分三厘七毫半　　分还两用加二五

八两五分

九两五分六厘二毫半

十两六分二厘半

后来,元朱世杰在《新编算学启蒙·总括》(1299 年)中,将其编成“斤下留法”歌,称斤下带两者,当以十六统之,今则就省,以此代之也.

一退六二五　　二留一二五

三留一八七五　　四留二五

五留三一二五　　六留三七五

七留四三七五　　八留单五

九留五六二五　　十留六二五

十一留六八七五　　十二留七五

十三留八一二五　　十四留八七五

十五留九三七五

㉘籴(dí):买入粮食.

㉙引:引=200 斤.

㉚疋:吴敬在各个题目中,所用的疋率不同,如 33 题,41 题,疋=42 尺,47 题,疋=24 尺,48 题,疋=48 尺,54 题,官疋=32 尺,69 题,疋=28 尺,75 题,疋=40 尺.

㉛粜(tiào):卖出粮食.

㉜都数:即指兑数.

㉝就物抽分:贾亨《算法全能集》卷上、安止斋《详明算法》卷下,皆载有"就物抽分"歌诀,七言八句,吴敬《九章详注比类算法大全·乘除开方起例》与《详明算法》相同,程大位《算法统宗》(1592 年)亦引用《详明算法》"就物抽分"歌诀及算法,王文素《算学宝鉴》(1524 年)卷二十四在诸家算书基础上,又引申发展.

㉞秤:秤=15 斤.

㉟仃:此处相当于"等份".

㊱裹:裹=2 斤=32 两.

九章详注比类衰分算法大全卷第三

钱塘南湖后学吴敬信民编集
黑龙江省克山县潘有发校注

衰分[①]计一百六十七问

法曰:各列置衰各自排列所求等次,多寡之位列相与率也有分者;率;无分者、非.重则可约数重叠者,以约分法约之,位简而易.求分不重者勿用.副并为法并列衰之数.以所分乘未并者,各自为列实,以法除之.不满法者,以法命之.以法命实数,可约者约之,故人谓求等化繁,故立此法分也.

古问二十问

[**五爵均鹿**]

1.(1)大夫、不更、簪袅(zān niǎo)、上造、公士今公、候、伯、子、男,凡五人,以爵次高下,均五鹿,问:各得几何?

答曰:大夫:一鹿三分鹿之二;不更:一鹿三分鹿之一;簪袅:一鹿;上造:鹿三分之二[②];公士:鹿:三分之一.

法曰:五人以爵次[③]均五鹿者,大夫为五;不更为四;簪袅为三;上造为二;公士为一,各列置衰,排五、四、三、二、一,副并共一十五.为法.以所分五鹿乘未并者:五得二十五;四得二十;三得十五;二得十;一得五.各自为列实,以法十五除之大夫得一鹿;余十[④];不更得一鹿,余五;簪袅得一鹿;上造十;公士五,各不满法一鹿、止,可为分子,法实俱五约之,得数,合问[⑤].

[**五爵均粟**]

2. (6)大夫、不更、簪袅、上告、公士五人,依爵之支粟一十五斗,无添大夫,亦支五斗;仓无粟欲以六人依爵之均分.

答曰:大夫二人各出一斗四分斗之一;不更出一斗;簪袅出四分斗之三;上造出四分斗之二;公士出四分斗之一.

法曰:六人以爵次出粟五斗,法与前同,止添大夫五数.各列置衰计五、五、四、三、二、一,副并得二十为法,以所出粟五斗乘未并者五各得二十五;四得二十;三得十五;二得十;一得五,各自为列实,以法二十除之二大夫各一斗余五;不更一斗;簪袅十五;上造十;公士五.各不满一斗,上可为分子,法实俱五约之,得数合问.

[**三畜均粟**]

3. (2)牛、马、羊食人苗.苗主责之粟五斗.羊食马之半;马食牛之半.欲衰偿之.

答曰:牛:二斗八升七分升之四;马:一斗四升七分升之二;羊:七升七分升之一.

法曰:牛倍马半衰四;马倍羊半衰二;羊衰一.各列置衰排四、二、一.副并得七为法,以所偿粟五斗乘未并者牛四得二十;马二得一十;羊一得五.各自为列实,以法七除之,牛得二斗八升余四,即$\frac{4}{7}$升;马得一斗四升余二,即$\frac{2}{7}$升;羊得七升余一,即$\frac{1}{7}$升.不满法者为分子,以法命之,合问.

[**女子善织**]

4. (4)女子善织,日自倍,五日织五尺.问:日织几何?

答曰:初日[织]一寸三十一分寸之十九;次日[织]三寸三十一分寸之七;三日[织]六寸三十一分寸之十四;四日[织]一尺二寸三十一分寸之二十八;五日[织]二尺五寸三十一分寸之二十五.

法曰:此问织者当以十六、八、四、二、一为衰.各列置衰,副并得三十一为法,以所织五尺乘未并者:十六得八十;八得四十;四得二十;二得十;一得五.各自为列实.以法三十一除之,不满法者,以法命之,合问.

[**五人均禀**]

5. (7)禀[粟]五石,[五人分之]欲令三人得三,二人得二.问:各得几何?

答曰:三人各得一石一斗五升十三分升之五;二人各得七斗六升十三分升之十二.

法曰:此问均禀,多以三[人][人](三)三;二[人][人]二[6]为衰,各列置衰,副并得十三为法,以所均禀五石乘未并者三人三各得十五,二人二各得十各自为列实,以法十三除之,不满法者,以法命之,合问.

［三人税钱］

6.(3)甲持钱五百六十,乙持钱三百五十,丙持钱一百八十,出门共税百钱,以持钱多寡衰之.

答曰:甲:五十一钱一百九分钱之四十一;乙:三十二钱一百九分钱之十二;丙:一十六钱一百九分钱之五十六.

法曰:各列置衰甲:五百六十;乙:三百五十;丙:一百八十.副并得一千九十为法.以所分税一百乘未并者:甲得五万六千;乙得三万五千;丙得一万八千各自为列实,以法一千九十除之,不满法者,以法命之,合问.

［三乡发徭］

7.(5)北乡算八千七百五十八,西乡算七千二百三十六,南乡算八千三百五十六.丸三乡发徭三百七十八人,［欲］以算数多少［衰］出之.［问:各几何?］

答曰:北乡一百三十五人一万二千一百七十五分人之一万一千六百三十七;西乡一百一十二人一万二千一百七十五分人之四千四;南乡一百二十九人一万二千一百七十五分人之八千七百九.

法曰:各列置衰北乡八千七百五十八;西乡七十二百三十六;南乡八千三百五十六副并得二万四千三百五十为法,以所分徭三百七十八乘未并者北乡得三百三十一万五百二十四;西乡得三百七十三万五千二百八;南乡得三百一十五万八千五百六十八各自为列实,以法一万四千三百五十除之,不满法者,法实皆折半,合问.

［五爵出钱］

8.(8)大夫、不更、簪袅、上造、公士五人均钱一百文,欲令高爵出少,以次渐多:大夫出五分之一;不更出四分之一;簪袅出三分之一;上造出二分之一;公士出一分之一。问各出几何?⑦

答曰:大夫［出］八钱一百三十七分钱之一百四;不更［出］十钱一百三十七分钱之一百三十;簪袅［出］一十四钱一百三十七分钱之八十二;上造［出］二十一钱一百三十七分钱之一百二十三;公士［出］四十三钱一百三十七分钱之一百九。

法曰此问衰分,加分母子。各列置衰,列:相与率也。大夫五分之一,不更四分之一,簪袅三分之一,上造二分之一,公士一分之一分分互乘二分乘(二)［三］分,又乘四分,大夫得二十四分;二分乘三分,又乘五分,不更得三十;二分乘四分,又乘五分,簪袅得四十;三分乘四分,又乘五分,上造得六十;公士得一百二十。重则可约,各半之:大夫一十二;不更一十五;簪袅二十;上造三十,公士六十副并得一百三十七为法,以所均一百乘未并者大夫得一千二百;不更得一千五百;簪鸟得二千;上造得三千;公士得六千各自为列实,以法一百三十七除之,不满法者,以法命之,合问.

[**三人分米**]

9.(9)甲持粟三升,乙持粝来三升持粝饭。欲令合而分之。问:各得几何?

答曰:甲二升十分升之七;乙四升十分升之五;丙一升十分升之八。

法曰:此问以粟、粝、饭为分母,所持升为分子各列置衰,列相与率也甲粟得五十分之三,乙粝米得三十分之三;丙粝饭得七十五分之三分母互乘子之三乘七十五又乘三分甲得六百七十五;之三乘五十又乘七十五,乙得一千一百二十五;之三乘五十又乘三分丙得四百五十,副并得二千二百五十为法,以所分米九升乘未并者甲得六千七十五;乙得一万一百二十五;丙得四千五十。各自为列实,以法二千二百二十五除之,不满法者,以法约之,合问。

[**钱买丝**]

10.(10)丝一斤直二百四十,今有钱一千三百二十八文。问:买丝几何?

答曰:五斤八两二十铢五分铢之四。

法曰:以所有丝一斤以铢法通之得三百八十四铢乘今有钱一千三百二十八文得五十万九千九百五十二为实,以所直二百四十为 法除之得二千一百二十四铢,以铢[法]约之得五斤八两一十二铢余实一百九十二,法实皆四十八约之,得五分铢之四,合问.

[**丝卖钱**]

11.(11)丝一斤直三百四十五,今有丝七两一十二铢.问:直钱几何?

答曰:一百六十一钱三十二分钱之二十三.

法曰:以所有钱三百四十五乘今有丝七两一十二钱为五钱得二千五百八十七两五钱为实,以所丝一斤通得一十六两为法除之得一百六十一钱余实一十一两五钱,法实皆五约之得三十二分之二十三,合问.

[**缣卖钱**]

12.(12)缣(jiān)一丈价一百二十八.今有缣一疋九尺五寸.问:直钱几何?

答曰:六百三十三钱五分钱之三.

法曰:以所有钱一百二十八乘今问缣一疋为四丈,共四丈九尺五寸,得六千三百三十六为实,以所有缣一丈为法除之,余实折半,合问.

[**布卖钱**]

13.(13)布一疋价一百二十五,今[有布]二丈七尺.问:直钱几何?

答曰:八十四钱八分钱之三.

法曰:以所有钱一百二十五乘今问布二丈七尺得三千三百七十五为实,以所有布一疋通为四丈为法除之,余实皆五约之,合问.

［买素问疋］

14. (14)素一疋一丈价钱六百二十五,今有钱五百. 问:得素几何?

答曰:一疋.

法曰:以所有素一疋一丈通为五丈乘今有钱五百得二千五百为实,以所有价六百二十五为法除之,合问.

［丝为缣］

15. (15)丝一十四斤约得缣一十斤,今有丝四十五斤八两. 问:为缣几何?

答曰:三十二斤八两.

法曰:以所有缣一十斤乘今有丝四十五斤八两得四百五十五斤为实,以所有丝一十四斤为法除之,合问.

［丝问耗数］

16. (16)丝一斤耗七两,今有二十三斤五两,问:耗几何?

答曰:一百六十三两四铢半.

法曰:以所有乾丝七两乘今有丝二十三斤五两通为三百七十三两得二千六百一十一两为实,以所有丝一斤通为十六两为法除之,合问.

［乾丝问生］

17. (17)生丝三十斤,乾之耗三斤十二两;今有乾丝一十二斤. 问:得生丝几何?

答曰:一十三斤十一两十铢七分铢之二.

法曰:此问生丝三十斤乾之耗三斤十二两,每斤耗丝十四两置乾丝十二斤以铢通之得四千六百八铢,以生丝十六两乘之得七万三千七百二十八为实,以乾丝十四两为法除之得五千二百六十六,以铢法除之得一十三斤十一两一十铢余实四,法实皆折半得七分铢之二,合问.

［问田收粟］

18. (18)田一亩收粟六升太半升[⑧],今有田一顷二十六亩一百五十九步. 问:收粟几何?

答曰:八石四斗四升十二分升之五.

法曰:以所有粟六升太半升即三分升之二以分母三通之加分子二共得二十乘今有田一顷二十六亩,以亩步通之,加零一百五十九步,共得三万三百九十九步,以乘二十得六千万七千九百八十为实,以所有田一亩通为二百四十步,以原分母三乘得七百二十为法除之得八百四斗四升余实三百,法实皆六十约之,合问.

[**保钱问日**]

19.(19)取保一岁,价钱二贯五百文,今先取一贯二百.问:当[作]日几何?

答曰:一百六十九日二十五分日之二十三.

法曰:以取保一岁作三百五十四日乘先取钱一千二百得四十二万四千八百为实,以原价钱二贯五百为法除之得一百六十九日余实二千三百,法实皆一百约之,合问.

[**贷钱问息**]

20.(20)问:贷钱一月,息三十;今贷七百五十,于九日归之.求息几何?

答曰:六钱四分钱之二.

法曰:以所求今贷七百五十乘归九日得六千七百五十以乘所有月息三十得二十万二千五百为实,以所有贷钱一贯乘月息三十得三万为法除之得六钱余实二万二千五百法实皆七千五百约之,合问.

比类八十八问

合率差分

1.今有甲、乙、丙、丁、戊五人,甲出钞三百八十七贯;乙出钞三百二十三贯;丙出钞二百八十五贯;丁出钞二百六十六贯;戊出钞二百三十九贯.贩到油一车,共卖到钞一千八百七十五贯.问:各得本利几何?

答曰:甲得四百八十三贯七百五十文.

乙得四百三贯七百五十文.

丙得三百五十六贯二百五十文.

丁得三百三十二贯五百文.

戊得二百九十八贯七百五十文.

法曰:各列置衰甲三百八十七贯;乙三百二十三贯;丙二百八十五贯;丁二百六十六贯;戊二百三十九贯副并得一千五百贯为法,以所分一千八百七十五贯乘未并者各自为列实甲得七十二万五千六百二十五贯;乙得六十万五千六百二十五贯;丙得五十三万四千三百七十五贯;丁得四十九万八千七百五十贯;戊得四十四万八千一百二十五贯.以法一千五百贯除之,合问.

2.今有甲出丝五斤八两,乙出丝四斤三两,丙出丝三斤一两,丁出丝二斤十四两,共织得绢一十二疋二丈.问:各人得绢几何?

答曰:甲四疋一丈六尺;乙三疋一丈四尺.

丙二疋一丈八尺;丁二疋一丈二尺.

法曰:各列置衰甲五斤八两;乙四斤三两;丙三斤一两;丁二斤十四两,各通为两,副并得二百五十两为法,以所分绢一十二疋,以疋法通得四十八丈,加零二丈,共五十丈乘未并者各自为列实甲得四千四百;乙得三千三百五十;丙得二千四百五十;丁得二千三百,以法除之,合问.

3. 今有甲、乙、丙、丁四人共支盐:甲四千三百六十引;乙三千七百八十引;丙三千三百四十引;丁二千五百二十引,今盐不敷(fū)先共支九千一百引. 问:各得几何?

答曰:甲二千八百三十四引.

乙二千四百五十七引.

丙二千一百七十一引.

丁一千六百三十八引.

法曰:各列置衰甲四千三百六十;乙三千七百八十;丙三千三百四十;丁二千五百二十副并得一万四千为法,以所有盐九千一百引乘未并者甲得三千九百六十七万六千;乙得三千四百三十九万八千;丙得三千三十九万四千;丁得二千二百九十三万二千各自为列实,以法除之,合问.

4. 今有官输米一百三十六石,各于甲、乙、丙、丁富户内照依税粮多寡而均差. 甲有粮二百八十七石;乙有粮二百三十六石;丙有粮一百六十八石;丁有粮一百四十九石. 问:各该米几何?

答曰:甲四十六石一百五分石之四十九.

乙三十八石一百五分石之二十二.

丙二十七石一百五分石之二十一.

丁二十四石一百五分石之一十三.

法曰:各列置衰甲二百八十七石;乙二百三十六石;丙一百六十八石;丁一百四十九石副并得八百四十石为法,以所输米一百三十六石乘未并者甲得三万九千三十二;乙得三万二千九十六;丙得二万二千八百四十八;丁得二万一百六十四各自为列实,以法各除之不满法者,以法约之,合问.

5. 今有官差夫二百五十名,令五区照粮多寡均差. 甲区粮一千五百七十五石;乙区粮一千四百二十五石;丙区粮一千三百五十石;丁区粮一千一百二十五石;戊区粮七百七十五石. 问:各区差夫几何?

答曰:甲区六十三名;乙区五十七名.

丙区五十四名;丁区四十五名.

戊区三十一名.

法曰：置各区粮数为衰，副并得六千二百五十为法，以所差夫二百五十石乘未并者各自为实甲得三十九万三千七百五十；乙得三十五万六千二百五十；丙得三十三万七千五百；丁得二十八万一千二百五十；戊得一十九万三千七百三十以法六千二百五十除之得数合问.

6. 今有钱九十五贯九百二十八文，欲籴米麦豆三色，须用一分米、二分麦、三分豆. 米每斗五十四文，麦每斗三十六文，豆每斗二十八文. 问：三色各几何？

答曰：米四十五石六斗八升.

麦九十一石三斗六升.

豆一百三十七石四升.

法曰：置钱九十五贯九百二十八文为实. 以分数并各价米一斗五十四文；麦二斗七十二文；豆三斗八十四文，共二百一十文为法，除实得米四十五石六斗八升；以二乘得麦九十一石三斗六升；加五得豆一百(二)[三]七石四升.

7. 今有钞一千一百八贯八百文，买到缐(xiàn)(线)、丝、绵共二十四斤十二两. 只云其缐一两价多丝价一贯六百文，绵价二贯. 欲买一停缐、二停丝、三停缐. 问：三色各几何？

答曰：缐六十六两，每两价四贯四百八十文.

丝一百三十二两，每两价二贯八百文.

绵一百九十八两，每两价二贯二百四十文.

法曰：先置缐、丝、绵共数，以斤通两得三百九十六两，为三位，以上三乘得一千一百八十八两；中以二乘七百九十二两；下得三百九十六两. 各自为实，以并停一、二、三得六为法，各除上得绵一百九十八两，中得丝一百三十二两；下得缐六十六两却以一两除上绵得九十九；又以一两六钱除中丝得八十二半；下缐六十六，并三位得二百四十七半为法，以除总钞一千一百八贯八百文得缐两价四贯四百八十文，却以一两六钱除得丝两价，以二两除得绵两价.

8. 今有钞七万五千八百四十贯、买绫、罗、绢三色：其绫疋价一百四十三贯；罗疋价一百三十二贯；绢疋价七十五贯. 却要一停绫、二停罗、三停绢. 问：各得几何？

答曰：绫一百二十疋；罗二百四十疋；绢二百六十疋.

法曰：以二乘罗价得二百六十四贯；三乘绢价得二百二十五贯并入绫价共得六百三十二贯为法. 置总钞，副置三位，上一乘得七万五千八百四十贯；中二乘得一十五万一千六百八十贯；下三乘得二十二万七千五百二十贯各自为实，以法除之，上得绫数；中得罗数；下得绢数，合问.

9. 今有钞六贯四百文，买礬(tǎn)每两二十文，黄丹每两三十文，苏木[每两]八十文,欲买一停礬、二停丹、三停木,问:各该几何?

答曰:礬一斤四两;黄丹二斤八两;苏木三斤十二两.

法曰:置钞六贯四百文为实,并三色价一礬二十文,二丹六十文;三苏木二百四十文,共三百二十文为法,除之得礬一斤四两;二因为黄丹二斤八两;三因为苏木三斤十二两,合问.

10. 今有甲至癸十人共分钱一十贯,只云:甲十一,乙十,丙九,丁八,戊七,己六,寅五,辛四,壬三,癸二. 问:各得几何?

答曰:甲一贯六百九十二文六十五分文之二十.

乙一贯五百三十八文六十五分文之三十.

丙一贯三百八十四文六十五分文之四十.

丁一贯二百三十文六十五分文之五十.

戊一贯七十六文六十五分文之六十.

己九百二十三文六十五分文之五.

庚七百六十九文六十五分文之一十五.

辛六百一十五文六十五分文之二十五.

壬四百六十一文六十五分文之十五.

癸三百七文六十五分文之四十四.

法曰:以各分数乘总钱一十贯各自为实,并各支分数共得六十五为法,除各实,得数合问.

11. 今有甲、乙、丙、丁、戊,分米二百四十石,只云:甲乙二人与丙丁戊三人数等. 问:各得几何?

答曰:甲六十四石,乙五十六石,丙四十八石,丁四十石,戊三十二石.

法曰[⑨]:各列置衰甲五,乙四,丙三,丁二,戊一. 又并甲五乙四得九;又并丙三,丁二,戊一得六. 以减九余三,却于前五等数各增三,甲得八,乙得七,丙得六,丁得五,戊得四副并得三十为法,以所分米二百四十石乘未并者甲得一千九百二十石;乙得一千六百八十石;丙得一千四百四十石;丁得一千二百石;戊得九百六十石各自为列实,以法三十除之,合问.

12. 今有甲、乙、丙、丁四人,合米五千七百石. 内甲米一千三百二十五石;乙米一千四百七十八石;丙米一千六百二十四石;丁米一千二百七十三石. 颇船共用船脚钞七千四百一十贯. 问:各该出钞几何?

答曰:甲一千七百二十二贯五百文.

乙一千九百二十一贯四百文.

丙二千一百一十一贯二百文.

丁一千六百五十四贯九百文.

法曰:置船脚钞七千四百一十贯为实,以合出米五千七百石为法除之,每石该一贯三百文,以乘各出米得钞,合问.

13. 今有钞六百七十三贯六百二十文,买生药修平胃散,每料用苍木八斤,甘草三斤,陈皮、厚朴各五斤. 其苍木斤价二百五十文,甘草斤价六百文,陈皮斤价五百文,厚朴斤价八百文. 问:各该得几何?

答曰:苍木五百二十三斤三两二钱,该价钞一百三十贯八百文.

甘草一百九十六斤三两二钞,该价钞一百一十七贯七百二十文.

陈皮三百二十七斤,该价钞一百六十三贯五百文.

厚朴三百二十七斤,该价钞二百六十一贯六百文.

法曰:置苍木斤价二百五十文,以八斤因之得二贯;甘草斤价六百文以三斤因之得一贯八百文;陈皮斤价五百文以五斤因之得二贯五百文;厚朴斤价八百文以五斤因之得四贯. 副并得一十贯三百文为法. 置总[钞]六百七十三贯六百二十文列为三位:上以八斤因之得五千三百八十八贯九百六十文,以法一十贯三百文除之得苍木五百二十三斤三两二钱. 中以三斤因之得二千二十贯八百六十文,以法一十贯三百文除之得甘草一百九十六斤三两二钱. 下以五斤因之得二千三百六十八贯一百文,以法一十贯三百文除之得陈皮、厚朴各三百二十七斤. 各以斤价乘之,合问.

14. 今有钞三百七十八贯九百文,籴四色粮斛数皆均平. 粟每斗价钞三百四十文;豆每斗价钞二百五十文;黄米每斗价钞四百八十文;白米每斗价钞五百三十文. 问:四色并价钞各该几何?

答曰:各该二十三石六斗八升一合二勺五抄,白米该钞一百二十五贯五百一十文六分二厘五毫;黄米该钞一百一十三贯六百七十文;豆该钞五十九贯二百三文一分二厘五毫;粟该钞八十贯五百一十六文二分五厘.

法曰:置钞三百七十八贯九百文为实. 并四色斗价白米五百三十文;黄米四百八十文;豆二百五十文;粟二百四十文,共一贯六百文为法除之得四色各该二十三石六斗八升一合二勺五抄. 各以斗价乘之得各色价钞,合问.

15. 今有九层塔置灯,从上起各层倍数共用油八十三钧一秤七斤六两一十六铢. 只云:用五分瓯,每九瓯用油十两五钱;用三分盏,每六盏用油八两. 问:各层该灯几何?

答曰:第九层六十四;第八层一百二十八;第七层二百五十六;第六层五百一十二,第五层一千二十四;第四层二千四十八;第三层四千九十六;第二层八千一百九十二;第一层一万六千三百八十四.

法曰:置油八十三钧以钧法三十通之得二千四百九十斤,一秤得一十五斤;又七斤,共得二千五百一十二斤加六,见两加零六两共得四万一百九十八两以铢法二十四通之加零一十六铢共得九十六万四千七百六十八铢为实.别置油十两五钱以铢法通之得二百五十二铢以瓯九除之得二十八,乃一瓯油数,以五分因之得一百四十,乃瓯五分之数.又置油,以铢二十四通之得一百九十二铢,以盏六除之得三十二,乃一盏油数,以三分因之得九十六,是盏二分之数,并入瓯一百四十共得二百三十六为法,除实得四千八十八列左右二位;左以五分因之得瓯二万四百四十只,以一瓯油数二十八乘之得五十七万二千三百二十铢以钧铢法一万一千五百二十除之得四十九钧余七千八百四十又除一秤得五千七百六十余二千八十又以斤铢法三百八十四除之得五斤余一百六十;以两铢法二十四除之得六两,余一十六铢,乃是瓯之油四十九钧一秤五斤六两一十六铢。

右以三分因之得盏一万二千二百六十四只.以一盏油数三十二乘之三十九万二千四百四十八,以钧铢法一万一千五百二十除之得三十四钧余七百六十八以斤铢法三百八十四除之得二斤.乃是盏之油三十四钧二斤,并入瓯油共得原总油八十三钧一秤七斤六两一十六铢并瓯盏共得二万二千七百四只为实,并一、二、四、八、十六、三十二、六十四、一百二十八、二百五十六共得五百一十一为法得六十四是上一层灯数,倍之得一百二十八为第八层灯数;以次加倍,得各层灯数,合问.

16.今有煮酒三栈:东栈四升,酒三千八百瓶;西栈三升,酒三千六百四十瓶;北栈二升,酒二千七百六十五瓶.共卖钞三千七百九十八贯.问:各栈该卖钞几何?

答曰:东栈一千八百二十四贯.

西栈一千三百一十贯四百文.

北栈六百六十三贯六百文.

法曰:各列置衰东栈三千八百瓶,以四因得一万五千二百,西栈三千六百四十瓶,以三因得一万九百二十;北栈二千七百六十五,以二因得五千五百三十,副并得三万一千六百五十为法,以所分钞三千七百九十八贯乘未并者东栈得五千七百七十二万九千六百;西栈得四千一百四十七万四千一百六十;北栈得二千一百万二千九百四十各自为列实,以法除之,合问.

17.今有纳夏税丝三千六百二十八两八钱,每丝八两准绵十两;丝一斤折小麦一石;丝一斤四两折绢一疋疋法三丈二尺.今要一分丝、二分绵、三分小麦、四分绢.问:各纳几何?

答曰:丝二十三斤十两;绵四十七斤四两;小麦七十石八斗七升五合;绢七十五疋一丈九尺二寸.

法曰:各列置衰丝一十二分半;绵二十分;小麦三十七分半;绢五十分.副并得一百

二十为法,以所赋丝三千六百二十八两八钱乘未并者各自为实:丝得四万五千三百六十;绵得七万二千五百七十六;小麦得一十三万六千八十;绢得一十八万一千四百四十.以法除之,得数以各率除,合问.

18. 今有桑地一十亩六分,令姑姊妹三人采之.只云:姑采九分,姊采七分,妹采六分.问:各采几何?

答曰:姑采四亩三分三厘六毫二十二分毫之八.

姊采三亩三分七厘二毫二十二分毫之十六.

妹采二亩八分九厘二十二分毫之二十.

法曰:各列置衰九、六、七副并得二十二为法,以所采地一十亩六分乘未并者姑九得九十五亩四分;姊七得七十四亩二分;妹六得六十三亩六分各自为列实,以法二十二除之,姑得四亩三分三厘六毫余八;姊得三亩三分七厘二毫,余一十六;妹得二亩八分九厘,余二十,不满法者,以法命之,合问.

19. 今有鳏、寡、孤、独四人支米二十四石,内鳏者例给四分,寡者例给五分,孤者例给七分,独者例给九分,问:各得几何?

答曰:鳏三石八斗四升,寡四石八斗.

孤六石七斗二升,独八石六斗四升.

法曰:各列置衰四、五、七、九副并得二十五为法,以所支米二十四石乘未并者鳏四得九十六石;寡五得一百二十石;孤七得一百八十八石;独九得二百一十六石各自为列实,以法二十五除之,合问.

20. 今有官输粮二千八十九石四斗六升二合五勺.只云:糯米八升折粮一斗;芝麻五升一合二勺折粮一斗;菉豆六升四合折粮一斗;本色止纳一斗,今要四色各停.问:各纳几何?

答曰:各纳三百六十二石四斗.

法曰:置粮二千八十九石四斗六升二合五勺以芝麻五升一合二勺乘之得一千六十九石八斗四合八勺为实,并四色率糯米八升,芝麻五升一合二勺;菉豆六升四合,本粮一斗,共二斗九升五合二勺为法除之,合问.

21. 今有甲纳米五十六石,乙纳米四十石,丙纳米三十二石,共该一百二十八石到仓纳折七斗五升,问:各倍几何?

答曰:甲三石二斗八升一合二勺五抄.

乙二石三斗四升三合七勺五抄.

丙一石八斗七升五合.

法曰:置纳折米七石五斗为实,以共该米一百二十八石为法除之得五升六合五勺九抄三撮七圭五粟,乃米一石纳折之数,以乘各户纳米,得各该倍米,合问.

22. 今有甲出丝一十八斤十二两,乙出丝一十五斤九两,丙出丝二十二斤十一两;丁出丝二十四斤十五两,戊出丝一十一斤十三两,共丝九十三斤十二两共织绢九十一疋五尺二寸五分疋法三丈六尺验出丝以分之,问:各得几何?

答曰:甲一十八疋八尺二寸五分.

乙一十五疋四尺六寸八分七厘五毫.

丙二十二疋二尺六分二厘五毫.

丁二十四疋八尺八寸一分二厘五毫.

戊一十一疋一丈七尺四寸三分七厘五毫.

法曰:置共织九十一疋以疋法三丈六尺通之加零五尺二寸五分共得三百二十八丈一尺二寸五分为实,通共丝九十三斤十二两为七分五厘为法除之,得三丈五尺乃丝一斤织绢之数,以乘各出丝数,斤下百两减六为分,得绢尺,以疋法除之,合问.

23. 今有兄弟三人共当里长一年约用钞七百二十贯. 长兄四丁,民田一顷二十八亩;次兄三丁民田九十六亩;三弟二丁民田五十六亩,只云每田四十亩作一丁当差. 问:各该出钞几何?

答曰:长兄三百二十四贯,次兄二百四十三贯,三弟一百五十三贯.

法曰:置共用钞七百二十贯为实,以田四十亩作一丁分数为衰长兄四丁,田一顷二十八亩得七丁二分;次兄三丁,田九十六亩,得五丁四分;三弟二丁,田五十六亩,得三丁四分并之,得一十六丁为法除之,得五十四贯,为一丁该出之数,以乘各衰,合问.

24. 今有善书者,日增一倍,六日书《道德经》一卷计五千三百五十五字,问:各日书几何?

答曰:初日八十五字,次日一百七十字,第三日三百四十字,第四日六百八十字,第五日一千三百六十字,第六日二千七百二十字.

法曰:置经五千三百五十五字为实,以一、二、四、八、十六、三十二为衰,并之得六十三为法除之得八十五字,乃初日书数,递加一倍,得各日数,合问.

各分差分

法曰:置各等户,以各分乘之为衰,副并为法,以所分乘未并者各自为列实,以法除之.

25. 今有某县输粟一万八百七十石八升. 于上中下三乡输. 上依折半差出之. 又上乡三等作九一折;中乡三等作二八折;下乡三等作三七折. 上乡:上等五十六户,中等七十四户,下等九十八户. 中乡:上等八十二户,中等一百二十户,下等一百六十户. 下乡:上等九十五户,中等一百七十二户,下等一百八十户. 问:三乡九等人户各粟几何?

答曰:上乡二百二十八户共五千二百五十一石四斗八升.

上等每户二十六石五十六户共一千四百五十六石.

中等每户二十三石四斗七十四户共一千七百三十一石六斗.

下等每户二十一石六升九十八户共二千六十三石八斗八升.

中乡二百六十三户共三千六百四十五石二斗.

上等每户一十三石八十二户共一千六十六石.

中等每户一十石四斗,一百二十户共一千二百四十八石.

下等每户八石三斗二升一百六十户共一千三百三十一石二斗.

下乡四百四十七户共一千九百七十三石四斗.

上等每户六石五斗九十五户共六百一十七石五斗.

中等每户四石五斗五升一百七十二户共七百八十二石六斗.

下等每户三石一斗八升五合一百八十户共七十三石三斗.

法曰:列三乡户数,以各分乘之为衰上乡上等五十六户,以一万乘得五十六万;中等七十四户,以九千乘得六十六万六千;下等九十八户.以八千一百乘得七十九万三千八百.中乡上等八十二户,以五千乘得四十一万;中等一百二十户,以四千乘得四十八万;下等一百六十户,以三千二百乘得五十一万二千.下乡上等九十五户,以二千五百乘得二十三万七千五百;中等一百七十二户,以一千七百五十乘得三十万一千;下等一百八十户,以一千二百二十五乘得二十二万五百.各列置衰上乡:上等五十六万,中等六十六万六千,下等七十九万三千八百;中乡:上等四十一万,中等四十八万,下等五十一万二千;下乡:上等二十三万七千五百,中等三十万一千,下等二十二万五百.副并四百一十八万八百为法,置所输粟一万八百七十石八升以约率一万乘之得一亿八百七十万八百为实,以法除之得二十六石乃上乡上等每户之数;九因得二十三石四斗,乃中户之数;又九因得二十一石六升,乃下户之数.又列上户二十六石折半得一十三石乃中乡上等每户之数,八因得一十石四斗;乃中户数;又八因得八百三斗二升,乃下户数.又列上户一十三石,折半得六石五斗,乃下乡上等每户之数,七因得四石五斗五升,乃中户数;又七因得三石一斗八升五合乃下户数.各以每户之率各等户得粟,合问.

26.今有官输银一百八十八两一钱六分,令三等人户出之:第一等三十二户,每户七分;第二等四十四户,每户五分;第三等七十六户,每户三分.问:各等每户几何?

答曰:第一等,每户一两九钱六分共六十二两七钱二分.

第二等,每户一两四钱,共六十一两六钱.

第三等,每户八钱四分,共六十三两八钱四分.

法曰:置各等户数,以各分乘之为衰:第一等三十二户以七分乘得二百二十四;第二等四十四户,以五分乘得二百二十;第三等七十六户,以三分乘得二百二十八.各列置衰一等二百二十四,二等二百二十,三等二百二十八,副并得六百七十二为法,以所输银一百八十八两一钱六分乘未并者各自为实,一等得四万二千一百四十七两八钱四分,二等得四万一千三百九十五两二钱,三等得四万三千九百两四钱八分以法六百七十二除之得各等共数,以各户除之,合问.

27. 今有官输细丝三百斤,以粮多寡出之:甲区秋粮米二千五百六十石,每石三分;乙区秋粮米二千一百三十石,每石二分;丙区秋粮米一千八百四十石,每石一分;丁区秋粮米一千六百八十石,每石半分. 问:各区该几何?

答曰:甲区一百五十七斤七百三十一分斤之四百三十三.

乙区八十七斤七百三十一[分]斤之三百三.

丙区三十七斤七百三十一分斤之五百五十三.

丁区一十七斤七百三十一分斤之一百七十三.

法曰:置各区粮数以各分乘之为衰甲米以三分乘得七千六百八十,乙米以二分乘得四千二百六十,丙米以一分乘得一千八百四十,丁米以半分乘得八百四十. 各列置衰甲七千六百八十,乙四千二百六十,丙一千八百四十,丁八百四十. 副并得一万四千六百二十为法,以所输丝三百斤乘未并者各自为实,甲得二百三十万四千,乙得一百二十七万八千,丙得五十五万二千,丁得二十五万二千. 以法一万四千六百二十除之,余实与法各二十约之,合问.

28. 今有钞三百六十贯,分给甲六人各支四分;乙八人各支二分;丙十人各支一分. 问:各得几何?

答曰:甲各得二十八贯八百文.

乙各得一十四贯四百文.

丙各得七贯二百文.

法曰:置各等户,以各分乘之为衰:甲六人得二十四,乙八人得一十六,丙十人得一十. 副并得五十为法,以所分三百六十贯乘未并者各自为列实,甲得八千六百四十,乙得五千七百六十,丙得三千六百. 以法五十除之,甲得一百七十二贯八百文,乙得一百一十五贯二百文,丙得七十二贯. 以人数甲六人、乙八人、丙十人约之,合问.

29. 今有官配米四千七十二石五斗,令九等人户出之,各等户额分数不等,问:各该米几何?

答曰:上:上等一十五户,每户七十分,该米二十一石,共三百一十五石.

上:中等四十二户,每户六十分,该米一十八石,共七百五十石.

上:下等五十四户,每户五十分,该米一十五石,共八百一十石.

中:上等六十七户,每户三十五分,该米一十五石五斗,共七百三石五斗.

中:中等七十五户,每户二十五分,该米七石五斗,共五百六十二石五斗.

中:下等八十三户,每户一十五分,该米四石五斗,共三百七十三石五斗.

下:上等九十六户,每户一十分,该米三石,共二百八十八石.

下:中等一百一十二户,每户五分,该米一石五斗,共一百六十八石.

下:下等一百二十八户,每户二分五厘,该米七斗五升,共九十六石.

法曰:置米四千七十二石五斗为实,以各等户乘各分:上:上等一十五户乘七十分得一千五十分;上:中等四十二户乘六十分得二千五百二十分;上:下等五十四户乘五十分得二千七百分。中:上等六十七户乘三十五分得二千三百四十五分;中:中等七十五户乘二十五分得一千八百七十五分;中:下等八十三户乘一十五分得一千二百四十五分。下:上等九十六户乘一十分得九百六十分;下:中等一百一十二户乘五分得五百六十分;下:下等一百二十八户乘二分五厘得三百二十分。并之得一万三千五百七十五分为法,除实得三斗为一分之数,以乘每户各分,得每户数,却乘各等户,得共米数.上:上等每户七十分,得二十一石,共一十五户,得三百一十五石.

上:中等六十分得一十八石,共四十二户得七百五十六石.

上:下等五十分得一十五石,共五十四户得八百一十石.

中:上等三十五分,得一十石五斗,共六十七户得七百三石五斗.

中:中等二十五分,得七石五斗,共七十五户,得五百六十二石五斗.

中:下等一十五分,得四石五斗,共八十三户,得三百七十三石五斗.

下:上等一十分得三石,共九十六户,得二百八十八石.

下:中等五分得一石五斗,共一百一十二户得一百六十八石.

下:下等二分五厘得七斗五升,共一百二十八户得九十六石,合问.

30.今有官派木炭一万六千八百二十秤九斤六两,令三等九甲出之,各户额分不等,验数派纳.问:每户各几何?

答曰:上:上等,六户,每户九十分,该一百六十八秤一十一斤四两,共该一千一十二秤七斤八两.

上:中等,八户,每户七十分,该一百三十一秤三斤十二两,共一千五十秤.

上:下等,一十二户,每户六十分,该一百一十二秤七斤八两,共一千三百五十秤.

中:上等,一十五户,每户五十五分,该一百三秤一斤十四两,共一千五百四十六秤一十三斤二两.

中:中等,二十四户,每户四十八分,该九十秤,共二千一百六十秤.

中:下等,二十七户,每户四十二分,该七十八秤一十一斤四两,共二千一百二十六秤三斤十二两.

下:上等,四十九户,每户三十五分,该六十五秤九斤六两,共三千二百一十五秤九斤六两.

下:中等,九十五户,每户一十二分,该二十八秤一斤十四两,共二千六百七十一秤一十三斤二两.

下:下等,一百二十户,每户七分五厘,该一十四秤十五两,共一千六百八十七秤七斤八两.

法曰:置木炭一万六千八百二十秤加五增零九斤,共得二十五万二千三百九斤又加六增零六两,共得四百三万六千九百五十两为实,以各户乘各分,上:上等六户乘九十分,得五百四十分;上:中等,八户乘七十分,得五百六十分;上:下等,一十二户乘六十分,得七百二十分。中:上等,一十五户乘五十五分,得八百二十五分;中:中等,二十四户乘四十八分,得一千一百五十二分;中:下等,一十七户乘四十二分,得一千一百三十四分。下:上等,四十九户乘三十五分,得一千七百一十五分;下:中等,九十五户乘一十五分得一千四百二十五分;下:下等,一百二十户乘七分五厘,得九百分。并之得八千九百七十一分为法,除实,得四百五十两,为一分之数,以乘每户各分得每户数.却乘各等户数,得共炭数.

上:上等每户九十分,得四万五百两,共六户,得二十四万三千两;[上]中等每户七十分,得三万一千五百两,共八户,得二十五万二千两;上:下等每户六十分得二万七千两,共一十二户,得三十二万四千两.

中:上等每户五十五分得二万四千七百五十两,共二十五户,得三十七万一千二百五十两;

中:中等每户四十八分,得二万一千六百两,共二十四户,得五十一万八千四百两;

中:下等每户四十二分,得一万八千九百两,共二十七户,得五十一万三百两.

下:上等每户三十五分,得一万五千七百五十两,四十九户得七十七万一千七百五十两;

下:中等每户二十五分,得六千七百五十两,共九十五户得六十四万一千二百五十两;

下:下等每户七分五厘得三千三百七十五两,共一百二十户得四十万五千两.

各以二百四十两除之为秤,十六两除之为斤,合问.

31. 今有军夫二万五千二百人,共支米、麦、豆三色;每四人支米三石;七人支豆八石;九人支麦五石.问:各该几何?

答曰:米一万八千九百石,麦一万四千石,豆二万八千石.

法曰:置军夫二万五千二百人.列甲、乙、丙三位:以三因甲得七万五千六百,以四除得米一万八千九百石.以五因乙得一十二万六千.以九除得麦一万四千以八因丙得二十万一千六百,以七除得豆三万八千八百,合问.

32. 今有官田一顷三十八亩六分,每亩科正米二斗,每斗带耗米三合五勺.

今要七分本色,米三分折纳细丝,每米一石折丝一斤.问:各纳几何?

答曰:米二十石八升(三合一勺四抄)[四合四勺].

丝八斤九两七钱一分二厘九毫六丝.

法曰:置田一顷三十八亩六分以科米二斗乘之得二十七石七斗二升,每斗加耗米三合五勺,共得二十八石六斗九升二勺,副置二位,上以七乘之得米二十石八升(三合一勺四抄)[四合四勺]下以三乘之,得八石六斗七合六抄为斤零斗合抄,各加为丝,合问.

33. 今有官旗一百一十三员名,共支月粮一百二十五石,内百户一员支一十石:总旗二名每名支米一石五斗;小旗一十名,每名支米一石二斗;军一百名,每名支米一石.官支抄三分,米七分与旗军一体,二八米麦兼支其米,每石钞五锭,问:钞、米、麦各几何?

答曰:钞:百户一十五锭,准米三石.

米九十七石六斗,内:百户五石六斗.

总旗每名一石二斗,共二石四斗.

小旗每名九斗六升,共九石六斗.

军人每名八斗,共八十石.

麦二十四石四斗,内:百户一石四斗.

总旗每名三斗,共六斗.

小旗每名二斗四升,共二石四斗.

军人每名二斗,共二十石.

法曰:置总米一百二十五石退除百户钞米三石,余米一百二十二石,以八乘得米九十七石六斗,二乘得麦二十四石四斗,另置百户钞米三石,以每石钞五钱乘之得钞一十五锭余七石,八乘得米五石六斗,二乘得麦一石四斗,以各率乘之,合问.

34. 今有钞一百二十贯,令五人分之.只云:甲乙人四六分之,丙比乙少三贯,并丙乙与丁同,却不及戊九贯.问:五人各得几何?

答曰:甲二十四贯,乙一十六贯,丙一十三贯,丁二十九贯,戊三十八贯.

法曰:置钞一百二十贯为实,并各差甲差六分,乙差四分,除之得一分五厘,为二停率.以半之得七厘五毫,为一停率.再置乙差四分,内因乙差得八分,内减一停率,余七分二厘五毫为十九分五厘为戊差,并五位差数,共得三十为法除之得四贯为钞率,以乘各差得数合问.

折半差分

法曰:置各区数,从上折半差乘之为衰,副并为法,以所输数乘未并者,各自为列实,以法除之,得一分数.

35. 今有官输白绵五千斤. 令五区以粮多寡又从上减半差出之. 甲区秋粮(米)六千八百五十石,乙区秋粮(米)七千二百八十石,丙区秋粮八千一百三十石,丁区秋粮八千九百四十石,戊区秋粮九千三百六十石,问:各区该绵几何?

答曰:甲区二千四百七斤五百六十九分斤之四百一十七.

乙区一千二百九十七斤五百六十九分[斤]之二百四十九.

丙区七百一十四斤五百六十九分斤之二百三十四.

丁区三百九十二斤五百六十九分斤之四百五十二.

戊区二百五斤五百六十九分斤之三百五十五.

法曰:置各区粮数,从上减半差乘之为衰甲米以八分乘得五万四千八百,乙米以四分乘得二万九千一百二十,丙米以二分乘得一万六千二百六十,丁米以一分乘得八千九百四十,戊米以半乘得四千六百八十,副并得一十一万三千八百为法,以所输绵五千斤乘未并者,各自为实甲得二亿七千四百万,乙得一亿四千五百六十万,丙得八千一百三十万,丁得四千四百七十万,戊得二千三百四十万,以法一十一万三千八百除之,余实与法各二百约之,合问.

36. 今有银三百七十两,欲令甲、乙、丙、丁四人从上作折半分之,问:各人得几何?

答曰:甲一百九十七两十五分两之五;

乙九十八两十五分两之十;

丙四十九两十五分两之五;

丁二十四两十五分两之十.

法曰:各列置衰甲八乙四丙二丁一副并得十五为法,以所分三百七十两乘未并者甲得二千九百六十,乙得一千四百八十,丙得七百四十,丁得三百七十各自为列实,以法除之,不满法者,以法命之,合问.

互和减半分法

以 二 五 七 九 为围法除阳位之数,以二、四、六、八、十为围法,除阴位之数,照位并而为法,除实,取其首尾之共数,然后看题中之甲有余丁不足之数,如三等以二除之,四等以三除之,五等以四除之,多少之数于尾位,次第加之,得各人之数也. 二位者不立法. 三位者:以三、五、七并之得一十五为法,除实得首尾数,以二除其多少之数,递相加之. 四位者:以二、四、六、八并之得二十为法,除实得首尾数,以三除其多少之数,递相加之. 五位者:以一、三、五、七、九并之得二十五为[法、除]实,得首尾数,以四除其多少之数,递相加之. 其后位数多者,皆以空位取法围之,则得首尾之共数,亦同前例.

37. 今有白米一百八十石. 令三人从上作互和减半分之,只云甲多丙米三十六石. 问:各人该米几何?

答曰:甲七十八石,乙六十石,丙四十二石.

法曰:置米一百八十石为实,以例用三斗、五斗、七斗并得一石五斗为法,除之得一百二十石,乃甲丙二人共数,于内减甲多三十六石余八十四石,折半得丙米四十二石,加多三十六石得甲米七十八石. 互和并丙米共得一百二十石,折半得乙米六十石,合问.

38. 今有钞二百四十贯. 令四人从上作互和减半分之. 只云甲多丁钞一十八贯,问:各该钞几何?

答曰:甲六十九贯,乙六十三贯,丙五十七贯,丁五十一贯.

法曰[10]:置钞二百四十贯为实,以例用钞二百、四百、六百、八百并得二贯为法除之得一百二十贯,乃甲丁二人共数,于内减甲多[丁]一十八贯余一百二贯,折半得丁钞五十一贯,加多一十八贯,得甲钞六十九贯. 准乙丙之数不可并折得之,却以题内甲多一十八贯以三除得六贯加入丁钞五十一贯,得丙钞五十七贯,又加六贯得乙钞六十三贯,合问.

39. 今有钞二百三十八贯,令五等人从上作互和减半分之,只云戊不及甲三十三贯六百文,问:各该钞几何?

答曰:甲六十四贯四百文,乙五十六贯.

丙四十七贯六百文,丁三十九贯二百文,戊三十贯八百文.

法曰[11]:置钞二百三十八贯为实,以例用钞一百、三百、五百、七百、九百并得二贯五百文为法除之得九十五贯二百文,乃首尾二人之数,于内减戊不及甲钞三十三贯六百文余六十一贯六百文,折半得戊钞三十贯八百文. 仍加戊不及甲钞三十三贯六百文得甲钞六十四贯四百文,互和并戊钞三十贯八百文共得九十五贯二百文,折半得丙钞四十七贯六百文,又互和并戊钞三十贯八百文,共得七十八贯四百文,折半得丁钞三十九贯二百文,又互和并甲丙钞折半得乙钞五十六贯,合问.

四六差分

法曰:各以四为首加五. 二位者:首位四就身加五作六,并得一十. 三位者:首位四加五得六,又加五得九,并得一十五. 四位者:首位四十,加五得六十,又加五得九十,又加五得一百三十五,并得三百二十五. 五位者:首位四百,加五得六百,又加五得九百,又加五得一千三百五十,又加五得二千二十五,并得二千二百七十五,各为法除实得一分之数.

40. 今有官输绢一百五十疋,令五等人户从上递以四六出之;第一等二十四户,第二等三十二户,第三等四十六户,第四等六十户,第五等七十七户. 问:各等及每户几何?

答曰:第一等:每户一疋二丈七寸五分,共三十六疋二十分疋之九.

第二等:每户一疋五寸,共三十二疋二十分疋之八.

第三等:每户二丈七尺,共三十一疋二十分疋之一.

第四等:每户一丈八尺,共二十七疋.

第五等:每户一丈二尺,共二十三疋二十分疋之二.

法曰:置各等户数,以从上递以四六差乘之为衰第一等以二百二半乘得四千八百六十,第二等以一百三十五乘得四千三百二十,第三等以九十乘得四千一百四十,第四等以六十乘得三千六百,第五等以四十乘得三千八百.各列置衰 第一等四千八百六十,第二等四千三百二十,第三等四千一百四十,第四等三千六百,第五等三千八百.副并得二万为法,以所输绢一百五十疋乘未并者各自为实,第一等得七十二万九千,第二等得六十四万八千,第三等得六十二万一千,第四等得五十四万,第五等得四十六万二千以法二万除之,余实与法约之,合问.

41. 今有钞六百七十二贯六百文,欲令甲九人,乙七人,丙五人,丁四人递以四六分之.问:各人得几何?

答曰:甲各得一十五贯二百文,

乙各得二十二贯八百文,

丙各得三十四贯二百文,

丁各得五十一贯三百文.

法曰:各列置衰四六衰分,递以加五:甲得三十六,乙得四十二,丙得四十五,丁得五十四,副并得一百七十七为法,以所分钞六百七十二贯六百文乘未并者各自为列实甲得二万四千二百一十三贯六百文,乙得二万八千二百四十九贯二百文,丙得三万二百六十九贯,丁得五万六千三百二十贯四百文,以法一百七十七除之甲得一百三十六贯八百文,乙得一百五十九贯六百文,丙得一百七十一贯,丁得二百五贯二百文,各以人数约之,合问.

42. 今有米一千八百七十七石九斗.令五人从下作四六分之,问:得几何?

答曰:甲七百二十石九斗,

乙四百八十石六斗,

丙三百二十石四斗,

丁二百一十三石六斗,

戊一百四十二石四斗.

法曰:置米一千八百七十七石九斗为实,以各户从戊起递以四六差乘之为衰戊得四百,丁得六百,丙得九百,乙得一千三百五,甲得二千二十五,并之得五千二百七十五为法,除之得三斗五升六合,为一分之数,以乘各衰,合问.

三七差分

法曰:以三为首,就以三因之.二位者:三、七并得一十.三位者:九、二十一、四十九,并得七十九.四位者:二十七,六十三,一百四十七,三百四十三,并得五百八十.五位者:八十一,一百八十九,四百四十一,一千二十九,二千四百一,并得四千一百四十一.各为法除实.如有位数多者,皆以三因首数,次递取之.三归七因,以(升)其位.并以为法,除实得一分之数.

43.今有钞二千五百二十六贯.令甲二人,乙五人,丙七人,丁九人,欲递以三七分之.问:各人得几何?

答曰:甲各得四百一十一贯六百文.

乙各得一百七十六贯四百文.

丙各得二十五贯六百文.

丁各得三十二贯四百文.

法曰:各列置衰甲乙丙:七,丁:三.丙七不可为三,宜以三因丙丁数,生乙差:甲乙四十九,丙二十一,丁九,乙差不可为三,亦以三因乙丙丁数,生甲差甲三百四十三,二人得六百八十六,乙一百四十七,五人得七百三十五;丙六十三,七人得四百四十一;丁二十七,九人得二百四十三,副并得二千一百五为法,以所分钞二千五百二十六贯乘未并者各自为列实,甲得一百七十三万二千八百三十六贯;乙得一百八十五万六千六百一十贯;丙得一百一十一万三千九百六十六贯;丁得六十一万三千八百一十八贯,以法二千一百五各除之,甲得八百二十三贯二百文,乙得八百八十二贯,丙得五百五十九贯二百文,丁得二百九十一贯六百文,各以人数约之,合问.

44.今有钞一万四千四百九十三贯五百文,令五人从(丁)[戊]作三七分之.问:各得几何?

答曰:甲八千四百三贯五百文.

乙三千六百一贯五百文.

丙一千五百四十三贯五百文.

丁六百六十一贯五百文.

戊二百八十三贯五百文.

法曰:置钞四千四百九十三贯五百文为实.以各户从戊起递以三七差乘之为衰:戊得八十一,丁得一百八十九,丙得四百四十一,乙得一千二十九,甲得二千四百一,并之得四千一百四十一为法除之得三百五十文为一分之数,以乘各衰,合问.

二八差分

法曰:以二为首,次第四因,为作法之始.二位者:以四因二得八并得一十.三位者:二、八、三十二,并得四十二.四位者:二、八、三十二、一百二十八,并得一百七十.五位者:二、八、三十二、一百二十八、五百一十二,并得六百八十二,各为法,除实得一分之数.后位数多者,不出于四因以生下位之数.

45.今有官配米二百二十五石三斗六升.令五等人户从上递作二八出之:第一等四户,第二等八户,第三等一十五户,第四等四十一户,第五等一百二十户.问:(遂)[逐]等户各几何?

答曰:第一等:每户二石五斗,共一十石.

第二等:每户二石,共一十六石.

第三等:每户一石六斗,共二十四石.

第四等:每户一石二斗八升,共五十二石四斗八升.

第五等:每户一石二升四合,共一百二十二石八斗八升.

法曰:置官配米二百二十五石三斗六升为实.别置第一等四户以万通之得四万;第二等八户以八千通之得六万四千;第三等一十五户以六千四百通之得九万六千;第四等四十一户以五千一百二十通之得二十万九千九百二十;第五等一百二十户以四千九十六通之得四十九万一千五百二十,并五等共得九十万一千四百四十.退至十上定得九十分一厘四毫四丝,为法除实二石五斗,乃第一等户所出米数;就位八因得二石,乃第二等户出数;就[位]八因得一石六斗,乃第三等户出数;就[位]八因得一石二斗八升,[乃]第四等户出数;就[位]八因得一石二升四合,乃第五等户出数,各以本等户数得逐等米数,合问.

46.今有银二千三百八十七两,令五人从下作二八分之,问:各得几何?

答曰:甲一千七百九十二两;

乙四百四十八两;

丙一百一十二两;

丁二十八两;

戊七两.

法曰:置二千三百八十七两为实.以各户从戊起递以二八差乘之为衰;戊得二,丁得八,丙得二十二,乙得一百三十八,甲得五百一十二,并之得六百八十二为法,除之得三两五钱,为一分之数,以乘各衰,合问.

[**多石六分**]

正文为:递多粮　一石六斗　差分

47.今有某州所管九等税户:甲三百六十四户,乙三百九十六户,丙四百三十二户,丁五百七十户,戊五百八十四户,己六百七十六户,庚八百五十户,辛九百二十户,壬一千六百八户,合科米六万五千六百六十四石,今作等数,从甲起各差一石六斗出之,问:每户及逐等各几何?

答曰:甲:每户一十八石五斗三升二合五勺,三百六十四户共六千七百四十五石八斗三升.

乙:每户一十六石九斗三升二合五勺,三百九十六户共六千七百五石二斗七升.

丙:每户一十五石三斗三升二合五勺,四百三十二户共六千六百三十二石六斗四升.

丁:每户一十三石七斗三升二合五勺,四百七十五户共七千八百二十七石五斗二升五合.

戊:每户一十二石一斗三升二合五勺,五百八十四户共七千八十五石三斗八升.

己:每户一十石五斗三升二合五勺,六百七十六户共七千一百一十九石九斗七升.

庚:每户八石九斗三升二合五勺,八百五十户共七千五百九十二石六斗二升五合.

辛:每户七石三斗三升二合五勺,九百二十户共六千七百四十五石九斗.

壬:每户五石七斗三升二合五勺,一千六百八户共九千二百一十七石八斗六升.

法曰:置各等户,以各分乘之为衰:甲户八之得二千九百一十二;乙户七之得二千七百七十二;丙户六之得二千五百九十二;丁户五之得二千八百五十;戊户四之得二千三百三十六;己户三之得二千二十八;庚户倍之得一千七百;辛户一因得九百二十副并得一万八千一百一十以差一石六斗乘之得二万八千九百七十六石,以减科米六万五千六百六十四石余三万六千六百八十八石为实,以并各等户得六千四百为法除之,得壬等每户该米五石七斗三升二合五勺,各加差一石六斗得逐等每户之米.求各等共数:以各户米数乘各等户,合问.

[**多五差分**]

正文为:递多金五两差分

48.今有金六十两.令甲、乙、丙三人依等次差五两均分.问:各几何?

答曰:甲二十五两,乙二十两,丙一十五两.

法曰[12]:置金六十两,内减差甲多丙一十两,乙多丙五两,共一十五两,余四十五两为实,以人三为法除之得丙金一十五两,各加差五两合问.

[**多七五差分**]

正文为:递多七多五差分

49. 今有官配米二百七十八石五. 令三等人户出之:上等二十户,每户多中等七斗;中等五十户,每户多下等五斗;下等一百一十户. 问:逐等每户各几何?

答曰:上等每户二石四斗七升五合,共四十九石五斗.

中等每户一石七斗七升五合,共八十八石七斗五升.

下等每户一石二斗七升五合,共一百四十四石二斗五升.

法曰:置中等五十户以多五斗因之得二十五石;又置上等二十户以多五斗,七斗共一石二斗乘之得二十四石,并二数共得四十九石,以减总米余二百二十九石五斗为实,以并三等户数共一百八十户为法除之得一石二斗七升五合乃下等一户所出之数,加一石一斗得二石四斗七升五合,乃上等户出之数,减七斗得一石七斗七升五合乃中等户出之数,各以逐等户数乘之,得各该米数,合问.

[**带分母子差分**]

50. 今有官输米一百二十石,令三等人户出之:上等三十八户,中等六十三户,下等九十二户;须令上等多中等三分之二:中等多下等四分之三. 问:逐等及每户各出几何?

答曰:上等六十八石四斗,每户一石八斗.

中等三十七石八斗,每户六斗.

下等一十三石八斗,每户一斗五升.

法曰:置各等户数,以各分乘之为衰上等以一十二乘之得四百五十六;中等以四分乘之得二百五十二;下等以一分乘之得九十二,各列置衰:上等四百五十六,中等二百五十二,下等九十二副并得八百为法,以所输米一百二十石乘未并者各自为实,上等得五万四千七百二十;中等得三万二百四十;下等得一万一千四十一,以法八百除之,得逐等数,又以各户除之,得数合问.

51. 今有七人,差等均钞,甲乙均七十七贯,戊己庚均七十五贯. 问:丙丁合得几何?

答曰:甲四十贯,乙三十七贯,丙三十 四贯,丁三十一贯,戊二十八贯,已二十五贯,庚二十二贯.

法曰:置列二人,三人为分母,七十七贯,七十五贯为分子,令母互乘子:二人得一百五十,三人得二百三十一,以少一百五十减多二百三十一余八十一,为一差之实,并分母二人、三人得五人,折半得二半,以减总人七人余得四人半,却以分母二人、三人相乘得六乘之得二十七为一差之法,实如法而一得三贯为一差之数,置甲乙所均七十七贯,加一差三贯共八十贯,折半得四十贯为甲所得之数,递减三贯得各数,合问.

52. 今有马军七人,给腿裙绢二疋二丈;步军六人,给胖襖绢四疋三丈二尺疋法三十八尺,今共给绢六千六百二十二疋四尺,欲给马军、步军适等. 问:各

几何?

答曰:五千六百七十人.

法曰:置人为分母,绢为分子,互乘:七人乘一百八十四尺得一千二百八十八;六人乘九十六尺得五百七十六,并之得一千八百六十四为法,置绢六千六百二十疋以疋法三十八尺乘之加零四尺,共得二十五万一千六百四十尺却以分母六人,七人相乘得四十二乘之得一千五十六万八千八百八十为实,以法一千八百六十四除之,合问.

53. 今有粮一万三千四百七十七石一斗三分斗之一,欲给军食用,只云:马军六人给粮五十三斗;水军七人给粮五十四斗;步军九人给粮五十五斗. 其马军如水军中半;步军多如马军太半. 问:三色军并各给粮几何?

答曰:马军三千一百六十四人,粮二千七百九十四石八斗三分斗之二.

水军六千三百二十八人,粮四千八百八十一石六斗.

步军九千四百九十二人,粮五千八百石三分(斗)之二.

法曰:置人数为分母,粮数为分子,互乘:五十三斗乘七人得三百七十一,又乘九人得三千三百三十九;五十四斗乘九人得四百八十六,又乘六人得二千九百一十六,倍之得五千八百三十二;五十五斗乘六人得三百三十,又乘七人得二千三百一十,以三因得六千九百三十并之得一万六千一百一,三因得四万八千三百三为法. 置粮一万三千四百七十七石一斗以分母三通之加内子一得四十万四千三百一十四以分母七人、六人、九人乘之得一亿五千二百八十三万六百九十二为实,以法除之得三千一百六十四,为马军数,倍之水军,三之步军也. 求各粮列三色军数,以本色给粮乘之为实,以各军率除之,合问.

54. 今有杉木六根,共卖钞九十二贯. 甲四人买三小根,乙三人买中二根,丙二人买一大根. 问:各该价几何?

答曰:甲三十六贯,乙三十二贯,丙二十四贯.

法曰:各列置衰,列相与率也. 人为分母,木为分子,甲四分之三,乙三分之二,丙二分之一. 以母互乘之,甲得十八,乙得十六,丙得十二,重则可约各半之,甲得九,乙得八,丙得六副并得二十三为法,以所卖钞九十二贯乘未并者甲得八百二十八,乙得七百三十六,丙得五百五十二各自为列实,以法二十三各除之,合问.

55. 今有钞一百贯,令三人分之,只云:甲多乙五贯,丙得钞如乙七分之五,问:各得钞几何?

答曰:甲四十贯,乙三十五贯,丙二十五贯.

法曰:以所有钞一百贯减甲多乙五贯,余九十五贯为实,并各差甲、乙各七分,丙五分,共十九分为法除之得五贯,以各差乘之,合问.

56. 今有钞一百贯,令三人分之. 只云:乙钞如甲三分之二,丙少如甲二十八贯,问:各得几何?

答曰:甲四十八贯,乙三十二贯,丙二十贯.

法曰:以所有钞一百贯,加丙少如甲二十八贯,共得一百二十八贯为实,并各差甲丙各三分,乙二分,共八分为法除之得一十六贯,为钞率,以乘各差,合问.

57. 今有五人均银四十两,内甲得一十两四钱,戊得五两六钱,问:乙丙丁次第均各得几何?

答曰:乙九两二钱,丙八两,丁六两八钱.

法曰:并甲一十两四钱,戊五两六钱,共十六两,半之得丙八两,又并甲一十两四钱,丙八两,共得一十八两四钱,半之得乙九两二钱,又并丙八两,戊五两六钱,共得十三两六钱,半之得丁六两八钱,合问.

贵贱差分

58. 今有民田三顷一十五亩,共夏税丝三十七两四钱三分五厘五毫,只云每亩科丝:上田一钱二分五厘,中田一钱一分,问:上中田并科丝各几何?

答曰:上田一顷八十五亩七分,该丝二十三两二钱一分二厘五毫.

中田一顷二十九亩三分,该丝一十四两二钱二分三厘.

法曰:置田三顷一十五亩以上田科丝一钱二分五厘乘之得三十九两三钱七分五厘,以减共丝三十七两四钱三分五厘五毫,余一两九钱三分七厘五毫为实,却以上田科丝一钱二分五厘减中田科丝一钱一分,余一分五厘为法,除之得中田一顷二十九亩三分. 以减总田,余为上田一顷八十五亩七分,各以每亩科丝,得数合问.

异乘同除

59. 今有丝五斤八两一十二铢五分铢之四,卖钞一贯三百二十八文,问:一斤该钞几何?

答曰:二百四十文.

法曰:以所卖钞一贯三百二十八文乘所求丝一斤通为三百八十四铢,以分母五乘得一千九百二十,以钞乘得二百五十四万九千七百六十为实,以所有丝五斤八两以铢法通之加零一十二铢,共得二千一百二十四铢,以分母五乘得一万六百二十,加分子四,共得一万六百二十四,为法除之得斤价二百四十文,合问.

60. 今有钱一百六十文三十二分钱之二十三,买丝七两一十二铢,问:一斤该钞几何?

答曰:三百四十五文.

法曰:以有钱一百六十一文,以分母三十二通之,加分子二十三,共得五千一百七十五. 乘所求丝一斤通为十六两,得八万二千八百为实,以买丝七两一十二铢为五钱,共七两五钱,以原分母三十二乘之得二百四十为法除之得三百四十五文,合问.

61. 今有布一疋价钞一百二十五文,只有钞八十四文八分文之三. 问:该买布几何?

答曰:二丈七尺.

法曰:以只有钞八十四文,以分母八通之加分子三,共得六百七十五乘所有布一疋通为四十尺得二万七千文为实,以所有价钞一百二十五文,以原分母八通之得一千为法除之得二丈七尺,合问.

62. 今有素一疋价钞五百文,有钞六百二十五文. [问:]该买素几何?

答曰:一疋一丈.

法曰:以所有钞六百二十五文乘所有素一疋通为四十尺,得二万五千为实. 以价钞五百文为法除之得五十尺,合问.

63. 今有缣三十二斤八两,该生丝四十五斤八两,今有缣十斤. 问:该生丝几何?

答曰:一十四斤.

法曰:以所有生丝四十五斤八两乘所有缣一十斤得四百五十五斤为实,以所有缣三十二斤八两为法除之得一十四斤,合问.

64. 今有丝二十三斤五两,耗丝一十斤三两四铢半,问:每斤耗丝几何?

答曰:七两.

法曰:以所有耗丝一十斤三两,以铢法通之加零四铢半,共得三千九百一十六铢半乘所求丝一斤通为三百八十四铢,得一百五十万三千九百三十六为实,以所有丝二十三斤五两,以铢认通为八千九百五十二铢为法除之得一百六十八铢以两法二十四约之,合问.

65. 今有生丝一十三斤十一两一十铢七分铢之二,得乾(gān,同干)丝一十二斤,见有生丝三十斤,问:干之耗几何?

答曰:三斤十二两.

法曰:以所有干丝一十二斤乘见有生丝三十斤得三百六十斤,以铢法通得一十三万八千二百四十,以分母七乘得九十六万七千六百八十铢为实,以所有生丝一十三斤十一两,以铢共通之加零一十铢共得五千二百六十六铢,以分母七通之加分子二共得三万六千九百六十四为法除之得干丝二十六斤四两,以减生丝三十斤,余得耗丝三斤十二两,合问.

66. 今有田一顷二十六亩一百五十九步,收粟八石四斗四升十二分升之五. 问:一亩收粟几何?

答曰:六升三分升之二.

法曰:以所收粟八石四斗四升以分母十二通之加分子五共得一万一百三十三乘所求田一亩通为二百四十步得二百四十三万一千九百二十为实,以所有田一顷二十六亩,以亩法通之加零一百五十九步共三万三百九十九步,以原分母十二通之共得三十六万四千七百八十八为法,除之得六升,余实二十四万三千一百九十二,以法约之得三分升之二,合问.

67. 今有取保一百六十九日二十五分日之二十三,该钞一贯二百文,问:一岁该钞几何?

答曰:二贯五百文.

法曰:以所求一岁当作三百五十四日乘所有钞一贯二百文得四百二十四贯八百文,以原分母二十五通之得一万六百二十贯为实,以所取保一百六十九日,以分母二十五通之,加分子二十三,共得四千二百四十八为法,除之得二贯五百文,合问.

68. 今有贷钱七百五十文,于九日归之,得息六钱四分钱之二,问:贷钱一贯该月息几何?

答曰:三十文.

法曰:以所有贷钱七百五十乘归之九日得六千七百五十又乘所求一月三十日得二十万二千五百,以原分母四通之得八十一万为实,以所有息钱六钱,以分母四通之,加分子三,共得二十七,乘贷钱一贯得二万七千为法除之,合问.

69. 今有干面三斤得湿面四斤,却有干面九斤十二两. 问:得湿面几何?

答曰:一十三斤.

法曰:置干面九斤,通十二两作七五,以乘湿面四斤得三十九斤为实,以干面三斤为法除之,合问.

70. 今有湿面四斤该干面三斤,却有湿面二十六斤,[问:]该干面几何?

答曰:一十九斤八两.

法曰:置湿面二十六斤以乘干面三斤得七十八斤为实,以湿面四斤为法除之,合问.

因乘归除

71. 今有荒丝一千三百八十七斤,每一两得净丝九钱,问:该净丝几何?

答曰:一千二百四十八斤四两八钱.

法曰:置荒丝一千三百八十七斤,以净丝九因之得一千二百四十八斤三分,后不成斤加六得四两八钱,合问.

72. 今有净丝一千二百四十八斤四两八钱,每净丝九钱得荒丝一两,问:该荒丝几何?

答曰:一千三百八十七斤.

法曰:置净丝一千二百四十八斤,其零四两八钱以两求斤法得三为实,以净丝九钱为法除之,合问.

73. 今有净丝一千二百四十八斤四两八钱,每净丝一两练熟丝七钱五分,问:该练熟丝几何?

答曰:九百三十六斤三两六钱.

法曰:置净丝一千二百四十八斤以斤法十六两通之加零四两八钱,共得一万九千九百七十二两八钱为实,以炼熟丝七钱五分为法乘之得一万四千九百七十九两六钱,以两求斤法除之,合问.

74. 今有练熟丝九百三十六斤三两六钱,每七钱五分原用净丝一两,问:该净丝几何?

答曰:一千二百四十八斤四两八钱.

法曰:置练熟丝九百三十六斤以斤法十六两通之加零三两六钱,共得一万四千九百七十九两六钱为实,以练熟丝七钱五分为法除之得一万九千九百七十二两八钱,以定身减六见斤,合问.

75. 今有钱六百三十三文五分文之三,买缣一疋九尺五半,问:一丈该钱几何?

答曰:一百二十八文.

法曰:以所有钱六百三十三文,以分母五通之加分子三,共得三千一百六十八,乘所求缣一十尺得三万一千六百八十为实,以所买缣一疋通为四丈九尺五寸,以原分母五乘得二十四丈七尺五寸为法除之得一百二十八文,合问.

物不知总

76. 今有客至不知数,只云:二人共饭二分之一,三人共羹三分之一;四人共肉四分之一,总用碗六十五只,问:客几何?

答曰:六十人.

法曰:置分为母之为子二分之一,三分之一,四分之一子互乘母:之一乘三分,四分得一十二分;之一乘二分,四分得八分;之一乘二分,三分得六分并之得二十六,折半得一十三为法,分母相乘:二分乘三分得六分;又乘四分得二十四分,半之得一十二,以乘碗六十五只得七百八十只为实,以法一十三除之,合问.

77. 今有客至不知数,只云:三人共饭,四人共羹,共碗三百一只,问:客几何?

答曰:五百一十六人,羹碗一百二十九只,饭碗一百七十二只.

法曰:置碗三百一只以三人因之得九百三为实,并三人,四人得七人为法除之得羹碗一百二十九只,以四因之得五百一十六人,以三除之得饭碗一百七十二只,合问.

78. 今有米不知几何，只云：甲取一半，乙取如甲三分之二，丙取如乙八分之三，余下二斗，问：原米及各人得米几何？

答曰：原米四石八斗.

甲米二石四斗，乙米一石六斗，丙米六斗，余米二斗.

法曰：置余米二斗以三因之得丙米六斗，加余米二斗得八斗，倍之得乙米一石六斗。并入丙米六斗，余米二斗得甲米二石四斗，倍之，得原米四石八斗，合问.

79. 今有金不知其数，只云：甲取三分之二；乙取四分之三；丙取七分之四；丁取十二分之七，剩下金六两二钱五分，问：原金及各得金几何？

答曰：原金四百二十两，甲得二百八十两. 乙得一百五两，丙得二十两，丁得八两七钱五分，剩下六两二钱五分.

法曰：置剩下金六两二钱五分为实，以五除之得一两二钱五分以七因之得丁金八两七钱五分，并入余金六两二钱五分，共得一十五两，以四因三除得丙金二十两. 并入前一十五两，共得三十五两，以三因之得乙金一百五两. 并入前三十五两，共一百四十两，倍之得甲金二百八十两，并入前一百四十两，得原金四百二十两，合问.

80. [13]今有物不知总数，只云：三数剩二；五数剩三；七数剩二. 问：总几何？

答曰：二十三.

法曰：三数剩二剩一该七十，剩二该一百四十；五数剩三，剩一该二十一，剩三该六十三；七数剩二，剩一该十五，剩二该三十. 并之，共二百三十三，满数一百五则去之，凡两次共去二百一十，余二十三，合问.

81. 今有钱不知总，只云：七数剩一，八数剩二，九数剩三，问：总几何？

答曰：四百九十八.

法曰：七数剩一下二百八十八；八数剩二剩一该四百四十一，剩二下八百八十二；九数剩三剩一该二百八十，剩三下八百四十，并之，二千一十，满数五百四，则去之，凡三次减去共一千五百一十二，余四百九十八，合问.

82. 今有物不知总，只云：十一数剩三数，十二剩二数，十三剩一数，问：总几何？

答曰：一十四.

法曰：十一数剩三剩一该九百三十六，剩三该二千八百八；十二数剩二剩二该一千五百七十三，剩二该三千一百四十六，十三数剩一下九百二十四，并之共六千八百七十八，满数一千七百一十六则去之，凡四次减去共六千八百六十四，余一十四，合问.

83. 今有物不知总，只云：(三)[二]数剩一，五数剩二，七数剩三，九数剩四，问：总几何？

答曰：一百五十七.

法曰:(三)[二]数剩一下三百一十五,五数剩二剩一该一百二十六,剩二下二百五十二;七数剩三剩一该五百四十,剩三下一千六百二十;九数剩四剩一该二百八十,剩四下一千一百二十,并之共三千三百零七,满数六百三十,则去之,凡五次减去共三千一百五十,余一百五十七,合问.

借本还利

84. 今有人借钞,共还本利九百九十六贯六百五十六文,只云:每贯月利三十五文. 今九个月十八日,问:原借钞几何?

答曰:七百四十六贯.

法曰:置共还钞九百九十六贯六百五十六文为实,列月利九个月六分以三十五文乘之加本钞一贯,共得一贯三百三十六文为法除之,合问.

85. 今有人借银九十两,月利二两,今共还四千三百五十六两,经三个月十二日. 问:本、利几何?

答曰:本银四千五十两,利银三百六两.

法曰:置共还银四千三百五十六两,以借银九十两乘得三十九万二千四十为实,列借月三个月四分二因加借九十两,共得九十六两八钱为法除之,得本银四千五十两,以减共还,余得利银,合问.

86. 今有人上年三月十五日借钞九十贯,月利四分,于今年二月十二日共还本利钞一百一十五贯,问:净欠钞几何?

答曰:一十四贯二百四十文.

法曰:先下今年二月十二日加上年十二月减原借三月十五日余十个月二十七日乘原借该月利三贯六百文得三十九贯三百四十文,加原借钞共一百二十九贯二百四十文,减今还钞,余为净欠钞,合问.

87. 今有人上年四月二十日典钞五十六贯,月利二分,今年二月十四日取赎,问:典月日并利钞各几何?

答曰:计九个月零二十四日,利钞一十贯九百七十六文.

法曰:先置取赎二月十四日,加上年十二月共十四个月十四日,减原典四月二十日即得典借九个月二十四日. 零日以三除之,得八分为实,以原典钞以月利二分乘之得一两一钱二分为法乘实,得利钞,合问.

88. 今有人午年六月十五日借钞一百六十贯,月息三分,今已还利钞七十三贯四百四十文,问:该展至何年何月?

答曰:入利十五个月零九日,至未年九月二十四日.

法曰:置借钞以月利三分乘之得八贯四百文为法,已还利钞七十三贯四百四十文为实,以法除之得十五个月零三分,以三乘之得九日加原典月日,合问.

诗词五十九问

［西江月］

1. 三客攒银买卖，甲银十两三钱.

乙银九两七钱言，丙独出银斤半.

换得新丝九秤，五斤四两都全.

有能分豁不教偏，满郡人皆谈美！（西江月）

答曰：甲二秤二斤十三两三钱，乙二秤十四两七钱，丙五秤一斤八两.

法曰：各列置衰甲一十两三钱，乙九两七钱，丙二十四两，副并得四十四两为法. 以所换丝通斤得一百四十斤二五，乘未并者甲得一千四百四十四斤五分七厘五毫，乙得一千三百六十斤四分二厘五毫，丙得三千三百六十六斤各自为列实，以法各除之，合问.

2. 官粟九十六石，六般人户分科.

一石六斗号均多，自下而上方可.

须要算科依法，分毫勿得差讹.

有人算得是喽罗，不会前来求我.（西江月）

答曰：甲二十石，乙一十八石四斗，丙一十六石八斗，丁一十五石二斗，戊一十三石六斗，己一十二石.

法曰：各列置衰：甲五、乙四、丙三、丁二、戊一，并之得一十五，乘均多一石六斗得二十四石，以减总粟九十六石，余七十二石为实. 以六为法，除得一十二石为己数，递加一石六斗得各数，合问.

3. 今有铜钱一百，三人分豁难完.

乙不及甲五文钱，丙不及乙稍远.

然在七分之五，何须迭迭开言！

烦公计算莫教偏，甚法推之可见？（西江月）

答曰：甲四十文，乙三十五文，丙二十五文.

法曰：各列置衰：甲、乙各七，丙五，副并得一十九为法. 置钱一百，减不及五文，余九十五文为实. 以法除之得五文，为钱率. 以乘各差，合问.

4. 三客共分百果，其中分数兜答.

甲虽多丙二十八，乙数亦难及甲.

当在三分之二，烦公用意详察.

果然算得的无差，问公须用甚法？（西江月）

答曰：甲四十八枚，乙三十二枚，丙二十枚.

法曰:各列置衰:甲丙各三分;乙二分,副并得八为法.置果一百加二十八共一百二十八为实.以法除之得一十六为果率,以乘各差.乙得三十二,甲得四十八,丙得二十,合问.

5. 今有军营纳粟,四万七千临仓.

马军支料步支粮,三色俱停无诳.

大豆八升折粟,六升折米寻常.

粟依本色莫猜寻,闷杀库司粮长.(西江月)

答曰:各一万二千石,米折粟二万石,豆折粟一万五千石,粟一万二千石.

法曰:置粟四万七千石,以三色率相乘豆八升乘米六升得四斗八升,以粟一斗乘得四斗八升,以乘总粟得二十二万五千六百石为实.却以粟一斗乘豆八升得八斗;豆八升乘米六升得四斗八升;粟一斗乘米六升得六升,并得一石八斗八升为法除之得一万二千石,乃三色等数,以各率除之,得粟,合问.

6. 三客入山采茗,甲行三日一遭.

乙行丙往隔双朝,效力不相倚靠.

乾茗共得两秤,五斤八两无饶.

各行返往论功劳,请问各该多少?(西江月)

答曰:甲一秤二斤八两,乙一十斤八两,丙七斤八两.

法曰:置乾茗之得三十五斤半为实.以各行互乘:甲三日乘乙五日得一十五,为丙率;又甲三日乘丙七日得二十一为乙率;又乙五日乘丙七日得三十五为甲率,并之得七十一为法,除之得半斤,以乘各率,合问.

7. 一百三十三石,常年额粟为期.

今年折纳拟分催,三豆四粟二米.

大豆八升折粟,六升折米无亏.

粟依本色有何疑,借问三色各几?(西江月)

答曰:米二十四石折粟四十石.粟四十八石,豆三十六石,折粟四十五石.

法曰:置各率二米得粟三斗三分斗之一;三豆该粟三斗七升五合,粟四斗,以分母三乘之;米三斗得九斗,加分子一,共一石;豆三斗七升五合得一石一斗二升五合;粟四斗得一石二斗.并之得三石三斗二升五合为法.以分母三乘总粟一石三十三石得三百九十九石为实,以法除之得一十二石为一停率.二因为米,三因为豆,四因为粟,合问.

8. 闻说东邻织女,三从四德温柔.

初朝二丈织丝绌,次日功添尺九.

今以织绌一月,未知几疋根由.

疋法四丈不难求,算得无差好手.(西江月)

答曰:三十五疋二丈六尺五寸.

法曰:置织紬二丈,以三十日乘之得六十丈.再置三十日,以减一日余得二十九日与三十日相乘八百七十日,折半得四百三十五日,却以日添一尺九寸乘得八十二丈六尺五寸,加前六十丈共一百四十二丈六尺五寸,疋法除之,合问.

9. 节遇元宵十五,明灯百盏堪游.

两秤五斤十两油,三夜神前如昼.

三盏添油五两,九两四瓯无留.

要知多少盏和瓯?算得须当敬酒!(西江月)

答曰:盏六十个,一夜油六斤四两,三夜共油一秤三斤十二两.瓯四十个,一夜油五斤十两,三夜共油一秤一斤十四两

列置:

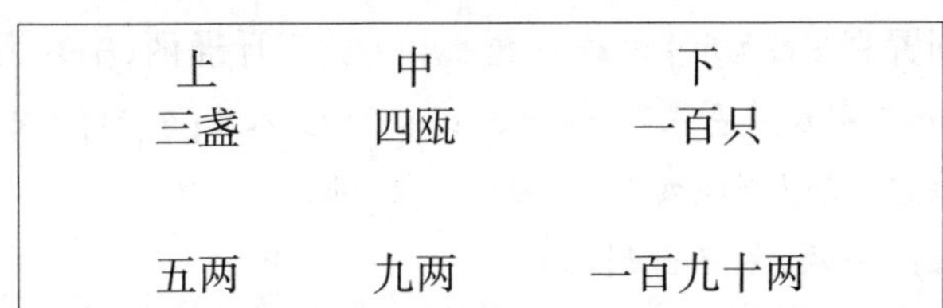

上	中	下
三盏	四瓯	一百只
五两	九两	一百九十两

先以上中互乘:三盏乘九两得二十七两,四瓯乘五两得二十两,以少减多,余七两为法,再以中下互乘:四瓯乘一百九十两得七百六十两,九两乘一百得九百,以少减多,余一百四十,以上三盏乘之,得四百二十为实,以法七两除之得盏六十,以减总数百只,余得瓯四十,各以油率乘之,合问.

10. 节遇元宵十五,明灯几盏堪游.

三停盏子两停瓯,秤五两油恰就.

半斤分为五盏,十两四瓯无留.

盏瓯算得见根由,端的郡中少有.(西江月)

答曰:瓯五十个,盏七十五个.

法曰:置油二百四十五两为实,以二瓯油五两,三盏油四两八钱并之得九两八钱为法,除之得二十五为一停率,以乘各率,合问.

11. 今有数珠一串,轮来仔细分明.

三枚无剩五无零,七个约之恰尽.

欲问共该多少,推穷妙法门庭.

知公能算惯纵横,此法不难易醒.(西江月)

答曰:一百五枚.

法曰:以三枚与五枚相乘得一十五,再以七枚乘之,合问.

12. 张宅三女孝顺,归家频望勤劳.

东村大女隔三朝,五日西村女到.

小女南乡路远，依然七日一遭.

何朝斋至饮香醪，请问英贤回报.（西江月）

答曰：一百零五日同会.

法曰：与前法相同.

13. 静拣绵花强细，相合共雇王孀.

九斤十二两是张昌，李德五斤四两.

纺讫织成布疋，一百八尺曾量.

两家分布要明彰，莫得些儿偏向.（西江月）

答曰：张昌：一疋二丈八尺二寸，

李德：三丈七尺八寸.

法曰：各列置衰张昌九斤十二两，李德五斤四两，以斤通两，副并为法得二百四十两，以织布一百八尺乘未并者张昌得一千六百八十四丈八尺；李德得九百七十丈二尺各自为列实，以法除之，又以疋法四丈二尺约之，合 问.

14. 今借人银一两，年终出利三钱.

其中九月主人煎，尽数归还不怨.

七两三钱半数，连本和利都全.

问公此法两根源，甚法求之可见.（西江月）

答曰：本银六两，利银一两三钱半.

法曰：置总银七两三钱五分为实. 以每月利银二分五厘乘九月得二钱二分五厘，并借银一两，共一两二钱二分五厘为法，除之得本银六两，以减总银，余为利银，合问.

15. 甲向乙家取债，原本不知分毫.

四分月利两中包，此法叮咛要考.

七月终还本利，一十五两无饶.

本银利息问根苗，各要共该多少？（西江月）

答曰：本银一十一两七钱一分八厘七毫五丝. 息银三两二钱八分一厘二毫五丝.

法曰：置总银一十五两为实，以每月银一两加七月利银得二钱八分，共一两二钱八分为法除之，得本银，以减总银余息银，合问.

16. 甲借乙银作本，逐年倍息曾言.

商经远处整十年，近日还家计算.

二百五十六两，连本和利都全.

不知原本问根源，甚法求之可见？（西江月）

答曰:原本银二钱五分.

法曰:置银二百五十六两为实.以三度八除得五钱,折半,合问.

[**凤栖梧**][①]

17. 丙借丁钞不用保,

原本无稽考,不知多少.

月利四分虽些少,今经八月来取讨.

还得利钱分明道,四十四两得了皆倍告.

请问当初实多少?贤家算时休心恼!

答曰:两锭三十七两半.

法曰:置银四十四两为实,以利四分乘八月得三钱二分为法除之,合问.

18. 甲赶群羊逐草茂,乙拽肥羊一只随其后.

戏问甲及一百否?甲云所说无差谬.

又得这般一群辏.再得半群少半群.

来和你一只方得就.玄机奥妙谁渗透.(凤栖梧)

答曰:羊三十六只.

法曰:置云羊一百减和你一只余九十九只为实.并群率:二群、半群,又少半群,共二十七群半为法,除之,合问.

19. 碓上三人争吵闹,

糙米各持一半分明道.

九一吾观张大嫂,

王婆三七实粗糙,

二八牛婆心更操,

夺礁齐倾臼内相和了.

借问各人分多少?

烦公计算如何考?(凤栖梧)

答曰:张大嫂一斗一升二合五勺.

牛婆一斗.

王婆八升七合五勺.

法曰:各列置衰:张九分,牛八分,王七分,副并得二十四为法.以共米三斗乘未并者:张得二斗七升,牛得二斗四升,王得二斗一升,各自为列实,以法二十四除之,合问.

---

① 又称蝶恋花.

[寄生草]

20. 六十七,新增户,着七十,二两钱,

上户三家七贯判,中户九家十二贯,

下户七家二贯无差乱,纵横不醒慢推穷.

问贤家此法如何算?(寄生草)

答曰:上户一十二家　钱二十八贯

中户二十七家　钱三十六贯

下户二十八家　钱八贯

法曰:并上、中、下:七贯、十二贯、二贯,共得二十一贯,以各得四因得八十四贯,以减总钱七十二,余一十二,乃中户除一止得三,上、下皆四.上户三家得一十二户,该二十八贯;中户九家得二十七户,该三十六贯;下户七家得二十八户,该钱八贯,合问.

[折桂令]

21. 王留伴哥沙三,相乎在山中,放牧在池塘.

共六马九驴十五个绵羊,共食践田禾一方.

要赔偿六石九斗精粮,共议商,若要停当.

驴抵三羊,两个马抵三个驴强.问先生大小赔偿.(折桂令)

答曰:驴九头二石七斗.马六匹二石七斗,羊一十五只一石五斗.

法曰:置(陪)[赔]米六石九斗为实,置马作九驴,羊作五驴,驴九,并之得二十三为法除之得三斗为一停率,以乘各率,合问.

[玉楼春]

22. 放债主人身姓段,每贯月息三钱半.

分厘毫忽不肯饶,只说他家能会算.

一客借钱整半年,本利共该十四贯.

段家算定不相亏,依平贴还八十半.(玉楼春)

答曰:原本银一十一贯五百文.

法曰:置本利一十四贯,以减贴还八十五文,余一十三贯九百一十五文为实,以六因月利三钱半得二十一加每贯共一贯二百一十为法,除之,合问.

[水仙子]

23. 家贫揭钞起初言,每两年终息五钱,

休言定日月,咱还时算,又不曾,约几年.

到如今八个月熬煎,本利钞都还不欠,

总通该十两八钱,问先生本利两根源.(水仙子)

答曰：原本八两一钱，

利息二两七钱.

法曰：置总银十两八钱为实，以年息五钱用八个月归之得六分二厘五毫，却以十二月乘之得七钱五分为法，乘之得原本银八两一钱. 以年息五钱乘之得四十两五钱，却以十二月除之得三两三钱七分五厘又以八月乘之，得利二两七钱，合问.

24. 元宵十五闹纵横，来往观灯街上行，

我见灯上下红光映，绕三遭，数不真.

从头儿三数无零，五数时四瓯不尽，

七数时六盏不停，端的是几盏明灯？

答曰：六十九盏.

法曰：三数无零不下. 五数剩四下八十四，七数剩六下九十. 共得一百七十四，满数一百五，减之，余六十九，合问.

［**鹧鸪天**］

25. 八马九牛十四羊，赶在村南牧草场.

践了王家一段谷，议定赔他六石粮.

牛二只，比羊一，四马二牛可赔偿.

若还算得无差错，姓字超群到处杨.（鹧鸪天）

答曰：马三斗七升半，共三石. 牛一斗八升七合半，共一石六斗八升七合半. 羊九升三合七勺半，共一石三斗一升二合五勺.

法曰：置（陪）［赔］米六石为实，并各率：羊十四，牛十八，马三十二，共六十四为法除之得九升三合七勺五杪为一羊数. 以乘各率，合问.

26. 种麦庄西每日看，西驴三马五猪餐.

驴餐马半猪驴半，赔麦三牧总若干.

该四石，怎难摊，余编此法未为难.

英贤不醒纵横法，再拜名师用意观.

答曰：猪一斗六升，共八斗. 驴三斗二升，共一石二斗八升. 马六斗四升，共一石九斗二升.

法曰：各列置衰：猪五、驴八、马十二. 副并得二十五为法，以所（陪）［赔］四石乘未并者：猪得二十石，驴得三十二石，马得四十八石各自为列实. 以法二十五除之，合问.

27.《毛诗》《春秋》《周易》书. 九十四册共无余.

《毛诗》一册三人看.《春秋》一本四人呼.

一《周易》，五人读. 要分三者几多书.

就见学生多少数. 请君布算莫踌躇. (鹧鸪天)

答曰:《毛诗》四十本,《春秋》三十本,《周易》二十四本,学生三百六十名.

法曰:各列置衰互乘:五乘四得二十,三乘四得一十二,三乘五得一十五. 副并得四十七为法. 又互乘三乘四得十二,以乘五得六十,以乘总书九十四册得五千六百四十为实,以法除之得一百二十,以三除得《毛诗》数,四除得《春秋》数,五除得周易数,以各书数,仍以三、四、五次第乘之得各生数,合问.

28. 三石八斗二升强,常年税粟数明彰.

一斗三升三合粟,折米七升作军粮.

斗五粟,芝麻量,八升实数赴官仓.

粟以本色官民便,三色俱停用意详. (鹧鸪天)

答曰:三色各八斗.

法曰:置粟三石八斗二升为实,并各率:米七斗除粟一斗三升三合得一斗九升;芝麻八升除粟一斗五升得二斗八升七合五勺;本色一斗,共四斗七升七合五勺,为法,除之,合问.

29. 二十八个马和牛,小童放牧在田畴.

芝麻践了该三亩,赔还六斤八两油.

申里长,莫干休,牛赔二两是根由.

马赔五两从公论,几个耕犍几骏骝. (鹧鸪天)

答曰:马一十六匹,该油五斤,牛一十二头,该油一斤八两.

法曰:置总数二十八个,以马(赔)[赔]五两乘之得一百四十为减(陪)[赔]油一百四两余三十六两为实. 以马(赔)[赔]五两减牛(陪)[赔]二两余三两为法除之,得牛一十二头,以减总数得马一十六匹,以各(陪)[赔]油乘之,合问.

[七言八句]

30. 三将屯军五万名,赏金千两要均平.

甲多乙数三千旅,乙比丙多一半兵.

今问欲知人数目,各该金数要分明.

虽然不是玄微数,会者须还一艺精. (玉楼春)

答曰:甲二万一千八百名,金四百三十六两. 乙一万八千八百名,金三百七十六两. 丙九千四百名,金一百八十八两.

法曰:置总军五万名,内减甲多三千,余四万七千为实. 以三分为率,内减丙半分余二分半为法除之得乙军数. 加三千得甲军数,将乙军折半得丙军数,每军该金二分乘之得数,合问.

31. 赵嫂自言快绩麻,李宅张家雇了她.
李家六斤十二两,二斤四两是张家.
共织七十二尺布,二人分布闹喧哗.
借问乡中能算士,如何分得布无差?

答曰:李宅一疋一丈四尺.
张宅一丈八尺.

法曰:置共织布七十二尺为实.并二麻:张六斤十二两,李二斤四两,共得九斤为法除之,每斤得八尺,以乘各所出麻,合问.

[七言六句]

32. 一个公公九个儿,若问生年总不知.
自(长)[小]还来增三岁,共年二百七岁期.
借问长儿多少岁,各儿岁数要详推.

答曰:长儿三十五岁,次儿三十二岁,三儿二十九岁,四儿二十六岁,五儿二十三岁,六儿二十岁,七儿一十七岁,八儿一十四岁,九儿一十一岁.

法曰:各列置衰:一、二、三、四、五、六、七、八,以三因之为各衰.副并得一百八,以减总年二百七岁,余九十九岁为实,以九儿为法除之,得一十一岁,为第九儿之年,次第加三岁,合问.

33. 三百八十一里关,初行健步不为难.
次日脚痛俱减半,七朝才得到其间.
要见每朝行几里,请公仔细算相还.

答曰:初日一百九十二里,次日九十六里,三日四十八里,四日二十四里,五日一十二里,六日六里,七日三里.

法曰:各列置衰:一、二、四、八、十六、三十二、六十四,副并得一百二十七为法,置三百八十一里为实,以法除之得三里为第七日数,每日加倍得各日之数,合问.

34. 大翁种麦在庄西,四驴三马五羊食.
羊食驴半驴马半,共要赔还麦四石.
驴羊马主三家论,每人合用几何赔?

答曰:羊五该八斗,驴四该一石二斗八升,马三该一石九斗二升.

法曰:置羊五止作五分;驴四倍羊得八分,马三倍驴得一十二分,并之得二十五分为法,置共赔麦四石为实,以法除之,得羊[主]该赔一斗六升,各加,合问.

[七言四句]

35. 马牛驴羊践田谷,赔他一十五石六.
从上须作折半赔,各该多少还他足?

答曰：马(陪)［赔］八石三斗二升，牛四石一斗六升，驴二石八升，关一石四升.

法曰：置列各衰：羊一、驴二、牛四、马八，副并得一十五为法，以所赔谷一十五石六斗乘未并者：羊得一十五石六斗，驴得三十一石二斗，牛得六十二石四斗，马得一百二十四石八斗各自为列实，以法除之，合问.

36. 地主言定七分半，佃户三分锄分半.

九十八石七斗粟，各人分数怎得见

答曰：地主六十一石六斗八升七合五勺. 佃户二十四石六斗七升五合，锄青一十二石三斗三升七合五勺.

法曰：各列置衰：主七分半，佃三分，锄一分半，副并得一十二为法. 以分米九十八石七斗乘未并者：主得七百四十石二斗五升，佃得二百九十六石一斗，锄得一百四十八石五升. 各自为列实，以法除之，合问.

37. 五百四十四疋绢，科派四乡从本县.

自主渠作六折出，甚么法儿算得见？

答曰：甲乡二百五十疋，乙乡一百五十疋，丙乡九十疋，丁乡五十四疋.

法曰：各列置衰：甲一千，乙六百，丙三百六，丁二百一十六副并得二千一百七十六为法，以所赋绢五百四十四疋乘未并者甲得五十四万四千，乙得三十二万六千四百，丙得一十九万五千八百 四十，丁得一十一万七千五百四. 各自为列实，以法二千一百七十六各除之，合问.

38. 二十四秤九斤丝，出钱四客要分之.

原本皆是八折出，莫教一客少些儿.

答曰：甲八秤五斤，乙六秤一十斤.

丙五秤五斤，丁四秤四斤.

法曰：各列置衰：甲一千，乙八百，丙六百四十，丁五百一十二，副并得二千九百五十二为法. 以所分丝秤通斤共三百六十九斤乘未并者甲得三十六万九千，乙得二十九万五千二百，丙得二十三万六千一百六十，丁得一十八万八千九百二十八，各为列实，以法各除之，合问.

39. 六绫八绢十二布，一斤二两九钱银.

各价先言该六折，各物该银算要真.

答曰：绫一疋该银一两二钱半，共七两五钱. 绢一疋该银七钱半，共六两. 布一疋该银四钱半，共五两四钱.

法曰：各列罗衰：绫六百，绢四百八十，布四百三十二副并得一千五百一十二为法，以所卖银一十八两九钱乘未并者：绫得一千一百三十四，绢得九百七两二钱，布得八百一十六两四钱八分,各自为列实,以法除之,绫得七两五钱,绢得六两,布得五两四钱,以各疋除之,合问.

40. 六绫八绢十二布,四十三两七钱银.

三色价银该七折,各物该银算要真.

答曰:绫一疋该银二两五钱,共一十五两. 绢一疋该银一两十钱半,共一十四两. 布一疋该银一两二钱二分半,共一十四两七钱.

法曰:各列置衰:绫六百,绢五百六十,布(三)[五]百八十八副并得一千七百四十八为法,以所卖银四十三两七钱乘未并者:绫得二千六百二十二两,绢得二千四百四十七两二钱,布得二千五百六十九两五钱六分,各自为列实,以法一千七百四十八各除之:绫得一十五两,绢得一十四两,布得一十四两七钱,各依疋除之,得数,合问.

41. 五鹅九兔十四鸡,五石二斗九升麦.

三色之价递八价,每升十二折钱讫.

答曰:鹅价二斗五升,折钱三百文,共麦一石二斗五升,该钱一千五百文.

兔价二斗,该钱二百四十文,共麦一石八斗,该钱二千一百六十文.

鸡价一斗六升,该钱一百九十二文,共麦二石二斗四升,该钱二千六百八十八文.

法曰:各列置衰:鹅五百,兔七百二十;鸡八百九十六副并得(一)[二]千一百一十六为法,以所卖麦五石二斗九升乘未并者:鹅得:二千六百四十五石,兔得:三千八百八石八斗. 鸡得:四千七百三十九石八斗四升各自为列实,以法二千一百一十六各除之,鹅一石二斗五升,兔一石八斗,鸡二石二斗四升,以各率除之,得各价,又以钱十二文乘之,合问.

42. 四十四秤三斤银,四个商人依率分.

原银递该四六出,休将六折熟瞒人.

答曰:甲一十八秤五斤六两四钱,乙一十二秤三斤九两六钱,丙八秤二斤六两四钱,丁五秤六斤九两六钱.

法曰:各列置衰:丁四十,丙六十,乙九十,甲一百三十五. 副并得三百二十五为法,以所分银以秤通斤共六百六十三斤,以斤求两得一万六百八两乘未并者:甲得:一百四十三万二千八十两,乙得:九十五万四千七百二十两,丙得:六十三万六千四百八十两,丁得:四十二万四千三百二十两,各自为列实,以法各除之,得数,定身减六为斤,减五为秤,合问.

43. 七秤一十一斤银,四个商人照本分.

原银递以三七出,休将七折熟瞒人.

答曰:甲四秤八斤九两六钱,乙一秤一十四斤六两四钱,丙一十二斤九两六钱,丁五斤六两四钱.

法曰:各列置衰:甲、乙、丙各得七,丁得三.丙七不可为二,宜以三因丙丁数生乙差.甲乙各得四十九,丙得二十一,丁得九.乙差不可为三,亦以三因乙丙丁数,七因甲,生甲差:甲得三百四十三,乙得一百四十七,丙得六十三,丁得二十七.副并得五百八十为法,以所分银一百一十六斤以斤求两得一千八百五十六两,乘未并者:甲得六十三万六千六百八;乙得:二十七万二千八百三十二;丙得:一十一万六千九百二十八;丁得:五万一百一十二各自为列实.以法五百八十各除之,得数,定身减六为斤,减五为秤,合问.

44. 七秤五斤八两银,四个商人照本分.

原银递该二八出,休将八折易瞒人.

答曰:甲五秤八斤三两二钱,乙一秤五斤十二两八钱,丙五斤三两二钱,丁一斤四两八钱.

法曰:各列置衰:丁二、丙八、乙三十二、甲一百二十八.副并得一百七十为法,以所分银七秤五斤八两.以秤斤求两得一千七百六十八两.乘未并者:甲得:二十二万六千三百四;乙得:五万六千五百七十六;丙得一万四千一百四十四;丁得:三千五百三十六.各自为列实,以法一百七十各除之,得数定身减六为斤,又减五为秤,合问.

45. 半两黄金分不定,丙丁戊与甲乙等.

五人所得要详明,此问虽微甚难省.

答曰:甲一钱六分钱之二,乙一钱六分钱之一,丙一钱,丁六分钱之五,戊六分钱之四.

法曰:各列置衰:甲八、乙七、丙六、丁五、戊四,副并得三十为法.以所分金五钱乘未并者:甲得四十、乙得三十五、丙得三十、丁得二十五、戊得二十,各自为列实.以法除之甲得一钱余实一十,乙得一钱余实五,丙得一钱,丁不满法得二十五,戊不满法得二十.余实与法皆五约之,合问.

46. 九百九十六斤棉,衰分八子做盘缠.

次递每人多十七,要将各得数来言.

答曰:长男一百八十四斤,次男一百六十七斤,三男一百五十斤,四男一百三十三斤,五男一百一十六斤,六男九十九斤,七男八十二斤,八男六十五斤.

法曰:各列置衰:一、二、三、四、五、六、七皆以十七乘之为各人衰.副并得四百七十六,以减总棉,余五百二十为实.以八为法除之得六十五为第八子数,递加十七得各子数,合问.

47. 远望巍巍塔七层,红光点点倍加增.

共灯三百八十一,请问尖头几碗灯?

答曰:3 碗.

法曰:各列七层衰数:一、二、四、八、十六、三十二、六十四,副并得一百二十七为法,置共灯三百八十一为实,以法除之,合问.

48. 饶君善有纵横艺,七月还钱七贯二.

每月利钱四十文,多少本钱多少利?

答曰:原本五贯六百二十五文.

利钱一贯五百七十五文.

法曰:置钞七贯二百文为实,以利钱四十文因七月得二百八十文加一贯共得一贯二百八十文为 法,除之得原本五贯六百二十五文,以减总钞,余得利钱,合问.

49. 今有学生至精细,每日书写九十字.

师传逐日加添三,问写一月多少是?

答曰:四千五字.

法曰:置一月计三十日张二位,内一位减一,余得二十九日,相乘三十日得八百七十字,折半得四百三十五,以每日递加三字乘之得一千三百五字,并入一月三十日以九十字乘之得二千七百字,共得四千五字,合问.

50. 有个学生心性巧,一部《孟子》三日了.

每日增添一倍多,问公每日读多少?

答曰:初一日读四千九百五十字,初二日读九千九百一十字,初三日读一万九千八百二十字.

法曰:置《孟子》一部三万四千六百八十五字,以一、二、四为七衰法除之得初一日读数,各日倍之,合问.

51. 一百馒头一百僧,大僧三个更无增.

小僧三人合一个,大小和尚各几人?

答曰:大僧二十五人,该七十五个.

小僧七十五人,该二十五个.

法曰:置一百为实,以三个,一个并之得四个为法除之得二十五,列二位,以一位三乘之得七十五个为大僧得馒头之数,一位以三乘之得七十五为小僧之数. 以各率乘之,合问.

52. 无钱借债一年期,总利都还五秤丝.

原议一斤息二两,问公原本要先知.

答曰:五十斤.

法曰:通丝五秤得七十五斤为实. 以月十二为法除之得(六十二斤半)[(六斤二两五钱)],却以息二两作一二五除之,得原本五十斤,合问.

［六言四句］

53. 十万三千短竹，做成好笔堪言.

管三帽五有则，不知多少围圆.

答曰：笔一十九万三千一百二十五管，管用竹六万四千三百七十五竿，帽用竹三万八千六百二十五竿.

法曰：置竹一十万三千为实，并管三帽五共得八为法除之得一万二千八百七十五为一停率，以三乘之得帽用竹三万八千六百二十五；以五乘之得管用竹六万四千三百七十五. 以管三乘之得笔数，合问.

［五言六句］

54. 甲乙丙丁戊，酒钱欠千五.

甲兄告乙弟，四百我还与.

转差是几文，各人出怎取？

答曰：转差五十文，甲四百文，乙三百五十文，丙三百文，丁二百五十文，戊二百文.

法曰：置酒钱一千五百，以甲出四百约之得十五为衰，甲四、乙三半、丙三、丁二半、戊二得转差五十文，合问.

55. 甲乙丙丁戊，酒钱欠钱五.

戊弟告四兄，一百五我与.

转差是几文，各人出怎取？

答曰：转差七十五文.

法曰：置钱一千五百，以戊出一百五十约之，得十为衰：戊一、丁一半、丙二、乙二半、甲三. 各以一百五十为法乘之：甲四百五十、乙三百七十五、丙三百、丁二百二十五、戊一百五十.

［五言四句］

56. 今有一文钱，放债作家缘.

一日息一倍，一月几文钱？

答曰：一百七十万三千七百四十一贯八百二十四文.

法曰：以十度八因一度八因得三日数，用八因得三十日数，合问.

57. 今有一文钱，放债作家缘.

一日息三倍，一月几文钱.

答曰：二千五十八亿九千一百一十三万二千九十四贯六百四十九文.

法曰：置初日三钱用五度自乘，三自乘得九，自乘得八十一，自乘得六贯五百六十一文,自乘得四万三千四十六贯七百二十一文,即第十六日钱数,又自乘得一万八千五百三十亿二千一十八万八千八百五十一贯八百四十一文为实,以九除之,合问.

58. 公侯伯子男,五四三二一,

假有金五秤,依率要分讫.

答曰:公一秤二十五斤,侯一秤二十斤,伯一秤十五斤,子一秤十斤,男一秤五斤.

法曰:各列置衰:公五、侯四、伯三、子二、男一. 副并得一中五为法,以所分金七十五斤乘未并者:公三百七十五,侯三百,伯二百二十五,子一百五十,男七十五各自为列实,以法十五各除之,合问.

59. 甲乙丙丁戊,分银一两五.

甲多戊钱三,互和折半与.

答曰:甲三钱六分五厘,乙三钱三分二厘五毫,丙三钱,丁二钱六分七厘五毫,戊二钱三分五厘.

法曰:置分银一两五钱为实,以例用一分、三分、五分、七分、九分并之得二钱五分为法除之得六钱. 乃首尾之数,于内减甲多戊一钱三分余四钱七分,折半得戊二钱三分五厘. 仍加多一钱三分得甲三钱六分五厘. 互和得六钱,折半得丙三钱,互和加甲银三钱六分五厘,得六钱六分五厘,折半得乙银三钱三分二厘五毫. 并丙戊得五钱三分五厘,折半得丁二钱六分七厘五毫,合问.

——九章详注比类衰分算法大全卷第三[终]

诗词体数学题译注：

1. **注解**：买卖：经商做生意. 都：副词，表示总括，所总括的成分在前. 都全：此处表示甲、乙、丙三人所共有的银子都换成新丝9秤5斤4两，分豁：分开.

译文：甲、乙、丙三位客商将银子聚在一起合伙经商. 甲出银10.3两，乙说出银9.7两，丙独出银24两. 共换得新丝140.25斤，有人如果将各家应分得的新丝分别算出来，不出现偏错，满郡的人谈论起来都会羡慕你！

解：吴敬原法为：

甲应分：$\frac{140.25\times10.3}{10.3+9.7+24}=\frac{1\,444.575}{44}=32.831\,25$（斤）.

乙应分：$\frac{140.25\times9.7}{10.3+9.7+24}=\frac{1\,360.425}{44}=30.918\,75$（斤）.

丙应分：$\frac{140.25\times24}{10.3+9.7+24}=\frac{3\,366}{44}=76.5$（斤）.

2. **注解**：六般：六等. 分科：科，程度、等级.《论语·八佾》："射不主皮，为力不同科."朱熹（1130—1200）注："科，等也."分科，即分等级缴纳赋税，中国历代封建政府，按照田地的肥瘠情况，规定的田赋等级或税率，称为"科则".《禹贡》已有九州的田分为九等的说法.《国语·齐语》有"相地而衰征"的说法. 东汉山阳（今山东巨野南）太守秦彭曾将当地田亩分别多寡肥瘠，定位三品. 后代科则，极为复杂，各地情况不一样. 大致宋分五等，金分九等，元分三等. 明初，官田分十一则，民田分十则. 明中叶以后江南官民田地混淆，科则更为复杂. 均多：相差一样多，即公差. 喽罗：本作"喽啰". 亦作"楼罗"或"娄罗". 语出《旧五代史·刘铢传》："铢喜谓（李）业辈曰：'君等可谓偻罗而已.'"喽，犹伶俐，谓伶俐能干事的人. 旧时，多用以称盗贼的部下；现今多用于比喻反动派的仆从狗腿子. 此处当理解为：聪明伶俐善算的人.

译文：要分配给六等人户缴纳官粟96石，自下而上，每等人户均多1.6石，需要依据算学和法律，算得分毫无差错，有人能算得就是聪明伶俐的人，不会的人请前来问我.

解：吴敬的解法是：

各置列衰：甲5、乙4、丙3、丁2、戊1，相加得：$5+4+3+2+1=15$. 乘均多1.6石×15=24石，以减总粟96石余72石为实，以6为法除得12石为己数. 递加1石6斗得各数，合问. 王文素在《算学宝鉴》卷23中指出："此法亦善，致大必繁，而无并衰之法."他解此类问题的歌诀是：

差求首尾传新诀，总人去一乘差折.
总人除物并为头，相减为有不必说.

他的解法是：$S_n = \left\{a_1 + \frac{(n-1)d}{2}\right\}n$，所以

$$\frac{S_n}{n} = a_1 + \frac{(n-1)d}{2}$$

$$a_1 = \frac{S_n}{n} - \frac{(n-1)d}{2}$$

代人得已：$a_1 = \frac{96}{6} - \frac{5 \times 1.6}{2} = 12$(石)，递加均多1.6石，即得上5人之数.

3. **注解**：迭迭：一层加一层，一次加一次，重叠. 莫教偏：莫出现偏差.

译文：今有甲、乙、丙三人分铜钱一百文，乙不及甲五文，丙不及乙稍远一些，是乙的七分之五. 何须迭迭开言！烦先生计算一下，不要出现偏差，用什么方法可以推算出甲、乙、丙各人的铜钱数？

解：吴敬原法为：各置列衰：甲乙各7，丙5，相加得 $7+7+5=19$ 为法

以 $100-5=95$(文) 为实

以法除实得：$95 \div 19 = 5$(文)为钱率，以乘各差.

乙得：$5 \times 7 = 35$(文).

甲得：$5 \times 7 + 5 = 40$(文).

丙得：$35 \times \frac{5}{7} = 25$(文).

今法：设乙有铜钱 x 文，则甲有铜钱 $(x+5)$ 文，丙有铜钱 $\frac{5}{7}x$ 文，故

$$(x+5) + x + \frac{5}{7}x = 100(\text{文})$$

所以：乙有铜钱：$x = 35$(文).

甲有铜钱：$35 + 5 = 40$(文).

丙有铜钱：$35 \times \frac{5}{7} = 25$(文).

4. **注解**：兜：口袋一类的东西，亦称“兜子”. 兜答：拉扯闲谈.（鲁迅(1881—1936)《阿Q正传》：“那两个也仿佛是乡下人，渐渐和他兜搭起来.”）

译文：3位客商共分百果，其中议论各分多少：甲比丙多28个，乙数亦难及甲，当是甲的 $\frac{2}{3}$，烦先生用意详细观察，先生果然算得无差错. 请问您用什么方法.

解：吴敬原法为：

甲、丙各3分，乙2分，相加：$3+3+2=8$ 为法. 置果100加28得128为实，

以法除之,得:$128 \div 8 = 16$ 为果率,以乘各差,乙得:$16 \times 2 = 32$,甲得:$16 \times 3 = 48$,丙得:$48 - 28 = 20$.

今法设甲应分 x 个果,则乙应分$\frac{2}{3}x$ 个果,丙应分$(x-28)$个果,所以

$$x + \frac{2}{3}x + (x-28) = 100$$

$8x = 384$,所以甲应分果:$x = 48$ 个.

乙应分果:$2 \times 48 \div 3 = 32$(个).

丙应分果:$48 - 28 = 20$(个).

5. **注解**:三色俱停:指大豆、米、粟3种粮食数量核粟数,数量相等. 诳:欺骗,迷惑. 语出《史记·高祖本纪》:"将军纪信乃乘王驾. 作为汉王,诳楚."库司:粮库的会计. 粮长:粮库的负责人,法人.

译文:今有部队到仓库去领粟、米、大豆共47 000石. 马军支料步兵支粮. 支3种粮食数核粟数量相等无诈,大豆每斗折粟8升,米每斗折粟6升,粟依本色计算. 闷住了粮库的会计和粮长. 问:各支粟多少石? 折米、大豆、粟各多少?

解:吴敬原法为:各支粟:

$$\begin{aligned}&\frac{47\,000\text{ 石}\times(8\text{ 升}\times 6\text{ 升}\times 1\text{ 斗})}{1\text{ 斗}\times 8\text{ 升}+8\text{ 升}\times 6\text{ 升}+1\text{ 斗}\times 6\text{ 升}}\\&=\frac{47\,000\text{ 石}\times 480\text{ 升}}{8\text{ 斗}+4.8\text{ 斗}+6\text{ 斗}}\\&=\frac{225\,600\text{ 石}}{18.8\text{ 斗}}\\&=12\,000\text{ 石}\end{aligned}$$

米折粟:$12\,000 \div 0.6 = 20\,000$(石).

大豆折粟:$12\,000 \div 0.8 = 15\,000$(石).

粟依本色:12 000石.

6. **注解**:茗:茶的通称,如香茗、品茗. 乾:同"干". 一遭:一次,一回. 秤:古代一秤为15斤. "乙行丙往隔双朝"暗示乙5日一次,比甲多2日;丙7日一次,比乙又多2日. 倚:同"依",依靠.

译文:三位客人入山采茗,甲3日去一次,乙5日去一次,丙7日去一次,采茶时谁也不相互依靠,共采干茗35.5斤,按各行往返分配采茶数,请问:各应该分茶多少?

解:吴敬原法为:2秤5斤8两 = 35.5斤为实

	甲		乙		丙
丙率:	3	×	5	=	15

乙率:$3\times7=21$

甲率:$5\times7=35$(+ 　　为法

—

71

以法除实:$35.5\div71=0.5$(斤).

甲采:$0.5\times35=17.5$(斤).

乙采:$0.5\times21=10.5$(斤).

丙采:$0.5\times15=7.5$(斤).

7. **注解**:折纳:中国旧时历代政府将原征财务改征其他财务的措施.各朝代名称略有不同,唐朝时称“折纳”或“科折”,宋朝时称“折变”,明朝时称“折征”.

译文:常年折纳粟的定额为133石.今年折纳拟定分催.粟、豆、米的比率为4∶3∶2.大豆8升折粟,粟折米率6升,粟以本色.问:粟、豆、米各多少?

解:吴敬原法为:置各率,

二米得粟:$2\div0.6=3\frac{1}{3}$(石).

三豆得粟:$3\div0.8=3.75$(石).

四粟得粟:$4\div1=4$(石).

$$133\div\left(3\frac{1}{3}+3.75+4\right)=133\div\frac{10+3.75\times3+4\times3}{3}$$

$$=133\div\frac{33.25}{3}=12(\text{石})$$

米:$12\times2=24$(石),折粟:$24\div0.6=40$(石).

豆:$12\times3=36$(石),折粟:$36\div0.8=45$(石)

粟:$12\times4=48$(石),本色不折,仍为48石.

8. **译文**:闻说东邻有一织女,三从四德温柔.初日织2丈丝绸,次日依次多织1.9尺,今已织绸一月(按30日计算),不知到底共织多少疋丝绸?已知每疋长4丈.算得无差错是一位计算的“好手”!

解:吴敬原法为

$$S_n=na_1+\frac{n(n-1)d}{2}$$

$$=2\text{丈}\times30+\frac{30\times29\times1.9\text{尺}}{2}$$

$$=60\text{丈}+82.65\text{丈}$$

$$=142.65\text{丈}$$

$=35$ 疋 2 丈 6 尺 5 寸

9. **译文**:元宵十五灯节,去观游百盏明灯.三夜共用油两秤五斤十两,每三盏用油五两,每四瓯用油九两.问:有多少盏和瓯?每天各用油多少?算得对应当向您敬酒!

解:吴敬原法为:

列置

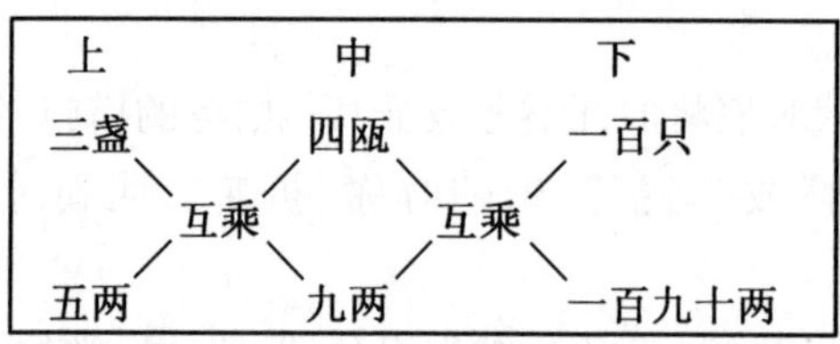

先以上中互乘,以少减多:$3\times 9-4\times 5=7$ 为法.

再以中下互乘,以少减多:$9\times 100-4\times 190=140$.

以上 3 盏乘之:$140\times 3=420$ 为实.

以法除实得盏数:$420\div 7=60$(盏).

瓯数:$100-60=40$(瓯).

各以油率乘之,合问.

今法:2 秤 5 斤 10 两 $=$(15 斤 $\times 2+5$ 斤)$\times 16+10$ 两 $=570$(两).

每天共用油:$570\div 3=190$(两).

设:盏为 x 只,瓯为 y 只,依题意,可列方程

$$\begin{cases} x+y=100 & (1) \\ \dfrac{5}{3}x+\dfrac{9}{4}y=190 & (2) \end{cases}$$

由(1)(2)得

$$x=100-y \quad (3)$$

$$20x+27y=2\,280 \quad (4)$$

(3)代入(4)得:$7y=280$.

$y=40$ 瓯.

一夜用油:$\frac{9}{4}$两 $\times 40=90$ 两 $=5$ 斤 10 两.

三夜用油:90 两 $\times 3=270$ 两 $=1$ 秤 1 斤 14 两.

$x=100-40=60$(盏).

一夜用油:$\frac{5}{3}$两 $\times 60=100$ 两 $=6$ 斤 4 两.

三夜用油:100 两 ×3 =300 两 =1 秤 3 斤.

10. **简介**:此题系据刘仕隆《九章通明算法》“鳌山灯盏”题改编.

注解:恰就:恰好就是.

译文:遇到元宵十五灯节,去观游彩灯. 在彩灯中,有 3 份是“盏子”,2 份是“油瓯”. 恰好共用 1 秤 5 两油. 每 5 盏灯用油半斤(即 8 两). 每 4 个油瓯用油 10 两. 能算出盏、瓯到底各有多少? 就是郡中少有的人!

解:吴敬原法为

$$1\text{ 秤 }5\text{ 两}=16\text{ 两}\times15+5\text{ 两}=245\text{ 两}\quad\text{为实}$$

$$2\text{ 瓯}=\frac{10\text{ 两}\times2}{4}=5\text{ 两}$$

$$3\text{ 盏}=\frac{8\text{ 两}\times3}{5}=4.8\text{ 两}$$

$$5\text{ 两}+4.8\text{ 两}=9.8\text{ 两}\quad\text{为法}$$

所以一停率为: $\frac{245\text{ 两}}{9.8\text{ 两}}=25$

盏数: $25\times3=75$

用油: $75\div5\times8=120$(两)

瓯数: $25\times2=50$

用油: $50\div4\times10=125$(两)

共用油:120 +125 =245(两),即 1 秤 5 两.

11. **简介**:此题与“三女归盟”属同一类型.

注解:轮来:拿来. 门庭:即庭院门口.

译文:今有宝珠一串,不知其数,拿来去数的分明,三三数之,无剩;五五数之,无零;七七数之,恰尽. 欲问共有多少颗珠子. 用何妙法穷推妙算于“门庭”,知先生能算,贯通纵横,此法不难使人容易明白.

解:吴敬原法为:共有宝珠 3 ×5 ×7 =105(颗).

12. **简介**:类似的问题最早见于《孙子算经》卷下第三十五问:

今有三女,长女五日一归,中女四日一归. 少女三日一归,问三女几何日相会.

杨辉《续古摘奇算法》(1275 年),将其改编成诗词体,称“三女归盟”:

长女三日一归,
中女四日一归,
小女五日一归,
问几何日相逢.

明王文素《算学宝鉴》卷二十四“短长同会”节引录杨辉此诗题，歌曰：

长短将来要会期，连乘众率即能知.

两桩双率同来折，三率双时两折之.

此题是我国数学史上最早的求最小公倍数的问题，我国古代的干支纪日法，是世界上最早应用最小公倍数问题的实例. 在《九章算术》中，一般是把各分母连乘作公分母，虽然没有明确讲述求最小公倍数的计算法则，但在实际计算题中，却已多次应用，例如：

$$1+\frac{1}{2}+\frac{1}{3}+\frac{1}{4}+\frac{1}{5}+\frac{1}{6}+\frac{1}{7}+\frac{1}{8}+\frac{1}{9}+\frac{1}{10}=\frac{7\ 381}{2\ 520}$$（参见少广章第九题）

在《孙子算经》和《张丘建算经》中，也有这方面的应用题.

在西方国家，最早应用最小公倍数的是意大利数学家斐波那契（Fibonacci，1170—1250），却比我国《九章算术》迟了1 000多年. 在欧洲，直到17世纪，很多数学书籍中，都不用最小公倍数作公分母，后来，文格特（Fdmad Wingate，1596—1656）才给出求最小公倍数的一般法则.

注解：频望：多次看望. 朝：早晨，词文中指“一天”. 何朝：那一天. 醪（lào）：本指汁滓混合的酒，后来隐身为醇酒、浊酒.《后汉书·樊倏传》：“又野王岁献过醪膏饧.”李贤注：“醪醇酒汁滓相将也.”杜甫（727—770）《清朝二首》：“钟鼎山林各天性，浊醪粗饭任吾年.”香醪：意为“美酒”. 何朝斋至饮香醪：即“何时三女一起回娘家饮美酒”. 回报：回答：三女：指3个女儿.

译文：张家的3个女儿很孝顺父母老人，经常回娘家看望，帮家里干活，住在东村的大女儿每隔3天归家一次，住在西村的二女儿每隔5天回家一次，小女儿住在南乡路远，依然每隔7天回家一次，哪一天她们姐3个能同时回家相会饮美酒. 请才智贤能超众的先生们回答.

解：吴敬原法为：$3\times5\times7=105$

《孙子算经》的解法是：回家次数×回家日数

	回家次数	回家日数	
长女三日：	$5\times7=35$	$\times3$	$=105$
中女五日：	$3\times7=21$	$\times5$	$=105$
小女七日：	$3\times5=15$	$\times7$	$=105$

13. 9斤12两 = 156两

5斤4两 = 84两

一疋 = 42丈

张昌：$\frac{108\times156}{156+84}=70.2$ 丈 = 1疋2丈8尺2寸

李德：$\frac{108 \times 84}{156 + 84} = 37.8$（丈）

14. **注解**：七两三钱半数，即“七两三钱五分”．

译文：今借人家的银子一两，每年的利率是三钱．其中在9月份在主人面前，完全把利归还，双方都没有怨言，归还的本和利共为7两3钱5分．问：本和利原来各是多少？用什么方法计算？

解：吴敬原法为：置总银7.35两为实，以$0.025 \times 9 + 1 = 1.225$（两）为法．以法除实得本银：$7.35 \div 1.225 = 6$（两）．

利银：$7.35 - 6 = 1.35$（两）．

王文素在《算学宝鉴》卷14中指出：“当下年利三钱，以十二月除之，方得每月利2分5厘为是．”此即月利率为：0.3两$\div 12 = 0.025$两．

他说：“此又系巧题，可用前法求之；若遇掘题有碍，须得通分布算．”王文素的解法是：

$7.35 \times 12 = 88.2$（两）　　为实

年利：$0.3 \times 9 = 2.7$（两）

本银：$1 \times 12 = 12$（两）

$2.7 + 12 = 14.7$（两）　　为法

本银 $88.2 \div 14.7 = 6$（两）

本利 $7.35 - 6 = 1.35$（两）

先通分避免了多位除算的麻烦

今法：①先求出年利率：$0.3 \div 1 = 0.3$（$=30\%$）．

月利率：$0.3 \div 12 = 0.025$（$=2.5\%$）．

本银：$7.35 \div (1 + 0.025 \times 9) = 6$（两）．

利银：$7.35 - 6 = 1.35$（两）．

此法与今复利公式：$a(1+x)^n = A$ 相近，罗见今教授提供．

②先求月利：$0.3 \div 12 = 0.025$（两）．

1两经九个月的本利和为：$1 + 0.025 \times 9 = 1.225$（两）．

7.35两的本银为：$7.35 \times 1 \div 1.225 = 6$（两）．

利银：$7.35 - 6 = 1.35$（两）．

③1两的年利为3钱，12两的年利为$0.3 \times 12 = 3.6$（两）．

12两经9个月的利息为3.6×0.75（即0.75年$=9$个月）$= 2.7$（两）．

本利和为：$12 + 2.7 = 14.7$（两）．

本银：$7.35 \times 12 \div 14.7 = 6$（两）．

利银：$7.35-6=1.35$（两）.

15. **注解**：取：借取. 叮咛：反复嘱咐. 两中包：每两月利.

译文：甲向乙家借债，原本不知多少，每两银子月利 4 分. 反复说明此利，7 个月后共归还本利 15 两，问：本银、利息到底各该多少？

解：吴敬原法为：本银：$\frac{15}{1+0.04\times7}=\frac{15}{1.28}=11.71875$（两）.

利息：$15-11.71875=3.2815$（两）.

16. **译文**：甲借乙银作本钱，言定逐年利息倍增，到远处去经商整十个年头，近日归家计算，连本和利共还银 256 两，不知原借本银到底是多少？问：用什么方法可以求得？

解：吴敬原法为：$256\div(2^3)^3=0.5$（两）.

折半得本银：2 钱 5 分

17. **注解**：无稽：毫无根据. 倍告：疑为“被告”今改. 意为告诉债主：息银为 44 两.

译文：丙借丁的钱钞不用找保人，原本无从考查，不知多少. 月利四分虽少些，今经 8 月债主来讨还. 告诉债主还利银 44 两. 请问当初原借本银多少？贤家计算时不要心恼！

解：吴敬原法为：当初原借本银：$\frac{44}{0.04\times8}=137.5$（两）$=2$ 锭 37 两半

18. **简介**：这是个一元一次方程问题，类似的问题，还在国外的一些数学书中出现，如公元 18 世纪俄国著名数学家马格尼茨基（л. ф. магницкй，1669—1739）《算术》（1703 年）“父亲领儿子去上学”题：

父亲领儿子进学校去，问先生道：“请告诉我，你班里有多少学生？”

先生回答：“如果招收一批像现在那么多的学生，再招收半数，再招四分之一，再加上你的儿子在内，才有一百个学生.”问：班里现有多少学生？

苏联拉尼切夫《初中代数习题汇编》中有“空中飞过一群雁”题：

空中飞过一群雁，迎面又飞来一只.

“您好！一百只雁吗？”

“我们不是一百只，我们现在有的数，加上现在有的数，再加上现有数一半，又加上四分之一，连你算上才一百只.”

请问群雁有几只？

注解：拽：拉. 差谬：差错. 半群：即二分之一群. 少半群：即四分之一群.

译文：甲赶着一群羊，在丰茂的草原上放牧，乙拉着一只肥羊跟随在后边，戏问甲：“你的这群羊是一百只吗？”

甲回答:“您说得不错！还得再凑这样一群,再添二分之一群,再添四分之一群,再得您的一只羊,方才是一百只.”谁能用什么玄机奥妙的计算方法,才能算出有多少只羊?

解:吴敬原法为:

置:100 - 1 = 99 为实,并群率:1 群 + 1 群 + 0.5 群 + 0.25 群 = 2.75 群为法,除之合问.相当于今法:设羊群原有 x 只羊.

依题意可列一元一次方程:$x + x + \frac{x}{2} + \frac{x}{4} + 1 = 100$ 只

解之:原有羊　$x = 36$ 只

19. **注解**:碓(duì):旧时舂米用具.用柱子架起一根木杠的一端装一圆形石头,用脚踩踏另一端,使石头连续起落,可以去掉下面石臼中谷物的皮,臼:旧时舂米用具,多用石头制成,中部呈“凹”字形.九一吾观张大嫂,王婆三七实粗糙,二八牛婆心更操:是指出米率而言:张大嫂 9 分,王婆 7 分,牛婆 8 分.

译文:三位妇人在碓上争吵,各持糙米一斗分别说道,我看张大嫂的糙米出米与糠麸的比例是 9∶1,王婆的糙米实在粗糙,出米与糠麸的比例是 7∶3,牛婆的糙米更操心,出米与糠麸的比例是 8∶2.三人将米倒在石臼内混合了.请问:各人应分多少米?烦您用何法计算如何分配好?

解:吴敬原法为:各列置衰:张 0.9,牛 0.8,王 0.7.共:0.9 + 0.8 + 0.7 = 2.4 为法

张大嫂应为:$\frac{3 \times 0.9}{2.4} = 1.125$(斗).

牛婆应为:$\frac{3 \times 0.8}{2.4} = 1$(斗).

王婆应为:$\frac{3 \times 0.7}{2.4} = 0.875$(斗).

20. **译文**:新增 67 户,分 72 贯钱:上户三家 7 贯,中户九家 12 贯,下户七家 2 贯.纵横不醒,慢慢穷推算.请问贤家此法如何计算.

解:吴敬原法为:并上、中、下所出钱:7 + 12 + 2 = 21(贯),以各得 4 乘之,得 84 贯,以减总钱:84 - 72 = 12(贯).

乃中户除一止得 3,上下皆 4.

上户三家:3 × 4 = 12(户),该:7 × 4 = 28(贯).

中户九家:9 × 3 = 27(户),该:12 × 3 = 36(贯).

下户七家:7 × 4 = 28(户),该:2 × 4 = 8(贯).

计 67 户,72 贯.

21. **译文**:王留与3个伙伴,相呼在山中,放牧在池塘.共放牧6马9驴15只绵羊,共食践田禾一块,要赔偿人家6石9斗精粮.共同商议,要公平合理:驴每只抵3只绵羊,两匹马相当于3只驴.问先生:马、驴、羊各主人应赔偿多少精粮?

解:吴敬原法为:置赔米6.9石为实,置马作9驴,羊作5驴,驴9.相加:$9+5+9=23$为法,除之,得$\frac{6.9}{23}$石$=3$斗.所以羊应赔$3\times5=15$(斗).

马、驴各应赔:$3\times9=27$(斗).

由题易知,羊:驴$=3:1$,驴:马$=3:2$,即羊:驴:马$=9:3:2=27:9:6$

所以每只羊应赔:$\frac{6.9\text{石}}{27+27+15}=1$(斗)

15只羊应赔:$1\times15=15$(斗)

9只驴应赔:$1\times27=27$(斗)

6匹马应赔:1斗$\times27=27$(斗)

22. **注解**:八十半即85文.

译文:一位姓段的债主放债.每贯月息3钱5厘,分厘毫忽不能减少,只说他家能会计算.一位客人借钱整半年,本利共还14贯,段家算后认为不少,又找还人家85文,问原借本银多少?

解:吴敬原法为

$$14\,000-85=13\,915(\text{文})\quad\text{为实}$$
$$1\,000+6\times35=1\,210\quad\text{为法}$$

所以本银为:$\frac{13\,915\text{文}}{1\,000+210}=11.5$贯

23. **注解**:揭钞:即借钱钞.起初:即开始.熬煎:比喻折磨,也说煎熬.总通:即总计,总共.

译文:家贫借钱钞,开始时言定,每两年终利息5钱,没说定借多长时间,只说咱还时算清,又不曾约定几年.到如今经过8个月的煎熬,本利都还不欠,共是10.8两,请问先生:本、利到底是多少?

解:吴敬原法为

以10.8两为实: $\frac{0.5\times12}{8}=0.75$(两)为法

本银: $10.8\times0.75=8.1$(两)

利息: $\frac{8.1\times0.5\times8}{12}=2.7$(两)

今法本银：$\dfrac{10.8}{\dfrac{0.5\times 8}{12}+1}=\dfrac{10.8}{1+0.33}=8.12$(两)

利银：$10.8-8.12=2.68$(两)

24. **注解**:五数时四瓯不尽,即五数余四. 七数时六盏不停,即七数余六.

译文:元宵节来往纵横到街上去观灯,我见灯上下红光映照,绕3次也数不清. 第一次,从头三三数之,无余数;第二次,五五数之,余四;第三次,七七之数,余六. 问:究竟有多少盏明灯?

解:吴敬原法为:按《孙子》原法解之. 先置三数,无余数不下:五数余四,每余一下:$3\times 7=21$,余四下:$21\times 4=84$. 七数余六,每余一下:$3\times 5=15$,余六下:$15\times 6=90$,所以共有明灯:$84+90-3\times 5\times 7=69$(盏)

25. 八马五牛六口羊,放在西郊牧草场.

吃了人家六石粟,□□赔偿要相当.

羊吃半牛牛半马,□还□得告□□.

请问先生能算者,高低对面为分张.

——原自刘仕隆《九章通明算法》

简介:此题据《九章算术》衰分章第2题改编. 这题原文是:今有牛马羊食人苗. 苗主责之粟五斗. 羊主曰:"我羊食半马." 马主曰:"我马食半牛." 今 欲衰赏之,问各几何? 后被吴敬《九章算法比类大全》卷三改编为"三算赔偿":

八马九牛十四羊,赶在村南牧草场.

践了王家一段谷,议定赔他六石粮.

牛二只,比羊一,四马二牛可赔偿.

若还算得无差错,姓字超群到处杨.

程大位《算法统宗》(1592年)又引录了吴敬的"三算赔偿"题,使其广泛流传.

译文:(由于有脱文,故大意为)有马8匹、牛5头、羊6只在西郊牧草场放牧,吃了人家6石粟,议定要给人家相当的赔偿,每只羊吃的数量相当于每头牛吃的一半,每头牛吃的数量相当于每匹马吃的一半. 算完后还得告诉对方,请问能算的先生们,多少要当面分清!

解:刘仕隆原法为:以6石为实,以羊1、牛2、马4列为衰,则

$$\left.\begin{array}{l}\text{羊}:1\times 6\\ \text{牛}:2\times 5=10\\ \text{马}:4\times 8=32\end{array}\right\}=48\text{ 为法}$$

羊赔:$\frac{6\times6}{48}=0.75$(石),牛赔:$\frac{6\times10}{48}=1.25$(石),马赔:$\frac{6\times32}{48}=4$(石).

26. **译文**:每日在庄西边看护种的麦田,看见有4头驴3匹马5头猪去吃麦子,每头驴吃的数量是每匹马的一半;每头猪吃的数量又是每头驴的一半.3种牲畜赔麦的总数是四石,怎样分摊呢?我编此法并不太难,英贤如不理解纵横算法,请再拜名师用意观察!

解:吴敬原法为:马、驴、猪之比率为:4:2:1.则猪5,驴应为:$4\times2=8$,马应为:$3\times4=12$,共:$5+8+12=25$.所以一头猪应赔:$4\div25=0.16$(石).

五头猪应赔:$0.16\times5=0.8$(石).

一头驴应赔:$0.16\times2=0.32$(石).

四头驴应赔:$0.32\times4=1.28$(石).

一匹马应赔:$0.16\times4=0.64$(石).

三匹马应赔:0.64石$\times3=1.92$石

27.《毛诗》《春秋》《周易》书,九十四册共无余.

《毛诗》一册三人共,《春秋》一本四人呼.

《周易》五人读一本,要分每样几多书.

就见学生多少数,请君布算莫踌躇.

——原自刘仕隆《九章通明算法》

简介:此题被吴敬《九章算法比类大全》卷三诗词第二十七题引录,改为词牌“鹧鸪天”.

注解:踌躇:犹豫.

译文:有《毛诗》《春秋》和《周易》3种书,共94册无余数.《毛诗》一册3人读,《春秋》一本4人想读,《周易》5人读一本.要分明每本书共有多少册,就知道学生有多少数,请君布算,不要犹豫.

解:刘仕隆原法为:列3,4,5互乘

$$\left.\begin{array}{l}3\times4=12\\4\times5=20\\3\times5=15\end{array}\right\}=47\quad\text{为法}$$

又 $$3\times4\times5\times94=5\ 640\quad\text{为实}$$

以法除之,得:$5\ 640\div47=120$.

《毛诗》数为:$120\div3=40$(册).

$3\times40=120$(人).

《春秋》数为:$120\div4=30$(册).

$4\times30=120$(人).

《周易》数为:$120\div5=24$(册).

$5\times24=120$(人).

共94册,360人.

今法可列算式:

$$94\div\left(\frac{1}{3}+\frac{1}{4}+\frac{1}{5}\right)=120$$

《毛诗》$120\times\frac{1}{3}=40$(册)

$3\times40=120$(人).

《春秋》$120\times\frac{1}{4}=30$(册)

$4\times30=120$(人)

《周易》$120\times\frac{1}{5}=24$(册)

$5\times24=120$(人)

共94册,360人.

28. **译文**:明文规定,每年常交税粟3.82石,其中1.33斗粟,折米0.7斗用作军粮.1.5斗粟折合芝麻0.8斗实数入官仓,粟依本色便官民.要使米、芝麻、粟三色数量俱相等.问应该怎样计算?

解:吴敬原法为:以3.82石粟为实.

$$\left.\begin{array}{l}\text{米率}:\dfrac{1.33}{0.7}=1.9\\ \text{芝麻率}:\dfrac{1.5}{0.8}=1.875\\ \text{粟率}:1\end{array}\right\}=4.775\quad\text{为法}$$

以法除之,得米、芝麻、粟各应为:3.82石$\div4.775=0.8$石

29. **注解**:耕犍:耕地的犍牛(阉割过的公牛).骏骝:古书上指黑鬣黑尾巴的好红马.

译文:有28匹马和牛,小童放牧在田野里,践踏了芝麻田3亩,赔偿6斤8两油,申报经乡里负责人批准,每头牛赔2两,每匹马从公论赔5两,请问:有几头耕犍几匹骏骝?

解:吴敬原法为:

6斤8两$=104$两

牛头数:$(28\times5-104)\div(5-2)=12$头

赔油:2 两 ×12 = 24 两 = 1 斤 8 两

马匹数:28 - 12 = 16(匹)

赔油:5 两 ×16 = 80 两 = 5 斤

又　马匹数:(104 - 28 ×2) ÷(5 - 2) = 16(匹)

赔油:5 两 ×16 = 80 两 = 5 斤

牛头数:28 - 16 = 12(头)

赔油:2 两 ×12 = 24 两 = 1 斤 8 两

设牛头数为 x,则马匹数为 $(28 - x)$ 匹

故:$2x + 5(28 - x) = 104$ 两

$x = 12$(头)

赔油:2 两 ×12 = 24 两 = 1 斤 8 两.

马匹数:28 - 12 = 16(匹).

赔油:5 两 ×16 = 80 两 = 5 斤.

设马匹数为 x 匹,则牛头数为 $(28 - x)$ 头.

故:$5x + 2(28 - x) = 104$ 两.

$x = 16$(头).

赔油:5 两 ×16 = 80 两 = 5 斤.

牛头数:28 - 16 = 12(头).

赔油:2 两 ×12 = 24 两 = 1 斤 8 两.

设犍牛为 x 头,骏骝为 y 匹,依题意可得联立方程组

$$\begin{cases} x + y = 28 & (1) \\ 2x + 5y = 104 & (2) \end{cases}$$

(1) ×5 -(2)得 $3x = 36$.

所以 $x = 12, y = 16$.

30. **译文**:3 位将军,屯军 50 000 名,赏金 1 000 两,要按士兵人数,平均分配. 已知甲比乙多兵 3 000 名,乙比丙多一半兵. 今要问知各将屯军人数,各应该分得金数. 虽然不是什么玄微的数,会者也需要精通算法.

解:吴敬原法为:50 000 名 - 3 000 名 = 47 000 名　为实.

以三分为率,内减丙半分,余 2 分半　为法.

除之得乙军数:47 000 ÷2.5 = 18 800(名).

加 3 000 名得甲军数:18 800 + 3 000 = 21 800(名).

将乙军数折半得丙军数:18 800 ÷2 = 9 400(名).

每名士兵平均赏金:1 000 ÷50 000 = 0.02(两).

甲将士兵应赏金:0.02×21 800=436(两).

乙将士兵应赏金:0.02×18 800=376(两).

丙将士兵应赏金:0.02×9 400=188(两).

今法:设乙将有 x 名士兵,则甲将有 $(x+3\ 000)$ 名士兵,丙将有 $\frac{x}{2}$ 名士兵,故

$$(x+3\ 000)+x+\frac{x}{2}=50\ 000$$

解之,得乙将士兵人数:$x=18\ 800$ 名.

所以甲将士兵人数:18 800+3 000=21 800(名).

丙将士兵人数:18 800÷2=9 400(名).

每名士兵平均赏金:1 000÷50 000=0.02(两).

甲将士兵应赏金:0.02×21 800=436(两).

乙将士兵应赏金:0.02×18 800=376(两).

丙将士兵应赏金:0.02×9 400=188(两).

31. **简介**:此题是刘仕隆创编的一个诗词体等差数列算题,后来被吴敬《九章算法比类大全》引录.

注解:增三岁:差三岁,即增加三岁.

译文:一位老公公有 9 个儿子,要问每个儿子的生年都不知道,只知道自长子排来,每个儿子都差(减少)3 岁,总共是 207 岁.试问长儿多少岁?各儿岁数也要详细推算.

解:刘仕隆原法为:各置列衰:1,2,3,4,5,6,7,8,以差 3 岁乘之,得各衰,相加:3+6+9+12+15+18+21+24=108,207-108=99,以 9 人除之,得九儿年龄为

$$99\div 9=11(岁)$$

递加 3 岁,顺次得各儿年龄为:14 岁,17 岁,20 岁,……,35 岁.

此法相当于今法等差数列,代入公式

$$\begin{aligned} a_1 &= \frac{s}{n}-\frac{(n-1)d}{2} \\ &= \frac{207}{9}-\frac{(9-1)\times 3}{2} \\ &= 11\ 岁 \end{aligned}$$

$$a_2=11+3=14(岁)$$

……

$$a_9 = 32\text{ 岁} + 3\text{ 岁} = 35\text{ 岁}$$

32. **注解**:绩:把麻秆扒成纤维,搓成麻线. 喧哗:声音大而杂乱,即大吵大闹.

译文:赵嫂自己说自己麻绩得很快. 李张两家雇她绩麻. 李家出麻 6 斤 12 两,张家出麻 2 斤 4 两,共织成 72 尺布. 二家分布时大声吵闹起来. 请问乡里的能算人士:如何计算才能分得布无差错?

解:吴敬原法为:6 斤 12 两 = 108 两,2 斤 4 两 = 36 两.

李宅应分布:$\frac{72 \times 108}{108 + 36} = 54$(尺).

张家应分布:$\frac{72 \times 36}{108 + 36} = 18$(尺).

33. 三百七十八里关,出行捷步不为难.
次日脚疼减一半,六朝才得到期间.
要问每朝行里数,请君仔细算相还.

——原自刘仕隆《九章通明算法》

简介:此题依据《张丘建算经》卷中第三题改编,这题原文是:

今有马行转迟,次日减半疾,七日行七百里。问日行几何?

此题后被吴敬《九章算法比类大全》卷三引录,将"三百七十八里关"改为"三百八十一里关".

译文:某地距某关三百七十八里,初日行健步快捷,没有什么困难. 以后每日行走因脚痛,所行的路程都是前一天所行路程的一半,这样行走了 6 天才到达了某关. 问每天行多少里,请先生仔细的推算.

解:刘仕隆原法为:置距关 378 里为实,列衰 1,2,4,8,16,32,并之得 63 为法,除之,得:

第六日行:$\frac{378\text{ 里}}{63} = 6$ 里.

递加一倍,得各日行里数为:12 里,24 里,48 里,96 里,192 里,合问.

34. 置羊五作五分,驴四倍羊作八分,马三倍驴作十二分,并之:$5 + 8 + 12 = 25$ 为法. 以共赔麦四石为实,故:$\frac{4}{25} = 0.16$(石).

羊赔:$0.16 \times 5 = 0.8$(石).

驴赔:$0.16 \times 8 = 1.28$(石).

马赔:$0.16 \times 12 = 1.92$(石).

35. **注解**:从上须折半赔:即指马牛驴羊赔粮食的公比为:$q = \frac{1}{2}$.

译文:马牛驴羊践踏了人家一块谷地,共赔偿 15.6 石粮谷,从马开始,须逐一作折半赔偿. 问马牛驴羊主人各该赔偿粮谷多少.

解:吴敬原法为:置列各衰,羊、驴、牛、马. 相加:$1+2+4+8=15$ 为法,以所赔 15.6 石乘未并者各自为列实:

羊:$15.6\times1=15.6$(石).

驴:$15.6\times2=31.2$(石).

牛:$15.6\times4=62.4$(石).

马:$15.6\times8=124.8$(石).

以法除之,各得应赔:

羊:$15.6\div15=1.04$(石).

驴:$31.2\div15=2.08$(石).

牛:$62.4\div15=4.16$(石).

马:$124.8\div15=8.32$(石).

此为等比数列问题,已知:$S_n=15.6$ 石,$n=4$,$q=\dfrac{1}{2}$,所以:

马主人应赔:$a_1=\dfrac{S_n(1-q)}{1-q^n}=\dfrac{15.6\times\left(1-\dfrac{1}{2}\right)}{1-\left(\dfrac{1}{2}\right)^4}=8.32$(石).

牛主人应赔:$a_2=a_1q^{n-1}=8.32\times\dfrac{1}{2}=4.16$(石).

驴主人应赔:$a_3=a_2q^{n-1}=4.16\times\dfrac{1}{2}=2.08$(石).

羊主人应赔:$a_4=a_3q^{n-1}=2.08\times\dfrac{1}{2}=1.04$(石).

36. **注解**:佃户:一般指旧社会无地或少地被迫向地主、富民租地种的农民. 锄:此处指锄青草的人. 半,即 0.5.

译文:有 98.7 石粟,地主言定分 7.5 分,佃户 3 分,锄青草的人 1.5 分. 问各应分粟多少.

解:吴敬原法为:地主分粟:$\dfrac{98.7\times7.5}{7.5+3+1.5}=61.6875$(石).

佃户分粟$\dfrac{98.7\times3}{7.5+3+1.5}=24.675$(石).

锄青草的人分粟:$\dfrac{98.7\times1.5}{7.5+3+1.5}=12.3375$(石).

37. **注解**:溟:原意为海,此处可理解为深奥.

译文:本县4个乡,按等共缴纳绢544疋.从甲乡开始递作6折出纳,问:用什么方法才能算得各乡应交纳多少疋绢?

解:吴敬原法为:各置列衰:甲1 000,乙600,丙360,丁216.相加得

$$1\ 000+600+360+216=2\ 176\quad 为法$$

甲乡应缴绢:$\frac{544\times 1\ 000}{2\ 176}=250$(疋).

乙乡应缴绢:$\frac{544\times 600}{2\ 176}=150$(疋).

丙乡应缴绢:$\frac{544\times 360}{2\ 176}=90$(疋).

丁乡应缴绢:$\frac{544\times 216}{2\ 176}=54$(疋).

38. **译文**:有24秤9斤丝,4位商客出钱要分别买之,自甲开始,递作8折分之,不要使任何一位客商少分些.请问每位客商各分多少?

解:吴敬原法为:各置列衰:甲1 000,乙800,丙640,丁512.相加得

$$1\ 000+800+640+512=2\ 952\quad 为法$$

$$24 秤 9 斤=369 斤\quad 为实$$

甲应分丝:$\frac{369\times 1\ 000}{2\ 952}=125$(斤).

乙应分丝:$\frac{369\times 800}{2\ 952}=100$(斤).

丙应分丝:$\frac{369\times 640}{2\ 952}=80$(斤).

丁应分丝:$\frac{369\times 512}{2\ 952}=64$(斤).

39. **译文**:有6疋绫8疋绢12疋布,共价银1斤2两9钱,各价原先说按6折算,各物该银要认真算.

解:吴敬原法为:各置列衰:绫:600,绢:$800\times 0.6=480$,布:$1\ 200\times 0.6\times 0.6=432$.相加得

$$600+480+432=1\ 512\quad 为法,1 斤 2 两 9 钱=18.9 两\quad 为实$$

所以:绫6疋共价银:$\frac{18.9\times 600}{1\ 512}=7.5$(两).

绫1疋价银:$7.5\div 6=1.25$(两).

绢8疋共价银:$\frac{18.9\times 480}{1\ 512}=6$(两).

绢1疋价银:$6\div 8=0.75$(两).

布 12 疋共价银:$\frac{18.9\times432}{1\ 512}=5.4$(两).

布 1 疋价银:$5.4\div12=0.45$(两).

40. **译文**:六绫八绢十二布,共价银为 43.7 两. 三物价银皆 7 折,各物价银要认真算!

解:吴敬原法为:各置列衰:绫:600,绢:$800\times0.7=560$,布:$1\ 200\times0.7\times0.7=588$.

相加得:$600+560+588=1\ 748$　为法

43.7 两银　为实

绫 6 疋共价银:$\frac{43.7\times600}{1\ 748}=15$(两).

绫 1 疋价银:$15\div6=2.5$(两).

绢 8 疋共价银:$\frac{43.7\times560}{1\ 748}=14$(两).

绢 1 疋价银:$14\div8=1.75$(两).

布 12 疋共价银:$\frac{43.7\times588}{1\ 748}=14.7$(两).

布 1 疋价银:$14.7\div12=1.225$(两).

41. **译文**:有 5 只鹅 9 只兔子 14 只鸡,共分吃 5.29 只麦子,三禽之价,皆按八折,每升麦价 12 文钱. 问:鹅、兔、鸡每只吃多少麦子? 该钱多少? 各总共吃多少麦子? 该钱多少?

解:吴敬原法为:各置列衰:鹅:500,兔:$900\times0.8=720$,鸡:$1\ 400\times0.8\times0.8=896$.

相加得:$500+720+896=2\ 116$　为法

5.29 石麦子　　　　　　为实

五只鹅共吃麦子:$\frac{5.29\times500}{2\ 116}=1.25$(石).

共钱:$125\times12=1\ 500$(文).

每只鹅吃麦子:$1.25\div5=0.25$(石).

该钱:$25\times12=300$(文).

九只兔共吃麦子:$\frac{5.29\times720}{2\ 116}=1.8$(石).

共钱:$180\times12=2\ 160$(文).

每只兔吃麦子:$1.8\div9=0.2$(石).

该钱:$20\times12=240$(文).

十四只鸡共吃麦子：$\frac{5.29\times 896}{2\ 116}=2.24$（石）.

共钱：$224\times 12=2\ 688$（文）.

每只鸡吃麦子：$2.24\div 14=0.16$（石）.

该钱：$16\times 12=192$（文）.

42. **简介**：此术引自杨辉《续古摘奇算法》（1275）卷下所引算书《指南算法》（已佚，明王文素《算学宝鉴》引冯敏《纵横指南算法》部分问题，可能与杨辉所引的是同一部算书.）四六出：即4∶6，亦即"四六差分".

译文：有10 608两银子，四个商人依照4∶6的比率分配，不要用六折瞒熟人. 问每人该分银多少？

解：吴敬原法为：10 608两为实. 四六出指：丁40，加50%得丙为60，再加50%得乙为90；再加50%得甲为135. 相加得 $40+60+90+135=325$　为法

甲应分银：$\frac{10\ 608\times 135}{325}=4\ 406.4$（两）=18秤5斤6两4钱

乙应分银：$\frac{10\ 608\times 90}{325}=2\ 937.6$（两）=12秤3斤9两6钱

丙应分银：$\frac{10\ 608\times 60}{325}=1\ 958.4$（两）=8秤2斤6两4钱

丁应分解：$\frac{10\ 608\times 40}{325}=1\ 305.6$（两）=5秤6斤9两6钱

43. **简介**：此术首见杨辉《续古摘奇算法》（1275年）卷下，杨辉因事到苏州，有人问以3∶7为比率的配分比例算法，他解决了此问题.

译文：有7秤11斤银子，四个商人依照3∶7比率分配，不要用7折算瞒熟人. 请问：每人应分多少两银子？

解：吴敬原法为：7秤11斤=116斤=1 856两　为实

各置列衰：甲乙丙各得7，丁得3. 首先考虑丁丙之比，这里丙7不能分成3份. 因此难以与乙成3∶7之比，所以应以3乘上列中丙和丁的比例份数，得数产生乙的比率.

甲乙各得：$7\times 7=49$，丙得：$7\times 3=21$，丁得：$3\times 3=9$. 同理，这里乙的比率亦不能分成3份，再以3乘乙、丙、丁的比率，7乘甲得：$49\times 7=343$，乙得：$49\times 3=147$，丙得：$21\times 3=63$，丁得：$9\times 3=27$. 相加得

$$343+147+63+27=580\quad \text{为法}$$

所以甲应分银：$\frac{1\ 856\times 343}{580}=1\ 097.6$（两）=4秤8斤9两6钱.

乙应分银：$\frac{1\ 856\times147}{580}$=470.4(两)=1秤14斤6两4钱.

丙应分银：$\frac{1\ 856\times63}{580}$=201.6(两)=12斤9两6钱.

丁应分银：$\frac{1\ 856\times27}{580}$=86.4(两)=5斤6两4钱.

44. **注解**：二八出：指每两多四，故用四乘之，得各衰：丁2，丙8，乙32，甲128.

译文：有1 768两银子，4个商人按2∶8的比率分之，不要用8折瞒人. 问：每人该分银多少？

解：吴敬原法为：7秤5斤8两=1 768两为实.

各置列衰：丁2，丙8，乙32，甲128，相加得2+8+32+128=170　为法.

所以甲应分银：$\frac{1\ 768\times128}{170}$=1 331.2(两)=5秤8斤3两2钱.

乙应分银：$\frac{1\ 768\times32}{170}$=332.8(两)=1秤5斤12两8钱.

丙应分银：$\frac{1\ 768\times8}{170}$=83.2(两)=5斤3两2钱.

丁应分银：$\frac{1\ 768\times2}{170}$=20.8(两)=1斤4两8钱.

45. **译文**：5人分半两黄金，丙、丁、戊3人所分与甲乙3人所分数量相等，5人所分得的数要详细明白，此问虽微不足道，但甚难令人省悟.

解：吴敬原法为：甲、乙、丙、丁、戊5人的比例为：5∶4∶3∶2∶1.

甲、乙与丙、丁、戊之比为：(5+4)∶(3+2+1)=9∶6相差一人，比率相差3.5人之比率各加3则为8∶7∶6∶5∶4. 这时甲、乙与丙、丁、戊之比率为：(8+7)∶(6+5+4)=15∶15，相加的和为：30.

所以甲应分金：$\frac{0.5\text{两}\times8}{30}=1\frac{2}{6}$钱.

乙应分金：$\frac{0.5\text{两}\times7}{30}=1\frac{1}{6}$钱.

丙应分金：$\frac{0.5\text{两}\times6}{30}$=1钱.

丁应分金：$\frac{0.5\text{两}\times5}{30}=\frac{5}{6}$钱.

戊应分金：$\frac{0.5\text{两}\times4}{30}=\frac{2}{3}$钱.

46. 九百九十六斤棉，增分八子做盘缠.

次递每人多十七，要将第八数来言.

务要分明依等弟，孝和休惹外人传.

——原自刘仕隆《九章通明算法》

简介：这是刘仕隆创编的一个等差数列诗词体趣味算题. 此题后来被吴敬《九章算法比类大全》卷三引录，改为七言四句.

注解：第八：指兄弟八人. 盘缠：旅费. 等弟：等差.

译文：有 996 斤棉花，分赠给 8 个儿子做旅费. 每人依次多 17 斤，要将各儿子分得的棉花数说出来，必须要依等差数分明，孝和不要惹外人传言.

解：刘仕隆原法为：置列衰 1，2，3，4，5，6，7，并之得：$1+2+3+4+5+6+7=28$ 为实.

以 17 乘之，得：$28\times17=476$.

第八子应分为$\dfrac{996-476}{8}=65$(斤).

递加 17 斤，得各子应分棉花数分别为：82 斤，99 斤，……，184 斤.

今法已知：$S_n=996$ 斤，$d=17$ 斤，$n=8$.

代入公式得：$a_1=65$ 斤，所以：$a_2=82$，……，$a_8=184$ 斤.

47. 远望巍巍塔七层，红光焰焰倍加增.

共灯三百八十一，请问顶尖几盏灯?

——原自刘仕隆《九章通明算法》

简介：这是刘仕隆创编的一个很典型的诗词体趣味算题，内容与“行程减等”题相似. 此题被吴敬《九章算法比类大全》和程大位《算法统宗》等书引录，在我国民间及朝鲜、日本等国广泛流传. 1957 年被教育部统编《高中代数课本》(第 2 册)作为典型例题收录.

注解：浮屠：佛教名词，一译“浮图”，有称佛教徒为“浮屠氏”，也有把佛塔的音译误译作浮屠的. 称佛塔为“浮屠”，如七级浮屠. 巍巍：高大耸立.

译文：远望高高的大山上，耸立着一座七层宝塔. 塔上的红色灯光焰焰，从塔顶到下边，灯光逐层倍增，共有 381 盏灯，请问塔顶尖有几盏灯?

解：刘仕隆原法为：置共灯 381 盏为实，列七层衰数：1，2，4，8，16，32，64，相加得

$$1+2+4+8+16+32+64=127$$

所以塔尖灯数为：$381\div127=3$(盏)

这实际上是一个典型的等比数列问题

$$a_1=\frac{S_n(1-q^n)}{1-q}=\frac{381\times(1-2^7)}{1-2}=3(\text{盏})$$

48. **注解**:饶:此处是口连词,与虽然、尽管之意相近.

译文:尽管你善于纵横计算技艺. 七个月还本利钱共 7 200 文,每月利钱 40 文,问多少本钱多少利?

解:吴敬原法为:本银:$\frac{7\ 200\text{文}}{1\ 000+40\times7}=5.625(\text{贯})$

利银:$7.2-5.625=1.575(\text{贯})$.

49. **注解**:精细:精密细致,此处可理解为"认真".

译文:今有一位学生,练习写字,非常认真,每天熟写 90 个字,老师逐日增加 3 个字,问一月共写出多少字.

解:吴敬原法为:

置一月计 30 日,张二位,内一位减一,余得二十九日,相乘三十日,得八百七十($30\times29=870$),折半得四百三十五($870\div2=435$),以每日加三字乘之,得一千三百五字($435\times3=1\ 305$ 字),并入一月三十日,以九十字乘之,得二千七百字($30\times90=2\ 700$),共得四千五字($1\ 305+2\ 700=4\ 005$ 字)

相当于

$$\begin{aligned}S_n&=a_1n+\frac{n(n-1)d}{2}\\&=90\times30+\frac{30\times29\times3}{2}\\&=2\ 700+1\ 305\\&=4\ 005(\text{字})\end{aligned}$$

50. 有个书生心性巧,一部《孟子》三日了.

每日增添多一倍,问公每日读多少?

——原自刘仕隆《九章通明算法》

简介:这是刘仕隆利用《孟子》一书的字数很巧妙创编的一个诗词体趣味算题. 此题后来被吴敬《九章算法比类大全》卷三和程大位《算法统宗》卷十四引录,程大位称为"诵课倍增",广泛流传.

注解:《孟子》全数为 34 685 字.

译文:有个学生心性很好,一部《孟子》只用 3 天就读完了,每天读的字数比前一天递增一倍. 请问先生:每日读多少字?

解:刘仕隆原法为:《孟子》全书为 34 685 字,为实. 以 1,2,4 为列衰,相加得:$1+2+4=7$ 为法.

所以初日读：$\frac{34\ 685 \times 1}{7} = 4\ 955$(字).

二日读：$\frac{34\ 685 \times 2}{7} = 9\ 910$(字).

三日读：$\frac{34\ 685 \times 4}{7} = 19\ 820$(字).

今法：初日读：$a_1 = \frac{S_n(1-q)}{1-q^n} = \frac{34\ 685}{7} = 4\ 955$(字).

二日读：$a_2 = 4\ 955 \times 2 = 9\ 910$(字).

三日读：$a_3 = 9\ 910 \times 2 = 19\ 820$(字).

51. 一百馒头一百僧，大僧三个更无增.

小僧三人分一个，大小和尚各几人？

——原自刘仕隆《九章通明算法》

简介：这一问题，似乎是从《孙子算经》中的"雉兔同笼"问题演变而来，后来被吴敬《九章算法比类大全》、程大位《算法统宗》、清康熙《御制数理精蕴》(1721年)等书引录后，在我国民间及朝鲜、日本等国，广泛流传.

译文：有100个僧人吃100个馒头，大和尚每人吃3个馒头，小和尚每3人吃1个馒头，问大小和尚各有多少人？各吃多少个馒头？

解：刘仕隆原法十分简捷巧妙：

大僧：$\frac{100}{3+1} = 25$(人)，吃馒头：$3 \times 25 = 75$(个).

小僧：$100 - 25 = 75$(人)，吃馒头：$75 \div 3 = 25$(个).

《数理精蕴》法：列置

	水	天	共
人数	3	1	100
馒头	1	3	100

以上行小僧三人遍乘下行：3　9　300

以下行馒头一个遍乘上行：3　1　100

两行相减：　8　200

所以大僧人数为：$200 \div 8 = 25$(人).

吃馒头数：$3 \times 25 = 75$(个).

小僧人数为：$100 - 25 = 75$(人).

吃馒头数：$75 \div 3 = 25$(人).

此法相当于二元一次联立方程

$$\begin{cases}x+y=100\\3x+\frac{1}{3}y=100\end{cases}$$

解之:大僧:$x=25$ 人,吃馒头:$3\times25=75$(人).

小僧:75 人,吃馒头:$75\div3=25$(个).

仿雉兔同笼法:

①大和尚$(100\times3-100)\div\left(3\times3-\frac{1}{3}\times3\right)=25$(人).

吃馒头:$3\times25=75$(个).小和尚 $100-25=75$(人),吃馒头:$75\div3=25$(人).

②小和尚$\left(100-100\times\frac{1}{3}\right)\div\left(3-\frac{1}{3}\right)\times3=75$(人)

吃馒头:$\frac{1}{3}\times75=25$(个),大和尚 $100-75=25$(人),吃馒头:$3\times25=75$(个).

今法:设大和尚有 x 人,则小和尚为:$(100-x)$人.

故:$3x+\frac{1}{3}(100-x)=100$.

大和尚:$x=25$ 人,吃馒头:$3\times25=75$(个).

小和尚:$100-25=75$(人),吃馒头:$75\div3=25$(个).

52. **解**:5 秤 =75 斤,75 斤 ÷12 ÷0.125 =50 斤,合问.

53. 八万三千短竹竿,将来要把笔尖按.

管三帽五为期定,问君多少得团栾?

——原自刘仕隆《九章通明算法》

简介:此题后被吴敬《九章算法比类大全》引录,改为“十万三千短竹……”.

注解:栾:栾树,落叶乔木.种子圆形黑色,因此“团栾”可理解为“团圆”.

译文:用 83 000 短竹竿制成毛笔,每根短竹可以制成 3 只笔管,或 5 只笔帽.问:一共可以制成多少只毛管?笔管笔帽各用多少根短竹竿?

解:刘仕隆原法为:置短竹 83 000 根为实,并管 3 帽 5 得 8 为法,除之,得:

$83\ 000\div(3+5)=10\ 375$ 为率.

共制笔:$10\ 375\times3\times5=155\ 625$(只).

制管用竹:$10\ 375\times5=51\ 875$(根).

制帽用竹:10 375 ×3 =31 125(根).

今法:每只笔管用竹$\frac{1}{3}$根,每只笔帽用竹$\frac{1}{5}$根,每只笔共用竹:$\frac{1}{3}+\frac{1}{5}=\frac{5}{18}$.

所以共制笔:$83\ 000 \div \frac{8}{15} = 155\ 625$(只).

制笔管用竹:$155\ 625 \times \frac{1}{3} = 51\ 875$(根).

制笔帽用竹:$155\ 625 \times \frac{1}{5} = 31\ 125$(根).

54. **注解**:千五,即1 500.

译文:甲、乙、丙、丁、戊兄弟5人,共欠酒钱1 500文,甲兄对乙弟说:"我还400文."问公差是几文,各人应该还多少钱.

解:吴敬原法为:

置欠酒钱一千五百文,以甲出四百约之,得十五为衰:甲四、乙三半、丙三、丁二半、戊二.得转差五十文,合问.

王文素在《算学宝鉴》卷二十三中指出:"此题答数固是,法理未通.术云:置酒钱以甲出四百约之,得十五为衰者,必繁."

王文素解此类问题的歌词是:

首尾互相求:

题问知头求尾时,倍钱人数便除之.

内除头数余为尾,短尾求头一样儿.

此即在等差数列:$S_n = \frac{(a_1 + a_n)n}{2}$.已知钱数$S_n$,人数$n$,头或尾$a_1$或$a_n$时,求$a_n$或$a_1$.王文素的新术草曰:

倍钱得三千文为实,即:$2S_n = 2 \times 1\ 500$文$=3\ 000$文为实.以五人除之得六百($3\ 000 \div 5 = 600$),乃甲、戊二人之数:$a_1 + a_n = \frac{2S_n}{n} = \frac{3\ 000\text{文}}{5} = 600$文.

于内减甲四百,余二百为戊钱:$a_n = 600 - 400$,$a_1 = 200$.

以戊钱减甲钱余二百,以四人除之,得转差五十文:转差$=\frac{\text{甲钱}-\text{戊钱}}{4}=\frac{a_n - a_1}{4} = 50$文.

自上减之,自下加之,得乙钱350文,丙钱300文,丁钱250文,合问.

此即$a_n = \frac{2S_n}{n} - a_1$或$a_1 = \frac{2S_n}{n} - a_n$,代入得戊钱

$$a_n = \frac{2 \times 1\ 500}{5} - 400$$
$$= 600 - 400$$
$$= 200$$

与现在中学数学课本中的解法完全相同.

55. **译文**:甲、乙、丙、丁、戊兄弟五人,共欠酒钱一千五百文,戊弟对四位哥哥说:"我还 150 文."问:公差是几文?各人应该还多少钱?

解:吴敬解法同前题:略.

答案:戊一百五十文,丁二百二十五文,丙三百文,乙三百七十五文,甲四百五十文,转差七十五文.

56. **简介**:此题出自杨辉《续古摘奇算法》卷上所引《谢经》一书,杨辉称为"倍息一月".并给出 3 种解法.吴敬将其改写成诗词体,并引用了杨辉的第一种解法.王文素在《算学宝鉴》卷十三称为"递生积数".

注解:一月:此处"一月"系指月末一日而言,并非指 1 ~ 30 日之和.

译文:今有一文钱,在家中放债,一日息一倍,利息逐日倍增,请问月末那一天利息是多少文钱?

解:本题答案是:$2^{30} = 1\ 073\ 741\ 824$ 文,即 1 073 741 贯,824 文.

杨辉给出的 3 种解法:

①$(2^3)^{10} = 2^{30} = 1\ 073\ 741\ 824$(文).

②$(2^6)^5 = 64^5 = 1\ 073\ 741\ 824$(文).

③$\{(2^5)^3\}^3 = \{32^3\}^2 = 32\ 768^2 = 1\ 073\ 741\ 824$(文).

王文素在《算学宝鉴》卷十三的解法:$1 \times 1\ 024^3 = 1\ 073\ 741\ 824$ 文,王文素称此法为"通证术".他解释说:"愚以三度一千二十四乘,亦合其数.盖一千二十四是十日数(即 2^{10}),三度乘得三十日数(即 $1\ 024^3$),隔位加亩法代之."指出 1 024 可用"隔位加 24 代之".实际上本题是一个等比数列问题.已知首项 $a_1 = 2$,公比 $q = 2$,项数 $n = 30$,求末项 a_n = ? 特点是 $a_1 = q = 2$,代入等比数列求前 n 项公式得:$a_n = a_1 q^{n-1} = 2 \times 2^{30-1} = 2^{30} = 1\ 073\ 741\ 824$(文).

57. **简介**:本题出自杨辉《续古摘奇算法》卷上,杨辉给出两种解法.吴敬将其改写成诗词体,并引录了杨辉的第一种解法.王文素在《算学宝鉴》卷十三中又给出了一种解法.

译文:今有一文钱,在家中放债.初日息三倍,利息逐日倍增,请问月末那天利息是多少文钱.

解:杨辉《续古摘奇算法》卷上的解法:

①$(((((3)^2)^2)^2)^2)^2 \div 3^2 = 205\ 891\ 132\ 094\ 649$(文).

②$((((3)^2)^2)^2 \div 3)^2 = 205\ 891\ 132\ 094\ 649$(文).

王文素《算学宝鉴》卷十三的解法:$(3^4)^7 3^2 = 205\ 891\ 132\ 094\ 649$(文)

王文素称此法为"通证术".他解释说:"置第二日九文(3^2),自前七度加八{身前加代八十,盖八十一乘为四日数($3^4=81$)}".七度二十八日{$(3^4) = 3^{28}$},又九为二日数($3^2=9$),共三十日($3^{28} \times 3^2 = 3^{30}$)即得总数.此即:$(3^4)^7 \times 3^2 = 3^{28} \times 3^2 = 3^{30}$,因$3^4=81$,故可用"身前加法"计算.

实际上,本题是一个等比数列问题,已知首项$a_1=3$,公比$q=3$,项数$n=30$,求末项$a_n=$? 特点是$a_1=q=3$,代入等比数列求前n项公式:$a_n=a_1q^{n-1}=3\times 30^{30-1}=3\times 3^{29}=205\ 891\ 132\ 094\ 649$(文).

58. **简介**:此题系据《九章算术》衰分章第一题,《孙子算经》卷中第25题改编.

《九章算术》衰分章第一题原文是:今有大夫、不更、簪裊、上造、公士,凡五人,共猎得五鹿,欲以爵次分之,问各得几何.

《孙子算经》卷中第二十五题原题是:今有五等诸侯,共分橘子六十颗.人别加三颗.问:五人各得几何?

注解:1秤=15斤

译文:有公、侯、伯、子、男五位官员,按5:4:3:2:1的比率分黄金75斤.依率各要分多少黄金?

解:吴敬原法为:

公应分黄金:$\dfrac{75\times 5}{1+2+3+4+5}=25$(斤).

侯应分黄金:$\dfrac{75\times 4}{1+2+3+4+5}=20$(斤).

伯应分黄金:$\dfrac{75\times 3}{1+2+3+4+5}=15$(斤).

子应分黄金:$\dfrac{75\times 2}{1+2+3+4+5}=10$(斤).

男应分黄金:$\dfrac{75\times 1}{1+2+3+4+5}=5$(斤).

59. **注解**:互和折半为:暗示:$\dfrac{甲+戊}{2}=丙$,$\dfrac{甲+丙}{2}=乙$,$\dfrac{戊+丙}{2}=丁$.

译文:甲、乙、丙、丁、戊5人,分银一两五钱.甲比戊多一钱三分,甲与戊之和折半等于丙;甲与丙之和折半等于乙;丙与戊之和折半等于丁.问:个人分银多少?

解:吴敬原法为:指分银 1.5 两为实,以例用并之:1 分 + 3 分 + 5 分 + 7 分 + 9 分 = 25 分　为法

所以戊应分解:$\frac{6-1.3}{2}=2.35$(钱).

甲应分银:$2.35+1.3=3.65$(钱).

丙应分银:$\frac{3.65+2.35}{2}=3$(钱).

乙应分银:$\frac{3.65+3}{2}=3.325$(钱).

丁应分银:$\frac{3+2.35}{2}=2.675$(钱).

①本卷共 167 问,其中,古问 20 问,比类 88 问,诗词 59 问.

古问 20 问每问吴敬都加了题目名称:

1. 五爵均鹿	9. 三人分米	17. 乾丝问生
2. 五爵均粟	10. 钱买丝	18. 问田收粟
3. 三畜均粟	11. 丝卖钱	19. 保钱问日
4. 女子善织	12. 缣卖钱	20. 贷钱问息
5. 五人均禀	13. 布卖钱	
6. 三人税钱	14. 买素问疋	
7. 三乡发徭	15. 丝为缣	
8. 五爵出钱	16. 丝问耗数	

比类 88 问,共分为 15 类题型

1. 合率[差分] 1 ~ 24 题
2. 各分差分 25 ~ 34 题
3. 折半差分 35、36 题
4. 互和减半差分 37 ~ 39 题
5. 四六差分 40 ~ 42 题
6. 三七差分 43、44 题
7. 二八差分 45 ~ 47 题
8. 递多金五两差分(多五差分) 48 题
9. 递多七多五差分(多七五差分) 49 题
10. 带分母子差分(分母子分) 50 ~ 57 题
11. 贵贱差分 58 题
12. 异乘同除 59 ~ 70 题
13. 因乘归除 71 ~ 75 题
14. 物不知总 76 ~ 83 题
15. 借本还利 84 ~ 88 题

衰(cuī):原本是《九章算术》卷三之名,该卷内容,相当于现在的配分比例问题算法,刘徽注云:"衰分,差分也."意思是说,"衰分"也叫"差分",就是按一定比率分配之意,即现今的配分比例.李籍《九章算术音义》云:"衰,差也,以差而平分,故曰:'衰分'."王文素在《算学宝鉴》卷一称:"衰分者:衰,等也.贵贱之等不同,禀禄之数亦异也."程大位《算法统宗》(1592 年)卷五:"衰者,等也.物之混者,求其等而分之.以物之多寡求出税,以人户等第求差徭;以物价求贵贱低者也."歌曰:

衰分法数不相平，须要分教一分成.

将此一分为之实，以乘各数自均平.

“衰分”亦称“差分”，原本是《九章算术》卷三的章名，相当于现在的配分比例算法.

“衰”是按比例等分的意思，“分”是分配，所以讲的是一些按比例分配的问题，《九章算术》衰分术的术文及刘徽注原文为

衰分以御贵贱禀税

衰分衰分，差分也. 术曰：各置列衰（即指所配的比率）列衰，相与率也，重叠，则所约. 副并为法（所分比率之和为法数），以所分乘未并者各自为实，法集而衰别.（“法”系指各个列衰之和，故曰“法集”；“衰”系捐各个“列衰”，故曰“衰别”）数本一也. 今以所分乘上别，以下集除之，一乘一除，适足相消，故所分扰存，已各应率不别也. 于今有术：列衰各为所求率，副并为所有率，所分为所有数. 又以经分言之：假令甲家三人，乙家二人，丙家一人，并六人，共分十二，为人得二也. 欲复作逐家者，则当列置人数. 以一人所得乘之. 今此术先乘而后除也. 实如法而一，不满法者，以法命之.

刘徽在注文中指出，此类问题即可用“衰分术”计算，也可用“今有术”或“经分术”计算. 若用“经分术”，则是先除后乘，而用“衰分术”，则是先乘后除，此即注文中所云“今此术先乘而后除也”.

《九章算术》之后，《孙子算经》《张邱建算经》等算书，也载有一些衰分问题，如《孙子算经》卷中第 25 题“五等诸侯分橘”问题，《张邱建》算经卷上第 17 题“五官分金”问题等，至宋、元以后，衰分术有了进一步发展，秦九韶（约 1202—1261）在《数书九章》（1247 年）卷九“赋役类”第一题“复邑修赋”问题，是一个非常复杂的典型的综合性衰分问题，计算甲、乙、丙、丁、戊、己六乡“修赋”问题，六乡按远近分为三等，每乡甲地又分为九等……应纳夏税数，等等，这一题光答案就有 180 个之多. 宋杨辉在《续古摘奇算法》卷下云：“差分：题数无零者，差分、互换、商除三法，自可通用. 或有分子，而三法不可互用也.《九章》“衰分”问：五人均五鹿（即《九章算术 · 衰分率第一题》）用一、二、三、四、五为衰；如牛、马、羊均粟（即《九章算术 · 衰分章第二题》），用一、二、四为衰；女子善织（即《九章算术 · 衰分章第四题》）用一、二、四、八、十六为衰；三乡发徭（即《九章算术 · 衰分章第五题》）以各乡多寡人数为衰，皆准绳之数. 唯《应用算法》衰分兼带定率，亦可为法. 并提出《指南算法》有“四六差分”. 又有人提出“三七差分”25 年后（1299 年）元朱世杰在《算学启蒙》卷中“差分均配”门，专门研讨“衰分术”提出“折半差分”“四六差分”“二八差分”等专用名词，明吴敬《九章算术比类大全》卷首“乘除开方起例”卷三亦有详细论述. 列出：“合率

差分""各分差分""折半差分""互和减半""四六差分""三七差分""二八差分""多石差分""多五差分""多七五分""分母子分""贵贱差分"等，吴敬衰分术曰：

各列置衰各自排列、所求等次多寡之位，列相与率也，有分者，率；无分者，非．重则可约数重叠者，以约分法约之，位简而易，求分下不重者，勿用．副并为法，并列衰之数．以所分乘未并者，各自为列实，以法除之，不满法者，以法命之以法命实数，可约者约之，古人谓衰等位繁，故立此法分也．

吴敬之后，王文素在《算学宝鉴》（1524 年）中用卷十三、十四、二十三这三整卷的巨大篇幅，更进一步对衰分术进行了研讨，提出多种题型和算法歌诀：

递加差分，递减差分，减五差分，二三差分，四六差分，递损差分，递倍差分，三七差分，倍衰减总，递生积数，多出差分，课分互换，贵贱分身，合和差分，异乘同除，同乘异除，仙人换影等．

王文素在《算学宝鉴》卷十三还列举一个汉文帝（刘恒，前 179—前 157 在位）沺（tián）柳劳军的历史典故题，现引录如下：

汉文帝　沺柳劳军

每三人肉二斤，四人面三斤，五人酒四斤，七人银一斤．共支银、面、酒、肉总计二十四万七千七百五十斤，问：总军数并各支银、面、酒、肉几何？

答曰：军：一十万五千名；银：一万五千斤；面：七万八千七百五十斤；酒：八万四千斤；肉：七万斤．

法曰：$3\times4\times5\times7=420$ 为满数

$$\left.\begin{aligned}&\text{肉}:\frac{420\times2}{3}=280\\&\text{面}:\frac{420\times3}{4}=315\\&\text{酒}:\frac{420\times4}{5}=336\\&\text{银}:\frac{420\times1}{7}=60\end{aligned}\right\}\Rightarrow 991\text{ 斤为法}$$

$247\,750\times420=104\,055\,000$　为实

以法除实，得

$$\text{军}:\frac{104\,055\,000}{991}=105\,000$$

$$\text{银}:\frac{105\,000}{7}=15\,000$$

肉:$\frac{105\ 000 \times 2}{3} = 70\ 000$

面:$\frac{105\ 000 \times 3}{4} = 78\ 750$

酒:$\frac{105\ 000 \times 4}{5} = 84\ 000$

②鹿三分之二:即$\frac{2}{3}$鹿.

③爵次《九章算术》第一题刘徽注云:《置墨子·号令篇》"以爵级为赐":然则战国之初有此名也.查《周髀算经》:"昔者周公问于商高曰:'窃闻乎大夫善数也.'"可知此名的远源当为周初.

④余十:此处的"余十"指$\frac{10}{15}$的"分子",下同.

⑤法集为:$1+2+3+4+5=15$.

衰别各为:5,4,3,2,1.

大夫:$\frac{5 \times 5}{15} = 1\frac{10}{15}$.

不更:$\frac{5 \times 4}{15} = 1\frac{5}{15}$.

簪袅:$\frac{5 \times 3}{15} = 1$.

上造:$\frac{5 \times 2}{15} = \frac{10}{15}$.

公士:$\frac{5 \times 1}{15} = \frac{5}{15}$.

法实俱以 5 约之,合问.

⑥此处衍一"三"字,意为"三人,人三;二人,人二".

⑦此题前《九章算术》有"返衰"术文及刘徽注文:

返衰以爵次言云,大夫五,不更四.欲令高爵得多者,当使大夫一人受五分,不更一人受四分.人数为母,分母为子.母同则子齐,齐即衰也.故上衰分宜以五、四为列焉.今此令高爵出少,则当使大夫五人共出一人分;不更四人共出一人分;故谓之"返衰".人数不同,则分数不齐;当令母互乘子,"母互乘子"则动者为不动者"衰"也.亦可先同其母,各以分母约其"同",为"返衰",副并为法,以所分乘未并者各自为实,实如法而一.

术曰:列置衰而令相乘,动者为不动者衰.

返衰:刘徽云:"今此令高爵出少,则当使大夫五人出一分;不更四人出一分,故谓之'返衰'.",故:5∶4∶3∶2∶1 为列衰 ,则$\frac{1}{5}$∶$\frac{1}{4}$∶$\frac{1}{3}$∶$\frac{1}{2}$∶$\frac{1}{1}$为"返衰",即所配列衰的例数称为"返衰".

动者为不动者衰:

所列的返衰,一般为分数."母互乘子"后之值称为"动者",而原来的分数,则称为"不动者",设所列的返衰为:$\frac{b}{a}$,$\frac{d}{c}$,$\frac{f}{e}$"母互乘子"之值为:bce,dae,fac称为"动者";而原所设返衰:$\frac{b}{a}$,$\frac{d}{c}$,$\frac{f}{e}$则称为"不动者".

"动者为不动者衰"之意就是 bce,dae,fac 为$\frac{b}{a}$,$\frac{d}{c}$,$\frac{f}{e}$的列衰,亦即

$$\frac{b}{a}:\frac{d}{c}:\frac{f}{e}=\frac{bce}{ace}:\frac{dae}{cae}:\frac{fac}{eac}=bce:dae:fac$$

人数为母,分数为子……故上衰宜以五,四为列焉:

此处刘徽在注文中为了说明"返衰",乃先以"大夫五,不更四"为例说明大夫一人与不更一人之衰.

因大夫,不更都是一人,故以 1 为分母,其爵次比率为 5∶4,即是以其衰为分子,所得分数为:$\frac{5}{1}$∶$\frac{4}{1}$,此即"人数为母,分数为子",亦即"大夫一人受五分,不更一人受四分".

上述分数$\frac{5}{1}$,$\frac{4}{1}$,分母相同,分子相齐,所以 5∶4 就是大夫,不更之衰,即"母同则子齐,齐即衰也.故上衰分宜以五、四为列焉."

人数不同,则分数不齐,当令母互乘子,"母互乘子"则动者为不动者"衰"也.

此段是说明如何推求返衰,刘徽说:"今此令高爵出少,则当使大夫五人出一分;不更四人出一分,故谓之'返衰'."由于人数为母,分数为子,于是有$\frac{1}{5}$∶$\frac{1}{4}$,因"人数不同",母不同子不齐,于是"当令母互乘子,'母互乘子'则动者为不动者'衰'也",此即

$$\frac{1}{5}:\frac{1}{4}=\frac{4}{20}:\frac{5}{20}=4:5$$

刘徽还给出求返衰的另一种方法:亦可先同其母,各以分母约其同,为返衰.

在上例中,即是先使各分母相乘:5 × 4 = 20 称为同,然后将"同"除以各分数的分母,得 20 ÷ 5 = 4,20 ÷ 4 = 5,则以 4∶5 为返衰.

⑧太半升:太半是$\frac{2}{3}$,少半是$\frac{1}{3}$.

《史记·项羽本纪》:"汉有天下太半."吴韦昭说:"凡数三分有二为'太半';有一为'少半'."

⑨此题与本卷诗词第 45 题内容一致,王文素在《算学宝鉴》卷二十三指出:"均论此术,求衰之法未通,遇此人数差一,分物数相等者可矣,或人数差多,分物不等,不能求之.今立一法,庶几似通."

题云:五人分米,当次五、四、三、二、一为衰,又云:甲、乙与丙、丁、戊数等,是甲、乙二人为上夥(huó,同"伙",可理解为甲、乙二人为上一"组"式子,下同)丙、丁、戊三人为下一夥;所云数等者,是上、下二夥各得一分也(即上夥等于下夥)今立求衰一诀于左云:

求衰口诀

双双鼠尾递差均,左右行排人与分.

各并互乘分数减,余为衰较寄停存.

再将人数乘分数,相减余为人较云.

二较并衰先见尾,递加人较上衰真.

解术曰:互乘相减,务令上伙余衰,下伙余[衰]相并,即得尾衰.递加入人较,得以上人之衰.若二较俱在一伙者,乃数太偏,不可求衰,或下伙二较遇人较多,于衰较在可相减,余为尾衰,亦递加人较求之.

双分口诀

双分鼠尾递差均,各另除银寄位存.

以少减多余剩数,总人除出半差真.

上人去一相乘了,并上除银是甲银.

全差减甲余为乙,递减全差往下寻.

自下求衰法曰:并右行甲五、乙四得九,互乘左下一分仍是九.另并左行丙三、丁二、戊一得六.互乘右下一分仍是六.以少减多,余三,名曰"衰较".另以上二人互乘下一分得二分.另以下三人互乘上一分得三人,亦以少减多,余一.名曰"人较".

以人较一并衰较三共四,为戊之衰.递加人较一,是丁得五,丙得六,乙得七,甲得八,为衰也.

自上述衰法曰:

并右行甲一、乙二共三,互乘左下一分得三.另并左行丙三,丁四,戊五,得十二,互乘右下一分,得十二.以少减多,余九,名曰"衰较".另以上二人互乘左

求衰法图

右列　上二人　首甲五　尾乙四

左列　下三人　首丙三丁二　尾戊一

互乘

一分　一分

又自上求衰图

右行　上二人　首甲一　尾乙二

左行　下三人　首丙三　丁四　尾五

互乘

一分　一分

下一分,得二. 另以下三人互乘右下一分,得三. 亦以少减多,余一,名曰"人较". 以人较一减衰较九,余八为衰.

递减人较一是乙得七,丙六,丁五,戊四为衰也,亦同.

求银法与古同,遇巧题先除而后乘,拙题先乘而后除.

又,不用立衰双分法曰:

置总米二百四十石,折半,是各该一百二十石. 以上二人除之,得均该六十石,另以下三人除一百二十石,得均该四十石,以少减多,余二十石,以五人除之,得半差四石. 以上二人减一人,余一人,乘半差,仍是四石,并入上除均该六十石,得甲米六十四石. 递减全差八石,得下四人米数,合问.

上双鼠尾差分,求衰口诀.

设有递加数列 $a_1, a_2, a_3, \cdots\cdots, a_L, a_{L+1}, a_{L+2}, \cdots\cdots, a_{L+k}$,欲使前 L 项之和与后 k 项之和的比若 A 与 B. 问:如何求得诸 $a_j(j=1,2,3,\cdots\cdots,k+L)$ 的衰分比 $b_j(j=1,2,3,\cdots\cdots,k+L)$.

依此诀,有

$$b_1=\left[\frac{1}{2}k(2L+k+1)B-\frac{1}{2}L(L+1)A\right]+(LB-kA)$$

$$b_j=b_1+(j-1)(LB-kA)$$

其中$\left[\frac{1}{2}k(2L+k+1)B-\frac{1}{2}L(L+1)A\right]$为"衰较",$(LB-kA)$为"人较".

这个结论是正确的.

事实上原数列可以写成:

$a+d, a+2d, \cdots\cdots, a+(L-1)d, a+Ld, \cdots\cdots a+(L+k)d$

依题意计算有

$$a_j=a+jd=\frac{d}{LB-kA}\left[\frac{1}{2}k(2L+k+1)B-\frac{1}{2}L(L+1)A+j(LB-kA)\right]$$

对于 $j=1,2,\cdots,k$ 都成立. 所以可取各衰 b_j 如上.

双分口诀:

此诀讲直接求上题中诸 a_j 的方法,依诀有

$$a_{k+n}=\frac{Bs_n}{(A+B)k}+(k-1)\left[\frac{BS_n}{(A+B)k}-\frac{AS_n}{(A+B)L}\right]\div(k+L)$$

其中，$\left[\frac{BS_n}{(A+B)k}-\frac{AS_n}{(A+B)L}\right]\div(k+L)$称为"半差"即是数列中公差的一半，倍之即为全差（即公差 d），由 a_{k+L}反复减全差即得诸 a_j，易证.

⑩王文素在《算学宝鉴》卷二十三指出：

愚谓此法：先求围法，后求例用. 并而除总钞，得甲、丁二人共数，亦繁. 愚以倍兑钞，以总人除之，即得甲、丁二人共数，不其简乎！且围法例用之求，只可求小，不能治大，亦可知矣. 况此题意，即是首尾之数者也. 新立一法如左：

新更法曰：

置总钞二百四十贯，以四人除之，得均分六十贯，加半差九贯，即甲钞六十九贯. 以三人除首尾差十八贯，得递差六贯，以减甲钞，余六十三贯为乙钞；又减六贯，余五十七贯为丙钞；再减六贯，余五十一贯为丁钞，合问.

或以半差减均分六十贯，余得丁钞五十一贯，递加六贯，亦合问.

⑪王文素《算学宝鉴》卷二十三新更法曰：

置钞二百三十八贯，以五人除之，得均分钞四十七贯六百文，即丙钞. 加半差一十六贯八百文，得甲钞六十四贯四百文，以四人除戊不及甲三十三贯六百文，得八贯四百文为递差. 以减甲钞，余五十六贯为乙钞；又减递差，余四十七贯六百文为丙钞；再减递差，余三十九贯二百文为丁钞；再减[递差]，余三十贯八百文为戊钞，合问.

⑫王文素《算学宝鉴》卷二十三新更法曰：

置金六十两为实. 以三人为法除之，得均该二十两即中人乙之金数，另以二人乘半差二两五钱，得五两，并入均该得甲金二十五两. 递减五两，得乙、丙金数，合问.

人数多者，用此甚便.

又掉法曰：

以三人除金六十两，先得乙金二十两，加差五两为甲五，减差五两为丙金，合问.

⑬80 ~83 各题引自杨辉《续古摘奇算法》(1275 年)卷上，其中 80 题为《孙子算经》中的"物不知总"题，83 题"三数剩一"依《续古摘奇算法》原文校改为"二数剩一".

九章详注比类少广算法大全卷第四

钱塘南湖后学吴敬信民编集
黑龙江省克山县潘有发校注

少广计一百(五)[六]问[①]

法曰:一亩之田:广一步,长二百四十步,今截纵步以益广,故曰:"少广[②]."

古术曰:置全步及分母子,以最下分母遍(《九章算术》原为"徧")乘诸分子及全步,各以其母除其子,置之于左.命通分者,又以分母遍乘诸分子及已通者,皆通而同之,并之为法;置所求步数,以全步积分乘之为实,法有分者,当同其母,齐其子,以同乘法实,而并齐,于今以分母乘全步及子,子如母而一,实如法而一,得纵.

古问[③]二十四问

[田广问纵]

1.(1)田一亩,广一步半,问:从几何?

答曰:一百六十步.

法曰:置田一亩.以亩法通之得二百四十步为实,以广一步半为法除之得一百六十步合问.

2.(2)田一亩,广一步半全步乃一分之一,半步是二分之一,三分步之一,问:纵几何?

答曰:一百三十步一十一分步之一十.

法曰:此田一亩为主,以广求纵,其中加分母分子,位以颇多者,用合分互乘之法岂不繁□古人弃合分之术而以诸母自乘为全步之积,及分子却以诸母各除其子,并之为法,以全步积分乘亩步为实,如法而一,其后各问并是田一亩以广问纵,位次经多寡法单皆同列置全步全步即一分之一,半步即二分之一及分母子以分母一、二、三列右行;分之一、一、一列左行,而副并分母自乘不动正位,别置分母一乘二、二乘三得六,以六乘全步一分得六,分子之一得六,以全步积分六通亩步二百四十步得一千四百四十步为实,各以本母除子,全步得六,其二分之一得三;其三分之一得二,并之得一十一为法,除实得一百三十步,余实一十,以法命之,合问.

3.(3)田一亩,广一步半,三分[步]之一,四分[步]之一.问:纵几何?

答曰:一百一十五步五分步之一.

法曰:列置全步及分母子,全步即一分之一;半步即二分之一;以分母一、二、三、四列右行;分子之一、一、一、一列左行,而副并分母自乘不动还位,别置分母,一乘二得二;二乘三得六;四乘六得二十四,以乘全步及分子全步一分得二十四;分子之一得二十四,以全步积分二十四通亩步二百四十得五千七百六十为实,各以本母除子,全步一分得二十四,其二分之一得一十二;其三分之一得八;其四分之一得六;并之得五十为法,除之得一百一十五步,余实十,法实皆十约之,得五分步之一,合问,以后田广问纵八问,法曰皆同.

4.(4)田一亩,广一步半,三分步之一;四分步之一;五分步之一,问:纵几何?

答曰:一百五步一百三十七分步之一十五.

法曰:列置全步及分母子照前列置,而副并分母自乘得一百二十,以乘全步一分得一百二十分子之一得一百二十,以全步积分一百二十通亩步二百四十得二万八千八百为实,各以本母除子照前法除并之得二百七十四为法除之,余实三十,法实皆折半,合问.

5.(5)田一亩,广一步半三分步之一,四分步之一,五分步之一,六分步之一,问:纵几何?

答曰:九十七步四十九分步之四十七.

法曰:列置全步及分母子照前法列,而副并分母自乘得七百二十以乘全步一分得七百二十,分子之一得七百二十以全步积分七百二十通亩步得一十七万二千八百为实,各以本母除子照前法除,并之得一千七百六十四为法除之,得九十七步,余实一千六百九十二,法实皆三十六约之,合问.

6.(6)田一亩,广一步丰,二分步之一,三分步之一,四分步之一,五分步之一,六分步之一,七分步之一,问:纵几何?

答曰:九十二步一百二十一分步之六十八.

法曰:列置全步及分母子照前法列而副并分母自乘得五千四十,以乘全步及分子俱得五千四十,以全步积分通亩步得一百二十万九千六百为实,各以本母除子照前法除,并之得一万三千六十八为法,除实得九十二步,余实七千三百四十四,法实皆一百八约之,合问.

7.(7)田一亩,广一步半,三分步之一,四分步之一,五分步之一,六分步之一,七分步之一,八分步之一,问:纵几何?

答曰:八十八步七百六十一分步之二百三十二.

法曰:列置全步及分母子照前[法]列(实),而副并分母自乘得四万三百二十,以乘全步及分子,俱得四万三百二十,以全步积分通亩步得九百六十七万六千八百为实,各以本母除子照前法除,并之得一十万九千五百八十四为法,除之得八十八步余实三万三千四百八,法实皆一百四十四约之,合问.

8.(8)田一亩,广一步半,三分步之一,四分步之一,五分步之一,六分步之一,七分步之一,八分步之一,九分步之一,问:纵几何?

答曰:八十四步七千一百二十九分步之五千九百六十四.

法曰:列置分母子及全步照前法列,而副并分母自乘得三十六万二千八百八十,以乘全步及分子俱得三十六万二千八百八十,全步积分以通亩步得一百二万六千五百七十六为实,各以本母除子,照前法除,并之得一百二万六千五百七十六为法除之得八十四步,余实八十五万一千八百一十六,法实皆一百四十四约之,合问.

9.(9)田一亩,广一步半,三分步之一,四分步之一,五分步之一,六分步之一,七分步之一,八分步之一,九分步之一,十分步之一,问:纵几何?

答曰:八十一步七千三百八十一分步之六千九百三十九.

法曰:列置全步及分母子照前法列,而副并分母自乘得三百六十二万八千八百,以乘全步及分子俱得三十六万二千八百八十,全步积分以通亩步得八千七百九万一千二百为实,各以本母除子照前法除,并之得一百二万六千五百七十六为法除之得八十四步,余实八十五万八千八百一十六,法实皆一百四十四约之,合问.

10.(10)田一亩,广一步半,三分步之一,四分步之一,五分步之一,六分步之一,七分步之一,八分步之一,九分步之一,十分步之一,十一分步之一,问:纵几何?

答曰:七十九步八万三千七百一十一分步之三万九千六百三十一.

法曰:列置全步及分母子照前法列,而副并分母自乘得三千九百九十一万六千八百,以乘全步及分子俱得三千九百九十一万六千八百以全步积分通亩步得九十五亿八千三万二千为实,各以本母除子照前法除,并之得一亿二千五十四万三千八百四十为法除之得七十九步余实五千七百六万八千六百四十,法实皆一百四十四约之,合问.

11.(11)田一亩,广一步半,三分步之一,四分步之一,五分步之一,六分步之一,七分步之一,八分步之一,九分步之一,十分步之一,十一分步之一,十二分步之一,问:纵几何?

答曰:七十七步八万六千二十一分步之二万九千一百八十三.

法曰[4]:列置全步及分母子照前法列,而副并分母自乘得四亿七千九百万一千六百,以乘全步一分分子之一俱得四亿七千九百万一千六百,以全步积分通亩步得一千一百 四十九亿六千三十八万四千为实,各以本母除子全步一分得四亿七千九百万一千六百;其二分之一得二亿三千九百五十万八百;其三分之一得一亿五千九百六十六万七千二百;其四分之一得一亿一千九百七十五万四百;其五分之一得九千五百八十万三百二十;其六分之一得七千九百八十三万三千六百;其七分之一得六千八百四十二万八千八百;其八分之一得五千九百八十七万五千二百;其九分之一得五千三百二十二万二千四百;其十分之一得四千七百九十万一百六十;其十一分之一得四千三百五十四万五千六百;其十二分之一得三千九百九十一万六千八百并之得一十四亿八千六百四十四万二千八百八十为法除之得七十七步,余实五亿四百二十八万二千二百四十四,法实皆一千七百二十八约之,合问.

[**开平方**]

开方作法本源[5]

增乘方求廉法草曰释锁求廉本源,

列所开方数[如前]五乘方,列五位,隅算在外.

以隅算一,自下增入前位,至首位而止,首位得六,第二位得五,第三位得四,第四位得三,下一位第二.

复以隅算,如前升增,递低一位,求之.

求第二位:

六旧数,五加十而止,四加六为十,三加三为六,二加一为三.

求第三位:

六、十五并旧数,十加十而止,六加四为十,三加一为四.

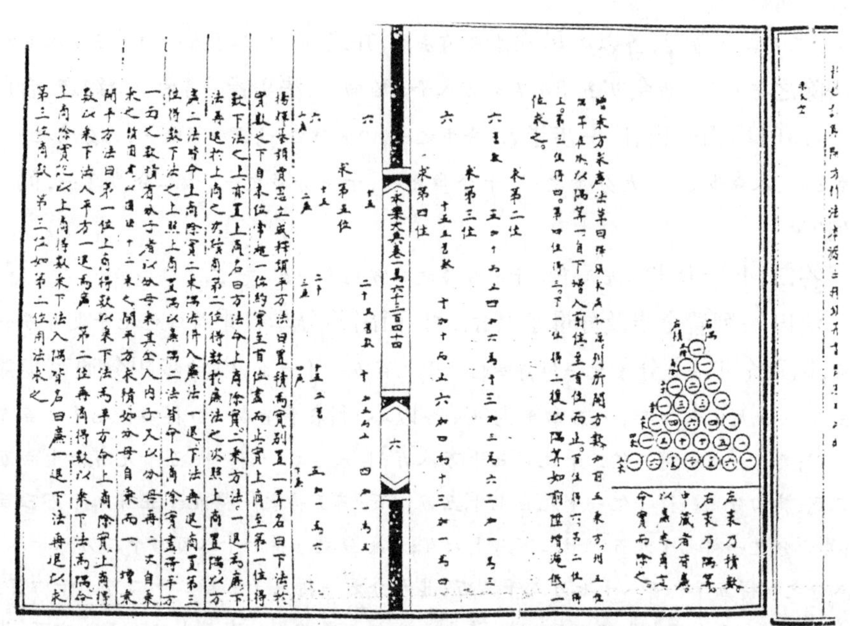

大典本《九章算法比类大全》影印件

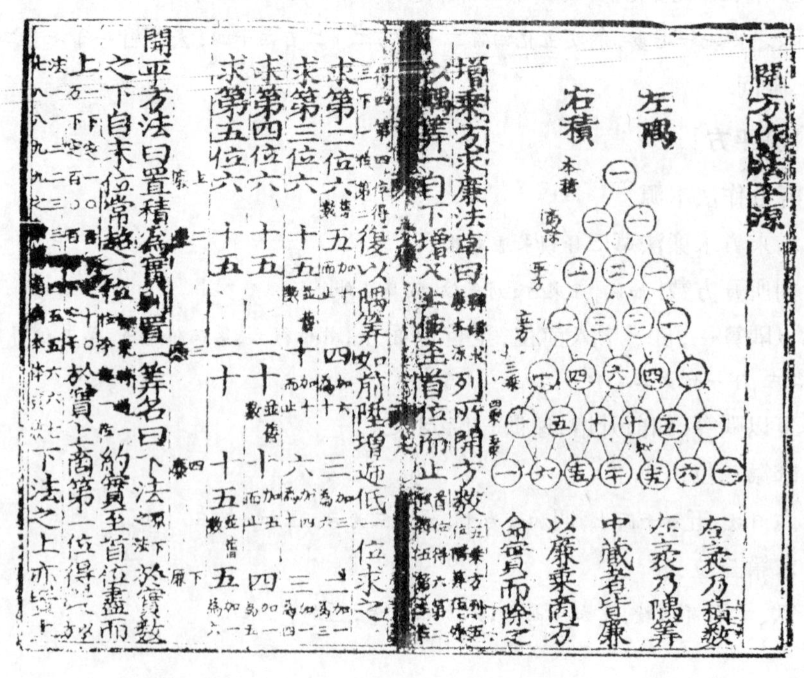

吴敬集成本《九章算法比类大全》影印件

求第四位：

六、十五、二十并旧数，十加五而止，四加一为五.

求第五位

六、十五、二十、十五并旧数，五加一为六

上廉　二廉　三廉　四廉　下廉

开平方法曰：

置积为实，别置一算，名曰下法原下之法.于实数之下自末位起常超一位初乘时过一位，今超一位约实，至首位尽而(上)[止]，一下定一，百下定十，万下定百，百万下定千，于实上商第一位得数，以方法一、一；二、二；三、三；四、四；五、五；六、六；七、七；八、八；九、九之数为商，商本体实数，下法之上，亦置上商数，即原乘法数，名曰"方法"子本积内去其一方命上商除实法实相呼，以破程数.乃二乘方法一退为廉一方带两直，以直其壮如廉，故二乘退位下法再退下法即定位之算，再退即万退为百，重定其位约实于上商之次，续商第二位得数与上竟同.于廉法之次，照上商置隅一方带二廉，正一角，角即名隅以隅廉二法亦原乘之法也，皆命上商除实，二乘隅法，并入廉法，一退倍隅入廉，作一大方，以求次位得数，下法再退，前意商置第三位得，下法之上，照上商置隅，以廉隅二法，皆命上商数除实，第二位商竟同得平方一面之数更有不尽之数，依第二位体面，而倍隅入廉，退而商之.

12.(14)积七万一千八百二十四.问：平方一面几何?

答曰：二百六十八步.

法曰⑥：圆三象天，方四象地.圆居方四分之三，以积立术，求方助乘除之妙用，考定源渊，莫不由此而治之.置积七万一千八百二十四步为实，别置一算为下法原下之法，从末位起常超一位，约实，百下定十，万下定百于实上商置第一位得二百下法之上，亦置上商，二百进位得二万名曰"方法".与上商：除实四万余实三万一千八百二十四乃二乘方法得四万为廉法一退得四千，下法再退得[四]百于上商之次续商第二位，以廉法四千商实得六十，下法之上，亦置上商，六十进一位为六百为隅法，以隅廉二法共四千六百皆与上商六除实二万七千六百余实四千二百二十四，乃二乘隅法六百得一千二百，并入廉法四千共五千二百，一退得五百二十，下法再退得一又于上商置第三位，以廉法五百二十商实得八，下法亦置上商八为隅法，以廉隅二法共五百二十八，皆上商八除实，尽，合问.

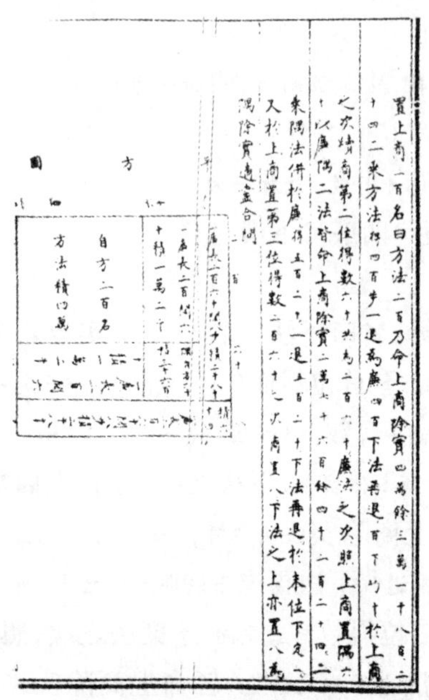

置上商一百名曰方法二百乃命上商除實四萬餘三萬一千八百二十四二乘方法得四百步一退爲廉四百下法再退百下的十於上商之次續商第二位得數六十共為二百六十廉法之次照上商置隅六十以廉隅二法皆命上商除實二萬七千六百餘四千二百二十四二乘隅法併於廉得五百二十一退五百二十下法再退於末位下之一入於上商置第三位得數二百六十八次商置八下法之上亦置八爲隅除實適盡合問

方圖

《永乐大典》12 题图草

法曰 置積爲實別置一算爲下法從末位常超一位約實於實上商置第一位下法之上亦置上商名曰方法與上商除實餘實乃二乘方法爲廉法一退下法再退於上商之次續商第二位以廉法商實下法之上亦置上商以廉隅二法皆與上商除實餘實乃二乘隅法併入廉法一退下法再退又於上商置第三位以廉隅二法商實下法亦置上商爲隅法以廉隅二法皆與上商除實盡合問

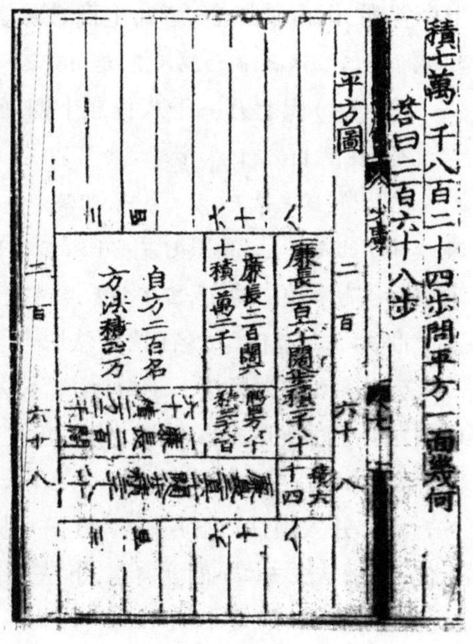

積七萬一千八百二十四步問平方一面幾何

答曰二百六十八步

平方圖

吴敬《九章算法比类大全》少广 12 题图草

13.(13)积二万五千二百八十一步,问:平方一面几何?

答曰:一百五十九步.

法曰:置积二万五千二百八十一步为实,别置一算为下法,从末常超一位约实,上商置第一位得一百,下法亦置上商一百,进二位得一万名曰方法,与上商一[百]除实一万,余实一万五千二百八十一步,乃二乘方法得二万,为廉法,一退得二千,下法再退得万,于上商之次,续商第二位,以廉法二千商实得五十下法之上,亦置上商五十,进一位得五百为隅法,以廉隅二法共二千五百,皆与上商五除实一万二千五百,余实二千七百八十一,乃二乘隅法五百得一千并入廉法二千共三千,一退得三百,下次再退得一,又于上商置第三位,以廉法三百商实得九,下法之上亦置九为隅法,以廉隅二法共三百九皆与上商九除实,尽,合问.

14.(12)积五万五千二百二十五步,问:平方一面几何?

答曰:二百三十五步.

法曰:置积五万五千二百二十五步为实,照前法商置第一位得二百,下法亦置二百,进二位为二万,名曰方法,与上商二除实四万余实一万五千二百二十五步,乃二乘方法得四万为廉法,一退得四千,下法再退得百.续商第二位,以廉法四千商实得三十,下法亦置三十进一位为三百为隅法,以廉隅二法共四千三百皆与上商三除实一万二千九百余实二千三百二十五,乃二乘隅法三百得六百并入廉法四千共四千六百,一退得四百六十,下法再退得一.又置商第三位,以廉法四百六十商实得五,下法亦置五为隅法,以廉隅二法共四百六十五皆与上商五除实,尽,合问.

15.(15)积五十六万四千七百五十二步四分步之一,问:平方一面几何?

答曰:七百五十一步半.

法曰[7].置积五十六万四千七百五十二步以分母四通之加内子一共得二百二十五万九千九,又以分母四乘之九百三万六千三十六为实,照前法商置第一位得三千,下法亦置三千,进三位为三百万为方法,与上商三除实九百万,余实三万六千三十六,乃二乘方法得六百万为廉法,三退得六千下法六退得一,续商置第四位以廉法六千商实得六为隅法,以廉隅二洪共六千六皆与上商六除实,尽,得三千六却以分母四为法除之得七百五十一步半,合问.

16.(16)积三十九亿七千二百一十五万六百二十五步,问:平方一面几何?

答曰:六万三千二十五步.

法曰:置积为实,照前法商置第一位得六万,下法亦置上商六万,进四位为六亿为方法.与上商六除实三十六亿,余实二亿七千二百一十五万六百二十五步,乃二乘方法得一十二亿,为廉法,一退得一亿二千万,下法再退得百万,续商,置第二位,以廉法一亿二千万商实得三千,下法亦置上商三千,进三位为三百万为隅法,以廉隅二法共一亿二千三百万皆与上商三除实三亿六千九百万,余实三百一十五万六百二十五步,乃二乘隅法得六百万,并入廉法得一亿二千六百万,下法四退得百,续商,置第四位,以廉法一百二十六万,商实得二十,下法亦置上商二十,进一位为二百为隅法,以廉隅二法共一百二十六万二百,皆与上商二十除实二百五十二万四百,余实六十三万二百二十五步,乃二乘隅法得四百,并入廉法共得一百二十六万四百,一退得一十二万六千四十,下法再退得一,续商,置第五位,以廉法一十二万六千四十商实得五,下法亦置上商五为隅法,以廉隅二法共一十二万六千四十五,皆与上商五除实,尽,合问.

[**开平圆**]

开平圆法曰:

置积问周:以十二乘积为实. 问径:四乘积三而一为实,[以][与]开平方法同.

17. (17)积一千五百一十八步四分步之三,问:为圆周几何?

答曰:一百三十五步.

法曰:以方改圆,圆居方四分之三也,置积一千五百一十八步,以分母四乘之得六千七十二加入内子三共六千七十五以圆法十二乘之得七万二千九百又以分母四乘之得二十九万一千六百为实,以开平方法除之,照前法,商置第一位得五百,下法亦置上商五百,进二位为五万为方法,与上商五除实二十五万,余实四万一千六百乃二乘方法得一十万为廉法,一退得一万,下法再退得万续商置第二位,以廉法一万商实得四十万,下法亦置上商四十,进一位为四百为隅法,以廉隅二法共一万四百皆与上商四除实、尽,得五百四十,却以分母四为法除之,得圆周,合问.

18. (18)积三百步. 问:为圆周几何?

答曰:六十步.

法曰:置积三百步,以圆法十二乘之得三千六百步为实,以开平方法除之,上商六十步,下法亦置上商六十,进一步为六百为方法,与上商六除实,尽,合问.

开立方

开立方法曰:

置积为实,别置一算,名曰下法一下之法,于实数之下,自末位常超二位约实,一下定一,千下定十,百万下定百,上商置第一位得数,下法之上,亦置上商数,自乘名曰隅法,命上商数除实法实相呼,以破积数,乃三乘隅法为方法,又置上商数,以三乘之为廉法. 方法一退,廉法再退,下法三退.

续商,置第二位得数,下法之上,亦置上商数自乘为隅法,又以上商数乘廉法,以方廉隅三法皆与上商除实,讫. 乃二乘廉法,三乘隅法,皆并入方法,再置上商数,以三乘之为廉法.方法一退,廉法再退,下法三退.

续商,置第三位得数,下法之上,亦置上商数自乘为隅数,又以上商(数)乘廉法,以方廉隅三法皆与上商数除实,尽,得数合问,更有不尽之数,依第三位体面,二乘廉法,三乘隅法,并入方法,再置上商,三乘为廉法,退而商之,得数.

19.(19)积一百八十六万八百六十七尺,问:为立方几何?

答曰:一百二十三尺.

法曰[⑧].方自乘名为平方,又以方乘平方名曰立方,状如骰子,取用勾深至远之算,本问模中,第一位是一立方,自方百尺;第二位三平有方,各方一百尺,高二十尺,其三廉各长一百尺,方一十尺,其一隅立方二十尺;第三位有三平方,各方一百二十尺,高三尺,及三廉各长一百二十尺,方三尺,其一隅立方三尺.

置积一百八十六万八百六十七尺为实,别置一算,名曰下法,自末位常超二位约实一下定一,千下定十,百万下得百于实数之上,商置第一位得一百,下法之上,亦置上商一百,进四位为一百万,再自乘亦得一百万为隅法与上商除实一百万,余实八十六万八百六十七,乃三乘隅法得三百万为方法,再置上商一百,进四位为一百万,以三乘之得三百万为廉法,方法一退得三十万,廉法再退得三万,下法三退得千.

续商置第二位,以方廉二法三十三万商实得二十,下法亦置上商二十,进二位为二千,以二乘得四千为隅法,又以上商二乘廉法得六万,以方廉隅三法三十六万四千皆与上商二除实七十二万八千,余实一十三万二千八百六十七尺,乃二乘廉法得一十二万,三乘隅法得一万二千,皆并入方法共四十三万二千,再置上商一百二十,进二位为一万二千,以三乘之得三万六千为廉法,方法一退四万三千二百,廉法再退得三百六十,下法三退得一.

续商置第三位,以方廉二法共四万三千五百六十商实得三,下法亦置上商三,自乘得九为隅法,又以上商三乘廉法得一千八十,以方廉隅三法共四万四千二百八十九,皆与上商三除实,尽,得一百二十三尺,合问.

20.(20)积一千九百五十三尺八分尺之一,问:为立方几何?

答曰:一十二尺半.

法曰:置积一千九百五十二尺,其八分尺之一作一寸二分五厘为实.照前法商置第一位得一十,下法亦置上商一十,进二位为一千,自乘亦得一千为隅法,与上商一除实一千,余实九百五十三尺一寸二分五厘,乃三乘隅法得三千为方法.再置上商一十进二位为一千,以三乘之得三千为廉法,方法一是得三百,廉法再退得三十,下法三退得一尺.

续商置第二位:以方廉二法共三百三十,商实得二尺,下法亦置上商二尺,自乘得四尺为隅法,又以上商二乘廉法得六十,以方廉隅三法共三百六十四,皆与上商二除实七百二十八尺,余实二百二十五尺一寸二分五厘,乃二乘廉法得一百二十,三乘隅法得一十二,皆并入方法共四百三十二,再置上商一十二尺以三乘之得三十六尺为廉法,方法一退得四十三尺二寸,廉法再退得三寸六分,下法三退得一尺.

续商第三位,以方廉二法共四十三尺五十六分,商实得五[厘],下法亦置上商五厘,自乘得二分五厘为隅法,又以上商五乘廉法得一尺八寸,以方廉隅三法共四十五尺二分五厘皆与上商五除实,尽,[合问].

21.(21)积六万三千四百一尺五百一十二分尺之四百四十七,问:为立方几何?

答曰:三十九尺八分尺之一.

法曰:置积六万三千四百一尺以分母五百一十二通之加内子四百四十七共得三千二百四十六万一千七百五十九为实,照前法商置第一位得三百,下法亦置上商三百,进四位为三百万,三乘得九百万为隅法,与上商三除实二千七百万余实五百四十六万一千七百五十九,乃三乘隅法二千七百万为方法,再置上商三百,进四位为三百万,以三乘之得九百万为廉法,方法一退得二百七十万,廉法再退得九万,下法三退得千.

续商置第二位,以方廉二法共二百七十九万,商实得一十,下法亦置上商一十,进二位得一千,自乘亦得一千为隅法,又以上商一乘廉得九万.以方廉隅三法共二百七十九万一千,皆与上商一除实二百七十九万一千余实二百六十七万七百五十九,乃二乘廉法得一十八万,三乘隅法得三千,皆并入方法共二百八十万三千.再置上商三百一十,进二位得三万一千,以三乘之得九万三千为廉法,方法一退得二十八万八千三百,廉法再退得九百三十,下法三退得一.

续商置第三位:以方廉二法共二十八万九千二百三十,商实得九,下法亦置上商九,自乘得八十一为隅法,又以上商九乘廉法得八千三百七十,以方廉隅三法共二十九万六千七百五十一皆与上商九除实,尽,得三百一十九,别置分母五百一十二,如开立方而一得八为法,除积三百一十九得立方三十九尺,余积七,以法命之,合问.

22.(22)积一百九十三万七千五百四十一尺二十七分尺之十七,问:为立方几何?

答曰:一百二十四尺三分尺之二.

法曰:置积以分母二十七通之加内子一十七共得五千二百三十一万三千六百二十四为实,照前法商置第一位得三百,下法亦置上商三百,进四位为三百万,以三乘得九百万为隅法,与上商三除实二千七百万,余实二千五百三十一万三千六百二十四,乃三乘隅法得二千七百万为方法,再置上商三百,进四位为三百万,以三乘之得九百万为廉法,方法一退得二百七十万,廉法再退得九万,下法三退得千.

续商置第二位:以方廉二法共二百七十九万商实得七十,下法亦置上商七十,进二位为七千,以七乘之得四万九千为隅法,又以上商七乘廉法得六十三万,以方廉隅三法共三百三十七万九千皆与上商七除实二千三百六十五万三千，余实一百六十六万六百二十四，乃二乘廉法得一百二十六万，三乘隅法得一十四万七千，皆并入方法共四百一十万七千，再置上商三百七十，进二位为三万七千，以三乘之得一十一万一千为廉法. 方法一是得四十一万七百，廉法再退得一千一百一十，下法三退得一.

续商置第三位：以方廉二法共四十一万一千八百一十商实得四，下法亦置上商四，自乘得一十六为隅法，又以上商四乘廉法得四千四百四十，以方廉隅三法共四十二万五千一百五十六，皆与上商四除实，尽，得三百七十四为实，别置分母二十七，如开立方而一得三，为法除之，得立方一百二十四尺，约实二，以法命之，合问.

［**开立圆**］

开立圆法曰：以方法十六乘积，如圆法九而一，开立方法得之.

23.(24)积一万六千四百四十八亿六千六百四十三万七千五百尺，问：为立圆径几何?

答曰：一万四千三百尺.

法曰：立圆其状如球，居立方十六分之九置积以方法十六乘之得二十六万三千一百七十八亿六千三百万尺以圆法九而一得二万九千二百四十二亿七百万尺为实，开立方法除之，照前法，上商置第一位得一万，下法亦置上商一万，进八位为一亿，自乘亦得一亿为隅 法，与上商一除实一万亿余实一万九千二百四十二亿七百万尺，乃三乘隅法得三亿为方法，下法再置上商一万进八位为一亿，以三乘之得三亿为廉法. 方法一退得三千亿，廉法再退得三百亿，下法三退得一十亿.

续商置第二位：以方廉二法共三千三百亿商实得四千，下法亦置上商四千，进六位得四十亿，又以四乘之得一百六十亿为隅法，又以上商四乘廉法得一千二百亿，以方廉隅三法共四千三百六十亿，皆与上商四除实一万七千四百四十亿，余实一千八百二亿七百万，乃二乘廉法得二千四百亿，三乘隅法得四百八十亿，皆并入方法共五千八百八十亿. 下法再置上商一万四千，进六位为一百四十亿，以三乘之得四百二十亿为廉法. 方法一退得五百八十八亿，廉法再退得四亿二千万，下法三退得一百万.

续商置第三位：以方廉二法共五百九十二亿二千万，商实得三百，下法亦置上商三百，进四位为三百万，以三乘得九百万为隅法，又以上商三乘廉法得一十二亿六千万，以方廉隅三法共六百亿六千九百万皆与上商三除实，尽，得一万四千三百尺，合问.

24.(23)积四千五百尺，问：为立圆径几何?

答曰：二十尺.

法曰：置积以方法十六乘之得七万二千尺以圆法九而一得八千尺为实，开立方法除之，上商二十，下法之上，亦置上商二十，自乘得四百尺为隅法，与上商二十除实，尽，合问.

比类六十(六)[七]问

[直田]

1. 今有直田(矩形田)八亩,广三十二步,问:纵几何?

答曰:六十步.

法曰:通田八亩得一千九百二十步为实,以广三十步为法除之,合问.

2. 今有直田一亩二百步一十分步之七,广十八步七分步之五,问:纵几何?

答曰:二十三步十一分步之六.

法曰:通田一亩加零二百步,共四百四十步,以分母十一通之加分子七,共得四千八百四十七,又以广分母七通之得三万二千九百二十九步为实,以广十八步以分母七通之加分子五,共得一百三十一,为法除之二百五十九却以积分母十一除之得二十三步,余实六,以法命之,合问.

3. 今有直田一亩,纵一百三十步一十一分步之一十. 问:广几何?

答曰:一步六分步之五.

法曰:通田一亩得二百四十步,以纵分母十一乘之得二千六百四十为实,以纵一百三十步,又以分母十一乘之加分子一十,共得一千四百四十为法除之得一步,余实一千二百,法实皆二百四十约之,合问.

4. 今有直田一亩,纵九十七步四十九分步之四十七,问:广几何?

答曰:二步二十分步之九.

法曰:通田一亩得二百四十步,以纵分母四十九乘之得一万一千七百六十步为实,置纵九十七步,以分母四十九乘之,加分子四十七,共四千八百为法除之得一步,余实一千二百,法实皆二百四十约之,合问.

5. 今有直田八亩,纵六十步,问:广几何?

答曰:三十二步.

法曰:通田八亩得一千九百二十步为实,以纵六十步为法除之,合问.

6. 今有直田八亩,只记得广纵相和共九十二步,问:广、纵各几何?

答曰:广:三十二步,纵:六十步.

法曰:通积八亩得一千九百二十步,四乘得七千六百八十步,相和九十二步自乘得八千四百六十四步,以少减多余七百八十四步为实,以开平方法除之,得广、纵之差二十八步,加相和九十二步共一百二十步,折半得纵六十步,以减差二十八步,得广三十二步,合问.

7. 今有直田广三十二步,纵六十步,问:两隅斜相去几何?

答曰:六十八步.

法曰:置广三十二步自乘得一千二十四步;纵六十步自乘得三千六百步,并之得四千六百二十四步为实,以开平方法除之得六十八步,合问.

8. 今有直田:纵六十步,两隅斜相去六十八步,问:广几何?

答曰:三十二步.

法曰:置纵六十步自乘得三千六百步,斜[相]去六十八步自乘得四千六百二十四步,以少减多,余一千二十四步,以开平方法除之得广,合问.

9. 今有直田广三十二步,两隅斜[相]去六十八步,问:纵几何?

答曰:六十步.

法曰:置斜六十八步自乘得四千六百二十四步,减广三十二步自乘得一千二十四步,余实三千六百步为实,以开平方法除之,得纵,合问.

10. 今有直田八亩,只云广不及纵二十八步,问:广纵共步几何?

答曰:九十二步.

法曰⑩:通积八亩得一千九百二十步,以四乘得七千六百八十步并不及二十八步自乘得七百八十四步,共得八千四百六十四步为实,以开平方法除之得广纵九十二步,合问.

11. 今有直田八亩,只云广纵共九十二步,问:广少纵几何?

答曰:二十八步.

法曰:通田八亩得一千九百二十步,以四乘得七千六百八十步于上,又广纵九十二步自乘得八千四百六十四步,以少减多,余七百八十四步为实,以开平方法除之,合问.

[**方田**]

12. 今有方田三顷七十五亩,问:方一面几何?

答曰:一里.

法曰:通田三顷七十五亩得九万步为实,以开平方法除之得三百步为一方面,以里步而一,合问.

13. 今有方田积一千二百九十六步,问:一方面几何?

答曰:三十六步.

法曰:置田积一千二百九十六步为实,以开平方法除之,合问.

14. 今有田积一千三百步,问:一方面几何?

答曰:三十六步七十三分步之四.

法曰:置田积一千三百步为实,以开平方法除之得三十六步余实四为分子,倍方法三十六加子一共七十三分为分母,合问.

15. 今有方田面五十步,问:斜几何?

答曰:七十步一百四十一分步之一百.

法曰:置方面五十步自乘得二千五百步,倍之得五千步为实,开平方法除之得七十步余实一百为分子,倍方法七十加子一共得一百四十一,为分母,合问.

16. 今有方田面五步,问:斜几何?

答曰:七步十五分步之一.

法曰:置方面五步自乘得二十五步,倍之得五十步为实,以开平方法除之得七步余实一为分子,倍方法七步加子一共得一十五为分母,合问.

17. 今有方田面四十九步九十九分步之四十九,问:斜几何?

答曰:七十步.

法曰:置方田面四十九步以分母九十四通之加分子四十九共得四千九百步为实,以开平方法除之,合问.

18. 今有方田面四步十八分步之十七,问:斜几何?

答曰:七步.

法曰⑪:置面方四步以分母十八通之加分子十七共得八十九自乘得七千九百二十一于上. 又以分母十八减分子十七余一以乘分子亦得十七,并入上数共得七千九百三十八为实,以分母十八自乘得三百二十四为法除之二十四步半,倍之得四十九步开平方法除之,合问.

19. 今有方田斜七十步,问:方一面几何?

答曰:四十九步九十九分步之四十九.

法曰:置斜七十步自乘得四千九百步半之得二千四百五十步为实,开平方法除之得四十九步,余实四十九为分子,倍本方四十九步加子一共得九十九为分母,合问.

20. 今有方田,斜七步十五分步之一,问:方一面几何?

答曰:五步.

法曰:置斜七步以分母十五通之加分子一共得一百六,自乘得一万一千二百三十六于上,⑫又以分母十五减分子一余十四乘分子一亦得十四,并入上数共得一万一千二百五十为实,以分母十五自乘得二百二十五为法除之得五十,半之得二十五,以开平方法除之,合问.

21. 今有方田,斜七十步一百四十一[分]步之一百,问:方一面几何?

答曰:五十步.

法曰⑬:置斜七十步以分母一百四十一通之加分子一百共得九千九百七十,自乘得九千九百四十万九百于上,别以分母一百四十一减分子一百余四十一以乘分子一百得四千一百,并入上数共得九千九百四十一万五千为实,以分母一百四十一自乘得一万九千八百八十一为法除之得五千半之得积二千五百,以开平方法除之,合问.

22. 今有方田,斜七步,问:方一面几何?

答曰:四步十八分步之十七.

法曰:置斜七步自乘得四十九步,半之得二十四步半为实,开平方法除之得四步,余实八步半为分子,倍本方四步得八步加子得九为分母,皆倍之,合问.

[**梯田**]

23. 今有梯田一十四亩一分,北阔五十步,正长九十四步,问:南阔几何?

答曰:二十二步

法曰:通田一十四亩一分得三千三百八十四步,倍之得六千七百六十八步为实,以正长九十四步为法除之得七十二步,以减北阔五十步,合问.

24. 今有梯田一十四亩一分,南阔二十二步,北阔五十步,问:正长几何?

答曰:九十四步.

法曰:通田倍之得六千七百六十八步,并二阔得七十二步,除之,合问.

25. 今有梯田一十四亩一分,南阔二十二步,正长九十四步,问:北阔几何?

答曰:五十步.

法曰:通田倍之得六千七百六十八步为实,以正长九十四步为法除之得七十二步,以减南阔二十二步,余五十步,合问.

26. 今有梯田积一千二百一十七步七分步之一,南阔二十四步七分步之六,北阔三十六步,问:正长几何?

答曰:四十步.

法曰:置积一千二百一十七步,以分母七通之加分子一共得八千五百二十,倍之得一万七千四十为实,再置南阔二十四步,以分母七通之加分子六共得一百七十四,又置北阔三十六以南阔分母七通之得二百五十二,并二阔数得四百二十六为法除之,合问.

27. 今有梯田积一千二百一十七步七分步之一,北阔三十六步,正长四十步,问:南阔几何?

答曰:二十四步七分步之六. 法曰:置积,照前法倍之得一万七千四十[步]为实,以正长四十步为法除之得四百二十六,又置北阔三十六步,以积分母七通之得二百五十二以减上数余一百七十四,以积分母七除之,合问.

28. 今有梯田积一千二百一十七步七分步之一,南阔二十四步三分步之二,正长四十步,问:北阔几何?

答曰:三十六步二十一分步之四.

法曰:置积步一千二百一十七步,以分母七通之加分子一共得八千五百二十,又以南阔分母三通之得二万五千五百六十,倍之得五万一千一百二十为实.以正长四十步乘南阔分母三得一百二十,又乘积分母七得八百四十为法除之得南北阔相和六十步七分步之六,就置六十步,以分母七通之加分子六共得四百二十六,又以南阔分母三通之得一千二百七十八.又置南阔二十四步以分母三通之加分子:共得七十四,又以南北相和分母七通之得五百一十八,以减前数,余七百六十为实,以南阔分母三乘南北阔相和分母七得二十一,为法除之得北阔,合问.

[圭田]

29.今有圭田二十三步六分步之五,广五步二分步之一,问:纵几何?

答曰:八步三分步之二.

法曰:置积二十三步,以分母六通之,加分子五共得一百四十三,倍之得二百八十六.又以广分母二通之得五百七十二为实,以广五步以分母二通之加分子一共得一十一,又以积分母六通之得六十六为法,除之得八步,余实四十四,法实皆二十二约之,合问.

30.今有圭田积一百二十六步,广十二步,问:纵几何?

答曰:二十一步.

法曰:二乘田积得二百五十二步为实,以广一十二步为法除之,合问.

31.今有圭田积一百二十六步,只云正长二十一步,问:阔几何?

答曰:一十二步.

法曰:二乘田积得二百五十二步为实,以长二十一步为法除之,合问.

32.今有圭田积二百二十四步,小头尖,大头阔一十六步,问:正中长几何?

答曰:二十八步.

法曰:倍积二百二十四步得四百四十八步[为实]以阔一十六步为法除之,合问.

33.今有圭田积八百四十六步,大头阔三十一步五十三分步之四十九,问:正中长几何?

答曰:五十三步.

法曰:置积八百四十六步以乘阔分母五十三得四万四千八百三十八步,倍之得八万九千六百七十六步为实,以阔三十一步以分母五十三通之加分子四十九共得一千六百九十二为法除之,合问.

34.今有圭田积一百九十步四十八分步之四十三,大头阔一十四步八分步之七,问:正中长几何?

答曰:二十五步三分步之二.

法曰:置积一百九十步以分母四十八通之加分子四十三共得九千一百六十三,又以阔分母八因之,倍得一十四万六千六百八为实,以阔一十四步以分母八通之加分子七共得一百一十九又以积分母四十八乘之得五千七百一十二为法除之,合问.

35. 今有圭田积二百五十一步,正中长二十七步九分步之八,问:大头阔几何?

答曰:一十八步.

法曰:置积二百五十一步以长分母九因之得二千二百五十九倍之得四千五百一十八为实,以长二十七步以分母九通之加分子八共得二百五十一为法除之,合问.

[圆田]

36. 今有圆田一十一亩九十步十二分步之一,径六十步三分步之一,问:周几何?

答曰:一百八十一步.

法曰[14]:通田一十一亩加零九十步共得二千一百三十步,以分母十二通之加内子一共得三万二千七百六十一为实,以径六十步通分母三加内子一共[得]一百八十一为法除之得周,合问.

37. 今有圆田一十一亩六十步,周一百八十步,问:径几何?

答曰:六十步.

法曰:置田一十一亩,以亩步通之加零六十步共[得]二千七百步,以四乘得一万八百步为实,以周一百八十步为法除之,合问.

[环田]

38. 今有环田二亩五十五步,外周一百二十二步,中周九十二步,问:径几何?

答曰:五步.

法曰:通田二亩五十五步得五百三十五步,倍之得一千七十步为实,并中外二周得二百一十四[步]为法除之,合问.

39. 今有环田二亩五十五步,外周一百二十二步,径五步,问:中周几何?

答曰:九十二步.

法曰:照前法通田倍之为实,以径五步为法除之二百一十四步,以减外周一百二十二步余得九十二步,合问.

40. 今有环田二亩五十五步,中周九十二步,径五步,问:外周几何?

答曰:一百二十二步.

法曰:照前法通田倍之得一千七十步为实,以径五步为法除之得二百一十四步,以减中周九十二步,余一百二十二步,合问.

41. 今有环田二百一十六步,外周七十二步,中周五十步一百一分步之九十二,问:径几何?

答曰:三步二千六十九分步之一千六十三.

法曰:置田积二百一十六步,以中周分母一百一乘之得二万一千八百一十六,倍之得四万三千六百三十二为实,别置中周五十步以分母一百一通之加分子九十二共得五千一百四十二,又置中周分母一百一乘外周得七千二百七十二,并之得一万二千四百一十四为法,除之得三步余实六千五百九十,法实皆六约之,合问.

42. 今有环田积二百一十六步,外周七十二步,径三步二千六十九分步之一千六十五,问:中周几何?

答曰:五十步一百一分步之九十二.

法曰:置田积二百一十六步,以径分母二千六十九乘之得四十四万六千九百四,倍之,得八十九万三千八百八为实,以径三步以分母二千六十九通之加分子一千六十五共得七千三百七十二为法,除之得内外周一百二十二步一百一分步之九十二,以减外周七十二步余得中周步数,合问.

43. 今有环田积二百一十六步,外周七十二步四分步之三中周五十一步一千六百四十八分步之一千五百九十三,问:径几何?

答曰:三步二万二千八百三十七分步之一万五百九十三.

法曰:置外周七十二步,以分母四通之加分子三共得二百九十一互乘中周分母一千六百四十八得四十七万九千五百六十八,又置中周五十一步,以分母一千六百四十八通之加分子一千五百九十三,共得八万五千六百四十一,互乘外周分母四得三十四万二千五百六十四,并之得八十二万二千一百三十二,折半得四十一万一千六十六为法,别置积步二百一十六步以外周分母四乘之得八百六十四,以乘中周分母一千六百四十八得一百四十二万三千八百七十二为实,以法除之得径三步,余实一十九万六百七十四,法实皆一十八约之,合问.

[**钱田**]

44. 今有钱田积七十二步,只云通径一十二步. 问:内方几何?

答曰:六步.

法曰:置径一十二步自乘得一百四十四步又以三乘得四百三十二步于上,别置田积七十二步以四乘之得二百八十八步,以减上数余一百四十四步为实,以四为偶算,开平方法除之,合问.

45. 今有钱田积七十二步,只云内方六步,问:外周几何?

答曰:三十六步.

法曰:置内方六步自乘得三十六步,并入积步七十二步共得一百八步,以圆法十二乘之得一千二百九十六步为实,开平方法除之,合问.

46. 今有钱田积七十二步,只云面径三步,问:内方几何?

答曰:六步.

法曰:四乘田积七十二步得二百八十八步于上.别置径三步自乘得九步,以圆法十二乘之得一百八步,以减上数,余一百四十步为实,再以圆法十二乘面径三步得三十六步为从方,一为益隅.并从方三十六加入余积一百八十步共得二百一十六步为实,以带从开平方法除之,合问.

[斜田]

47.今有斜田九亩一百四十四步,只记得南广三十步,北广四十二步,问:纵几何?

答曰:六十四步.

法曰:通积九亩加零一百四十四步共得二千三百四步为实,并二广得七十二步,折半得三十六步为法除之得纵,合问.

48.今有斜田九亩一百四十四步,只记得南广三十步,纵六十四步,问:北广几何?

答曰:四十二步.

北曰:通积九亩加零一百四十四步共得二千三百四步为实,以纵六十四步折半得三十二步为法除之得广七十二步,减南广三十步,得北广,合问.

[畹田]

49.今有(畹)[畹 wǎn]田,积一百二十步,只记得下周三十步,问:径几何?

答曰:一十六步.

法曰:四因田积得四百八十步为实,以下周三十步为法除之,合问.

[弧田]

50.今有弧田一亩九十七步半,矢一十五步,问:弦几何?

答曰:三十步.

法曰:通田一亩加零九十七步半共得三百三十七步半,以四乘三除得四百五十步为实,以矢一十五步为法除之,合问.

[杖鼓田]

51.今有杖鼓田四亩一百六十五步,南北各阔二十五步,中阔二十步.问:正长几何?

答曰:五十步.

法曰:通田四亩加零一百六十五步,共得一千一百二十五步,以四乘之得四千五百步为实,倍中阔二十步得四十步并南北各阔二十五步,共九十步,为法除之,合问.

52.今有杖鼓田一百六十五步,南阔二十五步,中阔二十步,正长五十步,问:北阔几何?

答曰:二十五步.

法曰:照前法通田以四乘之得四千五百步为实,以正长五十步为法除之得三阔之和九十步,以倍减中阔得四十步,南阔二十五步,余得北阔二十五步,合问.

53. 今有杖鼓田四亩一百六十五步,南北各阔二十五步,正长五十步,问:中阔几何?

答曰:二十步.

法曰:照前法通田、加零、四乘为实. 以正长除得三阔之和九(1)[十]步,以减南北各阔二十五步余四十步,折半得二十步,合问.

54. 今有杖鼓田四亩一步二十四分步之十九南阔二十五步六分步之五,北阔三十二步,中阔一十八步,问:正长几何?

答曰:四十一步.

法曰:置田四亩以亩法通之加零一步共得九百六十一步又以分母二十四通之加子十九共得二万三千八十三为实,别置南阔二十五步,以分母六通之加分子五共得一百五十五;又置北阔三十二步以南阔分母六通之得一百九十二;又置中阔一十八以南阔分母六通之得一百八步,倍之得二百一十六步,并入南北阔数共得五百六十三,为法除之,合问.

55. 今有杖鼓田四亩一步二十四分步之十九,南阔二十五步六分步之五,北阔三十二步,正长四十一步,问:中阔几何?

答曰:一十八步.

法曰:照前法通田,以分母通之加分子共得二万三千八十三为实,以正长四十一步为法除之得五百六十三乃三阔之和. 别置南阔二十五步,以分母六通之加分子五,共得一百五十五,又置北阔三十二步,以南阔分母六通之得一百九十二,俱减三阔和步,余二百一十六,半之得一百八,以南阔分母六除之,合问.

56. 今有杖鼓田四亩一步二十四分步之十九,南阔二十五步六分步之五,中阔一十八步,正长四十一步,问:北阔几何?

答曰:三十二步.

法曰:俱照前法通田加分子为实. 以正长除得五百六十三,乃三阔之和,别置南阔二十五步,以分母六通之加分子五,共得一百五十五,中阔一十八步,以南阔分母六通之得一百八步,以二阔减和步五百六十三,余一百九十二,以南阔分母六除之,得北阔三十二步,合问.

57. 今有杖鼓田四亩一十步一百六十八分步之九十七,南阔二十五步六分步之五,北阔三十二步七分步之六,问:中阔几何?

答曰:一十八步.

法曰:通田(六)[四]亩加零一十步,共得九百七十步,以分母一百六十八通之加分子九十七,共得一十六万三千五十七为实,以正长四十一步为法除之得三千九百七十七,乃三阔之和,别置南阔二十五步,以分母六通之加分子五,共得一百五十五,又互乘北阔分母七得一千八十五,北阔三十二步,以分母七通之加分子六,共得二百三十,又互乘南阔分母六得一千三百八十,并二阔得二千四百六十五,以减三阔之和,余一千五百一十二,半之得七百五十六,以南北二分母七分,六分相乘得四十二,除之得一十八步,合问.

58. 今有杖鼓田四亩一十步一百六十八分步之九十七,南阔二十五步六分步之五,北阔三十二步七分步之六,中阔一十八步,问:正长几何?

答曰:四十一步.

法曰[15]:通田四亩加零一十步,共得九百七十步,以分母一百六十八通之加分子九十七,共得一十六万三千五十七为实,别置南阔二十五步,以分母六通之加分子五,共得一百五十五,又互乘北阔分母七得一千八十五,北阔三十二以分母七通之加分子六,共得二百三十,又互乘南阔分母六得一千三百八十,又置中阔一十八步,以南阔分母六乘之得一百八,又乘北阔分母七,共得七百五十六,倍之得一千五百一十二,并入南北阔数共得三千九百七十七为法,除之,合问.

59. 今有杖鼓田四亩二十四步一百六十八分步之四十一,南阔二十五步六分步之五,北阔三十二步七分步之六,中阔一十八步三分步之二,问:正长几何?

答曰:四十一步.

法曰:通田四亩加零二十四步得九百八十四步,以分母一百六十八通之加分子四十一,共得一十六万五千三百五十三,以三乘之得四十九万六千五十九为实,别置南阔二十五步,以分母六通之,加分子五,共得一百(一)[五]十五,又乘北阔分母七得一千八十五,又乘中阔分母三得三千二百五十五,北阔三十二步,以分母七通之加分子六,共得二百三十,又互乘南阔分母六得一千三百八十,又以中阔分母三乘之得四千一百四十,中阔一十八步,以分母三通之加分子二,共得五十六,又互乘南阔分母六得三百三十六,又以北阔分母七乘之得二千三百五十二,倍之得四千七百四,并入南北阔数共得一万二千九十九为法除(之)[实],得正长四十一步,合问.

［平圆问径］

60. 今有平圆积一千七百二十八尺,问:径几何?

答曰:四十八尺.

法曰:置积以四乘得六千九百一十二尺,如三而一得二千三百四尺为实,开平方法除之,得四十八尺,合问.

［塔尖宝珠］

61. 今有塔尖宝珠一颗，以金裹之，每金簿方一尺，厚二厘半，用金一十七两五钱，共用金一百五十四两三钱六分五厘七毫五丝，问：珠径几何？

答曰：一尺九寸八分.

法曰：置金数，以每尺用一十七两五钱除之得八尺八寸二分九毫，却以方法四乘之得三十五尺二寸八分三厘五毫为实，开平方法除之得五尺九寸四分却以圆法三除之，合问.

［官兵筑栅］

62. 今有官兵一十三万七千二百八十八人，今筑删围之，每人各相去二步.问：四方每面各用长几何？

答曰：五百二十四步.

法曰：置兵数一十三万七千二百八十八人以相去二步乘之得二十七万四千五百七十六步为实，以开平方法除之得一面之数，合问.

［官兵问队］

63. 今有兵士二十二万八千四百八十名，每五十六名作一队所居之地，四面俱方，每面一十二步，每一万一千二百名，用都指挥一员，指挥一十员，千户二十员，百户一百员，其头目账房亦四面俱方，大将军，中军帐每面二十步，都指挥每面八步，指挥每面六步，千户每面五步，百户每面四步，问：通积几队？一方面该几步几队？内外围该几层几队？并指挥千、百、户几员各积步几何？

答曰：通积六十三万九千三百八十四步，计四千八十队，每一方面七百九十九步一千五百九十九分步之九百八十三.

外围六十三队，内围五队，计三十层，该一千二十队.

大将军、中军帐：每面二十步，共积四百步.

都指挥二十员：每员一面八步，计六十四步，共积一千二百八十步.

指挥二百四员：每员一面六步，计三十六步，共积七千三百四十四步.

千户四百八员：每员一面五步，计二十五步，共积一万二百步.

百户二千四十员：每员一面四步，计一十六步，共积三万二千六百四十步.

兵士四千八百队，每队一面一十二步，计一百四十四步，共积五十八万七千五百二十步.

法曰：置兵士二十二万八千四百八十名，以每队五十六名除之得四千八十队为实，以每队一方面一十二步自乘得一百四十四步为法乘之得五十八万七千五百二十步以开平方法除之得一方面七百六十六步一千五百三十三分步之七百六十四，以每队方面一十二步约之得外围六十三队，再置四千八十队，以四方除之得一方面一千二十队，倍之得二千四十队却以三十层约之得六十八队，以减外围六十三队得内围五队，又置兵士总数一万一千二百名除之得二十队四分每队都指挥一员计二十员，每员一方八步计六十四步，共积一千二百八十步，指挥一十员，计二百四员，每员一方六步计三十六步，共积七千三百四十四步，千户二十员，计四百八员，每员一方五步，计二十五步，共积一万二百步，百户一百员，计二千四百员，每员一方四步，计一十六步，共积三万二千六百四十步，通前共积六十三万九千三百八十四步为实，开平方法除之得七百九十九步一千五百九十九分步之九百八十三，为一方面数，合问.

［二不知数］

64. 今有钞八千七百一十七贯五百文，买丝不知其数，亦不知其价，只云：每两要络丝钞二百文，为无钞还，就将丝准还，只记得准与丝二百七十八两九钱六分，问：丝总数及价钞并络丝钞各几何？

答曰：丝三千四百八十七两，每两价钞二贯五百文，共八千七百一十七贯五百文.

络丝钞六百九十七贯四百文，该准丝二百七十八两九钱六分.

法曰：置总钞以络丝钞二百文乘之得一千七百四十三贯五百文却以准与丝二百七十八两九钱六分除之得六贯二百五十文为实，以开平方法除之得每两丝价二贯五百文为法，以除原钞该丝三千四百八十七两，每两络丝钞二百文乘之该钞六千九十七贯四百文，以每两二贯五百文除之，得准丝二百七十八两九钱六分，合问.

［三不知数］

65. 今有钱一百八十八贯七百文，买丝不知其数，亦不知其价. 只云：其丝一两用络丝钱六文，为无钱还，就将丝准还，亦不知其数，只云：每准络丝钱丝一两要染深青钱四文，为无钱还，亦就将丝准还，只记得准到染钱丝二斤四两二钱三分四毫，问：丝总数及价钱，染络丝钱、丝数各几何？

答曰：丝共二百三十五斤十四两，每两价钱五十文，共钱一百八十八贯七百文.

络丝钱二十二贯六百四十四文，该丝二十八斤四两八钱八分.

染钱一贯八百一十一文五分二厘，该丝二斤四两二钱三分四毫.

法曰：置总钱一百八十八贯七百文，以络丝钱六文乘之得一千一百三十二贯二百文，又以染钱四文乘之得四千五百二十八贯八百文为实，却以染钱丝二斤，以斤法通之加零四两二钱三分四毫共得三十六两二钱三分四毫为法除之得一百二十五贯文为实，开立方法除之，得五十文为每两丝价，以除总钱该丝三千七百七十四两以络丝钱六文乘之得二十一贯一百四十四文又以每两五十文除之得四百五十二两八钱八分，又以染钱四文乘之得一贯八百一十一文五分二厘却以每两五十文除之得三十六两二钱三分四厘各以斤法而一,合问.

[**四不知数**]

66. 今有钞二十一万七千七百五十贯,籴糯米不知其数,亦不知其价. 只云:每糯米一石要下塘船钞三百文,为无钞还,就将糯米准还,亦不知其数. 只云:船钞准糯米一石要挑脚过塘钞四贯,为无钞还,亦将糯米准还,亦不知其数,只云:准糯米就要做酒,每石要工食钞三贯,为无钞还,亦将糯米准还,只记得准到工食钞折糯米一斗二升五合四勺二抄四撮. 要问:糯米总数及价钞并船脚工食钞并各准糯米数共几何?

答曰:糯米四千三百五十五石,每石价钞五十贯.

船钞一千三百六贯五百文,该准糯米二十六石一斗三升.

挑脚钞一百四贯五百一十文,该准糯米二石九升四勺.

做酒工食钞六贯二百七十一文二分,该准糯米一斗二升五合四勺二抄四撮.

法曰:置总钞,以船钞三百文乘之得之六十五万三千二百五十,又以挑脚钞四贯乘之得二百六十一万三千,又以做酒工食钞三贯乘之得七百八十四万九千为约实,却以工食钞准糯米一斗二升五合四勺二抄四撮为法除之得六百二十五万贯为实,以开三乘方法除之得五十贯为糯石价,以除共钞得米四千三百五十五石,乃各乘见数,合问.

[**三乘方数**]

67. 积一百三十三万六千三百三十六尺,问:为三乘方面几何?[16]

答曰:三十四尺.

法曰:三廉相乘,其状匾直. 置积为实,别置一算,名曰下法,自末位常超三位一乘超一位,二乘超二位,三乘超三位,万下定十. 约实,商置第一位得三十,下法亦置上商三十,进三位为三万,以三再自乘得二十七万为隅法,与上商三除实八十一万,余实五十二万六千三百三十六尺,乃四乘隅法得一百八万为方法,下法再置上商三十,进三位为三万. 置二位:以三乘一位得九万,又六乘得五十四万为上廉;又一位三万以四乘得一十二万为下廉. 方法一退得一十万八千,上廉再退得五千四百,下廉三退得一百二十,下法四退得一.

续商置第二位:以方廉三法共一十一万三千五百二十商实得四,下法亦置上商四再自乘得六十四为隅法,又以上商四一遍乘上廉得二万一千六百,二遍乘下廉得一千九百二百,以方隅廉四法共一十三万一千五百八十四皆与上商四除实,尽,得三十四尺,合问.

诗词一十五问

［西江月］

1. 今有方田三段，大中小段各殊.

共积一万四千余，三百八十四步.

三百相和共数，二百零四无虚.

方方较等莫踌躇，方面各该几许？（西江月）

答曰：大方面八十四步，中方面六十八步，小方面五十二步，较面一十六步.

法曰：置积一万四千三百八十四步于上. 以方方较等约之，各得较一十六步，大方面多小方面三十二步，自乘得一千二十四步；中方面多小方面一十六步，自乘得二百五十六步，各减上数，余一万三千一百四步为实. 置大多三十二，中多一十六，共四十八，倍之得九十六为从方，以三为隅算，开平方法除之，得小方面五十二步，各加较一十六步，得数，合问.

2. 今有直田一段，不知长阔根源.

都来二十亩为田，易作圆田怎算.

长阔步差二十，看来奥妙幽玄.

特将周、径访英贤，四事如何得见？（西江月）

答曰：长八十步，平六十步.

周三百步，圆径一百步.

法曰：置田二十亩，以亩法通之得四千八百步为实，以长阔差二十步为从方，开平方法除之，得平六十步. 加差二十步，得长八十步，每步加圆二分五厘，得圆径一百步. 以三乘得圆，合问.

3. 圭田一十四亩，一分零数休忘.

以长为实启平方，得数且留于上.

又向阔中添二，平方开后存商.

将商城上五犹强，长阔要知的当.（西江月）

答曰：长一百四十四步，阔四十七步.

法曰：置田一十四亩一分，以亩法通之得三千三百八十四步，以长为实，启平方，约之，得长一百四十四步，以开平方法除之得一十二步，以减“五犹强”，余得七，自乘得四十九，以减“阔中添二”，余得阔四十七步，合问.

4. 今有家南碾地，忘记周径根源.

斜梢道路直通田，三丈弦长不短.

矢阔整该一步,更无零数堪言.

欲求径步与周圆,甚么法儿得见.(西江月)

答曰:圆周一百五十步,径五十步.

法曰:置弦长三丈,以步五尺除之得勾六步,折半得三步,自乘得九步为实.以股弦较.矢阔一步除之,如故.加矢阔一步,得径一十步,以三因得周三十步.如径五十步,矢阔一步,该弦长一十四步,半之得七步,自乘得四十九步.以阔一步除之如故,加矢阔一步,得径五十步,以三因得周一百五十步,合问.

5.假有坡地一段,中间乙买安茔.

总该一亩二分平,更有八厘相应.

只要纵多两堵,每堵八尺无零.

筑墙选日雇工兴,几许封堆可定?(西江月)

答曰:东西一十二堵,南北一十堵.长一十九步四尺,阔一十六步.

法曰:置田一亩二分八厘,以亩步通之三百七步二分为实,以纵多一十六尺通为三步二分为从方,以开平方法除之,得阔一十六步,加三步二分,得长一十九步二分.各以一步六分除之得墙,合问.

[**七言四句**]

6.山园一段梢然平,请得山人踏验茔.

用地一亩三分半,未知四面怎生均.

答曰:方面一十八步.

法曰:置地一亩三分半以亩步通之得三百二十四步为实,以开平方法除之,合问.

7.假有平方面五步,一十一分步之一.

试问英贤能算士,要见共该多少积?

答曰:二十六步.

法曰:置方五步,以分母十一乘之得五十五,加分子一,共得五十六,自乘得三千一百三十六,再以分母十一减分子一得一十,却以分子一乘之,亦得一十,加入前数共得三千一百四十六为实,以分母十一自乘得一百二十一,为法除之,合问.

8.今有方金里面空,方阔尺二厚三分.

四方一寸十六两,不知该重几何金?

答曰:一十六秤六斤七两二钱九分六厘.

法曰:置方阔一十二寸再自乘得一千七百二十八寸于上,又置阔一十二寸减各厚三分得六分余得一十一寸四分,再自乘得一千四百八十一寸五分四厘四毫,以减方积,余二百四十六寸四分五厘六毫,以每寸一斤,合问.

9. 有个金球里面空,周三尺六厚四分.

四方一寸十六两,试问金球重几斤?

答曰:重一十二秤一斤十一两六钱四分八厘.

法曰:置周三尺六寸以三而一得径一十二寸,再自乘得一千七百二十八寸,以九因十六而一得积九百七十二寸于上.又置径一十二寸以减各厚四分得八分余径一十一寸二分再自乘得一千四百四寸九分二厘八毫以九因十六而一得空积七百九十寸二分七七厘二毫.以减径积余得金积一百八十一寸七分二厘八毫.以每寸该金一斤,合问.

10. 人间八十里围城,遍地铺金二寸深.

一寸自方一斤重.请问共该多少斤?

答曰:二千五百九十二亿斤.

法曰:置城方八十里,以四除之得二十里为一面之数,以二十里与里步三百六十乘之得七千二百步.又以步寸法五十寸乘之得三十六万寸,自乘得一千二百九十六亿寸,倍之得二千五百九十二亿寸,以每寸得一斤,合问.

11. 大小方田积共有,六千五百二十九.

方面止差一十七,诸人会者先开口.

答曰:大方面六十五步,小方面四十八步.

法曰:置积六千五百二十九,以减差一十七自乘得二百八十九,余得六千二百四十为实.倍差一十七得三十四为从方,以二为隅算.开平方法除之,得小方面四十八步,加差一十七步,得大方面,合问.

［**六言四句**］

12. 今有一个碾槽,占地一厘二毫.

槽口圆阔尺五,不知内外周遭.

答曰:内周四十三尺半,外周五十二尺半.

法曰:置占地一厘二毫,以尺亩通之得七十二尺,以阔一尺五寸除之得四十八,倍得内外周九十六尺,六乘阔一尺五寸得九尺,减余得八十七尺,折半得内周四十三尺半,加九尺得外周五十二尺半,合问.

［**五言四句**］

13. 绕冢种一楼,一亩斯属头.

楼阔二尺五,不知内外周.

答曰:内周四百七十八步半,

外周四百八十一步半.

法曰:通亩得二百四十步,以楼阔二尺五该半步除之得四百八十步,倍得九百六十步,以六因阔半步得三步,减之,余九百五十七步,折半得内周四百七十八步半.加因阔三步得外周,合问.

[**四言四句**]

14. 假有立积,三十一步.

请问方面,多少步数?

答曰:立方面三步三十七分步之四.

法曰:置积三十一步为实,上商[商]三步,下法之上亦置三自乘得九为隅法,与上商[商]三除实三十七余实四步,乃三因隅法九得二十七,乃二十七分步之四,合问.

15. 假有平积,二十六步,

借问方面,如何步数?

答曰:平方面五步一十一分步之一.

法曰:置积二十六步为实.上商[商]五步,下法之上亦置五为隅法.与上商[商]五步除实二十五步,余实一步,乃二因隅法五步得一十,加一共一十一,乃一十一分步之一,合问.

(此为第七题的逆运算).

——九章详注比类少广算法大全卷第四[终]

诗词体数学题译注:

1. **简介**:此题系据朱世杰《算学启蒙》(1299 年)卷下“开方释锁”门第 25 题改编,这题的原文是:今有大中小方田各一段,共积一万四千三百八十四步,只云:“方方较等”,其三方面相和得二百四步,问:三方面各几何?

注解:方方较等:较即差.等,即相等.方方:指方边.意为“三个正方形田边长之差相等”.踌躇:犹豫.各殊:各不相同.

译文:今有正方形田 3 块,大、中、小面积各不相同,面积一共是 14 384 平方步,3 块田边长和为 204 步,边长之差相等,不要犹豫.求各正方形田边长及差各是多少步.

解:(1)朱世杰的解法:中方边长:204 步 $\div 3 = 68$ 步,设方边差为 x 步,则大方边长为 $(68+x)$ 步,小方边长为 $(68-x)$ 步,所以

$$(68+x)^2+68^2+(68-x)^2=14\ 384$$

$$2x^2+13\ 872=14\ 384$$

$$2x^2=512, x^2=256, x=16$$

大方边长:$68+16=84$(步),小方边长:$68-16=52$(步).

(2)吴敬的解法:置积 14 384 平方步于上,以“方方较等”约之,各得较 16 步,大方边多小方边:16 步 $\times 2=32$ 步,自乘得:$32^2=1\ 024$,中方边多小方边 16 步,自乘得:$16^2=256$,$14\ 384-1\ 024-256=13\ 104$ 为实.$(32+16)\times 2=96$ 为从方,以 3 为隅算,开平方法除之,得小方边,各加较 16 步,得数合问.

此即:$3x^2+96x-13\ 104=0$

解之:$x=52$ 步,即小方边.各加较 16 步,得中方边 68 步,大方边 84 步.

(3)今法设小方边长为 x 步,差较为 k 步,则中方边长为 $(x+k)$ 步,大方边长为:$(x+2k)$ 步,依题意可列联立方程

$$\begin{cases} x+(x+k)+(x+2k)=204 & (1) \\ x^2+(x+k)^2+(x+2k)^2=14\ 384 & (2) \end{cases}$$

由(1)得 $x+k=68$,所以

$$k=68-x \text{ 步(或 } x=68-k) \qquad (3)$$

由(2)得

$$3x^2+5k^2+6kx=14\ 384 \qquad (4)$$

(3)代入(4)

$$3x^2+5(68-x)^2+6(68-x)x=14\ 384$$

$$x^2-136x+4\ 368=0$$

解之:$x_1=84$(不合题意),$x_2=52$ 步,即小方边长.

所以:$k=68-52=16$(步).

所以:中方边长:$52+16=68$(步).

大方边长:$52+32=84$(步).

2. **译文**:今有矩形田地一块,不知长阔是多少步?长阔差是二十步,面积是二十亩.欲改作圆田,看来很奥妙幽玄.特将圆周、圆径访英贤,请问矩形田长、阔,圆田圆周、圆径如何计算.

解:20 亩 =4 800 平方步,设矩形田阔为 x 步,则长为$(x+20)$步,所以

$$x(x+20)=4\ 800$$

$$x^2+20x-4\ 800=0$$

解之:阔为:$x=60$(步).

所以长为:$x+20=60+20=80$(步).

又 $\pi R^2=4\ 800$ 平方步,取 $\pi=3$.

$R^2=1\ 600$ 平方步,所以 $R=40$ 步.

所以直径:$2R=80$(步).

圆周:$2\pi R=240$(步).

吴敬以"每步加圆二分五厘,得圆径一百步(80 步 ×1.25 =100 步)以三乘得周三百步"是错误的.

3. **注解**:启平方:开平方.的当:恰当,非常合适.

译文:等腰三角形田 14 亩,另有 1 分零数不要忘记.长(即高)开平方后,得数暂寄留于上,又将底阔添 2,开平方后存商,将暂寄留于上的商减 5 与存商恰好相等,请问正长、底阔各多少.

解:14.1 亩 =3 384 平方步

设正长为 x 步,底阔为 y 步,依题意,可列联立方程组

$$\begin{cases}\frac{1}{2}xy=3\ 384 & (1)\\ \sqrt{x}-5=\sqrt{y+2} & (2)\end{cases}$$

由(1)得

$$y=\frac{3\ 384\times 2}{x}=\frac{6\ 768}{x} \qquad (3)$$

由(2)得

$$\sqrt{x}-\sqrt{y+2}=5$$

$$x^2+y^2-2xy+529-54x-46y=0 \qquad (4)$$

(3)代入(4)得

$$x^4-54x^3-13\ 007x^2-311\ 328x+45\ 805\ 824=0$$

解之：$x=144$（步）.

代入(1)得：$y=47$（步）.

或由(1)得

$$x=\frac{6\ 768}{y} \tag{5}$$

(5)代入(4)得

$$y^4-46y^3-13\ 007y^3-365\ 472y+45\ 805\ 824=0$$

解之：$y=47$（步）.

代入(1)得：$x=144$（步）.

吴敬原法曰：

置田14亩1分，以亩法通之，得3 384（平方）步，以长为实，启平方法约之，得长144步. 以开平方法除之，得12步，以减“5犹强”. 余得7步，自乘得49步，以减“阔中添2”，余得阔47步. 说得不清楚. 怎样“约之”？

4. **注解**：碾地：农村的碾场，呈圆形. 在场地上可以碾谷物. 斜梢：道路的末尾.

译文：在家南边有一块圆形碾地，忘记了原来丈量的周径步数，有一条道路的斜梢从碾地通过，弦长不短于三丈. 矢阔是一步整，更无零数可言. 欲求径步与圆周，问用什么方法可以求得.

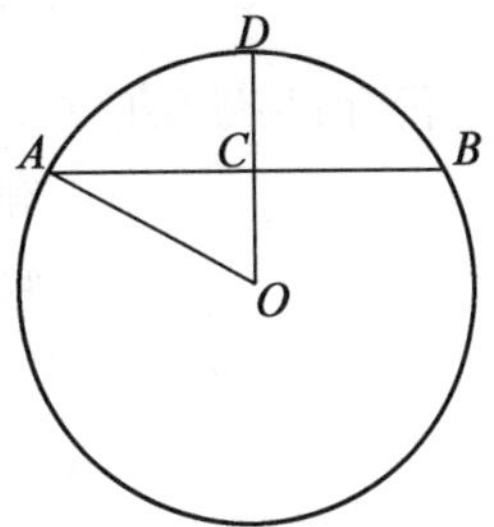

解：吴敬原法为：3丈=6步，折半得3步，自乘得$3^2=9$平方步为实.

以股弦较矢阔一步除之如故，加矢阔一步，得径10步，以三乘得周30步，今法设$OA=x$，则

$$AC^2+(OD-1)^2=OA^2$$

即

$$3^2+(x-1)^2=x^2$$

所以圆径：$2x=10$步.

圆周：$2\pi R=30$步.

5. **注解**：堵：量词，墙壁. 墙一面称一堵. 杜甫《莫相行疑》诗：“集贤学士如堵墙，观我落笔中书堂.”

译文：假如有一块坡地，中间卖给乙家作为坟地，总面积是1.28亩. 周围雇工修筑围墙，南北纵比东西横多修两堵，每墙墙八尺，问长阔及围墙各多少.

解：吴敬原法为：1.28亩=307.2平方步，8尺=1.6步，设围墙东西横向为x步，则南北纵向为$(x+1.6\times 2)$步，所以：$x(x+3.2)=307.2$.

解之：$x=16$（步），16步÷1.6=10（堵）. 所以南北纵向为：16+3.2=19.2（步）.

$$19.2\text{ 步} \div 1.6 = 12\text{(堵)}$$

6. **注解**:梢:此处指田地的末尾处. 茔:坟地. 生均:平均. 四面生均:暗示正方形田地边长.

译文:山园末尾处有一块平整的土地,请得山人踏验作为坟茔地,用地面积为1.35亩,问这一正方形土地边长是多少步.

解:吴敬原法为:1.35亩=324平方步,每边长:$\sqrt{324}=18$.

7. **解**:此题实际为

$$\left(5\frac{1}{11}\right)^2=\left(\frac{56}{11}\right)^2=\frac{3\ 136}{121}=25.917\approx 26$$

8. **译文**:今有一块空心的正立方金块,方边长为12寸,厚0.3寸,每立方寸重一斤. 问重多少?

解:吴敬原法为:

$$\begin{aligned}&12^3-(12-0.3-0.3)^3\\&=1\ 728-1\ 481.544\\&=246.456\text{(立方寸)}\end{aligned}$$

即246.456斤=16秤6斤7两2钱9分6厘.

9. 有个金球里面空,球高尺二厚三分.

一寸自方一斤重,试问金球多少金?

——原自刘仕隆《九章通明算法》(1424年)

简介:吴敬《九章算法比类大全》卷四诗词第9题原文是:

有个金球里面空,周三尺六厚四分.

四方一寸十六两,试问金球重几斤?

程大位《算法统宗》卷16全文引录刘仕隆的诗题.

译文:有一个空心的金球,球高(即直径)1.2尺,厚3分. 每立方寸重一斤. 请问金球重多少斤?

解:刘仕隆用《九章算术》圆球体积公式:$V=\frac{9}{16}D^3$ 求解.

金球体积为

$$\begin{aligned}V&=\frac{9}{16}\times 12^3-\frac{9}{16}\times(12-0.3-0.3)^3\\&=972-833.368\ 5\\&=138.631\ 5\text{(立方寸)}\end{aligned}$$

即金球重为:138.631 5斤.

今法圆球体积公式为:$V=\frac{4}{3}\pi r^3$.

取 $\pi=\frac{22}{7}$,则为

$$\begin{aligned}V&=\frac{11}{21}D^3\\&=\frac{11}{21}\times 12^3-\frac{11}{21}\times(12-0.3-0.3)^3\\&=\frac{11}{21}\times 1\,728-\frac{11}{21}\times 1\,481.544\\&=129.096(\text{立方寸})\end{aligned}$$

即金球重为:129.096 斤.

10. 方城里周六十四,假使金砖遍铺地.

每条均铸厚一寸,长阔相和恰一尺.

寸金十五两为法,尚带零铢一十八.

每砖计重十七斤,一十五两六铢答.

七丝二黍在其中,共是一砖之重率.

长阔金砖用几何? 恼得先生没乱杀.

——引自朱世杰《四元玉鉴》(1303)

简介:这是一个建筑工程,用金砖铺地的问题,这类问题,在我国古代不多见.刘仕隆《九章通明算法》、吴敬《九章算法比类大全》卷四、程大位《算法统宗》卷十三都载有类似的问题.但刘仕隆"铺金问积"问题现已失传.程大位《算法统宗》卷十三的"铺金问积"问题,原文为:

皇城内,丹墀中,

周围有八里,

铺金二寸深,

方寸十六两,

秤来有一斤,

不知多少数,

特来问缘因.

但程大位计算错误.应为:

已知皇城内有一正方形台阶,周围 8 里,边长为 8 里 ÷4 =2 里 =720 步 =360 尺 =36 000 寸,面积为

$$36\,000\times 36\,000=1\,296\,000\,000(\text{平方寸})$$

铺金二寸深,得台阶铺金的体积为

1 296 000 000 ×2 =2 592 000 000(立方寸)即相当于铺金 25 亿 9 200 万斤

吴敬的"铺金问积"问题为:

人间八十里围城,遍地铺金二寸深.

一寸自方一斤重,请问共该多少斤.

解:方城每边长:80 里 ÷4 =20 里.(古法:1 里 =360 步,1 步 =50 寸)20 里 =360 000寸.

$$360\ 000\times 360\ 000\times 2=259\ 200\ 000\ 000(\text{立方寸})$$

即 2 592 亿斤,这是一个很大的数字,不切实际.哪里有那么多"金砖"!我认为这是古人故意把"红砖"美化成"金砖"!

译文:正方形的方城内周长是 64 里.假如遍地铺金砖,每块金砖铸成厚一寸,长阔之和恰为一尺,黄金立方寸重 15 两 18 株(378 铢),每块金砖重量为:17 斤 15 两 6 铢 7 丝 2 黍(6 894.72 铢).请问金砖长阔各多少寸?共用金砖多少块?共用黄金多少斤?恼得先生没办法!

解:设金砖阔 x 寸,则长为 $(10-x)$ 寸,则每一块金砖体积为:$x(10-x)\times 1=10x-x^2$ 立方寸,黄金立方寸重 378 铢,所以一块金砖重应为

$$(10x-x^2)\times 378=3\ 780x-378x^2$$

又每块金砖重率为:6 894.72 铢,即

$$3\ 780x-378x^2=6\ 894.72(\text{铢})$$

$$6\ 894.72-3\ 780x+378x^2=0$$

以 378 除之,得:$18.24-10x+x^2=0$.

解此方程得阔:$x=2.4$ 寸,长为 $10-2.4=7.6$(寸).

方城内边长为:$64\div 4=16$(里),面积为:$16^2=256$(平方里).

又一平方里为:$18\ 000^2=324\ 000\ 000$(平方寸).

所以:$256\times 324\ 000\ 000=82\ 944\ 000\ 000$(平方寸).

每块金砖面积为:2.4 寸 ×7.6 寸 =18.24(平方寸).

共用金砖:$82\ 944\ 000\ 000\div 18.24=4\ 547\ 368\ 421\frac{1}{19}$.

黄金共重:$\frac{82\ 944\ 000\ 000\times 378}{384}=81\ 648\ 000\ 000$(斤).

11. **简介**:此题系据朱世杰《算学启蒙》(1299 年)卷下"开方释锁"门,第二十一题改编,这题原文是:今有大小方田二段,共积六千五百二十九步.只云:小方面乘大方面得三千一百二十步.问:二方面各几何?

译文:有大小正方形田地各一块,面积共为 6 529 平方步,方面差为 17 步,请诸位会算的人先说说怎样算?大小方田边长及面积各多少?

解:吴敬的解法相当于:设小方田边长为 x 步,则大正方田边长为 $(x+17)$ 步,故

$$x^2+(x+17)^2=6\ 529$$

$$2x^2+34x-6\ 240=0$$

解之:得小正方形田边长为:$x=48$ 步,面积为:2 304 步.

大正方形田边长为:$48+17=65$(步),面积为:4 225 平方步.

12. **注解**:碾槽:呈环形. 槽口:环径.

译文:今有一个环形的碾槽,占地面积是一厘二毫,槽口圆阔是 1.5 尺. 求碾槽内外周各多少?

解:吴敬原法为:1 亩 =10 分 =240 平方步 =6 000 平方尺.

所以:0.012 亩 ×6 000 =72 平方尺.

由《九章算术》环田术求积公式:$\dfrac{(\text{内周}+\text{外周})\times\text{径}}{2}=\text{环积}$.

得:$\text{内周}+\text{外周}=\dfrac{72\times 2}{1.5}=96$(尺).

内周为:$\dfrac{96-6\times 1.5}{2}=43.5$(尺).

外周为:43.5 天 +6 ×1.5 天 =52.5 天.

13. **注解**:冢:古坟. 绕冢种一楼:是指绕冢修建一围墙之类的围楼,呈环形.

译文:绕一古坟修建一环形围楼,占地一亩,楼阔 2.5 尺. 不知内外周各是多少步?

解:吴敬原法为:2.5 尺 =0.5 步,由《九章算术》环田术求积公式 $\dfrac{(\text{内周}+\text{外周})\times\text{径}}{2}=\text{环积}$,得:$\text{内周}+\text{外周}=\dfrac{2\times 240}{0.5}=960$(步).

内周为:$\dfrac{960\text{步}-6\times 0.5}{2}=478.5$ 步　外周为:$478.5+0.5\times 6=481.5$(步).

14. **译文**:假如有立方积为 31 立方步,试问每面边长多少步.

解:吴敬原法为:置积 31 步为实,上商 3 步,下法之上亦置 3,自乘得 9 为隅法,与上商 3 步除实 27 步,余实 4 步,乃 3 因隅法 9 得 27. 乃 27 分步之 4.

此即:$\sqrt[3]{N}=a+\dfrac{r}{3a^2}=3\dfrac{4}{27}$　今法为:$\sqrt[3]{31}=3.141\ 380\ 652$

15. **译文**:假如有平方积 26 平方步. 请问每面边长多少步?

解:吴敬原法为:置积 26 步为实,上商 5 步,下法之上亦置 5 步为隅法,与上商 5 步除实 25 步,余实 1 步,乃 2 因隅法 5 步得 10,加 1,共得 11,乃 11 分步之 1.

此即:$\sqrt{N}=a+\dfrac{r}{2a+1}=5\dfrac{1}{11}$.

今法为:$\sqrt{26}=5.099$.

①本卷古问原是 24 问,实际为 25 问,最后一问应移到"比类"中去,这样,古问仍为 24 问,比类为 67 问,诗词 15 问,总计 106 问.

②少广:李籍《九章算术意义》云:"广少,纵多,截纵之至,益广之少,故曰:'少广'."程大位《算法统宗》卷六称:"此章如田,截从之多,益广之少,故曰:'少广'."若按字义而论,"少广"就是广少而从多,需截多以益少.此章应理解为已知矩形面积及广而求从或长方体体积而求其一边的边长.

③古问内容大体可分为五部分:

第一部分:已知矩形田面积 1 = 240 平方步,其宽为:$1+\frac{1}{2}+\frac{1}{3}+\frac{1}{4}+\frac{1}{5}$步.

先求此田形的宽边,再求其长边.

"列置全步及分母子":就是将宽边步数上下排列起来(a):

(a)	(b)	(c)	(d)
1	5	20	60
$\frac{1}{2}$	$\frac{5}{2}$	$\frac{20}{2}=10$	30
$\frac{1}{3}$	$\frac{5}{3}$	$\frac{20}{3}$	20
$\frac{1}{4}$	$\frac{5}{4}$	$\frac{20}{4}=5$	15
$\frac{1}{5}$	$\frac{5}{5}=1$	$\frac{20}{5}=4$	12

"以最下分母遍乘诸分子及全步"就是以最下分母 5 遍乘各分数的分子,其积就是 5(b).

"各以其母除其子,置之于左"就是各分子乘以 5 以后,再分别除以其母,则得:

$5,\frac{5}{2},\frac{5}{3},\frac{5}{4},\frac{5}{5}$这里可以理解为,若将 1 扩大 5 倍时,则$\frac{1}{2},\frac{1}{3},\frac{1}{4},\frac{1}{5}$各相当于:$\frac{5}{2},\frac{5}{3},\frac{5}{4},\frac{5}{5}$.

"命通分者,又以分母遍乘诸分子及已通者,皆通而同之,并之为法."就是按上述逐次以分母乘各分子:先以 4 乘各分子,再除以其母(c);以 3 乘各分子,再除以其母……互至各分数化为整数时为止,这样,最后得各数为:60,30,20,15,12(d)可理解为:若将 1 扩大 60 倍时,则:$\frac{1}{2},\frac{1}{3},\frac{1}{4},\frac{1}{5}$各相当于 30,20,15,

12,然后将其相加为

$$60+30+20+15+12=137$$

以和 137 为除数(分母).

137 是 $1+\frac{1}{2}+\frac{1}{3}+\frac{1}{4}+\frac{1}{5}$ 的分子和,而 60 则是 1,2,3,4,5 的最小公倍数.

因此:$1+\frac{1}{2}+\frac{1}{3}+\frac{1}{4}+\frac{1}{5}=\frac{137}{60}$.

"置所求步数,以全步积分乘之为实……实如法而一,得纵步",此即

$$240\times60\div137=105\frac{15}{137}$$

1983 年 12 月至 1984 年 1 月考古工作者在湖北江陵张家山西汉初年的古墓中出土了一批数学竹简,2000 年 9 期《文物》杂志上公布了《江陵张家山汉简〈算数学〉释文》其中有"少广"一节:

少广(救)[求]少广之术曰:先直[置]广,即曰:下有若干步,以一为若,以半为若干,以三分为若干,积分以尽所(救)[求]分同之以为法,即(耤)[藉](直)[置]田二百四十步,亦以一为若干,以为积步,除积步如法得从一步.不盈步者,以法命其分.(有)[又]曰:复之,即以广乘从[纵],令复为二百四十步田一亩.其从[纵]有不分者,(直)[置]如法(赠)[增]不分,复乘之以为小十;有分步者,以广乘分子,如广步数,得一步.

少广:

广一步半步,以一为二,半为一,同之三以为法,即(值)[置]二百四十步,亦以一为二,如法得从[纵]一步,为从[纵]百六十步,因以一步,半步乘.

下有三分:以一为六,半为三,三分为二,同之十一,得从[纵]百州步(有)[又]十一分步之十,乘之田一亩.

下有四分:以一为十二,半为六,三分为四,四分为三,同之廿五得从[纵]百一十五步(有)[又]廿五分步之五,乘之田一亩.

下有五分:以一为六十,半为州,三分为廿,四分为十五,五分为十二,同之百州七,乘之田一亩.

下有六分:以一为六十,半为州,三分为廿,四分为十五,五分为十二,六分为十,同之百四十七得从[纵]九十七步(有)[又]百四十七

(按《九章算术》术曰:下有六分:以一为一百二十,半为六十,三分之一为四十,四分之一为三十,五分之一为二十四,六分之一为二十,并之得二百九十四以为法.置田二百四十步,亦以一为一百二十乘之,为实,实如法得从步.)

下有七分：以一为四百二十，半为二百一十，三分为百四十，四分为百五，五分为八十四，六分为七十，七分为六十，同之得千八十九，得从［纵］九十二步五百二十一之六十八，乘之田一亩.

下有八分：以一为八百四十，半为四百廿，三分为二百八十，四分为二百一十，五分为百六十八，六分为百四十，七分为百廿，八分为百五，同之于二百□十三（当为二千二百八十三）以为法，得从八十八步（有）［又］二千二百八十三分步之六百九十六［当以 3 约之为$\frac{232}{761}$］，乘之田一亩.

下有九分：以一为二千五百廿，半为千二百六十，三分为八百四十，四分为六百卅，五分为五百四，六分为四百廿，七分为三百六十，八分为三百一十五，九分为二百八十，同之七千一百廿，九为法，得从［纵］八十四步（有）［又］七千一百卄九分步之五千七百六十四.

下有十分：以一为二千五百二，半为一千二百六十，三分为八百四十，四分为六百卅，五分为五百四，六分为四百卅，七分为三百六十，八分为三百一十五，九分为二百八十，十分为二百五十二，同之七千三百八十一以为法，得从［纵］八十一步（有）［又］七千三百八十一分步之六千八百九百三十九乘之成田一亩.

步有千八十九分步之六百一十二，乘之田一亩.

《九章算术》引述了上面的 9 个问题，对每题进行了核算，订正了一些错误，同时，增加了 10 和 11 两题，并对《算数书》少广术的术文进行了整理改写：

少广术曰：

置全步及分母子，以最下分母偏乘诸分子全步，置之于左. 命通分者，又以分母偏乘诸分子及已通者，皆通而同之，并之为法，置所求步数，以全步积分乘之为实，实如法而一，得从步.

吴敬《九章算术比类大全》（1450 年）李潢（1749—1811）《九章算术细草图说》（1820 年）为上述 11 题做了“细草”.

《算数学》中的 9 个问题和《九章算术》中的 11 个问题，是正规标准的少广问题，这 11 个问题完全是已知矩形面积为一亩及其广，而求另一边的问题，实数 $S=1$ 亩是固定的，而法数：$1+\frac{1}{2}+\frac{1}{3}+\cdots+\frac{1}{12}=\frac{a}{b}$，则是一个带分数，若用合分术进行计算，一般是用各数分母的连乘积做公分母，数大，计算烦琐，《算数书》和《九章算术》的作者们，采用这种先将宽边数上下排列，然后“以最下分母遍乘诸分子及全步，各以其母除其子，置之于左”这样连续几次，最后将各分数化为整数，相并求得法数，这种算法，虽不是标准的求最小公倍数的方法，但比用各分母连乘积作为公分母的方法简捷,如本章第 11 题,依合分术:众母连乘得四亿七千九百六十万为全步积分,并齐于同得一十四亿八千六百四十四万二千八百八十为法,则至繁矣,故别立此求从省约也. 这一算法,虽不是求最小公倍数的标准方法,但却比合分术中各分母连乘积作为公分母的方法简捷了许多,亦是我国数学史上的一项杰出成果.

第二部分:筹算开方术,第 12 ~ 16 题. 是已知正方形面积而求一边之长,即开方术.《九章算术》给出了完整的筹算开方术:

开方求方幂之一面也,术曰:

置积为实,借一算,步之,超一等. 议所得,以一乘所借一算为法,而以除. 除已,倍法为定法,其复除,折法而下. 复置借一算步之如初,以复议一乘之,所得副,以加定法,以除,以所得副从定法,复除折下如前.

若开之不尽者为不可开,当以面命之. 若实(指被开方数)有分者,通分内(nà)子(通分内子就是通分时要把分子纳入,加上之意)为定实,乃开之,讫,开其母报除(意为往复相除,"报"有告知、往复、回答之意),若母不可开者,又以母乘定实,乃开之,讫,令如母而一.

术文的第一段是讲筹算题整数开平方的演算方法,第二段是讲被开方数如果带有分数时的具体处理方法. 详见钱宝琮(1892—1974)《中国数学史》(科学出版社 1964 年 11 月,北京),李迪(1927—2006)《中国数学通史 · 上古到五代卷》(江苏教育出版社,1997 年 4 月,南京).

1 400 多年以后,吴敬在《九章算法比类大全》(1450 年)对开平方术进行了深入研究,他引用了《永乐大典》卷 16344 杨辉《详解九章算法》中的"开方作法本源图""增乘方求廉法草""开平方术文",并对少广章第 12 ~ 16 题,用增乘法给出了细草.

第三部分:17 和 18 两题,是已知圆面积而求周长,术曰:置积问周,以十二乘之,以开平方除之,得周,此即:$L=\sqrt{12S}$

又置积问径:四乘积三而一,此即

$$D=\sqrt{\frac{4S}{3}}$$

书中没有问径例题.

第四部分:19 ~ 22 题为开平方,即已知立方体的体积而求其一边的方法,吴敬的开立方术,分商、实、方法,廉法,隅法、下法 6 层,用的是增乘开方法,详见第 19 题细草.

第五部分:23 和 24 两题,是已知圆球体积而求直径,术曰:以方法十六乘积,如圆法九而一,开立方除之.

设圆球体积为 V,直径为 D,则

$$D=\sqrt[3]{\frac{16}{9}V}$$

吴敬没有引用刘徽、李淳风、祖冲之的注文.

④此法有些烦琐,现依李潢《九章算术细草图说》(1820 年)译述如下:

(a)	(b)	(c)	(d)	(e)	(f)	(g)
1	12	12	132	1 320	11 880	83 160
$\frac{1}{2}$	$\frac{12}{2}$	6	66	660	5 940	41 580
$\frac{1}{3}$	$\frac{12}{3}$	4	44	440	3 960	27 720
$\frac{1}{4}$	$\frac{12}{4}$	3	33	330	2 970	20 790
$\frac{1}{5}$	$\frac{12}{5}$	$\frac{12}{5}$	$\frac{132}{5}$	264	2 376	16 632
$\frac{1}{6}$	$\frac{12}{6}$	2	22	220	1 980	13 860
$\frac{1}{7}$	$\frac{12}{7}$	$\frac{12}{7}$	$\frac{132}{7}$	$\frac{1\,320}{7}$	$\frac{11\,880}{7}$	11 880
$\frac{1}{8}$	$\frac{12}{8}$	$\frac{12}{8}=\frac{3}{2}$	$\frac{33}{2}$	165	1 485	10 395
$\frac{1}{9}$	$\frac{12}{9}$	$\frac{12}{9}$	$\frac{132}{9}$	$\frac{1\,320}{9}$	1 320	9 240
$\frac{1}{10}$	$\frac{12}{10}$	$\frac{12}{10}$	132	1 320	11 880	8 316
$\frac{1}{11}$	$\frac{12}{11}$	$\frac{12}{11}$	12	120	1 080	7 560
$\frac{1}{12}$	$\frac{12}{12}=1$	1	11	110	990	6 930

先将宽边步数上下排列成(a)式,然后以最下分母 12 遍乘诸分子及全步,皆为 12,得(b)式,各以其母除(c),又以分母 11 遍乘诸分子及已通者,各以其母除其子,得(d),同法以分母 10 遍乘诸分子及已通者,各以其母除其子,得(e),以分母 9 遍乘诸分子及已通者,各以其母除其子,得(f),最后以分母 7 遍乘诸分子及已通者,各以其母除其子,得(g),并之得

83 160 + 41 580 + 27 720 + 20 790 + 16 632 + 13 860 + 11 880 + 10 395 + 9 240 + 8 316 + 7 560 + 6 930 = 258 063 为法

$$240 \times 8\ 316 = 19\ 958\ 400 \text{ 为实}$$

实如法而一，得：$\frac{19\ 958\ 400}{258\ 063} = 77\frac{87\ 549}{258\ 063}$

母子各以 3 约之，得：$77\frac{29\ 183}{86\ 021}$(步)，即以步，合问.

李淳风等注云：凡为术之意，约省为善，宜云下有一十二分，以一为二万七千七百二十；半为一万三千八百六十；三分之一为九千二百四十；四分之一为六千九百三十；五分之一为五千五百四十四；六分之一为四千六百二十；七分之一为三千九百六十；八分之一为三千四百六十五；九分之一为三千八十；十分之一为二千七百七十二；十一分之一为二千五百二十；十二分之一为二千三百一十.并之得八万六千二十一以为法，置田二百四十步，亦以一为二万七千二百二十乘之以为实，实如法得从步. 其术亦得，知不繁也.

李淳风的说法是正确的，因 1，2，3，…，12 的最小公倍数是 27 720，不是83 160.

⑤开方作法本源，增乘方求廉法草曰和开平方法曰均引自《永乐大典》卷 16 344，杨辉《详解九章算法》(1261 年)其中“开平方法”术文，在文字上有些小的出入，其中“开方作法本源图”大典本原为“右隅、左积”.

⑥此题，平方图，法曰均自《永乐大典》卷 16344 杨辉《详解九章算法》后又被程大位《算法统宗》转引，“平方图”程大位改称为“一方四廉两隅演段图”，并用演段法做了简释.

此题吴敬未引用“增乘开平方法”及“增乘开平方八图”，现引录如下：

增乘开平方法：

以商数乘下法，递增求之.

商第一位，上商得数. 以乘下法为乘方，命上商除实，上商得数，以乘下法入乘方，一退为兼，下法再退.

商第二位商得数，以乘下法为隅，命上商除实，讫，以上商得数乘下法入隅，皆名曰兼，一退，下法再退，以求第三位商数.

商第三位用法，如第二位求之.

增乘开平方图，以图八法，取用可知.

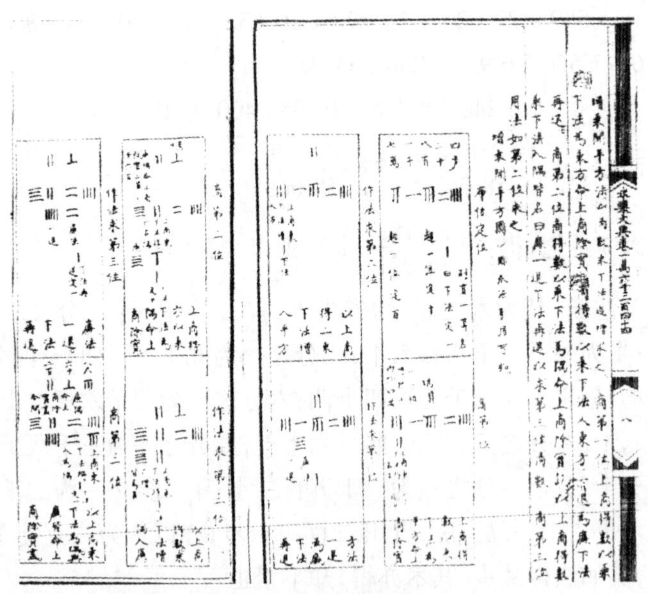

《永乐大典》本 12 题细草图说

草曰：置积为实七万一千八百二十四，别置一算为下法原下之法，从末，常赴一位，约实百下得十，万下得百，实上商第一位得数二百，下法之上，置上商二百，名曰方法二百，乃命上商，除实四万，余三万一千八百二十四，乘方法得四百，一退为廉四百，下法再退百下得十，续再商之，次续商第二位得数六十，共为二百六十，廉法之次，照上商置隅六，以廉隅二法，皆命上商除实二万七千六百，余实四千二百二十四，二乘隅法并入廉得五百二十，一退三百二十，下法再退，于末位下定，又于上商置第三位得数二百六十之次商置八，下法之上亦置八，廉、隅除实，尽，合问.

李潢《九章算术细草图说》(1820 年)

置积七万一千八百二十四步为实，借一算，步之，超一等，至百而止.

置上议二百，以乘所借一算，得二百为法，以上议二百乘之，得四万，以减实，余三万一千八百二十四，除己，倍法得四百为定法，折而下，复置借一算步之，超一等，至十而止.

置上议六十，以乘借算一得六十，副之，以六十加定法得四百六十，为定法，以上议六十乘之得二万七千六百，以减实，实余四千二百二十四，除己，以所副六十从定法得五百二十，为定法，折而下，置借算步之，超一等，至步而止，置上议八乘借算得八，以从定法，得五百二十八为定法，以上议八乘之，得四千二百二十八，以减实，尽，得二百六十八步，合问.

⑦这是一个分数开平方问题，在一般情况下，通分纳子后

$$\sqrt{\frac{2\ 259\ 009}{4}}=\frac{1\ 503}{2}=751.5(\text{步})$$

但吴敬将$\sqrt{\frac{2\ 259\ 009\times4}{4\times4}}=\sqrt{\frac{9\ 036\ 036}{4\times4}}=\frac{3\ 006}{4}=751.5(\text{步})$，这比前式走了一些捷径. 他先用 4 乘开方乘 3 006，再用分母 4 除得 751. 5.

又严恭《通原算法》术曰：

列置积步，以四分通之纳之，又以四分再自乘得六十四乘之为实，以开平方法除之，得一万二千二十四分，却以四分自乘之得一千六为法除之，即得.

此即：$\frac{\sqrt{2\ 259\ 009\times4^3}}{4^2}=\frac{\sqrt{144\ 576\ 576}}{16}=\frac{12\ 024}{16}=751.5$

《九章算术》开方术的第二段意为：

若分母可开尽，则：$\sqrt{\frac{a}{b}}=\frac{\sqrt{a}}{\sqrt{b}}$.

若分母开不尽，则：$\sqrt{\frac{a}{b}}=\frac{\sqrt{ab}}{b}$.

⑧开立方术实际上相当于三次方程求正根的问题，本题相当于：$x^3=1\ 860\ 867$.

因积数 1 860 867 为正立方体，设 a,b,c 分别为其边长的百、十、个位数字，故有：

$$\sqrt[3]{1\ 860\ 867}=100a+10b+c$$

依据《九章算术》少广章开立方术的术文，白尚恕(1921—1995)在《〈九章算术〉注释》(科学出版社，1983 年 12 月)，李迪(1927—2006)《中国数学通史·上古列五代卷》(江苏教育出版社，1997 年 4 月)等书中已做了详释，吴敬《九章算法比类大全》开立方求的术文，与《九章算术》有些不同，现依本题为例，做些说明.

吴敬开立方术的运算，分为商、实、方法、廉法、隅法、下法上下六层，他把《九章算术》中的“借一算”命名为“下法”，置于最下层.

商	
实	1 860 867
方法	
廉法	
隅法	
下法	1

置积为实，别置一算，名曰下法。

①

商	
实	1 860 867
方法	
廉法	
隅法	
下法	

相当于 $x^3=1\ 860\ 867$

②

商	1	于实数之上，商置第一位100
实	860 867	与上商除实1 000 000，余实860 867
方法		
廉法		
隅法	1 000 000	上商进四位或再自乘得1 000 000为隅法
下法	1	自末位常超二位约实，下法1移至实首位

③

商	1	
实	860 867	
方法	3 000 000	3乘隅法得3 000 000为方法
廉法	3 000 000	上商100进四位为1 000 000×3=3 000 000
隅法	1 000 000	
下法	1	

④

商	1	$(1\ 000y_1^3+30\ 000y_1^2+3\ 000\ 000y=860\ 867)$
实	860 867	
方法	300 000	方法一退 > 330 000
廉法	30 000	廉法再退
隅法	1 000 000	
下法	1 000	下法三退

⑤

商	12	以方、廉二法330 000商实得20
实	132 867	
方法	300 000	
廉法	60 000	×2=728 000除实，余实132 867
隅法	4 000	2×30 000=60 000
下法	1 000	上商20，进2位为2 000，2 000×2=4 000

⑥

商	12	（令$z=y_1-2$或$y_1=z+2$，
实	132 867	又$z^2+36\ 000z+432\ 000=132\ 867$）
方法	432 000	2×廉法得120 000、3×隅法得12 000，并入
廉法	36 000	方法得300 000+120 000+12 000=432 000
隅法		上商进二位为12 000，12 000×3=36 000
下法	1	

⑦

商	12	
实	132 867	
方法	43 260	方法一退 ＞43 560
廉法	360	廉法一退
隅法		
下法		

⑧

商	123	以方廉二法共43 560商实得3
实	0	以方廉隅三法共44 289×3除实尽
方法	43 200	
廉法	1 080	=44 289
隅法	9	
下法	1	（$u^3+44\ 289u=0$）

11 世纪，北宋数学家贾宪为《九章算术》写了一部细草，名为《黄帝九章算法细草》，在少广章中添了新的开平方法和开立方法，这种新的方法，可以推广成为任意高次方程的数值解法，为 13、14 世纪“天元术”和“四元术”的发展，奠定了良好的理论基础，我们根据《永乐大典》卷 16 344 杨辉《详解九章算法》(1261 年)引证的材料，可以知道贾宪在数学上的这一伟大成就；贾宪的这种方法叫作“立成释锁法”和“增乘开方法”.

“立成释锁”开平方法和开立方法的演算步骤，大致和《九章算术》开平方和开立方的方法基本相同，所谓“释锁”是宋代数学家开方或解数字方程用的代名词，古代的天文学家，一般把预推各项的天文数据，列成一种表格，叫作“立成”；贾宪的“立成释锁法”实际上也就是利用一种表格来解一般的开方问题的方法.我们认为,贾宪的"开方作法本源图"实际上就是"立成释锁法"的"立成".从这个表中,我们可以明确地看出,开平方和开立方要用到这个表的第三层和第四层数字.

增乘开方法和立成释锁法不同,在运算时,随乘随加.下面我们举例来说明增乘开方法开平方开立方的计算法则.

设$\sqrt[3]{N}=a+b+c$,按照贾宪增乘开方法的运算法则来计算,其方法是:实上置商第一位得数为a,以上商a乘下法1得a为"廉法",再以a乘廉得a^2为"方法",又以a乘方法,从实中减去,得$N-a^3$.如下表中的(1)与(2)式,复以上商乘下法入廉(得$2a$),乘廉入方(得$3a^2$),如下表中的(3);又乘下法入廉(得$3a$),如下表中(4)和(5);其方一退,廉二退,下三退,再于第一位商数之次,复商第二位得数(次商b),以乘下法入廉(得$3a+b$)乘廉入方(得$3a^2+3ab+b^2$)命(乘)上商(b),由实中减去,得$N-(a+b)^2$,如下表(7);又乘下法入廉,得$3(a+b)$,如下表(8)和(9);其方一廉二下三退,如前,上商第三位得数为c,乘下法入廉,乘廉入方,命上商除实,适尽.得立方一面之数(即立方根,如下表(10)).

上面是立方根为三位数时的整立方的增乘开方法的运算法则.术文中的"实""方""廉""下法"和《九章算术》少广章刘徽注的意义相同."入"是加入的意思,演算时需"随乘随和",因此叫作"增乘开方法".

商	a	a	a	a	$a+b$
实	N	$N-a^2\cdot a=N-a^3$	$N-a^3$	$N-a^3$	$N-a^3$
方	0	$0+a\cdot a=a^2$	$a^2+2a\cdot a=3a^2$	$3a^2$	$3a^2$
廉	0	$0+1\cdot a=a$	$a+1\cdot a=2a$	$2a+1\cdot a=3a$	$3a$
隅(下法)	1	1	1	1	1
	(1)	(2)	(3)	(4)	(5)

(6)	(7)
$a+b$	$a+b$
$N-a^3-(3a^2+3ab+b^2)=N-(a+b)^3$	$N-(a+b)^3$
$3a^2+(3a+b)b=3a^2+3ab+b^2$	$3a^2+3ab+b^2+(3a+2b)b=3(a+b)^2$
$3a+1\cdot b=3a+b$	$(3a+b)+1\cdot b=3a+2b$
1	1

(8)	(9)	(10)
$a+b$	$a+b+c$	$a+b+c$
$N-(a+b)^3$	$N-(a+b)^3$	$N-(a+b)^3-\{[3(a+b)+c]c\}=N-(a+b+c)^3=0$
$3(a+b)^2$	$3(a+b)^2$	$3(a+b)^2+[3(a+b)+c]c$
$3a+2b+1\cdot b=3(a+b)$	$3(a+b)$	$3(a+b)+1\cdot c=3(a+b)+c$
1	1	1

假如我们用现代数学方法来求$\sqrt[3]{N}$的根,其方法如下:

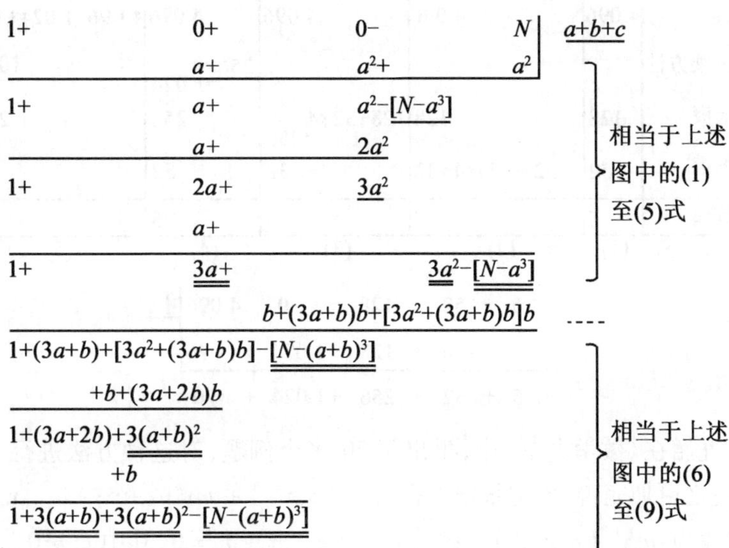

可以发现,这种方法和贾宪的"增乘开方法"的步骤是完全相同的. 其中图式中的(1)至(5),相当于现代数学中的求得方根的第一位得数 a 之后,进行 $x=a+y$ 的变换,也就是把 $f(x)=0$ 变成 $\varphi(y)=0$,而图中(5)则刚好是 $\varphi(y)=0$ 各项系数.

12 世纪,数学家刘益首次应用贾宪"增乘开方法"来解一元高次方程问题. 例如刘益《议古根源》书中的第 18 题相当于求解方法: $-5x^4+52x^3+128x^2=4\ 096$. 刘益的解法是:

"于实上商量得矢四步[如图中(1)式],以命(乘)负隅五,减下廉二十,余三十[如图中(2)式],以上商四步,以三乘方乘下廉上廉,共二百五十六(如图中(3)式),又以上商四步,乘上廉得一千二十四,为三乘方(如图中(4)式),以上商命(乘)方法,除(减)实,尽,得矢四步(如图中(5)式)."

这个题目,因为只有一位数字,所以还不能够充分显示出增乘开方法的优越性,但就现有的资料来看,却是我国应用增乘开方法来解高次方程最早的一个算题,与现在的所谓鲁菲尼-霍纳法,几乎完全一样:

商	4	4	4	4	4
实	4 096	4 096	4 096	4 096	4 096−1 024×4=0
三乘方法				256×4 =1 024	1024
上廉	128	128	128+32×4 =256	256	256
下廉	52	52+(−5)×4=32	32	32	32
负隅	−5	−5	−5	−5	−5
	(1)	(2)	(3)	(4)	(5)

$$
\begin{array}{rrrrr|l}
-5 & +52 & +128 & +0 & -4\,096 & 4 \\
 & -20 & +128 & +1\,024 & +4\,096 & \\
\hline
-5 & +32 & +256 & +1\,024 & +0 &
\end{array}
$$

秦九韶在《数学九章》中,举出了 20 多个例题,对这种方法进行了详细的研究,使之更加完善,他主张把方程 $a_0x^n+a_1x^{n-1}+a_2x^{n-2}+\cdots+a_{n-1}x=a_n$ 的排列形式改为:$a_0x^n+a_1x^{n-1}+a_2x^{n-2}+\cdots+a_{n-1}x+a_n=0$,其中 $a_0\neq0$,a_n 必为负数,其他各项系数可正可负,也可以是小数,从而使这一方法更加完善.

意大利数学家鲁菲尼在 1804 年、英国数学家霍纳在 1819 年才分别提出这种方法,这已比贾宪迟了八百多年.

⑨此法用的是"四因积步法".

⑩刘徽在《九章算术》开方术的注文中,提出"加借算而命分"和"不加借算而命分",即

$$\sqrt{a^2+r}=a+\frac{r}{2a+1} \tag{1}$$

$$\sqrt{a^2+r}=a+\frac{r}{2a} \tag{2}$$

此题用的是前式.

⑪此题"又以分母十八减分子十七余一……"于理不通,应为

$$
\begin{aligned}
\sqrt{\left(4\frac{17}{18}\right)^2+\left(4\frac{17}{18}\right)^2}&=\sqrt{\frac{7\,921}{324}+\frac{7\,921}{324}}\\
&=\sqrt{\frac{15\,842}{324}}\\
&=\frac{125.\,865}{18}\\
&=6.\,992\,5\\
&\approx7
\end{aligned}
$$

⑫此题“又以分母十五减分子一余……”于理不通,应为

$$\left(7\frac{1}{15}\right)^2=2x^2$$

$$\left(\frac{106}{15}\right)^2=2x^2$$

$$\frac{11\ 236}{225}=2x^2$$

$$x^2=\frac{5\ 618}{225}$$

$$x=\sqrt{\frac{5\ 618}{225}}$$

$$=\sqrt{24.968\ 8}$$

$$=4.99$$

$$\approx 5$$

⑬此题正确的解法应该是

$$2x^2=\left(70\frac{100}{141}\right)^2$$

$$=\left(\frac{9\ 970}{141}\right)^2$$

$$=\frac{99\ 400\ 900}{19\ 881}$$

$$x^2=\frac{49\ 700\ 450}{19\ 881}$$

$$=2\ 499.896\ 886$$

$$x=49.998\ 9\approx 50$$

⑭王文素在《算学宝鉴》卷十五,证曰:圆田以径求周,不用积步,即依周三径一,只用分母三通径六十步加入分子一即得周一百八十一步,不其简乎!

依周二十二径七求周法曰:

置径六十步,以分母三通之加入分子一得一百八十一,以二十二乘之得三千九百八十二为实,置径率七以分母三通之得二十一为法除之得周一百八十九步,余十三以法命之,命问.

周求径求曰:以径率乘之,周率除之,有分者通之.

⑮王文素在《算学宝鉴》卷十五证曰:

尝论此法,乃造就死数,非通理之术也,盖以南、北二母六,七相乘得四十二,以四因之,得一百六十八为积分母者,以应四因田积之数,非此之类,皆不可

也，仍用课分求同分母算之为正.

六分之五
七分之六
三分之二
一百六十八分之四十一

新法证曰：置诸分子（如左图）.

以四母连乘，得二万一千一百六十八为总母，以“之五”互乘三异母，得一万七千六百四十为南广分子，以“之六”互乘三异母，得一万八千一百四十四为北广分子，以“之二”互乘三异母又倍之，得二万八千二百二十四为中广分子. 以“之四十一”互乘三异母得五千一百六十六为积分子，置田积九百八十四步以母二万一千一百六十八通得二千八十二万九千三百一十二，加子五千一百六十六，又四因之，共得八千三百三十三万七千九百一千二为实，倍中阔得三十六步，加南、北二阔五十七步，共九十三步，以总母通之，得一百九十六万八千六百二十四，加入三阔分子六万四千单八，共二百三万二千六百三十二为法. 除之，亦得长四十一步，合问. 若此求之，方为通理.

“杖鼓田”王文素称为“三广田”.

⑯《九章算术》古问中没有此题，由古问第 25 题移入比类第 67 题，查朱世杰《算学启蒙》开方释锁门第六题与此相近，这题原文是：

今有积一百一十二万九千四百五十八尺六百二十五分尺之五百一十一，问：为三乘方几何？

此题是一个开四次方的问题，即

$$\sqrt[4]{1\ 336\ 336}=34$$

九章详注比类商功算法大全卷第五

钱塘南湖后学吴敬信民编集
黑龙江省克山县潘有发校注

商功①计一百三十(五)[三]问

求积法用乘除题,以物类求积之法.以象而立积者,方之实.周径高阔深长者,方之法圆斜曲直,皆赖其方,益其虚而张其积,折其积而辏其方,此商功築积之要也,其壘土与聚米求积,用法则同,若钢饼瓜果求个,用法稍异,何者?其形虽似,而高层或有不齐虚实,或有削□,故类其形如不同其法也.

穿地四尺为壤五尺,为坚三尺也壤者虚土.

穿地求壤五之,求坚三之,皆四而一坚者实土.

壤地求穿四之,求坚三之,皆五而一虚实互问.

以坚求穿四之,求壤五之,皆三而一目前即要乘,弃除也.

城、垣、堤、沟、壍、渠求(籍)[积]法同,并上、下广半之,以高或深乘之即梯田之法也,又袤乘之,城侧有上下广及高,正面有长,故袤乘之.

方堡垺,方自乘形如方田,又高乘之形如方柱,用高乘也.

圆堡垺:周自乘下有十二而一,即用圆田法也,又高乘之,形如圆柱,上、下一等,故用高乘之如十二而一见上文.

方亭台:上方自乘,下方自乘,上、下方相乘,并之,以高乘之,如三而一,二方自乘,上、下方相乘,并之,如三而一,取其停池形高,又用高乘之.

圆亭台:上周自乘,下周自乘,上下周相乘,并之,以高乘之,如三十六而一圆亭台地法如方亭台之法,一同有方圆之异.

方锥:下方自乘,形如上方,以高乘之,如三而一高乘正多二积三而一.

圆锥:下周自乘,以高乘之,如三十六而一方锥同意.

堑堵:广袤相乘,又高乘之阳马、鳖臑求积同术如二而一立方一尺斜解得二堑堵者,其一居立方二分之一.

阳马:求积如堑堵法如三而一一堑堵斜解一(马)阳[马],一鳖臑,居立方三分之一.

鳖臑:求积(求)同堑堵法如六而一立方斜解得六鳖臑,故六而一.

刍甍:倍下长并入上长,以广乘之,又高乘之,如六而一,其状如草屋上盖,正如截方亭两边合之是也.

刍童:倍上长并入下长,以上广乘之;又倍下长并入上长,以下广乘之,并二位,以高乘之,如六而一其状如倒合碾呀石也.

冥谷:形如正面碾呀石,穿地之堤也.盘池,盘池并如刍童法其曲池者,并上中外周半之为上袤;又并下中外周半之为下袤,通依刍童法.

羡(yǎn)除:并三广以深乘之,又以长乘之,如六而一,其状上半下斜,以两鳖臑一堑堵是穿地隧道也.

古问二十八问

[穿地求积]

1.(1)穿地积一万尺,问:为坚、壤几何?

答曰:为坚:七千五百尺;

为壤:一万二千五百尺.

注曰:坚者:实固之土;壤者:虚袤之土,商功治築壘,故先以穿土问之.

以穿地积一万尺,求坚三之得三万尺,四而一得坚七千五百尺,以坚七千五百尺求壤;五之得三万七千五百尺,以三而一得壤一万二千五百尺,合问.

[城、垣、堤、沟、堑、渠]

2.(2)城:下广四丈,上广二丈,高五丈,袤一百二十六丈五尺,问:为积几何?

答曰:一百八十九万七千五百尺.

法曰:以高袤阔狭为问求积者,是逼其折变诸问招参,并上下广半之得三十尺,以高五十尺乘之得一千五百千,又以袤一千二百六十五尺乘之,合问.

3.(3)垣:下广三尺,上广二尺,高一丈二尺,袤二十二丈五尺八寸,问:为积几何?

答曰:六千七百七十四尺.

法曰：并上、下广半之得二尺五寸，以高一十二尺乘之得三十尺，又以袤二百二十五尺八寸乘之，合问.

4.(4)堤：下广二丈，上广八尺，高四尺，袤一十二丈七尺，问：为积几何？

答曰：七千一百一十二尺.

法曰：并上、下广半之得一十四尺，以高四尺乘之得五十六尺，又以袤一百一十七尺乘之，合问.

5.(5)沟：上广一丈五尺，下广一丈，深五尺，袤七丈，问：为积几何？

答曰：四千三百七十五尺.

法曰：并上、下广半之得一十七尺五寸以深五尺乘之得六十二尺五寸，又以袤七十尺乘之，合问.

6.(6)堑：上广一丈六尺三寸，下广一丈，深六尺三寸，袤一十三丈二尺一寸，问：为积几何？

答曰：一万九百四十三尺八寸二分四厘五毫.

法曰：并上、下广半之得一十三尺一寸五分，以深六尺三寸乘之得八十二尺八寸四分五厘，又以袤一百三十二尺一寸乘之，合问.

7.(7)渠：上广一丈八尺，下广三尺六寸，深一丈八尺，袤五万一千八百二十四尺，问：为积几何？

答曰：一千七万四千五百八十五尺六寸.

法曰：并上、下广半之得一十尺八寸，以深一十八尺乘之得一百九十四尺四寸，又以袤五万一千八百二十四尺乘之，合问.

［**方堢壔求积**］

8.(8)方堢壔：方一丈六尺，高一丈五尺，问：为积几何？

答曰：三千八百四十尺.

法曰：上、下方相等，形如方柱，题类堆垛，方一十六尺自乘得二百五十六尺，以高一十五尺乘之，合问.

［**仓广问高**］

9.(23)仓：广三丈，袤四丈五尺，容粟一万石，问：高几何？

答曰：二丈.

法曰：置粟一万石，以斛法二尺七寸乘之得二万七千尺为实，以广三十尺乘袤四十五尺得一千三百五十尺为法除之，合问.

［**圆堢壔求积**］

10.(9)圆堢壔：周四丈八尺，高一丈一尺，问：为积几何？

答曰:二千一百一十二尺.

法曰:上、下周相等,形如圆柱,周自乘十二而一,即圆田之意,此问以高乘之,题类圆垛也,置周四丈八尺自乘得二千三百四尺,以高一十一尺乘之得二万五千三百四十四尺,如十二而一,合问.

[**圆囤问周**]

11.(28)圆囤高一丈三尺三寸三分寸之一,容米二千万,问:周几何?

答曰:五丈四尺.

法曰:置米二千石,以斛法一尺六寸二分乘之得三千二百四十尺,又以周法十二乘之得三万八千八百八十,却以分母三通之得一十一万六千六百四十于上,以高一丈三尺三寸以分母三通之加分子一共得四十尺为法除之得二千九百一十六尺为实,以开平方法除之,合问.

[**方、圆亭台**]

12.(10)方亭台:上方四丈,下方五丈,高五丈,问:为积几何?

答曰:一十万一千六百六十六尺三分尺之二.

法曰:上方小,下方大,有高为台,如方斛无尖而顶平类无袤之城也.

上方自乘得一千六百尺,下方自乘得二千五百尺,上、下方四十、五十相乘得二千尺,并之得六千一百尺,又以高五十尺乘之得三十万五千尺,如三而一,合问.

13.(11)圆亭台:上周二丈,下周三丈,高一丈,问:为积几何?

答曰:五百二十七尺九分尺之七.

法曰:上周小、下周大,有高为台,形如造饼炉,若何之如圆窖也.

置上周自乘得四百尺,下周自乘得九百尺,上、下周二十、三十相乘得六百尺,并之得一千九百尺,以高一十尺乘之得一万九千尺,如三十六而一,合问.

[**方圆锥求积**]

14.(12)方锥:下方二丈七尺,高二丈九尺,问:为积几何?

答曰:七千四十七尺.

法曰:形如针斛,比四隅垛.

置下方自乘得七百二十九尺,又以高二十九尺乘[之]得二万一千一百四十一尺,如三而一,合问.

15.(13)圆锥:下周三丈五尺,高五丈一尺,问:为积几何?

答曰:一千七百三十五尺一十二分尺之五.

法曰:形圆上尖,类乘粟问.

置下周自乘得一千二百二十五尺,以高五十一尺乘之得六万二千四百七十五尺,如三十六而一,余实三约之,合问.

[**委粟平地**]

16.(23)委粟平地:下周一十二丈,高二丈,问:积尺及为粟各几何?

答曰:积八千尺,为粟二千九百六十二石二十七分石之二十六.

法曰:下周自乘得一万四千四百尺,以高二十尺乘之得二十八万八千尺,如三十六而一得八千尺,以斛法二尺七寸除之得粟,合问.

[**委菽依垣**]

17.(24)委菽依垣:下周三丈,高七尺,问:积尺及为菽各几何?

答曰:积三百五十尺,为菽一百四十四斛二百四十三分斛之八.

法曰:下周自乘得九百尺,以高七尺乘之得六千三百尺,如十八而一得积二百五十尺,以斛法二尺四寸三分除之得菽,合问.

[**依垣内角**]

18.(15)委米依垣内角:下周八尺,高五尺,问:积尺及为米各几何?

答曰:积三十五尺九分尺之五,为米二十一斛七百二十九分斛之六百九十一.

法曰:置下周自乘得六十四尺,以高五尺乘之得三百二十尺如九而一得三十五尺九分尺之五,以分母九乘三十五尺得三百一十五尺加分子五得三百二十为实,以斛法一尺六寸二分以分母九乘之得一千四百五十八为法除之得二十一斛,余实一千三百八十二,法实皆折半,约之,合问.

[**堑堵问积**]

19.(24)浙堵:下广二丈,袤一十八丈六尺,高二丈五尺,问:积几何?

答曰:四万六千五百尺.

法曰:一立方斜解两段,形如屋脊.

置下广三十尺,袤一百八十六尺相乘得三千七百二十尺,以高二十五尺乘之得九万三千尺为实,如二而一,合问.

[**阳马问积**]

20.(25)阳马:广五尺,袤七尺,高八尺,问:积几何?

答曰:九十三尺三分尺之一.

法曰:此方锥之积,偏在一角,高广长相等是也.

置广五尺袤七尺相乘得三十五尺,以高八尺得二百八十尺,如三而一,合问.

[**鳖臑问积**]

21.(16)鳖臑:下广五尺无袤,上袤四尺无广,高七尺,问:积几何?

答曰:二十三尺三分尺之一.

法曰:立方斜解得六鳖臑,故六而一.

置广五尺袤四尺相乘得二十尺,以高七尺乘之得一百四十尺,如六而一,合问.

[**刍童求积**]

22.(18)刍童:上广三丈,袤四丈:下广二丈,袤三丈,高三丈,问:积尺几何?

答曰:二万六千五百尺.

法曰:似台牵长,其状倒合碾呀石也.

倍上袤得八十尺,加入下袤共得一百一十尺,以上广三十尺乘之得三千三百尺;倍下袤得六十尺,加入上袤共得一百尺,以下广二十尺乘之得二千尺,并二位得五千三百尺,以高三十尺乘之得一十五万九千尺,如六而一,合问.

[**曲池、盘池、冥谷、刍甍、羡除求积**]

23.(20)曲池:上中周二丈,外周四丈,二广一丈;下中周一丈四尺,外周二丈四丈,广五尺,深一丈,问:积几何?

答曰:一千八百八十三尺三寸少半寸.

法曰:并上中周二丈,外周四丈折半得三十尺为上袤;又并下中周一丈四尺,外周二丈四尺,折半得一十九尺为下袤.倍上袤为六十尺,加入下袤共得七十九尺,以上广一十尺乘之得七百九十尺,倍下袤为五十八尺,加入上袤共得六十八尺,以下广五尺乘之得三百四十尺,并二位共得一千一百三十尺,以深一十尺乘之得一万一千三百尺,如六而一得一千八百八十三尺三寸,不尽二得六分寸之二(即少半寸),合问.

24.(21)盘池:上广六尺,袤八尺;下广四尺,袤六尺,深二丈,问:积几何?

答曰:七万六百六十六尺大半尺.

法曰:倍上袤为一百六十尺,加入下袤共二百二十尺,以上广六十尺乘之得一万三千二百尺,倍下袤为一百二十尺,加入上袤共二百尺,以下广四十尺乘之得八千尺,并二位得二万一千二百尺,以深二十尺乘之得四十二万四千尺,如六而一得七万六百六十六尺,不尽四,法[实]约之,合问.

25.(22)冥谷:上广二丈,袤七丈,下广八尺,[下]袤四丈,深六丈五尺,问:积几何?

答曰:五万二千尺.

法曰:形如正面碾呀石,穿地之堤也.

倍上袤为一百四十尺,加入下袤共一百八十尺,以上广二十尺乘之三千六百尺;倍下袤为八十尺,加入上袤得一百五十尺,以下广八尺乘之得一千二百尺,并二位得四千八百尺,以深六十五尺乘之得三十一万二千尺,如六而一,合问.

26.(18)刍甍:下广三丈,袤四丈,上袤二丈,无广,高一丈,问:积几何?

答曰:五千尺.

法曰:其状如草屋上盖,正如方亭两边合之是也.

倍下袤为八十尺又加上袤共一百尺,以下广三丈乘之得三千尺,又高一十尺乘得三万尺,六而一,合问.

27.(17)羡除:上广一丈,下广六尺,深三尺,末广八尺,无深,袤七尺,问:积几何?

答曰:八十四尺.

法曰:其状上平下斜,以两鳖臑夹一堑堵,穿地遂道也.

并三广得二十四尺以深三尺乘之得七十二尺,又乘袤七尺得五百四尺,如六而一,合问.

[**穿地为垣**]

28.(26)穿地为垣五百七十六尺,袤一十六尺,深一十尺,上广六尺,问:下广几何?

答曰:三尺六寸.

法曰:以垣求积者,还者法仅用垣求积之术也.

四乘积得二千三百四尺为实,以深一十尺乘袤一十六尺得一百六十尺,又以三乘之得四百八十尺为法除之得四尺八寸,倍之得九尺六寸,以减上广六尺余三尺六尺,合问.

比类九十(五)[三]问

[**筑墙**]

1.今有筑墙,上广二尺,下广四,高八尺,长二百四十尺,每人一日自穿运筑常积六十四尺,问:积、用人各几何?

答曰:九十三人,积五千九百五十二尺.

法曰:并上、下广折半得三尺,以高八尺乘之得二十四尺,以乘长二百四十八尺得五千九百五十二尺为实,以常积六十四尺除之,合问.

2.今有筑墙:上广二尺,下广四尺,高八尺,今已筑上广二尺八寸,问:已筑高得几何?

答曰:四尺八寸.

法曰:以上广减下广八二尺为法.置已筑上广二尺八寸减原下广余一尺二寸乘原高得九尺六寸为实,以法除之,合问.

［筑方台］

3. 今有筑台一所，上方八尺，下方一十四尺，高一十二尺，今已筑高八尺，问：上方几何？

答曰：一十尺.

法曰[②]：置上方八尺减下方一十四尺余六尺，以高一十二尺除之得五寸为法，又置一十二尺减亡筑高八尺余四尺为实，以法乘之得二尺，加入上方八尺得一十尺，合问.

4. 今有方台一所，上方九丈六尺，下方一十二丈，高五丈四尺，欲筑作上方八尺，问：(接)［截］高几何？

答曰：三丈六尺.

法曰：置高五丈四尺，以上方九丈六尺，减下方一十二丈余二丈四尺除之得二丈三尺五寸为实，以欲筑上方八尺减原上方九丈六尺余一丈六尺为法乘之得接高三丈六尺，合问.

5. 今有方台一所：上方八尺，下方一十二尺，高九尺，计积九百一十二尺，欲截高上方与下方相等，问：该高几何？

答曰：六尺三寸三分寸之一.

法曰：置积九百一十二尺为实，以下方(二)［一］十二尺自乘得一百四十四尺为法除之得该高六尺三寸，余实四尺八寸，法、实皆四十八约之得三分寸之一，合问.

［筑圆台］

6. 今有筑圆台一所，上周一十二尺，下周一十八尺，高八尺，今已筑上周一十三尺五寸，问：该高几何？

答曰：六尺.

法曰：置已筑上周一十(二)［三］五寸减下周一十八尺余四尺五寸，以乘原高八尺得三十六尺为实，以上周一十二尺减下周一十八尺余六尺为法除之得高六尺，合问.

7. 今有圆台：上周一十二尺，下周三十六尺，高一十六尺，欲筑成圆锥，问：接高几何？

答曰：八尺.

法曰：置高一十六尺以乘上周一十二尺得一百九十二尺为实，以上周一十二尺减下周三十六尺余二十四尺为法除之得接高八尺，合问.

8. 今有圆台一所，上周一十三丈五尺，下周一十八丈，高六丈，欲筑作上周一十二丈，问：接高几何？

答曰：二丈.

法曰:置上周一十三丈五尺减欲筑上周一十二丈,余一丈五尺,又置上周一十三丈五尺减下周一十八丈余四丈五尺,以除高六丈得一丈五尺,余积一尺五寸,乃三分尺之一,以分母三乘一丈三尺加小一共得四丈,以乘前余一丈五尺得六丈,却以分母三除之得接高二丈,合问.

9. 今有圆台一所,上周二丈四尺,下周三丈六尺,高八尺,计积六百八尺,欲截下周与上周相等,问:矮高几何?

答曰:一丈二尺六寸三分寸之二.

法曰:置积六百八尺为实,以上周二十四尺自乘得五百七十六尺如圆法十二而一得一百四十八尺为法除之得矮高一丈二尺六寸余实三尺二寸,法实俱十六约之得三分寸之二,合问.

10. 今有圆台一所,上周二丈四丈,下周三丈六尺,高八尺,计积六百八尺.欲截高矮上周与下周相等,问:该高几何?

答曰:五尺六寸二十七分寸之八.

法曰:置积六百八尺为实.以下周三十六尺自乘得一千二百九十六尺,如圆法十二而一得一百八尺为法除之得高五尺六寸,余实三尺二寸,法、实皆四约之得二十七分寸之八,合问.

［**筑方锥**］

11. 今有方锥:下方二十四尺,高三十二尺,欲截去上锥一十二尺,问:上方该几何?

答曰:九尺.

法曰:置下方二十四尺,以高三十二尺除之得七寸五分以乘截去上锥一十二尺得上方九尺,合问.

12. 今有方锥一所:下方二丈,高三丈,今欲于上方八尺截成方台.问:截去高几何?

答曰:一丈二尺.

法曰:置上方八尺以乘高三丈得二百四十尺为实,以下方二(千)[十]尺为法除之得一丈二尺,合问.

［**筑圆锥**］

13. 今有圆锥:下周三十六尺,高二十四尺,欲截上周一十二尺,问:截高几何?

答曰:八尺.

法曰:置截上周一十二尺乘高二十四尺得二百八十八尺为实,以下周三十六尺为法除之得截去高八尺,合问.

14. 今有圆锥一所：下周三十六尺，高二十四尺，计积八百六十四尺，欲截高，辏上周与下周相等，问：该高几何？

答曰：八尺.

法曰：置积八百六十四尺为实，以下周三十六尺自乘得一千二百九十六尺如圆法十二而一一百八尺为法除之，得该高八尺，合问.

15. 今有圆锥一所：下周三十六尺，高二十四尺，欲去高八尺，问：上周该几何？

答曰：一十二尺.

法曰：置下周三十六尺为实，以高二十四尺为法除之得一尺五寸，以乘截去高八尺得上周一十二尺，合问.

［筑城］

16. 今有筑城：上广一丈八尺，下广四丈八尺，高三丈六尺，长一千六百三十二丈. 每人一日自穿运筑折计切程常积二十四尺，每高一尺用榑(fú)子木二条，每条长一丈二尺，大头径六寸半，小头径三寸半，每条用橛、葽(jué yāo)三道，每四十五道用草一束，四面去城五丈，开濠取土起筑，先定濠上广一十四丈，下广八丈，限三个月城濠俱毕. 问：合用人夫及所用榑子木、橛、葽草并濠深各几何？

答曰：人夫八千九百七十六人.

榑子木二十一万二千一百六十条.

橛：六十三万六千四百八十条.

草葽：六十三万六千四百八十道，用草一万四千一百四十四束.

濠深：一丈三尺一百七十九分尺之一百二十一.

法曰：求人夫：并上、下广，半之得三十二尺以乘高三十六尺得一千一百八十八尺，又以长一万六千三百二十尺乘之得一千九百三十八万八千一百六十尺为城积，却以常积二十四尺乘三个月为九十日得二千一百六十为法除积得人夫八千九百七十六人，合问.

求榑子木：

并橛葽草以城上广一丈八尺减下广四丈八尺余三丈，半之得一十五尺，自乘得二百二十五尺加入高幂一千二百九十六尺，共得一千五百二十一尺为实，以开平方法除之得三十九尺为城斜高，以二因之即是一尺合用榑子木二条得七十八于上. 下置长一万六千三百二十尺，以每条一十二约之得一千三百六十条，却以上数七十八乘之得一十万六千八十，两面合用，倍之得二十一万二千一百六十条为榑子木总数，其木止是暗倒纯用为要、橛、葽草数、木数、取其数，以三之得六十三万六千四百八(千)［十］，为橛、葽

[草]各数,又以四十五色除之,得草数,合问.

求濠深:

置城积一千九百三十八万八千一百六十尺以四因三除得二千五百八十五万八百八十五尺为实乃穿地积尺也,下置去城五十尺倍之得一百尺,加濠上广一百四十尺共二百四十尺,又加城下广四十八尺,共得二百八十八尺又三因得八百六十四尺,加入城正围一万六千三百二十尺共一万七千一百八十四尺,乃濠中心正围长于上,并濠上、下广半之得一百一十尺,以乘上数得一百八十九万二百四十尺为法除之得深一丈三尺余实一百二十七万七千七百六十,与法求等得一万五百六十,约之,合问.

[**城外马面**]

17. 今有贴筑城外马面子一(料)[斜],上广二丈二尺,下广五丈二尺,高三丈六尺,纵一丈六尺,仍用砖包砌,每块长一尺五寸八分,阔八寸二分,厚二寸一分,添灰贴水长加二分,厚加四分,每砖十六块用矿灰一秤,每人作常积七十二尺,限一日役毕,问:用人夫、砖、灰各几何?

答曰:人夫:二百九十六人;砖:六千七百二十七块半;矿灰:四百二十秤七斤五钱.

法曰:

求人夫:并上、下广半之得三十七尺,以乘高三十六尺得一千三百三十二尺,又乘纵一十六尺得二万一千三百一十二尺,以日作七十二尺除之,得人夫合问.

求砖:以上广减下广余三十尺,半之得一十五尺,自乘得二百二十五尺于上,置高三十六尺自乘得一千二百九十六尺,加入上数得一千五百二十一尺为实,开平方法除之得三十九尺为斜高,以四因之砖厚二寸一分,添贴水四分共得二十五分,每一尺用砖四块,得一百五十六块,以纵一十六尺乘之得二千四百九十六块,却以砖长一尺五寸八分,添灰贴水二分,共一尺六(十)[寸]除之得一千五百六十块,倍之得三千一百二十块,为马面两边总共用砖数,又置斜高砖数一百五十六块于上,并上、下广半之得三十七尺,以乘上数得五千七百七十二为实,以一尺六寸除之得三千六百七块五分为正面广所所用数,并前,合问.

求矿灰:并三面砖数共六千七百二十七块半为实,以砖一十六块为法除之四百二十秤,余实七块半,以秤法一十五斤乘之得一百一十二分半,却以砖一十六块除之,得七斤余半分以法约之,得数合问.

[**筑围城**]

18. 今有筑围城一座:内周二十六里二百一十九步,厚三步半,除水门四座,各阔四步,旱门四座,各阔二步,只云:从城外边,每二步二尺安乳头三枚,问:共乳头几何?

答曰:一万三百二牧七分牧之六.

法曰:置内周二十六以里步三百步通之加零二百一十九步共八千一十九步于上,倍厚三步半得七步,以三因得二十一步,加入上数共八千四十步,以每步六尺乘之得四万八千二百四十步乃城外围之数,以水门四步以步法六尺乘之得二十四尺,又以四座乘之得九十六尺;又旱门二步以步法六尺乘之加零四尺共一十六尺,以四座乘之得六十四尺,并之得一百六十尺,以减外围四万八千二百四十尺,余四万八千八十尺,以三乘之得一十四万四千二百四十尺为实,以每二步通为一十二尺加零二尺共一十四尺为法除之,合问.

[**筑台**]

19. 今有筑台一所:上广二丈五尺,长三丈八尺,下广三丈二尺,长五丈六尺,积五万六千七百尺,问:高几何?

答曰:四丈二尺.

法曰:倍上长得七十六尺,并入下长共得一百三十二尺,以上广二十五尺乘之得三千三百尺,倍下长得一百一十二尺,并入上长共得一百五十尺,以下广三十二尺乘之得四千八百尺,并二数共得八千一百尺为法,置积五万六千七百尺,以六因之得三十四万三百尺为实,以法除,合问.

20. 今有筑台一所:上广二丈五尺,长三丈八尺,下广五丈六尺,高四丈二尺,积五万六千七百尺,问:下广几何?

答曰:三丈二尺.

法曰:置积五万六千七百尺,以六因之得三十四万二百尺;以高四十二尺除之得八千一百尺,内减"倍上长并入下长乘上广得三千三百尺"余四千八百尺为实,倍下长并入上长得一百五十尺为法除,合问.

21. 今有筑台[一所]:上广一丈四尺,下广三丈,高四丈,已筑高一丈二尺五寸,问:上广几何?

答曰:二丈.

法曰:置上广一丈四尺减下广三丈余一丈六尺,以乘筑高一丈二尺五寸得二十丈,却以原高四丈除之得五丈,内减下广三丈,余二丈,合问.

22. 今有台一所:上方八尺,下方二丈,高一丈八尺,今欲接成方锥,问:接高几何?

答曰:一丈二尺.

法曰:上方八尺以乘高一丈八尺得一百四十四尺为实,以下方二丈减上方八尺余一丈二丈为法除之,合问.

23. 今有仰观台:上广二丈五尺,上袤三丈八尺;下广三丈二尺,下袤五丈六尺,高四丈二尺,问:积几何?

答曰:五万六千七百尺.

法曰:倍上袤得七丈六尺,加入下袤共得一百三十二尺,以上广二十五尺乘之得三千三百尺;倍下袤得一百一十二尺,加入上袤共得一百五十尺,以下广三十二尺乘之得四千八百尺,并二位得八千一百尺,以高四十二尺乘之得三十四万二百尺为实,如六而一,合问.

[筑堤]

24.今有筑堤一所:东头上广一丈,下广一丈六尺,高九尺;西头上广二丈,下广二丈四尺,高二丈二尺,正长一百二十五文,问:积几何?

答曰:四万二千一百五十丈.

法曰:倍东高九尺得一丈八尺,并入西高二丈二尺共得四丈,以东上广一丈并下广一丈六尺共二丈六尺折半得一丈三尺乘之得五百二十尺,又置西高二丈二尺,倍之得四丈四尺,并入东高九尺得五丈三尺,以西上广二丈并入下广二丈四尺共四丈四尺折半得二丈二尺乘之得一千一百六十六尺,并二数得一千六百八十六尺,以正长一千五百二十尺乘之得二百一十万七千五百尺,以五除之得四万二千一百五十丈,合问.

25.今有筑篢(lóng,同笼)尾堤:其堤从头高上阔以次斩(zhān)狭至尾,只云:末广少堤头广六尺,又少高一丈二尺,又少袤四丈八尺,甲县二千三百七十五人,乙县二千三百七十八人,丙县五千二百四十七人,各人功程常积一尺九寸八分,一日役毕.三县共筑,今从尾与甲县,以次与乙、丙.问:篢尾堤从头至尾高,袤、广及各县该给高、袤、广各几何?

答曰:高三丈,袤六丈六尺,上广二丈四尺,末广一丈八尺.

甲县:高一丈五尺,袤三丈三尺,上广二丈一尺.

乙县:高二丈一尺,袤一丈三尺二寸,上广二丈二尺二寸.

丙县:高三丈,袤一丈九尺八寸,上广二丈四尺.

法曰:求篢尾堤高袤广

置总人一万,以程功一尺九寸八分乘之得一万九千八百只以六因得一十一万八千八百尺于上,以少高一十二尺乘少袤四十八尺得五百七十六尺为隅幂,又以少上广乘之得三千四百五十六尺为减积一十一万八千八百尺余积一十一万五千三百四十四尺,以三除之得三万八千四百四十八尺为实,并少高一丈二尺少袤四丈八尺共六十尺以少广六尺乘之得三百六十尺,以三除之得一百二十尺,加入隅幂五百七十六尺共得六百九十六尺为从方,置广差六尺以三除之得二尺加入少高袤相并六十尺共六十二尺为从廉,以一为隅算,开立方法除之将从方一进得六千九百六十,从廉二进得六千二百,隅法三进得一千,上商一十乘隅算得一千,自乘亦得一千,为隅法.一因从廉亦得六千二百,从方廉，隅三法共一万四千一百六十，皆与上商一除实，余二万四千二百八十八，乃二因从廉得一万二千四百，三因隅法得三千，皆并入从方，共二万二千三百六十为方法，又置上商一十，进二位得一千，以三因得三千，并入从廉得九二百为廉法，乃方法一退得二千二百三十六，廉法再退得九十二，隅法三退得一，续商得八尺，下法亦置八尺，自乘得六十四尺为隅法，八因廉法得七百二十六尺，以方、廉、隅三法共三千三十六，皆与上商八尺除实，得末广一丈八尺，各加不及，合问.

求甲县均给积尺受高袤广：

置人二千三百七十五以程功一尺九寸八分乘之得四千七百二尺五寸，以六因得二万八千二百一十五，又以袤六十六自乘得四千三百五十六乘之得一亿二千二百九十万四千五百四十尺于上，置高三丈以广差六尺乘之得一百八十尺为法除之得六十八万二千八百三尺为实，以三因末广一十八尺得五十四尺，以袤六十六尺乘之得三千五百六十四，却以广袤六尺除之得五百九十四为从廉，开立方法除之[得]三丈三尺为甲袤，以本高三丈乘之得九百九十尺，却以本袤六十六尺除之得一丈五尺为甲高，又置甲袤二十三尺；以广差六尺乘之得一百九十八尺，以本袤六十六尺除之得三尺，加末广一丈八尺共得二丈一尺，为甲县上广，合问.

求乙县均给积[尺受]、高、袤、广：

置人二千三百七十八以程功一尺九寸八分乘之得四千七百八尺四寸四以六因得二万八千二百五十尺六寸四分，以袤幂四千三百五十六尺乘之得一亿二千三百五万九千七百八十七尺八寸四分，置本高三十尺以乘广差六得一百八十为法除之得六十八万三千六百六十五尺四寸八分四厘为实，以甲上广二丈一尺并末广一丈八尺共三十九尺，三因得一百一十七尺，以乘甲高一十五尺得一千七百五十五，又乘袤幂四千三百五十六得七百六十四万四千七百八十却以除法一百八十约之得四万二千四百七十一为从方，置甲上广二丈一尺，以三因得六十三尺，又以甲袤三十三尺乘之得二千七十九于上，以甲上广二丈一尺减原广二丈四尺余三尺为广差，以除前位得六百九十三为从廉，以一为隅算，开立方法除之得一丈三尺二寸为乙袤，加甲袤三丈三尺共得四丈六尺二寸，以原高三丈乘之得一千三百八十六尺，却以原袤六十六尺除之得二丈一尺为乙高，又置乙袤一丈三尺二寸以甲广差三尺乘之得三丈九尺六寸以甲袤三丈三尺除之得一尺二寸，加甲上广二丈一尺共得二丈二尺二寸为乙县上广，合问.

求丙县：

并甲、乙袤得四丈六尺二寸，用减总袤六丈六尺，余一丈九尺八寸为袤，合问.

［**筑堰**］

26. 今有筑堰(yàn)：上广一丈四尺，下广二丈二尺，高三丈二尺，长一百六十丈，每人自穿运筑一日常积六十四尺，令一千八百人筑之，问：几日毕？

答曰:八日.

法曰:并上、下广半之得一十八尺,以高三十二尺乘之得五百七十六尺,以乘长一千六百尺得九十二万一千六百尺为堰积,以日积六十四尺乘人一千八百得一十一万五千二百为法除之,合问.

27. 今有筑堰:上广一丈四尺,下广二丈二尺,高三丈六尺,长二千五百二十尺,每人一日自穿运筑六十四尺,问:用人几何?

答曰:二万五千五百一十五人.

法曰:置上广一十四尺并入下广二十二尺,共三十六尺,折半得一十八尺,以高三十六尺乘之得六百四十八尺,又以长二千五百二十尺乘之得一百六十三万二千九百六十尺为实,以常积六十四尺为法除之,合问.

[开河]

28. 今有开河二十里,上广一十二丈,下广六丈,深二丈五尺,每人一日自穿运常积一十二丈五尺,须要三个月开毕,问:用人几何?

答曰:七千二百人.

法曰:并上、下广半之得九十尺,以深二十五尺乘之得二千二百五十尺,又以长二十里,每里三百步,每步六尺得一千八百尺通里共得三万六千尺乘之得八千一百万为河积.又置常积一百二十五尺以三个月得九十日乘之得一万一千二百五十为法除之,合问.

[开渠]

29. 今有开渠:长一千八百尺,上广九尺、下广七尺,深四尺,每人日自穿运一百四十四尺,令二百人开之,问:积及几日工毕?

答曰:积五万七千六百尺,二日工毕.

法曰:置上广九尺并入下广七尺共得一丈六尺,折半得八尺,以乘深四尺得三十二尺,又乘长一千八百尺得五万七千六百尺为实,以人二百乘日自穿运一百四十四尺得二万八千八百尺为法除之,合问.

30. 今有穿渠:长一百六十里,上广八丈,下广五丈,深三丈二尺,已开深二丈四尺,问:下广几何?

答曰:五丈七尺五寸.

法曰:置上广八丈减下广五丈余三十尺,乘已开深二十四尺得七百二十尺,却以原深三十二尺除之得二十二尺五寸与上广八丈相减余五丈七尺五寸,合问.

31. 今有穿渠一百六十里,上广八丈,下广五丈,深三丈二尺,每人一日自穿运一百二十尺,计用人夫三十三万二千八百人,限半个月开毕,今只有夫二十万八千人,问:积及几日工毕?

答曰:积五亿九千九百四万尺,二十四日工毕.

法曰:置长一百六十里,以里尺一千八百尺通之得二十八万八千尺以乘深三十二尺得九百二十一万六千尺,又以上广八十尺并入下广五十尺共得一百三十尺,折半得六十五尺乘之得积五亿九千九百四万尺为实,以只有人夫二十万八千人以一日自穿运一百二十尺乘之得二千四百九十六万只为法除之得二十四日工毕,合问.

［**长仓**］

32. 今有长仓一所:长四丈七尺,阔三丈一尺,高九尺,问:容米几何?④

答曰:五千二百四十五石二斗.

法曰:置长四丈七尺以乘阔三丈一尺,得一千四百五十七尺,又以高九尺乘之得一万三千一百一十三尺为实,以斛法二尺五寸为法除之,合问.

33. 今有米五千二百四十五石二斗,欲造长仓盛贮,只云:阔三丈一尺,高九尺,问:长几何?

答曰:四丈七尺.

法曰:置高九尺以乘阔三丈一尺得二百七十九尺为法,置米五千二百四十五石二斗以斛法二尺五寸乘之得一万三千一百一十三尺为实,以法除之得长四丈七尺,合问.

34. 今有米五千二百四十五石二斗,欲造长仓盛贮,只云:长四丈七尺,阔三丈一尺,问:高几何?

答曰:九尺.

法曰:置米五千二百四十五石二斗以斛法二尺五寸乘之得一万三千一百一十(二)[三]为实,以长四丈七尺乘阔三丈一尺得一千四百五十七尺为法除之得高九尺,合问.

35. 今有米五千二百四十五石二斗,欲造长仓收贮,只云:长四丈七尺,高九尺,问:阔几何?

答曰:三丈一尺.

法曰:置米照前,以斛法乘之得一万三千一百一十三尺为实,以高九尺乘长四丈七尺得四百二十三尺为法除之得阔三丈一尺,合问.

［**方仓**］

36. 今有方仓一所:方一丈二尺,高九尺.问:容米几何?

答曰:五百一十八石四斗.

法曰:置方一十二尺自乘得一百四十四尺,以高九尺乘之得一千二百九十六尺为实,以斛法二尺五寸除之,合问.

37. 今有米五百一十八石四斗，欲造方仓盛贮，只云：方一丈二尺，问：高几何？

答曰：九尺.

法曰：置米五百一十八石四斗以斛法二尺五寸乘之得一千二百九十六尺为实，以方一十二尺自乘得一百四十四尺为法除之，合问.

38. 今有米五百一十八石四斗，欲造方仓盛贮，只云：高九尺，问：方几何？

答曰：一丈二尺.

法曰：置米照前，以斛乘之得一千二百九十六尺为实，以高九尺为法除之得一百四十四尺，又以开平方法除之，合问.

［**圆仓**］

39. 今有圆仓：周二丈六尺，高九尺，问：容米几何？

答曰：二百二石八斗.

法曰：置周二十六尺自乘得六百七十六尺，以高九尺乘之得六千八十四尺，如十二而一得五百七尺为实，以斛法二尺五十除之，合问.

40. 今有米二百二石八斗，欲造圆仓盛贮，只云：周二丈六尺，问：高几何？

答曰：九尺.

法曰：置米二百二石八斗，以斛法二尺五寸乘之得五百七尺为实，以周二丈六尺自乘得五百七十六尺，以圆法十二除之得五十六尺余实四，以法约之得三分之一，以分母三通五十六尺得一百六十八加分子一得一百六十九为法以分母三通实五百七尺得一千五百二十一为实，以法除之得高九尺，合问.

41. 今有米二百二石八斗，欲造圆仓盛贮，只云：高九尺，问：周几何？

答曰：二丈六尺.

法曰：置米照前，以斛法乘之得五百七尺，又以圆法十二乘之得六千八十四尺为实，以高九尺为法除之得六百七十六尺，以开平方法除之得周二丈六尺，合问.

［**方窖**］

42. 今有窖一口：上方八尺，下方一丈二尺，深一丈二尺六寸，问：积米几何？

答曰：五百一十石七斗二升.

法曰：置上方八尺自乘得六十四尺，下方一十二尺自乘得一百四十四尺，又上方八尺乘下方一十二尺得九十六尺并三数得三百四尺却以（以下残缺，依《详明算法》补）⑤又以深一丈二尺六寸乘之得三千八百三十尺四寸，又以三归之得一千二百七十六尺八寸，却以斛法除之.

［**圆窖**］

43. 今有圆窖积米三百七十石，只云：上周四丈，下周三丈，问：深几何？

答曰:九尺.

法曰[7]:置米三百七百石以斛法二尺五寸乘之得九百二十五尺,又以圆法三十六乘之得三万三千三百尺为实,以上周自乘得一千六百尺,下周自乘得九百尺,上、下相乘得一千二百尺,并三数得三千七百尺为法除之得深九尺,合问.

44. 今有圆窖积米三百七十石,只云:上周四丈,深九尺,问:下周几何?

答曰:三丈.

法曰:置米照前,以斛法乘之,又以圆法乘之得三万三千三百尺,以深九尺除之得三千七百尺,内减上周四丈自乘得一千六百尺,余二千一百尺为实,以上周四十尺为从方,开平方法除之,合问.

45. 今有圆窖积米三百七十石,只云:下周三丈,深九尺,问:上周几何?

答曰:四丈.

法曰:置米照前,以斛法乘之,又以圆法乘之,却以深九尺除之得三千七百尺,以减下周三丈自乘得九百尺,余二千八百尺为实,以下周三十尺为从方,开平方法除之,合问.

46. 今有圆窖:上周四丈,下周三丈,深九尺,问:容粟几何?

答曰:三百四十二石二十七分石之一十六.

法曰:置上周自乘得一千六百尺,下周自乘得九百尺,上、下周相乘得一千二百尺,并三位得三千七百尺,以深九尺乘之得三万三千三百尺如三十六而一得九百二十五尺,以斛二尺五寸除之,合问.

[**平地尖堆**]

47. 今有平地尖堆米,下周三丈九尺,高四尺,问:容米几何?

答曰:六十七石六斗.

法曰:置周三十九尺自乘得一千五百二十一尺,又以高四尺乘之得六千八十四尺,却以圆积三十六除之得一百六十九尺为实,以斛法二尺五寸除之得米六十七石六斗,合问.

48. 今有平地尖堆米六十七石六斗,高四尺,问:下周几何?

答曰:三丈九尺.

法曰:置米六十七石六斗以斛法二尺五寸乘之得一百六十九尺,又以圆积三十六乘之得六千八十四尺却以高四尺除之得一千五百二十一为实,以开平方法除之得下周三丈九尺,合问.

49. 今有平地尖堆米六十七石六斗,下周三丈九尺,问:高几何?

答曰:四尺.

法曰:置米照前斛法、圆积乘之得六千八十四尺为实,以下周三丈九尺自乘得一千五百二十一尺为法除之得高四尺,合问.

50. 今有平地尖堆米六十七石六斗,只云:高不及下周三丈五尺,问:高、周各几何?

答曰:高四尺,下周三丈九尺.

法曰:置米以斛法乘之又以圆堆率三十六乘之得六千八十四尺为实,以不及自乘得一千二百二十五尺为从方,倍不及得七十尺为从廉,开立方法除之得高四尺,加不及得下周,合问.

[**倚壁尖堆**]

51. 今有倚壁尖堆米三十三石八斗,下周一丈九尺五寸,问:高几何?

答曰:四尺.

法曰:置米三十三石八斗,以斛法二尺五寸乘之得八十四尺五分,又倚壁率十八乘之得一千五百二十一尺为实,以下周一十九尺五寸自乘得三百八十尺二寸五分为法除之,得高四尺,合问.

52. 今有倚壁尖堆米三十三石八斗,高四尺问:下周几何?

答曰:一丈九尺五寸.

法曰:置米照前,以斛法并倚壁率乘之得一千五百二十一尺为实,以高四尺为法除之得三百八十尺二寸五分,以开平方除除之,得下周一丈九尺五寸,合问.

53. 今有倚壁尖堆米:下周一丈九尺五寸,高四尺,问:容米几何?

答曰:三十三石八斗.

法曰[⑧]:置下周一十九尺五寸自乘得三百八十尺二寸五分,以高四尺乘之得一千五百二十一尺,却以倚壁率十八除之得八十四尺五分为实,以斛法二尺五寸为法除之得三十三石八斗,合问.

[**倚壁外角**]

54. 今有倚壁外角尖堆米四百四十一石六斗,下周三丈六尺,问:高几何?

答曰:二丈三尺.

法曰:置米四百四十一石六斗以斛法二尺五寸乘之得一千一百四尺,又以倚壁外角率二十七乘之得二万九千八百八尺为实,以下周三丈六尺自乘得一千二百九十六尺为法除之,得高二丈三尺,合问.

55. 今有倚壁外角尖堆米四百四十一石六斗,高二丈三尺,问:下周几何?

答曰:三丈六尺.

法曰[⑥]:置米四百四十一石六斗以斛法二尺五寸乘之得一千一百四尺,又以倚壁外角二十七乘之得二万九千八百八尺为实,以高二丈三尺为法除之得一千二百九十六尺,开平方除之,得下周三丈六尺,合问.

56. 今有倚壁外角聚米四百四十一石六斗,高二丈三尺,问:下周几何?[9]

答曰:三丈六尺.

法曰:置米照前,以斛法乘之,又以倚壁外角率乘之得二万九千八百八尺为实,以高二丈三尺为法除之得一千二百九十六尺,以开平方法除之得下周三丈六尺,合问.

57. 今有倚壁外角聚米:下周三丈六尺,高二丈三尺,问:积及为米各几何?

答曰:积一千一百四尺;

为米四百四十一石六斗.

法曰:置下周自乘得一千二百九十六尺以高二十三尺乘之得二万九千八百八尺如二十七而一得积一千一百四尺为实,以斛二尺五寸为法除之得米合问.

[**倚壁内角**]

58. 今有倚壁内角堆米,下周九尺七寸五分,高四尺,问:积米几何?

答曰:一十六石九斗.

法曰:置下周九尺七寸五分自乘得九十五尺六分二厘五毫,又以高四尺乘之得三百八十尺二寸五分,却以倚壁角率九除之得四十二尺二寸五分为实,以斛法二尺五寸为法除之,得一十六石九斗,合问.

59. 今有倚壁内角堆米一十六石九斗,下周九尺七寸五分,问:高几何?

答曰:四尺.

法曰:置米一十六石九斗以斛法二尺五寸乘之得四十二尺二寸五分又以倚壁内角率九乘之得三百八十尺二寸五分为实,以下周九尺七寸五分自乘得九寸五尺六分二厘五毫为法除之得高四尺,合问.

60. 今有倚壁内角堆米一十六石九斗,高四尺,问:下周几何?

答曰:九尺七寸五分.

法曰:置米照前,以斛法乘之,又以倚壁内角率九因之得三百八十尺二寸五分为实,以高四尺为法除 之得九十五尺六分二厘五毫,以开平方法除之,得下周九尺七寸五分,合问.

[**长栈酒**]

61. 今有长栈酒:广一十八瓶,长八十六瓶,高九瓶,问:该几何?

答曰:一万三千九百三十二瓶.

法曰:置广一十八瓶,以高九瓶乘之得一百六十二瓶,以长乘之,合问.

[**方栈酒**]

62. 今有方栈酒:四面各一十六瓶,高一十五瓶,问:该几何?

答曰:三千八百四十瓶.

法曰:置方一十六瓶自乘得二百五十六瓶,以高一十五瓶乘之,合问.

[**方箭**]

63. 今有方箭一束,外围四十四只,问:共几何?

答曰:一百四十四只.

法曰:外围四十四只加内围八只共得五十二只,以外围四十四只乘之得二千二百八十八只为实,以方法十六除之得一百四十二只,加中心二只共得一百四十四只,合问.

又法:外围一面一十二只自乘,合问.

[**圆箭**]

64. 今有圆箭一束,外周四十二只,问:共几何?

答曰:一百六十九只.

法曰:置外周四十二只加中围六只共得四十八只,以外周四十二只乘之得二千一十六只为实,以方法十二除之得一百六十八只,加中心一只,共得一百六十九只,合问.

[**方垛**]

65. 今有方垛:上方六个,下方一十一个,高六个,问:积几何?

答曰:四百五十一个.

法曰:置上方自乘得三十六个,下方自乘得一百二十一个,上、下方相乘得六十六个并三位得二百二十三个,又上方减下方余五个,半之得二个半,并前共二百二十五个半,以高六个乘之得一千三百五十三个,如三而一,合问.

[**果子垛**]

66. 今有果子一垛,下方一十六个,问:该几何?

答曰:一千四百九十六个.

法曰:置下方一十六个张三位,一位添一个,得一十七个,相乘得二百七十二个,又以一位添半个得一十六个半乘之得四千四百八十八如三而一,合问.

67. 今有果子一垛,上长四个,广二个;下长八个,广六个,高五个,问:积几何?

答曰:一百三十个.

法曰:倍上长为八个,加入下长共得一十六个,以上广二个乘之得三十二个;倍下长为一十六个,加入上长共二十个,以下广六个乘之得一百二十个,并二位共得一百五十二个又以下长减上长余四个亦并之得一百五十六个果子,乃是圆物比方物不同,故加入此数,以高五个乘之得七百八十个为实,如六而一,合问.

［三角垛］

68. 今有三角果子一垛，下方一面二十四个，问：积几何？

答曰：二千六百个.

法曰：置下一面二十四个张三位一位添一个得二十五个，相乘得六百个，又以一位添二个得二十六个乘之得一万五千六百，如六而一，合问.

［酒瓶一垛］

69. 今有酒瓶一垛：下长一十四个，阔九个，问：积几何？（此题与本卷诗词第12问互逆）

答曰：五百一十个.

法曰：置下长一十四个减阔，余折半得二个半，增半个得三个并入下长共得一十七个，以乘阔九个得一百五十三个，又以阔九个增一个共得一十个乘之得一千五百三十个为实，如三而一，合问.

70. 今有酒谭一垛：下广五个，长一十二个，上长八个，问：计几何？（此题与本卷诗词第五题互逆）

答曰：一百六十个.

法曰：倍下长加入上长共得三十二个，以乘下广五个得一百六十个，又以下广添一得六个乘之得九百六十个，如六而一，合问.

［屋盖垛］

71. 今有屋盖垛：下广九个，长八个，高八个，问：积几何？

答曰：三百二十四个.

法曰：置下广八个与长九个相乘得七十二个，以高八个加入一个为九个乘之得六百四十八个，如二而一，合问.

［平尖草垛］

72. 今有平尖草一垛：底子三十五个，问：积几何？

答曰：六百三十个.

法曰：置底子三十五个，张二位，一位增一个得三十六个，相乘得一千二百六十个，折半，合问.

［瓦垛］

73. 今有瓦不知数，只云：三十四片作一堆剩五片：若三十六片作一堆，剩七片，问：该互几何？

答曰：一千一百九十五片.

法曰：置瓦三十四片加一片得三十五片相乘得一千一百九十片，半之得五百九十五片，却以七片乘之得四千一百六十五于上，再置三十六片减一片得三十五片，相乘得一千二百六十，半之得六百三十，却以五片乘之得三千一百五十，并前共得七千三百一十五为实，却以三十四片、三十六片相乘得一千二百二十四，以对减除实，不满法者，即得瓦数，合问.

［**砖垛**］

74. 今有砖一堆：长四丈一尺，厚二尺，高一丈，每五块方一尺，高二寸，问：该砖几何？

答曰：二万一千块.

法曰：置长四丈一尺以厚二尺乘之得八十四尺，又以高一丈乘之得八百四十尺为实，又列方一尺以乘高二寸亦得二寸为法除之得四千二百寸，又以五块乘之，合问.

［**金银铜铅**］

75. 今有金、银、铜、铅四色，长、阔相等，被火熔作一块立方五寸，共重九十二斤十二两七钱五分，每立方一寸：金重一斤，银重十四两，铅重九两五钱，铜重七两五钱，问：各重几何？

答曰：金三十一斤四两，银二十七斤五两五钱，铅一十八斤八两八钱七分五厘，铜十四斤十两三钱七分五厘.

法曰：置方五寸再自乘得一百二十五寸，以四除之得三十一寸二分五厘，乃一色积寸，列四位各以方寸重两变斤乘之，合问.

76. 今有金、银、铅、铜四色，被火镕作一块立方五寸，共重九十六斤十两八钱，只云：铅铜如金银十三分之十二，银如金十一分之二，铜如铅十六分之九，问：四色各重几何？

答曰：金五十五寸，重五十五斤.

银一十寸，重八斤十二两.

铅三十八寸四分，重二十二斤十二两八钱.

铜二十一寸六分，重一十斤二两.

法曰：并金、银十三分，铅铜十二分共得二十五分为法，置方五寸再自乘得一百二十五寸，以分母十三乘之得一千六百二十五以法二十五除之得金银积六十五寸以减总积余得铅铜积六十寸，并金、银分母十一、分子二共十三除积六十五寸得五寸，以乘分母十一得金积五十五寸分子二得银积一十寸，又并铅、铜分母十六、分子九，共二十五，除积六十寸得二寸四分，以乘分母十六得铅积三十八寸四分，分子九得铜积二十一寸六分，各以寸两变斤乘之，合问.

77. 今有金、银、铅、铜四色，长阔相等，被火镕作一块，重九十一斤十二两七钱五分，问：各方几何？

答曰:方五寸,每色方三寸三千七百分寸之四百二十五.

法曰:置重九十一斤以斤法十六通之得一千四百五十六两加零十二两七钱五分,共得一千四百六十八两七钱五分为实,以并四色方寸重两共四十七两为实,除之得各色积三十一寸二分五厘,以四因之得共积一百二十五寸,以开立方法除之得面方五寸,再置一色积三十一寸二分五厘,以开立方法除之,得面方三寸三千七百分寸之四百二十五,合问.

[**金方**]

78. 今有方金一块:高一尺九寸八十四分寸之七十五,广一尺五寸三分寸之二,纵一尺七寸六分寸之五,问:重几何?

答曰:五千五百五十七斤五百四分斤之四百二十五.

法曰:置高一尺九寸以分母八十四通之加子七十五,共得一千六百七十一;广一尺五寸以分母三通之加子二,共得四十七;纵一十七尺以分母六通之加分子五,共得一百七,以三数相乘高一千六百七十一乘广四十七得七万八千五百五十七,又以纵一百七乘之共得八百四十万三千四百五十九为实,以三母相乘八十四分乘三分得二百五十二,又以六分乘得一千五百一十二为法除之得五千五百五十七,余实一千二百七十五法,实皆三约之,合问.

79. 今有方金一块:高一尺二寸六十三分寸之五十,广、纵各一尺二寸,问:重几何?

答曰:一千八百四十四斤七分斤之四.

法曰:置高一十二寸以分母六十三通之加子五十一,共得八百七,又置广、纵各一十二寸各以分母六十三通之各得七百五十六,自乘得五十七万一千五百三十六又以高八百七乘之得四亿六千一百二十二万九千五百五十二为实,以分母六十三再自乘得二十五万四十七为法除之得一千八百四十四斤余实一十四万二千八百八十四,法实皆三万五千七百二十一约之,得七分斤之四,合问.

80. 今有金方六寸,别置金方寸重一斤,问:重几何?

答曰:二百一十六斤.

法曰:置金方六寸再自乘得二百一十六寸,以一寸重一斤乘之,合问.

[**金圆**]

81. 今有金围圆二尺四寸,厚一寸,问:重几何?

答曰:四十八斤.

法曰:置围圆二尺四寸自乘得五百七十六寸,以厚一寸乘之如故,以圆法十二除之得四十八寸,以寸斤乘之,合问.

82. 今有圆金一块,径二尺四寸,问:重几何?

答曰:七千七百七十六斤.

法曰:置径二十四寸再自乘得一万三千八百二十四寸,以立圆法九乘得一十二万四千四百一十六寸十六而一得七千七百七十六寸,寸斤除之,合问.

[**金印匣**]

83. 今有金印匣一个,厚一分,外明方四寸二分,里明空,径方四寸,问:重几何?

答曰:一十斤一两四钱八厘.

法曰:置里明方径四寸再自乘得空积六十四寸,置外明方四寸二分再自乘得全积得七十四寸八厘八毫,于内减出空积余得金积一十寸八厘八毫为实,以金方寸重一斤乘之,合问.

[**银方**]

84. 今有方银一块,高四尺三寸六十五分寸之十七,广二尺,纵三尺九寸,问:重几何?

答曰:二万九千五百二十六斤.

法曰:置高四十三寸以分母六十五通之加子一十七,共得二千八百一十二,又置广二十寸以分母六十五(分)通之得一千三百,纵三十九寸以分母六十五通之得二千五百三十五以乘广一千三百得三百二十九万五千五百,以乘高二千八百一十二得九十二亿六千六百九十四万六千,以银寸重十四两加之得一百二十九亿七千三百七十二万四千四百,减六见斤得八十一亿八百五十七万七千七百五十为实,以分母六十三再自乘得二十六万四千六百二十五为法除之,合问.

85. 今有银方七寸,别置银方寸重十四两,问:重几何?

答曰:三百斤二两.

法曰:置银方七寸再自乘得三百四十三寸,以寸重十四两乘之得四千八百二两为实,以斤法十六除之,合问.

[**银塔珠**]

86. 今有银塔珠一个,空径三尺九寸六分,外周一丈二尺,厚二分,问:银重几何?

答曰:九百三十五斤九两三钱四厘.

法曰:置空径三十九寸六分再自乘得六万二千九十九寸一分三厘六毫以立圆法九乘得五十五万八千八百九十二寸二分六厘四毫以十六而一空得三万四千九百三十寸七分二厘四毫别置外周一百二十寸再自乘得一百七十二万八千寸以立圆周率四十八而一得全积三万六千寸,内减空积三万四千九百三十寸七分六厘四毫,余得实积一千六十九寸二分三厘六毫，以银寸两十四加之得一万四千九百六十九两三钱四厘，减六见斤，合问.

［银平顶圆盒］

87. 今有银平顶圆盒一个，高四寸，厚八厘，内空周二尺三寸五分二厘，高三寸八分四厘，问：重几何？

答曰：一十三斤一两七钱七厘八忽.

法曰：置内周二千三百五十二厘自乘得五百五十五万一千九百四厘以高三百八十四厘乘之得二十一亿二千四百三万五千一百三十六厘，以圆法十二除之得一亿七千七百二万九百二十八厘为空积，别置内周二千三百五十二厘，以圆法三除之得七百八十四厘，倍厚八厘得一十六厘，并之共八百厘，以三因得外周二千四百厘，自乘得五百七十六万，以高四百厘乘之得二十三亿四百万，以圆法十二除之得一亿九千二百万，以减空积，余一千四百九十七万九千七十二厘，以寸积一百万厘除之得一十四寸九分七厘九毫七忽二微，又以银寸重十四两乘之得二百四两七钱七厘八忽，减六见斤，至斤上零为两，合问.

［玉围圆］

88. 今有玉围圆，四寸五分，厚二寸；别置玉方寸重十二两，问：重几何？

答曰：二斤八两五钱.

法曰：置围圆四寸五分，自乘得二十寸二分五厘，以厚二寸乘之得四十寸五分，以圆法十二除之得三寸三分七厘五忽，以寸重十二两乘之得四十两五钱，以斤法十六而一，合问.

［铜方］

89. 今有铜方一尺五寸，别置铜方寸重七两五钱，问：重几何？

答曰：一千五百八十二斤五钱.

法曰：置铜方一十五寸再自乘得三千三百七十五寸，以寸重七两五钱乘之得二万五千三百一十二两五钱为实，以斤法十六除之，合问.

［铜塔珠］

90. 今有铜塔珠一个，实径一尺，周三尺，问：重几何？

答曰：二百六十三斤七两七钱五分.

法曰：置径十寸再自乘得一千寸，以九因得九千寸，又以十六而一得五百六十二寸五分，以铜方寸重七两五钱乘之得四千二百一十八两七钱五分，减六见斤至斤止零为两，合问.

[**铁墩方**]

91. 今有铁墩,面方一尺二寸,底方一尺五寸,高九寸,别铁方寸重六两,问:重几何?

答曰:四百一十五斤二两.

法曰[10]:置面方一十二寸自乘得一百四十四寸,底方一十五寸自乘得二百二十五寸,并之得三百六十九寸,又以高九寸乘之得三千三百二十一寸,以三而一得一千一百七寸,又铁寸重六两乘之得六千六百四十二两为实,以斤法十六为 法除之,合问.

[**铅面阔**]

92. 今有铅:面阔四寸,长一尺九寸;底阔三寸,长一尺八寸,厚三寸. 别置铅方寸重九两五钱,问:重几何?

答曰:一百一十五斤七两七钱五分.

法曰:倍面长得三尺八寸加底长共得五尺六寸,以面阔四寸乘之得二百二十四寸;又倍底长得三尺六寸,加面长共得五尺五寸,以底阔三寸乘之得一百六十五寸,并二位共得三百八十九寸,以厚三寸乘之得一千一百六十七寸,如六而一得一百九十四寸半,却以铅寸重九两五钱乘之得一千八百四十七两七钱五分为实,以斤法十六除之,合问.

[**石碟方**]

93. 今有石碟,面方三尺二寸,底方二尺八寸,厚二丈一尺,别置石方寸重三两,问:重几何?

答曰:三千五百四十九斤.

法曰:置方面三尺二寸自乘得一千二十四寸,底方二尺八寸自乘得七百八十四寸,又面方与底方相乘得八百九十六寸,并三位共得二千七百四寸,以厚二尺一寸乘之得五万六千七百八十四寸,如三而一得一万八千九百二十八寸,以寸重三两乘之得五万六千七百八十四两,以斤法除之,合问.

诗词一十(三)[二]问

[**西江月**]

1. 今筑方城一座,上广一丈八尺.

　下多三丈更无余,高比下少丈二.

　今已筑高二丈,又廉四尺加之.

　城垣上广未能知,故问城平该几.(西江月)

答曰:二丈八尺.

法曰:置下多三丈以筑高二丈四尺乘之得七百二十尺,却以原高该三丈六尺除之得二十尺,以减下广四丈八尺,余得亡筑上广,合问.

2. 今有圆仓一座,廪高一丈二尺.

周比高多三丈齐,八尺[1]贮盐一石.

欲要盘秤见数,烦公推算先知.

若还算得不差池,诸处谈扬赞你!(西江月)

答曰:积一千七百六十四尺,贮盐(二千二百五石)[二百二十石五斗].

法曰:置周四十二尺自乘得一千七百六十四尺.以高一十二尺乘之得二万一千一百六十八尺,而十二而一得一千七百六十四尺,以每积八(寸)[尺]为法除之得盐,合问.

3. 今有方仓贮米,五百一十八石.

更加四斗粟无余,方比高多三尺.

今要依数置造,要推方阔高低.

闻公能算必先知,此法如何辨取?(西江月)

答曰:仓方一丈二尺,高九尺.

法曰:置米五百一十八石四斗,以斛法二尺五寸乘之得一千二百九十六尺为实.以多三尺自乘得九尺为从方,倍多三尺得六尺为从廉,以一为隅算,开立方法除之,得高九尺,加三尺得仓方,合问.

4. 今有秋粮白米,四百四十一石.

更加六斗共堆积,停聚外角倚壁.

高比下周缺少,计该一丈三尺.

烦公推算问端的,要见高周各几?(西江月)

答曰:高二丈三尺,下周三丈六尺.

法曰:置米四百四十一石六斗,以斛法二尺五寸乘之得一千一百四尺,又以二十七乘之得二万九千八百八尺为实,以不及一十三尺自乘得一百六十九尺为从方,倍不及一十三尺得二十六尺为从廉,以一为隅算,开立方法除之得高二丈三尺,加不及一丈三尺得下周,合问.

5. 今有酒坛一垛,共积一百六十.

下长多广整七枚,广少上长三只.

堆积槽坊园内,上下长广难知.

[1] 原误为"八寸".按《九章算法比类大全》卷自衡率一石:120斤,八立方寸步不可能贮盐120斤,故改为"八尺".

烦公仔细用心机，借问各该有几？（西江月）

答曰：上长八个，下长一十二个，广五个.

法曰：置一百六十，以六乘之得九百六十为实，倍多广七得一十四加少上长三共一十七为从方，再加少上长三共二十个为从廉，以三为隅算，开立方法除之，得下广五个，各加不改，合问.（本题与本卷比类第70题互逆）

［**七言四句**］

6. 红桃堆起一盘中，八百一十有九个.

四角堆之尖上一，未知底子如何垛？

答曰：底子一十三个.

法曰：置积八百一十九个，以三乘得二千四百五十七个为实，以半个为从方，一个半为从廉，一为隅算，开立方法除之，合问.

7. 红桃一垛底难知，共该六百八十枚.

三角垛来尖上一，每面底子几何为？

答曰：底子一十五个.

法曰：置积六百八十个以六乘得四千八十个为实，以二为从方，三为从廉，一为隅算，开立方法除之，合问.

8. 一株槐木五尺方，六面彩画粧外旁.

五寸截成方斗子，几枚素者几枚粧.

答曰：粧斗四百八十八个；

素斗五百一十二个.

法曰：置木方五尺再自乘得一百二十五尺，每尺八个乘之得斗一千个，又置方五尺减外围粧画一尺余四尺再自乘得六十四尺以每尺八个乘之，得素斗五百一十二个，以减总数，余得粧斗，合问.

9. 汴梁城周八十里，枯县城周十六里.

几个柘县抵汴梁，定数悬空能有几？

答曰：为二十五个柘县.

法曰：置城周八十里，自乘得六千四百里，以十二而一得五百三里三分里之一，柘县城周十六里，自乘得二百五十六里，以十二而一得二十一里三分里之一，有分者通之，汴梁城五百二十三里，以分母三乘之加分子二共得一千六百为实，以柘县城二十一里以分母三乘之加分子一共六十四为法除之，合问.

10. 今有自方一块蜡，自方高厚一尺八.

一日对天燃一寸，问燃几年用何法？

答曰：一十六年二个月零十二日.

法曰:置蜡自方一十八寸再自乘得五千八百三十二寸为实,以年率三百六十日为法除之得一十六年,余实七十二寸,以三除得二个月零十二日,合问.

[**六言四句**]

11. 圆窖见积粮储,二百二石八斗.

高不及周丈七,请问周高多少?

答曰:高九尺,周二丈六尺.

法曰:置积二百二石八斗,以斛法二尺五寸乘之得五百七尺,又以十二乘之得六千八十四尺为实,以不及一十七尺自乘得二百八十九尺为从方,倍不及一十七尺得三十四尺为从廉,以一为隅算,开立方法除之,得高九尺,加不及一丈七尺,得周二丈六尺,合问.

12. 今有酒瓶一垛,计该五百一十.

阔不及长五个,长阔堆能备识.

答曰:长一十四个,阔九个.

法曰:置积五百一十以三乘得一千五百三十为实,半不及五个得二个半,添半个得三个并不及五个得八个为从方,再添一得九个为从廉,以一为隅算,开立方法除之,得阔九个,加不及五个,得长一十四个,合问.(此题与本卷比类第69题互逆)

——九章详注比类商功算法大全卷第五[终]

诗词体数学题译注：

1. **译文**：今筑一座方城，城墙上广 1.8 丈，下广比上广多 3 丈，无余数. 高比下广少 1.2 丈，现已筑高 2.4 丈. 请问已筑上广是多少丈？

解：此城墙的截面是一等腰梯形，已知

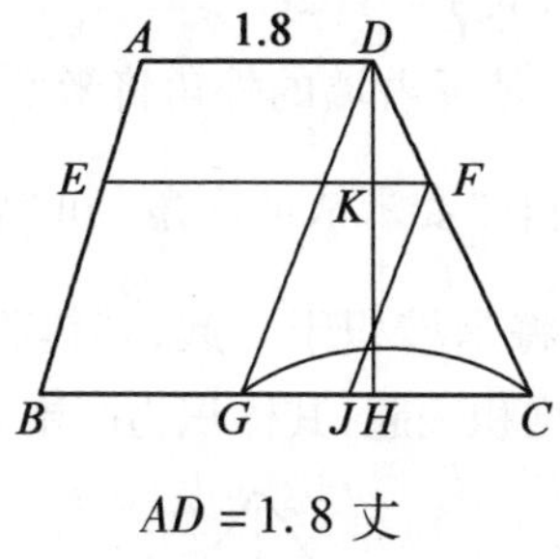

$$AD = 1.8\ 丈$$

$$BC = 1.8 + 3 = 4.8(丈)$$

$$DH = 4.8 - 1.2 = 3.6(丈)$$

$$KH = 2.4\ 丈$$

求 EF.

易知：$\frac{DH}{KH} = \frac{GC}{JC}$，即$\frac{3.6}{2.4} = \frac{3}{x}$.

以下为吴敬原法：$x = \frac{3 \times 2.4}{3.6} = 2(丈)$

$$EF = 4.8 - 2 = 2.8(丈)$$

2. **注解**：廪：粮食. 贮：储存.

译文：今有圆仓一座，仓高 1.2 丈. 圆周比仓高多 3 丈. 每 8 立方尺贮盐一石，欲要过秤. 盘点数目，烦你推算先知. 如果算得不差错，各处都会谈论赞扬你！

解：《九章算术》圆垛垮（直圆柱，即圆仓）体积为

$$V = \frac{1}{12}C^2 h$$

所以圆仓体积为

$$V = \frac{1}{12}C^2 h = \frac{1}{12} \times (3 + 1.2)^2 \times 1.2 = 1\ 764(立方尺)$$

$$贮盐：1\ 764 \div 8 = 220.5(石)$$

3. **注解**：古解法 2 尺 5 寸.

译文：今有方仓贮米 518 石 4 斗，方仓边长比高多 3 尺，今要依数建仓，要推算仓库的高低，听说先生能计算，此法如何计算呢？

解:吴敬原法为:设方仓高为 x 尺,则方仓阔为 $(x+3)$ 尺,所以

$$x(x+3)^2=518.4\times2.5=1\ 296$$

$$x^3+6x^2+9x=1\ 296$$

方仓高为:$x=9$(尺).

方仓边阔为:$9+3=12$(尺).

4. **注解**:停聚外角倚壁:依靠着墙的外角将米堆积于一起.其形状为圆锥体积的$\frac{3}{4}$,《九章算术》卷五尚有"委米依垣内角"和"平地依垣"两术."委地依垣内角"是指靠着墙的内角,将米堆积于一起,其体积为圆锥体积的四分之一."平地依垣"是指将米靠墙堆积一起,其体积为圆锥体积的二分之一.

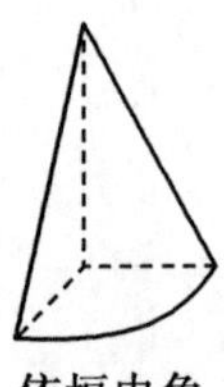
依垣内角

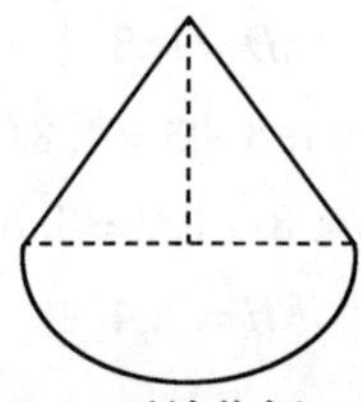
平地依垣

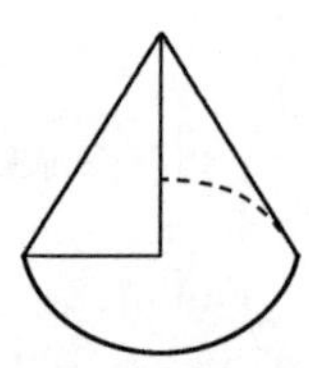
依垣外角

译文:今有秋粮白米,四百四十一石,再加六斗依靠墙的外角共同堆积,高比下周少十三尺,烦你推算一下,究竟高、周各多少尺?

解:吴敬原法为:置米 441.6 石,以斛法 2.5 尺通之,得

$$441.6\times2.5=1\ 104(\text{立方尺})$$

设高为 x 尺,则下周为 $(x+13)$ 尺,所以

$$(x+13\ \text{尺})^2x=1\ 104\times\frac{36\times3}{4}=1\ 104\times27=29\ 808$$

即
$$x^3+26x^2+169x-29\ 808=0$$

$x=23$ 尺即高

下周:$23+13=36$(尺).

5. **简介**:宋朝科这家沈括《梦溪笔谈》卷十八"技艺"条中有"隙积数".

设:酒坛上层长为 a 个,宽为 b 个,向下逐层长宽方面各增加一个,最下层长为 c 宽为 d 个,共 n 层,则沈括的公式相当于

$$S=ab+(a+1)(b+1)+[(a+1)+1][(b+1)+1]+\cdots+[(a+n-1)(b+n-1)-cd]$$

$$=\frac{n}{6}\{(2b+d)a+(2d+b)c\}+\frac{n}{6}(c-a)$$

若用天元术令下广 d 为 x,则下长 c 为 $x+7$,上长 a 为 $x+3$,上广为 1,代入

上式,即得

$$3x^3+20x^2+17x-6\times160=0$$

解:置 160×6=960 为实,倍多广加少上长:7×2+3=17 为从方,再加少上长 3,共:17+3=20 为从廉,3 为隅算,此即

$$3x^3+20x^2+17x-6\times160=0$$

开立方法除之,得下广 $x=5$(个).

所以下长:5+7=12(个).

上长:5+3=8(个).

6. **简介**:此题是四角垛问题.

译文:在盘中堆起一垛红桃,共八百一十九个. 截成四角垛,尖上一个,问底层有多少个.

解:

$$1^2+2^2+3^2+\cdots+n^2=\frac{1}{3}n\left(n+\frac{1}{2}\right)(n+1)$$

$$\frac{1}{3}n\left(n+\frac{1}{2}\right)(n+1)=819$$

$$n^3+\frac{3n^2}{2}+\frac{n}{2}=819\times3=2\ 457$$

解之:$n=13$.

7. **简介**:此题系据朱世杰《四元玉鉴》卷中:"茭草形段"门第一题改编,这题原文是:

今有茭草六百八十束,欲令落一形埵之. 问底子几何?

本题实际上是一个三角垛问题,宋朝数学家杨辉在《乘除通变本末》(1274 年),元朝数学家朱世杰在《四元玉鉴》(1303 年)中,给出三角垛计算公式如下

$$1+(1+2)+(1+2+3)+\cdots+(1+2+3+\cdots+n)$$

$$=1+3+6+\cdots+\frac{n(n+1)}{2}$$

$$=\frac{1}{6}n(n+1)(n+2)$$

或

$$\sum_{n=1}^{n}\frac{n(n+1)}{2!}=\frac{n(n+1)(n+2)}{3!}$$

注解:底子:底层.

译文:有一垛鲜艳色的桃子,底层数难知. 共有六百八十枚,把它堆成顶尖只有一个的三角锥(即三棱锥体),问底层有多少个.

解:设底层有 x 个. 代入上式,则

$$x(x+1)(x+2)=680\times6$$

即 $$x^3+3x^2+2x-4\ 080=0$$

解之:$x=15$(枚).

8. **注解**:方斗子:小立方体. 素斗:指内部的小立方. 粧斗:指表面彩画的小立方.

译文:有一株五立方尺的槐木,将六面化上彩画,每5立方寸截成一个小立方,问表面彩画的小立方和内部没彩画的小立方各有多少块?

解:吴敬原法为:槐木体积为:$5^3=125$ 立方尺,每立方尺可以截小立方 $1\div 0.5^3=8$ 个小立方,共可以截成:$125\times 8=1\ 000$ 个小立方.

又置方5尺,减外围粧画1尺,余4尺. 再自乘得:$4^3=64$,以每立方尺8个小立方乘之,得内部没彩画的小立方为:$8\times 64=512$(个),所以表面彩画的小立方:$1\ 000-512=488$(个),又观图可以看出:

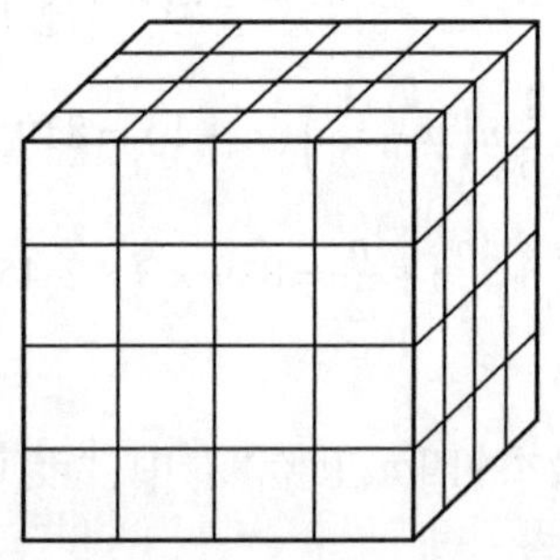

(1)内部没彩画的小立方为:$(10-2)^3=512$(个).

表面彩画的小立方为:$1\ 000-512=488$(个).

(2)表面彩画的小立方为

上下两面:$10\times 10\times 2=200$(个).

前后两侧面:$10\times(10-2)\times 2=160$(个).

左右两侧面:$(10-2)\times(10-2)\times 2=128$(个).

内部没彩画的小立方为:$1\ 000-488=512$(个).

(3)角、棱、面观察计算外部粧斗

八角:每角7个,共:$7\times 8=56$(个)

十二棱:每棱 $6\times 3=18$(个),共 $18\times 12=216$(个).

六面:每面 $3\times 3\times 4=36$(个),共 $36\times 6=216$(个).

总计:488个

内部素斗:$1\ 000-488=512$(个).

9. **注解**:据本题法曰知:汴梁,柘具城都上圆城.

译文:汴梁城圆周 80 里,柘县城圆周 16 里. 几个柘县才能抵一个汴梁城.

解:吴敬原法是根据《九章算术》圆田术,知圆面积为:"周自相乘,十二而一."

所以:$\frac{80^2}{12} \div \frac{16^2}{12} = 533\frac{1}{3} \div 21\frac{1}{3} = 25$(个).

10. **译文**:今有一块正方形体的蜡,方高厚各是 1 尺 8 寸,每天燃一立方寸,问燃几年用何法计算?

解:吴敬原法为:$18^3 = 5\ 832$(立方寸). 以年率 360 除之,得:16.2 年.

11. **译文**:圆窖储粮 202.8 石,窖高比圆周少 17 尺,请问圆窖周、高各多少尺.

解:吴敬原法为:设高为 x 尺,则周为$(x+17)$尺.

由《九章算术》卷一"圆田术"周自相乘,十二而一,设圆窖高为 x 米,则周为:$2\pi r = (x+17)$尺,所以 $r = \frac{x+17}{2\pi}$.

圆窖体积为:$x \cdot \pi r^2 = x\pi\left(\frac{x+17}{\pi}\right)^2$.

取 $\pi = 3$,则

$$x\left(\frac{x+17}{12}\right)^2 = 202.8 \times 2.5$$

所以
$$x(x+17)^2 = 202.8 \times 2.5 \times 12 = 6\ 084$$

即
$$x^3 + 34x^2 + 289x - 6\ 084 = 0$$

解之:得高为:$x = 9$(尺)

圆周为:$9 + 17 = 26$(尺).

12. **简介**:此题亦是四角垛问题.

注解:备识:备用、识别.

译文:今有一垛酒瓶总计五百一十个,阔比长少五个. 问谁能算出长阔各有多少个?

解:$510 \times 3 = 1\ 530$ 为实,半不及:$5 \div 2 = 2.5$,添 0.5 个得 3 个. 并不及 5 个得 8 个为从方,再添一个得 9 个为从廉,以一为隅算,此即

$$x^3 + (1+8)x^2 + \left(\frac{5}{2} + 0.5 + 5\right)x = 510 \times 3$$

即
$$x^3 + 9x^2 + 8x - 1\ 530 = 0$$

开立方法除之,得阔:$x = 9$(个).

所以长为:$9 + 5 = 14$(个).

①商功:本卷共 133 问,其中古问 28 问,比类 93 问,诗词 12 问.

李籍《九章算术音义》云:"商:度也,度其功庸,故曰'商功'."

本章主要计算各种立方体体积问题,其中有些题目还涉及用工人数的计算问题,"商功"一词,实际上就是商量体积的计算.

吴敬在卷首列出各种体积的计算公式:

ⅰ. 城、垣、堤、沟、渠(梯形棱柱体)$V=\frac{1}{2}(a+b)hl$. (2 ~7 题)

ⅱ. 方堡𡍩(bǎo dǎo)(正立方体)$V=a^3$ 或 $V=a^2h$. (8 题)

ⅲ. 圆堡𡍩(直圆柱)$V=\frac{1}{12}C^2h$. (10 题)

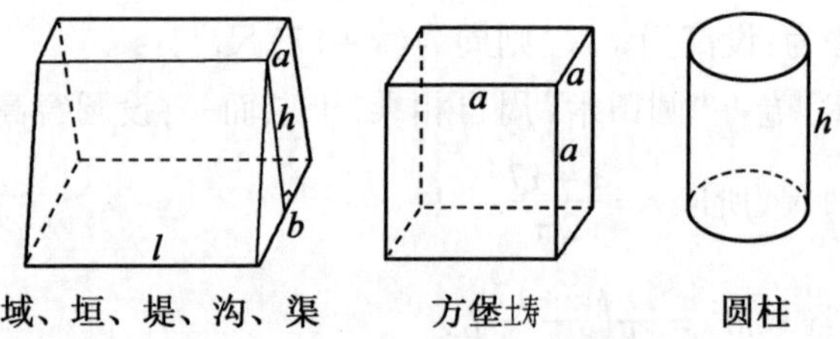

城、垣、堤、沟、渠　　方堡𡍩　　圆柱

ⅳ. 方亭(正方台)$V=\frac{1}{3}(a^2+ab+b^2)h$. (12 题)

圆亭 $V=\frac{1}{36}(C_1^2+C_1C_2+C_2^2)h$. (13 题)

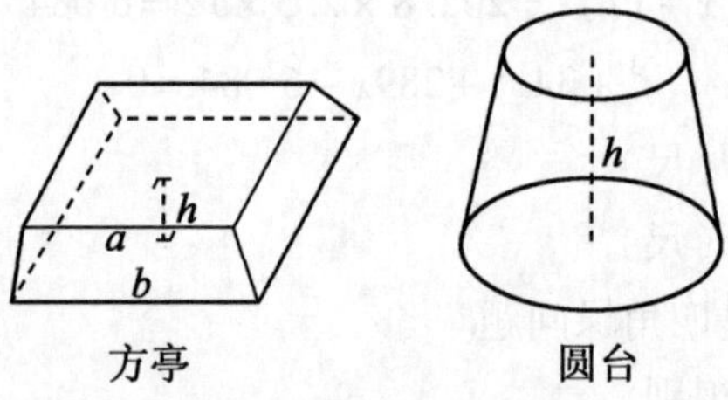

方亭　　圆台

ⅴ. 方锥(正方锥)$V=\frac{1}{3}a^2h$. (14 题)

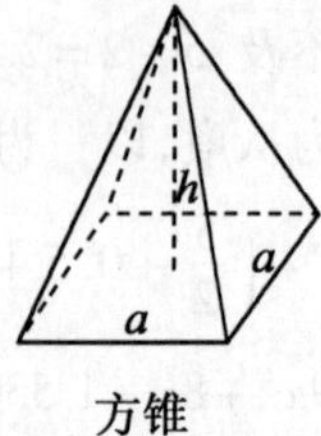

方锥

ⅵ. 圆锥(正圆锥)$V=\frac{1}{36}C^2h$. (15 题)

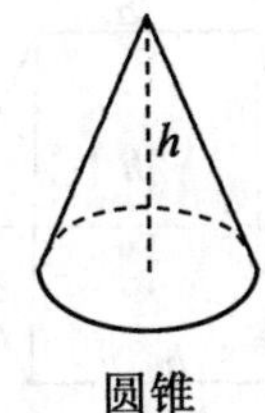

圆锥

ⅶ.“堑堵”,即长方体的斜截体 $V=ab\times\frac{h}{2}$.(19 题)

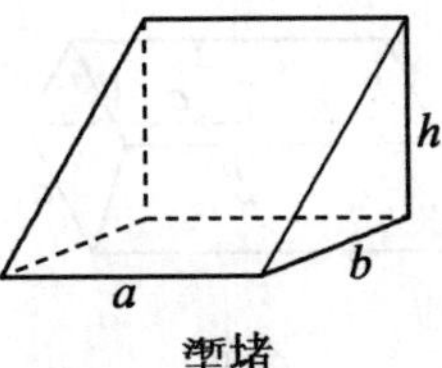

堑堵

ⅷ.“阳马”,即一个棱垂直于底的四棱锥 $V=\frac{1}{3}ab$.(20 题)

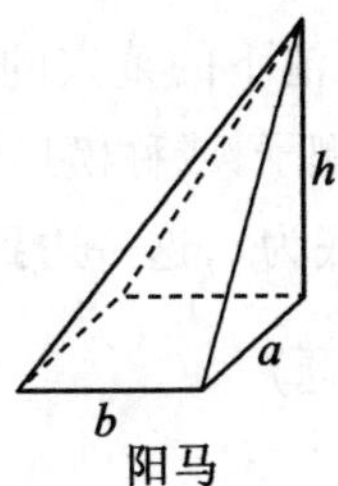

阳马

ⅸ.“鳖臑”,即一个棱垂直于底的三角锥,实为一个阳马沿垂直棱和底面对角线切开的一半,因此有 $V=\frac{1}{6}ab$.(21 题)

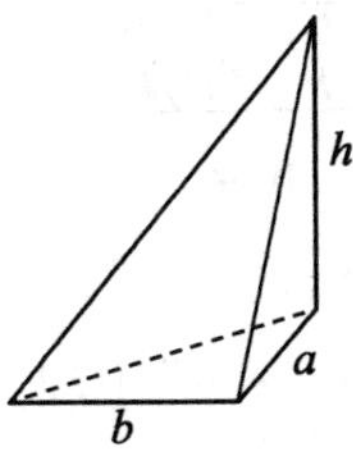

ⅹ.刍甍(mēng)是上底为一线段,下底为一矩形的楔形体,形似屋脊 $V=\frac{1}{6}(2b+a)ch$.(26 题)

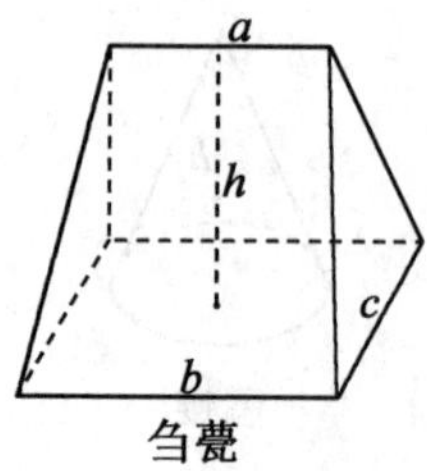

刍甍

xi. 刍童(长方台)$V=\frac{1}{6}h[(2b+d)a+(2d+b)c]$.(22 题)

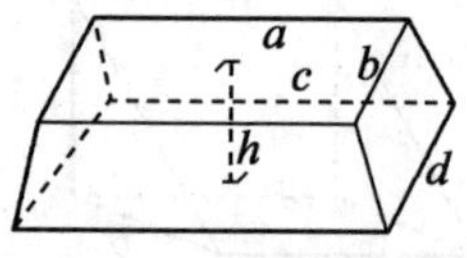

刍童

xii. 22 ~ 25 题，分别称为刍童、曲池、盘池和冥谷，但皆同术，都是用刍童求.

xiii. 羡除：是一种古代斜入池下的墓穴的坡道，是三侧面为等腰梯形，两侧面为三角形的五面体，形状像楔子，或称楔形体，设一梯形的上下底分别为 a 和 b，高为 h，其他两梯形的公共底为 c，这一边到第一梯形的距离为 l，则羡除的体积为：$V=\frac{1}{b}(a+b+c)hl$.(24 题)

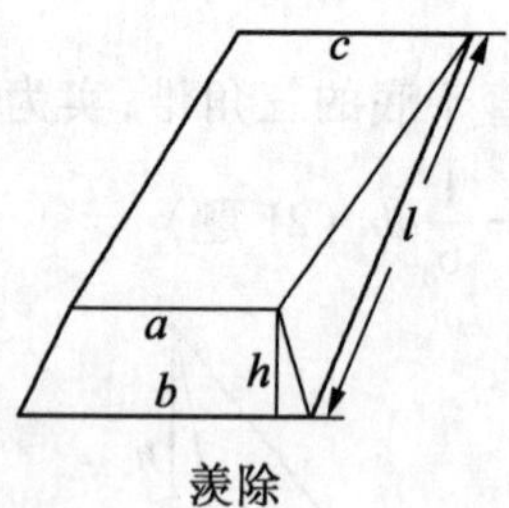

羡除

比类第二题解法：

②此题“以高一十二尺除之… … …”于理不通，正方台其直截面为一等梯形.

如图，已知：$AD=8$ 尺，$BC=14$ 尺，$AE=12$ 尺，$EF=8$ 尺.

$$\frac{AE}{AF}=\frac{BE}{GF}$$

$$\frac{12}{12-8}=\frac{(14-8)\div 2}{GF}$$

即
$$\frac{12}{4}=\frac{3}{GF}$$

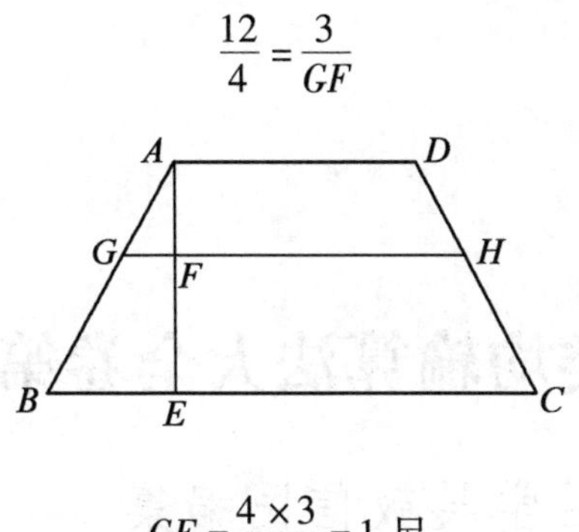

$$GF=\frac{4\times3}{12}=1\text{ 尺}$$

$$GH=GF\times2+8=2+8=10(\text{尺})$$

③此题引自《详明算法》卷下.

④此题引自贾亨《算法全能集》卷下,《详明算法》卷下.

⑤此题引自《详明算法》卷下、贾亨《算法全能集》卷下,法曰自“并三数”以后残缺,依《详明算法》补.王文素《算学宝鉴》卷二十引录此题,并做了详细论述,详见《算学宝鉴校注》239页,科学出版社,2008年8月.

⑥此法依《中国历代算学集成》本.

⑦此题是根据《通汇本》《集成本》影印《九章算法比类大全》合校而求.《通汇本》有“法曰”无题,《集成本》有题,无“法曰”.

⑧此题法曰原排在42题残法“并三数得三百四尺”之后,今移此.

⑨根据法曰补此题.

⑩此题解法错误,王文素在《算学宝鉴》卷二十指出:

论此铁墩之形.面方一尺二寸,底方一尺五寸,高九寸,即方亭台也,当以方亭台法求之.

王文素的新证法曰:置上方自乘,得一百四十四寸;底方自乘,得二百二十五寸;又以上、下方相乘,得一百八十寸;并之,共得五百四十九寸,以高九寸乘之,得四千九百四十一寸,如三而一,得积一千六百四十七寸,以铁寸重六两乘之,得九千八百八十二两为实,以斤法一十六两为法,除之,得六百一十七斤零一十两,正合所问.

九章详注比类均输算法大全卷第六

钱塘南湖后学吴敬信民编集
黑龙江省克山县潘有发校注

均输①计一百一十九问

法曰：以所输粟价等物贵贱高下、地里远近、人户多寡、均而为衰，如衰分法求之.

古问二十八问

［五县均赋］

1.(3)今有五县赋粟一万石，每车载二十五石，行道一里，出顾钱一文，各县到输所远近不等，粟价高下.欲令各县劳费相登，内甲县二万五百二十户，粟一石价钱二十［钱］，自输其县.乙县一万二千三百一十二户，粟一石价钱一十［钱］，远输所二百里.丙县七千一百八十二户，粟一石价钱一十二钱，远输所一百五十里，丁县一万三千三百三十八户，粟一石价钱一十七钱，远输所二百五十里，戊县五千一百三十户，粟一石价钱一十三钱，远输所一百五十里，问：各县出粟几何？

答曰：甲县三千五百七十一石二千八百七十三分石之五百十七.

乙县二千三百八十石二千八百七十三分石之二千二百六十.

丙县一千三百八十八石二千八百七十三分石之二千二百七十六.

丁县一千七百一十九石二千八百七十三分石之一千三百一十三.

戊县九百三十九石二千八百七十三分石之二千二百五十三.

法曰:以各县户数为衰,即衰分也.因加,远近里僦,又云粟价不等,今以里僦粟价求为之钱,重求各县,户数为衰,均其输也.大意明均其粟暗均其钱也.用各以里僦相乘并粟石价均县户数为衰,各列置衰,副并为法,以赋粟乘未并者,各自为列实,实如法而一,合问,各以里僦相乘一车载二十五石行道一里得顾一方,每石实得顾钱四厘,并粟价约县户为衰甲县乃自输本县无里僦相乘,只以粟价二十约二万五百二十户,得一千二十六为衰,乙县行道二百里,以顾钱四厘相乘得八钱,并粟价一十,共得一十八钱,约本县一万二千三百一十二得六百八十四为衰,丙县行道一百五十里,以顾钱四厘相乘得六钱,并粟价一十二,共得一十八钱,约本县七千一百八十二户,得三百九十九为衰,丁县行道二百五十里,以顾钱四厘乘得一十钱,并粟价一十七共得二十七钱约本县一万三千三百三十八户,得四百九十四为衰,戊县行道一百五十里,以顾钱四厘相乘得六钱,并粟价一十三钱共得一十九钱,以约本县五千一百三十户,得二百七十为衰,各置列衰甲一千二十六,乙六百八十四,丙三百九十九,丁四百九十四,戊三百七十副并五乘共衰二千八百七十三为法,以赋粟一万石乘未并者各自为实,甲一千二十六万,乙六百八十四万,丙三百九十九万,丁四百九十四万,戊二百七十万为衰,以法一千八百七十三除之,合问.

[**四县输粟**]

2.(1)今有四县均输粟二十五万石,用车一万辆,以各县远近户数衰出之.甲县一万户,行道八日;乙县九千五百户,行道十日;丙县一万二千三百五十户,行道一十三日;丁县一万二千二百户,行道二十日.问:各输车、粟几何?

答曰:甲县,粟八万三千一百石,车三千三百二十四辆.

乙、丙县各粟六万三千一百七十五石,各车二千五百二十七辆.

丁县粟四万五百五十石.

车一千六百二十二辆.

法曰[②]:置各县户数,以行道日数而一为衰,甲县一万户,行道八日除得一百二十五为衰;乙县九千五百户,行道十日除得九十五为衰;丙县一万二千三百五十户,行道一十三日除(行)[得]九十五为衰;丁县一万二千二百户,行道二十日除得六十一为衰,各列置衰:甲一百二十五万,丙各九十五,丁六十一,副并四县共衰三百七十六为法,以所均车一万辆乘未并者各自为实;甲一百二十五万,乙、丙各九十五万,丁六十一万,以法三百七十六除之甲得三千三百二十四辆,余实一百七十六;乙、丙各得二千五百二十六辆,余实二百二十四;丁得一千六百二十二辆,余实一百二十八.有余者,上下辈之辈者,配也.车牛不可分裂,推少就多甲、丁余少,乙、丙余多,以甲、丁余就乙,余多为一车,乙、丙为增,合得二千五百二十七辆,以粟二十五石乘各得车数为粟,合问.

[**五县均卒**]

3.(2)今有均卒一月一千二百人,甲县一千二百人;乙县一千五百五十人,行道一日;丙县一千二百八十人,行道二日;丁县九百九十人,行道三日;戊县一千五百五十人,行道五日,欲以五县远近、户数衰出,问:各几何?

答曰:甲县二百二十九人,乙县二百八十六人,丙县二百二十八人,丁县一百七十一人,戊县二百八十六人.

法曰:置县卒各以行道日数而一为衰:甲县一千二百人,以三十日除得四为衰;乙县一千五百五十人,以三十一日除得五为衰;丙县一千二百八十人,以三十二日除得四为衰;丁县九百九十人,以三十三人除得三为衰;戊县一千七百五十人,以三十五除得五为衰,各列置衰:甲四,乙五;丙四,丁三,戊五副并五县共衰二十一为法,以所均卒一千二百乘未并者各自为实;甲得四千八百,乙得六千,丙得四千八百,丁得三千六百,戊得六千,以法二十一除之甲得二百二十八人余实一十二,乙得二百八十五人,余实一十五,丙得二百二十八人余实一十二,丁得一百七十一人余实九,戊得二百八十五人,余实十五,有余者,上下辈之,人卒不可分裂,推少就多,合问.

[**二车载粟**]

4.(9)空车日行七十里,重车日行五十里,今载粟至仓,五日三返,问:远几何?

答曰:四十八里十八分里之十一.

法曰:置空车七十,重车五十为分母,各以一日为分子,母互乘子得一百二十以三返乘之得三百六十为法,令空车七十重车五十相乘得三千五百又以五日乘之得一万七千五百为实,以法除之得四十八里,余实二百二十,法实皆五十约之,合问.

[**六县均粟**]

5.(4)今有六县均粟六万石,皆输甲县.六人共一车,载二十五石,重车日行五十里,空车日行七十里,粟有贵贱,佣有力价,欲以算数劳费相等出之.甲县四万二千算,粟一石直二十,佣一日顾一文,自输其县.乙县三万四千二百七十二算,粟一石直一十八,佣一日顾十文,远七十里.丙县一万九千三百二十八算,粟一石直一十六,佣一日顾五文,远一百四十里.丁县一万七千七百算,粟一石直一十四,佣一日顾五文,远一百七十五里.戊县二万三千四十算,粟一石直一十二,佣一日顾五文,远二百一十里.己县一万九千一百三十六算,粟一石直一十,佣一日顾五文,远二百八十里,问:各县该粟几何?

答曰:甲县一万八千九百四十七石一百三十三分石之四十九.

乙县一万八百二十七石一百三十三分石之九.

丙县七千二百一十八石一百三十三分石之六.

丁县六千七百六十六石一百三十三分石之一百二十二.

戊县九千二十二石一百三十三分石之七十四.

己县七千二百一十八石一百三十三分石之六.

法曰[3]:以六县等数均者,副用衰分,今赚粟佣高下,输所远近,名曰均输,又加空重车为问,不遇衍题,以坚算士之志.

各以空重人车里僦相乘粟价,又以重车乘并,约县算为衰甲县乃自输本县,无空、重车远近里数,只以粟价二十,以一日重车五十里相乘得一千,约四万二千算,得四十二为衰;乙县空重车乘除得日行一百,加载输各一日,空车七十,重车五十,共二百二十,以六人乘得一千三百二十为实,却以一车载二十五石除得五百二十八,加粟价一十八,又以一日重车五十(除)[乘]得九百,共一千四百二十八,约三万四千二百七十二算,得二十四为衰.丙县空、重车乘除得日行一百,加载输各二日,重车一百,空车一百四十,共三百四十,以六人乘得二千四十,又以佣一日五文乘得一万二百为实,却以一车载二十五石除得四百八,加粟价一十六文,以一日重车五十乘得八百,共一千二百八,约一万九千三百二十八算,得一十六为衰.丁县空、重车乘除得日行一百,加载输各二日半,空车一百七十五,重车一百二十五,共四百,以六人乘得二千四百,又以佣一日五文乘得一万二千,却以一车载二十五石除得四百八十,加粟价一十四文,以一日重车五十乘得七百,共一千一百八十,约一万七千七百算,得一十五为衰.戊县空重车乘除得日行一百,加载输各三日:重车一百五十,空车二百一十,共四百六十.以六人乘得二千七百六十,又以佣一日五文乘得一万三千八百,却以一车载二十五石除得五百五十二,加粟价一十二文,以一日空车五十乘得六石,共一千一百五十二,约二万三千四十算,得二十五为衰.已县空重车乘除得日行一百,加载输各四日,重车二百,空车二百八十,共五百八十,以六人乘得三千四百八十,以佣一日五文乘得一万七千四百,却以一车载二十五石除得六百九十六,加粟价一十文,以一日重车五十乘得五百,共一千一百九十六约一万九千一百三十六算得一十六为衰.各列置衰:甲四十二,乙二十四,丙一十六,丁一十五,戊二十,已一十六,副并共一百三十三为法,以所赋粟六万石乘未并衰各自为实,甲得二百五十二万,乙得一百四十四万,丙得九十六万,丁得九十万,戊得一百二十万,已得九十六万,以法一百三十三除之,各得数,合问.

[凫雁飞程]

6.(20)凫(fú,野鸭)起南海,七日至北海;雁(yàn)起北海,九日至南海,今凫雁俱起.问:何日相逢?

答曰:三日十六分日之十五.

法曰[4]:置日数七日、九日相乘得六十三日为实,并日数七日、九日共一十六日为法除之,合问.

[造箭算筈]

7.(23)造箭:一人为箄(gān,同竿)三十只,一人为羽五十只,一人为筈(kuò,又读 guā)一十五只,今令一人一日自造箄、羽、筈,问:成箭几何?

答曰:八矢少半矢.

法曰:置竿三十、羽五十、筈十五为分母,以一人为分子,列分母子:

三十	五十	十五
一人	一人	一人

以母互乘子:一人乘五十,又乘十五得七百五十;一人乘三十又乘十五得四百五十;一人乘三十,又乘五十得一千五百,并之共得二千七百为法,以分母相乘三十乘五十得一千五百,又乘十五得二万二千五百为实,以法除之,得八矢,余实九百,以法约之,合问.

[**假田求(米)**][**亩**]]

8.(24)假田:初岁三亩一钱,次年四亩一钱,后年五亩一钱,凡三岁收息一百,问:田几何?

答曰:一顷二十七亩四十七分亩之三十一.

法曰:置亩为分母,钱为分子.

三亩	四亩	五亩	于右
一钱	一钱	一钱	于左

以母互乘子:

一钱乘四亩,又乘五亩得二十;一钱乘三亩,又乘五亩得十五;一钱乘三亩,又乘四亩,得十二,并之,共四十七为法,以分母相乘三亩乘四亩得一十二亩,又乘五亩得六十亩,又以收息一百乘之得六千为实,以法除之,合问.

[**(三人)治田**]

9.(25)种耕:凡一人日发七亩;其一人日耕三亩;其一人日种五亩,今令一人一日自发,耕、种,问:治田几何?

答曰:一亩一百一十四步七十一分步之六十六.

法曰:置亩为分母,人为分子:

七亩	三亩	五亩	于右
一人	一人	一人	于左

以母互乘子:

一人乘三亩,又乘五亩得一十五亩;一人乘七亩,又乘五亩得三十五亩;一人乘七亩,又乘三亩得二十一亩.并之:共七十一为法.以分母相乘七亩乘三亩得二十一,又乘五亩得一百五又以亩法二百四十乘之得二万五千二百步为实,以法七十一除之,得数以亩法而一,余实以法约之,合问.

[**五渠齐开**]

10.(26)池积水通五渠,开甲渠少半日而满;若开乙渠则一日而满;开丙渠二日半而满;开丁渠三日而满;开戊渠五日而满,问:五渠齐开,几日可满?

答曰:七十四分日之一十五.

法曰:少半日一满;少半日乃三分日之一,其一日得三满.置日为分母,池满为分子:

一日	一日	三日半	三日	五日	于右
三满	三满	一满	一满	一满	于左

以母互乘子:三满乘一日得三,以乘二日半得七日半,又乘三日得二十二日半,又乘五日得一百一十二日半;一满乘一日得一,又乘二日半得二日半,又乘三日得七日半,又乘五日得三十七日半;一满乘一日得一,又乘一日亦得一,又乘三日得三,又乘五日得一十五;一满乘一日得一,又乘一亦得一,又乘二日半,得二日半,又乘五日得一十二日半;一满乘一日得一,又乘一日亦得一,又乘二日半[得二日半]又乘三日[得七日半]并之得一百八十五为法,以分母相乘:一日乘一日得一,又乘二日半得二日半,又乘三日得七日半,又乘五日得三十七日半为实,[实如法而一,余实]不满法,以法约之,[合问].

[**甲乙行程**]

11.(21)甲发长安五日至齐,乙发齐七日至长安,今乙先发二日,问:几日相逢?

答曰:二日十二分日之一,甲乙之本理也.

法曰:并甲五日乙七日共得十二日为法,以乙先发二日减乙元程七日余五日以乘甲程五日得二十五日为实,以法除之,合问.

[**粟求各米**]

12.(5)粟七斗为粝、粺、凿米,欲令相等,问:粟为米各几何?⑤

答曰:各米一斗六百五分斗之一百五十一.

粝米取粟二斗一百二十一分斗之一十.

粺米取粟二斗一百二十一分斗之三十八.

凿米取粟二斗一百二十一分斗之七十三.

法曰:置粝米三十、粺米二十七、凿米二十四为分母,皆以一为分子,令母互乘子:粝米得六百四十八,粺米得七百二十,凿米得八百一十,副并得二千一百七十八为法,以所有粟七斗乘未并者各自为实:粝米得四千五百三十六,粺米得五千四十,凿米得五千六百七十,实如法而一粝米二斗,余实一百八十;粺米二斗,余实六百八十;凿米二斗,余实一千三百一十四,余实与法皆一十八约之,得数求米等粝米取粟二斗,以分母一百二十一通之加分子一十、共二百五十二,以粝率三十乘之得七千五百六为实,以粟率五十乘分母一百二十一得六千五十为法除之得米一斗,余实一千五百一十,法实皆一百约之得数六百五分斗之一百五十一.

粺、凿米照前法求之,合问.

[**五人均钱**]

13.(18)五人等第均钱五文,令甲、乙所得与丙、丁、戊相等,问:各几何?

答曰:甲一钱六分钱之二,乙一钱六分钱之一,丙一钱,丁六分钱之五,戊六分钱之四.

法曰[⑥]:各列置衰:甲八、乙七、丙六、丁五、戊四,副并共得三十为法,以所均钱五文乘未并者各自为实:甲得四十,乙得三十五,丙得三十,丁得二十五,戊得二十,以法三十除之,甲得一钱余一十,乙得一钱余五,丙得一钱,丁得二十五,戊得二十,不满法者皆五约之,合问.

[**钱夫负盐**]

14.(7)顾夫负盐二石,行一百里与钱四十,今欲负盐一石七斗三升三分升之一,行八十里,合与钱几何?

答曰:二十七钱十五分钱之十一.

法曰:置今负盐一百七斗三升,以分母三乘之加分子一共得五百二十,乘今行里八十得四万一千六百,与原钱四十相乘得一百六十六万四千为实.以原负盐二石以分母三乘之得六百与原行里一百相乘得六万为法,除得二十七钱,余实四万四千,法、实皆四千约这,得十五分钱之十一,合问.

[**负笼重返**]

15.(8)负笼重一石一十七斤即一百三十七斤,行七十六步,一日五十返即三千八百步,今负笼重一石即一百二十斤,行一百步,问:日几何?

答曰:五十七返二千六百三分返之一千六百二十九.

法曰[⑦]:置今负笼一百二十斤乘今行步一百得一万二千,与原行返五十相乘得六十万为实,以原负笼一百三十七斤乘原行步七十六得一万四百一十二为法除之得五十七返,余实六千五百一十六,法实皆四约之,得数合问.

[**青丝求络**]

16.(10)络丝(生丝)一斤为练丝(熟丝)一十二两,练丝一斤为青丝(色丝)一斤一十二铢.今有青丝一斤.问:为络丝几何?

答曰:一斤四两一十六铢三十三分铢之十六.

法曰:置今有青丝十六两乘所问练丝十六两得二百五十六两,又以络丝十六两乘之得四千九十六两为实,以青丝一斤十二铢为十六两半乘练丝十二两得一百九十八两为法除之得二十两,余实一百三十六两,以铢法二十四乘之得三千二百六十四,仍以法一百九十八除之得一十六铢,尚余九十六,法实皆六约之,得数合问.

[**各米求粟**]

17.(11)恶粟二十斗舂得粝米九斗,今欲为粺米十斗,问:用恶粟几何?

答曰:二十四斗六升八十一分升之七十四.

法曰:置粺米十斗乘粝米十斗得一百斗,又乘恶粟二十斗得二千斗为实.以粝米九斗乘粺米九斗得八十一斗为法除之,合问.

[**米菽准粟**]

18.(6)米一菽二准粟二石,问:各几何?

答曰:米五斗一升七分升之三.菽一石二升七分升之六.

法曰:置米率三十乘菽率四十五得一千三百五十,以乘米一得一千三百五十.菽二得二千七百为列衰,求本粟并之为法米一千三百五十,以粟率五十乘之,却以米率三十除得二千二百五十;菽二千七百,以粟率五十乘之,却以菽率四十五除之得三千,并之得五千二百五十,以所准粟二百升乘列衰各自为实,米得二十七万,菽得五十四万,实如法而一米得五斗一升,余实二千二百五十;菽得一石二升,余实四千五百,法实皆七百五十约余实,合问.

[**隐差行**]

19.(19)今有竹九节,次第差等.上四节容三升,下三节容四升,问:中二节次第各几何?[10]

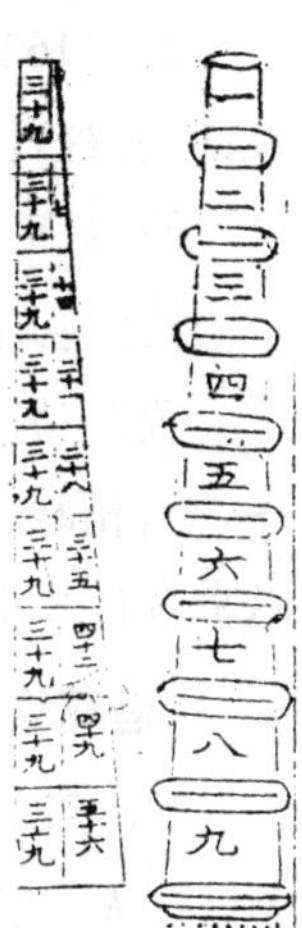

答曰:上四节容三升.

第一节六十六分升之三十九.

第二节六十六分升之四十六.

第三节六十六分升之五十三.

第四节六十六分升之六十.

中二节容二升六十六分升之九.

第五节一升六十六分升之一.

第六节一升六十六分升之八.

下三节容四升.

第七节一升六十六分升之十五.

第八节一升六十六分升之二十二.

第九节一升六十六分升之二十九.

法曰[8]:此问竹九节,上下大(上)[小]当以一、二、三、四、五、六、七、八、九为衰,今以上四节、下三节容升数为问,本用方程求之,中间隐法二节差数,故改均输之章频衰分也.

置四节、三节为分母;三升,四升为分子,令母互乘子:三升得九,四升得一十六以少九减多十六,余七为一差之实.并上四节下三节得七节折半得三节半,以减九节,余五节半,却以三升、四升相乘得一十二乘之得六十六为一升之法,实如法而一实不满法,一差得六十六分升之七,上四节三升乘六十六分得一百九十八,以四节差六第一节无差、第二节差一、第三节差二、第四节差三,并之得六,以差七乘之得四十二,以减一百九十八余一百五十六却以四节除之得三十九为第一节得六十六分之三十九,余节递增差数一差七,二差一十四,是知九节之数见所答数,合问.

[**明差箠**]

20.(17)金箠(chuī)长五尺,堑本一尺,重四斤;堑末一尺,重二斤,问:次第尺数各重几何?

答曰:第一尺二斤,第二尺二斤半,第三尺三斤,第四尺三斤半,第五尺四斤.

法曰[9]:九节竹隐其差为问;金箠以明其差为问.

置本重四斤减末重二斤,余即差率二斤,又置本重四斤自乘得一十六为下第一衰,副置五位五个十六,以差二减之,次得十四,十二,一十,得八,各列为衰,以本重四斤遍乘列衰,上得六十四,次得五十六[次]得四十八,[次]得四十,[次]得三十二各自为实,以下第一衰十六为法除之,合问.

[**来去马**]

21.(16)客马日行三百里,去忘持衣,主觉日已三分之一,备马追及而还,视日四分之三,问:主马不休日行几何?

答曰:七百八十里.

法曰:此问本分母子互换之术,以主、客马递速为问.

置二马行率,客马三分日之一,主马四分日之三,互乘:三分乘之三得九;四分乘之一得四,相减:九减四余五为法,并二马分子:主马分子四,客马分子九,并之得一十三,以乘客行三百里三千九百里为实,以法五除之,合问.

[**造花素瓦**]

22.(22)今有一人一日为牡瓦三十八枚,一人一日为牝(pǐn)瓦七十六枚,今令一人一日作瓦,牝、牡相半,问:成瓦几何?[11]

答曰:二十五枚、少半枚.

求曰:并牝、牡为法,牝、牡相乘为实,实如法得一枚.

[**善拙行步**]

23.(12)善行者百步,拙行者六十步,今拙行者先行百步,问:善行者几步追及?

答曰:二百五十步.

法曰:置善行百步乘拙先行百步得一万步为实,以善行百步减拙行六十步余四十步为法除之,合问.

[**疾步追迟**]

24.(13)迟者先往十里疾者追百里而过迟者二十里,问:疾者几何里而及之?

答曰:三十三里少半里.

法曰:置迟者先往十里乘疾者追百里得一千里为实,并先往十里追过二十里共三十里为法除之,合问.

[**犬追兔**]

25.(14)兔先百步,犬追二百五十步不及三十步而止,问:犬不止复追几何步而及之?

答曰:一百七步七分步之一.

法曰:置不及三十步乘犬追二百五十步得七千五百步为实,以不及三十步减兔先往一百步余七十步为法除之得一百七步,余实一十以法约之,合问.

[**差税金**]

26.(28)持金出关凡五税,初税二分之一,次税三分之一,次税四分之一,次税五分之一,次税六分之一,所税共重一斤,问:元持金几何?

答曰:一斤三两四铢五分铢之四.

法曰:置五税分母相乘:二、三、四、五、六分乘得七百二十,税剩余分相乘一、二、三、四、五乘得一百二十减之余六百为法,以所税一十六两乘分母相乘七百二十得一万一十五百二十为实,以法六百除之得一十九两余实一百二十以两铢二十四乘之得二千八百八十仍以法六百除之得四铢,不尽四百八十,法实皆一百二十约之,合问.

[**差税米**]

27.持米出三关,外关三分税一,中关五分税一,内关七分税一,余米五斗,问:元米几何?

答曰:一十斗九升八分升之三.

法曰:以三关所税分母三分,五分,七分乘存米五斗得五百二十五斗为实,以税剩余分三分税一余二;五分税一余四,七分税一余六相乘得四十八为法,除之得一十九斗,余实一十八,法实皆六约之,合问.

[**税金贴钱**]

28.(15)金税十分之一,今持金一十二斤,税过二斤贴还余钱五贯文,问:一斤价钱几何?

答曰:六贯二百五十文.

法曰:置余钱五贯以乘十分得五十贯为实,以已税金二斤乘十分得二十斤减原持金十二斤余八斤为法除之,合问.

比类四十一问

输运粮米

1.今有七府均输米二十八万五千四百六十石,每石行道五里出盘缠顾脚钱四十文,各府县至输所远近不等,米价高低.今欲劳费租登.内甲府民一千九百二十五里,米石价二十五贯四百文,至输所一千二百里;乙府民一千七百六十三里,米石价二十八贯五百二十文,至输所一千五百六十里;丙府民一千五百九十九里,米石价二十七贯九百六十文,至输所一千三百八十里;丁府民一千五百六十四里,米石价二十七贯,至输所八百七十五里;戊府民一千五百五十四里,米石价二十二贯三百二十文,至输所一千八百三十五里;己府民一千九百六十八里,米石价三十一贯八十文,至输所一千二百四十里,庚府民二千二百五里,米石价三十四贯,至输所一千八百七十五里,问:各府输米几何?

答曰:甲府四万九千六十三石四斗三升七合五勺.

乙府三万八千三百五十八石六斗八升七合五勺.

丙府三万六千五百七十四石五斗六升二合五勺.

丁府四万一千三十四石八斗七升五合.

戊府三万七千四百六十六石六斗二升五合.

己府四万二千八百一十九石.

庚府四万一百四十二石八斗一升二合五勺.

法曰:置米一石以行道五里因之得五为法.甲府至输所一千二百里,以脚钱四十文因之得四十八贯,以法五除之得九贯六百文,并入石价共得三十五贯,除本府民一千九百二十五里得衰五十五.

乙府至输所一千五百六十里,以脚钱四十文因之得六十二贯四百文,以法五除之得一十二贯四百八十文,并入石价共得四十一贯,除本府民一千七百六十三里,得衰四十三.

丙府至输所一千三百八十里,以脚钱四十文因之得五十五贯二百文,以法五除之得一十一贯四十文,并入石价共得二十九贯,除本府民一千五百九十九里,得衰四十一.

丁府至输所八百七十五里,以脚钱四十文因之得三十五贯,以法五除之得七贯,并入石价共得三十四贯,除本府民一千五百六十四里得衰四十六.

戊府至输所一千八百三十五里,以脚钱四十文因之得七十三贯四百文,以法五除之得一十四贯六百八十文,并入石价共得三十七贯,除本府民一千五百五十四里得衰四十二.

己府至输所一千二百四十里,以脚钱四十文因之得四十九贯六百文,以法五除之得九贯九百二十文,并入石价共得四十一贯,除本府民一千九百六十八里得衰四十八.

庚府至输所一千八百七十五里,以脚钱四十文因之得七十五贯,以法五除之得一十五贯,并入石价共得四十九贯,除本府民二千二百五里得衰四十五.

并七府衰共得三百二十为法,置共输米以各府衰数乘之为实,以法三百二十除之得各府数,合问.

2. 今有米一百五十万石,令五府转运,只云:甲府一十县;内上四县运十二分,中四县运十一分,下二县运一十分;乙府一十一县;上四县运九分,中四县运八分,下三县运七分;丙府一十一县,上二县运七分,中五县运六分,下四县运五分;丁府一十县;上三县运五分,中三县运四分,下四县运三分;戊府八县;上二县运三分,中四县运二分,下二县运一分,问:各运几何?

答曰:甲府一十县共运五十二万五千石.

上四县每县五万六千二百五十石,共二十二万五千石.

中四县每县五万一千五百六十二石五斗,共二十万六千二百五十石.

下二县每县四万六千八百七十五石,共九万三千七百五十石.

乙府一十一县共运四十一万七千一百八十七石五斗.

上四县每县四万二千一百八十七石五斗,共一十六万八千七百五十石.

中四县每县三万七千五百石,共一十五万石.

下三县每县三万二千八百一十二石五斗,共九万八千四百三十七石五斗.

丙府一十一县共运三十万石.

上二县每县三万二千八百一十二石五斗,共六万五千六百二十五石.

中五县每县二万八千一百二十五石,共一十四万六百二十五石.

下四县每县二万三千四百三十七石五斗,共九万三千七百五十石.

丁府一十县共运一十八万二千八百一十二石五斗.

上三县每县二万三千四百三十七石五斗,共七万三百一十二石五斗.

中三县每县一万八千七百五十石,共五万六千二百五十石.

下四县每县一万四千六十二石五斗,共五万六千二百五十石.

戊府八县共运七万五千石.

上二县每县一万四千六十二石五斗,共二万八千一百二十五石.

中四县每县九千三百七十五石,共三万七千五百石.

下二县每县四千六百八十七石五斗,共九千三百七十五石.

法曰:置该运米一百五十万石为实,以甲府上四县十二分得四十八分,中四县十一分得四十四分,下二县一十分得二十分;乙府上四县九分得三十六分,中四县八分得三十二分,下三县七分得二十一分;丙府上二县七分得一十四分,中五县六分得三十分,下四县五分得二十分;丁府上三县五分得一十五分,中三县四分得一十二分,下四县三分得一十二分;戊府上二县三分得六分,中四县二分得八分,下二县一分得二分,并之得三百二十分为法,除之得四千六百八十七石五斗,乃一分之数,就乘各县,并具得府数,并府得总,合问.

折纳米麦

3. 今有共纳粟二百四十六石,粟每斗折纳米六升,今须要纳粟米两停,问:各几何?

答曰:九十二石二斗五升.

法曰:置粟二百四十六石以纳米六升乘之得一百四十七石六斗为实,并粟一斗米六升共一斗六升为法除之,合问.

4. 今有纳米一百六十三石八斗八升,米八升折麦九升,今要米、麦适等纳之,问:各几何?

答曰:八十六石七斗六升.

法曰:置米一百六十三石八斗八升以折麦九升乘之得一百四十七石四斗九升二合为实,并米八升麦九升得一斗七升为法除之,合问.

5. 今有纳米二千八百六十九石五斗,每斗价七十五文,顾搬入仓,每斗脚钱五文,其米已运到仓,为无脚钱,就抽米折还,问:合与脚米及到仓米各几何?

答曰:到仓米二千六百九十石一斗五升六合二勺五抄.

脚米一百七十九石三斗四升三合七勺五抄.

法曰:置米二千八百六十九石五斗以斗价七十五文乘之得二百一十五万二千一百二十五为实,并二价米七十五文,脚五文,共八十文为法除之得到仓米二千六百九十石一斗五升六合二勺五抄,以减总米,余为脚米,合问.

征纳限期

6. 今有某区该征夏税丝二千三百二十五两,绵一千八百六十两,麦二百七十四石,三限催征:初限六月终五分,中限七月终三分半,末限八月终齐足,问:各限该纳几何?

答曰:初限:

丝一千一百六十二两五钱.绵九百三十两,麦一百三十七石.

中限:

丝八百一十三两七钱五分.绵六百五十一两,麦九十五石九斗.

末限:

丝三百八十四两七钱五分.

绵二百七十九两,麦四十一石一斗.

法曰:置丝、绵、麦数为实,各以五分乘之为初限数,三分半乘之为中限数,一分五厘[乘之]为末限数,合问.

7. 今有某区该征秋粮米一千八百六十八石,依例分三限催征,初限十月终五分,中限十一月终三分半,末限十二月终齐足,问:各限该征几何?

答曰:初限九百三十四石,中限六百五十三石八斗,末限二百八十石二斗.

法曰:置米数为实,以五分乘之为初限数,三分五厘乘之为中限数,一分五厘乘之为末限数,合问.

织造各物

8. 今有织造段疋,每荒丝一十两得净丝九两,每经纬一两炼熟得七钱五分,每熟经纬却加颜料三分.今织成贮丝一千二百四十疋,秤重二千二百六十三斤六钱二分,问:通用荒丝及每疋斤重料例各几何?

答曰:通用荒丝三千二百五十五斤,每疋该荒丝二斤十两,得生经纬二斤五两八钱,练熟经纬一斤十二两三钱五分,加颜料八钱五分五毫.计重一斤十三两二钱五毫.

法曰:置秤重丝二千二百六十三斤以斤求两法通之加零六钱二分共得三万六千二百八两六钱二分为实,以生经纬九两乘练熟七钱五分得六两七钱五分却加每两颜料三分,共得六两九钱五分二厘五毫为法,除之得通用荒丝五万二千八十两却以纻丝一千二百四十疋除之得每疋该用荒丝四十二两,以净丝九乘之得三百七十八两,又以炼丝七钱五分乘之得二十八两三钱五分,又乘颜料三分得八钱五分五毫加炼熟经纬共得二十九两二钱五毫为每疋重,各以斤法乘之,合问.

9. 今有织绢七疋八尺二寸疋法三丈二尺,用丝九斤一两三铢,今欲织八十四疋一丈四尺,问:用丝几何?

答曰:一百五斤八两一十八铢.

法曰:置原用丝九斤一两以铢法通之加零三铢共得三千四百八十三铢通今织八十四疋加零一丈四尺,共得二千七百二尺乘之得九百四十一万一千六十六为实,以原织七疋通之加零八尺二寸,共得二百三十二尺二寸为法除之得四万五百三十铢,以斤两铢法约之,合问.

10. 今有造水叶一十一万六千九百七十二片,每一百片用铁一秤六斤八两,问:该铁几何?

答曰:一千六百七十六秤八斤十五两六钱八分.

法曰:此问乃乘除互换,置水叶以用铁通作二十一斤半乘之得二百五十一万四千八百九十八斤为实,以每百斤为法除之得二万五千一百四十八斤余实九十八定身减五得一千六百七十六秤八斤,余实九十八以斤法十六通之得一千五百六十八以每百斤除之得一十五两六钱八分,合问.

11. 今有锡一十三斤十二两,顾匠制器皿,为是锡少,再与匠者钞七十贯四百文买锡添造,锡每两价四百文,手工钞五十文,须要锡、工、钞各无亏剩,问:锡器斤重,工钞各几何?

答曰:锡器二十二斤,内买锡八斤四两,价钞五十二贯八百文,手工钞一十七贯六百文.

法曰:置锡一十三斤以斤法十六通之加零十二两,共得二百二十两,以工钞五十文乘之得一十一贯,以减总与钞余五十九贯四百文为实,以锡两价并工钞共四百五十文为法除之得一百三十二两,以斤法约之得买锡八斤四两,以价乘之得五十二贯八百文,以减原钞,余得手工钞一十七贯六百文,合问.

(一十三斤十二两加八斤四两为锡器重二十二斤)

合税物价

12. 今有客持丝四百八十斤,每斤价钞八贯一百三十文,赴务投税,三十分而税一,问:该税钞几何?

答曰:一百三十贯八十文.

法曰:置丝四百八十斤,以每斤价钞八贯一百三十文乘之得三千九百二贯四百文为实,以税法三十除之,合问.

13. 今有客持绢二千四百疋疋法四十二尺,出关税之,每一十疋合税一尺,共税绢六疋,却贴得钞一贯八百文,问:每疋价钞几何?

答曰:六贯三百文.

法曰:置绢每一十疋以疋法四十二尺乘之得四百二十尺,又乘贴钞一贯八百文得七百五十六贯为实,以共税六疋乘共尺四百二十得二千五百二十疋,减原持绢二千四百疋,余一百二十疋为法,除之,合问.

14. 今有合税物价一千一百三十七定四贯八百文,依例三十分而取一,问:纳税钞几何?

答曰:三十七定四贯六百六十文.

法曰:置物价一千一百三十七定以定率五贯通之加零四贯八百文,共得五千六百八十九贯八百文为实,以税例三十为法除之得一百九十九贯六百六十文,再以定率五贯除之,合问.

15. 今收到税钞三十七定四贯六百六十文,问:原该合税物价几何?

答曰:一千一百三十七定四贯八百文.

法曰:置税钞三十七定以定率五贯通之加零四贯六百六十文,共得一百八十九贯六百六十文为实,以税例三十为法乘之得五千六百八十九贯八百文,再以定率五贯除之,合问.

顾舡[①]载盐

16. 今有盐五千八百引,欲令大、小船适等载之,只云:大船三只载五百引,小船四只载三百引,问:船及各载几何?[⑫]

答曰:各二十四只,大船载四千引,小船载三千八百引.

法曰:置盐五千八百引,以大、小船三只、四只相乘得一十二乘之得六万九千六百为实,以大船三只乘三百得九百;小船四只乘五百得二千,并之得二千九百为法除之得二十四只,以乘各载盐,合问.

17. 今有盐五千七百引,欲令大船一停,小船二停载之,只云:大船三只载五百引,小船四只载三百引,问:各船载几何?

答曰:大船一十八只载三千引,

小船三十六只载二千七百引.

法曰:置盐五千七百引,以大船三只,小船四只相乘得一十二乘之得六万八千四百为实,以大、小船载盐互乘倍大船得六只,乘三百得一千八百;小船四只乘五百得二千,并之得三千八百为法,除之得大船一十八只,倍之得小船三十六只,以各乘盐,合问.

顾车行道

18. 今有顾车一辆,行道一千里,载重一千二百斤,与钞七贯五百文,今减重四百八十斤,行道一千七百里,问:与钞几何?

---

① chuán,同"船".

答曰:七贯六百五十文.

法曰:置原与钞七千五百乘今行道一千七百得一千二百七十五万,又乘今载重七百二十得九十一亿八千万为实,以原载重一千二百斤乘原行道一千里得一百二十万为法除之,合问.

19. 今有顾车一辆,行道一千里,载重一千二百斤,与钞七贯五百文;今添重四百九十二斤,与钞六贯七百六十八文,问:合行道几何?

答曰:六百四十里.

法曰:置原行道一千乘今与钞六千七百六十八文,得六百七十六万八千以乘原载重一千二百得八十一亿二千一百六十万为实,以今重共一千六百九十二乘原与钞七千五百得一千二百六十九万为法除之,合问.

20. 今有顾车一辆,行道一千里,载重一千二百斤,与钞七贯五百文;今与钞七贯六百五十文,行道一千七百里,问:合载重几何?

答曰:七百二十斤.

法曰:置原载重一千二百乘原行道一千得一百二十万以乘今与钞七千六百五十得九十一亿八千万为实,以今行道一千七百乘原与钞七千五百得一千二百七十五万为法除之,合问.

21. 今有顾车一辆,行道一千里,载重一千二百斤,与钞七贯五百文,今添三百六十斤,行道一千三百里,问:与钞几何?

答曰:一十二贯六百七十五文.

法曰:置先与钞七千五百乘今行道一千三百里得九百七十五万又乘今载重共一千五百六(千)[十]得一百五十二亿一千万为实,以先行道一千里乘原载重一千二百得一百二十万为法除之,得今与(脚)钞,合问.

迟疾行程

22. 今有人盗马乘去,马主乃觉,追一百四十五里不及二十三里而还,若更追二百三十八里十四分里之三及之,问:盗马乘法已行几何?

答曰:三十七里.

法曰:置追一百四十五里以分母十四通之得二千三十乘不及二十三里得四万六千六百九十里为实,以更追二百三十八里通分母十四加分子三共得三千三百三十五为法除之得一十四里,加不及二十三里,合问.

23. 今有兔先走,未知步数;犬追四百步未及一十步,更追一百步,却过五步,问:兔先走几步?

答曰:七十步.

法曰:并未及一十步赶过五步共一十五步乘犬追四百步得六千步为实,以更追一百步为法除之得六十步,加未及一十步,合问.

24.今有顺天府至杭州府计四千二百七十五里,站马从顺天府投南,日行二百里;站船从杭州府投北,昼夜行二百五十里,问:几日相逢及船,马各行里几何?

答曰:相会九日二分日之一.

马行一千九百里,船行二千三百七十里.

法曰:置计程四千二百七十五里为实,并船行二百五十里,马行二百里共四百五十里为法除之得九日半为相会日数,各以原行里数(除)[乘]之,得数合问.

25.今有慢使臣已去八日,续令紧使臣赶去七日追至中途及之,其程已一千八百四十八里,问:紧、慢使[臣]各日行几何?

答曰:紧使臣日行二百六十四里.

慢使臣日行一百二十三里五分里之一.

法曰:置其程一千八百四十八里为实,以赶去七日为法除之得紧使臣日行二百六十四里,别并七日、八日共得一十五日为法除实得慢使臣日行里数,合问.

26.今有快行者日行九十八里,慢行者日行六十六里,今慢行者先发八日,问:快行者赶至几日及之?

答曰:一十六日二分日之一,即半日.

法曰:置慢行者日行六十六里以先发八日乘之得五百二十八里为实,以快、慢行里相减余三十二里为法除之,合问.

互换用工

27.今有织匠二十四人一百九十二日织纻丝五百七十六疋,欲令六十二人织三百六十日,问:该织几何?

答曰:二千七百九十疋.

法曰:置匠六千二人以乘三百六十日得二万二千三百二十,以织五百七十六疋乘之得一千二百八十五万六千三百二十为实,以原织二十四人乘原织日一百九十二得四千六百八为法除之,合问.

28.今有织匠一十二人九十六日织罗二百八十疋,今一百八十日织二千七百九十疋,问:该匠几何?

答曰:六十二人.

法曰:置织罗二千七百九十疋以原织日九十六乘之,又以一十二人乘得三百二十一万四千八十为实,以原织罗二百八十八疋乘今织日一百八十得五万一千八百四十为法除之,合问.

29.今有灶丁九人七日煎盐二十七引二百二十五斤,今增一百八十五人煎四十八日,问:得盐几何?

答曰:四千七十四引.

法曰:置灶丁九人加今增一百八十五人共一百九十四人以今煎日四十八乘,又以原煎盐二十七引五分六厘二毫五丝乘之得二十五万六千六百六十二为实,以原灶丁九人乘原日七得六十三为法除之,合问.

30. 今有九人九日淘金一十八铢,今三十人共淘金一斤,问:合用几日?

答曰:五十七日五分日之三.

法曰:置今淘金一斤通作三百八十四铢,以九人乘之得三千四百五十六铢又以九日乘之得三万一千一百四铢为实,以原淘金一十八铢乘今人三十得五百四十为法除之得五十七日余实三百二十四铢,法实皆一百八约之得五分日之三,合问.

31. 今有三人四日淘金十五两,今三十六人淘金一日,问:得金几何?

答曰:一千三百五十两.

法曰:以淘金十五两乘三十六人得五百四十以乘淘金三十日得一万六千二百为实,以三人乘四日得一十二为法除之,合问.

32. 今有三人四日淘金十五两,今三十六人淘金一千三百五十两,问:合用日几何?

答曰:三十日.

法曰:置淘金一千三百五十两以三人因四日得一十二乘之得一万六千二百为实,以原淘金十五两乘今三十六人得五百四十为法除之,合问.

33. 今有三人四日淘金十五两,今 一月淘金一千三百五十两,问:该人几何?

答曰:三十六人.

法曰:置淘金照前法乘得一万六千二百为实,以原淘金十五两乘今三十日得四百五十日为法除之,合问.

34. 今有四匠八日食米九斗,今四十二匠十六日,问:食米几何?

答曰:一十八石九斗.

法曰:置匠四十二以十六日乘得六百七十二,又以食米九斗因之得六千四十八为实,以四匠因八日得三十二为法除之,合问.

35. 今有三口三日食米八升,今有米三十石,令三十口食之,问:几何日食毕?

答曰:三个月零二十二日半.

法曰:置今米三千升以三口因之得九千升,又以三日因之得二万七千升为实,以原食米八升乘今三十口得二百四十为法除之一百一十二日半,以日三十除之得三个月零二十日半，合问.

36. 今有一工舂米三石，一工筛米二十七石，令一工自舂、筛，问：得几何？

答曰：二石七斗.

法曰：置舂米三石乘二十七石得八十一石为实，并舂、筛二米得十三石为法除之，合问.

支给绢布

37. 今有官军一千人，共给布一千疋，只云四军一疋，四疋一官，问：各得几何？[13]

答曰：官二百员给布八百疋，

　　军八百名给布二百疋.

法曰：置布一千疋为实，以一疋、四疋并得五疋为法除之得二百（疋）乃官[员]得（之）数，以四因得八百疋. 以减总布一千疋余二百疋，乃军人之[疋]数，总人一千减官二百余得军人八百，合问.

38. 今有兵士三千五百五十八人，每三人用衫绢七十尺，四人用袴（kù，同“裤”）绢五十尺，问：共用绢几何？

答曰：三千三十五疋二丈五尺.

法曰：此问乃合率入互换也.

置列：

三人	七十尺
四人	五十尺

互乘：三人乘五十尺得一百五十尺；四人乘七十尺得二百八十尺，并之得四百三十尺以乘兵士[三千五百五十八人]得一百五十二万九千九百四十为实，以人三、四相乘得一十二为法除之得一十二万七千四百九十五尺以疋法四十二尺约之，合问.

[官兵札寨]

39. 今有旗军二十二万八千四百八十名，劄（zhǎ，同“札”）寨一所. 每五十六名为一队，所居之地长一十步，阔八步，每一万一千二百名，用管军头目：都指挥一员，指挥一十员，千户二十员，百户一百员，账房所居之地俱方. 大将军、中军帐，每面阔一十六步；都指挥每面阔六步；指挥每面阔五步；千户每面阔四步；百户每面阔三步；其寨通阔四百八十步，问：长步及长阔各列队伍并指挥，千、百户员数同积步各几何？

答曰：通积三十五万七千三百六十四步，长七百四十四步一百二十分步之六十一,阔四百八十步.

大将军,中军帐每面阔一十六步,共积二百五十六步.

都指挥二十员,每员积三十六步,共积七百二十步.

指挥二百四员,每员积二十五步,共积五千一百步.

千户四百八员,每员积一十六步,共积六千五百二十八步.

百户二千四十员,每员积九步,共积一万八千三百六十步.

旗军四千八百队,每队积八十步,共积三十二万六千四百步.

长六百八十步,该列六十八队.

阔四百八十步,该列六十队.

法曰:置旗军二十二万八千四百八十名,以每队五十六名除之得四千八十队,以一队长十 步阔八步相乘得八十步乘之得三十二万六千四百步为实,以阔四百八十步为法除之得长六百八十步,以长一十步除之得六十八队,又置阔四百八十步,以阔八步除之得六十队.

再置旗军数,以每大队一万一千二百名约之得二十队四分,每队都指挥一员,共二十员,每员一方六步,共三十六步,共积七百二十步;指挥一十员共二百四员.每员一方五步得二十五步,共积五千一百步;千户二十员,共四百八十员,每员一方四步得一十六步,共积六千五百二十八步;百户一百员,共二千四十员,每员一方三步得九步,共积一万八千三百六十步,并前旗军积步,共得三十五万七千三百六十四步,以阔四百八十步除之得长七百四十四步余实以法约之,合问.

［**官兵筑栅**］

40. 今有官员五万四千八百人,筑栅围周,人各相去三步,今内缩除一万三千七百步,问:兵各相去几何?

答曰:二步四分步之三.

法曰:置兵数以相去三步乘之得一十六万四千四百,内减缩除一万三千七百步余一十五万七百步为实,以官兵五万四千八百为法除之得二步余实四万一十一百步,法实皆一百三十七约之,合问.

［**狐鸟头尾**］

41. 今有狐狸一头九尾,鹏鸟一尾九头,只云:前有七十二头,后有八十八尾,问:二禽兽各几何?

答曰:狐狸九,鹏鸟七.

法曰:置头七十二以减尾八十八余一十六,乃二禽兽共数,以九尾因之得一百四十四,内减总尾八十八余五十六为实,别以尾九内减头一得八为法除实得鹏鸟七,以减共数一十六余得狐狸九,合问.

诗词五十问

[西江月]

1. 家有黄犍九具,终朝使用耕田.
   殷勤五日志心坚,二顷八十亩见.
   又有九十八顷,昨朝遍谒乡贤.
   四十五具壮黄犍,借问几朝耕遍?(西江月)

答曰:三十五日.

法曰:置有田九十八顷乘借犍四十五具得四千四百一十为实,以原犍九具乘原耕日五日得四十五日,又乘耕田二顷八十亩得一百二十六为法除之,合问.

2. 鹤起南朝七日,飞临北海波津.
   北溟雁起又南行,九日南阳避冷.
   雁鹤同时起飞,不知何日相侵.
   诸人通算会纵横,莫要佯推不醒.(西江月)

答曰:三日一十六分日之一十五.

法曰:置日数七日、九日相乘得六十三日为实,并日数七日、九日共一十六日为法除之,合问.

3. 客持胡桃九驮,曾经两次抽分.
   舶司九一不饶人,关内征商更紧.
   十六分中取二,税讫放过关门.
   九百九十五斤存,要见原持试问?(西江月)

答曰:八十二秤三斤.

法曰:置见桃九百五十九斤,以所税九分、八分乘之得六万九千四十八斤为实.以税九分税一除八,八分税一除七相乘得五十六为法,除之,合问.

4. 客持木香有数,舶司九一抽分.
   十六取二是关津,二处征商俱紧.
   经过两司共税,二百七十四斤.
   冯公能算遇同伦,要见原持请问!(西江月)

答曰:八十二秤三斤.

法曰:置共税香二百七十四斤,以所税九分、八分相乘得七十二分乘之得一万九千七百二十八为实,以税九分税一余八,八分税一余七相乘得五十六,减所税相乘七十二余一十六为法,除之,合问.

5. 一匠专切为羽,五十偬自终朝.

一匠为竿逞功劳,日晚三十方了.

一匠专切为筈,朝昏十五无饶.

欲今独造效前条,日造矢成多少?(西江月)

答曰:八矢少半矢.

法曰:置所造矢竿三十,羽五十,舌(七十)[十五]为分母,以匠一人,一人,一人为分子,以母互乘子:一人乘三十,又乘五十得一千五百;一人乘三十,又乘十五得四百五十;一人乘五十又乘十五得七百五十,并之得二千七百为法,以分母相乘:三十乘五十得一千五百,又乘一十五得二万二千五百为实,以法除,合问.

6. 一匠专为虱篦,终朝五十力弹.

一为虮篦未曾闲,三日造成暮晚.

假令一人独造,二色俱要同完!

照依前例有何难?会者算中甚罕!(西江月)

答曰:一十二个半.

法曰:置篦:虱篦五十,虮篦五十为分母,以匠切一日,三日为分子,以母互乘子:一日乘五十得五十;三日乘五十得一百五十,并之得二百为法,以分母相乘五十乘五十得二千五百为实,以法除之,合问.

7. 甲于东京起步,三日方到西京.

西京有乙起初程,五日东京玩景.

假使乙先一日,不知何日相侵.

吾侪都道会纵横,莫得佯推不醒.(西江月)

答曰:一日半.

法曰:置乙先一日减(元)[原]程一日余四日乘甲程三日得一十二日为实,并二行程甲三日,乙五日得八日为法除之,合问.

8. 甲乙同时起步,其中甲快乙迟.

甲行百步且交立,乙才六十步矣.

使乙先行百步,甲行起步方追.

不知几步恰方及,算得扬名说你.(西江月)

答曰:二百五十步.

法曰:置甲行百步乘先行百步得一万步为实,以甲行百步减乙行六十步余四十步为法,除之,合问.

9. 宝纸团圆一卷,经量二尺无饶.

每张纸厚问根苗,三忽无余不少.

欲问舒开几里，推穷里数分毫.

英贤说你算才高，一问教公必倒！（西江月）

答曰：纸长五百五十五里二百步.

法曰：置量二尺折半得一尺，以三因得六尺却以纸厚三忽除之得一百万忽，自乘得一万亿忽，折半得五千亿忽，以尺位定之得五十万尺，以每步五尺除之得纸长一十万步为实，以每里三百六十步为法，除之得二百七十七里二百八十步，倍之，得纸长，合问.

10. 甲乙隔沟放牧，二人暗里参详.

甲云得乙九只羊，多你一倍之上.

乙说得甲九只，两家之数相当.

二边闲坐恼心肠，画地算了半晌.（西江月）

答曰：甲六十三只，乙四十五只.

法曰：置甲七乙五，以各得九只乘之，合问.

［**一剪梅**］

11. 忽见兔儿放犬追，未知先走，步迹难推.

一千二百犬驱驰，短少二十，未及相随.

犬急求之兔力微，又追四百，兔步行直.

赶过四十步无移，兔子先行，几步何如？（一剪梅）

答曰：兔走二百步.

法曰：置犬追一千二百步，以并赶过四十步，未及二十步，共六十步乘之得七万二千步为实，以又追四百步为法，除之得一百八十步，加未及二十步，共二百步，合问.

［**折桂令**］

12. 叹豪家子弟心闲乐，散旦肖遥，好养鹁鸽，只记得，五个白儿，九个麻褐.

四日食三升九合. 更有雌凰头、毛脚锦，皆相和二十八个. 计数若多，饶你算子喽啰. 问一年粮数目如何.（折桂令）

答曰：七石二升.

法曰：置白儿五个麻褐九个共一十四个该四日食三升九合，每日食九合七勺五抄，相和二十八个，每日食一升九合五勺，以三百六十日乘之，合问.

［**玉楼春**］

13. 昨日街头干事毕，闲来税局门前立.

客持三百疋投司，每疋必须税二尺.

收布一十五疋半，局中贴回钱六百. 不知一疋卖几何？只言每疋长四

十.(玉楼春)

答曰:一贯二百文.

法曰:置布三百疋,以税二尺乘之得六百尺于上.以收布一十五疋半,每疋四十尺乘之得六百二十尺,以减该税六百尺,余二十尺,以除贴钱六百,每尺得三十文,以疋法四十尺乘之,合问.

14. 今年秋粮都纳米,雇船搬载该仓去.

未知共该几只船,装完五万七千六.

河中湿漏船一只,每船负带一石去.

止剩一石带不了,请问原船多少数?(玉楼春)

答曰:二百四十只.

法曰:置米五万七千六百石,以开平方法除之,合问.

15. 今有王屠来税局,局内便要税钱足.

每斤合税钱二文,割了一十二两肉.

走到街头却卖了,该钱二百一十六.

试问斤价肉何如? 甚么法曰算得熟.(玉楼春)

答曰:肉九斤,斤价二十四文.

法曰:置卖钱二百一十六文,以割肉一十二两通作七五乘之得一百六十二,却以每斤合税二文除之得八十一为实,以开平方法除之得肉九斤,以除卖钱二百一十六文,得斤价二十四文,合问.

[鹧鸪天]

16. 小校先行约五十,将军马上后驱驰.

赶程三百二十步,欠行十步不能追.

休暂住,莫停迟,更追几步得相齐?

此船妙法人稀会,算得无差敬重伊!(鹧鸪天)

答曰:更追八十步.

法曰:置已追三百二十步,以不及一十步乘之得三千二百步为实.以先行五十步减不及一十步余四十步为法除之,合问.

17. 三足团鱼六眼龟,共同山下一深池.

九十三足乱浮水,一百二眼将人窥.

或出没,往东西,倚栏观看不能知.

有人算得无差错,好酒重斟赠数杯!(鹧鸪天)

答曰:团鱼一十五个,龟一十二个.

法曰:置列:

三足	四足	九十三足
二眼	六眼	一百二眼

互乘:三足乘六眼得一十八,四足乘二眼得八[以少减多,余一十为法].又以八眼乘九十三足得五百五十八,四足乘一百二眼得四百八,以少减多,余一百五十为实,以十八减八余一十为法,除之得团鱼一十五个,足四十五,眼三十以减总数,余四十八足,七十二眼,该龟一十二个,合问.

[**七言八句**]

18.八臂一头号夜叉,三头六臂是哪吒.
两处争强来斗胜,二相胜负正交加.
三十六头齐厮种,一百八手乱相抓.
旁边看者殷勤问,几个哪吒几夜叉?

答曰:哪吒十个,夜叉六个.

法曰:置列:

一头	三头	三十六头
八臂	六臂	一百八手

互乘:一头乘六臂得六臂,三头乘八臂得二十四臂.又以哪吒三头乘一百八手得三百二十四手,又以六臂乘三十六头得二百一十六头,以减三百二十四手余一百八手为实,却以六臂减二十四臂余一十八臂为法,除之得夜叉六个,头六个,臂四十八个,以减三十六头一百八手余三十头,六十臂,得哪吒十个,合问.

19.甲乙二人同赴京,两千七百路无零.
甲日一百二十里,八十里程是乙行.
甲今先到回迎乙,未知几里得相迎?
此法虽不堪为妙,学者亦不可看轻!

答曰:乙行二千一百六十里,行二十七日,甲回迎五百四十里.

法曰:置二千七百里为实,并甲行一百二十里,乙行八十里,共二百里,折半得一百里为法,除之得二十七日,却以甲行一百二十里乘之得三千二百四十里,以减总程二千七百里,余五百四十里为回迎步数,又以二十七日乘乙行八十里得二千一百六十里,合问.

20.甲乙二人同赴京,不知日数不知程,

甲日行路百五十，百二十五是乙程，

甲今先到回迎乙，二百里地恰相迎.

加减乘除谁不会，此法亦须算会能.

答曰：俱行一十六日，到程二千二百里.

法曰：置回迎二百里为实，以乙程一百二十五里减甲程一百五十里余二十五里，折半得一十二里半为法除之得行日十六日. 以甲行一百五十里乘之得二千四百里，减回迎二百里，余二千二百为到程，合问.

21. 诸葛亲统八员将，每将又分八个营.

每营里面排八阵，每阵先锋有八人.

每人旗头俱八个，每个旗头八队成.

每队更该八个甲，每个甲头八个兵.

（注：营阵不算人数）

答曰：计一千九百一十七万三千三百八十五人.

法曰：置先锋，旗头，队长，小甲，兵各递以八因见数加总兵一将八，得数，合问.

22. 客人寄酒主人家，分明五斗不曾悭.

此处主人没道理，四升添水换三番.

每度换时先取酒，后头添水不为难.

升斗虽然合旧数，酒水俱存各若干？

答曰：酒三斗八升九合三勺四杪四撮，水一斗一升六勺五抄六撮.

法曰：第一度：酒五斗，内盗四升，存酒四斗六升. 水四升. 第二度，盗酒四升，以八因酒四斗六升得三斗六合八勺，水四升得三合二勺，止存酒四斗二升三合二勺水七升六合八勺，第三度盗酒四升，以八因酒四斗二升三合二勺得三升三合八勺五抄六撮，水七升六合八勺得六合一勺四抄四撮，余存酒、水，合问.

23. 一个公公不记年，手持竹杖在门前.

一两八铢泥弹子，每岁窗前放一丸.

日久岁深经雨湿，总然化作一泥团.

都却秤来八斤半，借问公公活几年？

答曰：一百二岁.

法曰：置总数八斤半，以每斤铢法三百八十四乘之得三千二百六十四铢为实. 以一两作二十四铢加八铢共三十二铢为法除之，合问.

［七言四句］

24. 今到某州二千七，十八人骑马七匹.

言定十里轮转骑，个人骑行怎知得？

答曰：人行一千六百五十里，骑马一千五十里.

法曰：置州里二千七百为实，以人十八为法除之，得每人一百五十里，以马七匹乘之，得骑马一千五十里，以减州里，余得人行一千六百五十里，合问.

25. 今到某州两千八，十四人骑九匹马.

每人十里轮转骑，几里骑行几步要？

答曰：人行一千里，骑马一千八百里.

法曰：与前法同.

26. 大车一轮十八辐，小车一轮十六辐.

数了五十一条轴，千六、九十六条辐.

答曰：大车一十六辆，小车三十五辆.

法曰：置总数五十一条为实. 以大车十八，二因得三十六乘之得一千八百三十六，以减一千六百九十六，余一百四十却以大车十八，小车十六，以少减多，余二，倍之得四为法，除之得小车三十五辆以减总数五十一辆，余得大车一十六辆，合问.

27. 骡行七十马行九，先放骡行六日走.

次后放马去追骡，不知几日得相守？

答曰：二十一日.

法曰：骡行七十乘先行六日得四百二十日为实. 以骡行七十减马行九十，余二十为法，除之，合问.

28. 三人二日四升七，一十三口要粮吃.

一年三百六十日，借问该粮几多石？

答曰：三十六石六斗六升.

法曰：置今吃粮一年计三百六十日乘今人口一十三口得四千六百八十. 又以原吃粮四升七合乘之得二百一十九石九斗六升为实. 以原人三乘原日二得六为法，除之，合问.

29. 三人二日四升七，一十三口要粮吃.

三十六石六斗六，不知吃了几何日？

答曰：三百六十日.

法曰：（此题与 28 题互逆）

置今吃粮三十六石六斗六升，以原人三乘之得一百九石八斗八升，又以原日二乘之得二百一十九石九斗六升为实. 以吃粮四升七合乘今人一十三口得六斗一升一合为法除之，合问.

30. 今有竹筒长五节，上容二升下四升.

中间三节容多少？不知差数请开明.

答曰:上一节二升,二节二升五合,三节三升,四节三升五合,五节四升.

法曰:置列:

上一节	下一节
容二升	容四升

互乘:上节得四升,下节得二升,以少减多,余二升,为一差之实.并上下二节,折半得一,以减五节余四,却以一十相乘亦得一,乘之亦得四为一升之法.除之得差五合,各加差,合问.

31.今有竹筒七个节,容米二升上三节.

下二节容三升整,各节容米如何说?

答曰:最下一节一升二十七分升之十六,最上节二十七分升之十三.

法曰:置列:

三节	二节
二升	三升

母互乘子:三节得九升,二节得四升,以少减多,余五升为一差之实.并上三下二得五节,折半得二节半,以减七节余四节半,却以三升乘之得一十三节半,又以二升乘之得二十七为一升之法,除之,实不满法,一差得二十七分升之五,上三节容米二升乘分母二十七得五十四,以求三节差第一节无差,第二节差一,第三节差二,并之得三,乘一差之实五得十五,以减五十四余三十九,却以三节除之得一十三为上节得二十七分升之十三,各节递增,合问.

32.今有竹筒九个节,下五节容米九升.

上四节米三升六,各节容米问分明.

答曰:上一节容米六合,以次均差二合,最下一节容米二升二合.

法曰:置容米三升六合,以上四节除之得九合.容米九升以下五节除之得一升八合.以少减多,余九合,倍之得一升八合,却以九节除之,得差二合.再置九节,张二位,内一位减一得八节,相乘得七十二,折半得三十六,以差二合乘之得七升二合.并二容:三升六合,九升,共一十二升六合,以减七升二合,余五升四合为实,以九节为法除之,得最上一节容米六合,各递以差二合加之,合问.

33.今有竹筒十二节,每节盛米差半合.

共盛一斗七升七,米盛多少最下节.

答曰:[最下节容米]一升七合五勺.

法曰:置竹筒一十二节,张二位,内一位减一得十一,相乘得一百三十二,折半得六十六为实.以差半合乘之得三升三合,以减盛米一斗七升七合,余一斗四升四合,以竹筒十二除之,得最上节一斗二升,加十一节,每节半合,得五升五合,得最下节容米一升七合五勺,合问.

34. 甲日织绫一丈七,乙织丈三尺其力.

令乙先织六十日,次后甲织几日及?

答曰:甲织一百九十五日.

法曰:置乙织绫一丈三尺乘先织六十日得七十八丈为实.以甲织一十七尺减乙织一十三尺,余四尺为法除之,合问.

35. 大马每匹料五升,小马一匹四升平.

共关六十三石料,一夜喂饱剩一升.

答曰:大马一百一十五匹.小马一千四百三十一匹.

法曰:置料六十三石,以减剩一升,余六十二石九斗九升,以约大马一百一十五匹,每匹五升乘之得五石七斗五升,减余五十七石二斗四升为实,以小马每匹四升为法除之,得小马,合问.

36. 十六西瓜十七瓠,两车推去无斤数.

若还易换过一枚,两个车儿停推去.

答曰:瓜重一秤,瓠重一十四斤.

法曰:置列:

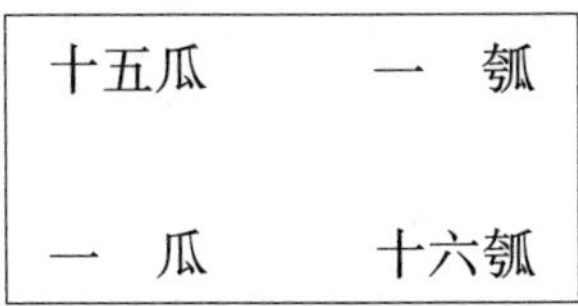

互乘:十五瓜得二百四十,一瓜得一个,以少减多,余重二百三十九斤为实,以瓜十五为法除之,得瓜重一十五斤,余实一十四斤得瓠重,合问.

37. 骡行五十行七,先行后赶俱未及.

各行日数曾相并,共行该算十八日.

答曰:骡行十日半,马行七日半.

法曰:置共日十八以马七十乘之得一千二百六十为实,并马行七十骡行五十共一百二十为法除之,得骡行一十日半,以减共日,余得马行七日半,合问.

38. 鸡兔同笼不知数,上数头数六十个,

却向下头细意数,一百六十八只脚.

答曰:鸡三十六只,兔二十四个.

法曰:置头六十,以兔四只乘之得二百四十,却减脚一百六十八,余七十二为实,以兔脚四,减鸡脚二余二为法除之得鸡三十六只,减总头六十,余得兔二十四个,合问.

39. 四脚碾子三脚耧,一群八十四只牛.

赶了一出恰辊遍,几多耧碾得相投.

答曰:耧四十八只,碾三十六只.

法曰:置牛八十四只,以碾四脚耧三脚相乘得一十二乘之得一千八为实,并碾四耧三共得七为法除之得一百四十四,以三脚除之得耧四十八只,以四脚除之得碾三十六只,合问.

40. 庐山山高八十里,山峰峰上一粒米.

粒米一转正三分,几转转到山脚底.

答曰:四百八十万转.

法曰:置山高八十里,以三百六十步乘之得二万八千八百步,每步以五十寸乘之得一百四十四万寸,以转三分除之,合问.

41. 三藏西天去取经,一去十万八千程.

每日常行七十五,问公几日得回程.

答曰:一千四百四十日.法曰:置一十万八千里为实,以每日七十五里为法,除之,合问.

42. 三寸鱼儿九里沟,口尾相衔直到头.

试问鱼儿多少数,请君对面说因由.

答曰:五万四千(个)[条].

法曰:置沟九里以三百六十步乘之得三千二百四十步,以每步五十寸乘之得一十六万二千寸为实,以鱼三寸为法除之,合问.

43. 二人推车忙辛苦,半径轮该尺九五.

一日转轮二万遭,问公里数如何数.

答曰:一百三十里.

法曰:置半径轮一尺九寸五分倍之,得三尺九寸为全径数,三因之得一百一十七寸为一转数.却以二万遭乘之得二百三十四万寸为实,以里步三百六十以五十寸乘之得一万八千寸为法除之,合问.

44. 四人五日去淘金,五两七钱零六分.

百日要淘三秤足,问公当用几何人?

答曰:二十五人.

法曰:通三秤得四十五斤,求两得七百二十两,以四人因之得二千八百八十两,又以五日因之得一万四千四百两为实.以淘金五两七钱五分乘今淘百日得三百七十六两为法除之,合问.

45. 今有四人来做工,八日工价九钱银.

二十四人做半月,试问工钱该几分?

答曰:一十两一钱二分五厘.

法曰:置人二十四,以工作十五日乘之得六百三十日,又以银九钱因之得三百二十四两为实,以人四乘八日得三十二为法除之,合问.

46. 苏武当年去北边,不知去了几周年.

分明记得天边月,二百三十五番圆.

答曰:一十九年.

法曰:置月圆二百三十五,以周年十二日除之得一十九年,不尽七乃闰月也,合问.

47. 二十四匹马和驴,支料九斗并无余.

马支五升驴支二,问公多少马和驴.

答曰:马一十四匹,支七斗.

驴一十匹,支二斗.

法曰:置马驴二十四匹,以每匹支二升共四斗八升,以减共支九斗余剩四斗二升为实,以驴支二升减马支五升余三升为法,除之,得马一十四匹,以减总数,余得驴一十匹,合问.

48. 骡行七里马行九,先放螺行七里走.

次后马赶骡行,几里相随一处有.

答曰:三十一里半.

法曰:置马行九里,以乘骡先行七里得六十三里为实,以骡行七里减马行九里余二里,为法除之,合问.

49. 一辆车儿尺五高,推往西京走一遭.

往来行该七百里,问公车转几何遭?

答曰:二十八万遭.

法曰:通行该七百里得二十五万二千步,以每步五尺因之得一百二十六万尺为实,以车高一尺五寸三因得四尺五寸为法除之,合问.

［**六言四句**］

50. 鹞子日飞八百,雁飞六百天疑.

雁先飞去半月,鹞子几日赶齐?

答曰:四十五日.

法曰:置雁飞六百以先行十五日乘之得九千为实.以鹞飞八百减雁飞六百余二百为法除之,合问.

——九章详注比类均输算法大全卷第六[终]

诗词体数学题译注：

1. **注解**：谒：谒见、拜见. 具：量词，此处可理解为牛的头数.

译文：家有黄犍牛 9 头，整天使用耕种田地，殷勤耕种 5 天，志心坚强，共耕地 2.8 顷，又有 98 顷田地，昨天遍拜乡贤，用 45 头健壮的黄犍. 请问多少天可以耕完？

解：吴敬原法为：$\dfrac{45\times 98}{9\times 5\times 2.8}=35$ 日.

2. **简介**：此题系据《九章算术》均输章第 20 题改编，这题原文是：今有凫起南海，七日至北海；雁起北海，九日至南海. 今凫雁俱起，问何日相逢.

注解：南朝：指南阳一带地方. 北溟：北海. 相逢：相遇、相会、相逢. 佯：假装.

译文：鹤从南阳起飞，七日飞临北海；雁从北海南行，九日飞到南阳避冷. 今鹤雁同时起飞，不知何日相会？各位先生精通算法，会纵横贯通，不要假装不知道！

解：《九章算术》、吴敬原法为相逢：$\dfrac{7\times 9}{7+9}=3\dfrac{15}{16}$(日).

3. **注解**：驮：明制 1 驮 = 120 斤. 此处是象征性的 9 驮，并非指每驮都是 120 斤. 抽分：唐宋元明时对国内外商货贸易课征的实物税，亦称"抽解". 舶司：封建社会对海外诸国来华贸易的船只及国内出海贸易的商船，统称"市舶". 对市舶所载货物征税或征购称"市舶课". 负责监督和管理市舶课的官员称为"市舶使"，其机关称为"市舶司". 九一：指税收的九分之一. 十六分中取二：指关税为：$\dfrac{2}{16}$.

译文：一位客商持九驮胡桃，曾经给两个税务部分纳税. 航运舶司征税$\dfrac{1}{9}$，过关征税更紧，纳税$\dfrac{2}{16}$，交完税后放行过关，剩余九百五十九斤. 试问此商人原持胡桃多少斤.

解：吴敬原法为：以：959 斤 ×9×8 = 69 048 斤　为实

以：(9 − 1) × (8 − 1) = 56　为法

以法除实得此商人原持胡桃：

$$69\ 048\div 56=1\ 233(\text{斤})$$

此即：

$$959\div\left(1-\frac{1}{9}\right)\div\left(1-\frac{1}{8}\right)$$

$$=959\times\frac{9}{8}\times\frac{8}{7}$$

$$=1\ 233(\text{斤})$$

4. **注解**:有数:有一定的数量,不言具体的数量若干. 同伦:同论,同伴,同样,同运,同行,同类.

译文:一位客商持木香若干,舶司征税$\frac{1}{9}$,关税征收$\frac{2}{16}$,两处征税都很紧,经过两司共纳实物税木香274斤,闻听先生善算,遇到同伦人. 请问此商人持木香多少斤.

解:吴敬原法为:274斤$\div\frac{1}{9}\div\frac{2}{16}=19\ 728$斤　为实

$9\times8-7\times8=16$　为法

除之,得原持木香:$19\ 728\div16=1\ 233$(斤)

此即:

$$274\div\left[1-\left(1-\frac{1}{9}\right)\left(1-\frac{2}{16}\right)\right]$$

$$=274\div\left(1-\frac{8}{9}\times\frac{7}{8}\right)$$

$$=274\times\frac{72}{16}$$

$$=1\ 233(\text{斤})$$

5. **简介**:此题系据《九章算术》均输章第23题改编,这题原文是:

今有一人一日矫矢五十,一人一日羽矢三十,一人一日筈矢十五. 今令一人一日自矫、羽、筈. 问成矢几何.

注解:羽:箭羽. 筈:箭尾.

译文:一工匠专制箭羽,每日尽最大的努力终了才制50个;一工匠制箭竿逞功劳,每天到晚上做30个方了;一工匠专制箭尾,每天从早到晚才做15个. 今欲依照前面的效率单独制箭,每日可制箭矢多少?

解:《九章算术》法:矫矢五十,用徒一人:羽矢五十,用徒一人、太半人;筈矢五十,用徒3人、少半人,并之,得:6人(1人$+1\frac{2}{3}+3\frac{1}{3}=6$人)以为法,以50为实,实如法得一矢. 此即

$$50\div\left(1+1\frac{2}{3}+3\frac{1}{3}\right)=8\frac{1}{3}(\text{矢})$$

吴敬《九章算法比类大全》法为

$$1\div\left(\frac{1}{30}+\frac{1}{50}+\frac{1}{15}\right)$$

$$=1\div\frac{750+450+1\ 500}{22\ 500}$$

$$=8\frac{1}{3}(\text{矢})$$

6. **注解**:虱篦:刮虱子的工具,竹制. 虮蓖:刮虮子的工具,竹制. 暮晚:傍晚.

译文:一工匠专做虱篦,每天用最大的努力可做50个;另一个工匠专做虮蓖,没有空闲时间,每3天做50个还要做到傍晚. 假令一人独造两种篦子,同时造完,依照前例有何困难? 会者是算学中很罕见的人物! 问各造多少个.

解:吴敬原法为:$1\div\left(\frac{1}{50}+\frac{1}{\frac{50}{3}}\right)=1\div\left(\frac{1}{50}+\frac{3}{50}\right)=12.5(\text{个})$.

7. **简介**:此题系据《九章算术》均输章第21题改编,这题原文是:今有甲发长安,五日至齐;乙发齐,七日至长安. 今 乙发已先二日,甲乃发长安. 问:几何日相逢.

注解:侪(chái):同辈人. 徉:同"佯",假装.

译文:甲于东京起步,3日可以到达西京;西京有乙亦起程,5日可以到达东京玩景. 假使乙先行1日,问甲乙何日相会? 吾辈都是纵横会算者,不要假装不知道!

解:吴敬原法为

$$\frac{3\times(5-1)}{3+5}=1.5(\text{日})$$

8. **简介**:王文素《算学宝鉴》称此类问题为"迟疾行程". 中国是世界上最早研究和使用行程问题的原理及用这个原理来解决实际生产和日常生活有关问题的国家.

早在距今1 900多年前,我国东汉初期成书的著名古典数学名著——《九章算术》中,就有关于行程问题中的相遇问题、追及问题及其他相当复杂的这种问题的记载. 例如均输章第二十题:

今有凫(fú,野鸭)起南海,七日至北海;雁起北海,九日至南海. 今凫雁俱起,问何日相逢.

是一个典型的相遇问题.

均输章第十二题是:

今有善行者行一百步,不善行者行六十步. 今不善行者先行一百步,善行者追之. 问几何步追之?

这是一个典型的追及问题,吴敬将此题改编成诗词体.

译文:甲、乙二人同时起步,其中甲行得快乙行得慢,甲行百步站立,乙才行六十步. 令乙先行一百步,甲才起步追及,若甲追及多少步方能追及乙,算得对的话到处扬名称赞你.

解:善行者单位时间内追不善行者需走

$$100-60=40(\text{步})$$

善行者追及一百步需要单位时间:

$$100\div 40=2.5$$

善行者追上不善行者所走步数

$$100\times 2.5=250(\text{步})$$

《九章算术》吴敬法

$$\frac{100\times 100}{100-60}=250(\text{步})$$

9. **注解**:无饶:此处意为“无零”“无余数”或即为“无余”之误也.

译文:有宝纸团圆一卷,经丈量截面直径为2尺无零数.每张纸厚到底有多少呢?只有3忽不多不少!欲问将其舒展开有几里长?要穷推细算里数分毫,英贤说你有很高的计算才能,一问你必算得不对!

解:宝纸一卷,它的截面是一条螺旋曲线:舒开展,为一条直线.以曲变直,这在中国数学史上是一个为数不多的佳例,原书解法只是一个近似值.

此题解法的关键是要掌握好长度单位的进率:1尺=10寸=100分=1 000厘=10 000毫=100 000丝=1 000 000忽.

吴敬的解法是先求得截面圆形面积

$$\pi r^2=3\times 1\ 000\ 000^2\ \text{丝}=3\ 000\ 000\ 000\ 000\ \text{忽}$$

再除以纸厚3忽即得

$$3\ 000\ 000\ 000\ 000\ \text{忽}\div 3=1\ 000\ 000\ 000\ 000\ \text{忽}=1\ 000\ 000\ \text{尺}=200\ 000\ \text{步}$$
$$=555.556\ \text{里}=555\ \text{里}\ 200\ \text{步}$$

今法可用等差数列计算:

内周 $a_1=\pi D$,$3\times 6=18$ 忽.

外周 $a_2=\pi Dn=3\times 2$ 尺 $=6\ 000\ 000$ 忽.

周公差 $d=\pi\times 6$ 忽 $=18$ 忽.

因为

$$a_n=a_1+(n-1)d$$

所以
$$n=\frac{6\ 000\ 000-18}{18}=333\ 333.33$$

总长
$$S_n=\frac{(a_1+a_2)n}{2}$$

$$=\frac{(18+6\ 000\ 000)\times 333\ 333.33}{2}$$

=1 000 003 尺

=200 000.6 步

=555.5572 里

=555 里 200 步

10. **简介**:这是一个线性联立一次方程组问题,《九章算术》解这类问题是用"直除法"(即连线相减),现在的"加减消元法"就是由此演变而来.

刘徽在《九章算术注》中又进一步创造了与现在完全一样的互乘消元法.

注解:半晌:形容时间很长.

译文:甲、乙二人隔沟放牧羊只,二人暗中各自想:甲说:"我得乙九只羊,比乙多一倍."乙说:"我得甲九只羊,两家的羊数就相等."二人闲坐动脑筋,在地上算了很长时间.

解:吴敬的解法是:置甲七乙五各以得九只乘之,合问.

王文素在《算学宝鉴》中证曰,题云:"甲多乙一倍,是甲得二停,乙得一停也."又云:"两家之数相当.是甲、乙各得一停也,各得九只,两人得数相同也.盖遇此等问题,也可置甲七乙五,各以所得同数乘之,俱合所问.或遇三停四停以上,及两家得数不同者.不能致其数.如下例拙法,方为通理,智者验之是否."

王文素新法:新设计图

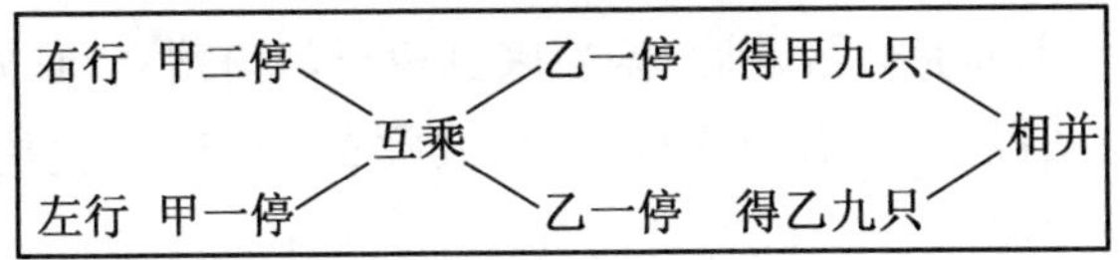

并二人得数共 18 只,并右行二停一停得三停.以 $18\times 3=54$ 为实.另以右甲二停互乘左乙一停得二停,左甲一停互乘右乙一停得一停,相减余一停为法.以法除实仍是54,为甲位.另置54为乙位.各以左行1乘之如故.于乙位内起九添入甲位,甲得63,乙得45,方为同理,合问.

这里,王文素新引入"停"这一术语,十分简捷独特地给出这一问题的解法.

现代解法可设甲有羊 x 只,乙有羊 y 只,则

$$\begin{cases}x+9=2\times(y-9)\\ y+9=x-9\end{cases}$$

解之:$x=63$,$y=45$.

11. **译文**:忽见兔子放犬去追及,不知兔子先行走的步数,犬驱驰 1 200 步,短少 40 步,未及相随;此时犬急追之兔力渐渐微弱,又追了 400 步,超过了兔子 40 步,求兔子先行多少步.

解:吴敬原法为:置赶过 40 步,未及 20 步,相加得:$40+20=60$(步)

$$1\ 200\times60=72\ 000(\text{步})$$

又以追 400 步除之,得:$72\ 000\div400=180$(步).

所以兔子先行步数为:$180+20=200$(步).

12. **注解**:雌凰头:古代传说中的鸟王,雄的叫凤,雌的叫凰,即凤凰鸟.

译文:感叹豪家子弟,心闲快乐,自由自在,好养家鸽. 只记得有 5 个白色,9 个麻褐色,4 天共吃 3.9 升粮食. 另有雌凰头、毛脚锦,连同前面的一共有 28 只,您是伶俐善算的人,请问一年共吃多少粮食?

解:吴敬原法为:5 个白色,9 个麻褐色,共:$5+9=14$(只),4 天食 3.9 升粮食,每天食粮食:$3.9\div4=0.975$(升),28 只每天食粮食:$0.975\times(28\div14)=1.95$(升),一年按 360 日计算,共食粮食:$1.95\times360=702$(升)$=7.02$(石).

13. **简介**:这是一道有关经商纳税的诗词题,在西汉史记中,有关纳税的资料很少. 我国古代最早的竹简《算数书》有负米、税田、误卷等题反映秦或更早的时候有关土地田亩税和关税问题.《九章算术》中有四题反映汉朝政府向行政商征收关税的问题. 吴敬长期负责管理浙江全省的户口、田赋、粮税、劳役等财会工作,此题是吴敬根据当时政府向行商征收关税的实际情况编写,后被程大位《算法统宗》和《同文算指·通编》卷一引录.

译文:昨天街头办完事情之后,闲着来到税局门前站立. 看见一位商人,持布三百疋到税局交税,每疋必须交税二尺. 共收布 15.5 疋,税局贴回铜钱 600 文. 不知每疋卖价多少文? 只说每疋长 40 尺.

解:吴敬原法为:应纳税:$2\times300=600$(尺).

实收布:15.5 疋$=620$ 尺.

每尺布价:$600\div(620-600)=30$(文).

每疋布价:$30\times40=1\ 200$(文).

14. **简介**:此题与本节第一题"舡缸均载"题属同一类型. 后被程大位《算法统宗》引录.

译文:今年的税收秋粮都纳米,雇船搬载去上仓,不知一共有多少只船,装完一共载运 57 600 石粮,河中湿漏一船粮食,每船负带一石去,船中仍剩一石粮食. 请问原船多少只数,每只船装载几石粮食.

解:吴敬原法为:置米:57 600 石,以开平方法除之,合问.

此即：$\sqrt{57\ 600}=240$，即原有船 240 只，每只船装运 240 石粮食.

15. **简介**：王文素在《算学宝鉴》卷十八中称此类问题为"牙税求原". 歌曰：

牙税求原法秒通，总钱牙税接连乘.
用其准物除为实，一次平方取价清.
二次立方求物价，若经三次用三乘.
价除总钞知都物，总物相乘牙税明.

注解：屠：指旧时以屠宰牲畜为职业的人.

译文：今有屠宰牲畜的王屠来到税局，税局要他把税钱交足. 每斤应该交税钱 2 文. 他割去 12 两肉，走到街头卖了 216 文钱. 试问：每斤肉的价钱多少？肉的斤数多少？用什么方法计算得熟练.

解：吴敬的解法是：置共卖肉钱 216 文，以割肉 12 两化为 0. 75 斤乘之，得一百六十二文，以每斤合税 2 文除之，得 81 文. 原肉斤数为：$\sqrt{81}=9$ 斤. 斤价为：$216\div 9=24$(文). 王文素通证新术为：置卖钱以准物乘之，以合税钱除之为实. 以准物为从方(求原物为负从方，求余物为正从方)开平方除之，宜先求得原物，内减准物，为余物，以除卖钱，为物价.

通分破拙草曰：

置共卖钱 216 文，以准肉 12 两乘之，得 2 592 两，又以斤率 16 通之，得：41 472 两，以每斤合税 2 文除之，得：20 736 两为实(此即总钱牙税接连乘. 用其准物除为实)以准肉 12 两为负从方，开平方除之. 即：$x^2-12x-20\ 736=0$.

解之：$x=150.\ 124\ 9$ 两(折合古代的 9 斤 $6\dfrac{36}{289}$两)即原肉数.

余肉数为：$150-12=138$(两)，折合古代的 8 斤 10 两，加余分子为 8 斤$10\dfrac{36}{289}$两.

斤价为：以分母 289 通余肉 138 两加分子 36 得 39 918 为法. 置卖钱 216 文，以分母 289 通之，又以 16 通之，得 998 784 为实，以法除之，得斤价 25 文. 不尽者，法实皆约之，方合所问. 此即：$\dfrac{216\times 289\times 16}{289\times 138+36}=\dfrac{998\ 784}{39\ 918}=25\dfrac{139}{6\ 653}$(文).

16. **译文**：小校先行 50 步，将军马上后驱驰，追赶 320 步，只差 10 步不能追及. 休要暂时停住，不要停迟，再追多少步才能追及？此般妙法很少有人知道，算得无差错众人敬重您！

解：吴敬原法为：$320\times 10\div(50-10)=80$ 步.

17. **注解**：团鱼：即甲鱼，又称鳖，外形像龟，团鱼实际是 4 足，龟实际是两只眼. 说三足六眼，不符合实际. 是为了增加学习兴趣而巧设的，即所谓"拖物比兴”. 窥:偷眼看. 斟:倒酒.

译文:在山下一深水池中,有三足团鱼和六眼龟,共 93 足乱浮水,102 只眼睛将人偷看. 或出水面或没入水中,或往东游或往西游. 倚栏观看的人,不知各有多少只. 如果有人能算出各自的只数. 无差错,将好酒重斟敬重你数杯.

解:吴敬原法为:

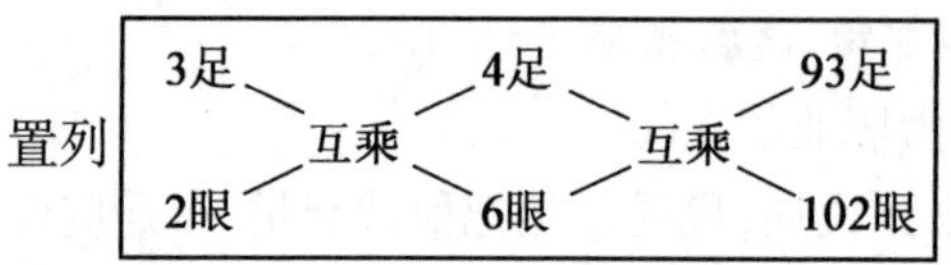

互乘对减,得: $6 \times 93 - 4 \times 102 = 150$ 为实

$3 \times 6 - 4 \times 2 = 10$ 为法

以法除实,得团鱼只数: $150 \div 10 = 15$ 只　足数: $15 \times 3 = 45$　眼数: $15 \times 2 = 30$.

以减总数,余足: $93 - 45 = 48$(足).

余眼: $102 - 30 = 72$(眼).

所以龟数为 12 只. 此法与下面联立方程组相近:

设团鱼为 x 只,龟为 y 只,以题意可列联立方程

$$\begin{cases} 3x + 4y = 93 & (1) \\ 2x + 6y = 102 & (2) \end{cases}$$

解之: $x = 15, y = 12$.

今法:可设有团鱼 x 只,则共有足 $3x$ 只,共有眼 $2x$ 只.

龟为: $\dfrac{93 - 3x}{4}$ 只,龟眼为: $\dfrac{93 - 3x}{4} \times 6$,所以

$$102 - 2x = \frac{93 - 3x}{4} \times 6$$

$$102 - 2x = \frac{93 - 3x}{2} \times 3$$

$$204 - 4x = 279 - 9x$$

$$5x = 279 - 204$$

$$5x = 75$$

所以团鱼只数: $x = 15$ 只,龟只数: $\dfrac{93 - 15 \times 3}{4} = 12$(只)

附:算术解法:

我们可以把 93 足视为总重量(即共物),102 只眼睛视为总价值(即今数),

团鱼眼数对足数的比$\frac{2}{3}$视为低价，龟眼数对足数的比$\frac{3}{2}$视为高价，则依“贵贱差分法”得

团鱼足数：$\left(\frac{3}{2}\times 93-102\right)\div\left(\frac{3}{2}-\frac{2}{3}\right)=45$（足）.

团鱼只数：$45\div 3=15$（只）.

龟足数：$93-45=48$（足）.

龟只数：$48\div 4=12$（只）.

18. **简介**：此题似据刘仕隆《九章通明算法》“头臂分形”题（即本书头臂分形（一）题改编）

注解：断种：互相断杀.

译文：夜叉是八臂一头，哪吒是三头六臂. 两处争强斗胜，互相胜负交加. 有36头互相断杀，102只手乱相抓. 旁边依栏观看的人殷勤问道：几个哪吒几夜叉？

解：吴敬原法为：

置列 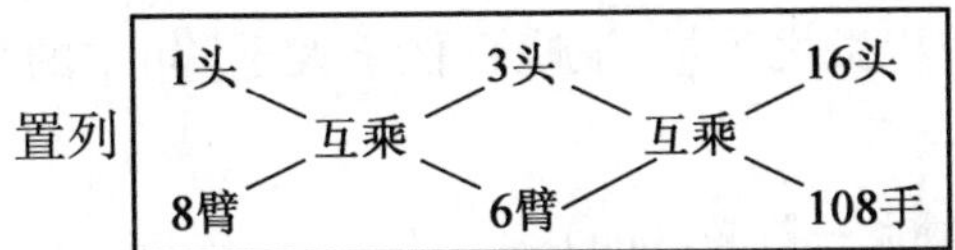

互乘对减：$108\times 3-36\times 6=108$ 为实

$3\times 8-1\times 6=18$ 为法

以法除实，得夜叉：$108\div 18=6$（个）.

哪吒：$(36-6)\div 3=10$（个）.

此法与下面的联立方程组相近：

设夜叉数为x，哪吒数为y，依题意可列联系方程组：

$$\begin{cases}x+3y=36 & (1)\\ 8x+6y=108 & (2)\end{cases}$$

解之：$x=6,y=10$.

19. **译文**：甲、乙二人同时赴京城，路程是2 700里，无零数. 甲每日行120里，乙每日行80里，甲先到后回迎乙. 问回行多少里才能与乙相会. 此法虽然不算太妙，但学者亦不可看轻.

解：吴敬原法为：所行日数：$2\ 700\div\frac{120+80}{2}=27$（日）.

甲回迎乙里数：$120\times 27-2\ 700=540$（里）.

乙行里数:$80\times27=2\ 160$(里).

20. **译文**:甲乙二人同时赴京城,不知所行日数,也不知所行里程.甲每日行150里,125里是乙每日所行路程,甲今先到京城后又返回迎接乙,200里地恰相迎.加减乘除谁不会?此法亦须会算的能人!

解:吴敬原法为:所行日数:$200\div\frac{150-125}{2}=16$(日).

赴京里数:$150\times16-200=2\ 200$(里)或:$125\times16+200=2\ 200$(里).

21. 今有出门,望见九隄,
隄有九木,木有九枝,
枝有九巢,巢有九禽,
禽有九雏,雏有九毛,
毛有九色,问各几何?

——引自《孙子算经》

注解:隄(dī),同"堤".《武英殿聚珍版丛书》本《孙子算经》作"堤".

简介:这类问题,是等比数列问题,在古代中外数学史上都曾出现过.

在中国,在《数术记遗》"不辨积微之为量,讵晓百亿于大千"句中的注文云:按《愣伽经》云

积七微成一阿耨(nòu),
七阿耨为一铜上尘.
七铜上尘为一水上尘.
七水上尘为一兔毫上尘.
七兔毫上尘为一羊毛上尘.
七羊毛上尘为一牛毛上尘.
七牛羊上尘为一响中由尘.
七响中由尘成一虮(jǐ).
七虮成一虱(shī)
七虱成一麦横.
七麦横成一指节.
二十四指节为一肘.
四肘为一弓.
去村五百弓为阿兰惹.

(此即:$7+7^2+7^3+7^4+7^5+7^6+7^7+7^8+7^9+7^{10}=329\ 554\ 456$

一肘:7 909 306 944

一弓:316 372 277 776

一阿兰惹:15 818 613 888 000)

(据李培业《数术记遗释译与研究》)19 页:"《愣伽经》中未有此处所引的话",而在《俱舍论》卷十二中却有一段与此相合.)

明朝著名数学家吴敬《九章算法比类大全》(1 450)卷三载一"诸葛统兵"与此题相似:

诸葛亲统八员将,每将又分八个营.
每营里面排八阵,每阵先锋有八人.
每人旗头俱八个,每个旗头八队成.
每队更该八个甲,每个甲头八个兵.
(注:营阵不算人数.)

此题被程大位《算法统宗》引录,在朝鲜、日本广泛流传.

诸葛	1 人
将官:$1\times 8=$	8 人
先锋:$1\times 8^4=$	4 096 人
旗头:$1\times 8^5=$	32 768 人
队长:$1\times 8^6=$	262 144 人
甲头:$1\times 8^7=$	2 097 152 人
士兵:$1\times 8^8=$	16 777 216 人
总计:	19 173 385 人

在国外,这类问题,首次出现在埃及亚麦斯(Ahmes)纸草算数书第 79 题,在数字 7,49,343,2 401,16 807 的旁边画有图:猫、鼠、大麦、量器等许多有趣的图形,用以说明这些数字的奥秘,长期以来,许多人都不理解. 19 世纪末德国数学家史家康托尔对此题进行了深入认真的研究,认为此题的大意为:

有 7 个人,每个人养 7 只猫,每只猫能吃 7 只老鼠,每只鼠吃 7 只大麦穗,每棵大麦穗可种出 7 斗大麦. 问各有多少.

此即:7 人,$7^2=49$ 只猫,$7^3=343$ 只鼠,$7^4=2\ 401$ 只大麦穗,$7^5=16\ 807$ 斗大麦.

时隔两千多年后,在意大利数学家斐波那契《算盘书》(1202 年)中载有:

有 7 个老妇同赴罗马,每人有 7 匹骡,每匹骡驮 7 个袋,每个袋盛 7 个面包,每个面包带着 7 把小刀,每把小刀放在 7 个鞘中. 问:各有多少?

19 世纪初期,类似的问题又在美国学者阿达姆斯(D · Adams)《学者算术》中以诗歌体出现:

我赴圣地艾弗西(Ives),路遇妇人数有七.

一人七袋手中提,一袋七猫数整齐.

一猫七子紧相随,妇与布袋猫与子.

几何同时赴圣地?

在15世纪至17世纪,俄国出版的一些数学书籍中也可以看到一些类似的问题:

有40座城市,每座城市有40条街道,每条街道有40座房子,每座房子有40根柱子,每个柱子有40根圆环,每个圆环拴40匹马,每匹马上坐着40个人,每人手中拿那40根马鞭子,统统算在一起.问:总共有多少?(——高希尧编《数海钩沉》28页,陕西科技出版社,1982年3月)

在俄国民间流传着:

路上走着7个老头,

每个老头拿7个木杆,

每个木杆有7个枝桠,

每个枝桠有7个竹篮,

每个竹篮有7个竹笼,

每个竹笼里有7只麻雀,

问:总共有多少只麻雀?

(——в.д.契斯佳科夫《初等数学古代名题集》33页.科学普及出版社,1984年8月)

解:在实际上是一个以9为首项,9为公比的等比数列问题,由公式:$a_n = a_1q^{n-1}$即可求得答数.

隄: $9=9$

木: $9^2=81$

枝: $9^3=729$

巢: $9^4=6\ 561$

禽: $9^5=59\ 049$

雏: $9^6=531\ 441$

毛: $9^7=4\ 782\ 969$

色: $9^8=43\ 046\ 721$

22. **注解**:三番:三次.每度:每次.悭:欠缺.不曾悭:不曾缺少.

译文:一位客人将酒寄存在主人家,说明5斗不曾缺少.此时主人不讲道理,4升添水偷换3次,每次换时先取酒,然后再添水不为难,升斗虽然仍合原数. 请问酒水俱存各若干.

解:吴敬原法为:第一次取出酒 4 升,然后加进水 4 升,此时水与酒浓度的比例为:$\frac{4}{50}=0.08$.

第二次先取出含 0.08 的酒 4 升,其中含水 0.32 升,含酒 3.68 升,加进水 4 升,此时累计取出酒 4 升 +3.68 升 =7.68 升,亦即实际加进水 7.68 升,此时水与酒的比例为:$\frac{7.68}{50}=0.1536$.

第三次取出含 0.153 6 的酒 4 升,其中含水 0.614 4 升,含酒 3.385 6 升,加进水 4 升,此时累计取出酒为:7.68 +3.385 6 =11.065 6(升),亦即最后实际加进水为:11.065 6 升,剩酒 38.934 4 升.

23. **简介**:程大位《算法统宗》亦有同名题目:

一个公公不记年,手持竹杖在门前.
借问公公年几岁,家中数目记分名.
一两八铢泥弹子,每岁盘中放一丸.
日久岁深经雨湿,总然化作一泥团.
称重八斤零八两,加减方知得几年.

刘仕隆《九章通明算法》中的“老人问甲”问题,现已失传,这两个题目,究竟哪一个引自《九章通明算法》,因吴、程在书中未做说明,不得而知.

译文:有一位老公公不记得自己的年龄,手持竹杖站在门前. 一两八铢重的泥球,每岁往窗前放一粒,由于时间长久被雨淋湿. 总然化作一泥团. 称一下,重八斤半,请问老公公有多大年龄.

解:吴敬原法为:古法:1 斤 =16 两 =384 铢,八斤八两 =3 264 铢,3 264 ÷(24 +8) =102 岁,应该指出,因为:“一两八铢泥弹子,每岁窗前放一丸. 日久岁深经雨湿,总然化作一泥团. ”所以必然有些损失,因此 102 岁只是近似结果.

24. **简介**:吴敬在《九章算法比类大全》(1450)卷六载有两个“轮流骑马”问题. 王文素在《算学宝鉴》(1524 年)卷二十二中首次称此类问题为“轮流均数”. 并举出三个例题,用图解法进行了详细论述. 诗曰:

轮流均数法传新,人数先得日里分.
不知方图依次第,各该日里自平均.

什么意思? 不好理解. 看了王文素举的三个例题及图解,自然就可以明白,例一:三人二帽共戴一月,各要日数相同. 问:各该几日几次?

答曰:各该二十日,作二次戴之.

王文素的解法为:置一月通作三十日,以二帽乘之,得六十日为实,以三人为法除之,得各该二十日,就以二帽除之,得每次做十日戴之,合问.

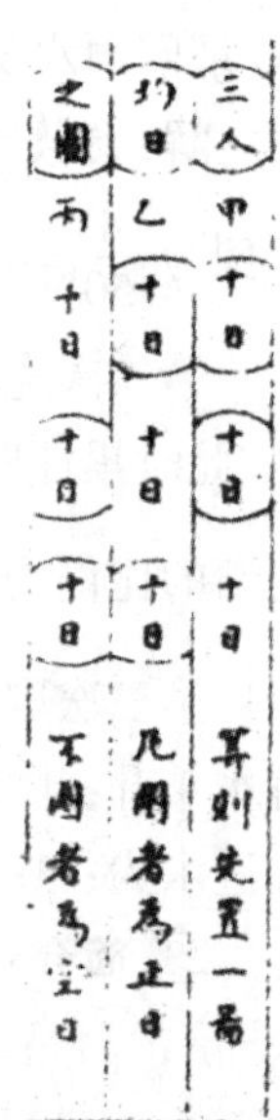

此即:

各该:$\frac{30\times 2}{3}=20$(日).

每次:$20\div 2=10$(日).

已故数学史家李迪(1927—2006)在其所著《中国数学通史·明清卷》(2004 年,江苏教育出版社)中说:

"轮流均数"题的解法可用一般公式表示:设 N 为日数或里数,L 为人数,m 为帽数或马数,P 为每人得数,则有

$$P=\frac{NL}{m}$$

P 应为正整数,按题设 L 与 m 为即约:$(L,M)=1$,若想 P 为正整数,则必 $m\mid N$,亦即 $(N,m)=m$. 如果不满足这后一个条件,无解.

这是一个在限定数量的条件下,一群人得到均衡分配的问题,属于现今组合数学领域.

注解:两千七:即两千七百里. 轮转:轮流转换. 言定:说好了.

译文:今有人到某州的距离为 2 700 里,有 18 人骑马 7 匹,说好了每十里轮换骑马一次. 问每人骑马和步行各多少里?

解:吴敬《九章算法比类大全》原法为:每人骑行:$\frac{2\ 700}{18}\times 7=1\ 050$(里).

步行:$2\ 700-1\ 050=1\ 650$(里).

今法:一匹马轮转次数:$\frac{2\ 700}{10}=270$(次).

每人骑同一匹马次数:$\frac{270}{18}=15$(次).

每人骑同一匹马所行里数:$10\times 15=150$(里).

每人轮转骑七匹马所行里数:$150\times 7=1\ 050$(里).

每人步行里数:$2\ 700-1\ 050=1\ 650$(里).

25. **译文**:今到某州为 2 800 里,有 14 人骑马 9 匹,言定每 10 里轮换骑马一次. 问每人骑马和步行各多少里.

解:吴敬原法为:每人骑马 $\frac{9}{14}$ 匹,所以骑行里数亦为全程的 $\frac{9}{14}$ 里,即:

$2\ 800 \times \frac{9}{14} = 1\ 800$(里).

每人步行里数为:$2\ 800 - 1\ 800 = 1\ 000$(里).

今法:一匹马轮转次数$\frac{2\ 800}{10} = 280$(次).

每人骑同一匹马次数:$\frac{280}{14} = 20$(次).

每人骑同一匹马所行里数:$10 \times 20 = 200$(里).

每人骑九匹马所行里数:$200 \times 9 = 1\ 800$(里).

每人步行里数:$2\ 800 - 1\ 800 = 1\ 000$(里).

26. **译文**:大车一个车轮有 18 根辐条,小车一个车轮有 16 根辐条. 数了一下,共有 51 根车轴,1 696 根辐条. 问大、小车各有多少辆.

解:吴敬原法为:

小车辆数:$\frac{51 \times 18 \times 2 - 1\ 696}{(18 - 16) \times 2} = 35$(辆)

大车辆数:$51 - 35 = 16$(辆).

今法:设大车 x 辆,小车 y 轴,则

$$\begin{cases} x + y = 51 \\ 2 \times 18x + 2 \times 16y = 1\ 696 \end{cases}$$

解之:$x = 16$ 辆,即大车辆数.

$y = 35$ 辆　即小车辆数

27. **注解**:骡行七十马行九:指骡日行七十里,马日行九十里. 相守:相追及.

译文:骡日行 70 里,马日行 90 里,放骡先行 6 日,次后放马追骡,问多少日才能追及?

解:吴敬原法为:$\frac{70 \times 6}{90 - 70} = 21$(日),即 21 日才能追及.

28. **译文**:3 人二日吃粮食 4.7 斤,现有 13 人 360 日应该吃粮食多少石?

解:这是一个复比例问题,吴敬原法为:13 人与每日$\frac{0.47}{3 \times 2}$相乘,再乘 360 日,即得一年的用粮食数.

$$\left.\begin{matrix} 3:13 \\ 2:360 \end{matrix}\right\} = 0.47:x$$

以下吴敬原法:$x = \frac{13 \times 360 \times 0.47}{3 \times 2} = 366.6$(斗)

29. **简介**:此题也是一个复比例问题,此题是求吃粮日数.

译文:三人二日吃粮食四点七升,现有13人,36石6斗6升粮食,问能吃多少日.

解:

$$\left.\begin{matrix}3:13\\3\ 666:4.7\end{matrix}\right\}=x:2$$

吴敬原法为:$x=\dfrac{3\times 3\ 666\times 2}{13\times 4.7}=360(日)$.

30. **译文**:今有竹筒长五节,最上一节容二升,最下一节容四升.问:中间三节各容多少升?差数是多少?

解:吴敬原法为:

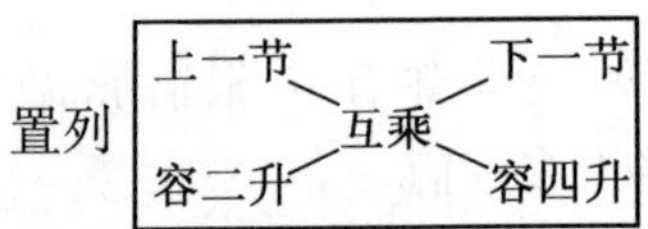

互乘对减:$1\times 4-1\times 2=2$(升),为一差之实.并上下二节,折半得一,以减5节余4节,却以1乘之得4,为一升之法,除之得差:0.5升,各加差、合问.此与今法相近.

今法:

$$a_5=a_1+(n-1)d$$

$$d=\frac{4-2}{5-1}=0.5(升)$$

所以

$$a_2=a_1+0.5=2+0.5=2.5(升)$$
$$a_3=a_2+0.5=2.5+0.5=3(升)$$
$$a_4=a_3+0.5=3+0.5=3.5(升)$$

31. **简介**:此题系吴敬据朱世杰《算学启蒙》(1299年)卷中"求差分和"第九题改编,这题原文是:今有竹九节,下二节容米三升,上三节容米二升.问中二节及逐节各容几合.

译文:今有一竹筒,共有7个竹节.上三节装米二升,下二节装米三升,问各节装米多少升.

解:朱世杰《算学启蒙》(1299年)的解法:

术曰:依

左 2节 —— 3升
互乘
右 3节 —— 2升

左行互乘右行,以少减多,余五为差实$(3\times 3-2\times 2=5)$,分母相乘得$6(3\times 2=6)$为法,又并三节,两节,半之得二节半,以减七节,余四节半$\left(7-\dfrac{3+2}{2}=4.5(节)\right)$以分母六乘之得:二十七为法$(4.5\times 6=27)$,实如法而一,得一升,即衰相去也$\left(\frac{5}{27}\right)$,列二十七,以三升乘之,得八十一,加差五,得八十六,半之,一升二十七分升之十六$\left(\frac{27\times3+5}{2}\div27=1\frac{16}{27}\right)$乃是下初节所容之数,递减逐节差,即得,合问.

吴敬《九章算法比类大全》的解法与朱世杰的解法大致相同.

先置列 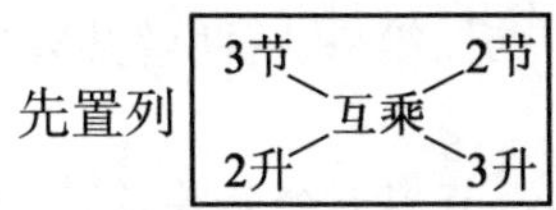

互乘对减:$3\times3-2\times2=5$,为一差之实. 并 $3+2=5$(节),折半:$\frac{5}{2}=2.5$(节),$7-2.5=4.5$(节). $4.5\times3\times2=27$　为法除之,得差:$\frac{5}{27}$

上三节容米二升,乘分母 $27\times2=54$. 以求上三节差,第一节无差,第二节差(d)1,第三节差($2d$)2,共 3 差($3d$),$3\times5=15$,$54-15=39$,以三节除之,得 13,即上节装米$\frac{13}{27}$升,各节递增$\frac{5}{27}$升,合问.

王文素的解法:

王文素在《算学宝鉴》卷二十三有诗曰:

鼠尾差分求递均,人钱左右并排分.
互乘相减余为实,另折其人减总人.
余者连乘人作法,除来便见递差真.
要知各除钱多少,法术同前一样寻.

首尾出银求差题,各除相减剩为实.
首尾人并折减总,余总除实差就知.

设前 k 项和为 S_k,后 1 项和为 S_1,则此两歌诀可以译为公式

$$d=(ks_1-ls_k)\div\left\{kl\left(n-\frac{k+l}{2}\right)\right\}\tag{1}$$

$$d=\left\{\frac{S_l}{l}-\frac{S_k}{k}\right\}\div\left(n-\frac{k+l}{2}\right)\tag{2}$$

这与《九章算术》均输章第 19 题、《张丘建算经》卷上第 18 题术文相似. 题中数字代入(2)式,得

$$d=\left(\frac{2}{3}-\frac{3}{2}\right)\div\left(7-\frac{2+3}{2}\right)=-\frac{5}{27}(升)$$

$$a_1=\frac{3-\frac{-5}{27}}{2}+(7-1)\left(\frac{-5}{27}\right)=\frac{43}{27}-\frac{30}{27}=\frac{13}{27}$$

(升),即最上节容米数.

递增$\frac{5}{27}$升,得各节装米数分别为$\frac{18}{27}$升,$\frac{23}{27}$升,……,$\frac{43}{27}$升.

今法:由上三节装米二升,知第二节装米数为:$\frac{2}{3}$升. 第一,三两解共装米升数为:$2-\frac{2}{3}=\frac{4}{3}$(升),$3-\frac{4}{3}=\frac{5}{3}$(升). 第一节比第六节多五个公差,第二节比第六节多四个公差,共多:$5+4=9$ 个公差,所以公差数为:$d=\frac{5}{3}\div 9=\frac{5}{27}$(升).

所以第一节装米数为:$\frac{2}{3}-\frac{5}{27}=\frac{13}{27}$(升)

第二节装米数为:$\frac{18}{27}$升,……,第七节装米数为:$1\frac{16}{27}$升.

或列联立方程

$$\begin{cases}a_1+a_2+a_3=2 & (1)\\ a_6+a_7=3 & (2)\end{cases}$$

即

$$\begin{cases}3a_1+3d=2 & (3)\\ 2a_1+11d=3 & (4)\end{cases}$$

(3)×2-(4)×3 得:$27d=5$,所以

$$d=\frac{5}{27} \qquad (5)$$

(5)代入(3)得 $3a_1=\frac{39}{27}$,所以 $a_1=\frac{13}{27}$(升).

递加$\frac{5}{27}$,分别得各节装米升数.

32. **简介**:此题系据《九章算术》均输章第十九题改编,与刘仕隆《九章通明算法》"竹筒容米"题,内容相近.

解:吴敬原法为:$\frac{9\text{升}}{5}-\frac{3\text{升}6\text{合}}{4}=0.9$ 升,倍之:0.9 升 ×2 = 1.8 升,以 9 节除之,得差

$$d=\frac{1.8}{9}=0.2(\text{升})$$

$$S_n = a_1 n + \frac{n(n-1)d}{2}$$

所以

$$a_1 = \frac{S_n - \frac{n(n-1)d}{2}}{n}$$

$$= \frac{(3.6+9) - \frac{9\times(9-1)\times0.2}{2}}{9}$$

$$= \frac{5.4}{9} = 0.6(\text{升})$$

递加0.2升,得各节容米数.

33. **译文**:今有竹筒有12个节,每节盛米差半合,共盛17.7升米.问最下一节盛米多少?

解:吴敬原法为:置竹筒十二节,张二位,内一位减一得十一(12-1=11),相乘得一百三十二(12×11=132),折半得六十六(132÷2=66)以差半合乘之,得:三升三合(66×0.5=33),以减盛米:一斗七升七合余一斗四升四合(1.77-0.33=1.44(斗)),以竹筒十二节除之,得:最上节一升二合(1.44÷12=0.12(斗))加十一节,每节半合,得五合五勺.得最下节容米一升七合五勺.

与等差数列法相同.

$$a_1 = \frac{S_n}{n} - \frac{(n-1)d}{2} = \frac{177}{12} - \frac{(12-1)\times0.5}{2}$$

$$= 12(\text{合})$$

递加0.5合,得最下节装米为:1升7合5勺.

34. **译文**:甲每日织绫1.7丈,乙每日织绫1.3丈,已尽其力.令乙先织60日,问甲织几日方能追及乙.

解:吴敬原法为:$\frac{1.3\times60}{1.7-1.3}=195(\text{日})$,即甲织195日方能追及乙.

35. **简介**:此题似乎缺少题设条件,本卷诗词47题,马驴支料题与此题相似,题设条件完备.

译文:大马每匹每日吃料五升,小马每匹每日吃料四升.共有六十三石料,一夜喂饱后只剩一升.问大小马各有多少匹?

解:按现有题设条件此题有答案314组.

63石=6 300升,6 300-1=6 299(升)

①大马:6 299升÷5升=1 259匹,余4升,为小马1匹.

②小马:6 299 升 ÷ 4 升 = 1 571 匹,余 15 升,为大马:15 升 ÷ 5 升 = 3 匹

大马每减 4 匹,小马每增 5 匹,得:

大马:1 255 匹	小马:6 匹
1 251 匹	11 匹
1 247 匹	16 匹
……	……
3 匹	1 571 匹

共 314 组

吴敬原解法为:置料 63 石,减剩 1 升,余 6 299 升. 以约大马 115 匹,每匹 5 升乘之,得 575 升,减余 5 724 升为实,以小马每匹 4 升除之,得小马 1 431 匹,合问. 这里"大马 115 匹"从何而来?

36. **译文**:16 个西瓜与 17 个瓠子,两车推去无斤数;要交换一枚,则两车所载瓜瓠的重量相等. 问瓜、瓠各重多少斤.

解:吴敬原法为:

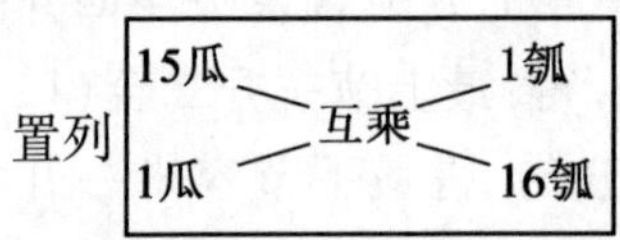

互乘对减:$15\times16-1\times1=239$　为实

以瓜 15 为法除之,得瓜重 15 斤. 余 14 斤为瓠重.

此法相当于:设瓜重为 x 斤,瓠重为 y 斤,共重为 m 斤,则:

$16x+17y=m$,交换一枚,则为

$$\begin{cases}15x+y=\dfrac{m}{2}\\ x+16y=\dfrac{m}{2}\end{cases}$$

37. **译文**:骡每日行 50 里,马每日行 70 里. 先行后赶俱未追及,各行日数相加一共是 18 天. 问各行多少日?

解:吴敬原法为:骡行:$\dfrac{18\times70}{70+50}=10.5$(日).

马行:$\dfrac{18\times50}{70+50}=7.5$(日).

共:18 日.

38. 今有雉兔同笼,上有三十五头.

下有九十四足,问雉兔各几何?

——引自《孙子算经》卷下

雉(zhì)原指山鸡或野鸡,古代人能否鸡兔同笼,我们不得而知,暂且不去考虑.不过,《孙子算经》的解法,是实在简捷巧妙.术文说:"上置头,下置足,半其足,以头除(此处'除'意为'除去',即相当于现在的'减去'之意)足,以足除头,即得."书中先设金鸡独立,玉兔双腿(即"半其足")这时共有腿数为

$$94 \div 2 = 47$$

在这47条腿中,每数一条腿应该有一只鸡而每数两条腿才有一只兔.也就是说,每只鸡的头、足数相等.而每只兔的头数却比足数少一,所以兔数为

$$47 - 35 = 12$$

鸡数为

$$35 - 12 = 23$$

在一般情况下,如果设 x 为鸡数,y 为兔数,A 为鸡兔总只数,B 为鸡兔总足数,则

$$\begin{cases} x + y = A \\ 2x + 4y = B \end{cases}$$

解之,可得:$y = \dfrac{B}{2} - A, x = A - y = A - \left(\dfrac{B}{2} - A\right)$.

这就是说,兔数为腿数的二分之一(半其足)与总头数之差(以头除足).

南宋数学教育家杨辉,在《续古摘奇算法》(1275年)卷下,称此类问题为"二率分身",杨辉给出两种新的解法:

①兔数:$(94 - 35 \times 2) \div 2 = 12$.

鸡数:$35 - 12 = 23$.

②鸡数:$(35 \times 4 - 94) \div 2 = 23$.

兔数:$35 - 23 = 12$.

这与现在的算术解法相近.在元朱世杰《算学启蒙》(1299年)、《永乐大典》中的《丁巨算法》、严恭《通原算法》中,也载有"鸡兔同笼"问题.朱世杰的解法与现在的算术解法几乎完全一样.

今有鸡兔一百,共足二百七十二只,只云鸡足二兔足四,问鸡兔各几何.

术曰:列一百,以兔足乘之,得数内减共足余一百二十八为实(被除数).列鸡兔足以少减多,余二为法(除数),而一得鸡,反减一百即兔,合问.

又术曰:倍一百以减共足余半之即兔也.

此即:

鸡数:$(100 \times 4 - 272) \div (4 - 2) = 64$.

兔数:$100 - 64 = 36$.

又：

兔数：$(272-100\times2)\div(4-2)=36$.

鸡数：$100-36=64$.

在明刘仕隆《九章通明算法》(1424 年)，吴敬《九章算法比类大全》(1450 年)、王文素《算学宝鉴》(1524 年)、徐心鲁订正《盘珠算法》(1578 年)、佚名《书算玄通》《算法便览》《精彩算法真诀》、程大位《算法统宗》(1592 年)等书中，都载有一些很有趣味的诗词古体鸡兔同笼问题，例如刘仕隆《九章通明算法》：

今有鸡兔同笼，原来不记数目.
上有九十六头，下有三百八足.
要问二等禽兽，仔细分明请复.

刘仕隆原法为：

兔数：$(308-96\times2)\div(4-2)=58$(只).

鸡数：$96-58=38$(只).

吴敬《九章算法比类大全》卷六诗词第三十八题：

鸡兔同笼不知数，上数头数六十个，
却向下头细意数，一百六十八只脚.

吴敬原法为：

鸡数：$(60\times4-168)\div(4-2)=36$(只)

兔数：$60-36=24$(只)

鸡兔同笼问题，在我国民间流传很广，民间流传：野鸡兔子四十九，一百条腿地下走. 试问英贤能算士，野鸡兔子各几何？

在清朝著名小说家李汝珍(约 1763—1830)《镜花缘》第九十三回中载有如下一段故事：

宗伯府的女主人卞宝云邀请女才子们到府中的小鳌山观灯. 当众才女们在一片欢迎的音乐声中来到小鳌山时，只见楼上楼下俱挂灯球，五彩缤纷，壮观秀丽，宛如列星，高低错落，一时竟难分辨其多少，卞宝云请精通筹算的才女米兰芬，算一算楼上楼下大小灯盏的数目，她告诉米兰芬：楼上的灯有两种，一种上做三个大球，下缀六个小球，计大小球九个为一盏灯；另一种上做三个大球，下缀十八个小球，计大小球二十一个为一盏灯. 楼下的灯也分为两种：一种一个大球，下缀两个小球；另一种是一个大球，下缀四个小球，她请米兰芬算一算楼上楼下大小四种灯各有多少盏. 米兰芬稍微想一想，请宝云命人查一下楼上楼下大小灯球各多少个，查的结果是，楼上大灯球 396 个，小灯球 1 440 个：楼下大灯球 360 个,小灯球 1 200 个.

米兰芬很快算出了楼上楼下大小灯的盏数,她的解法是:

楼下一大四小盏数:$1\ 200 \div 2 - 360 = 240$.

一大二小盏数:$360 - 240 = 120$.

楼上三大十八小盏数:$(1\ 440 \div 2 - 396) \div 6 = 54$.

三大六小盏数:$(396 - 3 \times 54) \div 3 = 78$.

现代代数解法是:

楼上:设三大六小灯为 x 盏,三大十八小为 y 盏,则

$$\begin{cases}3x + 3y = 396\\6x + 18y = 1\ 440\end{cases}$$

解之:$x = 78, y = 54$.

楼下:设一大两小灯为 x 盏,一大四小灯 y 盏,则

$$\begin{cases}x + y = 360\\2x + 4y = 1\ 200\end{cases}$$

解之:$x = 120, y = 240$.

雉兔同笼问题,通过《算学启蒙》《盘珠算法》《算法统宗》和《镜花缘》等书传入朝鲜、日本、英、法、德、俄等国,在日本、朝鲜等国广泛流传.日本人称此类问题为"龟鹤算法".

39. **注解**:碾耧:播种用的农具,由牧畜牵引.耧:原误为"楼".辊:能滚动的圆柱形机件的总称,也叫罗拉.一群八十四只牛:指 84 头牛牵引 84 个碾子和耧,一语双关.

译文:有四脚的碾子和三角的耧,用 84 头牛牵引.问:耧、碾各多少只?

解:吴敬原法为:$\frac{84 \times 3 \times 4}{3 + 4} = 144$.

耧数:$144 \div 3 = 48$(只)

碾数:$144 \div 4 = 36$(只)

40. 庐山高八十里,山峰峰上一粒米.

粒米一转正三分,几转转到山脚底.

——原自刘仕隆《九章通明算法》(1424)

简介:这是一首用数字诗题描写我国旅游胜地——江西省庐山的趣题,通过此题,可以锻炼人们对古代长度进率的掌握,但应该指出:一粒只有 3 分周长的粒米实际上是不可能转到山脚底的.同时此题的叙述方面也有些不妥,首先我认为提名"粒米求程"的"求程"二字似应改为"求转"."山高"当指山的垂直

高度,粒米不可能垂直下滚似应改为“山坡”为宜(假如山坡是条斜线).

此题被吴敬《九章算法比类大全》和程大位《算法统宗》引录.

注解:我国古代:一里 =360 步,一步 =5 尺,一尺 =10 寸,一寸 =10 分.

译文:庐山山坡有 80 里,山坡顶上有一粒黍米,黍料滚动一圈是 3 分长. 问转动多少圈才能转到山脚底.

解:刘仕隆原法为:$\frac{80\times360\times50}{0.3}=4\ 800\ 000$(转)

41. 三藏西天去取经,一去十万八千程.

每日常行七十五,问公几日得回程.

——原自刘仕隆《九章通明算法》(1424 年)

简介:玄奘(602—664)通称三藏法师. 俗称唐僧,本姓陈,名祎. 洛州缑市(今河南偃师缑氏镇)人. 佛教学者、旅行家、翻译家. 他在国内遍访名师,感到众说纷纭,难得定论. 便决心到天竺(印度)学习,求得解决. 唐太宗贞观三年(629 年)从凉州出玉门关西行赴天竺,在那烂陀寺从贤受学,后又游学天竺各地,并同一些知名学者展开辩论,名震天竺. 经历 17 年,于贞观十九年回到了长安. 共译出了经论 75 部,凡 1 335 卷. 多用直译,笔法严谨. 对祖国文化有一定贡献,并为印度的佛教保存了十分珍贵的典籍,由于他的卓越成就,所以民间广泛流传他的故事,如元吴昌龄《唐三藏西天取经》《西游记》杂剧、吴承恩(1500—1582)《西游记》小说等是从他的故事发展而来. 吴敬《九章算法比类大全》、程大位《算法统宗》引录此题.

注解:回程:开始返回.

译文:三藏到西天去取经,一去是 108 000 里的路程,每日常行 75 里,问先生多少日才能返回?

解:原书解法,设:1 年 =365 日,108 000 ÷75 ÷360 =4 年,但这只是去的年数,亦即到达西天的年数. 而返回到长安的年数则应为 8 年(中间停留在西天的日数不计在内)本书注释者改为 8 年.

42. 三寸鱼儿九里沟,口尾相衔直到头.

试问鱼儿多少数,请君对面说因由.

——原自刘仕隆《九章通明算法》(1424 年)

简介:此题系据《孙子算经》卷下第三十二题改编,这题原文是:

今有九里渠,三寸鱼,头头相次,问鱼得几何?

此题被吴敬《九章算法比类大全》和程大位《算法统宗》引录.

译文:在一条九里长的河沟里有三寸长的鱼,头尾相连接直到头. 试问一共有多少条鱼,请先生当面说明原因.

解:《孙子算经》原法为:$\frac{9\times360\times5\times10}{3}=54\ 000$(条).

43. 二人推车忙苦苦,半径轮该尺九五.

一日轮转二万遭,问君里数如何数.

——原自刘仕隆《九章通明算法》(1424)

简介:此题被吴敬《九章算法比类大全》和程大位《算法统宗》引录.

注解:尺九五 = 1.95 尺,遭:此处理解为车轮的圆周.

译文:二人推车很忙又很辛苦,车轮的半径是 1.95 尺,每日推车转动两万圈.请问先生每日推行多少里数?

解:刘仕隆原法:取 $\pi=3$,由 $C=2\pi r$ 求得车轮转动一周为 11.7 尺.

所以:$11.7\times20\ 000\div(360\times5)=130$(里).

44. **译文**:有 4 人用 5 天时间,共淘金 5.76 两,今用 100 天时间要淘 45 斤金子.请问:先生需用多少人?

解:3 秤 = 45 斤 = 720 两.

吴敬原法为:需用人数

$$x=\frac{720\times4\times5}{100\times5.76}=25(\text{人})$$

45. **译文**:今有 4 人做工 8 天,工钱是 9 钱银子:又有 24 人做工 15 天,试问工钱该多少钱银子?

解:吴敬原法为:$\left.\begin{matrix}24:4\\15:8\end{matrix}\right\}=x:9$

$$x=\frac{9\times24\times15}{4\times8}=101.25(\text{钱})=10.125(\text{两})$$

46. **简介**:这是一个歌颂我国历史上英雄人物的真实算题.

苏武(? —前 60 年),西汉杜陵(今西安东南)人,字子卿,汉武旁天汉元年(前 100 年)奉命以中郎将的身份出使匈奴,被无理扣押.匈奴贵族对他多次威胁利诱,想迫使他屈服投降,他始终威武不屈.后来匈奴贵族又让他到北海(今俄罗斯贝加尔湖附近)边去牧羊,并扬言公羊生羔,才能放他回去.他历尽千辛万苦,在匈奴坚持 19 年.汉昭帝始元六年(前 81 年)因匈奴与汉朝和好,才被遣回汉朝.官至典属国,他是我国历史上最有民族气节的英雄人物之一.

此题被程大位《算学统宗》引录,在我国民间及朝鲜、日本等国广泛流传.

注解:番:次,回.

译文:苏武当年出使匈奴去北边,不知道去了几周年.清楚地记得天上边的月亮,圆了 235 次.请问苏武去了匈奴多少周年?

解:吴敬原法为:夏历每月十五,月亮圆一次,即一个月,月圆 235 次,即经过 235 个月.每年十二个月,所以:$235 \div 12 = 19$(年)余 7 个月.

因为夏历(阴历)大月 30 天,小月 29 天,全年 12 个月为 354 天或 355 天.平均每年天数比太阳历少约 11 天,所以 19 年设置了 7 个闰月,有闰月的年份全年是 384 天,因此 235 个月,恰好 19 年,其中包括 7 个闰月.

47. **简介**:此题被柯尚迁《数学通轨》引录.

译文:有 24 匹马和驴,共支料 9 斗,每匹马支 5 升,驴支 2 升.请问:先生有多少匹马和驴?

解:吴敬原法为:马:(9 斗 − 24 × 2 升) ÷ (5 升 − 2 升) = 14(匹),支料 7 斗.

驴:24 − 14 = 10(匹),支料 2 斗.

柯尚迁《数学通轨》(1578 年)法:

驴:(5 升 × 24 − 9 斗) ÷ (5 升 − 2 升) = 10 匹,支料 2 斗.

马:24 − 10 = 14(匹),支料 7 斗.

今法:设马为 x 匹,驴为 y 匹,依题意可列联系方程组

$$\begin{cases} x + y = 24 \\ 5x + 2y = 90 \end{cases}$$

解之:马:$x = 14$ 匹,支料 7 斗.

驴:$y = 10$ 匹,支料 2 斗.

48. 解:$\dfrac{9 \times 7}{9 - 7} = \dfrac{63}{2} = 31.5$(里)　此题与 39 题内容相近.

49. 解:$\dfrac{700 \times 360 \times 5\text{尺}}{1.5\text{尺} \times 3} = \dfrac{1\,260\,000\text{尺}}{4.5\text{尺}} = 280\,000$(遭).

50. 解:$\dfrac{600 \times 15}{800 - 600} = \dfrac{9\,000}{200} = 45$(日).

刘仕隆《九章通明算法》有一类似问题为:

雁飞八百里云天,大鸿每日飞一千.

雁飞先去半个月,大鸿几日得齐肩?

刘仕隆原法:800 × 15 ÷ (1 000 − 800) = 60(日).

吴敬拟据此题改编成上述题,将“大鸿每日飞一千”改为“雁飞六百无疑”.

①均输:李籍《九章算术意义》云:"均,平也. 输,委也,以均平其输委,故曰均输."

汉武帝元封元年(前110年)根据桑弘羊建议实行均输制,《汉书·食货志》云:"桑弘羊为大司农中丞,管诸会计事,稍稍置均输,以通货物."《后汉书》又称:"武旁时所谓均输制也."

均输术:主要是根据国家所制定的均输法纳税和输送等合理负担的计算,即按各地人口多少、路途远近、谷物贵贱等合理推算贱税及徭役的方法,就所用算法而论,主要是用一般的乘除法、衰分术、行程算法和等差数列等. 但有的问题比较复杂,有的题目有五六个答案,12,13,14,16,20,21题为行程问题,17~19题为等差数列问题. 某些问题,实际上是衰分术和今有术的问题.

吴敬引《九章算术》古问27问,漏掉了第22问,在所引题目文字上,有的与《九章算术》原文出入很大.

②法曰:置各县户数,以行道日数而一为衰:

甲:$\frac{10\ 000}{8}=1\ 250.$

乙:$\frac{9\ 500}{10}=950.$

丙:$\frac{12\ 350}{13}=950.$

丁:$\frac{12\ 200}{20}=610.$

各置列衰,副并为法:

$$125+95+95+61=376$$

以所均车10 000辆,乘未并者各自为实,以法除之得

甲:$\frac{10\ 000\times125}{376}=3\ 324\frac{176}{376}=3\ 324\frac{22}{47}.$

乙:$\frac{10\ 000\times95}{376}=2\ 526\frac{224}{376}=2\ 526\frac{28}{47}.$

丙:$\frac{10\ 000\times95}{376}=2\ 526\frac{224}{376}=2\ 526\frac{28}{47}.$

丁:$\frac{10\ 000\times61}{376}=1\ 622\frac{128}{376}=1\ 622\frac{16}{47}.$

有余者,上下辈之,……《九章算术》原文为"有分者,上、下辈之……"就是所求的车、牛数、应当为正整数,若有分数,则应上下适当搭配成整数,这已具备"四舍五入的雏形",李籍《九章算术意义》云:"辈之,配也,俗作配."

已知各县所出车数为:

甲县:$3\ 324\frac{22}{47}$,乙县:$2\ 526\frac{28}{47}$.

丙县:$2\ 526\frac{28}{47}$,丁县:$1\ 622\frac{22}{47}$.

因甲县余分分子22少于分母之半,即$22<\frac{47}{2}$,宜于与乙县余分分子相加,即:$22+28=50$,除以分母得:$\frac{50}{47}=1\frac{3}{47}$,因此将乙县车数改为

$$2\ 526\frac{50}{47}=2\ 527\frac{3}{47}$$

此即:推少就多,甲余少,乙余多,推甲就乙,同法可得推丁就丙.

此时,乙县余分分子为3,与丙县余分分子相加,$3+28=31$,仍小于分母不是1,即$\frac{31}{47}<1$,又丁县余分分子也少于分母之半:$16<\frac{47}{2}$,故将丁推丙:$3+28+16=47$,除以分母正好得1,因此丙县车数为:$2\ 526\frac{47}{47}=2\ 527$.

就这样算得四县各出车数为:3 324,2 527,2 527,1 622,合问.

③此题共有6个答数,现将《九章算术》此题术文,李淳风按语,李潢细草引录如下,以便对照.

术曰:以车程行空、重相乘为法,并空、重以乘道里,各自为实,实如法得一日,臣淳风等谨按:此术重往空还,一输再行道也.置空行一里用七十分日之一,重行一里用五十分日之一,齐而同之,空、重行一里之路,往返用一百七十五分日之六.定言之者,一百七十五里之路往返用六日也.故并空、重者,齐其子也.空重相乘者,同其母也.于今有术,至输所里,为所有数,六为所求率、齐一百七十五为所有率,而今有之,即各得输所用日也,加载输各一日欲得凡日也,而以六人乘之欲知致一车用人也,又以佣价乘之,欲知致车人佣直几钱,以二十五斛除之,欲知致一斛之佣直也,加一斛粟价,即致一斛之费,加一斛之价于致一斛之佣直,即凡输一斛余粟取佣所有钱,各以约其算数为衰,今按甲衰四十二,乙衰二十四,丙衰十六,丁衰十五,戊衰二十,已衰十六,于今有术,副并为所有率,未并者各自为所求率.所赋粟为所有数,此今有衰分之义也,副并为法,以所赋粟乘未并者,各自为实.实如法得一斛,各置所当出粟,以其一斛之费乘之,如算数而一,得率,算出九钱一百三十三分钱之二,又载输之间各一日者,即二日也.

李淳风云:"重往空还,一输再行道也."满载粟而去,是"重往".空车返回是"空还".一去一回称为"一输".一输往返走原路两次,称为"一输再行道也".

"置空行一里用七十分日之一……往返用一百七十五分日之六."

因空车日行七十里，重车日行五十里，故空车行一里需$\frac{1}{70}$日，重车行一里需$\frac{1}{50}$日，空、重车往返 1 里需

$$\frac{1}{70}+\frac{1}{50}=\frac{50+70}{70\times 50}=\frac{6}{175}(\text{日})$$

此即"齐而同之，空、重行一里之路，往返用一百七十五分日之六"也可以看作往返 175 里的路程需 6 日.

"于今有术，至输所里为所有数……即各得输所用日也."

这里，"$\frac{6}{175}$"可以看作是往返一里需$\frac{6}{175}$日，也可以看作是往返 175 里而需用 6 日，今以 6 为所求率，175 为所有率，各县至输所里数为所有数，所用日数为所求数，按比例计算得乙、丙、丁、戊、己县所用日数为：

乙县：$2\frac{2}{5}$，丙县：$4\frac{4}{5}$，丁县：6，戊县：$7\frac{1}{5}$，己县：$9\frac{3}{5}$.

"今按甲衰四十二……此今有衰分之义也."

六县列衰为：

$$\begin{aligned}&\text{甲}:\text{乙}:\text{丙}:\text{丁}:\text{戊}:\text{己}\\&=42:24:16:15:20:16\end{aligned}$$

其和为：$42+24+16+15+20+16=133$

设甲县所赋粟为 x，则$\frac{133}{42}=\frac{60\ 000}{x}$

$$x=\frac{60\ 000\times 42}{133}=18\ 947\frac{49}{133}$$

同法可以算得乙、丙、丁、戊、己各县所赋粟数.

"各置所当出粟……算出九钱一百三十三分钱之三."

置甲县所当出粟：$18\ 947\frac{49}{133}$，乘粟一斛价 20 钱，除其算 42 000，即：

$$18\ 947\frac{49}{133}\times 20\div 42\ 000=9\frac{3}{133}$$

此即每"算"应出的钱数.

李潢《九章算术细草图说》此题的细草为：

以甲县一斛粟价二十约甲算四万二千得二千一百为甲泛衰. 以空行七十里，重行五十里相乘得三千五百里为法. 置乙县到输所七十里，并空重行得一百二十里乘之得八千四百里为实，实如法得二日四分此分以一十为母，加载输各一

日为四日四分，以六人乘之得二十六人四分，以佣价十钱乘之得二百六十四钱，以二十五斛除之得十钱五分六厘，加一斛粟价十八得二十八钱五分六厘，为乙县致一斛之费，以约乙算三万四千二百七十二，得一千二百为乙泛衰．置丙县到输所一百四十里，以一百二十乘之得一万六千八百日为实，实如法得四日八分，加载输各一日为六日八分，以六人乘之得四十人八分，以佣价五钱乘之得二百四钱，以二十五斛除之得八钱一分六厘，加一斛粟价十六得二十四钱一分六厘为丙县致一斛之费，以约丙算一万九千三百二十八得八百为丙泛衰．

置丁县到输所一百七十五里，以一百二十乘之得二万一千日为实，实如法得六日，加载输各一日为八日，以六人乘之得四十八人，以佣价五钱乘之得二百四十钱，以二十五斛除之得九钱六分，加一斛粟价十四，得二十三钱六分，为丁县致一斛之费，以约丁算一万七千七百，得七百五十为丁泛衰．

置戊县到输所二百一十里，以一百二十乘之得二万五千二百日为实，实如法得七日二分加载输各一日为九日二分，以六人乘之得五十人二分，以佣价五钱乘之得二百七十六钱，以二十五斛除之得一十一钱四厘，加一觶粟价十二得二十三钱四厘，为戊县致一斛之费，以约戊算二万三千四十得一千为戊泛衰．

置己县到输所二百八十里，以一百二十乘之得三万六千六百日为实，实如法得九日六分，加载输各一日为十一日六分，以六人乘之得六十九人六分，以佣价五钱乘之得三百四十八钱，以二十五斛除之得一十三钱九分二厘，加一斛粟价一十得二十三钱九分二厘，为己县致一斛之费，以约己算一万九千一百三十六，得八百为己泛衰．

乃置六县泛衰求总等得五十以约之得：

甲衰四十二，乙衰二十四，丙衰十六，丁衰十五，戊衰二十，己衰十六．

副并得一百三十三为法，次置所赋粟六万斛以甲衰四十二乘之得二百五十二万为甲实；以乙衰二十四乘之得一百四十四万为乙实；以丙衰十六乘之得九十六万为丙实；以丁衰十五乘之得九十万为丁实；以戊衰二十乘之得一百二十万为戊实；以己衰十六乘之得九十六万为己实，实如法而一得：

甲县一万八千九百四十七斛一百三十三分斛之四十九；乙县一万八百二十七斛一百三十三分斛之九；丙县七千二百一十八斛一百三十三分斛之六；丁县六千七百六十六斛一百三十三分斛之一百二十二；戊县九千二十二斛一百三十三分斛之七十四；己县七千二百一十八斛一百三十三分斛之六，合问．

甲县泛衰：$\frac{42\ 000}{20}=21\ 000.$

$70\times50=3\ 500$　为法

乙县泛衰:

置乙县到输所 70 里乘空,重车并行:70 里 +50 里 =120 里:$(50+70)\times 70=8\ 400$ 里　为实

实如法得:$\frac{8\ 400}{3\ 500}=2.4$ 日(2 日 4 分).

加载输各一日为:$2.4+1+1=4.4$(日).

以六人乘之:$4.4\times 6=26.4$(人).

又以佣价十钱乘之:$26.4\times 10=264$(钱).

以二十五斛除之:$264\div 25=10.56$(钱).

加一斛粟价:$10.56+18=28.56$(钱),为乙县一斛之费,以约乙算:

$\frac{34\ 292}{28.56}=1\ 200$　为乙县泛衰

同法得丙县泛衰为 800.

丁县泛衰为:750.

戊县泛衰为:1 000.

己县泛衰为:800.

乃置六县泛衰求得总等 50,以约之得:

甲衰:42,乙衰:24,丙衰:16.

丁衰:15,戊衰:20,己衰:16.

副并:$42+24+16+15+20+16=133$.

次置所赋粟 60 000 斛以乘各衰分别各自为实,实如法而一得

甲县:$\frac{60\ 000\times 42}{133}=\frac{2\ 520\ 000}{133}=18\ 947\frac{49}{133}$.

乙县:$\frac{60\ 000\times 24}{133}=\frac{1\ 440\ 000}{133}=10\ 827\frac{9}{133}$.

丙县:$\frac{60\ 000\times 16}{133}=\frac{960\ 000}{133}=7\ 218\frac{6}{133}$.

丁县:$\frac{60\ 000\times 15}{133}=\frac{900\ 000}{133}=6\ 766\frac{122}{133}$.

戊县:$\frac{60\ 000\times 20}{133}=\frac{1\ 200\ 000}{133}=9\ 022\frac{74}{133}$.

己县:$\frac{60\ 000\times 16}{133}=\frac{960\ 000}{133}=7\ 218\frac{6}{133}$.

④《九章算术》此题术曰:

并日数为法,日数相乘为实,实如法得一日按此术,置凫七日一至,雁九日一至,

齐其至，同其日；定六十三日凫九至，雁七至，令凫雁俱起而向相逢者，是为共至. 并齐以除同，即得相逢日. 故并日数为法者，并齐之意；日数相乘为实者，犹以同为实也.

一日：凫飞日行七分至之一，雁日飞行九分至之一. 齐而同之，凫飞定日行六十三分至之九；雁飞定日行六十三分至之七，是为南、北海相去六十三分，凫日行九分，雁日行七分也，并凫雁一日所行，以除南北相去，而得相逢日也.

这里《九章算术》的术文与吴敬《九章算法比类大全》此题的法曰是一致的.

刘徽的注文，内容可分为两部分：

ⅰ. 按此求……犹以同为实也.

凫 7 日一至北海，或 63 日九至；雁 9 日一至南海，或 63 日七至，如"定六十三日凫九至，雁七至"，则即"齐其至，同其日".

故凫、雁相逢日数，$\frac{1}{\frac{1}{7}+\frac{1}{9}}=\frac{1}{\frac{9+7}{63}}=\frac{63}{9+7}$，此即"并齐(9 +7)以除同(63)：

$$\frac{63}{9+7}=3\frac{15}{16}(\text{日})$$

ⅱ. 一曰：凫飞日行七分至之一……而得相逢日也：

凫一日飞全程的$\frac{1}{7}$或$\frac{9}{63}$；雁一日飞全程的$\frac{1}{9}$或$\frac{7}{63}$，若把南北海相距看作 63，凫雁一日共飞行：9 +7 =16，故得相逢日数为

$$\frac{63}{16}=3\frac{15}{16}(\text{日})$$

后面造箭程耕等题与此题同术.

⑤现将《九章算术》此题题目原文，术文，刘徽注，李潢细草引录如下，以方便阅读，对照比较.

题目原文：

今有粟七斗，三人分舂之，一人为粝米，一人为粺米，一人为凿米，令米数等，问：取粟为米各几何？

答曰：粝米取粟二斗，一百二十一分斗之一十.

粺米取粟二斗，一百二十一分斗之三十八.

凿米取粟二斗，一百二十一分斗之七十三.

为米各一斗，六百五分斗之一百五十一.

术曰：列置粝米三十，粺米二十七，凿米二十四，而返衰之：此先约三率，粝为十，粺为九，凿为八. 欲令米等者，其取粟，粝率十分之一，粺率九分之一，凿率八分之一，当齐其子，故曰返衰也，副并为法，以七斗乘未并者，各自为取粟实. 实如法得一斗，

于今有术：副并为所有率，未并者各为所求率，粟七斗为所有数，而今有之，故各得取粟也. 若求米等者，以本率各乘定所取粟为实，以粟率五十为法，实如法得一斗，若径求为米等数者，置粝米三，用粟五；粺米二十七，用粟五十；凿米十二，用粟二十五，齐其粟，同其米，并齐为法，以七斗乘同为实，所得即为米斗数.

刘徽注云："若径求为米等数者……用粟二十五."因"粟率五十，粝米三十，粺米二十七，凿米二十四"，故以粟米求粝米，粺米和凿米的比率分别为：$\frac{50}{30}=\frac{5}{3},\frac{50}{27},\frac{50}{24}=\frac{25}{12}$.

"齐其粟，同其米，并齐为法，以七斗乘同为实，所得即为米斗数."

本应齐其子，同其母，因以上各分数的分子为用粟数，分母是米数，此即注文所云："齐其粟，同其米"也：$\frac{5}{3}=\frac{180}{108},\frac{50}{27}=\frac{200}{108},\frac{25}{12}=\frac{225}{108}$.

以各分子的和：$180+200+225=605$ 为法，以 7 斗乘分母 108，得：$108\times7=756$ 为实，故得米斗数为：$756\div605=1\frac{151}{605}$(斗).

李潢《九章算术细草图说》此题细草为：

取粟草曰：

列置粝米三十，粺米二十七，凿米二十四，以等数三约之，得：粝十，粺九，凿八.

欲令米等者取其粟：粝率十分之一，粺率九分之一，凿率八分之一，母互乘子，十分之一得七十二；九分之一得八十；八分之一得九十，半之得：粝衰三十六，粺衰四十，凿衰四十五，副并得一百二十一为法，乃置粟七斗以三十六乘之得二百五十二为粝米取粟实；以四十乘之得二百八十为粺米取粟实；以四十五乘之得三百一十五为凿米取粟实. 实如法得粝米取粟二斗一百二十一分斗之一十；粺米取粟二斗一百二十一分斗之三十八；凿米取粟二斗一百二十一分斗之七十三，合问.

为米草曰：

置粝米取粟二斗一百二十一分斗之一十，通分内子得二百五十二，以粝本率三十乘之得七千五百六十为粝实；置粺米取粟二斗一百二十一分斗之三十八，通分内子得二百八十，以粺本率二十七乘之得七千五百六十为粺实；置凿米取粟二斗一百二十一分斗之七十三，通分内子得三百一十五，以凿本率二十四乘之得七千五百六十为凿实，以分母一百二十一乘粟率五十得六千五十为法，实如法得一斗六千五十分斗之一千五百一十，以等数一十约子母为六百五分斗之一百五十一，合问.

⑥此法吴敬直列甲衰八，乙衰七，丙衰六，丁衰五，戊衰四，《九章算术》此题术曰：

置钱锥行衰：按此术，锥行者，谓如立锥，初一、次二、次三、次四、次五，各均为一列衰也. 并上二人为九，并下三人为六. 六少于九，三. 数不得等，但以五、四、三、二、一为率也，以三均加焉，副并为法. 以所分钱乘未并者各自为实，实如法得一钱，此问者，令上二人与下三人等. 上、下部差一人，其差三. 均加上部，则得二三；均加下部，则得三三. 下部犹差一人差得三. 以通于本率，即上、下部等也. 于今有术，副并为所有率，未并者各为所求率，五钱为所有数，而今有之，即得等耳. 假令七人分七钱，欲令上二人与下五人等，则上、下部差三人，并上部为十三，下部为十五，下多上少，下不足减上. 当以上、下部列差，而后均减，乃合所问耳. 此可仿下术，令上二人分二钱半为上率，令下三人分二钱半为下率. 上、下二率，以少减多，余为实. 置二人、三人各半之，减五人，余为法，实如法得一钱，即衰相去也，下衰率六分之五者，丁所得钱数也.

钱锥行衰：是以5，4，3，2，1列衰，刘徽注云：按此求，锥行者谓如立锥，次一、次二、次三、次四、次五，各均为一列衰也，李籍《九章算术音义》云：锥行衰者：下多上少，如立锥之形.

此问者……即上、下部等也：

已知五人的列衰分别为：5，4，3，2，1，上部两人的列衰为：5，4，和为：$5+4=9$；下部三人的列衰为：3，2，1，其和为：$3+2+1=6$，上、下部相差1人，其衰差为3.

若将此衰差加于上部每个人，应加两个3，即二三；此衰差加于下部每个人，应加三个3，即三三.

即上部：5，4分别加衰差3：$5+3=8$，$4+3=7$，和为：$8+7=15$.

下部：3，2，1，分别加衰差3：$3+3=6$，$2+3=5$，$1+3=4$，和为$6+5+4=15$，上、下部相等，此即吴敬法曰中的引衰甲八、乙七、丙六、丁五，戊四也.

依今有术，则

$$\frac{a_1}{5}=\frac{8}{30}, a_1=1\ \frac{2}{6}$$

$$\frac{a_2}{5}=\frac{7}{30}, a_2=1\ \frac{1}{6}$$

$$\frac{a_3}{5}=\frac{6}{30}, a_3=1$$

$$\frac{a_4}{5}=\frac{5}{30}, a_4=\frac{5}{6}$$

$$\frac{a_5}{5}=\frac{3}{40}, a_5=\frac{4}{6}$$

假令七人分七钱……乃合所问耳：

假令七人分七钱，其锥行衰为：7，6，5，4，3，2，1，欲使上部二人的钱数与下部五人的钱数相等，由于上、下部相差三人，上部列衰之和为：$7+6=13$，下部列衰之和为：$5+4+3+2+1=15$，下多上少，不能均加，故只能以上、下部的列衰依次为“均减”：

“均减”是由列衰各减去上、下部之差（$15-13=2$）为分子，人数差（$5-2=3$）为分母的分数$\frac{2}{3}$，故得列衰为：$7-\frac{2}{3}=\frac{19}{3}$，$6-\frac{2}{3}=\frac{16}{3}$，$5-\frac{2}{3}=\frac{13}{3}$，$4-\frac{2}{3}=\frac{10}{3}$，$3-\frac{2}{3}=\frac{7}{3}$，$2-\frac{2}{3}=\frac{4}{3}$，$1-\frac{2}{3}=\frac{1}{3}$，此时上部二人列衰和与下部五人列衰和相等，即$\frac{19}{3}+\frac{16}{3}=\frac{13}{3}+\frac{10}{3}+\frac{7}{3}+\frac{4}{3}+\frac{1}{3}=\frac{35}{3}$.

依今有求，则

$$\frac{a_1}{7}=\frac{\frac{19}{3}}{\frac{70}{3}},a_1=\frac{19}{10}$$

$$\frac{a_2}{7}=\frac{\frac{16}{3}}{\frac{70}{3}},a_2=\frac{16}{10}$$

$$\frac{a_3}{7}=\frac{\frac{13}{3}}{\frac{70}{3}},a_3=\frac{13}{10}$$

$$\frac{a_4}{7}=\frac{\frac{10}{3}}{\frac{70}{3}},a_4=\frac{10}{10}$$

$$\frac{a_5}{7}=\frac{\frac{7}{3}}{\frac{70}{3}},a_5=\frac{7}{10}$$

$$\frac{a_6}{7}=\frac{\frac{4}{3}}{\frac{70}{3}},a_6=\frac{4}{10}$$

$$\frac{a_7}{7}=\frac{\frac{1}{3}}{\frac{70}{3}},a_7=\frac{1}{10}$$

此可仿下术，……即衰相去也：

此“下术”是指《九章算术》均输章第19题亦即吴敬《九章算法比类大全》均输章第19题.

上率：是指等差数列前两项的算数平均值：即：$\frac{a_1+a_2}{2}=\frac{2\frac{1}{2}}{2}=\frac{5}{4}$.

下率：是指等差数列后三项的算数平均值，即：$\frac{a_3+a_4+a_5}{3}=\frac{2\frac{1}{2}}{3}=\frac{5}{6}(=a_4)$.

以上、下率的差：$\frac{5}{4}-\frac{5}{6}$为实，以$5-\left(\frac{2}{2}+\frac{3}{2}\right)$为法，实如法而一得公差为

$$d=\frac{\frac{5}{4}-\frac{5}{6}}{5-\left(\frac{2+3}{2}\right)}=\frac{\frac{5}{4}-\frac{5}{6}}{2\frac{1}{2}}=\frac{1}{6}$$

此“即衰相去也”.

下衰率六分之五者，丁所得钱数也.

此题还可以用等差数列，列联立方程计算

$$\begin{cases}a_1+a_2=a_3+a_4+a_5\\a_1+a_2+a_3+a_4+a_5=5\end{cases}$$

或

$$\begin{cases}2a_1+d=3a_1+9d\\5a_1+10d=5\end{cases}$$

$a_1=1\frac{2}{6}$钱，$a_2=1\frac{1}{6}$钱，$a_3=1$钱，$a_4=\frac{5}{6}$钱，$a_5=\frac{4}{6}$钱.

《九章算法比类大全》卷三诗词第45题与此题内容相近.

⑦答曰：四十三返六十分返之二十三，各本俱讹作“五十七返二千六百三分返之一千六百二十九”，依沈钦裴，钱宝琮校正.

考其致错原因，可能是后人误将反比作正比.

钱宝琮校本此题术文为：

以今所行步数乘今笼重斤数为法，故笼重斤数乘故步，又以返数乘之，为实，实如法得一返.

依此术,得今返数为

$$\frac{137\times76\times50}{120\times100}=43\frac{23}{60}$$

式中:137×76×50为"一斤一日所行之积步"120×100为"一斤一返所行之积步","故以一返之课,除终日之程,即是返数也."

⑧本卷诗词体数学题第30~33题亦为"竹节容米"题,请参阅《中国古典诗词体数学题译注》88~91页.

《九章算术》术曰:

以下三节分四升为下率,以上四节分三升为上率,上、下率以少减多,余为实.

置四节,三节,各半之,以减九节,余为法.实如法得一升,即衰相去也.

下率:一升少半升者,下第二节容也.

下三节所容米的算术平均值称为"下率"

$$\frac{a_1+a_2+a_3}{3}=\frac{4}{3}(\text{升})$$

此$\frac{4}{3}$升即术文所云:"下率,一升少半升者,下第二节容也."

上四节所容的算数平均值称为"上率":

$$\frac{a_6+a_7+a_8+a_9}{4}=\frac{3}{4}$$

$\frac{4}{3}-\frac{3}{4}=\frac{7}{12}$是公差的$5\frac{1}{2}$倍,此即"中间五节半之凡差".

下三节之半为$\frac{3}{2}$,上四节之半为$\frac{4}{2}$,共为$\frac{3}{2}+\frac{4}{2}=3\frac{1}{2}$,$9-3\frac{1}{2}=5\frac{1}{2}$,所以公差$d=\dfrac{\frac{7}{12}}{5\frac{1}{2}}=\frac{7}{12}\div\frac{11}{2}=\frac{7}{12}\times\frac{2}{11}=\frac{7}{66}$.

⑨《九章算术》本题术曰:令末重减本重,余即差率也.

又置本重,以四间乘之,为下第一衰.副置,以差率减之,每尺各自为衰.

副置下第一衰以为法,以本重四斤遍乘列衰,各自为实,实如法得一斤.

此即差率:本重-末重=4-2=2(斤).

下第一衰:4×4=16.

以差率减之,每尺各自为衰:

副置下第一衰以为法.以本重四个遍乘列衰,各自为实,如下法得一个.

此即差率:本重一末重 $=4-2=2$ 个

下第一衰:$4\times4=16$.

以差率减之,每天各自为衰:

$$4\times4-2=14$$
$$4\times4-2-2=12$$
$$4\times4-2-2-2=10$$
$$4\times4-2-2-2-2=8$$

或以末重以四间乘,再递加差率:

$$2\times4=8$$
$$2\times4+2=10$$
$$2\times4+2+2=12$$
$$2\times4+2+2+2=14$$
$$2\times4+2+2+2+2=16$$

以下第一衰 16 为法,又以本重 4 斤乘列衰为实,以法除实,则得

$$\frac{8\times4}{16}=2(\text{斤}),\frac{10\times4}{16}=2\frac{1}{2}(\text{斤}),\frac{12\times4}{16}=3(\text{斤})$$
$$\frac{14\times4}{16}=3\frac{1}{2}(\text{斤}),\frac{16\times4}{16}=4(\text{斤})$$

术文未指明五段金箠为等差数列,实际上,已知:$a_1=4$ 斤,$a_5=2$ 斤,$n=5$,则公差

$$d=\frac{a_1-a_5}{n-1}=\frac{4-2}{4}=\frac{1}{2}$$

$$a_2=a_1-d=3\frac{1}{2}(\text{斤})$$

$$a_3=a_2-d=3\frac{1}{2}-\frac{1}{2}=3(\text{斤})$$

$$a_4=a_3-d=3-\frac{1}{2}=2\frac{1}{2}(\text{斤})$$

⑩本卷诗词第 30 ~ 33 题内容与此题相近.

⑪此题及答、术,吴敬《九章算法比类大全》漏掉,依钱宝琮(1892—1974)校点本《九章算术》补(中华书局,1963 年 10 月,北京).

⑫类似的问题请参阅《永乐大典》卷 16343《丁巨算法》详见《中国古典诗词体数学题译注》66 页“均舟载盐”题.

⑬程大位《算法统宗》官军分布题与此题相同,详见《中国古典诗词体数学题译注》49 页官军分布题.

九章详注比类盈不足算法大全卷第七

钱塘南湖后学吴敬信民编集
黑龙江省克山县潘有发校注

盈不足[①]计六十四问

法曰:置所出率,盈与不足,各居其下:

出率	盈率
出率	不足

以盈,不足令维乘四维乘即互乘所出率各人出数并以为实.并已乘所出率,并盈、不足为法,实如法而一出率为实,盈亏为法,有分者通之有分者通分不用.盈、不足相与同其物者盈、不足又与买物之率同列其位也,置位

所出率	人数	盈率
所出率	人数	不足

置所出率,以少减多副置相减余以约法实预为约法求源物价为实,人数为法.

其一法曰:

并盈、不足为实,以所出率,以少减多,余数为法,实如法而一得人数位此互乘,以此用求人数,以所出率乘之乘人数减盈、增不足,即物价也.

解:以盈、朒乘出率者,是以盈朒为母,出率为子,互乘齐其数也.或问先有出率而有盈、朒,今不以所出率乘盈朒,而以盈朒乘出率者,何议曰上,下指乘,其理到一,欲存盈朒,并为人数,故以盈,朒肉乘出率,此之理也,又问并盈,朒为人数,名何议曰盈数为母之乘出率朒数为母,亦乘出率二子,即并简盈,朒,此二者,故亦并之为人,此作法之意,不亦观乎!

古问二十问

[**买物盈、不足**]

1.(1)共买物:人出八文,盈三文;人出七文,不足四文,问:人数、物价各几何?

答曰:七人,物价五十三.

法曰:以盈、不足盈三文,不足四令维乘所出率盈三乘出七得二十一;不足四乘出八得三十二并以为实得五十三,并盈三不足四得七为法,实如法而一,实五十三为物价,法七为人数,合问.

2.(2)人买鸡:各出九文,盈十一文;各出六文,不足十六文,问:人数、鸡价各几何?

答曰:九人,鸡价七十.

法曰:并盈十一,不足十六得二十七为实,以所出多九少六,以少减多,余三为法除之得人数九,以所出各九乘人九得八十一减盈十一余七十,即鸡价,合问.

3.(3)共买琎(jìn):各出二分之一,盈四文;各出三分之一,不足三文,问:人[数、琎]价各几何?

答曰:人四十二,琎价十七.

法曰:有分者通之:出二分之一,盈四通得八;出三分之一少三,通得九,以盈、不足维乘所出率:盈八乘三分之一得八,少九乘二分之一得九并以为实,得物价十七.

并盈分母二牙乘亏九得十八;不足分母三牙乘盈八得二十四,并之得人四十二,合问.

[**重率买牛**]

4.(4)买牛:七家合出一百九十文,不足三百三十文;其九家合出二百七十文,盈三十文,问:户数、牛价各几何?

答曰:一百二十六家,牛价三贯七百五十文.

法曰[②]:此问:盈、不足相与同其买物者,置所出率、盈、不足各居其下,先以家互乘出率七家相乘九家,户数为母,出率为子.

出一百九十	七家	亏三百三十
出二百七十	九家	盈三十

互乘用副置相减以为约法九家乘一百九十为一贯七百一十;其七家乘二百七十文为一贯八百九十文,以少减多,余一百八十为法,又以七家、九家相乘为六十三又为法.

出一贯七百一十	六十三家	亏三百三十
出一贯八百九十	六十三家	盈三十

盈、不足令维乘所出率并之为实:

盈三十互乘一贯七百一十得五十一贯三百;不足三百三十互乘一贯八百九十得六百二十三贯七百,并之得六百七十五贯为实,并盈、不足乘户率亦为实:盈三十、不足三百三十,共三百六十乘六十三家得二万二千六百八十家,俱以法一百八十除之得数,合问.

[**买金双盈**]

5.(5)共买金:人出四百盈三贯四百文;人出三百,盈一百文,问:人数、金价各几何?

答曰:三十三人,金价九贯八百.

法曰:此问两盈.置所出率,人数,两盈,各令维乘所出率

出四百	一人	盈三贯四百
出三百	一人	盈一百文

以少减多,余为法,实:

先以人数互乘出率,以少减多,余一百为法;次以盈三贯四百互乘出率三百为一千二十贯,又以盈一百互乘出率四百为四十贯,以少减多,余九百八十贯为价实.

两盈以少余为实:

盈三贯四百减盈一百余三贯三百为人实.

以法一百除各实,合问.

[**买羊两不足**]

6.(6)共买羊:人出五文,不足四十五文;人出七文,不足三文,问:人数、羊价各几何?

答曰:二十一人,羊价一百五十文.

法曰:此问两不足.

并所出率，以少减多，余为法实. 以不足四十五减不足三余四十二为实，又以出率七减出率五余二为法. 以法二除实四十二得人二十一，却以人出七乘之得一百四十七，加不足三得羊价一百五十，合问.

[不足适足]

7.(8)共买犬：人出五文，不足九十文；人出五十文，适足，问：人数、犬价各几何？

答曰：二人，犬价一百.

法曰：此问不足，适足.

以不足九十为实，所出五文、五十，以少减多，余四十五为法，除得二人. 以适足五十乘得物价一百，合问.

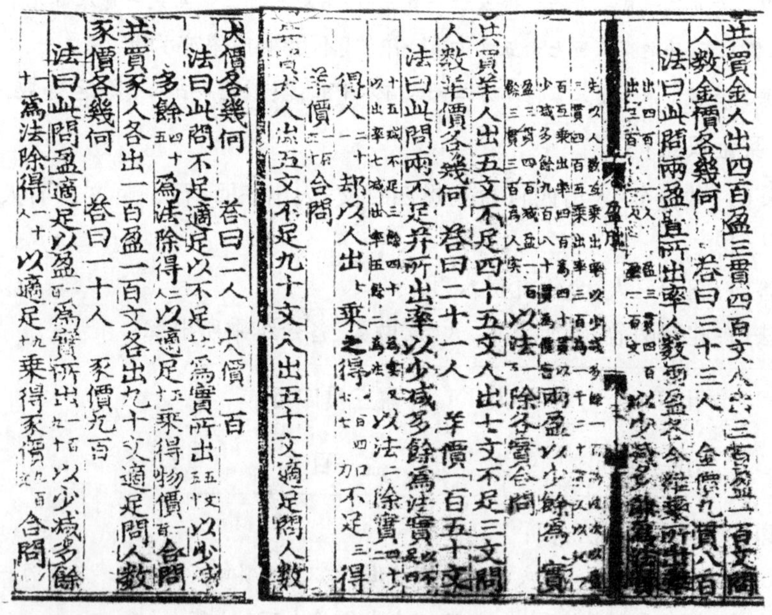
共買金人出四百盈三貫四百文人出三百盈一百文問
人數金價各幾何　荅曰三十三人　金價九貫八百
法曰此問兩盈置所出率人數兩盈各令維乘所出率
以少減多餘爲法實
兩盈以少餘爲實
以法一除各實合問
共買羊人出五文不足四十五文人出七文不足三文問
人數羊價各幾何　荅曰二十一人　羊價一百五十文
法曰此問兩不足并所出率以少減多餘爲法實
以不足四十五減不足三餘四十二爲實又以出率七減出率五餘二爲法　以法二除實四十二
得人二十一　却以人出七乘之得一百四十七加不足三得
羊價一百五十合問
共買犬人出五文不足九十文人出五十文適足問人數
犬價各幾何　荅曰二人　犬價一百
法曰此問不足適足以不足九十爲實所出五文五十以少減
多餘四十五爲法除得二人以適足五十乘得物價一百合問
共買豕人各出一百盈一百文各出九十文適足問人數
豕價各幾何　荅曰一十人　豕價九百
法曰此問盈適足以盈一百爲實所出一百九十以少減多餘
一十爲法除得一十人以適足九十乘得豕價九百文合問

[买豕盈适足]

8.(7)共买豕：人各出一百盈一百文；各出九十文，适足，问：人数、豕价各几何？

答曰：一十人，豕价九百.

法曰：此问盈、适足.

以盈一百为实，所出一百、九十以少减多，余一十为法，除得一十人，以适足九十乘得豕价九百文，合问.

[二马行程]

9.(19)良马初日行一百九十三里，日增一十三里；驽马初日行九十七里，日减半里.良马、驽马俱发长安去齐三千里,良马先至齐回迎驽马.问:几何日相逢?良、驽马各行几里?

答曰:相逢于十五日一百九十一分日之一百三十五.

良马行四千五百三十四里一百九十一分[里]之四十六.

驽马行一千四百六十五里一百九十一分[里]之一百四十五.

法曰[③]:假令十五日,不足三百三十七里半良马初日行一百九十三里,第十五日行七百七十五里,仍每日加十三里,并始、终程得五百六十八里,折半得二百八十四里,以十五日乘得四千二百六十里.

驽马初日行九十七里,每日减半里,第十五日该行[九十里,仍每日减半里]并始、终程得一百八十七里,折半得九十三里半,以十五日乘之得一千四百二里半,并二马共行得五千六百六十二里半,课于六千里,不足三百三十七里半.

令之十六日,多一百四十里

良马初日行一百九十三里,第十六日行三百八十八里,并之,以十六日乘,折半得四千六百四十八里;驽马初日行九十七里,第十六日行八十九里半,并之,以十六日相乘,折半得一千四百九十二里,两马[课]于六千里多一百四十里.

草曰:置盈、不足日分里数:

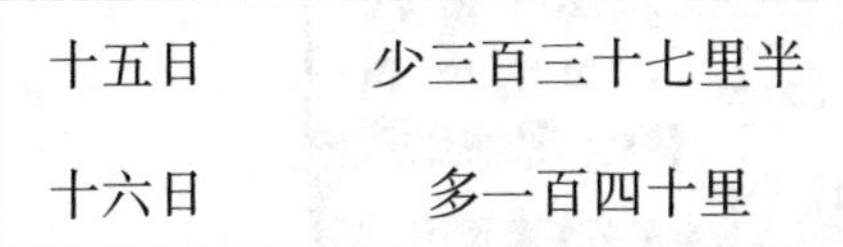

十五日	少三百三十七里半
十六日	多一百四十里

维乘十五日乘多得二千一百日,十六日乘少得五千四百日并得七千五百日为实,并盈一百四十,不足三百三十六里半共四百四十七里半为法除之得十五日余实三千三百七十五,法实皆以二十五约之,得一百九十一分日之一百三十五,合问.

求良马行[者]:初日并第十五日行共五百六十八里,以十五日乘得八千五百二十里,折半得四千二百六十里,别置第十六日所行三百八十里乘日分子一百三十五得五千二百三十八以分母一百九十一除之得二百七十四里一百九十一分里之四十六并前十五日积里四千二百六十里,合问.

求驽马行者:

初日并第十五日行共一百八十七里,以十五日乘得二千八百五里,折半得一千四百二里二分里之一,别置第十六日所行八十九里二分里之一乘日分子一百三十五有分者通之二通八十九里得一百七十八里,加内子一得一百七十九里,以日分子一百三十五乘得二万四千一百六十五分母除之倍母一百九十一作三百八十二不谕上数,于倍母除得六十三里三百八十二分里之九十六,并前十五日程里一千四百二里二分里之一,共得一千四百六十五里,其二分之一里,当以三百八十二为母,作一百九十一,并九十九得二百九十,皆与母半之得一百九十一分日之一百四十五,合问.

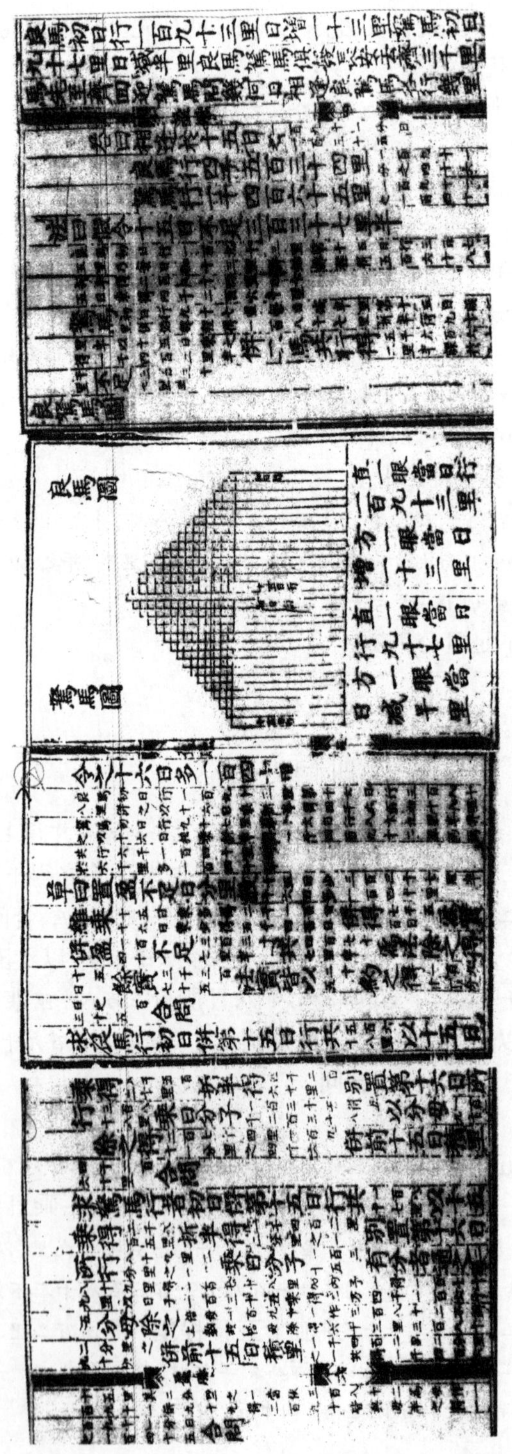

[**蒲莞问长**]

10.(1)蒲长三尺,日自半;莞长一尺,日自倍,问:几何日等长?

答曰:二百十二分日之六,各长四尺八十三分寸之六.

法曰[④]:假令二日,不足一尺五寸,此问即前良、驽之意.

二日内, 初日长三尺,二日止长一尺五寸,共四尺五寸;莞初日长一尺,二日长二尺,共三尺,蒲、莞相减,不足一尺五寸.

令之三日,有余一尺七寸半

三日内,蒲初日长三尺,二日长一尺五寸,三日长七寸半,共五尺二寸半;莞初日长一尺,二日长二尺,三日长四尺,共长七尺,蒲、莞相减,乃余一尺七寸半,求等长,故以蒲、莞相较.

草曰:置盈、不足

二日	不足一尺五寸
[三]日	有余一尺七寸半

维乘二日乘有余一尺七寸半得(二)[三]尺五寸;三日乘不足一尺五寸得四尺五寸,并得八尺为实,并有余一尺七寸半,不足一尺五寸共三尺二寸半为法除之,得二日余实一尺五寸,法实皆二五约之,得十三分日之六,合问.

求蒲长:以第三日长七寸半,以日分子六乘之得四尺五寸为实,以日分母十三为法除之得三寸不尽六加前二日长四尺五寸共四尺八寸十三分寸之六,合问.

求莞长:以第三日长四尺,以日分子六乘之得二十四尺为实,以日分母十三为法除之得一尺八寸,不尽六,加前二日长三尺,共四尺八寸十三分寸之六,合问.

[**两鼠穿垣**]

11.(12)垣厚五尺,两鼠对穿:大鼠日行一尺,自倍;小鼠日行一尺,自半,问:何日相逢?各行几尺?

答曰:相逢于二日十七分日之二.

大鼠行三尺四寸十七分寸之十二.

小鼠行一尺五寸十七分寸之五.

法曰[⑤]:此向亦良增驽缩之意.

假令二日,不足五寸:

大鼠初日行一尺,二日行二尺,共行三尺;小鼠初日行一尺,二日行五寸,共行一尺五寸,二鼠共行四尺五寸,课于五尺,不足五寸.

令之三日,有余三尺七寸半:

大鼠初日行一尺,二日行二尺,三日行四尺,共行七尺;小鼠初日行一日,三日行五寸,三日行二寸半,共行一尺七寸半,二鼠共行八尺七寸半,课于五尺,余三尺七寸半.

草曰:置盈,不足:

二日	不足五寸
三日	有余三尺七寸半

维乘:二日乘有余三尺七寸半得七尺五寸,三日乘不足五寸得一尺五寸,共得九尺为实,并盈,不足为法:盈三尺七寸半,不足五寸,共四尺二寸半,实如法而一得二日,余实五寸,法、实皆二五约之得一十七分日之二[合问].

求大鼠行:

置第三日行四尺,以日分子二乘得八十寸为实,以日分母十七为法除得四寸,余实一十二并前二日所行三尺,共行三尺四寸十七分寸之十二[合问].

求小鼠行:

置第三日行二寸半,以日分子二乘得五寸为实,以日分母十七为法除,不满法只得十七分寸之五,并前二日所行一尺五寸,合问.

瓜瓠蔓逢

12.(10)垣高九尺,瓜生其上,蔓日长七寸;瓠生其下,蔓日长一尺,问:几何日相逢?各长多少?[6]

答曰:相逢于五日十七分日之五.

瓜蔓长三尺七寸十七分寸之一.

瓠蔓长五尺二寸十七分寸之十六.

法曰:此问乃合率商除之法.

置垣高九尺为实,并瓜蔓长七寸,瓠蔓长一尺,并共一尺七寸为法,除得五日,不尽五约得十七分日之五.

求瓜蔓长

置日长七寸以日分子五乘得三尺五寸为实,以日分母十七为法除得二寸余实一,并前五日所长三尺五寸共长三尺七寸十七分寸之一.

求瓠蔓长

置日长一尺以日分子五乘得五尺为实,以日分母十七为法除得二寸余实一十六,并前五日所长五尺共长五尺二寸十七分寸之十六.

[**玉石分重**]

13.(16)玉方一寸重七两,石方一寸重六两,今石中有玉立方三寸,共重一十一斤,问:玉、石各几何?

(《九章算术》原文为“今有石立方三寸,中有玉”.)

答曰:玉十四寸,重六斤二两,石十三寸,重四斤十四两.

法曰:此问乃贵贱分率之法.

置立方三寸再自乘得二十七寸,以玉重七两乘得一百八十九两减共重一十一斤得一百七十六两余一十三两为贱实,以贵、贱率玉重七两,石重六两,以少减多,余一两为法除之得石一十三寸,减共积二十七寸余得玉一十四寸以七两乘得九十八两以石一十三寸以六两乘得七十八两,合问.

[醇行酒数]

14.(13)醇酒一斗直五十[文],行酒一斗直十文,以钱三十贯买醇、行酒二斗,问:各得几何?

答曰:醇酒二升半,行酒一斗七升半.

法曰:此问亦前法.

置醇、行酒二斗乘贵价五十得一百,减都钱三十余七十为实,以贵价五十减贱价一十余四十为法除实,先得行酒一斗七升五合,减共酒二斗,余得醇酒二升五合,合问.

[善恶田]

15.(17)善田一亩直三百,恶田七亩直五百,今置一百亩,共价十贯,问:各几何?

答曰:善田一十二亩半,恶田八十七亩半.

法曰:此问亦前法.

列置善,恶亩价互乘数有分子,互乘求齐.

善一亩	恶七亩	共一百亩
价三百	价五百	价一十贯

维乘:善田一亩乘价五百得贱价五百,恶田七亩乘价三百得贵价二贯一百,又恶田七亩乘价十贯得都价七十贯,以贵价二贯一百乘共亩一百得二百一十贯,减都价七十贯余一百四十贯为贱实,以贵价二贯一百减贱价五百余一贯六百为法除之,先得恶(日)[田]八十七亩半,以减共田一百亩,得善田一十二亩半,合问.

[金银较重]

16.(18)金九银十一共重适等,交易其一,则金轻十三两,问:各重几何?

答曰:金重二斤三两十八铢,银重一斤十三两六铢.

法曰:此问亦同前法.

求金、银差数不知金、银之重,则互易一金一银为二率,金轻十三两,得差六两半,以乘金九得五十八两半为实,以银十一减金九余二为法,除得银重二十九两余半两,以两铢通之得十二铢,以二除得六铢,加金轻十三两二除得六两半,其半两得十二铢,共得金重二斤三两十八铢,合问.

[**新故米**]

17.(9)十斗臼(jiù)中,故有粝米,不云其数,添粟满而舂之,共得米七斗,问:新故米各几何?

答曰:故米二斗五升,新米四斗五升.

法曰:此问乃至换之法.

以粝米[率]三十,减粟率五十余为糠率二十,得米七斗减臼积十斗,余为糠实三斗,乘所求粝率三十得九十为实,以所有糠率二十为法除得新米四斗五升减其米七斗,得故米二斗五升,合问.

[**钱问本利**]

18.(20)持钱之蜀,价利十三,初返归一万四千,次返归一万三千,次返旧一万二千,次返归一万一千,复返归一万,凡五返归,本利俱尽,问:本、利各几何?

答曰:原本三万四百六十八钱三十七万一千二百九十三分钱之八万四千八百七十六.

息二万九千五百三十一钱三十七万一千二百九十三分钱之二十八万六千四百一十七.

法曰[7]:假令原本三万,不足一千七百三十八钱五分本钱三万,并得利三万九千,除初返归一万四千,余二万五千;加利十三得三万二千五百,除第二返归一万三千,余一万九千五百;加利十三,得二万五千三百五十,除第三返归一万二千,余一万三千三百五十;加利十三,得一万七千三百五十五;除第四返归一万一千,余六千三百五十五,加利十三得八千二百六十一钱五分,除第六返归钱一万,不足一千七百三十八钱五分.

令之四万,多三万五千三百九十钱八分.

本钱四万,并利得五万二千,除初返归一方四千,余三万八千;加利十三,得四万九千四百,除第二返归一万三千,余三万六千四百,加利十三,得四万七千三百二十,除第三返归一万二千,余三万五千三百二十;加利十三,得四万五千九百一十六,除第四返归一万一千余三万四千九百一十六;加利十三,得四万五千三百九十钱八分,除第五返归一万,余三万五千三百九十钱八分,故曰多也.

草曰:列所出率,盈,不足:

三万	不足一千七百三十八钱五分
四万	多三万五千三百九十钱八分

维乘:三万乘多三万五千三百九十钱八分得一十亿六千一百七十二万四千;又以四万乘不足一千七百三十八钱五分,得六千九百五十四万,并之为实,并二位得一十一亿三千一百二十六万四千,并盈,不足为法多三万五千三百九十钱八分,不足一千七百三十八钱五分,并得(三十七万□千二百九十三分)[三万七千一百二十九钱三分]实如法而一,得原本钱三万四百六十八钱余八万四千八百七十六,减五返归本息钱六万,余为利息钱二万九千五百三十一钱三十七万一千二百九十三(万)[分]钱之二十八万九千四百一十七,合问.

[**漆易油**]

19.(15)漆三易油四,油四和漆五.今有漆三斗,欲令分以易油,[还自]和余漆,问:出漆,得油和漆各几何?

答曰:出漆一斗一升四分升之一;

易油一斗五升;

和漆一斗八升四分升之三.

法曰:此问互换之法.

以漆二斗乘易漆率三得九,易油率四得十二,和漆率五得十五,各自为实,并漆率为法出漆率三,和漆率五,并之得八,以法除各实,出漆得一斗一升,余二;易油得一斗五升;和漆得一斗八升,余六.不尽之数,以法约之,合问.

[**大小器容米**]

20.(14)大器五小器一容三石;大器一小器五容二石,问:大、小器各容几何?

答曰:大器容二十四分石之十三;

小器容二十四分石之七.

法曰:此问乃方程之法.

假令大器一容五斗,小器五各容五斗,多一石.

令之大器一容五斗五升,小器五各容二斗五升,不足二斗.

草曰:列置大、小器米,盈、不足

大器五斗	小器五斗	盈一石
[大器]五斗五升	[小器]二斗五升	不足二斗

维乘：盈一石乘大器五斗五升得五十五；不足二斗乘大器五斗得一十，并得六十五为实，又以盈一石乘(大)[小]器二斗五升得二十五，不足二斗乘小器五斗得一十，并之得三十五亦为实，并盈一石不足二斗得一百二十为法，除二实，各不满法，皆五约之，得数合问.

比类一十五问

盈、不足

1. 今有人分银，不知其数. 只云：人分四两剩一十二两；人分七两，少六十两，问银及人各几何？

答曰：银一百八两，人二十四.

法曰：以盈十二乘人分七得八十四；不足六十乘人分四得二百四十，并得三百二十四为实，并盈十二，不足六十得七十二为法，却以少四两减多七两余三两，约实为银数，法为人数，合问.

2. 今有人买马，不知其数，只云：九人出七贯，不足四贯七百；七人出八贯盈一十八贯三百. 问：马价及人各几何？

答曰：马价五十三贯七百文，人六十三.

法曰：以九人乘出八贯得七十二贯，以七人乘出七贯得四十九贯，以少减多，余二十三贯为约法，又以盈一十八贯三百乘四十九贯得八百九十六贯七百；不足四贯七百乘七十二贯得三百三十八贯四百，并得一千二百三十五贯一百为马价实；又以七人、九人相乘得六十三以乘盈得一千一百五十二贯九百，不足得二百九十六贯一百，并得一千四百四十九贯为人实，各以约法二十三贯，除之，合问.

3. 今有米、麦共二千石，该价钞二万五千六百贯. 只云：米三石价粜麦四石盈钞一贯；米五石粜麦七石，不足钞二贯，问：米、麦石价各几何？

答曰：米九百石，每石价钞一十五贯.

麦一千一百石，每石价钞一十一贯.

法曰：此问先求石价，次用贵贱差分.

置列：

三石	四石	盈一贯
五石	七石	少二贯

互乘:盈一贯乘七石得七贯;不足二贯乘四石得八贯,并之得米价一十五贯;又以盈一贯乘五石得五贯,不足二贯乘三石得六贯,并之得麦价一十一贯,就乘共二千石该钞二万二千贯,以减总钞二万五千六百贯,余三千六百贯为实,以米、麦价十五,十一以少减多,余四,为法除之,得米九百石,以减共二千石,余得麦一千一百石,合问.

4. 今有一都,坐办白绵,不知其数;人户不知多寡,只云:每九家合办六两,不足六十二两;每八家合办七两,盈二十八两,问:人户、白绵各几何?

答曰:人户四百三十二家,白绵三百五十两.

法曰:置所出率,盈、不足各居其下,先以家互乘出率,九家相乘八家户数为母,出率为子,互乘列:

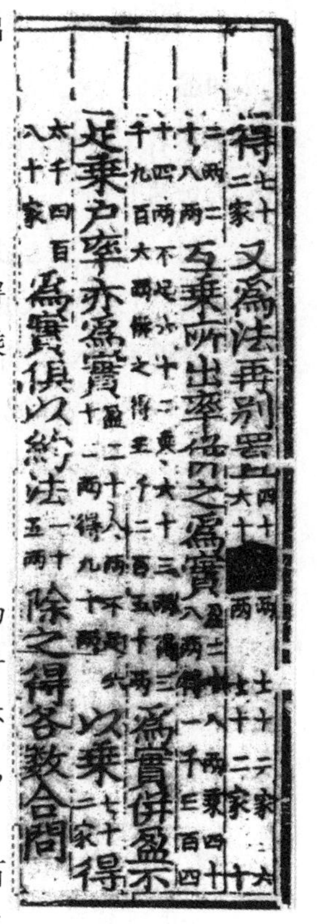

得七十二家又爲法再別置

互乘所出率并之爲實……爲實并盈不

足乘户率亦爲實……以乘七十二家得

……爲實俱以約法……除之得各數合問

六两	九家	不足六十二两
七两	八家	盈二十八两

用副置相减以为约法:八家乘六两得四十八两;九家乘七家得六十三两,以少减多,余一十五两为法,又以,八家、九家相乘得七十二家又为法,再别置.

四十[八]	七十二家	不足六十二两
六十[三]	七十二家	盈二十八两

⑧

互乘所出率,并之为实:盈二十八两乘四十八两得一千三百四十四两;不足六十二两乘六十三两得三千九百六两,并之得五千二百五十两为实,并盈,不足乘户率亦为实:盈二十八两,不足六十二两,得九十两,以乘七十二家得六千四百八十家为实,俱以约法十五两除之得各数,合问.

5. 今有米、麦九十九石,直钞九百三贯.只云:米九石直钞一百二十三贯;麦六石直钞四十六贯,问:米、麦及各价几何?

答曰:米二十四石,该钞三百二十八贯,麦七十五石,该钞五百七十五贯.

法曰:

假令米二十七石麦七十二石有余一十八贯;米二十一石麦七十八石不足一十八贯.

置米二十七石乘不足一十八得四百八十六,以米二十一石乘盈一十八得三百七十八,并得八百六十四为米实;又以麦七十二石乘不足一十八得一千二百九十六,又麦七十八石乘盈一十八石得一千四百四石,并得二千七百石为麦实.并盈十八,不足十八得三十六为法,除各实得米、麦数,乘各该钞,合问.

6.今有人借米,每年息米六分,初岁先还一十五石,次年又还三十石,尚欠一十石,问:原借米几何?

答曰:二十五石.

法曰:假令原米二十石,不足一十二石八斗;原米三十石,盈一十二石八斗,维乘:原米二十石乘盈一十二石八斗,得二十五石六斗;原米三十石乘不足一十二石八斗得三十八石四斗,并得六十四石为实,并盈,不足得二十五石六斗为法,除之,合问.

两盈

7.今有人分钞,不知其数,只云:三人分七贯,剩一贯;四人分九贯剩二贯,问:人、钞各几何?

答曰:一十二人,钞二十九贯.

法曰:以三人乘九贯得二十七贯;以四人乘七贯得二十八贯,并得五十五贯,加盈一贯,二贯得五十八贯,折半得二十九贯,以三人乘四人得一十二人,合问.

8.今有大红、青绒、纻丝,不知其价,只云:大红九两价买青一十五两,盈钞一贯五百文;大红一十八两价买青二十七两,盈钞三十一贯五百文,问:各价几何?

答曰:大红每两一十六贯,青每两九贯五百文.

法曰:置列:

大红九两	青一十五两	钞一贯五百文	于左
大红一十八两	青二十七两	钞卅一贯五百文	于右

先以左行中:青十五为法,遍乘右行:大红得二百一十两,青得四百五两,钞得四百七十二贯五百文,却以右行中:青二十七两为法,通乘左行:大红得二百四十三两,对减右行大红,余二十七两;青得四百五两,对减尽;钞得四十贯五百文,对减余四百三十[二],却以大红二十七贯除之得大红价(二)[一]十六贯,又以左行大红九两乘之得一百四十四贯,内减盈一贯五百文,余一百四十二贯五百文,却以左行中:青十五两除之得青价九贯五百文,合问.

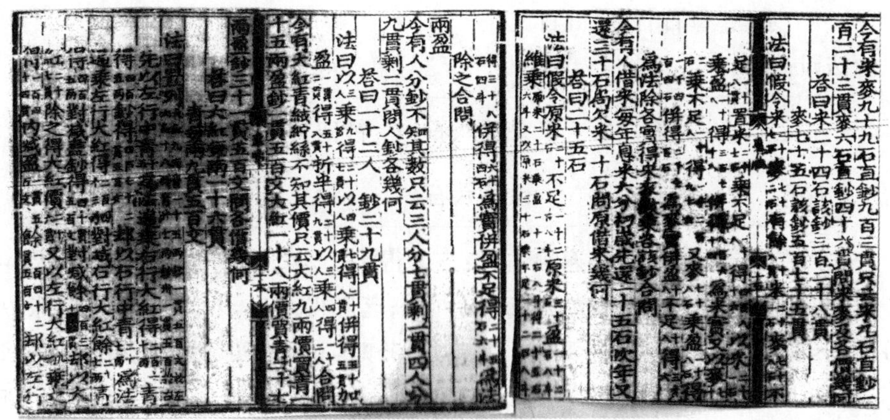

9. 今有人分银不知其数，只云：三人分五两多一十两；四人分八两多二两，问：人、银各几何？

答曰：二十四人，银五十两.

法曰：以三人乘八两得二十四两；以四人乘五两得二十两，以少减多，余四两为约法. 又以三人乘四人得一十二人，却以盈十两减盈二两余八两乘得九十六两为人实. 又以盈十两乘二十四两得二百四十两；盈二两乘二十两得四十两，以少减多，余二百两为银实，俱以约法四两除之，合问.

10. 今有官仓给米，账济人户. 每六户共给八石盈十八 石；四户共给五石，盈三十九石，问：原米及人户各几何？

答曰：原米三百五十四石，人户二百五十二户.

法曰：

置列：

六户	八石	盈十八石
四户	五石	盈三十九[石]

以六户乘五石得三十；又以四户乘八石得三十二两数相减，余二为法. 又以盈十八乘三十得五百四十，盈三十九乘三十二得一千二百四十八，两 数相减，余七百八，以法除得米三百五十四石，又以六户、四户相乘得二十四户，以两盈相减余二十一乘得五百四，以法除之，得人户二百五十二户，合问.

两不足

11. 今有芝麻，录豆不知其价，只云：录豆八石价买芝麻六石，不足钞四贯八百文；又录豆六石买芝麻四石，不足钞二百文，问：每石价各几何？

答曰：芝麻[每石]六贯八百文，

录豆[每石]四贯五百文.

法曰:置列:

左行	芝麻六石	录豆八石	钞四贯八百文
右行	芝麻四石	录豆六石	钞二百文

先以左中录豆八石为法遍乘右行:芝麻得三十二石,录豆得四十八石,钞得一贯六百文;却以右中录豆六石为法乘左行对减;芝麻得三十六石,余四石为法,录豆得四十八石,减尽,钞得二十八贯八百文,余二十七贯二百文为实,却以芝麻四石为法除之得芝麻六贯八百文,却以左行芝麻六石乘之得四十贯八百文,内减盈四贯八百文,余三十六贯为实,却以左中录豆八石为法除之得录豆价四贯五百文,合问.

12. 今有犒军银:每六人与七两不足五十二两;三人与四两不足四十一两,问:军人并银各几何?

答曰:军人六十六名,银一百二十九两.

法曰:置列:

六人	七两	不足五十二两
三人	四两	不足四十一两

互乘:六人因四两得二十四两;三人因七两得二十一两,两数相减,余三为法,以不足五十二乘二十四得一千二百四十八;又以不足四十一两乘二十一得八百六十一,二数相减,余三百八十七为银实,以法三除之得银一百九十二两,又以人六,三相乘得一十八,以两不足相减余十一乘之得一百九十八为人实,以法三除之得军人六十六,合问.

盈适足

13. 今有丝绵,不知其价,只云:绵十二两价买丝九两,盈钞七百五十文;若绵二十七两与丝二十一两价适等,问:各价几何?

答曰:丝价二贯二百五十文,

绵价一贯七百五十文.

法曰:列丝二十一两于上,绵二十七两于下,各以盈七百五十文乘之,上得一十五贯七百五十文为绵实,下得二十贯二百五十文为丝实,却以丝九两,绵十二两以少减多,余三两,自乘得九两为法除之,得丝,绵价,合问.

不足适足

14. 今有布绢不知其价,只云:布四疋价买绢三疋,不足钞一贯;若布七疋价与绢五疋价适等,问:二价各几何?

答曰:绢价七贯,布价五贯.

法曰:列布七疋于上,绢五疋于下,各以不足钞一贯乘之,上得七贯,下得五贯,各为实,以布四疋,绢三疋,以少减多,余一疋为法,各除,上得绢价七贯,下得布价五贯,合问.

[**经营得利**]

15. 今有商,经营五返,初返得利加二,还米一十五石;次返,得利加三,还米二十石;次返得利加四,还米一十八石;次返得利加五,还米一十一石;次返得利加六,还米一十四石. 余米四石五斗六升,问:原本米几何?

答曰:五十石.

法曰:置初返还米一十五石,利加三得一十九石五斗;添次返还米二十石,共三十九石五斗,利加四得五十五石三斗,添次返还米一十八石共七十三石三斗,利加五得一百九石九斗五升;添次返还米一十一石,共一百二十石九斗五升,利加六得一百九十三石五斗二升;添次返还米一十四石,余米四石五斗六升,共二百一十二石八升为实,次置初返米一石加二得一石二斗;加三得一石五斗六升;加四得二石一斗八升四合;加五得三石二斗七升六合,加六得五石二斗四升一合六勺;内减法初返米一石,余四石二斗四升一合六勺为法除之,合问.

诗词二十九问

[**西江月**]

1. 一客专行买卖,持银出外经营.

　每年本利对相停,一岁归还五锭.

　为客到今七载,本息俱尽无零.

　闻公能算妙纵横,莫得佯退不醒.(西江月)

答曰:四锭四十八两四分六厘八毫七丝五忽.

法曰:假令原本二百四十八两,不足六两;原本二百四十九两,盈一百二十二两. 置盈、不足:

二百四十八两	不足六两
二百四十九两	盈一百二十二两

互乘:盈得三万二百五十六两. 不足得一千四百九十四两. 并之得三万一千七百五十十

两为实,并盈一百二十二两,不足六两,共一百二十八两为法,除之,合问.

2. 几个牧童闲耍,张家园内偷瓜.

将来林下共分割,三人七枚便罢.

分讫剩余一个,中有伴哥兜搭.

四人九个再分拿,又余两个厮打.(西江月)

答曰:一十二人,瓜二十九个.

法曰:置人、瓜互乘:三人乘九个得二十七个;四人乘七个得二十八个.并之得五十五个.加二盈作三个共五十八个折半得瓜二十九个.以人三人、四人相乘得人一十二,合问.

3. 待客携壶沽酒,不知壶内金波.

逢人添倍又相和,共饮斗半方可.

添饮还经五处,壶中酒尽无多.

要知原酒无差讹,甚么法曰便可.(西江月)

答曰:一斗四升五合三勺一抄二撮五圭.

法曰:假令:一斗四升五合,倍得二斗九升,一处饮一斗五升,余一斗四升;倍得二斗八升,一处饮一斗五升,余一斗三升;倍得二斗六升,一处饮一斗五升,余一斗一升;倍得二斗二升,一处饮一斗五升,余七升,倍得一斗四升,不足一升.

假令:一斗四升六合,倍得二斗九升二合,一处饮一斗五升,余一斗 四升二合;倍得二斗八升四合,一处饮一斗五升;余一斗三升四合;倍得二斗六升八合,一处饮一斗五升,余(二)[一]斗一升八合;倍得二斗三升六合,一处饮一斗五升,余八升六合;倍得一斗七升二合,一处饮一斗五升,盈二升二合.

置盈、不足:原酒:

一斗四升六合	盈二升二合
一斗四升五合	不足一升

互乘:盈得三斗一升九合,不足得一斗四升六合,并之,得四斗六升五合为实,并盈二升二合,不足一升,共得三升二合为法除之,合问.

4. 荒地欲行开垦,众村人户通知.

七家八顷恰耕犁,五顷有余在记.

又欲五家七顷,却少四顷难及.

有人达得妙玄机,到处芳名说你.(西江月)

答曰:人户三十五家,荒地四十五顷.

法曰:置盈,不足互乘:七家乘七顷得四十九顷,五家乘八顷得四十顷.以少减多,余九顷.又以人户五家、七家相乘得三十五家,以乘盈五顷,不足四顷共九顷得三百一十五家,却以前法九顷除之得人户三十五家,又盈,不足互乘盈五顷乘四十九顷得二百四十五顷,不足四顷乘四十顷得一百六十顷,并之得四百五顷,为实,以法九顷除之得荒地,合问.

5. 甲米不知其数,置于石七瓮盛.

乙持净粟误然顷,倾满瓮平方定.

舂米一石三斗,甲来愤怒难分.

粟率六米不难明,怎免这场争竞.(西江月)

答曰:甲米七斗,乙粟一石,该米六斗.

法曰:假令原米六斗,不足四升:原米六升,减瓮一石七斗,余一石一斗,以米率六十乘之,以粟率一百除之得六斗六升,增假令六斗,共一石二斗六升,比今舂米一石三斗,乃少四升,故曰不足.

假令原米八斗,盈四升:

原米八斗减瓮一石七斗,余九斗,以米率六十乘之,以粟率一百除之,得五斗四升,加假令米八斗,共一石三斗四升,比今舂米一石三斗,乃多四升,故曰盈.

盈,不足互乘:盈得二斗四升,不足得三斗二升,并之得五斗六升为实.并盈四升,不足四升,共八升为法除之,得米七斗,以减瓮盛一石七斗,得粟一石,合问.

6. 今有墙高一所,量来九尺无疑.

苽蒌下长一根枝,上有一株蒺梨.

苽蒌三日五寸,九日三寸蒺梨.

问公几日两相齐?苽蒌秧触蒺梨!(西江月)

答曰:四十五日,蒺一尺五寸,苽七尺五寸.

法曰:置墙高九尺以苽蒌三日因之,得二十七尺,又以蒺梨九日因之得二百四十三尺为实,以二长三日、九日相因得二十七为法除之得九十,折半得四十五日为相齐(会)日数,以苽蒌五寸因之得二百二十五寸,以三归得苽蒌七尺五寸,又折日数,以三寸因之得一百三十五,以蒺梨九日除之,一尺五寸,合问.

［**浪淘沙**］

7. 昨日独看瓜,因事来家,牧童盗去眼昏花.

信步庙东墙外过,听得争差:十三俱分咱,

十五增加;每人十六少十八.借问人瓜各有几,会者先答!(浪淘沙)

答曰:十一人,瓜一百五十八枚.

法曰:并盈十五,不足十八,得三十三为实.以各得率十三,十六,以少减多,余三为法,除之,得人十一,以各得十六乘之得一百七十六,减不足十八,余得瓜一百五十八枚,合并.

［鹧鸪天］

8. 百兔纵横走入营,几多男女闹来争.

一人一个难拿尽,四只三人始得停.

来往聚,闹纵横,各人捉得往家行.

英贤果是能明算,多少人家甚法评.(鹧鸪天)

答曰:七十五家.

法曰:假令:

七十二家	盈四只
九十家	不足二十

互乘:盈得三百六十家,不足得一千四百四十.并之得一千八百家为实,并盈四,不足二十,共二十四为法,除之合问.

［七言八句］

9. 今有垣墙九尺高,瓜、瓠墙边长二苗.

瓠栽墙下生高去,瓜生墙上下垂梢.

瓜蔓日长该三尺,瓠蔓日生一尺条.

二苗依此均匀长,不知何日蔓相交.

答曰:二日三时.

法曰:以墙高九尺为实,并二蔓长三尺、一尺,共四尺为法,除之,合问.

10. 昨日沽酒探亲朋,路远迢遥有四程.

行过一程添一倍,却被安童盗六升.

行到亲朋门里面,半点全无在酒瓶.

借问高贤能算士,几何原酒要分明.

答曰:五升六合二勺半.

法曰:假令原酒:

五升六合,不足四合;若五升七合,盈一升二合,以盈不足互乘:盈一升二合乘五升六合得六斗七升二合;不足四合乘五升七合,得一斗二升八合,并之得九斗为实,并盈一升二合,不足四合,共一升六合为法,除之,合问.

［七言四句］

11. 众户分银各要贪,户名人数不能参.

三人五两不足五,五人九两恰无三.

答曰:一十五人,银三十两.

法曰:置列:

三人	五两
五人	九两

互乘:三人得二十七两,五人得二十五两,各加不足三两,五两得银三十两,以三人、五人相乘得一十五人,合问.

12. 牧童分杏各争竞,不知人数不知杏.

三人五个多十枚,四人八枚剩两个.

答曰:二十四人,杏五十枚.

法曰:置列:

三人	五枚
四人	八枚

互乘:三人得二十四,四人得二十.以少减多,余四为法,又以三人、四人相乘[得]一十二人.却以两盈十枚两[枚]以少减多,余八枚乘得九十六人,以法四枚除之,得人二十四,又以盈十[枚]乘二十四枚,得二百四十枚,盈二乘二十得四十,以少减多,余二百为杏实,以法四枚除之,得杏五十枚,合问.

13. 众户分金务要均,不知金数不知人.

六人七两多二两,八人九两却分匀.

答曰:四十八人,金五十四两.

法曰:置列:

六人	七两
八人	九两

以盈六人乘不足九两,得金五十四两,以人六、八相乘得四十八人,合问.

14. 林下牧童闹如簇,不知人数不知竹.

每人六竿多十四,人分八竿恰齐足.

答曰:七人,竹五十六竿.

法曰:以剩竹十四为实,以分六竿、八竿,以少减多,余二为法,除之得七人,以适足八竿乘之,得竹五十六竿,合问.

15. 揭借利钱本不知,每年只纳五分息.

一年还钱二十七，还了三年本利毕.

答曰：原本三十八贯.

法曰：假令原本三十五贯，少十贯一百二十五文，四十贯多六贯七百五十文. 互乘：盈得二百三十六贯二百三十文，不足得四百五贯，并之得六百四十一贯二百五十文为实，并盈六贯七百五十文，不足一十贯一百二十五文，共一十六贯八百七十五文为法除之，[得原本银三十八贯，合问.]

16. 今有利息加六，每岁还时心不欲.

一年归还四百文，四年本利俱齐足.

答曰：原本五百六十四文二万五千六百分文之二百四十一.

法曰：假令原本五百七十，盈三十三文一分五厘二毫；五百(七)[六][十贯]少三十二文三分八厘四毫，互乘：盈得一十八贯五百六十五文一分二厘；不足得一十八贯四百五十八文八分八厘，并之得三十七贯二十四文为实，并盈，不足得六十五文五分三厘六毫为法，除之得五百六十四文，余实六分一厘六毫九丝六忽，法、实皆二毫五丝六忽约之，合问.

17. 今有利钱加六算，初岁先还一贯半.

次年又还三贯文，余有本钱整一贯.

答曰：原本二贯五百文.

法曰：假令原本：二贯，不足一贯二百八十文；三贯，盈一贯二百八十文. 互乘：盈得二贯五百六十文；不足得三贯八百四十文，并之，得六贯四百文，为实. 并盈，不足得二贯五百六十文为法，除之，合问.

18. 隔墙听得客分绫，不知绫数不知人.

每人六疋少六疋，各人四疋恰相停.

答曰：三人，绫一十二疋.

法曰：以不足六疋为实，以分绫六疋、四疋，以少减多，余二为法，除之得三人，以适量四疋乘之得绫一十二疋，合问.

19. 哑子街头来买瓜，手内拿钱数不差.

一个少钱二十四，半个却多三十八.

答曰：持钱一百文，瓜价一百二十四文.

法曰：并盈三十八，不足二十四，共六十二为实，以瓜一个减半个余半个为法除之得瓜价一百二十四文，以减少二十四文得持钱，合问.

20. 我问开店李三公，众客都来到店中.

一房七客多七客，一房九客一房空.

答曰：房八间，客六十三人.

法曰:置列盈,不足:

九客	不足九客
七客	盈七客

互乘各得六十三,并之得一百二十六为实,以盈七减不足九余二为法,除之得客六十三人,各加除,得房间,合问.

21. 隔墙听得客分银,不知银数不知人.

七两分之多四两,九两分时少半斤.

答曰:六人,银四十六两.

法曰:置分银:

七两	多四两
九两	少八两

互乘:盈得三十六两,不足得五十六两,并之得九十二两为实,以分银九两、七两,以少减多,余二为法,除之,得银四十六两,以减多四两,余四十二两,以人分七两除之得人六,合问.

22. 隅长堤边犒劳夫,盘堆红果唱名呼.

七人八果剩二个,五人七果五人无.

答曰:三十五名,果四十二颗.

法曰:置盈,不足互乘:七人乘七果得四十九,五人乘八果得四十,以少减多,余九为法,又置七人、五人相乘得三十五人又为法,并盈、不足二个,七(人)[个]共九个,相乘得三百一十五,却以前法九果除之得人户三十五名,又盈,不足互乘:盈二个乘四十九得九十八果;不足七果乘四十得二百八十,并之得三百七十八果为实,以前法九果除之得果四十二,合问.

23. 十一石与八玉等,交换一枚玉便轻.

记得差轻十二两,重轻玉石要分明.

答曰:玉一枚重一斤六两,石一枚重一斤.

法曰:此问乃贵贱分率之法.

不知玉,石之重,则互易一玉一石得二以除轻十二两,得差六两,以乘玉八得四十八为实,却以石十一减玉八余三为法,除之得石重十六两,以乘石十一得一百七十六,又以玉八除之得玉重二十二两,合问.

24. 十瓜八瓠两停担,交换一枚差十三.

二色有人算得是，好把芳名到处谈.

答曰：瓠重二秤二斤半，瓜重一秤一十一斤.

法曰：此问同前法.

不知瓜，瓠之重，则互易瓜一、瓠一，得二，除差一十三斤得六斤半. 以瓠八乘之得五十二斤为实. 以瓜十减瓠八余二为法，除之得瓜重二十六斤. 以瓜十乘之得二百六十斤，却以瓠八除之，得瓠重三十二斤半，合问.

25. 兔数人数都不答，人五不足二十八.

人八都多三十二，问公能算用何法？

答曰：二十人，兔价一百二十八文.

法曰：置盈三十二，不足二十八，并之得六十为实，以人八减五余三为法，除之得二十人，以人五乘盈三十二得一百六十，又人八乘二十八得二百二十四，并得三百八十四，以人相减余三为法除之得兔价一百二十八文，合问.

[**六言八句**]

26. 小儿拿钱一手，走到街头沽酒.

三升剩下十七，五升却少十九.

酒价每升几分，铜钱问伊原有？

问酒沽得几升？算得便为魁首.

答曰：原钱七十一文，酒三升九合九分合之四，每斗一十八文.

法曰：置盈三升乘不足十九得五十七；不足五升乘盈十七得八十五，并之得一百四十二为实；并盈十七，不足十九得三十六为法，除之得酒三升九合，余实一十六，法实皆四约之得九分升之四，又以五升，三升相减，余二升，以除并钱一百四十二，得原钱七十一文. 再以二除并盈，不足三十六，得每斗价一十八文，合问.

[**五言八句**]

27. 今携一壶酒，迎春郊外走.

逢朋添一倍，入庄饮斗九.

相逢三处店，饮尽壶中酒.

试问能算士，如何知原有？

答曰：原酒一斗六升六合二勺五抄.

法曰：假令原酒一斗六升，不足五升；一斗七升，盈三升；以盈、不足互乘原酒：不足五升乘一斗七升，得八斗五升；盈三升乘一斗六升得四斗八升. 并之得一石三斗三升为实. 并盈三升，不足五升共八升为法，除之，合问.

28. 栖树一群鸦，鸦树不知数.

三个坐一枝，五个没去处.

五个坐一枝,闲了一枝树.

请问能算士,要见鸦树数.

答曰:鸦二十个,树五(枚)[枝].

法曰:置列:

三个	盈五个
五个	少五个

互乘:盈得二十五个,不足得十五个,并之,得四十个.以三个、五个以少减多,余二为法,除之,得鸦二十个,各加除,合问.

[**五言四句**]

29.本粟年年倍,债主日日煎.

一年还五斗,三年本利完.

答曰:原本四斗三升七合五勺.

法曰:假令原本四斗三升,不足六升;四斗四升,盈二升.

互乘,不足得一石六斗四升,盈得八斗六升,并之得三石五斗为实,并盈,不足共八升为法,除之,合问.

——九章详注比类盈不足算法大全卷第七[终]

诗词体数学题译文:

1. **译文**:一位客商做专业买卖,持银外出经商,每年都获得相当多的营利,年末归还 5 锭,到现在已经 7 年,本利俱尽,闻听先生能妙算纵横贯通,不要假装不懂!请问原持本银多少.

解:吴敬原法为:

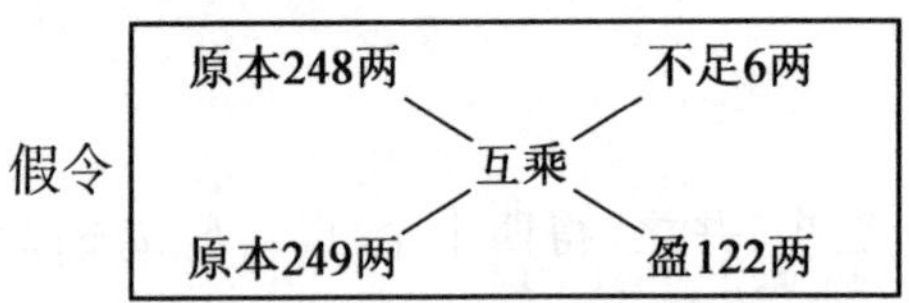

互乘相加:$248\times122+249\times6=31\,750$　为实

$122+6=128$　为法

以法除实得本银:31 750 两 $\div 128=248.046\,875$ 两

2. **注解**:"三人七枚"即每人分$\frac{1}{3}$个,"四人九个"即每人分$\frac{9}{4}$个.

译文:几个牧童闲着玩耍,到张家的园地内去偷瓜. 拿到树林分瓜,先是每 3 人分 7 个,分完后剩余 1 个,中间又重新搭配,每 4 人 9 个再分拿,又余 2 个斯打.

解:吴敬原法为:置人瓜互乘,三人乘九个得二十七个,四人乘七个得二十八个. 并之,得五十五个,加二盈三个共五十八个,折半得瓜二十九个,又以三人四人相乘得十二,合问.

程大位《算法统宗》引录此法.

王文素称此类问题为"互换盈不足",他说:"加多减少物知情,最是奇妙"诗曰:

盈朒新传单互乘,随题添减物知情.
人乘人率为人数,此法从今甚简明.

单互乘图

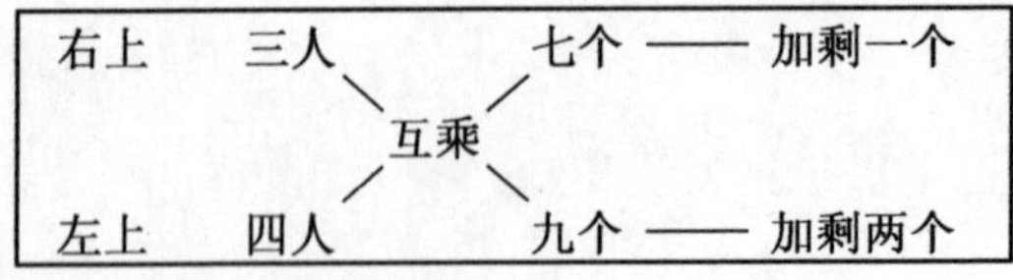

以右上 3 人互乘左下 9 个得 27 个,加盈 2 个得瓜 29 个,或以左上 4 人互乘右上 7 个得 28 个,加盈 1 个亦得瓜 29 个. 此即"盈朒新传单互乘,随题添减物知情"."最是奇妙"以 3 人乘 4 人得 12 人,此即"人乘人率为人数,此法从今甚简明". 此法是非常简明的.

3. **注解**:沽酒:沽通"酤". 沽酒:指买或卖酒. 语出《论语·乡党》:"沽酒市脯不食."金波:指酒,言其色美如金,在杯或壶中浮动如波. 张养浩(1270—1329)《晋天乐·大名湖泛舟》:"杯勘的金波艳艳."相和:相混合,合在一起. 差讹:差错.

译文:招待客人携带酒壶去买酒,不知壶内原有多少酒. 遇见客人添倍与壶中的酒相混合,共同饮去1.5斗方可. 这样经过5次添饮,壶中的酒就没有了. 要知壶内原有多少酒不差错,用什么方法计算才可以?

解:吴敬原法为:假令壶中原有酒1.45斗,经过5次倍饮,余酒1.4斗,不足0.1斗;又假令壶中原有酒1.46斗,经过5次倍饮,余酒1.72斗,盈0.22斗.

此即 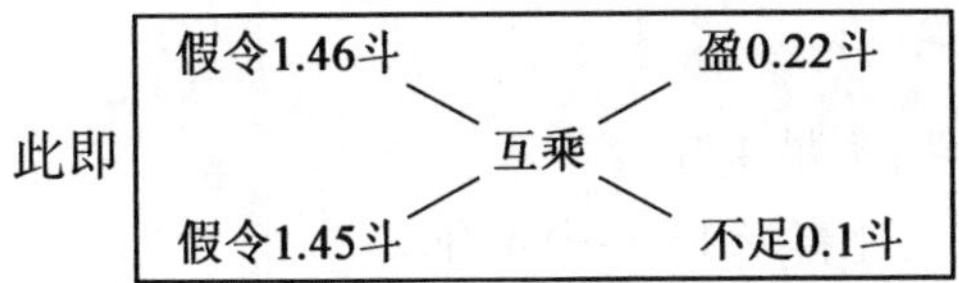

互乘相并,得:$1.45\times0.22+1.46\times0.1=0.465$(斗)　为实

并:$0.22+0.1=0.32$　为法

以法除实得原有酒:$0.465\div0.32=1.453\ 125$(斗)

今法:设壶中原有酒为 x 斗,则

$$2(2(2(2(2x-1.5)-1.5)-1.5)-1.5)-1.5=0$$

$$32x=46.5$$

$$x=1.453\ 125(斗)$$

或者:$1.5\times(1+2+4+8+16)\div32=1.453\ 125$(斗).

4. **注解**:难及:很难达到,不足.

译文:有一块荒地,欲行开垦. 通知村中的各户人家,每7家开垦8顷耕种. 有余5顷在记;又欲每5家开垦7顷耕种,却不足4顷. 如果有人能知道这玄妙的算法,则到处传颂你的美名!

解:吴敬原法为:

先置列 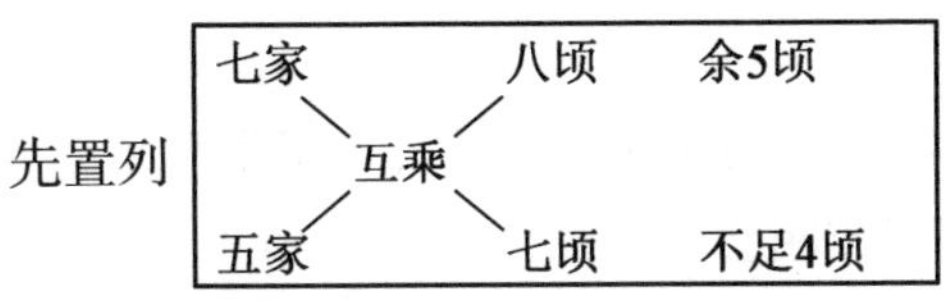

人户数:$\dfrac{5\times7\times(5+4)}{7\times7-5\times8}=35$(家).

顷数:$\dfrac{5\times(7\times7)+4\times(5\times8)}{4+5}=\dfrac{405}{9}=45$(顷).

现代算法：

人户数：$(5+4)\div\left(\frac{7}{5}-\frac{8}{7}\right)=35$（家）.

顷数：$\frac{8}{7}\times 35+5=45$（顷）.

或：$\frac{7}{5}\times 35-4=45$（顷）.

5. **注解**：倾：歪、斜. 瓮：一种盛东西的陶器. 争竞：计较，争论.

译文：甲有米不知其数，盛于能装 1.7 石的瓮中. 乙持纯净的粟误然倾倒，倒满瓮平方止，舂米 1.3 石. 甲后来非常愤怒，感到难分. 每斗粟可以出 6 升米，怎样分才能避免这场争论？

解：吴敬原法为：假令原米 6 斗，不足 4 升.

$(17-6)\times 0.6+6=12.6$（斗），比舂米 13 斗少 4 升.

假令原米 8 斗，盈 4 升.

$(17-8)\times 0.6+8=13.4$（斗），比舂米 13 升盈 4 升.

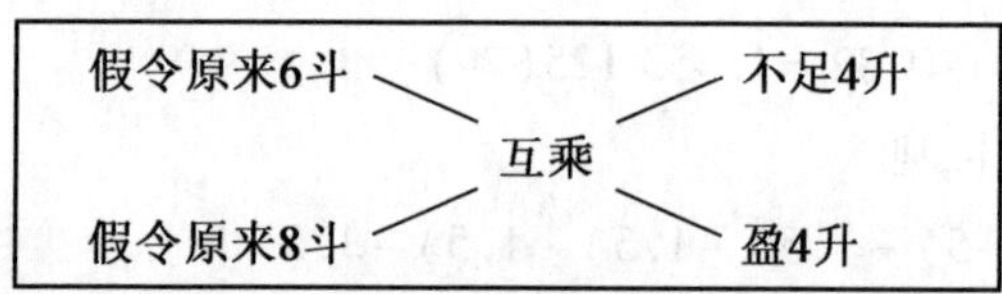

甲米：$\frac{6\times 4+8\times 4}{4+4}=7$（斗）.

乙倾粟：$17-7=10$（斗），折合米 6 斗.

今法：设甲有米 x 斗，乙有粟 y 斗，依题意可得联立方程

$$\begin{cases}x+y=17 & ①\\ x+0.6y=13 & ②\end{cases}$$

① − ②得：$0.4y=4$ 斗.

所以 $y=10$ 斗.

$x=17-10=7$（斗）.

6. **注解**：苽蒌：多年生草本植物. 蒺梨：现为"蒺藜"，一年生草本植物. 一所：指一面墙或一堵墙. 相齐：即相遇或相会.

译文：今有高墙一堵，丈量一下高 9 尺，上有蒺梨一株，每 9 天向下长 3 寸；下有苽蒌一枝，每 3 天向上长 5 寸. 请问先生几日苽蒌蒺梨两相遇？苽蒌秧才能触着蒺梨？

解：此题有一个隐含条件，那就是苽蒌蒺梨秧必须在同一条直线上，且与地

平面垂直.

吴敬《九章算法比类大全》原书解法：$\frac{90\times3\times9}{3\times9}=90$.

折半得相会日数为 45 日：

菰蒌长：$\frac{5}{3}\times45=75$(寸).

蒺梨长：$\frac{3}{9}\times45=15$(寸).

今法：相会日数：$90\div\left(\frac{5}{3}+\frac{3}{9}\right)=45$(日).

7. **译文**：昨日独自一人看瓜，因为有事情回家，瓜被牧童盗去，没看清楚有多少. 顺步从庙东边墙外走过，听得争论；每人分 13 个剩 15 个，每人分 16 个少 18 个，请问人瓜各有多少？会者请先回答！

解：吴敬原法为：人数：$(15+18)\div(16-13)=11$(人).

瓜数：$13\times11+15=158$(人).

或：$16\times11-18=158$(个).

8. **简介**：此题是根据《孙子算经》卷下第 29 题改编而成，这题原文是：

今有百鹿入城，家取一鹿不尽. 又三家共取一鹿，适尽. 问：城中家几何？

《孙子算经》是用盈不足术解此题，与吴敬法相同. 此题被程大位《算法统宗》引录.

译文：有 100 只兔子纵横走入营盘，许多男女都来争拿，一人一只拿不尽，4 只分给 3 人刚好拿尽，人们来来往往，纵横交错，聚在一处. 各人拿着兔子往家里行走. 英贤如果是能明白算法的人，请问有多少人家，用何法计算.

解：吴敬原法为：

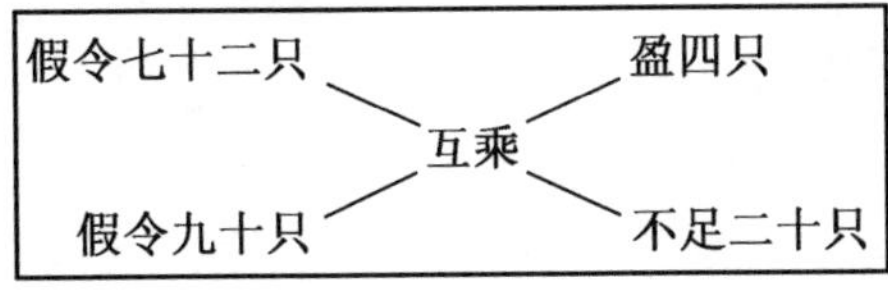

互乘相加，得：$72\times20+90\times4=1\ 800$ 为实

并盈、不足，得：$4+20=24$ 为法

以法除实，得人家数：$1\ 800\div24=75$(家).

程大位《算法统宗》法：$100\div4\times3=75$(家).

今法：$\frac{4}{3}=\frac{100}{x}$.

所以：$x=\dfrac{3\times100}{4}=75$(家).

9. **简介**：此题系据《九章算术》盈不足章第10题改编，这题原文是：

今有垣高九尺，瓜生其上，蔓日长七寸；瓠生其下，蔓日长一尺. 问几何日相逢，瓜瓠各长几何.

注解：垣：墙.

译文：今有垣墙高九尺，墙边生长瓜瓠两株小苗，瓠栽墙下向上升高，每日长一尺，瓜生墙上向下垂梢，每日长3只，二苗依此均匀生长，不知何日两蔓相交？

解：吴敬原法为：

$$9\div(1+3)=2.25(\text{日})$$

10. 我有一壶酒，携著游春走，遇务添一倍，逢店饮斗九.

店务经四处，没了壶中酒，借问此壶中，当元多少酒.

——引自朱世杰《四元宝鉴》

简介：这是一道结合我国古代劳动人民携酒游春的传统习惯而编写的诗词体趣味算题，此题被吴敬《九章算法比类大全》(1450年)、王文素《算学宝鉴》(1524年)、程大位《算法统宗》(1592年)等书引录后，在我国民间及朝、日、东南亚等国广泛流传. 吴敬在《九章算法比类大全》中将"店务经四处"改为"相逢三处店"，并在卷七中提出两个新的"携酒游春"问题. 携酒游春，宴客沽酒，说明广大人民群众，对这类问题非常喜欢. 民间还有人把吴敬《九章算法比类大全》卷七第十问有意识地改为"李白沽酒"：

李白沽酒探亲朋，路远迢遥有四程. 行过一程添一倍，却被安童盗六升.

行到亲朋门里面，半点全无在酒瓶. 借问高贤能算士，几何原酒要分明.

1979年上海《科学画报》载有一趣题：

李白无事街上走，提着酒壶去买酒.

遇店加一倍，见花喝一斗.

三遇店和花，喝光壶中酒.

试问壶中原有多少酒？

类似的问题在国外也有流传，苏联 в. д. 契斯佳可夫《初等数学古代名题集》载有"一位快乐的法国人"问题，与此题相似，这题的原文是：

一位快乐的法国人，来到一个小饭馆，身边带着一笔数目不清的款项. 他向饭店主人又借了与他身边所带同样数目的钱，然后，花掉一卢布. 带着剩下的钱，他又来到第二家饭馆，在那里同样借了与身边所带钱数相同的钱，然后，再花掉一卢布. 此后,他又走进第三、四家小饭馆,并且同样行事. 当他最后从第四家小饭馆出来时,身边已经一文不名. 快乐的法国人原有多少钱?

注解:著(zhuó):同“着”. 当:应当、应该. 元:同“原”. 当元:应该原有.

译文:我有一壶酒,携带着去春游. 遇到酒店添一倍,再饮 1.9 斗,经过 4 处酒店,最后饮没了壶中酒,试问此壶中,应当原有多少酒?

解:朱世杰用天元术解此题.

设壶中原有酒 x 斗,则

$$2\{2[2(2x-1.9)-1.9]-1.9\}-1.9=0$$

此即:$16x=28.5$,$x=1.781\ 25$(斗).

此题解法很多,吴敬和王文素都将题目中“店务经四处”改为“相逢三处店”,他们的解法是:吴敬的解法,互乘法图:

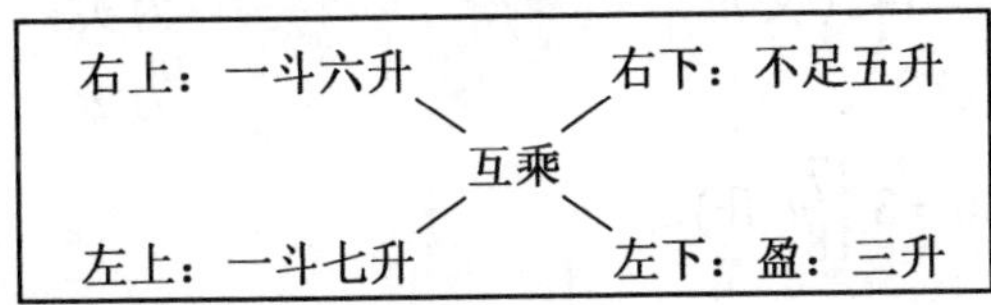

互乘相并:$16\times3+17\times5=133$(升)　为实

并盈、不足:$3+5=8$(升)　为法

原有酒:$133\div8=16.625$ 斗

王文素在《算学宝鉴》中指出:“此固盈不足之本法,必先约两次,然后得盈朒之数,才用互乘相并求之,方得原酒,虽善而繁. ”程大位《算法统宗》引录此题后,亦指出:“原吴氏用盈不足算,繁冗,故不录. ”

王文素在《算学宝鉴》中给出两种新的解法:

①$[(1.9\div2+1.9)\div2+1.9]\div2=1.662\ 5$

②三次倍加法图:

(本一)(初次二)(二次四)(三次八)

$$1.9\times(1+2+4)\div8=1.662\ 5(\text{斗})$$

程大位在《算法统宗》中,亦给出两种解法:

①$1.9\times(1+2+4)\div2\div2\div2=1.662\ 5$(斗).

②$1.9\times(1+2+4)\div[(1+2+4)+1]=1.662\ 5$(斗).

今法设壶中原有酒为 x 斗,则 $2\times[2(2x-1.9)-1.9]-1.9=0$,$8x=13.3$,$x=1.662\ 5$ 斗.

或者:$x+x+(2x-1.9)+[2(2x-1.9)-1.9]=1.9\times3$

$$2x+2x-1.9+4x-3.8-1.9=5.7$$

$$8x = 5.7 + 7.6 = 13.3$$

$$x = 1.6625(斗)$$

11. **注解**:伊:指他或她. 魁首:旧时称在同辈人中才华居首位的人.

译文:小儿手中拿着铜钱,走到街头去买酒. 买 3 升剩 17 文,买 5 升却少 19 文,酒价每升几文? 问他手中原有多少铜钱? 买多少升酒? 算得便是才华居首位的人.

解:吴敬原法为:

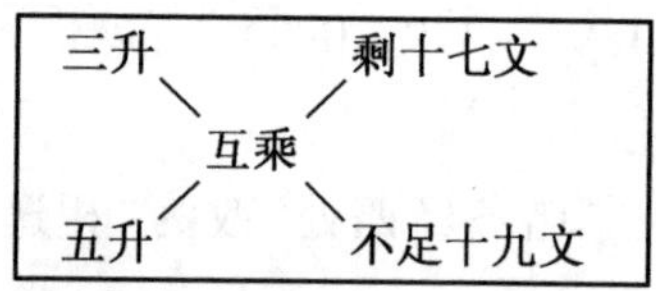

互乘相并得:$3 \times 19 + 5 \times 17 = 142$(文) 为实

并盈,不足得:$17 + 19 = 36$(文) 为法

以法除实得买酒数:$142 \div 36 = 3\frac{17}{18}$(升).

手中原有铜钱:$\frac{142}{19 - 17} = 71$(文).

每升酒价:$36 \div 2 = 18$(文).

今法每升酒价:$(17 + 19) \div (5 - 3) = 18$(文).

原有铜钱:$18 \times 3 + 17 = 71$(文).

或:$18 \times 5 - 19 = 71$(文).

原有酒升数:$71 \div 18 = 3\frac{17}{18}$(升).

12. 此题实际上是将本卷诗词第十题所引朱世杰的算题中"店务经四处"改为"相逢三处店",该题解法很多,吴敬是用盈不足求解此题. 请参阅本卷第 10 题.

13. **注解**:栖:本指鸟停在树上,泛指居住或停留.

译文:在树上栖息着一群乌鸦,不知乌鸦只数和树枝数. 3 只乌鸦站在一树枝上,就有 5 只乌鸦没去处;如果 5 只乌鸦站在一树枝上就闲了一树枝. 请问:能算的人士们,乌鸦和树枝各有多少?

解:吴敬原法为:

置列

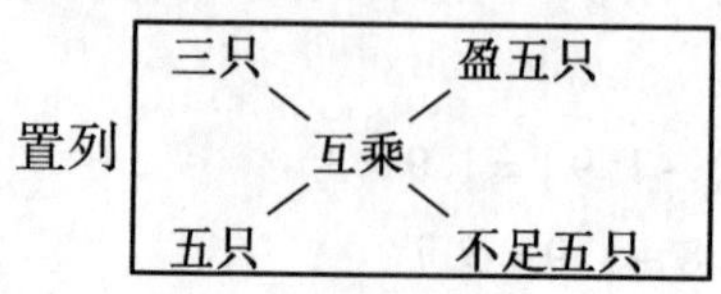

树枝数:$\frac{3\times5+5\times5}{3+5}=5$(枝).

乌鸦数:$3\times5+5=20$(只).

或:$5\times5-5=20$(只).

今法:$(5+5)\div(5-3)=5$(枝).

乌鸦数:$3\times5+5=20$(只).

14. **注解**:无三:不足三. 不能参:不能改变. 贪:原指爱财,后来多指贪污,贪财. 要贪:可理解为"要多分些".

译文:众户分银都想多分些,但是户名人数不能随便更改;每 3 人分 5 两不足 5 两;每 5 人分 9 两又不足 3 两. 问:原有人、银各多少?

解:吴敬原法为:

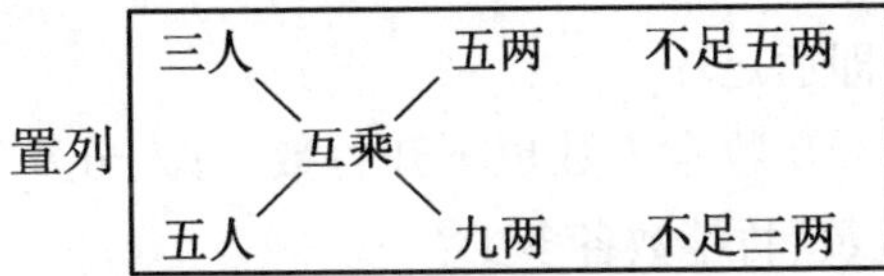

银数:$3\times9+3=30$(两)或 $5\times5+5=30$(两).

人数:$3\times5=15$(人).

今法人数:$(5-3)\div\left(\frac{9}{5}-\frac{5}{3}\right)=15$(人).

银数:$\frac{15}{3}\times5+5=30$(两)或$\frac{15}{5}\times9+3=30$(两).

15. **译文**:牧童分杏互相争论,不知牧童人数和杏数. 每 3 人分 5 个则多 10 个,每 4 人分 8 个剩 2 个. 问:牧童多少人? 杏有多少个?

解:吴敬原法为:

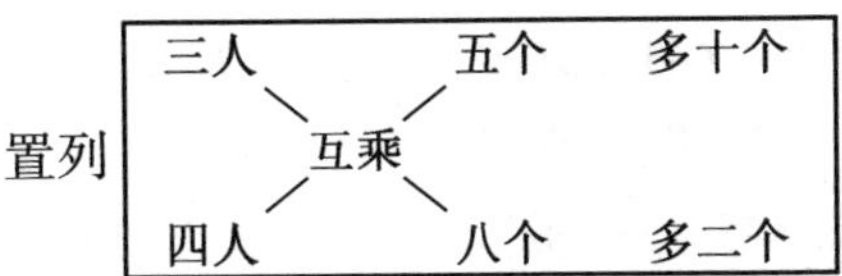

互乘,以少减多:$3\times8-4\times5=4$ 为法

$3\times4\times(10-2)=96$ 为实

以法除实得人数:$96\div4=24$(人).

杏数:$\frac{24}{3}\times5+10=50$(个)或$\frac{24}{4}\times8+2=50$(个).

今法:$(10-2)\div\left(\frac{8}{4}-\frac{5}{3}\right)=8\div\frac{1}{3}=24$(人).

16. **注解**:分匀:分布或分配在各部分的数量相等.

译文:许多人户分金,务必要分得均匀,不知金数也不知人户数,每 6 人分 7 两多 2 两,每 8 人分 9 两就分得均匀了. 问:人户数、金子各多少?

解:吴敬原法为:

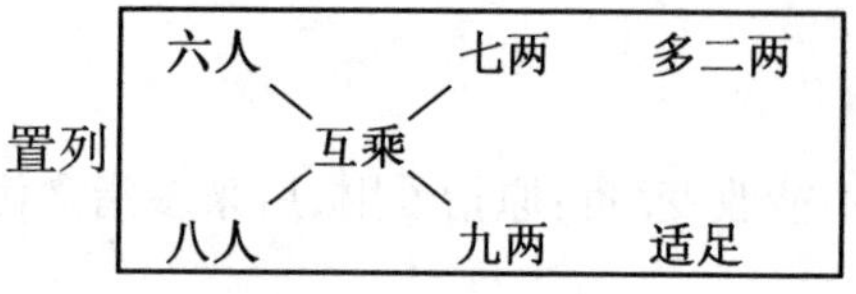

金数:$9\times6=54$(两).

人户数:$6\times8=48$(人).

今法人户数:$2\div\left(\frac{7}{6}-\frac{9}{8}\right)=2\div\frac{1}{24}=48$(人).

17. **注解**:簇:聚集在一起. 齐足:即适足.

译文:竹林下牧童聚集在一起,不知牧童人数也不知竹数,每人分 6 竿多 14 竿,每人分 8 竿恰不多不少,问:人数、竹竿数各多少?

解:吴敬原法为:人数:$14\div(8-6)=7$(人).

竹竿数:$6\times7+14=56$(竿)或:$8\times7=56$(竿).

18. **译文**:只知借利钱不知原借本银,每年纳 3 分利息,一年还钱 27 贯,三年本利还清. 问原借本银多少.

解:吴敬原法为:

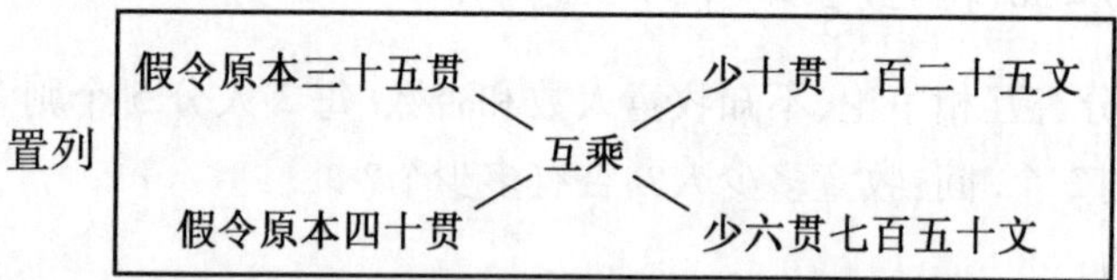

互乘相并得:$35\times6.75+40\times10.125=641.25$(贯) 为实.

并盈,不足得:$10.125+6.75=16.875$(贯) 为法.

以法除实得原借银为:$641.25\div16.875=38$(贯).

19. **注解**:加六:珠算术语,在算盘上,"被乘数 + 被乘数 ×6"叫"加六",亦即"被乘数 ×1.6". 此法最早见于杨辉《乘除通变本末》卷中,元朱世杰《算学启蒙》卷上,贾亨《算法全能集》卷上,明安止斋《详明算法》卷上,吴敬《九章算法比类大全》卷首乘除开方起例,王文素《算学宝鉴》卷三等书中都有论述,朱世杰《算学启蒙》叫"身外加法",歌曰:

算中加法最堪夸,言十之时就位加.

但遇呼如身下列,君从法式定无差.

译文:今有利息钱按“加六”算,每年归还时心情不愉快,一年归还 400 文,4 年本利俱还清. 请问:原借本钱多少文?

解:吴敬《九章算法比类大全》原法为:

置列	假如原本五百七十贯	＞互乘＜	盈33.152文
	假如原本五百六十贯		不足32.384文

互乘相并得:$570\times32.384+560\times33.152=37\ 024$(文)　为实

并盈、不足得:$33.152+32.384=65.536$(文)　为法

以法除实,得原借钱

$$37\ 024\div65.536=564.941\ 406(\text{文})$$

今法设原借钱为 x 文,则

$$1.6\{1.6[1.6(1.6x-400)-400]-400\}-400=0$$

$$6.553\ 6x=3\ 702.4$$

$$x=564.941\ 406(\text{文})$$

20. **译文**:今有利钱按“加六”算,初年支还一贯半,次年又还 3 贯,还剩余本钱一贯,问:原借本钱多少?

解:吴敬《九章算法比类大全》原法为:

置列	假令原本二贯	＞互乘＜	不足一贯二百八十文
	假令原本三贯		盈一贯二百八十文

互乘相并得:$2\times1.28+3\times1.28=6.4$(贯)　为实

并盈,不足:$1.28+1.28=2.56$　为法

以法除实得原本:$6.4\div2.56=2.5$(贯).

今法:设原有钱为 x 贯,则

$$1.6(1.6x-1.5)-3=1$$

$$2.56x-2.4-3=1$$

$$2.56x=6.4$$

$$x=2.5(\text{贯})$$

21. **注解**:相停:即适足,恰尽.

简介:与《九章算术》盈不足章第八题意同,这题原文是:

今有共买犬,人出五,不足五十;人出五十,适足. 问人数、犬价各几何.

译文:隔墙听得有客人分绫,不知绫疋数不知客人数,每人分 6 疋,少 6 疋,每人分 4 疋恰适足. 问人数、绫疋数各有多少?

解:吴敬的解法与《九章算术》相同:

客人数:$6 \div (6-4) = 3$(人).

绫疋数:$6 \times 3 - 6 = 12$(疋).

或 $4 \times 3 = 12$(疋).

22. **译文**:有一哑子到街头来买瓜,手内拿钱数不差. 若买一个瓜少钱 24 文;若买半个瓜却多钱 38 文. 问哑子持钱多少,每个瓜价多少文.

解:吴敬原法为:瓜价为

$$(38+24) \div \left(1-\frac{1}{2}\right)$$

$$=62 \div \frac{1}{2}$$

$$=124(\text{文})$$

哑人持钱:$124 \times 1 - 24 = 100$(文).

或:$124 \times \frac{1}{2} + 38 = 100$(文).

23. **译文**:我问开旅店的李三先生:"多少客人来到店中?"李先生回答:"一间客房住 7 位客人,还有 7 位无住处;一间客房住 9 位客人,就有一间客房空闲."请问客人和房间数各多少?

解:吴敬原法为:

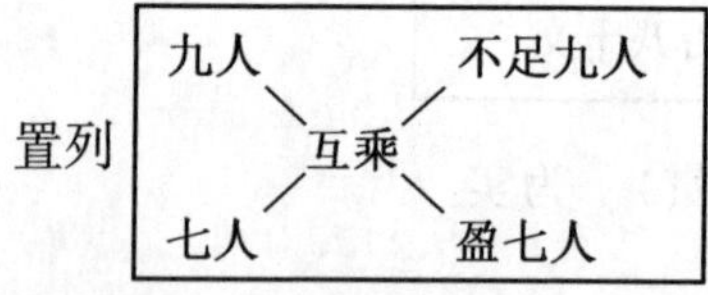

互乘相并得:$9 \times 7 + 7 \times 9 = 126$　为实

以盈减不足得:$9 - 7 = 2$　为法

客人数:$126 \div 2 = 63$(人).

客房间数:$63 \div 7 - 1 = 8$(间).

或:$63 \div 9 + 1 = 8$(间).

今法客房间数:$(9+7) \div (9-7) = 8$(间).

客人数:$7 \times 8 + 7 = 63$(人).

24. **注解**:七两分之:即每位客人按 7 两分银子. 九两分时:即每位客人按 9 两分银时. 古代半斤等于八两.

译文:隔墙听见有客人在分银子,不知道有多少银子也不知道有多少位客人. 只知道每位客人按 7 两分银子多余 4 两,每位客人按 9 两分银子时缺少 8

两，请问客人数和银子各多少？

解：吴敬原法为：

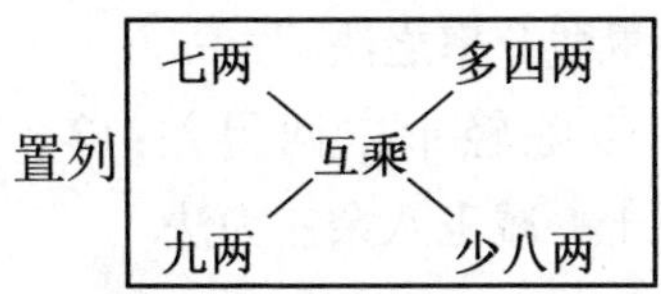

互乘相加得：$7\times8+9\times4=92$（两）　为实

以分银：$9-7=2$（两）　为法

银数：$92\div2=46$（两）.

客人数：$\frac{46-4}{7}=6$（人）.

今法客人数：$(4+8)\div(9-7)=6$（人）.

银数：$7\times6+4=46$（两）.

设银数为 x，则得方程：$\frac{x-4}{7}=\frac{x+8}{9}$

$$9(x-4)=7(x+8)$$

$$9x-7x=56+36=92$$

$$x=46\text{（两）}$$

25. **注解**：隅：本意是角落或边远地方. 隅长：可理解为现在的村长或屯长. 犒：犒劳、慰问. 五人无：即"少七果".

译文：村长在堤边慰问劳夫，盘中堆着红果. 每 7 人分 8 个剩 2 个，每 5 人分 7 个少 7 个. 问有多少劳夫多少红果.

解：吴敬原法为：

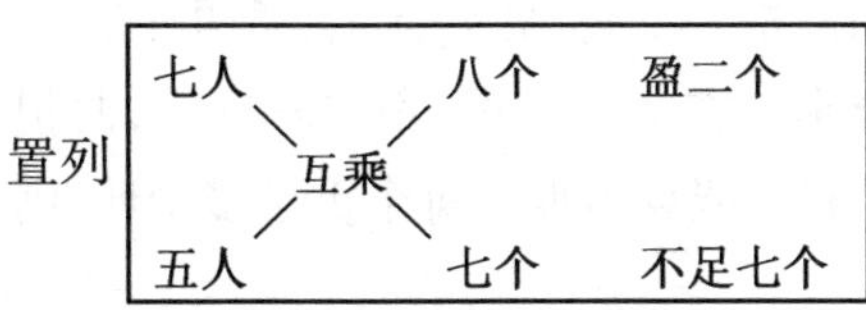

互乘相减为法：$7\times7-5\times8=9$

劳夫数：$\frac{5\times7\times(2+7)}{7\times7-5\times8}=35$（人）.

红果数：$\frac{2\times49+7\times40}{7\times7-5\times8}=42$（个）.

今法劳夫数：$(2+7)\div\left(\frac{7}{5}-\frac{8}{7}\right)=9\div\frac{9}{35}=35$（人）.

红果数：$\frac{8}{7}\times35+2=42$（个）.

26. **译文**:11 块石头与 8 块玉石重量相等. 如果交换一块,玉便轻. 记得差数是 12 两,问玉、石轻重各多少.

解:吴敬《九章算法比类大全》说:"此问乃贵贱分率之法."

不知玉、石之重,则互易一玉一石,得二以除轻十二两得差:$12\div2=6$(两),以乘玉八,得:$6\times8=48$(两)为实,以石十一减玉八余三为法.

石重:$48\div3=16$(两).

玉重:$\frac{16\times11}{8}=22$(两).

今法设石头每块重 x 两,玉每块重 y 两,依题意,得

$$11x=8y \quad (1)$$

交换一块,得

$$10x+y=7y+x+12 \quad (2)$$

(2)化简得

$$9x=6y+12 \quad (3)$$

由(1)得

$$x=\frac{8y}{11} \quad (4)$$

(4)代入(3)得

$$9\times\frac{8y}{11}=6y+12$$

$$y=22(\text{两})$$

代入(1)得 $x=16$(两)

27. **注解**:两停担:可以理解为"两筐担". 二色:此处指瓜、瓠两种果子.

译文:有 10 个西瓜和 8 个瓠子分别装在 2 个筐里. 用肩膀挑担,两担重量相等,一瓜一瓠互换,则差 13 斤. 如果有人能算出瓜瓠每个重量多少斤,则到处谈论你的芳名.

解:吴敬原法为:此问同前法,不知瓜瓠之重. 则互换瓜一瓠一得二,除差:$13\div2=6.5$(斤),瓜重:$\frac{6.5\times8}{10-8}=26$(斤).

瓠重:$\frac{26\times10}{8}=32.5$(斤).

今法:设瓜每个重 x 斤,瓠每个重 y 斤,依题意:交换一枚

$$\begin{cases}10x=8y & (1)\\ 9x+y=7y+x+13 & (2)\end{cases}$$

(2)化简得

$$8x = 6y + 13 \quad (3)$$

由(1)得

$$x = \frac{4}{5}y \quad (4)$$

(4)代入(3)得

$$8 \times \frac{4}{5}y = 6y + 13$$

所以 $y = 32.5$(斤)

代入(3)得 $x = 26$(斤)

28. **注解**:都不答:都不会答,都不知道.

译文:兔数人数都不知道,每人分 5 只兔子不足 28 只;每人分 8 只兔子多 32 只. 请问先生用何法计算人数、兔数各多少?

解:吴敬原法为:人数:$(28 + 32) \div (8 - 5) = 20$(人).

兔数:$\frac{5 \times 32 + 8 \times 28}{8 - 5} = 128$(只).

或:$20 \times 5 + 28 = 128$(只).

$20 \times 8 - 32 = 128$(只).

①此题文字讹错,依题意将"兔价"改为"兔数","人名"改为"人数","五人""八人"改为"人五""人八".

29. **注解**:年年倍:指 1 倍之为 2,2 倍之为 4,……

译文:本粟年年倍之,债主日日催还. 1 年还 5 斗,3 年本利还完. 请问:原本粟多少?

解:吴敬原法为:

假令原粟四斗三升	互乘	不足六升
假令原粟四斗四升		盈二升

原粟:$\frac{43 \times 2 + 44 \times 6}{6 + 2} = 43.75$(升)

程大位《算法统宗》(1592 年)法:$50 \times (1 + 2 + 4) \div 2 \div 2 \div 2 = 43.75$(升)或 $50 \times 7 \div 8 = 43.75$(升).

①本卷共载 64 问,其中古问 20 问,比类 15 问,诗词 29 问.

《算数书》中“分钱”“米出钱”等条已应用了盈不足术和双设法.

分钱

分钱人二而多三,人三而少二,问几何人、钱几何. 得曰:五人,钱十三. 赢(盈)不足互乘母为实,子相从为法. 皆赢(盈)若不足,子互乘母而各异直(置)之,以子少者除子多者,余为法,以不足为实.

米出钱

粝(粺)米二斗三钱,粝米三斗二钱. 今有粝、粺十斗,卖得十三钱,问粝、粺各几何. 曰:粺七斗五分三,粝二斗五分二. 术曰:令偕(皆)粝也,钱赢(盈)二;令偕(皆)粺也,钱不足六少半. 同赢(盈)、不足以为法,以赢(盈)乘十斗为粺以不足乘十斗为粝,皆如法一斗.

米斗一钱三分钱二,黍斗一钱半钱,今以十六钱买米、黍凡十斗,问各几何,用钱亦各几何. 得曰:米六斗、黍四斗,米钱十、黍六. 术曰:以赢(盈)不足,令皆为米,多三分钱二;皆为黍,少钱. 下有三分,以一为三,命曰各而少三,并多而少为法,更异直(置)二、三,以十斗各乘之,即贸其得,如法一斗.

盈不足术

盈不足术是我国古人独创的一种很古老很先进的算法,它的起源是很早的,《周礼 · 大司徒》篇云:“保氏掌谏王恶而养国子以道,乃教之六艺:一曰五礼,二曰六乐,三曰五射,四曰五驭,五曰六书,六曰九数.”汉代郑玄(127—200)注《周礼》时,引郑众(? —83)所说:“九数:方田、粟米、差分、少广、商功、均输、赢(盈)不足、旁要;今有重差,外桀、勾股也.”1985 年湖北江陵张家山出土的汉简《算数书》中,有“分钱”“米出钱”和“方田”等小节中明确应用了赢(盈)不足算法. 今传本我国古典数学名著《九章算术》第七章的章名即为“盈不足”. 李籍《九章算术音义》云:“盈者,满也;不足者,虚也. 满,虚相推,以求其适,故曰盈不足.”

《九章算术》中的盈不足章共载 20 个问题,前 12 个问题是正规的盈不足问题. 可以分为三类:(1)盈、不足. (2)两盈、两不足. (3)盈适足,不足适足. 后 8 个问题,本不是盈不足问题,但通过两次假设后,把问题化为盈不足问题,再用盈不足术解.

设有人共买物,人出 a_1 钱盈 b_1,人出 a_2 钱不足 b_2.

则人数:

$$u=\frac{b_1+b_2}{a_1-a_2} \qquad (1)$$

物数：

$$v = \frac{a_1 b_2 + a_2 b_1}{a_1 - a_2} \tag{2}$$

人均出钱：

$$x = \frac{a_1 b_2 + a_2 b_1}{b_1 + b_2} \tag{3}$$

明吴敬《九章算法比类大全》(1450 年)卷七、程大位《算法统宗》(1592 年)卷十、清康熙御制《数理精蕴》(1723 年)下篇卷八仍是如此.

王文素在《算学宝鉴》(1524 年)卷 25 首次用一整卷的篇幅,专门论述盈不足术.他首次把《九章算术》中的盈不足术编写成通俗易懂的算法歌诀.

设:若有人购买物,人出钱 a_1,盈 b_1;人若出钱 a_2,则不足 b_2.物为 v,人为 u.

口诀:人和不足互相乘,相并名为物实称:$a_1 b_2 + a_2 b_1$

不足并盈人数实：　　$b_1 + b_2$

出银相减较除攻：　　以$(a_1 - a_2)$为法

较除物实知其物：　　$v = \frac{a_1 b_2 + a_2 b_1}{a_1 - a_2}$

以较除人人数清：　　$u = \frac{b_1 + b_2}{a_1 - a_2}$

两盈两朒俱相减,用法如前一例行,即 $a_1 > a_2$,两盈,两不足时,$b_2 < 0$

$$u = \frac{b_1 - b_2}{a_1 - a_2} \tag{4}$$

$$v = \frac{a_2 b_1 - a_1 b_2}{a_1 - a_2} \tag{5}$$

若一盈一适足时,则 $b_2 = 0$,上式必然变为:$u = \frac{b}{a_1 - a_2}$,$v = \frac{a_2 b_1}{a_1 - a_2}$.

王文素解释说:"凡一盈一朒互乘,相并为物实;并盈、不足为人实.以出率相减$(a_1 - a_2)$余为法.除物实得物,除人实得人数.或两盈两朒乘之,皆相减,余为物实.两朒皆相减,余为人实,亦出率相减,余为法,除之."

一盈一适足口诀：

足率与盈单互乘,便为物实甚分明.
就将人数为人实,出率多中减少行.
余数用他为下法,法除物实物知情.
法出人实人数知,朒足从来一例行.

此即(1)(2)式中,当 $b_2 = 0$ 时

$$u = \frac{b_1}{a_1 - a_2} \tag{6}$$

$$v = \frac{a_2 b_1}{a_1 - a_2} \tag{7}$$

程大位《算法统宗》的歌词比王文素的歌词流传广泛，他的歌词是：

算家欲知盈不足，

两家互乘并为物.（$a_2b_1 + a_1b_2$）

并盈、不足（$b_1 + b_2$）为人实（被除数）.

分率相减（$a_1 - a_2$）余为法（除数）.

法除物实为物价.

法除人实人数目.

盈不足算法，在我国数学发展史上，是一项很光辉的创造. 在世界发展史上，也占有极其重要的地位，汉代以后，我国数学家解一般算术应用题，有了新的方法，在一般情况下就不再应用此法. 但在十六七世纪时期，欧洲人的代数学还没有充分发展到利用符号的阶段，这种万能的算法便长期统治了他们的数学王国.

盈不足算法大约在 9 世纪经丝绸之路西传到阿拉伯国家. 阿拉伯语称为：hisabai khataain. 13 世纪初，由阿拉伯传到欧洲，在意大利数学家斐波那契《算盘书》（1202 年）的第十三章专门论述盈不足术.

明朝万历四十一年（1613 年），数学家李之藻（1565—1630）、利马窦（Ricci Matteo，1552—1610）共同编译《同文算指》，此书系据我国程大位的《算法统宗》及克拉维乌斯（Clavius，1537—1612）《实用算术》第二十三章双设法编译而成.《同文算指》第四卷叫“迭借互征”，讲的就是盈不足算法. 此时盈不足术经西传之后，又回到了故乡，但李之藻等人已经是“相认不相识”了.

现在高等数学中求方程实根近似值的“假借法（又称弦位法或试位法）”就是由古代的盈不足术发展而来的，钱宝琮教授说：“我们不要数典忘祖，这个方法应该叫作盈不足术.”

古代埃及和印度，曾出现过简单的一次试位法. 假设两次的，以我国最早最完备. 在欧洲 1202 年才在意大利数学家斐波那契的著作中出现. 英国著名科技史学家李约瑟先生认为：“这个方法可能起源于中国，因为正如钱宝琮所指出（张荫麟也赞同这一看法），这个方法的确是中国的‘盈不足’术. 它实际上是公元前一世纪《九章算术》第七章的章名. 刘徽称他为‘朒朓’.”

②并盈、不足：30 + 330 = 360，即众家之差为实，七家合出 190 文，每家出

$\frac{190}{7}$文;九家合出 270 文,每家出$\frac{270}{9}$文,以少减多

$$\frac{270}{9}-\frac{190}{7}=\frac{180}{63}$$

为一家之差为法,以法除实得家数

$$\frac{30+330}{\frac{270}{9}-\frac{190}{7}}=126(\text{家})$$

以家数乘每家出钱数与不足数相加得牛价

$$126\times\frac{190}{7}+330=3\ 750(\text{文})$$

或以家数乘每家出钱数减去盈数亦得牛价

$$126\times\frac{270}{9}-30=3\ 750(\text{文})$$

此即"增不足":$126\times\frac{190}{7}+330$,"减盈":$126\times\frac{270}{9}-30$"故得牛价也".

③此题法曰、草曰写得很全面细致,简捷明了,并且还配了很生动直观的"良、驽马图",使人更容易理解.

《九章算术》此题的术文是:

假令十五日,不足三百三十七里半;令之十六日,多一百四十里,以盈、不足维乘假令之数,并而为实,并盈、不足为法,实如法而一,得日数.不尽者,以等数除之而命分.

这里的不足数和多出里数的求法,是一个已知首项 a,公差 d,项数 n 而求总和 S 的等差数列问题,刘徽注说:"求良马行者:十四乘益疾里数而半之,加良马初日之行里数,以乘十五日,得十五日之凡行."“求驽马行者:以十四乘半里,又半之,以减驽马初日之行里数,乘十五日,得驽马十五日之凡行.

良马 15 日行:$\left(193+\frac{13\times14}{2}\right)\times15=4\ 260$(里).

第十六日应走:$193+13\times15=388$(里).

即 $S_n=\left(a_1+\frac{n-1}{2}d\right)n$.

驽马 15 日行:$\left(97-\frac{\frac{1}{2}\times14}{2}\right)\times15=1\ 402\ \frac{1}{2}$(里).

即 $S_n=\left(a'_1-\frac{n-1}{2}d'\right)n$.

第十六日应走：$97-\frac{1}{2}\times 15=89\frac{1}{2}$(里).

因良马先至齐，复还迎驽马，故知两马应行 $3\ 000\times 2=6\ 000$(里).

若按 15 日计算，两马应共行

$$4\ 260+1\ 402\frac{1}{2}=5\ 662\frac{1}{2}(\text{里})$$

与 6 000 里比较，不足：

$$6\ 000-5\ 662\frac{1}{2}=337\frac{1}{2}(\text{里})$$

又若按 16 日计算，两马应共行：

$$(4\ 260+388)+\left(1\ 402\frac{1}{2}+89\frac{1}{2}\right)=6\ 140(\text{里})$$

与 6 000 里比较，又多行

$$6\ 140-6\ 000=140(\text{里})$$

故按术计算，得相逢日数为

$$\frac{15\times 140+16\times 337\frac{1}{2}}{337\frac{1}{2}+140}=\frac{7\ 500}{477\frac{1}{2}}=15\frac{135}{191}(\text{日})$$

刘徽又进一步指出，以二马初日所行里数乘 15 日为“平行里”，以 14×15 折半，再乘以益疾减迟里数为“中平里”，“中平里”加“平行里”，即得 15 日的“定行里”，也就是

$$S_n=a_1n+\frac{(n-1)n}{2}d$$

良马、驽马图虽画得很生动，但也存在一些小的漏动，因此我做了一些修订：

右侧增加了初日行直眼一格.

左侧图中“初日行”“十五日行”应对换,且左侧“直眼日行九十七里”应画得短些,不应与右侧“直眼日行一百九十三里”相等长”.

④从题目已给条件“蒲生日自半,莞生日自倍”来看,此问题应是一个等比数列问题.“蒲生一日,长三尺”应是此数列的首项,“日自半”为公比,“莞生一日,长一日”亦是莞数列的首项“日自倍”为公比,因此可以用等比数列求总和的公式求得总和,但《九章算术》的术文用的是双设法.刘徽注文说:“按假令二日,不足一尺五寸者,薄生二日,长四尺五寸;莞生二日,长三尺,是为未相及一尺五寸,故曰‘不足’;今之三日,有余一尺七寸半者:蒲增前七寸半,莞增前四尺,是为过一尺七寸半,故曰‘有余’.”似按逐项相加求得总和.

由于蒲、莞分别是按递减、递加速度连续生长,若按刘注文中的等比数列和公式扩充为连续函数,并设 x 日等长,则

$$\frac{3-3\times\frac{1}{2^x}}{1-\frac{1}{2}}=\frac{1-2^x}{1-2}$$

或
$$(2^x)^2-7(2^x)+6=0$$

解之
$$x=1+\frac{\lg 3}{\lg 2}$$

又设 y 是蒲、莞生长之差,则

$$y=\frac{1-2^x}{1-2}-\frac{3\left(1-\frac{1}{2^x}\right)}{1-\frac{1}{2}}$$

或
$$y=\frac{(1-2^x)(6-2^x)}{2^x}$$

上式中,令 $x=2$,则 $y=-1\frac{1}{2}$,此即“假令二日,不足一尺五寸”.

令 $x=3$,则 $y=1\frac{3}{4}$,此即“令之三日,有余一尺七寸半”.

此即按两次假令,即可近似地求得一次函数为

$$y=3\frac{1}{4}x-8$$

⑤术文说:“假令二日,不足五寸;令之三日,有余三尺七寸半.”刘徽解释说:“第一天,大鼠1尺,小鼠1尺,共穿进2尺;第二天,大鼠2尺,小鼠0.5尺,

共穿进 2.5 尺，累计进尺为 4.5 尺，不足 5 寸；第三天，大鼠 4 尺，小鼠 0.25 尺，共进尺为 4.25 尺，累计进尺为 8.75 尺，有余为 3.75 尺."

对穿二日不足，三日则盈，故知相逢日必在二日至三日之间，第二天大小鼠共穿进 4.5 尺，不足 5 寸，所以$\frac{0.5}{4.25}=\frac{2}{17}$(日)，即需 $2\frac{2}{17}$日相逢.

大鼠穿：$1+2+4\times\frac{2}{17}=3\frac{8}{17}$(尺).

小鼠穿：$1+0.5+0.25\times\frac{2}{17}=1\frac{9}{17}$(尺).

清蔡毅若(约公元 20 世纪初)在《同文馆课艺》中指出这是一个近似值，因为穿进的速度时时刻刻在增加或减少，绝不是经过一整天后才突然增减的，所以第三天穿进的尺数不能是

大鼠：$40\times\frac{2}{17}=4\frac{12}{17}$(寸).

小鼠：$2.5\times\frac{2}{17}=\frac{5}{17}$(寸).

设两鼠对穿相逢的日数为 x，依题意可得方程

$$\frac{2^x-1}{2-1}+\frac{1-\frac{1}{2^x}}{1-\frac{1}{2}}=5$$

或
$$(2^x)^2-4(2^x)-2=0$$

解之，得
$$x=\frac{\lg(2+\sqrt{6})}{\lg 2}$$

两鼠对穿深度 y 是日数 x 的函数，则

$$y=\frac{2^x-1}{2-1}+\frac{1-\frac{1}{2^x}}{5-\frac{1}{2}}=5$$

或
$$y=\frac{2^{2x}-2^{x+2}-2}{2^x}$$

在上式中，令 $x=2$，则 $y=-\frac{1}{2}$；$x=3$，则 $y=3\frac{3}{4}$. 此即术文所说："假令二日，不足五寸；令之三日，有余三尺七寸半."

求方程 $f(x)=0$ 的根，相当于求曲线 $y=f(x)$ 与 x 轴交点的坐标 x_0，先估计两个近似答案，对应函数值是 $y_1=f(x_1)$，$y_2=f(x_2)$. 过点 $A(x_1,y_1)$ 和 $B(x_2,y_2)$ 作直线，则直线方程 $y-y_1=\frac{y_2-y_1}{x_2-x_1}(x-x_1)$ 交 x 轴于 x'，将 $y=0$，$x=x'$ 代入此式，得 $x'=\frac{x_1y_2-x_2y_1}{y_2-y_1}$，则为方程 $f(x)$ 的近似解. 令 $x_1=a_2$，$y_1=-b_2$，$x_2=a_1$，$y_2=b_1$，则 $x'=\frac{a_1b_2+a_2b_1}{b_1+b_2}$.

如果 $f(x)$ 是一次函数，则 x' 是 $f(x)=0$ 的真值；如果 $f(x)$ 不是一次函数，则得到的是近似值.

⑥古问中的第 12，13，14，15，16，17 和 19 题，原《九章算术》都用“双设法”解，吴敬用了新的方法，详明各题细草.

⑦此题开头处《九章算术》原文为：“今有人持钱贾利十三……”李籍、戴震（1723—1777），李潢断句为“今有人持钱之蜀价，利十三……”1983 年 12 月白尚恕（1921—1995）注释本、1993 年 9 月李继闵（1938—1995）校正本，从之. 1963 年钱宝琮校本断句为“今有人持钱之蜀，贾利十三……”1998 年 7 月郭书春译注本断句为：“今有人持钱之蜀贾，利：十，三. 初返，归一万四千；……”今从李潢等.

依《九章算术》本题术文：

假令本钱三万，不足一千七百三十八钱半；令之四万，多三万五千三百九十钱八分.

若按一般的解题方法，设本钱为 x，本利和为 y，依题意可得一次函数为

$$y=\left[\left(\left\{\left[x\left(1+\frac{3}{10}\right)-14\ 000\right]\times\left(1+\frac{3}{10}\right)-13\ 000\right\}\times\right.\right.$$
$$\left.\left.\left(1+\frac{3}{10}\right)-12\ 000\right)\left(1+\frac{3}{10}\right)-11\ 000\right]\times\left(1+\frac{3}{10}\right)-10\ 000$$

或 $$y=3.71\ 293x-113\ 126.4$$

上式中，假令：$x=30\ 000$，则 $y=-1\ 738.5$ 即不足数；又令 $x=40\ 000$，则 $y=35\ 390\frac{8}{10}$ 即盈数.

刘徽在注文中给出推求盈，不足的计算方法：

令本钱三万加利为

$$30\ 000+30\ 000\times\frac{3}{10}=30\ 000\times\frac{13}{10}=39\ 000$$

减去初返归留加利为

$$\left(30\ 000\times\frac{13}{10}-14\ 000\right)\times\frac{13}{10}=32\ 500$$

同法减去次返归留加利为

$$\left[\left(30\ 000\times\frac{13}{10}-14\ 000\right)\frac{13}{10}-13\ 000\right]\frac{13}{10}=25\ 350$$

减去三返归留加利为

$$(25\ 350-12\ 000)\times\frac{13}{10}=17\ 355$$

减去四返归留加利为

$$(17\ 355-11\ 000)\times\frac{13}{10}=8\ 261.5$$

与五返归留相较,则得不足数为

$$10\ 000-8\ 261.5=1\ 738.5$$

同法设本钱四万,可得盈数为

$$\left(\left(\left(\left(40\ 000\times\frac{13}{10}-14\ 000\right)\frac{13}{10}-13\ 000\right)\frac{13}{10}-12\ 000\right)\times\frac{13}{10}-11\ 000\right)\frac{13}{10}-10\ 000=35\ 390\ \frac{8}{10}$$

刘徽在注文中,又给出一种新的计算方法

$$\left(\left(\left(\left(10\ 000\times\frac{10}{13}+11\ 000\right)\frac{10}{13}+12\ 000\right)\frac{10}{13}+13\ 000\right)\frac{10}{13}+14\ 000\right)\frac{10}{13}$$

$$=10\ 000\left(\frac{10}{13}\right)^5+11\ 000\left(\frac{10}{13}\right)^4+12\ 000\left(\frac{10}{13}\right)^3+13\ 000\left(\frac{10}{13}\right)^2+14\ 000\left(\frac{10}{13}\right)$$

$$=30\ 468\ \frac{84\ 876}{371\ 293}$$

此实际上就是

$$\left(\left(\left(\left(x\left(1+\frac{3}{10}\right)-14\ 000\right)\left(1+\frac{3}{10}\right)-13\ 000\right)\left(1+\frac{3}{10}\right)-12\ 000\right)\left(1+\frac{3}{10}\right)-11\ 000\right)\cdot\left(1+\frac{3}{10}\right)-10\ 000=0$$

或

$$3.712\ 93x-113\ 126.4=0$$

因五返钱之和为

$$14\ 000+13\ 000+12\ 000+11\ 000+10\ 000=60\ 000$$

故利钱为

$$60\ 000-30\ 468\ \frac{84\ 876}{371\ 293}=29\ 531\ \frac{286\ 417}{371\ 293}$$

⑧此法图有些错误,校者根据后面的法曰文字,核算校正.

九章详注比类方程算法大全卷第八

钱塘南湖后学吴敬信民编集
黑龙江省克山县潘有发校注

方程[1]计四十三问

方者:谓数之形也. 程者:量度之总名,亦权衡丈尺,斛斗之平法也. 尤课分明多寡之义,以诸物总并为问,其法以减损求源为主. 去一存一考其数,如甲乙行列诸物与价,先以甲行首位遍乘其乙;复以乙行首位遍乘其甲,求其有等,用少减多,以简其位. 是去其物减其钱价为实,物为法,一法一实得数并以商除之,行位繁者,次第求之一同减异加,异减同加. 正无正入之;负无负入之,所谓正者正数也,负者负数也,使学者参题取用,依法布算.

古问一十八问

［三禾求实］

1. (1) 上禾三束,中禾二束,下禾一束,共米三十九斗,上禾二束,中禾三束,下禾一束,共米三十四斗;上禾一束,中禾二束,下禾三束,共米二十六斗. 问上、中、下禾一束,各米几何?

答曰:上禾一束得九斗四分斗之一.

　　中禾一束得四斗四分斗之一.

　　下禾一束得二斗四分斗之三.

法曰:此问众物总价隐互,其实问三禾之数欲分其实,当求出上、中、下禾各见一位之数,如商除之法.

排列逐项问数,以右行首位上数为法遍乘中、左二行禾、米却以中、左二行上数为法复遍乘右行禾、米得数仍与中左二行禾米对减为中、左二行数;仍行排列,再以中行中数为法,遍乘左行禾米得数;却以左行中数为法,复遍乘中行禾米,仍与左行禾米对减,价可为实,物可为法而止法实皆一位也,以法除之.

排列逐项问数,以右行上三为法,遍乘中左二行禾米.

右上三为法	中二	下一	三十九斗
中上二得六	中三得九	下一得三	三十四斗得一百二斗
左上一得三	中二得六	下三得九	二十六斗得七十八斗

复以中行上二为法遍乘右行上三:二乘得六,与中行上六对减,尽.中二二乘得四,减中行中九,余得中五.下一二乘得二,减中行下三,余得下一.三十九斗二乘得七十八斗,减中行一百二斗,余二十四斗.

又以左行上一为法,复遍乘右行上三:一乘得三,与左行上三对减,尽.中二一乘得二,减左行中六,余得中四.下一一乘得一,减左行下九,余得下八.三十九斗一乘得三十九斗,减左行七十八斗,余三十九斗.

再以中行中五为法,遍乘左行中四得二十,下八得四十,三十九斗得一百九十五斗.

复以左行中四为法,遍乘中行中五得二十,与左行中二十,对减,尽.下一得四,减左行下四十,余得三十六为法,二十四斗得九十六斗减左行一百九十五斗,余得九十九斗为实,以法除每下禾一束得米二斗[余]实二十七,法实皆九约之二斗四分斗之三.

中行二十四斗减下禾一束得二斗四分斗之二,余二十一斗四分斗之一为中行五束之实,除之一束得四斗四分斗之一.

右行三十九斗减中禾二层,下禾一束,共实一十一斗四分斗之一,余二十七斗四分斗之三,为上禾三束之实,除之,每一束得九斗四分斗之一,合问.

[**牛羊直金**]

2.(7)五牛,二羊直银十两;二牛,五羊直银八两.问:牛、羊价几何?

答曰:一牛直一两二十一分两之一十三,一羊直二十一分两之二十.

法曰:置列:

牛五	羊二	银十两	于右行
牛二	羊五	银八两	于左行

先以(左)[右]行牛五为法,遍乘(右)[左]行牛得一十,羊得二十五,银行四

十两；却以左行牛二为法复遍乘右行牛得一十，对减，尽，羊得四，减二十五，余二十一为法，银得二十减右行四十余二十为实，以法除之，羊得二十一分两之二十；却以分母二十一乘右行银十两得二百一十，减二羊价四十余一百七十为实，以分母二十一乘牛五得一百五为法除之，得牛价一两，余实六十五，法、实皆五约之，得二十一分两之十三，合问.

［**三禾借束**］

3.(3)上禾二束，中禾三束，下禾四束，实各不满斗；上禾取中禾一束，中禾取下禾一束，下禾取上禾一束，而实满斗，问：上、中、下禾实一束几何？

答曰：上禾一束二十五分斗之九.

中禾一束二十五分斗之七.

下禾一束二十五分斗之四.

法曰[②]：此问乃上、中、下禾揍数要方满斗为说文，其实上禾二，中禾一，满斗；中禾三，下禾一，满斗本；下禾四，上禾一，满斗本，与第一问同意.

右上二为法	中一	空	一斗
中空	中三	下一	一斗
左上一得二	空	下四得八	一斗

复以左行上一为法遍乘右行上二得二与右行二对减，尽；中一得一，左行中空无减，加入得中负一；下空左行原下八，无加减，得下正八，一斗一乘得正一斗，减右行二斗，余得正一斗.

再以中行中正三为法遍乘左行中负一得负三，下正八得正二十四，正一斗得正三斗. 却以左行中负一为法，复遍乘中行禾米，仍与左行禾米，同减异加，中正三，一乘得正三，与左行中正三斜减，尽；下正一一负乘得负一，加左行下正二十四，得下正二十五为法正一斗一负乘得负一斗，加左行正三斗得四斗为实，不满法以法命之，每下禾一束得二十五分斗之四，中行一斗以分母通之为二十五，减下禾二十五分斗之四，余二十五分斗之二十一，以中禾三束除之一束得二十五分斗之七，右行一斗以分母通为二十五，减中禾一束二十五分斗之七，余二十五分斗之十八，以上禾二束除之一束得二十五分斗之九，合问.

［**雀燕较重**］

4.(9)五雀、六燕共重一斤，雀重燕轻，交易一枚，其重适等，问：雀、燕各重几何？

答曰：雀一两十九分两之十三.

燕一两十九分两之五.

法曰[③]:此问五雀六燕共重一斤,交易其一适等,四雀一燕重半斤,一雀五燕重半斤,解法并同前问.

列所问数,以右行四雀为法遍乘左行物两得数:

右四雀为法	一燕	重八两
左一雀得四雀	五燕得十二燕	重八两得三十二两

复以左行一雀为法遍乘右行四雀得四雀与左行四雀对减,又,一燕得一燕,减左行二十燕余得一十九燕为法八两得八两,减左行三十二两,余得二十四两为实,以法除之,每一燕得一两十九分两之五右行八两减一燕之重,余六两十九分两之十四,以分母十九通两得一百一十四加入分子十四共一百二十八为雀实,以四雀为法除之得三十二,以分母十九约之得一两十九分两之十三,一雀之重,合问.

[**三马借力**]

5.(12)武马一匹,中马二匹,下马三匹,皆载四十石至坂下,皆不能上,武马借中马一匹,中马借下马一匹,下马借武马一匹,方过其坂,问:各马一匹,引力几何?

答曰:武马力二十二石七分石之六.

中马力一十七石七分石之一.

下马力五石七分石之五.

法曰:此问借马,亦同前借禾之意也.

列所问数,以右行武一为法遍乘左行得数

右武一为法	中一	空	四十石
中空	中二	下一	四十石
左武一得一	空	下三得三	四十石得四十石

复以左行武一为法遍乘右行武一得一与左行武一对减,尽;中一得一,左行中空,加入得中正一,下空无数乘左三,亦得下正三;四十石得四十石,减左行四十石得空.

再以中行中正二为法遍乘左行中正一得正二,下正三得正六,却以左行中正一为法复遍乘中行中正二得正二,与左行中正二对减,尽;下正一得正一,加左行下正六得正七为法,正四十石得四十石,左行原空,加入得正四十石为实,以法除之,每下马一匹得五石七分石之五.

中行四十石内除下马一匹力五石七分石之五,余重三十四石七分石之二,以中马二除之得一十七石七分石之一.

右行四十石内除中马一匹力一十七石七分石之一,余重二十二石七分石之六为武马一匹力,合问.

[**四禾借步**]

6.(14)白禾二步,青禾三步,黄禾四步,黑禾五步,[实]各不满斗,白取青、黄;青取黄、黑;黄取黑、白;黑取白,青各一步,即实满斗.问:白、青、黄、黑禾一步各实几何?

答曰:白禾一百一十一分斗之三十三.

青禾一百一十一分斗之二十八.

黄禾一百一十一分斗之一十七.

黑禾一百一十一分斗之一十.

法曰:此问与借米之意同.

排列问数,以第一行白二为法遍乘第[二]、三、四行,得数.

一、白二为法	青一	黄一	空	一斗
二、空	青三	黄一	黑一得一	一斗
三、白一得二	空	黄四得八	黑一得二	一斗得斗
四、白一得二	青一得二	空	黑五得十	一斗得二斗

复以第三行白一为法,遍乘第一行白二得二,与第三行白二对减,尽;青一得一,第三行青空,合加一为青负一;黄一得一,减第三行黄八得黄正七;黑空,加第三行,得黑正二;一斗得一斗,减第三行二斗,得正一斗.

再以第四行白一为法遍乘第一行白二得二与第四行白二对减,尽;青一得一,减第四行青二,余得青正一;黄一得一,第四行黄空,无减合加得黄[一];黑空无减第四行,亦得黑正十;一斗得一斗,减第四行二斗,余得正一斗.

再相乘,以第二行青三为法遍乘第三、四行得数:

二、青三为正	黄一	黑一	一斗
三、青负一得二	黄正七得正二十一	黑正二得正六	正一斗得正二斗
四、青正一得正三	黄负一得负三	黑正十得正三十	正一斗得正三斗

复以第三行青负一为法遍乘第二行,仍与三行同减异加得数,青三得青负三,与第三行青负同名对减,尽;黄一得黄负一,异加入第三行黄正二十一得黄正二十二;黑一得黑负一,异加第三行黑正六得黑正七;一斗得负一斗,异加第三行正三斗得正四斗.

再以第四行青正一为法遍乘第二行仍与第三行同减异加得数;青三得青正三与第四行青正三同名,对减,尽;黄一得黄正一,异加第四行黄负三得黄负四;黑一得正一,同减第四行黑正三十,得黑正二十九;一斗得正一斗,同减第四行正三斗余得正二斗.

再列相乘,以第三行黄正二十二为法遍乘第四行得数:

三、黄正二十二为法	黑正七	正四斗
四、黄负四得负八十八	黑正二十九得正六百三十八	正二斗得正四十四斗

复以第四行黄负四为法,遍乘第三行,仍与第四行同减异加,得黑禾二十八实半可为法而止,黄正二十二得负八十八与第四行黑负八十八同名,对减,尽;黑正七得黑负二十八,异名加入第四行黑正六百三十八得黑正六百六十六为法,正四斗得负一十六斗,异加第四行正四十四斗得正六十斗为实,不满法皆以十约之,每黑禾一步得一百一十一分斗之十.

第三行内四斗以分母一百一十一通之得四百四十四减黑禾七束分子七十余得三百七十四以黄禾二十三步除之,每步得一百一十一分斗之十七.

第二行内一斗以分母通为一百一十一减黑禾一分子二十,黄禾一分子十七,余得八十四,以青禾三除之得每步一百一十一分斗之二十八.

第一行一斗以分母通为一百一十一减黄禾一得分子十七,青禾一得分子二十八余得六十六,以白禾二除之每步得一百一十一分斗之三十三,合问.

[令吏食鸡]

7.(16)令一,吏五,从[者]十,食鸡十;令十,吏一,从[者]五,食鸡八;令五,吏十,从[者]一,食鸡六,问:令,吏,从[者]各食鸡几何?

答曰:令一百二十二分鸡之四十五.

吏一百二十二分鸡之四十一.

从一百二十二分鸡之九十七.

法曰:此问与前题法相同.

排列问数,以右行令一为法遍乘中左二行得数.

右	令一为法	吏五	从十	鸡十
中	令十得十	吏一得一	从五得五	鸡八得八
左	令五得五	吏十得十	从一得一	鸡六得六

复以中行令十为法,遍乘右行令一得十,与中行令十对减,尽;吏五得五十,减中行吏一,余得四十九;从十得一百,减中行五,余得九十五;鸡十得一百,减中行鸡八,余得

九十二.

又以左行令五为法遍乘右行令一得五,与左行令五对减,尽;吏五得二十五,减左行吏十,余得一十五;从十得五十,减左行从一余得四十九;鸡十得五十,减左行鸡六,余得四十四.

再以中行吏四十九为法遍乘左行吏十五得七百三十五;从四十九得二千四百一;鸡四十四得二千一百五十六.

复以左行吏十五为法遍乘中行吏四十九得七百三十五,与左行吏七百三十五对减,尽;从九十五得一千四百二十五,减左行从二千四百一,余九百七十六为法;鸡九十二得一千三百八十减左行鸡二千一百五十六,余得七百七十六为实,不满法,皆以约法八约之得一百二十二分鸡之九十七,为从所食之数.

中行内鸡九十二,以分母一百二十二通之得一万一千二百二十四;从九十五以分子九十七通之得九千二百一十五,以减分母,余二千九,以吏四十九除之得吏食一百二十二分鸡之四十一.

右行内鸡十以分母一百二十二通之得一千二百二十,减从十分[子]得九百七十,吏五分子得二百五,余得四十五为令一所食一百二十二分鸡之四十五,合问.

［**四畜求价**］

8.(17)二羊、三犬、五鸡、一兔直八百六十一;三羊、一犬、七鸡、五兔直九百五十八;四羊、二犬、六鸡、三兔直一千一百七十五;五羊、四犬、三鸡、二兔直一千四百九十六.问:羊、犬、鸡、兔各价几何?

答曰:羊一百七十七,犬一百二十一,鸡二十三,兔二十九.

法曰:此题与第一问同,只增多一位.排列各项问数,以第一行率二为法遍乘各行.

羊	犬	鸡	兔	价
一、二为法	三	五	一	八百六十一
				得一千九百一十六
二、三得六	一得二	七得一十四	五得一十	九百五十八
				得二千三百五十
三、四得八	二得四	六得一十二	三得六	一千一百七十五
				得二千九百九十二
四、五得十	四得八	三得六	二得四	一千四百九十六

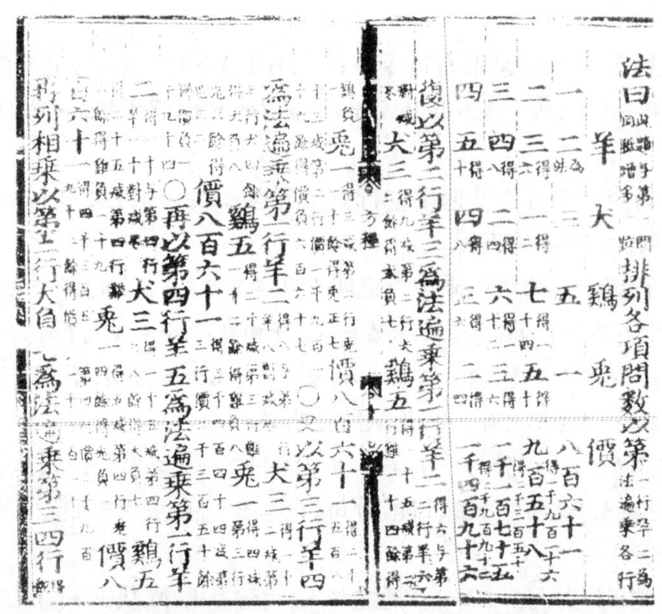

法曰排列各項問數以第一行羊二為法遍乘各行

	羊	犬	鷄	兎	價
一	二	三	五	一	八百六十一
二	三	一	七	五	九百五十八
三	四	二	六	三	一千一百七十五
四	五	四	三	二	一千四百九十六

復以第二行羊三為法遍乘第一行羊二 犬三 鷄五 兎一 價八百六十一 ○又以第三行羊四為法遍乘第一行羊二 犬三 鷄五 兎一 價八百六十一 ○再以第四行羊五為法遍乘第一行羊二 犬三 鷄五 兎一 價八……

再列相乘以第二行犬負七為法遍乘第三四行

复以第二行羊三为法遍乘第一行羊二得六,与第二行羊六,对减,尽;犬三得九,减第二行犬二,余得犬负七;鸡五得一十五,减第二行鸡一十四,余得鸡负一;兔一得三,减第二行兔一十余得兔正七价八百六十一得二千五百八十三,减第二行价一千九百一十六余得价负六百六十七.

又以第三行羊四为法遍乘第一行羊二得八,与第三行羊八对减,尽;犬三得一十二,减第三行犬四,余得犬负八;鸡五得二十,减第三行鸡一十二,余得鸡负八;兔一得四,减第三行兔六余得兔正二;价八百六十一得三千四百四十四,减第三行价二千三百五十,余得价负一千九十四.

再以第四行羊五为法遍乘第一行羊二得一十,与第四行羊一十对减,尽;犬三得一十五,减第四行犬八,余得犬负七;鸡五得二十五,减第四行鸡六,余得鸡负十九;兔一得五,减第四行兔四,余得兔负一;价八百六十一得四千三百五,减第四行价二千九百九十二,余得价负一千三百一十三.

再列相乘:以第二行犬负七为法遍乘第三、四行得数.

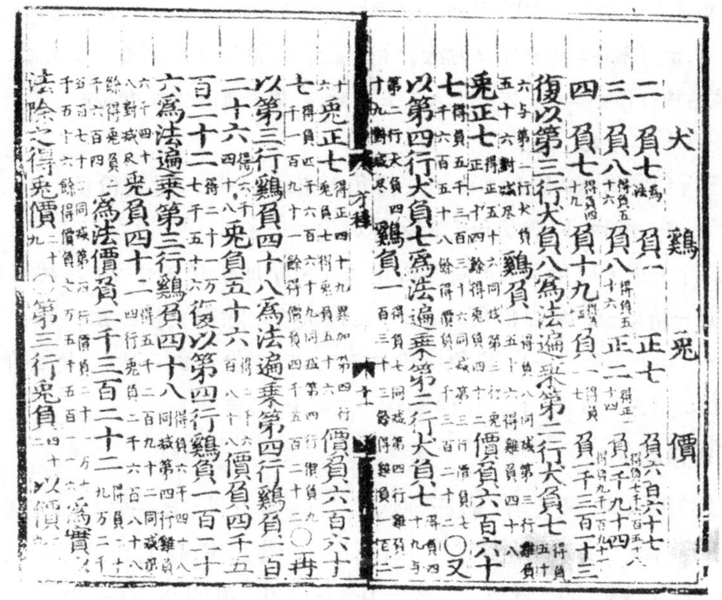
犬 鷄 兎 價
二 負七 負一 正七 負六百六十七
三 負八 負八 正二 負一千九十四
四 負七 負十九 負一 負一千三百一十三
復以第三行犬負八為法遍乘第二行犬負七
鷄負一
價負六百六十○又
兎正七
七
以第四行犬負七為法遍乘第二行犬負七
鷄負一
兎正七
價負六百六十七○再
以第三行鷄負四十八為法遍乘第四行鷄負一百
二十六 兎負五十六 價負四千五
百二十二 復以第四行鷄負一百二十
六為法遍乘第三行鷄負四十八
兎負四十二 為法價負二千三百二十二
法除之得兎價 ○第三行兎負 以價 為實

犬	鸡	兔	价
二、负七	负一	正七	负六百六十七
为法			得负七千六百五十八
三、负八	负八	正二	负一千九十四
得负五十六	得负五十六	得正一十四	得负九千一百九十一
四、负七	负十九	负一	负一千三百一十三
得负四十九	得负一百[二十六]	得负七	

复以第三行犬负八为法，遍乘第二行犬负七得负五十六，与第二行犬负五十六对减，尽；鸡负一得负八，同减第三行鸡负五十六得鸡负四十八；兔正七得正五十六，同减第三行兔正一十四，余得兔负四十二；价负六百六十七，得负四千六百六十九，同减第四行价负九千一百九十一，余得价负四千五百二十二.

又以第四行犬负七为法. 遍乘第二行犬负七得负四十九，与第二行犬负四十九对减，尽. 鸡负一得负七，同减第四行鸡负一百三十三得鸡负一百二十六. 兔正七得正四十九，异加第四行兔兔七得兔负五十六，价兔六百六十七得负四千六百六十九，同减第四行价负九千一百九十一，余得价负四千五百二十二.

再以第三行鸡负四十八为法遍乘第四行鸡负一百二十六得六千四十八，兔负五十六得二千六百八十八；价负四千五百二十二得二十一万七千五十六.

复以第四行鸡负一百二十六为法遍乘第三行鸡负四十八得负六千四十八，同减第四行鸡负六千四十八对减,尽;兔负四十二得五千二百九十二,同减第四行兔负二千六百八十八,余得兔负二千六百四为法,价负二千三百二十二得负二十九万二千五百七十二,同减第四行价负二十一万七千六百五十六,余得价负七万五千五百一十六为实,以法除之得兔价二十九.

第三行兔负四十二以价二十九乘得负一千二百一十八以减价负二千三百二十二余得价负一千一百四,以鸡负四十八除得鸡价二十三.

第二行兔正七以价二十九乘得价正二百三异加价负六百六十七共得价负八百七十,减负一价二十三余得价负八百四十七以犬负七除得犬价一百二十一.

第一行价八百六十一内减兔一价二十九,鸡五价一百一十五,犬三价三百六十三,余得价三百五十四,以羊二除得羊价一百七十七,合问.

［**五谷求价**］

9.(18)麻九斗,麦七斗,菽三斗,荅二斗,黍五斗,直一百四十;麻七斗,麦六斗,菽四斗,黍三斗,直一百二十八;麻三斗,麦五斗,菽七斗,荅六斗,黍四斗,直一百一十六;麻二斗,麦五斗,菽三斗,荅九斗,黍四斗,直一百一十二;麻一斗,麦三斗,菽二斗,荅八斗,黍五斗,直九十五.问:麻、麦、菽、荅、黍各[一]斗直钱几何?④

答曰:麻[一斗]七钱,麦[一斗]四钱.

菽[一斗]三钱,荅[一斗]五钱,黍[一斗]六钱.

法曰:此问与第一问相同,只增两位,次(第)[递]求之.

排列问数以第一麻九为法,遍乘二、三、四、五行.

麻	麦	菽	荅	黍	价
一、九	七	三	二	五	一百四十
为法					得一千一百五十二
二、七	六	四	五	三	一百二十八
得六十三	得五十四	得三十六	得四[十]五	得二十七	得一千四十四
三、三	五	七	六	四	一百一十六
得二十七	得四十五	得六十三	得五十四	得三十六	得一千〇八
四、二	五	三	九	四	一百一十二
得一十八	得四十五	得二十七	得八十一	得三十六	得八百五十五
五、一	三	二	八	五	九十五
得九	得二十七	得一十八	得二十七	得四十五	

复以第二行麻七为法遍乘第一行麻九得六十三,与第二行麻六十三对减,尽;麦

七得四十九,减第二行麦五十四,余得麦正五;菽三得二十一,减第二行菽三十六,余得菽正一十五;荅二得一十四,减第二行荅四十五,余得荅正三十一;黍五得三十五,减第二行黍二十七,余得黍负八;价一百四十得九百八十减第二行价一千一百五十二,余得价正一百七十二.

又以第三行麻三为法遍乘第一行麻九得二十七,与第三行麻二十七,对减,尽;麦七得二十一,减第三行麦四十五,余得麦正二十四;菽三得九,得第三行菽六十三,余得菽正五十四;荅二得六,减第三行荅五十四,余得荅正四十八;黍五得一十五,减第三行黍三十六余得黍正二十一;价一百四十得四百二十,减第三行价一千四十四,余得价正六百二十四.

再以第四行麻二为法遍乘第一行麻九得一十八与第四行麻一十八对减,尽;麦七得一十四,减第四行麦四十五,余得麦正三十一;菽三得六,减第四行菽二十七余得菽正二十一;荅二得四,减第四行荅八十一余得荅正七十七;黍五得一十,减第四行黍三十六,余得黍正二十六;价一百四十得二百八十,减第四行价一千〇八,余得价正七百二十八.

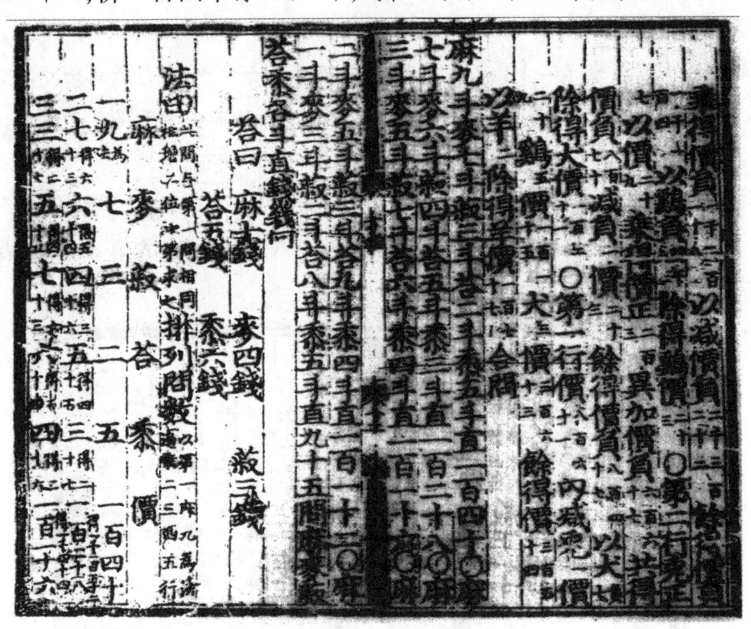
荅黍各斗直錢幾何
荅曰 麻七錢 麥四錢 菽三錢
荅五錢 黍六錢
法曰 排列問數
麻 麥 菽 荅 黍 價

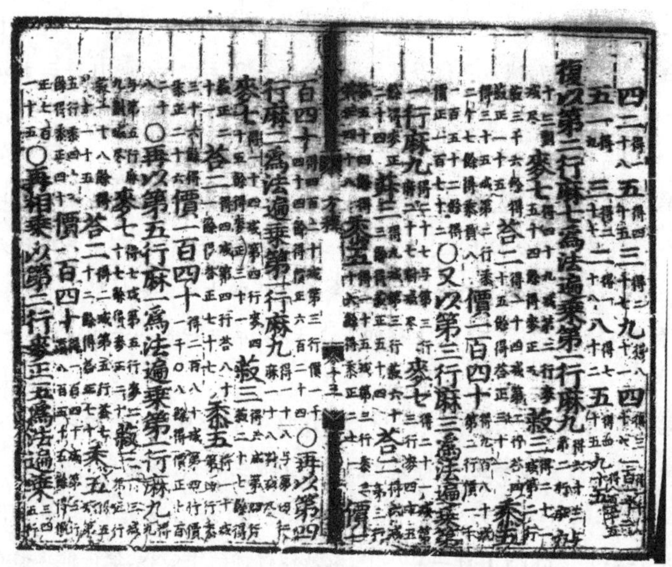

再以第五行麻一为法遍乘第一行麻九得九与第五行麻九对减，尽；麦七得七，减第五行麦二十七，余得麦正二十；菽三得三，减第五行菽一十八，余得菽正一十五；荅二得二，减第五行荅七十二，余得荅正七十；黍五得五，减第五行黍四十五得黍正四十；价一百四十得一百四十，减第五行价八百五十五，余得价正七百一十五.

再相乘：以第二行麦正五为法遍乘三、四、五行物价得数第三行麦正二十四得正一百二十，菽正五十四得正二百七十，荅正四十八得二百四，黍正二十一得正一百五，价正六百二十四得正三千一百二十.

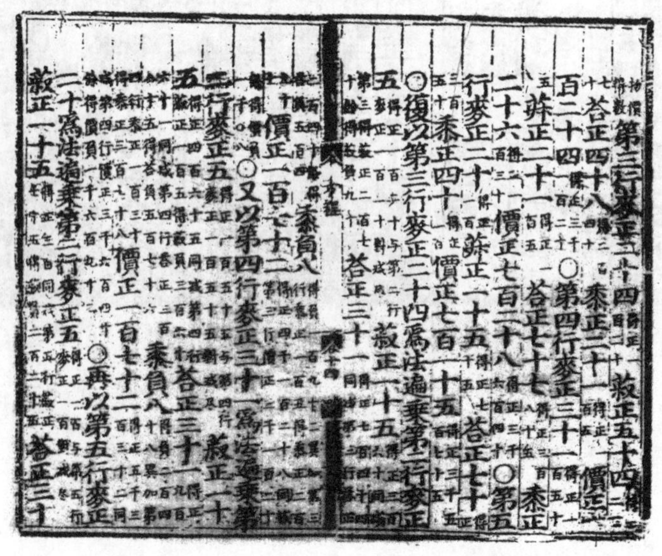

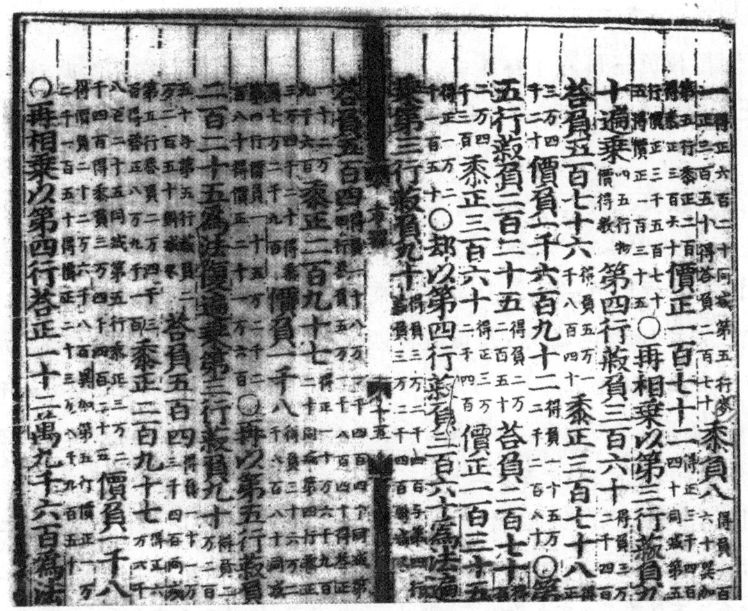

第四行麦正三十一得一百五十五，菽正二十一得正一百五，荅正七十七得正三百八十五，黍正二十六得正一百三十，价正七百二十八得正三千六百四十.

第五行麦正二十得正一百，菽正一十五得正七十五，荅正七十得正三百五十，黍正四十得正二百，价正七百一十五得正三千五百七十五.

复以第三行麦正二十四为法遍乘第二行麦正五得正一百二十，与第二行麦正一百二十对减，尽；菽正一十五得正三百六十，同减第三得菽正二百七百，余得菽负九十；荅正三十一得正七百四十四，同减第三行荅正二百四十，余得荅负五百四，黍负八得负一百九十二，异加第三行黍正一百五得黍正二百九十七，价正一百七十二得正四千一百二十八，同减第三行价正三千一百二十，余得价负一千〇八.

又以第四行麦正三十一为法遍乘第二行五得正一百五十五，与第四行麦正一百五十五对减，尽；菽正一十五得正四百六十五，同减第四行菽正一百五得菽负三百六十；荅正三十一得正九百六十一，同减第四行荅正三百八十五得荅负五百七十六；黍负八得负二百四十八，异加第四行黍正一百三十得黍正三百七十八；价正一百七十二得正五千三百三十二，同减第四行价正三千六百四十，余得价负一千六百九十二.

再以第五行麦正二十为法遍乘第二行麦正麦正五得正一百，与第五行麦正一百对减，尽；菽正一十五得正三百，同减第五行菽正七十五得菽负二百二十五；荅正三十一得正六百二十，同减第五行(麦)[荅]正三百五十，得荅负二百七十. 黍负八得负一百六十，异加第五行黍正二百，得黍正三百六十；价正一百七十二得正三千四百四十，同减第五行价正三千五百七十五，[余]得价正一百三十五.

再相乘:以第三行菽负九十遍乘四、五行物价得数.

第四行菽负三百六十得负三万二千四百荅负五百七十六得负五万一千八百四十;黍正三百七十八得正三万四千二十;价负一千六百九十二得负一十五万二千二百八十.

第五行菽负二百二十五得负二万二百二十五;荅负二百七十得负二万四千三百;黍正三百六十得正三万二千四百;价正一百三十五得正一万二千一百五十.

却以第四行菽负三百六十为法遍乘第三行菽负九十得负三万二千四百,与第四行菽负三万二千四百对减,尽;荅负五百四得一十八万一千四百四十,同减第四行荅负五万一千八百四十,得荅正一十二万九千六百;黍正二百九十七得正一十万六千九百二十,同减第四行黍正三万四千二十得黍负七万二千九百;价负一千八得负三十六万二千八百八十,同减第四行价负一十五万二千二百八十,得价正二十一万六百.

再以第五行菽负二百二十五为法复遍乘第三行菽负九十得负二万二百五十与第五行菽负二万二百五十对减,尽;荅负五百四得负一十一万三千四百,同减第五行荅负二万四千三百得荅正八万九千一百;黍正二百九十七得正六万六千八百二十五,同减第五行黍正三万二千四百得黍负三万四千四百二十五;价负一千八得价负二十二万六千八百,异加第五行价正一万二千一百五十,得价正二十三万八千九百五十.

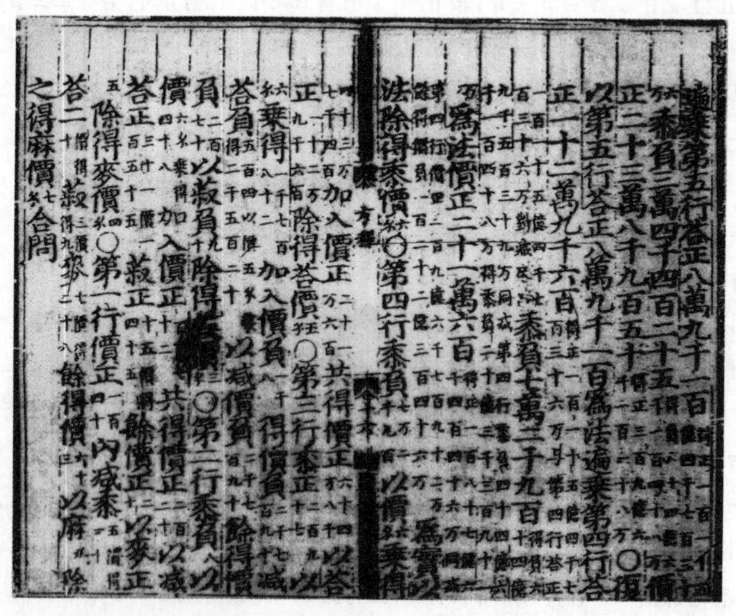

再相乘:以第四行荅正一十二万九千六百为法遍乘第五行荅正八万九千一百得正一百一十五亿四千七百三十六万;黍负三万四千四百二十五得负四十四亿六千一百四十八万;价正二十三万八千九百五十得正三百九亿(六千一百六十八)[七百九

十二万]

复以第五行荅正八万九千一百为法遍乘第四行荅正一十二万九千六百得正一百一十五亿四千七百三十六万，与第四行荅正一百一十五亿四千七百三十六万对减，尽；黍负七万二千九百得负六十四亿九千五百三十九万，同减第四行黍负四十四亿六千一百四十八万得黍负二十亿三千三百九十一万为法；价正二十一万六百得正一百八十七亿六千四百四十六万，同减第四行价正三百九亿六千七百九十二万，余得价负一百二十二亿三百四十六万为实，以法除得黍价六钱.

第四行黍负七万二千九百.以价六钱乘得四十三万七千四百，加入价正二十一万六百，共得价正六十四万八千，以荅正一十二万九千六百，除得荅价五钱.

第三行黍正二百九十七，以六钱乘得一千七百八十二，加入价负一千八得价负二千七百九十，减荅负五百四，以价五钱乘得二千五百二十，以减价负二千七百九十余得价负二百七十，以菽负九十除尽菽价三钱.

第二行黍负八以价六钱乘得四十八，加入价正一百七十二，共得价正二百二十，以减荅正三十一价一百五十五，菽正十五价得四十五，余价正二十，以麦正五除得麦价四钱.

第一行价正一百四十，内减黍五价得二十，荅正得十，菽三价得九，麦七价得二十八余得价六十三，以麻九除之，得麻价七钱，合问.

[**牛马损益**]

10.(11)二马、一牛价过十贯，外多半马之价；一马二牛，价不满十贯，内少半牛之价，问：牛、马价各几何？

答曰：马五贯四百五十四钱十一分钱之六.

牛一贯八百一十八钱十一分钱之二.

法曰：未知牛、马半价者，当损益求齐.二马、一牛价过十贯，补多半马之价；当损半马为一马半；一牛直十之价；当益半牛为一马，二牛半直十贯.

排列问数，半者信之：

三马	二牛	二十贯	于右
二马	五牛	二十贯	于左

先以右行三马为法遍乘左行二马得六，五牛得十五，价二十贯得六十贯；却以左行二马复遍乘右行三马得六马，与左行六马对减，尽；二牛得四牛，减左行十五牛得十一牛为法，价二十贯得四十贯，减左行六十贯，余得二十贯为实，以法十一除得一贯八百一十八文十一分钱之二，

却以牛十一乘马六得六十六为法，又以牛十一乘钞四十贯得四百四十贯，却以牛四乘钞二十贯得八十贯，以减，余得钞三百六十贯为实，以法除得马价五贯四百五十四文，余实三十六，以六约得一十一分钱之六，合问.

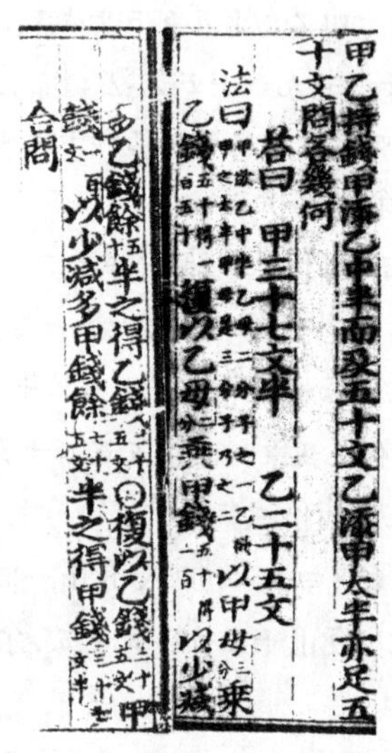
甲乙持錢甲添乙中半而及五十文乙添甲太半亦足五十文問各幾何
荅曰 甲三十七文半 乙二十五文
法曰 甲欲乙中半乙母是分子之一乙欲甲之太半甲母是三分子之二 以甲母三分乘乙錢五十得一百五十 復以乙母二分乘甲錢一百 以少減多乙錢餘五十半之得乙錢二十五文 ○ 復以乙錢二十五文甲錢一百文以少減多甲錢餘七十五文半之得甲錢三十七文半
合問

［**甲乙持钱**］

11.（10）甲、乙持钱；甲添乙中半而及五十文；乙添甲太半亦足五十文，问：各几何？

答曰：甲三十七文半，乙二十五文.

法曰：甲欲乙中半，乙母是分子之一；乙欲甲之太半，甲母是三分子之二.

以甲母三分乘乙钱五十得一百五十，复以乙母二分乘甲钱五十得一百，以少减多，乙钱余五十，半之得乙钱二十五文.

复以乙钱二十五文，甲钱一百文，以少减多，甲钱余七十五文，半之得甲钱三十七文半，合问.

［**二禾损益**］

12.（2）上禾七秉，下禾二秉，内损一斗，余实十斗，不损一斗，即十一斗；上禾二秉，下禾八秉，外益一斗，而实十斗，不益一斗，即是九斗. 问：上、下禾一秉各几何？[5]

答曰：上禾一秉［实］斗五十二分斗之十八.

下禾一秉［实］五十二分斗之四十一.

法曰：列所问数：

[甲]:上七	下二	十一斗
[乙]:上二	下八	九斗

以甲行上七为法遍乘乙行上二得一十四,下八 得五十六,九斗得六十三;复以乙行上二为法遍乘甲行上七得一十四与乙行上一十四,对减,尽;下二得四,减乙行下减乙行下五十六余得下五十二;十一斗得二十二斗,减乙行六十三斗余得四十一斗,求出下禾五十二,米四十一为下禾一秉得五十二分斗之四十一,乙行十一斗以分母五十一通之得五百七十二,减下二得八十二,余四百九十,以上七除得七十减五十二为一斗,余十八上禾数,合问.

三畜正负

13.(8)卖二牛五羊买十三豕,剩钱一贯;卖一牛一豕买三羊,适足;卖六羊八豕买五牛,少钱六百.问:牛、羊,豕价各几何?

答曰:牛一贯二百,羊五百,豕三百.

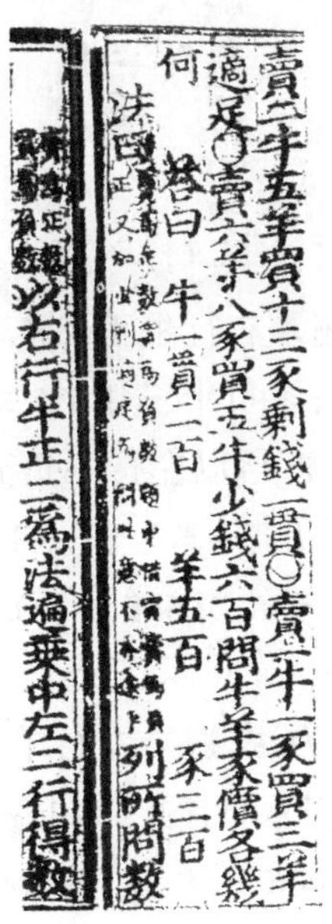
賣二牛五羊買十三豕剩錢一貫○賣一牛一豕買三羊
適足○賣六羊八豕買五牛少錢六百問牛羊豕價各幾
何　答曰牛一貫二百　羊五百　豕三百
法曰賣爲正數買爲負數題中借買賣爲負正又加少剩適足爲問此意不齊遠乎列所問數
賣爲正數買爲負數以右行牛正二爲法遍乘中左二行得數

法曰⑥:卖为正数,买为负数,题中借买卖为负正,又加少剩适足为问,此意不齐远乎!列所问数卖为正数,买为负数.

以右行牛正二为法遍乘中,左二行得数:

牛	羊	豕	价
右正二为法	正五	负十三	正一贯
中正一得正二	负三得负六	正一得正二	空
左负五得负十	正六得正十二	正八得正十六	负六百得负一贯二百

却以中行牛正一为法复遍乘右行牛正二得二与中行牛正二,对减,尽;羊正五得正五,并加中行负六得羊负十一;豕负十三得负十三,异加中行豕正二得豕正十五;正一贯得正一贯,中行价空,得正一贯.再以左行牛负五为法遍右行牛正二得正一十,与右行牛一十异名,对减,尽;羊正五得羊正二十五,同加左行正十二得羊正三十七;豕负十三得豕负六十五,异减左行豕正十六,得豕负四十九;正一贯得正五贯,异减左行负一贯,二百,余得负三贯八百.

再相乘:以中行羊负十一为法,遍乘左行羊正三十七得羊正四百七;豕负四十九得豕负五百三十九,价负三贯八百得价负四十一贯八百却以左行羊正三十七为法复遍乘中行羊负十一得羊负四百七,与左行半正四百七,异名对减,尽;豕正十五得正五百五十五,异减左行豕五百三十九,余得豕正一十六为法;正一贯得正三十七贯,异减左行负四十一贯八百文,余得正四贯八百为实,以法除得豕价三百.

中行豕正十五以价三百乘得四贯五百,加正一贯共得五贯五百,以羊十一除得羊价五百.

右行豕负十三以价三百乘得三贯九百,加入正一贯,共得四贯九百,减羊五价得二贯五百余得二贯四百,以牛二除得牛价一贯二百,合问.

[**二禾添实**]

14.(6)上禾三秉,添六斗,当下禾十秉;下禾五秉,添一斗,当上禾二秉,问:上、下禾每秉各几何?

答曰:上禾一秉[实]八斗;下禾一秉[实]三斗.

法曰:此问添积为正,当禾为负者,同前法列所问数,以甲行上三为法,遍乘乙行得数.

甲	上正三为法	下负十	添正六斗
乙	上负二得负六	下正五得正十五	添正一斗得正三斗

却以乙行上负二为法复遍乘甲行上正三,得正六,与乙行负六异对减,尽;下负十得二十,并减第二行下正十五,余得下正五为法;正六斗得正十二斗,同加乙行正二斗得正十五斗为实,以法除得下禾一秉二斗.

甲行下负十以三斗乘得三十斗,以减添正六斗余得二十四斗,以上禾三秉除得八斗为上禾一秉之数,合问.

[**三禾较重**]

15.(15)甲禾二秉,乙禾三秉,丙禾四秉,重皆过石.甲二重多乙一,乙三重多丙一,丙四重多甲一,问:各几何?

答曰:甲禾一秉[重]二十三分石之十七,

乙禾一秉[重]二十三分石之十一,

丙禾一秉[重]二十三分石之十.

法曰[7]:此问不可损益,而以多负本重为正,求同前法.

右甲正二为法	乙负一	丙空	正一石
中甲空	乙正三	丙负一	正一石
左甲负一得负二	乙空	丙正四得正八	正一石

先以右行甲正二为法遍乘左行甲负一得负二,丙正四得正八,正一石得正二石;却以左行甲负一为法复遍乘右行甲正二得正二,与左行甲负二异名,对减,尽;乙负一得负一,左行乙空无减,加入得乙负一;丙空无乘无减左行,亦得丙正八;正一石得正一石,同加左行正二石得正三石.

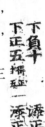

再相乘:以中行乙正三为法遍乘左行乙负一得负三,丙正八得正二十四,正三石得正九石;却以左行乙负一为法复遍乘中行乙正三得正三,与乙行乙负三异名,对减,尽;丙负一得负一,异减左行丙正(一一)[二]十

四,余得丙正二十三;正一石得正一石,同加左行正九石得正一十石;求出丙正二十三,正十石得丙米一秉二十三分石之十.

中行丙负一得二十三分石之十,加入正一石得二十三分共得三十三分,以乙正三除得二十三分石之十一,为乙禾一秉之数.

右行乙负一得二十三分石之十一,加入正一石得二十三共得三十四,以甲正二除得二十三分石之十七为甲禾一秉之数,合问.

[二禾损实]

16.(5)上禾六秉,损[实]一斗八升,当下禾十秉.下禾十五秉,损[实]五升,当上禾五秉.问:上、下禾[实]一秉各几何?

答曰:上禾一秉[实]八升,下禾一秉[实]三升.

法曰[8]:此问损积为正,当禾为负,求同前法列所问数,以甲行上正六为法,遍乘乙行.

甲上正六为法	下负十	正一斗八升
乙上负五得负三十	下正十五得正九十	正五升得正三斗

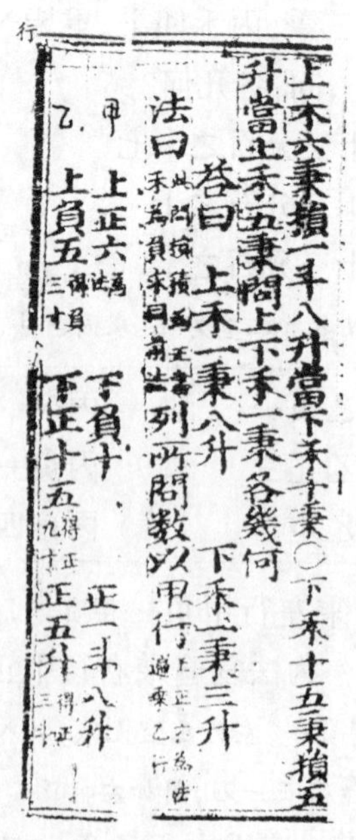
上禾六秉損一斗八升當下禾十秉○下禾十五秉損五升當上禾五秉問上下禾一秉各幾何

荅曰上禾一秉八升 下禾一秉三升

法曰此問損積爲正當禾爲負求同前法列所問数以甲行上正六爲法遍乘乙行

甲 上正六爲法 下負十 正一斗八升

乙 上負五得負三十 下正十五得正九十 正五升得正三斗

却以乙行上负五为法复遍乘甲行上正六得正三十与乙行上负三十,异名对减,尽;下负十得负五十,减乙行下正九十,得下正四十为法,正一斗八升得正九斗,同加乙行正三斗得正一十二斗为实,以法除得下禾一秉得三升.

甲行下负十以三升乘得三斗,加入正一斗八升,共得四斗八升,以上正六除得上禾一秉得八升,合问.

17.(4)上禾五秉损[实]一斗一升,为下禾七秉;上禾七秉损[实]二斗五升,为下禾五秉:问上、下禾每秉各几何?

答曰:上禾一秉五升,下禾一秉二升.

法曰[9]:此题与前法同.

列所问数,以甲行上正五为法遍乘

乙行得数:

甲	上正五为法	下负七	正一斗一升
乙	上正七得正二十五	下负五得负二十五	正二斗五升 得正一石二斗五升

却以乙行上正七为法,复遍乘甲行上正五得正三十五,与乙行上正三十五同名,对减,尽;下负七得负四十九,同减乙行下负二十五,余得二十四为法,正一斗一升得正(一)[七]斗七升,同减乙行正一石二斗五升,余得负四斗八升为实,以法除得二升为下禾一秉之数.

甲行下负七以二升乘得一斗四升,加入正一斗一升,共得二斗五升,以上禾五(束)[秉]除得五升,为上禾一秉之数,合问.

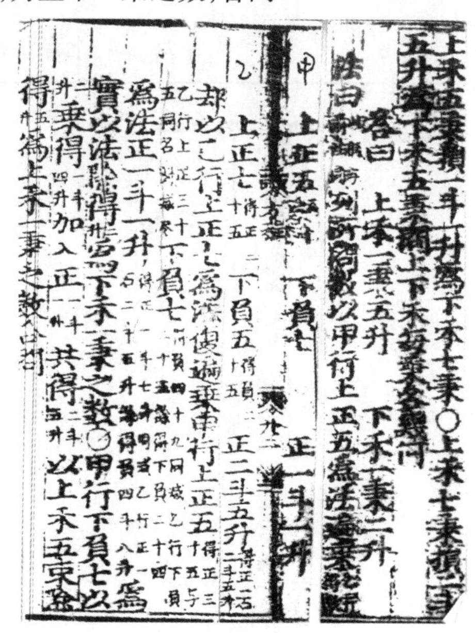

上禾五秉損一斗一升爲下禾七秉○上禾七秉損二[斗]五升爲下禾五秉問上下禾每秉各幾何

答曰 上禾一秉五升 下禾一秉二升

法曰此題與前法同列所問數以甲行上正五爲法遍乘乙行得數

甲 上正五爲法 下負七 正一斗一升

乙 上正七得正三十五 下負五得負二十五 正二斗五升得正一石二斗五升

却以乙行上正七爲法復遍乘甲行上正五得正三十五與乙行上正三十五同名對減盡下負七得負四十九同減乙行下負二十五餘得二十四爲法正一斗一升得正一斗七升同減乙行正一石二斗五升餘得負四斗八升爲實以法除得二升爲下禾一秉之數○甲行下負七以二升乘得一斗四升加入正一斗一升共得二斗五升以上禾五束除得五升爲上禾一秉之數合問

[借绠问井深]

18.(13)井不知深,五家用绠(gěng,汲水用的绳子)不等,甲二借乙一,乙三借丙一,丙四借丁一,丁五借戊一,戊六借甲一,皆及井深.问:各绠几何?

答曰:井深七丈二尺一寸.

甲绠[长]二丈六尺五寸,乙绠[长]一丈九尺一寸,丙绠[长]一丈四尺八寸,丁绠[长]一丈二尺九寸,戊绠[长]七尺六寸.

法曰[10]:此问户绠数为分母,相乘通其分也,借绠数为分子,得之内其子也,如方程正负入之四,得井深,绠数.

五绠数为分母,相乘二、三得六,丙四因六得二十四,丁五因二十四得一百二十,戊六因一百二十得七百二十,再借绠数一为分子,并之得七百二十一为深,须列各户本绠所借及深积,只戊行可取诸绠:

甲	乙	丙	丁	戊	深积
二	一				七百二十一
	三	一			七百二十一
		四	一		七百二十一
			五	一	七百二十一
一				六	七百二十一

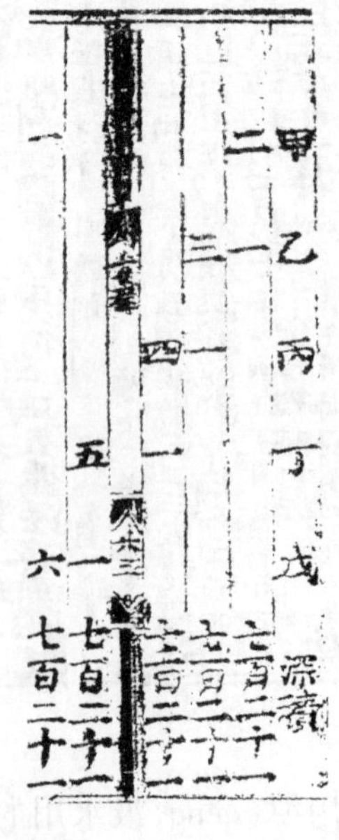

先以甲二为法乘戊六得十二甲行空，无减，亦得戊正十二，七百二十一得一千四百四十二，却以戊行甲正一乘甲行七百七十一，减积，余得七百二十一；再以乙三为法乘戊正十二得正三十六，乙行戊空，本得戊正三十六；七百二十一得二千一百六十三，以戊行乙负一乘乙行七百二十一，加入积戊行得积二千八百八十四.

再以丙四为法乘戊正三十六得正一百四十四，丙空无减，亦得戊正一百四十四二千八百八十四得一万一千五百三十六，减戊行丙负一乘丙行七百二十一，以减积，余得一万八百一十五.

再以丁五为法乘戊正一百四十四得正七百二十，加戊正一得七百二十一为法，正一万八百一十五得正五万四千七十五，以戊行丁负一乘丁行七百二十一，加入积共得五万四千七百九十六为实，以法除得戊绠七尺六寸.

丁行七百二十一，以减戊绠七尺六寸，余得六百四十五，以丁五除得丁绠一丈二尺九寸.

丙行七百二十一，以减丁绠一丈二尺九寸，余五百九十二寸，以丙四除得丙绠一丈八尺四寸.

乙行七百二十[一]，以减丙绠一丈四尺八寸，余得五百七十三，以乙三除得乙绠一丈九尺一寸.

甲行七百二十一，以减乙绠一丈九尺一寸，余得五百三十，以甲二除得甲绠二丈六尺五寸，合问.

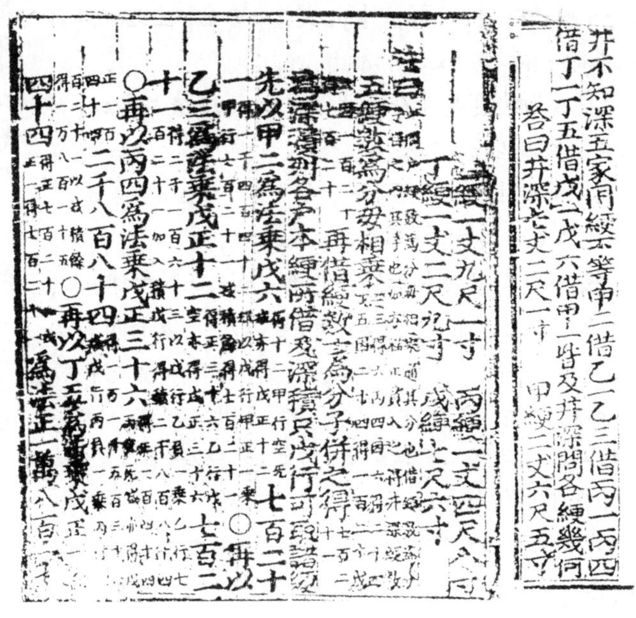
井不知深五家同綆等甲二借乙一乙三借丙一丙四借丁一丁五借戊一戊六借甲一皆及井深問各綆幾何

答曰井深七丈二尺一寸 甲綆二丈六尺五寸

乙綆一丈九尺一寸 丙綆一丈八尺四寸

丁綆一丈二尺九寸 戊綆七尺六寸

[illegible]

比类一十六问

［三帛问价］

1. 今有罗四尺，绫五尺，绢六尺，直钱一贯二百一十九文；罗五尺，绫六尺，绢四尺，直钱一贯二百六十八文；罗六尺，绫四尺，绢五尺，直钱一贯二百六十三文，问：各尺价几何？

答曰：罗九十八文，绫八十五文，绢六十七文.

法曰：此问与前法相同.

排列逐项问题，以右行罗四尺为法，遍乘中、左行数.

右	罗四为法	绫五	绢六	一贯二百一十九文 得五贯七十二文
中	罗五得二十	绫六得二十四	绢四得一十六	一贯二百六十八文 得五贯五十二文
左	罗六得二十四	绫四得一十六	绢五得二十	一贯二百六十三文

却以中行罗五为法复遍乘右行罗四得二十，与中行罗二十对减，尽；绫五得二十五，减中行绫二十四，余得绫一；绢六得三十，减中行绢十六余得绢一十四；钞一贯二百一十九文得六贯九十五文，减中行五贯七十二文，余得一贯二十三文.

又以左行罗六为法复遍乘右行罗四得二十四与左行罗二十四对减，尽；绫五得三十，减左行绫十六，余得绫十四；绢六得三十六，减左行绢二十，余得绢一十六，钞一贯二百一十九文得七贯三百一十四文，减左行钞五贯五十二文，余得钞二贯二百六十二文.

再以中行绫一为法遍乘左行绫十四得十四，绢十六得十六，钞二贯二百六十二文得二贯二百六十二文；复以左行绫十四为法遍乘中行绫一得十四，与左行绫十四对减，尽；绢十四得一百九十六，减左行绢十六，余得绢一百八十为法；(钱)［钞］一贯二十三文得一十四贯三百二十二文减左行钞二贯二百六十二文，余得钞一十二贯六十文为实，以法除得绢尺价六十七文.

中行以绢尺价六十七文乘中行绢一十四尺得九百三十八文，以减中行(钱)［钞］一贯二十三文，余得绫尺价八十五文，就乘右行绫五尺得四百二十五尺，绢六尺得四百二文通减右行(钱)［钞］一贯二百一十九文，余得三百九十二文，以罗四尺除之，得罗尺价九十八文，合问.

［三锦问价］

2. 今有红锦四尺，青锦五尺，绿锦六尺，价皆过三百文；只云：红锦四，四价过青锦一尺，青锦五尺价过绿锦一尺，绿锦六尺价过红锦一尺，问：三色各尺价几何？

答曰：红锦［尺价］九十三文一百一十九分文之三十三.

青锦［尺价］七十三文一百一十九分文之十三，绿锦［尺价］六十五文一百一十九分文之六十五.

法曰：列所问数，以右行红正四为法遍乘左行得数：

右：红正四为法	青负一	空	钱正三百
中：空	青正五	绿负一	钱正三百
左：纪负一得负四	空	绿正六得正二十四	钱正三百

却以左行红负一为法复遍乘右行红正四得正四，与左行红负四异名对减，尽；青负一得负一，左行青空无减，合加青负一；绿空，无减左行，亦得绿正二十四；正三百得正三百，同加左行正一千二百，得正一千五百.

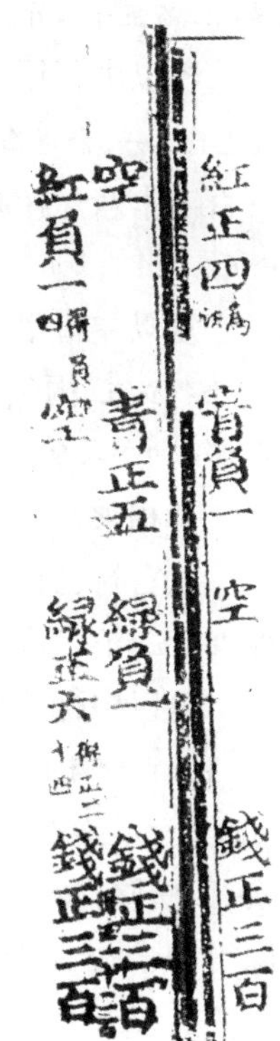

再相乘：以中行青正五为法遍乘左行青负一得负五，绿正二十四得正一百二十，钱正一千五百得正七千五百.

却以左行青负一复遍乘中行青正五得正五，与左行青负五异名，对减，尽；绿负一得负一，异减左行绿正一百二十，余得绿正一百一十九为法，［钱］正三百得正三百，同加左行七千五百得正七千八百为实，以法除得绿锦尺价六十五文一百一十九分文之六十五，仍将七千八百寄左.

又以一百一十九乘中行钱三百得三万五千七百，加寄左七千八百，共得四万三千五百，以青锦五尺除得八千七百却以一百一十九除得青锦尺价七十三文一百一十九分文之一十三.

仍将八千七百文寄左，又以一百一十九乘右行钱三百得三万五千七百，加寄左八千七百共四万四千四百，以红锦四尺除之得一万一千一百，却以一百一十九除得九十三分一百一十九分文之三十三为红锦尺价，合问.

[**三客分丝**]

3. 今有甲、乙、丙持丝不知其数，甲云：得乙丝强半，丙丝弱半，满一百四十八斤；乙云：得甲丝弱半，丙丝强半，满一百二十八斤；丙云：得甲丝强半，乙丝弱半(得)[满]一百三十二斤，问：甲、乙、丙各丝几何？

答曰：甲八十四斤，乙六十八斤，丙五十二斤.

法曰：此问：正作四，强作三，弱作二.[11]列所问数：

右	甲四	乙三	丙一	一百四十八
中	甲一	乙四	丙三	一百二十八
左	甲三	乙一	丙四	一百三十二

右甲四 乙三 丙一 一百四十八

中甲一 乙四 丙三 一百二十八

左甲三 乙一 丙四 一百三十二

先以左行甲三为法遍乘中行甲一对减，尽，乙四得正十二，减左行乙正一，余得乙正十一，丙三得正九，减左行丙正四，余得丙正五，一百二十八斤得正三百八十四斤，减左行正一百三十二斤，余得正二百五十二斤.

再以中行甲一为法遍乘右行甲四，对减，尽，乙三得正三，减左行乙一，余得乙正二，丙一得正一，减左行丙正四，余得丙负三，一百四十八斤得正一百四十八斤，减左行正一百三十二斤得正一十六斤.

复以左行甲三为法遍乘右行乙正三得正六同减左行乙正一，余得正五，丙负三得负九异加左行丙正四，得丙负十三，正一十六得正四十八斤，同减左行一百三十二斤得负八十四斤.

再相乘：

以右行乙正五为法遍乘中行乙正十一，对减，尽；丙正五得二十五，正二百五十二斤得正一千二百六十斤.

复以中行乙正十一为法遍乘左行丙负十三得负一百四十三，异加中行丙正二十五得正一百六十八为法，负八十四斤得负九百二十四斤，异加中行正一千二百六十斤，共得二千一百八十四斤为实，以法除得一十三斤，乃一停率，以四乘得丙丝五十二斤，余一百八十七，以乙十一除得一十七斤，以四乘得乙丝六十八斤.

又以十三斤乘左行丙四得五十二，以减左行丝一百三十二斤，余八十斤，又减乙一十七斤，余六十三斤，以三约之得二十一斤，却以四乘得甲丝八十四斤，合问.

［三等输米］

4. 今有官输米，每七十五石，着上户三户，中户四户，下户五户，共人户一十二户办纳，只云：上户二户，中户一户纳二十五石；中户三户，下户一户纳二十五石；下户四户，上户一户纳二十五石，问：上、中、下户各几何？

答曰：上户九石，中户七石，下户四石.

法曰：排列问数：

右：上二	中一	空	二十五石
中：空	中三	下一	二十五石
左：上一	空	下四	二十五石

先以右行上二为法乘左行下四得八，二十五石得五十石，中行负一减二十五石余得二十五石.

又以中行中三为法乘左行下八得二十四，添一共得二十五为法，二十五石得七十五石添中行正一得二十五石，共得一百石为实，以法除得四石为下户所出之数.

中行二十五石以减下户一得四石余得二十一石，以中户三除得七石为中户数.

右行二十五石以减中户一得七石余一十八石，以上户二除得九石，上户数，合问.

［斋僧支衬］

5. 今有人斋僧，初日大僧一十八，小僧一十二，支衬钱九贯三百文，次日大僧二十四，小僧三十，支衬钱一十五贯九百文，问：大、小每僧各几何？

答曰：大僧三百五十文，小僧二百五十文.

法曰：列所问数：

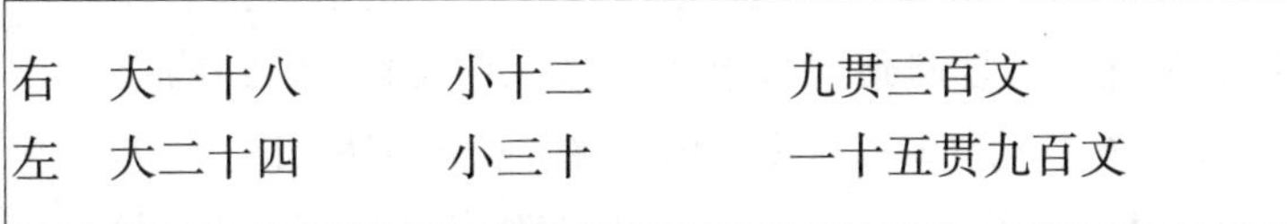

右	大一十八	小十二	九贯三百文
左	大二十四	小三十	一十五贯九百文

先以右行大十八为法遍乘左行小三十得五百四十，一十五贯九百得二百八十六贯二百文却以左行大二十四为法复遍乘右行小十二得二百八十八，以减左行五百四十，余得二百五十二为法，九贯三百得二百二十三贯二百，以减左行二百八十六贯二百文，余得六十三贯为实，以法除之得小僧二百五十文.

右行九贯三百减小僧一十二得二贯，余六贯三百，以大僧一十八除之得三百五十文，为大僧数，合问.

［**绢布较价**］

6. 今有绢三疋添钞六贯买布一十疋，又有布五疋添钞一贯买绢二疋，问：布、绢每疋各价几何?

答曰：绢八贯，布三贯.

法曰：此问添为正，买为负，列所问数：

甲	上正三	下负十	正六贯
乙	上负二	下正五	正一贯

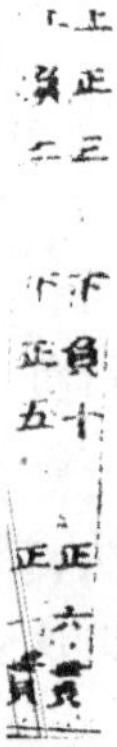

先以乙行上负二为法遍乘甲行上正三得正六，下负十得负二十，正六贯得正一十二贯. 却以甲行上正三为法复遍乘乙行上负二得负六，与乙行上正六异名对减，尽；下正五得正十五异减乙行下负二十，余得下负五为法，正一贯得正三贯，同加甲行正十二贯得正十五贯为实，以法除得布价三贯. 乙行下正五以三贯乘得一十五贯，加正一贯得一十六贯，以绢二疋除得绢价八贯，合问.

［**朱漆较价**］

7. 今有银硃六两价买漆一十两，多钞一十八贯；又银硃五两价买漆一十五两，欠钞五贯，问：硃、漆每价几何?

答曰：银硃八贯，漆三贯.

法曰：此问卖欠为正，买为负.

列所问数，以甲行上正六为法遍乘乙行得数：

甲	上正六为法	下负十	正一十八贯
乙	上负五得负三十	下负十五得正九十	正五贯得正三十

却以乙行上负五为法复遍乘甲行上正六得正三十，异名与乙行负三十对减，尽；下负十得负五十，异减乙行正九十，余得正四十为法，正一十八贯得正九十贯，同加乙行正三十贯，得正一百二十贯为实，以法除得漆价三贯.

甲行下负十，以三乘得三十贯，加入正一十八贯，共得四十八贯，以上正六除得硃价八贯，合问.

[**卖纱买纻**]

8. 今有卖纱七疋,买纻丝五疋,欠钞一百一十贯;又卖纱五疋,买纻丝七疋,欠钞二百五十贯,问:二价每疋几何?

答曰:纻丝五十贯,纱二十贯.

法曰:此问买为正,卖为负,列所问数:以甲行上正五为法遍乘乙行得数.

甲:上正五为法	下负七	正一百一十贯
乙:上正七得正三十五	下负五得负二十五	正二百五十得正一千二百五十

却以乙行上正七为法复遍乘甲行上正五得正三十五,与乙行上正三十五同名对减,尽;下负七得负四十九,同减乙行下负二十五,余得下负二十四为法,正一百一十得正七百七十,同减乙行正一千二百五十,余得负四百八十为实,以法除得二十贯为纱一疋之价.

甲行下负七以二十贯乘得一百四十贯,加入正一百一十贯,共得二百五十贯,以上正五除之得五十贯,为纻丝价,合问.

[**羊豕问价**]

9. 今有羊三个,豕二个,价钞一百五十五贯,又有羊四个,豕五个,价钞二百六十五贯,问:羊、豕每个价钞各几何?

答曰:羊三十五贯,豕二十五贯.

法曰:列各项问数:

甲羊三个	豕二个	价一百五十五
乙羊四个	豕五个	价二百六十五

先以甲行羊三为法遍乘乙行羊四得一十二,豕五得一十五,价二百六十五得九百九十五.却以乙行羊四为法复遍乘甲行羊三得一十二,与乙行羊一十二对减,尽;豕二得八,减乙行豕一十五余得豕七为法,价一百五十五得六百二十,减乙行价七百九十五余得价一百七十五为实,以法除得豕价二十五贯.

甲行豕二价得五十贯,以减一百五十五贯,余得价一百五贯,以羊三除得羊价三十五贯,合问.

[**绫绢问价**]

10. 今有绫三尺,绢四尺直钞二贯八百文,又绫七尺,绢二尺直钞四贯二百六十文,问:绫、绢尺价各几何?

答曰:绫[尺价]五百二十文,

绢[尺价]三百一十文.

法曰:列所问数:

先以甲行绫三为法遍乘乙行得数:

甲	绫三为法	绢四	价二贯八百文
乙	绫七得二十一	绢二得六	价四贯二百六十 得十二贯七百八十

却以乙行绫七为法复遍乘甲行绫三得二十一,与乙行二十一对减,尽;绢四得二十八,减乙行绢六,余得绢二十二为法,价二贯八百文得一十九贯(八)[六]百文,减乙行价一十二贯七百八十文,余得六贯八百二十文为实,以法除得绢[尺]价三百一十文.

甲行绢四以三百一十文乘得一贯二百四十文,以减价二贯八百文余得一贯五百六十,以绫三除得绫[尺]价五百二十文,合问.

[**三色较价**]

11. 今有硃二两,粉一两,价钞二贯五百文;又粉三两,丹一两,价钞二贯五百文;又硃一两,丹四两,价钞二贯五百文,问:三色各价几何?

答曰:硃九百文,粉七百文,丹四百文.

法曰:此问亦同借禾之意.

列所问数:

先以右行硃二为法遍乘左行得数:

右	硃二为法	粉一	空	二贯五百文
中	空	粉三	丹一	二贯五百文
左	硃一得二	空	丹四得八	二贯五百文

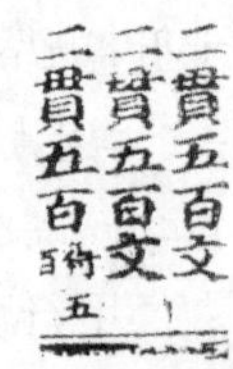

却以左行硃一为法,复遍乘右[行]硃二得二,与左行硃二对减,尽;粉一得一,左行中空无减,加入得粉负一,丹空左行原丹八无加,减得丹正八,价二贯五百文得正二贯五百文,减左行价正五贯,余得正二贯五百文.

再以中行粉三为法遍乘左行粉负一得负三,丹正八得正二十四,正二贯五百文得正七贯五百文,却以左行粉负一为法复遍乘中行粉三得负三,与左行粉负三同名,对减,尽;丹一得负一,异加左行丹正二十四得丹正二十五为法,二贯五百文得负二贯五百文，异加左行正七贯五百文，共得一十贯为实，以法除得丹价四百文.

中行价二贯五百文，以减丹一两价四百文余得二贯一百文，以粉三两除得粉价七百文.

右行价二贯五百文，以减粉一两价七百文，余得一贯八百文，以朱二两除得硃价九百文，合问.

［**旗军支米**］

12.今有总旗三名，小旗二名，军人一名支米七石九斗；又总旗二名，小旗三名，军人一名支米七石六斗；又总旗一名，小旗二名，军人三名支米六石九斗，问：每名各该支几何？

答曰：总旗一石五斗，

小旗一石二斗，

军人一石.

法曰：此问与第一问根同.

列所问数，先以右行总三为法遍乘左、中二行得数.

右	总三为法	小二	军一	七石九斗
中	总二得六	小三得九	军一得三	七石六斗得二十三石八斗
左	总一得三	小二得六	军三得九	六石九斗得二十石七斗

却以中行总二为法，复遍乘右行总三得六，与中行总六对减，尽，小二得四，减中行小九，余得小五.

又以左行总一为法，复遍乘右行总三得三，与左行总三对减，尽，小二得二，减左行小六，余得小四，军一得一，减左行军九，余得八，七石九斗得七石九斗，减左行二十石七斗，余得一十二石八斗.

再相乘：

以中行小五为法，遍乘左行小四得二十，军八得四十，一十二石八斗得六十四石，却以左行小四为法，复遍乘中行小五得二十，与左行小二十对减，尽，军一得四，减左行军四十，余得军三十六为法，七石得二十八石，减左行六十四石，余得三十六石为实，以法除得军该一石.

中行七石减军一得一石，余得六石，以小五除得一石二斗，为小旗支数.

右行七石九斗，减小二得二石四斗，军一得一石，余四石五斗，以总三除得一石五斗，为总旗支数，合问.

［壮弱载米］

13. 今有壮军一，弱军二，老军三俱驾船一只，载米八十石，至滩皆不能过，若壮军借弱军一，弱军借老军一，老军借壮军一，俱过其滩，问：各引力几何？

答曰：壮军一名，力引四十五石七分石之五，弱军一名，力引三十四石七分石之二，老军一名力引一十一石七分石之三.

法曰：引所问数，以右行……

右	壮一为法	弱一	空	八十石
中	空	弱二	老一	八十石
左	壮一得一	空	老三得三	八十石得八十石

左	中	右
壮一一得	空	壮一法为
空	弱二	弱一
老三三得	老一	空
八十石十得石八	八十石	八十石

复以左行壮一为法遍乘右行壮一得一，与左行壮一对减，尽，弱一得一，左行中空，加入得弱正一，老空，无数乘左三，亦得老正三，八十石得八十石，减左行八十石，空.

再以中行弱正二为法遍乘左行弱正一得正二，老正三得正六，却以左行弱正一为法复遍乘中行弱正二得四，与中行四对减，尽，老正一得正一，加左行老正六得正七为法，正八十石得正八十石，左行原空，加入得八十石为实，以法七除之得老军一名力引一十一石七分石之三.

中行八十石内除老军一名力引一十一石七分石之三余重六十八石七分石之四以弱军二除每石得力引三十四石七分石之二.

右行八十石，内除弱军一力引三十四石七分石之二，余得壮军一名力引四十五石七分石之五，合问.

［三则田丝］

14. 今有上、中、下田一十四亩五分，共纳夏税丝一两五钱三分二厘五毫，只云每亩科丝上田一钱二分五厘，中田一钱一分，下田八分五厘，问：三色田并丝各几何？

答曰：上田二亩五分，该丝三钱一分二厘五毫，中田八亩，该丝八钱八分. 下田四亩，该丝三钱四分.

法曰：排列问数；以右行上田丝为法遍乘左行得数.

右:一钱二分五厘为法	一钱一分	八分五厘	一两 五钱三分二厘五毫
左上一亩 得一钱二分五厘	中一亩 得一钱二分五厘	下一亩 得四分五厘	一十四亩五分 得一两八钱一分二厘五毫

却以左行上田对减尽,中田余丝一分五厘,下田余丝四分,总余二钱八分为实,以中下田余丝共五分五厘为法除实得田中下各五亩,以余丝乘之,中田丝七分五厘,下田丝二钱,余欠丝五厘,约商,将下田减一亩,余得四亩,该余丝一钱六分减丝四分加余欠丝五厘,共四分五厘却增入中田丝七分五厘共一钱二分,该田八亩,每亩丝一钱一分,共八钱八分,下田该四亩,每亩丝八分五厘,共三钱四分,俱减总丝,余得三钱一分二厘五毫以上田每亩丝一钱二分五厘除之,得二亩五分,合问.

［三田问米］

15. 今有旧有、云宗、站田共二十六亩五分,该秋粮米六石三升五合,只云每亩科米:站田二斗五升,云宗田二斗三升五合,旧有田二斗,问:三色田并米各几何?

答曰[12]:站田八亩七分五厘,该米二石一斗八升七合五勺;云宗田八亩五分,该米一石九斗九升七合五勺;旧有田九亩二分五厘,该米一石八斗五升.

法曰:排列问数:先以右行米二斗五升为法遍乘左行得数:

右二斗五升	二斗三升五合	二斗	六石三升五合
左一亩 得二斗五升	一亩 得二斗五升	一亩 得二斗五升	二十六亩五分 得六石六斗二升五合

却以左行站田米对减,尽.云宗田余米一升五合,旧有田余米五升,总余米五斗九升为实,以云宗,旧有田共余六升五合为法除之,得二色田各九亩.余米五合,约商得旧有田九亩二分五厘,以余米五升乘之,得米四斗六升二合五勺以减总余米五斗九升,余米一斗二升七合五勺,却以云宗田余米一升五合除之,得田八亩五分,以每亩科米二斗三升五合乘之,得米一石九斗九升七合五勺,旧有田九亩二分五厘,以每亩科米二斗乘之,得米一石八斗五升,将二项田米以减原科田六石三升五合,余米二石一斗八升七合五勺为实,以站田每亩科米二斗五升为法除之,得田八亩七分五厘,合问.

[**四色问价**]

16. 今有绫、罗、绢、布共二百四十一疋,共价钞四百九十九贯二百文,只云:绫疋价二贯四百文,罗疋价二贯一百文,绢疋价一贯八百文,布疋价一贯六百文,问:四色各几疋?(价)[各该钞]几何?[13]

答曰:绫八十五疋,该钞二百四贯,罗七十二疋,该钞一百五十一贯二百文,绢四十八疋,该钞八十六贯四百文,布三十六疋,该钞五十七贯六百文.

法曰:排列问数:以右行首位遍乘左行得数.

右二贯四百办法	二贯一百	一贯八百	一贯六百	四百九十九罗二百
左一得一贯	一得二贯	一得二贯	一得二贯	二百四十一疋
疋四百	疋四百	疋四百	疋四百	得五百七十八贯四百

却以左行对减,上尽;次余三百为上法,又次余六百为中法,次三余八为下法,余七十九贯二百为实,以上法商除之;得罗七十二疋,减实三十一贯六百,余残实五十七贯六百;又以中法商除之:得绢四十八疋,减实二十八贯八百,余残实二十八贯八百;再以下法商除之得布三十六疋.

以罗七十二疋以价二贯一百文乘之得一百五十一贯二百文;绢四十八疋以价一贯八百乘之得八十六贯四百文;布三十六疋,以价一贯六百文乘之得五十七贯六百文;并三数得二百九十五贯二百文,以减总价,余得二百四贯为实,以绫疋价二贯四百文为法除之,得绫八十五疋,合问.

诗词九问

[**西江月**]

1. 七钏九钗成器,钏子分两重多.

九两四钱是相和,仔细与公说过.

二物相交一只,秤和得等与那.

有人算得是喽啰,不会却来问我.(西江月)

答曰:钏一只重七钱,

钗一只重五钱.

法曰:此问七钏九钗,共重九两四钱,交易其一适等者,乃六钏一钗重四两七钱;八钱一钏重四两七钱.

排列问数：

右	六钏	一钗	四两七钱
左	一钏	八钗	四两七钱

先以右行六训为法，遍乘左行八钗得四十八，四两七钱得二十八两二钱，却以左行一钏为法，复右行一钗得一，减左行四十八，余得四十七钗为法，四两七钱得四两七钱，减左行二十八两二钱，余得二十三两五钱为实，以法除得钗重五钱.

右行重四两七钱，减一钗重五钱，余得四两二钱，以钗六只除之，得钏重七钱，合问.

2. 甲借乙家七砚，还他三管毛锥.

贴钱四百整八十，恰好齐同了毕.

丙却借乙九笔，还他三个端溪.

一百八十贴乙齐，二色价该各几？（西江月）

法曰：笔价五十文，砚价九十文.

法曰：列所问数：

右	砚正七	笔负三	价正四百八十
左	砚正三	笔负九	价负一百八十

先以右行砚正七为法，遍乘左行砚正三得正二十一，笔负九得负六十三，价一百八十得负一千二百六十；却以左行砚正三为法，复遍乘右行砚正七得正二十一，与左行砚正二十一，对减，尽，笔负三得负九，同减左行笔负六十三，余得笔负五十四为法，价正四百八十得正一千四百四十，异加左行价负一千二百六十，共得二千七百为实，以法除得笔价五十.

右行价正四百八十异加笔负二价一百五十，共得七百三十，以砚七除得砚价九十，合问.

3. 甲乙二人沽酒，不知孰少孰多.

乙钱少半甲相和，二百无零堪可.

乙得甲钱中半，亦然二百无那.

英贤算得的无讹，甚麼法儿方可.（西江月）

答曰：甲钱一百六十文，乙钱一百二十文.

法曰：列所问数：

甲二分之一	钱二百
乙三分之一	钱二百

互乘:二分得四百、三分得六百,以少减多,余二百为实.甲二分,乙三分,相并得五分为法,除之得四十,以乙三分乘之得一百二十为乙钱.以减原钱二百余钱八十,以甲二分乘之得甲钱一百六十文,合问.

［**凤栖梧**］

4.卖却四鸡三兔诉,三兔价中赶却双鸡去,鸡尤减之斯一兔,鸡钱兔价无差处,各一千文适足数,二价分明亦有谁人悟?加减乘除循轨度,贤家不会空思慕.

答曰:鸡价四百文,兔价六百文.

法曰:列所问数:

甲	鸡正四	兔(正)［负］一	价正一千文
乙	鸡负二	兔正三	价正一千文

先以甲行鸡正四为法,遍乘乙行鸡负二得负八,兔正三得正十二,价正一千得正四千;却以乙行鸡负二为法复遍乘甲行鸡正四得正八,与乙行鸡负八异名,对减,尽.兔负一得负二,异减乙行兔正十二,除得兔正十为法,价正一千得正二千,同加乙行正四千共得六千为实.以法除得兔价六百.

甲行价正一千,加先负价六百共一千六百,以鸡四除得鸡价四百文,合问.

［**醉太平**］

5.六犬共二猪,八兔数无余.各该两贯价钱虚.兔欠着一猪,犬欠数恰买一个兔,猪欠四犬无差误.犬猪兔价怎生呼?缜纵横认取.

答曰:兔价二百,犬价三百,猪价四百.

法曰:排列问数:先以右行六犬为法,遍乘中行得数,却以中行犬四为法,复遍乘右行犬六得二十四与中行犬二十四

右	六犬为法	空	一兔	二千
中	四犬得二十四	二猪得一十二	空	二千得一万二千
左	空	一猪	八兔	二千

对减,尽.猪空中行猪,只得猪正十二,兔一得四,中行兔空,无减,只得兔负四.二千得八千,减中行一万二千,余正四千.

再相乘:以中行猪正十二为法,遍乘左行猪正一得正十二,兔正八得正九十六,正二千得正二万四千.却以左行猪正一为法,复遍乘中行猪正十二得正十二与左行猪正十二,同名,对减,尽.兔负一得兔负四,异加中行兔正九十六得一百为法,正四千得正四千,同减左行正二万四千余得正二万为实,以法除得兔价二百.

右行正二千以减兔一得二百,余一千八百,以犬六除得犬价三百.中行正二千以减犬四,价一千二百,余八百,以猪二除得猪价四百,合问.

6. 六犬共三猪,八兔数无虚.

各该一贯价钱余,犬余外二猪.

猪余外却买一个兔,兔余二犬无差误.

犬猪兔价怎生呼,缜纵横认取.

答曰:兔价二百,犬价三百,猪价四百.

法曰:见数开钱为正,外余数为兔,列所问数:以右行犬正六为法,遍乘中行得数,却以中行犬负二为法,复遍乘

右	犬正六为法	猪负二	兔空	正一千
中	犬负二得负一十六	猪空	兔正八得正四十八	正一千得六千
左	犬空	猪正三	兔负一	正一千

右行犬正六得正十二,与中行犬负十二异名,对减,尽.猪负二得负四,中行猪空,无减,加入得猪负四,兔空,无减亦得兔正四十八,正一千得正二千,同加中行正六千得正八千.

再相乘:以中行猪负四为法遍乘左行猪正三得正十二,兔负一得负四,正一千得正四千.却以左行猪正三为法,复遍乘中行猪负四得负十二,与左行猪正十二异名,对减,尽.兔正四十八得正一百四十四,异减左行兔负四,余正一百四十为法正八千得正二万四千,同加左行正四千,共得正二万八千为实,以法除得兔价二百.

中行兔正四十八,以价二百乘得九千六百,以减正八千,余得负一千六百,以猪负四除得猪价四百.

右行正一千加猪负二价八百,共得一千八百,以犬六除得犬价三百,合问.

[七言八句]

7. 五兔四猪二羊言,各价不及四千钱.

兔增二猪羊一只,猪增二兔一羊然.

羊添二猪三个兔,各得增添满四千.

有人算得无差错,堪把芳名到处传.

答曰:兔价四百,(犬)[猪]价六百,(猪)[羊]价八百.

法曰:排列问数:

右	兔五为法	猪二	羊一	价四千
中	兔二得一十	猪四得二十	羊一得五	价四千得二万
左	兔三得一十五	猪二得一十	羊二得一十	价四千得二万

以右行五兔为法,遍乘中、左二行得数.却以中行兔二为法,复遍乘右行兔五得一十,与中行兔一十,对减,尽.猪二得四,减中行猪二十,余得猪一十六.羊一得二,减中行羊五,余得羊三.四千得八千,减中行二万,余得一万二千.

又以左行兔三为法,复遍乘右行兔五得一十五,与左行兔一十五,对减,尽.猪二得六,减左行猪一十,余得猪四.羊一得三,减左行羊一十,余得羊七,价四千得一万二千,减左行二万,余得八千.

再相乘:以中行猪十六为法,遍乘左行猪四得六十四,羊七得一百一十二,价八千得一十二万八千;却以左行猪四为法,复遍乘中行猪一十六得六十四与左行猪六十四对减,尽.羊三得一十二,减左行羊一百一十二,余得羊一百为法,价一万二千得四万八千,减左行一十二万八千,余得八万为实,以法除得羊价八百文.

中行价一万二千减羊三价得二千四百余得九千六百,以猪一十六除得猪价六百.

右行价四千,减羊一价八百,猪二价一千二百,余得价二千,以兔五除得兔价四百,合问.

8. 七兔四猪二羊言,各价一千有剩钱.

兔减一猪无少剩,猪减一羊也一般.

羊除一兔却得就,减说余钱整一千.

有人算得无差错,堪把佳名四海传.

答曰:兔价二百,猪价(三)[四]百,羊价六百.

法曰:见有数并钱为正,减除数为负,列所问数:

右	兔正七为法	猪负一	羊空	正一千
中	兔空	猪正四	羊负一	正一千
左	兔负一得负七	猪空	羊正二得正十四	正一千得三七千

以右行兔正七为法遍乘左行得数,却以左行兔负一为法遍乘右行兔正七得正七,与左行兔负七异名,对减,尽.猪负一得负一,与左行猪空无减,加得猪负一.羊空无加减,亦得羊正十四,正一千得正一千,同加左行正七千,共得正八千.

再相乘:以中行猪正四为法遍乘左行猪负一得负四,羊正十四得正五十六,正八千得正三万二千;却以左行猪负一为法复遍乘中行猪正四得正四,与左行猪负四异名,对减,尽.羊负一得负一,异减左行羊正五十六,余得羊正五十五为法.正一千得正一千,同加左行正三万二千共得正三万三千为实.以法除得羊价六百.

中行正一千加羊负一价六百,共得一千六百,以猪正四除得猪价四百.

右行正一千加猪负一价四百,共得一千四百,以兔正七除得兔价二百,合问.

9.今有布绢三十疋,共卖价钞五百七.

四疋绢价九十贯,三疋布价该五十.

欲问绢布各几何?价钞各该分端的.

若人算得无差讹,堪把芳名提郡邑.

答曰:绢一十二疋,该钞二百七十贯,布一十八疋,该钞三百贯.

法曰:排列问数:

右绢四疋得三百六十	布三疋得一百七十	共三十疋得二千七百
左价九十贯为法	五十贯	五百七十贯

先以左行价九十贯为法,遍乘右行得数.却以右行绢四疋为法,复遍乘左行价九十得三百六十,与左行三百六十对减,尽.价五十得二百,对左行二百七十余七十为法,价五百七十贯得二千二百八十,减右行二千七百余四百二十为实,以法除之得六为错综之数.以布三疋乘之得布一十八疋,以布价五十贯乘之得九百贯,却以布三疋除之得该三百贯,以减总布绢三十疋余得绢一十二疋,共钞五百七十贯,余得该钞二百七十贯,合问.

——**九章详注比类方程算法大全卷第八[终]**

诗词体数学题译注：

1. **注解**：成器：成品，有时也比喻有用的人才. 相和：合在一起，共有. 相交：交换.

译文：有成品镯子 8 只和钗子 9 只，镯子重量多些，合在一起共重 9.4 两. 已仔细与先生说过，如果二物交换一只，秤之则重量相等. 有人算得就是聪明伶俐的能人，不会的人请来问我！

解：吴敬原法为：此问 7 钏 9 钗共重 9.4 两，交换其一适等者，乃 6 钏 1 钗重 4.7 两，1 钏 8 钗重 4.7 两. 此即：设钏每只重 x 两，钗每只重 y 两. 则

$$\begin{cases}6x+y=4.7 & (1)\\ x+8y=4.7 & (2)\end{cases}$$

解之：$x=0.7$ 两，$y=0.5$ 两.

今法

$$\begin{cases}7x+9y=9.4\\ 6x+y=8y+x\end{cases}$$

解之：$x=0.7$ 两，$y=0.5$ 两.

2. **注解**：毛锥：毛笔. 端溪：用广东省高要县端溪地方产的石头制成的砚台. 齐同了毕：齐同术本是我国古代数学用语，始见于赵君卿《周髀算经注》，刘徽完善. 赵君卿说："分母不同，则子不齐，当互乘以齐同之."刘徽说："凡母互乘子谓之齐，群母相乘谓之同. 同者，相与通同共一母也；齐者，子与母齐，势不可失本数也.""乘以散之，约以聚之，齐同以通之，此其算之纲纪乎！"此处的"齐同了毕"，当理解为"3 支毛笔，再贴钱 480 文，与 7 个砚台的价钱相等".

译文：甲借乙家 7 个砚台，还他 3 支毛笔，又贴补 480 文钱，正好等于 7 个砚台的价钱. 丙又借乙家 8 支毛笔，还他 3 个端砚，又贴钱 180 文与乙家 9 只毛笔的价钱相同. 请问笔、砚价各多少？

解：设砚台每个价 x 文，毛笔每支价 y 文，依题意，则

$$\begin{cases}7x=3y+480 & (1)\\ 9y=3x+180 & (2)\end{cases}$$

亦即吴敬原法为

$$\begin{cases}7x-3y=480 & (3)\\ 3x-9y=-180 & (4)\end{cases}$$

(3) ×3 − (4) ×7 得 $54y=2\ 700$

$y=50$ 文

(4)代入(1)得：$x=90$ 文

3. **简介**:古代《九章算术》《孙子算经》《张丘建算经》都载有类似的问题.此题实际上是据《九章算术》勾股章第10题改编,这题原文是:

今有甲、乙二人持钱不知其数.甲得乙半而钱五十,乙得甲太半而钱亦五十,问甲乙持钱各几何?

注解:少半:即$\frac{1}{3}$.中半即$\frac{1}{2}$.无那:无区别,一样.乙钱少半甲相和:是甲借乙钱$\frac{1}{3}$与甲钱相加.乙得甲钱中半:是乙借甲钱$\frac{1}{2}$.沽酒:买酒.相和:相加.

译文:甲、乙二人买酒,出钱不知谁多谁少.将乙钱$\frac{1}{3}$与甲钱相加,恰为200文;乙得甲钱的$\frac{1}{2}$,也同样是200文.用什么方法,才可以算甲、乙各原有多少钱而无差错.

解:《九章算术》原用方程术解.吴敬的解法是,列所问数:

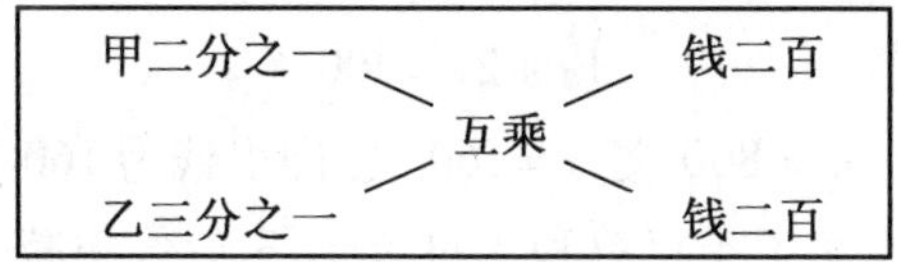

互乘以少减多:$3\times200-2\times200=200$ 为实

$2+3=5$　为法

以法除实,$200\div5=40$.

乙钱:$40\times3=120$(文).

甲钱:$(200-120)\times2=160$(文).

王文素在《算学宝鉴》中指出:“此巧逢之数,非通理也.幸遇甲母是二,乙母是三,甲、乙二子俱一,和钱俱二百者,可用《九章(算法比类大全)》之法,或分母是四五以上,分子是二三以上者,不可用之,况又此题即是方程,愚今改用方程之法入之,列位布算异同.”王文素的方程法:

甲行	甲原二	借乙一	甲共钱二百
乙行	借甲一	乙原三	乙共钱二百

以甲行甲原二互乘乙行乙原三得六,却以乙行借甲一,互乘甲行借乙一,以少减多,余乙五为法,另以甲行甲原二互乘乙钱二百得四百,却以乙行借甲一互乘甲钱二百得二百,亦以少减多,余二百为实,以法除之,得四十.以乙行乙原三乘之,得乙钱一百二十文,以减共钱二百,余八十.以甲原二乘之,得甲钱一百六十文,合问为正.这相当于方程

$$\begin{cases}2x+y=200 & (1)\\ x+3y=200 & (2)\end{cases}$$

(2) ×2 得

$$2x+6y=400 \quad (3)$$

(3) - (1)得:$5y=200, y=40$.

乙钱:40 ×3 =120(文).

甲钱:(200 - 120) ×2 =160(文).

现在解法可列方程为

$$\begin{cases}x+\frac{y}{3}=200 & (4)\\ \frac{x}{2}+y=200 & (5)\end{cases}$$

由(4)(5)得

$$\begin{cases}3x+y=600 & (6)\\ x+2y=400 & (7)\end{cases}$$

2 ×(6) - (7)得:$5x=800$ 文,$x=160$ 文,即甲钱为 160 文,乙钱为 120 文.

4. **译文**:对人诉说卖了 4 只鸡和 3 只兔子,3 兔价中减去双鸡(两只鸡),4 只鸡中又减去 1 兔,则鸡钱兔价无差错,整好各是一千文. 鸡兔二价分明亦有谁人知晓? 按加减乘除的规律计算,不会的人空思慕.

解:吴敬原法为:

鸡正四	兔负一	价正一千
鸡负二	兔正三	价正一千

此相当于联立方程组,设鸡每只价为 x 文,兔每只价 y 文,以题意可列方程组:

$$\begin{cases}4x-y=1\,000 & (1)\\ -2x+3y=1\,000 & (2)\end{cases}$$

(2) ×4 得

$$-8x+12y=4\,000 \quad (3)$$

-2 ×(1)得

$$-8x+2y=-2\,000 \quad (4)$$

(3) - (4)得

$$10y=6\,000, y=600 \quad (5)$$

(5)代入(1)得:$4x-600=1\ 000$,$4x=1\ 600$,$x=400$ 文.

5. **译文**:有 6 犬 2 猪和 8 只兔子,各价不足 2 贯. 如果 8 只兔价加 1 头猪,6 犬价中加 1 只兔子,2 头猪价中加 4 犬,则各为 2 贯,那么,大猪兔价怎样计算?引出纵横算法,由您选取.

注解:虚:空虚,不足. 欠:少或不足. 缤:延长,不出.

解:吴敬原法为:

右	六犬	空	一兔	二千
中	四犬	二猪	二空	二千
左	空	一猪	八兔	二千

设:犬价为 x 文,猪价为 y 文,兔价为 z 文,则吴敬的解法相当于

$$\begin{cases}6x+z=2\ 000 & (1)\\4x+2y=2\ 000 & (2)\\y+8z=2\ 000 & (3)\end{cases}$$

$6\times(2)-4\times(1)$得

$$12y-4z=4\ 000 \qquad (4)$$

$12\times(3)-(4)$得:$100z=20\ 000$.

所以 $z=200$ 文.

代入得:$x=300$ 文.

$y=400$ 文.

6. **译文**:有 6 犬 3 猪和 8 只兔子,各价一贯有余,6 犬减外余 2 猪;3 猪减外余 1 只兔. 8 兔减外余 2 犬,则各为一贯. 犬猪兔价怎样算. 引出纵横算法,由你选取.

解:吴敬原法为:

右:	犬正六	猪负二	兔空	正一千
中:	犬负二	猪空	兔正八	正一千
左:	犬空	猪正三	兔负一	正一千

相当于如下联立方程组:设犬价为 x 文,猪价为 y 文,兔价为 z 文,依题意,则

$$\begin{cases}6x-2y=1\ 000 & (1)\\-2x+8z=1\ 000 & (2)\\3y-z=1\ 000 & (3)\end{cases}$$

$6\times(2)-(-2)\times(1)$得

$$-4y+48z=8\ 000 \qquad (4)$$

$(4)\times3-(-4)\times(3)$得 $140z=28\ 000, z=200$ 文.

代入得:$x=300$ 文,$y=400$ 文.

7. **译文**:有人说:“有 5 只兔子,4 头猪,2 只羊,各价不及 4 000 文钱.”如果兔增 2 头猪 1 只羊,猪增 2 只兔子 1 只羊,羊添 2 头猪 3 只兔子,各得增添后,各价恰为 4 000 文,请问兔、猪、羊价各多少? 有人算得无差错,可把你的美名到处传场.

解:吴敬原法为:

右:	兔五	猪二	羊二	价四千
中:	兔二	猪四	羊二	价四千
左:	兔三	猪二	羊二	价四千

相当于如下联立方程组:设兔价为 x 文,猪价为 y 文,羊价为 z 文,则

$$\begin{cases}5x+2y+z=4\ 000 & (1)\\ 2x+4y+z=4\ 000 & (2)\\ 3x+2y+2z=4\ 000 & (3)\end{cases}$$

解之:$x=400$ 文,$y=600$ 文,$z=800$ 文.

8. **译文**:对人说:“有 7 只兔子、4 头猪、2 只羊,各价 1 000 文还有剩余钱.”如果“兔减一猪,猪减一羊,羊减一兔”,则减余后各余钱正 1 000 文. 请问每只兔、猪、羊价各多少文. 如果有人能算得无差错,可把你的佳名四海传扬.

解:吴敬原法为:

右	兔正七	猪负	羊空	正一千
右	兔空	猪正四	羊负一	正一千
左	兔负一	猪空	羊正二	正一千

相当于如下联立方程组:

设兔价每只 x 文,猪价每只 y 文,羊价每只 z 文. 依题意,可得

$$\begin{cases}7x-y=1\ 000 & (1)\\ 4y-z=1\ 000 & (2)\\ -x+2z=1\ 000 & (3)\end{cases}$$

解之:$x=200$ 文,$y=400$ 文,$z=600$ 文.

9. **注解**:郡邑:我国古代的行政区划,比县小,秦汉以后,比县大.

译文:今有布绢共30疋,共卖钱570贯,每4疋绢价90贯,每3疋布价50贯,欲问绢布各多少疋?如果有人能算得无差错,可把你的芳名提到郡邑中去.

解:吴敬原法为:

右	绢四疋	布三疋	共三十疋
左	九十贯	五十贯	共五百七十贯

相当于如下的联立方程组

$$\begin{cases}4x+3y=30 & (1)\\ 90x+50y=570 & (2)\end{cases}$$

$90\times(1)-4\times(2)$得$70y=420$,$y=6$为错综数

布:$3\times6=18$(疋)　该钞:$50\times6=300$(贯)

绢:$30-18=12$(疋)　该钞:$570-300=270$(贯)

今法:设有绢x疋,布y疋,则

$$\begin{cases}x+y=30 & (3)\\ \dfrac{90}{4}x+\dfrac{50}{3}y=570 & (4)\end{cases}$$

解之:$x=12$疋,钞:270贯,$y=18$疋,钞:30贯.

①本章共 43 问,其中古问 18 问,比类 16 问,诗词 9 问.

本章中,吴敬首先写一小序,说明用互乘消元法解线性一次联立方程组,正负数加减法的应用等,这是一篇很好的小序,为学者"参题取用,依法布算"指明了方向.

本章共有 18 个问题,从现代意义上来看,有 17 个问题是有唯一解的线性联立方程组,它们的未知数个数与方程个数相等.

现代初中数学中解线性联立一次方程组的加减消元法和代入法,最早见于我国古典数学名著《九章算术》方程章及刘徽的注文中,这是《九章算术》及刘徽注在世界数学发展史上的一项前无古人的巨大成就.

方程章第一题是:

今有上禾三秉(bǐng),中禾二秉,下禾一秉,实三十九斗,上禾二秉,中禾三秉,下禾一秉,实三十四斗;上禾一秉,中禾二秉,下禾三秉,实二十六斗,问上中下禾实一秉各几何?

题中的"禾",就是黍谷,"秉"是古量名称,这里可作"束"来理解,"实"是打下来的谷子. 若设 x,y,z 分别表示上中下禾实各一秉的斗数,则依题意可列出三元一次线性联立方程组如下

$$\begin{cases}3x+2y+z=39 & (1)\\ 2x+3y+z=34 & (2)\\ x+2y+3z=26 & (3)\end{cases}$$

古代用算筹布列筹式如下图:

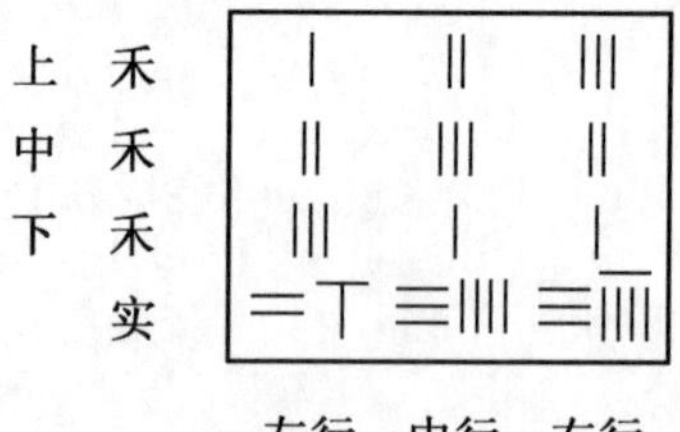

	左行	中行	右行
上禾	𝍠	𝍡	𝍢
中禾	𝍡	𝍢	𝍡
下禾	𝍢	𝍠	𝍠
实	𝍪𝍥	𝍫𝍣	𝍫𝍨

因为像这样布列出来的筹式呈长方形,所以《九章算术》的作者称为"方程",称这种解题方法为"方程术",这是我国汉语中"方程"一词的由来,不过,《九章算术》中"方程"一词是指线性联立一次方程组,而现代数学中"方程"一词的概念要比《九章算术》广义得多,刘徽解释说:"程,课程也,群物总杂,各列有数,总言其实,令每行为率,二物者再程,三物者三程,皆如物数程之,并列为行,故谓这'方程'."

此题术文全面地记录了我国两千多年前列线性联立方程组和解线性联立

方程组的详细过程，每一步骤相当于现在的矩阵初等变换.《九章算术》称为"直除法"."除"是"减"之意，"直除"也就是连续相减的消元法，这种方法，与现在的加减消元法在理论上是一致的. 解法的术文说："置上禾三秉，中禾二秉，下禾一秉，实三十九斗，于右方. 中、左禾列如右方，以右行上禾，偏乘中行，而以直除，又乘其次，亦以直除……"

此即以(1)式中 x 项的系数 3 遍乘(2)式，再连续两次减去(1)式，得

$$5y+z=24 \tag{4}$$

再以(1)式中 x 项的系数 3 遍乘(3)式，减去(1)式，得

$$4y+8z=39 \tag{5}$$

用同样的方法，以(4)式中 y 项的系数 5 遍乘(5)式，减去(4)式，得

$$36z=99$$

以 9 约之　　$4z=11$

所以可得，$x=9\frac{1}{4}, y=4\frac{1}{4}, z=2\frac{3}{4}$.

用算筹布列筹式，简单过程如下：

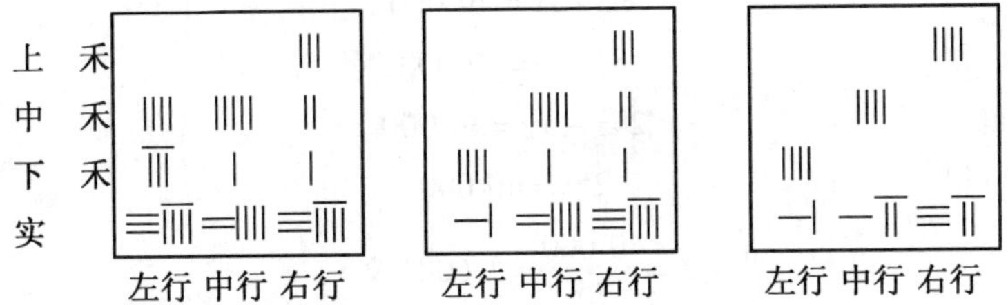

这相当于矩阵初等变换：

$$\begin{bmatrix}1&2&3\\2&3&2\\3&1&1\\26&34&39\end{bmatrix}\to\begin{bmatrix}0&0&3\\4&5&2\\8&1&1\\39&24&39\end{bmatrix}\to\begin{bmatrix}0&0&3\\0&5&2\\4&1&1\\11&24&39\end{bmatrix}\to\begin{bmatrix}0&0&4\\0&4&0\\4&0&0\\11&17&37\end{bmatrix}$$

《九章算术》方程章线性联立一次方程组，不但在解法方面值得珍视. 在方程理论方面也有所创新.

ⅰ. 在第二题术文中，引入方程移项法则："损之曰益，益之曰损."此即方程的某一项由等式的一端移到另一端，符号正变负，负变正，这与现在"方程的两端，以同数相加减，所得新方程与原方程同解"的道理是一样的，这比阿拉伯数学家阿尔·花拉子模的"回复与对消"早一千年左右.

ⅱ. 通过遍乘、直除法，可知《九章算术》的作者已十分熟悉：如果方程的两

端同时乘以或除以不等于 0 的同一数，所得新方程与原方程同解.

ⅲ. 通过刘徽注文可知，如果方程的两端同时加上或减去同一数(举率以相减)，则所得新方程与原方程同解(不害余数之课也).

《九章算术》中线性联立一次方程组的解法，对我国后世数学家有很大的影响，秦九韶《数学九章》(1247 年)、朱世杰《算学启蒙》等书中都载有许多三元或四元一次联立方程组，其解法要比《九章算术》完善简便，与现在解法基本一致，其中包括互乘相消、代入法，以系数的最大公约数除方程的两边等，如《算学启蒙》卷下"方程正负门"第二问：

今有二马三牛四羊价各不满一万. 若马添牛一，牛添羊一，羊添马一，各满一万，问三色各一价钱几何?

设马价为 x，牛价为 y，羊价为 z，依题意可列方程

$$\begin{cases}2x+y=10\ 000\\3y+z=10\ 000\\4z+x=10\ 000\end{cases}$$

朱世杰的解法如下：(3) ×2 得

$$8z+2x=20\ 000$$

(4) -(1)得

$$8z-y=10\ 000$$

(5) ×3 得

$$24z-3y=30\ 000$$

(6) +(2)得

$$25z=40\ 000$$

所以

$$z=\frac{40\ 000}{25}=1\ 600(\text{文})$$

将 z 的值代入式(2)得

$$3y+1\ 600=10\ 000$$

$$y=\frac{10\ 000-1\ 600}{3}=2\ 800(\text{文})$$

将 y 的值代入(1)得

$$2x+2\ 800=10\ 000$$

$$x=\frac{10\ 000-2\ 800}{2}=3\ 600(\text{文})$$

"正负"这一对数学名词术语，是我国古代的故有数学名词术语，由古代一直沿用到现在，至少已有两千余年的历史了.

我国古代的天文学是很发达的，在古代的天文计算中，由于计算太阳视运动位置的度数和月球在黄道上内外度数等的实际需要，很早就应用了负数. 东汉元和二年(85 年)，我国天文学家编䜣(约 1 世纪)、李梵(约 1 世纪)创制的

《四分历》中,明确地记载了正负数加减法的计算法则.《四分历》说:"强正弱负也,其强弱相减,同名相去,异名从之,从强进少为弱,从弱进少为强."①比《四分历》稍晚,天文学家刘洪所著《乾象历》(174 年)一书中,也应用了正负数.刘洪说:"强正弱负,强弱相并,同名相从,异名相消;其相减也,同名相消,异名相从,无对互之."这实际上就是现在中学数学中所讲的正负数加减法计算法则.

在《九章算术》方程章中,对正负数概念已有了很明确的认识,在方程章的计算题中,一般以卖出数为正,买入数为负;或以余钱为正,不足钱为负,关于粮谷的计算,一般则以加入粮谷数为正,付出粮谷数为负,方程章正负术的术文说:"同名相除,异名相从,正无入负之,负无入正之;其异名相除,同名相异,正无入正之,负无入负之."这段术文的前半段说的是正负数减法的计算法则;后半段说的是正负数加法的计算法则,术文中的"同名""异名"是指相加减时,二数的符号相同或相异,术文中的"相除""相异"是指二数的绝对值相减或相加."无入"是指由零减去或加入某数的意思.照这样的理解,用现代数学术语来叙述,这段术文前半段的意思是:

同符号二数相减,等于其绝对值相减;

异符号二数相减,等于其绝对值相加;

零减负数得正数,零减正数得负数.

设 $b>a\geqslant 0$,则

$$(\pm a)-(\pm b)=\mp(b-a)$$

$$(\pm a)-(\mp b)=\pm(a+b)$$

$$0-(\pm b)=\mp b$$

这段术文后半段的意思是:

异符号二数相加,等于其绝对值相减;

同符号二数相加,等于其绝对值相加;

零加正数得正数,零加负数得负数.

设 $b>a\geqslant 0$,则

$$(\pm a)+(\mp b)=\mp(b-a)$$

---

① 少是$\frac{1}{4}$,半是$\frac{1}{2}$,太是$\frac{3}{4}$.

比少多一些叫"少强",比少少一些叫"少弱",它们之间的关系为

弱 $=0-\frac{1}{12}$,少弱 $=\frac{1}{4}-\frac{1}{12}$,半弱 $=\frac{2}{4}-\frac{1}{12}$,太弱$\frac{3}{4}-\frac{1}{12}$

弱 $=0+\frac{1}{12}$,少强 $=\frac{1}{4}+\frac{1}{12}$,半强 $=\frac{2}{4}+\frac{1}{12}$,太强$\frac{3}{4}+\frac{1}{12}$

$$(\pm a)+(\pm b)=\pm(a+b)$$
$$0+(\pm b)=\pm b$$

在《九章算术》中,虽然没有明确提出正负数乘除法的计算法则,但在方程章的计算题和刘徽的注文中,却已多次应用.

刘徽在《九章算术注》中,给正负数下了一个定义,他说:"两算得失相反,要令正负以名之."我们认为,刘徽的这一定义,在今天的初等数学中,仍不失其正确的意义,凡"两算得失相反"的数,都"要令正负以名之".

《九章算术》中对线性联立一次方程组解法所取得的成就是前无古人的,是极其伟大的.希腊的丢番图和印度数学家婆罗门笈多解过一些线性联立一次方程组,但方法远不及《九章算术》完备,且在《九章算术》之后,7 世纪,日本人的算书中,也是仿《九章算术》的方程术,用算筹列出增广矩阵后,借互乘消元法获得结果.

在欧洲,1559 年法国数学家彪特在《算术》中,得出与《九章算术》相似的不太完备的加减消元法,这已在《九章算术》1 300 年之后.关于线性联立方程组的解法,在欧洲通常认为是 1678 年以前由莱布尼茨(G. W. Leibniz,1646—1716)创立,1764 年法国贝祖用行列式建立了线性联立方程组的一般理论.

②此题相当于解方程

$$\begin{cases}2x+y=1\\3y+z=1\\x+4z=1\end{cases}$$

本题中,在术文中首次引用了正负数加减法计算法则,刘徽在注文中说:"于算或减或益,同行异位,殊为二品,各有并减之差,见于下焉.著此二条,特系之禾以成此二条之意."上面的方程若消去首项后,可能出现正、负两种情况:

若消去首项,两方程首项系数同号,应当相减:在方程组中

$$\begin{cases}7x+2y=11\\2x+8y=9\end{cases}$$

首项同号,两式相减,得

$$(7-2)x+(2-8)y=11-(-9)$$

即
$$5x-6y=20$$

在方程组中

$$\begin{cases}7x+2y=11\\-2x+8y=-9\end{cases}$$

首项异号,两式相加,得

$$(7-2)x+(2+8)y=11+(-9)$$

即
$$5x+10y=2$$

③此即

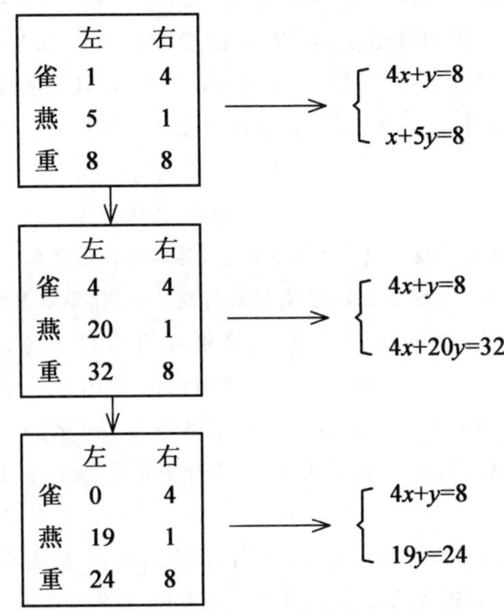

刘徽在注文中,还给出另一种解法,他说:"按此四雀一燕与一雀五燕其重等,是三雀四燕重相当,雀率重四,燕率重三也,诸再程之率,皆可异术求这,即其数也."

设 x,y 分别为一雀、一燕之重量,依刘注则有

$$4x+y=x+5y$$

移项得 $3x=4y$,即 $x:y=4:3$,此即"是三雀四燕重相当,雀率重四,燕率重三也".然后,再按衰分术,即可求得雀、燕的重量.

此题与《九章算法比类大全》卷七盈不足章诗词第26题内容相近.

④本题的术文,只有一句:如方程,以正负术入之,但刘徽的论文,写得很详细,内容可分为三部分:

ⅰ.首先着重说明此题的重要性,此麻麦与均输,少广章重衰,积分皆为大事……

ⅱ.方程旧术,凡用七十七算.

ⅲ.方程新术,凡用一百二十四算.

现全文引录刘徽的注文,并引用白尚恕(1921—1975)的注释细草,我只加

了两条增广矩阵线,并将李潢的细草译释附后.

术曰:如方程.以正负术入之.此麻麦与均输、少广之章重衰、积分皆为大事.其拙于精理徒按本术者,或用算而布毡,方好烦而喜误,曾不知其非,反欲以多为贵.故其算也,莫不暗于设通而专一端.至于此类,苟务其成,然或失之,不可谓要约.更有异术者,庖丁解牛,游刃理间,故能历久,其刃如新.夫数,犹刃也,易简用之则动中庖丁之理.故能和神爱刃,速而寡尤.凡《九章》为大事,按法皆不尽一百算也.虽布算不多,然足以算多.世人多以方程为难,或尽布算之象在缀正负而已,未暇以论其设动无方,斯胶往调瑟之类.聊复恢演,为作新术,著之于此,将亦启导疑意.网罗道精,岂传之空言?记其施用之例,著策之数,每举一隅焉.

方程新术曰:以正负术入之.令左、右相减,先去下实,又转去物位,则其求一行二物正、负相借者,易其相当之率.又令二物与他行互相去取,转其二物相借之数,即皆相当之率也.各据二物相当之率,对易其数,即各当之率也.更置减行及其下实,各以其物本率今有之,求其所同.并以为法.其当相并而行中正、负杂者,同名相从,异名相消,余以为法.以下置为实.实如法,即合所问也.一物各以本率今有之,即皆合所问也.率不通者,齐之.

其一术曰:置群物通率为列衰.更置减行群物之数,各以其率乘之,并以为法.其当相并而行中正、负杂者,同名相从,异名相消,余为法.以减行下实乘列衰,各自为实.实如法而一,即得.

以旧术为之,凡应置五行.今欲要约,先置第四行,以减第三行.反减第四行,去其头位.次置第二行,以第三行减第二行.去其头位.次置右行及左行.去其头位.次以第二行减右行头位.次以右行去左行及第二行头位.又去第四行头位,余,可半.次以第四行减左行头位.次次左行去第四行及第二行头位.次以第二行去第四行头位.余,约之为法.实,如法而一得六,即黍价.以法减第二行得荅价,左行得菽价.右行得麦价.第三行得麻价.如此凡用七十七算.

以新术为此:先以第四行减第三行.次以第三行去右行及第二行、第四行下位;又以减左行下位,不足减乃止.次以左行减第三行下位.次以第三行去左行下位.讫,废去第三行.次以第四行去左行下位,又以减右行下位.次以右行去第二行及第四行下位.次以第二行减第四行及左行头位.次以第四行减左行菽位,不足减乃止.次以左行减第二行头位.余,可再半.次以第四行去左行及第二行头位.次以第二行去左行头位.余,约之,上得五,下得三.是菽五当荅三.次以左行去第二行菽位,又以减第四行及右行菽位,不足减,乃止.次以右行减第二行头位,不足,减乃止.次以第二行去右行头位.次以左行去右行头位.余,上得六,下得五.是为荅六当黍五.次以左行去右行荅位.余,约之,上为二,下为一.次以右行去第二行下位,以第二行去第四行下位,又以减左行下位.次,左行去第二行下位.余,上得三,下得四.是为麦三当菽四.次以第二行减第四行下位.次以第四行去第二行下位.余,上得四,下得七.是为麻四当麦七.是为相当之率举矣.据麻四当麦七,即麻价率七而麦价率四;又麦三当菽四,即为麦价率四而菽价率三;又菽五当荅三,即为菽价率三而荅价率五;又荅六当黍五,即为荅价率五而黍价率六;而率通矣.更置第三行,以第四行减之,余有麻一斗、菽四斗正,荅三斗负，下实四正．求其同为麻之数，以菽率三、荅率五各乘菽答斗数，如麻率七而一，菽得一斗七分斗之五正，荅得二斗七分斗之一负．即菽、荅化为麻．以并之，令同名相从，异名相消，余得定麻七分斗之四，以为法．置下实四为实，而分母乘之，实得二十八，而分子化为法矣．以法除，得七，即麻一斗之价．置麦率四、菽率三、荅率五、黍率六，皆以麻乘之，各自为实．以麻率七为法．所得即各为价．亦可使置本行实与物同通之，各以本率今有之，求其本率．所得并以为法．如此，则无正负之异矣，择异同而已．又可以一术为之：置五行通率，为麻七、麦四、菽三、荅五、黍六，以为列衰．减行麻一斗、菽四斗正，荅三斗负，各以其率乘之．讫，令同名相从，异名相消，余为法．又置下实乘列衰，所得各为实．此可以实约法，即不复乘列衰，各以列衰为价．如此则凡用一百二十四算也．

今以第十八问为例，按“直除”法推算如下：

设麻、麦、菽、荅、黍1斗之价各为 x, y, z, u, v 钱，依题意得“方程”或方程组为

	(左)(五)	(四)	(三)	(二)	(右)(一)
麻	1	2	3	7	9
麦	3	5	5	6	7
菽	2	3	7	4	3
荅	8	9	6	5	2
黍	5	4	4	3	5
下实	95	112	116	128	140

$$9x+7y+3z+2u+5v=140 \quad (1)$$
$$7x+6y+4z+5u+3v=128 \quad (2)$$
$$3x+5y+7z+6u+4v=116 \quad (3)$$
$$2x+5y+3z+9u+4v=112 \quad (4)$$
$$1x+3y+2z+8u+5v=95 \quad (5)$$

“先置第四行，以减第三行”，即

	(五)	(四)	(六)	(二)	(一)
麻	1	2	1	7	9
麦	3	5	0	6	7
菽	2	3	4	4	3
荅	8	9	−3	5	2
黍	5	4	0	3	5
下实	95	112	4	128	140

(3) − (4)得

$$x + 4z - 3u = 4$$

"反减第四行,去其头位",即

	（五）	（七）	（六）	（二）	（一）
麻	1	0	1	7	9
麦	3	5	0	6	7
菽	2	-5	4	4	3
荅	8	15	-3	5	2
黍	5	4	0	3	5
下实	95	104	4	128	140

(4) -2(6)得

$$5y - 5z + 15u + 4v = 104 \tag{7}$$

"次置第二行,以第三行减第二行,去其头位",即

（五）	（七）	（六）	（八）	（一）
1	0	1	0	9
3	5	0	6	7
2	-5	4	-24	3
8	15	-3	26	2
5	4	0	3	5
95	104	4	100	140

(2) -7(6)得

$$6y - 24z + 26u + 3v = 100 \tag{8}$$

"次置右行及左行,去其头位",即以左右两行各减第三行.

（十）	（七）	（六）	（八）	（九）
0	0	1	0	0
3	5	0	6	7
-2	-5	4	-24	-33
11	15	-3	26	29
5	4	0	3	5
91	104	4	100	104

(1) -9(6)得

$$7y - 33z + 29u + 5v = 104 \tag{9}$$

(5) -(6)得

$$3y-2z+11u+5v=91 \tag{10}$$

“次以第二行减右行”,即

$$\begin{array}{ccccc}
(十) & (七) & (六) & (八) & (十一) \\
\end{array}$$

$$\begin{pmatrix}
0 & 0 & 1 & 0 & 0 \\
3 & 5 & 0 & 6 & 1 \\
-2 & -5 & 4 & -24 & -9 \\
11 & 15 & -3 & 26 & 3 \\
5 & 4 & 0 & 3 & 2 \\
91 & 104 & 4 & 100 & 4
\end{pmatrix}$$

(9) - (8)得

$$y-9z+3u+2v=4 \tag{11}$$

“次以右去左行及第二行头位”,以左行、第二行各减第一行消去其第二项

$$\begin{array}{ccccc}
(十二) & (七) & (六) & (十三) & (十一) \\
\end{array}$$

$$\begin{pmatrix}
0 & 0 & 1 & 0 & 0 \\
0 & 5 & 0 & 0 & 1 \\
25 & -5 & 4 & 30 & -9 \\
2 & 15 & -3 & 8 & 3 \\
-1 & 4 & 0 & -9 & 2 \\
79 & 104 & 4 & 76 & 4
\end{pmatrix}$$

(10) -3(11)得

$$25z+2u-v=79 \tag{12}$$

(8) -6(11)得

$$30z+8u-9v=76 \tag{13}$$

“又去第四行头位,余,可半”. 当消去第四行第二项后,再约分;

$$\begin{matrix} \binom{十}{二} & \binom{十}{四} & (六) & \binom{十}{三} & \binom{十}{一} \end{matrix}$$

$$\begin{pmatrix} 0 & 0 & 1 & 0 & 0 \\ 0 & 0 & 0 & 0 & 1 \\ 25 & 20 & 4 & 30 & -9 \\ 2 & 0 & -3 & 8 & 3 \\ 1 & -3 & 0 & -9 & 2 \\ 79 & 42 & 4 & 76 & 4 \end{pmatrix}$$

(7) -5(11)得

$$40z - 6v = 84 \text{ 或 } 20z - 3v = 42 \tag{14}$$

"次以第四行减左行",即

$$\begin{matrix} \binom{十}{五} & \binom{十}{四} & (六) & \binom{十}{三} & \binom{十}{一} \end{matrix}$$

$$\begin{pmatrix} 0 & 0 & 1 & 0 & 0 \\ 0 & 0 & 0 & 0 & 1 \\ 5 & 20 & 4 & 30 & -9 \\ 2 & 0 & -3 & 8 & 3 \\ 2 & -3 & 0 & -9 & 2 \\ 37 & 42 & 4 & 76 & 4 \end{pmatrix}$$

(12) -(14)得

$$5z + 2u + 2v = 37 \tag{15}$$

"次以左行去第四行及第二行头位",即

$$\begin{matrix} \binom{十}{五} & \binom{十}{六} & (六) & \binom{十}{七} & \binom{十}{一} \end{matrix}$$

$$\begin{pmatrix} 0 & 0 & 1 & 0 & 0 \\ 0 & 0 & 0 & 0 & 1 \\ 5 & 0 & 4 & 0 & -9 \\ 2 & -8 & -3 & -4 & 3 \\ 2 & -11 & 0 & -21 & 2 \\ 37 & -106 & 4 & -146 & 4 \end{pmatrix}$$

(14) -4(15)得

$$-8u - 11v = -106 \tag{16}$$

(13) -6(15)得

$$-4u - 21v = -146 \tag{17}$$

“次以第二行去第四行头位”，即

$$\begin{array}{ccccc} (\text{十五}) & (\text{十八}) & (\text{六}) & (\text{十七}) & (\text{十一}) \end{array}$$
$$\begin{pmatrix} 0 & 0 & 1 & 0 & 0 \\ 0 & 0 & 0 & 0 & 1 \\ 5 & 0 & 4 & 0 & -9 \\ 2 & 0 & -3 & -4 & 3 \\ 2 & 31 & 0 & -21 & 2 \\ 37 & 186 & 4 & -146 & 4 \end{pmatrix}$$

(16) -2(17)得

$$31v=186 \tag{18}$$

“余，约之为法、实．如法而一得六，即黍价”，即

$$\begin{array}{ccccc} (\text{十五}) & (\text{十九}) & (\text{六}) & (\text{十七}) & (\text{十一}) \end{array}$$
$$\begin{pmatrix} 0 & 0 & 1 & 0 & 0 \\ 0 & 0 & 0 & 0 & 1 \\ 5 & 0 & 4 & 0 & -9 \\ 2 & 0 & -3 & -4 & 3 \\ 2 & 1 & 0 & -21 & 2 \\ 37 & 6 & 4 & -146 & 4 \end{pmatrix}$$

由(18)得

$$v=\frac{186}{31}=6 \tag{19}$$

“以法减第二行得荅价”，即

$$\begin{array}{ccccc} (\text{十五}) & (\text{十九}) & (\text{六}) & (\text{二十}) & (\text{十一}) \end{array}$$
$$\begin{pmatrix} 0 & 0 & 1 & 0 & 0 \\ 0 & 0 & 0 & 0 & 1 \\ 5 & 0 & 4 & 0 & -9 \\ 2 & 0 & -3 & 1 & 3 \\ 2 & 1 & 0 & 0 & 2 \\ 37 & 6 & 4 & 5 & 4 \end{pmatrix}$$

(17) $+21$(19)得

$$-4u=-20,u=5 \tag{20}$$

"左行得菽价,右行得麦价,第三行得麻价."以左行减第四行、第二行得菽价,右行减第四行、第二行,再减左行得麦价,第三行减第二行、左行得麻价.

(二十一)	(十九)	(二十三)	(二十)	(二十二)
0	0	1	0	0
0	0	0	0	1
1	0	0	0	0
0	0	0	1	0
0	1	0	0	0
3	6	7	5	4

(15) - [2(19) + 2(20)]得

$$z = 3 \tag{21}$$

(11) - [2(19) + 3(20) - 9(21)]得

$$y = 4 \tag{22}$$

(6) + [3(20) - 4(21)]得

$$x = 7 \tag{23}$$

其中共计 77 次运算,即"如此凡用七十七算".

次以第二行减右行,次以第四行减左行.

注文"次以第二行减右行"及"次以第四行减左行". 皆不误. 钱校本依戴震改为"次以第二行减右行头位"及"次以第四行减左行头位",其中两处各添"头位"二字,显系蛇足,今删.

以新术为此,……,是为相当之率举矣.

仍以第十八问为例注释如下:

设麻、麦、菽、荅、黍 1 斗之价各为 x, y, z, u, v 钱,故得

	(左) (五)	(四)	(三)	(二)	(右) (一)
麻	1	2	3	7	9
麦	3	5	5	6	7
菽	2	3	7	4	3
荅	8	9	6	5	2
黍	5	4	4	3	5
下实	95	112	116	128	140

$$9x+7y+3z+2u+5v=140 \quad (1)$$

$$7x+6y+4z+5u+3v=128 \quad (2)$$

$$3x+5y+7z+6u+4v=116 \quad (3)$$

$$2x+5y+3z+9u+4v=112 \quad (4)$$

$$x+3y+2z+8u+5v=95 \quad (5)$$

“先以第四行减第三行”,即

$$\begin{matrix} (五) & (四) & (六) & (二) & (一) \end{matrix}$$
$$\begin{pmatrix} 1 & 2 & 1 & 7 & 9 \\ 3 & 5 & 0 & 6 & 7 \\ 2 & 3 & 4 & 4 & 3 \\ 8 & 9 & -3 & 5 & 2 \\ 5 & 4 & 0 & 3 & 5 \\ 95 & 112 & 4 & 128 & 140 \end{pmatrix}$$

(3) - (4)得

$$x+4z-3u=4 \quad (6)$$

次以第三行去右行及第二行、第四行下位. 又以减左行下位,不足减乃止. 即

$$\begin{matrix} (十) & (九) & (六) & (八) & (七) \end{matrix}$$
$$\begin{pmatrix} -22 & -26 & 1 & -25 & -26 \\ 3 & 5 & 0 & 6 & 7 \\ -90 & -109 & 4 & -124 & -137 \\ 77 & 93 & -3 & 101 & 107 \\ 5 & 4 & 0 & 3 & 5 \\ 3 & 0 & 4 & 0 & 0 \end{pmatrix}$$

(1) - 35(6)得

$$-26x+7y-137z+107u+5v=0 \quad (7)$$

(2) - 32(6)得

$$-25x+6y-124z+101u+3v=0 \quad (8)$$

(4) - 28(6)得

$$-26x+5y-109z+93u+4v=0 \quad (9)$$

(5) - 23(6)得

$$-22x+3y-90z+77u+5v=3 \quad (10)$$

“次以左行减第三行下位,不足减乃止”,即

$$
\begin{array}{ccccc}
(十) & (九) & \binom{十}{一} & (八) & (七) \\
\end{array}
$$

$$
\begin{bmatrix}
-22 & -26 & 23 & -25 & -26 \\
3 & 5 & -3 & 6 & 7 \\
-90 & -109 & 94 & -124 & -137 \\
77 & 93 & -80 & 101 & 107 \\
5 & 4 & -5 & 3 & 5 \\
3 & 0 & 1 & 0 & 0
\end{bmatrix}
$$

(6) - (10)得

$$23x - 3y + 94z - 80u - 5v = 1 \tag{11}$$

于"减第三行下位"下,脱落"不足减乃止"五字. 今补.

"次以第三行去左行下位. 讫,废去第三行",即

$$
\begin{array}{cccc}
\binom{十}{二} & (九) & (八) & (七) \\
\end{array}
$$

$$
\begin{bmatrix}
-91 & -26 & -25 & -26 \\
12 & 5 & 6 & 7 \\
-372 & -109 & -124 & -137 \\
317 & 93 & 101 & 107 \\
20 & 4 & 3 & 5 \\
0 & 0 & 0 & 0
\end{bmatrix}
$$

(10) -3(11)得

$$-91x + 12y - 372z + 317u + 20v = 0 \tag{12}$$

"次以第四行去左行下位. 又以减右行头位",即

$$
\begin{array}{cccc}
\binom{十}{三} & (九) & (八) & \binom{十}{四} \\
\end{array}
$$

$$
\begin{bmatrix}
39 & -26 & -25 & 0 \\
-13 & 5 & 6 & 2 \\
173 & -109 & -124 & -28 \\
-148 & 93 & 101 & 14 \\
0 & 4 & 3 & 1 \\
0 & 0 & 0 & 0
\end{bmatrix}
$$

(12) -5(9)得

$$39x - 13y + 173z - 148u = 0 \tag{13}$$

(7) - (9)得

$$2y - 28z + 14u + v = 0 \tag{14}$$

“又以减右行头位”. 各版本皆误为“下位”,今校正.

“次以右行去第二行及第四行下位”,即

$$\begin{array}{cccc} \begin{pmatrix}\text{十}\\\text{三}\end{pmatrix} & \begin{pmatrix}\text{十}\\\text{六}\end{pmatrix} & \begin{pmatrix}\text{十}\\\text{五}\end{pmatrix} & \begin{pmatrix}\text{十}\\\text{四}\end{pmatrix} \end{array}$$

$$\begin{bmatrix} 39 & -26 & -25 & 0 \\ -13 & -3 & 0 & 2 \\ 173 & 3 & -40 & -28 \\ -148 & 37 & 59 & 14 \\ 0 & 0 & 0 & 1 \\ 0 & 0 & 0 & 0 \end{bmatrix}$$

(8) -3(14)得

$$-25x-40z+59u=0 \tag{15}$$

(9) -4(14)得

$$-26x-3y+3z+37u=0 \tag{16}$$

“次以第二行减第四行及左行头位,不足减乃止”,即

$$\begin{array}{cccc} \begin{pmatrix}\text{十}\\\text{八}\end{pmatrix} & \begin{pmatrix}\text{十}\\\text{七}\end{pmatrix} & \begin{pmatrix}\text{十}\\\text{五}\end{pmatrix} & \begin{pmatrix}\text{十}\\\text{四}\end{pmatrix} \end{array}$$

$$\begin{bmatrix} 14 & -1 & -25 & 0 \\ -13 & -3 & 0 & 2 \\ 133 & 43 & -40 & -28 \\ -89 & -22 & 59 & 14 \\ 0 & 0 & 0 & 1 \\ 0 & 0 & 0 & 0 \end{bmatrix}$$

(16) -(15)得

$$-x-3y+43z-22u=0 \tag{17}$$

(13) +(15)得

$$14x-13y+133z-89u=0 \tag{18}$$

注文“次以第二行减第四行及左行头位”下,似脱落“不足减乃止”一语,今以意校补.

“次以第四行减左行䓘位,不足减乃止”,即

(十九)	(十七)	(十五)	(十四)
17	−1	−25	0
−4	−3	0	2
4	43	−40	−28
−23	−22	59	14
0	0	0	1
0	0	0	0

(18) −3(17)得

$$17x-4y+4z-23u=0 \tag{19}$$

"次以左行减第二行头位,余可再半",即

(十九)	(十七)	(二十)	(十四)
17	−1	−2	0
−4	−3	−1	2
4	43	−9	−28
−23	−22	9	14
0	0	0	1
0	0	0	0

(15) +(19)得

$$-8x-4y-36z+36u=0$$

即

$$-2x-y-9z+9u=0 \tag{20}$$

"次以第四行去左行及第二行头位",即

(二十一)	(十七)	(二十二)	(十四)
0	−1	0	0
−55	−3	5	2
735	43	−95	−28
−397	−22	53	14
0	0	0	1
0	0	0	0

(19) +17(17)得

$$-55y+735z-397u=0 \tag{21}$$

(20) -2(17)得

$$5y-95z+53u=0 \tag{22}$$

"次以第二行去左行头位. 余约之. 上得五,下得三,是菽五当荅三",即

(二十三)	(十七)	(二十二)	(十四)
0	−1	0	0
0	−3	5	2
−5	43	−95	−28
3	−22	53	14
0	0	0	1
0	0	0	0

(21) +11(22)得

$$-310z+186u=0$$

即

$$-5z+3u=0,\text{或 } 5z=3u \tag{23}$$

"次以左行去第二行菽位. 又以减第四行及右行菽位,不足减乃止",即

(二十三)	(二十五)	(二十四)	(二十六)
0	−1	0	0
0	−3	5	2
−5	3	0	−3
3	2	−4	−1
0	0	0	1
0	0	0	0

(22) -19(23)得

$$5y-4u=0 \tag{24}$$

17 +8(23)得

$$-x-3y+3z+2u=0 \tag{25}$$

(14) -5(23)得

$$2y-3z-u+v=0 \tag{26}$$

"次以右行减第二行头位,不足减乃止",即

二十三	二十五	二十七	二十六
0	−1	0	0
0	−3	1	2
−5	3	6	−3
3	2	−2	−1
0	0	−2	1
0	0	0	0

(24) −2(26)得

$$y+6z-2u-2v=0 \tag{27}$$

“次以第二行去右行头位”,即

二十三	二十五	二十七	二十六
0	−1	0	0
0	−3	1	0
−5	3	6	−15
3	2	−2	3
0	0	−2	5
0	0	0	0

(26) −2(27)得

$$-15z+3u+5v=0 \tag{28}$$

“次以左行去右行头位. 余,上得六,下得五,是为荅六当黍五”,即

二十三	二十五	二十七	二十九
0	−1	0	0
0	−3	1	0
−5	3	6	0
3	2	−2	−6
0	0	−2	5
0	0	0	0

(28) −3(23):

$$-6u+5v=0 \tag{29}$$

或

$$6u=5v$$

“次以左行去右行荅位,余,约之. 上为二,下为一”,即

$$\begin{array}{cccc}
(\text{二十三}) & (\text{二十五}) & (\text{二十七}) & (\text{三十}) \\
\end{array}$$

$$\begin{pmatrix}
0 & -1 & 0 & 0 \\
0 & -3 & 1 & 0 \\
-5 & 3 & 6 & -2 \\
3 & 2 & -2 & 0 \\
0 & 0 & -2 & 1 \\
0 & 0 & 0 & 0
\end{pmatrix}$$

(29) +2(23)得

$$-10z+5v=0$$

即
$$-2z+v=0 \tag{30}$$

“次以右行去第二行下位”,即

$$\begin{array}{cccc}
(\text{二十三}) & (\text{二十五}) & (\text{三十一}) & (\text{三十}) \\
\end{array}$$

$$\begin{pmatrix}
0 & -1 & 0 & 0 \\
0 & -3 & 1 & 0 \\
-5 & 3 & 2 & -2 \\
3 & 2 & -2 & 0 \\
0 & 0 & 0 & 1 \\
0 & 0 & 0 & 0
\end{pmatrix}$$

(27) +2(30)得

$$y+2z-2u=0 \tag{31}$$

“以第二行去第四行下位. 又以减左行下位. 不足减乃止”,即

(三十三)	(三十二)	(三十一)	(三十)
0	−1	0	0
1	−2	1	0
−3	5	2	−2
1	0	−2	0
0	0	0	1
0	0	0	0

(25) + (31)得

$$-z-2y+5z=0 \tag{32}$$

(23) + (31)得

$$y-3z+u=0 \tag{33}$$

“又以减左行下位”下,似脱落“不足减乃止”五字. 今补.

“次左行去第二行下位. 余,上得三,下得四,是为麦三当菽四”,即

(三十三)	(三十二)	(三十四)	(三十)
0	−1	0	0
1	−2	3	0
−3	5	−4	−2
1	0	0	0
0	0	0	1
0	0	0	0

(31) + 2(33)得

$$3y-4z=0\text{,或 }3y=4z \tag{34}$$

“次以第二行减第四行下位. 不足减乃止”,即

(三十三)	(三十五)	(三十四)	(三十)
0	−1	0	0
1	1	3	0
−3	1	−4	−2
1	0	0	0
0	0	0	1
0	0	0	0

(32) + (34)得

$$-x+y+z=0 \tag{35}$$

“减第四行下位”下,似脱落“不足减乃止”五字.今校补.

“次以第四行去第二行下位.余,上得四,下得七,是为麻四当麦七.是为相当之率举矣”,即

(三十三)	(三十五)	(三十六)	(三十)
0	−1	−4	0
1	1	7	0
−3	1	0	−2
1	0	0	0
0	0	0	1
0	0	0	0

(34) +4(35)得

$$-4x+7y=0 \text{ 或 } 4x=7y \tag{36}$$

由(23),(29),(34),(36)式得 $5z=3u$,$6u=5v$,$3y=4z$,$4x=7y$,即是求得二物“相当之率”,也就是注文所说“相当之率举矣”.

据麻四当麦七即为麻价率七而麦价率四……,而率通矣.

因 $4x=7y$,即“麻四当麦七”,故有:$x:7=y:4$,即“麻价率七而麦价率四”,又因 $3y:4z$,$5z=3u$,$6u=5v$,故答得:$y:4=z:3$,$z:3=u:5$,$u:5=v:6$,也可表示为连比,即

$$x:y:z:u:v=7:4:3:5:6$$

即是群物的比率“通矣”.

更置第三行,以第四行减之,……,所得即同为麻之数.

这是以群物通率推求各物一斗的价格,即“更置第三行,以第四行减之.”

即是重新布置(3),(4)两式,以(4)式减去(3)式,即由

$$3x+5y+7z+6u+4v=116 \tag{3}$$

减去

$$2x+5y+3z+9u+4v=112 \tag{4}$$

得

$$x+4z-3u=4 \tag{6}$$

称为"减行".

欲求麻一斗的价格,乃"以菽率三、荅率五各乘菽、荅斗数,如麻率七而一",即

$$4z=4\times\frac{3}{7}x=1\ \frac{5}{7}x$$

$$-3u=-3\times\frac{5}{7}x=-2\ \frac{1}{7}x$$

所得乃是"菽得一斗七分斗之五正,荅得二斗七分斗之一负".

以$4z$, $-3u$,代入上式,并求其和,得

$$x+4\times\frac{3}{7}x-3\times\frac{5}{7}z=4$$

或

$$x+1\ \frac{5}{7}x-2\ \frac{1}{7}x=4$$

即

$$\frac{4}{7}x=4$$

就是"菽荅化为麻以并之","余为定麻七分斗之四以为法. 置下实,四为实,故$x=7$,即"麻一斗之价". 一斗之价置麦率四. 菽率三,荅率五,黍率六. 皆以其斗数乘之,各自为实,以麻率七为法. 所得即同为麻之数",即

$$x:y:z:u:v=7:4:3:5:6$$

如注文所述,则得

$$y=\frac{4\times7}{7}=4, z=\frac{3\times7}{7}=3$$

$$u=\frac{5\times7}{7}=5, v=\frac{6\times7}{7}=6$$

亦可使置本行实与物同通之,……,择异同而已.

当求得相当之率以后,不必代入减行以求物价,也可代入"本行"计算. "本行"即是原方程.

例如,今欲代入第二行,$7x+6y+4z+5u+3v=128$,以求麦一斗之价.因

$$x:y:z:u:v=7:4:3:5:6$$

可得

$$7x=7\times\frac{7}{4}y=12\frac{1}{4}y$$

$$4z=4\times\frac{3}{4}y=3y$$

$$5u=5\times\frac{5}{4}y=6\frac{1}{4}y$$

$$3v=3\times\frac{6}{4}y=4\frac{2}{4}y$$

将以上各式代入第二行,得

$$12\frac{1}{4}y+6y+3y+6\frac{1}{4}y+4\frac{2}{4}y=128$$

或

$$32y=128$$

即"所得并以为法".以下实 128 为实,以 32 为法,得麦一斗之价为

$$y=\frac{128}{32}=4$$

因所列原方程各项都为正,所以代入原方程求物价,所得各项也都为正.于是注文评论说"如此则无正负之异矣".若代入"减行"求物价,所得各项可能正负相互掺杂.若并以为法,则有正负之异.显见,或依前法以求物价,或按后法以求物价,实际是"择异同而已".

"求其所同".由前文可知各本皆讹作"求其本率".今校正.

又或以其一术为之.……,一百二十四算也.

"又可以其一术为之"以下,是"其一术"的算草.

以"五行通率"$x:y:z:u:v=7:4:3:5:6$ 作为"列衰",以"减行"$x+4z-3u=4$ 各项系数乘其比率,得

$$1\times7+4\times3-3\times5=4$$

即"余为法",作为除数.又以"减行"下实 4 乘列衰,"所得各为实",即

$$麻(x):\frac{4\times7}{4}=7$$

$$麦(y):\frac{4\times4}{4}=4$$

$$菽(z):\frac{4\times3}{4}=3$$

$$荅(u):\frac{4\times5}{4}=5$$

$$黍(v):\frac{4\times6}{4}=6$$

因下实为4,法为4,运算中需以4除4,即“以实约法”. 既是以4除4,则可不必乘列衰,可由列衰直接求得其一斗之价. 虽然这样略去一些运算,但总计一百二十四次运算.

注文“又可以”下,似脱落一“其”字,今校补.

李潢《九章算术细草图说》解法译释

$$\begin{cases}9x+7y+3z+2u+5v=140 & (1)\\ 7x+6y+4z+5u+3v=128 & (2)\\ 3x+5y+7z+6u+4v=116 & (3)\\ 2x+5y+3z+9u+4v=112 & (4)\\ x+3y+2z+8u+5v=95 & (5)\end{cases}$$

$9\times(2)-7\times(1)$:

$$\begin{array}{rrl} & 63x+54y+36z+45u+27v=1\,152 & (6)\\ -) & 63x+49y+21z+14u+35v=\quad 980 & (7)\\ \hline & 5y+15z+31u-8v=\quad 172 & (8)\end{array}$$

$9\times(2)-7\times(1)$:

$$\begin{array}{rrl} & 63x+54y+36z+45u+27v=1\,152 & (6)\\ -) & 63x+49y+21z+14u+35v=\quad 980 & (7)\\ \hline & 5y+15z+31u-8v=\quad 172 & (8)\end{array}$$

$9\times(4)-2\times(1)$:

$$\begin{array}{rrl} & 18x+45y+27z+81u+36v=1\,008 & (12)\\ -) & 18x+14y+6z+4u+10v=\quad 280 & (13)\\ \hline & 31y+21z+77u+26v=\quad 728 & (14)\end{array}$$

$9\times(5)-1\times(1)$:

$$\begin{array}{rrl} & 9x+27y+18z+72u+45v=\quad 855 & (15)\\ -) & 9x+7y+3z+2u+5v=\quad 140 & (16)\\ \hline & +20y+15z+70u+40v=\quad 715 & (17)\end{array}$$

$5\times(11)-24\times(8)$:

$$\begin{array}{rrl} & 120y+270z+240u+135v=3\,120 & (18)\\ -) & 120y+360z+744u-192v=4\,128 & (19)\\ \hline & -90z-504u-327v=-1\,008 & (20)\end{array}$$

$5\times(14)-31\times(8)$:

$$\begin{array}{rrl} & 155y+105z+385u+130v=\ 3\,640 & (21)\\ -) & 155y+465z+961u-248v=\ 5\,332 & (22)\\ \hline & -360z-576u-378v=-1\,692 & (23)\end{array}$$

$5\times(17)-20\times(8)$:

$$\begin{array}{rrl} & 100y+75z+350u+200v=3\,575 & (24)\\ -) & 100y+300z+620u-160v=3\,440 & (25)\\ \hline & -225z-270u-360v=\quad 135 & (26)\end{array}$$

$90\times(23)-360\times(20)$:

$$
\begin{array}{rr}
-32\,400z-51\,840u-34\,020v=-152\,280 & (27)\\
-)\ \underline{-32\,400z-181\,440u-117\,720v=-362\,880} & (28)\\
-129\,600u-83\,700v=-210\,600 & (29)
\end{array}
$$

90×(26)−225×(20):

$$
\begin{array}{rr}
-20\,250z-24\,300u-32\,400v=-12\,150 & (30)\\
-)\ \underline{-20\,250z-113\,400u-73\,575v=-226\,800} & (31)\\
-89\,100u-41\,175v=-214\,650 & (32)
\end{array}
$$

129 600×(32):

$$11\,547\,360\,000u+4\,461\,480\,000v=-30\,967\,920\,000 \quad (33)$$

89 100×(29):

$$
\begin{array}{rr}
-)\ \underline{11\,547\,360\,000u-4\,891\,590\,000v=18\,764\,460\,000} & (34)\\
2\,033\,910\,000v=1\,223\,460\,000 &
\end{array}
$$

上法下实,实如法而一:$\dfrac{12\,203\,460\,000}{2\,033\,910\,000}=6$(钱)为黍一斗之价.

⑤为便于理解,现依钱校本《九章算术》列原题原文,术文及刘注如下:

今有上禾七秉,损实一斗,益之下禾二秉,而实一十斗;下禾八秉,益实一斗与上禾二秉,而实一十斗.问:上、下禾实一秉各几何?

术曰:如方程,损之曰益,益之日损,问者之辞,虽以损益为说,今按实云:上禾七秉,下禾二秉,实一十一斗;上禾二秉,下禾八秉,实九斗也."损之曰益",言损一斗余当一十斗.今欲全其实,当加所损也."益之曰损"言益实一斗,乃满一十斗,今欲知本实,当减所加即得也.损实一斗者,其实过一十斗也;益实一斗者,其实不满一十斗也.重论损益数者,各以损益之数损益之也.

"损之曰益,益之曰损"相当于现在的移项法则,即"移负得正,移正得负".

设上禾一秉为 x 斗,下禾一秉为 y 斗,依术文刘徽注,可得

$$\begin{cases}(7x-1)+2y=10\\2x+(8y+1)=10\end{cases}$$

依术文:"损实一斗者,其实过一十斗也;益实一斗者,其实不满一十斗也."可将上述方程变换成

$$\begin{cases}7x+2y=10+1\\2x+8y=10-1\end{cases}$$

即

$$\begin{cases}7x+2y=11\\2x+8y=9\end{cases}$$

解此方程,即得.

若损1斗，实为10斗；若不损1斗，实应为11斗，此即“损之曰益”，若益1斗，实为10斗，若不益1斗，实应为9斗，此即“益之曰损”，也就是“今欲全其实，当加所损也”“今欲知本实，当减所加即得也”.

⑥本题术曰：如方程，置牛二，羊五正，豕一十三负，余钱数正；次牛三正，羊九负，豕三正；次牛五负，羊六正，豕八正，不足钱负. 以正负求入之. 此中行买卖相折，钱适足，但互买卖算而已，故下无钱直也.

设欲以此行如方程法，先令牛二徧乘中行，而以右行直除之，是终于下实虚缺矣. 故注曰正无实负，负无实正，方为类也. 方将以别实加适足之数，与实物作实，盈不足章黄金白银与此相当，假令黄金九，白银十一，称之重适等交易其一，金轻十三两，问：金、银一枚各重几何，与此同.

设 x,y,z 分别为牛、羊、豕价，按求有

$$\begin{cases}右\ 2x+5y-13z=1\,000 & (1)\\ 中\ 3x-9y+3z=0 & (2)\\ 左\ -5x+6y+8z=-600 & (3)\end{cases}$$

以正负术进行消元：先以右行头位2遍乘中行(2)，得

$$6x-18y+6z=0 \quad (4)$$

三度减右行，中行头位为0，中位为-33，实为-3 000，即由(4)式，累减(1)式，得

$$-33y+45z=-3\,000 \quad (5)$$

3×(3)式得

$$-15x+18y+24z=-1\,800 \quad (6)$$

5×(2)式得

$$15x-45y+15z=0 \quad (7)$$

(6)+(7)得

$$-27y+39z=-1\,800 \quad (8)$$

以3约之得

$$-9y+13z=-600 \quad (9)$$

9×(5)式得

$$-297y+405z=-27\,000 \quad (10)$$

33×(9)式得

$$-297y+429z=-19\,800 \quad (11)$$

(10)-(11)得

$$-24z=-7\,200 \quad (12)$$

以3约之，得 $$8z=2\ 400$$

所以 $$z=300$$

尽管《九章算术》未明确提出正负数乘除法计算法则，但在实际计算中却已应用了正负数计算法则.

⑦本题术曰：如方程. 置重过于石之物重为负此问者言：甲禾二秉之重过于一石也. 其过者几何？如乙一秉重矣. 互其算，令相折除，而一以石为之差实. 差实者，如甲禾余实. 故置算相与同也. 以正负术入之，此入头位异名相除者，正无入正之，负无入负之也.

设甲、乙、丙禾一秉之实分别为 x,y,z，依术意得方程

$$\begin{cases}2x-1=y\\3y-1=z\\4z-1=x\end{cases}$$

移项得

$$\begin{cases}2x-y=1\\3y-z=1\\-x+4z=1\end{cases}$$

⑧设上、下禾一秉之实分别为 x,y，依术得方程

$$\begin{cases}6x-10y=18\\-5x+15y=5\end{cases}$$

此问应用损益术，才得到上述负系数方程.

⑨互其算，即损益，设上禾一秉实为 x，下禾一秉实为 y，依题意，得

$$5x-11=7y$$

互其算为右行

$$5x-7y=11$$

同法，第二个关系式为

$$7x-25=5y$$

互其算为左行

$$7x-5y=25$$

⑩本题《九章算术》术文及刘徽注为：

术曰：如方程. 以正负术入之，此率应如方程为之，名各一逮井. 其后，法得七百二十一，实得七十六，是七百二十一绠而七十六逮井，而戊一绠逮井之数定，逮七百二十一分之七十六，是故七百二十一为井深，七十六为戊绠之长，举率以言之.

设甲、乙、丙、丁、戊绠长及井深分别为 x,y,z,u,v,w，依题意可得方程

$$\begin{cases}2x+y=w\\3y+z=w\\4z+u=w\\5u+v=w\\x+6v=w\end{cases}$$

有6个未知数,但只能列出5个方程,实际上本题有无穷多组解,是一个典型的不定方程问题,《九章算术》的作者并未认识到这一点.

刘徽注指出,以721为井深,76为戊绠长,……举率以言之,这是在中国数学史上首次明确提出不定方程问题.

上述方程,经过消元,可以化成

$$\begin{cases}721x=265w\\721y=191w\\721z=148w\\721u=129w\\721v=76w\end{cases}$$

这实际上给出了

$$x:y:z:u:v:w=265:191:148:129:76:721$$

即各绠长与井深的比率,故刘注称"举率以言之",只要 $w=721n(n=1,2,3,\cdots)$ 都会给出满足题设的 x,y,z,u,v 的值,《九章算术》只是取其中一组最小的正整数解作为本题的解而已.

⑪此问:正作四,强作三,弱作二:可理解为:$\frac{4}{4},\frac{3}{4},\frac{2}{4}$.

⑫此题名为"三田分粮",王文素在《算学宝鉴》卷二十七指出:"此问答数甚多,不及备载,云宗田每加一亩,站田每减七分,旧有田每减三分,皆可答之,计不破分者,凡二十六答,破为厘者,凡二百六十五答,请为较之."

王文素举出:

新证答曰:站田八亩四分,该米二石一斗;云宗田九亩,该米二石一斗一升五合;旧有田九亩一分,该米一石八斗二升.

又答曰:站田七亩七分,该米一石九斗二升五合;云宗田十亩,该米二石三斗五升,旧有田八亩八分,该米一石七斗六升.

又答曰:站田七亩,该米一石七斗五升;云宗田十一亩,该米二石五斗八升五合;旧有田八亩五合,该米一石七斗.

王文素解曰:此题以"三率分身"入之,固是正术.遇论价者,当以论价捷法求之.

新立论价术曰:

置总物乘贵价,内减总价,余为实,各以中,贱价以减贵价,余价为法,除实必尽,得中、贱二物之数.以减总物,余为贵物,各以其价乘之,得各共价.

王文素给出本题新法细草:

置总田二十六亩五分,以站田每亩科米二斗五升乘之,得六石六斗二升五合,内减总米六石三升五合,余五斗九升为云宗,旧有二田之实.以云宗每亩科米二斗三升五合,以减站田每亩科米,余一升五合为云宗田法;另以旧有田每亩科米二斗,亦减站田每亩科米,余五升为旧有田法;并二法,共六升五合.除实,得云宗,旧有田各九亩,余残五合,以旧有田五升除之,又得旧有田一分,并前九亩,共九亩一分.

置总田二十六亩五分,内减云宗田九亩,又减旧有田九亩一分,余八亩四分,即站田也.各以科米数乘之,得各米数,合问.

王文素指出吴敬法曰中:"得二色田各九亩"句"以上是,以下非".

⑬此题名为"四物分数"王文素在《算学宝鉴》卷二十七指出:此四率论价之题,计答数凡一千五百九十有六,不及备载,略记数答于左.

新证答曰:绫九十七疋,该钞二百三十二贯八百.

罗五十四疋,该钞一百一十三贯四百.

绢四十五疋,该钞八十一贯.

布四十五疋,该钞七十二贯.

又曰:绫九十六疋,该钞二百三十贯四百.

罗五十六疋,该钞一百一十七贯六百.

绢四十四疋,该钞七十九贯二百.

布四十五疋,该钞七十二贯.

证曰:绫每减一,罗每加二,绢每减一,皆合其数.

论价草曰:置总物二百四十一疋,以贵绫价二贯四百乘之,得五百七十八贯四百,内减总价四百九十九贯二百,余七十二贯二百为罗、绢、布三色之实.以罗价二贯一百减绫价,余三百为罗法,另以绢价一贯八百减绫价,余六百为绢法;又以布价一贯六百减绫价,余八百为布法,并三法,共一贯七百.除实,罗、绢、布各得四十五疋.除积七十六贯五百,余二贯七百.以罗法三百除之,又得罗九疋,并前共五十四疋,置共二百四十一疋,内减罗五十四疋,又减绢四十五疋,再减布四十五疋,余九十七疋即绫数也,各以其价乘之,得各用钱数,合问.

九章详注比类勾股算法大全卷第九

钱塘南湖后学吴敬信民编集
黑龙江省克山县潘有发校注

勾股计一百一问

求弦法曰[①]：勾自乘以减弦自乘，余开方除之一勾一股幕与弦积相等，故并而开方求弦面数.

弦求股法曰[①]：勾自乘以减弦自乘，余开方除之弦自乘内有一勾积，一股积，今法减去[勾积]余是股积，开方知股数.

(股)弦求勾法曰[①]：股自乘以减弦自乘，余开方除之弦自乘中有一勾积一股积，以股[积]减去弦积，余即勾实，故开平方法求之.

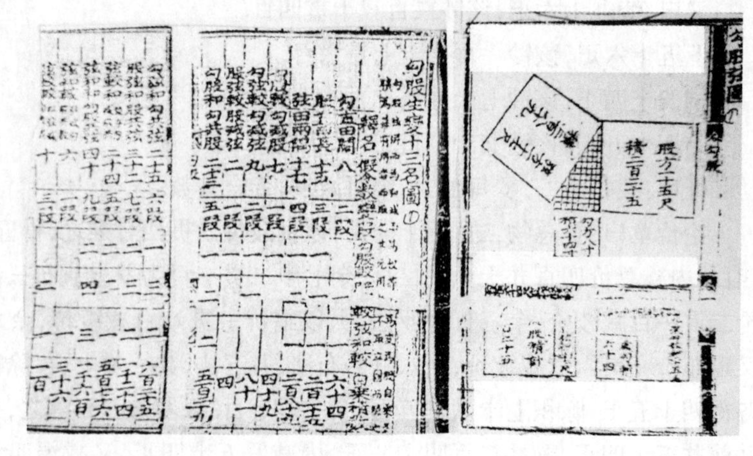

古问二十四问

［**勾股求弦**］

1. 勾八尺，股十五尺，问：为弦几何？[②]

答曰：十七尺.

法曰：勾八尺自乘得六十四尺，股十五尺自乘得二百二十五尺，并之得二百八十九尺为实，以开平方法除之，合问.

［**葛缠木长**］

2. (5)木长二丈，围之三尺，葛生其下，缠木七周，上与木齐，问：葛长几何？

答曰：二丈九尺.

法曰[③]：此问周乘围如股木长如勾，问葛如弦，勾七周乘三围得二十一尺，自乘得四百四十一尺，股木长二十尺，自乘得四百尺，并得八百四十一尺为实，以开平方法除之，合问.

［**弦勾求股**］

3. 弦十七步，勾八步，问：为股几何？[④]

答曰：十五步.

法曰：弦自乘内有一勾，一股积，减去余勾，余是股积，弦十七自乘得二百八十九，减勾八自乘得六十四，余得二百二十五为实，以开平方法除之，合问.

［**圆材问阔**］

4. (4)圆材径二尺五寸，为板，欲厚七寸，问：阔几何？

答曰：二尺四寸.

法曰：圆径如弦，板厚如勾，求阔如股，弦二尺五寸，自乘得六百二十五寸，减勾七寸自乘得四十九寸，余得五百七十六寸为实，以开平方法除之，合问.

［**股弦求勾**］

5. 股十五尺，弦十七尺，问：为勾几何？[⑤]

答曰：八尺.

法曰：弦自乘中有一股，一勾积，以股减弦，余即勾实. 弦十七自乘得二百八十九，减股十五自乘得二百二十五，余得六十四为实，以开平方法除之，合问.

［**池葭出水**］

6. (6)池方一丈，正中有葭，出水面一尺. 引葭至岸、与水面适平. 问：水深

几何?

答曰:一丈二尺.

法曰[⑥]:平池方如勾,水深如股,引葭平水如弦,出水一尺如股弦较,勾半池方五尺,自乘得二十五尺,以减股弦较出水一尺,自乘得一尺,余得二十四为实,倍较出水一尺为二尺为法,除之得股水深一丈二尺,合问.

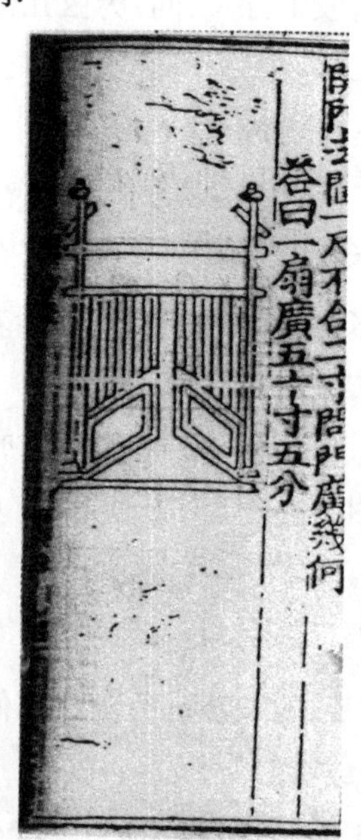

[开门问广]

7.(10)开门去阃一尺,不合二寸,问:门广几何?[⑦]

答曰:一扇广五十寸五分.

法曰:去阃如勾,门广如弦,不合之半如股弦较勾去(阃)[阃]十寸自乘得一百寸,股弦较不合二寸半之得一寸,自乘得一寸,并得一百一寸为实,倍较一寸得二寸为法,除之得弦门广五十寸五分,合问.

[立木垂索]

8.(7)立木垂索,委地二尺,引索斜之,拄地去木八尺,问:索长几何?[⑧]

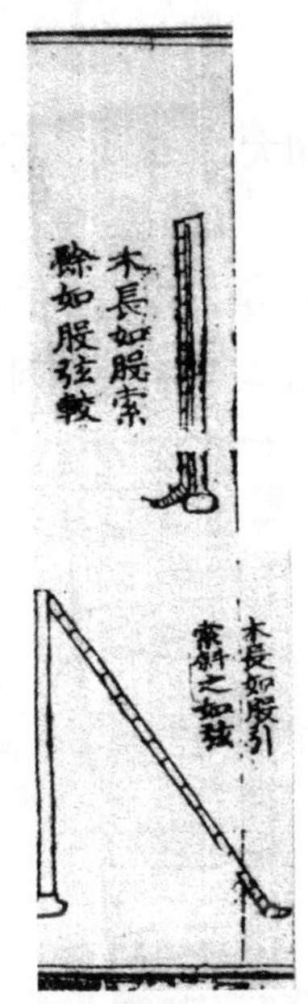

答曰：十七尺.

法曰：木长如股，弦索引之如弦，去木如内索余如股弦较，勾去木八尺自乘得六十四尺为实，以股弦较索垂地二尺为法除之得三十二尺，加较二尺得三十四尺，半之得斜长一十七尺，合问.

［**欹木求本**］

9.(8)垣高一丈，欹(qī)木齐垣，木脚去本，以画记之，卧而过画一尺，问：去木几何？[9]

答曰：四丈九尺五寸.

法曰：垣高如勾，过画得股弦较.

以垣高一百寸自乘得一万寸为实，以股弦较木余十寸除之得一千寸，以减较十寸余九百九十寸，折半得四丈九尺五寸，合问.

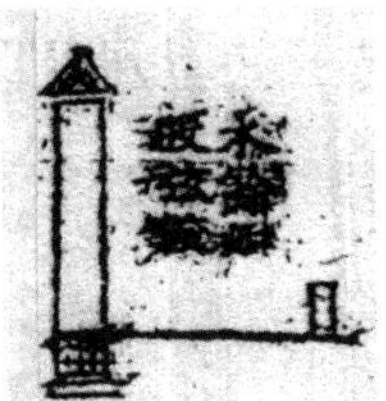

［圆材问径］

10.(9)圆材泥在壁中,不知大小,锯深一寸[10],道长一尺,问径几何?

答曰:二尺六寸.

法曰:锯道为勾,锯深为股弦较,半勾锯道五寸自乘得二十五寸为实,半股弦较一寸为法,除实如故,加半较一寸,得二十六寸,合问.

材径如弦半
鋸道如勾入
深二寸如股
弦較半一寸

［竹高折梢］

11.(13)竹高一丈,折梢拄地,去根三尺,问:折处高几何?

答曰:四尺二十分尺之十一.

法曰[11]:去根如勾,折处如股,折梢如弦,通长如股弦和.

勾去根三尺自乘得九尺,以股弦和竹高一丈而一除得九寸,以减股弦和竹高一丈,余得九尺一寸,半之得四尺余约得二十分[尺]之十一,合问.

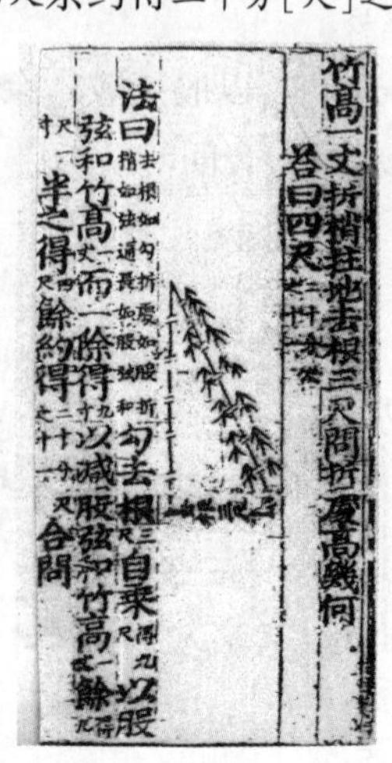
竹高一丈折梢拄地去根三尺問折處高幾何
荅曰四尺
法曰
勾去根自乘以股
弦和竹高而一除得以減股弦和竹高餘
半之得餘約得
合問

［**勾股容圆**］

12.（16）勾八步，股十五步，问：勾中容圆径几何？

答曰：八步.

法曰[12]：问径与弦和较等数，即勾、股求弦和较也. 勾八步股十五步，相乘得一百二十步，倍之得二百四十步为实，勾八步股十五步各自乘，并之开方得弦十七，加勾八股十五共得四十，为法除之得六步，即圆径，合问.

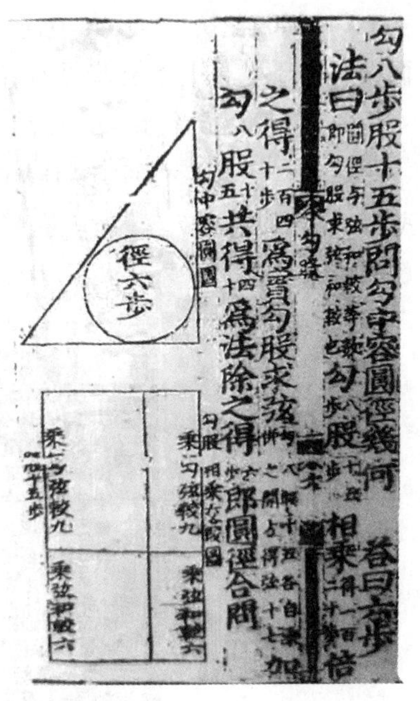

［**户求高广**］

13.（11）户高多广六尺八寸，两隅相去一丈，问：［户］高、广各几何？

答曰：高九尺六寸，广二尺八寸.

法曰[13]：两隅指去如弦，户高如股，户多广如勾弦较.

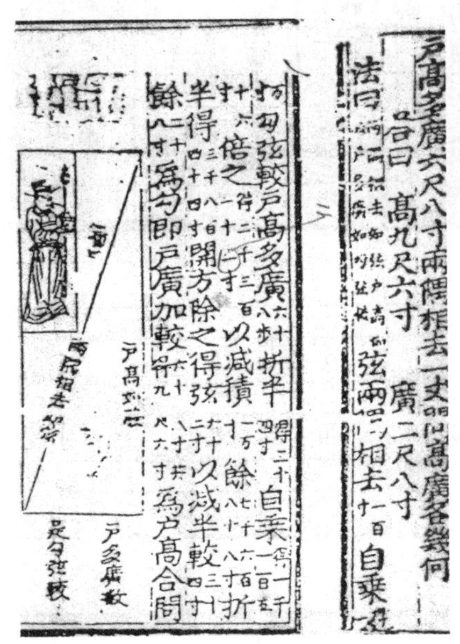

弦，两隅相去一百寸自乘得一万寸，勾弦较，户高多广六十八寸，折半得三十四寸，自乘得一千一百五十六，倍之得二千三百一十二，以减积一万寸，余七千六百八十八寸，折半得三千八百四十四寸，开方除之得弦六十二寸以减半较三十四寸，余二十八寸为勾，即户广. 加较六十八寸，共得九尺六寸，为户高，合问.

[**望木邑方**]

14.(20)邑方,不云大小,各中开门,北门外二十步有木,出南门十四步折而西行一千七百七十五步见木,问:邑方几何?

答曰:二百五十步.

法曰:⑭勾腰容方,用重差倍积而带从开方,余勾北门外二十步乘股,出西门一千七百七十五步,得三万五千五百步,倍之得七万一千步为实,并二余勾北门外二十步,南门外十四步共三十四步为从方,开平方法除之,得二百五十步,合问.

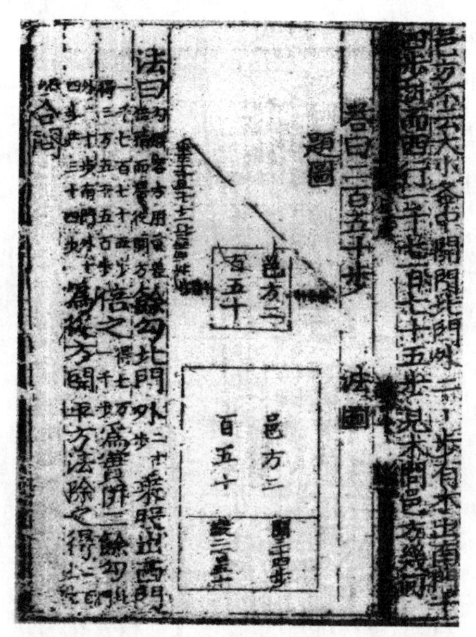

[**甲乙相会**]

15.(14)甲乙同所立,凡甲行[率]七,乙行[率]三.其乙东行而甲南行十步,斜之会乙.问:各行几何?

答曰:甲南行十步,斜之十四步半[及之]乙东行十步半.

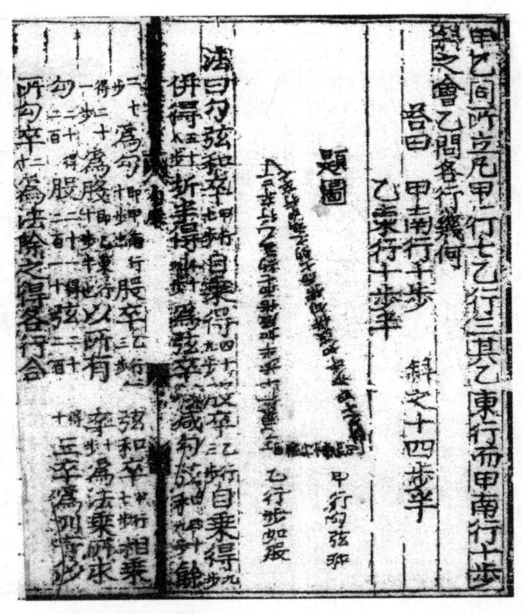

法曰[15]:勾股和(卒)[率]甲行七步,自乘得四十九步,股(卒)[率]乙行三步,自乘得九步,并得五十八步折半得二十九步为弦(卒)[率],以减勾弦和四十九步,余二十步为勾,即甲南行十步也,股(卒)[率]乙行三步,勾弦和(卒)[率]甲行七步,相乘得二十一步为股即乙东行十步半也,以所有勾率十步为法乘所求勾二十得二百,股二十一得二百一十,弦二十九得二百九十,三(卒)[率]为列实,以所勾(卒)[率]为法除之,得各行,合问.

16.(21)邑方十里,分中开门,二人同立邑之中,乙出东行(卒)[率]三,甲出南行(卒)[率]五.甲乃斜之磨邑隅角,与乙会,问:各行几何?

答曰:甲邑中行一千五百,出南门八百步,甲[东北]斜行四千八百八十七步半[及乙]乙东行四千三百一十二步半.

法曰[16]:勾弦和(卒)[率]甲行五,自乘得二十五,股(卒)[率]乙行三,自乘得九,并得三十四,折半得十七,为弦(卒)[率],以和(卒)[率]甲五股(卒)[率]乙三相乘得十五为股(卒)[率].弦(卒) [率]十七减和幂二十五余八即勾(卒)[率]邑有(卒)[率]数,却求见真数,当以互换术求之,半邑方一千五百步系小股真数,以勾(卒)[率]八乘得一万二千步为实,却以股(卒)[率]十五为法除之得八百步南门外小勾之数,加半邑方一千五百步共得二千三百步为大勾之数从邑心出南门,以弦(卒)[率]十七乘得三万九千一百为实,再以股(卒)[率]十五乘得三万四千五百亦为实,皆以勾(卒)[率]八为法除之,得弦甲斜之四千八百八十七步半,得股乙东行四千三百一十二步半,合问.

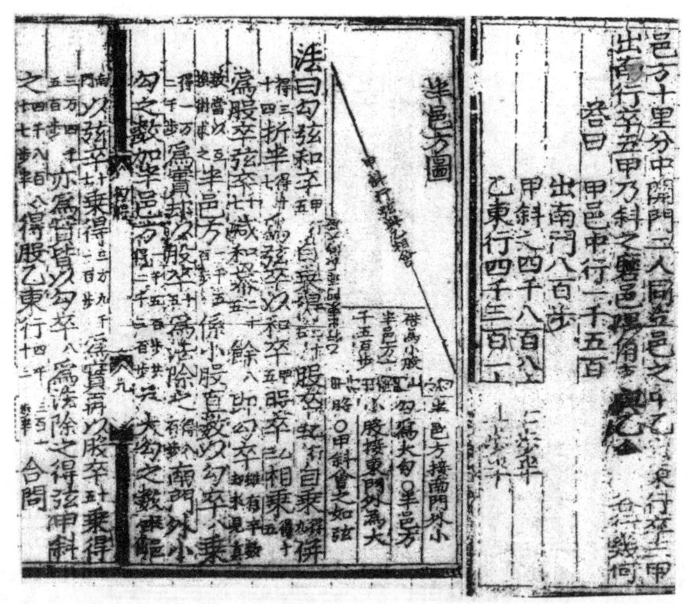

邑方十里分中開門二人同立邑之中乙東行……甲出南行……

答曰 甲邑中行一千五百 出南門八百步 甲斜行四千八百…… 乙東行四千三百……

半邑方圖

[**户问高广**]

17.(12)户,不知高广;竿,不知短长.横之,不出四尺;从之,不出二尺;斜之,适出,问:高、广、斜各几何?

答曰:高八尺,广六尺,斜一丈.

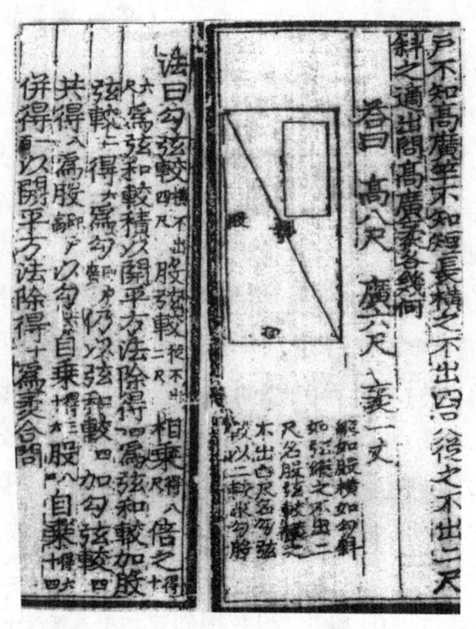

戶不知高廣竿不知短長橫之不出四尺從之不出二尺斜之適出問高廣斜各幾何

答曰 高八尺 廣六尺 斜一丈

法曰勾弦較……股弦較……相乘……倍之得……爲弦和較積以開平方法除得……

法曰[17]:勾弦较横不出四尺,股弦较从不出二尺,相乘得八尺,倍之得十六尺为弦积较积,以开平方法除之,得四尺为弦和较,加股弦较二得六为勾即户广,仍以弦和较四加勾弦较四,共得八为股即户高,仍以勾六自乘得三十六,股八自乘得六十四,并得一百,开平方法除之得十为斜,合问.

[**勾股容方**]

18.(15)勾六步,股十二步,问:容方几何?

答曰:方四步.

法曰[18]:勾六步,股十二步相乘得七十二步为实,并勾六,股十二得十八,为法除之得方四步,合问.

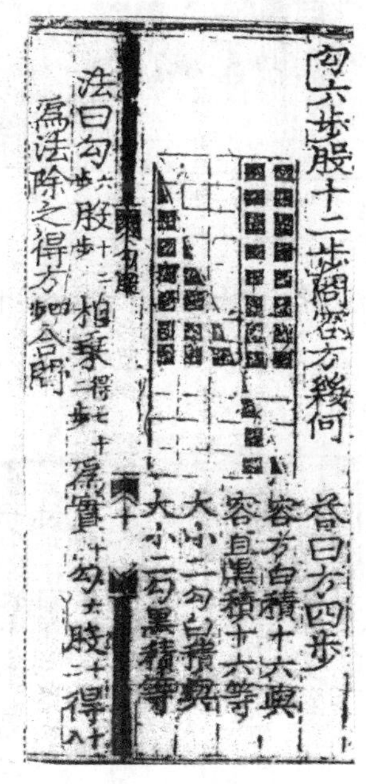

[**立表望木**]

19.(22)天遥不知去远,如方立四表(标竿),相去各一丈,令右二表与所望木参直,人立左后表之左三寸,斜睹(dǔ)其前左表,参合,问:木远几何?[19]

答曰:木去右前表三百三十三尺三分尺之一.

法曰:以容积为实立四表,方一百寸,自乘得一万寸,以余勾人立左行去表三寸为法除得余股即所答木远,合问.

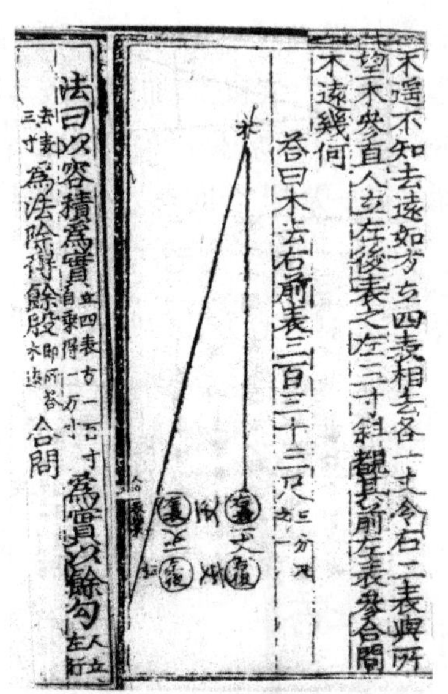
木遥不知去遠如方立四表相去各一丈令右二表與所
望木參直人立左後表之左三寸斜覩其前左表參合問
木遠幾何
答曰木去右前表三百三十三尺
法曰以容積爲實 爲實以餘勾 爲法除得餘股 合問

[**邑方见木**]

20.(19)邑方,不知大小,各中开门,出北门三十步有木,出西门七百五十步见木,问:邑方几何?[20]

答曰:三里.

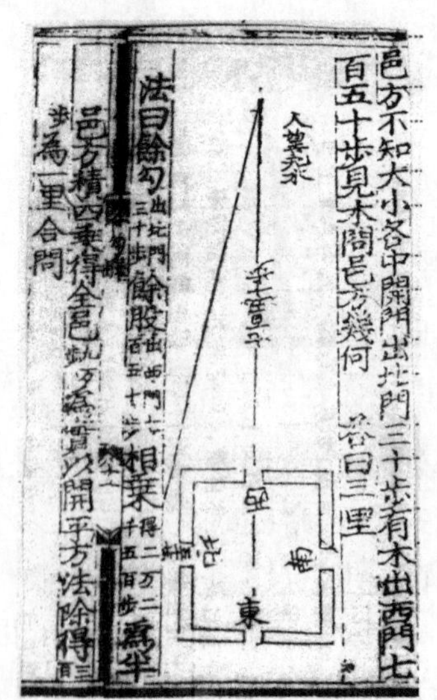
邑方不知大小各中開門出北門三十步有木出西門七
百五十步見木問邑方幾何
答曰三里
法曰餘勾出北門三十步餘股出西門七百五十步相乘得二万二千五百步爲半
邑方積四乘得全邑九万步爲實以開平方法除得三百
步爲一里合問

法曰:余勾出北门三十步,余股出西门七百五十步相乘得二万二千五百步为半邑方积,四乘得全邑九万步为实,开平方法除得三百步为一里,合问.

21.(17)邑方二百步,各中开门,东门外十五步有木,问:出南门几步见木?

答曰:六百六十六步三分步之二.

法曰[21]:以容积半邑方一百步自乘得一万步为实,以余勾东门外十五步为法,除之得余股即所答木去邑远步,合问.

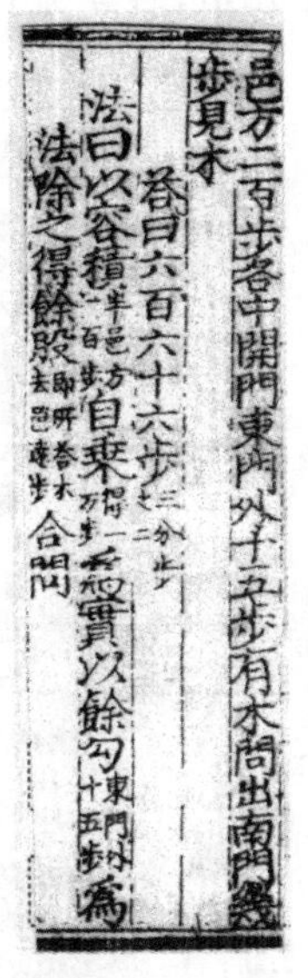
邑方二百步各中開門東門外十五步有木問出南門幾步見木

答曰六百六十六步三分步之二

法曰以容積半邑方一百步自乘得一万步為實以餘勾東門外十五步為法除之得餘股即所答木去邑遠步合問

[**立木量井**]

22.(34)井径五尺,不知其深,直立五尺木于井上,从木末望水,人目入径四寸,问:井深几何?

答曰:五丈七尺五寸.

法曰[22]:勾中容直,即余勾求余股.

以容积井深五尺,减人目入径四寸,余得四十六寸,以木高五十寸乘得二千三百寸为实,以余勾入径四寸为法除之,得股长五寸七尺五寸,即是井深,合问.

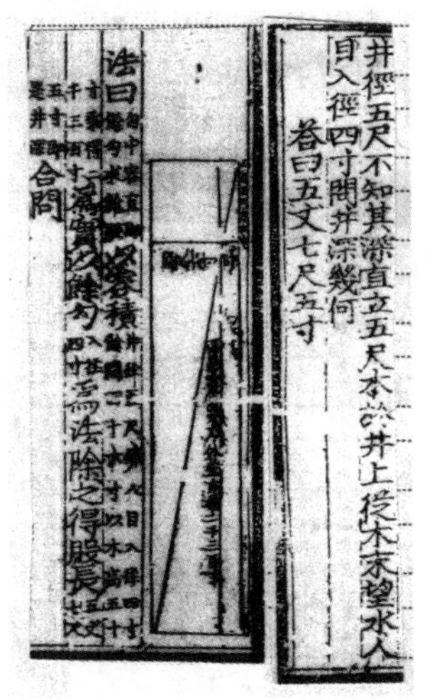
井徑五尺不知其深直立五尺木於井上從木末望水人目入徑四寸問井深幾何

答曰五丈七尺五寸

法曰勾中容直即餘勾求餘股以容積井深五尺減人目入徑四寸餘得四十六寸以木高五十寸乘得二千三百寸為實以餘勾入徑四寸為法除之得股長五丈七尺五寸即是井深合問

[**邑方测木**]

23. (18)邑,东西七里,南北九里,各中开门,东门外十五里见木. 问:出南门外几何见木?

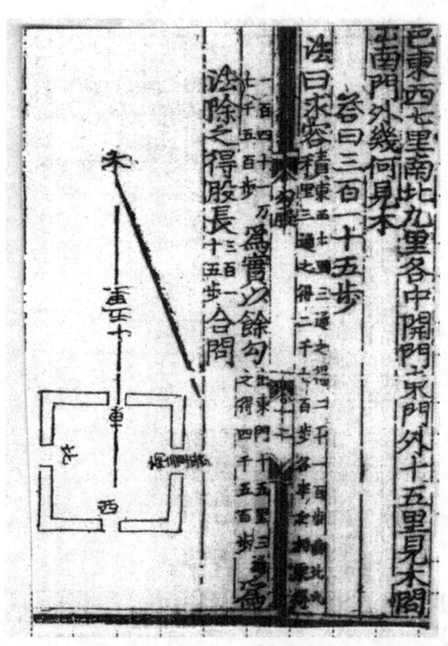
邑東西七里南北九里各中開門出東門外十五里見木問

出南門外幾何見木

答曰三百一十五步

法曰求容積

為實以餘勾

法除之得股長三百一十五步合問

答曰:三百一十五步.

法曰[23]:求容积东西七里,三通之得二千一百步;南北九里,三通之得二千七百步;各半之,相乘得一百四十一万七千五百步,为实. 以余勾出东门十五里三通之得四千五百步为法除之得股长三百一十五步,合问.

[**人测山高**]

24. (23)山不知高,东五十三里有木长九十五尺,人立木东三里,目高七尺,望木末与峯斜平,问:山高几何?

答曰:一百六十四丈九尺三分尺之二.

法曰[24]:以容积为实,山去木五十三里,以一里得一千五百尺通之得七万九千五百尺,以人目七尺减木高九十五尺余八十八尺相乘得六百九十九万六千尺为实,以余勾人立木东三里通为四千五百尺为法除之得余股一千四百五十四尺三分尺之二加木高九十五尺为山高,合问.

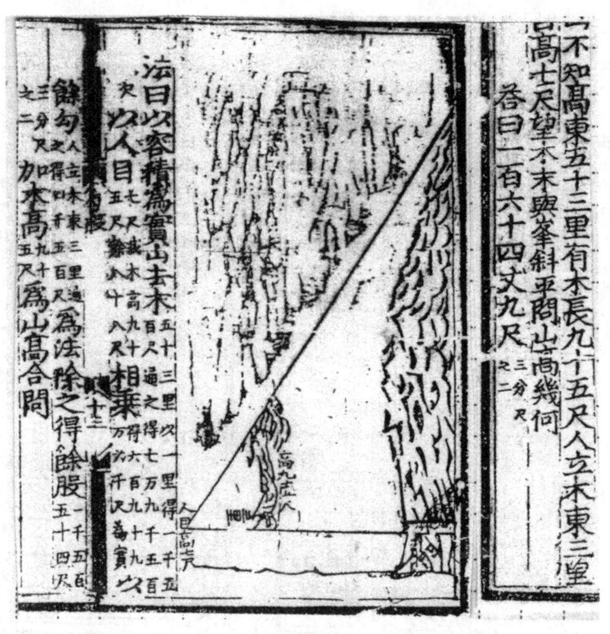
不知高東五十三里有木長九丈五尺人立木東三里望高七尺望木末與峯斜平問山高幾何

答曰一百六十四丈九尺三分尺之二

法曰以容積爲實……以人目……相乘……爲法除之得餘股……餘勾……加木高……爲山高合問

比类二十九问

[田问勾股]

1. 今有直田,勾弦和取二分之一,股弦和取九分之二,共得五十四步;又勾弦和取六分之一,减股弦和三分之二,余有四十二步,问:勾、股、弦各几何?

答曰:勾二十七步,股三十六步,弦四十五步.

法曰[25]:列分母二分、九分相乘得一十八,以乘共五十四步得九百七十二步,乃是九个勾弦和,四个股弦和,又列后分母三分,六分相乘得一十八,以乘余四十二步得七百五十六步,乃是三个勾弦和减十二个股弦和,如方程入之.

左	勾弦和三	股弦和十二	七百五十六
	为法	得一百八	得六千八百四
右	勾弦和九	股弦和四	九百七十二
	为法	得一十二	得二千九百一十六

乃并勾股弦和得一百二十,以三除得四十为法,并乘共步得九千七百二十,以三除得三千二百四十为实,以法除得股弦和八十一步.就以二十乘得九百七十二,以减右下七百五十六余二百一十六,以三除得勾股弦和七十二步,却以股弦和八十一步乘得五千八百三十二,倍得一万六百六十四为实,以开平方法除得一百八步,即勾、股、弦

和,副置上位,以减股弦和八十一步,即勾二十七步.

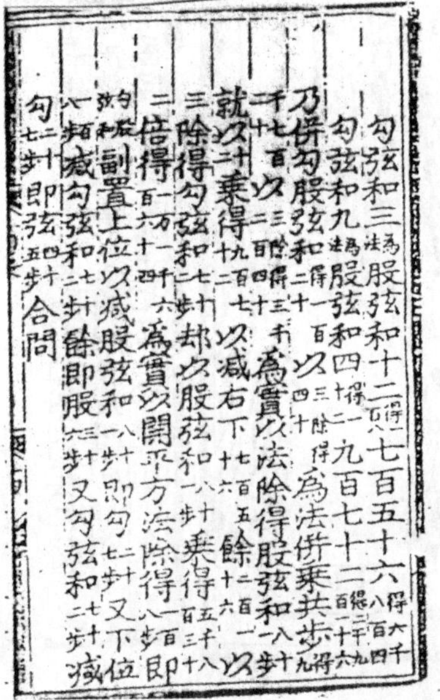

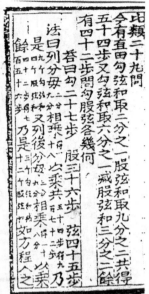

又下位一百八步,减勾弦和七十二步,余即股三十六步,又勾弦和七十二步减勾二十七步,即弦四十五步,合问.

2. 今有直田,勾弦和取七分之四,股弦和取七分之六,二数相减,余二十二步;又股弦和取三分之一,不及勾弦和八分之五,欠一十四步,问勾、股、弦各几何?

答曰:勾二十一步,股二十八步,弦三十五步.

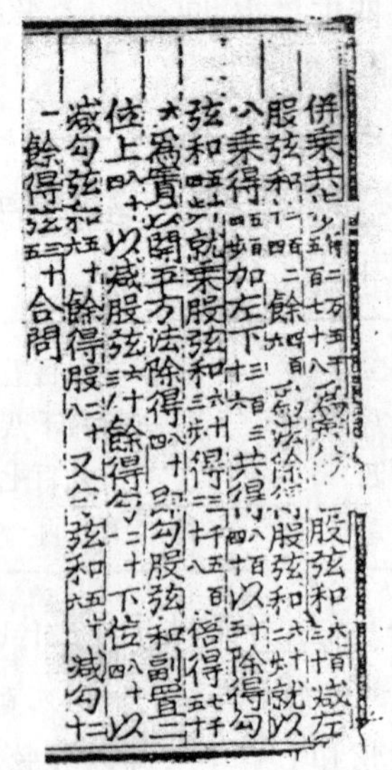

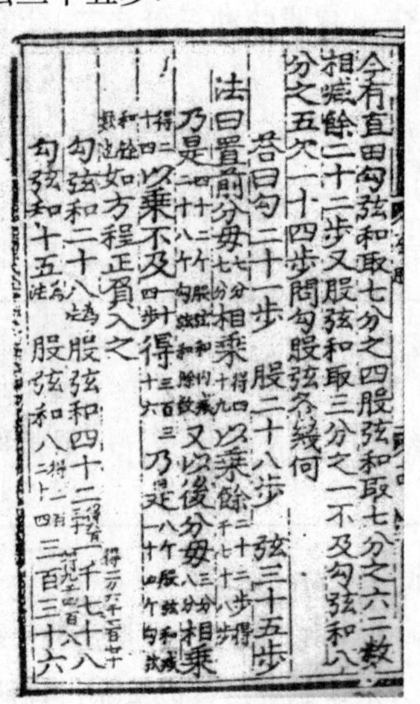

法曰[26]:置前母七分、七分相乘得四十九以乘余二十二步得千七十八步乃是四十二个股弦和内减二十八个勾弦和(除)[余]数.

又以后分母三分、八分相乘得二十四以乘不及一十四步得三百三十六,乃是八个股弦和减一十五勾弦和余数也,如方程正负入之.

右	勾弦和二十八 为法	股弦和四十二 得六百三十	一千七十八 得二万六千一百七十
左	勾弦和十五 为法	股弦和八 得二百二十四	三百三十六 得九千四百八

并乘共步得二万五千五百七十八为实,以股弦和六百三十减左股弦和二百二十四,余四百六为法,除得股弦和六十(二)[三]就以八乘得五百四加左下三百三十六共得八百四十,以十五除得勾弦和五十(四)[六]步,就乘股弦和六十三步,得三千五百二十八,倍得七千五十六为实,以开平方法除得八十四,即勾、股、弦和.

副置二位上八十四,以减股弦[和]六十三余得勾二十一,下位八十四以减勾弦和五十六,余得股二十八,又勾弦和五十六,减勾二十一余得弦三十五,合问.

3. 今有勾股田,股长三十六步,弦斜四十五步. 问:勾阔几何?

答曰:二十七步.

法曰:置股三十六步,自乘得一千二百九十六步,弦四十五步,自乘得二千二十五步,以减股数,余七百二十九为实,以开平方法除之,合问.

4. 今有勾股田,勾阔二十七步,弦斜四十五步. 问:股长几何?

答曰:三十六步.

法曰:置公二十七步自乘得七百二十九步,弦四十五步自乘得(一)[二]千二十五步,以减勾数,余一千二百九十六为实,以开平方法除之,合问.

5. 今有勾股田,勾阔二十七步,股长三十六步. 问:弦长几何?

答曰:四十五步.

法曰:置勾二十七步自乘得七百二十九步,股三十六步自乘得一千二百九十六步,并得二千二十五步为实,以开平方法除之,合问.

6. 今有勾股田四亩一百六十二步,只云:勾少如股三十二步,问:勾阔、股长各几何?

答曰:勾阔三十四步,股长六十六步.

法曰:通田四亩得九百六十步,并零一百六十二步,共一千一百二十二步,倍之得二千二百四十四步为实,以少三十二步为从方,以开平方法除之,得勾阔三十四步,加少如股长得长六十六步,合问.

7. 勾有勾股田,勾阔九十一步,不知股弦,只云:股较再添长一十三步与弦步适等,问:股、弦各几何?

答曰:股三百一十二步,弦三百二十五步.

法曰:置勾阔九十一步自乘得八千二百八十一,股较添长一十三步自乘得一百六十九步,二位相减,余八千一百一十二为实,倍添长得二十六步为法,除之得股长三百一十二步.自乘得九万七千三百四十四步,又以勾阔九十一步自乘得八千二百八十一步,并之得一十万五千六百二十一为实,以开平方方除之得弦长,合问.

8. 今有勾股田,股长三百一十二步,不知勾、弦,只云:勾较再添二百三十四步与弦步适等,问:勾、弦步各几何?

答曰:勾九十一步,弦三百二十五步.

法曰:置股长三百一十二步,自乘得九万七千三百四十四步,勾较再添二百三十四步自乘得五万四千七百五十六步二位相减,余四万二千五百八十八步为实,倍勾较再添得四百六十八步为法,除之得勾阔九十一步,自乘得八千二百八十一步,并入股自乘九万七千三百四十四步,共得一十万五千六百二十五步为实,以开平方法除之,得弦长,合问.

9. 今有勾股田,勾股相乘得二万八千三百九十二步,只云:勾、股相差二百二十一步,问:勾、股、弦各几何?

答曰:勾九十一步,股三百一十二步,弦三百二十五步.

法曰:置相乘二万八千三百九十二步为实,以相差二百二十一步为从方,开平方法除之得勾阔九十一步加入相差二百二十一步,得股长三百一十二步.

别置勾阔九十一步自乘得八千二百八十一步,股自乘得九万七千三百四十四,并二位共得一十万五千六百二十五步为实,以开平方法除之,得弦长,合问.

10. 今有勾股田用绳量之,两角斜弦适等量股余剩五步,只云:勾阔六十五步,问:股、弦各几何?

答曰:股四百二十步,弦四百二十五步.

法曰:置勾六十五步自乘得四千二百二十五步,又余五步自乘得二十五步,二位相减,余四千二百步为实,又倍余五步得一十步为法,除之得股长四百二十步,自乘得一十七万六千四百步,并入勾四千二百二十五步共得一十八万六百二十五步为实,以开平方法除之得弦长四百二十五步,合问.

11. 今有股、弦相乘得六万步,只云:股、弦相差一十步,问:勾、股、弦各几何?

答曰:勾七十步,股二百四十步,弦二百五十步.

法曰:置相乘得六万步为实,以相差一十步为从方,开平方法除之,得股长二百四十步.加差一十步得弦长二百五十步.

置股、弦各[自]乘,相减,余四千九百步为实,以开平方法除之得勾阔七十步,合问.

[**勾股问弦**]

12. 今有勾股田积三千九百七十六步,只云:勾不及股八十六步,问:勾、股各几何?

答曰:勾阔五十六步,股长一百四十二步.

法曰:二乘田积得七千九百五十二步为实,以不及八十六步为从方,开平方法除之,得勾阔五十六步,加不及得股长一百四十二步,合问.

13. 今有股弦相乘得六万步,只云:股、弦相和四百九十步. 问:勾、股、弦各几何?

答曰:勾七十步,股二百四十步,弦二百五十步.

法曰:置相乘六万步为实,以和步四百九十步为从方,开平方法除之,得股长二百四十步,减和步,余得弦长二百五十步.

次置股、弦各自乘,相减,余四千九百步,以开平方除之,得勾阔七十步,合问.

14. 今有勾、股相乘得六千四十八步,只云:勾、股相和一百八十六步,问:勾、股、弦各几何?

答曰:勾四十二步,股一百四十四步,弦一百五十步.

法曰:置相乘六千四十八步为实,以相和一百八十六步为从方,以减从[开]平方法除之,得勾阔四十二步,以减和步,余、得股长一百四十四步,以勾、股各自乘,并之得二万二千五百步为实,以开平方法除之,得弦长一百五十步,合问.

15. 今有勾弦相乘得四千三百七十五步,只云:勾弦相和一百六十步,问:勾、股、弦各几何?

答曰:勾三十五步,股一百二十步,弦一百二十五步.

法曰:置相乘四千三百七十五步为实,以相和一百六十步为减从方,开平方法除之,得勾阔三十五步,以减和步,余得弦长一百二十五步,次以勾、弦各自乘,相减,余得一万四千四百步为实,以开平方法除之,得股长,合问.

16. 今有勾、股(田)相乘得积四千三百七十五步,只云:勾、弦相差九十步,问:勾、股、弦各几何?

答曰:勾三十五步,股一百二十步,弦一百二十五步.

法曰:置相乘四千三百七十五步为实,以差九十步为从方,开平方法除之,得勾阔三十五步,加差九十步,得弦长一百二十五步,别以勾、弦各自乘,相减,余一万四千四百步为实,以开平方法除之,得股长,合问.

［台问下方］

17. 今有台，上方四丈，高四丈八尺，四隅袤斜五丈四尺四寸，问：下方几何？

答曰：九丈一尺二寸.

法曰：置台高四十八尺为股，自乘得二十三万四百寸，置袤斜五十四尺四寸为弦，自乘得二十九万五千九百三十六寸，内减股自乘，余六万五千五百三十六寸为实，以开平方法除之得勾二十五尺六寸，倍之，为两袤共五百一十二寸，加上方四丈，共得下方九丈一尺二寸，合问.

［勾中容方］

18. 今有勾股地一段，勾阔六步，股长一十二步，就勾折处，开池一个至弦，问：池方几何？

答曰：四步.

法曰：置勾六步乘股一十二步，得七十二步为实，并勾、股共一十八步为法，除之，得池方四步，合问.

［勾股容圆］

19. 今有勾股地一段，勾阔八尺，股长一十五尺，中开一井与二边适等，问：井径几何？

答曰：六尺.

法曰：置勾八尺乘股一十五尺，得一百二十尺，倍之得二百四十尺为实，又置勾自乘得六十四尺，股自乘得二百二十五尺，并得二百八十九尺为实，以开平方法除之，得弦一十七尺，并勾、股共得四十尺为法，除实二百四十尺，得井径六尺，合问.

［余勾望木］

20. 今有木不知去远，前有一池，方一十二丈，为则较之，置四表竿于池角，以立池左视之，前后二角与木适对；以立池右视之，则去池右后角三尺与右前角相对，问：木远几何？

答曰：木远四百八十丈，为连池方共四百九十二丈（即共远四百九十二丈）

法曰：置池方一十二丈自乘得一万四千四百尺容积为实，以去池三尺为余勾为法除之得木远四百八十丈，加池方一十二丈，得共远四百九十（一）［二］丈.

［日影量塔］

21. 今有宝塔一座，不知高几何. 从塔底中心量至影末，其影长三丈一尺二寸五分，别置表长一丈，量影长二尺五寸，问：塔高几何？

答曰：一十二丈五尺.

法曰：置塔影三百一十二五分为实，以表影二十五寸为法除之，合问.

22. 今有宝塔一座，不知高几何，从塔底中心量至影末，其影长四丈，别置一表，高二尺五寸，影长八寸，问：塔高几何？

答曰：一十二丈五尺.

法曰：置表高二十五寸乘塔影长四百寸得一万寸为实，以表影八寸为法除之，合问.

［**矩望深谷**］

23. 今有望深谷，偃矩岸上，令勾高六尺，从勾端望谷底入下股九尺一寸，设重矩于上，其矩间相去三丈，更从勾端望谷底，入上股八尺五寸，问：谷深几何？

答曰：四十一丈九尺.（此为《海岛算经》第四题）

法曰：置矩间相去三百寸以乘入上股八十五寸得二万五千五百寸为实，以［入］上股八十五寸减入下股九十一寸余六寸为法，除之得四千二百五十寸，内减勾高六十寸，余，得谷深四千一百九十寸，合问.

又法：以矩间相去三百寸乘入下股九十一寸得二万七千三百寸为实，以入上、下股相减，余六寸为法除之得四千五百五十寸，内减勾为六十寸及矩间相去（二）［三］百寸，余得谷深四十一丈九尺，合问.（刘徽法）

［**遥望波口**］

24. 今有东南望波口（AB）. 立两表南（D）、北（C）相去（CD）九丈，以索薄地连之. 当北表之西却行去表（CE）六丈，薄地遥望波口南岸（B），入索北端（CH）四丈二寸. 以望北岸（A），入前所望表里（GH）一丈二尺. 又却后行去表（CF）十三丈五尺，薄地遥望波口南岸（B）. 与南表（D）参合. 问：波口广（AB）几何？

答曰：一里二百四十步.

法曰[27]：以后表却行一千三百五十寸乘入索四百二寸得五十四万二千七百寸，以两表相去九百寸除之得六百三寸，内减前表却行六百寸，余三寸为法.

又置从后去表一千三百五十寸，内减前去表六百寸，余七百五十寸，乘所望表里一百二十寸，得九万寸，以法（二）［三］寸除之得三万寸为实，以里法一万八千寸除之，得一里，余寸以步法除得二百四十步，合问.

［**登山望邑**］

25. 今有登山（AL）临邑（$HIJK$），邑在山南. 偃矩（BAC）山上，令句高（BA）三尺五寸. 令句端（B）与邑东南隅（J）及东北隅（K）参相直. 从句端（B）遥望东北隅（K），入下股（AE）一丈二尺. 又施横句（EF）于入股之会（E），从立句端（B）望西北隅（H），入横句（EG）五尺. 望东南隅（J），入下股（AD）一丈八尺. 又设重矩（$B'A'C'$）于上，令矩间（$A'A$）相去四丈. 更从立句端（B'）望东南隅（J），入上股($A'D'$)一丈七尺五寸. 问:邑广(HK)、长(JK)各几何?[28]

答曰:东西广一里(四十步)[三十三步少半步],南北纵一里一百(二十步).

法曰:求纵,以勾高三十五寸乘东南隅入下股一百八十寸得六千三百寸,却以入上股一百七十五寸除之得三十六寸,内减勾高三十五寸,余一寸为法.

置东南隅入下股一百八十寸内减东北隅入下股一百二十寸,余六十寸,以乘矩间相去四百寸得二万四千寸为实,以法一寸除之,亦得二万四千寸,又以里法一万八千寸除之得一里,余实六千寸,又以步法五十寸除之,得一百二十步,乃得纵一里一百二十步,合问.

求广法:以入横勾五十寸乘矩间相去四百寸得二万寸为实,以法一寸除之,亦得二万寸,又以里法一万八千寸除之得一里,余实二千寸,以步法五十寸除之得四十步,乃得广一百四十步,合问.

[**遥望海岛**]

26. 今有望海岛(AB),立两表(DE,FG)齐高三丈,前后相去(EG)千步,令后表与前表参相直. 从前表(DE)却行(EH)一百二十三步,人目著地(H)取望岛峰(A),与表求(D)参合. 从后表(FG)却行(GI)一百二十七步,人目著地(I)取望岛峰(A),亦与表末(F)参合. 问:岛高(AB)及去表(BE)各几何?[29]

答曰:岛高四里五十五步,前表至岛一百二里一百五十步.

法曰:置表高三丈以步法六尺除之得五步,以乘表间相去千步得五千步为实,以前表退行一百二十三步减后表退行一百二十七步,余四步为法,除之得一千二百五十步,加表高五步,共得一千二百五十五步以里法二百步除之得岛高四里五十五步,合问.

求岛远:

置前表退行一百二十三步乘间相去一千步得一十二万三千步为实,以前,后退行步数相减,余四步为法,除之得三万七百五十步,以里步除得前表去岛远一百二里一百五十步,合问.

[**隔水望竿**]

27. 今有隔水有竿,不知其高,立二表,各高六尺,前后相去一十五尺. 从前表退行五尺,人目着地,望竿与前表末齐平;又从后表退行八尺,人目着地,望后表与竿末相平,问:竿高及前去竿各几何?

答曰:竿高三十六尺,前表去竿隔水二十五尺.

法曰:置表高六尺乘表间相去一十五尺得九十尺为实,以二表退行八尺、五尺相减,余三尺为法,除之得三十尺,加表高六尺得三十六尺.

又法:置前表退行五尺乘相去一十五尺,得七十五尺为实,以二表退行相减,余三尺为法,除之,得前表去竿二十五尺,合问.

28. 今有隔水有竿,不知其高. 立二表,各高一丈,前后相去一十五尺,从前表退行五尺,人目高四尺,望竿与前表末齐平;又从后表退行八尺,人目高四尺,望竿与后表末齐平,问:竿高及前表去竿各几何?[30]

答曰:竿高四十尺,前表去竿隔水二十五尺.

法曰:置表高一丈,减人目四尺,余六尺,以乘相去一十五尺得九十尺为实,以二表退行相减,余三尺为法,除之得三十尺,加表高一十尺,得竿高四十尺,合问.

又法:置前表退行五尺乘相去一十五尺得七十五尺为实,以二表退行相减,余三尺为法,除之,得前表去竿二十五尺,合问.

[**立表望松**]

29. 今有望松(AB)生山(BC)上,不知高下. 立两表(DE,FG),齐高二丈,前后相去(EG)五十步,令后表(FG)与前表(DE)参相直. 从前表却行(EH)七步四尺,薄地(H)遥望松末(A),与表端(D)参合. 又望松本(B),入表(DJ)二尺八寸. 复从后表却行(GI)八步五尺,薄地遥望松末(A),亦与表端(F)参合. 问:松高(AB)及山去表(CE)各几何?[31]

答曰:松高一十二丈二尺八寸.

以去表一百九十七丈一尺七分尺之三.

法曰:置两表间五十步,以步尺法六尺通之得三百尺,乘入表二尺八寸得八百四十尺为实,以前表却行七步四只通作四十六尺,去后表八步五尺通作五十三尺,二位相减,余七尺为法,除之得一百二十尺,加入表二尺八寸,共得松高一十二丈二尺八寸.

求表去山远近:

置问三百尺以前表却行四十六尺乘之,得一万三千八百尺为实,以相多七尺为法,除之得一千九百七十一尺,余实三尺,与法命之为七分尺之三,合问.

诗词四十八问

[**西江月**]

1. 今有池方一所,每边丈二无移.
中心蒲长一根肥,出水过于二尺.
斜引蒲稍至岸,适然与岸方齐.
饶公能算更能推,蒲、深各该有几?(西江月)

答曰:蒲长一丈,水深八尺.

法曰:半池方六尺自乘得三十六尺以减股弦较出水二尺,自乘得四尺,余三十二尺为实,倍较出水二尺得四尺为法,除得股水深八尺,加出水二尺得蒲长一丈合问.

2. 竖立高杆一所,不知杆索如何.

杆尖索子垂平途,委地二尺有五.

平地引斜恰尽,离杆十五无余.

有人达得这玄机,堪可应他算举.(西江月)

答曰:索长四丈六尺二寸五分,杆长四丈三尺七寸五分.

法曰:勾去杆一十五尺自乘得二百二十五尺为实,以股弦较索乘委地二尺五寸为法除之得九十尺,加较二尺五寸,共九十二尺五寸,折半得索长四丈六尺二寸五分,减较二尺五寸,余得杆长,合问.

3. 今有竹高一丈,园中出众高强.

只因有病被虫伤,节节相连不长.

风折枯梢在地,离根三尺曾量.

枯梢折竹数明张,激恼先生一晌.(西江月)

答曰:未折高四尺五寸半.

法曰:勾离根三尺自乘得九尺如股弦和,竹高一丈而一得九寸,以减股弦和竹高一丈余九尺一寸,折半得竹未折高四尺五寸半,合问.

4. 今有门斤一座,不知门广高低.

长竿横握使扫室,争奈门狭四尺.

随即竖竿过去,亦长二尺无疑.

两隅斜去恰方齐,三色各该有.(西江月)

答曰:门高八尺,广六尺,竿长一丈.

法曰:勾弦较横狭四尺股弦较竖不出二尺,相乘得八尺,倍之得一十六尺为弦和较积,以开平方法除之得四尺加股弦较二尺得六尺为勾即门广.

仍以弦和较四尺加勾弦较四尺,共得八尺为股即门高,以勾六尺自乘得三十六尺,股八尺自乘得六十四尺,并之得一百尺,以开平方法除之,得弦长一十尺,即竿长,合问.

5. 平地秋千未起,板绳离地一尺.

送行两步恰杆齐,五尺板高离地.

仕女佳人争蹴(cù),终朝语笑欢戏.

良公高士请言知,借问索长有几.(西江月)

答曰:长一丈四尺五寸.

法曰:勾送行十尺自乘得一百尺为实,以股弦较离地五尺减原离地一尺,余四尺为法,除得二十五尺,加较四尺,共得二十九尺,折半得索长,合问.

6. 今有方池一所,每边一丈方停.

葭生西岸长其茎,出水三十寸整.

东岸有蒲生种,出水一尺无零.

葭蒲梢接水齐平,三事深长请问.(西江月)

(此题引自朱世杰《四元玉鉴》)卷中之六"或问歌象"门第一问)

答曰:水深一丈二尺,蒲长一丈三尺,葭长一丈五尺.

法曰:勾半方五尺自乘得二十五尺,以减股弦较出水一尺自乘得一尺,以减勾二十五尺,余二十四尺为实,倍较出水二尺为法,除之得水深一丈二尺,各加出水,合问.

7. 今有方城一座,每边三里无余.

东门路畔有松株,相去六百步数.

却向西门出去,徐行二百休超.

折回南去望城隅,几步行来见树.(西江月)

答曰:南行四里二百五十二步.

法曰:置城每边三里每里三百六十步通之得一千八十步,加余股东六百步西二百步得股一千八百八十步,半城步得五百四十步乘之得一百一万五千二百步为实.却以余股东门松株六百步为法除之得南行一千六百九十二步,以里步三百六十除之得四里余二百五十二步,合问.

8. 今有方城一座,每边三里无余.

东门路畔有松株,相去六百步数.

欲相南门出去,徐行匆得奔超.

步行会首望城隅,几步方能见树.(西江月)

答曰:出南门一里一百二十六步.

法曰:半城方,以里步通方自乘为实.以余股东门为法,除得出南门四百八十六步,以里步除之得见树,合问.

9. 今有坡地一段,西高东下曾量.

十步五寸是斜长,南北均阔六丈.

欲要修为平壤,东增一丈新墙.

不知几许请推详,须要算皆停当.(西江月)

答曰:得平地四分九厘五毫,阔九步九分.

法曰:弦斜长五十尺五寸自乘得二千五百五十尺二寸五分,以减勾墙一十尺,自乘得一百尺,余二千四百五十尺二寸五分,以开平方法除之得阔四丈九尺五寸,以步法五尺除之得阔九步九分,以乘南北均阔一十二步得平地一百一十八步八分,以亩法而一,合问.

10. 圆沼周深忘却,二人对岸垂钓.

鱼吞钓绵首相投,绵与岸平无谬.

甲绵尺半出水,乙绵一尺增浮.

六之径绵等双周,知者算中少有.(西江月)

答曰:池用四丈二尺,水深八尺六分尺之五.

法曰:并股弦较出水一尺五寸自乘得二十二尺五寸,减出水一尺五寸,余二丈一尺,倍之得池周四丈二尺,以三而一,得径一丈四尺,勾半池径得七尺,自之得四十九尺,以减股弦较出水一尺五寸,自乘二十二尺五寸余二十六尺五寸为实,倍较出水一尺五寸得三尺为法,除之得股水深八尺,不尽二尺五寸,以法约之得六分尺之五,合问.

11. 一段田禾之外,东边近有荒丘.

离边五步繫其牛,只为绳长遊走.

践跡五分八步,如同弧矢弦畴.

索长多少是根由,深立天元穷究.(西江月)

答曰:索长一十三步.

法曰:置践跡田五分以亩法(除)[通]之得一百二十步,加零八步共一百二十八步,以弧矢约之得弦长二十四步,矢阔八步加离边五步,合问(说得不清,请参阅本题解法译文).

12. 今有绿䃺一颗,原长四尺无疑.

二十五寸大头齐,小径原高二尺.

如意轻推一遍,碾成环样堪稽.

问君能算及分厘,不会傍人笑你.(西江月)

答曰:七厘二毫.

法曰:置䃺长四尺,大头径二十五寸,小头径二十寸,该差五寸,每尺该一寸二分半,以除大头径二尺五寸得半圆径二十尺,倍之得四十尺以三因得外周一百二十尺,以减䃺长四尺,六因得二十四尺,余得外周九十六尺.并二周得二百一十六尺为实,以大头径二尺五寸为法除之得八十六尺四寸,以亩尺法除之,合问.

13. 田中有一枯树,丈六全没枝梢.

尖头一马系难牢,吃尽田禾谷稻.

四分五厘四亩,团团吃一周遭.

索长多少算相饶,不算当官去告.(西江月)

此题引自刘仕隆《九章通明算法》

答曰:索长三丈四尺.

法曰:通田四分五厘得一百八步,以四因三而一得一百四十四步,以开平方法除之,得径一十二步;折半得六步,乃枯树系马之处,以五尺乘之得三十尺为股,自乘得九百尺,另以树一十六尺为勾,自乘得二百五十六,并之得一千一百五十六为实,以开平方法除之得索长三十四尺,合问.

[**凤栖梧**]

14. 方邑当中朱户阐,东门路畔谁把坟塔建?

去门六百步不远,一条直道端如箭.

出自南门行且健,四百八十六步适然见.

借问方城几许面?有人算得真堪羡.(凤栖梧)

答曰:城方三里.

法曰:余股,东门外建塔六百步与余勾南门行四百八十六步相乘得二十九万一千六百步,乃半是方积,四乘得一百一十六万六千四百步为实,开平方法除之得一千八十步,以里步除之得三里,合问.

[**叨叨令**]

15. 积加差,用和减,听分诉,立方开,与半广,相适步.并零和较幂等为勾数,问贤家,先取股,如何做,你敢算不得也麽,哥哥哥,立天(源)[元]一举手无能措!(叨叨令)

答曰:长二十步,平一十二步,和三十二步,较八步.

法曰:以并零和较幂等约之得较八步,自乘得六十四步,折半得和三十二步,减较八步,折半得平一十二步,加较八步得长二十步,以长二十步乘平一十二步得二百四十步,积加差八步,共二百四十八步,减和三十二步余二百一十六步,以开立方法除之,得半广六步,倍之,得平一十二步,合问.

[**折桂令**]

16. 喜春节,遇清明,忽有蒙童斗放风筝,

托量来九百五十尺长绳.

风刮起,空中住稳,直量得上下相应,

七百六十尺无零.试问先生:善会纵横,

甚法推之,多少为平.(折桂令)

答曰:五百七十尺.

法曰:弦、股求勾也.

以绳长九百五十尺自乘得九十万二千五百尺为弦[幂],绳头量至风争上下相应七百六十尺自乘得五十七万七千六百尺为股[幂],以减弦[幂],余得三十二万四千九百尺为实以开平方法除之,得勾五百七十尺,合问.

[**七言八句**]

17. 村南一段地四方,忘了卖时曾打量.

　　中心立竿二百尺,竿头索儿彻四旁.

　　绳端垂地余五十,有人算得是高强.

　　方面几何地多少? 可把佳名到处扬.

答曰:方面六十步,地一十五亩.

法曰:置立竿二百尺加垂地余五十尺,共二百五十尺自乘得六万二千五百尺减股杆二百尺自乘得四万尺,余得勾二万二千五百尺为实,以开平方法除之,得勾一百五十尺,该三十步,倍得方面六十步,自乘得三千六百步,以亩法而一,得地一十五亩,合问.

[**七言六句**]

18. 圆池八分下钓钩,鱼吞水底是根由.

　　钩绳五十岸齐头,使尽机关无法究.

　　纵横深奥诚源流,水深几尺实难求!

答曰:水深三十尺.

法曰:置池八分以亩步通之得一百九十二步,以四因三而一得二百五十六步为实,以开平方法除之,得池径一十六步,折半得八步,每步五尺乘之得股四十尺,自乘得一千六百尺,弦钩绳五十尺,自乘得二千五百尺,以减股一千六百尺,余九百尺为实,以开平方法除之,得勾水深三十尺,合问.

19. 家有粉墙一丈六,墙头斜倚一杆木.

　　将木离墙八尺地,木倒墙根恰足齐.

　　不知杆子几多长? 算得分明免劳碌.

答曰:杆长二丈.

法曰:置股、墙高一丈六尺,自乘得二百五十六尺为实,以勾弦较、木离墙八尺为法,除得三丈二尺,加勾弦较八尺共得四丈,折半得杆长二丈,合问.

20. 借木长短不记得,止将草绳去量木.

　　绳比其木长八尺,以折绳量短七尺.

　　试问聪明能算士,要问原木长端的.

答曰:二丈二尺.

法曰:倍短七尺得一十四尺,加长八尺共得原木长二丈二尺,合问.

[七言四句]

21. 土埋圆木告知音,周锯截横一寸深.

锯道横长一尺整,不知多少径中心?

答曰:径二尺六寸.

法曰:勾锯道一尺折半得五寸,自乘得二十五寸为实,半股弦较一寸为法,除之如故,加半较一寸,共得二尺六寸,合问.

22. 六尺为勾八尺股,内容方面如何取?

有人达得这玄机,便可应过算中举.

答曰:容方面三尺四寸二十四分寸之四.

法曰:置勾六尺股八尺相乘得四十八尺为实,并勾六尺股八尺共得一十四尺为法除之,合问.

23. 八尺为股六尺勾,内容圆径怎生求?

有人识得如斯妙,算学方为第一筹.

答曰:容圆径四尺.

法曰:置勾六尺股八尺相乘得四十八尺,倍之得九十六尺为实,勾股求弦勾六尺自乘得三十六尺,股八尺自乘得六十四尺,并之得一百尺,以开平方法除之,得一十尺,加勾六尺股八尺共二十四尺为法,除之得容圆径四尺,合问.

24. 杆子一丈六尺强,拴索尖头锁一羊.

践了七厘二毫地,不知其索几多长?

答曰:索长二丈,圆径二丈四尺.

法曰:置地七厘二毫以亩步通之得一十七步二分八厘,又四因三除得二十三步四厘,以开平方法除之得圆径四步八分,以五尺乘之得二十四尺.

折半得勾一十二尺,自乘得一百四十四尺,股杆子一十六尺,自乘得二百五十六尺,并之得四百尺为实,以开平方法除之得索长二丈,合问.

25. 村南地面一株桑,树上搭索锁腔羊.

践了一亩八分地,不知索有几多长?

答曰:索长六十尺.

法曰:通地一亩八分得四百三十二步.以四因三两一得五百七十六步为实.

以开平方法除之,得径二十四步,以五尺乘之得一百二十尺.折半得索长六十尺.合问.

26. 圆周五尺瓦盆口,口中恰着一方斗.

斗角四处紧依盆,借问斗面君知否?

答曰:古率斗面一尺一寸六分六厘三分厘之二.

法曰:置五尺以七尺乘得三十五尺,如三而一得古率斗面一尺一寸六分六厘三分厘之二,合问.

27. 圆木二尺五寸径,欲厚七寸为方桁.

木知桁广有几何? 如人算得诚堪敬!

答曰:桁广二尺四寸.

法曰:置弦径二尺五寸以减厚七寸余一尺八寸,半之得股弦较九寸,以减弦径二尺五寸余一尺六寸.以股弦较九寸乘之得一百四十四寸为实,以开平方法除之得一十二寸,倍得桁广二尺四寸,合问.

28. 丈二为勾丈六股,于内容直不知数.

有人算明得无差,长才可应算中举.

答曰:长七尺六寸八分,阔五尺七寸六分.

法曰:置勾十二尺,股十六尺相乘得一百九十二尺为实,以勾十二减股十六余四(寸)[尺]乃二五除得长七尺六寸八分;又置勾十二自乘得一百四十四,以二五除得阔五尺七寸六分,合问.

29. 一个银盆三尺周,内容三只水晶毬.

有人下得穿心径,夺却算中第一筹.

答曰:毬径四寸六分五厘有奇.

法曰:置周三尺得径一尺为股一尺,乃三分之二为勾得六寸六分六厘六毫七丝,以乘一尺得六尺六寸六分六厘七毫倍之得一十三尺三寸三分三厘四毫为实,以勾、股各自乘并得一百四十四寸,以开平方法除之,得一十二寸,加勾一尺,股六寸六分七厘,共二十八寸六分七厘,为法除之得毬径四寸六分五厘有奇,合问.

30. 一条小竿三丈三,底头尺二小头尖.

有环径该七寸半,从上放下那处拈?

答曰:从上至环住(此处的"住",意为将环放在"竿"上停止的地方)二丈六寸二分半.

法曰:置底头一尺二寸以减环径七寸半余四寸半,以乘竿长三丈三尺得一十四丈八尺五寸为实,以底头一尺二寸为法除之得一丈二尺三寸七分五厘,以减竿长三丈三尺,余得至环,合问.

31. 一条杆长三丈二,上尖底径二尺四.

九寸环径从上安,自然至住多少是?

答曰:(二丈)[一丈二尺].

法曰:置底径二尺四寸,减环径九寸,余一十五寸,以乘杆长三十二寸得四丈八尺为实,以底径二尺四寸为法除之,得二百寸[以减杆长三百二十寸,余得一百二十寸,自然至住],合问.

32. 有井不知深共浅，索又不知长和短.

单下到水湿三丈，双续二丈七尺短.

答曰：井深八丈四丈，索长一十一丈四尺.

法曰：倍双续二十七尺得五丈四尺，加水湿三丈得井深八丈四尺. 又加湿三丈得索长一十一丈四尺，合问.

33. 一条杆子一条索，索比杆子长一托.

折回索子却量杆，却双杆子短一托.

答曰：杆长一丈五尺，索长二丈.

法曰：倍短一托得二托，并长一托得杆[长]三托，加长一托得索长四托，各以每托长五尺乘之，合问.

34. 今有六角纸一张，每面六寸皆为定.

对角相去都一尺，剪三卦轮如何径？

答曰：卦轮径四寸三分三厘三分厘之一.

法曰：置股相去一尺，以勾每面六寸，半之得三寸为法除之得三寸三分三厘三分厘之一，又置勾六寸，以六角除之得一寸，加入前数得卦轮径，合问.

35. 圆木二尺五寸径，二尺四寸为方桁.

未知桁厚得几何，若人算得诚堪敬！

答曰：厚七寸.

法曰：置弦径二十五寸自乘得六百二十五寸，以减股桁径二尺四寸自乘得五百七十六寸余四十九寸，以开平方法除之，得桁厚七寸，合问.

36. 斜倚墙齐放一木，木去墙根六尺六.

今来立木放墙边，却比墙头高尺五.

答曰：墙高一丈三尺七寸七分，木长一丈五尺二寸七分.

法曰：置木去墙六尺六寸，如勾，自乘得四百三十五尺六寸，比墙高一十五尺如股弦较为法，除之得二十九尺四分，以减较一尺五寸，余得二十七尺五寸四分，折半得墙高一丈三尺七寸七分. 加较一尺五寸，得木长一丈五尺二寸七分，合问.

37. 直积内减平自乘，八百七十五无零.

五较七平数适等，不知和较与长平？

答曰：长六十步，平二十五步，和八十五步，较三十五步.

法曰：置较五平七相乘得三十五，以较五乘之得一百七十五，以平七除之得平二十五，自乘得六百二十五，加入直积八百七十五，共一千五百为实。以平二十五为法除之得长六十步，并长平得和八十五步，长减平得较三十五步，合问.

38. 直积加长减平步，一千五百三十五.

五平内减长较和，余有三十无差误.

答曰:长六十步,平二十五步,和八十五步,较三十五步.

法曰:置较和三十步,以平五乘之得一百五十步,以平五自乘得二十五,减之,余一百二十五,却以平五除之得平二十五,又置减余一百二十五,以减长较和余三十得长较和九十五步.加平二十五步共一百二十步,折半得长六十步,以减长较九十五步,余得较三十五步,并长平得和八十五步,合问.

39. 七百五十勾股积,长较相乘两千一.

不知和较与长平,四事如何得备识.

答曰:长六十步,平二十五步,和八十五步,较三十五步.

法曰:置勾股积七百五十步,以长较相乘二千一百步约之,得股长六十步,勾一十二步半,倍之得平二十五步,减长六十步,余得较三十五步,并长平得和八十五步,合问.

40. 今有直积开方数,加和一百零五步.

四十五步长平差,请问三般多少数?

答曰:长六十步,平一十五步,和七十五步.

法曰:置加和得积一百五步,减差四十五步,余得长六十步;减差四十五步余得平一十五步,并长平得和七十五步,合问.

41. 八较三平有四和,二百二十八无多.

只得当初一亩地,和较长平各几何?

答曰:长二十步,平一十二步,和三十二步,较八步.

法曰:置地一亩,以亩法通之得二百四十步为实,以八较三平四和约之,得较八步为从方,开平方法除之,得平一十二步,以除总步得长二十步,并长平得和(五)[三]十二步,合问.

42. 闲将直积立方开,得数如平更莫猜.

七股八勾同较算,问和得几匆徘徊.

答曰:平四步,长一十六步,和二十步,较一十二步.

法曰:以七长八平约之直积,立方开如平得四步,再自乘得六十四,以平四步除之得长一十六步,以七长乘得一百一十二以八勾乘平四得三十二,并得一百四十四开平方法除之得数一十二步,并长平得和二十步,合问.

43. 积减三平等二长,一平二较恰相当.

有人先求和步出,便是寰中算是强.

答曰:长六步,平四步,较二步,和一十步.

法曰:置三平与二长适等,约之,得四步,以三乘之得一十二步,以二除之得长六步,减平四步得较二步,加平四步得恰相当(与)[于]长六步,并长平得和一十步,合问.

44. 今将直积开方数，并入原长四十五.

次将长步平启云，加平二十有一步.

答曰：长二十五步，平一十六步，和四十一步，较九步.

法曰：置并入原长四十五步，约之，得长二十五步，平方面二十步，自乘得四百步为实，以长二十五步为法，除之得平一十六步，以长二十五步减平一十六步余得较九步，并长平得和四十一步，合问.

[六言四句]

45. 和步长平共积，四步半数为差.

会者便能回答，算中为第一家.

答曰：长二十二步半，平一十八步，和四十步五分.

法曰：置差四步半，倍得九步，以差四步半乘之得和四十步五分，又四因四步半得平一十八步，加差四步半，得长二十二步半，合问.

[五言四句]

46. 城门将欲启，去阃方一尺.

不合恰二寸，门广如何识.

答曰：门广一丈一(尺)[寸].

法曰：勾去(阃)[阃]十寸自乘得一百寸，股弦较不合二寸，半之得一寸，自乘得一寸，并之得一百一寸为实，倍较一寸得二寸为法除之得五十寸五分为一扇门广，以二乘得门广，合问.

47. 今有一版户，高多广二尺.

两隅适一丈，高广如何识?

答曰：广六尺，高八尺.

法曰：弦两隅一百寸，自乘得一万寸，勾弦较户高多广二十寸，折半得一十寸，自乘得一百寸，倍之得二百寸，以减积一万寸，余九千八百寸，折半得四千九百寸为实，开平方法除之，得弦七十寸，以减半较一十寸余六十寸为勾，即门广. 加较二十寸得八十寸为户高，合问.

48. 黄方乘直积，共得二十四，

股弦和九步，勾阔如何是?

答曰：勾三步.

法曰：置股弦和九步约之，得股四步，自乘得一十六步，弦五步，自乘得二十五步，内减股一十六步，余九步，以开平方除之，得[勾]三步，合问.

——**九章详注比类勾股算法大全卷第九**[**终**]

诗词体数学题译注:

1. **简介**:这是我国数学史上著名的"葭生池中"问题,系据古典数学名著《九章算术》勾股章第6题改编而成,这题是:

今有池方一丈,葭生其中央.出水一尺,引葭赴岸,适与岸齐.问:水深、葭长各几何?

译文:今有水池一所,每边边长是1.2丈,中心长出一根香蒲,露出水平面2尺,斜引蒲稍至岸边,恰巧抵岸.尽管先生能推算,请问蒲长、池水深各多少?

解:由题意作出图.

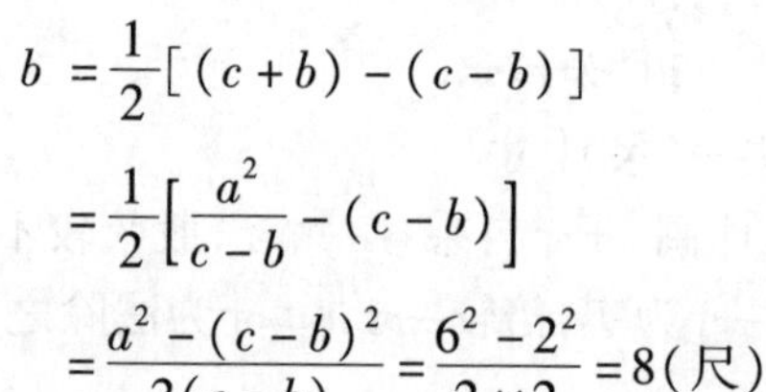

(1)《九章算术》的解法.

由

$$a^2=c^2-b^2=(c+b)(c-b)$$

得

$$c+b=\frac{a^2}{c-b}$$

所以水深为

$$b=\frac{1}{2}[(c+b)-(c-b)]$$

$$=\frac{1}{2}\left[\frac{a^2}{c-b}-(c-b)\right]$$

$$=\frac{a^2-(c-b)^2}{2(c-b)}=\frac{6^2-2^2}{2\times2}=8(\text{尺})$$

蒲长为$8+2=10$(尺).

(2)今法.

设池水深为x尺,由勾股定理,有

$$x^2+6^2=(x+2)^2$$

解之得$x=8$(尺).

2. **简介**:此题系据《九章算术》勾股章第7题改编,这题原文是:

今有立木,系索其末,委地三尺,引索却行,去本八尺而索尽.问:索长几何.

杨辉的《详解九章算法》载有此题的术图如下:

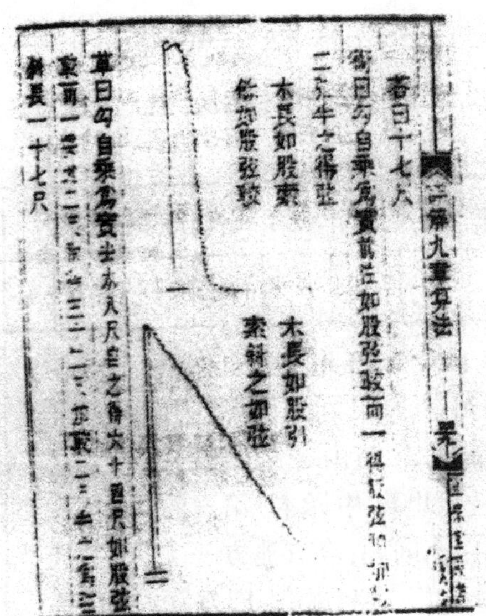

詳解九章算法

荅曰十七尺

術曰勾自乘爲實[illegible]如股弦較而一 得股弦和[illegible]

二尺五寸之得弦

木長如股索

餘地股弦較

木長如股引

索斜之如弦

草曰勾自乘爲實[illegible]

[illegible]

斜長一十七尺

注解:一所:一根. 垂平:与地面垂直. 委地:托附在地平面上.

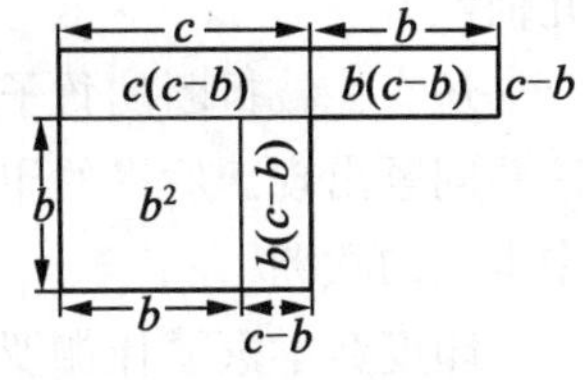

译文:在地平面上竖立一根高杆,不知杆高、索长多少,杆顶尖系一索子途地,索附在地平面上2. 5尺,平地将索引斜恰尽. 这时离杆根15尺,请问杆高、索长各多少尺? 有人如果知道这其中的奥秘,可称他为“算中举人”!

解:由勾股定理,得

$$a^2=c^2-b^2$$

$$\frac{a^2}{c-b}=\frac{c^2-b^2}{c-b}=c+b$$

又

$$(c+b)+(c-b)=2c$$

所以

$$c=\frac{1}{2}[(c+b)+(c-b)]$$

$$=\frac{1}{2}\left[\frac{a^2}{c-b}+(c-b)\right]$$

以下为吴敬原法,即

$$c=\frac{\frac{a^2}{c-b}+(c-b)}{2}$$

索长:

$$c=\frac{\frac{a^2}{c-b}+(c-b)}{2}=\frac{\frac{15^2}{2.5}+2.5}{2}$$

$$=46.25(尺)$$

$$b = 46.25 - 2.5 = 43.75(\text{尺})$$

或：
$$b = \frac{15^2 - 2.5^2}{2 \times 2.5} = 43.75(\text{尺})$$

$$c = 43.75 + 2.5 = 46.25(\text{尺})$$

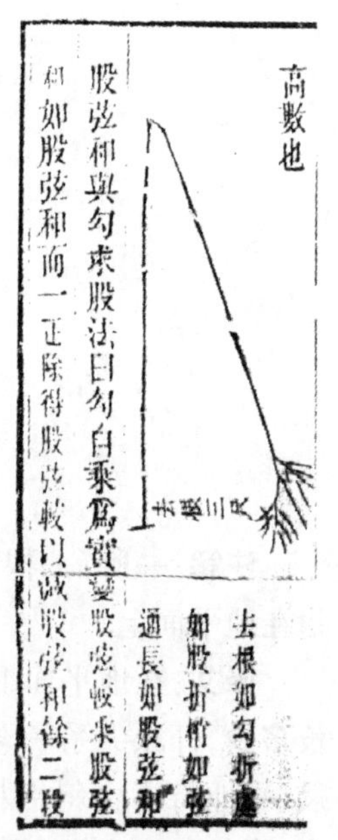

3. **简介**：此题系据《九章算术》第 13 题改编，这题原文是：

今有竹高一丈，末折抵地，去本三尺. 问：折者几何？

宋朝数学家杨辉 1261 年将此题收入《详解九章算法》中，并配以生动的图解，使其在我国民间和朝鲜、日本以及东南亚各国广泛流传. 英国著名中国科技史专家李约瑟在《中国科学技术史》（中译本）第三卷第 61 页说："这一章有这样的一个问题：今有池方一丈，葭生其中央. 出水一尺，引葭赴岸，适与岸齐. 问水深、葭长各几何？"

还有一枝折断的竹子形成一个直角三角形的问题. 这些问题出现于后来的印度数学的著作中，并且传到了中世纪的欧洲.

印度数学家婆什伽罗在其所著《丽罗娃蒂》第六章载有题与《九章算术》折竹抵地题相似：

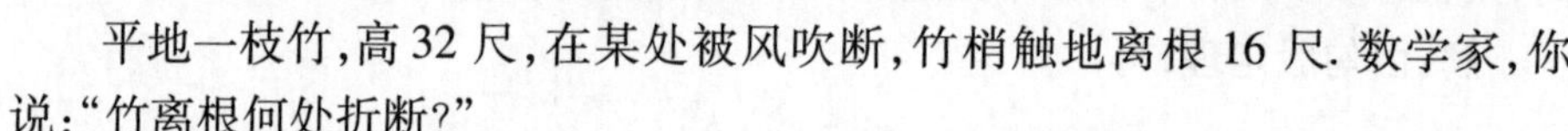

平地一枝竹，高 32 尺，在某处被风吹断，竹梢触地离根 16 尺. 数学家，你说："竹离根何处折断？"

问题的性质虽已有所改变，但意义仍与《九章算术》勾股章第 13 题相似.

美国数学家卡约黎（F. Cajoril，1859—1930）的《数学史》，H. 尹夫斯的《数学史概论》（中译本，欧阳绛译，山西人民出版社，1986 年 3 月）等书中均介绍了《九章算术》的折竹抵地问题.

《九章算术》原术可译成公式

$$b = \frac{1}{2}\left[(c+b) - \frac{a^2}{c+b}\right]$$

刘徽将其修改为 $b = \dfrac{(c+b)^2 - a^2}{2(c+b)}$.

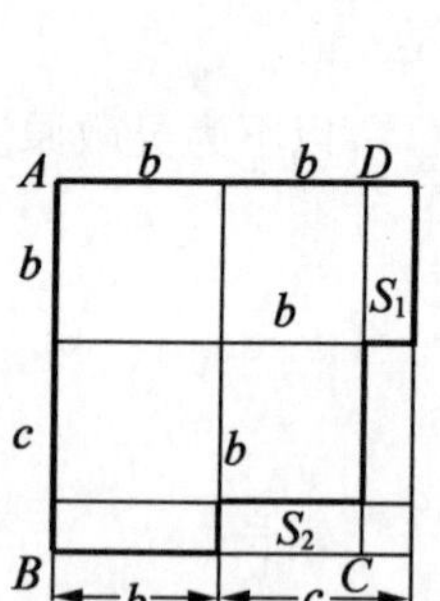

刘徽的公式可以用我国传统的"出入相补"数学原理证明如下：如图，先作以 $(c+b)$ 为边长的正方形. 其中右下角曲尺形的面积依勾股定理应为 $c^2 - b^2 = a^2$，而黑粗线围成图形的面积应为 $(c+b)^2 - a^2$，依出入相补原理，把小矩形 S_1 移到 S_2 处，则矩形 $ABCD$ 的面积为 $2 \times b \times$

$(b+c)$,所以

$$b=\frac{(c+b)^2-a^2}{2(c+b)}$$

大约与刘徽同一时代的数学家赵君卿,在《周髀算经·勾股圆方图注》中,亦得出这一公式.

这类问题是已知勾及股弦和而求股,也可以用代数方法进行证明,详见“丈量田地”题.

译文:今有一根竹子,高1丈,在院中出众高强,只因有病被虫咬伤,每个竹节都相连不长,风吹后,竹梢抵地,离根3尺远.竹梢折竹数要算得明白,激动的先生恼火算了一晌!

解:吴敬原法为

$$b=\frac{(b+c)^2-a^2}{2(b+c)}=\frac{10^2-3^2}{2\times10}=4.55(\text{尺})$$

4. **简介**:此题系据《九章算术》勾股章第12题改编,这题原文是:

今有户不知高广,竿不知长短.横之,不出四尺;从之,不出二尺;邪之,适出.问:户高、广、邪各几何?

杨辉在《详解九章算法》(1261)中,对此题有较详细的论述,并配一幅生动的插图.

王文素在《算学宝鉴》卷二十八中,将此题改为“四言十句”诗题:

门厅一座,高广难知.长竿横进,门狭四尺.竖进过去,竿长二尺.两隅斜进,恰好方齐.请问三色,各该有几?

他在《算学宝鉴》一书中给出新的解法.

注解:三色:门高、广和竿长,即a,b,c.两隅:隅,角也,两隅斜进,系指门的对角线AC.

译文:今有一座门厅,不知门广高低.用一长竿横测,门阔比竿长短4尺.随即又用竿测门高,竿又比门高长2尺,无疑问.又用竿测门的对角线,恰好能进去.问门高、广及竿长各多少?

5. 院内秋千跳起,杆索未审高低,
脚登画板女娇嬉,离地板高一尺.
只见送行两步,板高三尺无奇,
杆绳长短怎生知,除演天元如积.

——引自朱世杰《四元玉鉴》

简介:这是朱世杰结合我国古代劳动人民荡秋千的体育运动而编写的趣味诗词古算题.后被吴敬的《九章算法比类大全》、程大位的《算法统宗》等书引录修改,在我国民间、朝鲜、日本及东南亚等国广泛流传.吴敬将此题改得更通俗(西江月):

平地秋千未起，板绳离地一尺.
送行二步恰杆齐，五尺板高离地.
仕女佳人争蹴(cù)，终朝语笑欢戏.
良公高士请言知，借问索长有几.

注解:秋千:我国古代北方民族的一种传统的体育运动游戏用具. 在一个用3根木杆或铁杆搭起的“门”字形架子上系上两根绳索，下面拴一块木板，人站在板上两手抓着绳索利用脚蹬踏板的力量在空中前后摆动. 相传周惠王十四年(公元前663年)齐桓公讨伐北方的山戎(róng)民族(在今河北省北部)时，引入此种器具. 另一说法是“起源于汉武帝时期(《事物纪原》卷八)”，现今全国许多地方都用这种器具做健身运动. 今陕西省周至县上阳化村全村老幼都喜欢这种运动，相传已有700多年历史. 画板:踏板. 无奇:无奇零数，无零数. 除演天元如积:用我国古代的天元术(相当于现代的代数方法)进行演算.

译文:在院内秋千起跳时，未审核秋千杆索高低，脚蹬踏板，美丽的小女孩在做荡秋千的游戏，踏板离地面1尺高，当送行两步(10尺)时，踏板离地面高3尺无零数，怎样能知杆绳长短，需用天元术(相当于现代的代数方法)进行演算.

解:朱世杰法:

①已知 $DE=10$ 尺，$BD=3$ 尺，$EF=1$ 尺.

设杆长 AE 为 x 尺，则索长 $AF=AB=(x-1)$ 尺，为弦.

所以$(x-3)^2+10^2=(x-1)^2$，$-4x=-108$.

杆长:$x=27$(尺).

索长:$27-1=26$(尺).

②设索长(AF)为 x 尺，为弦，则 $AC=(x+1-3)$ 尺，为股，则

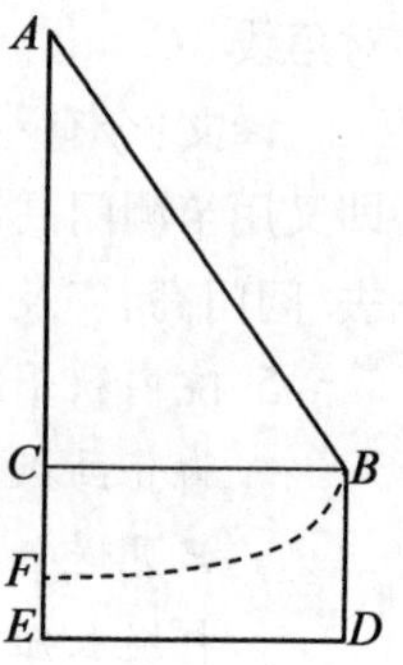

$$x^2=(x+1-3)^2+10^2$$
$$-4x=-104$$

索长:$x=26$(尺).

杆长:$26+1=27$(尺).

吴敬、程大位法:$a^2=10^2=100$(尺)为实.

$(c-b)-1=5-1=4$(尺)为法.

以法除实得:$100\div4=25$(尺).

加较4尺得其圆径:$25+4=29$(尺).

折半得索长:$29\div2=14.5$(尺)，即

$$c=\frac{a^2+(c-b)^2}{2\times(c-b)}$$
$$=\frac{100+16}{2\times4}$$
$$=14.5(\text{尺})$$

(吴敬、程大位法是送行两步后,板高离地5尺,朱世杰原文为3尺.)

6. 今有方池一所,每面丈四方停,
　葭生西岸长其形,出水三十寸整;
　东岸蒲生一种,水上一尺无零,
　葭蒲稍接水齐平,借问三般怎定.(西江月)

——引自朱世杰《四元玉鉴》

简介:此题依据《九章算术》勾股章第6题改编,这题的原文是:今有池方一丈,葭生其中央,出水一尺.引葭赴岸,适与岸齐.问:水深、葭长各几何?此题后被吴敬的《九章算法比类大全》等书引录.这类问题,中世纪以后曾在世界各地广泛流传.详见诗词四十八问第一问"蒲生池中".

注释:三般:葭、蒲长及方池水深.所:量词.

译文:今有方形水池一个,每边边长是14尺.西岸边长出一根初生的芦苇,其茎出水30寸整,东岸生长出一根香蒲,出水面1尺无零数.斜拉葭蒲稍接,恰与水面齐平.请问:芦苇、香蒲长及方池水深各多少尺?

解:此题有一个隐含条件,那就是在方池东西两边生长的葭蒲,必须与方池南北边平行且在同一条直线上.朱世杰用天元术给出三种解法:

①设x为水深,依题意得方程:$x^2-192x+2\ 160=0$,$x=12$.

②设x为蒲长,依题意得方程:$x^2-194x+2\ 353=0$,$x=13$.

③设x为葭长,依题意得方程:$x^2-198x+2\ 745=0$,$x=15$.

设水深为x尺,依题意,由勾股定理得

$$\begin{cases}x^2+a^2=(x+3)^2 & (1)\\ x^2+b^2=(x+1)^2 & (2)\end{cases}$$

又因为$a+b=14$,所以

$$a=14-b \tag{3}$$

把(3)代入(1)得

$$6x-b^2+28b-187=0 \tag{4}$$

由(2)得

$$2x-b^2+1=0 \tag{5}$$

由(4)(5)消去x得$b_1=5$,$b_2=-19$(舍去).

当$b=5$时,$a=9$,将a,b的值代入(1)(2)两式得

$$x = 12, y = 15, z = 13$$

沈钦裴、罗士琳的细草，大体上相当于解此联立方程组的演示过程.

现依清朝数学家沈钦裴和罗士琳(1774—1853)的细草，译释第一种解法如下:

沈钦裴的细草，有许多独到见解，但直到1993年6月才被收录在郭书春主编的《中国科学技术典籍通汇·数学卷(五)》中，由河南教育出版社影印出版，从出版时间上看，比罗士琳的细草出版晚得多，因此影响较小，知者也不多，罗士林的细草出版得早，影响很大，但在很多方面不如沈钦裴的细草.

沈钦裴细草(约1829年)

草曰：立天元一为水深，即为中股.

解：设水深为 x 尺，即为直角三角形之中股.

以池面一十四尺为中斜乘之，得

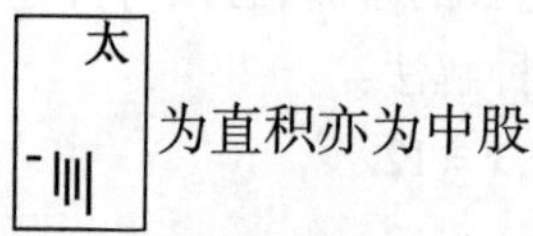

为直积亦为中股

以池面14尺为中斜乘之，得 $14x$ 为直积，亦为中股.

中斜相乘幂自之得

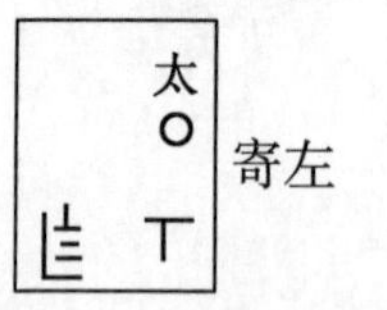

寄左

中斜幂相乘自之得

$(14x)^2 = 196x^2$ 寄左(1)

乃以出水三尺加水深得 为葭长

$(x+3)$ 为葭长 (2)

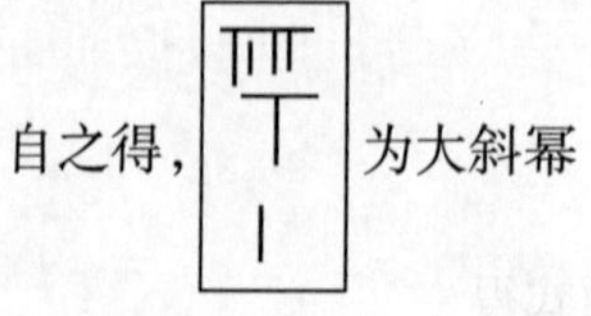

自之得， 为大斜幂

$(x+3)^2 = x^2 + 6x + 9$ 为大斜幂 (3)

又以水上一尺加水深得 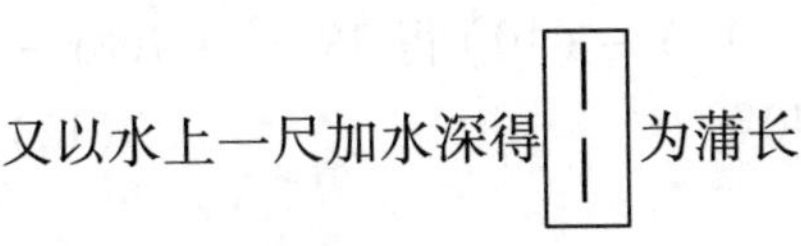 为蒲长

$(x+1)$为蒲长 (4)

自之得 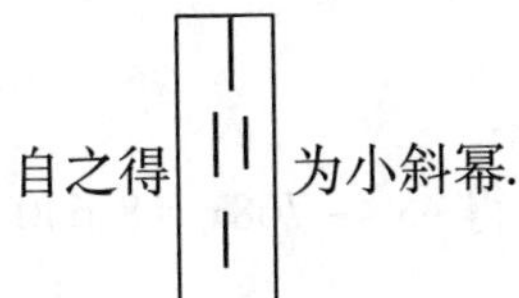 为小斜幂.

$(x+1)^2=x^2+2x+1$ 为小斜幂 (5)

并二幂,得

$(3)+(5)$得 $2x^2+8x+10$ (6)

减中斜幂一百九十六尺,

$14^2=196$ (7)

余 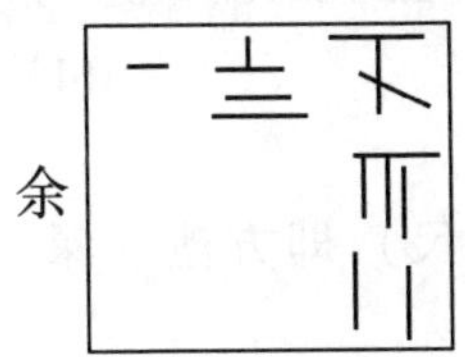

$(6)-(7)$余 $2x^2+8x-186$ (8)

半之得 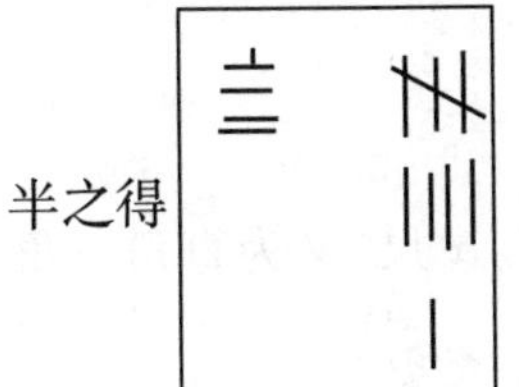

$(8)\div 2$ 得 $x^2+4x-93$ (9)

自之得 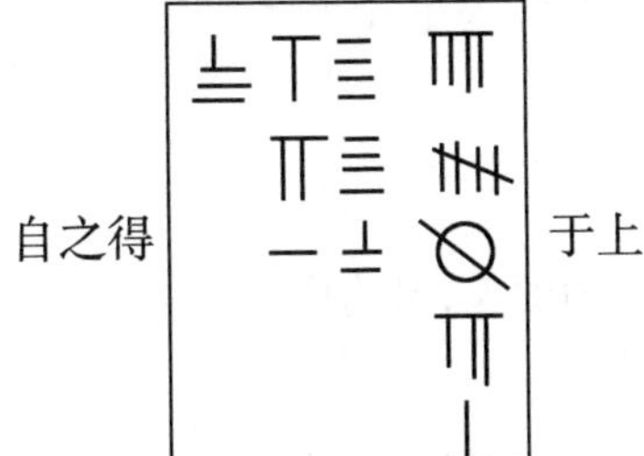 于上

$(9)^2$ 得 $x^4+8x^3-170x^2-744x+8\ 649$ 于上 (10)

又以大斜小斜二幂相乘得

$(3)\times(5)$ 得 $x^4+8x^3+22x^2+24x+9$ (11)

减上，余 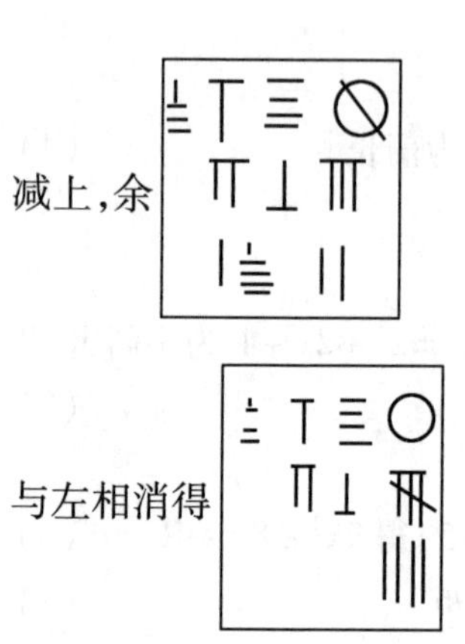

与左相消得

四约之，得

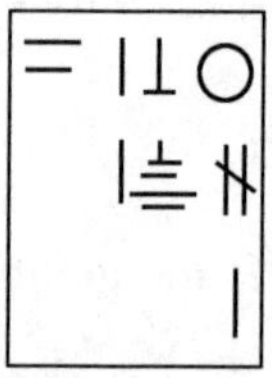

开平方之，得一丈二尺，即水深也，合问

(11) − (10) 得 $192x^2 + 768x - 8\,640$ (12)

(1) − (12) 得 $4x^2 - 768x + 8\,640 = 0$ (13)

以 4 除之，得 $x^2 - 192x + 2\,160 = 0$ (14)

解此方程：$x = 12$（尺），即方池水深，合问.

罗士琳细草(1834 年)

草曰：立天元一为水深，又为三斜田形之中股.

自之得  太 为中股幂.

副以天元加葭出三尺得  为葭长，又为中斜自之得 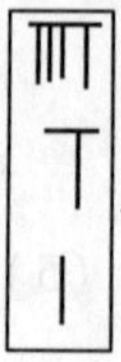 为中斜幂.

以中股幂减之，得  为中勾幂.

解：设水深为 x 尺，又为直角三角形田之中股.

x^2 为中股幂 (1)

$x + 3$ 为葭长，又为中斜 (2)

$(x+3)^2 = x^2 + 6x + 9$ 为中斜幂 (3)

(3) − (1) 得 $x^2 + 6x + 9 - x^2 = 6x + 9$ 为中勾幂 (4)

又以天元加蒲出一尺得  为蒲

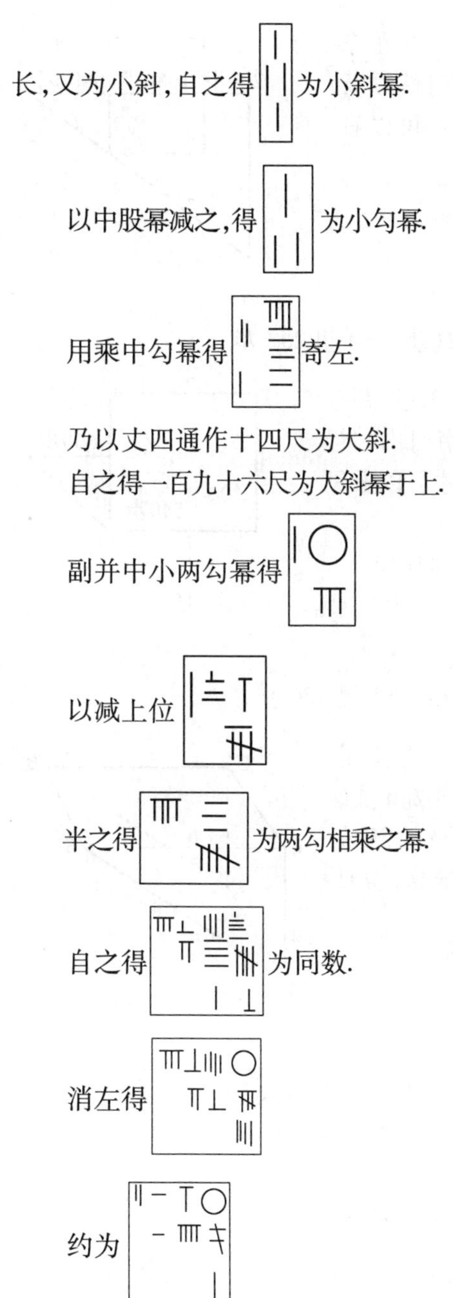

长，又为小斜，自之得为小斜幂.

以中股幂减之，得为小勾幂.

用乘中勾幂得寄左.

乃以丈四通作十四尺为大斜.

自之得一百九十六尺为大斜幂于上.

副并中小两勾幂得

以减上位

半之得为两勾相乘之幂.

自之得为同数.

消左得

约为

开平方，得十二尺，合问.

$x+1$ 为蒲长，又为小斜.

$(x+1)^2=x^2+2x+1$ 为小斜幂 (5)

(5) − (1) 得

$(x+1)^2-x^2=2x+1$ 为小勾幂 (6)

(4) × (6) 得 $(6x+9)(2x+1)=12x^2+24x+9$ 寄左(7)

1 丈 4 尺 = 14 尺为大斜

$14^2=196$ 平方尺，为大斜幂于上 (8)

(4) + (6) 得

$(6x+9)+(2x+1)=8x+10$ (9)

(8) − (9) 得 $186-8x$ (10)

(10) ÷ 2 得 $93-4x$ 为两勾相乘之幂. (11)

$(11)^2$ 得

$(93-4x)^2=8\ 649-744x+16x^2$ 为同数 (12)

(12) − (7) 得 $4x^2-768x+8\ 640=0$ (13)

(13) ÷ 4 得 $x^2-192x+2\ 160=0$ (14)

解此方程得 $x=12$（尺），所以蒲长：$12+1=13$（尺）

葭长：$12+3=15$（尺） 合问.

7. **译文**:今有方城一座,每边城墙长 3 里,距东门外 600 步路旁有一株松树,有人出西门慢慢行 200 步,再折向南去望城角,问南行多少步可以看见松树?

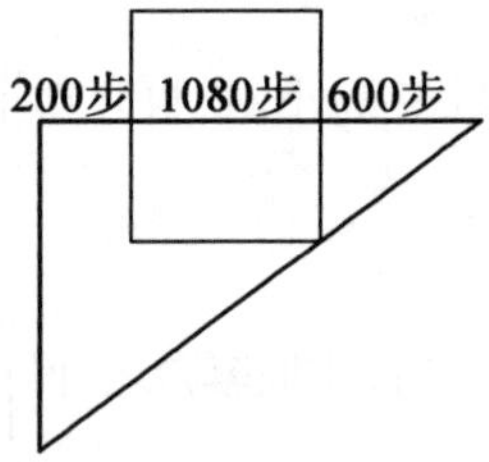

解:吴敬原法为南行步数:

$$\frac{600}{540}=\frac{200+1\,080+600}{x}$$

$$x=\frac{540\times 1\,880}{600}=1\,692(\text{步})=4\text{ 里 }252\text{ 步}$$

8. **译文**:今有方城一座,每边城墙长 3 里,距东门外 600 步路旁有一株松树,有人欲由南门出去慢慢行走,步行回首望城角,问南行多少步才可以看见松树?

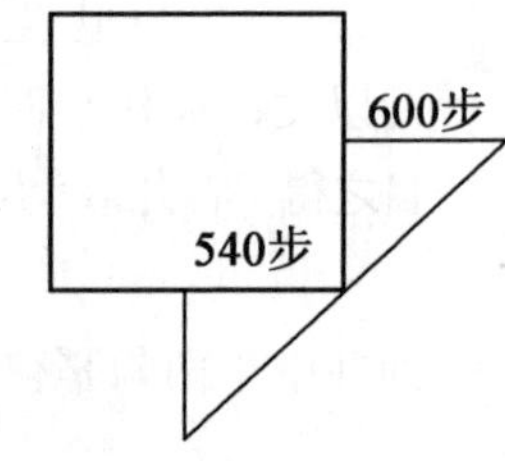

解:吴敬原法为 3 里 $=3\times 360$ 步 $=1\,080$ 步.

南行步数为 $\dfrac{600}{540}=\dfrac{540}{x}$

$$x=\frac{540\times 540}{600}=486(\text{步})=1\text{ 里 }126\text{ 步}$$

9. **译文**:今有坡地一块,西高东低,曾经丈量过. 斜长(AB)是 10 步 5 寸,南北(AA')均阔 6 丈,欲要修为平地,在东边增修一堵 1 丈高的新墙(AC),不知平地面积是多少亩? 请详细推算,需要算得完备.

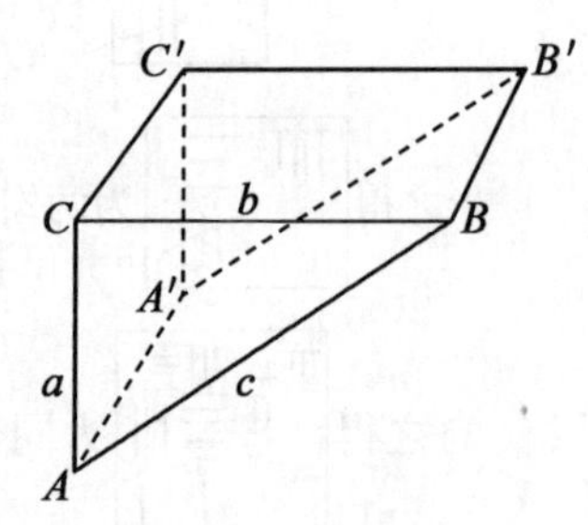

解:已知 $AC=10$ 尺,$AA'=6$ 丈 $=60$ 尺.

$AB=10$ 步 5 寸 $=50.5$ 尺.

由勾股定理得(以下为吴敬原法)

$$b=\sqrt{c^2-a^2}=\sqrt{50.5^2-10^2}=49.5(\text{尺})$$

所以平地面积为 49.5 尺 $\times 60$ 尺 $=2\,970$ 平方尺 $=0.495$ 亩.

10. 吴敬原法为:

池周: $(15^2-15)\times 2=420(\text{寸})$

径: $\dfrac{420}{3}=140(\text{寸})=14(\text{尺})$

$$\left(\frac{14}{2}\right)^2\text{尺}-(15)^2\text{寸}=49\text{ 尺}-22.5\text{ 尺}=26.5(\text{尺})\quad\text{为实}$$

$$1.5\times 2=3(\text{尺})\quad\text{为法}$$

以法除实 $26.5\div 3=8$ 尺,不尽 2 尺 5 寸,以法约之得六分尺之五,合问.

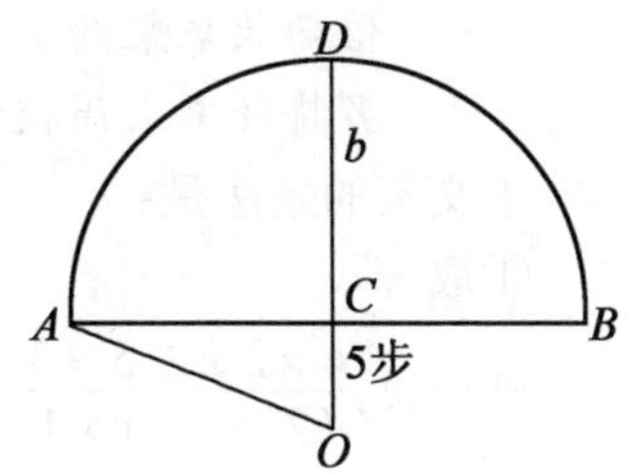

11. **译文**:在一块田禾之外,东边附近有块草木荒丘的土地.在离边5步牧放其牛,只因为绳索长游走践踏5分8平方步田地,其形如同弓形一样.请问索长究竟是多少?用天元术演算穷究.

解:已知 $OC=5$ 步,则 $OA=(5+b)$ 步,所以

$$OA^2-OC^2=AC^2$$

即
$$(5+b)^2-5^2=AC^2$$

所以
$$AC=\sqrt{b^2+10b}$$

$$AB=2\sqrt{b^2+10b}$$

又由《九章算术》弧田术公式:

$$\frac{b\times(b+c)}{2}=5\text{ 分 }8\text{ 平方步}=128\text{ 平方步}$$

所以 $c=\dfrac{128\times2-b^2}{b}$,即$\dfrac{256-b^2}{b}=2\sqrt{b^2+10b}$.

两边各自乘得$65\,536+b^4-512b^2=4b^4+40b^3$

$$3b^4+40b^3+512b^2-65\,536=0$$

解之得 $b=8$(步)

所以索长为 $8+5=13$(步),$AB=24$ 步.

12. **简介**:滚圆求周是指农村用石滚子在地面上转动,形成一个环形.已知石滚子的大、小头直径及长度而求地面环形内外周及环田面积.这种方法,最初见于吴敬的《九章算法比类大全》(1450),详于王文素的《算学宝鉴》(1524)卷二十九,但计算方法仍用《九章算术》中传统而简捷的"环田术"公式.王文素的《算学宝鉴》卷二十九中命题名为"滚圆求周".

注解:碌碡又作绿碡,是我国古代北方常用的一种农具,用石头制成,即石滚子.为了便于转动,常常做成一头稍大,一头稍小,呈卧式圆台状,在地上滚动,可以形成一个圆环形.二十五寸大头齐,即石滚子大头直径为二十五寸.小径原高二尺,即石滚子小头直径为二尺.

译文:今有一个石滚子,原长是4尺,大头直径是25寸.小头直径是20寸.在地上轻轻地推动,碾成一个环形.问君能算出此环形的内外周及面积吗?不会旁人笑你.

解:王文素在《算学宝鉴》卷二十九中指出吴敬的解法"除而又除,恐遇不尽有碍,当如拙法求之为便.况又未见积尺,但以亩法除之见田,初学难悟".

王文素解此类问题的歌词为:

倍祷长来乘两头，又乘周率实风流.

另将径率乘周较，为法除知内外周.

王文素的新法是：

①取 $\pi=3$.

外周长：$\dfrac{4\times2\times2.5\times3}{(2.5-2)\times1}=120$（尺）.

内周长：$120-4\times6=96$（尺）

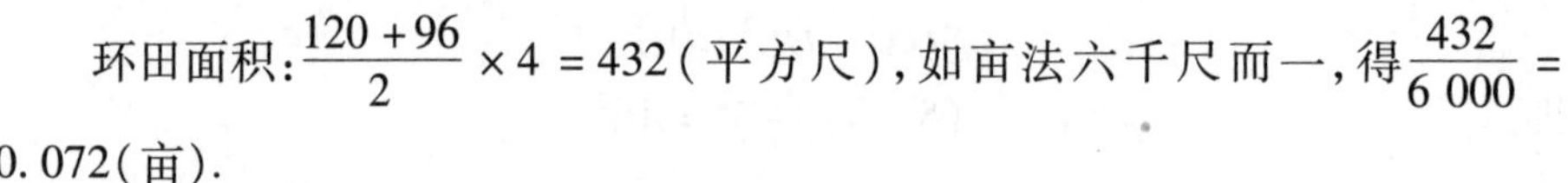

环田面积：$\dfrac{120+96}{2}\times4=432$（平方尺），如亩法六千尺而一，得 $\dfrac{432}{6\,000}=0.072$（亩）.

②取 $\pi=\dfrac{22}{7}$.

外周长：$\dfrac{4\times2\times2.5\times22}{(2.5-2)\times7}=\dfrac{440}{3.5}=125\dfrac{5}{7}$（尺）.

内周长：$\dfrac{4\times2\times2\times22}{(2.5-2)\times7}=\dfrac{352}{3.5}=100\dfrac{4}{7}$（尺）.

环田面积：$\dfrac{(440+352)\times\dfrac{4}{2}}{6\,000\times3.5}=0.075\dfrac{3}{7}$（亩）.

此法出自《九章算术》方田章环田术："并中外周而半之，以径乘之为积步."现在的解法是，已知：$AB=25$ 寸，$CD=20$ 寸，$BD=40$ 寸，设 $OC=x$，则 $\dfrac{AB}{CD}=\dfrac{OA}{OC}$，即 $\dfrac{25}{20}=\dfrac{40+x}{x}$，$x=160$ 寸，内周为 $2\pi r=2\times3\times16=96$（尺），外周为 $2\pi R=2\times3\times20=120$（尺）.

环面积：$\pi(R^2-r^2)=3\times(20^2-16^2)=432$（平方尺）.

13. **简介**：此题与"系羊问索"题内容相近，此为求弦 AB，前题求半径 BC.

注解：百稻：百种稻谷. 相饶：可以饶恕.

译文：田地有一枯树桩，一丈六尺没枝梢（尖头），一匹马没系牢靠，吃尽田地中的百种稻谷，绕树桩吃一圆周，田地面积是四分五厘，索长多少？算对了可以饶恕，算不对要去告官！

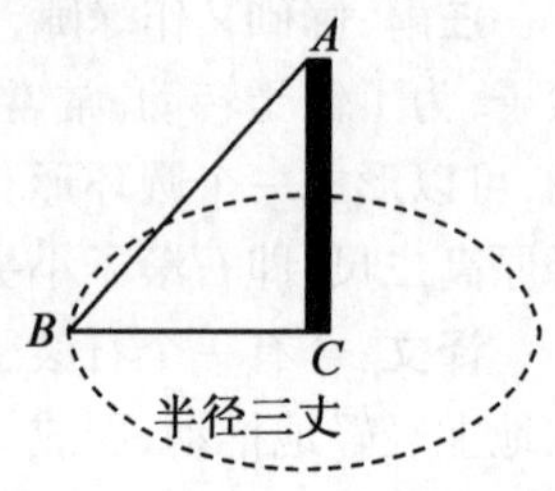

解：刘仕隆原法为：图中 AC 是直立在圆中心的枯树桩，高 16 尺，在枯树桩尖 A 处系一匹马，圆田面积 $\pi r^2=4$ 分 5 厘 $=108$ 平方步，由《九章算术》卷一圆田术：四因三归，求得 $d=\sqrt{\dfrac{4\times108}{3}}=12$（步），所以半径 $r=6$ 步 $=30$ 尺.

故索长为 $AB=\sqrt{CB^2+CA^2}=\sqrt{30^2+16^2}=34$(尺).

14. **注解**:朱户:门上加朱漆. 古代帝王赐给公侯的"九锡"之一.《韩诗外传》卷八有"诸侯之有德. 天予赐之,……六锡朱户". 后来也泛指贵族宅第. 阐:讲明白,阐述. 方邑:方城. 路畔:道路旁边.

译文:方城当中贵族人家问:"东门路旁谁把坟塔建?"出去东门 600 步,一条直道像箭一样笔直通过,出南门健步行走,486 步可以望见坟塔. 请问:方城每边长是多少里? 有人算得真使人羡慕.

解:此题是"南行望松"题的逆运算. 吴敬原法为:设方城每边长为 x 里,则

600步

486步

$$\frac{486}{\frac{x}{2}}=\frac{\frac{x}{2}}{600}$$

$$\frac{x^2}{4}=486\times600=291\ 600$$

$$x^2=291\ 600\times4=1\ 166\ 400$$

$$x=1\ 080\text{ 步}=3\text{ 里}$$

15. 设长为 b,阔为 a,则题目原意为

$$\sqrt[3]{ab+(b-a)-(a+b)}=\frac{b}{2}$$

$$(a+b)^2+(b-a)^2=a$$

吴敬"以并零和较幂等约之"得较八步,自乘,折半得和:$\frac{8^2}{2}=32$(步).

减较折半得平:$\frac{32-8}{2}=12$(步).

加较八步得长:$12+8=20$(步).

$\sqrt[3]{20\times12+8-32}=6$(步)为半广.

$6\times2=12$(步)为平,合问.

16. **简介**:程大位的《算法统宗》卷十六将其改写为西江月,广泛流传:

三月清明节气,蒙童斗放风筝.
托量九十五尺绳,被风刮起空中.
量得上下相应,七十六尺无零.
纵横甚法问先生,算得多少为评?

注解:蒙童:启蒙的儿童,谦称. 托量:用手掌托着,拿着. 住稳:表示停在空中,不动.

译文:喜逢春节,又遇清明,忽然有启蒙的儿童去斗放风筝. 手拿 950 尺长绳,被风刮起,在空中停住,测量得风筝直下在地平面上的一点与放风筝儿童的

距离为 760 尺. 请问善算纵横贯通的先生们,用什么方法推算风筝高多少尺?

解:吴敬原法为:由题意作图,点 B 为蒙童站立处,点 A 为空中风筝,已知 $AB=950$ 尺,$BC=760$ 尺,所以风筝高为

$$AC=\sqrt{AB^2-BC^2}=\sqrt{950^2-760^2}=570(\text{尺})$$

17. **注解**:四方:正方形. 彻四旁:拴在正方形四边正中间.

译文:村南边有一块正方形田地,忘记了卖时曾经丈量,在中心竖立一竿高 200 尺,竿头用绳索系住,拴在四边的中央. 绳子垂地面余 50 尺,如果有高强的能人算出方面多少,田地面积多少,可以把他的佳名到处扬.

解:吴敬原法为:已知 $AC=200$ 尺,$CD=50$ 尺,$AB=200+50=250$(尺).

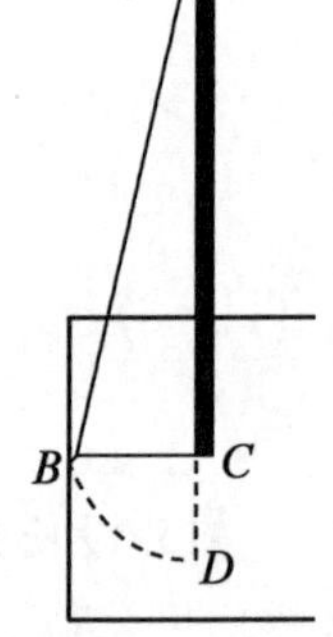

所以 $BC=\sqrt{AB^2-AC^2}=\sqrt{250^2-200^2}=\sqrt{22\,500}=150(\text{尺})=30(\text{步})$.

所以方面为 60 步,面积为 $60^2=3\,600(\text{平方步})=15(\text{亩})$.

18. **译文**:在一面积是 8 分(即 192 平方步)圆池底下钓钩,鱼在水底吞钩,钩绳至岸边 50 尺使尽各种办法,无法追究,纵横源流谁能辨认. 水深几尺? 实在难求!

注解:一步等于五尺.

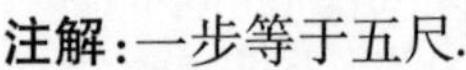

解:由题意作图,已知圆池面积为 8 分 = 192 平方步.

即 $\pi r^2=192$ 平方步.

所以 $r=OA=\sqrt{\dfrac{192}{3}}=8(\text{步})=40(\text{尺})$.

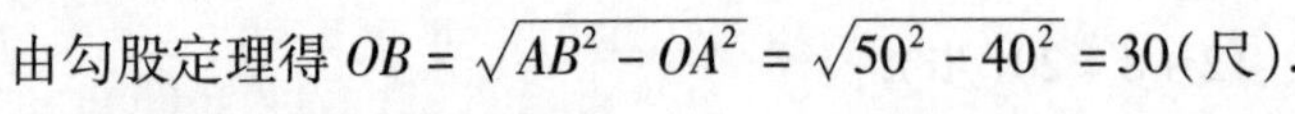

由勾股定理得 $OB=\sqrt{AB^2-OA^2}=\sqrt{50^2-40^2}=30(\text{尺})$.

吴敬的解法与此大体相同.

19. **简介**:此题系据《九章算术》勾股章第 8 题改编,这题原文是:今有垣高一张,倚木于垣,上与垣齐. 引木却行一尺,其木至地. 问木长几何?

注解:劳碌:事情繁而辛苦,忙忙碌碌.

译文:家有一堵墙高 16 尺,在墙上头斜倚一根木杆,将木离墙 8 尺远,倒地后恰抵墙根. 不知木杆有多长? 算得分明免得多劳苦.

解:吴敬原法为(设墙高为 b,木杆长为 c)

$$c=\frac{\dfrac{b^2}{c-b}+(c-b)}{2}=\frac{\dfrac{16^2}{8}+8}{2}$$

$$=20(\text{尺})$$

20. **简介**:此题系据《孙子算经》卷下第 18 题改编,这题原文是:

今有木,不知长短. 引绳度之,余绳四尺五寸. 屈绳量之,不足一尺. 问:木长几何?

杨辉在《续古摘奇算法》卷下将此题命名为"引绳量木".

译文:借人家一根木杆,不记得长短. 用草绳去丈量,绳比木杆长 8 尺;将草绳对折再量,绳比木杆短 7 尺. 问原木长多少尺?

解:吴敬原法为:

原借木杆长:$(2\times7+8)\div(2-1)=22$(尺).

草绳长:$22+8=30$(尺).

21. **简介**:此题系据《九章算术》勾股章第 9 题改编,这题原文是:

今有圆材,埋在壁中,不知大小,以锯锯之,深一寸,锯道长一尺. 问:径几何?

杨辉的《详解九章算法》载有此题的术图如下:

一尺問徑幾何

答曰材徑二尺六寸

注解:知音:相传春秋时伯牙善鼓琴,钟子期听琴,能从伯牙的琴声中听出他的心意.《列子·汤问》载"伯牙善鼓琴,钟子期善听. 伯牙鼓琴,志在高山,钟子期曰:'善哉! 峨峨兮若泰山!'志在流水,曰:'善哉! 洋洋兮若江河'". 后来以"高山流水"或"流水高山"称知己朋友或知音.

译文:土埋圆木告诉知己的朋友,用锯横截一寸深,锯道横长一尺整. 不知圆木径多少?

解:《九章算术》原法为:半锯道自乘,如深寸而一,以深寸增之,即材径.

圆木截面图如下.

已知圆 O 的直径 CD 垂直于 AB 于 M，令 $AM=a$，$OM=b$，$OA=c$，$CM=c-b=1$ 寸，$AB=10$ 寸，则 $AM=\frac{10}{2}=5$(寸). 因为

$$a^2=c^2-b^2=(c+b)(c-b)$$

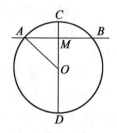

所以
$$d=2c=\frac{a^2}{c-b}+(c-b)$$

代入得 $d=\frac{5^2}{1}+1=26$(寸).

《九章算术》只给出解法公式，没有证明. 杨辉的《田亩比类乘除解法》、吴敬的《九章算法比类大全》中的解法与《九章算术》相同.

今法：直接由勾股定理得 $AM^2+OM^2=OA^2$.

即 $5^2+(x-1)^2=x^2$.

解之得 $x=13$ 寸，$d=26$ 寸.

22. **简介**：此题系据《九章算术》勾股章第 15 题改编，这题原文是：

今有勾五步，股十二步. 问：勾中容方几何？

王文素勾股容方诗曰：

> 勾股容方法最良，以勾乘股实相当.
> 勾和股并为之法，除得该容几许方.

后被程大位的《算法统宗》、清康熙的《御制数理精蕴》等书引录，在我国民间及朝鲜、日本等国广泛流传.

译文：勾长 6 尺，股长 8 尺，内接正方形边长如何计算？如果有人知道这其中的妙算法，他便是算中举人.

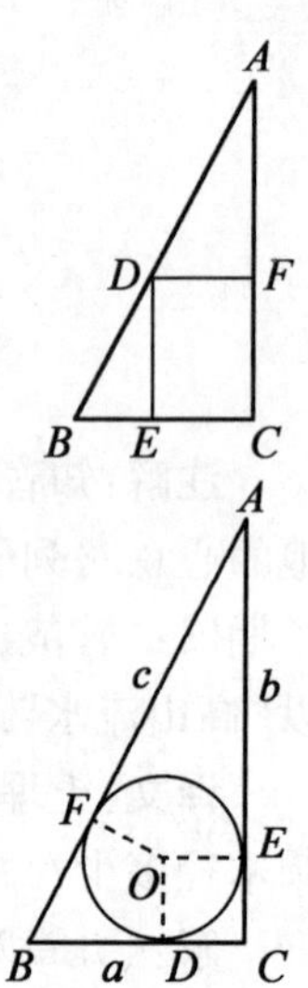

解：$\triangle BED \backsim \triangle BCA \Rightarrow \frac{BE}{ED}=\frac{BC}{CA} \Rightarrow BC\cdot ED=BE\cdot CA$

$$=CA(BC-DE)=CA\cdot BC-CA\cdot DE$$

即
$$(AC+BC)\cdot DE=AC\cdot BC$$

所以
$$DE=\frac{AC\cdot BC}{AC+BC}$$

即
$$x=\frac{ab}{a+b}$$

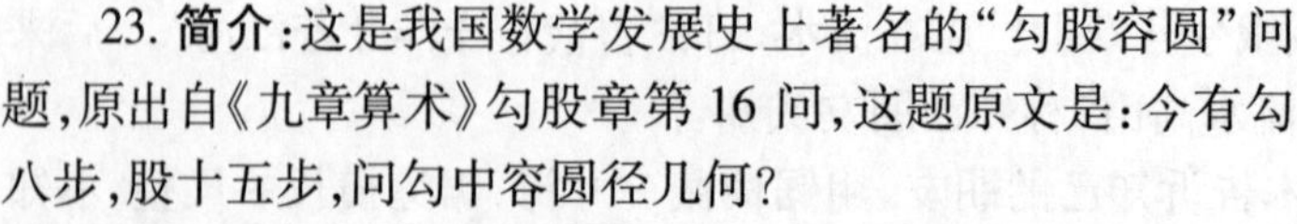

23. **简介**：这是我国数学发展史上著名的"勾股容圆"问题，原出自《九章算术》勾股章第 16 问，这题原文是：今有勾八步，股十五步，问勾中容圆径几何？

译文：勾长 6 尺，股长 8 尺，问勾中容圆直径怎样求？如果有人知道这其中的巧妙，便可以举为算中的第一人！

解:吴敬原法为

$$d=\frac{2ab}{a+b+\sqrt{a^2+b^2}}$$
$$=\frac{2\times6\times8}{6+8+\sqrt{6^2+8^2}}=4(\text{尺})$$

24. **解**:以亩步通田积:

7 厘 2 毫为 17.28 步,

$$\frac{17.28\times4}{3}=23.04,\ \sqrt{23.04}=4.8(\text{步})$$

径:$4.8\times5=24$(尺)$=2$ 丈 4 尺.

索长:$\sqrt{\left(\frac{24}{2}\right)^2+16^2}=\sqrt{144+256}=\sqrt{400}=20$(尺).

25. **解**:通地 1.8 亩为 432 步.

径:$\sqrt{\frac{432\times4}{3}}=24$(步)$=120$(尺).

索长:$\frac{120}{2}=60$(尺).

26. 已知圆周而求内接正方形边长,吴敬用的是"方五斜七法",求得圆内接正方形边长.

与方田章诗词第 30 题内容相近,这题是:

圆田内着一方池,七分二十步耕犁.
欲求在内方池面,除演天元如积推.

此题是已知圆田内除去内接方池剩余面积而求圆内接正方形边长.

解:设圆径为 x 步,则

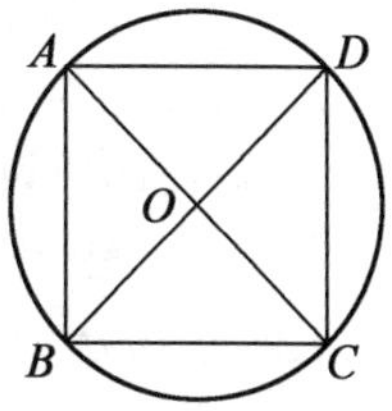

$$\frac{3x^2}{4}-\frac{2x^2}{4}=240\times0.7+20=189(\text{平方步})$$
$$x^2=752(\text{平方步})$$
$$x\approx27.42(\text{步})$$

内接方池边长,$\sqrt{\frac{752}{2}}\approx19.39$(步).

此题吴敬的解法是错误的,他说:"通田七分加零二十步共一百八十八步,以约减方池,得径二十八步……",于理不通.

27. **简介**:此题系据《九章算术》勾股章第 4 题改编,这题原文是:

今有圆材,径二尺五寸,欲为方版,令厚七寸. 问广几何?

注解:方桁:房梁上的横木,即檩子.

译文:有圆木直径为 2.5 尺,欲锯成厚为 0.7 尺的方桁,不知桁广有多少尺？如果有人能算得，就会受到人们真心实意的尊敬！

解：《九章算术》的解法：

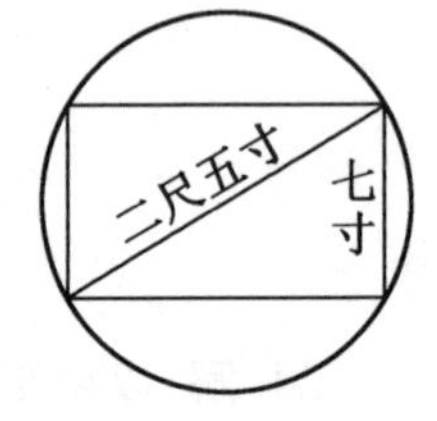

$$b=\sqrt{c^2-a^2}=\sqrt{2.5^2-0.7^2}=2.4(\text{尺})$$

吴敬的解法走了些弯路，股弦较为

$$\frac{2.5-0.7}{2}=0.9(\text{尺})$$

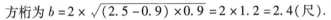

方析为 $b=2\times\sqrt{(2.5-0.9)\times0.9}=2\times1.2=2.4(\text{尺})$.

28. **注解**：容直：直角三角形内容长方形.

译文：勾股形的勾为一丈二尺，股为一丈六尺. 在内有一内接长方形. 如果有人能算得此长方形的长与宽，那么此人就应该是算中的举人.

九章差误图

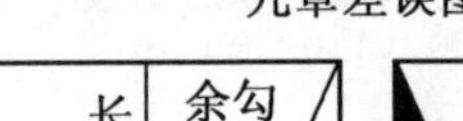

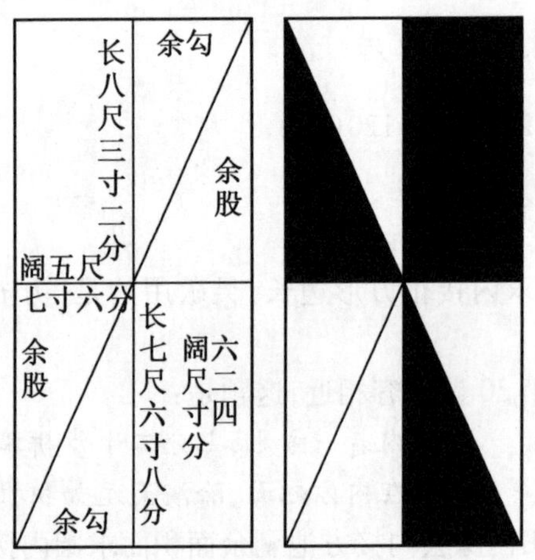

（容方白积与容直黑积等；大小二勾股白积亦与大小二勾股黑积等.）

解：此题所设条件不全，吴敬的解法亦有错误. 王文素在《算学宝鉴》卷三十中指出："题内未称差数，所容长数又不相合，法理不通，诚可憾也. 欲求容长七尺六寸八分，题内该称差一尺四寸四分；欲求容阔五尺七寸六分，题内该称差二尺五寸六分方可.""《九章（算法比类大全）》误刊长七尺六寸八分，阔五尺七寸六分."由上图可知，"若依容七尺六寸八分，该容阔六尺二寸四分；依容阔五尺七寸六分，该容长八尺三寸二分，各以长阔相乘为实，各以余勾、余股除之可见矣."

王文素认为："勾股容方容圆，古籍已载之矣. 但容直一法未载之也. 愚常论之，即有容方、容圆，岂无容直！盖直田，即两段勾股，其一容方其一容直，而积相等，如上卷勾股容方一图是也. 或一容直，一容横，而积亦等，或两容直者，积亦相等. 不相等者，误矣. 凡立题，必先称出长阔差数，亦犹带从开方，苟不以差数拘之,则任求长阔矣.古云'勾股容直'乃算家之极,故其后《海岛》诸术,非此,将何以较其是非耶!"因此,他把"勾股容直"的问题的解法总结成诗词.

勾股中容四直长,以勾乘般寄于旁.

容长勾股乘差较,二位相和作实良.

勾股并之为下去,除来便见可容长.

长中减去相差较,余此称为阔数当.

王文素给出求出阔的新法.

(1)右畔:

勾股相乘:$12\times16=192$.

以股乘差:$16\times1.44=\dfrac{23.04\ (\ +}{215.04}$为实.

勾+股:$12+16=28$　　　　　　为法.

以法除实得容长:$215.04\div28=7.68$(尺).

容阔:$7.68-1.44=6.24$(尺).

(2)左畔:

勾股相乘:$12\times16=192$.

以股乘差:$12\times2.56=\dfrac{30.72(\ -}{161.28}$为实.

勾+股:$12+16=28$　　　　　　为法.

以法除实得容阔:$161.28\div28=5.76$(尺)

容阔:$5.76+2.56=8.32$(尺).

29.这是吴敬引录朱世杰的《四元玉鉴》卷中"或问歌象"门第11题,原文是:

一只银盘三尺周,内容三只水晶球.

若人算得穿心径,万两黄金也合酬.

简介:这是朱世杰创编的一个诗词体数学题.未见其他书有类似的问题,此题后来被吴敬的《九章算法比类大全》和王文素的《算学宝鉴》引录.吴敬、王文素均用勾股容圆术公式 $d=\dfrac{2ab}{a+b+c}$解此题.

注解:穿心径:按清朝数学家沈钦裴、徐有壬(1800—1860)、罗士琳等为该题写的细草,可理解为"盘径与球径之差".

译文:有一只圆银盘,盘周是三尺,内装三只水晶球,若有人能算出"穿心径",赏他"万两黄金"也合算!

解:朱世杰用天元术解此题.设球径为 x,得方程 $x^2+60x-300=0$.

清朝数学家沈钦裴、徐有壬、罗士琳、戴煦(1805—1860)等,对朱世杰的《四元玉鉴》一书进行了深入的研究,《四元玉鉴　细草》由沈、罗、戴三人撰写,戴草现存于台湾.沈、徐、罗此题的细草译释如下:

沈钦裴细草(约 1829 年完成)

沈钦斐识别得:球子径乘盘周,倍之,加球子径乘盘周三尺,倍之,得 ⊥ 太 / ⊥ 0 加球子径自乘得 ⊥ 太 / 0 / 丨 与(盘)周径相乘三百尺相等. 相消得 ||| 0 0 / ⊥ 0 / 丨

平方开之,得四寸,不尽四十四寸以隅加方,命之为六十九分寸之四十四,即球子径也. 以减盘径十寸,余五寸六十九分之二十五,即穿心径也,合问.

钦裴按:以盈不足入之,得数更确.

术曰:假令四寸,不足四十四.

又令之五寸,有余二十五寸.

盈不足维乘假令,并之得三百二十为实

并盈、不足得六十九寸为法.

实如法而一,得四寸六十九分寸之四十四,

即球子径也.

徐钧卿(即徐有壬)云:

半球径为股

半穿心径为弦

半弦为勾

盘径一尺减球径得 丨 0 / ⊥ 为倍弦

又之 || 0 / ⊥

设球径为 d,盘周为 C,盘径为 D,则:$2dC + d^2 = CD$

设 x 为球径

$$2 \times 30x = 60x$$

$$x^2 + 60x = 10 \times 30 = 300$$

$$x^2 + 60x - 300 = 0$$

解之:$x = 4\dfrac{44}{69}$寸,即球径.

10 寸 $-\ 4\dfrac{44}{69}$寸 $= 5\dfrac{25}{69}$寸,即穿心径,合问.

沈钦裴按:以盈不足术解此题得数更准确.

解:假令 4 寸,不足 44 寸

又令 5 寸,有余 25 寸

$4 \times 25 + 5 \times 44 = 320$ 为实

$44 + 25 = 69$(寸) 为法

$$\frac{320}{69}\text{寸} = 4\frac{44}{69}\text{寸}$$

即球径.

徐有壬设球径为 x

球半径为股

穿心半径为弦

半弦为勾

则:$10 - x$ 为倍弦

以乘 $2(10 - x) = 20 - 2x$

自之 为四弦幂于上.

又置倍弦 为四勾

自之得 为四勾幂

减上为四股幂 寄左

乃置天元,倍之为四股,自之

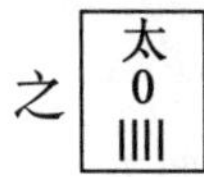

与寄左相消,得

开平方,即得.

罗士琳(1774—1853)(约 1821 年)

立天元一为球子径,又为股

以减盘径一尺,得 为弦又为倍勾

自之得 为弦幂,又为四段勾幂

四之,得: 为四段弦幂

以四段勾幂减之得: 为四段股幂寄左

乃以天元自乘,得

自乘得

$(20-2x)^2=400-80x+4x^2$ (1)

为四段弦幂于上.

又置倍弦:$10-x$ 为四勾

自乘得

$100-2x+x^2$ (2)

为四勾幂

(1)-(2)得 $300-60x+3x^2$ 为四股幂寄左 (3)

自乘:$(2x)^2=4x^2$ (4)

与(3)相消得

$300-60x+3x^2=4x^2$

$300-60x-x^2=0$ (5)

解此方程,即得球径.

法与徐有壬法基本相同.

设 x 为水晶球径,又为股.

$10-x$ 为弦,又为倍勾.

$(10-x)^2=100-20x+x^2$

(1)为弦幂,又为四段勾幂

(1)×4 得:$400-80x+x^2$

(2)为四段弦幂

(2)-(1)得 $300-60x+3x^2$

(A)为四段股幂寄左 x^2

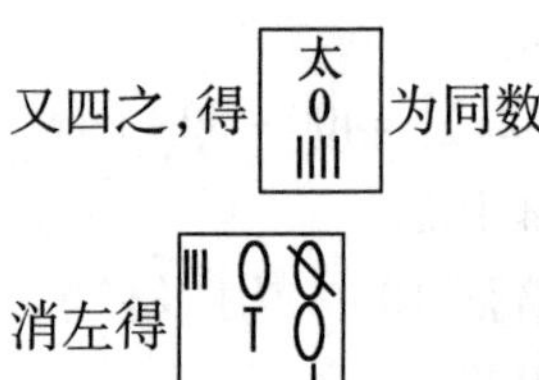

又四之，得 为同数

消左得

开平方，得四寸，不尽

方隅同名相并，得六十九为母实，四十四为子，命为六十九分四十四，以减盘径得五寸六十九分寸之二十五，合问.

$4x^2$ 与寄左(A)式为同数(相等)

$$300-60x+x^2=4x^2$$

$$-300+60x+3x^2=0$$

$x=4\dfrac{44}{69}$寸，即球径

$10-4\dfrac{44}{69}=5\dfrac{25}{69}$(寸)

即穿心径，合问.

吴敬的《九章算法比类大全》卷九的解法中取 $\pi=3$，令圆径 1 尺为股 b，

$$\frac{2}{3}\text{尺}=0.666\dot{6}\text{ 尺为勾 } a$$

$$c=\sqrt{(1)^2+\left(\frac{2}{3}\right)^2}\approx 1.2(\text{尺})=12(\text{寸})$$

$$d=\frac{2ab}{a+b+c}=\frac{2\times 1\times\frac{2}{3}}{\frac{2}{3}+1+1.2}\approx 0.465$$

尺有奇.

王文素的《算学宝鉴》卷二十九的解法中取 $\pi=\dfrac{22}{7}$.

令周：$3\times 21=63$(尺)为股 b，以：$14\times 3=42$(尺)为勾 a，$c=\sqrt{42^2+63^2}=75.716\dfrac{87\ 344}{151\ 433}$(尺).

(余分$\dfrac{87\ 344}{151\ 433}$尺，不必用之.)

$2ab=5\ 292$ 尺为实，$a+b+c=180.716$(尺)，$180.716\times 66=11\ 927.256$(尺)为法

$$d=\frac{2ab}{a+b+c}=\frac{2\times 63\times 42}{(42+63+75.716)\times 66}=\frac{5\ 292}{11\ 927.256}=0.443(\text{尺})$$

30. **注解**：拈：用两三个手指头夹，此处指环安放在何处.

译文：一根杆子高 3 丈 3 尺，底面直径 1.2 尺上头尖. 有环径 0.75 尺，问从上放下应安放在何处？

解:吴敬原法为:从上放下应安放在

$$330-\frac{(12-7.5)\times 330}{12}=206.25(\text{寸})=20.625(\text{尺})$$

简介:这两个题目,究竟哪一个出自刘仕隆的《九章通明算法》,我们不得而知.

今法:此杆的剖面是一个等腰三角形.

已知:$AD=33$ 尺,$BC=1.2$ 尺,$EF=0.75$ 尺,求:$AG=?$

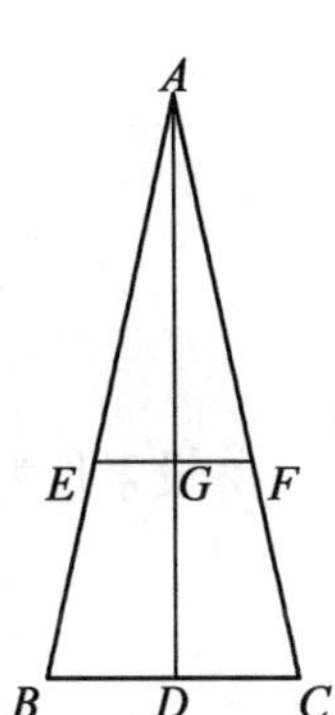

$$\triangle ABC\backsim\triangle AEF\Rightarrow\frac{BC}{EF}=\frac{AD}{AG}$$

$$\Rightarrow AG=\frac{EF\cdot AD}{BC}$$

$$=\frac{0.75\times 33}{1.2}$$

$$=20.625(\text{尺})$$

31. **译文**:一根杆子长 32 尺,上梢尖底径是 2.4 尺,9 寸环径从上边安放,请问自然放下至何处才是?

解:吴敬原法为

$$320-\frac{(24-9)\times 320}{24}=120(\text{寸})=12(\text{尺})$$

今法:

$$\frac{24}{9}=\frac{320}{x}$$

$$x=\frac{9\times 320}{24}=120(\text{寸})=12(\text{尺})$$

32. **译文**:有井不知深浅,索又不知长和短. 单索下去,索湿 3 丈;对折后双索下去,则短 2.7 丈. 请问索长、井深各多少?

解:吴敬原法为:

井深:$3+2\times 2.7=8.4$(丈).

索长:$8.4+3=11.4$(丈).

33. **注解**:托:民间一般以两臂平伸、手掌心朝前时两中指间的距离为一托. 1 托 =5 尺. 折回:两折、对折.

译文:一根杆子、一条绳索,绳索比杆子长 5 尺;将绳索对折后再去量杆,却又比杆子短 5 尺,求杆长与绳索长各多少尺.

解:吴敬原法为:倍短 1 托得 2 托,并长 1 托得杆长 3 托,加长 1 托得索长 4 托. 各以每托长 5 尺乘之,合问. 此即:

杆长:$(1\times 2+1)\times 5=15$(尺).

索长：$(3+1)\times5=20$（尺）.

今法：

①索长：$(5+5)\times2=20$（尺）.

杆长：$20-5=15$（尺）.

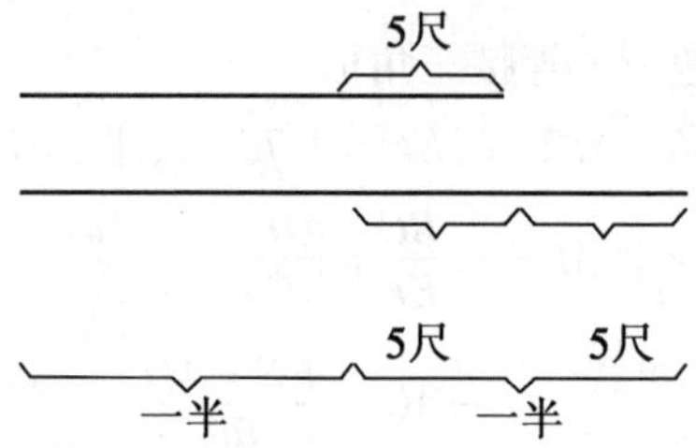

②设索长为 x 尺，杆长为 y 尺，则

$$\begin{cases} x=y+5 & (1) \\ \dfrac{x}{2}=y-5 & (2) \end{cases}$$

解之得 $x=20$ 尺，$y=15$ 尺.

③设杆长为 x 尺，则索长为 $(x+5)$ 尺，所以

$$\frac{x+5}{2}+5=x$$

$x+5+10=2x$，$x=15$ 尺. 索长为 $15+5=20$（尺）.

④
$$x-5-\frac{x+5}{2}=0$$

$2x-10-x-5=0$，$x=15$ 尺，索长为 $15+5=20$（尺）.

34. **译文**：今有正六边形纸一张，每边边长为 6 寸. 对角相距为 1 尺，剪成三个卦轮如何取径？

解：吴敬原法为：$\dfrac{10}{\frac{6}{2}}+\dfrac{6}{6}=3\dfrac{1}{3}+1=4\dfrac{1}{3}$（寸）.

35. **译文**：圆木径为 2.5 尺，方桁股长为 2.4 尺，不知桁厚几何？若有人能算得就会受到大家真诚的尊敬！

解：吴敬原法为：$\sqrt{25^2-24^2}=7$（寸）.

36. **译文**：斜倚墙放一根木杆，杆底距墙根 6.6 尺；今将木杆立放墙边，却比墙头高 1.5 尺，求木杆长及墙高各多少尺.

解：此是已知 $a=6.6$ 尺，股弦较 $c-b=1.5$ 尺，而求墙高 b. 以下是吴敬原法：

$$b=\frac{\frac{a^2}{c-b}-(c-b)}{2}=\frac{\frac{6.6^2}{1.5}-1.5}{2}=13.77(\text{尺})$$

木杆长为 $13.77+1.5=15.27$(尺).

37. **译文**:矩形面积减去宽自乘等于 875 平方步,5 倍长与宽之差为 7 倍宽相等. 求长、宽、和、较各多少步.

解:设长为 x 步,平为 y 步,则

$$\begin{cases}xy-y^2=875 & (1)\\ 5(x-y)=7y & (2)\end{cases}$$

由(1)得 $$y(x-y)=875 \quad (3)$$

(3) ÷ (2)得 $$\frac{y}{5}=\frac{875}{7y}$$

所以 $$7y^2=4\ 375,y^2=625,y=25(\text{步})$$

将 y 的值代入(1)得 $x=60$(步),和为 $60+25=85$(步),较为 $60-25=35$(步).

吴敬原法为:置较五平七相乘得三十五,以较五乘之得一百七十五,以平七除之得平二十五. 自乘得六百二十五,加入直积八百七十五步共一千五百步为实,以平二十五步为法除之,得长六十步. 并长平得和八十五步,长减平得较三十五步,不合理.

38. **译文**:矩形面积加长减平等于 1 535 平方步,5 平内减长与较之和,余 30(步). 求长、平、和、较各为多少步.

解:设长为 x 步,平为 y 步,则

$$\begin{cases}xy+x-y=1\ 535 & (1)\\ 5y-\{x+(x-y)\}=30 & (2)\end{cases}$$

由(2)得 $5y-2x+y=30$,所以

$$y=\frac{30+2x}{6} \quad (3)$$

代入(1)得

$$x\frac{30+2x}{6}+x-\frac{30+2x}{6}=1\ 535$$

$$x^2+17x-4\ 620=0$$

$x=60$ 步,即长.

将 x 值代入(3)得

$$y=\frac{30+2\times60}{6}=25(\text{步})$$

所以和为 $60+25=85$(步).

较为 $60-25=35$(步).

吴敬原法为:置较和三十步,以平五乘之得一百五十步($30\times5=150$(步)),以平五自乘得二十五减之余一百二十五步($30\times5-5^2=125$(步)),即以平五除之得,平二十五步($125\div5=25$),又置减余一百二十五以减长较和,余三十步.得长较和九十五步($125-30=95$(步)),加平二十五步,共一百二十步($95+25=120$(步)),折半得六十步,以减长较九十五步,余得较三十五步($95-60=35$(步)),并长平得和八十五步.

39. **译文**:勾股形的面积是750平方步,长与较相乘为2 100.问:长、平、和、较各多少步?

解:设勾阔为 a 步,股长为 b 步,则

$$\begin{cases}\frac{1}{2}ab=750 & (1)\\ b(b-a)=2\,100 & (2)\end{cases}$$

由(1)(2)得

$$ab=1\,500 \quad (3)$$

$$b^2-ab=2\,100 \quad (4)$$

(3)代入(4)得 $b^2-1\,500=2\,100$, $b^2=3\,600$, $b=60$(步).

将 b 的值代入(1)得 $a=25$ 步.

所以和为 $60+25=85$(步).

较为 $60-25=35$(步).

吴敬原法为:置勾股积七百五十步,以长较相乘二千一百约之,得股长六十步,勾一十二步半,倍之得平二十五步,减长六十步,余得较三十五步,并长平得和八十五步,合问.

说得不十分明白,怎样"约之"?

40. **译文**:今将矩形面积开平方,加长平和为105步,长平差为45步.问:长、平、及和各多少步?

解:吴敬原法为:置加和得积一百零五步,减差四十五步,余得长六十步,减差四十五步,余得平十五步,并长平得和七十五步,合问.

设长为 x 步,平为 y 步,则

$$\begin{cases}\sqrt{xy}+(x+y)=105 & (1)\\ y-x=45 & (2)\end{cases}$$

由(1)得

$$\sqrt{xy}=105-(x+y)$$

$$xy = 11\ 025 + x^2 + y^2 + 2xy - 210x - 210y$$

即

$$x^2 + y^2 + xy - 210x - 210y + 11\ 025 = 0 \tag{3}$$

又由(2)得

$$y = 45 + x \tag{4}$$

(4)代入(3)得

$$x^2 - 95x + 1\ 200 = 0$$

解之得 $x = 15$ 步，$y = 60$ 步.

和为 $60 + 15 = 75$(步)

41. **译文**：有 8 个长平之差，3 平，4 个长平之和，共 228 步，不多. 只记得当初为一亩地. 求长、平、和、较各多少步.

解：设长为 b 步，平为 a 步，则

$$\begin{cases} 8(b-a) + 3a + 4(a+b) = 228 & (1) \\ ab = 240 & (2) \end{cases}$$

由(1)(2)得

$$12b - a = 228 \tag{3}$$

$$a = \frac{240}{b} \tag{4}$$

(4)代入(3)得 $$b^2 - 19b - 20 = 0$$

解之得 $b = 20$ 步，所以 $a = 12$ 步，和为 $20 + 12 = 32$(步)，较为 $20 - 12 = 8$(步).

吴敬原法为：置地一亩，以亩法通之，得二百四十步为实，以八较、三平、四和约之，得较八步为从方，开平方除之，得平一十二步，以除总步得长二十步，并长平得和(五)[三]十二步，合问. 怎样"约之"？

42. **注解**：徘徊：比喻犹疑不决.

译文：空闲时间将矩形面积开立方，得数为平不用猜疑，7 股与 8 勾之和开平方恰等于较. 问长、平、和、较各多少步，不要犹豫不决.

解：设勾平为 a 步，股长为 b 步，则

$$\begin{cases} \sqrt[3]{ab} = a & (1) \\ \sqrt{8a + 7b} = b - a & (2) \end{cases}$$

由(1)得

$$ab = a^3, b = a^2 \tag{3}$$

由(2)得

$$8a + 7b = b^2 + a^2 - 2ab \tag{4}$$

(3)代入(4)得

$$8a+7a^2=a^4+a^2-2a\cdot a^2$$

即

$$a^4-2a^3-6a^2-8a=0$$

$$a(a^3-2a^2-6a-8)=0$$

解之得 $a=4$ 步.

将 a 的值代入(3)得 $b=16$ 步,所以和为 $4+16=20$(步).

较为 $16-4=12$(步).

吴敬原法为:以七八平约之,直积立方开如平,得四步,再自乘得六十四步,以平四步除之,得长一十六步.以七长乘得一百一十二步.以八勾乘平四得三十二,并之得一百四十四,开平方法除之,得较一十二步,并长平得和二十步,合问.怎样"约之"?

43. **注解**:寰:广大的地域,人寰.

译文:矩形面积减去3倍阔等于2倍长,又1阔恰相当于2较.如果有人求出长平和较步数,他便是人寰中计算能力最强的人.

解:设平为 x 步,长为 y 步,则

$$\begin{cases}xy-3x=2y & (1)\\ x=2(y-x) & (2)\end{cases}$$

由(2)得

$$x=2y-2x,x=\frac{2y}{3} \quad (3)$$

(3)代入(1)得

$$\frac{2y}{3}y-3\times\frac{2y}{3}=2y$$

$$y^2-6y=0$$

$$y(y-6)=0$$

$$y=6\text{ 步}$$

将 y 的值代入(3)得 $x=\frac{2\times 6}{3}=4$(步).

和为 $6+4=10$(步).

较为 $6-4=2$(步).

吴敬原法为:置三平与二长适等,约之,得四步,以三乘之,得一十二步.以二除之得长六步.减平四步,得较二步.加平四步,恰相当于长六步,并长平得和一十步,合问.怎样"约之"?

44. **注解**:平启云:意为"开平方".

译文:今将矩形的面积,开平方后加入原长得45步.又将长步开平方后,加入平步得21步.问:长、平、和、较各多少步?

解:设平为 a 步,长为 b 步,依题意可得联立方程组

$$\begin{cases}\sqrt{ab}+b=45 & (1)\\ \sqrt{b}+a=21 & (2)\end{cases}$$

由(1)得

$$ab=(45-b)^2=2\,025+b^2-90b \qquad (3)$$

由(2)得

$$b=(21-a)^2=441+a^2-42a \qquad (4)$$

(4)代入(3)整理得

$$a^4-85a^3+2\,598a^2-33\,705a+156\,816=0$$

解之得 $a=16$ 步,代入(2)得 $b=25$ 步.

和为 $25+16=41$(步).

较为 $25-16=9$(步).

吴敬原法为:置并入原长四十五步约之,得长二十五步,平方面二十步,自乘得四百步为实. 以长二十五步为法,除之得平一十六步. 以长二十五步减平一十六步,余得较九步. 并长平得和四十一步,合问. 怎样"约之"?

45. **注解**:和步长平共积:意为十倍和步与长平之积相等.

译文:10 倍和步与长平之积相等,长平之差为 4.5 步. 问长、平、和各多少步? 会的人便能回答,他是算学界中第一家.

解:吴敬原法为:置差 4.5 步,倍之得 9 步,以差 4.5 步乘之,得和 40.5 步. 又 $4\times4.5=18$, $18+4.5=22.5$.

今法:设平为 a 步,长为 b 步,则

$$\begin{cases}10(a+b)=ab & (1)\\ b-a=4.5 & (2)\end{cases}$$

由(2)得

$$b=4.5+a \qquad (3)$$

(3)代入(1)得 $a^2-15.5a-45=0$

解之得 $a=18$ 步, $b=22.5$ 步,和为 $22.5+18=40.5$(步).

46. **简介**:此题系据《九章算术》勾股章第 10 题改编,这题原文是:

今有开门,去阃一尺,不合二寸. 问门广几何?

杨辉的《详解九章算法》载有一幅很生动的开门去阃图,如下:

注解:阃:门槛. 门有两扇.《玉篇·户部》称:"一扇曰户,两扇曰门."

译文:欲将城门启开,去阃 1 尺,不合恰 2 寸. 请问门广几何?

解:《九章算术》原法为:如图,设门广的一半,即一扇门之广为弦 c,开门去阃的距离为勾 a,不合距离之半为股弦差 $c-b$,故

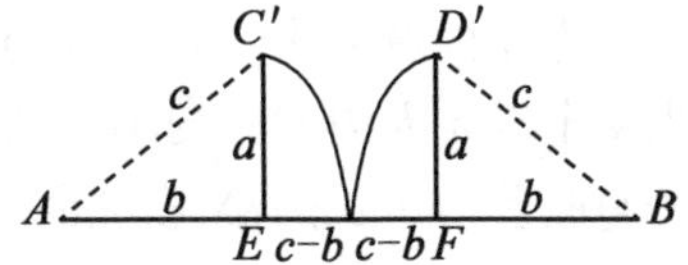

$$AB = 2c = \frac{a^2}{c-b} + (c-b) = 101(\text{寸})$$

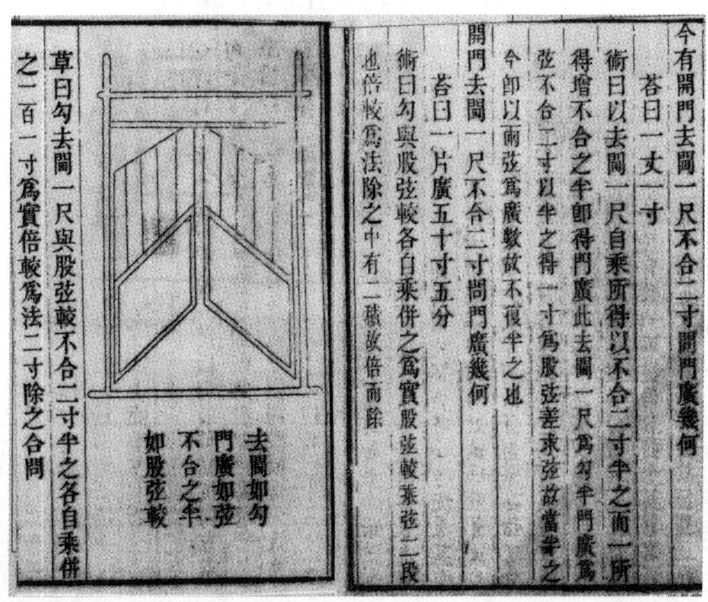
今有開門去閫一尺不合二寸問門廣幾何
荅曰一丈一寸
術曰以去閫一尺自乘所得以不合二寸半之而一所得增不合之半卽得門廣此去閫一尺爲勾半門廣爲弦不合二寸以半之得一寸爲股弦差求弦故當半之今卽以兩弦爲廣數故不復半之也
開門去閫一尺不合二寸問門廣幾何
荅曰一片廣五十寸五分
術曰勾與股弦較各自乘併之爲實股弦較乘弦二段也倍較爲法除之中有二積故倍而除

草曰勾去閫一尺與股弦較不合二寸半之各自乘併之二百一寸爲實倍較爲法二寸除之合問

47. **简介**:此题系据《九章算术》勾股章第 11 题改编,这题原文是:今有户高多于广六尺八寸,两隅相去适一丈. 问户高广各几何?《九章算术》解这类问题的公式如下.

广:
$$a = \sqrt{\frac{c^2 - 2\left(\frac{b-a}{2}\right)^2}{2}} - \frac{b-a}{2}$$

高:
$$b = \sqrt{\frac{c^2 - 2\left(\frac{b-a}{2}\right)^2}{2}} + \frac{b-a}{2}$$

刘徽在《九章算术注》中提出了新的公式

$$a = \frac{1}{2}\left[\sqrt{2c^2 - (b-a)^2} - (b-a)\right]$$

$$b = \frac{1}{2}\left[\sqrt{2c^2 - (b-a)^2} + (b-a)\right]$$

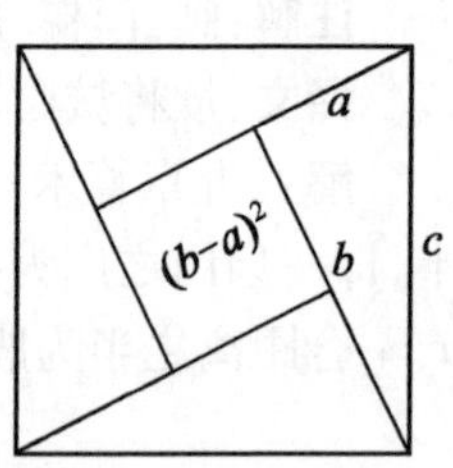

这两个公式,可利用传统的“出入相补”法证明如下:

先作以弦 c 为边长的正方形,弦幂为 c^2,将它分割成 4 个以 a,b 为勾股的小勾股形,称为“朱幂”. 一个以公勾股差为边长的小正方形,称为“黄方”,即 $c^2 = 4 \times$

$\frac{1}{2}ab+(b-a)^2$，再取两个弦幂 $2c^2$，将一个弦幂的黄方去掉，剩下的 4 个朱幂补到另一个弦幂上，则成为一个以 $(a+b)$ 为边长的大正方形.

其面积为

$$(b+a)^2=2c^2-(b-a)^2$$

所以

$$b+a=\sqrt{2c^2-(b-a)^2}$$

因此

$$a=\frac{1}{2}[(b+a)-(b-a)]$$

$$=\frac{1}{2}[\sqrt{2c^2-(b-a)^2}-(b-a)]$$

$$b=\frac{1}{2}[(b+a)+(b-a)]$$

$$=\frac{1}{2}[\sqrt{2c^2-(b-a)^2}+(b-a)]$$

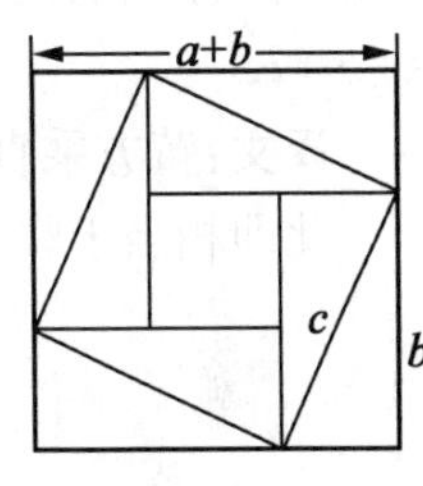

杨辉的《详解九章算法》对此题做了细致的介绍，并绘有一幅很生动的门户高广图.

注解：版户：门.

译文：今有一门，高多于广 2 尺，两对角线恰为 1 丈，门高、广各多少？

解：吴敬的解法与《九章算术》相同，代入《九章算术》公式得

$$a=\sqrt{\frac{c^2-2\left(\frac{b-a}{2}\right)^2}{2}}-\frac{b-a}{2}$$

$$=\sqrt{\frac{10^2-2\left(\frac{2}{2}\right)^2}{2}}-\frac{2}{2}$$

$$=7-1=6(\text{尺})$$

$$b=\sqrt{\frac{c^2-2\left(\frac{b-a}{2}\right)^2}{2}}+\frac{b-a}{2}$$

$$=\sqrt{\frac{10^2-2\left(\frac{2}{2}\right)^2}{2}}+\frac{2}{2}$$

$$=7+1=8(\text{尺})$$

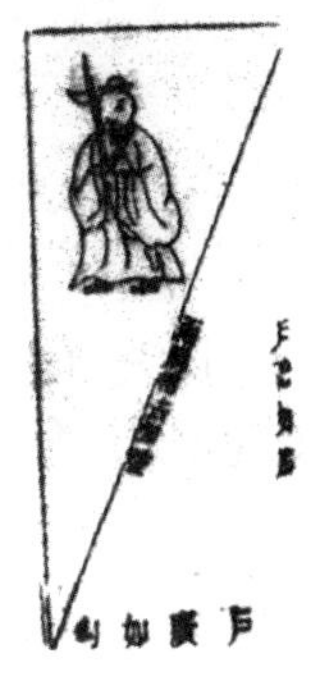

48. **简介**：此题原是朱世杰的《四元玉鉴》卷首“假令细草”中的第一个例题“一气混元”问题，这题的原文是：

今有黄方乘直积得二十四步，只云股弦和九步. 问：勾几何？

吴敬将其改成上述的诗词体，但他的解法十分简略，使人不易理解. 吴敬的

解法是：

置股弦和九步，约之，得股四步. 自乘，得十六步. 弦五步自乘得二十五步，内减股(自乘)十六步，余九步，开平方除之，得三步，合问. 这可能是按"勾三、股四、弦五"而得出的，显然不合理.

注解：黄方：按《四元玉鉴》卷首："自乘演段之图."设勾 $=a$，股 $=b$，弦 $=c$. 可知"黄方"，即弦和较：$(a+b)-c$. 吴敬原误为"横方"，直积：ab. 股弦和：$b+c$.

译文：黄方乘直积等于24(平方)步，股弦和9步，问勾阔是多少步？

此即相当于联立方程

$$\begin{cases}[(a+b)-c]\times ab=24\\ b+c=9\end{cases}$$

求：$a=$？

解：朱世杰用天元术解此题，草曰：

立天元一为勾，如积求之，得一百六十二个黄方乘直积式：

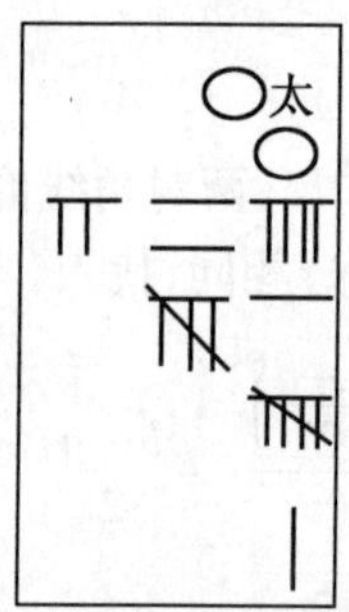

以一百六十二乘元积(即以 $162\times24=3\ 888$)相消得开方式四乘开方之，得勾三步，合问.

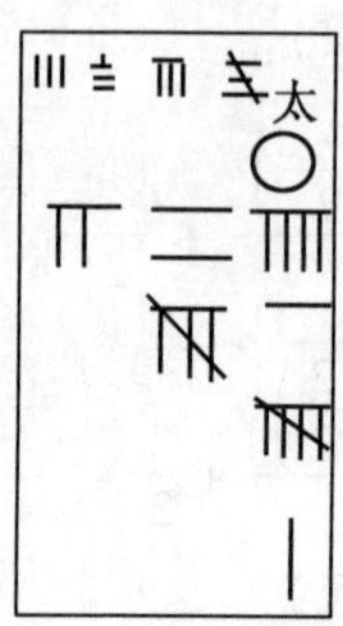

此即，设 x 为勾，如积求之，得162个黄方$(a+b-c)$乘直积(ab)式：

$729x^2-81x^3-9x^4+x^5$，以162乘原积24得3 888，相消得方程

$$-3\ 888+729x^2-81x^3-9x^4+x^5=0$$

解此五次方程，得勾 $x=3$ 步，合问.

沈钦裴细草(约1829年)

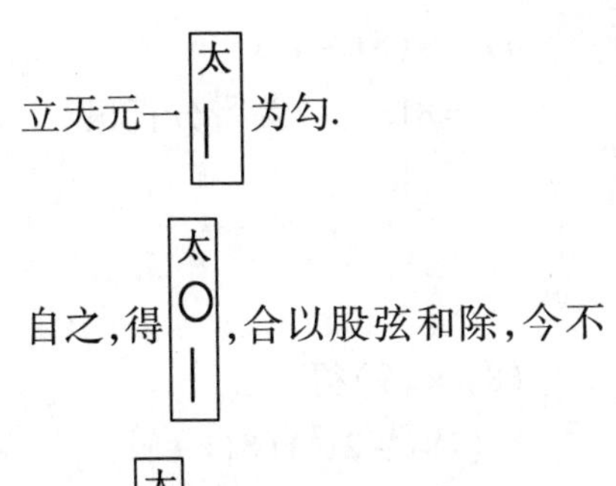

立天元一为勾.

自之,得,合以股弦和除,今不受除,即以为带分股弦较(寄分母九)(解曰:股弦和除勾幂为股弦较,股弦和九,故分母为九).

以分母九乘股弦和得八十一,为带分股弦和.

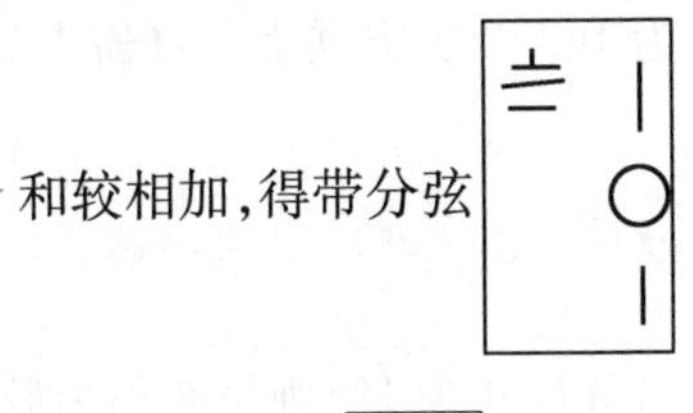

和较相加,得带分弦

相减得带分股

(寄分母一十八)

以分母一十八乘勾得带分勾

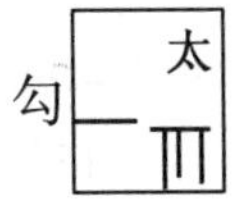

以带分弦减带分勾股和得带分黄方

解:设勾 $a=x$ (1)

$(1)^2$ 得 $a^2=x^2$ (2)

本应以股弦和除之,今不除,即以 x^2 为带分股弦较,因 $\frac{a^2}{b+c}=b-c$, $b+c=9$,故分母为9.

$9\times(b+c)=9\times9=81$,为带分股弦和 (3)

(2)+(3)得

$c=81+x^2$ 为带分弦 (4)

(3)-(2)得

$b=81-x^2$(寄分母18) (5)

(1)×18 得

$18x$ 为带分勾 (6)

(5)+(6)得

$a+b=81+18x-x^2$ (7)

(7)-(4)得

$$a+b-c=81+18x-x^2-(81+x^2)$$
$$=18x-2x^2 \quad (8)$$

以勾乘带分股得

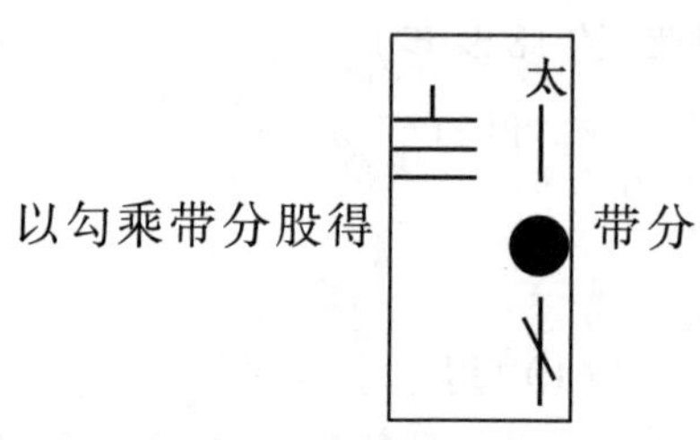

带分直积.

又以带分黄方乘之,得

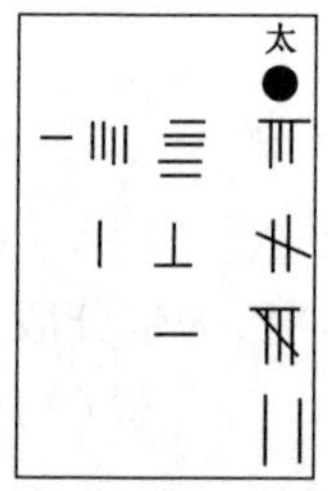

半之,得

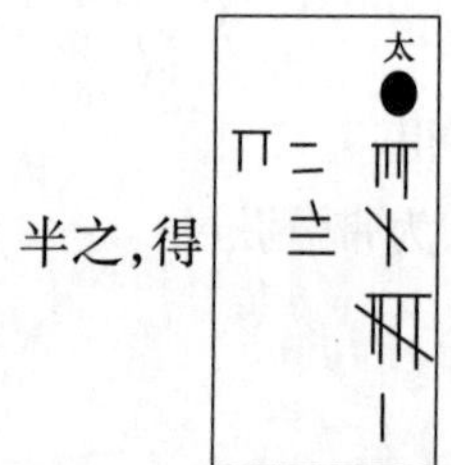

为一百六十二个黄方乘直积(寄左)

解曰:倍分母九为十八,则倍弦仍为弦,倍股仍为股.带分黄方十八乘带分直积十八,是为三百二十四个黄方乘直积,半之得一百六十二个.

乃以一百六十二乘元积二十四步得三千八百八十八,与左相消,得开方式

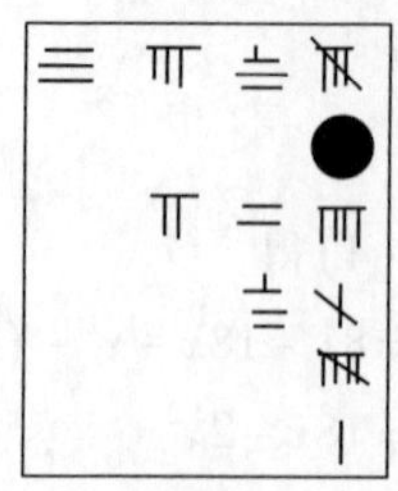

四乘方开之,得勾三步,合问.

(1)×(5)得

$$ab = x(81 - x^2) = 81x - x^3 \text{ 为带分直积} \qquad (9)$$

(8)×(9)得

$$(18x - 2x^2)(81x - x^3) = 1\,458x^2 - 162x^3 - 18x^4 + 2x^5 \qquad (10)$$

(10)÷2 得

$$729x^2 - 81x^3 - 9x^4 + x^5$$

为 162 个黄方乘直积:(寄左) (11)

倍分母 9 为 18,则倍弦仍为弦,倍股仍为股.带分黄方 18 乘带分直积 18 得 324 个黄方乘直积,半之,得 162 个.

$$24 \times 162 = 3\,888 \qquad (12)$$

与寄左相消,得

$$-3\,888 + 729x^2 - 81x^3 - 9x^4 + x^5 = 0 \qquad (13)$$

解此五次方程,得勾 $x = 3$ 步,合问.

罗士琳细草(1834 年)

立天元一

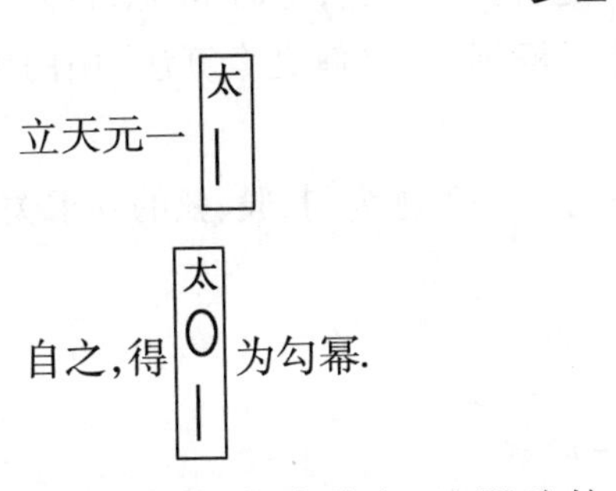

自之，得 为勾幂.

合以股弦和九步除之，为股弦较，

今不除，便以

九个股弦较.

副以九通天元得 为九个勾.

以九个股弦较减之，得

为九个黄方.

以九通九步得八十一步为九个股弦和，以九个股弦较减之，得：

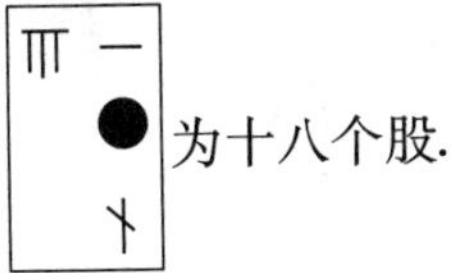

为十八个股.

乘天元勾得

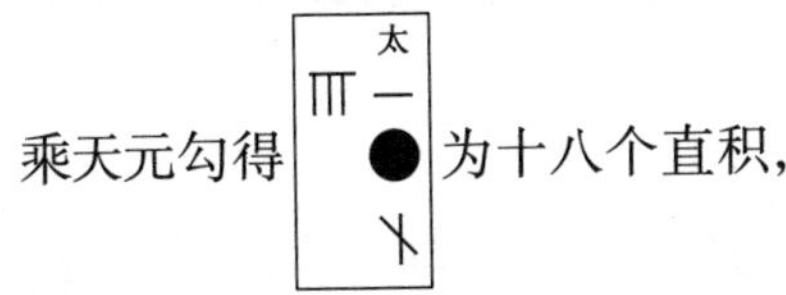

为十八个直积，

以九个黄方乘之，得：为一百六十二个黄方乘直积，寄左.

解：设勾 $a=x$ (1)

$(1)^2$ 得 $a^2=x^2$ 为勾幂 (2)

本应以 $c-b=\dfrac{a^2}{c+b}=\dfrac{x^2}{9}$ 为股弦较 (3)

今不除，便以 x^2 为 9 个股弦较 (4)

$9a=9x$ 为 9 个勾 (5)

(5) - (4)得

$a-(c-b)=a+b-c$

$=9x-x^2$ 为 9 个黄方 (6)

$9\times(b+c)=9\times9=81$

为 9 个股弦和 (7)

(7) - (4)得

$81-x^2$ 为 18 个股 (8)

(8) × (1)得

$81x-x^3$ 为 18 个直积 (9)

(9) × (6)得

$(81x-x^3)(9x-x^2)$

$=729x^2-81x^3-9x^4+x^5$

为 162 个黄方乘直积，寄左. (10)

①本章共载 101 个问题,其中古问 24 题,比类 29 题,诗词 48 题,古问中的许多问题都被吴敬改写成诗词体,并引述了杨辉的《详解九章算法》中的生动插图,使其广泛流传.

本章主要讲述勾股定理及其各种应用题,1 ~3 题为勾、股、弦的互求关系,术文给出了相当于下面的 3 个公式

$$c=\sqrt{a^2+b^2}$$

$$b=\sqrt{c^2-a^2}$$

$$a=\sqrt{c^2-b^2}$$

吴敬引述了这 3 个公式,引述了杨辉的《详解九章算法》中的"勾股弦图""勾股生变十三名图"和后面题目中的许多插图.

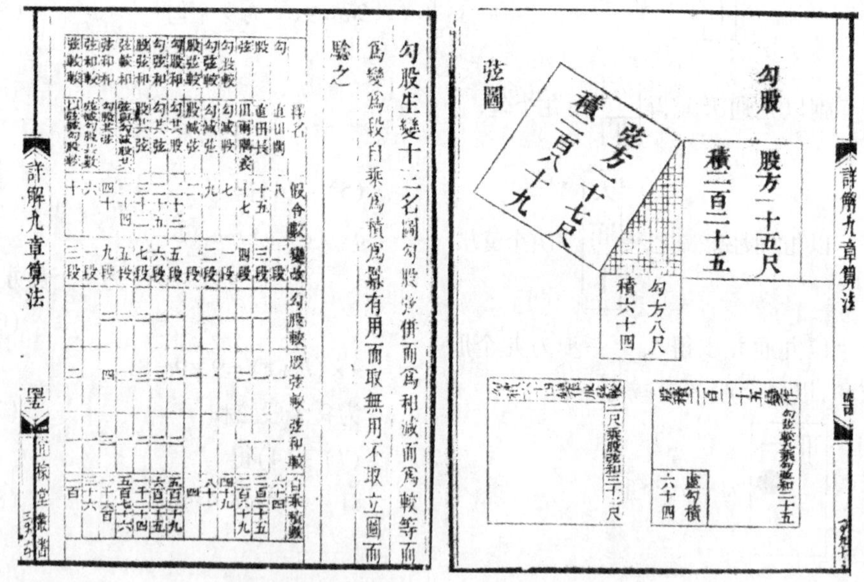

②《九章算术》中此题原文为:

今有勾三尺,股四尺,问:为弦几何?

③《九章算术》术曰:以七周乘三尺为股,木长为勾,为之求弦,弦者,葛之长.

刘徽注云:据围广,木长求葛之长,其形"葛卷裹袤". 以笔管青线宛转有似葛之缠木,解而观之,则每周之长,自有相间成勾股弦,则其间木长为股,围之为勾,葛长为弦,七周乘三围是并合众勾以为一勾,则勾长而股短. 故其术以木长谓之勾,围之谓之股,言之倒互. 勾与股求弦,亦如前图.

此题是著名的"葛卷裹袤"问题,1424 年明朝数学家刘仕隆将其改写成诗

词体.

二丈木长三尺围,葛生其下缠绕之.
徐徐缠绕七周遍,葛梢却与木梢齐.
请问先生能算者,葛长多少请君题.

刊载在《九章通明算法》中,使其广泛流传,详请参阅《中国古典诗词体数学题译注》第133页.

④《九章算术》中此题原文为:

今有弦五尺,勾三尺,问:为股几何?

⑤《九章算术》中此题原文为:

今有股四尺,弦五尺,问:为勾几何?

⑥此题是著名的"葭生池中"问题,是根据《九章算术》勾股章第6题改编而成.

杨辉的《详解九章算法》(1261)配有生动的"葭出水图"和"引葭赴岸图".中世纪以后,这类问题,曾在世界各地广泛流传,印度科学家婆什伽罗(Bhasksra,1114—1185)在其所著《丽罗娃蒂》(*Lilavati*)一书中提出一个类似的"荷花问题":

平平湖水清可鉴,荷花半尺出水面.
忽来一阵狂风急,吹倒荷花水中偃.
湖面之上不复见,入秋渔翁始发现.
残花离根二尺远,试问水深尺若干.

此问题比《九章算术》"葭生池中"问题晚了一千多年,类似的问题,在20世纪许多课外读物中都有介绍,我们不应数典忘祖,应以此题为例,对广大青少年加强爱国主义教育.

吴敬将其改写成词牌西江月,刊载在本卷诗词体第1题.

今有池方一所,每边丈二无疑.
中心蒲长一根肥,出水过于二尺.
斜引蒲稍至岸,适然与岸方齐.
饶公能算更能推,蒲、深各该有几?
(将葭改成蒲,出水一尺改为二尺.)

解:由题意作出图

(1)《九章算术》的解法.

由

$$a^2 = c^2 - b^2 = (c+b)(c-b)$$

得

$$c + b = \frac{a^2}{c-b}$$

所以池水深为

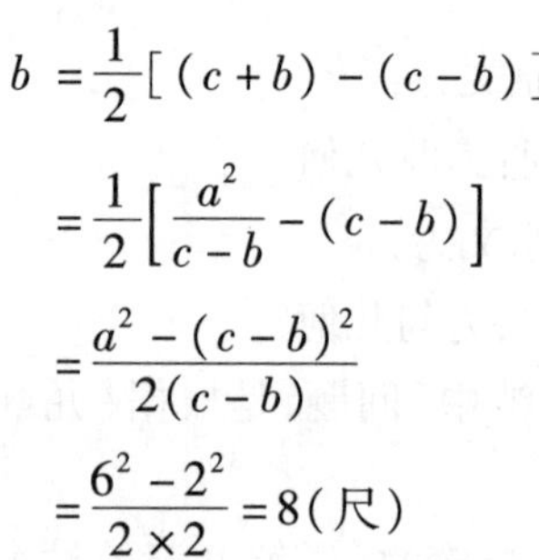

$$\begin{aligned} b &= \frac{1}{2}[(c+b)-(c-b)] \\ &= \frac{1}{2}\left[\frac{a^2}{c-b}-(c-b)\right] \\ &= \frac{a^2-(c-b)^2}{2(c-b)} \\ &= \frac{6^2-2^2}{2\times 2} = 8(\text{尺}) \end{aligned}$$

蒲长为 $8+2=10$(尺)

(2)今法.

设池水深为 x 尺,由勾股定理,得

$$x^2 + 6^2 = (x+2)^2$$

解之:$x=8$(尺).

请参见《中国古典诗词体数学题译注》134 页.

⑦此题是著名的“开门去阃”问题. 阃,即门槛. 门有两扇,《玉篇 · 户部》称:“一扇曰户,两扇曰门.”

杨辉《详解九章算法》载有一幅很生动的开门去阃图,如下:

去閫如勾
門廣如弦
不合之半
如股弦較

《九章算术》原法为：如下图，设门广的一半，即一扇门之广为弦 c，开门去阃的距离 CE 为勾 a，不合距离之半 ED 为股弦差 $c-b$，故

$$AB=2c=\frac{a^2}{c-b}+(c-b)=101(\text{寸})$$

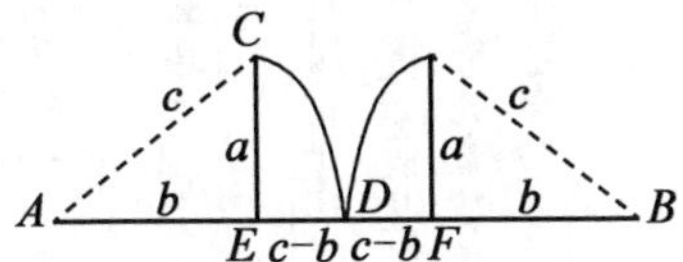

请参阅《中国古典诗词体数学题译注》141 页.

⑧此题是著名的“立木垂索”问题.

杨辉《详解九章算法》载此题术图如下：

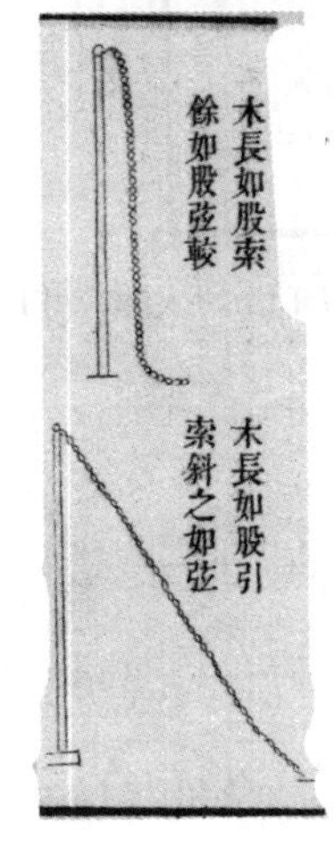

吴敬将《九章算术》此题中“委地三尺”改为“委地二尺”，并将此题改写成词牌西江月，刊载在本卷诗词第二题.

由勾股定理，得

$$a^2=c^2-b^2$$

$$\frac{a^2}{c-b}=\frac{c^2-b^2}{c-b}=c+b$$

又 $$(c+b)+(c-b)=2c$$

所以 $$c=\frac{1}{2}[(c+b)+(c-b)]$$

$$=\frac{1}{2}\left[\frac{a^2}{c-b}+(c-b)\right]$$

索长，即 $$c=\frac{\frac{a^2}{c-b}+(c-b)}{2}$$

同法木长 $$b=\frac{\frac{a^2}{c-b}-(c-b)}{2}$$

⑨此题与《九章算术》勾股章第八题内容有些不同，《九章算术》是“引木欲行一尺，其木至地”. 而本题则是“木脚去本，以画记之，卧而较之，过画一尺”，因此杨辉将两题术草并列：

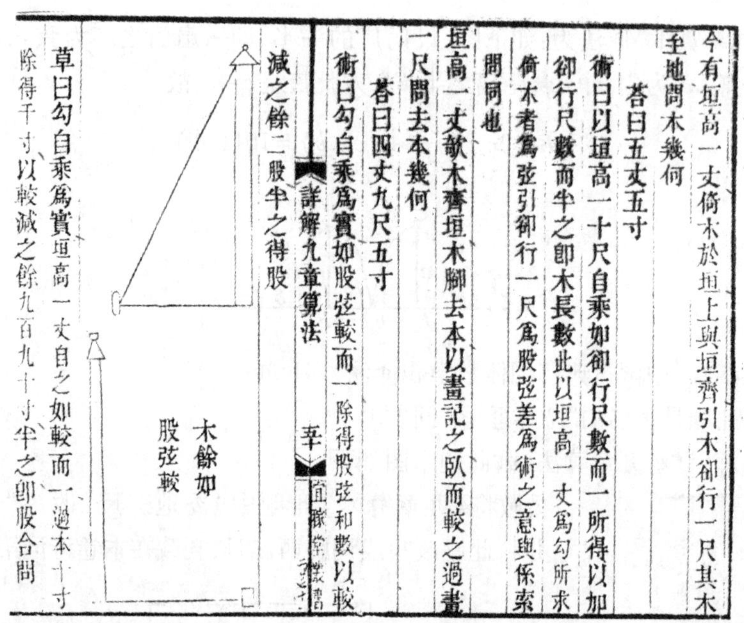
今有垣高一丈倚木於垣上與垣齊引木卻行一尺其木至地問木幾何

荅曰五丈五寸

術曰以垣高一十尺自乘如卻行尺數而一所得以加卻行尺數而半之即木長數此以垣高一丈爲勾所求倚木者爲弦引卻行一尺爲股弦差爲術之意與係索問同也

垣高一丈欹木齊垣木腳去本以畫記之臥而較之過畫一尺問去本幾何

荅曰四丈九尺五寸

術曰勾自乘爲實如股弦較而一除得股弦和數以較減之餘二股半之得股

草曰勾自乘爲實垣高一丈自之如較而一過本十寸除得千寸以較減之餘九百九十寸半之即股合問

詳解九章算法　辛　宜稼堂叢書

依《九章算术》术曰："以垣高十尺自乘，如却行尺数而一，所得，以加却行尺数而半之即木长数."

此即

$$c=\frac{1}{2}\left[\frac{a^2}{c-b}+(c-b)\right]=50\frac{1}{2}\text{尺}=5\text{ 丈 }5\text{ 寸}$$

而此题则是

$$\begin{aligned}c&=\frac{1}{2}\left[\frac{a^2}{c-b}-(c-b)\right]\\&=\frac{1}{2}\left(\frac{100^2}{10}-10\right)\\&=\frac{1}{2}\times 990\text{ 寸}=4\text{ 丈 }9\text{ 尺 }5\text{ 寸}\end{aligned}$$

可见吴敬《九章算法比类大全》是引用杨辉《详解九章算法》中的"垣高一丈，欹木齐垣"题，而没采用《九章算术》中的"今有垣高一丈"题.

⑩此题是著名的"圆材埋壁"问题. 杨辉在《详解九章算法》中载此题图术如下：

今有圓材埋在壁中不知大小以鋸鋸之深一寸鋸道長一尺問徑幾何

術曰半鋸道自乘此術以鋸道一尺爲勾材徑爲弦鋸深一寸爲股弦差之一半故鋸長亦半之也　淳風等按下鋸深得一寸爲半股弦差注云爲股弦差者鋸道也如深寸而一以深寸增之即材徑亦以半增之如上術法本當半之今此皆同半差不復半也

材徑如弦半鋸道如勾入深兩頭二寸如股弦較一寸乃半較也

草曰半勾自乘爲實半鋸道得五寸自之得二十五如半股弦較而一鋸深一寸除實如故加半較即弦共二十六寸

詳解九章算法　宜稼堂叢書

《九章算术》原术为:

半锯道自乘,如深寸而一,以深寸增之,即材径.

已知圆 O 的直径 CD 垂直于弦 AB 于 M,令 $AM=a$, $OM=b$, $OA=c$, $CM=c-b=1$ 寸, $AB=10$ 寸,则 $AM=\frac{AB}{2}=\frac{10\text{ 寸}}{2}=5$ 寸,因为

$$a^2=c^2-b^2=(c+b)(c-b)$$

所以
$$d=2c=\frac{a^2}{c-b}+(c-b)$$

代入得
$$d=\frac{5^2}{1}+1=26(\text{寸})$$

《九章算术》只给出解法公式,没给出证明,杨辉《详解九章算法》,吴敬《九章算法比类大全》中的解法与《九章算术》相同.

今法:直接由勾股定理

$$AM^2+OM^2=OA^2$$

即
$$5^2+(x-1)^2=x^2$$

解之: $x=13$ 寸, $d=26$ 寸.

吴敬还将本题改写成诗词体,刊载在本卷诗词体数学题第 21 题.

⑪此题是著名的“折竹抵地”问题,杨辉在《详解九章算法》中,配以生动的图解,使其在我国民间和朝鲜、日本,以及东南亚各国广泛流传.

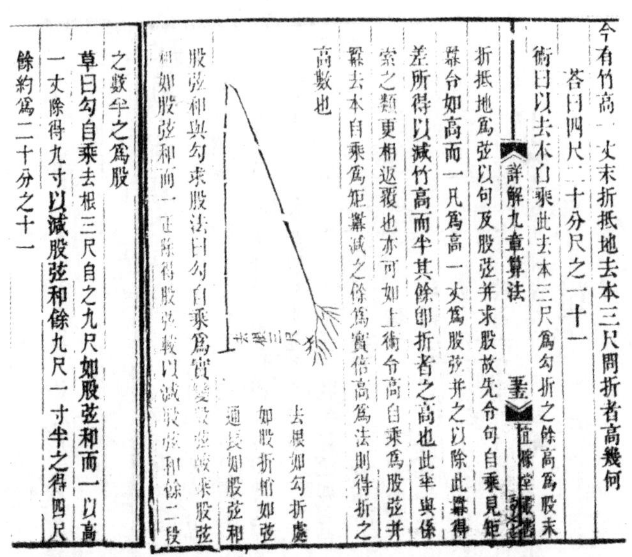
今有竹高一丈末折抵地去本三尺問折者高幾何
荅曰四尺二十分尺之一十一
術曰以去本自乘此去本三尺爲勾折之餘高爲股末
《詳解九章算法》 壹 宜稼堂叢書
折抵地爲弦以句及股弦并求股故先令句自乘見矩
冪令如高而一凡爲高一丈爲股弦并之以除此冪得
差所得以減竹高而半其餘即折者之高也此率與係
索之類更相返覆也亦可如上術令高自乘爲股弦并
冪去本自乘爲矩冪減之餘爲實倍高爲法則得折之
高數也
去根如勾折處
如股折梢如弦
通長如股弦和
股弦和與勾求股法曰勾自乘爲實變股弦較乘股弦
和如股弦和而一正除得股弦較以減股弦和餘二段
之數半之爲股
草曰勾自乘去根三尺自之九尺如股弦和而一以高
一丈除得九寸以減股弦和餘九尺一寸半之得四尺
餘約爲二十分之十一

英国著名中国科技史专家李约瑟在《中国科学技术史》(中译本)第三卷第61页说:“这一章有这样的一个问题:今有池方一丈,葭生其中央,出水一尺,引葭赴岸,适与岸齐. 问水深、葭长各几何?”

还有一支折断的竹子形成一个直角三角形的问题. 这些问题出现于后来的印度数学的著作中,并且传到了中世纪的欧洲.

印度数学家婆什伽罗在其所著《丽罗娃蒂》第六章载有一题与《九章算术》折竹抵地题相似:

平地一枝竹,高32尺,在某处被风吹断,竹梢触地离根16尺. 数学家,你说:“竹离根何处折断?”

苏联拉里切夫(Ларичев)《高中代数习题汇编》第599题,契斯佳可夫《初等数学古代名题集》(高飞译,科学普及出版社,1984年8月)第115题选录印度数学家婆什伽罗文集中的一个类似问题:

小河岸上有一棵白杨树,
忽然被大风吹折,
可怜的白杨树啊!
半截树干倒向对岸
方向与河流垂直,
树梢正及岸边,
河宽刚好四英尺,
还剩下三英尺树干未断,
请您告诉我:

白杨树有多高?

问题的性质虽已有所改变,但意义仍与《九章算术》勾股章第十三题相似.

美国数学史家卡约黎(F. Cajoril, 1859—1930)《数学史》,H. 尹夫斯《数学史概论》(中译本,欧阳绛译,山西人民出版社,1986 年 3 月)等书中均介绍《九章算术》的折竹抵地问题.

《九章算术》原术可译成公式

$$b=\frac{1}{2}\left[(c+b)-\frac{a^2}{c+b}\right]$$

刘徽将其修改为 $$b=\frac{(c+b)^2-a^2}{2(c+b)}$$

刘徽的公式可以用我国传统的“出入相补”数学原理,证明如下:先作以$(c+b)$为边长的正方形. 其中右下角曲尺形的面积依勾股定理应为:$c^2-b^2=a^2$,而黑粗线围成图形的面积应为$(c+b)^2-a^2$,依出入相补原理,把小矩形 S_1 移到 S_2 处,则矩形 $ABCD$ 的面积为

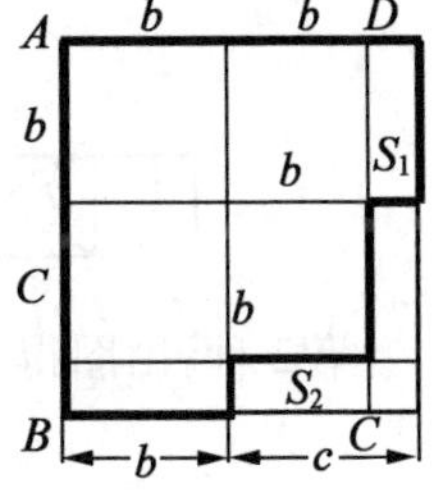

$$2\times b\times(b+c)$$

所以 $$b=\frac{(c+b)^2-a^2}{2(c+b)}$$

大约与刘徽同一时代的数学家赵君卿,在《周髀算经·勾股圆方图》注中,亦得出这一公式.

吴敬原法为: $b=\frac{(b+c)^2-a^2}{2(b+c)}=\frac{10^2-3^2}{2\times10}=4.55$(尺)

吴敬还将此题编写成诗词体,刊载在本卷诗词体数学题第 3 题.

⑫此题是著名的“勾股容圆”问题,杨辉在《详解九章算法》中,配以图说,吴敬采用.

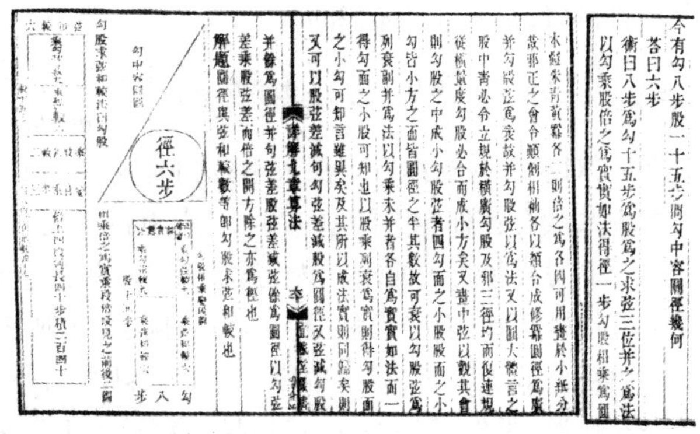
今有勾八步股一十五步問勾中容圓徑幾何
荅曰六步
術曰八步爲勾十五步爲股爲之求弦三位并之爲法以勾乘股倍之爲實實如法得徑一步勾股相乘爲圖

又可以股弦差減勾弦差減股爲圓徑又弦減勾股
并餘爲圓徑并句弦差股弦差減弦餘爲圓徑以勾弦

设:$AB=c,BC=a,AC=b$,则《九章算术》的术文可译为公式

$$d=\frac{2ab}{a+b+c}$$

数学家刘徽,用面积和比例的方法,给出两种巧妙的证明:

第1种:因 $ab=2S_{\triangle ABC}$,将 $2S_{\triangle ABC}$ 按图中实线剪开,即可变成一个长方形,它的长是 $a+b+c$,宽是 $\frac{1}{2}d$,所以 $d=\frac{2ab}{a+b+c}$

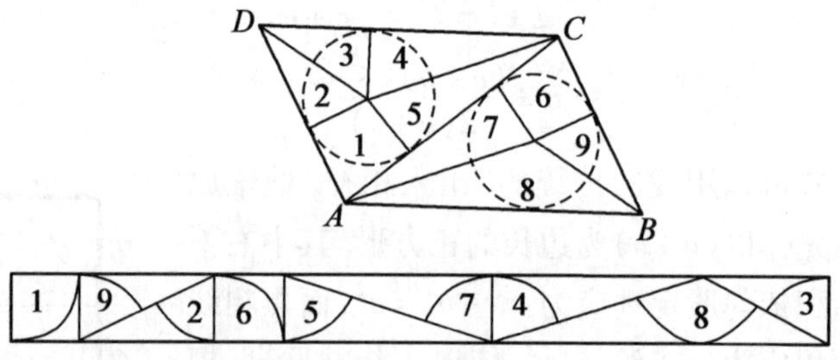

第2种:由图得

$$\frac{a'}{a}=\frac{b'}{b}=\frac{c'}{c}\Rightarrow\frac{a'+b'+c'}{a+b+c}=\frac{b}{a+b+c}$$

所以
$$d=2a'=\frac{2ab}{a+b+c}$$

刘徽还巧妙地应用"从圆外一点引到圆的两条切线的长相等"几何定理,得出

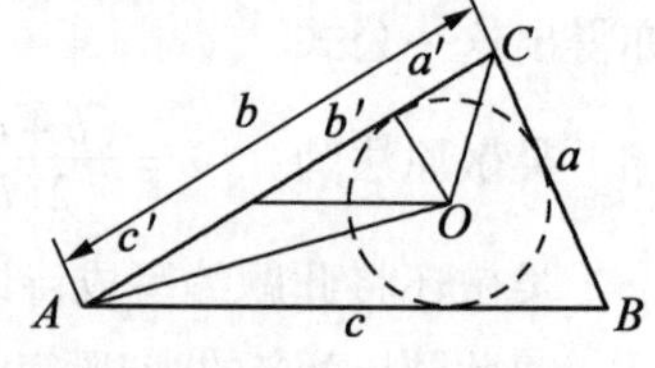

$$d=a+b-c=a-(c-b)=b-(c-a)$$

$$d=\sqrt{2(c-a)(c-b)}$$

明朝著名数学家王文素在《算学宝鉴》卷二十九,将《九章算术》的解法公式编写成歌词:

要知勾股内容圆,勾股相乘倍实安$(2ab)$

勾股求弦并三色$(a+b+\sqrt{a^2+b^2})$,法除其实便见圆$\left(d=\frac{2ab}{a+b+\sqrt{a^2+b^2}}\right)$

元朝数学家李冶,对这一问题进行了深入细致的研究,于1248年出版《测圆海镜》十二卷,书中共载有各种容圆问题170个,应用各种几何定理692条,多数利用直角三角形中的某些线段而求其内切圆、旁切圆等的直径问题. 内容错综变化,复杂多端,各尽其妙,趣味盎然. 卷二,第一问题"勾股容圆",后面9个问题依次是:勾上容圆、股上容圆、弦上容圆、勾股上容圆、勾外容圆、股外容圆、弦外容圆、勾外容圆半、股外容圆半,这就是我国数学史上著名的"洞渊九

容术”.

“洞渊”指的是人还是物,目前尚不清楚. 有可能是指北宋处州(今浙江丽水)的“洞渊大师”李思聪.

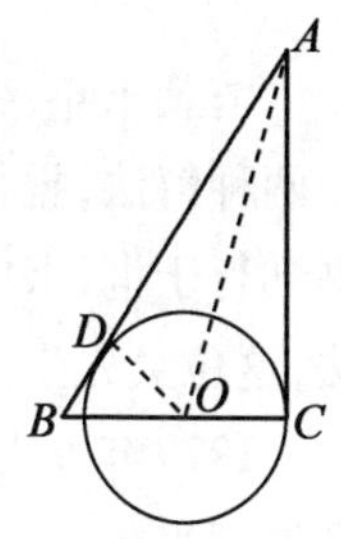

“洞渊九容术”解法的公式可译成:

勾上容圆:
$$S_{\triangle ABO}+S_{\triangle ACO}=S_{\triangle ABC}$$
$$\frac{1}{2}cR+\frac{1}{2}bR=\frac{1}{2}ab$$

所以
$$d=\frac{2ab}{c+d}$$

同法可证得股上容圆:$d=\frac{2ab}{c+a}$.

弦上容圆:$d=\frac{2ab}{a+b}$.

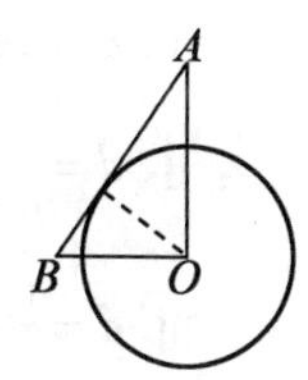

勾股上容圆:圆心 O 与 Rt$\triangle ABC$ 直角顶点 C 重合,故
$$S_{\triangle ABC}=\frac{1}{2}ab=\frac{1}{2}cR$$

所以
$$d=\frac{2ab}{c}$$

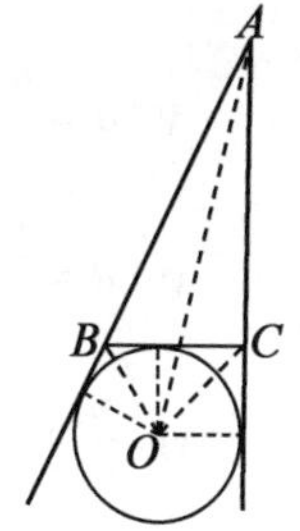

勾外容圆:$S_{\triangle AOB}+S_{\triangle ACO}-S_{\triangle ABC}=S_{\triangle BOC}$

所以
$$\frac{1}{2}cR+\frac{1}{2}bR-\frac{1}{2}aR=\frac{1}{2}ab$$

所以
$$d=\frac{2ab}{c+b-a}$$

同法可求得股外容圆
$$d=\frac{2ab}{c+a-b}$$

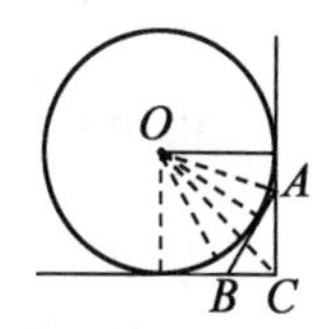

弦外容圆:$S_{\triangle BOC}+S_{\triangle AOC}-S_{\triangle AOB}=S_{\triangle ABC}$
$$\frac{1}{2}aR+\frac{1}{2}bR-\frac{1}{2}cR=\frac{1}{2}ab$$

所以
$$d=\frac{2ab}{a+b-c}$$

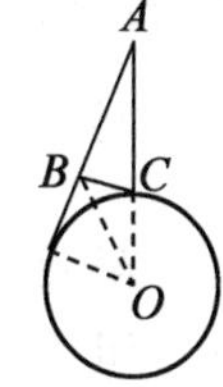

勾外容圆半:
$$S_{\triangle AOB}-S_{\triangle BOC}=S_{\triangle ABC}$$
$$\frac{1}{2}cR-\frac{1}{2}aR=\frac{1}{2}ab$$

所以
$$d=\frac{2ab}{c-a}$$

同法可求股外容圆半的直径

$$d=\frac{2ab}{c-b}$$

清朝末年,数学家吴诚,看到李冶《测圆海镜》中的容圆九术,每题都只有一两种解法,觉得还不能充分尽它的“妙蕴”！于是著《海镜一隅》(1898 年)一书刊行于世,书中除最后一题只得出 3 种解法外,其他各题都推广得出 10 种解法,这位吴先生,真可算得李冶的一位知音之人了！

1979 年 9 月,美国《数学教师》杂志发表大卫先生《论直角三角形内切圆和旁切圆半径》一文:对我国勾股容圆问题产生了浓厚兴趣,编者为此专门写了按语说:“此文结合勾股定理、三角形面积及代数变换,在数学中带来意想不到的效果.”

吴诚“勾股容圆”问题的 10 种解法可译成公式:

ⅰ. $d=a+b-c.$

ⅱ. $d=\frac{2ab}{a+b+c}.$

ⅲ. $d=\frac{(c-b+a)(c+b-a)}{a+b+c}.$

ⅳ. $d=\frac{a(c+b-a)}{c+b}.$

ⅴ. $d=\frac{b(c-b+a)}{c+a}.$

ⅵ. $d=\frac{2a(c-a)}{c+b-a}.$

ⅶ. $d=\frac{2b(c-b)}{c-b+a}.$

ⅷ. $d=\frac{(c-b)(c+b-a)}{a}.$

ⅸ. $d=\frac{(c-a)(c-b+a)}{b}.$

ⅹ. $d^2-2(a+b)d+2ab=0.$

这 10 个公式,如何证明？有兴趣的读者,不妨试试看！也可以参阅数学史家许莼舫所著《古算趣味》一书(中国青年出版社,1954 年)

吴敬原法为: $d=\frac{2ab}{a+b+\sqrt{a^2+b^2}}$

吴敬还将本题改写成诗词体,刊载在本卷诗词体数学题第 23 题.本卷比类 19 题也是勾股容圆问题.

⑬此题《九章算术》及刘徽注如下:

术曰:令一丈自乘为实.半相多,令自乘,倍之,减实.半其余.以开方除之.所得,减相多之半,即户广;加相多之半,即户高.令户广为勾,高为股,两隅相去一丈为弦,高多于广六尺八寸为勾股差.按图为位,弦幂适满万寸.倍之,减勾股差幂,开方除之.其所得则高广并数.以减差并而半之,即户广;加相多之数,即户高也.

今此术先求其半.一丈自乘为朱幂四、黄幂一.半差自乘,又倍之,为黄幂四分之二.减实,半其余,有朱幂二、黄幂四分之一.其于大方者,四分之一.故开方除之,得高广并数之半.半并数,减差半,得广;加,得户高.

又按:此图幂:勾股相并幂而加其差幂,亦减弦幂,为积.盖先见其弦,然后知其勾与股.今适等,自乘,亦各为方,合为弦幂.令半相多而自乘,倍之,又半并自乘,倍之,亦合为弦幂.而差数无者,此各自乘之,而与相乘数,各为门实.及股长勾短,同原而分流焉.假令勾、股各五,弦幂五十,开方除之,得七尺,有余一,不尽.假令弦十,其幂有百,半之为勾、股二幂,各得五十,当亦不可开.故曰:圆三、径一,方五、斜七,虽不正得尽理,亦可言相近耳.

其勾股合而自相乘之幂,令弦自乘,倍之,为两弦幂,以减之.其余,开方除之,为勾股差.加于合而半,为股;减差于合而半之,为勾.勾、股、弦即高、广、袤.其出此图也,其倍弦为袤.

令矩勾即为幂,得广即勾股差.其矩勾之幂,倍勾为从法,开之亦勾股差.以勾股差幂减弦幂,半其余,差为从法,开方除之,即勾也.

设户广为勾 a,高为股 b,两隅距离为弦 c,形成一个勾股形.

则《九章算术》术文相当于给出求勾 a、股 b 的公式

$$\begin{cases} a=\sqrt{\dfrac{c^2-2\left(\dfrac{b-a}{2}\right)^2}{2}}-\dfrac{b-a}{2} \\ b=\sqrt{\dfrac{c^2-2\left(\dfrac{b-a}{2}\right)^2}{2}}+\dfrac{b-a}{2} \end{cases}$$

将题设代入,分别得 $a=28$ 寸,$b=96$ 寸.

刘徽在《九章算术注》中,提出了新的公式

$$a=\frac{1}{2}\left[\sqrt{2c^2-(b-a)^2}-(b-a)\right]$$

$$b=\frac{1}{2}\left[\sqrt{2c^2-(b-a)^2}+(b-a)\right]$$

这两个公式,可利用传统的“出入相补”法证明如下:

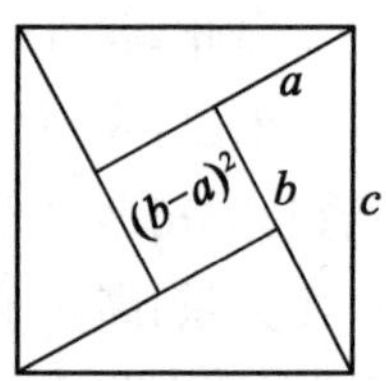

先作以弦 c 为边长的正方形,弦幂为 c^2,将它分割成 4 个以 a,b 为勾股的小勾股形,称为“朱幂”. 一个以勾股差为边长的小正方形,称为“黄方”,即 $c^2=4\times\frac{1}{2}ab+(b-a)^2$,再取两个弦幂 $2c^2$,将 1 个弦幂的黄方去掉,剩下的 4 个朱幂补到另一个弦幂上,则成为一个以 $(a+b)$ 为边长的大正方形.

其面积为

$$(b+a)^2=2c^2-(b-a)^2$$

所以

$$b+a=\sqrt{2c^2-(b-a)^2}$$

因此

$$a=\frac{1}{2}[(b+a)-(b-a)]$$

$$=\frac{1}{2}\left[\sqrt{2c^2-(b-a)^2}-(b-a)\right]$$

$$b=\frac{1}{2}[(b+a)+(b-a)]$$

$$=\frac{1}{2}\left[\sqrt{2c^2-(b-a)^2}+(b-a)\right]$$

刘徽继续讨论勾股差 $b-a$,勾股并 $b+a$ 与弦 c 的关系问题,他首先提出一个公式

$$(b+a)^2+(b-a)^2-c^2=c^2$$

它实际上是

$$(b+a)^2+(b-a)^2=2c^2$$

如果 $b=a$,则有

$$c^2=2a^2$$

这是刘徽提出的又一公式

$$2\left[\frac{1}{2}(b+a)\right]^2+2\left[\frac{1}{2}(b-a)\right]^2=c^2$$

刘徽又一次讨论 $b-a=0$ 的情形,指出它与 $b>a$ 的情形同源而分流.

以 $a=b=5$ 为例,此时 $c^2=50$,$c=\sqrt{50}$,得 7,而余 1 开方不尽. 相反若 $c=10$,$c^2=100$,则 $a^2=b^2=50$,同样开方不尽. 这相当于认识到,在勾股形中,若 $a=b$,则 a,b,c 不能同时为有理数;正方形的对角线与边长没有公度. 刘徽将这种情形与周三径一相类比,指出,周三径一,方五斜七,虽不准确,但在近似计算中是可以使用的刘徽进而讨论由勾股并 $(b+a)$ 及弦 c 求勾、股的问题,刘徽提出

$$(b-a)^2=2c^2-(b+a)^2$$

这是明显的. 比较两弦幂 $2c^2$ 与勾股并幂 $(b+a)^2$，除去公共部分外，将 $(b+a)^2$ 中的Ⅰ、Ⅱ、Ⅲ3 个朱幂移至右侧弦幂 c^2 中的Ⅰ′、Ⅱ′、Ⅲ′3 个朱幂处，则只有一黄方 $(b-a)^2$ 未被填满. 就是说，$(b+a)^2$ 与 $2c^2$ 之差为 $(b-a)^2$，即上式，于是

$$b-a=\sqrt{2c^2-(b+a)^2}$$

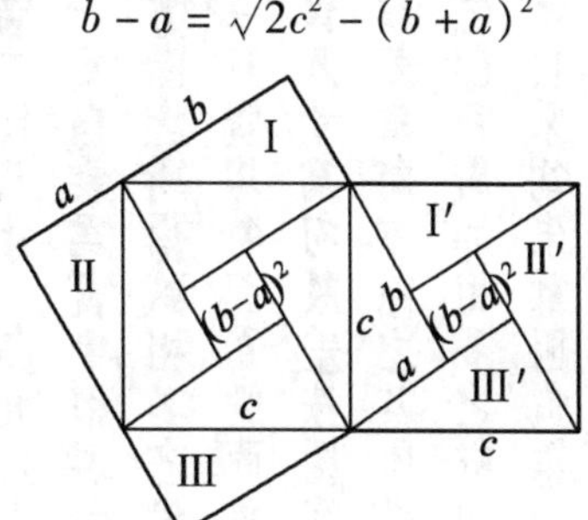

因此

$$a=\frac{1}{2}(b+a)-\frac{1}{2}(b-a)=\frac{1}{2}\left[(b+a)-\sqrt{2c^2-(b+a)^2}\right]$$

$$b=\frac{1}{2}(b+a)+\frac{1}{2}(b-a)=\frac{1}{2}\left[(b+a)+\sqrt{2c^2-(b+a)^2}\right]$$

刘徽提出了以 $b-a$ 为其根的开方式，即以 $b-a$ 为未知数的二次方程

$$(b-a)^2+2a(b-a)=b^2-a^2$$

矩勾 b^2-a^2 可分解成黄方 $(b-a)^2$ 及以 $b-a$ 为广以 a 为长的两个长方形，后者的面积共为 $2a(b-a)$.

刘徽又提出由 $b-a$ 求 a 的开方式，即以 a 为未知数的二次方程

$$a^2+(b-a)a=\frac{c^2-(b-a)^2}{2}$$

弦幂 c^2，除去黄方 $(b-a)^2$，取其 $\frac{1}{2}$，余 2 个幂Ⅰ，Ⅱ. a^2 与 $(b-a)a$ 之和为面积为 ab 的长方形，它亦含有 2 个朱幂Ⅰ，Ⅱ′. 因此 $\frac{c^2-(b-a)^2}{2}$ 与 $a^2+(b-a)a$ 的面积相等.

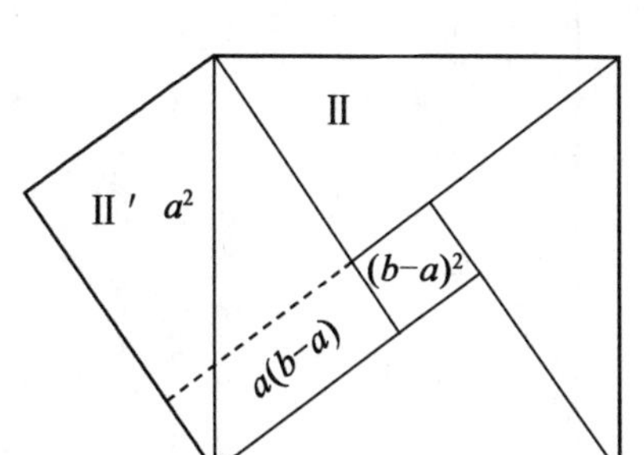

杨辉《详解九章算法》对此题做了细致的介绍,并绘有一幅很生动的门户高广图.

今有戶高多於廣六尺八寸兩隅相去適一丈問戶高廣
各幾何

荅曰廣二尺八寸　高九尺六寸
術曰令一丈自乘爲實半相多令自乘倍之減實半其
餘以開方除之所得減相多之半卽戶廣加相多之半
卽戶高令戶廣爲勾高爲股兩隅相去一丈爲弦高多
於廣六尺八寸爲勾股差按圖爲位弦冪適滿萬寸倍
之減勾股差冪開方除之其所得則高廣并數以差減
并而半之卽戶廣加相多之數卽戶高也今此術先求
其半一丈自乘爲朱冪四黃冪一半差自乘又倍之爲
黃冪四分之二減實半其餘有朱冪二黃冪四分之一
其於大方案四分之三適得四分之一故開方除之得
高廣并數之半減差半得廣加得戶高又按此圖冪勾

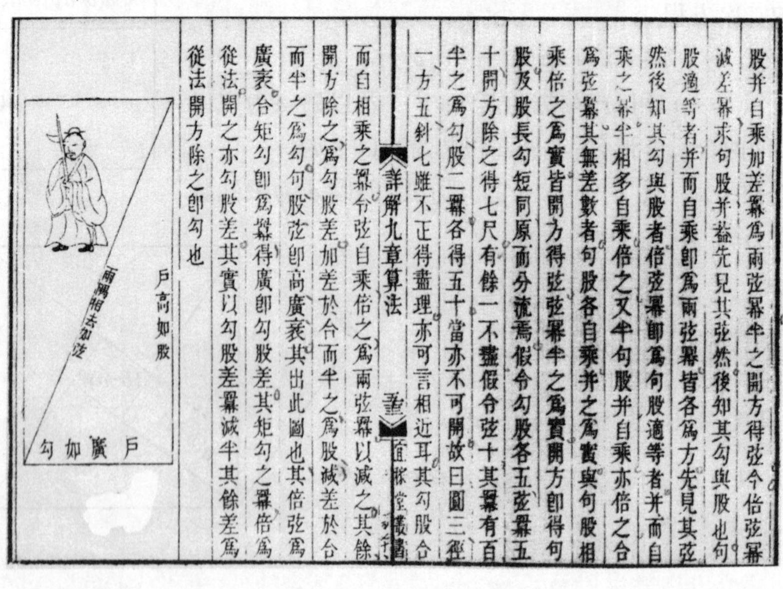
股并自乘加差冪爲兩弦冪半之開方得弦今倍弦冪
減差冪求句股并蓋先見其弦然後知其勾與股也句
股適等者并而自乘卽爲兩弦冪皆各爲方先見其弦
然後知其勾與股者倍弦冪卽爲句股適等者并而自
乘之冪半相多自乘倍之又半句股并自乘亦倍之合
爲弦冪其無差數者句股各自乘并之爲實與句股相
乘倍之爲實皆開方得弦弦冪半之爲實開方卽得句
股及股長勾短同原而分流焉假令勾股各五弦冪五
十開方除之得七尺有餘一不盡假令弦十其冪有百
半之爲勾股二冪各得五十當亦不可開故曰圓三徑
一方五斜七雖不正得盡理亦可言相近耳其勾股合

而自相乘之冪令弦自乘倍之爲兩弦冪以減之其餘
開方除之爲勾股差加差於合而半之爲股減差於合
而半之爲勾句股弦卽高廣衺其出此圖也其倍弦爲
廣衺合矩勾卽爲幂得廣卽勾股差其矩勾之冪倍爲
從法開之亦勾股差其實以勾股差冪減半其餘差爲
從法開方除之卽勾也

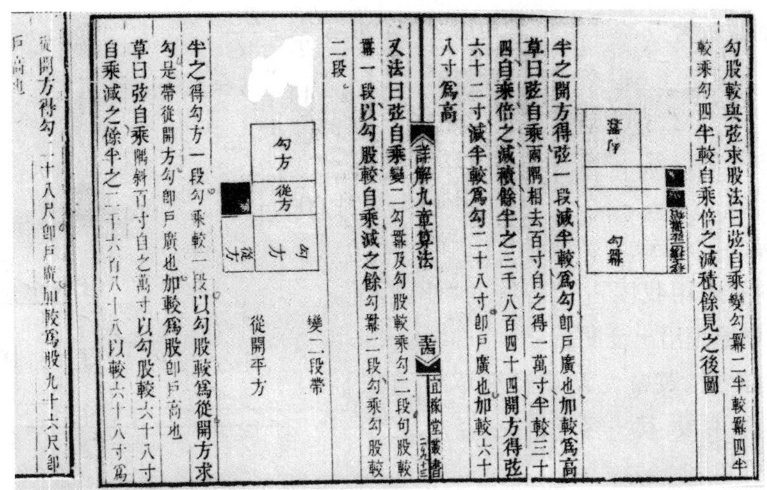

勾股較與弦求股法曰弦自乘變勾冪二半較冪四半較乘勾四半較自乘倍之減積餘見之後圖

半之開方得弦一段減半較爲勾即戶廣也加較爲高

草曰弦自乘兩隅相去百寸自之得一萬寸半較三十四自乘倍之減積餘半之三千八百四十四開方得弦六十二寸減半較爲勾二十八寸即戶廣也加較六十八寸爲高

又法曰弦自乘變二勾冪及勾股較乘勾二段句股較冪一段以勾股較自乘減之餘勾冪二段勾乘勾股較二段

變二段帶從開平方

半之得勾方一段勾乘較一段以勾股較爲從開方求勾是帶從開方勾即戶廣也加較爲股即戶高也

草曰弦自乘隅斜百寸自之萬寸以勾股較六十八寸自乘減之餘半之二千六百八十八以較六十八寸爲從開方得勾二十八尺即戶廣加較爲股九十六尺即戶高也

吴敬还将本题改写成诗词体,刊载在本卷诗词体数学题第 47 题.

⑭《九章算术》术曰:

以出北门步数乘西行步数,倍之,为实.此以折而两行为股,自木至邑南十四步为勾,以出北门二十步为勾率,北门至西隅为股率,即半广数.故以出北门勾率乘西行股,得半广股率乘勾之幂,然此幂居西半,故又倍之合东半以尽之也.并出南门步数为从法,开平方除之,即邑方,此术之幂,东西广如邑方,南北自不尽邑南十四步为袤.合南北步数为广袤差,故并两步数为从法,以为隅外之幂也.

杨辉《详解九章算法》全面引述了《九章算术》的术文和刘徽注,并给出了"解题"新的术文和图解、细草.

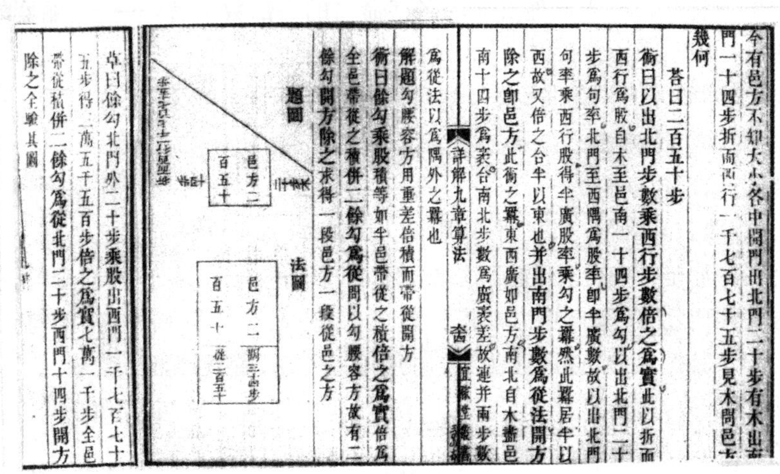

今有邑方不知大小各中開門出北門二十步有木出南門一十四步折而西行一千七百七十五步見木問邑方幾何

荅曰二百五十步

術曰以出北門步數乘西行步數倍之爲實此以折而西行爲股自木至邑南一十四步爲勾以出北門二十步爲句率北門至西隅爲股率即半廣數故以出北門勾率乘西行股得半廣股率乘勾之冪然此冪居半以西故又倍之合半以東也并出南門步數爲從法開方除之即邑方此術之冪東西廣如邑方南北自木盡邑南十四步爲袤合南北步數爲廣袤差故連并兩步數爲從法以爲隅外之冪也

解題勾腰容方用重差倍積而帶從開方

術曰餘勾乘股積等如半邑帶從之積倍之爲實倍爲全邑帶從之積併二餘勾爲從問以勾腰容方故有二餘勾開方除之求得一段邑方一段從邑之方

草曰餘勾北門外二十步乘股出西門一千七百七十五步得三萬五千五百步倍之爲實七萬一千步全邑帶從積併二餘勾爲從北門二十步西門十四步開方除之全驗其圖

术曰:余勾乘股积等,如半邑带从之积,倍之为实.倍为全邑带从之积,并二余勾为从,问以勾腰容方,故有二余勾开方除之求得一段邑方,一段从邑之方.

刘徽认为：$\triangle FDB \backsim \triangle ACB \Rightarrow \frac{BD}{FD}=\frac{BC}{AC}$

即 $$\frac{20}{\frac{1}{2}x}=\frac{20+x+14}{1\ 995}$$

故 $$x^2+34x=71\ 000$$

解之：$x=250$.

刘徽还用我国古代传统的“出入相补”数学原理给出证明：

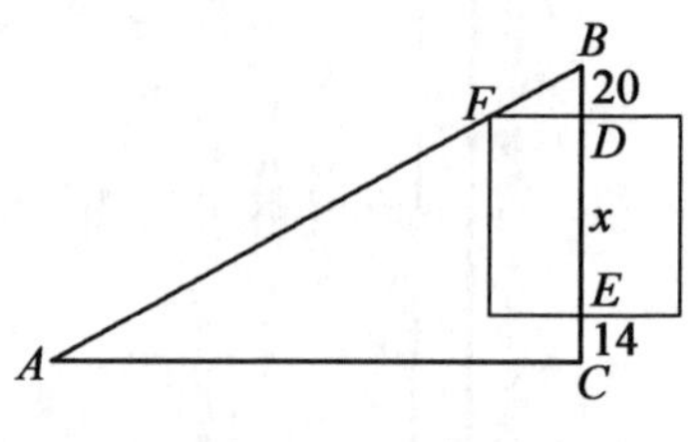

由贾宪《黄帝九章算经细草》“直田斜解勾股两段，其一容直，直一容方，二积相等”可知

$$S_{\square FDCL}=S_{\square FHIJ}$$

$$S_{\square BCLH}=S_{\square BDJI}$$

$$S_{\square KMLH}=2S_{\square BCLH}$$

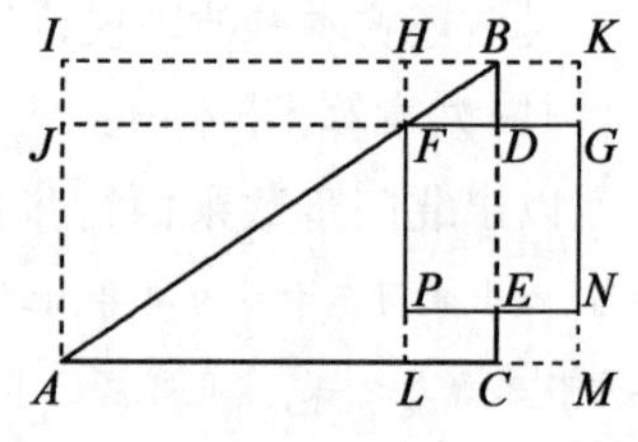

即 $$x^2+(20+14)x=2\times 20\times 1\ 775$$

$$x^2+34x=71\ 000$$

$$x=250 \quad \text{合问}$$

这是在中国数学史上首次出现的：$x^2+bx-c=0$ 的一元二次方程，1984 年 10 月人民教育出版社出版的初中几何课本第二册复习参考题六第 23 题引录了《九章算术》勾股章的第 20 题“今有邑方，不知大小邑……”题，印度数学家婆什伽罗曾将此题收入以他女儿的名字命名的一部数学著作——《丽罗娃蒂》一书中.

⑮《九章算术》本题的术文及刘徽注为：术曰：令七自乘，三亦自乘，并而半之，以为甲邪行率减于七自乘，余为南行率. 以三乘七为乙东行率.

徽注云：此以南行为勾，东行为股，邪行为弦. 股率三，勾弦并率七，欲知弦率者，当以股自乘为幂，如并而一，所得为勾弦差. 如差于并而半之为弦，以弦减差，余为勾. 如是或有分，当通而约之乃定. 术以勾弦并率为分母，故令勾弦并自乘为朱黄相连之方. 股自乘为青幂之矩，令其矩引之直，如损同之，以勾弦并为袤，差为广. 其图大体，以两弦为袤，勾弦并为广. 引横断其半为弦率，七自乘者勾弦并之率，故弦率减之余为勾率. 同立处，是中停也. 列用率皆勾弦并为袤，弦与勾各为之广，故亦以股率同其袤也.

此段为术文，置南行十步，以甲邪行率乘之，副置十步，以乙东行率乘之，各自为实. 实如南行率而一，各得行数.

南行十步者，所有见勾求弦股，以弦、股率乘，如勾率而一.

吴敬《九章算法比类大全》引录了杨辉《详解九章算法》插图及细草.

此问题是已知勾、股率和勾弦并率而求解勾股形，解题的关键在于由股率和勾弦并率而推出勾率、股率和弦率.

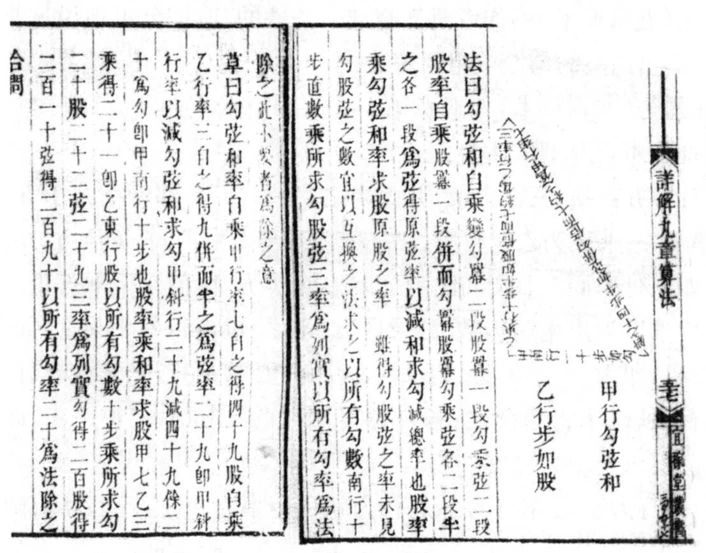
詳解九章算法

法曰勾弦和自乘變勾冪二段股冪一段勾乘弦二段股率自乘股冪一段併而勾冪股冪勾乘弦各二段半之各一段為弦得原弦率以減和求勾減總率也股率乘勾弦和率求股原股之率　雖得勾股弦之率未見勾股弦之數宜以互換之法求之以所有勾數南行十步直數乘所求勾股弦三率為列實以所有勾率為法除之此不要者為除之意

草曰勾弦和率自乘甲行率七自之得四十九股自乘乙行率三自之得九併而半之為弦率二十九即甲斜行率以減勾弦和求勾甲斜行二十九減四十九餘二十為勾即甲南行十步也股率乘和率求股甲七乙三乘得二十一即乙東行股以所有勾數十步乘所求勾二十股二十一弦二十九三率為列實勾得二百股得二百一十弦得二百九十以所有勾率二十為法除之

合問

本题由甲、乙行向行成一个勾股形，未给出任一边长，只给出甲、乙行率为 7∶3，和甲南行 10 步的条件，设甲、乙同在 O 处，乙由 O 东行 6 步，甲由 O 南行 a 步(10 步)，折向东北行 c 步，与乙会合于 A 处.

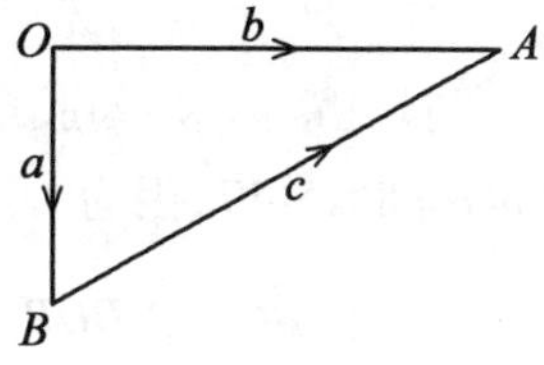

又设甲行率为 m，乙行率为 n，则 m 就是勾股并 $a+c$ 之率，n 就是 b 之率，即

$$(c+a):b=m:n$$

术文给出：

甲邪行率(弦率)：

$$\frac{1}{2}(m^2+n^2)$$

甲南行弦(勾率)：

$$m^2-\frac{1}{2}(m^2+n^2)=\frac{1}{2}(m^2-n^2)$$

乙东行率(股率)：mn.

由题设：股∶勾弦并 $=m:n$，则有

$$a: b: c=\frac{1}{2}(m^2-n^2): mn: \frac{1}{2}(m^2+n^2)$$

这是一个非常漂亮的整勾股数定理表达式，若 m, n 互素，这就是一个完整的勾股数组的通解公式，本问及下二人出邑问题中所给的 m, n，恰是互素的两奇数，可见《九章算术》的作者是知晓这一条件的，应该公平地说这是世界数学史上首次提出完整的勾股数组通解公式.

⑯此题与《九章算术》勾股章第 14 题“今有二人同所立”题同一类型，《九章算术》此题术文及刘徽注为：

术曰：令五自乘，三亦自乘，并而半之，为邪行率. 邪行率减于五自乘者，余为南行率. 以三乘五为乙东行率，求三率之意与上甲乙同. 置邑方，半之，以南行率乘之，如东行率而一，即得出南门步数. 今半方，南门东至隅五里. 半邑者，谓为小股也. 求以为出南门步数. 故置邑方，半之，以南行勾率乘之，如股率而一. 以增邑方半，即南行. 半邑者，为从邑心中停也. 置南行步，求弦者，以邪行率乘之；求东行者，以东行率乘之，各自为实. 实如法，南行率，得一步. 此术与上甲乙同.

以甲南行为 a，乙东行为 b，斜行为 c，甲行率为 m，乙行率为 n，则此术为

$$a: b: c=\left(m^2-\frac{m^2+n^2}{2}\right): mn: \frac{m^2+n^2}{2}$$

与《九章算术》勾股章第 14 问“甲乙同所立”题求三率法相同，在此问中：$a: b: c=8: 15: 17$，因为

$$\triangle ABC \backsim \triangle DOB \Rightarrow \frac{BC}{AC}=\frac{a}{b}=\frac{8}{15}$$

而 $AC=\frac{10\text{ 里}}{2}=1\ 500$ 步

故甲出南门：$BC=\frac{1\ 500\times 8}{15}=800$（步）

甲南行为：$OB=OC+BC=1\ 500+800=2\ 300$（步）

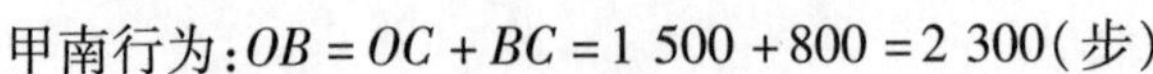

又因为 $OB: DB=8: 17$，所以

$$\text{甲斜行为：}DB=\frac{OB\times 17}{8}=\frac{2\ 300\times 17}{8}=4\ 887\frac{1}{2}\text{（步）}$$

同法求得乙东行为：因为 $OB: OD=8: 15$，故乙东行为

$$OD=\frac{OB\times 15}{8}=\frac{2\ 300\times 15}{8}=4\ 312\frac{1}{2}\text{（步）}$$

很明显与前述甲、乙同所立题求斜行、东行的方法相同.

吴敬引述了杨辉《详解九章算法》的图草.

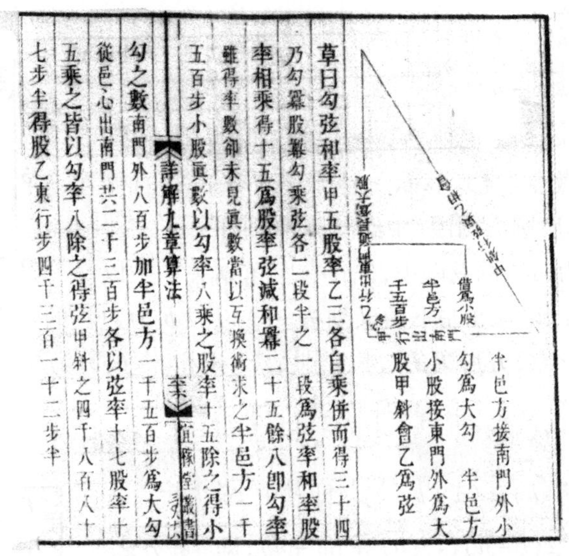
半邑方接南門外小勾爲大勾　半邑方小股接東門外爲大股甲斜會乙爲弦

草曰勾弦和率甲五股率乙三各自乘併而得三十四乃勾冪股冪勾乘弦各二段半之一段爲弦率和率股率相乘得十五爲股率弦減和冪二十五餘八即勾率雖得率數卻未見真數當以互換術求之半邑方一千五百步小股真數以勾率八乘之股率十五除之得小

詳解九章算法

勾之數南門外八百步加半邑方一千五百步爲大勾從邑心出南門共二千三百步各以弦率十七股率十五乘之皆以勾率八除之得弦甲斜之四千八百八十七步半得股乙東行步四千三百一十二步半

⑰杨辉在《详解九章算法》中，为此题配了一幅生动的插图，并有较详细的论述.

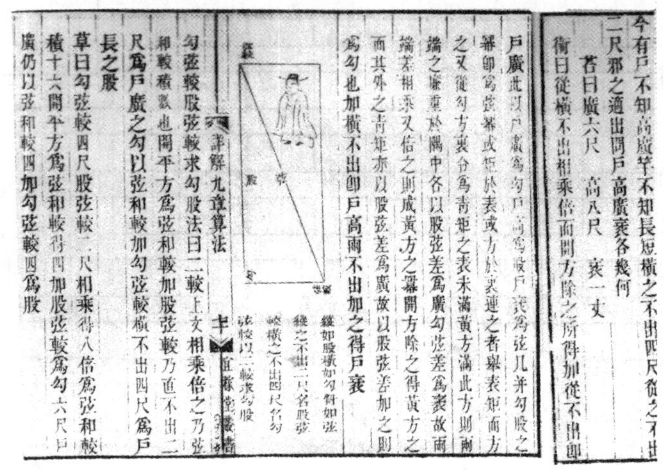
今有戶不知高廣竿不知長短橫之不出四尺從之不出二尺邪之適出問戶高廣袤各幾何

荅曰廣六尺　高八尺　袤一丈

術曰從橫不出相乘倍而開方除之所得加從不出即戶廣此以戶廣爲勾戶高爲股戶袤爲弦凡并勾股之冪即爲弦冪或矩於表或方於裏連之者舉表矩而方之又從勾方裏令爲青矩之表未滿黃方滿此方則兩端之冪重於隅中各以股弦差爲廣勾弦差爲袤故兩端差相乘又倍之則成黃方之冪開方除之得黃方之面其外之青矩亦以股弦差爲廣故以股弦差加之則爲勾也加橫不出即戶高兩不出加之得戶袤

縱如股橫如勾斜如弦　縱之不出二尺名股弦較橫之不出四尺名勾弦較以二較求勾股

詳解九章算法

勾弦較股弦較求勾股法曰二較相乘倍之乃弦和較積數也開平方爲弦和較加股弦較乃直不出二尺爲戶廣之勾以弦和較加勾弦較橫不出四尺爲戶長之股

草曰勾弦較四尺股弦較二尺相乘得八倍爲弦和較積十六開平方爲弦和較得四加股弦較爲勾六尺戶廣仍以弦和較四加勾弦較四爲股

王文素在《算学宝鉴》卷二十八中，将此题改写成"四言十句"诗题：

门斤一座，高广难如，长竿横进，门狭四尺. 竖进过去，竿长二长. 两隅斜进，恰好方齐. 请问三色，各该有几？

并给出了新的解法.

注解：三色：指门高、广和竿长，即 a,b,c，两隅：隅，角也，两隅斜进，系指门的对角线 AC.

《九章算术》解法的术文说："从，横不出相乘，倍而开方除之，所得加从不除即户广. 加横不出即户高，两不出加文，得户袤."

此即

$$a=\sqrt{2(c-a)(c-b)}+(c-b)=6(\text{尺})$$

$$b=\sqrt{2(c-a)(c-b)}+(c-a)=8(\text{尺})$$

$$c=\sqrt{2(c-a)(c-b)}+(c-a)+(c-b)=10(\text{尺})$$

数学家刘徽在《九章算术·注》(263 年)、赵君卿在《周髀算经·勾股圆方图注》中给出证明,如下:

在以弦 c 为边长的弦图中,先在右上角划去一个以勾 a 为边长的正方形,次在左下角又划去一个以股 b 为边长的正方形,则图中左上角、右下角两个长方形 T 的边长分别是 $c-a$ 和 $c-b$,因为

$$a^2+b^2-S=c^2-2T$$

所以

$$2T=S$$

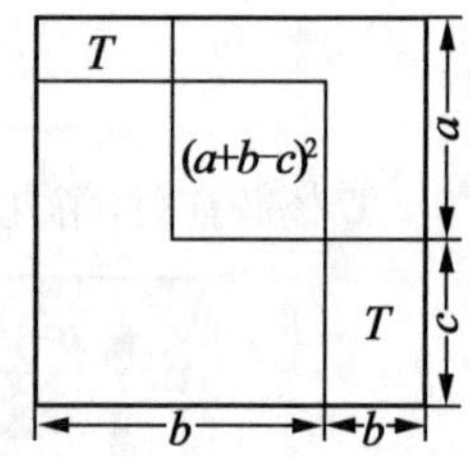

$2(c-a)(c-b)=(a+b-c)^2$,即图中“黄方”.

所以 $a=\sqrt{2(c-a)(c-b)}+(c-b)$,即“黄方之面加股弦差即勾”.

$b=\sqrt{2(c-a)(c-b)}+(c-a)$,即“黄方之面加勾弦差即股”.

$$c=\sqrt{2(c-a)(c-b)}+(c-a)+(c-b)$$

吴敬的解法:勾股较横狭四尺,股弦较杆长二尺,相乘得八尺,倍之得一十六尺,为弦和较积.开平方除之,得四尺,加股弦较二尺得六尺为勾,即门广,仍以弦和较四尺加股弦较四尺得八尺为股,即门广,勾六尺自乘得三十六尺,股八尺自乘得六十四尺,并之得一百尺.开平方 除之得弦长一丈,即竿长.

吴敬的解法是求出 a 和 b 之后,用勾股定理求 c,这样要开方.

王文素不用勾股定理求弦 c,他给出一种简捷的解法,他解此类问题的歌诀是:

勾股都来比较弦:指勾弦较 $(c-a)$,股弦较 $(c-b)$.

相乘二较倍为玄:即 $2(c-a)(c-b)=(a+b-c)^2$,此“玄”当为图中之“黄方”.

平方开出弦和较:即 $\sqrt{2(c-a)(c-b)}=a+b-c$.

三较相和变是弦:即 $[(a+b)-c]+(c-a)+(c-b)=c$.

弦内减除勾股较,余为勾股不须言:$a=c-(c-a)$,$b=c-(c-b)$.

古人两次开方取,寄语英贤勿用焉

王文素证明此法说:“此题乃勾弦较与股弦较,求勾、股、弦之法,其数当以二较相乘,倍之为实,开平方除之,得弦和较.加入勾弦股弦二较,即弦,余弦内

减勾较即勾，减股较即股. 岂待勾，股各自乘，并而开方求弦，况又是勾弦较多股弦较一倍者，是犯勾三、股四、弦五之数也. 不必本法求之. 只置股、弦较以三因为勾(2 尺 ×3 =6 尺)，四因为股(2 尺 ×4 =8 尺)，五因为弦(2 尺 ×5 =10 尺)，智者较之.”

吴敬将此题改写成西江月，刊载在本卷诗词体数学题第四题.

⑱此题《九章算术》原文为：

今有勾五步，股十二步，问：勾中容方几何？

杨辉在《详解九章算法》中因“有分子，难验其图”，故将“勾五步”改为“勾六步”吴敬引用了杨辉的题、图.

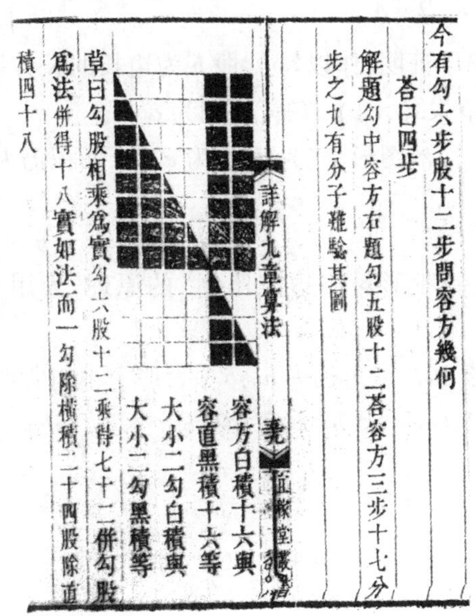
今有勾六步股十二步問容方幾何
荅曰四步
解題勾中容方右題勾五股十二荅容方三步十七分步之九有分子難驗其圖
詳解九章算法
容方白積十六與容直黑積十六等
大小二勾白積與大小二勾黑積等
草曰勾股相乘爲實勾六股十二乘得七十二併勾股爲法併得十八實如法而一勾除横積二十四股除直積四十八

《九章算术》本题术文及刘徽注为：术曰：并勾、股为法，勾、股相乘为实. 实如法而一，得方一步. 勾、股相乘为朱、青、黄幂各二. 令黄幂衺于隅中，朱、青各以其类，令从其两径，共成修之幂：中方黄为广，并勾、股为袤，故并勾、股为法. 幂图：方在勾中，则方之两廉各自成小勾股，而其相与之势不失本率也. 勾面之小勾、股，股面之小勾、股，各并为中率. 令股为中率，并勾、股为率. 据见勾五步而今有之，得中方也. 复令勾为中率，以并勾、股为率，据见股十二步而今有之，则中方又可知. 此则虽不效，而法实有由生矣. 下容圆率而似今有、衰分言之，可以见之也.

此题是著名的“勾股容方”问题.

在勾股形 ABC 中，已知：$AC=a$，$BC=b$，$AB=c$，求内容□$CDEF$ 的边长 d 依

《九章算术》的术文,得 $d=\frac{ab}{a+b}$.

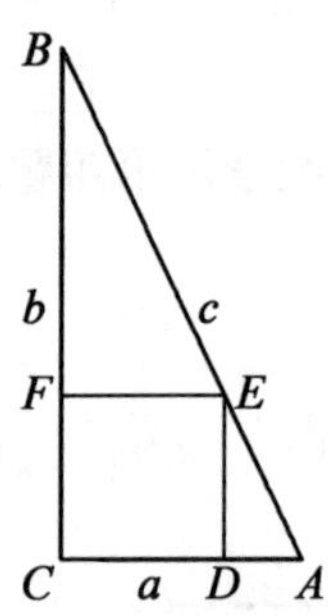

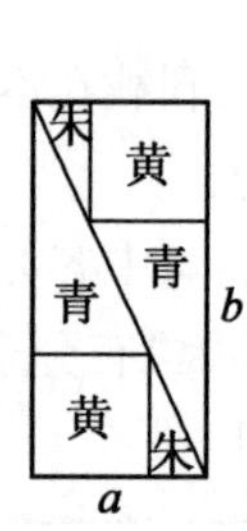

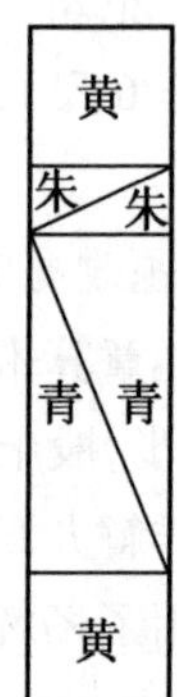

刘徽在注中给出了证明:作以勾 a、股 b 为边长的长方形,中有 2 个勾股形所容的"黄方","两个朱幂,两个青幂,面积为 ab".

此图形可并成左边的图形,广为 d,长为 $a+b$,面积仍为 $a+b$,故

$$d=\frac{ab}{a+b}$$

刘徽利用"相似勾股形对应边成比例"的原理,为用率解决这类问题的基础.

设勾上小勾股形 ADE 三边长为 a_1,b_1,c_1,股上小勾股形 EFB 三边长为 a_2,b_2,c_2,则 $a:b:c=a_1:b_1:c_1=a_2:b_2:c_2$,因为

$$\frac{a}{b}=\frac{a_1}{b_1}$$

所以
$$\frac{a+b}{b}=\frac{a_1+b_1}{b_1}$$

a_1+b_1 为此例式的中率,又取 b 为中率,$a_1+b_1=a$,$b_1=d$,此即 $\frac{a+b}{b}=\frac{a}{d}$,所以

$$d=\frac{ab}{a+b}$$

同法:
$$\frac{b}{a}=\frac{b_2}{a_2}\Rightarrow\frac{b+a}{a}=\frac{b_2+a_2}{a_2}$$

b_2+a_2 为中率,a 亦为中率,$a_2=d$,$\frac{a+b}{a}=\frac{b}{d}$,亦得 $d=\frac{ab}{a+b}$.

刘徽说:"此则虽不效,而法实有由生矣!"

吴敬将此题改写成四言诗题,刊载在本卷诗词答 22 题.

王文素在《算学宝鉴》卷二十九勾股容方诗曰:

勾股容方法最良，
以勾乘股实相当.
勾和股并为之法，
除得该容几许方.

此题后被程大位《算法统宗》(1592 年)清康熙《御制数理精蕴》等大书引录后，在我国民间及朝鲜、日本等国广泛流传.

⑲吴敬引录了杨辉《详解九章算法》的术图，《九章算术》的术文及刘徽注为：

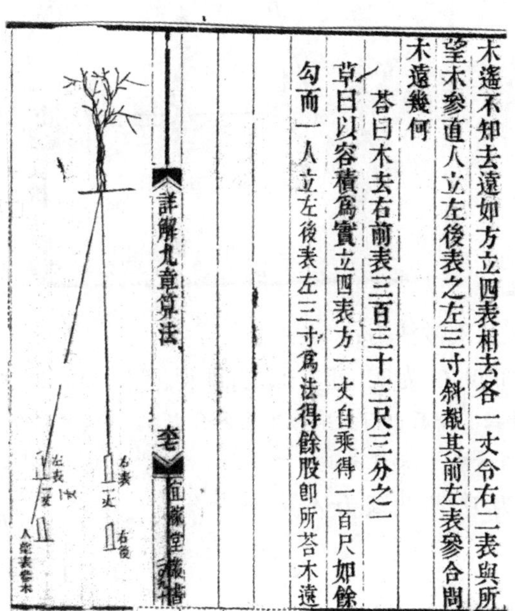
木遙不知去遠如方立四表相去各一丈令右二表與所望木參直人立左後表之左三寸斜覩其前左表參合問木遠幾何
荅曰木去右前表三百三十三尺三分之一
草曰以容積爲實立四表方一丈自乘得一百尺如餘勾而一人立左後表左三寸爲法得餘股卽所荅木遠
詳解九章算法 卷

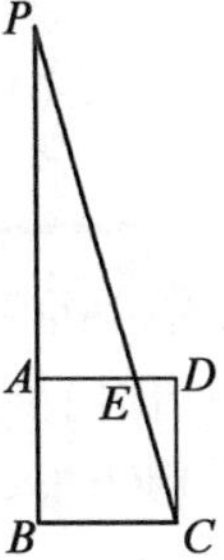

术曰：令一丈自乘为实，以三寸为法，实如法而一. 此以入前右表三寸为勾率，右两表相去一丈为股率，左右两表相去一丈为见勾，所问木去人者，见勾之股. 股率当乘见勾，此三率俱一丈，故曰“自乘”以三寸为法，实如法得一寸.

设 A,B,C,D 为四表，相距各一丈，即

$$AB = BC = CD = DA$$

由刘注可知：

$$\triangle EDC \backsim \triangle CBP \Rightarrow \frac{CD}{DE} = \frac{BP}{BC} \Rightarrow BP = \frac{CD \cdot BC}{DE}$$

$$CD = BC$$

注文曰：股率(CD)当乘见勾(BC)，此二率俱一丈，故曰自乘. 即

$$BP = \frac{CD \cdot BC}{DE} = \frac{CD^2}{DE} = \frac{100^2}{3} = 3\ 333\frac{1}{3}(\text{寸})$$

⑳吴敬引录了杨辉《详解九章算法》中的术、图.

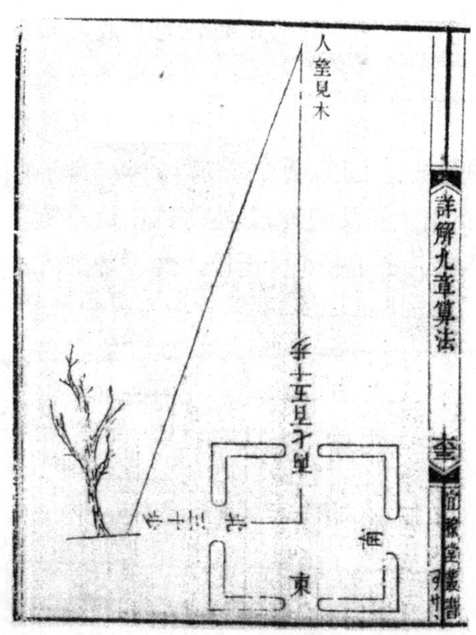
乘居一隅之積分因而四之即得四隅之積分故以爲實開方除即邑方也因而四之爲實開方除之即得邑方

草曰餘勾出北門三十步與餘股出西門七百五十步相乘二萬二千五百步得半邑方積四之爲實九萬步全邑開方除之

此题《九章算术》的术文及刘徽注为：

令两出门步数相乘，因而四之，为实. 开方除之，即得邑方. 按前术、半邑方自乘，出东门步数除之，即出南门步数。今两出门相乘为半邑方自乘，居一隅之积分. 因而四之，即得四隅之积分，故以为实. 开方除之，即邑方也.

设邑的北门为 C，西门为 D，西北隅为 A，木为 B，见木处为 E.

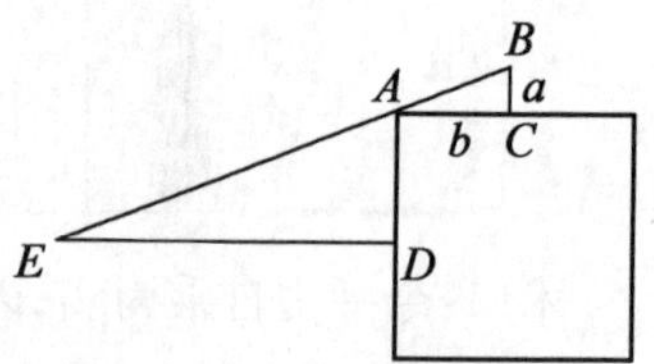

$$\triangle ABC \backsim \triangle EAD \Rightarrow \frac{BC}{AC} = \frac{AD}{ED}$$

$$\Rightarrow AC \cdot AD = BC \cdot ED$$

而 $AC = AD$，为邑方之半，故

$$AC^2 = BC \cdot ED$$

$$邑方 = 2AC = \sqrt{4 \cdot BC \cdot ED}$$

吴敬还编写几个类似的诗词体数学题，刊载在本卷诗词体数学题第七、八、十四题中.

㉑《九章算术》此题术文及刘徽注如下：

术曰：出东门步数为法以句率为法也. 半邑方自乘为实，实如法得一步. 此以出东门十五步为勾率，东门南至隅一百步为股率，南门东至隅一百步为见勾步，欲以见勾求股，以为出南门步数，正合半邑方自乘者，股率当成见勾，此二者，数同也.

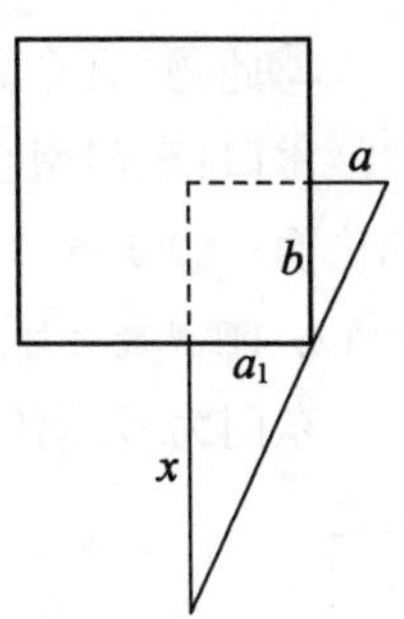

设出东门步数:$a=15$ 步,半邑方

$$b=a_1=100\text{ 步}$$

由相似勾股形:$\frac{a}{b}=\frac{a_1}{x}$,因 $a_1=b$. 故

$$x=\frac{a_1 b}{a}=\frac{b^2}{a}=666\frac{2}{3}(\text{步})$$

㉒吴敬引入了杨辉《详解九章算法》中的术图和解法.

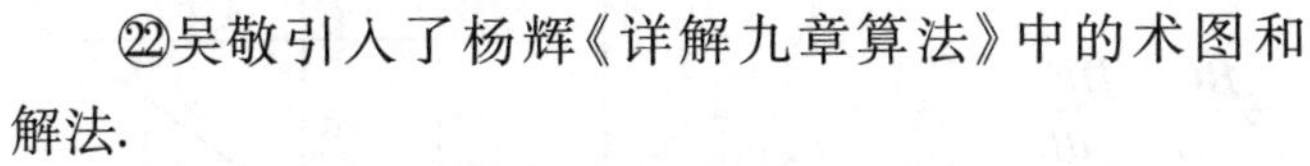

《九章算术》此题的术文和刘徽注为:

术曰:置井径五尺,以入径四寸减之,余,以乘立木五尺为实,以入径四寸为法. 实如法得一寸,此以入径四寸为勾率,立木五尺为股率,并径四尺六寸为见勾. 问井深者,见勾之股也.

今有井徑五尺不知其深立五尺木於井上從木末望水岸入徑四寸問井深幾何

荅曰五丈七尺五寸

術曰置井徑五尺以入徑四寸減之餘以乘立木五尺為實以入徑四寸為法實如法得一寸此以入徑四寸為勾率立木五尺為股率井徑減入徑四寸餘有四尺六寸為見勾問井深者見勾之股也

解題勾中容直卽餘勾求餘股

詳解九章算法 究

深五十七尺五寸乃外差亦積二千三百寸

草曰以容積為實井徑五尺減入門入徑四寸餘得四十六寸乘木高得二千三百寸如餘勾而一入徑四寸為法得股長卽是井深

如图,AC 为立木,DE 为井深,CD 为井径,CB 为入径.

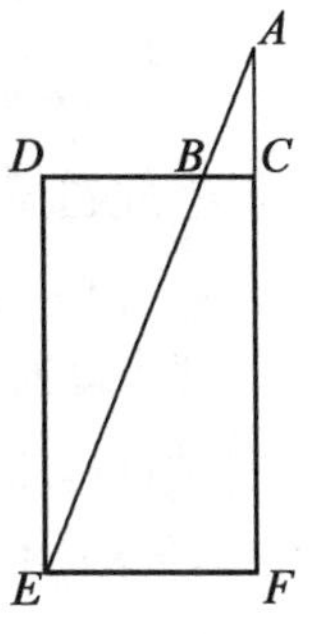

$$\triangle ABC \backsim \triangle EBD \Rightarrow \frac{BC}{AC}=\frac{BD}{DE}$$

$$\Rightarrow DE=\frac{AC\cdot BD}{BC}$$

$$=\frac{5\text{ 尺}\times 4\text{ 尺 }6\text{ 寸}}{4\text{ 寸}}$$

$$=575\text{ 寸}$$

㉓此题《九章算术》术文及刘徽注为：

术曰：东门南至隅步数，以乘南门东至隅步数为实．以木去门步数为法．实如法而一．此以东门南至隅四里半为勾率，出东门十五里为股率，南门东三里半为见勾．所问出南门即见股之勾，为述之意，与上同也．

东门为 C，南门为 D，A 为木，E 为出南门见木处．

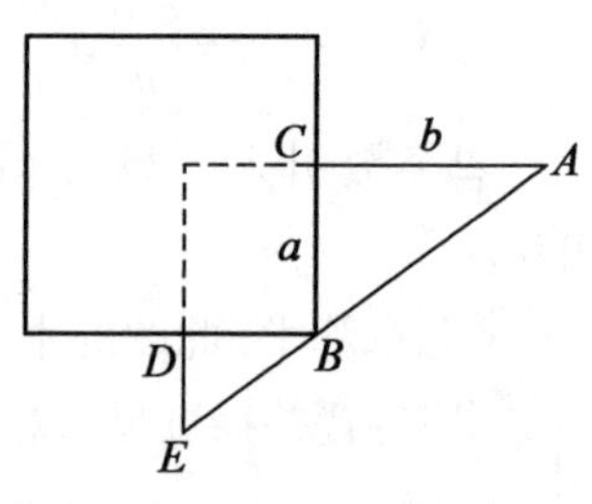

$$\triangle ABC \backsim \triangle BED \Rightarrow \frac{BC}{AC}=\frac{DE}{DB}$$

$$\Rightarrow DE=\frac{BC\cdot BD}{AC}$$

$$=\frac{1\ 350\times 1\ 050}{4\ 500}$$

$$=315(\text{步})$$

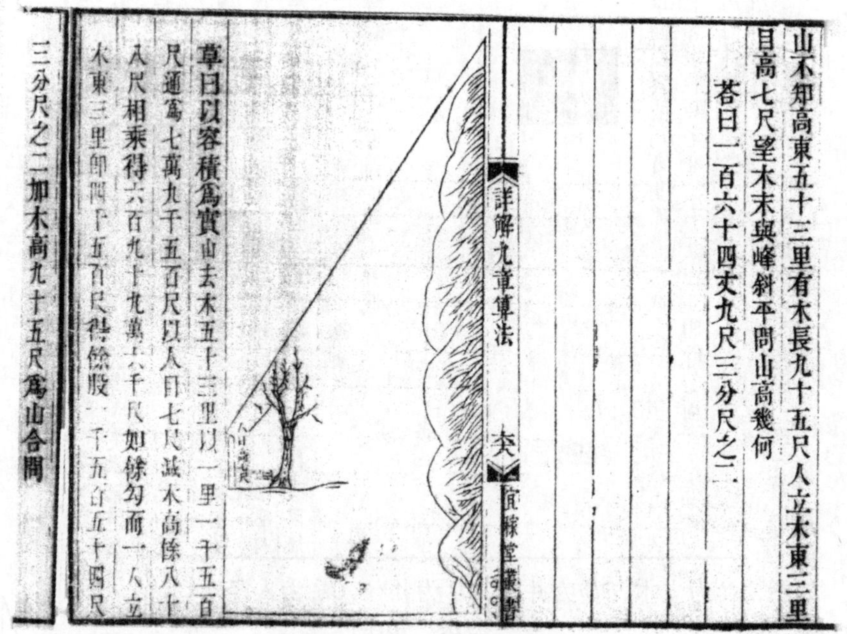

山不知高東五十三里有木長九十五尺人立木東三里目高七尺望木末與峰斜平問山高幾何

荅曰一百六十四丈九尺三分尺之二

詳解九章算法　宜稼堂叢書

草曰以容積爲實山去木五十三里以一里一千五百尺通爲七萬九千五百尺以人目七尺減木高餘八十八尺相乘得六百九十九萬六千尺如餘勾而一人立木東三里即四千五百尺得餘股一千五百五十四尺三分尺之二加木高九十五尺爲山合問

㉔此题吴敬引用了杨辉《详解九章算法》中的题、术、图、草．

《九章算术》求曰：

置木高减人目高七尺，余，以乘五十三里为实．以人去木三里为法，实如法而一，所得，加木高即山高，此术勾股之意，以木高减人目高七尺，余八丈八尺为勾率，人去木三里为股率，山去木五十三里为见股，以勾率乘见股，如股率而一，得勾，加木之高，故为山高也．

人目高 $AD=7$ 尺，木高 $BE=9$ 丈 5 尺，亦去山 $BQ=53$ 里，求山高 PF.

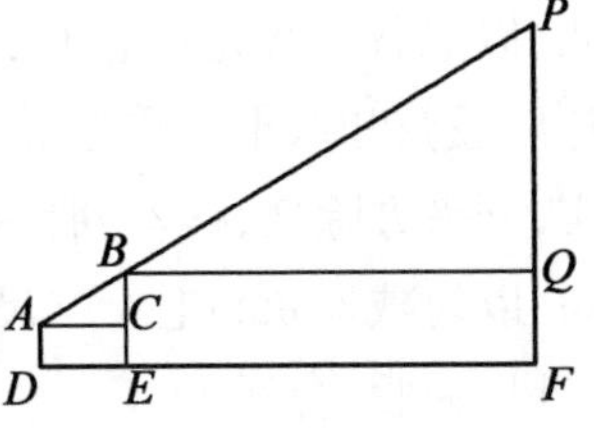

$\triangle ABC \backsim \triangle BPQ \Rightarrow \frac{BC}{AC}=\frac{PQ}{BQ} \Rightarrow PQ=\frac{BC \cdot BQ}{AC}$

$BC=BE-AD=9$ 丈 5 尺 -7 尺 $=8$ 丈 8 尺

$AC=3$ 里为股率，故代入得

$$PQ=\frac{BC \times BQ}{AC}=\frac{88\text{ 尺} \times 53\text{ 里}}{3\text{ 里}}=1\ 554\frac{2}{3}\text{尺}$$

所以山高：$PF=PQ+BE=1\ 649\frac{2}{3}$ 尺，合问.

㉕王文素在《算学宝鉴》卷二十八称这类问题为“方程入勾股”歌曰：

方程、勾股最难明，母子排行互换乘.
众母连乘乘共数，另排各数用方程.
求知勾、股并和较，再另随题用法行.
此诀幽玄知者少，尤宜潜玩始精通.

王文素说：“此题最难，先以课分之法求出几勾、几股之其数，次以方程之法，方才求出一勾、一股之数.”

王文素先以题设条件，列出互乘图式：

右上勾弦和二分之一	右中股弦和九分之二	右下共五十四尺
左上勾弦和六分之一	左中股弦和三分之二	左下余四十二尺

以右上之一乘左中三分，得三. 以右中之二乘左上六分，得十二，以左上之一乘右中九分得九，以左中之二乘右上二分得四，以右二母二、九相乘得一十八，乘右下共五十四尺得九百七十二尺，另以左二母三、六相乘得一十八，乘左下余四十二，得七百五十六，如方程入之.

右上勾弦和九	右中股弦和四	右下共得九百七十二
左上勾弦和三	左中股弦和十二	左下共七百五十六

以右上乘左中，得一百八，以左上乘右中得一十二，并之，得一百二十为法，另以右上乘左下得六千八百四尺；以左上乘右下得二千九百一十六；并之，共得九千七百二十为实，以法除实，得股弦和八十一尺，以右中四乘之得三百二十

四，以减右下共九百七十二，余六百四十八，以右上九除之，得勾弦和七十二尺，却以股弦和八十一乘之，得五千八百三十二，倍之，得一万一千六百六十四尺为实，开平方除之，得勾、股、弦共一百八尺，内减股弦和八十一尺，余二十七尺，为勾. 以勾减勾弦和七十二尺，余四十五尺，为弦，以弦减股弦和八十一尺，余三十六尺，为股，合问.

王文素认为，《九章算法比类大全》术法，实俱以三约之，稍繁.

依题意，可列方程

$$\begin{cases}\dfrac{a+c}{2}+\dfrac{2(b+c)}{9}=54 & (1)\\ \dfrac{2(b+c)}{3}-\dfrac{a+c}{6}=42 & (2)\end{cases}$$

将(1)(2)式去分母得

$$9(a+c)+4(b+c)=54\times 2\times 9=972 \tag{3}$$

此即“九个勾股和，四个股弦和”

$$12(b+c)-3(a+c)=42\times 3\times 6=756 \tag{4}$$

此即：“三个勾弦和减十二个股弦和”

(3) ×3 得

$$27(a+c)+12(b+c)=2\ 916 \tag{5}$$

(4) ×9 得

$$-27(a+c)+108(b+c)=6\ 804 \tag{6}$$

(5) +(6)得

$$120(b+c)=9\ 720 \tag{7}$$

所以

$$b+c=81$$

将 $b+c=81$ 的值代入(5)得 $a+c=72$.

$$a+b+c=\sqrt{2(c+a)(c+b)}=\sqrt{2\times 72\times 81}=108$$

故可求得：$a=27$ 尺，$b=36$ 尺，$c=45$ 尺.

㉖王文素在《算学宝鉴》卷二十八中法曰：

右上	七分之四	右中	七分之六	右下	余二十二步
左上	八分之五	左中	三分之一	左下	不及十四步

右上之四乘右中七分，得二十八分勾弦和，以右中之六乘右上七分，得四十二分股弦和，以右行二母相乘，得四十九，乘右行余二十二步，得一千七十八步.

另以左上之五乘左中三分，得一十五分勾弦和，以左中之一乘左上八分得八分股弦和. 以左行二母相乘得二十四，乘左下不及十四步，得三百三十六，如方程正负入之.

以负右上乘负左中，得二百二十四，以正左上乘正右中，得六百三十；相减，余四百六为法，又以负右上乘正左下，得九千四百八步，以正左上乘正右下得一万六千一百七十，相并，得二万五千五百七十八为实，以法除之，得股弦和六十三步，就以左中八分股弦和乘之，得五百四尺，并入左下三百三十六内，共八百四十步为实，以左上十五分勾弦和除之，得勾弦和五十六.

负右上二十八个勾弦和	正中四十二个股弦和	正右下一千七十八步
正左上十五个勾弦和	负左中八个股弦和	正左下三百三十六

以此勾弦和与股弦和相乘，倍之，得七千五十六为实，开平方法除之，得勾、股、弦共和八十四尺，内减股弦和六十三步，余二十一步为勾，又于勾、股、弦和内减出勾弦和五十六步，余二十八步为股，于股弦和内减出股二十八步，余三十五步为弦，合问.

依题意，可列方程

$$\begin{cases}\dfrac{6(b+c)}{7}-\dfrac{4(a+c)}{7}=22 & (1)\\[2ex] \dfrac{b+c}{2}-\dfrac{5(a+c)}{8}=-14 & (2)\end{cases}$$

(1)(2)式去分母后，可化为

$$\begin{cases}42(b+c)-28(a+c)=22\times7\times7=1\ 078 & \\ (\text{此即“四十二个股弦和内减二十八个勾弦和”}) & (3)\\ -8(b+c)+15(a+c)=14\times8\times3=336 & (4)\\ (\text{此即“八个股弦和减十五个勾弦和”}) & \end{cases}$$

(3) ×15 得

$$630(b+c)-420(a+c)=16\ 170 \tag{5}$$

(4) ×28 得

$$-224(b+c)+420(a+c)=9\ 408 \tag{6}$$

(5) +(6)得

$$406(b+c)=25\ 578$$

所以

$$b+c=63\text{ 步}$$

$$a+c=\frac{63\times8+336}{15}=56(\text{步})$$

$$a+b+c=\sqrt{2\times63\times56}=\sqrt{7\ 056}=84$$

故

$$a=84-63=21$$

$$b=84-56=28$$

$$c=84-21-28=35\text{,合问}$$

$$a+b+c=\sqrt{2(a+c)(b+c)}$$

此术首见于元朱世杰《算学启蒙》卷下方程正门第 8 和 9 题术文中，称为“弦和和”，吴敬应用了此公式.

此题亦可用(3)(4)两式首项系数 42 和 8 互乘求得.

㉗本题源自刘徽《海岛算经》第六题.

术曰：去后以表乘入索，如表相去而一. 所得，以前去表减之，余一为法. 复以前去表减后去表，余以乘入所望表里为实. 实如法一，得波口广.

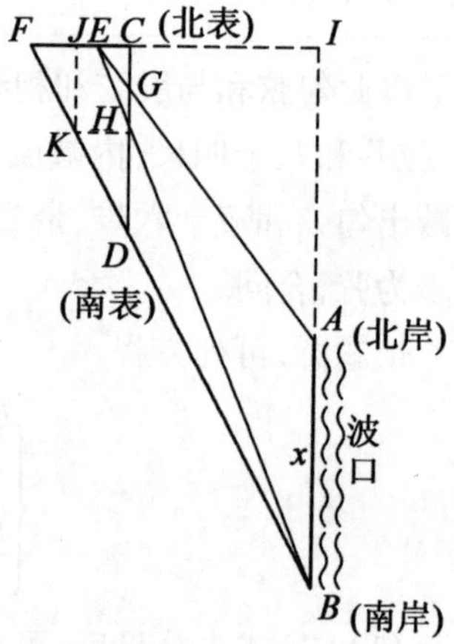

i. 吴文俊法.

望波口公式：

$$\text{波口广}=\frac{\text{入所望表里}\times(\text{后去表}-\text{前去表})}{\dfrac{\text{入索}\times\text{后去表}}{\text{表相去}}-\text{前去表}}$$

证：补作 JK 等线如图，今与望松题 2 相比较，令图中 B = 松，AI = 山，CH = 前表，JK = 后表，则 HK = 表间，$FJ-CE$ = 相多. 在望松与望波口之间有下面的关系.

今依望松公式有

$$\text{松高}=\frac{\text{入表}\times\text{表间}}{\text{相多}}+\text{入表}$$

$$=\frac{\text{入表}\times(\text{表间}+\text{相多})}{\text{相多}}$$

或即

$$\text{波口广}=\frac{\text{入所望表里}\times(\text{后去表}-\text{前去表})}{\text{相多}}$$

$$\triangle FJK\backsim\triangle FCD\Rightarrow\frac{JF}{JK}=\frac{CF}{CD}$$

$$\Rightarrow FJ=\frac{JK\cdot CF}{CD}$$

或即 $$相多+前去表=\frac{入索\times后去表}{表相去}$$

ⅱ. 白尚恕法.

设两表相去为 d,北表之西却行即前去表为 b,入索北端为 h,入前所望表里为 k,又却后行去表即后去表为 a,波口广为 x. 按术计算,则得

$$x=\frac{k(a-b)}{\frac{ak}{d}-b}$$

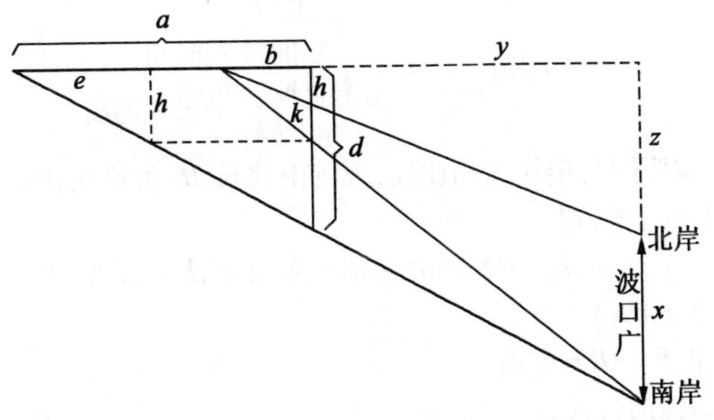

本问是三次测望问题,可能先求出有关数据后,再套用重差公式推求渡口广. 也就是说,根据相似勾股形性质

$$\frac{e}{h}=\frac{a}{d},\frac{z}{y+b}=\frac{h-k}{b}$$

得 $$e=\frac{ha}{d},z=\frac{(y+b)(h-k)}{b}$$

其 $h,a-e,b,c-b$ 分别相当于重差公式里"表高""表间""表前却行""相多",而 y 及 $z+x$ 则相当于"岛去表"及"岛高",故得

$$y=\frac{b(a-e)}{e-b}=\frac{ab(d-h)}{ha-db}$$

$$z+x=\frac{h(a-e)}{e-b}+h=\frac{hd(a-b)}{ha-ab}$$

又因

$$z=\frac{(y+b)(h-k)}{b}=\frac{d(a-b)(h-k)}{ha-db}$$

故得渡口广为

$$x=\frac{hd(a-b)}{ha-db}$$

吴敬解法与《九章算术》术文、李淳风按语相同.

㉘此题源自刘徽《海岛算经》第九题：

术曰：以勾高乘东南隅入下股如上股而一. 所得，减勾高，余为法. 以东北隅下股减东南隅下股，余以乘矩间为实. 实如法而一，得邑南北长也. 求邑广，以入横句乘矩间为实. 实如法而一，即得邑东西广.

ⅰ. 吴文俊法.

临邑公式

$$\text{邑南北长}=\frac{\text{矩间}\times(\text{东南下股}-\text{东北下股})}{\dfrac{\text{东南下股}\times\text{勾高}}{\text{上股}}-\text{勾高}}$$

$$\text{邑东西广}=\frac{\text{矩间}\times\text{入横句}}{\dfrac{\text{东南下股}\times\text{句高}}{\text{上股}}-\text{勾高}}$$

证：先将附图与望松图相比较，视邑南北长 JK 为松生于山 KL 上，又视 DA 为表，从 B 点遥望，则

$$\text{入表}=DE=AD-AE=\text{东南下股}-\text{东北下股}$$

表去山 $=AL$

前表却行 $=AB=$ 勾高

依松高辅助公式有

$$\text{松高}=\frac{\text{表去山}\times\text{入表}}{\text{前表却行}}+\text{入表}=\frac{(\text{表去山}+\text{前表却行})\times\text{入表}}{\text{前表却行}}$$

或

$$\text{邑南北长}=\frac{BL(\text{东南下股}-\text{东北下股})}{\text{勾高}}$$

次将附图与望谷图相比较，视 JL 为谷，AL 为岸，则谷深 $=AL$，勾高 $=AB$，故依望谷公式有

$$BL=\text{谷深}+\text{勾高}=\frac{\text{矩间}\times\text{上股}}{\text{东南下股}-\text{上股}}$$

以此代入前式，即得所求邑长公式.

其次在勾股相似形 BHK 与 BGE 中，$HK=$ 邑东西广，$GE=$ 入横句，故有

$$\text{邑东西广}=\frac{BK\times\text{入横句}}{BE}$$

又由勾股相似形 BKL 与 BEA 得

$$\frac{BK}{BE}=\frac{BL}{BA}=\frac{BL}{\text{勾高}}$$

故得

$$\text{邑东西广}=\frac{BL\times\text{入横句}}{\text{勾高}}$$

将 BL 依前式代入，即得所求邑广公式.

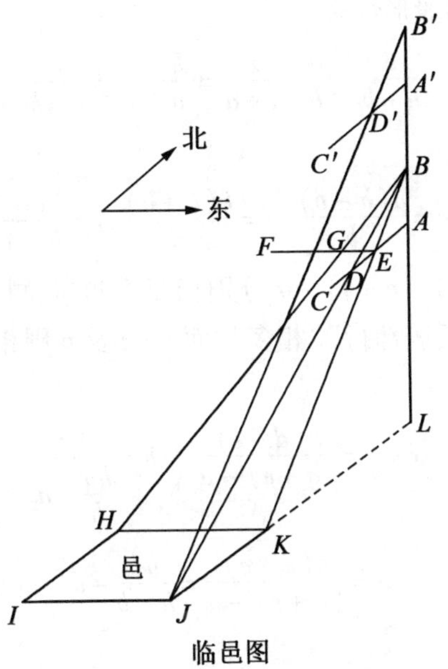

临邑图

ⅱ. 白尚恕法.

如图所示,设勾高为 a,望东北隅入下股为 k,望西北隅入横勾为 c,望东南隅入下股为 h,矩间相去为 d,望东南隅入上股为 b,南北邑长为 x,东西邑广为 y. 按术计算,得

$$x=\frac{d(h-k)}{\frac{ha}{b}-a},y=\frac{dc}{\frac{ha}{b}-a}$$

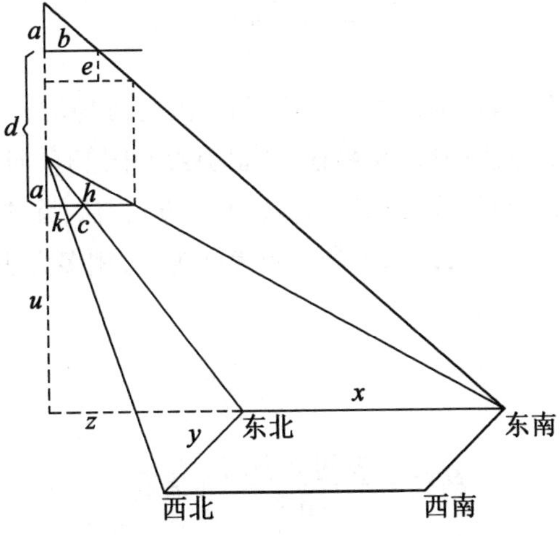

本问是 4 次测望问题,可能先求有关数据后,再套用重差公式推求邑长及

邑广. 也就是由相似勾股形性质

$$\frac{e}{h-b}=\frac{a}{b},\frac{z}{u+a}=\frac{k}{a},\frac{y}{x}=\frac{c}{h-k}$$

得

$$e=\frac{a(h-b)}{b},a=\frac{k(u+a)}{z},y=\frac{cx}{h-k}$$

其 $h,(d-c),a,(a+e),(a+e)-a$ 分别相当于测高、测远重差公式的“表高”“表间”“前表却行”“后表却行”“相多”,而 $x+z$ 及 u 则相当于“岛高”及“岛去表”,于是得

$$x+z=\frac{h(d-e)}{(a+e)-a}\ +h=\frac{hd}{\frac{ha}{b}-a}$$

$$u=\frac{a(d-e)}{(a+e)-a}=\frac{bd}{h-b}-a$$

所以

$$z=\frac{k(u+a)}{a}=\frac{kd}{\frac{ha}{b}-a}$$

故得邑长、邑广各为

$$x=\frac{hd}{\frac{ha}{b}-a}-\frac{kd}{\frac{ha}{b}-a}=\frac{d(h-k)}{\frac{ha}{b}-a}$$

$$y=\frac{cx}{h-k}=\frac{cd}{\frac{ha}{b}-a}$$

㉙此题源自刘徽《海岛算经》第一题,刘徽测望海岛的方法与《周髀算经》中陈子测太阳高远的方法相似,赵爽在《周髀算经》中给有“日高图”.

术曰:以表高乘表间(EG)为实,相多($GI-EH$)为法,除之. 所得加表高,即得岛高. 求前表去岛远近者,以前表却行乘表间为实,相多为法,除之,得岛去表里数.

ⅰ. 吴文俊法.

望海岛公式:

$$\text{岛高}=\frac{\text{表间}\times\text{表高}}{\text{相多}}+\text{表高}$$

$$(\text{前})\text{表去岛}=\frac{\text{表间}\times\text{前表却行}}{\text{相多}}$$

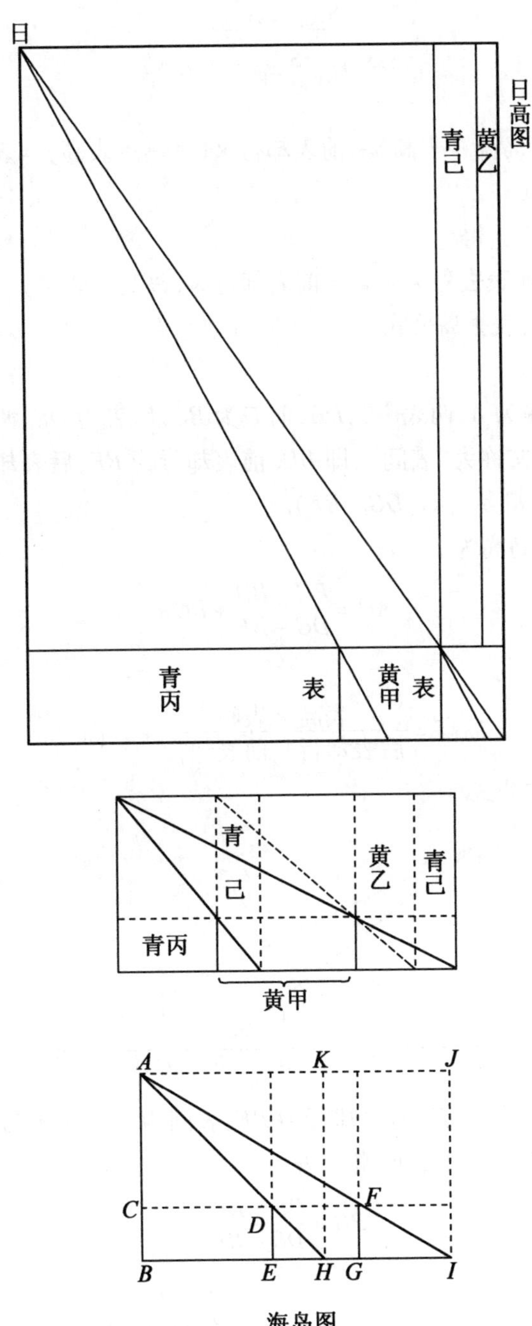

海岛图

证：从□AI 与 F 得

$$S_{\square FJ}=S_{\square FB}$$

又从□AH 与 D 得

$$S_{\square DK} = S_{\square DB}$$

相减得

$$S_{\square FJ} - S_{\square DK} = S_{\square EF}$$

或

后表却行×(岛高－表高)－前表却行×(岛高－表高)＝表间×表高

由此即得岛高公式.

又从 $S_{\square DB} = S_{\square DK}$ 得

前表去岛×表高＝前表却行×(岛高－表高)

应用岛高公式即得表去岛公式.

ⅱ. 白尚恕法.

海岛 AH,岛峰为 A,两表 BC,DE,前表为 BC,后表为 DE,两表相去即前后表之间的距离,术文称为“表间”,即 BD. 前表却行为 BF,后表却行为 DG,两却行之差术文称为“相多”,即($DG-BF$).

按术计算,得岛高为

$$AH = \frac{BC \cdot BD}{DG - BF} + BC$$

或

$$岛高 = \frac{表高 \times 表间}{后表却行 - 前表却行} + 表高$$

这就是测高的重差公式.

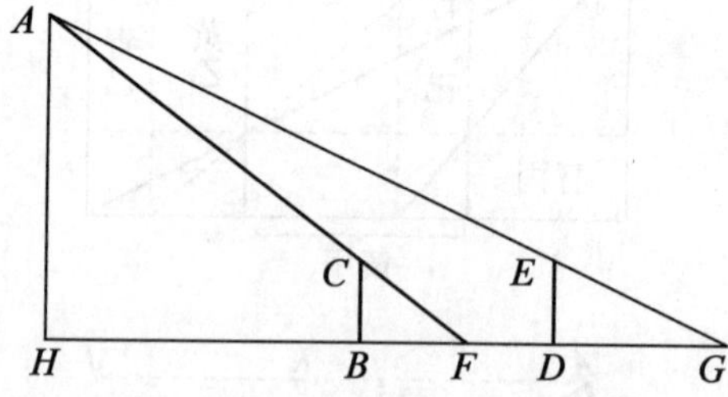

前表去岛之远近为 BH,前表却行为 BF,表间为 BD,相多为$DG-BF$. 按术计算,即得前表与岛的距离,即“岛去表”

$$BH = \frac{BF \cdot BD}{DG - BF}$$

或

$$前表去岛之远近 = \frac{前表却行 \times 表间}{后表却行 - 前表却行}$$

这就是测远重差公式.

ⅲ. 古人及潘有发法.

古代希腊数学家对于测望问题,虽已有所了解,但仅限于比较简单的一望. 印度数学家在 7 世纪才初次进行测量,也仅限于一望. 1530 年在巴黎和 1569 年在威尼斯出版的著作中,欧洲的数学家们才首次谈到了测望问题,也只限于两望的水平. 这已经比刘徽迟了一千多年! 此题已收入中学数学课本,是很好的爱国主义教材.

古人对测望海岛题的证法,主要有等职法和勾股比例法两种. 等积法首见于赵君卿的“日高图说”,勾股比例法首见于刘徽《九章算术注》.

(ⅰ)等积法.

如图(a),在矩形 $ABCD$ 的对角线 AC 上任取一点 E,可得矩形 BE = 矩形 ED. 这相当于欧几里得《几何原本》卷一第 43 题“凡方形,对角线旁两余方形自相等”的定理. 赵君卿说:“黄甲与黄乙其实正等,以表高乘两表相去为黄甲之高……青丙与青已其实亦等. 黄甲与青丙相连,黄乙与青已相连,其实亦等.”(图(b))

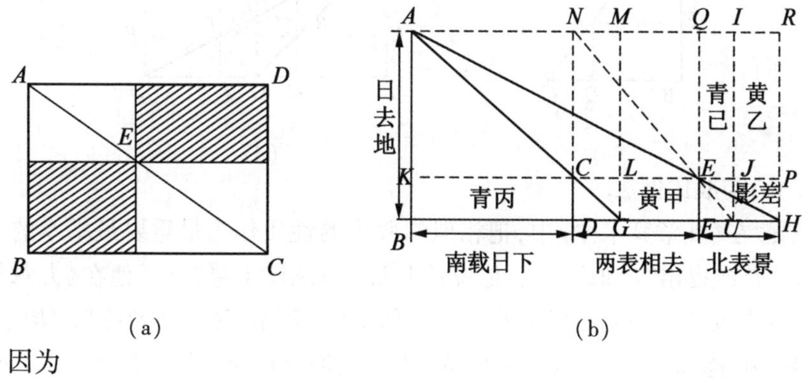

(a) (b)

因为

$$S_{\square EPRQ} = S_{\square EFBK}, S_{\square CLMN} = S_{\square CDBK}$$

所以

$$S_{\square CDFE} = S_{\square EPRQ} - S_{\square CLMN} = S_{\square EPRQ} - S_{\square IJEQ} = S_{\square RPJI}$$

即

$$黄甲 = 黄乙, 青已 = 青丙$$

即

$$FH \cdot AK - DG \cdot AK = DF \cdot CD$$

所以

$$AK(FH - DG) = DF \cdot CD$$

所以

$$AK=\frac{DF\cdot CD}{FH-DG},AB=\frac{DF\cdot CD}{FH-DG}+CD$$

1275 年,杨辉对赵君卿的证法进行了改进,他指出海岛九题都可由图(a)~(c)推出,称图(a)、图(c)为“海岛小图”,则

$$S_{\square EPRQ}=S_{\square EFBK},S_{\square CLMN}=S_{\square CDBK}$$

得

$$S_{\square CDFE}=S_{\square EPRQ}-S_{\square CLMN}$$

即

$$FH\cdot AK-DG\cdot AK=DF\cdot CD$$

所以(图(d))

$$AD=\frac{DF\cdot CD}{FH-DG},AB=\frac{DF\cdot CD}{FH-DG}+CD$$

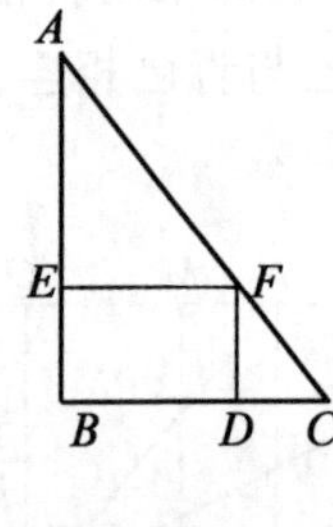

(c)

(d)

(ⅱ)勾股比例法.

刘徽在《九章算术注》中,把相似勾股形的性质作为最重要最基本的性质之一,并首次提出“相似”一词,他说:“其形不悉相似(卷五).”他在《九章算术注原序》中说:“勾股则必以重差为率.”如图(c)所示,在相似勾股形 ABC,AEF 和 FDC 中,称 AE 为见股,EF 为见勾,AB 为大股,BC 为大勾,FD 为股率,DC 为勾率,则

$$\frac{大勾}{大股}=\frac{见勾}{见股}=\frac{勾率}{股率}=\frac{勾率-见勾}{股率-见股}$$

根据方程章和勾股章刘徽的注文,可知刘徽的证法大致如下:

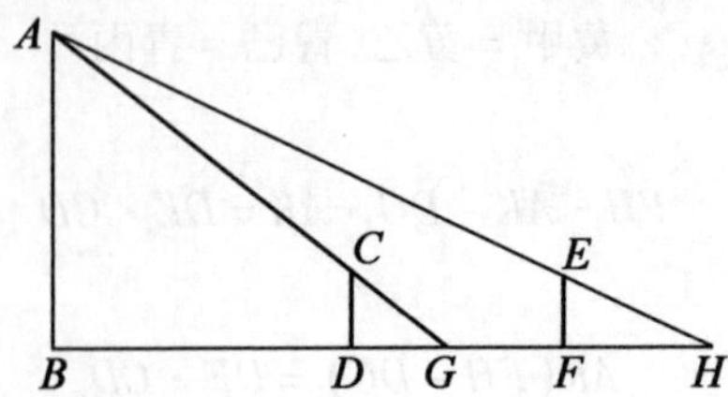

$$\triangle EFH \backsim \triangle ABH, \triangle CDG \backsim \triangle ABG$$

所以
$$\begin{cases} \dfrac{EF}{FH}=\dfrac{AB}{BH} & (1) \\ \dfrac{CD}{DG}=\dfrac{AB}{BG} & (2) \end{cases}$$

由式(2)得
$$AB=\frac{CD\cdot BG}{DG}=\frac{CD(BD+DG)}{DG}$$

因为
$$CD=EF, BH=BD+DH \quad (3)$$

式(3)代入式(1),得
$$BD=\frac{GD\cdot DF}{FH-DG} \quad (4)$$

式(4)代入式(3),得岛高
$$AB=\frac{CD\cdot DF}{FH-DG}+CD \quad (5)$$

1820 年,清朝数学家李潢(? —1811)为《海岛算经》做的《细草图说》出版,引用了平行线的方法对《海岛算经》进行了注释.

(ⅲ)三角函数法(潘有发法).

由三角函数(图(d))
$$\cot\alpha=\frac{EK}{AK}, \cot\beta=\frac{CK}{AK}$$
$$\cot\alpha-\cot\beta=\frac{EK}{AK}-\frac{CK}{AK}=\frac{EK-CK}{AK}=\frac{CE}{AK}$$

所以
$$AK=\frac{CE}{\cot\alpha-\cot\beta}$$

所以
$$AB=AK+KB=AK+CD=\frac{CE}{\cot\alpha-\cot\beta}+CD$$
$$BD=AK\cot\beta=\frac{DF\cot\beta}{\cot\beta-\cot\alpha}$$

又重差术公式可化为
$$AB=AK+CD=\frac{DF\cdot CD}{FH-DG}+CD$$
$$\frac{CE}{\dfrac{FH}{EF}-\dfrac{DG}{CD}}+CD=\frac{CE}{\cot\alpha-\cot\beta}+CD$$

$$BD = \frac{CD \cdot DF}{FH - DG} = \frac{DF \cdot \frac{DG}{CD}}{\frac{FH}{EF} - \frac{DG}{CD}}$$

$$= \frac{DF\cot \alpha}{\cot \beta - \cot \alpha}$$

由此可以看出,重差术的术文与现代三角函数的解法基本上是一致的,三角函数是先测出两角仰角的度数,利用余切函数计算,而重差术则是直接利用两个相似直角三角形的勾股来计算,在计算中必然要应用勾和股的比值,即仰角的余切,由此看来,古代的重、差术与现代的三角函数是一致的.

㉚此题引自杨辉《续古摘奇算法》(1275 年)卷下,王文素在《算学宝鉴》卷三十"隔水望竿"条引录此题,歌曰:

隔水求竿两次观,
表头杆顶看齐端.
表中减去人之目,
余数相乘二表间.
二退较余除见数,
更加一表便知杆.
表间前退相乘实,
退较除知隔水玄.

王文表解题曰:竿至前表,乃小勾股,容横积一段;竿至后表,乃大勾股,容横积一段.杨氏令合而为一,以证用表望山之术,诚为有益,于后学可羡!

㉛此题原自《海岛算经》第二题:

术曰:以人表乘表间(EG)为实,相多($GI-EH$)为法,除之.加入表,即得松高.臣淳风等谨按此术意,宜云,前后去表相减,余七尺是相多,以为法.表间步通之为实,以入表乘之,退位一等以为实,以法除之,更加入表,得一百二十二尺八寸,以为松高,退位一等,得十二丈二尺八寸也.求表去山远近(CE)者,置表间,以前表却行乘之为实.相多为法,除之,得山去表.臣淳风等谨按此术意,宜云,表间以步尺法通之得三百尺.以前去表四十六尺乘之为实,以相多七尺为法.实如法而一,得一千九百七十一尺七分尺之三.以里尺法除之,得一里;不尽以步法除之,得二十八步;不尽三还以七因之得数,内子三得二十四.复置步尺法,以分母七乘六,得四十二为步法,俱半之,副置平约等数.即是于山去前表一里二十八步七分步之四也.

i.吴文俊法.

望松公式：

$$松高=\frac{表间\times入表}{相多}+入表$$

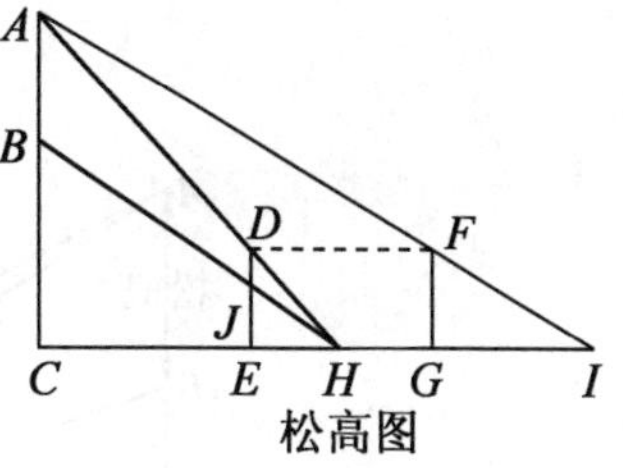

松高图

$$表去山=\frac{表间\times前表却行}{相多}$$

证：先将附图与海岛图相比较，视 AC 为海岛，则表去岛即此处之表去山 CE，故由海岛公式得

$$表去山=\frac{表间\times前表却行}{相多}$$

其次将前表两侧从松高图中割裂而作松高辅助图，则从□AH 与 D 得

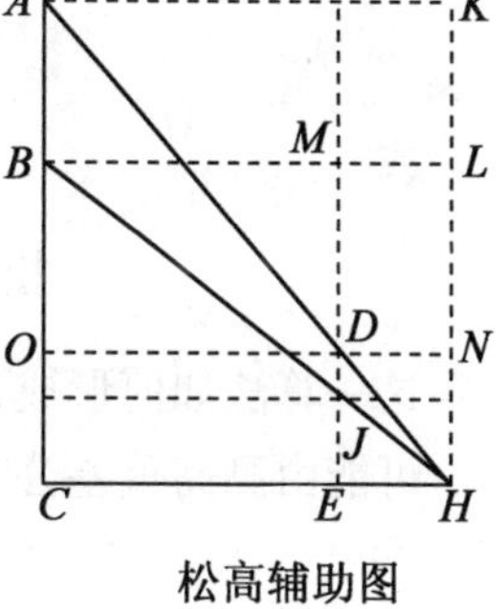

松高辅助图

$$S_{\square DK}=S_{\square DC}$$

又从□BH 与 J 得

$$S_{\square JL}=S_{\square JC}$$

两式相减得

$$S_{\square MK}-S_{\square JN}=S_{\square JO}$$

或即

$$前表却行\times松高-前表却行\times入表=表去山\times入表$$

由此得

$$松高=\frac{表去山\times入表}{前表却行}+入表$$

这一公式在以后经常用到，将称之为松高辅助公式. 以表去山公式代入这一辅助公式，即得所求松高公式.

ⅱ. 白尚恕法.

由经文"从前表却行七步四尺，薄地遥望松末，与表端参合. 又望松本，入表二尺八寸. 复从后表却行八步五尺，薄地遥望松末，亦与表端参合"可知，这是三次测望问题.

本问既不知山高，又不知山之远近，而求山上松高. 山上松树就是孤离无着，需要测望 3 次. 假设此问是求山高及松高的和，即与第一问求海岛高一样，只需测望松末两次. 此问是求松高，松本不在地面上，故须再测望一次，共须测望 3 次. 即刘徽所说："孤离者三望."

以入表乘表间为实，……，即得松高.

松高为 AB，前表 DN，后表 EF，前表却行为 DG，后表却行为 EH，相多为 $EH-DG$，前后表相去即表间为 DE，入表为 MN.

按术计算,得

$$AB=\frac{MN\cdot DE}{EH-DG}+MN$$

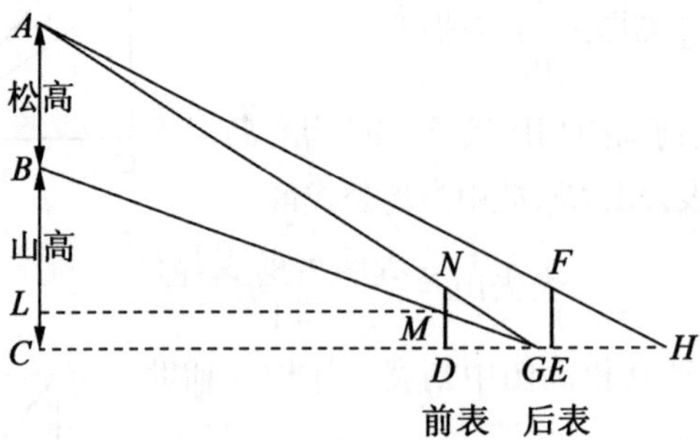

或

$$松高=\frac{入表\times表间}{后表却行-前表却行}+入表$$

这一算法如何形成,读者不无疑问.由于术文没有说明,今则猜测如下:可能由测高重差公式先求得山高与松高之和,即

$$AB+BC=\frac{DN\cdot DE}{EH-DG}+DN$$

或

$$松高+山高=\frac{表高\times表间}{后表却行-前表却行}+表高$$

再由相似勾股形求得山高

$$BL+LC=DM\cdot\frac{LM}{DG}+DM$$

或

$$山高=(表高-入表)\cdot\frac{山去表}{前表却行}+(表高-入表)$$

又由测远重差公式得前表去山之远为

$$CD=\frac{DG\cdot DE}{EH-DG}$$

或

$$山去前表之远=\frac{前表却行\times表间}{后表却行-前表却行}$$

由此两式即得山上松高.

淳风按此术意,宜云“前后去表相减,……,得十二丈二尺八寸也”,后表却行减前表却行则得

$$8\text{ 步 }5\text{ 尺}-7\text{ 步 }4\text{ 尺}=1\text{ 步 }1\text{ 尺}=7\text{ 尺}$$

即“余七尺是相多,以为法”.

前后表相去为 50 步 $=50\times6=300$(尺),以入表 2 尺 8 寸乘之得

$$300\times28=8\ 400$$

在这一乘法中,一乘数是 300 尺,一乘数是 28 寸,所得结果 8 400 既不是方尺也不是方寸. 李淳风有鉴于此,便说“退位一等以为实”. 退位一等就是除以 10,故得:$8\ 400\div10=840$(方尺). 但是,李潢于《海岛算经细草图说》称:“置前后表相去五十步,展为三百尺,以入表二尺八寸乘之,得八千四百寸. 退位一等,得八百四十尺为实. ”李潢所说“八千四百寸”,显然是错误的.

“以法除之,更加入表”,即

$$840\div7\text{ 尺}+2\text{ 尺 }8\text{ 寸}=122\text{ 尺 }8\text{ 寸}$$

即是松高.

为了化为丈,又“退位一等”即得:12 丈 2 尺 8 寸.

术云:“求表去山远近者,……,得山去表. ”

如图所示,表间为 DE,前表却行为 DG,相多为 $EH-DG$. 按术计算,即得山去表之远近 CD 为

$$CD=\frac{DG\cdot DE}{EH-DG}$$

或

$$\text{山去表之远}=\frac{\text{前表却行}\times\text{表间}}{\text{后表却行}-\text{前表却行}}$$

显见这是直接套用测远重差公式计算的.

淳风云:“表间以步尺法通之得三百尺,……,一里二十八步七分步之四也. ”

以前表却行乘表间,除以相多“得一千九百七十一尺七分尺之三”,即

$$300\times46\div7=1\ 971\frac{3}{7}(\text{尺})$$

因 1 800 尺 =1 里,所以

$$1\ 971\frac{3}{7}\div1\ 800=1\text{ 里}\cdots\cdots171\frac{3}{7}\text{尺}$$

即“以里尺法除之,得一里”,余 $171\frac{3}{7}$尺. 又因 6 尺 =1 步,所以

$$171\frac{3}{7}\div6=28\text{ 步}\cdots\cdots3\frac{3}{7}\text{尺}$$

即“不尽以步法除之，得二十八步”．余 $3\frac{3}{7}$尺．化此余数为假分数，需通分内子，得分子为 $3\times7+3=24$，即“不尽三还以七因之得数，内子三，得二十四”．余数 $3\frac{3}{7}$尺即是$\frac{24}{7}$尺．欲将余数化为步，得

$$3\frac{3}{7}\text{尺}=\frac{24}{7}\text{尺}=\frac{24}{7\times6}\text{步}=\frac{24}{42}\text{步}=\frac{12}{21}\text{步}=\frac{4}{7}\text{步}$$

即“山去前表一里二十八步七分步之四也”．

九章详注比类还源开方算法大全卷第十

钱塘南湖后学吴敬信民编集
黑龙江省克山县潘有发校注

各色开方[①]计九十(四)[三]问

开三乘方法

置积若干为实,别置一算,名曰:下法,常超三位一乘超一位,二乘超二位,三乘超三位,万下定十.亿下定百约实,下法定亿.(商)[商]置第一位得若干下去,亦置上(商)[商]为若干再自乘得若干为隅法,与上(商)[商]若干除实若干,余实若干,乃四乘隅法得若干为方法,下法再置上(商)[商]为若干.副置二位:第一位;自乘得若干,又以六乘得若干,为上廉;第二位:以四乘得若干为下廉,乃方法一退得若干,上廉再退得若干,下廉三退,下法四退得若干.

续(商)[商],置第二位,以方廉三法,共若干(商)[商]余实得若干,下法,亦置上(商)[商]为若干,再自乘得若干为隅法,又以上(商)[商]若干,一遍乘上廉得若干,二遍乘下廉得若干,以方廉隅四法共若干,皆与上(商)[商]若干除余实若干仍余实若干,乃二乘上廉得若干,三乘下廉得若干,四乘隅法得若干,皆并入方法共得若干.

又于下法,再置上(商)[商]共若干,进三位为若干,副置二位:第一位自乘得若干,又以六乘得若干,为上廉.第二位以四乘得若干,为下廉,乃方法一退得若干,上廉再退得若干,下廉三退得若干,方法四退得若干.

① 各色开方,就是中国古代解一元高次方程的吴敬的"增乘开方术"。

再(商)[商]置第三位,以方廉三法共若干,(商)[商]余实得若干,下法亦置上(商)[商]若干,再自乘得若干为隅法,又以上(商)[商]若干,一遍乘上廉得若干,二遍乘下廉得若干,以方廉隅四法共若干,皆与上(商)[商]除余实,尽,得若干,合问.

下图为通江本景印件(北京图书馆藏)

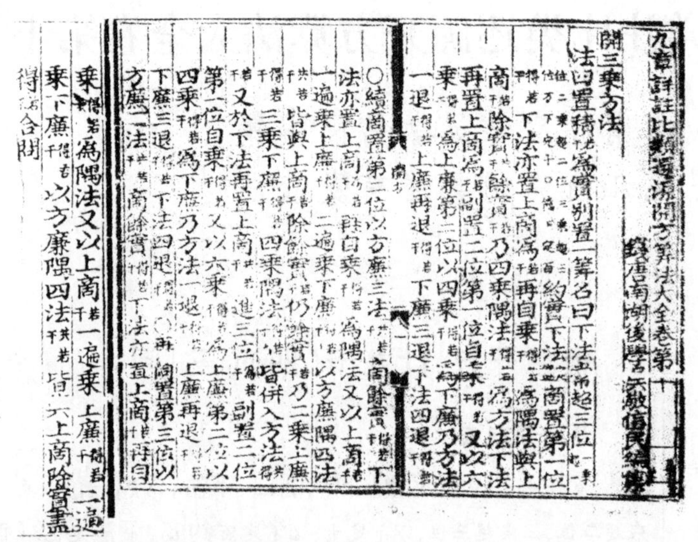

九章詳註比類還源開方算法大全卷第十

錢唐南湖後學吳敬信民編集

開三乘方法

法曰置積若干爲實別置一筭名曰下法常超三位約實下法商置第一位得若干下法亦置上商爲若干再自乘得若干爲隅法與上商若干除實若干餘實若干乃四乘隅法得若干爲方法下法再置上商爲若干副置二位第一位自乘得若干又以六乘得若干爲上廉第二位以四乘得若干爲下廉乃方法一退得若干上廉再退得若干下廉三退下法四退得若干

○續商置第二位以方廉三法共若干商餘實得若干下法亦置上商若干隨自乘得若干爲隅法又以上商若干一遍乘上廉得若干二遍乘下廉得若干以方廉隅四法共若干皆與上商若干除餘實若干仍餘實若干乃二乘上廉得若干三乘下廉得若干四乘隅法得若干皆併入方法得共若干又於下法再置上商共若干進三位得若干副置二位第一位自乘得若干又以六乘得若干爲上廉第二位以四乘得若干爲下廉乃方法一退得若干上廉再退得若干下廉三退得若干下法四退得若干○再商置第三位以方廉三法共若干商餘實得若干下法亦置上商若干得自乘得若干爲隅法又以上商若干一遍乘上廉得若干二遍乘下廉得若干以方廉隅四法共若干皆與上商除實盡得若干合問

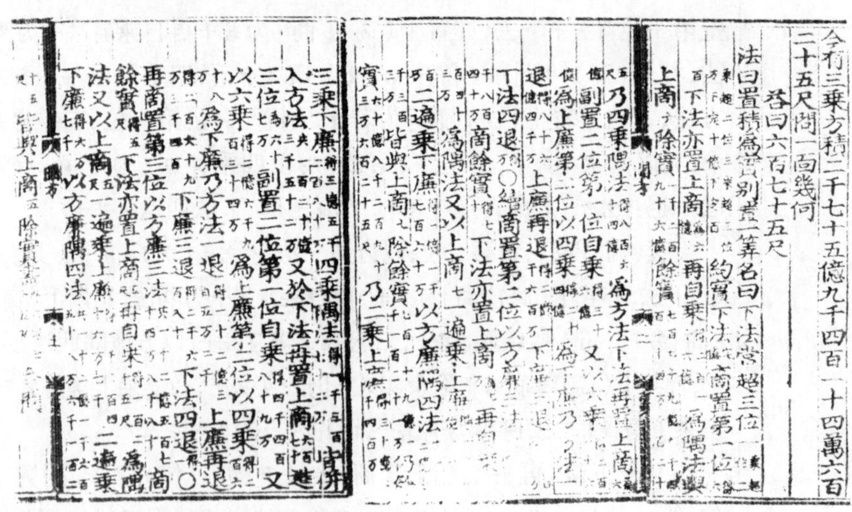

今有三乘方積二千七十五億九千四百一十四萬六百二十五尺問一面幾何

答曰六百七十五尺

法曰置積爲實別置一筭名曰下法常超三位約實下法商置第一位下法亦置上商再自乘爲隅法與上商六百除實餘實乃四乘隅法爲方法下法再置上商副置二位第一位自乘又以六乘爲上廉第二位以四乘爲下廉乃方法一退上廉再退下廉三退下法四退○續商置第二位以方廉三法商餘實下法亦置上商再自乘爲隅法又以上商七一遍乘上廉二遍乘下廉以方廉隅四法皆與上商除餘實仍餘實乃二乘上廉三乘下廉四乘隅法皆併入方法又於下法再置上商進三位副置二位第一位自乘又以六乘爲上廉第二位以四乘爲下廉乃方法一退上廉再退下廉三退下法四退○再商置第三位以方廉三法商餘實下法亦置上商再自乘爲隅法又以上商五一遍乘上廉二遍乘下廉以方廉隅四法皆與上商五除實盡合問

此为《集成本》影书,由日本铃木六男复印静嘉堂原本.

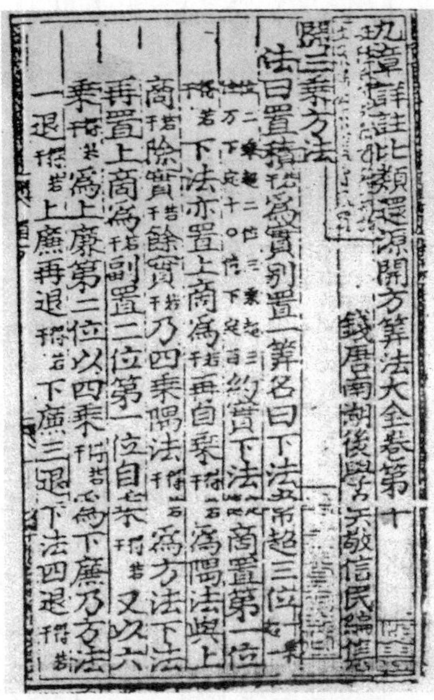

九章詳註比類還源開方算法大全卷第十

錢唐南湖後學吳敬信民編集

開三乘方法

法曰置積為實別置一算名曰下法常超三位約實下法商置第一位

下法亦置上商為再自乘為隅法與上

商除實餘實乃四乘隅法為方法下法

再置上商為副置二位第一位自乘又以六

乘為上廉第二位以四乘為下廉乃方法

一退上廉再退下廉三退下法四退

乘為隅法又以上商一遍乘上廉二遍

乘下廉以方廉隅四法皆與上商除實盡

得合問

今有三乘方積二千七十五億九千四百一十四萬六百

二十五尺問一面幾何

答曰六百七十五尺

法曰置積為實別置一算名曰下法常超三位約實下法商置第一位

下法亦置上商再自乘為隅法與

上商除實餘實

○續商置第二位以方廉三法商餘實下

法亦置上商再自乘為隅法又以上商

一遍乘上廉二遍乘下廉以方廉隅四法

皆與上商除餘實仍餘實乃二乘上廉

三乘下廉四乘隅法皆併入方法

又於下法再置上商進三位副置二位

第一位自乘又以六乘為上廉第二位以

四乘為下廉乃方法一退上廉再退

下廉三退下法四退○再商置第三位以

方廉三法商餘實下法亦置上商再自

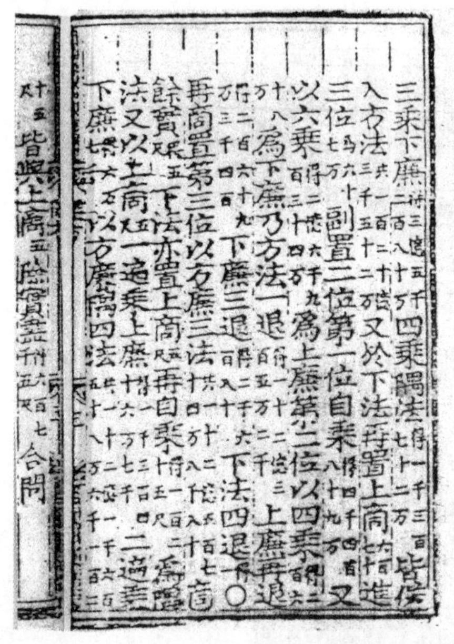

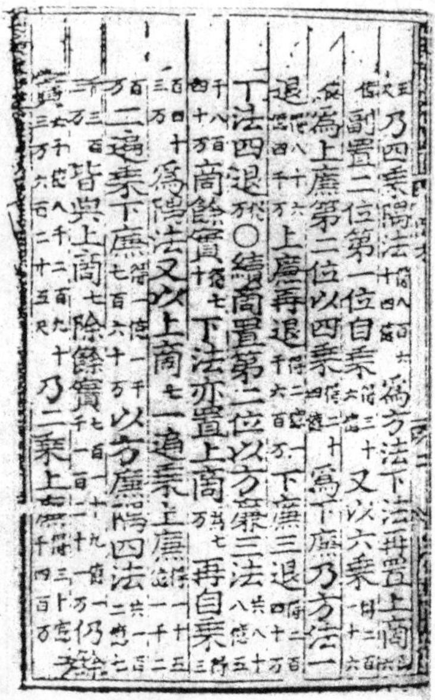

1. 今有三乘方积二千七十五亿九千四百一十四万六百二十五尺,问:一面几何?

答曰:六百七十五尺.

法曰[2]:置积为实,别置一算,名曰下法,常超三位一乘超一位,二乘超二位,三乘超三位,万下定十,亿下定百,约实,下法定亿,(商)[商]置:第一位得六百,下法亦置上(商)[商]为六亿,再自乘得二百一十六亿为隅法,与上(商)[商]六除实一千二百九十六亿,余实七百七十九亿九千四百一十四万六百二十五乃四乘隅法得八百六十四亿为方法,下法再置上(商)[商]为六亿,副置二位:第一位自乘得三十六亿,又以六乘得二百一十六亿为上廉,第二位以四乘得二十四亿为下廉,乃方法一退得八十六亿四千万,上廉再退得二亿一千六百万,下廉三退得二百四十万,下法四退得万.

续(商)[商]:置第二位,以方、廉、隅三法共八十八亿五千八百四十万(商)[商]余实得七十,下法亦置上(商)[商]为七万,再自乘得三百四十三万为隅法,又以上(商)[商]七一遍乘上廉得一十五亿一千二百万二遍乘下廉得一亿一千七百六十万以方、廉、隅四法共一百二亿七千三百三万皆与上(商)[商]七除,余实七百一十九亿一千一百二十一万,仍余实六十亿八千二百九十三万六百二十五,乃二乘上廉得三十亿二千四百万,三乘下廉得三亿五千二百八十万,四乘隅法得一千三百七十二万皆并入方法共一百二十亿三千五十二万.

又于下法再置上(商)[商]六百七十,进三位为六十七万,副置二位:第一位自乘得四千四百八十九万,又以六乘得二亿六千九百三十四万为上廉,第二位以四乘得二百六十八万为下廉，乃方法一退得一十二亿三百五万二千，上廉再退得二百六十九万三千四百，下廉三退得二千六百八十，下法四退得一.

再(商)[商]：置第三位，以方、廉、隅三法共一十二亿五百七十四万八千八十(商)[商]余实得五尺，下法亦置上(商)[商]五尺，再自乘得一百二十五尺为隅法，五以上(商)[商]五尺一遍乘上廉得一千三百四十六万七千二遍乘下廉得六万七千以方、廉、隅四法共一十二亿一千六百五十八万六千一百二十五尺皆与上(商)[商]五除实，尽，得六百七十五尺，合问.

开四乘方法

法曰：置积若干为实. 别置一算，名曰下法，自末位，常超四位，约实，下法定得若干. (商)[商]置第一位得若干，下法，亦置上(商)[商]为若干，以三遍若干乘得若干，为隅法. 与上商[商]若干，除实若干，余实若干. 乃五乘隅法得若干为方法，下法，再置上(商)[商]为若干，副置三位：第一位，以若干二遍乘得若干，又以一十乘之得若干为上廉；第二位，以若干乘得若干，又以一十乘之得若干，为中廉；第二位，以五乘得若干，为下廉. 乃方法一退得若干，上廉再退得若干，为下廉. 乃方法一退得若干，上廉再退得若干，中廉三退得若干，下廉四退得若干，下法五退得若干.

续(商)[商]：置第二位，以方、廉四法共若干，(商)[商]余实得若干，下法，亦置上(商)[商]为若干，三遍若干乘得若干为隅法，又以上(商)[商]若干，一遍乘上廉得若干，二遍乘中廉得若干，三遍乘下廉得若干. 以方、廉、隅五法共若干皆与上(商)[商]若干，除余实若干，仍余实若干. 乃二乘上廉得若干，三乘中廉得若干，四乘下廉得若干，五乘隅法得若干，皆并入方法共若干，又于下法，再置上(商)[商]共若干，进四位为若干. 副置三位：第一位，以若干，二遍乘得若干，又以一十乘之得若干为上廉；第二位，以若干乘之得若干，又以一十乘之得若干为中廉；第三位，以五乘得若干为下廉. 乃方法一退得若干，上廉再退得若干，中廉三退得若干，下廉四退得若干，下法五退得若干.

再(商)[商]：置第三位，以方、廉四法共若干，(商)[商]余实得若干，下法，亦置上(商)[商]若干，三遍自乘得若干为隅法，又以上(商)[商]若干，一遍乘上廉得若干，二遍乘中廉得若干，三遍乘下廉得若干，以方、廉、隅五法共若干，皆与上(商)[商]若干，除[余]实，尽得若干，合问.

2. 今有四乘方程一十九万七千一百六十二亿四千五百三十二万三千七百七十六尺，问：一方面几何？

答曰：四百五十六尺.

法曰：置积为实，别置一算，名曰下法. 自末位常超四位约实，下法得百亿

(商)[商]置第一位得四百,下法,亦置上(商)[商]为四百亿以三遍四乘得二万五千六百亿为隅法,与上(商)[商]四除实一十万二千四百亿余实九万四千七百六十二亿四千五百三十二万三千七百七十六尺,乃五乘隅法得一十二万八千亿为方法,下法,再置上(商)[商]为四百亿.

副置三位:第一位,以四二遍乘得六千四百亿,又以一十乘之得六万四千亿为上廉;第二位以四乘得一千六百亿,又以一十乘之得一万六千亿为中廉;第三位,以五乘得二千亿为下廉.乃方法一退得一万二千八百亿,上廉再退得六百四十亿,中廉三退得一十六亿,下廉四退得二千万,下法五退得十万.

续(商)[商],置第二位,以方、廉四法共一万三千四百五十六亿二千万,(商)[商]余实,得五十下法亦置上(商)[商]为五十万,三遍五乘得六千二百五十万为隅法,又以上(商)[商]五一遍乘上廉得三千三百亿,二遍乘中廉得四百亿,三遍乘下廉得二十五亿,以方、廉、隅五法共一万六千四百二十五亿六千二百五十万,皆与上(商)[商]五除余实八万二千一百二十八亿一千二百五十万,仍余实一万二千六百三十四亿三千二百八十二万三千七百七十六尺,乃二乘上廉得六千四百亿,三乘中廉得一千二百亿,四乘下廉得一百亿,五乘隅法得三亿一千二百五十万,皆并入方法共二万五百三亿一千二百五十万.

又于下法再置上(商)[商]四百五[十],进四位为四百五十万.

副置三位:第一位以四十五二遍乘得九十一亿一千二百五十万又以一十乘之得九百一十一亿二千五百万为上廉;第二位以四十五乘之得二亿二百五十万,又以一十乘之得二十亿二千五百万为中廉;第三位以五乘之得二千二百五十万为下廉,乃方法一退得二千五十亿三千一百二十五万,上廉再退得九亿一千一百二十五万,中廉三退得二百二十五万,下廉四退得二千二百五十下法五退得一.

再(商)[商]:置第三位,以方、廉四法共二千五十九亿四千四百五十二万七千二百五十尺(商)[商]余实得六尺,下法亦置上(商)[商]六,三遍自乘得一千二百九十六尺为隅法,又以上(商)[商]六一遍乘上廉得五十四亿六千七百五十万,二遍乘中廉得七千二百九十万,三遍乘下廉得四十八万六千,以方、廉、隅五法共二千一百五亿七千二百一十三万七千二百九十六尺,皆与上(商)[商]六尺除实,尽,得四百五十六尺,合问.

开五乘方法

法曰:置积若干为实,别置一算,名曰下法,自末位,常超五位,约实得若干(商)[商]置第一位得若干,下法,亦置上(商)[商]为若干,四遍若干乘得若干为隅法,与上(商)[商]若干除实若干,余实若干.乃六乘隅法得若干为方法.下法,再置上(商)[商]为苦干.

列为四位:第一位,三遍上(商)[商]若干乘得若干,又以十五乘之得若干为上廉;第二位,二遍上(商)[商]若干乘得若干,又以二十乘之得若干为二廉;第三位,以上(商)[商]若干,乘得若干,又以十五乘之得若干为三廉;第四位,以六乘得若干为下廉.

乃方法一退得若干,上廉再退得若干,二廉三退得若干,三廉四退得若干,下廉五退得若干,下法六退得若干.

续(商)[商]:置第二位,以方,廉五法共若干,(商)[商]余实得若干.下法,亦置上(商)[商]若干,四遍若干乘得若干为隅法,又以上(商)[商]若干,一遍乘上廉得若干,二遍乘二廉得若干,三遍乘三廉得若干,四遍乘下廉得若干.以方、廉、隅六法共若干,皆与上(商)[商]若干除余实若干,仍余实若干.乃二乘上廉得若干,三乘二廉得若干,四乘三廉得若干,五乘下廉得若干,六乘隅法得若干,皆并入方法共若干.

又于下法,副置上(商)[商]若干,进五位为若干.列为四位:第一位:三遍上(商)[商]若干乘得若干,又以十五乘之得若干为上廉;第二位,二遍上(商)[商]若干乘得若干,又以二十乘之得若干为二廉;第三位:以上(商)[商]若干乘得若干,又以十五乘之得若干为三廉;第四位,以六乘得若干为下廉.

乃方法一退得若干,上廉再退得若干,二廉三退得若干,三廉四退得若干,下廉五退得若干,下法六退得若干.

再(商)[商]置第三位,以方、廉五法共若干,(商)[商]余实得若干,下法,亦置上(商)[商]若干,四遍自乘得若干为隅法.又以上(商)[商]若干,一遍乘上廉得若干,二遍乘二廉得若干,三遍乘三廉得若干,四遍乘下廉得若干,以方、廉、隅六法共若干,皆与上(商)[商]若干除[余]实,尽得若干,合问.

3.今有五乘方积二百五万八千九百一十一亿三千二百九万四千六百四十九尺,问:一方面几何?

答曰:二百四十三尺.

法曰:置积为实,别置一算,名曰下法,自末位,常超五位,约实得万亿.(商)[商]置第一位得二百.下法,亦置上(商)[商]为二万亿,四遍二乘得三十二万亿为隅法,与上(商)[商]二除实六十四万亿,余实一百四十一万八千九百一十一亿三千二百九万四千六百四十九尺,乃六乘隅法得一百九十二万亿为方法.下法,副置上(商)[商]二百为二万亿.

列为四位:

第一位,三遍二乘得一十六万亿,又以十五乘之得二百四十万亿为上廉;第二位,二遍二乘得八万亿,又以二十乘之得一百六十万亿为二廉;第三位,以二乘得四万亿,又以十五乘之得六十万亿为三廉;第四位,以六乘得一十二万亿为下廉.

乃以方法一退得一十九万二千亿,上廉再退得二万四千亿,二廉三退得一千六百亿,三廉四退得六十亿,下廉五退得一亿二千万,下法六退得百万.

续(商)[商],置第二位,以方、廉五法共二十一万七千六百七十一亿二千万(商)[商]余实得四十,下法,亦置上(商)[商]为四百万,四遍四乘得一十亿二千四百万为隅法,又以上(商)[商]四一遍乘上廉得九万六千亿,二遍乘二廉得二万五千六百亿,三遍乘三廉得三千八百四十亿,四遍乘下廉得三百七亿二千万,以方廉、隅六洪共三十一万七千七百五十七亿四千四百万皆与上(商)[商]四除余实一百二十七万一千二十九亿七千六百万仍余实一十四万七千八百八十一亿五千六百九万四千六百四十九尺乃二乘上廉得一十九万二千亿,三乘二廉得七万六千八百亿,四乘三廉得一万三千三百六十亿,五乘下廉得一千五百三十六亿,六乘隅法得六十一亿四千四百万,皆并入方法共四十七万七千七百五十七亿四千四百万,又于下法副置上(商)[商]二百四十进五位得二千四百万.列为四位:第一位,三遍二十四乘得三千三百一十七亿七千六百万,又以十五乘之得四万九千七百六十六亿四十万为上廉;第二位二遍一十四乘得一百三十八亿二千四百万,又以二十乘之得二千七百六十四亿八千万为二廉;第三位,以二十四乘得五亿七千六百万,又以十五乘之得八十六亿四千万为三廉;第四位以六乘得一亿四千四百万为下廉.

乃方法一退得四万七千七百七十五亿七千四百四十万,上廉再退得四百九十七亿六千六百四十万,二廉三退得二亿七千六百四十八万,三廉四退得八十六万四千,下廉五退得一千四百四十,下法六退得一.

再(商)[商]置第三位,以方、廉五法共四万八千二百七十六亿一千八百一十四万五千四百四十(商)[商]余实得三尺,下法亦置上(商)[商]三,四遍自乘得二百四十三为隅法,又以上(商)[商]三一遍乘上廉得一千四百九十二亿九千九百二十万,二遍乘二廉得二十四亿八千八百三十二万,三遍乘三廉得二千三百三十二万八十,四遍乘下廉得一十一万六千六百四十,以方、廉、隅六法共四万九千二百九十三亿八千五百三十六万 四千八百八十三尺,皆与上(商)[商]三除[余]实,尽,得二百四十三尺,合问.

带从开平方法

法曰:

置积若干为实,以不及若干为从方,于实数之下,将从方(商)[商]一位者就(商)[商];(商)[商]二位者一进,以一得十;(商) [商]三位者二进,以一得百,下法(商)[商]二位者二进,得百;(商)[商]三位者四进,得万.于实上(商)[商]置第一位得数若干,下法亦置上(商)[商]若干,以进为数为方法,与从方共得若干,皆与上(商)[商]若干除实若干,余实若干.乃二乘方法得若干,并入从方共得若干,俱为方法,一退得若干,下法再退得百.

续(商)[商]:置第二位,以方法若干(商)[商]余实得若干.下法,亦置上(商)[商]若干,以退为数为隅法.与方法共得若干,皆与上(商)[商]若干,除余实若干,仍余实若干,乃二乘隅法得若干,并入方法,一退得若干,下法再退得一.

再(商)[商]置第三位,以方法若干,(商)[商]余实得若干,下法,亦置上(商)[商]若干为隅法,与方法共若干,皆与上(商)[商]若干,除[余]实,尽,得阔若干,合问.

铃木久男本影书

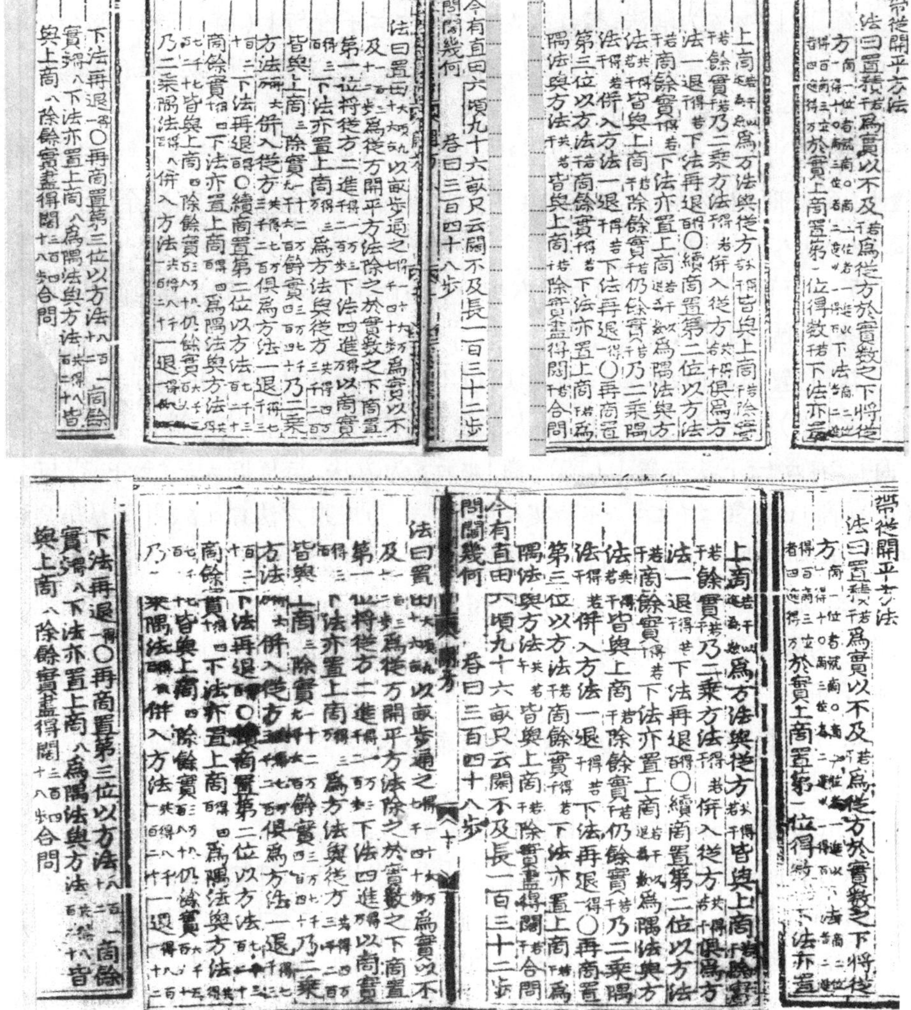

帶從開平方法
法曰置積若干爲實以不及若干爲從方於實數之下將從
方於實上商置第一位得數若干下法亦置
上商若干爲方法與從方皆與上商若干除實
餘實若干乃二乘方法得若干併入從方倶爲方
法一退得若干下法再退〇續商置第二位以方法
若干商餘實若干下法亦置上商爲隅法與方
法皆與上商若干除餘實若干仍餘實若干乃二乘隅
法得若干併入方法一退得若干下法再退一得〇再商置
第三位以方法若干商餘實若干下法亦置上商若干爲
隅法與方法共若干皆與上商若干除實盡得闊若干合問

今有直田六頃九十六畝只云闊不及長一百三十二步
問闊幾何　荅曰三百四十八步
法曰置田以畝步通之爲實以不
及爲從方開平方法除之於實數之下商置
第一位將從方二進下法四進以商實
皆與上商除實餘實乃二乘
方法併入從方倶爲方法一退
下法再退〇續商置第二位以方法
商餘實下法亦置上商爲隅法與方法
皆與上商除餘實仍餘實一退
乃二乘隅法併入方法
下法再退〇再商置第三位以方法商餘
實下法亦置上商爲隅法與方法皆
與上商除餘實盡得闊合問

北京图书馆本影书

4. 今有直田六顷九十六亩，只云：阔不及长一百三十二步，问：阔几何？[3]

答曰：三百四十八步.

法曰：置田六顷九十六亩以亩步通之得一十六万七千四十步为实，以不及一百三十二步为从方，开平方法除之，于实数之下，(商)[商]置第一位[4]，将从方二进得一万三千二百，下法四进得万，以(商)[商]实得三百，下法，亦置上(商)[商]得三万为方法，与从方共得四万三千二百，皆与上(商)[商]三，除实一十二万九千六百，余实三万七千四百四十，乃二乘方法得六万，并入从方共得七万三千二百，俱为方法，一退得七千三百二十，下法再退得百.

续(商)[商]，置第二位，以方法七千三百二十(商)[商]余实得四十，下法，亦置上商[商]得四百为隅法，与方法共得七千七百二十皆与上(商)[商]四除余实三万八百八十，仍余实六千五百六十，乃二乘隅法得八百，并入方法共得八千一百二十，一退得八百一十二，下法再退得一.

再(商)[商]：置第三位，以方法八百一十二(商)[商]余实得八步，下法，亦置上(商)[商]八为隅法，与方法共得八百二十皆与上(商)[商]八除余实，尽，得阔三百四十八步，合问.

5. 今有直田积三千四百五十六步，只云：阔不及长二十四步，问：阔几何？

答曰：阔：四十八步.

法曰：置积三千四百五十六步为实，以不及二十四步为从方，开平方法除之，于实数之(下)[上]商置第一位；将从方一进得二百四十，下法二进得百，以(商)[商]实得四十，下法亦置上(商)[商]得四百为方法，与从方共六百四十，皆与上(商)[商]四除实二千五百六十余实八百九十六，乃二乘方法得八百，并入从方共一千四十俱为方法，一退得一百四，下法再退得一.

续(商)[商]置第二位；以方法一百四商[商]余实得八步，下法亦置上(商)[商]八为隅法，以方、隅二法共一百六十二皆与上(商)[商]八除实，尽，得阔四十八步，合问.

6. 今有直田二十二顷五十亩，只云：阔不及长一里，问：阔几何？

答曰：二里.

法曰：置积二十二顷五十亩以亩步通之得五十四万步为实，通不及长一里为三百步为从方，开平方法除之，于实数之(下)[上]将从方二进得三万步，下法四进得万，以(商)[商]实得六百，下法亦置上(商)[商]得六万为方法，与从方共九万，皆与上(商)[商]六除实，尽，得阔六百步，以里法三百步，除之，合问.

7. 今有直田一十九亩六分，只云：长取强半，平取弱半，和取中半，较取太半，为共，不及二长二步少半步，问：长、平各几何？

答曰:长八十四步,平五十六步.

法曰:置长四分之三(强半),平四分之一(弱半),和二分之一(中半),较三分之二(太半)母互乘子之三乘四分得一十二分,又以二分乘得二十四分,又以三分乘得七十二步;平之一乘四分得四分,又二分乘得八分,又三分乘得二十四分;和之一乘四分得四分,又以四分乘得十六分,又以三分乘得四十八分;较之二乘二分得四分,又以四分乘得一十六分,又以四分乘得六十四步;分母四分乘四分得一十六,又乘二分得三十二,又乘三分得九十六,却以不及分母三乘之得二百八十八,又以不及二步三分步之一,以分母三乘二步加分子一得七,乘之二千一十六,却以二遍三除得二百二十四,得八长内减八平,余得八较,今从八约之得二十八步,为一较,即一长内减一平.

置田一十九亩六分,以亩步通之得四千七百四步为实,以较二十八步为从方,开平方法除之,于实数之(下)[上](商)[商]置第一位;将从方一进得八百二十下法二进得百,以(商)[商]实得五十,下法亦置上(商)[商]得五百为方法,与从方共七百八十,皆与上(商)[商]五除实三千九百,余实八百四步,乃二乘方法得一千,并入从方共得一千二百八十,俱为方法,一退得一百二十八,下法再退得一.

续(商)[商]置第二位:得六步,下法亦置上(商)[商]六为隅法,以方、隅二法共一百三十四皆与上(商)[商]六步,除余实,尽,得平五十六步,加较二十八步得长八十四步,合问.

8.今有圆田积一十一亩九十步一十二分步之一,只云:径不及周一百二十步三分步之二,问:周、径各几何?

答曰:周一百八十一步,径六十步三分步之一.

法曰:通田一十一亩加零九十步共得二千七百三十步,以分母十二分、三分相乘得三十六乘之,加二分子三共得九万八千二百八十三为实,以不及一百二十步以分母三通之加分子二共得三百六十二为从方,开平方法除之,于实数之下(商)[商]置第一位,将从方二进得三万六千二百,下法四进得一万,以(商)[商]实得一百,下法亦置上(商)[商]得一万为方法,与从方共四万六千二百,皆与上(商)[商]一除实,四万六千二百,余实五万二千八十三,乃二乘方法得二万,并入从方共得五万六千二百,俱为方法,一退得五千六百二十,下法再退得百.

续(商)[商]置第二位:以方法五千六百二十(商)[商]余实得八十,下法亦置上(商)[商]得八百,为隅法,以方、隅二法共六千四百二十,皆与上(商)[商]八除余实五万一千三百六十,仍余实七百二十三,乃二乘隅法得一千六百,并入从方共七千二百二十为方法,一退得七百二十二,下法再退得一.

再(商)[商]置第三位:以方法七百二十一(商)[商]余实得一步,下法亦置上(商)[商]一为隅法,以方、隅二法共七百二十三皆与上(商)[商]一除余实,尽,得周一百八十一步,以三除之得径六十步三分步之一,合问.

9.今有环田积六亩九十六步,只云:径不及外周一百二十八步,又不及内周三十二步,问:内、外周、径各几何?

答曰:径一十六步,外周一百四十四步,内周四十八步.

法曰:通田六亩加零九十六步共得一千五百三十六步为实,半二不及得八十步为从方,开平方法除之,于实数之下(商)[商]置第一位:将从方一进得八百,下法二进得百,以(商)[商]实得一十,下法亦置上(商)[商]得一百为方法,与从方共九百,皆与上(商)[商]一除实九百,余实六百三十六,乃二乘方法得二百,并入从方共得一千,俱为方法,一退得一百,下法再退得一.

续(商)[商]置第二位:以方法一百(商)[商]余实得六步,下法亦置上(商)[商]六为隅法,以方、隅二法共一百六,皆与上(商)[商]六除余实,尽,得径一十六步,各加不及,合问.

10.今有牛角田积三亩一百二十五步,只云:北阔不及西长三十六步,又不及东长四十二步,问:东、西长,北阔各几何?

答曰:东长六十八步,西长六十二步,北阔二十六步.

法曰:通积三亩加零一百二十五步共得八百四十五步,倍之得一千六百九十步为实,半二不及得三十九步为从方,开平方法除之,于实数之下(商)[商]置第一位,将从方一进得三百九十步,下法二进得百,以(商)[商]实得二十,下法亦置上(商)[商]得二百为方法,与从方共二百九十,皆与上(商)[商]二除实一千一百八十,余实五百二十,乃二乘方法得四百,并入从方共得七百九十,俱为方法,一退得七十九,下法再退得一.

续(商)[商]置第二位:以方法七十九(商)[商]余实得六步,下法亦置上(商)[商]六为隅法,以方、隅二法共八十五,皆与上(商)[商]六除余实,尽,得北阔二十六步,各加不及,合问.

11.今有畹田积一百二十步,只云:径不及下周一十四步,问:下周并径各几何?

答曰:下周三十步,径一十六步.

法曰:四因积步得四百八十步为实,以不及一十四步为从方,开平方法除之,于实数之下,(商)[商]置第一位:将从方一进得一百四十四,下法二进得百,以(商)[商]实得一十,下法亦置上(商)[商]得一百为方法,与从方共二百四十,皆与上(商)[商]一除实二百四十,余实二百四十,乃二乘方法得二百,并入从方共三百四十,俱为方法,一退得三十四,下法再退得一.

续(商)[商]置第二位:以方法三十四(商)[商]余实得六步,下法亦置上

(商)[商]六为隅法,以方、隅二法共四十皆与上(商)[商]六除余实,尽,得径一十六步,加不及一十四步,得下周三十步,合问.

12. 今有方箭积一百四十四只,问:外周几何?⑤

答曰:四十四只.

法曰⑥:置积减一得一百四十三只,以方法十六乘之得二千二百八十八只为实,半方法得八为从方,开平方法除之,于实数之下(商)[商]置第一位,将从方一进得八十,下法二进得百,以(商)[商]实得四十,下法亦置上(商)[商],得四百为方法,与从方共四百四十,皆与上(商)[商]四除实一千九百二十余实三百六十八,乃二乘方法得八百,并入从方共得八百八十,俱为方法,一退得八十八,下法再退得一.

续商[商]第二位:以方法八十八(商)[商]余实得四,下法亦置上(商)[商]四,为隅法,以方,隅二法共九十二皆与上(商)[商]四除余实,尽,得外周四十四只,合问.

13. 今有圆箭积一百六十九只,问:外周几何?

答曰:四十二只.

法曰⑦:置积减一得一百六十八个,以圆法十二乘之得二千一十六为实,半圆法得六为从方,开平方法除之,于实数之下,(商)[商]置第一位,将从方一进得六十,下法二进得百,以(商)[商]实得四十,下法亦置上(商)[商]得四百,为方法,与从方共四百六十皆与上(商)[商]四除实一千八百四十,余实一百七十六乃二乘方法得八百,并入从方共得八百六十,俱为方法,一退得八十六,下法再退得一.

续(商)[商]置第二位;以方法八十六(商)[商]余实得二只,下法亦置上(商)[商]二为隅法,以方、隅二法共八十八皆与上(商)[商]二除余实,尽,得外周四十二只,合问.

14. 今有平尖草一垛,积六百八十个. 问:底子几何?

答曰:三十五个.

法曰:⑧倍积得一千二百六十个为实,以一为从方,开平方法除之,于实数之下,(商)[商]置第一位:将从方一进得十,下法二进得百,以(商)[商]实得三十. 下法亦置上(商)[商]得三百为方法,与从方共三百一十,皆与上(商)[商]三除实九百三十,余实三百三十,乃二乘方法得六百,并入从方共得六百一十,俱为方法,一退得六十一,下法再退得一.

续(商)[商]置第二位:以方法六十一(商)[商]余实得五个,下法亦置上商[商]五为隅法,以方、隅二法共六十六皆与上(商)[商]五除余实,尽,得底子三十五个,合问.

15. 今有兵士二十二万八千四百八十名,筑圆寨一所,每五十六名为一小队,外圆围二十四步;每一千一百二十名为一中队,每队指挥一员,千户二员,百户一十员;每二万二千八百四十名为一大队,每队都督一员,都指挥二员,其所居之地,大将军,中军帐用一十三队数,都督每员用四队数,都指挥每员用二队数,指挥每二员合一队数,千户每三员合一队数,百户每四员合一队数,每队亦照前外圆围二十四步,问:共该几队?积若干步?并外周几队?圆围若干?及管军头目员数队积各几何?

答曰:通共四千九百二十一队,每队积六十一步,共积三十万一百八十一步.

外围:二百四十队,每队径九步,共外圆围二千一百六十步.

大将军,中军帐用十三队,共积七百九十三步.

都督一十员,每员用四队,共四十队,共积二千四百四十步.

都指挥二十员,每员用二队,共四十队,共积二千四百四十步.

指挥二百四员,每二员合一队,计一百二队,共积六千二百二十二步.

千户四百八员,每三员合一队,计一百三十六队,共积八千二百九十六步.

百户二千四百员,每四员合一队,计五百一十队,共积三万一千一百一十步.

兵士二十二万八千四百八十名,每五十六名为一队,计四千八十队,共积二十四万八千八百八十步.

法曰:置兵士二十二万八千四百八十名,以每队五十六名除之得四千八十队,又以外围二十四步,以圆箭法,置外围加中心六步共三十步,以乘外围二十四步得七百二十步,以圆法十二除之得六十步加中心一步,得每队积六十一步.再置兵士分为十大队,每队都督一员,计一十员,每员四队,共四十队,每队六十一步,共积二千四百四十步,都指挥二员,计二十员每员二队,共四十队,每队六十一步,共积二千四百四十步.

再置兵士,以一千一百二十名为一中队,计二百四队,每队指挥一员,计二百四员,每二员合一队,共一百二队,每队六十一步,共积六千二百二十二步,千户二员,计四百八员,每三员合一队,共一百三十六队,每队六十一步,共积八千二百九十六步,百户一十员,计二千四十员,每四员合一队,共五百一十队,每队六十一步,共积三万一千一百一十步,兵士四千八十队,每队六十一步,共积二十四万八千八百八十步,通共四千九百二十一队,每队六十一步,共积三十万一百八十一步.求外围[9]:置通共四千九百二十一队减中心一队,余四千九百二十队以圆法二十乘之得五万九千四十为实,半圆法得六为从方,开平方法除之,于实数之下,(商)[商]置第一位:将从方二进得六百,下法四进得万,以(商)[商]实得二百,下法亦置上(商)[商]得二万为方法,与从方共二万六百,皆与上(商)[商]二除实四万一千二百,余实一万七千八百四十,乃二乘方法得四万，并入从方共得四万六百，俱为方法，一退得四千六十，下法二退得百.

续(商)[商]置第二位：以方法四千六十(商)[商]实得四十，下法亦置上商[商]得四百为隅法，以方、隅二法共四千四百六十，皆与上(商)[商]四除[余]实、尽，得外围二百四十，每队外围二十四步，该径八步．加中心一步，共九步，乘之得外圆围二千一百六十步，合问.

16. 今有盗马乘去，马主乃觉，追之不及而还，若更追二百七十八里六分里之七及之，只云：马主追之里数与追不及里数相多一百三十八，又云：盗马乘去已行里数内减马主追不及里数余一十六，问：盗马乘去已行里数及马主追之里数并不及里数各几何?

答曰：盗马乘去已行四十三里，马主乃觉追之一百六十五里，不及二十七里.

法曰：置更追里数二百七十八里，以分母十六乘之，加分子七共得四千四百九十五，又以相余十六乘之得七万一千二百八十，却以分母十六约之得四千四百五十五为实，以相多一百三十八为从方，开平方法除之，于实数之下(商)[商]置第一位，将从方一进得一千三百八十，下法二进得百，(商)[商]实得二十，下法亦置上(商)[商]得二百为方法，与从方共一千五百八十，皆与上(商)[商]二除实三千一百六十，余实一千二百九十五，乃二乘方法得四百，并入从方共得一千七百八十，俱为方法，一退一百七十八，下法再退得一.

续(商)[商]第二位：以方法一百七十八，(商)[商]实得七里，下法亦置上(商)[商]七为隅法，以方、隅二法共一百八十五皆与上(商)[商]七除[余]实，尽，得不及二十七里，副置二位：上加相多一百十八里得马主乃觉追之一百六十五里，下加相多一十六里得盗马乘去已行四十三里，合问.

17. 假令杭州府至镇江府相去该七百三十五里，甲乙二人同日而发，甲发杭州至镇江，乙发镇江至杭州，只云：甲到程比乙疾四日，又云甲乙到程日数相乘内减甲日行数如乙日行多里数外余一百一十九，问：甲、乙到程日行里数并甲多如乙日行里数各几何?

答曰：甲十日到程，日行七十三里半，乙十四日到程，日行五十二里半，甲多如乙日行二十一里.

法曰：置相去七百三十五里，以乙疾四日乘之得二千九百四十为实，以外余一百一十九为从方，开平方法除之，于实数之下，商[商]置第一位，将从方一进得一千一百九十，下法二进得百，以(商)[商]实得二十，下法亦置上(商)[商]得二百，为方法，与从方共一千三百九十，皆与上(商)[商]二除实二千七百八十，余实一百六十，乃二乘方法得四百，并入从方共一千五百九十，俱为方法，一退得一百五十九，下法再退得一.

续(商)[商]置第二位:以方法一百五十九(商)[商]实得一里,下法亦置上(商)[商]一为隅法,以方、隅二法共一百六十,皆与上(商)[商]一除实,尽,得甲多如乙日行二十一里.

再置相去七百三十五里,以多日行二十一里为法除之得三十五里,却以乙疾四日乘之得一百四十为实,以乙疾四为从方,开平方法除之,于实数之下,将从方一进得四十,以下法再进得百,(商)[商]实得一十,下法亦置上(商)[商]得一百为方法,与从方共一百四十,皆与上(商)[商]一除实,尽,得甲到日程一十日,加疾四日,得乙到日程一十四日,以各到日程为法,除相去里数,合问.

带减从开平方[10]

18. 今有直田九十亩二分,只云:长阔共二百九十六步,问:阔几何?

答曰:一百三十二步.

法曰:置田九十亩二分,以亩步通之得二万一千六百四十八步为实,以共步二百九十六步为减从,开平方法除之,于实数之下,(商)[商]置第一位得一百,以减从二百九十六,余从一百九十六,与上(商)[商]一百除实一万九千六百,余实二千四十八,又以上(商)[商]一百再减从一百九十六,仍余从九十六,为方法.

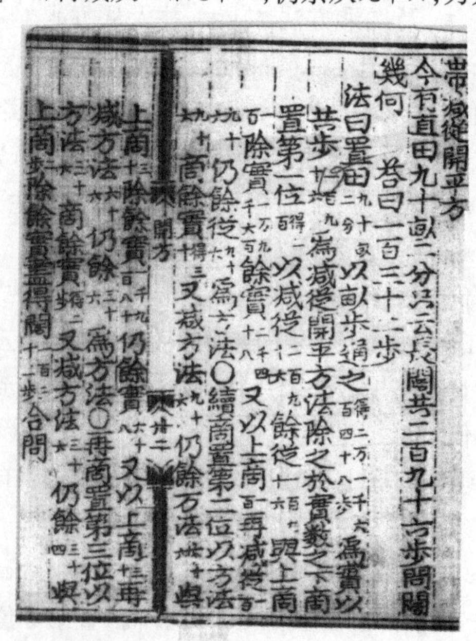
帶減從開平方
今有直田九十畝二分只云長闊共二百九十六步問闊幾何
荅曰一百三十二步
法曰置田九十畝二分以畝步通之得二萬一千六百四十八步為實以共步二百九十六為減從開平方法除之於實數之下商置第一位得一百以減從二百九十六餘從一百九十六與上商一百除實一萬九千六百餘實二千四十八又以上商一百再減從一百九十六仍餘從九十六為方法○續商置第二位以方法九十六商餘實得三十又減方法九十六仍餘方法六十六與上商三十除餘實一千九百八十仍餘實六十八又以上商三十再減方法六十六仍餘方法三十六為方法○再商置第三位以方法三十六商餘實得二又減方法三十六仍餘三十四與上商二步除餘實盡得闊一百三十二步合問

续(商)[商]置第二位[得三十]:以方法九十六(商)[商]余实得三十,又减方法九十六,仍余方法六十六,与上(商)[商]三十除余实一千九百八十,仍余实六十八.

又以上(商)[商]三十再减方法六十六,仍余三十六为方法.

再(商)[商]置第三位[得二]:以方法三十六(商)[商]余实得二步,又减方法三十六,仍余三十四,与上(商)[商]三步除余实,尽,得阔一百三十二步,合问.

19. 今有直田八亩,只云:长阔共九十二步,问:阔几何?

答曰:三十二步.

法曰:通田八亩得一千九百二十步为实,以共步九十二为减从,开平方法除之.上(商)[商]三十以减从九十二,余从六十二与上(商)[商](二)[三]十除实一千八百六十,余实六十. 又以上(商)[商]三十再减余从六十二,余从三十二为方法.

续(商)[商]得二步,又减方法二步余三十,与上(商)[商]二步,除余实,尽,得阔三百二步,合问.

20. 今有直田八亩,只云:长阔共九十二步,问:长几何?

答曰:六十步.

法曰:通田八亩得一千九百二十步为实,以共步九十二为减从,开平方法除之,上(商)[商]六十,以减从九十二,余从三十二,与上(商)[商]六十步,除实,尽,得长,合问.

带减积开平方

21. 今有直田六顷九十六亩,只云:阔不及长一百三十二步,问:阔几何?

答曰:三百四十八步.

法曰:置田六顷九十六亩以亩步通之得一十六万七千四十步为实,以不及一百三十二步为减积,开平方法除之,于实数之下,(商)[商]置第一位得三百,下法亦置上(商)[商]三百为方法,以乘减积得三万九千六百,以减通积,余实一十二万七千四百四十,却以方法三百与上(商)[商]三百除实九万,余实三万七千四百四十乃二乘方法得六百为廉法.

续(商)[商]置第二位[得四十]以廉法六百(商)[商]余实得四十,下法亦置上(商)[商]四十为隅法,以乘减积一百三十二得五千二百八十,以减余实,仍余三万二千一百六十,却以廉、隅二法共六百四十,皆与上(商)[商]四十除(仍余)二万五千六百,余实六千五百六十,乃二乘隅法得八十,并入廉法共得六百八十.

再(商)[商]置第(二)[三]位[得八]以廉法六百八十(商)[商]余实得八步,下法亦置上(商)[商]八为隅法,以乘减积一百三十二得一千五十六,以减余实,仍余实五千五百四却以廉、隅二法共六百八十八皆与上(商)[商]八除余实,尽,得阔三百四十八步,合问.

22. 今有直田八亩,只云:广不及纵二十八步,问:广几何?

答曰:三十二步.

法曰:通积八亩得一千九百二十步为实,以不及二十八步为减积,开平方法除之,上(商)[商]三十,下法亦置上(商)[商]三十为方法,以乘减积二十八步得八百四十步,以减通积,余实一千八十步,却以方法三十与上(商)[商]三十除实九百,余实一百八十步乃二乘方法得六十步为廉法.

续(商)[商]得二步,下法亦置上(商)[商]二步为隅法,以乘减积二十八步得五十六步,以减余实一百八步仍余实一百二十四步,却以廉、隅二法共六十二步皆与上(商)[商]二步除余实,尽,得广三十六步,合问.

带从负隅减从开平方

23. 今有直田积三千四百五十六步,只云:三长五阔共四百五十六步,问:阔几何?

答曰:四十八步.

法曰[11]:置积三千四百五十六步,以长三乘之得一万三百六十八步为实,以共步四百五十六步为从方,以阔五为负隅,开平方法除之,以(商)[商]四十,下法亦置上(商)[商]四十,以负隅五乘之得二百,以减从方,余从二百五十六与上(商)[商]四十除实一万二百四十余实一百二十八,再置上(商)[商]四十,又以负隅五乘之得二百,又减从方,余从五十六.

续(商)[商]得八步,以负隅五乘之得四十,再减从方,余从得一十六,与上(商)[商]八除余实尽,得阔四十八步,合问.

24. 今有直田积三千四百五十六步,只云:三长五阔共四百五十六步,问:长几何?

答曰:七十二步.

法曰:置积三千四百五十六步,以阔五乘之得一万七千二百八十步为实,以共步四百五十六步为从方,以长三为负隅,开平方法除之. 上(商)[商]七十,下法亦置上(商)[商]七十,以负隅三乘之得二百一十,以减从方四百五十六,余从二百四十六,与上(商)[商]七十除实一万七千二百二十,余实六十,再置上(商)[商]七十,又以负隅三乘之得二百一十,再减从方二百四十六,余从三十六.

续(商)[商]得二步,下法亦置上(商)[商]二步以乘负隅三得六,再减从方三十六,余从三十,与上(商)[商]二步除余实,尽,得长七十二步,合问.

25. 今有直田三千四百五十六步,只云一长、二阔、三和、四较共六百二十四步,问:阔几何?

答曰:四十步.

法曰[12]:以八乘田积得二万七千六百四十八步为实,以共步六百二十四步为从方,以一为负隅,开平方法除之,上(商)[商]四十,下法亦置上(商)[商]四十,以负隅一乘之得四十，以减从方，余从五百八十四，与上(商)[商]四十除实二万三千三百六十，余实四千二百八十八，再置上(商)[商]四十，又以负隅一乘之得四十，又减从方，余从五百四十四.

续(商)[商]得八步，下法亦置上(商)[商]八以负隅一乘之得八，再减从方，余从五百三十六与上(商)[商]八除[余]实，尽，得阔四十八步，合问.

26. 今有直田九亩八分，只云：长取八分之五，平取三分之二，相并得六十三步，问：长、平各几何?

答曰：长五十六步，平四十二步.

法曰：置长分母八乘平分子二得一十六，为平. 又以平分母三乘长分子五得一十五为长. 又以分母三分、八分相乘得二十四，以乘相并六十三得一千五百一十二，乃是十五长，十六平数. 置田九亩八分以亩法通之得二千三百五十二步，又以长十五乘之得三万五千二百八十为实. 以平一十六为负隅，以相并共步一千五百一十二为从方，开平方法除之，上(商)[商]四十，下法亦置上(商)[商]四十，以负隅十六乘之得六百四十，以减从方，余从八百七十二，与上(商)[商]四十除实三万四千八百八十，余实四百. 再置上(商)[商]四十，又以负隅十六乘之得六百四十，又减从方，余从二百三十二.

续(商)[商]得二步，下法亦置上(商)[商]二，以乘负隅十六得三十二，再减从方，余从二百，与上(商)[商]二除余实，尽，得平四十二步，以除实积，得长五十六步，合问.

方法、从方乘减积除实开平方

27. 今有三广田一十亩六十五步，只云：中广不及南广八步，又不及北广三十六步，正长六十七步，问：二广并长各几何?

答曰：中广一十八步，南广二十六步，北广五十四步，正长八十五步.

法曰：通田一十亩加零六十五步，共得二千四百六十五步为实，并不及二广共得四十四步，以四而一得一十一步，为从方，以不及长六十七步为减积，开平方法除之，上(商)[商]一十，下法亦置上(商)[商]一十为方法，与从方共二十一以乘减积六十七得一千四百七，以减共积一千四百七，余实一千五十八，却以方法，从方共二十一皆与上(商)[商]一十除余实二百一十，仍余实八百四十八，乃二乘方法得二十，并减积六十七，皆并从方共九十八，俱为方法.

续(商)[商]得八步，下法亦置上(商)[商]八为隅法，以方、隅二法共一百六步皆与上(商)[商]八步除余实，尽，得中阔一十八步，各加不及，合问.

[**廉法、从方减积开平方**]

28. 今有梯田一十四亩一分，只云：南阔不及北阔二十八步，又不及长七十二步,问:长、阔各几何?

答曰:南阔二十二步,北阔五十步,长九十四步.

法曰:通田一十四亩一分得三千三百八十四步为实,半不及(比)[北]阔得一十四步为从方,以不及长七十二步为减积,开平方法除之,上(商)[商]二十,下法亦置上(商)[商]二十为方法,与从方共三十四以乘减积七十二得二千四百四十八,以减共积,余实九百三十六,却以方法与从方共三十四,皆与上(商)[商]二十除余实六百八十仍余实二百五十六,乃二乘方法得四十,并减积七十二,皆并入从方共得一百二十六,俱为方法.

续(商)[商]得二步,下法亦置上(商)[商]二步为隅法,以方隅二法共一百二十八皆与上(商)[商]二步除余实,尽,得南阔二十二步,各加不及,合问.

29. 今有箕田四十六亩二百三十二步半,只云:踵阔不及舌阔六十七步,又不及正长八十五步,问:二阔并长各几何?

答曰:踵阔五十步,舌阔一百一十七步,正长一百三十五步.

法曰:通田四十六亩加零二百三十二步半,共得一万一千二百七十二步半为实,半不及舌阔得三十三步半为从方,以不及正长八十五步为减积,开平方法除之,上(商)[商]五十,下法亦置上(商)[商]五十为方法,与从方共八十三步半以乘减积八十五步得七千九十七步半,以减共积,余实四千一百七十五步半,却以方法,从方共八十三步半皆与上(商)[商]五十除[余]实,尽,得踵阔五十步各加不及,合问.

30. 今有斜田九亩一百四十四步,只云:南阔不及北阔一十二步,又不及长三十四步,问:二阔并长各几何?

答曰:南阔三十步,北阔四十二步,长六十四步.

法曰:通田九亩加零一百四十四步,共得二千三百四步为实,半不及北阔得六步为从方,以不及长三十四步为减积,开平方法除之,上(商)[商]三十,下法亦置上(商)[商]三十为方法,与从方共三十六步,以乘减积三十四步得一千二百二十四步,以减共积,余实一千八十步,却以方法与从方共三十六步,皆与上(商)[商]三十除实,尽,得南阔三十步,各加不及,合问.

31. 今有四不等田一十二亩一百九步,只云:东阔不及西阔一十四步,又不及南长二十二步,北长一十六步. 问:四方长、阔各几何?

答曰:东阔四十二步,西阔五十六步,南长六十四步,北长五十八步.

法曰:通田一十二亩加零一百九步共得二千九百八十九步为实,半不及西阔得七步为从方,半不及南北长共一十九步为减积,开平方法除之,上(商)[商]四十,下法亦置上(商)[商]四十为方法,与从方共四十七以乘减积一十九得八百九十三,以减共积,余实二千九十六,却以方法与从方共四十七,皆与上(商)[商]四十除余实一千八百八十，仍余二百一十六，乃二乘方法得八十，并减积一十九，皆并入从方共一百六，俱为方法.

续(商)[商]得二步，下法亦置上(商)[商]二步为隅法，以方、隅二法共一百八步，皆与上(商)[商]二步除余实，尽，得东阔四十二步，各加不及，合问.

32. 今有杖鼓田四亩一百六十五步，只云：中阔不及南北阔五步，又不及正长三十步，问：长、阔各几何?

答曰：南北各阔二十五步，中阔二十步，正长五十步.

法曰：通田四亩加零一百六十五步，共得一千一百二十五步为实，半不及南阔得二步半为从方，以不及长三十步为减积，开平方法除之，上(商)[商]二十，下法亦置上(商)[商]二十为方法，与从方共二十二步半，以乘减积三十步得六百七十五步，以减共积，余实四百五十步却以方法与从方共二十二步半，皆与上(商)[商]二十除实，尽，得中阔二十步，各加不及，合问.

从方、益隅添实开平方

33. 今有直田九十亩二分，只云：长阔共二百九十六步，问：阔几何?

答曰：一百三十二步.

法曰：置田九十亩二分，以亩步通之得二万一千六百四十八步为实，以共步二百九十六步为从方，开平方法除之，于实数之下，(商)[商]置第一位得一百，下法亦置上(商)[商]一百为益隅，与上(商)[商]一百相乘得一万，添入积实共得三万一千六百四十八，却以从方二百九十六与上(商)[商]一百除实二万九千六百，余实二千四十八，乃二乘益隅得二百为方法.

续(商)[商]置第二位[得三十]，以方法二百(商)[商]余实得三十下法亦置上(商)[商]三十为益隅，添入方法共得二百三十与上(商)[商]三十相乘得六千九百，添入余实共得八千九百四十八，却以从方(三)[二]百九十六与上(商)[商]三十除实八千八百八十，余实六十八，乃二乘益隅得六十，添入前方共得二百六十为方法.

再(商)[商]置第三位[得二步]，以方法二百六十(商)[商]余实得二步，下法亦置上(商)[商]二步为益隅，添入方法共得二百六十二，与上(商)[商]二步相乘得五百二十四，添入余实共得五百九十二，却以从方二百九十六与上(商)[商]二步除余实，尽，得阔一百三十二步，合问.

34. 今有直田积三千四百五十六步，只云：长、阔共一百二十步，问：阔几何?

答曰：四十八步.

法曰：置积三千四百五十六步为实，以共步一百二十为从方，开平方法除之，上(商)[商]四十，下法亦置上(商)[商]四十为益隅，与上(商)[商]四十相乘得一千六百，添入积实共得五千五十六步，却以从方一百二十与上(商)[商]四十除实四千八百步，余实二百三十六步，乃二乘益隅得八十步为方法.

续(商)[商]得八步，添入方法共得八十八步，与上(商)[商]八步乘之七百四步，添入余实共得九百六十步，却以从方一百二十步与上(商)[商]八步除余实，尽，得阔四十八步，合问.

带从减积开平方

35. 今有大小方田二段，共积六千五百二十九步，只云：小方面乘大方面得三千一百二十步，问：大、小方面各几何？(此题引自元朱世杰《算学启蒙》卷下“开方释锁”门第二十一题)

答曰：大方面六十五步，小方面四十八步.

法曰：倍只云步得六千二百四十步，以减共积六千五百二十九步，余积二百八十九步为实，开平方法除之，得数一十七步，再置只云数三千一百二十步为实，以较一十七步为减从，开平方法除之，上(商)[商]六十，下法亦置上(商)[商]六十，以减从一十七，余四十三为方法，与上(商)[商]六十除实二千五百八十，余实五百四十，方法四十三，加上(商)[商]六十，共得一百三俱为方法.

续(商)[商]得五步，下法亦置上(商)[商]五步为隅法，以方、隅二法共一百八步，皆与上(商)[商]五步，除余实乃得大方面六十五步，以减较一十七步，得小方面四十八步，合问.

[廉从乘减积开平方]

36. 今有直田三千四百五十六步，只云：阔不及长二十四步，问：长几何？

答曰：七十二步.

法曰：置积三千四百五十六步为实，以不及长二十四步为减从，开平方法除之，上(商)[商]七十，下法亦置上(商)[商]七十以减从二十四步，余四十六步为方法，与上(商)[商]七十除实三千二百三十步，余实二百三十六步，方法四十六步加上(商)[商]七十步共得一百一十六步，俱为方法.

续(商)[商][第二位]得二步，下法亦置上(商)[商]二步为隅法，以方、隅二法共一百一十八皆与上(商)[商]二步除余实，尽，得长七十二步，合问.

带从翻法开平方

37. 今有直田三千四百五十六步，只云：长阔共一百二十步，问：长几何？

答曰：七十二步.

法曰：置积三千四百五十六步为实，以共步一百二十为从方，开平方法除之，上(商)[商]七十以减从方一百二十余从五十与上(商)[商]七十合除三千五百，而积实不及，乃命翻法，以除原积三千四百五十六步，余负积四十四步为实，再置上(商)

[商]七十，以减余从五十余二十为方法.

续(商)[商][第二位]得二步，下法亦置上商[商]二步为隅法，以方、隅二法共二十二步，皆与上(商)[商]二步除[余]实，尽，得长七十二步，合问.

负隅减从翻法开平方

38. 今有直田积三千四百五十六步，只云：一长、二阔、三和、四较共六百二十四步，问：长几何？

答曰：七十二步.

法曰：置积三千四百五十六步为实，以共步六百二十四为从方，以八为负隅，开平方法除之，上(商)[商]七十以负隅八乘之得五百六十，以减从方六百三十四，余从六十四，以上(商)[商]七十除实该四千四百八十，其积不及，乃用翻法，反减原积三千四百五十六，余负积一千二十四为实，再以上(商)[商]七十乘负隅八得五百六十，以减余从，止有六十四，亦不及，又用翻法，置负从五百六十，以减余从六十四，余负从四百九十六，其隅、从、积三法皆负矣.

续(商)[商]得二步，以负隅八乘之得一十六，加入负从共得五百一十二，皆与上(商)[商]二除[余]实，尽，得长七十二步，合问.

带从廉开平方

39. 今有直田，不云积步，只云：一长、二阔、三和、四较以乘阔得二万九千九百五十二步，又云：阔不及共长二十四步，问：阔几何？

答曰：四十八步.

法曰[13]：置乘积二万九千九百五十二步为实，半不及长得一十二步为从廉，开平方法除之，于实数之下，(商)[商]置第一位，将从廉二进得一千二百，下法二进得百，以(商)[商]实得四十，下法亦置上(商)[商]得四百为方法，又以四乘从廉得四千八百，以方法、从廉二法共五千二百皆与上(商)[商]四除实二万八百，余实九千一百五十二，乃二乘从廉得九千六百，方法得八百，并之得一万四百为方法，再置从廉一千二百，乃方法一退得一千四百，从廉再退得一十二，下法再退得一.

续(商)[商]第二位[得八]以方、廉二法共一千五十二(商)[商]实得八步，下法亦置上(商)[商]八为隅法，又以上(商)[商]八乘从廉得九十六，以方、廉、隅三法共一千一百四十四皆与上(商)[商]八除余实，尽，得阔四十八步，合问.

益隅开平方

40. 今有直田八亩，只云：广不及纵二十八步，问：纵几何？

答曰：六十步.

法曰：通田八亩得一千九百二十步为实，以不及二十八步为益隅，开平方法除之,上(商)[商]六十,下法亦置上(商)[商]六十为方法,以乘益隅二十八步得一千六百八十步,加入积实共得三千六百步,却以方法六十步与上(商)[商]六十除实,尽,得纵六十步,合问.

带从隅益积开平方

41. 今有直田,不云积步,只云:一长、二阔、三积、四较以长乘得四万四千九百二十八步,又云:较二十四步,问:长几何?

答曰:七十二步.

法曰[14]:置积四万四千九百二十八步为实,以较二十四步为益从方,以九为隅算,开平方法除之(商)[商]置第一位[得七十]以益从方二十四步,以上(商)[商]实得七十,下法亦置上(商)[商]七十,以隅算九乘之得六百三十为隅法,又以上(商)[商]七十乘益从方得一千六百八十,添入积实共得四万六千六百八,却以隅法六百三十与上(商)[商]七十除实四万四千一石,余实二千五百八,乃二乘隅法一千二百六十为方法.

续(商)[商]置第二位,以方法一千二百六十(商)[商]实得二步,下法亦置上(商)[商]二步,以隅算九乘之得一十八为隅法,又以上(商)[商]二步乘益从方得四十八步,添入余实共得二千五百三十六,却以方、隅二法共一千二百七十八,皆与上(商)[商]二步除余实,尽,得长七十二步,合问.

带从廉开平方

42. 今有直田,不云积步,只云一长,二阔、三和、四较以长乘得四万四千九百二十八步,又云较二十四步,问:阔几何?

答曰[15]:四十八步.

法曰:置积四万四千九百二十八步为实,以较二十四步为从方,以一十八为从廉,开平方法除之,于实数之下,(商)[商]置第一位,将从方一进得二百四十,从廉二进得一千八百,下法二进得百.以(商)[商]实得四十,下法亦置上(商)[商]得四百为方法,又以上(商)[商]四乘从廉得七千二百,以方、廉二法共七千八百四十,皆与上(商)[商]四除实三万一千三百六十,余实一万三千五百六十八,乃二乘方法得八百,从廉得一万四千四百,皆并入从方共得一万五千四百四十为方法,别置从廉一千八百,方法一退得一千五百四十四,从廉再退一十八,下法再退得一.

续(商)[商]置第二位,以方、廉二法共一千三百六十二(商)[商]余实得八步,下法亦置上(商)[商]八为隅法,又以上(商)[商]八乘从廉得一百四十四,以方、廉、隅三法共一千六百九十六皆与上(商)[商]八除余实,尽,得阔四十八步,合问.

减积隅算、益从添实开平方

43. 今有直田,不云积步,只云:一长、二阔、三和、四较,以阔乘得二万九千九百五十二步,又云较二十四步,问:长几何?

答曰[16]:七十二步.

法曰:置积二万九千九百五十二步,以较二十四步自乘得五百七十六步为减积,余二万九千三百七十六步为实,以较二十四步为益从方,以六为隅算,开平方法除之,于实数之下(商)[商]置第一位,将益从方一进得二百四十,隅算二进得六百,以(商)[商]实得七十,下法亦置上(商)[商]七,以隅算六百乘之得四千二百为隅法,又以上(商)[商]七乘益从方得一千六百八十,添入余实共得三万一千五十六,却以隅法四千二百与上(商)[商]七除实二万九千四百,余实一千六百五十六,乃二乘隅法得八千四百为方法,一退四百八十,益从方一退得二十四,隅算二退得六.

续(商)[商]置第二位,以方法八百四十(商)[商]余实得二步,下法亦置上(商)[商]二,以隅算六乘之得一十二为隅法,又以上(商)[商]二乘益从方得四十八步,添入余实共得一千七百四,却以方、隅二法共八百五十二与上(商)[商]二步除余实,尽,得长七十二步,合问.

带从方廉开立方

法曰:置积若干为实.倍不及得若干或以若干乘不及得若干,又加不及自乘得若干,共得若干为从 方.倍不及得若干或倍不及又加若干,共得若干为从廉.于实数之下,(商)[商]置第一位:将从方一进得若干,从廉二进得若干,下法三进得若干,以(商)[商]实得若干,下法亦置上(商)[商]若干,自乘得若干为隅法.又以上(商)[商]若干乘从廉得若干,以方、廉、隅三法共若干,皆与上(商)[商]若干除实若干,余实若干,乃二乘从廉得若干,三乘隅法得若干,皆并入从方共得若干为方法.下法再置上(商)[商]若干,以三乘之得若干,加入从廉共得若干为廉法,乃方法一退得若干,廉法再退得若干,下法三退得若干.

续(商)[商]置第二位,以方、廉二法共若干,(商)[商]余实得若干,下法亦置上(商)[商]若干,自乘得若干为隅法.又以上(商)[商]若干乘廉法得若干,以方、廉、隅三法共若干,皆与上(商)[商]若干除实,尽,得阔若干,各加不及,合问.

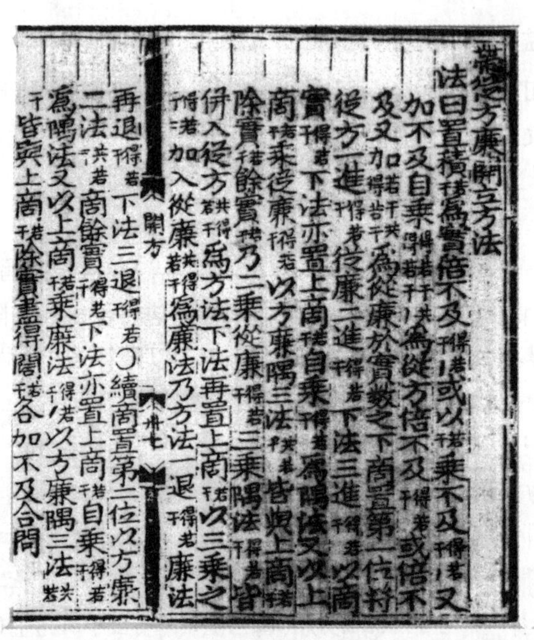

帶從方廉開立方法

法曰置積爲實倍不及或以乘不及又加不及自乘共爲從方倍不及或倍不及又加共爲從廉於實數之下商置第一位將從方一進從廉二進下法三進以商實下法亦置上商自乘爲隅法又以上商乘從廉以方廉隅三法皆與上商除實餘實乃二乘從廉三乘隅法皆併入從方爲方法下法再置上商以三乘之加入從廉爲廉法乃方法一退廉法

開方　卅七

再退下法三退○續商置第二位以方廉二法商餘實下法亦置上商自乘爲隅法又以上商乘廉法以方廉隅三法皆與上商除實盡得闊各加不及合問

44. 今有直田积内又加一长、二阔、三和、四较，又以长乘得二十九万三千七百六十步，只云：阔不及长二十四步，问：阔几何？

答曰：四十八步.

法曰[17]：置积二十九万三千七百六十步为实. 以三乘不及得七十二步又加不及自乘得五百七十六步，共得六百四十八步为从方，倍不及得四十八又加一十八，共得六十六为从廉，开立方法除之，于实数之下（商）［商］置第一位，将从方一进得六千四百八十，从廉二进得六千六百，下法三进得千，以（商）［商］实得四十. 下法亦置上（商）［商］得四千，以四乘之得一万六千为隅法. 又以上（商）［商］四乘从廉得二万六千四百，以方、廉、隅三法共四万八千八百八十，皆与上（商）［商］四除实一十九万五千五百，余实九万八千二百四十，乃二乘从廉得五万二千八百，三乘隅法四万八千. 皆并入从方共得一十万七千二百八十为方法，下法再置上（商）［商］得四千，以三乘之得一万二千，加入从廉共得一万八千六百为廉法，乃方法一退得一万七百二十八，廉法再退得一百八十六，下法三退得一.

续（商）［商］置第二位，以方，廉二法共一万九百一十四，（商）［商］余实得八步，下法亦置上（商）［商］八自乘得六十四为隅法，又以上（商）［商］八乘廉法一千四百八十八，以方、廉、隅三法共一万二千二百八十皆与上（商）［商］八除［余］实，尽，得阔四十八步，合问.

45. 今有长仓积米五千二百四十五石二斗，只云：高不及阔二丈二尺，又不及长三丈八尺，问：长、阔、高各几何？

答曰:长四丈七尺,阔三丈一尺高九尺.

法曰:置米五千二百四十五百二斗,以斛法二尺五寸乘之得一万三千一百一十(二)[三]尺为实,以二不及二丈二尺,三丈八尺相乘得八百三十六尺为从方,并二不及得六十为从廉,开立方法除之.上(商)[商]九尺,下法亦置上(商)[商]九自乘得八十一为隅法,又以上(商)[商]九乘从廉得五百四十,以方、廉、隅三法共一千四百五十七皆与上(商)[商]九除实,尽,得高九尺,各加不及,合问.

46.今有方仓积米五百一十八石四斗,只云:高不及方三尺,问:方、高各几何?

答曰:方一丈二尺,高九尺.

法曰:置米五百一十八石四斗,以斛法二尺五寸乘之得一千二百九十六尺为实,以不及三尺自乘得九尺为从方,倍不及得六尺为从廉.开立方法除之,上(商)[商]九,下法亦置上(商)[商]九自乘得八十一为隅法.又上(商)[商]九乘从廉得五十四,以方、廉、隅三法共一百四十四,皆与上(商)[商]九除实,尽,得高九尺,加不及三尺得方一丈二尺,合问.

47.今有圆仓积米二百二石八斗,只云:高不及周一丈七尺,问:高、周各几何?

答曰:周二丈六尺,高九尺.

法曰:置米二百二石八斗,以斛法二尺五寸乘之得五百七尺,又以圆法十二乘之得六千八十四尺为实,以不及一丈七尺自乘得二百八十九尺为从方,倍不及得二十四尺为从廉,开立方法除之,上(商)[商]九尺,下法亦置上(商)[商]九自乘得八十一为隅法,又以上(商)[商]九乘从廉得三百六,以方、廉、隅三法共六百七十六,皆与上(商)[商]九除实,尽,得高九尺,加不及一丈七尺,得周二丈六尺,合问.

48.今有平地堆米六十七石六斗,只云:高不及下周三丈五尺,问:高、周各几何?

答曰:置米六十七石六斗,以斛法二尺五十乘之得一百六十九尺,又以平地堆率三十六乘之得六千八十四尺为实.以不及三十五尺自乘得一千二百二十五尺为从方,倍不及得七十尺为从廉,开立方法除之,上(商)[商]四尺,下法亦置上(商)[商]四自乘得一十六为隅 法,又以上(商)[商]四乘从廉得二百八十尺.以方、廉、隅三法共一千五百二十一尺,皆与上(商)[商]四除实,尽,得高四尺,加不及三十五尺,得下周三丈九尺,合问.

49.今有倚壁尖堆米三十三石八斗,只云:高不及下周一丈五尺五寸,问:高、周各几何?

答曰:下周一丈九尺五寸,高四尺.

法曰：置米三十三石八斗，以斛法二尺五寸乘之得八十四尺五寸，又以倚壁率十八乘之一十五百二十一尺为实. 以不及一十五尺五寸自乘得二百四十尺二寸五分为从方，倍不及得三十尺为从廉，开立方法除之，上(商)[商]四尺，下法亦置上(商)[商]四自乘得一十六为隅法. 又以上(商)[商]四乘从廉得一百二十四，以方、廉、隅三法共三百八十尺二寸五分，皆与上(商) [商]四除实，尽，得高四尺，加不及一丈五尺五寸，得下周一丈九尺五寸，合问.

50. 今有倚壁外角堆米四百四十一石六斗，只云：高不及周一丈三尺，问：高、周各几何?

答曰：下周三丈六尺，高二丈三尺.

注曰：置米四百四十一石六斗，以斛法二尺五寸乘之得一千一百四尺又以倚壁外角率二十七乘之得二万九千八百尺为实. 以不及一十三尺自乘得一百六十九尺为从方，倍不及得二十六尺为从廉，开立方法除之，于实数之下(商)[商]置第一位，将从方一进得一千六百九十，从廉二进得二千六百，下法三进得千. 以(商)[商]实得二十尺，下法亦置上(商)[商]得二千，以二乘之得四千为隅法，又以上(商)[商]二乘从廉得五千二百，以方、廉、隅三法共一万八百九十皆与上(商)[商]二除实二万一千七百八十，余实八千二十八，乃二乘从廉得一万四百，三乘隅法得一万二千，皆并入从方共二万四千九十为方法，下法再置上(商)[商]二得二千，以三乘之得六千，加入从廉共得八千六百为廉法，乃方法一退得二千四百九，廉法再退得八十六，下法三退得一.

续(商)[商]置第二位，以方，廉二法共二千四百七十五，以(商)[商][余]实得三尺，下法亦置上商[商]三自乘得九为隅法，又以上(商)[商]三乘廉法得二百五十八，以方、廉、隅三法[共]二千六百七十六，皆与上(商)[商]三除[余]实，尽，得高二丈三尺，加不及一丈三尺，得周三丈六尺，合问.

51. 今有方垛垛(bǎo dǎo，正立方体)积三千八百四十尺，只云：高不及方一尺，问：高、方各几何?

答曰：高一丈五尺，方一丈六尺.

法曰：置积三千八百四十尺为实，以不及自乘亦得一尺为从方，倍不及得二尺为从廉，开立方法除之，于实数之下，(商)[商]置第一位，将从方一进得一十，从廉二进得二百，下法三进得千. 以(商)[商]实得一十尺，下法亦置上(商)[商]得一千，以一乘亦得一千为隅法，又以上(商)[商]一乘从廉亦得二百，以方、廉、隅三法共一千二百一十，皆与上(商)[商]一除实一千二百一十，余实二千六百三十，乃二乘从廉得四百，三乘隅法得三千，皆并入从方共得三千四百一十为方法，下法再置上(商)[商]得一千，以三乘之得三千，加入从廉共得三千二百为廉法，乃方法一退得三百四十一，廉法再退得三十二，下法三退[得]一.

续(商)[商]置第二位，以方、廉二法共三百七十三，以(商)[商]实得五尺，下法亦置上(商)[商]五自乘得二十五为隅法，又以上(商)[商]五乘廉法得一百六十，以方、廉、隅三法共五百二十六皆与上(商)[商]五除[余]实，尽，得高一十五尺，加不及一尺，得方一丈六尺，合问.

52. 今有圆垛垮(直圆柱)积二千一百一十二尺，只云：高不及周三丈七尺，问：高、周各几何？

答曰：周四丈八尺，高一丈一尺.

法曰：置积二千一百一十二尺，以圆周十二乘之得二万五千三百四十四尺为实，不及三十七尺自乘得一千三百六十九尺为从方，倍不及七十四尺为从廉，开立方法除之，于实数之下，(商)[商]置第一位，将从方一进得一万三千六百九十，从廉(一)[二]进得七千四百，下法三进得千，以(商)[商]实得一十尺，下法亦置上(商)[商]得一千，以一乘亦得一千为隅法，又以上(商)[商]一乘从廉亦得七百四十，以方、廉、隅三法共二万二千九十，皆与上(商)[商]一除实二万二千九十，余实三千二百五十四，乃二乘从 廉得一万四千八百，三乘隅法得三千，皆并入从方共三万一千四百九十为方法，下法再置上(商)[商]得一千，以三乘之得三千，加入从廉共得一万四百为廉法. 乃方法一退得三千一百四十九，廉法再退一百四，下法三退得一.
续(商)[商]置第二位，以方、廉二法共三千二百五十三，以商[余]实得一尺，下法亦置(商)[商]一自乘亦得一为隅法，又以上(商)[商]一乘廉法亦得一百四，以方、廉、隅三法共三千二百五十四，皆与上(商)[商]一除[余]实，尽，得高一丈一尺，加不及二丈七尺，得周四丈八尺，合问.

53. 今有方锥(正方锥)积二千八百八十尺，只云：高不及下方九尺，问：方、高各几何？

答曰：下方二丈四尺，高一丈五尺.

法曰：置积二千八百八十尺，以三乘之得八千六百四十尺为实，以不尺九尺自乘得八十一尺为从方，倍不及得一十八尺为从廉，开立方法除之，于实数之下，(商)[商]置第一位将从方一进得八百一十，从廉二进得一千八百，下法三进得千，以(商)[商]实得一十尺，下法亦置上(商)[商]得一千，以一乘亦得一千为隅法，又以上(商)[商]一乘从廉，亦得一千八百. 以方、廉、隅三法共三千六百一十，皆与上(商)[商]一除实三千六百一十，余实五千三十，乃二乘从廉得三千六百，三乘隅法得三千，皆并入从方共得七千四百一十为方法，下法再置上(商)[商]得一千，以三乘之得三千，加入从廉共得四千八百为廉法，乃方法一退得七百四十一，廉法再退得四十八，下法三退得一.

续(商)[商]置第二位,以方、廉二法共七百八十九,以(商)[商][余]实得五尺,下法亦置上(商)[商]五自乘得二十五为隅法,又以上(商)[商]五乘廉法得二百四十,以方、廉、隅三法共一千六,皆与上(商)[商]五除[余]实,尽,得高一丈五尺,加不及九尺,得下方二丈四尺,合问.

54. 今有城[墙]积一百八十九万七千五百尺,只云:上广不及下广二丈,又不及高三丈,不及袤一百二十四丈五尺,问:上、下广并高,袤各几何?

答曰:上广二丈,下广四丈,高五丈,袤一百二十六丈五尺.

法曰:置城[墙]积一百八十九万七千五百尺于上,以不及下广(三)[二]十尺乘不及袤一千二百四十五尺得二万四千九百尺.又半不及高得一十五尺乘之得三十七万三千五百尺为减积,以减城积,余一百五十二万四千尺为实,以不及高乘袤得三万七千三百五十尺于上.又并不及高,袤折半得六百三十七尺半,以乘不及下广得一万二千七百五十尺,加入上数共得五万一百尺为从方,并不及高、袤共一千二百七十五尺,又半[不]及下广得一十尺,加之共得一千二百八十五尺为从廉,开立方法除之,于实数之下,(商)[商]第一位],将从方一进得五十万一千,从廉二进得一十二万八千五百尺,下法三进得千,以(商)[商]实得二丈,下法亦置上(商)[商]得二千,以二乘得四千为隅法.又以上(商)[商]二乘从廉得二十五万七千尺,以方、廉、隅三法共七十六万二千,皆与上(商)[商]二除实,尽,得上广二丈,各加不及,合问.

55. 今有堑堵(正三角柱)积四万六千五百尺,只云:下广不及高五尺,又不及袤一十六丈六尺,问:下广及高、袤各几何?

答曰:下广二丈,高二丈五尺,袤一十八丈六尺.

法曰:倍积得九万三千尺为实,以二不及相乘得八百三十尺为从方,并二不及得一百七十一尺为从廉,开立方法除之.[于实数之下,商置第一位],将从方一进得八千三百,从廉二进得一万七千一百,下法三进得千.以(商)[商]实得二十尺,下法亦置上(商)[商]得一千.以二乘之得四千为隅法.又以上(商)[商]二乘以廉得三万四千二百,以方、廉、隅三法四万六千五百皆与上(商)[商]二除实,尽,得下广二丈,各加不及,合问.

56. 今有阳马积九十三尺(二)[三]分尺之一,只云:广不及高三尺,又不及袤二尺,问:广、袤、高各几何?

答曰:广五尺,袤七尺,高八尺.

法曰:置积九十三尺,以分母三通之加分子一共得(三)[二]百八十尺为实,以二不仅相乘得六尺为从方,并二不及得五尺为从廉.开立方法除之,上(商)[商]五尺,下法亦置上(商)[商]五,自乘得二十五为隅法,又以上(商)[商]五乘从廉得二十五尺,以方、廉、隅三法共五十六尺,皆与上(商)[商]五除实,尽,得广五尺,各加不及,合问.

57. 今有鳖臑(直角三角锥)积二十三尺六分尺之二,上无广,下无袤,只云:上袤不及下广一尺,又不及高三尺,问:广、袤、高各几何?

答曰:上袤四尺,下广五尺,高七尺.

法曰:置积二十三尺,以分母六通之加分子二,共得一百四十尺为实.以二不及相乘得三尺为从方,并二不及得四尺为从廉,开立方法除之,上(商)[商]四,下法亦置上(商)[商]四自乘得一十六为隅法,又以上(商)[商]四乘从廉得一十六,以方、廉、隅三法共三十五,皆与上(商)[商]四除实,尽,得上袤四尺,各加不及,合问.

58. 今有刍童(长方台):下广二丈,长三丈;上广三丈,长四丈;高五丈,欲从下截积二万二千八百六十尺,问:截处上广、长及高各几何?

答曰:截处上广二丈六尺,上长三丈六尺,高三丈.

法曰:三乘截积得六万八千三百八十尺于上,以高五十尺自乘得二千五百尺为高幂,以乘前位得一亿七千一百四十五万,却以广差一十尺乘长差一十尺得一百尺除之得一百七十一万四千五百为实,以高五十尺乘下广二十尺得一千尺,却以广差一十尺除之得一百尺为上广之高,又以高五十尺乘下长三十尺,得一千五百尺,却以长差一十尺除之得一百五十尺为上长之高,以二高相乘得一万五千尺,以三乘得四万五千尺为从方.并二高得二百五十尺,以三乘之得七百五十尺,半之得三百七十五尺为从廉,开立方法除之,于实数之下,将从方一进得四十五万,从廉二进得三万七千五百,下法三进得千,以(商)[商]实得三十尺,下法亦置上(商)[商]得三千,以三乘之得九千为隅法,又以上(商)[商]三乘从廉得一十一万二千五百,以方、廉、隅三法共五十七万一千五百,皆与上(商)[商]三除实,尽,得截处高三十尺,以长差一十乘之得三百尺,却以原高五十尺除之得六尺,加原长三丈,共得三丈六尺,为截处上长,又置截高三十尺,以广差一十尺乘之得三百尺,却以原高五十尺除之得六尺,加入原广二丈,共得二丈六尺为截处上广,合问.

59. 今有四角果子一垛,积一千四百九十六个,问:底子一面几何?

答曰:一十六个.

法曰[18]:以三乘积[得]四千四百八十八个,以半个为从方,以一个半为从廉,开立方法除之,于实数之下,(商)[商]置第一位,将从方一进得五个,从廉二进得一百五十,下法三进得千,以(商)[商]实得一十,下法亦置上(商)[商]得一千,以一乘亦得一千为隅法,又以上(商)[商]一乘从廉亦得一百五十,以方、廉、隅三法一千一百五十五,皆与上(商)[商]一除实一千一百五十五,余实三千三百三十三,乃二乘从廉得三百,三乘隅法得三千,皆并入从方共得三千三百五为方法.下法再置上(商)[商]得一千,以三乘之得三千,加入从廉共得三千一百五十为廉法,乃方法一退得三百三十〇半个(即三百三十个半),廉法二退得三十一个半,下法三退得一.

续(商)[商]置第二位,以方、廉二法共三百六十二,以(商)[商]实得六个,下法亦置上(商)[商]六自乘得三十六为隅法,又以上(商)[商]六乘廉法得一百八十九,以方、廉、隅三法共五百五十五个半,皆与上(商)[商]六除实,尽,得底子一面一十六个,合问.

60. 今有三角果子一垛,积二千六百个.问:底子一面几何?

答曰:二十四个.

法曰[19]:以六乘积得一万五千六百个为实,以二个为从方,三个为从廉,开立方法除之.于实数之下,(商)[商]置第一位,将从方一进得二十个,从廉二进得三百个,下法三进得千.以(商)[商]实得二十,下法亦置上(商)[商]得二千,以二乘之得四千为隅法,又以上(商)[商]乘从廉得九百,以方廉隅三法共四千六百二十皆与一(商)[商]二除实九千二百四十,余实六千三百六十,乃二乘从廉一千二百,三乘隅法得一万二千,皆并入从方共一万三千二百二十为方法,下法再置上(商)[商]得二千,以三乘之得六千,加入从廉共得六千三百为廉法,乃方法一退得一千三百二十二,廉法二退得六十三,下法三退得一.

续(商)[商]置第二位,以方、廉二法共一千三百八十五以(商)[商]实得四个,下法亦置上(商)[商]四自乘得一十六为隅法,又以上(商)[商]四乘廉法得二百五十二,以方、廉、隅三法共一千五百九十,皆与上(商)[商]四除[余]实,尽,得底子一百二十四个,合问.

61. 今有屋盖垛积三百二十四个,只云:广高相等,不及长一个,问:广、长、高各几何?

答曰:下广八个,长九个,高八个.

法曰[20]:倍积得六百四十八个为实,以不及一个为从方,倍不及得二个为从廉,开立方法除之,上(商)[商]八个,下法亦置上(商)[商]八自乘得六十四为隅法,以上(商)[商]八乘从廉得一十六,以方、廉、隅三法共八十一,皆与上(商)[商]八除实,尽,得下广、高各八个,加不及一个得长九个,合问.

62. 今有酒瓶一垛,积五百一十个,只云:阔不及长五个,问:长、阔各几何?[21]

答曰:长十四个,阔九个.

法曰:以三乘积得一千五百三十个为实,半不及得二个半添半个并入不及五个共八个为从方,再添一个共得九个为从廉.开立方法除之.上(商)[商]九个,下法亦置上(商)[商]九自乘得八十一为隅法,又以上(商)[商]九乘从廉得八十一,以方、廉、隅三法共一百七十个,皆与上(商)[商]九除实,尽,得阔九个,加不及五个,得长一十四个,合问.

带从方廉隅算开立方

法曰:置积或以分母若干,或以若干乘之,或加分子共得若干,或以不及自乘又乘不及为减积,余得若干为实.或以若干乘不及,又乘不及得若干为从方.或并二不及,以若干乘之得若干为从廉,以若干为隅算.于实数之下,(商)[商]置第一位,将从方一进得若干,从廉二进得若干,隅算三进得若干.以(商)[商]实得若干,下法亦置上(商)[商]若干,以若干乘之得若干,又以隅算若干乘之得若干为隅法.又以上(商)[商]若干,乘从廉得若干.以方、廉、隅三法共若干,皆与上(商)[商]若干,除实若干,余实若干,乃二乘从廉得若干,三乘隅法得若干,皆并入从方共得若干为方法,下法再置上(商)[商]若干,以三乘之得若干,又乘隅算共得若干,加入从廉共得若干为廉法,乃方法一退得若干,廉法再退得若干,隅法三退得若干.

续(商)[商]置第二位,以方、廉二法共若干,以(商)[商]余实得若干,下法亦置上(商)[商]若干,自乘得若干,又以隅算若干乘之得若干为隅法,又以上(商)[商]若干乘廉法得若干,以方、廉、隅三法共若干,皆与上(商)[商]若干,除[余]实,尽,得阔若干,各加不及,合问.

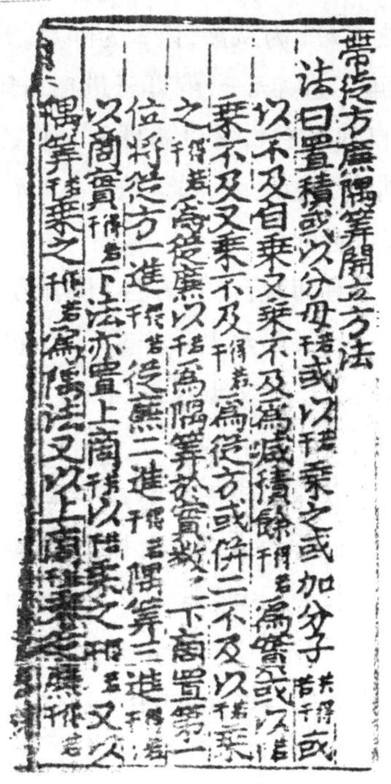

帶從方廉隅筭開立方法
法曰置積或以分母若干或以若干乘之或加分子共得若干或
以不及自乘又乘不及為減積餘得若干為實或以若干乘
乘不及又乘不及得若干為從方或併二不及以若干乘
之得若干為從廉以若干為隅筭於實數之下商置第一
位將從方一進得若干從廉二進得若干隅筭三進得若干
以商實得若干下法亦置上商若干以若干乘之得若干又以
隅筭若干乘之得若干為隅法又以上商若干乘從廉得若干

以方廉隅三法共若干皆與上商若干除實若干餘實若干乃
二乘從廉得若干三乘隅法得若干皆併入從方共得若干為
方法下法再置上商若干以三乘之得若干又乘隅筭共
得若干加入從廉共得若干為廉法乃方法一退得若干廉法
再退得若干隅筭三退得若干○續商置第二位以方廉二
法共若干以商餘實得若干下法亦置上商若干自乘得若干
又以隅筭若干乘之得若干為隅法又以上商若干乘廉法
得若干以方廉隅三法共若干皆與上商若干除實若干
得若干各加不及合問

63. 今有方亭台(正方台)积一十万一千六百六十六尺三分尺之二,只云:上方不及下方一十尺,又不及高一十尺,问:上、下方、高各几何?

答曰:上方四丈,下方五丈,高五丈.

法曰[22]:置积一十万一千六百六十六尺以分母三通之加分子二共得三十万五千尺于上,以不及下方一十尺自乘得一百尺,又乘不及高得一千尺为减积,余三十万四千尺为实,以三乘不及下方一十尺得三十尺,又乘不及高一十尺得三百尺,并不及下方自乘得一百尺,共四百尺为从方,并二不及得二十尺,以三乘得六十尺为从廉,以三为隅算,开立方法除之,于实数之下,将从方一进得四千,从廉二进得六千,隅法三进得三千,以(商)[商]实得四丈,下法亦置上(商)[商]四,自乘得一十六,又以隅算三千乘之得四万八千为隅法,又以上(商)[商]四乘从廉得二万四千,以方、廉、隅三法共七万六千,皆与上(商)[商]四除实,尽,得上方四丈,各加不及,合问.

64. 今有圆亭台(正圆台)积五百二十七尺九分尺之七,只云:高不及上周一十尺,又不下周二十尺,问:上、下周及高各几何?

答曰:上周二丈,下周三丈,高一丈.

法曰[23]:置积五百二十七尺以分母九乘之加分子七共得四千七百五十尺以四乘之得一万九千尺为实,以三乘不及上周一十尺得三十尺,以乘不及下周二十尺得六百尺,又加不及上周自乘得一百尺,共得七百尺为从方,并二不及一十、二十共得三十,以三乘之得九十为从廉,以三为隅算,开立方法除之,于实数之下,将从方一进得七千,从廉二进得九千,隅算三进得三千.以(商)[商]实得一丈,下法亦置上(商)[商]一自乘亦得一,又以隅算三千乘之亦得三千,又以上(商)[商]一乘从廉亦得九千为隅法,以方、廉、隅三法共一万九千,皆与上(商)[商]一除实,尽,得高一丈,各加不及,合问.

65. 今有仰观台(长方台)积五万六千七百尺,只云:上广不及下广七丈,下长三丈一尺,又不及上长一丈三尺,高一丈七尺,问:上、下、广长及高各几何?

答曰:上广二丈五尺,上长三丈八尺,下广三丈二尺,下长五丈六尺,高四丈二尺.

法曰:以六乘积得三十四万二百尺于上,以不及下广七尺乘不及长三十一尺得二百一十七尺,以不及高一十七尺乘之得三千六百八十九尺,倍之得七千三百七十八尺于上.又不及下广七尺乘不及上长一十三尺得九十一尺,以不及高一十七尺乘之得一千五百四十七尺,并上数共得八千九百二十五尺为减积.余三十三万一千二百七十五尺为实.并不及二长共四十四尺,以不及高一十七尺乘之得七百四十八尺,又以二乘之得二千二百四十四尺于上,又并不及下长、高共四十八尺,以下广七尺乘之得三百三十六尺,又以二乘得六百七十二尺于次.又并不及上长、高共三十尺,以不及下广七尺乘之得二百一十尺，并三位共得三千一百二十六尺为从方.并不及下广七尺，下长三十一尺，上长一十三尺，共五十一尺，以三乘之得一百五十三尺.又六乘不及高一十七尺得一百二尺，加前位共得二百五十五尺为从廉.以六为隅算，开立方法除之.于实数之下，(商)[商]置第一位，将从方一进三万一千二百六十，从廉二进得二万五千五百，隅算三进得六千.以(商)[商]实得二丈，下法亦置上(商)[商]二，自乘得四，又以隅算六千乘之得二万四千为隅法，又以上(商)[商]二乘从廉得五万一千，以方、廉、隅三法共一十万六千二百六十，皆与上(商)[商]二[丈]除实二十一万二千五百二十，余实一十一万八千七百五十五.乃二乘从廉得一十万二千，三乘隅法得七万二千，皆并入从方共得二十万五千二百六十为方法，下法再置上(商)[商]二，以三乘之得六，以乘隅算六千得三万六千，加入从廉共得六万一千五百为廉法，乃方法一退得二万五百二十六，廉法再退得六百一十五，隅算三退得六.

续(商)[商]置第二位，以方、廉二法共二万一千一百四十一，以(商)[商]余实得五尺.下法亦置上(商)[商]五自乘得二十五，以隅算六乘之得一百五十为隅法，以上(商)[商]五乘廉法得三千七十五却以方、廉、隅三法共二万三千七百五十一皆与上(商)[商]五除余实，尽，得上广二丈五尺，各加不及，合问.

66.今有筑墙积五千九百五十二尺，只云:上广不及下广二尺，高六尺，长二百四十六尺.问:上、下广，高，长各几何?

答曰:上广二尺，下广四尺，高八尺，长二百四十八尺.

法曰:倍积得一万一千九百四尺，以三不及相乘二尺乘六尺又乘长二百四十六尺，共得二千九百五十二尺为减积，余八千九百五十二尺为实.以不[及]高六尺乘长二百四十六尺，得一千四百七十六尺，倍得二千九百五十二尺于上.并不及高、长共二百五十二尺，以乘不及广二尺，共得五百四尺，加上数共得三千四百五十六尺为从方.并不及高、长二百五十二尺，倍之得五百四尺，加不及下广二尺，共得五百六尺为从廉.以二为隅算，开立方法除之，上(商)[商]二尺，下法亦置上(商)[商]二，自乘得四，以隅算二乘之得八为隅法，又以上(商)[商]二乘从廉得一千一十二，以方、廉、隅三法共四千四百七十六，皆与上(商)[商]二除实，尽，得上广二尺，各加不及，合问.

67.今有堤积一百三万三千二百尺，只云:高不及上广四尺，下广八尺，长一百四十一丈一尺.问:上、下广高、长各几何?

答曰:上广二丈八尺，下广三丈二尺，高二丈四尺，长一百四十三丈五尺.

法曰:倍积得二百六万六千四百尺为实.并不及二广共一十二尺，以乘不及长一千四百一十一尺得一万六千九百三十二尺为从方，并不及二广共一十二尺，倍不及长得二千八百二十二尺，并之得二千八百三十四尺为从廉，以二为隅算，开立方法除之，于实数之下,(商)[商]置第一位,将从方一进得一十六万九千三百二十,从廉二进得二十八万三千四百,隅算三进得二千.以(商)[商]实得二十尺,下法亦置上(商)[商]二,自乘得四,又以隅算二千乘之得八千为隅法.又以上(商)[商]二乘从廉得五十六万六千八百,以方、廉、隅三法共七十四万四千一百二十,皆与上(商)[商]二除实一百四十八万八千二百四十,余实五十七万八千一百六十,乃二乘从廉得一百一十三万三千六百,三乘隅法得二万四千,皆并入从方共得一百三十二万六千九百二十为方法,下法再置上(商)[商]二,以三乘之得六,又乘隅算得一万二千,加入从廉共得二十九万五十四百为廉法,乃方法一退得一十(二)[三]万二千六百九十二,廉法再退得二十九百五十四隅算三退得二.

续(商)[商]第二位,以方、廉二法共一十三万五千六百四十六,以(商)[商]余实得四尺,下法亦置上(商)[商]四,自乘得一十六,又以隅算二乘之得三十二为隅法,又以上商[商]四尺乘廉法得一万一千八百一十六,以方、廉、隅三法共一十四万四千五百四十皆与上(商)[商]四除[余]实,尽,得高二丈四尺,各加不及,合问.

68.今有刍童(长方台)积二万六千五百尺,只云:下广不及上广一丈,又不及下袤一丈,高一丈;又云上、下袤差一丈,问:上、下广袤及高各几何?

答曰:上广三丈,上袤四丈,下广二丈,下袤三丈,高三丈.

法曰:置积二万六千五百,以分母三通之得七万九千五百于上,以不及上广乘袤差得一百尺,如三而一三十三尺三分尺之一为隅阳幂,半不及上广得五尺,乘不及下袤一十尺得五十尺为隅头幂,并二位共得八十三尺三分尺之一,却以分母三通之加分子一共得二百五十,以乘不及高一十尺得二千五百尺为减积,以减通积余七万七千尺为实,却以不及上广加袤差得二十尺,半之得一十尺为正数,加不及下袤得二十尺,以乘不及高一十尺得二百尺加隅阳幂三十三尺三分尺之一,隅头幂五十尺,共得二百八十三尺三分尺之一,以分母三通之加分子一,共得八百五十为从方,并不及高,下袤、正数共三十尺,亦以分母三通之得九十尺为从廉,以分母三为隅算,开立方法除之,于实数之下,将从方一进得八千五百,从廉二进得九千,隅算三进得三千,以商[商]实得二丈.下法亦置上(商)[商]二,自乘得四,又以隅算三千乘之得一万二千为隅法.又以上(商)[商]二乘从廉得一万八千,以方、廉、隅三法共三万八千五百,皆与上(商)[商]二除实,尽,得下广二丈,各加不及,合问.

69.今有曲池积一千八百八十三尺三寸六分寸之二,只云下广不及上中周一丈五尺,又不及上外周三丈五尺,上广五尺,下中周九尺,下外周一丈九尺,深五尺,问:上、下广并上、下中外、周及深各几何?

答曰:上广一丈,上中周二丈,外周四丈.下广五尺,下中周一丈四尺,深一丈,外周二丈四尺.

法曰:置积一千八百八十三尺三寸以分母六通之,加分子二,共得一万一千三百尺于上.并不及上、中外周得五丈,半之得二丈五尺为不及上袤.又并不及下中、外周得二丈八尺,半之得一丈四尺为不及下袤.却以不及上广五尺乘不及上袤二丈五尺得一百二十五尺,以乘不及深五尺,得六百二十五尺,以二乘之得一千二百五十尺于上,又以不及深五尺乘不及下袤一十四尺得七十尺,又乘不及深五尺得三百五十尺,加前位共得一千六百尺为减积,以减通积,余九千七百尺为实.并不及上、下袤共三十九尺,以乘不及深五尺得一百九十五尺,又以三乘得五百八十五尺于上.又并不及上袤二十五尺,深五尺,共三十尺,以乘不及上广五尺得一百五十尺,却以二乘得三百尺于次.又并不及下袤一十四尺,深五尺,共一十九尺,以乘不及上广五尺,得九十五尺.并三位共得九百八十尺为从方,又并不及上、下袤、上广共四十四尺,以三乘得一百三十二尺,于上.以六乘不及深得三十尺,加前位共得一百六十二尺为从廉,以六为隅算,开立方法除之,上(商)[商]五尺下法亦置上(商)[商]五,自乘得二十五,又以隅算六乘之得一百五十为隅法,又以上(商)[商]五乘从廉得八百一十,以方、廉、隅三法共一千九百四十,皆与上(商)[商]五除实,尽,得上广五尺,各加不及,合问.

70.今有盘池积七万六百六十六尺六分尺之四,只云:深不及上广四丈,又不及上袤六丈下广二丈,下袤四丈,问:上、下广袤及深各几何?

答曰:上广六丈,上袤八丈,下广四丈,下袤六丈,深二丈.

法曰:置积七万六百六十六尺,以分母六通之,加分子四,共得四十二万四千尺为实.以不及上广四十尺乘上袤六十尺得二百四十尺,又下广二十尺乘下袤四十尺,得八百尺,并而倍之得六千四百尺于上.又以不及上广四十尺乘下袤四十尺,得一千六百尺,又下广二十尺乘上袤六十尺,得一千二百尺,并三位共得九千二百尺为从方.并四不及上、下广袤共一百六十尺,以三乘得四百八十尺为从廉.以六为隅算,开立方法除之,于实数之下,将从方一进得九万二千尺,从廉二进得四万八千尺,隅法三进得六千,以(商)[商]实得三丈,下法亦置上商二,自乘得四,又以隅算六千乘之得二万四千为隅法,又以上(商)[商]二乘从廉得九万六千,以方、廉、隅三法共二十一万二千,皆与上(商)[商]二除实,尽,得深二丈各加不及,合问.

71.今有冥谷积五万二千尺,只云:下广不及上广一丈二尺,上袤六丈二尺,又不及下袤三丈二尺,深五丈七尺,问:上下广袤及深各几何?

答曰:上广二丈,上袤七丈,下广八尺,下袤四丈,深六丈五尺.

法曰:以六乘积得三十一万二千尺于上.以不及上广一十二尺乘上袤六十二尺得七百四十四尺,以乘深五十七尺得四万二千四百八尺,倍之得八万四千八百一十六尺于上,又以不及上广一十二尺乘下袤三十二尺得三百八十四尺,以乘深五十七尺得二万一千八百八十八尺,加前位共得一十万六千七百四尺为减积,以减乘积,余二十万五千二百九十六尺为实,并不及上、下袤共九十四尺,以深五十七尺乘之得五千三百五十八尺,又三乘得一万六千七十四尺于上,又并不及上袤、深共得一百一十九尺,以乘不及上广一十二尺,得一千四百二十八尺,又以二乘得二千八百五十六于次.又并不及下袤、深共八十九尺,以乘不及上广一十二尺得一千六十八尺,并前共三位共得一万九千九百九十八尺为从方,并三不及上、下袤、上广共得一百六尺,以三乘之得三百一十八尺于上,又六乘深五十七尺得三百四十二尺,加前位共得六百六十尺为从廉,以六为隅算,开立方法除之,上(商)[商]八尺,自乘得六十四尺,又以隅算六乘之得三百八十四为隅法.又以上(商)[商]八乘从廉得五千二百八十,以方、廉、隅三法共一万五千六百六十二,皆与上(商)[商]八除实,尽,得下广八尺,各加不及,合问.

72. 今有刍甍积五千尺,无上广,只云:高不及上袤一丈,又不及下袤三丈,下广二丈.问:广、袤、高各几何?

答曰:上袤二丈,下袤四丈,下广三丈,高一丈.

法曰[24]:以六乘积得三万尺为实.以不及下广二十尺乘不及上袤一十尺得二百尺于上.又以不及下广二十尺乘不及下袤三十尺得六百尺,倍之得一千二百尺,加入前位共得一千四百尺为从方.倍不及下袤三十尺得六十尺,又三乘不及下广二十尺得六十尺,加不及上袤一十尺共得一百三十尺为从廉.以三为隅算,开立方法除之,于实数之下,将从方一进得一万四千,从廉二进得一万三千,隅算三进得三千,以(商)[商]实得一丈,下法亦置上(商)[商]一自乘亦得一,又以隅算三千乘之亦得三千为隅法.又以上(商)[商]一乘从廉亦得一万三千,以方、廉、隅三法共三万,皆与上(商)[商]一除实,尽,得高一丈,各加不及,合问.

73. 今有羡(yān)除,积八十四尺,只云:深不及下广三尺,上广七尺,末广五尺,深、袤四尺,问:上下末广深及深袤各几何?

答曰:上广一丈,下广六尺,末广八尺,深三尺,深袤七尺.

法曰:以六乘积得五百四尺为实.并不及三广共一十五尺,以乘不及深四尺得六十尺为从方,以三乘不及深、袤四尺得一十二尺又加不及三广一十五尺,共二十七尺为从廉,以三为隅算,开立方法除之,(商)[商]三尺,下法亦置上(商)[商]三,自乘得九,又以隅算三乘之得二十七为隅法,又以上(商)[商]三乘从廉得八十一,以方、廉、隅三法共一百六十八,皆与上(商)[商]三除实,尽,得深三尺,各加不及,合问.

74. 今有酒瓶一垛,积一百六十个,只云:下广不及下长七个,又不及上长三个,问:上、下长并下广各几何?

答曰:上长八个,下长一十二个,下广五个.

法曰[25]:以六乘积得九百六十个为实,倍不及下长得一十四个,加不及上长三个,共一十七个为从方,再加不及上长三个,共二十个为从廉,以三为隅算.开立方法除之,上(商)[商]五个,下法亦置上(商)[商]五,自乘得二十五,又以隅三乘之得七十五为隅法,又以上(商)[商]五乘从廉得一百,以方、廉、隅三法共一百九十二皆与上(商)[商]五除实,尽,得下广五个,各加不及,合问.

75. 今有方窖,积米五百一十石七斗二升,只云:上方不及下方四尺,又不及深四尺六寸,问:上、下方及深各几何?

答曰:上方八尺,下方一丈二尺,深一丈二尺六寸.

法曰:置积五百一十石七斗二升,以斛法二尺五寸乘之得一千二百七十六尺八寸,又以三乘之得三千八百三十尺四寸于上.却以不及下方四尺自乘得一十六尺,又以不及深四尺六寸乘之得七十三尺六寸为减积,余积三千七百五十六尺八寸为实,以二不及四尺六寸,四尺相乘得一十八尺四寸,又以三乘之得五十五尺二寸,加不及下方四尺,自乘得一十六尺,共得七十一尺二寸为从方.并二不及得八尺六寸,以三乘之得二十五尺八寸为从廉,以三为隅算,开立方法除之,上(商)[商]八尺,下法亦置上(商)[商]八,自乘得六十四尺,以隅算三乘之得一百九十二尺为隅法,又以上(商)[商]八乘从廉得二百六尺四寸,以方、廉、隅三法共四百六十九尺六寸,皆与上(商)[商]八尺除实,尽,得上方八尺,各加不及,合问.

76. 今有圆窖积米三百七十石,只云:深不及上周三丈一尺,又不及下周二丈一尺,问上、下周及深各几何?

答曰:上周四丈,下周三丈,深九尺.

法曰:置米三百七十石,以斛法二尺五寸乘之得九百二十五尺,又以圆率三十六乘之得三万三千三百为实,以不及上周三十一尺自乘得九百六十一,下周二十一尺自乘得四百四十一,又不及上、下周相乘得六百五十一,并三位得二千五十三为从方.并二不及得五十二以三乘之得一百五十六为从廉.以三为隅算,开立方法除之,上(商)[商]得九尺,下法亦置上(商)[商]九,自乘得八十一,以隅算三乘之得二百四十三为隅,又以上(商)[商]九乘从廉得一千四百四,以方、廉、隅三法共三千七百,皆与上(商)[商]九除实,尽,得深九尺,各加不及,合问.

带从廉开立方

77. 今有方锥积七千四十七尺,只云:下方不及高二尺,问:高、方各几何?

答曰:下方二丈七尺,高二丈九尺.

法曰:以三乘积得二万一千一百四十一尺为实,以不及二尺为从廉,开立方法除之,于实数之下,(商)[商]置第一位,将从廉二进得二百,下法三进得千,以(商)[商]实得二十,下法亦置上(商)[商]得二千,以二乘之得四千为隅法,又以上(商)[商]二乘从廉得四百,以廉、隅二法四千四百,皆与上(商)[商]二除实八千八百,余实一万二千三百四十一,乃二乘从廉得八百,三乘隅法得一万二千,并之得一万二千八百为方法.下法又置上(商)[商]得二千,以三乘之得六千,并入从廉共得六千二百为廉法.乃方法一退得一千二百八十,廉法再退得六十二,下法三退得一.

续(商)[商]置第二位,以方、廉二法共一千三百四十二(商)[商]余实得七尺,下法亦置上(商)[商]七自乘得四十九为隅法.又以上(商)[商]七乘廉法得四百三十四,以方、廉、隅三法共一千七百六十三,皆与上(商)[商]七尺除[余]实,尽,得下方二丈七尺,加不及二尺得高二丈九尺,合问.

78.今有圆锥积一千七百三十五尺一十二分尺之五,只云:下周不及高一丈六尺,问:高、周各几何?

答曰:下周三丈五尺,高五丈一尺.

法曰:置积一千七百三十五尺,以三乘分母一十二得三十六乘之加分子十五,共得六万二千四百七十五为实,以不及一十六尺为从廉,开立方方除之,于实数之下,(商)[商]置第一位,将从廉二进得一千六百,下法三进得千.以(商)[商]实得三丈,下法亦置上(商)[商]得三千,以三乘得九千为隅法.又以上(商)[商]三乘从廉得四千八百.以廉、隅二法共一万三千八百,皆与上(商)[商]三除实四万一千四百,余实一万一千七十五,乃二乘从廉得九千六百,三乘隅法二万七千,并之共得三万六千六百为方法.下法又置上(商)[商]得三千,以三乘之得九千,并入从廉共得一万六百为廉法.乃方法一退得三千六百六十,廉法再退得一百六,下法三退得一.

续(商)[商]置第二位,以方、廉二法共三千七百六十六,(商)[商][余]实得五尺,下法亦置上(商)[商]五,自乘得二十五为隅法.又以上商[商]五乘廉法得五百三十.以方、廉、隅三法共四千二百一十五,皆与上(商)[商]五除[余]实,尽,得下周三丈五尺,加不及一丈六尺得高五丈一尺,合问.

带益从方、从廉开立方

79.今有直田积内又加一长、二阔、三和、四较,又以长乘得二十九万三千七百六十步,只云:阔不及长二十四步,问:长几何?

答曰:七十二步.

法曰[26]:置乘积二十九万三千七百六十步为实.以不及二十四步自乘得五百七十六,又以三乘得一千七百二十八,又加不及二十四,共得一千七百五十二为益从方.以九为从廉.开立方法除之,于实数之下,(商)[商]置第一位,将益从方一进得一万七千五百二十,从廉二进得九百,下法三进得千.以(商)[商]实得七十,下法亦置上(商)[商]得七千,以七乘得四万九千为隅法.又以上(商)[商]七乘从廉得六千三百,又上(商)[商]七乘益从方得一十二万二千六百四十,添入积实共得四十一万六千四百. 却以廉、隅二法共五万五千三百, 皆与上(商)[商]七除实三十八万七千一百, 余实二万九千三百. 乃二乘从廉一万二千六百, 三乘隅法得一十四万七千, 并之共得一十五万九千六百为方法. 下法再置上(商)[商]得七千, 以三乘之得二万一千, 并入从廉共二万一千九百为廉法. 乃方法一退得一万五千九百六十, 廉法再退得二百一十九, 益从方一退得一千七百五十二, 下法三退得一.

续(商)[商]置第二位: 以方、廉二法(商)[商][余]实得二步, 下法亦置上(商)[商]二, 自乘得四为隅法. 又以上(商)[商]二乘廉法得四百三十八, 又以上(商)[商]二乘益从方三千五百四, 添入余实共得三万二千八百四, 却以方、廉、隅三法共一万六千四百二, 皆与上(商)[商]二除[余]实, 尽, 得长七十二步, 合问.

带益从廉添积开三乘方

80. 今有直田, 积步以长自乘得一千七百九十一万五千九百四步, 只云: 长、较相乘得一千七百二十八步, 问: 长、阔各几何?

答曰: 长七十二步, 阔四十八步.

法曰[27]: 置积一千七百九十一万五千九百四步为实, 以[长较]相乘一千七百二十八步为益从廉, 开三乘方法除之. 于实数之下, (商)[商]置第一位, 将益从廉(三)[二]进得一十七万二千八百, 下法四进得万, 以(商)[商]实得七十, 下法亦置上(商)[商]七万, 再自乘得三百四十三万为隅法. 又以上(商)[商]七二遍乘益从廉得八百四十六万七千二百, 添入乘积共得二千六百三十八万三千一百四步, 却以隅法三百四十三万与上(商)[商]七除实二千四百一万, 余实二百三十七万三千一百四步, 乃四乘隅法得一千三百七十二万为方法. 下法再置上(商)[商]得七万. 副置二位, 第一位自乘得四十九万, 又以六乘得二百九十四万为上廉. 第二位, 以四乘得二十八万为下廉. 乃方法一退得一百三十七万二千, 上廉再退得二万九千四百, 下廉三退得二百八十, 益从廉再退得一千七百二十八, 下法四退得一.

续(商)[商]置第二位. 以方、廉二法共一百四十万一千六百八十, 以(商)[商]余实得二步, 下法亦置上(商)[商]二, 自乘得四, 以乘上(商)[商]七十得二百八十, 加自乘四, 共得二百八十四, 以乘益从廉得四十九万七百五十二, 添入余实共得(一)[二]百八十六万三千八百五十六, 却以上(商)[商]二一遍乘上廉得五万八百; 二遍乘下廉得一千一百二十; 三遍乘隅算一得八. 以方、廉、隅三法共一百四十三万一千九百二十八皆与上(商)[商]二除[余]实, 尽, 得长七十二步, 以除相乘一千七百二十八步, 得较二十四步, 以减长得阔四十八步, 合问.

开锁方

81. 今有方田三段, 共积四千七百八十八步, 计收米五十九石五斗八升, 只云: 上禾田方面多中禾田方面一十八步, 中禾田[方面]多下禾田方面一十二步,又云:下禾田一步如上禾田一步收米三分之一,中禾田一步如上禾田一步收米三分之二.问:三色田方面及收米各几何?

答曰:上禾田方面五十四步,共积二千九百一十六步,每步收米一升五合,计米四十三石七斗四升.

中禾田方面三十六步,共积一千二百九十六步,每步收米一升,计米一十二石九斗六升.

下禾田方面二十四步,共积五百七十六步.

每步收米五合,计米一十二石九斗六升.

法曰:置积四千七百八十八步于上,又上禾田多下禾田三十步,自乘得九百步,又以中禾田多下禾田一十二步,自乘得一百四十四步并二位共得一千四十四步为减积,以减上数、余积三千七百四十四步为实.置上禾田多下禾田三十步,中禾田多下禾田一十二步,相并得四十二步,倍之得八十四步为从方.以三为从廉.开平方法除之,于实数之下,(商)[商]第一位,将从方一进得八百四十,从廉二进得三百,下法三进得百.以(商)[商]实得二十,下法亦置上(商)[商]得二百为隅法.又以上(商)[商]二乘从廉得六百,以方、廉、隅三法共一千六百四十,皆与上(商)[商]二除实三千二百八十,余实四百六十四.乃将隅法二百并入从方共得一千四十为方法.一退得一百四,从廉二退得三,下法二退得一.

续(商)[商]置第二位,以方、廉二法共一百七,(商)[商]余实得四步.下法亦置上(商)[商]四,以乘从廉三得一十二,以方、廉二法共一百一十六,皆与上(商)[商]四步除实,尽,得下禾田方面二十四步.加中禾田多一十二步,共得三十六步,为中禾田方[面];又加上禾田多中禾田一十八步,得五十四步,为上禾田方面.置共收米五十九石五斗八升为实,三禾田各以方面自乘相并,上禾田得二千九百一十六步,以三乘之得八千七百四十八步;中禾田得一千二百九十六步,以二乘之得二千五百九十二步,下禾田得五百七十六步.并三位共得一万一千九百一十六步为法.除实得五合,为下禾田一步所收米数,以二乘得一升,为中禾田一步所收米数,再加五合得一升五合为上禾田一步所收米数,各以积步乘之,得[各]共收米数,合问.

82.今有金、银、铜各一立方,共积七百九十二寸,计价钞二万八千二百八十七贯二百文.只云:金方面少如银方面二寸;银方面少如铜方面二寸.又云:金一方寸价如银一方寸一十二倍;银一方寸价如铜一方寸六十倍,问:三色方面并价钞各几何?

答曰:金:方面四寸,共积六十四寸,每一方寸计钞三百四十二贯、共钞二万一千八百八十八贯.

银:方面六寸,共积二百一十六寸,每一方寸计钞二十八贯五百文,共钞六千一百五十六贯.

铜:方面八寸,共积五百一十二寸,每一方寸计钞四百七十五文,共钞二百四十三贯二百文.

法曰:置积七百九十二寸于上,下置铜多金四寸,再自乘得六十四寸;银多金二寸,再自乘得八寸,并二位得七十二寸为减积,以减共积,余七百二十寸为实.又以铜差四寸,自乘得一十六寸;银差二寸,自乘得四寸,并二位共得二十寸,以三乘之得六十寸为从方.又并铜差四寸,银差二寸,共得六十寸,以三乘之得一十八寸为从廉.以三为隅算,开立方法除之,上(商)[商]四寸,下法亦置上(商)[商]四自乘得一十六以隅算三乘之得四十八为隅法.又以上(商)[商]四乘从廉得七十二,以方、廉、隅三法共一百八十,皆与上(商)[商]四除实,尽,得金方[面]四寸,加差二寸得六寸为银方面,又加差二寸得八寸,为铜方面.

又置金分数一十二倍以乘银分数六十倍共得七百二十倍,以乘金积六十四寸,得四万六千八十为金差;置银分数六十倍乘银积二百一十六寸得一万二千九百六十为银差;又置铜积五百一十二寸,以一分乘之得五百一十二为铜差,并三位共得五万九千五百五十二为差法,以除共价二万八千二百八十七贯二百文得四百七十五文为铜每方寸价.副置其位,上以六十乘之得二十八贯五百文为银方寸价,下以七百二十乘之得三百四十二贯为金方寸价,以各数乘之,合问.

83.今有唇底相登四隅垛,常和二色酒共一所,不知瓶数.共卖到钞五百八十二贯九百三十文;及有口底相登六辨垛夹和小瓶酒一所,亦不知瓶数,共卖到钞二百七十六贯四百八十文,只云:三色酒价相和得七百三十文.又云:六辨垛一面如四隅垛底子一面三分之二.又云:和酒价多常酒价九十文,夹和小瓶价如常酒价三分之二,问:三色酒瓶数,并各价及四隅垛、六辨垛底子一面各几何?

答曰:和酒八百五十二瓶,每瓶三百三十文,共钞二百八十一贯四百九十文.

常酒一千二百五十六瓶,每瓶二百四十文,共钞三百一贯四百四十文.

小瓶酒一千七百二十八瓶,每瓶一百六十文,共钞二百七十六贯四百八十文.

四隅垛底子一面一十八瓶.

六辨垛底子一面一十二瓶.

法曰:置相(多)[和]价钞七百三十文以减相多九十文余六百四十文为实,倍分母得六,加分子二共得八为法,除之得八十文为差率.副置二位:上以分母三乘之得二百四十为常酒一瓶价,加相多九十文得三百三十文,为和酒一瓶价.下以分子二乘之得一百六十文为夹和小瓶酒价,置六辨垛共卖到钞二百七十六贯四百八十文,以夹和小瓶价一百六十文除之得一千七百二十八瓶为实，以开立方法除之得一十二瓶，为六辨垛底子一面数，折半得六瓶，以分母三乘之得一十八瓶，为四隅垛底子一面数，置一十八瓶添一瓶得一十九瓶相乘得三百四十二瓶，却以一十八瓶添半瓶得一十八瓶半乘之得六千三百二十七瓶，如三而一得二千一百九瓶为常，和二色共垛酒[瓶]数，置二千一百九瓶，以常酒瓶价二百四十文乘之得五百六贯一百六十文，用减四隅垛共卖到钞五百八十二贯九百三十文，余钞七十六贯七百七十文为实，以常、和二价相多九十文为法除之得八百五十三瓶为和酒[瓶]数，减共垛二千一百九瓶，余为常酒一千二百五十六瓶，合问.

84. 今有方田、圆田、直田、环田、梯田各一共积一千七百四步，只云：方田面、圆田径、直田阔、环田实径、梯田小头阔各适等，又云：方田面不及直田长三步，又不及环田内周三十三步，不及梯田大头阔六步，长八步，问：五周长、阔方、径各几何？

答曰：方田面一十二步，共积一百四十四步，圆田径一十二步，共积一百八步，直田阔一十二步，长十五步，共积一百八十八步，环田外周一百一十七步，内周四十五步，实径一十二步，共积九百七十二步，梯田长二十步，大头阔一十八步，小头阔一十二步，共积三百步.

法曰：置积一千七百四步，以四乘之得六千八百一十六步于上，下置不及梯田大头阔六步乘不及长八步得四十八步，又二乘得九十六为减积，以减上数，余六千七百二十为实. 以方田面不及直田长三步，又不及(圆)[环]田内周三十三步相并得三十六步，以四乘之得一百四十四步于上，不及梯田阔六步，以二乘得一十二步，不及梯田长八步，两遍二乘得三十二步，皆并入上数共得一百八十八为从方，课四乘共积方田四段，圆田三段，直田四段，梯田四段，环田一十六隅共并得三十一为隅算，开平方法除之，于实数之下，(商)[商]置第一位，将从方一进得一千八百八十，隅算二进得三千一百，以(商)[商]实得一，下法亦置上(商)[商]一为廉法，以乘隅算亦得三千一百为隅法，与从方共四千九百八十，皆与上(商)[商]一除实四千九百八十，余实一千七百四十，及二乘隅法得六千二百，并入从方共得八千八十为方法一退得八百八，隅算再退得三十一.

续(商)[商]置第二位：以方、隅二法共八百三十九(商)[商]实得二步，下法亦置上(商)[商]二以乘隅法得六十二. 以方、隅二法共八百七十，皆与上(商)[商]二除[余]实，尽，得各田等数一十二步，加直差三，得一十五步为直田长，加环差三十三步，得四十五步为环内周，以内周三而一得一十五步，又倍实径一十二(并)[共]二十四，并之得三十九，以三乘之得一百一十七步为环田外周，以等数一十二步，置二位：上加差六步得一十八步，为梯田大头阔，下加差八步得二十步，为梯田长,合问.

85.今有大、小方田三段,大、小直田二段,圆田一段,不云通积,只云:大、小方田三段共积一千六百四十步,其小方田面、圆径与上、中方面较等.又小方田面如大直田长六分之一.大直田阔如小直田长二分之一.小直田长、阔较一十八步;又云小直田阔再自乘之数加中方田面再自乘之积共得八千五百七十六步;又中方田面乘大方田面得四百六十八步,问:大、小方田面,直田长、阔,圆田径各几何?

答曰:大方田面二十六步,共积六百七十六步.中方田面一十八步,共积三百二十四步.小方田面八步,共积六十四步.

圆田径八步,共积四十八步.

大直田长四十八步,阔一十六步,共积七百六十八步.

小直田长三十二步,阔一十四步,共积四百四十八步.

法曰:置方田共积一千六百四十步于上.倍相乘四百六十八步得九百三十六步为减积,余一百二十八步,折半得六十四步为实,以开平方法除之得八步,为小方田面,圆田径,并上、中方田较,以六乘之得四十八步为大直长,却置相乘数四百六十八为实,以上、中方田较八步为从方,开平方法除之,于实数之下,(商)[商]置第一位,将从方一进得八十步,下法二进得百,以(商)[商]实得一,(商)[商]一除实一百八十,余实二百八十八步,乃二乘廉法得二百,并入从方共得二百八十为方法,一退得二十八,下法再退得一.

续(商)[商]置第二位,以方法二十八,(商)[实]得八步,下法亦置上(商)[商]八为廉法,以方、廉二法共三十六,皆与上(商)[商]八除实,尽,得一十八步为中田方面,加较八步得二十六步为大方田面,却以中方田面一十八步再自乘得五千八百三十二为减积,以减相并数,余得二千七百四十四为实,开立方法除之得一十四步为小直田阔,加较一十八步,得三十二步为小直田长.以二约之得一十六步为大直田阔,合问.

86.今有圆田、直田各一段.圆田内有方池,直田内有直池.共积一千一百二十步,只云:圆田径与直田长适等.又云:等数多如直田阔九步.又云:圆田棱至内方池角五步六分,直池较如圆田周二十一分之一,直池相阔相和得二十步,圆田周多如径五十六步,直方池共积二百四十步,问:圆田周、径,直田长、阔,并方、直池长、阔各几何?

答曰:圆田径二十八步,周八十四步,共积五百八十八步.

直田长二十八步,阔一十九步,共积五百三十二步.

直池长一十二步,阔八步,共积九十六步.

方田面一十二步，共积一百四十四步.

法曰：置积一千一百二十步，以四乘之得四千四百八十步为实. 置田差九步以四乘之得三十六步，以减圆田差一十六步余得二十步为从方. 以五为隅算. 开平方法除之，于实数之下，(商)[商]置第一位，将从方一进得二百步，隅算二进得五百，以(商)[商]实得二十，下法亦置上(商)[商]二，以乘隅算得一千为隅法. 以从方、隅法共一千二百，皆与上(商)[商]二除实二千四百，余实二千八十. 乃二乘隅法得二千，并入从方共得二千二百为方法，一退得二百二十，，隅算再退得五.

续(商)[商]置第二位，以方法二百二十，(商)[商][余]实得八步. 下法亦置上(商)[商]八，以乘隅算五得四十，以方、隅二法共二百六十，皆与上(商)[商]八除实，尽得二十八步为直田长，圆田径等数. 内加圆田差五十六步得八十四步为圆田周. 又直田长内减直差九步，余得一十九步为直田阔. 却置圆田周八十四步，以分母二十一约之得四步为直池较. 用减相和二十步，余一十六步，折半得八步，为直池阔. 加较四步，得一十二步为直田长. 倍至角五步六分得一十一步二分，以减圆池径二十八步，余一十六步八分，身外除四得一十二步为方池面，合问.

87. 今有大、小直田二段，其大直田内有方池，小直田内有圆池，水占之. 外计积三千四百四步，只云：大直田阔多如小直田长二十一步，将小直田长减二十步益于大直田长步适及小直田余长步六倍，却将大直田减二十步益于小直田长步内，二长适等. 又云小直田两隅步不及大直田两隅五十步. 又云：方池面与圆池径相和得六十步，问：大、小直田长、阔、两隅相去，并池方、径各几何？

答曰：大直田长七十六步，阔五十七步，两隅相去九十五步，共积四千三百三十二步.

小直田长三十六步，阔二十七步，两隅相去四十五步，共积九百七十二步.

方池面四十步，共积一千六百步，圆池径二十步，共积三百步.

法曰：置两互益各二十步，并之得四十步为合差，倍之得八十步，以适及六倍减一余五除之得一十六步为小直长余步，加益差二十步得三十六步为小直田长. 又加合差四十步，共七十六步为大直田长. 将小直田三十六步加长阔差二十一步共五十七步为大直田阔，却以大直田长自乘得五千七百七十六，阔自乘得三千二百四十九，并之得九千二十五为实，开平方法除之得九十五为大直田两隅相去步，内减五十步，余四十五步，为小直田两隅相去步. 自乘得二千二十五步，内减小直田长自乘一千(一)[二]百九十六步，余七百二十九步为实开平方法除之得二十七步为小直田阔步，再置大直田长、阔相乘四千三百三十二步，小直田长、阔相乘得九百七十二步，并二位得五千三百四步为通积，内减实积三千四百四步，余一千九百步，以减相和六十步自乘得三千六百步，余一千七百步为实，倍相和六十步得一百二十步为从方，以三十五步为益隅,开平方法除之,上(商)[商]二十,下法亦置上(商)[商]二十为廉法,以乘益隅三十五步得七百步,加入余实共得一千四百步,却以从方一百二十步与上(商)[商]二十除实,尽,得圆池径二十步,以减相和六十步余四十步为方池面,合问.

88. 今有大小立方三段,共积二十四万七千七百四十四尺,只云:大方面多中方面六尺,中方面多小方面六尺,问:三事各几何?

答曰:大方面四十二尺,共积七万四千八十八尺.

中方面三十六尺,共积四万六千六百五十六尺.

小方面三十尺,共积二万七千尺.

法曰:置积一十四万七千七百四十四尺于上.以大方面多小方面一十二尺,再自乘得一千七百二十八尺,中方面多小方面六尺,再自乘得二百一十六尺,并二位共得一千九百四十四尺为减积,以减积数,余积一十四万五千八百尺为实,以大方面多小方面一十二尺,自乘得一百四十四尺,中方面多小方面六尺,自乘得三十六尺,并二位共得一百八十尺,以三乘得五百四十尺为从方,并二差得一十八尺,以三乘之得五十四尺为从廉,以三为隅算,开立方法除之,于实数之下,将从方一进得五千四百,从廉二进得五千四百,隅算三进得三千,以(商)[商]实得三十尺,下法亦置上(商)[商]三,自乘得九,以乘隅算三千得二万七千为隅法.又以上(商)[商]三乘从廉得一万六千二百,以方、廉、隅三法共四万八千六百,皆与上(商)[商]三除实,尽,得小方面三十尺,各加差数,合问.

89. 今有大、小立方二,立圆一,平方一,共积一十四万二千八百一十二尺,只云:平方面如立圆径三分之一,小立方面如立圆径四分之二,大立方面多小立方面三十尺,问:四事各几何?

答曰:大立方面四十八尺,共积一十一万五百九十二尺.

立圆径三十六尺,共积二万六千二百四十四尺.

小立方面一十八尺,共积五千八百三十二尺.

平方面一十二尺,共积一百四十四尺.

法曰:置积一十四万二千八百一十二尺于上.以多数三十尺再自乘得二万七千尺为减积,余一十一万(二)[五]千八百一十二尺于上,以立方分子二再自乘得八,又以十六乘之得一百二十八于上,以平方分母三自乘得九,以乘上数得一千一百五十二为乘法.以乘余积得一亿三千三百四十一万五千四百二十四为实.置乘法,以分母三乘之得三千四百五十六,又以多数自乘得九百乘得三百一十一万四百为从方,又置乘法以分母三乘之得三千四百五十六,以多数三十乘之得一十万三千六百八十为立圆廉,以立方分子四乘一十六得六十四,又以分子二乘之得一百二十八于上,以平方分子一自乘以乘立方分母四,亦得四,乘上数得五百一十二为平方廉.并二廉共得一十万四千一百九十二为从廉.以立方分母四再自乘得六十四,又以立圆九乘之得五百七十六于上.立方分子二再自乘得八,以立方十六乘之得一百二十八,加入前数共得七百四,又以平方分母三自乘得九乘之得六千三百三十六,加乘法共得七千四百八十八为隅算.开立方法除之,于实数之下,(商)[商]置第一位,将从方一进得三千一百一十万四千,从廉二进一千四十一万九千(七)[二]百,隅算三进得七百四十八万八千.以商[商]实得一十,下法亦置上(商)[商]一,自乘亦得一,以乘隅算亦得七百四十八万八千为隅法.又以上(商)[商]一乘从廉亦得一千四十一万九千二百.以方、廉、隅三法共四千九百一万一千二百,皆与上(商)[商]一除实四千九百一万一千二百,余实八千四百四十万四千二百二十四.乃二乘从廉得二千八十三万八千四百,三乘隅算得二千二百四十六万四千,皆并入从方共得七千四百四十万八千四百为方法.再置上(商)[商]一以三乘之得三,以乘隅算七百四十八万八千得二千二百四十六万四千,并入从廉共得三千一百八十八万三千二百为廉法.乃方法一退得七百四十四万六百四十,廉法再退得三十二万八千八百三十二,隅法三退得七千四百八十八.

续(商)[商]置第二位,以方、廉、隅三法共七百七十七万六千九百六十,以(商)[商]余实得八尺,下法亦置上(商)[商]八,自乘得六十四,以乘隅算得四十七万九千二百三十二为隅法.又以上(商)[商]八乘廉法得二百六十三万六百五十六,以方、廉、隅三法共一千五十三万五百二十八,皆与上(商)[商]八除[余]实,尽,得小立方面一十八尺,加多数三十,共得四十八尺为大立方面.又置一十八(步)[尺]以二乘为立圆径三十六尺,以三而一,得平方面一十二尺,合问.

90.今有立方、平方、立圆各一所,共积二十二万九千六百七[尺],只云:立方面多如立圆径七尺,平方面如立圆径三分之二,问:三事各几何?

答曰:立方面五十尺,共积一十六万六千三百七十五尺.

立圆径四十八尺,共积六万二千二百八尺.

平方面三十二尺,共积一千二十四尺.

法曰:置积二十二万九千六百七尺,以多七尺再自乘得三百四十三尺为减积,余积二十二万九千二百六十四尺于上,置分母三自乘得九,以立方面一十六乘之得二百四十四为乘法.以乘余积得三千三百一万四千一十六尺为实.以分母(二)[三]乘乘法一百四十四得四百三十二,副置二位:第一位,以多七尺自乘得四十九尺,乘之得二万一千一百六十八为从方.第二位以多七尺乘之得三千二十四为立方廉.又以分子二自乘得四以乘立方十六得六十四为平方廉,并二廉共得三千八十八为从廉.又置分母三自乘得九,副置二位,上以立方一十六乘之得一百四十四为立方隅.下以立圆九乘之得八十一为立圆隅.并二隅共得二百二十五为隅算.开立方除之,于实数之下,(商)[商]置第一位,将从方一进得二万一千六百八十,从廉二进得三十万八千八百,隅算三进得二十二万五千.(商)[商]实得四十,下法亦置上(商)[商]四,自乘得一十六,以乘隅算得[三]百六十万为隅法.又以上(商)[商]四乘从廉得一百二十三万五千二百[为廉法].方、廉、隅三法共五百四万六千八百八十,皆与上(商)[商]四除实二[千]一[十]八万七千五百二十,余实一千二百八十二万六千四百九十六.乃二乘从廉得[二]百四十七万四百,三乘隅法得一千八十万,并入从方共得一(千)三百四[十]八万二千八十为方法.别置上(商)[商]四以三乘之得一十二,以乘[隅]算得二百七十万,并入从廉得三百万八千八百为廉法.乃方法一退得一百三十四万八千二百八,廉法再退得三万八十八,隅法三退得二百二十五.

续(商)[商]置第二位,以方、廉、隅三法共一百三十七万八千三百二十一,以商[商]余实得八尺,下法亦置上(商)[商]八,自乘得六十四,以乘隅算得一万四千四百为隅法.又以上(商)[商]八乘廉法得二十四万七百四.以方、廉、隅三法共一百六十万三千三百一十二,皆与上(商)[商]八除[余]实,尽,得立圆径四十八尺,以三除二乘得平方面三十二尺,又立圆径四十八尺加七尺得立方面五十五尺,合问.

91.今有立方、大平方、小立方各一,共积五十一万四千四百五十尺,只云:小平方面如大平方面七分之一,其立方面多大平方面三十一尺,问:三事各几何?

答曰:立方面八十尺,共积五十一万二千尺.

大平方面四十九尺,共积二千四百一尺.

小平方面七尺,共积四十九尺.

法曰:置积五十一万四千四百五十尺,以分母七自乘得四十九乘之得二千五百二十万八千五十于上,以分母七自乘得四十九,分子一自乘[得一]并之得五十,又多三十一尺自乘得九百六十一,二位相乘四万八千五十为减积,以减乘积余积二千五百一十六万为实,以分母七自乘得四十九,分子一自乘[得一],并而倍之得一百,以乘多数三十一得三千一百为益从方,又以分母、子各自乘,并之得五十为从廉,又以分母七自乘得四十九为隅算.开立方法除之,于实数之下,将益从方一进得三万一千,从廉二进得五千,隅算三进得四万九千,以(商)[商]实得八十尺,下法亦置上(商)[商]八,自乘得六十四,以乘隅算得三百一十三万六千为隅法.又以上(商)[商]八乘从廉得四万为廉法,却以上(商)[商]八乘益从方得二十四万八千,添入余积共得二千五百四十万八千为实.却以廉、隅二法共三百一十七万六千,皆与上(商)[商]八除实,尽,得立方面八十尺.内减多数三十一尺,得大平方面四十九尺,以七约之,得小平方面七尺,合问.

92.今有方垜垛,圆垜垛,立方、大平方、小平方、立圆毬各一,共积二万七千八十尺,只云:小平方面多如立圆毬径三分之二,又云:大平方面与小平方面幂等,立方面如二垛垛高三分之二,又云:二垛垛高与小平方面等,却不及圆垛垛径二尺;又不及方垛垛面六尺,问:六事几何?

答曰:方垛垛高一十二尺,面一十八尺,共积三千八百八十八尺.

圆垛垛高一十二尺,径一十四尺,共积一千七百六十四尺.

大平方一百四十四尺,共积二万七千三十六尺.

小平方一十二尺,共积一百四十四尺,立方面八尺,共积五百一十二尺.

立圆毬径四尺,共积三十六尺.

法曰[28]:求乘积,置积二万七千八十尺于上,以立方分母三再自乘得二十七,以立方率十六乘之得四百三十二为乘法.以乘积数得一千一百六十九万八千五百六十为实.

求从方,以方垛垛高不及六尺自乘得三十六尺,以乘法四百三十二尺乘之得一万五千五百五十二尺于上,又圆法三因乘法得一千二百九十六,却以方法四约之,得三百二十四,又以立圆球毬差二,自乘得四乘之得一千二百九十六,加入前数共得一万六千八百四十八为从方.

求从(下)[上]廉;以方垛垛差六以二乘得一十二,以乘法乘之得五千一百八十四于上,又倍圆垛垛差二得四,以乘法乘之得一千七百二十八,现以三因,四除得一千二百九十六于中,以乘法四百三十二于下,并三位共得六千九百一十二为从上廉.

求从下廉:以立方分子二再自乘得八,以立方法十六乘之得一百二十八于上,又以立圆分子一再自乘亦得一,以立圆法九因之亦得九于中.又以方程垛垛差隅算四百三十二,圆垛垛差隅算三百二十四相并得七百五十六于下,并三位共得八百九十三为从下廉.以大平方幂段四百三十二为隅算.开三乘方法除之,于实数之下,(商)[商]置第一位,以布方、廉、隅四位,将从方一进得一十六万八千四百八十,从上廉二进得九十六万一千二百,从下廉三进得八十九万三千,隅法四进得四百三十二万.于实数万位之下(商)[商]实得一十,下法亦置上(商)[商]一,遂依三乘方法,一遍乘上廉,二遍乘下廉,三遍乘隅法,皆止得原数.以方、廉、隅四法共六百七万二千六百八十,皆与上(商)[商]一除实六百七万二千六百八十,,余实五百六十二万五千八百八十,乃二乘上廉得一百三十八万二千四百,三乘下廉得二百六十七万九千,四乘隅法得一千七百二十八万,皆并入从方共得二千一百五十万九千八百八十为方法.再置上下廉二位,以三因上(商)[商]一十得三十,以乘下廉八十九万三千,得二百六十七万九千,加入上廉六十九万一千二百,共得三百三十七万二百.又于隅法之下,置上(商)[商]一,[列]二位,上自乘止得一,又六乘得六,以乘隅法四百三十二万得二千五百九十二万，又加入上廉三百三十七万二百，共得二千九百二十九万二百，下位只以四乘得四，以乘隅法四百三十三万，共得一千七百二十八万，加入下廉八十九万三千，共得一千八百一十七万三千. 乃方法一退得二百一十五万九百八十八，上廉再退得二十九万二千九百二十，下廉三退得一万八千一百七十三，隅法四退得四百三十二.

续(商)[商]置第二位，以方、廉、隅四法共二百四十六万二千四百九十四(商)[商][余]实得二尺，下法亦置上(商)[商]二，一遍乘上廉得五十八万五千八百四，二遍乘下廉得七万二千六百九十二，三遍乘隅法得三千四百五十六，以方、廉、隅四法共二百八十一万二千九百四十，皆与上(商)[商]二除[余]实、尽，得一十二尺为方，圆垛垛高，小平方面等数，却以等数一十二尺副置五位，第一位以三约之得四尺为立圆球径，第二位自乘得一百四十四尺为大平方面，第三位以二乘得二十四以三除得八尺为立方面，第四位加不及二尺得一十四尺为圆垛垛径，第五位加不及六尺得一十八尺为方垛垛，合问.

93. 今有方垛垛、圆垛垛、大立方、小立方、大平方、小平方、大立圆、小立圆、阳马、鳖臑共一十事，计积一十五万四百六十二尺，号曰：十样锦，只云方、圆垛垛高、阳马，鳖臑广与小平方面等，其大立方面、大立圆径多小平方面(四)[三]分之一，又小立方面、小立圆径如小平方面三分之二. 又云大平方面与小平方面幂等，阳马广少如袤二尺，高四尺，又鳖臑广少如高二尺，上袤四尺，其方垛垛面多高六尺，圆垛垛径多高四尺，问：十事各几何?

答曰：方垛垛高一十八尺，面二十四尺，共积一万三百六十八尺.

圆垛垛高一十八尺，径二十二尺，共积六千五百三十四尺.

大立方面二十四尺，共积一万三千八百二十四尺.

大立圆径二十四尺，共积七千七百七十六尺.

小立方面一十二尺，共积一千七百二十八尺.

小立圆径一十二尺，共积九百七十二尺.

大平方面三百二十四尺，共积一十万四千九百七十六尺.

小平方面一十八尺，共积三百二十四尺.

阳马广一十八尺，高二十二尺，袤二十尺，共积二千六百四十尺.

鳖臑广一十八尺，高二十尺，上袤二十尺，共积一千三百二十尺.

法曰[29]：求乘积，置积一十五万四百六十二尺于上，以立方分母三再自乘得二十七，以立方十六乘之得四百三十二为乘法. 以乘积数得六千四百九十九万九千五百八十四为实.

求从方，以方垛垛多数六自乘得三十六，以乘法乘之得一万五千五百五十二，又圆垛垛多数四自乘得一十六，以乘法乘之，又三因四而一得五千一百八十四，又阳马二差相乘得八,以乘法乘之如三而一得一千一百五十二,鳖臑二差相乘得八,以乘法乘之如六而一得五百七十六,并四位共得二万二千四百六十四为从方.

求从上廉:倍方垜垛多数六得一十二,以乘法乘之得五千一百八十四;又倍圆垜垛多数四得八,以乘法乘之,又三因四而一得二千五百九十二,又阳马二差相并得六,以乘法乘之,如三而一得八百六十四,鳖臑二差相并得六,以乘法乘之,如六而一得四百三十二,又用大平方幂段四百三十二,并五位共得九千五百四为从上廉.

求从下廉:以方垜垛分母三再自乘得二十七,以立方率十六乘之得四百三十二,又圆垜垛分母三再自乘得二十七,以立方率十六乘之,又三四而一得三百二十四,大立方分母四再自乘得六十四,以立方率十六乘之得一千二十四,小立方分母二,再自乘得八,以立方率十六乘之得一百二十八,大立圆分母四,再自乘得六十四,以立圆率九乘之得五百七十六,小立圆分母二,再自乘得八,以立圆率九乘之得七十二,阳马分母三,再自乘得二十七,以立方率十六乘之,又如三而一得一百四十四,鳖臑分母三,再自乘得二十七,以立方率十六乘之,又如六而一得七十二,并八位共得二千七百七十二为从下廉.

以大平方幂段四百三十二为隅算,并三乘方法除之,于实数之下,商[商]置第一位,以布方、廉、隅四法,将从方一进得二十二万四千六百四十,从上廉二进得九十五万四百,从下廉三进得二百七十七万二千,隅法四进得四百三十二万,于实数万位之上,(商)[商]实得一十,下法亦置上(商)[商]一,遂依三乘方法一遍乘上廉,二遍乘下廉,一乘隅法,皆止得原数.以方、廉、隅四法共八百二十六万七千四十,皆与上(商)[商]一除实八百二十六万七千四十,余实五千六百七十三万二千五百四十四.乃二乘上廉得一百九十万八百,三乘下廉得八百二十一万六千,四乘隅法得一千七百二十八万,皆并入从方共得二千七百七十二万一千四百四十为方法.再置上(商)[商]一,以三乘之得三,乘下廉二百七十七万二千得八百三十一万六千,加入上廉九十五万四百共得九百二十六分六千四百,又于隅法之下,置上(商)[商]一、二位,上自乘又六乘,止得六,以乘隅法四百三十二万得二千五百九十二万,加入上廉九百二十六万六千四百,共得三千五百一十八万六千四百,下位只以四乘止得四,以乘隅法得一千七百二十八万,加入下廉二百七十七万二千,共得二千五万二千,乃方法一退得二百七十七万二千一百四十四,上廉再退得三十五万一千八百六十四,下廉三退得二万五十二,隅法四退得四百三十二.

续商[商]置第二位,以方、廉、隅四法共三百一十四万四千四百九十二,(商)[商]余实得八尺,下法亦置上(商)[商]八,一遍乘上廉得二百八十一万四千九百一十二,二遍乘下廉得一百二十八万三千三百二十八,三遍乘隅法得二十二万一千一百八十四,以方、廉、隅四法共七百九万一千五百六十八,皆与上(商)[商]八除[余]实,尽,得一十八尺为方,圆垛垮高、阳马、鳖臑广、小平方面等数,却以等数一十八尺,副置六位:第一位,以二乘三而一得一十二尺为小立方面,小立圆径,第二位,以四乘三而一得二十四尺为大立方面、大立圆径.第三位,自乘得三百二十四为大平方面,第四位,加四尺,共得二十二尺为圆垛垮径、阳马高、鳖臑止袤,第五位,加二尺,得二十尺为阳马袤,鳖臑高,第六位,加六尺,得二十四尺,为高垛垮面,合问.

——九章详注比类还源开方算法大全卷第十[终]

①吴敬的开方术，解题步骤用的是增乘开方法，这在明朝是首次，在中国乃至世界数学发展史上最极其重要的，在国内，要比王文素《算学宝鉴》(1524年)早74年，在国外，要比鲁菲尼(1802年)早352年！比霍纳(1819年7月1日)早369年！

吴敬非常重视开方术，此卷是全书最好、最精彩、最重要的一卷，他的研究非常细致，全卷共设93题，分25类：

	题目序号	题目数
1. 开三乘方法	1	1
2. 开四乘方法	2	1
3. 开五乘方法	3	1
4. 带从开平方法	4～17	14
5. 带减从开平方	18～20	3
6. 带减积开平方	21～22	2
7. 带从负隅减从开平方	23～26	4
8. 方法、从方乘减积除实开平方	27	1
9. 廉法、从方减只开平方	28～32	5
10. 从方、益隅添实开平方	33～34	2
11. 带从减积开平方	35	1
12. 廉从乘减积开平方	36	1
带从减实开平方[一]	正文无题目	
13. 减从翻法开平方	37	1
14. 负隅减从翻法开平方	38	1
15. 带从廉开平方[一]	39	1
16. 益隅开平方[一]	40	1
17. 带从隅益积开平方[一]	41	1
18. 带从方廉开平方[一]	42	1
19. 减程隅算，益以添实开平方	43	1
20. 带从方廉开立方	44～62	19
21. 带从方廉开立方 (目录名称为“带益从方，廉隅算开立方”)	63～76	14
22. 带从廉开立方	77～78	2
23. 带益从方从廉开立方	79	1
24. 带益从廉添积开三乘方	80	1
25. 开锁方(目录共12个小标题)	81～93	13
		计93题

分得这样详细,尽管有些依现代数学观点来看有些项目可以归并,但在数学史上来讲,还是独家首次,值得赞扬.查目录原为94题,第12小节后原有“带从减实开平方一题,但正文无此题,可能是刻印漏掉,无法校补,所以正文为93题.

本书卷首“乘除开方起例”和卷四“少广章”中,均介绍开平方、开立方,并在少广章中引入了《永乐大典》中杨辉《详解九章算法》中的“开方作法本源图”和增乘开方法,本卷首先介绍“开三乘方法”“开四乘方法”“开五乘开方”的术文和例题,接着依次介绍“带从开平方”“带减从开平方”“带减积开平方”等多种方法,系统、详细,说明吴敬已十分熟练地掌握了开方术、增乘开方法,为清朝数学家杨文鼎、李锐等的研究开了先河,打下了良好的基础!

② $\sqrt[4]{207\ 594\ 140\ 625}=675$

解法提示:

600 000 000		207 594 140 625
21 600 000 000×6	=	129 600 000 000 (−
8 640 000 000		77 994 140 625
70 000×7×7　3 430 000		
上廉216 000 000×7 =1 512 000 000		
下廉2 400 000×7×7 =117 600 000 (+		
10 273 030 000×7	=	71 911 210 000 (−
		6 082 930 625
1 203 052 000		
上廉2 693 400×5= 13 467 000		
下廉2 680×5×5= 67 000		
隅5×5×5= 125 (+		
1 216 586 125×5	=	6 082 930 625 (−
		0

③杨辉在《田亩比类乘除捷法》中,引入中山刘益《议古根源》中的22个问题,书中有“益从”“减从”“益积”“四因积步”4种类型,刘益在方程论方面,有所突破,他提出二次项或一次项系数可为负,并提出了“正负开方术”,他还研讨了4次方程,这在中国数学史上是空前的,杨辉在《乘除通变本末》卷上中说:“刘益以勾股之术治演段锁方,撰《议古根源》二百问,带从益隅开方,实冠前古.”在《田亩比类乘除捷法》序中说:“引用带从正负损益之法,前古所未

闻也.”

吴敬《九章算法比类大全》,王文素《算学宝鉴》引述了刘益的带从开方四法.

本题法曰:设 x 为阔步,则长为 $(x+132)$ 步,故

$$x(x+132)=167\,040$$

$$x^2+132x=167\,040$$

细草相当于刘益的“益从求阔”术:

商		3		4		8
实	1	6	7	0	4	0
从方				1	3	2
下法						1

商 3 4 8

实 167 040

从方二进

13 200

下法四进×3为方法10 000×3=30 000(43 200

43 200×3= 129 600(−

皆与上商除实

37 440

2×方法: 2×30 000=60 000

并入从方

13 200(+

73 200为方法)

一退得 7 320

400(+

7 720×4=

30 880(−

6 560

第二位商4皆与上商除实

2×隅法 2×400=800

并入方法

7 320(+

8 120

退得812

三商8为隅法

8(+

皆与上商除实尽

820×8=

6 560(−

0

④“于实数之下,商置第一位”应为“于实数之上商置第一位”.

⑤算箭,即束物术.凡杆状之物若干枚,缚为一束,或方或圆或三角,称为

"束物术"."方箭术"始见于《孙子算经》卷下,"圆箭术"始见于杨辉《田亩比类乘除捷法》,此书载方圆箭各二题,元朱世杰《四元玉鉴》卷中"箭积交参"门(7问),专门论述方圆箭由总数求外周等,元《丁巨算法》(1355 年)载方圆箭求总数歌诀及圆箭束一题,明吴敬《九章算法比类大全》(1450 年)卷五"比类"载方圆箭束各一题,至明王文素《新集通证古今算学宝鉴》始提出"三角箭束","算箭法"方算完备,他的"圆六方八三角九"歌诀,一直在民间广泛流传.此歌并非首见于《算法统宗》.

算箭时,箭束可以看成以下数列:

圆箭束:$1,6,12,18,\cdots,6n$　除中心一枚外,构成一首项为 6,公差为 6 的等差数列.

圆环束:$a_1,a_1+6,a_1+12,\cdots,a_1+6(n-1)$　是首项不小于 6 且以 6 为公差的等差数列.

方箭束有心:$1,8,16,24,\cdots,8n$　除中心一枚外,首项为 8,公差为 8 的等差数列.

方箭束无心:$4,12,20,28,\cdots,8n+4$　为首项为 4,公差为 8 的等差数列.

三角束有心:$1,9,18,27,\cdots,9n$　除中心一枚外,为首项为 9,公差为 9 的等差数列.

三角束无心:$3,12,21,30,\cdots,9n+3$　为首项为 3,公差为 9 的等差数列.

有时也有以 6 或 9 等为无心三角束首项的,此时实为三角环,王文素称之为"圭圈".下文将圆箭束、圆环束、方箭束和三角束的和分别记为 $S_{\bigcirc}$,$S_{环}$,$S_{\square}$ 和 $S_{\triangle}$,当有必要区别"有心"和"无心"时,$S_{\square 1}$ 和 $S_{\triangle 1}$ 表"有心",$S_{\square 2}$ 和 $S_{\triangle 2}$ 表"无心",各列的末项均为 a_n.王文素给出了以下结果:

"算箭从来数外围,内围有数也当知.圆六方八三角九,并外相乘外面围.

圆十二除方十六,三角十八去除之.除数增入中心一,积放无差不必疑."(卷二十一)

此诀给出

$$S_{\bigcirc}=\frac{a_n(6+a_n)}{12}+1$$

$$S_{\square}=\frac{a_n(8+a_n)}{16}+1$$

$$S_{\triangle}=\frac{a_n(9+a_n)}{18}+1$$

"物摆圆环问积时,二周相并径乘之.乘来折半知其数,法与环田一样儿."又"圆物将来欲摆圈,六枚以上摆方圆.每层添减均差六,不信将钱试布观."

(卷二十一)

此诀:$S_{环}=\frac{(a_1+a_n)d_{环}}{2}$,其中 $d_{环}$ 为径,即圆环的层数.

⑥由上述公式:$S_{\square}=\frac{a_n(8+a_n)}{16}+1$,得

$$a_8(8+a_8)=16(S_{\square}-1)$$

$$a_8^2+8a_8=16(144-1)=2\ 288$$

$$a_8=44$$

⑦⑨参见上述公式:$S_{\bigcirc}=\frac{a_n(6+a_n)}{12}+1$.

⑧设底子为 x 个,则

$$x^2+x=2\times 630=1\ 260$$

$$x=35$$

⑩带减从开平方,相当于方程

$$x^2-bx=c \text{ 或 } x^2-bx+c=0$$

设直田(长方形田)的长和宽分别为 m 和 n,和为 $l=m+n$,面积为:$S=mn$,且 $x=n$,则

$$x^2-lx+S=0$$

吴敬在法曰中详细叙述了带减从开平方的演算程序:这段引文的第一段(到第一个句号)是给出开方式,相当于

$$x^2-296x+21\ 648=0$$

开这个开方式,观察“实”(常数项),知所得商应为三位数,首位不能是“2”,因其自乘得“4”,超过了实,所以只能是“1”(实际为100).上商以后的第一步是“商以减纵”,$(-296)+100=-196$(余纵),应当是“商乘隅以减纵”,即$(-296)+(1\times 100)$,隅为“1”,吴敬省略了“商乘隅”.第二步是“与上商除实”,实际是“余纵与上商相乘,除实”,即$21\ 648+(-196)\times 100=2\ 048$(余实).第三步是“又以上商100再减纵196”,即$(-196)+100=-96$(又余纵,叫作“方法”).上商第一位完了,这时得开方式为

$$x_1^2-96x_1+2\ 048=0$$

再上商第二位、第三位,步骤都一样,一直到余实为零,乃止.本问上商第三位,计算结果余实“尽”,于是得商为132.

吴敬的开方步骤,虽然说得简略,但是都是先乘后加,实质上是增乘开方法,值得注意的是:吴敬在“开三乘方”“开四乘方”“开五乘方”中熟练地使用贾宪“开方作法本源”,这是首次见诸记载.此类开方问题,即相当于 $x^n=A$,也

要由高位到低位,一次次给出商的某一位,设 a_1 为第一位商,则有 $x^n=(x_1+a_1)^n$,展开成一多项式,这时就可立即由"开方作法本源"算出各项系数,假定 $n=4$,则有

$$(x_1+a_1)^4=x^4+4a_1x_1^3+6a_1^2x_1^2+4a_1^3x_1+a_1^4$$

具体运用时,要结合开方法进行.

吴敬的《九章算法比类大全》在当时普及数学知识方面起过很大作用,对后世的影响也不能低估,就明代来说,这部书也是不可多得的.

大题演草简译:

		商	1　3　2
		实	2 1 6 4 8
初商:	(296-100)×100	=	1 9 6 0 0 (-
			2 0 4 8
方法:	196-100-30=66		
二商	66×30	=	1 9 8 0 (-
			6 8
方法:	66-30-2=34		
三商	34×2	=	6 8 (-
			0

⑪设矩形田长为 b,阔为 a,依题意得方程:

$$\begin{cases}ab=3\ 456 & (1)\\ 3b+5a=456 & (2)\end{cases}$$

由(1)得

$$b=\frac{3\ 456}{a} \qquad (3)$$

(3)代入(2)得

$$3\times\frac{3\ 456}{a}+5a=456$$

乘 a　　$3\times3\ 456+5a^2=456a$

即　　$5a^2-456a+10\ 368=0$

即为吴书方程.

⑫设矩形田长为 b,阔为 a,依题意,得

$$\begin{cases}ab=3\ 456 & (1)\\ b+2a+3(a+b)+4(b-a)=624 & (2)\end{cases}$$

由(2)得　　$b+2a+3a+3b+4b-4a=624$

即

$$8b + a = 624 \tag{3}$$

由(3)得

$$8b = 624 - a$$

$$b = \frac{624 - a}{8} \tag{4}$$

(4)代入(1)得

$$a \cdot \frac{624 - a}{8} = 3\,456$$

$$a(624 - a) = 3\,456 \times 8$$

$$-a^2 + 624a = 27\,648$$

$$-a^2 + 624a - 27\,648 = 0$$

即为吴书方程.

⑬王文素在《算学宝鉴》卷三十四指出切论此题,称一长、二阔、三和、四较,即是八长一阔.当以九为隅算,又当以八长乘较为从方为是.

新术曰:置乘积为实.以八长乘较为从方.以九为隅算.开平方法除之,得阔.

新草曰:置乘积二万九千九百五十二步为实.以八长乘较二十四步,得一百九十二步为从方.以八长一阔共九段为隅算.开平方法除之.初商四十.置于积上为甲.另以甲乘隅算九,得三百六十,益入从方共五百五十二为甲总.命甲除实二万二千八十步,余七千八百七十二步,又以甲乘隅算再益三百六十入甲总,得九百一十二.次商八步,置上甲后为乙.另以乙乘隅算,得七十二,又益入甲总,共得九百八十四,命乙除七千八百七十二步,适尽.得阔四十八步,合问.

求配长阔术曰:题云,一长、二阔、三和、四较,以阔乘,得积二万九千九百五十二步,且三和是三长三阔,加一长二阔,得四长五阔,又以四较配四阔为四长,是得八长一阔也.且八长即是八阔八较,故又得九阔一较也.

证曰:《九章》原立法曰:以半较为从廉,开平方除之,非通术也.愚谓阔如长三分之二者,并八长一阔乘阔,即得阔自之十三段积,巧逢半较十二为从廉,并开平方又是一段,以应十三段阔自乘之数也.

王文素的新术相当于:设阔为 x 步,则长为 $(x+24)$ 步,依题意得

$$[\text{一长}+\text{二阔}+\text{三和}+\text{四较}]\times\text{阔}=\text{积}$$

$$[(x+24)+2x+3(x+24+x)+4\times24]x=29\ 952$$

王文素化为 $9x^2+192x=29\ 952$,$x=48$

此即如图所示的按条段法各乘阔 x:

"九阔"乘阔 x 即 $9x^2$.

"八较"乘阔 x 即 $8\times24\times x=192x$.

"八长一阔"乘阔 x 即 $8(x+24)x+x^2=9x^2+192x$,亦同.

王文素的解法与现代解法相同.

设长为 b,阔为 a,依题意,可列方程

$$\begin{cases}a[b+2a+3(a+b)+4(b-a)]=29\ 952 & (1)\\ b-a=24 & (2)\end{cases}$$

由(1)得

$$a(a+8b)=29\ 952 \tag{3}$$

由(2)得

$$b=24+a \tag{4}$$

(4)代入(3)得

$$9a^2+192a-29\ 952=0 \tag{5}$$

以3除之,得

$$3a^2+64a-9\ 984=0 \tag{6}$$

(3)式中:$a+8b$,即王文素所称"一长、二阔、三和、四较即是八长($8b$)一阔(a)",又"当以九为隅算($9a^2$),又当以八长乘较为从方($8\times24=192a$)".

下面第41题、42题均可用此法列出方程.

⑭王文素在《算学宝鉴》卷三十四指出:"详此题术为是,但欠解曰:盖一长、二阔、三和、四较即是八长,一阔,今用九为隅算,积内正少一较之积,所用一较为益积."并举出"比证新题",加以论证:

比证新题;直田不云积步,并三长、四阔、五和、六较以乘长,得八万二千九百四十四步.长多阔二十四步.问:长几何?

答曰:七十二步.

新立乘长求长术曰:置和乘长积为实.以三因较为益积.以十七为隅算.开平方法除之.

解曰:三长、四阔、五和、六较,乃是十四长三阔,是少三较不足十七长.今用十七长为隅算,是积内正少长之较三段积.所以用三因较为益积,开方求长.

新立草曰:置和乘长积八万二千九百四十四步为实.以三阔乘较二十四步,得七十二步为益积.并十四长、三阔,共十七为隅算.开平方法除之.初商七十.置于积上为甲.另以甲七十乘隅算十七,得一千一百九十为甲方.另以甲七十乘益积七十二,得(七)[五]千四十益入积内,共八万七千九百八十四步.却以甲方命甲除实八万三千三百步,余四千六百八十四步.乃倍甲方,得二千三百八十为乙廉.次商二步.续上甲后为乙.另以乙二步乘益积七十二,得一百四十四步,益入余积,内得四千八百二十八步.另以乙二步乘隅算十七,得三十四为乙隅,并入乙廉,共二千四百一十四为乙总.命乙除实四千八百二十八步,适尽.得长七十二步,合问.

设长为 b,阔为 a,依题意,可列方程

$$\begin{cases} b[b+2a+3(a+b)+4(b-a)]=44\,928 & (1) \\ b-a=24 & (2) \end{cases}$$

由(1)得

$$b(a+8b)=44\,928 \quad (3)$$

由(2)得

$$a=b-24 \quad (4)$$

(4)代入(3)得

$$b[(b-24)+8b]=44\,928$$

$$b^2-24b+8b^2=44\,928$$

即

$$9b^2-24b=44\,928 \quad (5)$$

即吴术所云:"置积四万四千九百二十八为实,以较二十四为益从方,以九为隅算."

⑮王文素在《算学宝鉴》卷三十四指出.

此术与下题乘阔求长方法巧逢,未为通理.

新立乘长求阔术曰:以较自乘,以长数乘之,而减积,余为实.倍长数,并阔

数，乘较为益从方. 并长阔共数为隅算. 开平方法除之.

草曰：置乘积四万四千九百二十八步寄位；另置较二十四步自乘，得五百七十六，以八长乘之，得四千六百八步；以减乘积，余四万三百二十为实. 另倍八长为一十六，开一阔共十七，乘较二十四，得四百八为益从方. 另并八长一阔共九事共[为]隅算. 开平方法除之. 商甲得四十. 置于积上. 另置甲乘隅算九(百)，得三百六十为甲方，益入从方，共七百六十八为甲总. 命甲除实三万七百二十步，余实九千六百. 又以甲乘隅算，得三百六十，益入甲总，共一千一百二十八为乙廉. 商乙八步. 续上甲后. 另以乙乘隅算，得七十二为乙隅，并入[乙]廉，共一千二百为乙总. 命乙八步除实，尽. 得阔四十八.

王文素的细草为：

设长为 b，阔为 a，依题意，可列方程

$$\begin{cases} b[b+2a+3(a+b)+4(b-a)]=44\,928 & (1) \\ b-a=24 & (2) \end{cases}$$

由(1)得

$$b(a+8b)=44\,928 \quad (3)$$

由(2)得

$$b=24+a \quad (4)$$

(4)代入(3)得

$$(24+a)[a+8(24+a)]=44\,928$$

$$9a^2+408a=40\,320$$

$$a=48$$

⑯王文素在《算学宝鉴》卷三十四指出：证曰：详此题术，是八长一阔乘阔之题. 又系阔如长三分之二，可用较自之减积，以较为益从方，六为隅算求之. 或变题数，则不能求之矣. 愚论此八长一阔乘阔，今却求长，乃少十较乘长之积，当以十较为益积，却少较自乘一阔之积，亦当比较自之，以一阔乘之，为减积，以八长一阔共九为隅算.

新立和乘阔求长术曰：置乘积寄位；另置较自之，乘阔数，减积，余为实. 另倍[阔]数，并长数，乘较，为益积. 并长阔共数为隅算. 开平方法除之.

草曰[注]：置乘积二万九千九百五十二步寄位；另置较二十四步自乘，得五百七十六步，以一阔乘之，如故；减积，余二万九千三百七十六步为实. 另倍一阔作二，并八长共一十，乘较二十四，得二百四十为益积. 并八长一阔共九为隅算. 开平方法除之. 商甲七十. 置于积上，另以甲七十乘益积二百四十，得一万六千八百，入积，共四万六千一百七十六为实. 另以甲乘隅算九，得六百三十为甲方. 命甲除实四万四千一百，余二千七十六步. 倍甲方，得一千二百六十，改名乙廉. 商

乙二步. 续上甲后. 另以乙乘益积,得四百八十,入余积,共二千五百五十六步. 另以乙乘隅算,得一十八为乙隅,并入乙廉,共一千二百七十八为乙总. 命乙二步除实,适尽. 得长七十二步,合问.

又减从法曰:置较自乘,得五百七十六,以一阔乘之,仍是五百七十六,以减乘积二万九千九百五十二步,余二万九千三百七十六步为实. 倍一阔为二,并八长共十,乘较,得二百四十为减从. 并八长一阔共九为隅算. 开平方法除之. 商甲得七十. 乘隅算九,得六百三十为甲方. 内去减从二百四十,余三百九十. 命甲除实二万七千三百,余实二千七十六步. 又以甲乘隅算,得六百三十,加入余方三百九十,共一千二十为乙廉. 次商乙二步. 续上甲后. 另以乙二步乘隅算九,得一十八为乙隅,并入乙廉,共一千三十八为乙总. 命乙二步除实,适尽,亦得长七十二步,合问.

解曰:尝较益积之法,不及减从为便,但恐乘积之数不及减积之数,仍用前法之可也.

比证新题:假令直田不云积步,只云并[三]长、五阔之数而乘阔,得积八千七百四十八步. 但知长多阔三十六步,欲先求长几何?

答曰:长六十三步.

新立减从术曰:较自乘,又以五阔乘之,以减积,(乘)余为实. 倍阔数,并长数,乘较,为减从. 并三长、五阔,共八(百)为隅算. 开平方法除之.

草曰:置乘积八千七百四十八步寄位;另置长多阔三十六步自乘,得一千二百九十六步,又以五阔乘之,得六千四百八十;以减乘积,余二千二百六十八步为实. 倍五阔为一十,加入三长,共十三,乘较三十六步,得四百六十八为减从. 另并三长、五阔,共八为隅算. 开平方法除之. 商甲六十. 置于积上. 另以甲乘隅算八,得四百八十,内去减从四百六十八,余一十二为甲方. 命甲六十除实七百二十步,余一千五百四十八. 又以甲乘隅算,得四百八十,加入甲方十二,共四百九十二为乙廉. 次商乙三步. 续上甲后. 另以乙乘隅算,得二十四为乙隅,并入乙廉,共五百一十六为乙总. 命乙三步除实,适尽. 得长六十三步,合问.

注 依例列出益积,减从题草,可比较.

设长为 x,阔为 $(x-24)$,则

$$[x+2(x-24)+3(x+x-24)+4\times 24](x-24)=29\ 952$$

用益积术则化为

$$9x^2=29\ 376+240x$$

细草如下(□内为盘上运算,左右为解释,可参阅第 16 卷注中“带从开方”算):

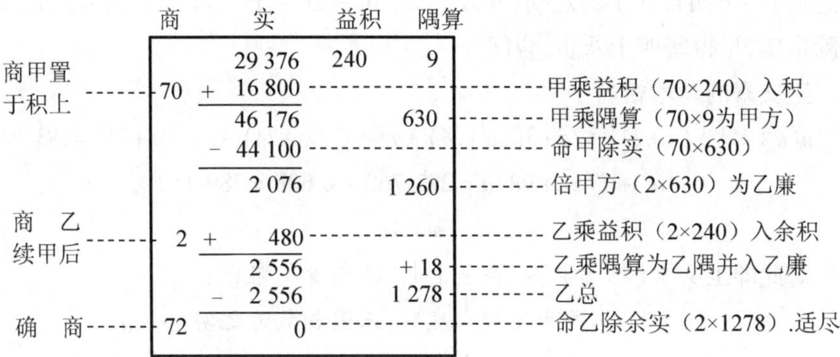

若 $9x^2-240x=29\ 376$，则为减从法，细草如下：

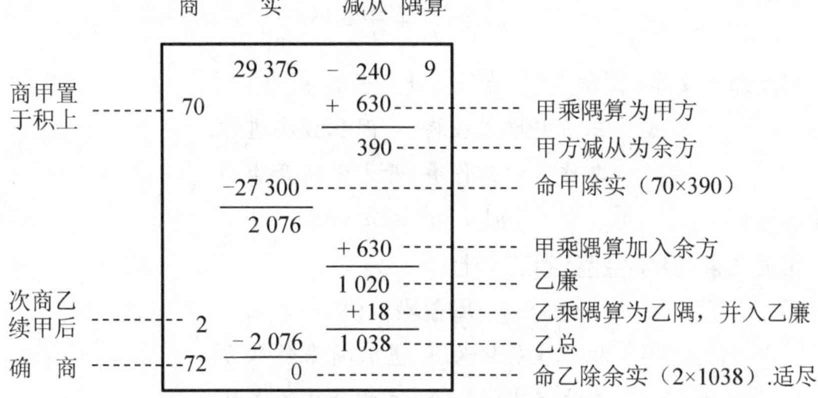

⑰王文素在《算学宝鉴》卷三十四指出：此亦巧逢之数，非通术也.

新立乘长[求]阔术曰：较自之，以长数乘之，以减乘积，余为实. 倍长数，入阔数，加较，以较乘之，为从方. 倍较，加长阔数为从廉. 开立方法除之.

草曰：置积二十九万三千七百六十，寄位；另置较二十四自乘，得五百七十六，以八长乘之，得四千六百八步；以减寄积，余二十八万九千一百五十二步为实. 倍八长，得一十六，加入一阔，得一十七，又加较二十四，共四十一，乘较二十四，得九百八十四为从方. 倍较得四十八，加入八长、一阔，共五十七为从廉，带从开立方法除之. 商甲四十. 自乘，得一千六百为甲方，并入从方九百八十四，另以甲乘从廉五十七，得二千二百八十，亦入从方，共四千八百(八)[六]十四为甲总. 命甲四十除实一十九万四千五百六十，余实九万四千五百九十二. 乃倍甲，入从廉，共一百三十七，以甲乘之，得五千四百八十，加甲总，共一万三百四十四为乙廉. 另三因甲，得一百二十，并入从廉五十七，共一百七十七. 商乙八步. 并之，共一百八十五，以乙乘之，得(一千四百八步并之共一百八十五，以乙乘之得)一千四百八十为乙隅,并入乙廉,共一万一千八百二十四为乙总.命乙八除余实,尽得阔四十八步,合问.

王文素的新术相当于

$$\{a(a+24)+(a+24)+2a+3[(a+24)+a]+4[(a+24)-a]\}(a+24)=293\ 760$$

即
$$a^3+57a^2+984a=293\ 760-4\ 608=289\ 152$$

$$a=48$$

⑱此即王文素《算学宝鉴》卷三十七“四角垛”,歌曰:

四角尖堆求底则,三因积数为之实.

半个为方个半廉,立方带从开其积.

此即解方程

$$n^3+\frac{3n^2}{2}+\frac{n}{2}=3S$$

⑲此即王文素《算学宝鉴》卷三十七“三角垛”歌曰:

三角尖堆求底脚,六因积数实堪作.

二作从方三作廉,开方带从开除约.

此即解方程
$$n^3+3n^2+2n=6S$$

⑳王文素《算学宝鉴》卷三十七:

屋盖垛口诀

积开屋盖倍为强,差较将来作从方.

廉法差中添一个,立方开广法尤良.

屋盖垛积八百六十四个,且云广不及长十六个.问:长、广几何?

答曰:[长]二十四,广八个.

法曰:倍积,得一千七百二十八为实.以不及十六为从方.另添一个,得十七为从廉.一为立隅.开立方法除之.商八.置于积上为法,一遍乘从廉,得一百三十六;二遍乘立隅,得六十四;皆并入从方,共二百一十六.命上商八除实,尽,得广八个.加不及长十六,得长二十四个,合问.

证曰:《九章》以不及为从方,倍不及为从廉者误矣.此即吴法中“以不及一个为从方,倍不及得二个为从廉”之法.王将例题数字变化,主要是指诀中“廉法差中添一个”,应“添一个”,而不是吴法之“倍不及”.王文素“法”之严谨,可见一斑.

㉑此吴敬题已改写成诗词体,见本书商功章诗词第12题,又转载潘有发《中国古典诗词体数学题译注》96页.

今有酒瓶一垛,计该五百一十.

阔不及长五个，长阔谁能备识.

——引自吴敬《九章算法比类大全》

简介：此题亦是四角垛问题.

注解：备识：备用、识别.

译文：今有一垛酒瓶总计五百一十个，阔比长少五个. 问谁能算出长阔各有多少个.

解：$510\times3=1\ 530$ 为实，半不及：$5\div2=2.5$，添 0.5 个得 3 个. 并不及 5 个得 8 个为从方，在添一个得 9 个为从廉，以一为隅算，此即

$$x^3+(1+8)x^2+\left(\frac{5}{2}+0.5+5\right)x=510\times3$$

即
$$x^3+9x^2+8x-1\ 530=0$$

开立方法除之，得阔
$$x=9$$

所以长为
$$9+5=14(\text{个})$$

㉒提示：方亭台公式

$$V=\frac{1}{3}(a^2+ab+b^2)h=\frac{305\ 000}{3}$$

即
$$3V=(a^2+ab+b^2)h=305\ 000$$

依题云，知：$a+10=b$，$a+10=h$.

将其代入上式

$$[a^2+a(a+10)+(a+10)^2](a+10)=305\ 000$$
$$(a^2+a^2+10a+a^2+100+20a)(10+a)=305\ 000$$
$$(3a^2+30a+100)(10+a)=305\ 000$$
$$30a^2+300a+1\ 000+3a^3+30a^2+100a=305\ 000$$
$$3a^3+60a^2+400a=304\ 000$$

㉓提示：

圆亭台公式

$$V=\frac{1}{36}(a^2+ab+b^2)h=\frac{4\ 750}{9}$$

即
$$V=(a^2+ab+b^2)h=4\ 750\times4=19\ 000$$

依题云：$h+10=a$，$h+20=b$.

将其代入上式

$$[(h+10)^2+(h+10)(h+20)+(h+20)^2]h=19\ 000$$
$$(3h^2+90h+700)h=19\ 000$$

即
$$3h^3+90h^2+700h=19\ 000$$

㉔王文素《算学宝鉴》卷三十六新术为:《九章》术曰:六因积为实.以不及下广乘不及上袤;又以不及下广乘不及下袤,倍之,加入前位为从方.倍不及下袤,又三乘不及下广,加不及上袤为从廉.以三为隅算.开立方法除之.

《新证》术曰:六因积为实.倍不及下袤,加不及上袤,以不及下广乘之,为从方.并不及下袤、不及下广,倍之,加不及下广、不及上袤为从廉.以三为隅算.开立方法除之.

解曰:六因刍甍积变立方三段,有上袤乘下广高一段,有下袤乘下广之高二段,所以用三为隅算,开立方法除出其高.学者可知.

草曰:置积五千尺,以六因之,得三万尺为实.倍不及下袤得六十尺,加不及上袤一十尺,共七十尺,乘不及下广二十尺,(乘)[得]一千四百为从方.倍不及下袤、下广,共一百,加不及上袤、不及下广,共一百三十为从廉.以三为隅算.开立方法除之.商一十.置于积上为法.一遍乘从廉,得一千三百;二遍乘隅算,得三百;皆并入从方共三千,命上商一十除(算)实三万尺,恰尽.得高一丈.各加不及,所得答,合问.

㉕此题吴敬将其改写成诗词体,见本书商功章诗词第五题,又收入潘有发《中国古典诗词体数学题译注》95~96页.

酒坛一垛(西江月)

今有酒坛一垛,共积一百六十.

下长多广整七枚,广少上长三只.

堆积槽坊园内,上下长广难知.

烦公仔细用心机,借问各该有几?

——引自吴敬《九章算法比类大全》

简介:宋朝科学家沈括(1031—1095)《梦溪笔谈》卷十八"技艺"条中有"隙积术".

设:酒坛上层长为 a 个,宽为 b 个,向下逐层长宽方面各增加一个,最下层长为 c 宽为 d 个,共 n 层,则沈括的公式相当于

$$S = ab + (a+1)(b+1) + [(a+1)+1][(b+1)+1] + \cdots$$
$$[(a+n-1)(b+n-1) - cd]$$
$$= \frac{n}{6}[(2b+d)a + (2d+b)c] + \frac{n}{6}(c-a)$$

若用天元术令下广 d 为 x,则下长 c 为 $x+7$,上长 a 为 $x+3$,上广为1,代入上式.即得

$$3x^3 + 20x^2 + 17x - 6 \times 160 = 0$$

解:置 $160\times6=960$ 为实,倍多广加少上长:$7\times2+3=17$ 为从方,再加少上长 3,共:$17+3=20$ 为从廉,3 为隅算,此即

$$3x^3+20x^2+17x-6\times160=0$$

开立方法除之,得下广 $x=5$(个)

所以上长:$5+7=12$(个).

上长:$5+3=8$(个).

㉖王文素在《算学宝鉴》卷三十四指出:

证曰:此乃巧逢法也.但能求阔如长三分之二,在改变题数,则不能求之矣.《通证》术曰:置积为实.以一阔乘较为从方.并长数、阔数,减较,余为从廉减从开立方法除之.

草曰:置积二十九万三千七百六十步实.以一阔乘较二十四,仍是二十四为从方.另并八长、一阔,共九,以减较二十四,余十五为从廉.减从开立方法除之.初商七十.置于积上为甲.另置甲七十内从廉十五,余五十五,以甲七十乘之得,三千八百五十,内减从方二十四,余三千八百二十六为甲总.命甲七十除实二十万七千八百二十,余实二万(九)[五]九百四十.又以甲乘从[廉]五十五,得三千八百五十,加入甲总,甲自乘得四九百,又入甲总,共一万二千五百七十六为(一)[乙]方.另三因甲、得二百一十,内减从廉十五,余一百九十五.商乙二步.并之,共一百九十七,以乙二步乘之,得三百九十四为乙隅,并入乙方,共一万二千九百七十为乙总.命乙二步除余实,尽.得长七十二步,内减较,余四十八步为阔,合问.

比证新题:假令直田积内亦加一长、二阔、三和、四较,以长乘得一十八万九千步.长阔亦差二十四步.欲先求长几何?

答曰:六十(二)[三]步.

术同前.

草曰:置积一十八万九千步为实.以二十四为从方.以十五为从廉.减从开立方法除之.商甲六十.内减从廉十五,余四十五,以甲乘之,得二千七百为甲方.内减从方二十四,余二千六百七十六为甲总.命甲六十除实一十六万五百六十步,余实二万八千四百四十.又以甲方二千七百加入甲总,又另以甲自乘,得三千六百,又入甲总,共得八千九百七十六为(一)[乙]方.另三因甲得一百八十,内减从廉十五,余一百六十五.商乙三步.并之,共一百六十八,以乙三因之,得五百零四为乙隅,并入乙方,共九千四百八十为乙总.命乙三除余实,适尽.得长六十三步.内减较二十四步,余三十九步为阔,合问.

证曰:若依《九章》旧术,置积为实.以较自乘,又三因之,又加入较,为益从

方. 以九为从廉. 开立方法除之,决不能求. 请为论之.

王文素指出吴敬"乃巧逢之法也",且列出"减从开立方法"的方程:

$$\{x(x-24)+x+2(x-24)+3[x+(x-24)]+4[x-(x-24)]\}x=293\ 760$$

即 $$x^3-15x^2-24x=293\ 760, x=72$$

王文素接着又以一"比证新题"说明"若依九章旧术……决不能求".

㉗王文素在《算学宝鉴》卷四十一给出一种"新立减从求长术":

新立减从求长术曰:置相乘总积为实,以长、较相乘积为[负]平隅,以一为正三隅,开三乘方法除之,甚捷.

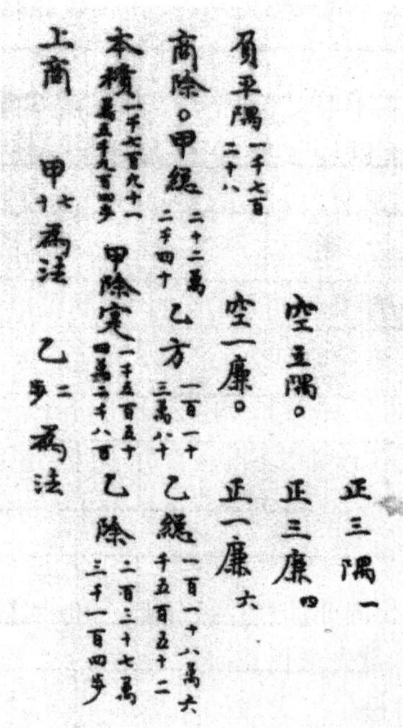
正三隅一
空立隅〇　正三廉四
空一廉〇　正一廉六
負平隅一千七百二十八
商除〇甲總二十二萬二千四十　乙方一百一十三萬八十　乙總一百一十八萬六千五百五十二
本積一千七百九十一萬五千九百四步　甲除實一千五百五十四萬二千八百　乙除二百三十七萬三千一百四步
上商　甲七十為法　乙二步為法

草曰:置相乘积一千七百九十一万五千九百四步为实. 以长、较相乘积一千七百二十八步为负平隅. 以一为正三隅. 减从开三乘方法除之. 初商甲七十. 置于积上为法. 三遍乘正三隅,得三十四万三千;一遍乘负平隅,得一十二万九百六十;相减,余二十二万二千四十,置于商除位为甲总. 命甲除实一千五百五十四万二千八百步,余实二百三十七万三千一百四步. 乃三因正三隅,得一百二万九千,内减负平隅一十二万九百六十,余九十万八千四十,加入甲总,共一百一十三万八十为乙方. 甲自乘,得四千九百,以六因之,得二万九千四百,内减负平隅一千七百二十八,余二万七千六百七十二为正一廉. 以四因甲,得二百八十为正二廉. 仍以一为正三隅. 以方廉隅四位共数以约余实. 次商乙二步. 续于甲后为法. 一遍乘一廉,得五万五千三百四十四;二遍乘二廉,得一千一百二十;三遍乘三隅,得八;皆并入乙方,共一百一十八万六千五百五十二为乙总.命乙除余实二百三十七万三千一百四步,适尽.得长七十二步.以除长、较相乘积一千七百二十八步,得较二十四步,以较减长,余四十八步为阔,合问.

该题细草简释如下:

置相乘积 17 915 904 步为实,长较相乘积 1 728 步为负平隅,1 为正三隅,减从开三乘方法除之.此即设长为 x 步,阔为 y 步,则

$$xy \cdot x^2 = 17\ 915\ 904 \tag{1}$$

$$x(x-y) = 1\ 728 \tag{2}$$

由(2)得
$$y = x - \frac{1\ 728}{x} \tag{3}$$

(3)代入(1)得
$$x^4 - 1\ 728x^2 - 17\ 915\ 904 = 0 \qquad (x=72, y=48)$$

初商甲加:

$1\times70^3=$	343 000	
$1\ 728\times70=$	120 960	(−
	222 040	甲总
	17 915 904	
命甲除实:222 040×70=	15 542 800	(−
	2 373 104	余实
343 000×3=	1 029 000	
	120 960	(−
	908 040	
甲总:	222 040	(+
	1 130 080	乙方
$70^2\times6=$	29 400	
减负平隅:	1 728	(−
	27 672	为正一廉
70×4=	280	为正二廉
	1	为正三廉
	1 130 080	
	27 672	
	280	
	1	(+
以方廉隅四位共数:	1 158 033	以约余实

次商乙2步续于甲后为法:

27 672×2=	55 344	
$280\times2^2=$	1 120	
$1\times2^3=$	8	
乙方:	1 130 080	(+
	1 186 552	乙总
	2 373 104	
命乙除余实:1 186 552×2=	2 373 104	(−
	0	

得长 72 步,阔为:$72-\frac{1\,728}{72}=48$(步),合问.

㉘王文素在《算学宝鉴》卷四十二指出吴法有些烦琐,并给出一种新的简法.

证曰:古法先求大面,用二级开方必繁,莫若先求小径,只用一级开方,必简.

先求立圆径术曰:置积,以十六乘之为实. 以一千八百七十二为从方. 即是商除. 以二千三百四段为平方隅. 以八百九十三段为立方隅. 以一千二百九十六段为三乘方隅. 开三乘方法除之.

草曰:置积二万七千八十尺,以立圆(分)[身]子一为法,乘四遍仍如故,以立方率十六乘之,得四十三万三千二百八十尺为实. 先课段数,平方分母三自乘一遍,得九,又乘立圆身子二遍,仍是九,以十六乘之,得一百四十四段. 立方分子二自乘二遍,得八,乘身子一遍,仍是八,以十六乘之,得一百二十八段. 方堡壔分母三自乘二遍,[得]二十七,乘身子一遍如故,以十六乘之,得四百三十二段. 圆堡壔用方堡壔段,以三因、四归,得三百二十四段. 立圆身子一自乘三遍,仍止得一,以十六乘之,得一十六段. 另以小平方分母三自乘,得九,就以九自乘,得八十一,以十六乘之,得一千二百九十六段为三乘隅. 求从方,置方堡壔差较六尺,以身子乘之,本母除之,得二为变差. 自乘得四,以四百三十二段乘之,得一千七百二十八于上;另置圆堡壔差二尺自乘,得四,以三百二十四段乘之,得一千二百九十六,以身子自乘,得一,乘之如故,却以分母自乘,得九,除之,得一百四十四;并上数,共一千八百七十二为从方. 求平隅,置方堡壔变差二尺倍作四,以四百三十二段乘之,得一千七百二十八于上;又倍圆堡壔差二,得四,以三百二十四段乘之,得一千二百九十六,以身子一乘之如故,以本母三除之,得四百三十二;并上数共二千一百六十,加入小平方一百四十四段,共二千三百四为平方隅. 求立隅,并方堡壔四百三十二段,圆堡壔三百二十四段,立方一百二十八段,立圆九段,共八百九十三为立方隅. 以一千二百九十六段为三乘方隅. 以方隅四位而商实. 得四. 置于积上为法. 一遍乘平隅,得九千二百一十六;二遍乘立隅,得一万四千二百八十八;三遍乘三乘隅,得八万二千九百四十四;皆并入从方,共一十万八千三百二十. 命上商四除实四十三万三千二百八十尺,恰尽. 得立圆径四尺. 副置二位,上以二因,得八尺为立方面. 下以三因,得一十(八)[二]尺为小平方面、二堡壔高. [加]不及六尺,得方堡壔面一十八尺. 另置十二尺加不及二尺,得一十四尺为圆堡壔径,合问.

先求立方面术曰:置积,以分子二为法,乘四遍,又只以八乘之,为实. 以七千四百八十八为从方. 四千六百八为平方隅. 八百九十三为立隅,六百四十八为三乘隅. 开三乘方法除之. 先得立方面八尺. 折半,得四尺为立圆径. 另置立方面以三因、二归,得一十二尺为二堡垮高. 各加不及,为方面、圆径.

王文素指出吴敬的解法"先求大面,用二级开方必繁,莫若先求小径,只用一级开方,必简".

王文素的解法是:

设立圆径为 x 尺,则

$$1\ 296x^4+893x^3+2\ 304x^2+1\ 872x=27\ 080\times16$$

立圆径 $x=4$

又先求立方面术相当于方程

$$648x^4+893x^3+4\ 608x^2+7\ 488x=27\ 080\times2^4\times8$$

㉙此题是《九章算法比类大全》卷十的最后一题,吴敬号称"十样算"(十个未知数)。

这个问题比较复杂,在明朝,在吴敬之前的数学书中,从未见到过这样复杂的问题. 涉及《九章算术》中几种几何体及数学知识. 规模确实是空前的,1524年,王文素《算学宝鉴》最后一题为"新立总题"(二十样绵),比此题更复杂,不过,现在看来,这只是一个很普通的一元四次方程问题.

要解决这一问题,必须先了解《九章算术》中有关几何体的计算公式.

依题意,设小平方面为 x 尺,则:

方、圆垛垮高,阳马高,鳖臑广亦为 x 尺.

大立方面、大立圆径为:$\left(x+\dfrac{x}{3}\right)=\dfrac{4}{3}x$ 尺.

小立方面、小立圆径为:$\dfrac{2}{3}x$ 尺.

大平方面为:x^2 尺.

圆垛垮径、阳马高、鳖臑上袤为:$(x+4)$尺.

阳马袤、鳖臑高为$(x+2)$尺

方垛垮面为:$(x+6)$尺

则依《九章算术》有关公式(取 $\pi=3$)题中方垛垮

$$V=a^2h=(x+6)^2x$$

圆垛垮:$V=\dfrac{1}{12}C^2h$(C 为圆周)

$$=\frac{1}{12}(\pi D)^2h\text{(取 }\pi=3\text{)}$$

$$=\frac{1}{12}(3D)^2h(D\text{为直径})$$

$$=\frac{1}{12}[3(x+4)]^2x$$

$$=\frac{1}{12}(3x+12)^2\cdot x$$

$$=\frac{1}{12}(9x^2+144+72x)x$$

$$=\frac{3}{4}x^3+6x^2+12x$$

大立方：　$V=A^3=(\frac{4}{3}x)^3$

小立方：　$V=a^3=(\frac{2}{3}x)^3$

大平方：　$(x^2)^2=x^4$

小平方：　x^2

大立圆：　$V=\frac{9}{16}D^3=\frac{9}{16}(\frac{4}{3}x)^3=\frac{4}{3}x^3$

小立圆：　$V=\frac{9}{16}D^3=\frac{9}{16}(\frac{2}{3}x)^3=\frac{1}{6}x^3$

阳马：　$V=abh=\frac{1}{3}(x+4)(x+2)x$

$$=\frac{1}{3}(x^3+6x^2+8x)$$

鳖臑：　$V=\frac{1}{6}abh=\frac{1}{6}(x+4)(x+2)x$

$$=\frac{1}{6}(x^3+6x^2+8x)$$

将这十项合并为：

方垛垛　圆垛垛　大立方　小立方　大平方　小平方　大立圆

$$(x+6)^2x+\frac{3}{4}x^3+6x^2+12x+(\frac{4}{3}x)^3+(\frac{2}{3}x)^3+x^4+x^2+\frac{4}{3}x^3$$

小立圆　阳马　鳖臑

$$+\frac{1}{6}x^3+\frac{1}{3}(x^3+6x^2+8x)+\frac{1}{6}(x^3+6x^2+8x)=150\ 462\text{ 尺}$$

整理得：

隅算　从下廉　从上廉　从方

$$432x^4 + 2\,772x^3 + 9\,504x^2 + 22\,464x$$

积实

$$= 150\,462 \times 3^3 \times 16 = 64\,999\,584$$

解之：$x = 18$ 尺

细草今译

原文	今译
法曰：	解：
求乘积：	求常数项：
置积一十五万四百六十二夭于上，以立方分母三再自乘得二十七，以立方十六乘之得四百三十二为乘法，以乘积数得六千四百九十九万九千五百八十四为实.	置共积 150 462 于上，以 $3^3 = 27$. 以立方：$27 \times 16 = 432$ 为乘法数. 以乘十项几何体共数：$150\,462 \times 432 = 64\,999\,584$ 为常数项
求从方	求一次项系数
以方垛垜多数六自乘得三十六.	以方垛垜多数自乘，得：$6^2 = 36$.
以乘法乘之得一万五千五百五十二.	乘法数 $6^2 \times 432 = 15\,552$
又圆垛垜多数四自乘得一十六. 以乘法乘之，又三因四而一得五千一百八十四.	又圆垛垜多数：$4^2 = 16$. 法数 $4^2 \times 432 \times \frac{3}{4} = 5\,184$.
又阳马二差相乘得八.	阳马二差相乘得 $2 \times 4 = 8$.
以乘法乘之，如三而一得一千一百五十二	$2 \times 4 \times 432 \times \frac{1}{3} = 1\,152$
又鳖臑二差相乘得八，以乘法乘之，如六而一得五百七十六	$2 \times 4 \times 432 \times \frac{1}{6} = 576$
并四位共得二万二千四百六十四为从方.	四位相加得 $15\,552 + 5\,184 + 1\,152 + 576 = 22\,464$ 为一次项系数.
求从上廉：	求二次项系数：
倍方垛垜多数六得一十二	$6 \times 2 = 12$
以乘法乘之得五千一百八十四	$12 \times 432 = 5\,184$
又倍圆垛垜多数四得八	$4 \times 2 = 8$

以乘法乘之,又三因四而一得二千五百九十二.

$8\times432\times\frac{3}{4}=2\ 592$

又阳马二差相并得六

$2+4=6$

以乘法乘之,如三而一得八百六十四.

$6\times432\times\frac{1}{3}=864$

又鳖臑二差相并得六

$4+2=6$

以乘法乘之,如六而一得四百三十二.

$6\times432\times\frac{1}{6}=432$

又用大平方幂段四百三十二.

大平方幂段:432

并五位共得九千五百四.为从上廉.

五数相加:

$5\ 184+2\ 592+864+432+432=9\ 504$ 为二次项系数

求从下廉

求三次项系数

以方垛壔分母三再自乘二十七

$3^3=27$

以立方率十六乘之得四百三十二.

$27\times16=432$

又圆垛壔分母三再自乘得二十七

$3^3=27$

以立方率十六乘之,又三因四而一得三百二十四

$27\times16\times\frac{3}{4}=324$

大立方分母四再自乘得六十四.

$4^3=64$

以立方率十六乘之得一千二十四

$64\times16=1024$

小立方分母二再自乘得八.

$2^3=8$

以立方率十六乘之得一百二十八.

$8\times16=128$

大立圆分母四再自乘得六十四

$4^3=64$

以立圆率九乘之得五百七十六

$64\times 9=576$

小立圆分母二再自乘得八

$2^3=8$

以立圆率九乘之得七十二

$8\times 9=72$

阳马分母三再自乘得二十七

阳马分母 $3^3=27$

以立方率十六乘之,又如三而一得一百四十四

$27\times 16\times \frac{1}{3}=144$

鳖臑分母三再自乘得二十七

鳖臑分母:$3^3=27$

以立方率十六乘之,又如六而一得七十二.

$27\times 16\times \frac{1}{6}=72$

并八位共得二千七百七十二.为从下廉

以上八数相加:

$432+324+1\,024+128+576+72+144+72=2\,772$ 为三次项系数

以大平方幂段四百三十二为隅算,开三乘方法除之.

以大平方幂段 432 为首项(四次项)系数解四次方程

隅算　从下廉　从上廉　从方

$432x^4+2\,772x^3+9\,504x^2+22\,464x=150\,462\times 3^3\times 16$

积实

$=64\,999\,584$

$x=18$

于实数之下,商置第一位.以布方、廉,隅四法.

在实数之下,商置第一位,以布方、廉(上、下廉)和隅四法.

将从方一进得二十二万四千六百四十.

224 640

从上廉二进得八十五万四

950 400

从下廉三进得二百七十七万二千.

2 772 000

隅法四进得四百三十二万.于实数万位记之.上商实得一十,下法亦置上商一逐依三乘方法一遍乘上廉.二遍乘下廉,皆上得原数.

以方廉隅四法共八百二十六万七千四十皆与上商一除实八百二十六万七千四十.

余实五千六百七十三万二千五百四十四.

乃以二乘上廉得:一百九十万八百

三乘下廉得八百三十一万六千

四乘隅法得一千七百二十八万

皆算入从方共得二千七百七十二万一千四百四十.为方法.

再置上商一,以三乘之得三

乘下廉二百七十七万二千得八百三十一万六千

加入上廉九十五万四百共得九百二十六万六千四百

又于隅法之下置上商一、二位上自乘又六乘,止得六.

以乘隅法四百三十二万,得二千五百九十二万

加入上廉九百二十六万六千四百,共得三千五百一十八万六千四百.

下位只以四乘止得四

以乘隅算一千七百二十八万

4 320 000(+
8 267 040

依三乘方法;

$1 \times 950\ 400 = 950\ 400$

$1^2 \times 2\ 772\ 000 = 2\ 772\ 000$ 仍为原数.

64 999 584
8 267 040 (-
56 732 544(余实)

$950\ 400 \times 2 = 1\ 900\ 800$

$2\ 772\ 000 \times 3 = 8\ 316\ 000$

$4\ 320\ 000 \times 4 = 17\ 280\ 000$

从方 224 640(+
27 721 440

为法

$1 \times 3 = 3$

$2\ 772\ 000 \times 3 = 8\ 316\ 000$

950 400(+
9 266 400

隅法之下置上商 1,自乘:1^2 又 6 乘:$1^2 \times 6 = 6$.

$4\ 320\ 000 \times 6 = 25\ 920\ 000$

9 266 400(+
35 186 400

$1 \times 4 = 4$

$4\ 320\ 000 \times 4 = 17\ 280\ 000$

加入下廉二百七十七万二千，共得二千五万二千.

乃方法一退得二百七十七万二千一百四十四.

上廉再退得三十五万一千八百六十四.

下廉三退得二万五十二.

隅法四退得四百三十二

方法一退：	2 772 144
上廉再退：	351 864
下廉三退：	20 052
隅法四退：	432(+
	3 144 492

续商置第二位，以方廉，隅四法共三百一十四万四千四百九十二商余实得八尺

续求商的第二位，以方、廉、隅四法共 3 144 492 商余实，得 8 尺.

下法亦置上商八一遍乘上廉得二百八十一万四千九百一十二.

二遍乘下廉得一百二十八万三千三百二十八

上廉

$8\times 351\ 864=2\ 814\ 912$

下廉

$8^2\times 20\ 052=1\ 283\ 328$

隅法

$8^3\times 432=221\ 184$

三遍乘隅法得二十二万一千一百八十四.

以方、廉、隅四法共七百九万一千五百六十八. 皆与上商八除[余]实，尽. 得一十八尺

方法　　上廉

$2\ 772\ 144+2\ 814\ 912+$

下廉　　隅法

$1\ 283\ 328+221\ 184=7\ 091\ 568$

$56\ 732\ 544-7\ 091\ 568\times 8=0$. 故得 18 尺.

为方、圆垛塼高，阳马鳖臑广小平方面等数，

为方、圆垛塼高、阳马、鳖臑广、小平方面等数.

却以等数一十八尺，副置六位.

却以 18 尺. 副置六位.

第一位以二乘三而一得一十二尺. 为小立方面，小立圆径.

①小立方面、小立圆径：18 尺 $\times\frac{2}{3}=12$ 尺.

第二位以四乘三而一得二十四尺为大立方面、大立圆径.

②大立方面、大立圆径：$18\times\frac{3}{4}=24$ 尺.

第三位自乘得三百二十四为大平方面.第四位,加四尺共得二十二尺为圆垛垜径,阳马、鳖臑上袤.

第五位加二尺得二十尺为阳马袤、鳖臑高.

第六位加六尺得二十四尺为方垛垜面,合问.

③大平方面:$18^2=324$ 尺.

④圆垛垜径、阳马、鳖臑上袤:$18+4=22$(尺).

⑤阳马袤、鳖臑高 $18+2=20$(尺)

⑥方垛垜面:$18+6=24$(尺),合问.

附录一　本书主要参考资料

[1]算书十书. 上海鸿宝斋石印,光绪丙申秋八月(1896 年).

[2]算经十书. 钱宝琮校点[M]. 北京:中华书局,1963.

[3]朱世杰. 算学启蒙. 维扬(今扬州)打铜巷口柏华升刻本三册,道光乙亥(1819 年)秋刻.

[4]朱世杰. 四元玉鉴,白芙堂算学丛书本,上海龙文书局石印,光绪十四年夏六月(1889 年).

[5]罗士琳. 四元玉鉴细草,万有文库本[M]. 上海:商务印书馆,1937.

[6]沈钦裴. 四元玉鉴细草[M]//任继愈. 中国科学技术典籍通汇·数学卷·影印本. 郑州:河南教育出版社,1993.

[7]杨辉. 详解九章算法,续古摘奇算法[M]//任继愈. 中国科学技术典籍通汇·数学卷·影印本. 郑州:河南教育出版社,1993.

[8]《中国历代算学集成》编委会. 中国历代算学集成[M]. 济南:山东人民出版社,1994.

[9]吴敬. 九章详注算法比类大全[M]//任继愈. 中国科学技术典籍通汇·数学卷. 影印本. 郑州:河南教育出版社,1993.

[10]刘五然,潘有发. 算学宝鉴校注[M]. 北京:科学出版社,2008.

[11]梅珏成. 增删校正算法统宗[M]. 上海:上海章福记书局石印,1912.

[12]梅荣照,李兆华.《算法统宗》校注[M]. 合肥:安徽教育出版社,1990.

[13]潘有发. 趣味歌词古体算题选[M]. 台北:台湾九章出版社,1995.

[14]潘有发. 趣味诗词古算题[M]. 上海:上海科普出版社,2001.

[15]李兆华. 残本《九章正明算法》录要. 纪念明朝数学家、珠算家程大位学术研讨会交流论文. 黄山,2006 年.

[16]李俨. 中国算学史[M]. 上海:上海商务印书馆,1937.

[17]钱宝琮. 中国数学史[M]. 北京:科学出版社,1964.

[18]李迪. 中国数学通史(一卷 1997 年 4 月,二卷 1999 年 11 月,三卷 2004 年 6 月). 南京:江苏教育出版社.

[19]梁宗巨. 世界数学史简编[M]. 沈阳:辽宁教育出版社,1980.

[20]沈康身. 中算导论[M]. 上海:上海教育出版社,1986.

[21]白尚恕. 九章算术注释[M]. 北京:科学出版社,1983.

[22]李潢. 九章算术细草图说. 光绪历申(1891 年),上海文渊山房石印.

[23]华印椿. 中国珠算史稿[M]. 北京:中国财政经济出版社,1987.

[24]李迪. 中华传统数学文献精选导读[M]. 武汉:湖北教育出版社,1999.

[25]潘有发,潘红丽. 中国古典诗词体数学题译注[M]. 沈阳:辽宁教育出版社,2016.

[26]江陵张家山汉简〈算数书〉释文. 载《文物》杂志,2000 年 9 期.

[27]卡约黎 F. 初等算学史[M]. 曹丹文,译. 上海:商务印书馆,1937.

[28]伊夫斯 H. 数学史概论[M]. 欧阳绛,译. 太原:山西人民出版社,1983.

[29]李约瑟. 中国科学技术史. 第三卷[M]. 北京:科学出版社,1995.

[30]克莱因. 古今数学思想(第一册)[M]. 上海:上海科学技术出版社,1978.

[31]克莱因. 古今数学思想(第二册)[M]. 上海:上海科学技术出版社,1979.

[32]克莱因. 古今数学思想(第三册)[M]. 上海:上海科学技术出版社,1980.

[33]克莱因. 古今数学思想(第四册)[M]. 上海:上海科学技术出版社,1981.

[34]斯特洛伊克 D J. 数学简史[M]. 北京:科学出版社,1956.

附录二　各卷题目表及各类诗词题目表

题目 卷次	古问	比类	诗词	截田	乘除开方起例	各色开方	合计
乘除开方起例					196		196
方田	38	118	47	12			215
粟米	46	106	63				215
衰分	20	88	59				167
少广	24	67	15				106
商功	28	93	12				133
均输	28	41	50				119
盈不足	20	15	29				64
方程	18	16	9				43
勾股	24	29	48				101
各色开方						93	93
合计	246	573	332	12	196	93	1 452

各类诗词题目表

词牌名	方田	粟米	衰分	少广	商功	均输	盈不足	方程	勾股	合计
西江月	11	19	16	5	5	10	6	3	13	88
风栖梧	2	3	3					1	1	10
双捣练	1									1
叨叨令									1	1
折桂令		2	1			1			1	5
醉太平								2		2
寄生草		1	1							2
浪淘沙							1			1
南乡子		1								1
一剪梅						1				1
水仙子		1	2							3
鹧鸪天		5	5			2	1			13
江儿水		1								1
玉楼春		2	1			3				6
七言八句	2	1	2			6	2	3	1	17
七言六句	4	2	3						3	12
七言四句	21	19	18	6	5	26	15		24	134
六言八句	1	1					1			3
六言六句	1									1
六言四句	2	3	1	1	2	1			1	11
五言八句		1					2			3
五言六句	1		2							3
五言四句	1	1	4	1			1		3	11
四言四句				2						2
合计	47	63	59	15	12	50	29	9	48	332

刘培杰数学工作室
已出版(即将出版)图书目录——初等数学

书　名	出版时间	定　价	编号
新编中学数学解题方法全书(高中版)上卷(第2版)	2018-08	58.00	951
新编中学数学解题方法全书(高中版)中卷(第2版)	2018-08	68.00	952
新编中学数学解题方法全书(高中版)下卷(一)(第2版)	2018-08	58.00	953
新编中学数学解题方法全书(高中版)下卷(二)(第2版)	2018-08	58.00	954
新编中学数学解题方法全书(高中版)下卷(三)(第2版)	2018-08	68.00	955
新编中学数学解题方法全书(初中版)上卷	2008-01	28.00	29
新编中学数学解题方法全书(初中版)中卷	2010-07	38.00	75
新编中学数学解题方法全书(高考复习卷)	2010-01	48.00	67
新编中学数学解题方法全书(高考真题卷)	2010-01	38.00	62
新编中学数学解题方法全书(高考精华卷)	2011-03	68.00	118
新编平面解析几何解题方法全书(专题讲座卷)	2010-01	18.00	61
新编中学数学解题方法全书(自主招生卷)	2013-08	88.00	261
数学奥林匹克与数学文化(第一辑)	2006-05	48.00	4
数学奥林匹克与数学文化(第二辑)(竞赛卷)	2008-01	48.00	19
数学奥林匹克与数学文化(第二辑)(文化卷)	2008-07	58.00	36′
数学奥林匹克与数学文化(第三辑)(竞赛卷)	2010-01	48.00	59
数学奥林匹克与数学文化(第四辑)(竞赛卷)	2011-08	58.00	87
数学奥林匹克与数学文化(第五辑)	2015-06	98.00	370
世界著名平面几何经典著作钩沉——几何作图专题卷(共3卷)	2022-01	198.00	1460
世界著名平面几何经典著作钩沉(民国平面几何老课本)	2011-03	38.00	113
世界著名平面几何经典著作钩沉(建国初期平面三角老课本)	2015-08	38.00	507
世界著名解析几何经典著作钩沉——平面解析几何卷	2014-01	38.00	264
世界著名数论经典著作钩沉(算术卷)	2012-01	28.00	125
世界著名数学经典著作钩沉——立体几何卷	2011-02	28.00	88
世界著名三角学经典著作钩沉(平面三角卷Ⅰ)	2010-06	28.00	69
世界著名三角学经典著作钩沉(平面三角卷Ⅱ)	2011-01	38.00	78
世界著名初等数论经典著作钩沉(理论和实用算术卷)	2011-07	38.00	126
世界著名几何经典著作钩沉(解析几何卷)	2022-10	68.00	1564
发展你的空间想象力(第3版)	2021-01	98.00	1464
空间想象力进阶	2019-05	68.00	1062
走向国际数学奥林匹克的平面几何试题诠释.第1卷	2019-07	88.00	1043
走向国际数学奥林匹克的平面几何试题诠释.第2卷	2019-09	78.00	1044
走向国际数学奥林匹克的平面几何试题诠释.第3卷	2019-03	78.00	1045
走向国际数学奥林匹克的平面几何试题诠释.第4卷	2019-09	98.00	1046
平面几何证明方法全书	2007-08	48.00	1
平面几何证明方法全书习题解答(第2版)	2006-12	18.00	10
平面几何天天练上卷·基础篇(直线型)	2013-01	58.00	208
平面几何天天练中卷·基础篇(涉及圆)	2013-01	28.00	234
平面几何天天练下卷·提高篇	2013-01	58.00	237
平面几何专题研究	2013-07	98.00	258
平面几何解题之道.第1卷	2022-05	38.00	1494
几何学习题集	2020-10	48.00	1217
通过解题学习代数几何	2021-04	88.00	1301
圆锥曲线的奥秘	2022-06	88.00	1541

刘培杰数学工作室

已出版(即将出版)图书目录——初等数学

书　　名	出版时间	定　价	编号
最新世界各国数学奥林匹克中的平面几何试题	2007－09	38.00	14
数学竞赛平面几何典型题及新颖解	2010－07	48.00	74
初等数学复习及研究(平面几何)	2008－09	68.00	38
初等数学复习及研究(立体几何)	2010－06	38.00	71
初等数学复习及研究(平面几何)习题解答	2009－01	58.00	42
几何学教程(平面几何卷)	2011－03	68.00	90
几何学教程(立体几何卷)	2011－07	68.00	130
几何变换与几何证题	2010－06	88.00	70
计算方法与几何证题	2011－06	28.00	129
立体几何技巧与方法(第2版)	2022－10	168.00	1572
几何瑰宝——平面几何500名题暨1500条定理(上、下)	2021－07	168.00	1358
三角形的解法与应用	2012－07	18.00	183
近代的三角形几何学	2012－07	48.00	184
一般折线几何学	2015－08	48.00	503
三角形的五心	2009－06	28.00	51
三角形的六心及其应用	2015－10	68.00	542
三角形趣谈	2012－08	28.00	212
解三角形	2014－01	28.00	265
探秘三角形:一次数学旅行	2021－10	68.00	1387
三角学专门教程	2014－09	28.00	387
图天下几何新题试卷.初中(第2版)	2017－11	58.00	855
圆锥曲线习题集(上册)	2013－06	68.00	255
圆锥曲线习题集(中册)	2015－01	78.00	434
圆锥曲线习题集(下册·第1卷)	2016－10	78.00	683
圆锥曲线习题集(下册·第2卷)	2018－01	98.00	853
圆锥曲线习题集(下册·第3卷)	2019－10	128.00	1113
圆锥曲线的思想方法	2021－08	48.00	1379
圆锥曲线的八个主要问题	2021－10	48.00	1415
论九点圆	2015－05	88.00	645
近代欧氏几何学	2012－03	48.00	162
罗巴切夫斯基几何学及几何基础概要	2012－07	28.00	188
罗巴切夫斯基几何学初步	2015－06	28.00	474
用三角、解析几何、复数、向量计算解数学竞赛几何题	2015－03	48.00	455
用解析法研究圆锥曲线的几何理论	2022－05	48.00	1495
美国中学几何教程	2015－04	88.00	458
三线坐标与三角形特征点	2015－04	98.00	460
坐标几何学基础.第1卷,笛卡儿坐标	2021－08	48.00	1398
坐标几何学基础.第2卷,三线坐标	2021－09	28.00	1399
平面解析几何方法与研究(第1卷)	2015－05	28.00	471
平面解析几何方法与研究(第2卷)	2015－06	38.00	472
平面解析几何方法与研究(第3卷)	2015－07	28.00	473
解析几何研究	2015－01	38.00	425
解析几何学教程.上	2016－01	38.00	574
解析几何学教程.下	2016－01	38.00	575
几何学基础	2016－01	58.00	581
初等几何研究	2015－02	58.00	444
十九和二十世纪欧氏几何学中的片段	2017－01	58.00	696
平面几何中考.高考.奥数一本通	2017－07	28.00	820
几何学简史	2017－08	28.00	833
四面体	2018－01	48.00	880
平面几何证明方法思路	2018－12	68.00	913
折纸中的几何练习	2022－09	48.00	1559
中学新几何学(英文)	2022－10	98.00	1562
线性代数与几何	2023－04	68.00	1633
四面体几何学引论	2023－06	68.00	1648

刘培杰数学工作室
已出版(即将出版)图书目录——初等数学

书　　名	出版时间	定　价	编号
平面几何图形特性新析.上篇	2019－01	68.00	911
平面几何图形特性新析.下篇	2018－06	88.00	912
平面几何范例多解探究.上篇	2018－04	48.00	910
平面几何范例多解探究.下篇	2018－12	68.00	914
从分析解题过程学解题:竞赛中的几何问题研究	2018－07	68.00	946
从分析解题过程学解题:竞赛中的向量几何与不等式研究(全2册)	2019－06	138.00	1090
从分析解题过程学解题:竞赛中的不等式问题	2021－01	48.00	1249
二维、三维欧氏几何的对偶原理	2018－12	38.00	990
星形大观及闭折线论	2019－03	68.00	1020
立体几何的问题和方法	2019－11	58.00	1127
三角代换论	2021－05	58.00	1313
俄罗斯平面几何问题集	2009－08	88.00	55
俄罗斯立体几何问题集	2014－03	58.00	283
俄罗斯几何大师——沙雷金论数学及其他	2014－01	48.00	271
来自俄罗斯的5000道几何习题及解答	2011－03	58.00	89
俄罗斯初等数学问题集	2012－05	38.00	177
俄罗斯函数问题集	2011－03	38.00	103
俄罗斯组合分析问题集	2011－01	48.00	79
俄罗斯初等数学万题选——三角卷	2012－11	38.00	222
俄罗斯初等数学万题选——代数卷	2013－08	68.00	225
俄罗斯初等数学万题选——几何卷	2014－01	68.00	226
俄罗斯《量子》杂志数学征解问题100题选	2018－08	48.00	969
俄罗斯《量子》杂志数学征解问题又100题选	2018－08	48.00	970
俄罗斯《量子》杂志数学征解问题	2020－05	48.00	1138
463个俄罗斯几何老问题	2012－01	28.00	152
《量子》数学短文精粹	2018－09	38.00	972
用三角、解析几何等计算解来自俄罗斯的几何题	2019－11	88.00	1119
基谢廖夫平面几何	2022－01	48.00	1461
基谢廖夫立体几何	2023－04	48.00	1599
数学:代数、数学分析和几何(10－11年级)	2021－01	48.00	1250
直观几何学:5—6年级	2022－04	58.00	1508
几何学:第2版.7—9年级	2023－08	68.00	1684
平面几何:9—11年级	2022－10	48.00	1571
立体几何.10—11年级	2022－01	58.00	1472

书　　名	出版时间	定　价	编号
谈谈素数	2011－03	18.00	91
平方和	2011－03	18.00	92
整数论	2011－05	38.00	120
从整数谈起	2015－10	28.00	538
数与多项式	2016－01	38.00	558
谈谈不定方程	2011－05	28.00	119
质数漫谈	2022－07	68.00	1529

书　　名	出版时间	定　价	编号
解析不等式新论	2009－06	68.00	48
建立不等式的方法	2011－03	98.00	104
数学奥林匹克不等式研究(第2版)	2020－07	68.00	1181
不等式研究(第三辑)	2023－08	198.00	1673
不等式的秘密(第一卷)(第2版)	2014－02	38.00	286
不等式的秘密(第二卷)	2014－01	38.00	268
初等不等式的证明方法	2010－06	38.00	123
初等不等式的证明方法(第二版)	2014－11	38.00	407
不等式・理论・方法(基础卷)	2015－07	38.00	496
不等式・理论・方法(经典不等式卷)	2015－07	38.00	497
不等式・理论・方法(特殊类型不等式卷)	2015－07	48.00	498
不等式探究	2016－03	38.00	582
不等式探秘	2017－01	88.00	689
四面体不等式	2017－01	68.00	715
数学奥林匹克中常见重要不等式	2017－09	38.00	845

刘培杰数学工作室
已出版(即将出版)图书目录——初等数学

书　名	出版时间	定　价	编号
三正弦不等式	2018－09	98.00	974
函数方程与不等式:解法与稳定性结果	2019－04	68.00	1058
数学不等式.第1卷,对称多项式不等式	2022－05	78.00	1455
数学不等式.第2卷,对称有理不等式与对称无理不等式	2022－05	88.00	1456
数学不等式.第3卷,循环不等式与非循环不等式	2022－05	88.00	1457
数学不等式.第4卷,Jensen不等式的扩展与加细	2022－05	88.00	1458
数学不等式.第5卷,创建不等式与解不等式的其他方法	2022－05	88.00	1459
不定方程及其应用.上	2018－12	58.00	992
不定方程及其应用.中	2019－01	78.00	993
不定方程及其应用.下	2019－02	98.00	994
Nesbitt不等式加强式的研究	2022－06	128.00	1527
最值定理与分析不等式	2023－02	78.00	1567
一类积分不等式	2023－02	88.00	1579
邦费罗尼不等式及概率应用	2023－05	58.00	1637
同余理论	2012－05	38.00	163
[x]与{x}	2015－04	48.00	476
极值与最值.上卷	2015－06	28.00	486
极值与最值.中卷	2015－06	38.00	487
极值与最值.下卷	2015－06	28.00	488
整数的性质	2012－11	38.00	192
完全平方数及其应用	2015－08	78.00	506
多项式理论	2015－10	88.00	541
奇数、偶数、奇偶分析法	2018－01	98.00	876
历届美国中学生数学竞赛试题及解答(第一卷)1950－1954	2014－07	18.00	277
历届美国中学生数学竞赛试题及解答(第二卷)1955－1959	2014－04	18.00	278
历届美国中学生数学竞赛试题及解答(第三卷)1960－1964	2014－06	18.00	279
历届美国中学生数学竞赛试题及解答(第四卷)1965－1969	2014－04	28.00	280
历届美国中学生数学竞赛试题及解答(第五卷)1970－1972	2014－06	18.00	281
历届美国中学生数学竞赛试题及解答(第六卷)1973－1980	2017－07	18.00	768
历届美国中学生数学竞赛试题及解答(第七卷)1981－1986	2015－01	18.00	424
历届美国中学生数学竞赛试题及解答(第八卷)1987－1990	2017－05	18.00	769
历届国际数学奥林匹克试题集	2023－09	158.00	1701
历届中国数学奥林匹克试题集(第3版)	2021－10	58.00	1440
历届加拿大数学奥林匹克试题集	2012－08	38.00	215
历届美国数学奥林匹克试题集	2023－08	98.00	1681
历届波兰数学竞赛试题集.第1卷,1949～1963	2015－03	18.00	453
历届波兰数学竞赛试题集.第2卷,1964～1976	2015－03	18.00	454
历届巴尔干数学奥林匹克试题集	2015－05	38.00	466
保加利亚数学奥林匹克	2014－10	38.00	393
圣彼得堡数学奥林匹克试题集	2015－01	38.00	429
匈牙利奥林匹克数学竞赛题解.第1卷	2016－05	28.00	593
匈牙利奥林匹克数学竞赛题解.第2卷	2016－05	28.00	594
历届美国数学邀请赛试题集(第2版)	2017－10	78.00	851
普林斯顿大学数学竞赛	2016－06	38.00	669
亚太地区数学奥林匹克竞赛题	2015－07	18.00	492
日本历届(初级)广中杯数学竞赛试题及解答.第1卷(2000～2007)	2016－05	28.00	641
日本历届(初级)广中杯数学竞赛试题及解答.第2卷(2008～2015)	2016－05	38.00	642
越南数学奥林匹克题选:1962－2009	2021－07	48.00	1370
360个数学竞赛问题	2016－08	58.00	677
奥数最佳实战题.上卷	2017－06	38.00	760
奥数最佳实战题.下卷	2017－05	58.00	761
哈尔滨市早期中学数学竞赛试题汇编	2016－07	28.00	672
全国高中数学联赛试题及解答:1981—2019(第4版)	2020－07	138.00	1176
2024年全国高中数学联合竞赛模拟题集	2024－01	38.00	1702

刘培杰数学工作室

已出版(即将出版)图书目录——初等数学

书　名	出版时间	定　价	编号
20 世纪 50 年代全国部分城市数学竞赛试题汇编	2017－07	28.00	797
国内外数学竞赛题及精解:2018～2019	2020－08	45.00	1192
国内外数学竞赛题及精解:2019～2020	2021－11	58.00	1439
许康华竞赛优学精选集.第一辑	2018－08	68.00	949
天问叶班数学问题征解 100 题.Ⅰ,2016－2018	2019－05	88.00	1075
天问叶班数学问题征解 100 题.Ⅱ,2017－2019	2020－07	98.00	1177
美国初中数学竞赛:AMC8 准备(共 6 卷)	2019－07	138.00	1089
美国高中数学竞赛:AMC10 准备(共 6 卷)	2019－08	158.00	1105
王连笑教你怎样学数学:高考选择题解题策略与客观题实用训练	2014－01	48.00	262
王连笑教你怎样学数学:高考数学高层次讲座	2015－02	48.00	432
高考数学的理论与实践	2009－08	38.00	53
高考数学核心题型解题方法与技巧	2010－01	28.00	86
高考思维新平台	2014－03	38.00	259
高考数学压轴题解题诀窍(上)(第 2 版)	2018－01	58.00	874
高考数学压轴题解题诀窍(下)(第 2 版)	2018－01	48.00	875
北京市五区文科数学三年高考模拟题详解:2013～2015	2015－08	48.00	500
北京市五区理科数学三年高考模拟题详解:2013～2015	2015－09	68.00	505
向量法巧解数学高考题	2009－08	28.00	54
高中数学课堂教学的实践与反思	2021－11	48.00	791
数学高考参考	2016－01	78.00	589
新课程标准高考数学解答题各种题型解法指导	2020－08	78.00	1196
全国及各省市高考数学试题审题要津与解法研究	2015－02	48.00	450
高中数学章节起始课的教学研究与案例设计	2019－05	28.00	1064
新课标高考数学——五年试题分章详解(2007～2011)(上、下)	2011－10	78.00	140,141
全国中考数学压轴题审题要津与解法研究	2013－04	78.00	248
新编全国及各省市中考数学压轴题审题要津与解法研究	2014－05	58.00	342
全国及各省市 5 年中考数学压轴题审题要津与解法研究(2015 版)	2015－04	58.00	462
中考数学专题总复习	2007－04	28.00	6
中考数学较难题常考题型解题方法与技巧	2016－09	48.00	681
中考数学难题常考题型解题方法与技巧	2016－09	48.00	682
中考数学中档题常考题型解题方法与技巧	2017－08	68.00	835
中考数学选择填空压轴好题妙解 365	2024－01	80.00	1698
中考数学:三类重点考题的解法例析与习题	2020－04	48.00	1140
中小学数学的历史文化	2019－11	48.00	1124
初中平面几何百题多思创新解	2020－01	58.00	1125
初中数学中考备考	2020－01	58.00	1126
高考数学之九章演义	2019－08	68.00	1044
高考数学之难题谈笑间	2022－06	68.00	1519
化学可以这样学:高中化学知识方法智慧感悟疑难辨析	2019－07	58.00	1103
如何成为学习高手	2019－09	58.00	1107
高考数学:经典真题分类解析	2020－04	78.00	1134
高考数学解答题破解策略	2020－11	58.00	1221
从分析解题过程学解题:高考压轴题与竞赛题之关系探究	2020－08	88.00	1179
教学新思考:单元整体视角下的初中数学教学设计	2021－03	58.00	1278
思维再拓展:2020 年经典几何题的多解探究与思考	即将出版		1279
中考数学小压轴汇编初讲	2017－07	48.00	788
中考数学大压轴专题微言	2017－09	48.00	846
怎么解中考平面几何探索题	2019－06	48.00	1093
北京中考数学压轴题解题方法突破(第 9 版)	2024－01	78.00	1645
助你高考成功的数学解题智慧:知识是智慧的基础	2016－01	58.00	596
助你高考成功的数学解题智慧:错误是智慧的试金石	2016－04	58.00	643
助你高考成功的数学解题智慧:方法是智慧的推手	2016－04	68.00	657
高考数学奇思妙解	2016－04	38.00	610
高考数学解题策略	2016－05	48.00	670
数学解题泄天机(第 2 版)	2017－10	48.00	850

刘培杰数学工作室 已出版(即将出版)图书目录——初等数学

书名	出版时间	定价	编号
高中物理教学讲义	2018－01	48.00	871
高中物理教学讲义:全模块	2022－03	98.00	1492
高中物理答疑解惑 65 篇	2021－11	48.00	1462
中学物理基础问题解析	2020－08	48.00	1183
初中数学、高中数学脱节知识补缺教材	2017－06	48.00	766
高考数学客观题解题方法和技巧	2017－10	38.00	847
十年高考数学精品试题审题要津与解法研究	2021－10	98.00	1427
中国历届高考数学试题及解答.1949－1979	2018－01	38.00	877
历届中国高考数学试题及解答.第二卷,1980—1989	2018－10	28.00	975
历届中国高考数学试题及解答.第三卷,1990—1999	2018－10	48.00	976
跟我学解高中数学题	2018－07	58.00	926
中学数学研究的方法及案例	2018－05	58.00	869
高考数学抢分技能	2018－07	68.00	934
高一新生常用数学方法和重要数学思想提升教材	2018－06	38.00	921
高考数学全国卷六道解答题常考题型解题诀窍:理科(全 2 册)	2019－07	78.00	1101
高考数学全国卷 16 道选择、填空题常考题型解题诀窍.理科	2018－09	88.00	971
高考数学全国卷 16 道选择、填空题常考题型解题诀窍.文科	2020－01	88.00	1123
高中数学一题多解	2019－06	58.00	1087
历届中国高考数学试题及解答:1917－1999	2021－08	98.00	1371
2000～2003 年全国及各省市高考数学试题及解答	2022－05	88.00	1499
2004 年全国及各省市高考数学试题及解答	2023－08	78.00	1500
2005 年全国及各省市高考数学试题及解答	2023－08	78.00	1501
2006 年全国及各省市高考数学试题及解答	2023－08	88.00	1502
2007 年全国及各省市高考数学试题及解答	2023－08	98.00	1503
2008 年全国及各省市高考数学试题及解答	2023－08	88.00	1504
2009 年全国及各省市高考数学试题及解答	2023－08	88.00	1505
2010 年全国及各省市高考数学试题及解答	2023－08	98.00	1506
2011～2017 年全国及各省市高考数学试题及解答	2024－01	78.00	1507
2018～2023 年全国及各省市高考数学试题及解答	2024－03	78.00	1709
突破高原:高中数学解题思维探究	2021－08	48.00	1375
高考数学中的“取值范围”	2021－10	48.00	1429
新课程标准高中数学各种题型解法大全.必修一分册	2021－06	58.00	1315
新课程标准高中数学各种题型解法大全.必修二分册	2022－01	68.00	1471
高中数学各种题型解法大全.选择性必修一分册	2022－06	68.00	1525
高中数学各种题型解法大全.选择性必修二分册	2023－01	58.00	1600
高中数学各种题型解法大全.选择性必修三分册	2023－04	48.00	1643
历届全国初中数学竞赛经典试题详解	2023－04	88.00	1624
孟祥礼高考数学精刷精解	2023－06	98.00	1663
新编 640 个世界著名数学智力趣题	2014－01	88.00	242
500 个最新世界著名数学智力趣题	2008－06	48.00	3
400 个最新世界著名数学最值问题	2008－09	48.00	36
500 个世界著名数学征解问题	2009－06	48.00	52
400 个中国最佳初等数学征解老问题	2010－01	48.00	60
500 个俄罗斯数学经典老题	2011－01	28.00	81
1000 个国外中学物理好题	2012－04	48.00	174
300 个日本高考数学题	2012－05	38.00	142
700 个早期日本高考数学试题	2017－02	88.00	752
500 个前苏联早期高考数学试题及解答	2012－05	28.00	185
546 个早期俄罗斯大学生数学竞赛题	2014－03	38.00	285
548 个来自美苏的数学好问题	2014－11	28.00	396
20 所苏联著名大学早期入学试题	2015－02	18.00	452
161 道德国工科大学生必做的微分方程习题	2015－05	28.00	469
500 个德国工科大学生必做的高数习题	2015－06	28.00	478
360 个数学竞赛问题	2016－08	58.00	677
200 个趣味数学故事	2018－02	48.00	857
470 个数学奥林匹克中的最值问题	2018－10	88.00	985
德国讲义日本考题.微积分卷	2015－04	48.00	456
德国讲义日本考题.微分方程卷	2015－04	38.00	457
二十世纪中叶中、英、美、日、法、俄高考数学试题精选	2017－06	38.00	783

刘培杰数学工作室

已出版(即将出版)图书目录——初等数学

书　　名	出版时间	定　价	编号
中国初等数学研究　2009 卷(第 1 辑)	2009－05	20.00	45
中国初等数学研究　2010 卷(第 2 辑)	2010－05	30.00	68
中国初等数学研究　2011 卷(第 3 辑)	2011－07	60.00	127
中国初等数学研究　2012 卷(第 4 辑)	2012－07	48.00	190
中国初等数学研究　2014 卷(第 5 辑)	2014－02	48.00	288
中国初等数学研究　2015 卷(第 6 辑)	2015－06	68.00	493
中国初等数学研究　2016 卷(第 7 辑)	2016－04	68.00	609
中国初等数学研究　2017 卷(第 8 辑)	2017－01	98.00	712
初等数学研究在中国. 第 1 辑	2019－03	158.00	1024
初等数学研究在中国. 第 2 辑	2019－10	158.00	1116
初等数学研究在中国. 第 3 辑	2021－05	158.00	1306
初等数学研究在中国. 第 4 辑	2022－06	158.00	1520
初等数学研究在中国. 第 5 辑	2023－07	158.00	1635
几何变换(Ⅰ)	2014－07	28.00	353
几何变换(Ⅱ)	2015－06	28.00	354
几何变换(Ⅲ)	2015－01	38.00	355
几何变换(Ⅳ)	2015－12	38.00	356
初等数论难题集(第一卷)	2009－05	68.00	44
初等数论难题集(第二卷)(上、下)	2011－02	128.00	82,83
数论概貌	2011－03	18.00	93
代数数论(第二版)	2013－08	58.00	94
代数多项式	2014－06	38.00	289
初等数论的知识与问题	2011－02	28.00	95
超越数论基础	2011－03	28.00	96
数论初等教程	2011－03	28.00	97
数论基础	2011－03	18.00	98
数论基础与维诺格拉多夫	2014－03	18.00	292
解析数论基础	2012－08	28.00	216
解析数论基础(第二版)	2014－01	48.00	287
解析数论问题集(第二版)(原版引进)	2014－05	88.00	343
解析数论问题集(第二版)(中译本)	2016－04	88.00	607
解析数论基础(潘承洞,潘承彪著)	2016－07	98.00	673
解析数论导引	2016－07	58.00	674
数论入门	2011－03	38.00	99
代数数论入门	2015－03	38.00	448
数论开篇	2012－07	28.00	194
解析数论引论	2011－03	48.00	100
Barban Davenport Halberstam 均值和	2009－01	40.00	33
基础数论	2011－03	28.00	101
初等数论 100 例	2011－05	18.00	122
初等数论经典例题	2012－07	18.00	204
最新世界各国数学奥林匹克中的初等数论试题(上、下)	2012－01	138.00	144,145
初等数论(Ⅰ)	2012－01	18.00	156
初等数论(Ⅱ)	2012－01	18.00	157
初等数论(Ⅲ)	2012－01	28.00	158

刘培杰数学工作室

已出版(即将出版)图书目录——初等数学

书　　名	出版时间	定　价	编号
平面几何与数论中未解决的新老问题	2013－01	68.00	229
代数数论简史	2014－11	28.00	408
代数数论	2015－09	88.00	532
代数、数论及分析习题集	2016－11	98.00	695
数论导引提要及习题解答	2016－01	48.00	559
素数定理的初等证明.第2版	2016－09	48.00	686
数论中的模函数与狄利克雷级数(第二版)	2017－11	78.00	837
数论:数学导引	2018－01	68.00	849
范氏大代数	2019－02	98.00	1016
解析数学讲义.第一卷,导来式及微分、积分、级数	2019－04	88.00	1021
解析数学讲义.第二卷,关于几何的应用	2019－04	68.00	1022
解析数学讲义.第三卷,解析函数论	2019－04	78.00	1023
分析·组合·数论纵横谈	2019－04	58.00	1039
Hall代数:民国时期的中学数学课本:英文	2019－08	88.00	1106
基谢廖夫初等代数	2022－07	38.00	1531
数学精神巡礼	2019－01	58.00	731
数学眼光透视(第2版)	2017－06	78.00	732
数学思想领悟(第2版)	2018－01	68.00	733
数学方法溯源(第2版)	2018－08	68.00	734
数学解题引论	2017－05	58.00	735
数学史话览胜(第2版)	2017－01	48.00	736
数学应用展观(第2版)	2017－08	68.00	737
数学建模尝试	2018－04	48.00	738
数学竞赛采风	2018－01	68.00	739
数学测评探营	2019－05	58.00	740
数学技能操握	2018－03	48.00	741
数学欣赏拾趣	2018－02	48.00	742
从毕达哥拉斯到怀尔斯	2007－10	48.00	9
从迪利克雷到维斯卡尔迪	2008－01	48.00	21
从哥德巴赫到陈景润	2008－05	98.00	35
从庞加莱到佩雷尔曼	2011－08	138.00	136
博弈论精粹	2008－03	58.00	30
博弈论精粹.第二版(精装)	2015－01	88.00	461
数学 我爱你	2008－01	28.00	20
精神的圣徒　别样的人生——60位中国数学家成长的历程	2008－09	48.00	39
数学史概论	2009－06	78.00	50
数学史概论(精装)	2013－03	158.00	272
数学史选讲	2016－01	48.00	544
斐波那契数列	2010－02	28.00	65
数学拼盘和斐波那契魔方	2010－07	38.00	72
斐波那契数列欣赏(第2版)	2018－08	58.00	948
Fibonacci数列中的明珠	2018－06	58.00	928
数学的创造	2011－02	48.00	85
数学美与创造力	2016－01	48.00	595
数海拾贝	2016－01	48.00	590
数学中的美(第2版)	2019－04	68.00	1057
数论中的美学	2014－12	38.00	351

刘培杰数学工作室
已出版(即将出版)图书目录——初等数学

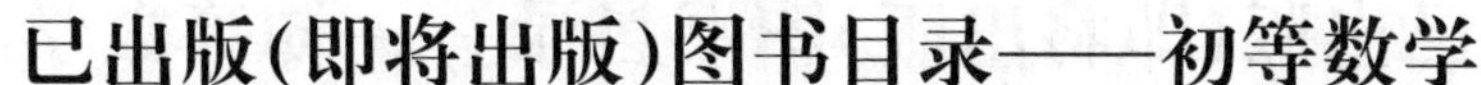

书 名	出版时间	定 价	编号
数学王者 科学巨人——高斯	2015－01	28.00	428
振兴祖国数学的圆梦之旅:中国初等数学研究史话	2015－06	98.00	490
二十世纪中国数学史料研究	2015－10	48.00	536
数字谜、数阵图与棋盘覆盖	2016－01	58.00	298
数学概念的进化:一个初步的研究	2023－07	68.00	1683
数学发现的艺术:数学探索中的合情推理	2016－07	58.00	671
活跃在数学中的参数	2016－07	48.00	675
数海趣史	2021－05	98.00	1314
玩转幻中之幻	2023－08	88.00	1682
数学艺术品	2023－09	98.00	1685
数学博弈与游戏	2023－10	68.00	1692
数学解题——靠数学思想给力(上)	2011－07	38.00	131
数学解题——靠数学思想给力(中)	2011－07	48.00	132
数学解题——靠数学思想给力(下)	2011－07	38.00	133
我怎样解题	2013－01	48.00	227
数学解题中的物理方法	2011－06	28.00	114
数学解题的特殊方法	2011－06	48.00	115
中学数学计算技巧(第 2 版)	2020－10	48.00	1220
中学数学证明方法	2012－01	58.00	117
数学趣题巧解	2012－03	28.00	128
高中数学教学通鉴	2015－05	58.00	479
和高中生漫谈:数学与哲学的故事	2014－08	28.00	369
算术问题集	2017－03	38.00	789
张教授讲数学	2018－07	38.00	933
陈永明实话实说数学教学	2020－04	68.00	1132
中学数学学科知识与教学能力	2020－06	58.00	1155
怎样把课讲好:大罕数学教学随笔	2022－03	58.00	1484
中国高考评价体系下高考数学探秘	2022－03	48.00	1487
数苑漫步	2024－01	58.00	1670
自主招生考试中的参数方程问题	2015－01	28.00	435
自主招生考试中的极坐标问题	2015－04	28.00	463
近年全国重点大学自主招生数学试题全解及研究.华约卷	2015－02	38.00	441
近年全国重点大学自主招生数学试题全解及研究.北约卷	2016－05	38.00	619
自主招生数学解证宝典	2015－09	48.00	535
中国科学技术大学创新班数学真题解析	2022－03	48.00	1488
中国科学技术大学创新班物理真题解析	2022－03	58.00	1489
格点和面积	2012－07	18.00	191
射影几何趣谈	2012－04	28.00	175
斯潘纳尔引理——从一道加拿大数学奥林匹克试题谈起	2014－01	28.00	228
李普希兹条件——从几道近年高考数学试题谈起	2012－10	18.00	221
拉格朗日中值定理——从一道北京高考试题的解法谈起	2015－10	18.00	197
闵科夫斯基定理——从一道清华大学自主招生试题谈起	2014－01	28.00	198
哈尔测度——从一道冬令营试题的背景谈起	2012－08	28.00	202
切比雪夫逼近问题——从一道中国台北数学奥林匹克试题谈起	2013－04	38.00	238
伯恩斯坦多项式与贝齐尔曲面——从一道全国高中数学联赛试题谈起	2013－03	38.00	236
卡塔兰猜想——从一道普特南竞赛试题谈起	2013－06	18.00	256
麦卡锡函数和阿克曼函数——从一道前南斯拉夫数学奥林匹克试题谈起	2012－08	18.00	201
贝蒂定理与拉姆贝克莫斯尔定理——从一个拣石子游戏谈起	2012－08	18.00	217
皮亚诺曲线和豪斯道夫分球定理——从无限集谈起	2012－08	18.00	211
平面凸图形与凸多面体	2012－10	28.00	218
斯坦因豪斯问题——从一道二十五省市自治区中学数学竞赛试题谈起	2012－07	18.00	196

刘培杰数学工作室

已出版(即将出版)图书目录——初等数学

书　　名	出版时间	定　价	编号
纽结理论中的亚历山大多项式与琼斯多项式——从一道北京市高一数学竞赛试题谈起	2012—07	28.00	195
原则与策略——从波利亚"解题表"谈起	2013—04	38.00	244
转化与化归——从三大尺规作图不能问题谈起	2012—08	28.00	214
代数几何中的贝祖定理(第一版)——从一道 IMO 试题的解法谈起	2013—08	18.00	193
成功连贯理论与约当块理论——从一道比利时数学竞赛试题谈起	2012—04	18.00	180
素数判定与大数分解	2014—08	18.00	199
置换多项式及其应用	2012—10	18.00	220
椭圆函数与模函数——从一道美国加州大学洛杉矶分校(UCLA)博士资格考题谈起	2012—10	28.00	219
差分方程的拉格朗日方法——从一道 2011 年全国高考理科试题的解法谈起	2012—08	28.00	200
力学在几何中的一些应用	2013—01	38.00	240
从根式解到伽罗华理论	2020—01	48.00	1121
康托洛维奇不等式——从一道全国高中联赛试题谈起	2013—03	28.00	337
西格尔引理——从一道第 18 届 IMO 试题的解法谈起	即将出版		
罗斯定理——从一道前苏联数学竞赛试题谈起	即将出版		
拉克斯定理和阿廷定理——从一道 IMO 试题的解法谈起	2014—01	58.00	246
毕卡大定理——从一道美国大学数学竞赛试题谈起	2014—07	18.00	350
贝齐尔曲线——从一道全国高中联赛试题谈起	即将出版		
拉格朗日乘子定理——从一道 2005 年全国高中联赛试题的高等数学解法谈起	2015—05	28.00	480
雅可比定理——从一道日本数学奥林匹克试题谈起	2013—04	48.00	249
李天岩一约克定理——从一道波兰数学竞赛试题谈起	2014—06	28.00	349
受控理论与初等不等式:从一道 IMO 试题的解法谈起	2023—03	48.00	1601
布劳维不动点定理——从一道前苏联数学奥林匹克试题谈起	2014—01	38.00	273
伯恩赛德定理——从一道英国数学奥林匹克试题谈起	即将出版		
布查特一莫斯特定理——从一道上海市初中竞赛试题谈起	即将出版		
数论中的同余数问题——从一道普特南竞赛试题谈起	即将出版		
范·德蒙行列式——从一道美国数学奥林匹克试题谈起	即将出版		
中国剩余定理:总数法构建中国历史年表	2015—01	28.00	430
牛顿程序与方程求根——从一道全国高考试题解法谈起	即将出版		
库默尔定理——从一道 IMO 预选试题谈起	即将出版		
卢丁定理——从一道冬令营试题的解法谈起	即将出版		
沃斯滕霍姆定理——从一道 IMO 预选试题谈起	即将出版		
卡尔松不等式——从一道莫斯科数学奥林匹克试题谈起	即将出版		
信息论中的香农熵——从一道近年高考压轴题谈起	即将出版		
约当不等式——从一道希望杯竞赛试题谈起	即将出版		
拉比诺维奇定理	即将出版		
刘维尔定理——从一道《美国数学月刊》征解问题的解法谈起	即将出版		
卡塔兰恒等式与级数求和——从一道 IMO 试题的解法谈起	即将出版		
勒让德猜想与素数分布——从一道爱尔兰竞赛试题谈起	即将出版		
天平称重与信息论——从一道基辅市数学奥林匹克试题谈起	即将出版		
哈密尔顿一凯莱定理:从一道高中数学联赛试题的解法谈起	2014—09	18.00	376
艾思特曼定理——从一道 CMO 试题的解法谈起	即将出版		

刘培杰数学工作室
已出版(即将出版)图书目录——初等数学

书　名	出版时间	定　价	编号
阿贝尔恒等式与经典不等式及应用	2018－06	98.00	923
迪利克雷除数问题	2018－07	48.00	930
幻方、幻立方与拉丁方	2019－08	48.00	1092
帕斯卡三角形	2014－03	18.00	294
蒲丰投针问题——从 2009 年清华大学的一道自主招生试题谈起	2014－01	38.00	295
斯图姆定理——从一道"华约"自主招生试题的解法谈起	2014－01	18.00	296
许瓦兹引理——从一道加利福尼亚大学伯克利分校数学系博士生试题谈起	2014－08	18.00	297
拉姆塞定理——从王诗宬院士的一个问题谈起	2016－04	48.00	299
坐标法	2013－12	28.00	332
数论三角形	2014－04	38.00	341
毕克定理	2014－07	18.00	352
数林掠影	2014－09	48.00	389
我们周围的概率	2014－10	38.00	390
凸函数最值定理：从一道华约自主招生题的解法谈起	2014－10	28.00	391
易学与数学奥林匹克	2014－10	38.00	392
生物数学趣谈	2015－01	18.00	409
反演	2015－01	28.00	420
因式分解与圆锥曲线	2015－01	18.00	426
轨迹	2015－01	28.00	427
面积原理：从常庚哲命的一道 CMO 试题的积分解法谈起	2015－01	48.00	431
形形色色的不动点定理：从一道 28 届 IMO 试题谈起	2015－01	38.00	439
柯西函数方程：从一道上海交大自主招生的试题谈起	2015－02	28.00	440
三角恒等式	2015－02	28.00	442
无理性判定：从一道 2014 年"北约"自主招生试题谈起	2015－01	38.00	443
数学归纳法	2015－03	18.00	451
极端原理与解题	2015－04	28.00	464
法雷级数	2014－08	18.00	367
摆线族	2015－01	38.00	438
函数方程及其解法	2015－05	38.00	470
含参数的方程和不等式	2012－09	28.00	213
希尔伯特第十问题	2016－01	38.00	543
无穷小量的求和	2016－01	28.00	545
切比雪夫多项式：从一道清华大学金秋营试题谈起	2016－01	38.00	583
泽肯多夫定理	2016－03	38.00	599
代数等式证题法	2016－01	28.00	600
三角等式证题法	2016－01	28.00	601
吴大任教授藏书中的一个因式分解公式：从一道美国数学邀请赛试题的解法谈起	2016－06	28.00	656
易卦——类万物的数学模型	2017－08	68.00	838
"不可思议"的数与数系可持续发展	2018－01	38.00	878
最短线	2018－01	38.00	879
数学在天文、地理、光学、机械力学中的一些应用	2023－03	88.00	1576
从阿基米德三角形谈起	2023－01	28.00	1578
幻方和魔方(第一卷)	2012－05	68.00	173
尘封的经典——初等数学经典文献选读(第一卷)	2012－07	48.00	205
尘封的经典——初等数学经典文献选读(第二卷)	2012－07	38.00	206
初级方程式论	2011－03	28.00	106
初等数学研究(Ⅰ)	2008－09	68.00	37
初等数学研究(Ⅱ)(上、下)	2009－05	118.00	46,47
初等数学专题研究	2022－10	68.00	1568

刘培杰数学工作室
已出版(即将出版)图书目录——初等数学

书　　名	出版时间	定　价	编号
趣味初等方程妙题集锦	2014－09	48.00	388
趣味初等数论选美与欣赏	2015－02	48.00	445
耕读笔记(上卷):一位农民数学爱好者的初数探索	2015－04	28.00	459
耕读笔记(中卷):一位农民数学爱好者的初数探索	2015－05	28.00	483
耕读笔记(下卷):一位农民数学爱好者的初数探索	2015－05	28.00	484
几何不等式研究与欣赏.上卷	2016－01	88.00	547
几何不等式研究与欣赏.下卷	2016－01	48.00	552
初等数列研究与欣赏·上	2016－01	48.00	570
初等数列研究与欣赏·下	2016－01	48.00	571
趣味初等函数研究与欣赏.上	2016－09	48.00	684
趣味初等函数研究与欣赏.下	2018－09	48.00	685
三角不等式研究与欣赏	2020－10	68.00	1197
新编平面解析几何解题方法研究与欣赏	2021－10	78.00	1426
火柴游戏(第2版)	2022－05	38.00	1493
智力解谜.第1卷	2017－07	38.00	613
智力解谜.第2卷	2017－07	38.00	614
故事智力	2016－07	48.00	615
名人们喜欢的智力问题	2020－01	48.00	616
数学大师的发现、创造与失误	2018－01	48.00	617
异曲同工	2018－09	48.00	618
数学的味道(第2版)	2023－10	68.00	1686
数学千字文	2018－10	68.00	977
数贝偶拾——高考数学题研究	2014－04	28.00	274
数贝偶拾——初等数学研究	2014－04	38.00	275
数贝偶拾——奥数题研究	2014－04	48.00	276
钱昌本教你快乐学数学(上)	2011－12	48.00	155
钱昌本教你快乐学数学(下)	2012－03	58.00	171
集合、函数与方程	2014－01	28.00	300
数列与不等式	2014－01	38.00	301
三角与平面向量	2014－01	28.00	302
平面解析几何	2014－01	38.00	303
立体几何与组合	2014－01	28.00	304
极限与导数、数学归纳法	2014－01	38.00	305
趣味数学	2014－03	28.00	306
教材教法	2014－04	68.00	307
自主招生	2014－05	58.00	308
高考压轴题(上)	2015－01	48.00	309
高考压轴题(下)	2014－10	68.00	310
从费马到怀尔斯——费马大定理的历史	2013－10	198.00	Ⅰ
从庞加莱到佩雷尔曼——庞加莱猜想的历史	2013－10	298.00	Ⅱ
从切比雪夫到爱尔特希(上)——素数定理的初等证明	2013－07	48.00	Ⅲ
从切比雪夫到爱尔特希(下)——素数定理100年	2012－12	98.00	Ⅲ
从高斯到盖尔方特——二次域的高斯猜想	2013－10	198.00	Ⅳ
从库默尔到朗兰兹——朗兰兹猜想的历史	2014－01	98.00	Ⅴ
从比勃巴赫到德布朗斯——比勃巴赫猜想的历史	2014－02	298.00	Ⅵ
从麦比乌斯到陈省身——麦比乌斯变换与麦比乌斯带	2014－02	298.00	Ⅶ
从布尔到豪斯道夫——布尔方程与格论漫谈	2013－10	198.00	Ⅷ
从开普勒到阿诺德——三体问题的历史	2014－05	298.00	Ⅸ
从华林到华罗庚——华林问题的历史	2013－10	298.00	Ⅹ

刘培杰数学工作室

已出版(即将出版)图书目录——初等数学

书 名	出版时间	定 价	编号
美国高中数学竞赛五十讲.第1卷(英文)	2014－08	28.00	357
美国高中数学竞赛五十讲.第2卷(英文)	2014－08	28.00	358
美国高中数学竞赛五十讲.第3卷(英文)	2014－09	28.00	359
美国高中数学竞赛五十讲.第4卷(英文)	2014－09	28.00	360
美国高中数学竞赛五十讲.第5卷(英文)	2014－10	28.00	361
美国高中数学竞赛五十讲.第6卷(英文)	2014－11	28.00	362
美国高中数学竞赛五十讲.第7卷(英文)	2014－12	28.00	363
美国高中数学竞赛五十讲.第8卷(英文)	2015－01	28.00	364
美国高中数学竞赛五十讲.第9卷(英文)	2015－01	28.00	365
美国高中数学竞赛五十讲.第10卷(英文)	2015－02	38.00	366
三角函数(第2版)	2017－04	38.00	626
不等式	2014－01	38.00	312
数列	2014－01	38.00	313
方程(第2版)	2017－04	38.00	624
排列和组合	2014－01	28.00	315
极限与导数(第2版)	2016－04	38.00	635
向量(第2版)	2018－08	58.00	627
复数及其应用	2014－08	28.00	318
函数	2014－01	38.00	319
集合	2020－01	48.00	320
直线与平面	2014－01	28.00	321
立体几何(第2版)	2016－04	38.00	629
解三角形	即将出版		323
直线与圆(第2版)	2016－11	38.00	631
圆锥曲线(第2版)	2016－09	48.00	632
解题通法(一)	2014－07	38.00	326
解题通法(二)	2014－07	38.00	327
解题通法(三)	2014－05	38.00	328
概率与统计	2014－01	28.00	329
信息迁移与算法	即将出版		330
IMO 50年.第1卷(1959－1963)	2014－11	28.00	377
IMO 50年.第2卷(1964－1968)	2014－11	28.00	378
IMO 50年.第3卷(1969－1973)	2014－09	28.00	379
IMO 50年.第4卷(1974－1978)	2016－04	38.00	380
IMO 50年.第5卷(1979－1984)	2015－04	38.00	381
IMO 50年.第6卷(1985－1989)	2015－04	58.00	382
IMO 50年.第7卷(1990－1994)	2016－01	48.00	383
IMO 50年.第8卷(1995－1999)	2016－06	38.00	384
IMO 50年.第9卷(2000－2004)	2015－04	58.00	385
IMO 50年.第10卷(2005－2009)	2016－01	48.00	386
IMO 50年.第11卷(2010－2015)	2017－03	48.00	646

刘培杰数学工作室

已出版(即将出版)图书目录——初等数学

书　　名	出版时间	定　价	编号
数学反思(2006—2007)	2020—09	88.00	915
数学反思(2008—2009)	2019—01	68.00	917
数学反思(2010—2011)	2018—05	58.00	916
数学反思(2012—2013)	2019—01	58.00	918
数学反思(2014—2015)	2019—03	78.00	919
数学反思(2016—2017)	2021—03	58.00	1286
数学反思(2018—2019)	2023—01	88.00	1593
历届美国大学生数学竞赛试题集.第一卷(1938—1949)	2015—01	28.00	397
历届美国大学生数学竞赛试题集.第二卷(1950—1959)	2015—01	28.00	398
历届美国大学生数学竞赛试题集.第三卷(1960—1969)	2015—01	28.00	399
历届美国大学生数学竞赛试题集.第四卷(1970—1979)	2015—01	18.00	400
历届美国大学生数学竞赛试题集.第五卷(1980—1989)	2015—01	28.00	401
历届美国大学生数学竞赛试题集.第六卷(1990—1999)	2015—01	28.00	402
历届美国大学生数学竞赛试题集.第七卷(2000—2009)	2015—08	18.00	403
历届美国大学生数学竞赛试题集.第八卷(2010—2012)	2015—01	18.00	404
新课标高考数学创新题解题诀窍:总论	2014—09	28.00	372
新课标高考数学创新题解题诀窍:必修1～5分册	2014—08	38.00	373
新课标高考数学创新题解题诀窍:选修2—1,2—2,1—1,1—2分册	2014—09	38.00	374
新课标高考数学创新题解题诀窍:选修2—3,4—4,4—5分册	2014—09	18.00	375
全国重点大学自主招生英文数学试题全攻略:词汇卷	2015—07	48.00	410
全国重点大学自主招生英文数学试题全攻略:概念卷	2015—01	28.00	411
全国重点大学自主招生英文数学试题全攻略:文章选读卷(上)	2016—09	38.00	412
全国重点大学自主招生英文数学试题全攻略:文章选读卷(下)	2017—01	58.00	413
全国重点大学自主招生英文数学试题全攻略:试题卷	2015—07	38.00	414
全国重点大学自主招生英文数学试题全攻略:名著欣赏卷	2017—03	48.00	415
劳埃德数学趣题大全.题目卷.1:英文	2016—01	18.00	516
劳埃德数学趣题大全.题目卷.2:英文	2016—01	18.00	517
劳埃德数学趣题大全.题目卷.3:英文	2016—01	18.00	518
劳埃德数学趣题大全.题目卷.4:英文	2016—01	18.00	519
劳埃德数学趣题大全.题目卷.5:英文	2016—01	18.00	520
劳埃德数学趣题大全.答案卷:英文	2016—01	18.00	521
李成章教练奥数笔记.第1卷	2016—01	48.00	522
李成章教练奥数笔记.第2卷	2016—01	48.00	523
李成章教练奥数笔记.第3卷	2016—01	38.00	524
李成章教练奥数笔记.第4卷	2016—01	38.00	525
李成章教练奥数笔记.第5卷	2016—01	38.00	526
李成章教练奥数笔记.第6卷	2016—01	38.00	527
李成章教练奥数笔记.第7卷	2016—01	38.00	528
李成章教练奥数笔记.第8卷	2016—01	48.00	529
李成章教练奥数笔记.第9卷	2016—01	28.00	530

刘培杰数学工作室
已出版(即将出版)图书目录——初等数学

书　　名	出版时间	定　价	编号
第19～23届"希望杯"全国数学邀请赛试题审题要津详细评注(初一版)	2014－03	28.00	333
第19～23届"希望杯"全国数学邀请赛试题审题要津详细评注(初二、初三版)	2014－03	38.00	334
第19～23届"希望杯"全国数学邀请赛试题审题要津详细评注(高一版)	2014－03	28.00	335
第19～23届"希望杯"全国数学邀请赛试题审题要津详细评注(高二版)	2014－03	38.00	336
第19～25届"希望杯"全国数学邀请赛试题审题要津详细评注(初一版)	2015－01	38.00	416
第19～25届"希望杯"全国数学邀请赛试题审题要津详细评注(初二、初三版)	2015－01	58.00	417
第19～25届"希望杯"全国数学邀请赛试题审题要津详细评注(高一版)	2015－01	48.00	418
第19～25届"希望杯"全国数学邀请赛试题审题要津详细评注(高二版)	2015－01	48.00	419
物理奥林匹克竞赛大题典——力学卷	2014－11	48.00	405
物理奥林匹克竞赛大题典——热学卷	2014－04	28.00	339
物理奥林匹克竞赛大题典——电磁学卷	2015－07	48.00	406
物理奥林匹克竞赛大题典——光学与近代物理卷	2014－06	28.00	345
历届中国东南地区数学奥林匹克试题集(2004～2012)	2014－06	18.00	346
历届中国西部地区数学奥林匹克试题集(2001～2012)	2014－07	18.00	347
历届中国女子数学奥林匹克试题集(2002～2012)	2014－08	18.00	348
数学奥林匹克在中国	2014－06	98.00	344
数学奥林匹克问题集	2014－01	38.00	267
数学奥林匹克不等式散论	2010－06	38.00	124
数学奥林匹克不等式欣赏	2011－09	38.00	138
数学奥林匹克超级题库(初中卷上)	2010－01	58.00	66
数学奥林匹克不等式证明方法和技巧(上、下)	2011－08	158.00	134,135
他们学什么:原民主德国中学数学课本	2016－09	38.00	658
他们学什么:英国中学数学课本	2016－09	38.00	659
他们学什么:法国中学数学课本.1	2016－09	38.00	660
他们学什么:法国中学数学课本.2	2016－09	28.00	661
他们学什么:法国中学数学课本.3	2016－09	38.00	662
他们学什么:苏联中学数学课本	2016－09	28.00	679
高中数学题典——集合与简易逻辑·函数	2016－07	48.00	647
高中数学题典——导数	2016－07	48.00	648
高中数学题典——三角函数·平面向量	2016－07	48.00	649
高中数学题典——数列	2016－07	58.00	650
高中数学题典——不等式·推理与证明	2016－07	38.00	651
高中数学题典——立体几何	2016－07	48.00	652
高中数学题典——平面解析几何	2016－07	78.00	653
高中数学题典——计数原理·统计·概率·复数	2016－07	48.00	654
高中数学题典——算法·平面几何·初等数论·组合数学·其他	2016－07	68.00	655

刘培杰数学工作室
已出版(即将出版)图书目录——初等数学

书　　名	出版时间	定　价	编号
台湾地区奥林匹克数学竞赛试题.小学一年级	2017－03	38.00	722
台湾地区奥林匹克数学竞赛试题.小学二年级	2017－03	38.00	723
台湾地区奥林匹克数学竞赛试题.小学三年级	2017－03	38.00	724
台湾地区奥林匹克数学竞赛试题.小学四年级	2017－03	38.00	725
台湾地区奥林匹克数学竞赛试题.小学五年级	2017－03	38.00	726
台湾地区奥林匹克数学竞赛试题.小学六年级	2017－03	38.00	727
台湾地区奥林匹克数学竞赛试题.初中一年级	2017－03	38.00	728
台湾地区奥林匹克数学竞赛试题.初中二年级	2017－03	38.00	729
台湾地区奥林匹克数学竞赛试题.初中三年级	2017－03	28.00	730
不等式证题法	2017－04	28.00	747
平面几何培优教程	2019－08	88.00	748
奥数鼎级培优教程.高一分册	2018－09	88.00	749
奥数鼎级培优教程.高二分册.上	2018－04	68.00	750
奥数鼎级培优教程.高二分册.下	2018－04	68.00	751
高中数学竞赛冲刺宝典	2019－04	68.00	883
初中尖子生数学超级题典.实数	2017－07	58.00	792
初中尖子生数学超级题典.式、方程与不等式	2017－08	58.00	793
初中尖子生数学超级题典.圆、面积	2017－08	38.00	794
初中尖子生数学超级题典.函数、逻辑推理	2017－08	48.00	795
初中尖子生数学超级题典.角、线段、三角形与多边形	2017－07	58.00	796
数学王子——高斯	2018－01	48.00	858
坎坷奇星——阿贝尔	2018－01	48.00	859
闪烁奇星——伽罗瓦	2018－01	58.00	860
无穷统帅——康托尔	2018－01	48.00	861
科学公主——柯瓦列夫斯卡娅	2018－01	48.00	862
抽象代数之母——埃米·诺特	2018－01	48.00	863
电脑先驱——图灵	2018－01	58.00	864
昔日神童——维纳	2018－01	48.00	865
数坛怪侠——爱尔特希	2018－01	68.00	866
传奇数学家徐利治	2019－09	88.00	1110
当代世界中的数学.数学思想与数学基础	2019－01	38.00	892
当代世界中的数学.数学问题	2019－01	38.00	893
当代世界中的数学.应用数学与数学应用	2019－01	38.00	894
当代世界中的数学.数学王国的新疆域(一)	2019－01	38.00	895
当代世界中的数学.数学王国的新疆域(二)	2019－01	38.00	896
当代世界中的数学.数林撷英(一)	2019－01	38.00	897
当代世界中的数学.数林撷英(二)	2019－01	48.00	898
当代世界中的数学.数学之路	2019－01	38.00	899

刘培杰数学工作室

已出版(即将出版)图书目录——初等数学 

书　　名	出版时间	定　价	编号
105 个代数问题:来自 AwesomeMath 夏季课程	2019-02	58.00	956
106 个几何问题:来自 AwesomeMath 夏季课程	2020-07	58.00	957
107 个几何问题:来自 AwesomeMath 全年课程	2020-07	58.00	958
108 个代数问题:来自 AwesomeMath 全年课程	2019-01	68.00	959
109 个不等式:来自 AwesomeMath 夏季课程	2019-04	58.00	960
110 个几何问题:选自各国数学奥林匹克竞赛	2024-04	58.00	961
111 个代数和数论问题	2019-05	58.00	962
112 个组合问题:来自 AwesomeMath 夏季课程	2019-05	58.00	963
113 个几何不等式:来自 AwesomeMath 夏季课程	2020-08	58.00	964
114 个指数和对数问题:来自 AwesomeMath 夏季课程	2019-09	48.00	965
115 个三角问题:来自 AwesomeMath 夏季课程	2019-09	58.00	966
116 个代数不等式:来自 AwesomeMath 全年课程	2019-04	58.00	967
117 个多项式问题:来自 AwesomeMath 夏季课程	2021-09	58.00	1409
118 个数学竞赛不等式	2022-08	78.00	1526
紫色彗星国际数学竞赛试题	2019-02	58.00	999
数学竞赛中的数学:为数学爱好者、父母、教师和教练准备的丰富资源.第一部	2020-04	58.00	1141
数学竞赛中的数学:为数学爱好者、父母、教师和教练准备的丰富资源.第二部	2020-07	48.00	1142
和与积	2020-10	38.00	1219
数论:概念和问题	2020-12	68.00	1257
初等数学问题研究	2021-03	48.00	1270
数学奥林匹克中的欧几里得几何	2021-10	68.00	1413
数学奥林匹克题解新编	2022-01	58.00	1430
图论入门	2022-09	58.00	1554
新的、更新的、最新的不等式	2023-07	58.00	1650
数学竞赛中奇妙的多项式	2024-01	78.00	1646
120 个奇妙的代数问题及 20 个奖励问题	2024-04	48.00	1647
澳大利亚中学数学竞赛试题及解答(初级卷)1978～1984	2019-02	28.00	1002
澳大利亚中学数学竞赛试题及解答(初级卷)1985～1991	2019-02	28.00	1003
澳大利亚中学数学竞赛试题及解答(初级卷)1992～1998	2019-02	28.00	1004
澳大利亚中学数学竞赛试题及解答(初级卷)1999～2005	2019-02	28.00	1005
澳大利亚中学数学竞赛试题及解答(中级卷)1978～1984	2019-03	28.00	1006
澳大利亚中学数学竞赛试题及解答(中级卷)1985～1991	2019-03	28.00	1007
澳大利亚中学数学竞赛试题及解答(中级卷)1992～1998	2019-03	28.00	1008
澳大利亚中学数学竞赛试题及解答(中级卷)1999～2005	2019-03	28.00	1009
澳大利亚中学数学竞赛试题及解答(高级卷)1978～1984	2019-05	28.00	1010
澳大利亚中学数学竞赛试题及解答(高级卷)1985～1991	2019-05	28.00	1011
澳大利亚中学数学竞赛试题及解答(高级卷)1992～1998	2019-05	28.00	1012
澳大利亚中学数学竞赛试题及解答(高级卷)1999～2005	2019-05	28.00	1013
天才中小学生智力测验题.第一卷	2019-03	38.00	1026
天才中小学生智力测验题.第二卷	2019-03	38.00	1027
天才中小学生智力测验题.第三卷	2019-03	38.00	1028
天才中小学生智力测验题.第四卷	2019-03	38.00	1029
天才中小学生智力测验题.第五卷	2019-03	38.00	1030
天才中小学生智力测验题.第六卷	2019-03	38.00	1031
天才中小学生智力测验题.第七卷	2019-03	38.00	1032
天才中小学生智力测验题.第八卷	2019-03	38.00	1033
天才中小学生智力测验题.第九卷	2019-03	38.00	1034
天才中小学生智力测验题.第十卷	2019-03	38.00	1035
天才中小学生智力测验题.第十一卷	2019-03	38.00	1036
天才中小学生智力测验题.第十二卷	2019-03	38.00	1037
天才中小学生智力测验题.第十三卷	2019-03	38.00	1038

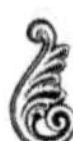

刘培杰数学工作室
已出版(即将出版)图书目录——初等数学

书　名	出版时间	定　价	编号
重点大学自主招生数学备考全书:函数	2020—05	48.00	1047
重点大学自主招生数学备考全书:导数	2020—08	48.00	1048
重点大学自主招生数学备考全书:数列与不等式	2019—10	78.00	1049
重点大学自主招生数学备考全书:三角函数与平面向量	2020—08	68.00	1050
重点大学自主招生数学备考全书:平面解析几何	2020—07	58.00	1051
重点大学自主招生数学备考全书:立体几何与平面几何	2019—08	48.00	1052
重点大学自主招生数学备考全书:排列组合·概率统计·复数	2019—09	48.00	1053
重点大学自主招生数学备考全书:初等数论与组合数学	2019—08	48.00	1054
重点大学自主招生数学备考全书:重点大学自主招生真题.上	2019—04	68.00	1055
重点大学自主招生数学备考全书:重点大学自主招生真题.下	2019—04	58.00	1056
高中数学竞赛培训教程:平面几何问题的求解方法与策略.上	2018—05	68.00	906
高中数学竞赛培训教程:平面几何问题的求解方法与策略.下	2018—06	78.00	907
高中数学竞赛培训教程:整除与同余以及不定方程	2018—01	88.00	908
高中数学竞赛培训教程:组合计数与组合极值	2018—04	48.00	909
高中数学竞赛培训教程:初等代数	2019—04	78.00	1042
高中数学讲座:数学竞赛基础教程(第一册)	2019—06	48.00	1094
高中数学讲座:数学竞赛基础教程(第二册)	即将出版		1095
高中数学讲座:数学竞赛基础教程(第三册)	即将出版		1096
高中数学讲座:数学竞赛基础教程(第四册)	即将出版		1097
新编中学数学解题方法 1000 招丛书.实数(初中版)	2022—05	58.00	1291
新编中学数学解题方法 1000 招丛书.式(初中版)	2022—05	48.00	1292
新编中学数学解题方法 1000 招丛书.方程与不等式(初中版)	2021—04	58.00	1293
新编中学数学解题方法 1000 招丛书.函数(初中版)	2022—05	38.00	1294
新编中学数学解题方法 1000 招丛书.角(初中版)	2022—05	48.00	1295
新编中学数学解题方法 1000 招丛书.线段(初中版)	2022—05	48.00	1296
新编中学数学解题方法 1000 招丛书.三角形与多边形(初中版)	2021—04	48.00	1297
新编中学数学解题方法 1000 招丛书.圆(初中版)	2022—05	48.00	1298
新编中学数学解题方法 1000 招丛书.面积(初中版)	2021—07	28.00	1299
新编中学数学解题方法 1000 招丛书.逻辑推理(初中版)	2022—06	48.00	1300
高中数学题典精编.第一辑.函数	2022—01	58.00	1444
高中数学题典精编.第一辑.导数	2022—01	68.00	1445
高中数学题典精编.第一辑.三角函数·平面向量	2022—01	68.00	1446
高中数学题典精编.第一辑.数列	2022—01	58.00	1447
高中数学题典精编.第一辑.不等式·推理与证明	2022—01	58.00	1448
高中数学题典精编.第一辑.立体几何	2022—01	58.00	1449
高中数学题典精编.第一辑.平面解析几何	2022—01	68.00	1450
高中数学题典精编.第一辑.统计·概率·平面几何	2022—01	58.00	1451
高中数学题典精编.第一辑.初等数论·组合数学·数学文化·解题方法	2022—01	58.00	1452
历届全国初中数学竞赛试题分类解析.初等代数	2022—09	98.00	1555
历届全国初中数学竞赛试题分类解析.初等数论	2022—09	48.00	1556
历届全国初中数学竞赛试题分类解析.平面几何	2022—09	38.00	1557
历届全国初中数学竞赛试题分类解析.组合	2022—09	38.00	1558

刘培杰数学工作室
已出版(即将出版)图书目录——初等数学

书　名	出版时间	定　价	编号
从三道高三数学模拟题的背景谈起:兼谈傅里叶三角级数	2023－03	48.00	1651
从一道日本东京大学的入学试题谈起:兼谈 π 的方方面面	即将出版		1652
从两道 2021 年福建高三数学测试题谈起:兼谈球面几何学与球面三角学	即将出版		1653
从一道湖南高考数学试题谈起:兼谈有界变差数列	2024－01	48.00	1654
从一道高校自主招生试题谈起:兼谈詹森函数方程	即将出版		1655
从一道上海高考数学试题谈起:兼谈有界变差函数	即将出版		1656
从一道北京大学金秋营数学试题的解法谈起:兼谈伽罗瓦理论	即将出版		1657
从一道北京高考数学试题的解法谈起:兼谈毕克定理	即将出版		1658
从一道北京大学金秋营数学试题的解法谈起:兼谈帕塞瓦尔恒等式	即将出版		1659
从一道高三数学模拟测试题的背景谈起:兼谈等周问题与等周不等式	即将出版		1660
从一道 2020 年全国高考数学试题的解法谈起:兼谈斐波那契数列和纳卡穆拉定理及奥斯图达定理	即将出版		1661
从一道高考数学附加题谈起:兼谈广义斐波那契数列	即将出版		1662
代数学教程.第一卷,集合论	2023－08	58.00	1664
代数学教程.第二卷,抽象代数基础	2023－08	68.00	1665
代数学教程.第三卷,数论原理	2023－08	58.00	1666
代数学教程.第四卷,代数方程式论	2023－08	48.00	1667
代数学教程.第五卷,多项式理论	2023－08	58.00	1668

联系地址:哈尔滨市南岗区复华四道街 10 号　哈尔滨工业大学出版社刘培杰数学工作室
邮　　编:150006
联系电话:0451－86281378　　13904613167
E-mail:lpj1378@163.com